LA VÉGÉTATION DU GLOBE

D'APRÈS SA DISPOSITION SUIVANT LES CLIMATS

ESQUISSE D'UNE GÉOGRAPHIE COMPARÉE DES PLANTES

PAR

A. GRISEBACH

OUVRAGE TRADUIT DE L'ALLEMAND

Avec l'autorisation et le concours de l'Auteur

PAR

P. DE TCHIHATCHEF

CORRESPONDANT DE L'INSTITUT DE FRANCE

AVEC DES ANNOTATIONS DU TRADUCTEUR

Accompagné d'une Carte générale des Domaines de végétation

TOME PREMIER

PREMIER FASCICULE

L'OUVRAGE PARAIT EN QUATRE FASCICULES

PARIS

ÉDITÉ PAR L. GUÉRIN ET Cie

DÉPOT ET VENTE

A LA LIBRAIRIE THÉODORE MORGAND

5, RUE BONAPARTE, 5

1875

LA

VÉGÉTATION

DU GLOBE

TOME PREMIER

IMPRIMERIE J. CLAYE
RUE SAINT BENOIT 7
LABOR
PARIS

LA

VÉGÉTATION

DU GLOBE

D'APRÈS SA DISPOSITION SUIVANT LES CLIMATS

ESQUISSE D'UNE GÉOGRAPHIE COMPARÉE DES PLANTES

PAR

A. GRISEBACH

OUVRAGE TRADUIT DE L'ALLEMAND

Avec l'autorisation et le concours de l'Auteur

PAR

P. DE TCHIHATCHEF

CORRESPONDANT DE L'INSTITUT DE FRANCE

AVEC DES ANNOTATIONS DU TRADUCTEUR

Accompagné d'une Carte générale des Domaines de végétation

TOME PREMIER

PARIS

ÉDITÉ PAR L. GUÉRIN ET Cie

DÉPOT ET VENTE

A LA LIBRAIRIE THÉODORE MORGAND

5, RUE BONAPARTE, 5

1875

PRÉFACE DU TRADUCTEUR

Le besoin de simplifier les moyens de communication intellectuelle entre les membres du monde civilisé ne se fait sentir nulle part plus vivement que dans l'échange des œuvres de l'esprit humain. Nous voyons chaque jour augmenter la difficulté de se tenir au courant des publications faites dans des langues soit complétement étrangères à un grand nombre de savants, soit exigeant de leur part pour comprendre de tels ouvrages des efforts incompatibles avec le temps dont ils disposent et souvent disproportionnés avec les résultats qu'ils obtiennent. Or, parmi les publications de ce genre, il en est dont la connaissance s'impose tout à la fois comme devoir et comme condition de succès à tout homme consciencieux qui ne se croit pas dûment autorisé à traiter un sujet scientifique d'une certaine importance, sans s'être préalablement rendu compte de ce que des juges compétents d'autres pays que le sien ont pensé et écrit sur le même sujet.

C'est précisément dans cette catégorie que se range l'ouvrage publié en 1872 par le professeur A. Grisebach sur la Géographie botanique, ouvrage trop important pour pouvoir rester inaccessible à beaucoup de savants qui cultivent cette branche intéressante et fort étendue des connaissances humaines.

C'est donc répondre à une exigence réelle et urgente que de mettre une telle œuvre à la portée du monde scientifique, en s'adressant aux hommes de tous les pays, dans une langue cosmopolite qui doit son universalité non à une mode passagère ou à des influences locales, mais au privilége qu'elle possède de donner à la pensée humaine l'expression la plus précise, la plus lucide et la plus brève dont elle soit susceptible ; privilége qui conservera son autorité, du moins pour l'élite des penseurs, lors même que le développement inégal des nationalités aura créé pour un autre idiome une extension géographique plus considérable que celle dont jouit actuellement le français, ce que mon savant confrère et ami M. A. De Candolle réclame en faveur de l'anglais, qu'il qualifie, non sans raison, de langue universelle de l'avenir[1]. Il n'en est pas moins vrai que cet avenir est encore tellement lointain, qu'il ne saurait diminuer en rien le bénéfice du présent; *beati possidentes*. Au reste, les interprètes des ouvrages allemands ne peuvent que gagner à ce changement dans la domination linguistique, car il leur sera infiniment plus aisé de les traduire en anglais qu'en français. Certes, la difficulté de cette dernière tâche ne saurait être dûment appréciée que par ceux qui ont été dans le cas de la pratiquer; eux seuls sont capables de mesurer

1. *Histoire des sciences et des savants depuis deux siècles*, etc.

tout l'espace qui sépare les deux langues, et ils savent que pour rendre exactement certains textes allemands, c'est plutôt l'esprit et non les paroles de ces derniers que le traducteur français doit s'efforcer de reproduire, opération que le secours du dictionnaire est impuissant à faciliter, car elle tient en quelque sorte à celle du peintre paysagiste, qui ne se montre vraiment fidèle à son original qu'à l'aide d'apparentes infidélités.

En tous cas, malgré mon défaut d'habitude dans l'art du traducteur, je ne pense pas avoir abusé de mes droits, et bien souvent la crainte d'en dépasser les limites m'a fait sacrifier les exigences du style, beaucoup plus rigoureuses en France qu'en Allemagne, ainsi que le reconnaissent les Allemands eux-mêmes, en appréciant ces exigences à leur juste valeur [1].

D'un autre côté j'ai cru, dans l'intérêt des lecteurs français comme aussi du langage scientifique en général, ne devoir admettre dans toutes les évaluations numériques que le système décimal, en faisant disparaître ainsi le défaut d'unité qu'offrent sous ce rapport les données du texte allemand, où l'on voit figurer tout à la fois les pouces, les lignes, les millimètres, les pieds, les brasses, les quintaux et les livres.

1. Les appréciations de cette nature, si flatteuses pour les écrivains français, ont été récemment formulées avec une rare vigueur dans le discours du président de l'Académie de Berlin, lors de la séance publique tenue en commémoration du jour de naissance de Sa Majesté (v. *Monatsb. der Königl. preuss. Acad. der Wissensch.*, numéro de mars 1874, p. 250). Jamais peut-être panégyrique plus chaleureux n'a été fait des écrivains français, considérés sous le point de vue de l'heureuse mais difficile alliance entre la beauté de la forme et la valeur du fond.

L'application rigoureuse du système décimal m'a dispensé d'accompagner de l'initiale C les chiffres du thermomètre, parce qu'il suffit de faire observer une fois pour toutes qu'ils se rapportent exclusivement à l'échelle centigrade. Cependant, comme pour les mesures des altitudes l'usage des pieds est encore maintenu par plusieurs botanistes modernes, j'ai cru devoir placer les hauteurs en pieds à côté de celles exprimées en mètres, et comme, de plus, les erreurs sont inévitables quand il s'agit de la conversion d'un si grand nombre de chiffres, je m'empresse de prévenir le lecteur que dans les cas de discordance entre les évaluations en pied et en mètre, ce sont les premières qui ont la préférence, étant celles employées dans l'original.

Chaque fois que le texte allemand était susceptible de modification ou de développement puisés soit dans mes propres observations faites pendant dix années en Orient, soit dans les documents parus postérieurement à la publication de l'ouvrage, j'ai joint à ma traduction des notes signées de mon initiale T. J'ai également ajouté, à titre d'appendice, placé à la fin du premier volume, un travail sur la flore italienne que je dois à l'amitié de mon savant ami M. le professeur F. Parlatore, directeur du Musée physique de Florence ainsi que du jardin botanique de cette ville, établissement qui, surtout à cause de ses magnifiques herbiers rangés dans un ordre admirable, peut être considéré comme un monument érigé tout à la fois à la gloire de Florence et en l'honneur du savant qui a tant contribué à l'élever. Le travail de M. Parlatore constitue à mes yeux la plus importante partie de l'édition française du livre de M. Grisebach;

il complète et éclaire d'un nouveau jour l'une des sections les plus intéressantes de cet ouvrage : celle relative au domaine de la végation méditerranéenne, qu'aucun botaniste contemporain peut-être n'a aussi profondément et aussi longuement étudiée que le professeur Parlatore.

Je ne m'étendrai pas beaucoup sur l'ouvrage même de M. Grisebach, dont la valeur a été unanimement reconnue par les autorités les plus compétentes. Une vaste érudition, unie à une juste et sagace appréciation des immenses matériaux qui ont servi de base à ce grand travail, n'en constituent pas le seul mérite ; car on ne saurait lui refuser sous plus d'un rapport celui de l'originalité, notamment lorsqu'on considère la manière dont y sont traitées plusieurs questions difficiles, liées avec la Géographie botanique, comme entre autres les questions météorologiques et topographiques qui occupent dans l'ouvrage une place tellement importante, qu'à eux seuls les développements de cette nature constituent, pour ainsi dire, de petits traités de climatologie et de géographie physique comparées. D'ailleurs, M. Grisebach a fourni de nouveaux contingents au répertoire d'hypothèses plus ou moins heureuses par lesquelles on s'efforce de nos jours d'expliquer certains phénomènes très-complexes relatifs à la distribution des plantes, sans cependant être parvenu encore à découvrir une loi également applicable à tous les pays où ces phénomènes ont été constatés. Ce sont là des tentatives indispensables à la solution des questions de ce genre, parce que, plus que partout ailleurs, la lumière ne pourra jaillir que du choc d'éléments divers, dont par conséquent on ne saurait trop multiplier le nombre et la variété.

Quant à la méthode suivie par l'auteur, dans la disposition et la classification des matières qui composent son ouvrage, elle peut, comme presque toutes les méthodes en général, donner lieu à des appréciations diverses, selon le point de vue où l'on se place ou les préférences individuelles qu'on professe. Ainsi la division des plantes, d'après les types physionomiques proposés par M. de Humboldt, pourra paraître à bien des botanistes comme n'étant pas de nature à compenser suffisamment le sacrifice des caractères scientifiques au profit d'impressions plus ou moins exclusivement artistiques; pour beaucoup d'entre eux, des abstractions de ce genre n'ont même pas l'avantage de venir en aide à la mémoire, car elles n'y laissent que des images vagues ou diversement appréciables.

Quoi qu'il en puisse être, l'éminent professeur de Göttingue a le mérite de dominer très-habilement son vaste sujet, en en résumant les traits caractéristiques sous une forme générale et aisément compréhensible, et en excluant de son texte tous les détails qui pourraient troubler la clarté de l'ensemble, mais qui se trouvent développés dans les pièces justificatives fort substantielles placées à la fin de chaque section. Grâce à cette sobriété dans le choix des éléments de son travail, affranchi ainsi de l'abus des termes techniques ou des subtilités pédantesques, l'ouvrage de M. Grisebach peut être considéré, sous plus d'un rapport, comme un livre populaire. C'est là une qualité que possèdent fort rarement les ouvrages exclusivement scientifiques, surtout ceux publiés en Allemagne, qui, malgré les trésors de science et d'érudition qu'ils renferment souvent, ne supportent guère la comparaison avec des modèles de ce genre fournis par des savants tels qu'Arago.

Pour ma part, je n'ai pu donner à l'ouvrage de M. Grisebach une plus grande preuve d'estime qu'en acceptant en sa faveur un rôle modeste, peu d'accord avec les précédents de ma carrière scientifique. Toutefois, j'ose espérer que ce sacrifice d'amour-propre d'auteur trouvera un ample dédommagement dans l'utilité pratique de mon travail et en fera pardonner les imperfections. C'est le seul but que je me propose et la seule récompense que j'ambitionne.

P. DE TCHIHATCHEFF.

Florence, le 1er février 1875.

PRÉFACE DE L'AUTEUR

Depuis que A. de Humboldt, lors de son séjour à Quito, a tracé le tableau de la nature des contrées tropicales, en cherchant à étudier à un large point de vue les lois qui président à la disposition de la végétation, cette branche nouvellement créée de la Géographie physique a été l'objet de travaux réitérés. Les ouvrages de MM. Schouw (1820) et A. De Candolle (1853) signalèrent l'extension dont de tels travaux sont susceptibles, et on leur doit aussi le développement ultérieur des méthodes propres à assurer les progrès de la Géographie botanique. Cependant les principes généraux de la science une fois solidement établis par ces naturalistes éminents, il reste encore un genre de recherches plus spéciales : c'est l'examen des diverses contrées qui servent de théâtre à la nature organique; or, un semblable tableau comparé de la végétation de toutes les parties du globe, ainsi que de chaque contrée en particulier, n'a encore jamais été essayé. D'énormes matériaux avaient été accumulés, mais ils se trouvaient disséminés dans le vaste répertoire des travaux géographiques et botaniques, sans qu'on les ait réunis sous des points de vue méthodiques qui permissent d'apprécier chaque tentative d'exploration à sa juste valeur scientifique, et de faire avancer ainsi progressivement les problèmes dans la voie de leur solution.

Il y a déjà trente-cinq ans que j'ai indiqué dans les *Linnæa* le plan d'un travail conçu dans ce sens, et comme, depuis, je me suis efforcé de réunir les matériaux nécessaires, je crois que le moment est venu de l'exposer aujourd'hui sous la forme où il s'était présenté à mon esprit à l'époque de ma jeunesse. De cette manière je donne une certaine conclusion à mes Rapports annuels (*Jahresberichte*) sur les progrès de la Géographie botanique que je publiais (1840-1853) dans les *Archives pour l'histoire naturelle*, et que plus tard (depuis 1866) je repris, d'après un nouveau plan, dans l'Annuaire géographique de M. Behm (vol. 1-8) ; de plus, les observations que je fus à même de faire pendant mes voyages dans les contrées les plus diverses de l'Europe eurent l'avantage de mûrir mes jugements et de me faciliter l'appréciation des travaux exécutés dans d'autres contrées.

Toutefois, quels qu'aient été les progrès qui précisément de nos jours ont été opérés dans les découvertes géographiques ainsi que dans l'histoire naturelle des pays lointains, il n'en serait pas moins bien difficile de passer en revue dans le plus grand détail tous les produits végétaux d'après leur disposition dans le sens de l'espace.

Il faudrait mettre à contribution les musées où beaucoup de collections importantes se trouvent encore non élaborées, et malgré ce qui a été fait dans la littérature du système des plantes, ici encore on ne saurait, sans commettre des actes arbitraires, éliminer toutes les difficultés provenant des opinions vagues relatives à l'idée qu'on se forme de l'espèce. En conséquence, j'ai cru devoir avant tout m'en tenir seulement aux problèmes les plus généraux, pour l'examen desquels la voie m'a semblé mieux préparée que cela n'est généralement le cas dans le domaine de la Botanique systématique. Il est permis de laisser aux études topographiques des observateurs indigènes bien des choses qui plus tard pourraient être utilisées pour la construction de l'ensemble, ce qui n'empêche pas cependant de leur emprunter certains matériaux géographiques lorsqu'il s'agit de mieux faire ressortir des phénomènes particuliers. C'est à peu près la voie suivie par la Géographie, qui cherche à n'embrasser le globe que dans ses traits les plus généraux, en se plaçant pour ainsi dire à un point de vue qui fait disparaître les détails, et en traçant de cette manière un cadre dans lequel les phénomènes locaux viennent se ranger graduellement et occuper la place qui leur appartient.

Dans la Géographie des plantes, cette tendance s'était déjà prononcée à l'époque où Humboldt et Wahlenberg exposaient les formes végétales dans leurs rapports avec le climat. Les influences du sol sur la vie des plantes déterminent leur répartition topographique, et c'est à la température et à l'humidité atmosphérique que se rattache la physionomie de pays entiers, ainsi que le développement de régions déterminées dans les montagnes. Mais tant que les résultats des observations météorologiques et leurs valeurs moyennes se trouvaient simplement mis en regard des phénomènes de la végétation, les connexions entre de telles observations demeurèrent obscures et indéterminées. La plante est l'expression de mouvements les plus divers et les plus compliqués de la nature inorganique à laquelle la plante doit s'adapter. C'est en essayant de suivre les rapports multiples qui relient l'organisme végétal au monde physique dont il est entouré, qu'il est permis d'espérer de caractériser les limites qui circonscrivent chaque sphère d'existence et d'arriver ainsi à une connaissance plus complète de l'ensemble des phénomènes. La durée de la période de la végétation, dont les phases diverses doivent correspondre à des valeurs déterminées de la courbe thermique annuelle, constitue l'un des faits les plus importants auxquels l'aire des plantes paraît se rattacher.

Cependant, lors même que nous serons parvenus à savoir pourquoi une organisation ne peut franchir certaines limites climatériques, cela n'expliquerait pas encore les causes qui rendent si dissemblables les climats les plus similaires de diverses contrées sous le rapport de leurs produits. La végétation d'un pays n'est pas seulement la conséquence de conditions vitales physiques, mais c'est encore un fait dans l'histoire de notre globe. Chaque espèce végétale a une patrie déterminée ; son existence actuelle est due à sa propagation et à son extension. Il en résulte le double problème de déduire ces faits soit des conditions passées, soit des forces agissant constamment encore aujourd'hui, en sorte qu'on ne peut se former une idée juste de la distribution des plantes que lorsque celle-ci répond à ces deux exigences; l'effet des influences géologiques sur l'*habitat* des plantes ne se manifeste que dans les cas où le climat et la nature du sol ne mettent pas d'obstacle à leur développement.

La Géologie est devenue un genre d'étude universellement cultivé et son importance pour le développement des ressources, de la richesse nationale, est généralement reconnue. Or, quand il s'agit d'un domaine d'histoire naturelle qui tient de bien plus près encore à tous les intérêts de l'homme, pourquoi n'accorderait-on pas les mêmes sympathies à des recherches par lesquelles l'étude du savant se trouve élevée au rang d'un problème social ? En effet, ici il n'est plus question seulement de dévoiler un mystère scientifique, mais d'interpréter la nature d'un paysage qui fournit à l'artiste les études nécessaires à ses créations, ou d'apprécier le sol où le cultivateur puise son pain quotidien et l'industrie les dons du monde physique, ou enfin de saisir les lois qui accordent aux produits du règne végétal le droit de dominer le commerce universel. Aussi la conscience de me trouver au milieu du grand théâtre de la nature et de chercher dans son ordre harmonieux, conviction, jouissance et calme, a été pour moi un stimulant de l'esprit et par là une source de bonheur. C'est ce qui fait qu'en présentant les résultats de mes études, j'ai tenu à un mode d'exposition qui supposât dans mes lecteurs aussi peu que possible les connaissances spéciales du botaniste de profession, et qui permît d'inspirer aux classes plus nombreuses de la société un intérêt pour ce genre d'étude de la nature.

On ne peut guère se flatter d'y parvenir à l'aide de simples descriptions de contrées différentes les unes des autres par leur végétation. Les faits exprimés en chiffres, ou bien lorsque ces faits sont de nature à être déduits de caractères comparables, peuvent se formuler avec brièveté et précision : ce n'est que l'importance qu'ils possèdent dans l'économie de la nature qui constitue leur charme et leur donne ce prestige qui s'attache à une vérité acquise.

Je dois la construction de la carte sommaire des domaines de la végétation à l'obligeance de M. le docteur Petermann, qui en avait déjà publié la première esquisse dans ses *Mittheilungen* (an. 1867, p. 4.), et a bien voulu en élaborer également la rédaction définitive. Sous cette forme, la carte ne me paraît guère exiger une explication quelconque, puisqu'elle n'a d'autre but que de faire ressortir l'étendue des domaines de végétation auxquels se rapportent les diverses sections de l'ouvrage, et de me dispenser ainsi de toute indication de leurs limites, ce qui n'aurait pu se faire dans le texte sans beaucoup de longueurs. De même, les diverses teintes sont destinées à faire embrasser d'un coup d'œil le tableau général de la végétation de notre globe; ainsi le vert a été choisi pour les contrées boisées, le jaune et le rouge pour les steppes et les déserts, et d'autres teintes pour les revêtements moins uniformes du sol. Cependant, l'exiguïté de l'échelle n'a guère permis d'avoir égard aux contrastes climatériques qu'offre l'enceinte des divers domaines de végétation.

Göttingue, septembre 1871.

Post-Scriptum. — Lorsque M. de Tchihatcheff me fit l'honneur de me proposer une traduction française de mon ouvrage, le célèbre naturaliste et voyageur auquel la Géographie botanique de l'Asie doit tant de recherches originales m'avait sans doute rendu justice en admettant que j'appréciais les immenses difficultés que présentait le grand travail qu'il voulait bien entreprendre, difficultés au nombre desquelles il faut compter l'usage que j'avais cru devoir faire de termes nouveaux ou appliqués à un sens spécial, comme aussi la forme même de mon style, auquel je m'étais efforcé de donner la plus rigoureuse concision, mais dont les allures répugnent souvent à l'esprit de la langue française. C'est là uniquement la raison qui m'avait déterminé à offrir à M. de Tchihatcheff de revoir son manuscrit, et ayant terminé cet examen jusqu'à la fin du premier volume, je suis à même de déclarer maintenant que l'édition française est la reproduction exacte et élaborée de l'ouvrage allemand.

Bien que deux années ne se soient pas encore écoulées depuis la publication de ce dernier, cependant, eu égard à la rapidité avec laquelle de nos jours les travaux géographiques se multiplient et progressent, j'aurais pu ajouter à mon livre plusieurs données nouvelles et importantes, mais j'ai préféré néanmoins le laisser tel qu'il fut rédigé en 1872, comme une première tentative de représenter sommairement l'état de nos connaissances à cette époque, dans les divers domaines de la végétation de notre globe. D'ailleurs, en continuant mes Rapports sur les progrès de la Géographie botanique, j'ai eu soin de fournir à ceux qui s'intéressent à ce genre de recherche, des renseignements qui peuvent servir d'autant de suppléments à mon ouvrage.

D'autre part, si la première série de semblables suppléments vient d'être imprimée à Gotha (dans le *Geographisches Jahrbuch* de M. Behm, v. V, an 1874), de son côté, M. de Tchihatcheff n'en a pas moins enrichi sa traduction de notes originales, dans lesquelles non-seulement il emprunte à sa vaste expérience de nouveaux faits, mais encore tient ses lecteurs au courant des travaux les plus récents ou les plus importants publiés dans tous les pays et en langues diverses. Qu'il me soit permis de lui offrir ici l'hommage de ma gratitude pour l'heureux accomplissement d'une tâche dont n'aurait jamais pu s'acquitter à la complète satisfaction de l'auteur, qu'un savant aussi généralement connu que l'est M. de Tchihatcheff, pour la variété de ses connaissances et l'étendue de son érudition, de même que pour l'empressement avec lequel il les met au service de la science et au profit de ceux qui la cultivent ou s'y intéressent.

A. GRISEBACH.

Göttingue, octobre 1874.

FLORES NATURELLES

L'étude de la disposition des plantes à la surface de notre globe touche de très-près non-seulement à la géographie, mais aussi aux sciences naturelles. En s'imposant la tâche de passer en revue les produits végétaux des diverses contrées, on est conduit à l'examen de la question de savoir en quoi consistent les influences physiques présentes ou passées qui ont assigné à chaque plante une habitation déterminée, en ne réservant qu'à des organismes ubiquistes le droit de se répandre sur la totalité ou du moins sur une grande partie de la surface du globe. Ce genre de recherches se rattache donc tout autant à la géographie physique qu'à la géologie ou à l'histoire de l'évolution de notre planète, et c'est en suivant chacune de ces directions conformément à une méthode déterminée qu'on parvient, ce me semble, à obtenir des résultats positifs dans la connaissance des lois qui servent de base à l'ordonnance du règne végétal. L'édifice de la géologie doit sa consolidation à l'idée féconde de sir Charles Lyell, d'après laquelle il ne serait pas permis de recourir aux vagues et mystérieuses catastrophes des époques antérieures au monde actuel, tant que les forces naturelles, agissant de nos jours, suffisent pour expliquer la constitution de l'écorce de notre globe, la séparation effectuée entre le continent et la mer, et les divers accidents du relief de la surface terrestre. Ce principe fondamental trouve une légitime application également dans la géo-botanique ou

1

géographie des plantes, et a servi de fil conducteur aux recherches faites successivement dans le domaine de cette science. Grâce aux idées de M. Darwin, le principe d'un développement progressif et transformateur de la nature organique est venu se placer au premier rang. Mais plus il en résulte une tendance générale à déduire les phénomènes du présent de ceux du passé en s'appuyant sur des transformations qui pourraient les rattacher les uns aux autres, plus il devient urgent de se poser la question : Jusqu'à quel point est-il possible d'expliquer l'ordre actuel de la végétation à l'aide d'agents physiques et physiologiques compris dans les limites de l'expérience? C'est à de tels agents que se rattachent les variations que des individus issus les uns des autres subissent, à la suite de l'acclimatation et d'autres influences susceptibles de modifier le plan primitif de l'organisation; toutefois, quelque attrait que puisse offrir l'idée des relations généalogiques entre les diverses créations qui ont successivement habité notre globe, on risquerait d'abandonner le terrain solide des faits, en se livrant à des conjectures sur l'origine des formes moins similaires telles que celles des espèces, des genres et des familles du règne végétal. Si les idées que représentent ces qualifications ne sauraient guère être rigoureusement distinguées de l'idée que nous nous formons de la variété, ce n'est pas un motif pour leur assigner à toutes la même origine, et pour considérer les forces qui opèrent graduellement le changement des formes, comme les seules et uniques forces dont la nature ait disposé pour réaliser une œuvre fondée sur la multiplicité des actions réciproques. Limiter les problèmes de l'investigation et séparer ce qui est à la portée de l'observation de ce qui se trouve relégué dans les voies inconnues et inaccessibles du développement organique, c'est le seul moyen d'assurer un progrès méthodique qui réserve à l'avenir de pénétrer plus avant dans les mystères de la création, sans prétendre remplacer les faits par de simples hypothèses.

La végétation, considérée au point de vue de l'espace, conduit à subdiviser le globe, soit en sections moins étendues, soit en domaines plus vastes, distinction facile à motiver par l'action d'agents qui s'opposent à l'extension de certaines plantes sur la surface terrestre. En admettant pour point de départ les accidents topographiques d'une contrée, accidents dont résulte ce que je nommerai *formation* de végétation, déterminés particulièrement par la nature du sol et la répartition des eaux qu'il contient, nous nous élevons, en embrassant de plus vastes espaces, à la conception de flores naturelles, dans le domaine desquelles les formes végétales aussi bien que leur disposition permettent de reconnaître un certain degré de concordance *. Chaque flore naturelle présente des conditions climatériques particulières, auxquelles doivent exactement répondre les plantes qui y sont comprises. Néanmoins on ne peut fonder sur cette seule distinction climatérique une division botanique du globe, puisque tantôt des contrastes de climat se touchent dans les montagnes selon le relief du sol, tantôt les transitions ne se prononcent que graduellement, comme c'est ordinairement le cas dans les plaines basses. Pour citer un exemple de ce dernier fait, il suffit de rappeler qu'à mesure que l'on s'avance dans l'intérieur du continent le climat maritime de l'Europe s'évanouit peu à peu, ce qui modifie en même temps les éléments constitutifs de la végétation, mais sans altérer le caractère de toute la flore. Puis on voit des climats analogues se reproduire dans des contrées situées dans les deux hémisphères à des distances fort considérables les unes des autres, ainsi que sur les continents de la zone torride et de la zone tempérée australe, sans que cependant il en résulte une végétation tout à fait conforme. Une délimitation climatérique des flores naturelles n'est possible que lorsque, comme sur les

* Le terme de *formation* n'ayant, dans le langage scientifique français, qu'une signification purement géologique, il est bon de rappeler au lecteur français le sens dans lequel j'ai dû employer ce terme, pour me tenir aussi près que possible de l'original allemand, même au risque d'encourir le reproche de néologisme. Dans tous les cas, on ne devra pas perdre de vue que, conformément à l'idée de notre auteur, une *formation végétale* (*vegetationsformation*) se rapporte à l'ensemble de végétaux considérés sous le point de vue de la physionomie qu'ils impriment à un pays, ce qui distinguerait ce terme d'un autre également employé par l'auteur comme titre d'une section ou d'un paragraphe, savoir : *Formes végétales* (*vegetationsformen*), car ici il s'agit des plantes considérées sous le rapport de leur organisation. — T.

lignes forestières les plus extrêmes de la Russie septentrionale et méridionale, la physionomie de la contrée subit un brusque changement, chaque fois qu'une *valeur limite* dans la répartition de la température ou de la périodicité des précipitations atmosphériques se trouve dépassée.

Si toutes les plantes étaient également susceptibles de migration et n'avaient rencontré aucun obstacle à leur extension, les organismes les plus forts auraient évincé tous les autres et auraient occupé tout l'espace de notre planète réservé à la végétation. La loi suprême servant de base a l'établissement persistant de flores naturelles, doit donc être reconnue dans les barrières qui en ont entravé ou complétement empêché le mélange. La coexistence de telles flores l'une à côté de l'autre prouve déjà qu'elles proviennent de certaines localités créatrices déterminées, que l'on peut considérer comme leurs centres de végétation, dont le nombre est incertain et dépendant de la quantité des espèces indigènes. Si la production de chaque plante n'avait tenu qu'aux conditions qui déterminent aujourd'hui son développement dans le sens de l'espace, nous devrions retrouver fréquemment les mêmes organismes dans les contrées lointaines. Des immigrations n'auraient pu avoir lieu sous nos yeux si la terre avait engendré partout ce qu'elle est capable de faire naître sous de certains climats. Ce n'est que dans des localités spéciales qu'elle a répandu les premiers germes, mais ces localités furent innombrables et disposées sans symétrie, comme les étoiles du firmament, et chaque localité eut la propriété de produire une forme organique déterminée. Toute flore naturelle est une création particulière s'étant développée en un ensemble de régions à la suite de centres de végétation, et étant douée d'une existence indépendante. Ses limites se trouvent là où le climat agit à la façon d'une barrière relativement à la majorité des plantes indigènes, ou bien où une vaste mer ou d'autres obstacles matériels s'opposent à leur extension. Les flores naturelles sont déterminées d'une manière d'autant plus tranchée, qu'un mélange de leurs éléments par la migration a été rendu moins possible.

Dans le sens de l'espace, les flores naturelles se rapportent entre elles exactement comme, dans le sens du temps, les créations du monde antérieur au nôtre se sont succédé les unes aux autres. Puisque, eu égard à l'incommensurable durée des périodes géologiques et à la défectueuse conservation des organismes fossiles, le mode de production de ces derniers a dû nous rester inconnu, par contre, on eût dû s'attendre à ce qu'à l'aide de la géographie botanique, on recueillît sur les limites extrêmes des flores quelque révélation à cet égard. Néanmoins, tout ce que ces révélations nous apprennent est que le changement des conditions de la vie donne lieu à des variétés climatériques qui souvent ont été prises pour des espèces particulières. C'est ici que la doctrine de M. Darwin trouve sa justification réelle, mais aussi, ce n'est que dans ces limites qu'elle repose sur une base empirique. Des transitions entre des formes plus éloignées les unes des autres ne se produisent guère. Lorsque des genres ou des familles sont réunis par des formes intermédiaires, ces transitions n'ont aucun rapport relativement à l'espace. Ce qui fournit une objection solide à la doctrine de la production des espèces par la voie d'une lente transformation ou variation, c'est le fait que, même là où s'opère un changement graduel du climat, des organismes à caractère bien prononcé disparaissent brusquement, ou bien s'éteignent à l'état d'une variété climatérique, et qu'alors ils font immédiatement place à d'autres formes, exactement comme cela a lieu aussi, sur les limites extrêmes des terrains géologiques, à l'égard des organismes des époques anciennes. Néanmoins, même dans une série discontinue d'êtres, une connexion généalogique est possible et même probable, seulement elle se trouve en dehors de notre expérience actuelle. Sous plus d'un rapport, un organisme végétal pourrait être qualifié de machine mue par des forces chimiques. Les espèces se présentent dans des relations semblables à celles qui réunissent certains éléments inorganiques : nous trouvons des transitions graduelles dans l'alliage des métaux, mais le plus souvent les substances diffèrent entre elles par la nature et l'ordre de leurs éléments constitutifs, et se trouvent séparées les unes des autres par des propriétés fortement tranchées, ce qui ne les empêche pas de se combiner aisément, selon les conditions dans lesquelles s'opère leur contact. Ici encore, le nombre des formes possibles est infiniment plus considérable que celui des formes réellement produites par la nature. Je crois devoir citer à cette occasion quelques passages d'un écrit publié par moi précédemment[2]. « Il y a les mêmes rapports entre les espèces d'un genre qu'entre les modèles de certains outils; on ne reproduit que ceux des modèles qui répondent à un but spécial ou aux exigences du goût, sans s'attacher à des formes moins susceptibles d'un usage pratique. La série géologique des créations végétales n'a acquis que dans les périodes récentes le caractère varié et multiple de notre système actuel, en succédant à des types antérieurs moins nombreux et moins déterminés. Si une relation généalogique a réellement existé entre les créations antérieures et postérieures, c'est que la nature a dû avoir à sa disposition des forces tout autres que celles qui engendrent aujourd'hui les séries de variations. » Chaque histoire du développement d'un organisme, depuis l'œuf jusqu'à son état accompli, nous indique la limite que peuvent atteindre ces forces plastiques de la nature. « Une force compensatrice se manifestant dans la génération, s'oppose constamment aux variations et tend à ramener l'espèce au type primordial. Par contre, des phénomènes tels que la métamorphose des insectes ou des plantes cryptogames, le changement de génération dans d'autres organismes, etc., nous font voir que de même que l'aile du papillon ou l'axe de la Fougère se greffent mystérieusement sur des larves et des produits antérieurs, ainsi une forme peut brusquement engendrer une autre forme sans aucune transition de l'une à l'autre. On ne saurait mesurer à l'aide de nos connaissances limitées des faits, les facultés que possède la nature organique de satisfaire aux diverses exigences de la vie par une modification apportée au plan du développement : les voies que nous ne connaissons point ne sauraient être plus merveilleuses que ce qui se passe sous nos yeux. »

La plus efficace des barrières qui empêchent plus ou moins complétement le mélange des flores naturelles, c'est la mer qui les réunit par ses courants et les sépare par son extension[3].

Plus l'éloignement des côtes se prononce, plus rigoureusement isolée demeure la végétation des régions baignées par les flots de la même mer. A l'instar de cette dernière, le grand désert sépare la flore de l'Afrique tropicale des contrées littorales de la Méditerranée, et le même effet est produit à l'égard des prairies de Venezuela et du Brésil par les forêts de l'Amérique équatoriale, infranchissables pour les migrations naturelles. Cependant, dans la plupart des cas, c'est le changement du climat qui isole les flores naturelles du globe. Enfin, lorsque les conditions climatériques exerçant une influence sur la vie végétale se trouvent empreintes de contrastes encore plus fortement tranchés, par l'apparition sur les limites de ces flores de puissantes chaînes montagneuses telles que les Andes dans l'Amérique méridionale et l'Himalaya en Asie, alors l'échange entre les productions végétales n'en est que plus complétement paralysé par l'action combinée des agents mécaniques et physiologiques.

En comparant les flores entre elles, ainsi qu'en classant les produits du même domaine, nous voyons surgir deux faits dont l'importance absolue a été, comme je le crois, pour la première fois reconnue par M. Wallace[4]; nous observons dans la constitution des formes une analogie, soit dans le sens de l'espace, soit dans le sens du climat. Si, en général, il est permis de parler d'un caractère systématique commun à une flore naturelle, ce n'est que parce que la ressemblance entre les espèces d'un genre et entre les genres d'une famille devient d'autant plus prononcée qu'il y a une plus grande proximité géographique entre les centres de végétation où les espèces et les genres sont nés, et dont ils ne peuvent guère s'écarter bien loin par voie de migration. Cette influence de la station, qui se trouve exprimée de la manière la plus décisive dans les domaines circonscrits, comme en Australie et au Cap, doit être bien distinguée des conditions physiques de la végétation, lesquelles peuvent être fort diverses, quand même il s'agit d'espèces très-voisines. Il ne saurait y avoir de différences climatériques plus considérables que celles produites dans les montagnes par le décroissement de la température en sens vertical, différence dont la végétation porte l'empreinte lorsqu'on la compare depuis le fond des vallées jusqu'à la limite des neiges perpétuelles. Malgré cela, les plantes des régions les plus élevées manifestent souvent la plus grande affinité, sous le rapport de leur ordre systématique, avec les plantes de la région chaude où surgit le massif montagneux. Les astragales, dont les diverses espèces habitent les steppes de l'Orient en quantités presque inépuisables, sont, à la vérité, représentés par des espèces différentes sur le sommet du Taurus et dans les zones littorales de l'Asie Mineure*; mais toutes ces espèces sont liées entre elles par des affinités tellement étroites que, même des groupes distincts de ce genre, tels que les tragacanthes frutescents, se reproduisent sous les influences climatériques les plus diverses. Ici, enfouis sous la neige pendant la majeure partie de l'année, ils ont à peine le temps de profiter d'une modique température pour développer leurs feuilles et mûrir leurs fruits; là, ils supportent la chaleur d'un été sec et terminent leur période d'évolution pendant les mois du printemps suivant, grâce aux pluies hivernales. Bien que sur les Alpes, dans le voisinage de la limite des neiges, la physionomie de la nature rappelle sous plus d'un rapport le climat et la végétation de la zone polaire, ce sont précisément les plantes les plus caractéristiques et les plantes locales qui souvent feraient supposer qu'elles sont remontées du fond des vallées et que, pour s'adapter à leurs nouvelles conditions d'existence, elles n'auraient apporté à leur organisme que les modifications indispensables à leur conservation. Il en est de ces plantes comme des variétés climatériques, seulement elles s'éloignent d'autant plus des espèces qu'on serait tenté de considérer comme leur souche que le contraste du climat est plus grand. Mais comme on ne saurait les produire artificiellement par la culture[5], ici encore les transi-

*Le nombre d'astragales énumérés par moi en Asie Mineure (*Botanique*, I, p. 51-78) se monte à 210 espèces, dont 30 appartiennent au groupe des tragacanthes; si l'on y ajoutait toutes celles (inédites) recueillies par M. Kotschy et déterminées par M. Boissier, le chiffre total des astragales constatés jusqu'à aujourd'hui en Asie Mineure pourrait bien ne pas être inférieur à 250. La *Flora orientalis* de M. Boissier renferme 757 espèces. — T.

tions auxquelles on devait s'attendre sur les pentes graduellement ascendantes des montagnes font défaut; c'est brusquement qu'apparaissent les espèces alpines et que s'évanouissent les espèces de la plaine à des altitudes déterminées.

L'origine de pareilles analogies géographiques, se développant sous l'empire de conditions physiques dissemblables, est soustraite à l'action des forces actuellement agissantes; elle demeure ensevelie dans les mystères des époques géologiques pendant lesquelles les massifs montagneux ont été soulevés. Ici le Darwinisme trouve un appui, lorsqu'on se représente que, dans le cours d'innombrables générations, l'activité transformatrice des organismes est parvenue à faire naître ce qu'en un laps de temps plus court elle n'aurait pu produire que sous forme de variétés. Toutefois, considérant la chose plus rigoureusement, des phénomènes sembables ne parleraient qu'en faveur d'une connexion généalogique entre des espèces voisines, sans donner la solution de la question de savoir comment s'est opérée la transformation, et si la variation qui ne laisse subsister que des formes adaptées spécialement à leurs localités a pu fournir les moyens pour effectuer une telle œuvre. Or, c'est ce qui n'est nullement vraisemblable, à cause du défaut de formes d'organisation transitoire, formes qui auraient dû avoir été conservées, puisque le changement de climat dans le sens vertical s'opère graduellement; aussi, la méthode suivie par le classificateur systématique pour distinguer les variétés des espèces repose précisément sur ce que dans les premières il peut constater de semblables formes intermédiaires, mais non dans les secondes. Tout ce qui résulte des analogies dans le sens de l'espace, c'est que les centres de végétation dépendent de leur position géographique, et que la force organisatrice possède la faculté d'adapter toujours ses produits aux conditions physiques de la vie, sans que cependant nous soyons à même de connaître les procédés dont cette force s'était servie, parce que nos observations ne sauraient saisir que les résultats mais non la marche du développement qui les a produits.

L'analogie dans le sens de l'espace est le plus souvent également une analogie climatérique, puisque à la même altitude, le climat des localités contiguës ne diffère que peu. Mais il existe aussi une analogie climatérique sans rapport à l'espace : c'est lorsque des espèces voisines du même genre ou des genres de la même famille se présentent sur les points les plus éloignés du globe jouissant d'un climat identique ou analogue, comme les deux zones des hautes latitudes ou les régions tropicales de l'ancien et du nouveau monde. A cette catégorie se rattachent les organisations qualifiées de formes équivalentes. Les Hêtres du Japon et du détroit de Magellan, les deux Platanes de l'orient et du nord de l'Amérique, les Éricacées du Cap et de l'Europe occidentale sont autant d'exemples connus du domaine des zones tempérées. Une telle répétition de formes analogues, produite indépendamment de la position géographique, s'accorderait avec l'idée que la constitution d'une plante n'est que le résultat des conditions physiques qui ont présidé à sa naissance ; toutefois cette manière de voir ne tarde guère à révéler ce qu'elle a d'incomplet, lorsque nous opposons les analogies exclusivement géographiques aux analogies climatériques. D'ailleurs, on ne conçoit pas trop comment le Darwinisme parviendrait à réunir sous un même point de vue ces deux faits opposés, n'ayant que cela de commun qu'en tout cas l'organisation se présente comme appropriée au climat. Le mode de production des formes équivalentes est plongé dans des ténèbres tout aussi épaisses que l'est l'apparition des analogies géographiques; même une connexion généalogique entre les espèces voisines devient ici d'autant moins vraisemblable, que l'espace qui sépare leur habitation primordiale est plus vaste et, par conséquent, plus la migration de leurs germes a dû avoir été difficile, également aux époques antérieures aux nôtres. C'est précisément dans ce cas que les prosélytes de l'hypothèse de l'évolution n'ont pas toujours évité la tendance à accorder un vaste champ à la fantaisie, et à embellir par des images fallacieuses l'histoire des organismes, en acceptant la disparition de continents entiers ou d'autres voies de communication terrestre. Des naturalistes plus circonspects doivent éprouver quelque répugnance à céder à de semblables suggestions; ils préféreront s'arrêter devant ces portes closes et avouer ingénument que la voie conduisant à la connaissance de la nature intime des phénomènes n'est pas encore ouverte.

En tout cas, les deux classes d'affinité, dans le sens de l'espace et du climat, nous révèlent positivement ceci : que la nature n'a engendré que ce qui répond à sa situation géographique, et ne l'a engendré que là où la conservation de ses créations était assurée jusqu'à ce qu'un changement dans les conditions vitales vienne à se produire. En suivant cette voie, l'investigation s'attache aux forces agissant non-seulement pendant les époques antérieures à notre monde, mais encore actuellement, ce qui par cela même les rend accessibles à l'examen, et elle s'efforce de rechercher jusqu'à quel point la végétation se trouve disposée conformément aux influences climatériques. C'est de ce point de vue qu'était déjà parti A. de Humboldt, lorsque dans la géographie des plantes il plaça en tête les organes végétaux servant à la conservation de l'individu et les distingua de ceux qui, tout en concourant à la propagation, déterminent la continuation ou la transformation éventuelle des espèces, et dont la structure sert de base à l'idée que nous nous formons de leur affinité systématique. Ce fut ainsi qu'il traça sa Physionomie des plantes ou une représentation des formes végétales qui non-seulement déterminent par leur extérieur et leur distribution le caractère d'un pays, mais ont encore le mérite d'exprimer, bien mieux que ne le fait l'organisation des fleurs et des fruits, la liaison entre le mode de formation des végétaux et les conditions climatériques auxquelles ils répondent dans leur expansion géographique.

Les plus anciennes tentatives de diviser le règne végétal, faites antérieurement aux travaux systématiques de Tournefort et de Linné, reprennent ici leur autorité, puisque c'est sur la comparaison des troncs, des branches et des feuilles qu'est basée la classification physionomique de M. de Humboldt. La botanique systématique a dû abandonner cette voie lorsque la variabilité des organes dont dépend la nutrition de l'individu eut été reconnue. Cette objection n'a point de valeur pour le procédé physionomique, dont l'objet est d'examiner par quels moyens la vie se trouve assurée et quelles sont les forces de la nature inorganique qui, tout à la fois, excitent et menacent cette vie constamment. Dans ce genre d'études, la forme particulière des organes végétaux a une importance décisive. Qu'une énumération des formes végétales faite d'après ce procédé ne soit pas susceptible d'une classification rigoureuse, ainsi que M. de Humboldt le fait observer, cela ne diminue point sa portée pour la géographie comparée des plantes. D'ailleurs, il n'est guère permis de juger d'après un étalon logique un système d'êtres organisés; ce système se propose un but supérieur à celui de servir de guide aux distinctions spéciales. Le système physionomique des végétaux fait voir comment l'organisation se modifie selon la mesure de ses ressources physiques; par contre, celui qui est basé sur la structure morphologique, en nous permettant d'apprécier l'affinité des formes, éclaire les ténèbres qui en cachent l'origine ou la descendance. Parmi ces deux résultats, le premier s'obtient à l'aide des investigations climatologiques; le second à l'aide de la géologie, les deux genres d'investigation étant également applicables à la disposition géographique des plantes. Quelquefois les formes végétales s'accordent avec les groupes du système naturel; mais dans la majorité des cas, la constitution des organes nutritifs se trouve combinée avec les organisations les plus diverses de la fleur et du fruit. C'est ainsi que le tronc succulent des Cactées américaines correspond au tronc charnu des Euphorbes d'Afrique et d'autres formes végétales succulentes; cependant, ce tronc est toujours l'expression d'un climat sec.

Toute flore naturelle doit être exposée [7] de manière à ce que d'abord les formes végétales et leurs rapports avec les formations botaniques se présentent comme dépendant du climat, et ensuite qu'il soit tenu compte de leurs centres de végétation qui se rattachent à leur origine géologique et diffèrent selon les *normes* du système végétal naturel. Comme conclusion de ces observations préliminaires, destinées à motiver la manière dont j'ai cru devoir disposer chacune des flores naturelles, je joins ici un tableau général des formes de végétation distinguées par moi, lesquelles, tant par leur masse que par leur distribution, déterminent le caractère de la contrée, comme aussi se rattachant à des conditions climatériques particulières. Cette division répond au système végétal physionomique de M. de Humboldt; j'ai conservé ses qualifications des formes empruntées aux plantes connues ou au mode de formation des organes végétaux; mais comme il m'a paru que ces distinctions non-seulement étaient susceptibles d'un développement ultérieur, mais même en avaient besoin, les distinctions admises par moi se trouvent presque trois fois plus nombreuses que celles de M. de Humboldt.

I. VÉGÉTAUX LIGNEUX.

A. TRONC SIMPLE SANS COURONNE RAMIFIÉE, AVEC ROSETTE FEUILLAIRE AU SOMMET.

1. **Palmiers.** — Arbres à feuilles une fois divisées.
2. **Fougères arborescentes.** — Arbres à feuilles plusieurs fois divisées.
3. **Forme de Bananier.** — Arbres à feuilles indivises, larges. Nervures parallèles.
4. **Forme de Clavija.** — Arbres à feuilles indivises, larges. Nervures réticulées.
5. **Forme de Pandanus.** — Arbres à feuilles indivises, étroites en forme de roseaux. (Liliacées arborescentes.)
6. **Forme de Xanthorée.** — Arbres à feuilles indivises, étroites, peu succulentes, graminiformes.

B. TRONC SIMPLE SANS COURONNES DISTINCTES, A TOUFFES DE FEUILLES LATÉRALES.

7. **Forme de Bambou.** — Arbres à feuilles graminiformes portées par des rameaux courts qui naissent sur les nœuds du tronc.

C. COURONNE FEUILLÉE RAMIFIÉE.

8. **Arbres à feuilles aciculaires.** — Arbres à feuillage raide, toujours vert, indivis; feuille aciculaire.
9. **Forme de Laurier.** — Arbres à feuillage raide, toujours vert, indivis, feuille large d'un vert luisant.
10. **Forme d'Olivier.** — Arbres à feuillage raide, toujours vert, indivis, feuille étroite.

11. **Forme d'Eucalyptus.** — Arbres à feuillage raide, toujours vert, indivis, feuille large, d'un vert bleuâtre, terne.
12. **Forme de Sycomore.** — Arbres à feuillage raide, caduc, indivis.
13. **Forme de Hêtre.** — Arbres à feuillage flexible, caduc, indivis, feuille large.
14. **Forme de Saule.** — Arbres et arbustes à feuillage flexible, caduc, indivis, feuille étroite.
15. **Formes de Tilleul et de Bombacées.** — Arbres à feuilles arrondies ou munies de nervures pennées.
16. **Formes de Frêne et de Tamarin.** — Arbres à feuilles une fois pennées.
17. **Forme de Mimosées.** — Arbres et arbustes à feuilles bipennées, feuilles petites.

D. TRONC A COURONNES RÉUNIES L'UNE A L'AUTRE.

18. **Forme de Banyane.** — Arbres étayés par des racines aériennes issues des couronnes.
19. **Forme de Manguier.** — Arbres s'appuyant sur des individus nouveaux issus des couronnes.

E. ARBUSTES (VÉGÉTAUX LIGNEUX SE RAMIFIANT DÈS LA SURFACE DU SOL.)

20. **Forme de Bruyère.** — Feuillage raide, toujours vert, feuille aciculaire. (On peut distinguer une forme à tronc tordu.)
21. **Forme de Myrte.** — Feuillage raide, toujours vert, feuille au-dessous de 2 centimètres de grandeur, vert luisant.
22. **Forme d'Oléandre.** — Feuillage raide, toujours vert, feuille au-dessus de 2 centimètres de grandeur, vert luisant.
23. **Forme de Protéacées.** — Feuillage raide, toujours vert, feuille sans éclat, vert bleuâtre (forme d'oschur.)
24. **Forme de Sodada.** — Feuillage raide, caduc.
25. **Forme de Rhamnus.** — Feuillage flexible, caduc.
26. **Arbustes épineux.** — Feuillage arrêté dans son développement par la formation des épines.

F. FEUILLAGE SUPPRIMÉ OU FAISANT DÉFAUT.

27. **Forme de Casuarina.** — Arbres sans feuillage : couronne composée de branches nues.

28. **Formes de Cyprès et de Tamaris.** — Arbustes (et arbres) : branches à feuilles non étalées, de très-petite dimension.

29. **Forme de Spartium.** — Arbustes aphylles (ou organes foliaires supprimés).

G. VÉGÉTAUX LIGNEUX SANS TRONC ET SANS RAMIFICATION.

30. **Forme de Palmier-nain.** — Rosette foliaire composée de feuilles divisées, insérées sur des troncs raccourcis ou supprimés (forme de Cycadées).

II. VÉGÉTAUX SUCCULENTS.

31. **Forme de Chénopodées.** — Arbustes et herbes à feuilles succulentes.
32. **Forme d'Agave.** — Rosette feuillaire succulente, sans tronc.
33. **Forme de Cactus.** — Végétaux succulents, aphylles.

III. VÉGÉTAUX GRIMPANTS.

34. **Forme de Liane.** — Végétaux ligneux, grimpants, feuilles rétinervées.
35. **Forme de Rotang ou Palmier-Liane.** — Végétaux ligneux grimpants, à feuilles de palmier.
36. **Formes de Convolvulacées et Cucurbitacées.** — Végétaux grimpants sans tronc ligneux.

IV. ÉPIPHYTES.

37. **Forme de Loranthus.** — Arbustes parasites.
38. **Forme d'Orchidées aériennes.** — Sans organes enfoncés dans le sol ou dans la plante mère.

V. HERBES.

A. TIGE FEUILLÉE.

39. **Herbes vivaces et demi-arbustes.** — Herbes qui deviennent vivaces à l'aide d'une souche souterraine, ou dont la tige se lignifie en même temps à son extrémité inférieure.
40. **Forme de Gnaphale.** — Herbes à revêtement cotonneux.
41. **Forme d'Immortelle.** — Herbes à fleurs se desséchant peu à peu.

B. TIGE NUE (OU A FEUILLAGE A DEUX RANGS) : ROSETTE FOLIAIRE ÉTALÉE SUR LE SOL.

42. **Végétaux bulbeux.** — Pérennants à l'aide de bulbes souterrains ou tubercules.
43. **Forme de Scitaminées.** — Feuillage en rosette ou à deux rangs, feuilles indivises, larges avec nervures parallèles.
44. **Forme d'Aroïdées.** — Rosette feuillaire composée de feuilles sagittées, cordées ou divisées, pétiolées.
45. **Forme de Bromélia.** — Rosette foliaire composée de feuilles à forme de roseau.

C. ROSETTE FOLIAIRE ACAULE.

46. **Fougères.** — Feuilles à nervures se terminant librement dans le tissu.

VI. GLUMACÉES.

47. **Graminées des prés.** — Gazon à feuilles flexibles.
48. **Graminées des steppes.** — Gazon à feuilles rigides.
49. **Graminées des savanes.** — Gazon de haute taille.
50. **Graminées annuelles.** — Graminées sans ramifications susceptibles de former un gazon.
51. **Forme de Cypéracées.** — Chaume sans nœuds.
52. **Forme de Roseau.** — Chaume élevé à feuilles espacées.

VII. PLANTES CELLULAIRES.

53. **Forme de Mousse à fronde.** — Feuilles vertes.
54. **Forme de Lichen terrestre.** — Plantes cellulaires non vertes, aphylles.

I

FLORE ARCTIQUE

Climat. — La flore arctique comprend, dans les hautes latitudes du Nord, toutes les régions situées au delà de la limite septentrionale des forêts. Quelque uniforme et pauvre dans ses produits que puisse paraître ce domaine de solitudes presque inhabitées, il n'en présente pas moins un grand intérêt en nous montrant ce que, dans les conditions les plus défavorables, la nature est en état de faire pour maintenir la vie organique et combien elle s'efforce de répandre partout ses germes et d'animer la froide surface terrestre par l'activité, le mouvement et la force organisatrice. On a l'habitude d'identifier la végétation arctique avec celle de la région alpine des montagnes où la végétation arborescente disparaît aussi, en sorte que l'on croit pouvoir réunir ces deux théâtres de la vie végétale comme étant placés dans les mêmes conditions physiques. Toutefois déjà M. Ramond, successeur de Saussure et prédécesseur de Humboldt, alors qu'il ouvrait le premier les Pyrénées aux naturalistes[1], fit observer que, puisque dans les régions arctiques c'est l'obliquité des rayons solaires et dans les régions alpines la raréfaction de l'air qui déterminent la diminution de la température, il se pourrait que les effets de ces deux causes ne fussent pas les mêmes, du moins à l'égard des organismes. Il pensait que la concordance dans le caractère des plantes consistait plutôt en un certain degré de similitude, mais n'était point fondée sur l'identité des conditions vitales. Sans épuiser la question relative aux différents rapports qui peuvent exister entre la flore arctique et les régions alpines des montagnes, cette observation facilite cependant le premier pas à franchir dans la connaissance des lois qui président à la végétation des hautes latitudes du Nord*. La flore alpine est comprise entre la limite des végétaux arborescents et celle des neiges perpétuelles; et comme on voit la calotte que forment ces dernières descendre graduellement à un niveau plus bas à mesure que l'on s'avance de la zone tropicale vers la zone arctique, une opinion généralement répandue admettait qu'à une certaine distance du pôle ce niveau devait atteindre celui de la mer et faire cesser sur ce point toute vie organique. Et pourtant, aussi loin qu'on s'est avancé plus tard jusqu'aux plus hautes latitudes en dépassant 80°, nulle part on n'a vu les neiges qui avaient survécu à l'été atteindre la côte, et partout, au contraire, les régions basses se trouvèrent pendant un certain laps de temps accessibles aux germes de la végétation.

* Parmi les phénomènes physiques, qui placent dans des conditions différentes, sous le rapport de la végétation, les régions arctiques et les régions alpines, on pourrait mentionner la variation que subit avec l'altitude la proportion d'acide carbonique et d'ammoniaque contenus dans l'air. Dans un travail publié dans les *Comptes rendus* (an. 1873, 2e sém., t. LXXVII, p. 675 et 1,159), M. P. Touchot rapporte les expériences dont résulte la diminution très-rapide de l'acide carbonique à mesure qu'on s'élève dans l'atmosphère; ainsi, à une altitude de 395 mètres, l'atmosphère contient en poids 623 milligrammes et en volume 313 millimètres cubes d'acide carbonique; à l'altitude de 1,446 mètres, ces chiffres sont de 405 milligrammes et 203 millimètres, et à 1,884 mètres seulement de 342 milligrammes par litre; par contre, la quantité d'ammoniaque va en croissant et se trouve être respectivement 1 milligr. 12, 3 milligr. 18 et 5 milligr. 55 par mètre cube. De plus, M. Boussingault avait déjà prouvé que le brouillard contient des quantités souvent considérables d'ammoniaque. A tous ces faits on peut en ajouter encore un, exclusivement caractéristique des hautes latitudes (et par conséquent ne se reproduisant point dans le sens altitudinal), c'est la faible quantité d'électricité que renferme l'atmosphère de ces latitudes. En effet, dans un travail (V. *Mittheil,* t. XIX, an. 1873, p. 272) sur la répartition géographique de l'électricité atmosphérique, M. A. Mühry a essayé de démontrer que, sous ce dernier rapport, l'électricité atmosphérique se comporte conformément à la répartition de la température, c'est-à-dire à l'insolation de la surface terrestre; qu'elle est la plus forte dans la zone chaude et va constamment en diminuant vers les pôles, où elle disparaît presque complétement; il en résulte que l'intensité de l'électricité atmosphérique marche dans une voie opposée à celle que suit l'intensité du magnétisme terrestre. — T.

Dans le Spitzberg, les glaciers seuls atteignent le niveau de la mer, tandis que la limite inférieure des neiges perpétuelles y a été constatée par les naturalistes suédois[1] seulement à une altitude d'au moins 32 mètres; il y reste par conséquent assez de place à la production de la nourriture végétale recherchée par le Renne[2]. Même sous le ciel beaucoup plus rigoureux des îles de Parry, dont le climat, à en juger par la température moyenne annuelle (— 16° 8′), est l'un des plus froids des parties connues du globe, plusieurs grands mammifères, tels que le Bœuf musqué[3], y trouvent en été, de concert avec les troupeaux de rennes, une végétation suffisante pour venir visiter ces pâturages inhabités. Or, sur les Alpes, au delà de la limite inférieure des neiges, à des altitudes où la température moyenne annuelle doit être certainement beaucoup moins basse, le Chamois trouve à peine la nourriture la plus exiguë, et seulement là où la neige ne peut se fixer sur les pentes abruptes des rochers escarpés.

C'est donc une question de la plus grande importance que celle de savoir pourquoi la neige, qui, sur les montagnes, met un terme à la vie organique, disparaît en été dans les basses régions arctiques, qui, de cette manière, deviennent pour la végétation un champ illimité d'activité. La réponse à cette question ne peut être que d'une nature complexe, car ce n'est que l'action combinée d'une suite de conditions physiques qui assure à la flore arctique cette supériorité sur la flore de la montagne. Puisque l'accumulation de la neige persistante ne dépend guère de la température moyenne annuelle, mais de la quantité de neige fondue pendant l'été, il semble que c'est la masse de cette dernière qui, avant tout, doit être prise en considération, attendu que, sous l'empire de la même température, une partie déterminée seulement de la neige peut, dans un temps donné, être convertie en eau courante. Or les montagnes qui, en leur qualité de corps plus froids, condensent la vapeur d'eau, reçoivent en moyenne plus de précipitations atmosphériques que la plaine, en sorte que la quantité plus grande de neige tombée doit en rendre la fonte plus difficile dans le cours de l'été. D'une autre part, si une humidité moins considérable était la seule cause de la disparition, durant l'été arctique, de la neige accumulée pendant les autres saisons, un chiffre limite devrait être atteint qui indiquât le moment où, même en présence d'une humidité atmosphérique plus faible, la température réduite ne serait plus suffisante pour opérer la fonte, ce qui, naturellement, amènerait la ligne des neiges perpétuelles au niveau de la mer. Pour empêcher ce phénomène de se produire, même sous les climats les plus froids de la terre, il faut donc qu'il y ait une différence dans la manière dont s'effectue l'échauffement du sol. Or la chaleur que celui-ci emprunte au soleil dépend, d'une part, de la direction de ses rayons, et, de l'autre, de la proportion sous laquelle ces derniers se répartissent sur une surface donnée. Plus une surface est unie, plus grande sera la quantité de chaleur que recevra chaque point; par contre, plus elle est bombée ou inégalement déchiquetée en plans obliques, plus la même masse de rayons solaires se trouve répandue sur un plus grand espace, et, par conséquent, moins considérable sera l'effet total. C'est là le rapport entre les chaînes montagneuses et les plaines. Ce que gagnent les pentes exposées au soleil est perdu par les pentes ombragées, et, en définitive, sur une surface donnée, l'insolation de la neige est moins grande dans un massif montagneux que dans une plaine. La même quantité de chaleur estivale ne saurait convertir en eau la même masse de neige. D'ailleurs, il faut tenir compte des longs jours de la zone arctique, lesquels compensent l'inconvénient qui résulte de l'obliquité plus prononcée des rayons solaires. En été, les jours s'allongent avec la latitude croissante, au point qu'au pôle même les nuits finissent par disparaître complétement pendant la moitié de l'année, et il s'ensuit que dans la zone arctique les différences de la position géographique se trouvent atténuées. Enfin, comme l'aplatissement du globe fait que, sous les hautes latitudes au delà du cercle polaire, l'obliquité des rayons solaires subit peu d'altération, on voit que toutes ces particularités convergent vers le même résultat : celui de créer un climat uniforme, tel que le climat caractérisé par l'absence de la neige sur le sol pendant l'été et par la végétation également uniforme des basses régions.

Il n'en est pas moins vrai que dans les diverses contrées du domaine arctique la température estivale offre des divergences tellement considérables que l'on serait tenté de douter si, au delà des régions polaires explorées jusqu'à présent, la neige ne devait point se conserver sur le littoral de la mer. Dans l'île Melville (75° L. N.), pendant le voyage de M. Parry, le thermomètre se maintint depuis juin jusqu'à août au-dessus du point de congélation[3], et il en fut de même dans le Spitzberg; mais dans l'ouest du Groënland, sur la côte du Smith's Sund (78° 30′ L. N.), M. Kan put constater qu'il n'y avait que le mois de juillet qui offrait une moyenne au-dessus de zéro, seule température capable de favoriser la fonte de la neige. Cependant, il faut prendre en considération encore une autre circonstance qui, même dans des conditions aussi défavorables, assure aux plaines un avantage sur la montagne, et contribue à rendre l'opération de la fonte profitable à la vie organique fixée à la surface du sol. L'eau, engendrée par la température estivale, descend le long du plan incliné des montagnes, et, en se solidifiant, ne tarde pas à donner aux cristaux de neige la contexture grenue du névé, jusqu'à ce qu'enfin celui-ci s'abaisse dans les vallées et s'y condense de manière à constituer un glacier. Une grande partie de l'eau de neige ainsi formée demeure par conséquent à la surface du sol, et, à la suite du contact perpétuel avec la neige non encore fondue, se convertit en glace, qui également enlève toute chance à la vie organique. Par contre, dans la plaine, l'eau ne peut descendre qu'en sens vertical; elle traverse rapidement les couches intérieures de la neige et disparaît dans les profondeurs; là, selon la température moyenne du climat, elle se consolidera également en glace, mais cette glace, mêlée au gravier et aux mottes du sous-sol, ne saurait exercer sur la surface éclairée par le soleil une action réfrigérante quelconque à l'instar du névé et du glacier. Ici donc l'eau qui possède la température du point de congélation se trouve enlevée par la voie la plus courte et de la manière la plus complète aux surfaces exposées à l'action échauffante du soleil, et comme ces procédés fonctionnent sans discontinuité tant que dure la fonte de la neige, le temps nécessaire à l'élimination de cette dernière de la surface du sol se trouve gagné. On le voit, dans le premier cas la force du soleil est fractionnée, car elle est appelée à fondre non-seulement la neige, mais encore le névé et les glaciers; dans le deuxième cas, elle produit de l'eau qui ou disparaît tout à fait, ou, si elle congèle de nouveau, se trouve soustraite aux rayons solaires incapables de pénétrer dans l'intérieur de la terre. Le terme de la disparition complète de la neige tombée antérieurement est suffisamment accéléré pour donner aux organes de végétation qui attendent impatiemment l'heure de la délivrance, du moins un répit de quelques semaines dont ils profitent pour leur développement. De cette manière, avec des températures estivales également basses, les neiges perpétuelles des montagnes se trouvent remplacées dans les plaines arctiques par la glace souterraine, en laissant libre une couche superficielle du sol, susceptible de satisfaire aux exigences de la vie végétative.

Sous toutes les latitudes, ce n'est que sur le sol incliné que la neige et la glace s'accumulent d'une manière persistante; mais dans les régions arctiques, la position de la ligne des neiges perpétuelles est soumise à de plus grandes oscillations, parce que les conditions qui la déterminent sont d'une nature très-complexe. Aux influences de l'humidité atmosphérique, de la configuration des massifs montagneux et de la position de la glace souterraine, circonstances qui toutes agissent sur la durée de temps requise par la température estivale pour faire disparaître la neige, s'ajoutent les effets de l'obliquité des rayons solaires. Il en résulte non-seulement une diminution de la température et sa répartition plus uniforme à diverses altitudes, mais encore une augmentation considérable de l'espace ombragé que masquent les sommités des montagnes. Sous ce rapport la plaine horizontale jouit de ce grand avantage, qu'abstraction faite de l'effet des nuages, elle est placée complétement en dehors de l'ombre, et que, par conséquent, la quantité de chaleur que peut lui accorder la basse position du soleil est uniformément et totalement employée à la délivrer des neiges.

La position de la glace souterraine qui constitue un trait

saillant dans la physionomie de la nature boréale, ne dépend point, comme les neiges perpétuelles, des saisons, mais de la température moyenne du sol, et c'est pourquoi, en Sibérie et dans l'Amérique septentrionale, elle s'étend bien au delà de la flore arctique, jusque dans l'intérieur de la zone forestière. Lorsque la glace souterraine peut se développer librement, sa limite inférieure, celle qui indique sa profondeur, répond à la couche du sous-sol où le thermomètre marque d'une manière constante le point de congélation. Cependant, la profondeur à laquelle pénètre la glace souterraine n'est pas déterminée par la température seule, mais dépend encore de la constitution du sol, selon qu'il est ou qu'il n'est pas perméable à l'eau. Dans le terrain peu consistant de la Sibérie, la glace descend à une profondeur bien plus considérable qu'elle ne peut le faire à travers la charpente granitique de l'Amérique septentrionale. A Jakutsk le sol est congelé jusqu'à une profondeur de 217 mètres (670 pieds)[4], tandis que sous la même latitude (62°) M. Richardson n'a trouvé, près du Mackenzie, dans l'intérieur de l'Amérique septentrionale, qu'une couche de 1m,9 de puissance renfermant de la glace, après que le sol situé au-dessus de cette couche jusqu'à une profondeur de 3m,6 n'avait plus de glace pendant l'été. On le voit, tout obstacle sous forme de rochers imperméables que les eaux de neige souterraines rencontrent dans l'intérieur de la terre, exerce une influence défavorable sur la surface du sol, en retardant l'écoulement du liquide. Néanmoins, ainsi que nous l'avons dit (p. 20), la température estivale suffit pour faire disparaître, quoique tardivement, la neige de la surface des régions polaires*.

* Les remarquables travaux géothermiques de MM. Becquerel père et fils font ressortir d'une manière frappante les contrastes entre les profondeurs auxquelles pénètre la température au-dessous du zéro dans la zone arctique et dans la zone tempérée. Deux résultats fort importants pour la végétation découlent du résumé publié (*Comptes rendus*, an. 1874, t. LXXVIII, p. 137), des observations faites par ces savants, depuis plusieurs années, au Jardin des Plantes, à l'aide du thermomètre électrique, depuis la surface du sol jusqu'à 36 mètres de profondeur, savoir : 1° à une profondeur de 0m,60, pendant les plus grands froids la température se maintient au-dessus du zéro, ou tout au plus à 0° 4'; 2° à une profondeur quelconque, les différences thermiques sont très-considérables, selon

C'est à l'inclinaison du sol que tiennent les plus grands contrastes que la nature arctique est capable de produire. Il est un cas où la pente de la chute d'eau, non-seulement n'est pas préjudiciable à l'échauffement de la surface du sol, mais même est favorable à cet effet.

Ainsi, lorsque sur une plaine horizontale, l'eau de neige ne peut s'écouler de haut en bas, soit parce que le sous-sol est imperméable ou que la température est insuffisante pour opérer le dégel jusqu'à une grande profondeur, il se forme pendant l'été des surfaces humides, marécageuses, dont la température ne saurait dépasser le point de congélation, à cause de la proximité de la glace souterraine. De telles plaines, dont la température du sol est éminemment préjudiciable à la vie organique, sont désignées par le nom de *toundra ;* elles constituent les véritables solitudes polaires de la Sibérie, inhabitables pour l'homme, et n'offrant point de nourriture, même aux animaux qui ne la reçoivent que des pâturages. Nous verrons plus tard combien peu considérable est la profondeur à laquelle les toundra planes éprouvent l'effet du dégel pendant l'été[3].

Mais lorsque la surface du sol est bombée sans que l'exhaussement dépasse la ligne des neiges perpétuelles, et qu'après la fonte de la neige l'eau a disparu du terrain mis à nu, c'est alors que se présentent les conditions les plus favorables à la végétation, parce que le sol sec est plus fortement échauffé par les rayons solaires que le sol humide, et qu'il se perd d'autant moins de cette chaleur plus profondément le sol se trouve dégelé. Si à cela se joint encore une bonne exposition au soleil dont les rayons suivent diverses directions selon la position occupée par cet astre sur l'horizon, on voit alors se réaliser les conditions climatériques les plus avantageuses dont le domaine de la flore arctique soit susceptible, savoir : la température du sol proportionnellement la plus élevée et le plus long laps de

que le sol est gazonné ou dénudé. Pendant les mois d'hiver, ces différences peuvent atteindre le double des valeurs en faveur du sol gazonné ; tandis qu'en été, elles se manifestent en sens contraire, la température étant plus élevée dans le sol dénudé que dans le sol gazonné. — T.

temps pour le développement des plantes. C'est dans ce cas que se trouvent les vallées arrosées par les grands fleuves qui viennent de l'intérieur des deux continents et débouchent dans la mer Glaciale; elles offrent, immédiatement sur la lisière des toundra, les meilleurs pâturages recherchés par les Samoyèdes de la Sibérie, lorsque pendant l'été ils se transportent vers le Nord avec leurs troupeaux. Le léger bombement propre aux vallées riveraines de la contrée basse, leur donne l'avantage de la surface plane, celui de voir la plus grande partie de l'eau de neige disparaître dans la glace souterraine. Aussi trouve-t-on, dans le célèbre tableau tracé par M. de Baër de la végétation de la Nouvelle-Zemble, cette observation : que la surface unie d'un désert polaire ainsi que le sol incliné au pied d'une montagne, quand il n'est pas composé de couches de neige ou de galets, pourraient bien être comparés à un jardin.

Le contraste le plus extrême avec de telles vallées nous est fourni par l'intérieur du Groënland où, bien que l'exposition puisse offrir les mêmes avantages, les montagnes s'élèvent au-dessus de la limite des neiges, et eu égard à leur altitude présentent, au lieu de dépressions planes, des pentes beaucoup plus roides. Une grande partie du Groënland se trouve au-dessous du niveau des neiges perpétuelles qui recouvrent les montagnes dont la côte occidentale du pays est bordée, et c'est pourquoi, depuis un temps immémorial, une masse non interrompue de glaciers s'est étendue [1] sur toute la contrée aussi loin qu'on a pu pénétrer; on les voit s'avancer à travers une rangée de petites vallées d'érosion dans la direction de l'ouest vers le golfe de Baffin, où ils se précipitent dans la mer et y forment ces montagnes flottantes de glace charriées par les courants jusqu'à des latitudes beaucoup plus méridionales dont l'action seule est capable de les fondre. Le Groënland est l'unique pays polaire qui, à cause de l'influence prépondérante des montagnes neigeuses, ne laisse que ses côtes accessibles à la vie organique. Lorsqu'on considère combien l'influence du surgissement de montagnes considérables limite la végétation du Groënland, et combien celle des grands continents est favorisée par les contours doucement accentués des vallées riveraines, on se rappelle les conditions semblables que présentent les Alpes où les glaciers destructeurs se trouvent souvent en contact immédiat avec les prairies tapissées de fleurs.

Ainsi, les plus grands contrastes dans la nature arctique tiennent aux conditions plastiques du sol. La mer, qui plus au sud différencie les climats, n'exerce sur la végétation de ce domaine qu'une influence comparativement peu considérable, bien que par ses points de contact avec les régions polaires qu'elle sépare les unes des autres, ainsi que par les masses de glace et les courants qui les mettent en mouvement, la mer possède indirectement une très-grande importance tant pour l'économie générale de la zone arctique que pour l'équilibre des conditions vitales. Les glaces flottantes qu'elle amène, exercent directement une action réfrigérante sur les côtes où elles s'accumulent, ce qui n'empêche pas que là où ces glaces ne disparaissent presque jamais, le caractère de la végétation n'est pas essentiellement différent de celui de la végétation des régions exposées en plein à l'action de la mer polaire. Sans doute, les habitants du nord de l'Islande se trouvent dépourvus de toute ressource pendant certains étés lorsque les glaces flottantes viennent bloquer ces côtes, mais ce ne sont là que des événements temporaires. Il y a concordance entre la flore du littoral occidental du Groënland exempt de glace, et celle du littoral oriental bordé d'une ceinture de glace [7]. Il serait possible néanmoins que cette concordance ne tînt qu'à ce qu'il y a moins de neiges sur les hauteurs de la côte orientale [8], et que les glaciers atteignissent rarement la mer qui à cause de cela se trouve à peu près affranchie des grosses masses de glace flottantes du golfe de Baffin.

Si cependant la mer n'était pas capable d'éloigner par ses courants la glace polaire, et de modérer ou même de niveler jusqu'à un certain degré le climat des côtes arctiques, à l'aide de l'échange opéré avec les eaux des latitudes plus basses, la température estivale n'en serait pas moins insuffisante au rétablissement des conditions de la vie végétale. L'accumulation croissante des masses glaciaires aurait dû depuis longtemps répandre ces dernières sur toute la surface de la zone polaire, l'instar de l'intérieur du Groënland. Mais comme la mer tend constamment à les éloigner et qu'elle atténue, dans ce sens, les effets réfrigérants de l'hiver, la température estivale profite davantage au sol et ne se trouve plus dépensée pour la fonte de la glace. Le caractère uniforme de la végétation arctique prouve que, bien que ce ne soit que dans l'Atlantique que les courants se manifestent, leur action s'étend indirectement sur tout le bassin polaire; or, pour s'en rendre compte, il est indispensable de jeter un coup d'œil rapide sur les voies que suivent les glaçons et les montagnes flottantes de glace.

En pleine mer il ne se forme que peu de glace, et encore celle-ci n'a-t-elle qu'une faible épaisseur, parce que les vents et les agents atmosphériques ne cessent de la détruire et que des eaux plus chaudes peuvent arriver de la profondeur à la surface. Aussi, puisque les corps solides et liquides possèdent des capacités de rayonnement très-différentes, ce qui pendant les longues nuits polaires réduit sur le continent la température à ses dernières limites, il s'ensuit que le froid hivernal est moins intense en pleine mer où, sous des latitudes élevées, la vie organique peut se développer d'une manière bien plus riche et plus variée. Ce sont les côtes arctiques le long desquelles la mer présente les plus grandioses phénomènes de congélation, mais cela n'a lieu que là où les courants venant du sud n'y apportent pas d'obstacle. Le bassin polaire entouré de continents offre une forme circulaire, en sorte que l'échange des courants océaniques qui tendent à conserver l'équilibre entre les eaux de température et de densité différentes, ne peut s'opérer que par deux ouvertures, toutes deux situées dans l'Atlantique à l'est et à l'ouest du Groënland. Quant au détroit de Béring, il est trop peu profond pour transporter dans la mer du Sud la glace de la mer polaire qui, dans ces parages, acquiert une telle puissance qu'elle plonge quelquefois à une profondeur de 19 à 26 mètres[3]. Or aux deux ouvertures susmentionnées répondent deux courants chauds et deux courants froids, qui servent d'intermédiaires entre le climat des hautes latitudes et celui de la zone tempérée. Par suite de la rotation terrestre, les deux premiers courants se trouvent rejetés vers les côtes occidentales et les deux derniers vers les côtes orientales du continent, parce que les uns tendent à se diriger au nord et les autres au sud, et c'est là la cause qui dans le nord de l'Atlantique rend les côtes occidentales accessibles à la navigation. L'Atlantique demeure libre de glace sur une étendue considérable, s'étendant vers le Nord à travers le domaine du Gulf-Stream, qui, entre la Nouvelle-Zemble et le Spitzberg, rencontre le courant arctique chargé de ses champs de glaces, et de cette manière rend praticable à l'ouest du Spitzberg jusqu'au 81e degré de latitude la pêche de la Baleine et du Phoque. Et c'est même un courant dirigé au nord[3] dans le golfe de Baffin qui permet aux colonies de la côte occidentale du Groënland d'établir entre elles des relations faciles, tandis que la partie orientale de ce grand golfe est dominée par le courant arctique venant du Lancaster-Sund et se dirigeant vers la côte du Labrador. Enfin c'est dans les parages circumpolaires inexplorés qu'il faut placer le courant arctique qui opère l'échange entre ses eaux et celles du Gulf-Stream et qui charrie la glace côtière de la Sibérie, en la recueillant sous tous les méridiens compris entre la Nouvelle-Zemble et le détroit de Béring, pour la transporter jusqu'à la partie septentrionale du Spitzberg et plus loin jusqu'à la côte orientale du Groënland, parages où l'origine de ce courant est constatée par les bois flottants qu'il amène jusqu'aux côtes de l'Islande; ils proviennent des forêts de l'Asie septentrionale et à l'aide des fleuves arrivent dans la mer Glaciale.

Quelque concordance qu'il y ait, sous le rapport des éléments constitutifs, entre la végétation des côtes bordées de glace et les côtes qui en sont exemptes, le système des courants de la mer n'en exerce pas moins une influence des plus considérables sur l'étendue du domaine de la flore arctique, et atteste par là son importance climatérique. Les formes des plantes arctiques elles-mêmes se contentent de gagner quelques semaines, pendant lesquelles le sol est libre de neige, exigence à laquelle, dans les contrées planes, la température estivale répond suffisamment, lors même que la mer charrie des glaces le long des côtes, mais il en est autrement des forêts; comme elles réclament une plus longue période de végétation, elles ne sauraient résister à l'action réfrigérante des courants arctiques quand les jours redeviennent plus courts et le soleil commence à perdre rapidement de sa force calorifique. Dans la Scandinavie nous trouvons une flore alpine, mais point de flore arctique; les arbres y atteignent la proximité du cap Nord (71° L. N.), parce que le Gulf-Stream maintient la côte jusqu'à cette distance libre de glaces, mais déjà dans le gouvernement d'Arkangel, dans la contrée des Samoyèdes d'Europe, la limite des forêts se replie dans l'intérieur du continent (66° L. N.)[11], et de là s'étend à travers toute la Sibérie, en se tenant à une certaine distance de la côte (Jéniseï 69° 30', contrée du Taïmyr 71° 30', Lena 71°, détroit de Béring 64°)[12]. Pour se détacher du continent les masses de glaces consomment ici le calorique qui, plus dans l'intérieur du pays, aurait servi à la conservation des forêts. Ce mode dont s'opère la fonte des glaces littorales est également la cause du minimum auquel est réduite la courbe méridionale de la limite des arbres, courbe qui rejette les forêts de l'Amérique septentrionale presque sous la latitude de Saint-Pétersbourg et n'en donne qu'une plus grande extension à la flore arctique dans le sud (détroit de Béring 66° 30', grand lac des Ours 67°, golfe de Hudson 60° 30)[12]. En effet, le continent arctique de l'Amérique est situé d'une manière bien moinsf avorable que l'Asie, parce que, d'une part, entre le détroit de Béring et l'embouchure du Mackenzie la glace est emportée très-lentement par les courants et s'y accumule le plus, et, d'autre part, parce que dans le golfe de Hudson même elle ne trouve point d'issue du côté du sud et doit par conséquent fondre sur place dans l'enceinte de ce froid réservoir, qui en été doit consumer non-seulement sa propre glace hivernale, mais encore les masses qui lui viennent du détroit de Davis. Sous les méridiens plus occidentaux, là où l'archipel contigu de la côte, contenant de grandes îles telles que Banksland et Wollastonland, entrave l'accumulation de la glace, la limite des arbres atteint en Amérique la latitude septentrionale la plus élevée (67°).

Ainsi la flore arctique elle-même conserve le caractère de grande uniformité, influencée néanmoins dans une forte proportion par la constitution géognostique du sol, aussi bien que par la température que lui donne son état d'humidité et qui dépend de cette constitution. Si maintenant on se demande en quoi consiste cette parité des conditions physiques dont les formes végétales ne sont que l'expression, nous trouvons la coïncidence basée sur la brièveté de la période de végétation et sur le degré de température comparativement moins élevé dévolu à cette période. Il est beaucoup de régions dans le domaine arctique où la température de l'air, comme dans le Spitzberg, ne dépasse le point de congélation que pendant les trois mois de l'été, et puisque le mouvement de la séve dans les plantes n'est possible ou bien ne peut continuer sans l'action des rayons solaires, que lorsque le sol fournit de l'eau courante, l'organisation des plantes doit être constituée de manière à leur permettre de supporter un sommeil hivernal d'au moins neuf mois. Dans quelques contrées arctiques la température supérieure au point de congélation dure pendant un laps de temps plus considérable, comme en Islande et sur la côte occidentale du Groënland où ce laps de temps va jusqu'à cinq à six mois[13], et pourtant, même dans ce cas, la période de végétation ne s'allonge guère de beaucoup, car il se perd considérablement de temps avant que la neige de l'hiver ait été complétement fondue, ou bien lorsque pendant les mois d'automne de nouvelles chutes de neige ont eu lieu. Il en est de même dans les zones alpines des Alpes au-dessus de la limite des arbres, où, comme par exemple à l'hospice de Saint-Bernard[13], la température demeure pendant cinq mois au-dessus du point de congélation, ce qui n'empêche pas que, eu égard à la perte de temps qui s'écoule jusqu'à la disparition de la neige, il ne reste à la végétation que trois mois, qui ne suffisent pas à la vie des arbres. J'admets que la flore arctique, elle aussi, ne puisse prolonger sa période de développement au delà de trois mois, toujours est-il que dans les localités où pendant l'été la neige ne s'évanouit que tard, la végétation peut se contenter d'un laps de temps beaucoup plus court, et c'est là un point de vue important qui trouvera son expression dans l'organisation des plantes de ces localités.

En supposant même comme possible un réveil plus prompt

et une plus longue persistance dans le mouvement de la séve que ne le comportent les limites extrêmes de temps que nous venons d'indiquer, il n'en résultera pour cela aucun avantage à l'égard de tous les végétaux dont le développement tient à des températures plus élevées, quoiqu'ils trouvent dans le sol, pendant le temps voulu, l'eau courante nécessaire à leur évolution annuelle. C'est là la cause qui exclut les arbres, parmi lesquels le Bouleau est de toutes les essences feuillues celle qui pénètre le plus avant dans le nord et ne commence à développer ses pousses printanières qu'à une température de 7°5. Dans le Groënland, sous la latitude de l'Islande (65°), cette température n'a lieu qu'à peine pendant deux mois, juillet et août, et par conséquent pendant un laps de temps beaucoup trop court pour l'accomplissement de la croissance annuelle du Bouleau. Sur les limites méridionales du domaine arctique où les arbres commencent à trouver leurs conditions vitales, nous pouvons apprécier le mieux l'action que la brièveté de la période de développement exerce sur la végétation. L'Islande méridionale en contact avec le Gulf-Stream, mais sans cependant posséder un arbre indigène quelconque, peut être considérée comme un semblable point limite : car à Reikiawick (64°) on parvient à cultiver de petits Bouleaux, lorsqu'ils se trouvent suffisamment abrités contre les vents orageux. Climatériquement cela ne peut s'expliquer que par le fait qu'ici les températures mensuelles de mai à septembre s'élèvent au-dessus de 7° 5, tandis que sur la côte septentrionale, à Eyafjord, cela n'a lieu, comme au Groënland qu'en juillet et août. Aussi la limite des arbres aurait touché à la côte méridionale de l'Islande, comme peut-être cela avait été jadis le cas, mais la forêt n'y trouvant point d'abri, la flore arctique occupa l'espace qui lui était ouvert. Sur la Petchora et sur d'autres rivières de la Russie arctique, c'est dans un sens opposé que les arbres s'avancent au nord dans les toundra du pays des Samoyèdes[14] (jusqu'à 67° 30'). Entre ces forêts faisant saillie en forme de langue dans les vallées riveraines, la plaine déboisée s'étend bien avant au sud (jusqu'à 66°); ainsi sur la Kolwa inférieure, sous la latitude du cercle polaire, la forêt n'a qu'un demi-mille géographique de largeur en se rétrécissant graduellement dans la direction du nord, et de même qu'il y a des oasis boisées au milieu des toundra, ainsi on voit en deçà des limites du domaine forestier continu, des toundra entourées de forêts. Dans les steppes méridionales, de tels phénomènes s'expliquent aisément par l'humidité plus considérable du sol, dans la proximité des cours d'eau, parce que là l'absence d'arbres tient aux saisons sèches qui abrégent la durée de la végétation au delà de la mesure requise par les arbres. Mais dans la zone arctique ce n'est point la sécheresse qui est cause du déboisement, c'est la réduction de la durée de la végétation à la suite de la courbe thermométrique plus abaissée, puisque les vallées riveraines déterminent le phénomène par leur niveau déprimé. En effet, dans le domaine de la Petchora les lits des rivières sont généralement bordés de deux terrasses dont les pentes sont particulièrement boisées à leur partie supérieure, étant à l'abri des courants atmosphériques et protégées contre la violence des froides tempêtes du nord. Si la masse d'eau réunie dans la Petchora, ou bien la proximité de la mer, étaient les causes déterminantes de l'adoucissement local du climat, alors, dans le premier cas, la partie inférieure de la terrasse aurait été boisée au lieu de ne posséder que des herbes vivaces et des buissons de Saules, et dans le deuxième cas, la limite des arbres aurait longé la côte à une distance plus régulière. Or, la forêt dont les Sapins ont encore un diamètre de 64 centimètres, suit seulement les contours tortueux des cours d'eau, et elle s'étend au-dessus des buissons à sol humide où elle longe la terrasse supérieure et se termine dans la toundra horizontale. M. Schrenk évalue la distance qui sépare les deux pentes sur la Kolwa à 194-259 mètres (600-1800 P).

Cependant la brièveté de la période de végétation n'est point la seule cause qui exclue les arbres du domaine arctique. Quand même ils trouveraient la température voulue pour la mise en mouvement de la séve, ainsi que le temps suffisant pour l'achever, ils n'en seraient pas moins privés du montant plus élevé de température dont ils ont besoin pendant l'époque moyenne de leur croissance. Parmi toutes les valeurs thermiques observées, c'est la température moyenne de 10° du mois de juillet qui correspond le mieux à la limite septentrionale des forêts. Dans l'évolution annuelle de leur phase de croissance, les plantes de la zone tempérée se trouvent liées à des valeurs thermiques plus élevées que celles que le domaine arctique pourrait leur fournir. Dans certains cas, comme chez la vigne, il est aisé de reconnaître que les périodes particulières du développement annuel réclament des températures diverses, mais il faut considérer cela comme une exigence générale de la végétation. Or, entre la flore arctique et le domaine forestier qui y touche du côté du sud, il y a cette notable différence que, eu égard à la direction oblique des rayons solaires, même la température la plus élevée sous les hautes latitudes serait encore trop basse pour satisfaire aux exigences des végétaux plus méridionaux. C'est pourquoi chaque changement dans la position relativement au soleil suffit déjà pour que, non loin de la limite des arbres, on voie des îlots boisés s'avancer dans l'intérieur du domaine de la végétation arctique. En admettant la température estivale comme mesure de l'espace de temps dont il faille tenir uniquement compte à l'égard de la vie végétale du domaine arctique, nous trouvons que les valeurs fournies par les observations météorologiques embrassent une série dont le chiffre minimum, selon les observations faites par M. Kane dans la baie de Rensselaer (Smith's Sund, 78° 30′ L. N.), ne va que d'un demi-degré (0° 5) au delà du point de congélation, tandis qu'un des chiffres les plus élevés (7° 7), à Eyafjord, en Islande, s'élève au-dessus de 7° 5, chiffre qui, à la vérité, est dépassé encore de plus de 4 degrés à Reikiavik (11° 8). Cependant, même sous ce rapport, le sud de l'Islande s'accorde avec les valeurs thermométriques constatées en Europe et en Sibérie, dans la proximité de la limite septentrionale de la végétation arborescente (11° 7 ; 10° 1′)[15]; il paraît donc qu'ici a lieu une prompte et notable élévation de la température estivale, telle, qu'elle satisfait aux exigences vitales de la végétation arborescente. Dans la région alpine nous trouvons la même température estivale (6° 1) que sous la latitude 69° dans le Groënland.

Si nous acceptons que dans le domaine de la flore arctique

les températures estivales vont en croissant depuis le point de congélation jusqu'à 7° 5, on ne pourra expliquer le caractère concordant de la végétation qu'en admettant que les formes végétales universellement répandues ne sont point influencées par la réduction de la période de développement, laquelle a lieu dans les régions plus froides, ou bien que les oscillations thermométriques ne leur sont pas préjudiciables. Cette dernière supposition n'est guère admissible, par la raison que, lorsque, grâce à la présence de la glace souterraine, l'humidité du sol fait descendre le thermomètre au point de congélation, et par conséquent correspond, à peu de chose près, à la moyenne estivale de la baie de Rensselaer, la végétation change essentiellement et se trouve réduite presque aux cryptogames. Or la température de la séve dépend directement de l'humidité du sol et seulement indirectement de la température atmosphérique. Donc, si le Smith's Sund n'a fourni que des herbes vivaces arctiques non observées dans les toundra de la Sibérie, cela ne peut tenir qu'à ce qu'elles trouvent satisfaisante la température plus élevée d'une moins longue période de développement, température que ne saurait jamais offrir un sol congelé dont la glace ne fond que jusqu'à une profondeur insignifiante. Du moins peuvent-elles croître pendant le mois de juillet (3° 2) en jouissant d'une température atmosphérique à peu près la même que celle des trois mois d'été dans l'île Meleville (2° 8) ou de la colonie groënlandaise d'Upernivik (3° 2). Conformément à cette manière de voir, il est évident qu'avec des températures estivales différentes il ne peut y avoir de concordance qu'entre ceux des éléments constitutifs des formations végétales arctiques qui sont capables de supporter une réduction extraordinaire dans leur période de développement, et il s'ensuit que la variété de la flore doit diminuer dans la même proportion que la température de l'été. C'est là ce qui est généralement confirmé par les très-grandes divergences que présentent, sous le rapport de la quantité des diverses espèces végétales, les collections les plus consciencieusement faites dans chacune des régions arctiques, divergences qui, presque partout, sont en proportion directe avec la température estivale. A mesure que celle-ci diminue, on voit une organisation après une autre faire défaut, et cependant les formes végétales qui restent encore aux localités les plus froides n'en portent pas moins le même caractère et se groupent en formations analogues. Parmi toutes les contrées arctiques sur lesquelles nous possédons des observations climatériques étendues, le pays qui jouit de la plus forte température, c'est l'Islande; aussi cette île a-t-elle fourni environ quatre cent cinquante plantes vasculaires[16]; viennent après, selon la richesse en espèces et dans l'ordre géographique : la côte occidentale du Groënland (60°-73° L. N.), avec trois cent vingt-trois espèces; le pays des Samoyèdes d'Europe, avec deux cent soixante-cinq espèces; la contrée de Taïmyr, en Sibérie, avec cent vingt-quatre espèces; le Spitzberg, avec quatre-vingt-treize espèces, et l'île de Melville, avec soixante espèces*.

Des observations faites sur les phases d'évolution que traversent les plantes arctiques nous font connaître d'une manière précise les limites dans lesquelles ces phases sont susceptibles d'être réduites. C'est à peine si les premiers rayons du soleil ont touché aux humbles Saules polaires qui n'élèvent au-dessus du sol que des pousses de 2 centimètres de longueur, que déjà on voit fleurir leurs chatons, bien que pendant des semaines encore le sol congelé rende impossible tout renouvellement de séve. Le soleil ne dégèle que la séve dans le tissu des pousses et des bourgeons les plus extrêmes, et ceux-ci accomplissent leur tâche physiologique à une époque où la majeure partie de l'organisme, notamment la tige ligneuse souterraine, demeure

* Depuis la publication de l'ouvrage de M. Grisebach, les flores du Spitzberg et de la Nouvelle-Zemble ont été l'objet de deux ouvrages spéciaux intitulés : *Die Gefässpflanzen Spitzbergens und der Bären-Insel* (*Abhandl. naturwiss. Verein. zu Bremen*, t. III, 1re livraison, 1872, pp. 87-92), par Th. Fries, et *Conspectus Floræ insularum Novaja Semlija*, par E. R. Trautvetter (*Travaux du Jard. bot. imp. de Saint-Pétersbourg*, t. I, pp. 43-88). Dans ce dernier travail, l'auteur donne des notes critiques sur les espèces trouvées dans l'archipel de la Nouvelle-Zemble par M. de Bær en 1837 et par M. de Middendorff en 1870. La liste des espèces s'élève à 105, avec suppression de plusieurs espèces et même de genres; ainsi, selon M. Trautvetter, les genres *Braya* et *Eutrema*, de même que *Hesperis pygmæa*, Hook. (*H. Hookeri*, Led., *H. Pallasii* Torr. et Gray) rentrent dans le genre *Sisymbrium*, et *Woodsia ilvensis*, Bær, dans le *Cystopteris fragilis*, Bernh. — T.

engourdie dans le sommeil hivernal et peut-être n'opère que dans les années les plus favorables la complète circulation de la séve et le développement qui y correspond. D'autres végétaux ne mûrissent pas chaque année leurs semences lorsque l'été s'évanouit trop rapidement, et malgré cela ils se conservent grâce à la solidité de leurs organes végétaux.

L'inégale répartition de la température estivale est une conséquence des limites irrégulières qui circonscrivent le continent et la mer dans le bassin polaire, comme aussi de la direction et de la force de ses courants et de ses champs de glaces. Si, par là, la disposition des plantes se trouve en effet déterminée jusqu'à un certain point, il est un agent influent qui fait que, malgré la variabilité des conditions extérieures et la durée inégale de la période de végétation, la température dont les plantes profitent réellement est maintenue à un degré de constance bien au delà de ce que permettent de l'admettre les observations de la température atmosphérique. En effet, ce n'est point celle-ci telle qu'elle est constatée à l'ombre, mais bien l'action directe des rayons solaires qui donne la mesure de la sphère climatérique des végétaux arctiques, à moins qu'ils ne se trouvent limités par l'humidité qu'émet la glace souterraine. Par suite de l'absence de toute forme végétale plus considérable, l'ombre est essentiellement exclue de la plaine ou du sol incliné mais à surface unie, en sorte que la végétation y jouit d'un degré plus élevé de température que le soleil lui communique directement. A défaut d'instruments appropriés à ce genre d'études, il est impossible de déterminer l'accroissement de la température due à l'insolation; mais ce qui prouve que cet accroissement est considérable, ce sont les observations faites par M. Kane à l'aide d'un thermomètre à boule noircie exposé au soleil. Déjà dès le 16 mai on voit la température s'élever journellement au-dessus du point de congélation (à l'exception toutefois du 22 mai); le 15 juin, elle était de 8° 7; le 26, presque de 12° 5; le 5 juillet offrit le plus haut degré d'insolation, car le thermomètre monta à 20° 9; même le 11 août il était encore au-dessus de 18° 5 et ne revint au-dessous de zéro que le 4 septembre. De cette manière, pendant plus de quatre mois et demi eut lieu un échauffement du sol et des plantes, à la suite duquel se produisit de l'eau à l'état liquide qui a pu circuler dans les tissus. Ainsi, dans la baie de Rensselaer, la température estivale moyenne de 0°,5 ne donne qu'une idée très-peu juste de la quantité de calorique que la végétation reçoit des rayons solaires. Si nous y ajoutons encore que (comme je l'ait déjà dit) l'aplatissement du pôle rend l'insolation moins dépendante des latitudes, parce qu'il fait que la direction des rayons solaires n'éprouve plus de changement considérable dans l'enceinte du cercle polaire, et qu'au contraire l'accroissement rapide de la longueur des jours tend plutôt à augmenter l'action du soleil en raison de la latitude polaire, il devient évident que, jusqu'au pôle même, la chaleur ne ferait pas défaut aux plantes arctiques, et que les différences climatériques qui se produisent néanmoins et qui trouvent leur expression dans la distribution des formes végétales, ne tiennent pas à la position du soleil, mais seulement à la présence de la neige et de la glace, dont la masse inégalement accumulée au-dessous ou au-dessus du sol peut enlever du calorique à l'atmosphère comme aux plantes.

Dans le domaine de la flore arctique, les différences entre les températures hivernales sont incomparablement plus considérables qu'entre les températures estivales*. Cette dernière y forme, comme chez nous, une courbe régulière, attendu qu'elle tient à la position du soleil; les rigueurs de l'hiver sont irrégulièrement réparties au milieu des longues nuits polaires parce que les plus basses températures dépendent de la sévérité du ciel et du calme de l'atmosphère, comme c'est surtout le cas, dans la proximité des pôles, du froid hivernal. Quelquefois on a vu les froids les plus intenses ne se prononcer qu'à la fin de l'hiver, à une époque où la nappe glaciaire qui borde la côte

* Ce phénomène est propre à l'hémisphère boréal tout entier, tandis que le contraire (différences plus fortes entre les températures estivales) a lieu dans l'hémisphère austral, ainsi que l'a fait voir M. Dove dans un travail intitulé : *Ueber die meteorologische Unterschiede der Nordhälfte und Sudhälfte der Erde* (*Monatsbericht der k. préuss. Akademie der Wissenschaften zu Berlin, Januar 1873*, p. 64.) — T.

s'avance le plus loin dans la mer, et lorsque, par conséquent, le rayonnement est produit exclusivement par des substances solides, sans participation aucune de la surface liquide dont le pouvoir rayonnant est bien moins considérable; c'est ce qui a lieu en février dans la Nouvelle-Zemble, et au mois de mars seulement dans le Smith's Sund.

Le froid hivernal limite la végétation arctique moins par sa durée que par sa rigueur. Il est bien entendu, néanmoins, que toutes les plantes indigènes doivent être parfaitement aptes à résister à de fortes gelées. Les moyens que la nature emploie le plus fréquemment pour conserver pendant l'hiver les végétaux vivaces, tels que l'enveloppe protectrice de la neige qui les recouvre, seraient, en partie du moins, peu efficaces. Des tiges tendres et des organes foliaires les plus exposés, lors de l'arrivée du froid, à une tension inégale, inconvénient contre lequel l'organisme est garanti dans les zones tempérées avant le commencement de l'hiver, sont beaucoup plus rares dans la zone arctique[17], ou bien s'y trouvent protégés par la neige contre la putréfaction, sans que leur conservation à l'état congelé puisse être préjudiciable à la plante. Mais ceux des organes qui l'année subséquente reviennent à la vie et qui sont les seuls capables de se maintenir dans les contrées plus chaudes, consolident comme dans ces dernières leur force de cohésion par une incrustation ligneuse de leur tissu ou par un épiderme rigide. Les bourgeons tendres qui doivent passer l'hiver reçoivent une enveloppe de téguments doués également d'une plus grande puissance de résistance contre le changement de tension dans les tissus, occasionné par le froid. Malgré cela, sous le ciel arctique la séve doit demeurer congelée pendant bien des mois, quand même elle se trouve protégée par la neige contre les températures trop basses. En quoi consistent réellement les différences d'organisation qui font que dans certaines plantes la séve peut se consolider à l'état de glace, tandis que dans d'autres elle ne le peut guère sans compromettre leur vie? c'est là une énigme physiologique dont l'obscurité se trouve encore augmentée par ce fait que les plantes tropicales sont capables de se congéler à des températures supérieures au point de congélation. Sans ces phénomènes, on serait porté à croire que la consolidation de la séve produit dans la structure moléculaire de ces modifications qui ont été constatées notamment dans les substances plastiques, telles que l'albumine exposée à la gelée, modifications qui se traduisent par le mode dont se comportent les propriétés de l'endosmose [18]. La conservation de ces propriétés sur lesquelles est basée la régularité de l'échange de la séve entre les tissus ne dépend donc pas de l'état d'agrégation des substances actives, mais, en général, de la température que les organes reçoivent de leur milieu, et à la baisse de laquelle ils peuvent résister dans des limites restreintes, peut-être à l'aide d'une production de chaleur qui leur est particulière.

La propriété conductrice du calorique ne saurait expliquer à elle seule comment, malgré l'identité chimique des substances plastiques, identité presque indubitable, diverses plantes subissent si différemment l'action de la température. Le fait que certaines plantes supportent une température de — 10°, mais gèlent lorsqu'elle baisse davantage, est comparable à cet autre fait que certaines plantes périssent à une température supérieure de quelques degrés au point de congélation. Dans l'état peu satisfaisant de nos connaissances physiologiques relatives à l'action de la gelée, nous pouvons cependant comprendre aisément diverses dispositions à l'aide desquelles la végétation arctique se trouve protégée jusqu'à un certain point contre les rigueurs hivernales. Les dimensions exiguës de tous les produits de la flore arctique constituent sous ce rapport un trait caractéristique. Comme déjà à une profondeur peu considérable, le sol est moins froid qu'à sa surface que le rayonnement refroidit le plus, il est important, eu égard à la température à laquelle les tissus sont exposés pendant l'hiver, que les organes souterrains des plantes arctiques acquièrent un développement prépondérant, qu'elles projettent dans l'atmosphère leur axe principal moins qu'ailleurs, et que l'échange entre l'atmosphère et les plantes s'opère plutôt par l'intermédiaire d'une expansion gazonnante et conséquemment à l'aide de nombreuses ramifications. Autant qu'il est permis de conclure des indications des thermomètres [19], introduits dans l'intérieur des arbres de la

Laponie, ceux des organes qui sont exposés à la plus basse température atmosphérique jouissent d'un certain avantage, grâce à ce que la chaleur est conduite plus aisément dans la direction de la fibre et par conséquent en montant par la racine, que dans le sens du diamètre transversal. Le tissu est exposé à des oscillations thermiques moins considérables que les couches de l'atmosphère placées en contact avec le sol. Mais ce qui est bien plus important pour la conservation de la vie pendant le sommeil hivernal, c'est la protection que trouvent de si chétives organisations dans la neige où elles sont complétement ensevelies. Plus les couches de neige gagnent en puissance, moins peut pénétrer dans son intérieur l'effet du rayonnement vers les espaces célestes, effet assez fort peut-être, pour solidifier le mercure; la température que les organes plongés dans leur sommeil hivernal acquièrent au moment où, se trouvant en pleine croissance, ils sont enfouis sous les premières chutes de neige, ne varie pas considérablement, ainsi que cela a lieu sur un sol dénudé. De plus, des expériences ont démontré que le danger de la congélation croît avec la rapidité du dégel de la séve. Par cela même que le soleil fait graduellement disparaître la neige, les organes se dégagent également peu à peu de leur engourdissement, en sorte que la température des tissus demeure encore quelque temps au point de congélation et qu'avec une lenteur analogue la séve reprend sa liquidité*.

* La question relative à l'influence exercée par les froids arctiques sur les organismes végétaux et animaux recevra, sans doute, des éclaircissements importants et nouveaux, à la suite de l'hivernage (1872-1873) de l'expédition suédoise dans la Mossel-Bay (Spitzberg), sous la latitude de 79° 54'. Dans une lettre fort intéressante que le professeur Nordenskiold vient d'adresser à M. Daubrée (*Comptes rendus*, t. LXXVII, an. 1873, p. 187), le savant directeur de cette expédition nous apprend que les dragages exécutés régulièrement pendant tout l'hiver (dont le mois de février était le mois le plus froid, avec une moyenne de — 22° 7 et un minimum de — 38° 2) ne cessaient de fournir des algues, quelquefois d'autant plus nombreuses et plus développéees que le froid et les ténèbres de la mer étaient plus intenses, ce qui permit de constater que les algues marines végètent et fructifient sans lumière, et à une température de — 2°, de même que de petits animaux marins prospèrent à une température au-dessous de — 10°; tandis qu'à la même température, la surface de la terre humectée d'eau salée contenait des milliers de petits Crustacés, émettant une lumière très-vive, en sorte que, « par un contraste frappant, la seule trace de lumière est donnée par le linceul glacial qui, dans ces contrées, couvre la nature pendant quatre mois ». — T.

L'exiguïté des plantes arctiques est le moyen par excellence de résister à la durée de l'hiver; c'est là-dessus qu'est basée la possibilité de réduire à la plus courte période l'évolution annuelle de la croissance. En effet, avec l'étendue du travail imposé aux organismes, croit la durée du temps nécessaire à son accomplissement. Mais dans le sens de l'espace, il devient également important d'appliquer à la croissance la plus grande économie dans le développement des organes, parce que la couche du sol inorganique qui, même en été, ne peut fournir qu'une mesure déterminée de chaleur est d'une très-faible épaisseur, limitée en haut par une atmosphère demeurant trop froide, et en bas par la glace fondante. Lorsque la neige a disparu, et que la glace souterraine commence à fondre, la végétation se développera d'autant plus promptement que la profondeur à laquelle pénètrent les racines de la plante sera moins grande. On a constaté que, quand, dans le cours de leur croissance de haut en bas, les racines rencontrent la glace, elles commencent aussitôt à se replier horizontalement. M. de Baër décrit une variété arctique de valériane (*V. capitata*) différant, par sa tige rampante sur le sol, de la plante type qui croit dans les contrées de la Russie où il n'y a point de glace souterraine. Les plantes arctiques ont généralement, fait-il observer, la tendance à développer en sens horizontal les organes souterrains. Ceux-ci dépassent énormément en volume les organes aériens. Il vit dans la Nouvelle-Zemble le tronc d'un Saule (*Salix lanata*) caché sous la terre, ramper sur un espace de 3^{m},2 à 3^{m},8, sans qu'il ait pu en reconnaître l'extrémité, tandis qu'aucun végétal indigène de cette île, pas même les Graminées et les buissons, ne s'élèvent guère, au-dessus du sol, à la hauteur d'un empan; beaucoup n'atteignent que la hauteur de 5 à 8 centimètres, et celles de 16 centimètres sont déjà rares. De semblables organes ne prennent que plus aisément la température de la surface du sol et se trouvent garantis contre l'atmosphère froide au milieu de laquelle il faut bien qu'ils vivent. En effet, presque toutes les plantes arctiques deviennent pérennantes à l'aide des troncs souterrains; les végétaux annuels dont la semence seule subsiste pendant l'hiver font presque complétement défaut. Parmi tous les corps placés en contact avec l'organisme et communiquant à celui-ci leur température, c'est précisément le sol dans lequel croît cet organisme qui est le plus fortement échauffé par les rayons solaires.

L'utilisation aussi rigoureuse que possible de la température estivale et l'abri contre le froid, ce sont là des agents d'une importance tellement prépondérante parmi les conditions vitales de la flore arctique que, comparés à ceux-ci, tous les autres, tels que humidité, substances alimentaires et constitutions physiques du sol, méritent à peine d'être pris en considération. L'eau ne manque nulle part où le soleil a constamment à fondre les réservoirs de neige entassés pendant l'hiver et où les mouvements abrupts de la température atmosphérique favorisent les précipitations aqueuses. Par l'accumulation démesurée de l'humidité, l'écoulement des eaux est retardé, en sorte que le plus fort échauffement du sol incliné coïncide avec son irrigation la plus satisfaisante. Dans la zone arctique, de même que dans le domaine forestier, les précipitations atmosphériques, telles que neige ou pluie, se trouvent réparties entre toutes les saisons.

C'est une question physiologique encore peu élucidée que celle de savoir de quelle manière la longueur du jour agit sur la végétation arctique. Certes, il ne peut en résulter une accélération dans la croissance, puisque le commencement des phases de développement dépend de l'augmentation de la température, et que la plus faible élévation de cette dernière les retarderait au contraire comparativement à ce qui se passe dans les contrées plus méridionales. M. de Baër sema dans la Nouvelle-Zemble du Cresson, et vit les semences se développer trois fois plus lentement qu'à Saint-Pétersbourg[20]. Et cependant, puisque la vie végétative est basée sur un échange constant entre le travail diurne qui puise dans l'atmosphère les substances nutritives et l'œuvre de la nuit qui effectue la sécrétion des gaz, il n'est pas bien évident de quelle manière un changement dans la durée de ces deux opérations agit sur l'organisme. On serait tenté d'admettre des dispositions particulières qui rendraient les plantes arctiques plus indépendantes que ne l'est la végétation des autres contrées, des variations dans la longueur du jour.

Si l'on voulait essayer de diviser géographiquement le domaine de la flore arctique d'après les phénomènes déterminants du climat, par conséquent, d'après la durée de la période de végétation ainsi que d'après la distribution de la neige et de la glace pendant l'été, fait dont dépend la quantité de calorique fourni aux plantes dans le cours de cette saison, le caractère local de semblables influences nous forcerait de distinguer des formations végétales plutôt que de grandes régions végétales. En effet, ce qui constitue ici l'étalon, ce sont les contrastes topographiques et non ceux du climat. Même l'exposition ainsi que la propriété calorifique des éléments constitutifs du sol, conditions qui agissent puissamment sur la température réservée aux plantes et par là sur la durée de la période de végétation, même ces faits, dis-je, ne sont que des phénomènes locaux par lesquels les formations végétales se distinguent les unes des autres. Cependant la constitution physique du *substratum* inorganique, auquel la végétation tient par ses racines, offre une telle concordance sur des espaces géographiques considérables, qu'on ne saurait méconnaître un caractère commun à la flore des continents entiers et de certaines îles. Comme la roche sur place est le plus susceptible de s'échauffer, et que dans la zone polaire du continent américain, elle n'est que peu recouverte par un terrain incohérent, on n'y voit guère de toundra de Mousse, qui dominent dans les continents asiatiques et européens, où la région basse agrandie pendant l'époque glaciaire par les dépôts des fleuves, forme le littoral de la mer Glaciale. Plus la végétation est pauvre, moins il y a production de terre végétale, et c'est pourquoi les îles rocheuses de la Nouvelle-Zemble et du Spitzberg se trouvent dans des conditions moins favorables que le Groënland et l'Islande, où la période de végétation a le plus de durée et où, à cause de cela, la flore arctique est comparativement plus richement développée.

Dans la majeure partie de sa circonférence le domaine de la flore arctique serait demeuré presque complétement fermé à l'établissement de l'homme, si les produits de la mer ne venaient sauvegarder son maintien, ce qui a donné lieu aux migrations des Samoyèdes et des Eskimaux dans les continents de l'ancien et du nouveau monde. Les îles plus éloignées, notamment le Spitzberg, la Nouvelle-Zemble, la Nouvelle-Sibérie et la vaste région basse de l'archipel de l'Amérique arctique, sont cependant restées inhabitées, à l'instar des toundra de l'intérieur du continent. Cela n'empêche pas que ces îles du haut Nord n'ont pas laissé dans ceux qui les ont visitées, la même impression de solitude et de désolation que les toundra monotones où la nature inorganique n'offre aucune variété dans ses formes, et où la vie organique semble presque succomber à l'action de la glace souterraine. M. de Baër trace de la Nouvelle-Zemble un tableau qui nous représente cette solitaire contrée polaire comme passablement attrayante. Il dit que, même à une époque avancée de la vie, le souvenir grandiose de l'aspect de sombres montagnes neigeuses contrastant avec l'éclat des tapis de fleurs richement coloriées que présentent les bords des cours d'eau figurent parmi les images les plus vives même les plus belles, ajoute-t-il[21], dont sa mémoire porte l'empreinte, soit dans le silence solennel qui règne sur la terre, éclairée par le soleil en plein midi, soit pendant la nuit au milieu du calme parfait de l'atmosphère, que n'interrompent ni le murmure d'un insecte, ni le mouvement d'un buisson ou d'une simple Graminée*.

Inaccessible à l'agriculture, puisque la période de végétation est trop courte pour les céréales, le sol de la flore arctique n'a qu'une importance subordonnée pour les peuples nomades qui, pendant l'été, viennent avec leurs troupeaux visiter cette

* Les impressions produites par les beautés de la nature septentrionale ou de la nature méridionale dépendent tellement des dispositions individuelles, du milieu qu'on a le plus habité, ainsi que d'une foule d'autres circonstances, elles sont tellement variables en un mot, qu'il sera toujours bien difficile de trouver une règle quelque peu constante qui permette de décider laquelle des deux natures est la plus susceptible d'être appréciée suivant les principes de l'esthétique et de l'art, en dehors de toute préoccupation individuelle; c'est une question que j'ai essayé de développer dans mon opuscule intitulé : *Une Page sur l'Orient* (p. 40-46). — T.

contrée. La formation végétale des herbages revêtus d'herbes vivaces et de peu de Graminées est la seule qui pendant un petit nombre de semaines offre des pâturages. Aussi ce ne sont que des familles isolées de Samoyèdes riverains qui se transportent des domaines forestiers de la Sibérie dans le nord du pays de Taïmyr ; on peut assimiler leurs migrations annuelles à celles des montagnards des Alpes. Même là où l'été de la flore actique dure le plus longtemps, le climat ne comporte même pas la culture de l'orge. L'habitant de l'Islande doit se contenter de l'élevage du bétail ou de ce que la mer lui offre : c'est à peine s'il peut se procurer quelques légumes. Et cependant, l'été de Reikiavik a la même température moyenne[22] que Alten en Laponie, sur la Kaafiord, dont les rives se trouvent encore comprises dans la zone des céréales d'été. M. Martins[23] rattache l'exclusion de toute agriculture en Islande à l'humidité et au froid qui précèdent et suivent immédiatement la saison estivale; selon lui, l'Orge a l'air de s'y pétrifier sur son chaume, sans mûrir ses grains, et si dans les parages d'Alten, à un ciel serein s'ajoute en août une température plus élevée, dans l'Islande cette température ne donne guère les valeurs thermiques requises.

En Europe, les limites septentrionales de l'agriculture et de la végétation arborescente se confondent. Mais ici, les recherches de M. Heer[24] sur la flore tertiaire de la zone arctique ont fait surgir l'un des problèmes les plus obscurs par lesquels la géographie des plantes actuelles se rattache à la géologie. On savait depuis longtemps que le *surturbrand* de l'Islande, dépôt de bois fossiles correspondant au miocène rhénan, contient les remarquables empreintes des feuilles du tulipier (*Liriodendron*), une forme de magnoliacées, qui aujourd'hui est indigène dans les États-Unis et s'étend jusqu'au Canada méridional. Or, les lignites situés sous les méridiens les plus divers, entre le Mackenzie dans l'Amérique septentrionale et le Spitzberg, ainsi qu'entre Banksland et Groënland, ont prouvé qu'à l'époque de leur formation, les forêts s'étendaient sur une grande partie du domaine de la flore arctique et que le Tilleul pouvait venir même dans la Kingsbay (Spitzberg, 78° L. N.). Généralement parlant, les conclusions, relativement au climat des périodes géologiques plus anciennes, que l'on a tirées de la comparaison des plantes fossiles avec celles de l'époque actuelle, sont peu satisfaisantes. En effet, comme le démontre, par exemple, la présence d'un Pin dans l'île de Sumatra, on manque le plus souvent de raisons suffisantes pour admettre qu'une similitude d'organisation suppose des conditions climatériques analogues : chaque espèce de plante a sa sphère climatérique, sans que cela soit applicable dans la même mesure aux genres et aux familles. Le Tulipier d'Islande susmentionné, que les paléontologistes ont cru devoir distinguer comme une espèce particulière de son congénère de l'Amérique du Nord, a pu aussi bien se trouver sous une influence climatérique particulière. Cependant, cette objection n'atteint point l'extension que les forêts ont eue pendant l'époque tertiaire, car, prise en elle-même, la vie de l'arbre est liée à une période de développement plus longue et à des degrés de température plus élevés qu'elle ne pourrait en obtenir du climat arctique actuel, et cela est une conséquence de conditions cosmiques, un effet de la position du soleil relativement au globe terrestre. Il faut y ajouter que parmi les arbres nombreux qui constituaient ces forêts[24], non-seulement les formes et les genres sont en majeure partie identiques à ceux de l'Amérique du Nord, mais que quelques-uns d'entre eux ne sauraient être spécifiquement distingués avec certitude des arbres du nouveau monde (notamment *Sequoia sempervirens* et *Taxodium distichum*). Ici donc le climat a décidément éprouvé un changement essentiel, qui, d'après la comparaison faite par M. Heer de la forêt tertiaire du Groënland (70° L. N.) avec les forêts du lac de Genève, correspondrait à une différence latitudinale d'au moins 23 degrés, différence qui pour les Tilleuls serait de 15 degrés. Mais le Groënland a également fourni des restes végétaux de la période crétacée s'accordant d'une manière frappante avec ceux trouvés en Allemagne. Les résultats les plus certains des études sur la flore fossile ne se réduisent pas à la constatation du décroissement de la température dans le domaine polaire depuis l'époque tertiaire, mais ils comprennent encore la démonstration de ce fait : qu'entre le climat et la latitude, l'indépendance devient d'autant plus prononcée que l'on descend davantage l'échelle des périodes géologiques. A l'époque carbonifère le climat paraît avoir été partout le même, tellement grande est la concordance entre les espèces de Fougères qui ont été conservées dans les dépôts de houille situés sous les latitudes les plus diverses. Pendant l'époque miocène, à en juger par la flore fossile, l'Europe centrale possédait un climat beaucoup plus chaud que la zone arctique, tandis que sous les tropiques, dans l'Inde orientale, il paraît avoir été semblable à celui de nos jours. Le globe s'est refroidi graduellement dans la direction du pôle à l'équateur, après avoir joui, à l'origine, de la même température sur tous les points. La manière la plus simple d'expliquer ces phénomènes serait à l'aide du rayonnement progressif de la chaleur propre à la terre, ainsi que de l'agrandissement des continents. Aux époques les plus anciennes la mer a pu prédominer, au point que, l'atmosphère étant chargée d'une quantité beaucoup plus considérable de vapeurs d'eau, l'action des rayons solaires se trouvait paralysée par les brouillards qui enveloppaient la terre, en sorte que cette dernière a pu, à l'aide de sa propre chaleur, engendrer un climat uniforme. A mesure que l'évaporation perdait de son intensité et que la terre fut à même d'offrir à l'action du soleil des surfaces plus étendues, les contrastes climatériques dépendant de la position du soleil à l'égard de notre planète ont dû se prononcer d'une manière plus tranchée. Cependant, à l'époque à laquelle existaient les forêts tertiaires, les régions polaires avaient les mêmes contours essentiels qu'aujourd'hui, puisque les restes fossiles ont été trouvés sur des points aussi divers et aussi éloignés les uns des autres. Comment ces régions ont-elles pu être beaucoup plus chaudes, si le pouvoir calorifique des rayons solaires est considéré comme invariable? la chaleur propre de la terre n'a-t-elle pas dû avoir été d'autant plus élevée? M. Heer l'a nié, mais sa dénégation n'est peut-être pas assez fondée quand il dit[25] que dans ce cas on devrait attribuer aux périodes antérieures à l'époque tertiaire une température tellement élevée, qu'une vie organique quelconque eût été impossible; car nous ne connaissons guère ni la durée des périodes géologiques, ni la marche suivie dans le décroissement de la chaleur propre de la terre*. Il cherche à expliquer le phénomène à l'aide de températures inégales de l'espace céleste, mais il eût pu tout aussi bien admettre une diminution dans le pouvoir calorifique du soleil. De telles théories n'expliquent guère l'accroissement progressif que subirent dans le cours des périodes géologiques les différences climatériques depuis l'équateur jusqu'au pôle. M. de Saporta[24] voit dans l'obliquité décroissante de l'écliptique la cause du refroidissement des régions polaires. Il pense que, de même que les contrastes des saisons s'évanouiraient si le soleil demeurait constamment sur l'équateur, de même, en admettant une plus grande obliquité de son orbite, les hautes latitudes recevraient une quantité suffisante de chaleur estivale, faisant place à tour de rôle à des froids hivernaux plus rigoureux, de manière à donner lieu à des phénomènes semblables à ceux qui se produisent sous nos yeux dans les forêts de Jakoutsk, situées sur le pôle du froid hivernal de la Sibérie. Mais cela reviendrait à faire supposer que la théorie astronomique relative à la variation séculaire dans l'obliquité de l'écliptique, est entachée d'une erreur capitale, puisqu'elle n'admet ce changement que seulement comme périodique et compris dans des limites beaucoup plus circonscrites que ne le demanderait une variation aussi considérable subie par le climat arctique.

La preuve de ce qu'à l'époque tertiaire le domaine arctique était revêtu de forêts, intéresse sous de nombreux rapports l'appréciation de la flore actuelle. Plus les changements opérés dans le climat des régions polaires ont dû être grands, plus incommensurables apparaissent les périodes qui se sont écou-

* Indépendamment des travaux si connus de Gustave Bischoff, relativement au décroissement graduel qu'a subi la chaleur propre à notre globe, cette question a été en dernier lieu traitée avec une remarquable finesse d'analyse mathématique par M. Plana (V. *Comptes rendus*, an. 1871, t. LXXII, p. 252), qui admet que le refroidissement du globe a dû exiger 156 milliards d'années. D'une autre part, M. Poisson avait réduit cette période à 100 millions d'années. — T.

lées depuis. Est-il vrai que, malgré cela, des arbres isolés, tels que le Cèdre américain (*Taxodium*), se soient conservés, et le peut-on démontrer effectivement rien qu'à l'aide de restes fragmentaires? Si tel est le cas, il faudra admettre que, pour se soustraire à un changement produit localement dans les conditions vitales et sans subir d'altération dans leur organisation, ils auront quitté leur habitation primitive et auront émigré vers le sud à la recherche d'un climat qui leur convient. Par contre, on ne voit trace quelconque d'une connexion généalogique entre les arbres forestiers arctiques et les plantes qui habitent actuellement les régions polaires, connexion à laquelle les prosélytes du Darwinisme auraient dû s'attendre. La flore arctique est l'expression du climat tel qu'il existe aujourd'hui, et moins il est propre à satisfaire aux exigences de la nature organique, plus nous devons considérer comme particulièrement constituées en vue de cette tâche les forces qui sont parvenues à adapter à un tel climat la vie des produits organiques.

Formes végétales. — La taille exiguë de tous les produits arctiques dont la signification physiologique vient d'être signalée offre en même temps un étalon pour la distinction des formes végétales. Depuis la rosette aciculaire de la Mousse Polytrichum, dont les dimensions exiguës ne peuvent être exprimées qu'en fractions d'un centimètre, on voit les plantes arctiques prendre les proportions d'herbes et de Graminées qui, dans certains cas, dépassent en hauteur les arbustes nains. Cependant les formes plus grandes font complétement défaut à la plupart des contrées arctiques. Ce qui a été dit (p. 36) de la taille moyenne des plantes de la Nouvelle-Zemble ne s'applique pas moins aux continents de la Sibérie arctique et de l'Amérique septentrionale ; ce n'est que rarement que la croissance s'y élève à un plus haut degré d'énergie. Dans la région du Taïmyr, M. de Middendorff[12] a trouvé la taille moyenne des plantes d'environ 13 centimètres ; à peu près la troisième partie des arbustes oscilleraient entre 16 et 37 centimètres ; les buissons nains les plus élevés n'arriveraient qu'à 16 centimètres ; même le Bouleau nain n'irait pas au delà. D'ailleurs, les plantes qui sont communes à nos contrées et à la zone arctique perdent toujours dans celle-ci beaucoup de leurs dimensions. Selon M. Richardson[5], dans l'Amérique arctique, les branches rabougries des buissons nains, étalées sur la surface du sol, font à peine saillie au milieu du tapis de Lichens terrestres, et c'est bien sous ces proportions de pygmées que j'ai pu voir ces végétaux dans la collection des plantes recueillies par M. Vahl dans le Groënland.

Lorsqu'on compare le tableau que trace M. de Baër[26] des régions littorales de la mer Blanche, où se touchent les végétations arctique et lapplando-scandinave, on voit que c'est par la différence dans les dimensions des plantes que la physionomie de la nature subit un changement brusque et des plus frappants dans l'intérieur et en dehors de la limite des forêts. Sur la côte orientale (65° L. N.) s'épanouissaient des Pivoines de plus de 1m,2 de hauteur à côté d'Aconits de taille encore plus élevée, tandis que vis-à-vis, sur la presqu'île de Kola (66° L. N.), le voyageur se trouve immédiatement dans la toundra de Lichen, et les pentes faisant face à la mer portaient seulement des buissons de Saules et des herbes vivaces de taille exiguë; quant à ce qui restait en fait de plantes communes aux deux régions, « elles avaient subi une singulière réduction de taille ». De tels contrastes surgissent quelquefois brusquement sur les limites des domaines, selon l'augmentation ou la diminution du pouvoir calorifique du sol, ou bien de l'extension de la glace souterraine. Sur la rivière Ponoï (67° L. N.), côte orientale de Kola, la rive élevée exposée au soleil du midi était boisée, et « on eût pu prendre ce versant de montagne pour une région située dans la Livonie, si les Bouleaux y avaient acquis leur complet développement »; ici la couche inférieure du sol avait une température de 12° 5; vis-à-vis se déployaient des masses étendues de neige, bien qu'à la suite d'une pluie le sol eût acquis une température de 6° 2; mais le versant susmentionné ne produisait que de minimes buissons avec des herbes alpines.

Les régions alpines des montagnes européennes diffèrent de la flore arctique également par ce fait, qu'à côté des plantes de taille basse elles admettent des végétaux de dimensions considérables. Mais comme l'exiguïté de la tige n'est que la conséquence de la brièveté de la période de végétation, là où cette dernière acquiert une durée tant soit peu plus longue, la dimension moyenne de la végétation arctique peut être dépassée jusqu'à un certain degré. Sur la côte maritime de l'Amérique arctique, M. Richardson[5] trouva, dans une position abritée, des prairies dont les graminées (*Calamagrostis, Elymus*) acquièrent une taille considérable, bien qu'elles ne s'y développent pas aussi richement que dans quelques régions de la Laponie. M. Scoresby[8] a été même jusqu'à comparer, sous le rapport de la végétation, aux meilleures prairies de l'Angleterre certains endroits de James Land (70° L. N.), sur la côte orientale du Groënland, où l'herbe atteint 3 décimètres de hauteur.

Les Mousses à feuilles renferment les formes les plus exiguës parmi tous les végétaux de la flore arctique importants sous le rapport physionomique. Lorsque dans nos forêts, sous l'action des oscillations de la température hivernale, le sol se dépouille localement de la neige, on voit aussitôt les Mousses et les Lichens végéter activement, bien que la température du sol reste encore au zéro, parce que le dégel continue autour d'eux. Ainsi, de semblables Cryptogames se développent à une température à laquelle les autres végétaux ne peuvent pas encore se réveiller de leur sommeil hivernal. Ils absorbent l'humidité par toute leur surface et non pas seulement par leur racine comme les végétaux vasculaires. Il est peu de végétaux d'organisation supérieure capables de se développer tout aussi bien dans la proximité de la neige fondante; tels sont les Soldanelles qui ont l'habitude de fleurir sur la lisière des glaciers alpins. Souvent leur tige perce une mince couche de neige, et l'on voit celle-ci fondre en même temps dans le voisinage immédiat de la fleur, ce qui probablement ne pourrait s'opérer qu'à l'aide de la chaleur propre à la plante. D'autres fois, on aperçoit les Soldanelles en fleur au fond de petites cavités qui sont creusées dans la neige et qui atteignent le sol mis à nu; c'est un phénomène semblable à celui que présentent les pierres qui, malgré leurs petites dimensions, s'enfoncent dans les glaciers parce qu'elles sont plus fortement échauffées que la glace elle-même. Nous manquons d'observations relativement à la température qu'acquièrent de telles plantes, mais il est vraisemblable que cette température produite soit par l'insolation, soit par la chaleur propre à la plante, est un peu supérieure à celle de la glace fondante. M. de Baër[27] a observé la température la plus basse du sol, à laquelle se développèrent deux herbes arctiques, elle n'était que d'un degré au-dessus du point de congélation.

Il est certain que chaque plante exige un minimum déterminé de température à laquelle elle commence à végéter, et quelque bornées que puissent être sous ce rapport les exigences de la flore arctique, elles n'en sont pas moins les mêmes pour chaque organisation en particulier. Peut-être ces températures réduites à leurs minima ne sont-elles acceptées que par les plantes cellulaires chez lesquelles le mouvement de la séve est encore possible à la température de la glace fondante; en tout cas, ces plantes ont une sphère climatérique beaucoup plus vaste que les plantes vasculaires. En effet, c'est là la raison de l'extension de plusieurs espèces de plantes cellulaires sous les climats les plus divers du globe. Bien peu parmi les Phanérogames arctiques se rapprochent sous ce rapport de ces végétaux cryptogames, et, par conséquent, sont capables d'habiter les toundra en commun avec eux. Lorsque la glace souterraine a été fondue et que l'eau ne trouve point d'écoulement suffisant, la température du sol doit, ainsi que nous l'avons déjà fait observer (p. 23), rester pendant l'été entier au point de congélation, parce que tout le calorique des rayons solaires a été complétement épuisé à opérer la fonte progressive. Ce sont là, par conséquent, les conditions en vertu desquelles les plantes cellulaires sont presque les seules qui restent aux toundra, et les formes des Mousses à feuilles et des Lichens s'emparent presque exclusivement du sol. Leurs organes continuent à croître aussi longtemps que la température et l'humidité le permettent, indépendamment de la durée de la période de végétation. Vivant sur toute l'étendue de la terre à des températures les plus diverses, elles ont ici le privilége de constituer des formations indépendantes de la plus vaste extension géographique, parce que les autres végétaux ne peuvent pas les suivre.

La forme des Mousses à feuilles qui se distinguent des Lichens terrestres par leur teinte verte, domine sur le continent de la Sibérie arctique, d'où elles passent par-dessus l'Oural dans le pays des Samoyèdes, sans offrir la même étendue de développement dans les régions alpines de la Laponie et de la Norvége. Le sol incliné des versants de montagne ne saurait fournir aux toundra la quantité d'humidité dont elles ont besoin et dont les surfaces planes de la région basse sont suffisamment pourvues, en la puisant dans les réservoirs des glaces souterraines. Bien que sur le tapis de Mousses la neige fonde déjà au commencement de l'été, néanmoins, un mois et demi plus tard, l'un des jours les plus chauds de l'année (2 août), M. de Middendorff[4] trouva que, dans le pays de Taïmyr, là où la Mousse ombrageait le sol, celui-ci était gelé à une profondeur de 5 centimètres. Dans le pays des Samoyèdes d'Europe, M. Schrenk[6] constata, que pendant l'été la toundra ne dégelait qu'à une profondeur de 3 décimètres tout au plus. Ce sont ces valeurs différentielles dont dépend la quantité d'eau de la couche superficielle du sol dans lequel les faibles racines des Mousses pénètrent si peu. Ces valeurs indiquent deux degrés distincts d'humidité, ce qui fait que les deux genres dominants de Mousses feuillées alternent entre eux (*Polytrichum* et *Sphagnum*). Le Polytrichum, avec sa tige courte et simple et ses feuilles aciculaires agglomérées brun-verdâtre, à l'instar de la pousse non développée d'une conifère, constitue la toundra incommensurable de la Sibérie arctique, où le sol ne présente relativement que peu d'humidité. Le Sphagnum le convertit, comme sous les latitudes plus basses, en une tourbière ou en un marais plus humide, mais cependant peu profond, parce que la glace n'en demeure pas moins près de la surface du sol. D'ailleurs, par son organisation même, cette Mousse contribue à faire naître de l'humidité, possédant un tissu particulier à cellules ouvertes qui lui permet d'absorber et de retenir l'eau avec plus de force que ne pourraient le faire les Mousses feuillées ordinaires. Imprégné d'humidité, le Sphagnum revêt une teinte verte plus vive, mais en desséchant il devient jaune-blanchâtre, et c'est précisément par l'association de ces teintes mates avec les reflets brunâtres du Polytrichum que se traduit le peu d'énergie que possède la vie végétative dans les toundra où elle est pour ainsi dire à l'état mourant.

Si les Mousses feuillées sociales exigent un sol désagrégé et saturé d'humidité, par contre, les Lichens terrestres ne se réunissent en masses considérables que là où la roche solide se trouve près de la surface du sol et en facilite le desséchement. C'est pourquoi on distingue les toundra humides revêtues de Mousses et les toundra sèches revêtues de Lichens. En parlant de la région des Lichens en Laponie, M. Wahlenberg dit qu'elle est susceptible de se réchauffer sensiblement au soleil. Les Mousses retiennent l'humidité froide qu'elles absorbent si avidement; les Lichens peuvent supporter également l'humidité et la sécheresse et se trouvent constamment exposés aux oscillations extrêmes de la température extérieure, selon que le soleil agit sur leur tissu desséché ou que celui-ci étant humide est refroidi par le voisinage soit de la glace souterraine, soit de la neige. Les toundra à Lichens prédominent dans l'Amérique arctique, et la même végétation revient dans les Fjelde scandinaves à proximité de la limite des neiges. Dans les deux cas, ces Lichens terrestres végètent sur les substances arénacées résultant de la désagrégation des masses granitiques : il est vraisemblable qu'ils exigent une plus grande quantité d'éléments nutritifs minéraux que les Mousses, ainsi que semble l'indiquer la structure plus solide du tissu et la proportion plus considérable des cendres que fournit l'incinération des Lichens. Les espèces dominantes de lichens terrestres appartiennent à trois genres (*Cetraria, Cladonia, Evernia*); l'ensemble de leurs faciès les distingue de toute autre forme de plantes, eu égard à leur teinte variée mais mate, leur axe vertical souvent richement ramifié et leur taille qui atteint de 2 à 5 centimètres de hauteur. Les teintes les plus fréquentes sont le brun passant au noir, gris ou blanc-jaunâtre, teintes qui impriment au sol un coloris visible de loin. Selon le mode de ramification[28] on peut distinguer plusieurs formes qui déterminent le caractère physionomique de leurs stations : la forme des Lichens de rennes, consistant en fils raides plusieurs fois ramifiés qui s'entrelacent à leurs extrémités squammeuses ; la forme de Cladonia à structure plus simple et plus massive; la forme du Lichen d'Islande qui se termine en tiges aplaties, frondiformes, légèrement crispées sur le bord de la surface.

Les formes de Glumacées de la flore arctique appartiennent soit aux graminées des prés constituant des gazons, soit aux Cypéracées qui diffèrent des dernières par le manque de gonflement aux nœuds du chaume. Les deux formes se présentent dans la même sphère assignée à ce genre d'organisation; ainsi, dans les domaines forestiers de la zone tempérée, les premières se rattachent particulièrement aux eaux courantes, et les secondes aux eaux stagnantes du sol marécageux. Parmi les plantes vasculaires, celles qui affectionnent l'eau en général ou les endroits humides dépassent considérablement les autres plantes par l'étendue de leur aire d'expansion. Tandis que l'échange entre ces plantes à travers des contrées lointaines est facilité par la migration des oiseaux aquatiques et palustres qui emportent les semences, la sphère thermique plus limitée de l'eau n'en est pas moins susceptible d'élargir le cercle des conditions vitales en les adaptant à un espace plus considérable. En effet, si le soleil échauffe plus lentement l'eau et le sol humide, ce n'est pas seulement parce que les rayons solaires agissent avec plus de force sur la terre sèche, mais aussi parce qu'ils accélèrent l'évaporation qui consomme, pour la formation de la vapeur d'eau, une grande partie du calorique reçu. C'est pourquoi, dans la flore arctique, les éléments constitutifs des prairies se rapportent pour la plupart aux espèces européennes; elles font partie de la famille des graminées auxquelles se rattachent plusieurs Joncées. Ces espèces s'accordent de préférence avec celles qui habitent la région alpine des montagnes; elles constituent, à l'état normal, un gazon ras. Parmi le petit nombre de plantes propres à ces régions, il se trouve cependant quelques genres à structure particulière ne contenant que des espèces uniques (ainsi *Dupontia* et *Pleuropogon* constituent ce qu'on a désigné par le nom de monotypes). L'une des plus petites graminées connues, élevée également au rang d'un genre particulier (*Phippsia*), s'est répandue depuis la flore arctique jusqu'aux Fjelde norvégiens.

Il en est tout autrement des Cypéracées de la flore arctique, quoique sous le rapport de leurs formes, parfaitement semblables aux Cypéracées du domaine forestier, elles acquièrent dans le genre Carex une telle richesse en espèces, que presque la dixième partie de tous les végétaux vasculaires arctiques est composée de Cypéracées. La majorité de ces dernières habitent en même temps la région alpine de la Scandinavie, ce qui permettrait d'admettre qu'elles se rattachent les unes aux autres par la brièveté de leur période de végétation. En général le sol marécageux occupe une position climatérique toute particulière, dans ce sens qu'au printemps l'eau stagnante conserve la glace plus longtemps que l'eau courante ; il en résulte que la végétation des marais est retardée, et sous ce rapport se rapproche davantage des conditions des flores arctique et alpine. C'est pourquoi, malgré toute la dissemblance entre ses éléments constitutifs, la physionomie des surfaces revêtues de Cypéracées tend éminemment à prendre le même caractère sous les diverses latitudes. Déjà, de loin, on peut reconnaître cette formation végétale des marais, rien que par l'aspect de la linaigrette (*Eriophorum*), dont les capitules revêtues de longs poils s'élancent au-dessus du gazon de Cypéracées; seulement les espèces arctiques de ce genre sont plus petites, et leurs houppes laineuses ne sont pas toujours blanches comme dans nos contrées, mais souvent de teinte rougeâtre ou brunâtre.

C'est sur la forme des herbes vivaces que reposent l'ornement et la variété de la flore arctique ainsi que des régions alpines des montagnes. Par l'exiguïté de la taille, par le développement des feuilles ou par la prédominance des tiges souterraines et pérennantes, tous les organes de ces herbes sont particulièrement adaptés aux exigences du climat, quoique diversement, selon la nature de chaque végétal. Ce qui exerce une action déprimante sur la taille des herbes arctiques, c'est que les entre-nœuds de la tige demeurent le plus souvent non développés, et que par conséquent les feuilles insérées sur les nœuds se trouvent rapprochées sous la forme d'une rosette. Le développement des entre-nœuds peut être considéré comme un moyen de mettre chaque feuille en contact avec la plus grande masse d'air et de lumière possible. En effet, l'action des feuilles, la plus importante de la vie végétale pour l'accomplissement de sa tâche principale, qui est celle de convertir les substances nutritives inorganiques en substances organiques, cette action tient à la lumière dont jouissent les organes verts, ainsi qu'à l'atmosphère où ils puisent leur aliment à l'état gazeux, et avec laquelle ils échangent les éléments constitutifs de leur séve. L'organisme des plantes arctiques semble devoir renoncer à l'avantage d'un échange plus libre et plus productif avec l'air et la lumière, lorsqu'il devient difficile de produire des feuilles de dimensions requises, et de gagner du temps pour leur développement. Voilà pourquoi le développement rapide des feuilles a plus d'importance que l'allongement de la tige. Aussi chez les plus grandes herbes, qui atteignent 3 décimètres et au delà, voit-on les feuilles inférieures, qui servent de base à la croissance, plus rapprochées les unes des autres que les feuilles qui viennent plus tard (Ex. *Papaver nudicaule, Polemonium cœruleum, var. pulchellum*).

D'ailleurs, comme les feuilles de la même tige se développent successivement, et qu'ainsi la période de végétation pourrait ne pas suffire à la production de la quantité requise d'organes foliaires, il est plusieurs moyens destinés à contrebalancer cette limitation de la croissance. La disposition la plus simple, c'est la formation d'un gazon, à la suite de la conversion de la partie inférieure de la tige, en un système de branches d'égale valeur, qui développent leurs feuilles simultanément et travaillent de concert à l'élaboration de la substance organique (Ex. *Dryas*). Dans ce cas, les organes souterrains sont modelés d'après un double type : ou bien ils sont très-délicats et filiformes, tout le travail de l'alimentation étant réservé exclusivement aux feuilles, ce qui force la plante à se cramponner encore davantage à la surface plus chaude du sol (Ex. *Silene acaulis, Saxifraga oppositifolia*), ou bien, en pénétrant plus profondément dans un sol froid, ils présentent au dépôt des substances nutritives, un réservoir plus spacieux qui permet au reste des organes de se renouveler plus rapidement (Ex. *Oxyria*). Un autre moyen d'économiser l'emploi des fonctions réservées aux feuilles, consiste dans l'accroissement de la durée du feuillage, lorsque celui-ci est doué d'un tissu massif capable de se conserver vert et de fonctionner pendant plusieurs années (Ex. *Diapensia*). De même que la parfaite conservation des organes engourdis, placés sous la protection de la neige, profite aux animaux pour leur fournir une nourriture hivernale, ainsi cette protection devient avantageuse au végétal, lorsque, comme cela a lieu aussi chez les plantes cellulaires, la même feuille est destinée à renouveler son activité l'été subséquent. A mesure que cette faculté s'évanouit, on voit les feuilles mourir sans quitter la mère-plante, par voie de démembrement : la partie inférieure de la rosette foliaire brunit peu à peu; mais avant de périr complétement, elle contribue, à titre d'enveloppe tégumentaire, à la protection du bourgeon terminal, dans lequel se développent simultanément les nouveaux organes. De cette manière le nombre des feuilles actives reste le même, et la végétation ne perd pas un seul jour à renouveler des organes indispensables à la nutrition. Enfin, il n'est pas jusqu'à la dimension des feuilles qui ne serve d'auxiliaire pour faire gagner du temps : plus elles sont petites, plus promptement elles peuvent sortir du bourgeon à l'état capable de fonctionner; et moins il faut de substances organiques nutritives pour le parfait développement des organes, plus court sera le temps dont les feuilles déjà en pleine activité auront besoin pour l'élaboration de ces substances. Aussi, chez la plupart des plantes arctiques, les feuilles sont en effet de grandeur peu considérable, et elles peuvent se contenter d'un petit nombre de ces dernières (Ex. *Draba*), puisque toute leur organisation se trouve réduite au strict nécessaire pour la conservation de l'espèce. Cet avantage est perdu chaque fois que le nombre de feuilles se trouve nécessairement augmenté, c'est ce qui arrive lorsque, pour être à même de persister pendant beaucoup d'années, les organes nourris par les feuilles acquièrent une dimension considérable, et lorsque celle des fleurs exige plus de substances nutritives. Parmi le petit nombre de plantes annuelles, il en est une (*Kœnigia*) qui offre le rare exemple d'une plante réduite aux surfaces les plus exiguës, n'ayant cependant que très-peu de feuilles, mais aussi reproduisant dans ses autres organes végétatifs, ainsi que dans les fleurs, les mêmes dimensions exiguës : ici, la conservation de la faculté germinative de la semence doit compenser à elle seule les réductions imposées à l'économie végétative.

Telle est la variété des moyens par lesquels la force organisatrice de la nature, lors même qu'elle se trouve enfermée dans un cercle aussi étroit de formes, tend à satisfaire aux problèmes divers que lui imposent les obstacles physiques. Afin de réaliser cette tâche, nous la voyons modifier le plan primitif de son organisation et combiner les fonctions tantôt pour atteindre un but dans une direction, tantôt pour le sacrifier en suivant une direction différente. Au reste, l'exiguïté des feuilles a l'inconvénient que le produit de leur putréfaction ne peut fournir qu'un mince contingent au renouvellement de la terre végétale. Or, ce qui distingue la végétation arctique de celle des régions alpines, c'est notamment ce fait, que dans la plupart des cas la première exige moins d'humus. Chez les herbes vivaces, le gazon est formé plus fréquemment par des ramifications s'étendant plutôt au-dessus qu'au-dessous du sol, et c'est précisément le développement plus solide des organes souterrains, chez les plantes alpines, qui est cause que, parmi ces dernières, il existe des tiges plus élevées et des organes plus volumineux dont les racines s'étendent dans un humus plus profond. Elles n'ont pas besoin d'éviter la glace souterraine, à l'instar du gazon des contrées polaires, lequel se laisse détacher aisément.

Cependant la formation des organes souterrains, munis de leurs dépôts de substances nutritives, suffit presque toujours au maintien de la vie individuelle, de même que les ramifications destinées à subdiviser l'unité de ces organes, assurent la conservation de l'espèce par voie de propagation végétative, lors même que la semence n'arrive pas à maturité, ou que, de plus, la chute des neiges d'automne a lieu avant que les fleurs aient eu le temps de se développer. Néanmoins, ici encore, la nature attache une grande importance à ce que, sans restreindre la propagation par bourgeons, celle par voie de semences soit aussi assurée. C'est pourquoi les fleurs éclosent aussitôt que possible, et si M. de Baër vit chez plusieurs plantes la fructification arrêtée par des neiges hâtives, M. de Middendorff n'a pu confirmer le fait, en sorte qu'en tout cas, on ne saurait l'admettre comme phénomène normal.

Dans la flore arctique, comme dans celle des régions alpines, les fleurs se distinguent par la richesse de couleurs et souvent par leur dimension, eu égard au reste des organes. M. de Middendorff[4] trouva le diamètre moyen des fleurs des plantes du Taïmyr, au delà de 0m,011, et chez plusieurs espèces de 0m,027 à 0m,040, ce qui, vu le peu de longueur de la tige, ne les rendait que plus saillante. Pour ce qui est de l'intensité et de la pureté du coloris propres aux fleurs des plantes alpines, on a cru pouvoir se permettre la supposition que cette particularité pourrait bien avoir une relation quelconque avec l'intensité de la lumière dont jouissent ces plantes à l'altitude où elles se trouvent; mais cette conjecture ne tient pas compte de ce que le même phénomène se reproduit dans les basses régions arctiques, où l'action de la lumière se comporte en un sens diamétralement opposé. Il s'agit de constater, ici encore, un exemple d'accommodement aux conditions extérieures de la vie, et je crois que le phénomène en question peut s'expliquer plus aisément à l'aide de ce principe, qui trouve ordinairement son application dans l'organisation des fleurs, où la nature se propose la plus grande variété de structure, et atteint ce but par les moyens les plus simples, en modifiant le développement de telle ou telle autre partie du tissu. Nous ne connaissons guère à la corolle coloriée d'autre destination que celle de servir aux insectes, le plus souvent indispensables à l'acte de fécondation, de lieu de débarquement et de moyen d'orienter leur vol, lorsqu'ils transportent de fleur en fleur le pollen adhérent à leur corps, et qui s'attache aux organes femelles au moment où, en vue de leur propre alimentation, ils pénètrent dans les réduits les plus profonds de la fleur à la recherche des glandes nectarifères. Depuis les investigations étendues de M. Darwin, la physiologie a pu parfaitement apprécier combien est important le service inconscient que les insectes ailés sont appelés à rendre aux plantes pour assurer leur propagation, et comment de cette manière l'acte préjudiciable et relativement impuissant de l'auto-fécondation peut être évité. Or, nous voyons les fleurs devenir plus grandes et plus richement coloriées à mesure que, par suite de la durée croissante de l'hiver, les insectes deviennent plus rares, et que leur coopération à l'acte de la fécondation se trouve exposée à des chances plus incertaines. Souvent aussi nous observons que, quand dans la rosette foliaire les autres parties de la tige sont raccourcies, la partie supérieure qui porte la fleur se développe et élève cette dernière bien au-dessus du gazon ras. A l'aide de semblables dispositions, les rares individus d'insectes qui restent encore aux végétaux arctiques et alpins sont à même de reconnaître plus aisément les localités où ils peuvent trouver leur nourriture, et le but que la nature s'était proposé est donc réalisé. En effet, de cette manière, il serait difficile aux insectes de manquer le terme de leur voyage aérien dont l'objet est l'accomplissement d'une tâche aussi importante pour eux que pour la fleur, et ils arrivent plus promptement d'un débarcadère à un autre. Il faut encore ajouter cette considération que la grandeur de la fleur diminue en raison de la quantité de fleurs réunies dans la même plante. On conçoit la concordance entre le nombre et la dimension des feuilles, parce que l'étendue de leur travail chimique dépend de l'action commune des parties constitutives du tissu. Or, chez les fleurs, la capacité de produire un travail quelconque n'est point déterminée par leur dimension, surtout pas par celle de la corolle, mais par la structure des organes femelles. Toutefois, avec le nombre des fleurs augmentent les chances de les voir découvertes par les insectes, et quand même il n'y en aurait qu'une seule de fécondée, la maturation de la semence et la propagation de l'espèce se trouvent assurées.

Les végétaux ligneux ne peuvent avoir dans la flore arctique que peu d'importance, parce que la lignification du tissu prolonge la durée du temps nécessaire à la croissance. M. de Middendorff n'a constaté que huit arbustes dans le pays de

Taïmyr ; ils y sont moins variés que dans les régions alpines et leur taille est souvent réduite aux plus petites dimensions. Parmi les arbustes à feuillage caduc, les formes de Saule et de Rhamnus s'y trouvent représentées ; la première de ces formes n'est pas toujours reconnaissable par ses feuilles plus étroites, mais qui peut cependant être distinguée à l'aide du sol plus humide qu'elle habite. En s'éloignant de la limite des arbres, ces arbustes deviennent plus bas, et lorsque la tige ligneuse s'étale horizontalement au-dessous de la surface du sol, ou bien y plonge complétement, alors de tels buissons sont en état de supporter les réductions extrêmes dans la période de végétation, ainsi que la plus basse température du sol, de manière qu'ils ne se trouvent même pas exclus des toundra où leurs pousses annuelles s'élèvent à peine au-dessus des Lichens et des Mousses. C'est ainsi que notamment les buissons de Saule parcourent, variant dans leurs espèces, une série graduellement décroissante selon l'étendue de leurs organes aériens, depuis les vigoureux rameaux des formes riveraines, dans la proximité des forêts (Ex. *Salix speciosa*) jusqu'aux Saules polaires proprement dits (Ex. *Salix polaris*). M. de Baër[20] a décrit trois espèces de Saule de la Nouvelle-Zemble, parmi lesquelles la plus grande (*S. lanata*) élevait ses pousses à la hauteur d'un empan au-dessus du sol, une autre à 10-12 centimètres, tandis que la plus petite (*S. polaris*) n'atteignait qu'une hauteur de $0^m,013$ et ne développait que deux feuilles et un seul chaton ; et pourtant, à l'aide d'une tige étendue, rameuse, rampant au-dessous de la surface du sol, ce pygmée concentre tout aussi bien que ses congénères les diverses plantules projetées dans l'atmosphère, en une seule et unique individualité. Même la forme de Rhamnus, qui dans la proximité des forêts est encore représentée par des buissons considérables de bouleaux nains, se trouve tellement réduite dans les localités plus froides, que, dans la Russie arctique, M. Schrenk[6] a vu des Airelles à petites feuilles (*Vaccinium uliginosum*) ne s'élever souvent au-dessus du sol qu'à $0^m,02$, et il en dit autant de l'espèce à feuilles toujours vertes (*V. vitis idæa*.)

Les arbustes à feuilles toujours vertes appartiennent en

partie à la forme de Bruyère, dont les feuilles sont de nature aciculaire, en partie à la forme de myrte, dont le feuillage est également petit, mais dilaté en limbe. Ce qui sert de trait caractéristique pour distinguer les arbustes arctiques de ceux des régions alpines, c'est que les feuilles toujours vertes des derniers acquièrent des dimensions plus grandes, et par là se rattachent à la forme méridionale de l'Oléandre : on le constate en comparant les rosages des Alpes *(Rhododendron)*, dont les espèces à grandes feuilles habitent les régions élevées du domaine forestier (Ex. *Rh. ferrugineum)*, avec l'unique forme arctique *(Rh. lapponicum)*, à feuillage rappelant celui du myrte. Mais aussi sur les Alpes mêmes, ces buissons se trouvent consignés à un niveau inférieur à celui des Airelles, ce qui, dans ce cas, semble démontrer la dépendance de la grandeur des feuilles, de la durée de la période de végétation. Au reste la signification climatérique du feuillage toujours vert doit être appréciée de la même manière, tant à l'égard des arbustes qu'à l'égard des herbes vivaces; le temps nécessaire au renouvellement du feuillage se trouve économisé, et cela à un plus haut degré chez les plantes ayant des feuilles petites et cependant peu nombreuses que chez les plantes appartenant à la forme de l'Oléandre. La forme de Bruyère exige, il est vrai, une plus grande quantité de feuilles aciculaires fortement agglomérées (Ex. *Andromeda tetragona)*, mais, en revanche, chacune de ces feuilles ne s'en développe que plus rapidement.

Formations végétales. — La disposition des formes végétales en tant qu'elle détermine le caractère physionomique d'une contrée, c'est-à-dire la série de leurs formations végétales, dépend en général des éléments minéralogiques et des conditions hygroscopiques du sol. Cependant, dans les régions arctiques, les influences de cette nature ont moins d'importance que la température du sol ainsi que l'insolation. Comme nous nous sommes déjà occupé de ces dernières conditions, il nous reste, pour apprécier les formations végétales, à réunir ce que les relations des voyageurs peuvent nous fournir comme étant caractéristique pour la physionomie de la région arctique.

Dans les deux mondes, les toundra occupent la plus grande

partie du continent. Elles manquent ou ne sont que faiblement indiquées dans les grandes îles auxquelles les surfaces horizontales font défaut. Puisque les toundra ne dégèlent qu'à une profondeur peu considérable, on conçoit qu'on puisse les parcourir aisément en tous sens, et même à la fin de la saison chaude, en traîneaux attelés de rennes, sans que les buissons et les herbes de petite taille répandus çà et là soient de force à opposer une résistance sérieuse quelconque. Même la Mousse la plus tendre ne constitue jamais ici un sol à oscillation trompeuse[6], attendu la proximité de la glace souterraine de la surface du sol, qu'elle convertit en une masse compacte et solide comme la pierre. Dans la Sibérie arctique, il est des surfaces étendues où même les végétaux cryptogames ne sauraient venir et où le sol est dépouillé de toute plante, contrées désertes que l'on rattache également aux toundra. Ce sont probablement des dépressions ombragées par le bombement des régions basses et où la glace souterraine touche à la surface du sol. Lorsque tel est le cas, on peut les assimiler aux vallées des îles arctiques où les vents accumulent la neige au niveau de la mer, en quantité trop grande pour qu'elle puisse disparaître par le dégel. Selon les inégalités du relief du sol, quelque peu considérables qu'elles puissent être, les toundra humides et sèches se détachent les unes des autres, souvent même sur des espaces très-limités. Ainsi M. de Baër[26] constata que dans la presqu'île de Kola, les toundra à Lichen sont traversées par des bandes de toundra à Mousse, comme par autant de veines; car, fait-il observer, partout où l'eau de neige peut descendre et donner lieu à l'érosion où au ramollissement du sol, se présentent à tour de rôle le terrain sec des Lichens et les dépôts vacillants de Mousses où, à l'exception de quelques Carex et de l'espèce herbacée de Ronce (*Rubus chamæmerus*) que les Suédois appellent *Moltebær,* on n'aperçoit que peu de plantes. En sus de ses éléments essentiels, la toundra américaine à Lichen possède des arbustes nains. Mais là où la roche sur pied fait défaut, l'écoulement de l'eau exerce une influence plus favorable, même dans l'intérieur de la toundra. Plus le sol dans le pays de Taïmyr devient sec, plus les Mousses disparaissent et plus les plantes qui les accompagnent (ici c'est une Joncée et des Linaigrettes) sont fréquentes, sans cependant revêtir complétement le sol, leur variété étant peu considérable, car les gelées hâtives ou tardives bannissent la majorité des plantes arctiques des toundra planes, et par cela même exposées à un rayonnement plus intense. Selon M. de Middendorff[4], les extrémités mortes des Glumacées ne se détachent que faiblement de la masse brunâtre de la Mousse, notamment du Polytrichum, en sorte que la partie verte et germinante du gazon se reflète en teintes sales comme à travers un crêpe. Sur les points imperceptiblement plus bas de la toundra, là où se dirige l'eau courante printanière et où, en changeant continuellement de lit, ces petits ruisseaux font dégeler le sol plus tôt et plus profondément, les Glumacées deviennent dominantes, les chaumes s'allongent et se pressent davantage, et le gazon, de 8-10 centimètres de hauteur, refoule la Mousse de la surface des buttes qu'il élève en la reléguant dans les fentes intermédiaires. Bien qu'assez pauvre, ce tapis est çà et là varié de fleurs (Ex. *Dryas, Andromeda*), plus rarement on le voit dans le Taïmyr, percé par des Lichens terrestres. M. de Middendorff fait ici disparaître une contradiction apparente entre ses propres observations et celles de M. de Baër, lequel, dans la Nouvelle-Zemble, constata une végétation plus luxuriante précisément sur les points inaccessibles à l'eau de neige qui descend des hauteurs pendant les mois d'été. Or l'eau courante agit d'une manière opposée au printemps et en été.

D'abord les eaux contribuent à pousser la température du sol au-dessus du point de congélation et à vivifier la végétation ; plus tard, au contraire, les ruisseaux alimentés par la neige empêchent les parages limitrophes d'acquérir la température plus élevée correspondant à une insolation devenue plus intense. De là des effets opposés dans le pays plan du Taïmyr, où la neige promptement fondue n'arrose la toundra qu'au printemps, et dans une île montagneuse dont les névés et les glaciers fournissent pendant tout l'été aux ruisseaux une eau froide comme la glace. Mais il en est ainsi du pays même du Taïmyr, car les Mousses constituent le revêtement général des toundra quand l'humidité de l'été provient de la glace souterraine, tandis que les herbes vivaces et les arbustes ne s'y développent que là où pendant le printemps l'écoulement de l'eau fait dégeler le sol à une plus grande profondeur.

Les toundra à Lichens sont comparativement plus favorables à la vie animale que les toundra à Polytrichum. Celle-ci reçoit des Lichens eux-mêmes des substances nutritives que les Mousses ne sauraient fournir. En hiver, l'Amérique arctique est habitée par les troupeaux de rennes et même par le bœuf musqué qui supporte le séjour de la contrée sans se retirer dans les forêts[5]. Malgré la copieuse alimentation qu'il exige, il est suffisamment pourvu par les restes de végétaux enfouis sous la neige. La brusque apparition de l'hiver, ainsi que le fait observer M. Richardson, produit ce résultat important, que la séve des Graminées et d'autres végétaux se maintient et s'engourdit dans les tiges, en sorte qu'elle se conserve, de même que les fruits et les semences, jusqu'à l'année suivante, sans que les organes soient exposés pendant l'automne à la putréfaction ou pendant l'hiver à la destruction. Les arbustes nains baccifères de la toundra, tels que les Vacciniées et la Camarine (*Empetrum*) qui pullulent ici au milieu des Lichens, offrent en automne leurs fruits à l'ours et aux oies polaires de passage, fruits qui plus tard se conservent parfaitement intacts sous la neige jusqu'à l'époque estivale, lorsque les rayons solaires mettent le sol à sec et provoquent le développement de nouvelles fleurs*.

A la clôture de l'été les mammifères se retirent de la Sibérie arctique et ne touchent guère aux toundra à Polytrichum, où ils ne trouveraient point de véritable nourriture. Ici les rennes vont à la recherche des lieux plus bas, situés le long des rives des lacs et des cours d'eau et désignés en Sibérie par le nom

* Une expérience curieuse, faite par M. Boussingault (*Agronomie, Chimie agricole et Physiologie*, t. III, p. 3), prouve la propriété qu'ont les graines mûres de supporter impunément les basses températures ; des semences de trèfle, de seigle et de froment, qu'il exposa à un froid de plus de 100° au-dessous de zéro (froid obtenu avec de l'acide carbonique liquéfié congelé), ne perdirent point leur faculté germinative. — T.

de *Laïdy*. Une semblable dépression existe le long de la rivière de Taïmyr et se trouve au printemps inondée par les eaux considérablement gonflées de la rivière. Comme en général dans les prairies submergées, on voit ici se développer mieux que dans la région supérieure de la terrasse riveraine un gazon de Graminées mélangées avec de chétifs buissons de Saule et avec divers herbages. Mais lorsque après la retraite des eaux le sol reste marécageux, la Mousse n'y fait pas défaut, les Graminées sont refoulées par les Cypéracées, et il se forme alors une transition à la toundra qui se trouve séparée des pâturages par une zone de prés fleuris, zone qui longe les pentes et les rampes abruptes par lesquelles la contrée descend vers la rivière.

Ce qui distingue la physionomie des prairies arctiques et alpines de celle des prés et marécages à Cypéracées, c'est que chez les deux premières les gazons à Graminées se trouvent refoulés et remplacés en partie par des herbes vivaces. C'est là ce qui constitue dans les régions polaires le seul et unique tableau de paysage gracieux à teintes vertes plus gaies et à végétation plus vigoureuse, ornée de fleurs brillamment et diversement coloriées. En effet, ici où le sol est plus fortement incliné que dans les toundra dont le relief n'offre que des accidents insignifiants, l'eau de neige disparaît plus promptement au printemps, le dégel de la glace commence plus tôt, et par là le sol acquiert une plus haute température pendant l'été, surtout lorsqu'une rivière limitrophe, rendant la température plus égale, sert d'abri contre les retours périodiques de la gelée au commencement et à la fin de la bonne saison. Aussi c'est là l'impression que produisent sur l'ami de la nature les îles arctiques, où M. de Baër[30] compare le tapis végétal diversement colorié à un jardin créé par une main artistique au milieu de la région glaciale, ou bien à l'éclat d'un paysage alpestre. Il nous dépeint le gazon à Silénées et à Saxifrages, chamarré de fleurs pourpres mêlées aux Myosotis à étoiles d'azur, aux Renoncules et aux Draba jaunes d'or, et à beaucoup d'autres fleurs bleues, blanches et d'un rouge vif dont les teintes rendent à peine perceptible la verdure du rare feuillage. Cependant il trouve que dans les pays alpins des Alpes, les plantes sont agglomérées en masses plus considérables. Les fleurs de la flore arctique sont mélangées d'une manière plus égale, les gazons sont suffisamment espacés pour laisser apercevoir le sol dans leurs intervalles, et c'est ainsi que ce tapis richement colorié déployé au pied des montagnes de la Nouvelle-Zemble rappelle une planche de fleurs soigneusement sarclée.

Les formes des arbustes nains n'étant point au nombre des éléments essentiels des toundra et des herbages, les buissons de végétaux ligneux ne se manifestent d'une manière indépendante et sur une échelle étendue que là où la période de végétation devient plus longue. Ici les types de Saule et de Rhamnus se trouvent mélangés sous forme de buissons plus élevés, comme cela se voit près de la limite des forêts sur le détroit de Béring où pénètre l'Aune septentrional (*Alnus incana* avec des espèces de Salix)[31]. Ainsi dans l'Islande méridionale[32], les anciens torrents laviques se trouvent également revêtus de bouleaux et de buissons de Saule qui souvent atteignent la hauteur d'homme (*Betula alba* et *nana, Salix phylicifolia* et *lanata*). Mais de même que le long des côtes de cette île le Gulf-Stream améliore le climat, de même l'action de l'eau courante des rivières allonge la période de développement de la végétation. Or la taille plus élevée qu'acquièrent les buissons de Saules le long des rives des fleuves arctiques n'est que l'expression de cette action exercée par des eaux qui ont traversé des latitudes plus méridionales (dans le pays des Samoyèdes p. ex : *Salix hastata* avec *Alnus fruticosa*, dans l'Amérique arctique, *S. speciosa*) *.

Régions. — Il est difficile de déterminer et, dans plusieurs cas, à peine possible de réduire à un chiffre moyen la hauteur à laquelle

* Dans un travail sur les plantes fossiles relatives à la période glaciaire, M. Al. Braun (*Neues Iahrb. für Mineral. Geol. u. Palæont.*, an. 1874, p. 104) signale des empreintes de feuilles de *Salix polaris, S. reticulata* et *Dryas octopetala* qui ont été trouvées entre Malmoë et Lund (55° L. N.), à une altitude seulement de 24 mètres, dans une marne lacustre recouverte par la tourbe et reposant sur d'anciennes morènes; il fait observer à cette occasion qu'aujourd'hui les mêmes espèces ne s'avancent point au delà du 61° L. N., même dans les montagnes de la Scandinavie. — T.

s'élève la végétation arctique le long des pentes d'un sol incliné. Même à l'égard de montagnes des latitudes plus méridionales, on ne saurait admettre que la ligne des neiges marque la limite de la vie organique en général, mais seulement que la série non interrompue des plantes y a un terme, puisque, à une altitude quelconque, là où la neige ou la glace ne sont point retenues par un sol trop fortement incliné ou n'y stationnent pas longtemps, certaines plantes trouvent les conditions indispensables à la végétation, et que c'est précisément dans la région même des neiges que les formes arctiques ne paraissent plus fréquemment. Cependant, dans les contrées polaires la position de la limite des neiges perpétuelles est bien plus incertaine, parce que, ainsi que cela a été démontré précédemment (p. 36), elle dépend à un plus haut degré des influences locales. M. de Baër[33] déclare qu'elle est décidément indéterminable dans la Nouvelle-Zemble, attendu que ce n'est point la décroissance de la température avec l'altitude, mais l'action locale de la température qui, à elle seule, décide la question. Il y a là des masses de neige perpétuelle qui descendent des crêtes des montagnes jusqu'à quelques mètres de distance du niveau de la mer, et dont l'accumulation exerce une action réfrigérante, même sur les endroits limitrophes. Mais là où les rayons solaires frappent toute la surface d'une pente, il se présente des montagnes de plus de 974 mètres (3,000 pieds) d'altitude qui déjà au mois de juillet sont presque complétement dégagées de neige, parce que la roche nue se trouve tellement échauffée par l'insolation que, même à une température atmosphérique glaciale, la neige produite par l'hiver continue à fondre. Sur le détroit Matoschkin.Schar, M. de Baër vit deux montagnes considérables dont l'une de 1,007 mètres (3,100 pieds) de hauteur était revêtue de neiges perpétuelles du sommet jusqu'au pied, tandis que l'autre, un peu plus élevée (1,104 mètres ou 3,400 pieds), mais jouissant d'une position plus dégagée, était presque complétement dénudée, même sur son versant septentrional. Cela s'applique également au Spitzberg où, en conséquence, les données relatives à la limite des neiges sont éminemment contradictoires; néanmoins, à la suite de plusieurs observations faites séparément, les naturalistes suédois[1] se sont efforcés d'établir un chiffre moyen pour cette limite (environ 325 mètres ou 1,000 pieds). En Islande M. Martins[23] l'a admise à une altitude de 924 mètres (2,900 pieds) et M. Scoresby[34] a adopté 389 mètres (1,220 pieds) pour l'île de Jean-Mayen, divergences qui font apprécier la portée des actions locales.

Cependant M. de Baër va trop loin lorsqu'il repousse toute tentative d'établir des valeurs moyennes pour la limite des neiges, valeurs qui ne laissent pas que d'avoir une grande importance pour la comparaison des flores des montagnes. D'ailleurs il fait observer lui-même que la Nouvelle-Zemble conserve une prodigieuse quantité de neiges perpétuelles et que, malgré cela, les plaines littorales sont, vers la fin de juillet, complétement dégagées de toute neige. Bien que dans cette île, ainsi que dans l'Oural arctique, les écarts soient tellement considérables que l'on n'est pas parvenu jusqu'à présent à déterminer la limite moyenne des neiges, cette tâche deviendrait plus aisée dans les contrées où les massifs montagneux sont moins disloqués et d'une structure plus uniforme. On obtient par là une espèce d'échelle approximative qui permet d'apprécier l'altitude à laquelle cette limite se trouverait, si la densité atmosphérique était le seul agent exerçant son action sur la courbe de la température.

M. Ruprecht[35] n'est pas d'avis que sous ces hautes latitudes, où la flore alpine descend pour ainsi dire au niveau de la mer, l'altitude puisse exercer de l'influence sur la disposition des plantes en général; pourtant, même dans l'enceinte des régions alpines, chaque espèce végétale est comprise dans certaines limites altitudinales, et cela s'applique également aux montagnes arctiques, toute part faite aux oscillations locales. C'est ainsi que dans l'Islande on peut, d'après l'extension des Bouleaux, distinguer trois zones altitudinales, dont l'inférieure est caractérisée par des formes frutescentes de l'espèce septentrionale (*Betula alba*, jusqu'à 487 mètres ou 1,500 pieds), la moyenne par les Bouleaux nains (*Betula nana*, jusqu'à 812 mètres ou 4,500 pieds) et la supérieure par l'absence de ces végétaux ligneux. M. Rink[37] est celui qui a le plus complétement tracé la disposition en sens vertical des plantes du Groënland, bien que, à cause de l'accumulation des glaciers au-dessous de la limite des neiges, la complication des faits divers soit ici plus forte qu'ailleurs. Il considère l'intérieur du Groënland comme un grand plateau de plus de 654 mètres (2,000 pieds) d'altitude, complétement revêtu de glace. Dans l'intérieur du pays, ce niveau constitue donc la limite supérieure de la végétation. Sur la presqu'île de Noursoak (71° lat.) qui s'avance dans la baie de Baffin, et dont la surface la plus élevée atteint 1624-1949 mètres (5-6,000 pieds), M. Rink observa, même à l'altitude de 1,472 mètres (4,500 pieds) une série de plantes vasculaires qui pour la plupart fleurissaient à la fin de juillet (le plus fréquemment *Papaver nudicaule,* en tout huit herbes vivaces, une Graminée et une Cypéracée). Eu égard aux basses moyennes thermiques dans cette partie du Groënland, c'est là l'un des exemples les plus frappants que l'on connaisse de l'influence du climat excessif des plateaux sur la vie végétale, exemple d'autant plus remarquable que l'insolation estivale, sur laquelle repose la végétation, se trouve ici dans la proximité immédiate de la mer affaiblie par les brouillards. Mais, ainsi que le fait observer M. Rink, cette élévation des limites végétales, la plus forte qui soit connue dans le domaine arctique, est en rapport avec la petite quantité de neige qui tombe dans cette presqu'île. Malgré des oscillations aussi considérables dans les limites des végétaux (depuis 649 mètres ou 2,000 pieds jusqu'à 1,472 mètres ou 4,500 pieds), il fut possible de distinguer dans la flore du Groënland des coupes altitudinales déterminées d'après les diverses formes végétales qui se présentent successivement. M. Rink caractérise la région inférieure de la péninsule (0-648 mètres ou 0-2,000 pieds) par des arbustes de la forme de Bruyère, que remplacent localement des Graminées et des toundra à Mousses ; la moyenne (649-974 mètres ou 2-3,000 pieds) par des Graminées, des Cypéracées, Lichens et des Mousses. De plus, il trouve qu'à une altitude de 1,267 mètres (3,900 pieds) s'évanouit le dernier végétal ligneux ; un Saule (*Salix glauca*), et les autres végétaux ne se présentent plus comme plantes sociales, mais en individus isolés, jusqu'à ce qu'enfin, à l'altitude de 1,472 mètres (4,500 pieds) sur la lisière de la nappe continue des glaces et des neiges, ces dernières plantes vasculaires, et avec elles aussi les Lichens terrestres, atteignent leur limite.

Lorsqu'on compare la disposition en sens vertical de la flore arctique avec la région alpine des montagnes de la Laponie, on trouve la plus parfaite concordance. Sur le Sulitelma (67° L. N.), la région alpine s'élève, selon l'exposition, à 1,007-1,429 mètres (3,100-4,400 pieds), où elle est bornée par la ligne des neiges. En descendant à 357 et 682 mètres (1100—2,100 pieds) elle se trouve délimitée par la zone des forêts. La différence consiste donc en ce que dans le domaine arctique les plantes alpines descendent jusqu'à la mer, tandis qu'en sens vertical elles s'élèvent dans la presqu'île groënlandaise autant que dans la Laponie et même davantage. En conséquence, on est amené à admettre, comme résultat général de ces investigations, que la limite moyenne des neiges descend déjà dans la Laponie au niveau le plus bas, puisque sous des latitudes encore plus élevées la position du soleil ne varie que peu, et la durée croissante du jour fait disparaître même cette différence, et qu'enfin là où cette limite est encore plus déprimée qu'en Laponie, il faut attribuer ce fait aux influences locales.

Centres de Végétations. — La répartition de la végétation pourrait être déduite des conditions locales du climat solaire et de la température du sol, déduction inapplicable cependant dans tous les cas à la distribution des espèces qui, sans être généralement répandues dans les contrées polaires, ne se présentent que sous de certains méridiens. Là où l'habitation réelle d'une espèce est plus circonscrite qu'elle ne devrait l'être par les actions seules du sol et du climat, commence le problème historique; car il s'agit alors de rechercher si les phénomènes doivent être expliqués par les conditions de la migration des plantes qui, ayant pour point de départ un centre primitif, se sont avancées jusqu'à leurs limites actuelles.

Le résultat le plus remarquable des études relatives à la distribution des plantes arctiques consiste dans ce fait, que la flore du Groënland se trouve plus intimement liée à l'ancien continent qu'à l'Amérique. Sans tenir compte de la masse totale des espèces arctiques répandues en proportions plus ou moins égales tout autour du pôle, M. Hooker énumère trente-neuf plantes qui se trouvent dans les îles du nord de l'Amérique, mais non dans le Groënland, et, par contre, dix-huit espèces européennes qui se montrent de nouveau dans le Groënland, mais n'ont point été constatées de l'autre côté de la baie de Baffin, et presque autant d'espèces qui ne se présentent que sporadiquement au Labrador ou sur les montagnes Blanches, et qui par conséquent peuvent être également considérées comme ayant immigré de l'Est en Amérique. La baie de Baffin constitue une limite de végétation pour environ la huitième partie de la flore des îles arctiques-américaines, et une portion tout aussi considérable de plantes groënlandaises n'a jamais, ou à peine, dépassé ce golfe. Dans la flore du Groënland, M. Hooker[38] ne trouve que six espèces non indigènes en Europe ou dans le nord de l'Asie, et c'est à quoi est limitée la connexion du Groënland avec les produits du continent américain.

Si la mer oppose aux migrations des plantes une barrière dont l'action croît en raison directe de la distance des côtes, la séparation de la flore du Groënland de celle de l'Amérique constituerait une exception tranchée à cette loi générale. En effet, à l'aide du Smithsund, canal étroit, presque constamment revêtu d'une nappe de glace, le Groënland, du côté du nord, se rattache au Grinnelsland et par là se trouve intimement lié avec l'Amérique arctique; la baie de Baffin elle-même est relativement étroite comparée à la plus vaste extension de tout le bassin polaire connu, qui sépare la côte orientale du Groënland de la Scandinavie ou même de l'Asie, d'où cependant, ainsi que je crois devoir l'admettre, les plantes ont émigré dans cette région polaire.

C'est à l'aide de l'hypothèse darwinienne sur les migrations des plantes arctiques pendant l'époque glaciaire, que M. Hooker[38] a essayé d'expliquer toute la particularité susmentionnée relative à la flore groënlandaise, particularité qu'il considère avec raison comme la clef de la loi qui préside à la répartition des plantes arctiques en général. Cette hypothèse admet que la flore actuelle de la Scandinavie dérive des périodes géologiques plus anciennes, et qu'antérieurement à l'époque glaciaire elle aurait été uniformément répandue dans la zone polaire. Lorsque, d'accord avec une doctrine aujourd'hui en faveur, un climat arctique envahit notre planète tout entière, les plantes arctiques auraient été toujours de plus en plus refoulées vers l'équateur, et avec le retour de la chaleur elles seraient revenues aux lieux de leur ancienne habitation, en remontant en même temps les régions alpines des montagnes du Sud pour s'y établir en permanence. Or M. Hooker pense que, lors de cette migration rétrograde qui s'effectua dans le sens des méridiens, l'archipel de l'Amérique arctique a pu recevoir du continent des végétaux qui n'arrivèrent pas jusqu'au Groënland parce que cette presqu'île s'avance au sud dans l'Atlantique et ne put, à cause de cela, recouvrer que les espèces qui pendant l'époque glaciaire avaient été capables de se maintenir dans la partie méridionale de la contrée*. Sans mentionner les nombreuses objections que suggère cette hypothèse, je me permettrai seulement de faire observer que, selon moi, de telles conjectures deviennent superflues lorsqu'on peut les remplacer par des explications plus simples. Si effectivement il y eut un temps où toute notre planète était recouverte de glace ou du moins ne possédait que le climat des contrées polaires actuelles, la vie des végétaux ligneux a dû être partout également impossible. Or les mêmes naturalistes, qui n'éprouvent aucune difficulté à supposer une époque glaciaire dans de telles conditions, n'en admettent pas moins que nos forêts actuelles se trouvent en connexion généalogique avec celles de la période des lignites; ce que sans doute ils ont d'autant plus droit d'admettre que, comme nous l'avons vu (p. 46), certains arbres à feuilles aciculaires de l'époque miocène ne sauraient être distingués, même spécifiquement,

* Parmi les avocats que l'hypothèse darwinienne a trouvés en France, figure M. Martins qui l'a soutenue avec son habileté ordinaire, dans plusieurs de ses écrits et entre autres dans un travail publié dans le *Bulletin de la Soc. bot. de France* (t. XVIII, p. 406), où il dit que « la flore arctique n'a point de caractère spécial et n'est qu'une extension appauvrie des flores scandinave, sibérienne et américaine. » — T.

de ceux qui vivent aujourd'hui. Comment donc retrouverait-on ces forêts, si elles avaient été détruites par l'époque glaciaire qui a succédé aux dépôts des lignites et précédé la création actuelle?

Les courants pélagiques n'offriraient-ils pas à la connexion de la flore groënlandaise avec celle de l'Asie arctique une cause parfaitement d'accord avec les faits? Déjà M. de Baër[40] avait signalé à l'attention comment les glaces flottantes contribuent à la diffusion des végétaux tout autour du pôle. Le fait que dans la Nouvelle-Zemble les herbes vivaces qui constituent le gazon ne se présentent pas en masse comme dans les Alpes, mais que les diverses espèces se trouvent mélangées, cet autre fait qu'avec un sol vraisemblablement de composition identique, le littoral est mieux pourvu de végétaux que les parages plus éloignés de la mer, de même que les régions masquées par les îles sont moins favorisées sous ce rapport que les contrées à exposition découverte, tous ces faits, M. de Baër les explique par les échouements annuels des glaces flottantes, soit que celles-ci transportent de côte en côte des semences ou des plantes entières munies de leurs racines, il doit toujours en résulter un effet beaucoup plus considérable que celui que produirait la fécondation souvent entravée des plantes elles-mêmes. La glace, dit-il, est évidemment le meilleur véhicule pour l'établissement des végétaux venant de loin ; elle enrichit chaque année la végétation littorale, notamment, pourrait-on ajouter, lorsqu'elle se trouve chargée de terre et de pierres. Parti de la Sibérie et contournant le Spitzberg, le courant arctique qui se dirige vers l'Atlantique en suivant la côte orientale du Groënland est l'une de ces voies de communication maritimes qui, à l'aide de la glace littorale de l'Asie, fournit au Groënland des germes de végétation. Donc, ainsi que M. Hooker lui-même l'avait indiqué, c'est aux courants de la baie de Baffin[10] qu'il faut attribuer la séparation du Groënland de l'Amérique. Le courant d'est qui charrie les champs de glaces du détroit de Barrow dans l'Atlantique, sépare la flore de l'Amérique de celle du Groënland, et la branche du Gulf-Stream qui, en côtoyant cette presqu'île, s'avance au nord, jusqu'au

Smithsund, est appropriée à la diffusion dans ce sens des plantes groënlandaises. En remontant au nord, la flore du Groënland devient relativement plus pauvre, mais elle ne change pas de caractère, et n'emprunte aucun élément constitutif nouveau. C'est précisément sous ce rapport que la collection faite par M. Hayes[41] sous les hautes latitudes du Smithsund (78°) est importante et offre également l'avantage de nous fournir une idée de la géographie des contrées inconnues du bassin polaire. Ainsi, de l'absence dans la baie de Baffin du bois de flottaison provenant de la Sibérie, M. Petermann a conclu que l'horizon pélagique parfaitement ouvert qui fut aperçu de l'embouchure septentrionale du Smithsund devrait être séparé par une terre ferme de la mer glaciale orientale du Spitzberg. A l'appui de cette opinion on peut faire valoir le fait que parmi les plantes du Smithsund il n'est pas une seule espèce qui ne se trouve également dans les parages plus méridionaux sur la côte ouest du Groënland. De plus, il est remarquable que dans les mêmes latitudes (70°-50°), d'après les collections de Scoresby et Sabine comparées par M. Hooker[38], la côte orientale du Groënland, immédiatement exposée aux échouements des glaces qu'apporte le courant arctique, paraît être beaucoup plus riche en plantes que la côte occidentale. Des faits semblables ne sont-ils pas de nature à suggérer l'idée que le Groënland, dépourvu de plantes qui lui soient propres, a reçu sa végétation de l'est par l'intermédiaire de ce courant marin, et qu'en longeant la ligne littorale chaque espèce fut successivement transplantée jusqu'au Smithsund ? Lorsque la glace se met en mouvement dans ce détroit, ce qui n'arrive que dans certaines années, elle peut bien introduire le long du littoral américain de la baie de Baffin le nombre de plantes que le minimum de chaleur estivale aura conservé sur les côtes du détroit, mais elle ne saurait transporter au Groënland des espèces américaines.

En rattachant la séparation du Groënland de l'Amérique à la direction des courants qui indiquent les relations entre le premier de ce pays et l'Asie, on rencontre l'objection fondée sur l'opinion de MM. Darwin et Hooker d'après laquelle la flore groënlandaise serait, non d'origine asiatique, mais bien d'origine scandinave. On base cette opinion sur ce que la Laponie est le pays le plus riche en végétaux parmi les contrées situées au delà du cercle polaire. Cependant cette richesse ne repose pas sur un contingent plus fort en plantes arctiques, mais sur un plus grand nombre de plantes du domaine forestier, lesquelles s'avancent ici plus au nord qu'ailleurs, grâce à l'action calorifique du Gulf-Stream. Il n'existe pas un seul fait à l'appui duquel on puisse admettre un âge plus ancien en faveur de la végétation de la Scandinavie; car, si l'on y observe une réunion assez rare de plantes appartenant à des *habitat* très-étendus, c'est un phénomène qui correspond parfaitement à la grande variété des conditions climatériques du pays. La présence de plantes endémiques non répandues en dehors d'un certain point, voilà le seul signe auquel nous puissions reconnaître un centre primordial de végétation; or, dans ce sens, la Scandinavie ne saurait être admise comme un point de départ pour des migrations végétales, parce qu'elle possède à peine quelques traces d'espèces qui lui soient propres. La majorité des plantes réellement arctiques et étrangères au domaine forestier, se trouvent répandues tout autour du pôle, et un certain nombre parmi ces plantes se présentent dans la région alpine de la Laponie et de la Norvége, en partie sporadiquement sur des points isolés. L'avantage qu'a cette région sur la flore arctique, elle le partage avec d'autres montagnes européennes. Le pays des Samoyèdes possède une série d'espèces qui font défaut à la Laponie scandinave, et quelque pauvre que soit sa flore, comme dans la Sibérie arctique, à cause de la grande extension des toundra, on y trouve certaines espèces locales, ce qui n'a pas lieu dans la Laponie scandinave. Nous avons donc de bien meilleures raisons pour admettre une immigration des plantes arctiques de l'Asie dans les montagnes scandinaves plutôt que de transporter leur patrie dans ces dernières, ainsi que M. Christ[12]. l'a déjà fait voir plus particulièrement.

De même que la côte orientale du Groënland, la côte septentrionale de l'Islande est exposée à l'action du courant arctique le plus riche peut-être du monde en bois de flottaison. La série des grands fleuves sibériens qui changent constamment leurs lits creusés dans le sol meuble du diluvium que recouvrent des forêts presque inhabitées, servent de réceptacle inépuisable aux troncs d'arbres détachés qu'ils charrient dans la mer Glaciale, dont les flots finissent par les accumuler sur des côtes lointaines. Des semences et pousses de plantes vivantes peuvent tout aussi bien que les bois de flottaison s'établir dans les lieux de leur débarquement pourvu qu'elles y rencontrent le climat qui leur convient. Les végétaux arctiques et alpins sont moins nombreux en Islande que dans le Groënland, mais ils sont presque tous identiques; seulement cinq espèces[43] n'ont pas encore été trouvées dans le Groënland, parmi lesquelles deux ont été également constatées en Sibérie, et les trois autres sont indigènes dans les montagnes de l'ouest de l'Europe. Lorsque les plantes sont répandues à l'aide des courants maritimes, leur nombre diminue graduellement avec la distance du point de départ; or les conditions de la végétation arctique du Groënland et de l'Islande répondent à de telles exigences, puisque les glaces flottantes de la Sibérie arrivent à la côte orientale du Groënland avant d'atteindre la côte septentrionale de l'Islande.

Elles touchent le Spitzberg même avant le Groënland, mais, sous cette haute latitude, plusieurs espèces qui pourraient s'établir dans le Groënland ne sauraient y prospérer. Tout en ayant moins d'espèces arctiques que le Groënland, la flore de l'Islande est plus riche que la flore groënlandaise; cette supériorité repose sur les plantes appartenant à la zone forestière européenne. Le lien qui rattache l'Islande à l'ouest de l'Europe ne peut guère être expliqué que par l'influence du Gulf-Stream que la ligne de cette migration coupe à angle droit; il faudrait plutôt l'attribuer en partie aux oiseaux septentrionaux qui voyagent à travers tous les méridiens et ont pour lieux de repos les Shetland et les Far-OEr. Sur les rochers littoraux du haut nord et des îles inhabitées limitrophes, ces oiseaux pélagiques se présentent en masses tellement considérables qu'en les apercevant du bord des bâtiments qui traversent ces lieux, on a pu les comparer à la foule compacte des spectateurs d'un théâtre. Une série de plantes palustres et aquatiques qu'on ne rencontre plus ailleurs sous les hautes latitudes, se sont établies en Islande, notamment dans la proximité des sources thermales[44]. Au reste, cette île est la seule contrée du domaine de la flore arctique où une ancienne civilisation ait pénétré. Sa population est plus forte peut-être que celle de toutes les régions arctiques prises ensemble, et c'est ainsi que les relations internationales ont donné lieu à l'établissement d'une série de plantes (vingt-deux espèces) qui ont l'habitude de suivre l'homme dans ses migrations.

Eu égard à la direction du courant arctique, la flore du Spitzberg se rallie davantage à la Sibérie et au Groënland qu'à la Laponie. Un bon quart des plantes vasculaires qui s'y trouvent font défaut en Scandinavie[45] (vingt-quatre espèces sur quatre-vingt-treize); au Groënland douze espèces manquent seulement; et comme la plupart de ces dernières ont été constatées dans l'Asie arctique, et comme les autres ne reposent guère sur des données systématiques suffisantes, il s'ensuit qu'ici encore la répartition des plantes correspond à la position géographique, en vertu de laquelle le Spitzberg est atteint avant le Groënland par le courant de la Sibérie.

Toutes ces îles de la mer Glaciale, le Groënland, l'Islande, le Spitzberg, et la Nouvelle-Zemble, n'ont point de plantes endémiques, ou du moins aucune n'a été positivement reconnue comme telle. Leur végétation arctique est donc empruntée au continent auquel le courant de Sibérie les rattache. Sur le continent même, l'échange est facilité à un tel degré par les communications littorales de la mer Glaciale, que la plupart des plantes de la flore arctique se trouvent répandues tout autour du pôle. La diffusion du reste des plantes a lieu comme dans la zone forestière, et notamment de manière que les dissemblances croissent graduellement avec les distances. La plus grande concordance règne entre la région arctique de l'Europe et celle de l'Asie; peu à peu les divergences vont en croissant lorsqu'on passe d'abord dans la partie occidentale et puis dans la partie orientale de l'Amérique du Nord. C'est pourquoi le Labrador et l'archipel arctico-américain constituent à l'égard du pays des Samoyèdes proportionnellement le contraste le plus tranché.

J'évalue la somme totale des plantes vasculaires constatées

dans la flore arctique à sept cents espèces[46], parmi lesquelles on en pourrait à peine accepter trois cents comme caractéristiques, puisque la majorité de ces plantes ne sont point exclusivement limitées aux climats arctiques ou alpins. De plus, comme ces dernières espèces reparaissent en grande partie dans la région alpine du domaine forestier, il ne restera pour la flore arctique qu'environ vingt végétaux endémiques[47]. D'après cela, on pourrait être porté à refuser en général à la flore arctique le privilége de renfermer des centres de végétation, puisqu'il serait possible que le petit nombre de plantes caractéristiques fussent retrouvées dans des montagnes plus méridionales. C'est cette manière de voir que M. Christ[47] a essayé d'accréditer en faisant dériver l'origine de la flore arctique particulièrement des montagnes de l'Asie septentrionale. Toutefois, tant que les plantes endémiques susmentionnées de la flore arctique n'auront pas été constatées en dehors de leur domaine actuel, il faudra bien admettre des points de départ particuliers de migration, de même qu'il est conforme à l'analogie que, sur le continent, de telles migrations aient eu lieu dans des directions opposées. Mais indépendamment de ces considérations, la disposition des plantes arctiques offre plusieurs faits de nature à suggérer la conclusion, qu'une grande partie de ces plantes sont originaires des hautes latitudes de l'Asie et de l'Amérique.

M. Hooker[49] a dressé une liste de celles des plantes dont les aires d'extension s'étendent de l'Europe jusqu'au Groënland par l'Asie et l'Amérique, à travers tous les méridiens : il porte à 85 le chiffre de semblables espèces circumpolaires. Presque tous ces végétaux habitent également des latitudes plus basses de l'Asie, la majeure partie[48] se trouvent dans les régions alpines des chaînes montagneuses, et le reste dans le domaine forestier, d'où elles passent dans la flore arctique. Lorsqu'à l'aide des courants elles se répandent le long des côtes de la mer Glaciale et de ses îles, la direction de leurs migrations se trouve indiquée, mais il n'en est pas de même du continent où ces migrations sont susceptibles de se diriger tout aussi bien de la mer Glaciale vers l'Altaï qu'en sens inverse. Or, dans plusieurs cas, on peut remarquer deux modes de répartition et distinguer de cette manière les espèces originairement arctiques, des espèces alpines, selon que domine la diffusion circumpolaire ou celle dans les régions alpines. Ainsi, lorsque sur certaines montagnes les plantes ne se manifestent que sporadiquement, tandis que dans le bassin polaire leur expansion est continue, on en conclura que leur origine se trouve sous de hautes latitudes. Deux genres monotypes pourraient servir d'exemples à cet ordre de considérations. Le Diapensia, Éricée à fleurs de structure anomale, se présente sporadiquement dans les Fjelde norvégiens, l'Altaï et les Rocky et White-Mountains; dans le bassin polaire il est très-commun sous les méridiens les plus éloignés; si maintenant on suppose que c'est dans le bassin polaire qu'il a son origine, on concevra plus aisément que, douée d'une si forte puissance de migration, cette plante n'ait pas eu une plus grande extension dans les massifs montagneux et qu'elle ne se soit pas avancée jusqu'aux Alpes ou jusqu'à l'Himalaya. La Polygonée Koenigia, également circumpolaire, a été, il est vrai, constatée dans les montagnes de l'Asie jusque sur l'Himalaya, mais en Europe son aire est limitée à quelques points seulement des Fjelde scandinaves. En général, dans les recherches sur les centres de végétation, les genres monotypes méritent plus de considération que les espèces endémiques. Chez les dernières, la question de savoir si leur organisation n'a été modifiée que par l'action graduelle du climat, en sorte qu'une telle espèce pourrait dériver des espèces d'autres contrées (variétés climatériques), cette question, dis-je, ne saurait être décidée avec un degré de certitude suffisante, pour que, dans les cas spéciaux, on soit toujours sûr de l'approbation sans réserve des classificateurs systématiques. Mais lorsque la structure de la fleur est aussi particulière que chez la plupart des genres monotypes, toutes les opinions doivent admettre que pour la produire il fallait l'action d'une force dont nous sommes incapables d'éclaircir la nature à l'aide de ce que l'expérience nous apprend sur la variabilité des espèces. Or, je trouve dans la flore arctique 10 genres monotypes[50], chiffre extraordinairement élevé eu égard au peu de variété que possède cette flore, et ces genres pour la plupart ne reparaissent que sporadiquement sous les latitudes plus basses. Une Graminée *(Pleuropogon)* est exclusivement locale, car jusqu'à présent elle n'a été observée que dans les îles Parry. On pourrait, de plus, considérer comme presque endémique une Caryophillée *(Merckia)* qui se présente depuis la partie nord-ouest de l'Amérique arctique jusqu'à la Kolyma dans la Sibérie orientale, mais au sud ne s'étend que jusqu'au Kamtchatka. Ces deux végétaux sont, par conséquent, caractéristiques pour les centres de végétation du bassin polaire, et leur limite orientale peut être envisagée comme marquant la ligne de séparation entre les deux courants sur la côte du pays des Tschuktché. En effet, le long de ces côtes, sous le méridien qui rattache la Sibérie orientale au pays de Wrangel, on a observé dans les courants un changement périodique. D'après cette délimitation, les 10 monotypes de la flore arctique se répartissent entre les deux continents de telle manière, que l'origine asiatique est certaine pour trois genres (*Osmothamnus, Gymnandra, Koenigia*) et l'origine américaine pour 4 autres (*Merckia, Douglasia, Dodecatheon, Pleuropogon*); pour les trois restants (*Diapensia, Monolepis, Dupontia*) la répartition ne saurait être reconnue aussi distinctement, pourtant la patrie américaine y est vraisemblable. Ces résultats donnent une idée précise de l'extension circumpolaire des plantes arctiques en général. Dans le bassin polaire, la migration a été tellement facilitée par la configuration de la terre ferme et par l'action des courants, qu'une séparation complète des domaines des flores des deux continents ne saurait être tracée, comme cela est encore possible dans le domaine forestier.

Si nous comparons sous ce rapport la série des espèces endémiques, nous remarquons que sur ces espèces trois sont limitées à l'Asie et onze à l'Amérique. Le passage dans les régions alpines est bien moins favorisé en Amérique qu'en Asie où de hautes chaînes montagneuses traversent le continent dans toute sa largeur. C'est avec la même facilité qu'ont pu se répandre en Europe les plantes arctiques depuis les toundra jusqu'en Laponie et à travers les montagnes jusqu'aux Alpes, ainsi que nous pouvons le reconnaître par les nombreuses plantes que ces contrées possèdent en commun. Voilà pourquoi dans le continent oriental peu de restes de la végétation originaire sont demeurés limités à la flore arctique. En Amérique les montagnes Rocheuses et le massif montagneux isolé de New-Hampshire peuvent seuls offrir une place pour l'introduction des plantes arctiques, et encore les montagnes Rocheuses ne s'y prêtent pas beaucoup à cause de la direction de leur axe longitudinal et de la largeur peu considérable de leur région alpine. C'est ce qui explique le phénomène qu'en Amérique les plantes arctiques reparaissent dans les montagnes en bien plus petit nombre que sur le continent oriental.

M. Heer[51] a émis une opinion en faveur de l'hypothèse de Darwin sur l'origine de la flore arctique, en faisant observer que l'on trouve dans le domaine polaire de l'Amérique des végétaux alpins de l'Europe, mais point de types des montagnes américaines. Or cette observation n'est vraie qu'à l'égard des espèces circumpolaires qui se sont répandues de l'Asie dans deux directions à l'aide des courants; mais elle ne s'applique guère aux espèces qui reflètent les traits distinctifs des deux continents. Ce qui prouve combien plus facilement s'opère l'échange entre les zones forestières des mêmes continents, c'est que le catalogue de la flore arctique dressé par M. Hooker contient 12 genres[52], qui se présentent en deçà et au delà du cercle polaire sans passer sur le continent oriental. Ce sont précisément les types américains qui font décidément défaut à la flore groënlandaise. Si la partie méridionale du Groënland, qui descend cependant jusqu'au soixantième degré, a emprunté au domaine forestier beaucoup moins de plantes que l'Islande, cela s'explique par la séparation de la terre ferme et aussi par ce fait, que les courants pélagiques n'ont point opéré une connexion avec des climats correspondant à ceux de la zone tempérée*.

* La zone arctique est peut-être de toutes les zones du globe celle qui a le plus à espérer des explorations ultérieures. Malgré les résultats importants des récentes expéditions polaires, nous ne sommes encore que sur le seuil du monde nouveau que nous révélera la découverte des mystérieuses régions du pôle, si ces régions, comme tout le fait croire, sont baignées par de vastes nappes d'eau complétement, ou du moins en grande partie dégagées de glaces. En effet, jamais hypothèse n'a été appuyée d'arguments plus solides et plus nombreux, mais

aussi jamais un tel plaidoyer n'a été soutenu plus vigoureusement par un seul avocat qu'il l'a été de nos jours, car il est impossible de ne pas être saisi d'admiration en voyant la manière brillante avec laquelle depuis tant d'années, cette cause a été défendue par M. Petermann, le véritable Lesseps de l'Allemagne, moins heureux, mais certes aussi savant que celui-ci. Tous ceux qui s'intéressent aux grandes questions de la physique du globe connaissent les nombreux et substantiels écrits publiés sur ce sujet par l'éminent géographe de Gotha, dont les sagaces prévisions tant de fois réalisées viennent de recevoir une nouvelle confirmation par l'exploration du capitaine Hall, laquelle a fourni deux faits de la plus haute importance. L'un, c'est la présence dans le Smith-Sound de bois flottants, très-différents de tous ceux provenant de l'Amérique ou de la Sibérie, et appartenant, selon M. Grisebach (V. *Petermann*, *Mittheil*, an. 1874, t. XX, p. 161), à une Iuglandée de l'extrême Orient, probablement du Japon, ce qui prouverait que des courants du Pacifique auront transporté ces bois à travers le détroit de Béring dans les mers polaires, jusqu'au Smith-Sound, courants qui évidemment supposent une mer en grande partie libre de glaces. L'autre fait, fourni par l'expédition de Hall et signalé par le capitaine Markham, lors de la réunion en 1873 à Bradford de la *British Association,* c'est que le *Polaris,* qui s'était avancé jusqu'à la plus haute latitude (82° 16′) qui ait jamais été atteinte par un vaisseau dans la mer Arctique, avait trouvé dans le Smith-Sound, sous la latitude de 81° 31′, un climat *plus doux* que sous des latitudes plus méridionales, au point que la vie animale y est tellement abondante, que le bœuf musqué y prospère parfaitement. Enfin, à tant d'arguments fondés sur des faits positifs, on peut encore ajouter un argument puisé dans des considérations d'un autre ordre, c'est celui présenté par le célèbre physicien Plana et que M. Élie de Beaumont (*Comptes rendus*, etc., an. 1871, t. LXXII, p. 118) signale en ces termes : « M. Plana a déduit d'une analyse mathématique de l'ordre le plus élevé, que l'intensité moyenne de la chaleur solaire est croissante depuis le cercle polaire jusqu'au pôle, et que ce phénomène, démontré d'une manière incontestable, suffit pour rendre très-probable le fait que la mer qui inonde le pôle boréal doit être libre de glace pendant plusieurs mois de l'année. » Lorsqu'on ajoute ces considérations à toutes celles déjà développées par M. Petermann en faveur de l'existence, au pôle arctique, d'une mer libre de glaces, n'a-t-on pas le droit de s'étonner en voyant un savant comme M. Nordenskiold déclarer, dans sa lettre susmentionnée (v. la note p. 40), que le seul moyen de pénétrer jusqu'aux régions inconnues des environs du pôle, est, si l'on ne veut pas en venir au ballon, de faire des *sledge-journeys* sur la glace, et que la mer libre ou navigable dans cette partie du globe *est une pure fiction?* — T.

PIÈCES JUSTIFICATIVES

ET ADDITIONS

LES FLORES NATURELLES

1. Au lieu de l'expression autrefois employée de « centre de création », je désigne maintenant par le nom de centre de végétation l'endroit où une plante déterminée est censée avoir pris naissance, parce qu'on avait trouvé à redire à la première expression en prétendant qu'elle préjugeait la question relative à la production primordiale des organismes. Pour ma part, du moins, je n'ai jamais entendu autre chose par le mot d'acte de création que l'action des lois de la nature, soustraite jusqu'à aujourd'hui à nos moyens d'investigation positive. M. Bentham propose de considérer les centres de végétation comme autant de domaines conservateurs chaque fois qu'ils se sont maintenus, à l'instar des îles océaniques, dans leur état primitif; c'est là une manière de voir que l'on peut adopter parfaitement. (Comp. Bentham, *Géographie des êtres vivants*, in *Ann. sc. nat.*, v. II, page 317.)

2. Grisebach, *Die geographishe Verbreitung der Pflanzen West indiens*, p. 67.

3. Grisebach, *Der gegenwärtige Standpunkt der Geographie der Pflanzen* (*Behm's geographishes Jahrbuch*, I, p. 401).

4. Wallace, *The law which has regulated the introduction of new species* (*Ann. nat. hist.*, II, 16, p. 185; 1855).

5. Kerner, *Die Abhängigkeit der Pflanzengestallt von Klima und Boden*, p. 30. La plupart des plantes de la plaine, que ce botaniste avait plantées à des hauteurs alpines près d'Innsbruck, succombèrent au climat; les autres ne manifestèrent que des modifications très-insignifiantes.

6. Humboldt, *Physiognomik der Gewächse* (*Ansichten der Natur*, 3e édition, p. 1-218).

7. J'ai essayé de donner ailleurs (*Biographie Humboldt's*) un plus

grand développement aux principes établis par Humboldt d'après lesquels les flores naturelles doivent être représentées, principes que je n'ai fait qu'indiquer ici.

I. FLORE ARCTIQUE.

1. Dans le Spitzberg, de même que dans d'autres contrées polaires, la ligne des neiges est sujette à des oscillations considérables. M. Malmgren l'évalue sous la lat. sept. de 80° à 325m ou 1,000 pieds (*Peterm. Mitth.* ann. 1863, p. 401); sous la latitude de 77°, elle fut déterminée a 454m ou 1,400 pieds (*Behm's geogr. Jahrbuch*, I, p. 258). Dans l'Islande (64°), la ligne des neiges ne fut atteinte qu'à 935m ou 2,880 pieds (*id.*), et au Groënland (61-73°) M. Rink la trouva entre 649m et 974m (2,000-3,000 pieds) sans que la latitude ait exercé sur son niveau une influence particulière (Rink, *Groënland, naturhistoriske Bidrag*, p. 169).

2. Au Spitzberg, dans un seul Fjord, le Eisfiord (78°), on aurait tué, dans le cours de l'été de 1861, de 4 à 600 Rennes (Malmgren, *loc. cit.*, p. 49). Déjà Parry avait observé dans les îles Melville le riche développement de la vie des animaux terrestres, notamment du *Bos moschatus* et du Renne (*Journ. of a voyage for the discovery of a North West passage*). Ces renseignements ont été confirmés à plusieurs reprises par les expéditions à la recherche de Franklin, ainsi que par M. Koldewcy, lors de son voyage à la côte orientale du Groënland, en 1870.

3. La température moyenne la plus basse dans les contrées polaires a été constatée par M. Kane sur la côte nord-ouest du Groënland, au Rensselaers Hafen, dans le Smith's Sund (78° 30'); elle fut calculée à 19° (Kane, *Meteor. Observations in the Arctic seas, Smithsonian contributions*, v. II). Dans l'île Melville (75°), la température moyenne est, d'après Parry, 16° 9' (Dove's *Temperaturtafeln*, p. 13); celle de l'été fut déterminée à + 2° 8', dont + 2° 1' reviennent au juin, + 5° 6' au juillet, et + 0° 3' à l'août.

4. Middendorff, *Reise in den äussersten Norden und Osten Sibiriens*, I, *Klimatologie*; cf. *Jahresb.*, ann. 1847, p. 32. Plus tard (IV, 1, p. 500) l'auteur porta la puissance de la glace sibérienne, même à 325m (1,000 pieds).

5. Richardson, *Arctic researching expedition*; cf. *Jahresb.*, ann. 1851, page 50.

6. Schrenk, *Reise nach dem Nordosten des europäischen Russlands*; cf. *Jahresb.*, ann. 1850, p. 3.

7. LANGE, *Oversight over Grönlands Planter* (dans Rink, *Grönland*). Bien qu'à cause de son inaccessibilité la côte orientale du Groënland soit encore si peu connue, cependant on peut déjà admettre, d'après les collections de J. Vahl et les données de M. Graa, que sur les 320 plantes vasculaires de la flore groënlandaise, 101 espèces se trouvent sur les deux côtes; de plus, il faut tenir compte de 28 espèces non mentionnées, qui ont été recueillies par M. Scoresby sur la côte orientale, et qui sont citées dans son ouvrage par M. W. Hooker. Si l'on y ajoute les 21 espèces découvertes par M. Kane et déterminées par M. Durand, ainsi que les 3 espèces que Scoresby ne trouva que sur la côte orientale, le total des plantes du Groënland connues jusqu'à ce jour se montera à 344 espèces, dont 126 constatées sur les deux côtes.

8. SCORESBY, *Journal of a voyage to the Northern Whale fishery*, p. 103, 178, 204. Les montagnes sur la côte orientale, entre 71° et 75° L. N., furent évaluées en moyenne à 975m (3,000 pieds) d'altitude; mais elles ne portaient que peu de neige, moins que sur le Spitzberg; on n'y remarqua que deux ou trois glaciers. Le pays situé sur le Scoresby Sund (70°) parut au voyageur être tout différent : déprimé, à surface ondoyante, complétement libre de neige, le sol revêtu d'une herbe de plusieurs pieds de hauteur, au point de présenter çà et là des prairies comparables aux plus belles de l'Angleterre. Et pourtant cette côte est presque toujours inaccessible à cause des glaçons qui la longent. Les hautes montagnes alpines et les glaciers découverts en 1870, par Koldeway, sur le Fjord de François-Joseph, sont situés entre 73° et 47° L. N.

9. ORBORN, *Stray leaves from an arctic journal*, p. 302. Les navigateurs dans les mers polaires distinguent trois formes principales sous lesquelles se présentent les masses de glace charriées par la mer, savoir : montagnes de glace, champs de glace et glaces agglomérées. Les montagnes de glace proviennent des glaciers de la terre ferme et sont par conséquent le produit exclusif d'eau douce ; elles acquièrent un volume très-considérable. Ross en a vu ayant une hauteur de 325m ; elles viennent pour la plupart de la côte occidentale du Groënland, car les autres régions polaires sont trop basses ou du moins ne fournissent point à la mer de gros fragments enlevés aux glaciers : à Spitzberg également, il ne se forme guère de montagnes de glaces proprement dites (selon M. Torell, dans Peterm. *Mittheil.* an. 1861, p. 53), bien que les glaciers les plus grands y atteignent la mer; cependant celle-ci n'en reçoit que des fragments. Dans la mer antarctique les montagnes de glace n'ont point de caractère local, tandis que dans l'Atlantique elles se rattachent à de certains méridiens. Les champs de glace sont les produits de l'eau salée effectués

dans le cours d'un hiver, et viennent de toutes les côtes bordées par les glaces. Dans les champs de glace cette dernière n'a ordinairement que 2m,4, 3m,5 de puissance, et en été elle se détache de la terre ferme dont elle bordait la côte en nappe continue ; elle se trouve alors morcelée soit en champs de glace, plus étendus, soit en fragments moins considérables qui tous suivent les courants et finissent par arriver dans l'Atlantique, de même que les montagnes de glace. Ce que dans le haut Nord on qualifie de barrière glaciaire solide de la mer n'est pas autre chose que cette glace flottante, ce large torrent arctique rempli de champs de glace qui, à partir de la Sibérie, frise la côte septentrionale du Spitzberg, s'écoule le long du littoral oriental du Groënland dans la direction du Sud et se trouve fréquemment interrompu par des surfaces d'eau dépourvues de glaces, mais variant d'étendue (qualifiées de *Polynies*). Ainsi, de tels courants présentent en grand un phénomème analogue à celui qui se produit au printemps dans les rivières, lors du charriage des glaçons. Là où les champs de glace rencontrent des courants opposés et chauds, ce qui notamment a lieu dans la Porte karienne, entre la Nouvelle-Zemble et le Spitzberg, ainsi que dans le Smith's Sund, ils se redressent, fondent incomplétement en été, ou, lorsque cela est possible, se trouvent déviés dans d'autres directions. Mais s'ils se redressent ou bien ne peuvent, à cause de leur éloignement de la mer découverte, effectuer le transport de la glace dans le cours d'un seul été à courte durée, les orages et les vagues parviennent aisément à pousser les champs de glace les uns sur les autres ; ils augmentent alors de poids, plongent à une plus grande profondeur et se solidifient par suite de nouvelles gelées, et c'est ainsi que se produisent les glaces agglomérées (*Packeis* des Allemands), dont les protubérances isolées sont désignées par le nom de *Torosse* (*Hammocks*). M. de Wrangel a retracé d'une manière frappante le tableau grandiose que présente ce phénomène pendant les tempêtes maritimes. (*Reise längs der Nordküste von Siberien*, II, p. 250.) Les Torosse acquièrent quelquefois une épaisseur qui ne le cède pas beaucoup à celle des montagnes de glace, notamment de 32m,4 à 64m,9, dont, quand ils flottent, un peu moins de la moitié plonge dans l'eau. Les régions où a lieu cette constante formation de glace sur une large échelle sont situées des deux côtés du méridien du détroit de Béring, en longeant les lignes côtières dans l'espace compris entre les îles de Parry et la Nouvelle-Sibérie ; M. Osborn fait observer que c'est précisément l'accumulation des Torosse dans cette partie de la mer glaciale qui prouve qu'il n'y existe point de communication par les courants avec la mer Pacifique. Ainsi, à moins de rester stationnaire, la glace ne peut donc quitter ces méridiens que pour passer graduellement soit dans le courant arctique de la Sibérie et du Groënland, soit dans celui du détroit de Barrow ou de la baie de Baffin, ce qui explique pourquoi M. de Wrangel a vu les courants longeant la côte nord-est de la Sibérie varier selon les saisons, devenir Ouest en été et Est en automne (*Reise*, II, p. 254), selon que l'écoulement se trouvait facilité dans la direction de l'Asie ou dans celle de l'Amérique.

10. Petermann, *Geogr. Mitth.* ann. 1867, p. 181. Sous la latitude de 50° nord, le courant chaud groënlandais se détache du Gulf-Stream en une branche dont la présence a été constatée au delà de la baie de Melville jusqu'au Smith's Sund (78° 30').

11. Middendorff, *loc. cit.*, IV, I, p. 566; il s'ensuit que la limite des arbres qui traverse assez irrégulièrement le pays de Samoyèdes se trouve entre l'embouchure du Mesen et l'Oural, en moyenne sous 66° : d'après le comte de Keyserling (*Beobachtungen auf einer Reise in das Petschoraland. Carte*) et M. Schrenk (*loc. cit.*), la latitude un peu plus élevée de 67° N. avait été autrefois admise (*Jahresb.* ann. 1850, p. 4).

12. Les limites des arbres ont été observées sur le Jeniseï et dans le pays de Taïmyr par M. de Middendorff (I, voyez *Jahresb.* ann. 1847, p. 37), sur la Léna par M. de Wrangel (*loc. cit.* Carte), sur le détroit de Béring par M. de Seemann (*Journ of Botany* 2, p. 181, et *Voyage of the Herald*, I, p. 11), dont les observations avaient été faites sur la côte asiatique du détroit sous la latitude de 64°, et sur la côte américaine sous la latitude de 66° 44'. Les déterminaisons sur le lac des Ours et sur la côte du Hudson-Bay sont de M. Richardson (*loc. cit.*).

13. Voici les moyennes mensuelles arctiques au-dessus du point de congélation (les trois moyennes du Groënland sont empruntées à M. Rink, *loc. cit.*, p. 154, celles du Spitzberg et de l'Islande au *Temperatur tafeln* de M. Dove) :

Spitzberg (80° L. N.). Juin 0° 8; juillet 2°; août 0° 8.
Upernivik (73° L. N.). Juin 2° 7; juillet 4° 2; août 3° 6; septembre 0° 01.
Jakobshava (69° L. N.). Mai 0° 2; juin 5° 7; juillet 7° 1; août 5° 6; septembre 0° 2.
Godthaab (65° L. N.). Mai 1° 3; juin 5°; juillet 7° 8; août 6° 7; septembre 3° 7.
Eyafjord (66°30 L. N.). Mai 2°; juin 6° 3; juillet 8°; août 8°.
Reikiavik (64° L. N.). Avril 2° 5; mai 6° 9; juin 10° 7; juillet 13° 2; août 11° 5; septembre 7° 9; octobre 2° 7.

Moyennes mensuelles au-dessus du point de congélation dans les régions alpines des Alpes (Dove, *loc. cit.*, p. 20) :

Hospice de Saint-Bernard (2491m). Mai 2°; juin 4° 6; juillet 6° 6; août 6° 5; septembre 3° 7.

14. Schrenk, *loc. cit.*, p. 254, 271 (cf. *Jahresb.* an. 1850, p. 6).

15. Les observations météorologiques de M. Kane à Rensselaers Hafen embrassent 16 mois et ont été coordonnées par C.-A. Schott (*Smithsonian contributions*, v. II). Parmi les moyennes mensuelles de cette localité, la plus froide de toutes les parties connues de notre globle, nous n'avons à considérer ici que les suivantes (v. note 3) : juin — 0° 8, juillet + 3° 2, août — 0° 2 ; moyenne estivale + 0° 05. Le mois le plus froid fut mars — 36,9 ; la moyenne des trois mois d'hiver — 33,4.

Les températures estivales arctiques suivantes (v. note 13) peuvent servir de termes de comparaison : Spitzberg (80° L. N.) + 1°,03 ; île Melville (74° 30') 2° 8 ; Upernevik (73°) 3° 2 ; Nouvelle-Zemble (73°) 3° 4 ; Jakobshavn (69°) 5° 9 ; Godthaab (65°) 6° 6 ; Eyafjord (66° 30') 7° 6.

Puis, la température estivale sur la limite des arbres ainsi que dans la proximité (enceinte intérieure) de cette limite : Ustjansk en Sibérie (70°) 10° 1 ; Alten en Laponie (70°) 11° 7 ; Archangel (64°) 16° 4.

Enfin la température estivale de la région alpine des Alpes, qui à l'hospice de Saint-Bernard est de 5° 9.

Les mesures d'insolation faites par M. Kane avec le thermomètre à boule noircie (p. 43 *et seq.*) ont été rapportées dans le texte, autant que cela a paru nécessaire.

16. Lindsay, *Flora of Iceland* (*Edinburgh New philosoph. Journ*, ann. 1861, 14, p. 64. —Parmi les énumérations de M. Hooker (*I. Hooker, Outlines of the distribution of Arctic plants* in *Transact. Linn. Soc.*, v. XXIII, p. 273), on n'a pu faire usage des plantes européennes et asiatiques, parce que le domaine des plantes arctiques, tel qu'il a été admis par M. Hooker, ne correspond guère à notre flore arctique, mais plutôt à la zone polaire prise dans le sens géographique et par conséquent pénétrant bien avant dans le domaine forestier. En fait de plantes d'Amérique (de l'autre côté du cercle polaire et à l'exclusion du Groënland), M. Hooker compte 465 espèces, dont 98 espèces orientales n'ont été retrouvées qu'en deçà, et 86 occidentales qu'au delà du Mackenzie.

Les chiffres donnés dans le texte représentant la richesse en espèces sont puisés aux sources suivantes : Flores du Groënland (v. note 7), pays des Samoyèdes (Schrenk, *loc. cit.*), pays de Taïmyr (Middendorff, *loc. cit.*), Spitzberg (Malmgren in Petermann, *Geogr. Mitth.* ann. 1863, p. 48), îles de Melville dans l'archipel de Parry (Hooker, *loc. cit.* p. 255).

M. de Baër recueillit dans la Nouvelle-Zemble environ 90 espèces de plantes vasculaires, chiffre qui ne saurait représenter la totalité de la flore, eu égard à la brièveté de son séjour.

17. Baer (*loc. cit.*, p. 175). Chez un grand nombre de plantes de la

Novaya Zemliâ, les feuilles se dessèchent par l'évaporation, au lieu de tomber et de se putréfier; après avoir été décolorées, elles restent longtemps attachées à la tige, ainsi que cela a été constaté à l'égard de beaucoup de Saxifrages.

18. SACHS, *Experimental Physiologie der Pflanzen*, p. 56, 62.

19. MARTINS, *Voyage botanique le long des côtes septentrionales de la Norvége*, p. 79.

20. BAER (*loc. cit.*, p. 189, 179).

21. BAER, *Nachrichten über sein Leben*, p. 554.

22. La température estivale à Reikiavik est de 11° 8 (pour la température mensuelle, v. note 13); à Alten, de 11° 7 (juillet, 12° 7, août, 12° 9, d'après les *Temperaturtafeln* de Dove).

23. MARTINS, *Essai sur la végétation de l'archipel de Féroé* dans *Voyages de la* Recherche. *Géogr. phys.*, II, p. 393; cf. *Jahresb.* an 1847, p. 11.

24. HEER, *Flora fossilis arctica, die fossile Flora der Polärlander.* M. Heer caractérise environ 78 arbres arctiques, parmi lesquels les plus fréquents et les plus répandus appartiennent aux genres suivants : *Taxodium* et *Sequoia*, *Populus* (2 espèces), *Alnus*, *Corylus*, *Fagus*, *Quercus*, *Platanus*. Les deux Conifères sont peut-être identiques aux *Taxodium distichum* et *Sequoia sempervirens* (d'après M. Heer lui-même, chez M. de Saporta : *Analyse de l'ouvrage de M. Heer* in *Ann. sc. nat.*, v. IX, p. 111); l'un des Peupliers se rapproche du *P. tremula*, l'autre des espèces sibériennes; le Noyer est très-voisin du *Corylus avellana*, un Hêtre du *Fagus sylvatica*, le Platane du *Platanus occidentalis*.

25. HEER, *Uber die Polarländer*, p. 23.

26. BAER (*Bull. scientif.*, III, p. 133).

27. BAER (*id.*, p. 188). Les deux plantes qui commençaient déjà à pousser, lorsque le sol n'avait qu'une température de 1° 2, étaient *Oxiria digyna* et *Ranunculus nivalis*.

28. Selon les observations de M. Richardson, dans l'Amérique arctique, ainsi que celles faites par moi-même dans les Fjelde de la Norvége, les espèces suivantes sont au nombre des Lichens terrestres les plus fréquents dans les régions arctiques et alpines :

Forme de Lichen de Renne, *Cladonia rangiferina* (teinte grise), *Evernia ochroleuca* (gris jaunâtre), *Cetraria aculeata* (brun châtain), *C. tristis* (noire).

Forme des Cladonies. *Cladonia uncialis* (gris blanchâtre).

Forme de Lichen d'Islande. *Cetraria islandica* (brun), *C. nivalis* (blanc jaunâtre).

29. GRISEBACH, *Uber den Einfluss des klimas auf die Begrenzung*

der Floren (*Linnaea*, XII, p. 183) ; SCHOW, *Planzengeographie* p. 489.

30. BAER (*loc. cit.*, p. 175). Les herbes de la Novaya-Zemliâ qui, rangées d'après leur couleur, sont considérées comme éléments constitutifs prédominants des herbages arctiques de ce pays, sont les suivantes : pourpre : *Silene acaulis* et *Saxifraga oppositifolia* ; bleu : *Myosotis villosa* et *Polemonium*; jaune : *Draba alpina* et *Ranunculus*; blanc : *Cerastium*; rouge-clair : *Parrya* et *Primula farinosa*.

31. SEEMANN (Hooker, *Journ. of Bot.*, II, p. 181; cf. *Jahresb.*, an. 1849, p. 52).

32. BABINGTON (*Annals of nat. hist.*, XV, p. 30; cf. *Jahresb.*, an. 1847, p. 6).

33. BAER (*loc. cit.*, p. 184).

34. BEHM, *Geogr. Jahrbuch*, I, p. 258.

35. RUPRECHT, *Verbreitung der Pflanzen im nördlichen Ural* (*Beiträge zur Pflanzenkunde des russichen Reichs*, t. VII; cf. *Jahresb.*, an. 1850, p. 5).

36. EBEL, *Geographische Naturkunde von Island* (*Jahresb.*, an. 1850, p. 24).

37. RINK, *Geographiske Beskaffenhed af Nordgrönland*, p. 28. (*Jahresb.*, an. 1852, p. 68).

38. J. HOOKER, *Distribution of Arctic plants, loc. cit.*, p. 259, 271, 276. Les seules plantes groënlandaises qui ne se présentent pas dans l'ancien continent, mais paraissent être d'origine américaine, sont : *Vesicaria arctica*, *Draba aurea*, *Arenaria groenlandica*, *Potentilla tridentata*, *Saxifraga tricuspidata* et *Erigeron compositus*.

39. DARWIN, *Origin of Species*, p. 365.

40. BAER (*loc. cit.*, p. 180).

41. HAYES, *The open polar sea*. M. Durand a décrit les plantes recueillies par M. Hayes (*Proceedings Acad. Philadelphia*, 1863), mais M. Malmgen a fait voir que ces plantes, en partie, doivent provenir des régions plus méridionales du Groënland. Maintenant M. Hayes lui-même donne une nouvelle liste (reproduite dans Peterm. *Mitth.*, an. 1867, p. 200) et y ajoute cette observation qu'elle renferme les flores des contrées situées au nord du Whalesund, la majorité des plantes (53 esp.) ayant été recueillies au port Foulke (78° L. N.). La seule plante décrite par M. Durand, comme étant exclusivement propre au Smith's Sund, et qu'il nomma *Pedicularis Kanei*, est rangée par M. Hooker dans l'espèce groënlandaise *P. Langsdorffii*, Fisch. (*P. sudetica var.* Hooker).

42. CHRIST, *Die Verbreitung der Pflanzen der alpinen Region der*

europäischen Alpenkette, p. 13 (cf. *Jahresb.* in *Behm Iahrb.*, II, p. 197).

43. Les éléments constitutifs de la flore arctico-alpine dans l'Islande, et qui font défaut au Groënland, sont les suivants, rangés dans l'ordre de leur origine vraisemblable; de Sibérie : *Pinguicula alpina* et *Gentiana tenella;* d'Écosse : *Gentiana verna;* de Norvége : *Saxifraga cotyledon;* des Pyrénées : *Plantago alpina.* La *Gentiana bavarica* que, dans son catalogue de la flore islandaise, M. Lindsay ajoute à ses plantes, n'a pas beaucoup de chances de s'y trouver réellement.

44. Lyndsay, *Flora of Iceland* (*loc. cit.*, p. 87).

45. Martins, *Du Spitzberg au Sahara.* Édition allemande, I, p. 100. Les plantes du Spitzberg, constatées dans le Groënland, sont les suivantes : indigènes en Asie, *Parrya arctica, Arenaria Rossii, Nardosmia frigida, Hierochloa pauciflora;* indigènes sur les lieux mêmes, ainsi que dans le pays des Samoyèdes, *Saxifraga hieracifolia, Salix polaris;* constatées dans le pays des Samoyèdes et dans l'Amérique arctique, *Dupontia Fischeri;* douteuses dans le sens systématique ou géographiquement non déterminées sont : *Draba pauciflora,* R. Br.; *Poa stricta,* Lindeb.; *Glyceria angustata,* Malmgr.; *Catabrosa vilfoidea,* Anders.

46. La flore arctique, dans sa forme la plus pure, se trouve répartie entre moins de 50 familles. Les familles les plus riches en espèces forment la série suivante (les chiffres de rapports sont sujets à des oscillations considérables; v. Hooker, *loc. cit.*, p. 276) : Cypéracées environ 10 pour cent, Graminées 10 pour cent, Crucifères 8 pour cent, Caryophyllées 7 pour cent, Ranunculacées 5 pour cent, Rosacées 5 pour cent, Saxifragées 5 pour cent, Éricées 5 pour cent, Synanthérées 4 pour cent.

Les évaluations des plantes vasculaires arctiques reposent sur les données suivantes :

Le catalogue de M. Hooker des plantes vasculaires constatées au delà du cercle polaire renferme	806 espèces.
A ce chiffre doivent être ajoutées, selon moi, à titre d'espèces indépendantes, signalées dans le catalogue comme variétés	119 —
	925 espèces.
A déduire les espèces habitant le domaine forestier et non constatées dans la flore arctique; je les porte à.	— 413 —
A ajouter les plantes islandaises non constatées au delà du cercle polaire; ce sont les espèces contenues dans le catalogue islandais de M. Lindsay et manquant à celui de M. Hooker.	+ 169 —
Total définitif.	681 espèces.

47. Voici les espèces de la flore arctique, que je considère comme espèces bonnes et endémiques :

Draba carymbosa, R. Br.
Parrya arenicola, Hook. (Amérique).
Cochlearia fenestrata, R. Br.
Braya glabella, Rich.
— *pilosa*, Hook. (Amérique).
Astragalus polaris. Benth. (Amérique).
Potentilla pulchella, R. Br.
— *tridentata*, L. (Groënland et Labrador).
Saxifraga sileniflora, Sternb. (Amérique).
Saxifraga Richardsonii, Hook. (Amérique).
Nardosmia glacialis. Ledeb. (Asie).
Chrysanthemum integrifolium, Rich. (Amérique).
Artemisia androsacea, Seem. (Amérique).
Artemisia steveniana, Bess. (Asie).
Arnica alpina, Laest.
Pedicularis grœnlandica, Retz.
Monolepis asiatica, F. M. (Asie).
Salix glacialis, Ander. (Amérique).
Dupontia Fischeri, R. Br.
Dechampsia brevifolia, R. Br.
Pleuropogon Sabini, R. Br. (Melville).
Atropis angustata, Gr.
Festuca Richardsonii, Hook. (Amérique).

48. CHRIST (*loc. cit.*, p. 16).

49. HOOKER (*loc. cit.*, p. 256).

50. Disposition des monotypes, dont la patrie, dans quelque cas problématique, se trouve indiquée par des caractères typographiques particuliers :

		Domaine arctique.	Région alpine.	Domaine forestier.
CARYOPHYLLÉES.	*Merckia*	AMÉRIQUE N.-O.	Kamtchatka.	
		Pays des Tchuktch.		
ÉRICÉES	*Osmothamnus*	ASIE	Altaï, Stanowoï.	
	Diapensia,	AMÉRIQUE	Amérique du N.	
		Pays des Tchuktch.	Altaï.	
		Pays des Samoyèdes.	Scandinavie.	
		N.-Zemble, Groënl.		
SCROPHULARINÉES.	*Gymnandra*	ASIE	Altaï.	
		Pays des Samoyèdes.	Himalaya.	
		AMÉRIQUE.		
PRIMULACÉES	*Dodecatheon*	AMÉRIQUE	Amérique du N.	Amér. N.
		Pays des Tchuktch.		
	Douglasia	AMÉRIQUE.	Montagnes Rocheuses.	
POLYGONÉES	*Koënigia*	(ASIE)	Altaï.	
		Pays des Samoyèdes.	Himalaya.	
		Spitzberg.	Montagnes Rocheuses.	
		Groënland.		
		AMÉRIQUE.		
CHÉNOPODÉES	*Monolepis*	(ASIE)	Montagnes Rocheuses.	
GRAMINÉES.	*Pleuropogon*	I. Melville.		
	Dupontia	AMÉRIQUE.		
		Pays des Tchuktch.		
		Spitzberg.		
		Groënland		
		EUROPE.		

Les parenthèses entre lesquelles la patrie problématique de la *Koënigia* et du *Monolepis* a été placée signifient que ces deux genres n'y ont pas encore été constatés, mais que le fait a été admis en concluant de l'ensemble de leur diffusion au point de départ de leurs migrations. Chez la *Koënigia*, cette conclusion est fondée sur la nature des courants maritimes, et chez le *Monolepis* sur cette considération que la souche de l'espèce croît sur le Missouri, dans la proximité des montagnes Rocheuses.

51. HEER, *Flora fossilis arctica* (chez Saporta, *loc. cit.*, p. 89).

52. Dans l'Amérique arctique, les genres américains sont, selon M. Hooker, les suivants :

Sarracenia (Sarracéniacée).
Mitella (Saxifragée).
Heuchera (Saxifragée).
Helenium, *Grindelia*, *Troximon* (Synanthérée).
Kalmia (Éricée).
Eutoca (Hydrophyllée).
Shepherdia (Éléagnée).[1]
Comandra (Santalacée).
Zygadenus (Mélanthacée).
Sisyrinchium (Iridée).

II

DOMAINE FORESTIER

DU CONTINENT ORIENTAL

Climat. — De ce côté de la solitude polaire où la glace et les longues nuits luttent avec le développement de la végétation, une large ceinture forestière entoure toute la circonférence de l'hémisphère septentrional. Avant d'avoir été habités, les deux continents, l'occidental comme l'oriental, sous des latitudes assez élevées, se trouvaient uniformément revêtus de ces forêts. Ce fut la culture qui, depuis l'Atlantique jusqu'à l'intérieur de notre continent, éclaircit le sol forestier. En Europe, où les forêts hercyniennes offraient aux Romains le même tableau de la nature que présentent aujourd'hui aux colons de l'ouest les forêts canadiennes, l'œuvre de la transformation de l'état primitif de la végétation a été consommée depuis longtemps, et au nord ainsi qu'à l'est, c'est la rigueur du climat qui a mis un terme à cette œuvre. De nos jours, les mêmes faits se reproduisent dans la ceinture forestière du nord de l'Amérique, et nous donnent une idée claire de ce que l'Europe a dû avoir été jadis. Dans les grandes forêts de la Sibérie et de l'Amérique anglaise, dans les régions vouées à la chasse des animaux à fourrure, le caractère primitif de la végétation s'est conservé intact; c'est donc ici que l'on peut en apprécier les conditions vitales dans toute leur étendue, bien mieux qu'on ne saurait le faire en choisissant pour point de départ les contrées cultivées. En effet, les résultats d'une étude plus approfondie et étendue de la flore des pays cultivés, nous font connaître plutôt la manifestation de la physionomie topographique de la vie végétale que les rapports entre les climats et la végétation appréciée sous un point de vue plus général.

Du côté du sud cette ceinture forestière septentrionale est aussi nettement délimitée et isolée par de brusques transitions climatériques, qu'elle l'est du côté du nord par les limites de la végétation arborescente et de l'agriculture. Dans l'intérieur du continent nous trouvons, ici encore, sur une vaste étendue une limite de la végétation arborescente, savoir, la limite méridionale des végétaux arborescents située là où commencent les steppes de l'Asie et de la Russie. Le même phénomène se reproduit dans l'Amérique du Nord. Mais c'est un autre genre de contrastes, lequel se manifeste dans les parages littoraux de l'Ouest, où le climat maritime exerce une action plus favorable, comme le long de la Méditerranée et en Californie, où le caractère de la végétation se trouve modifié dans ses traits principaux, aussitôt que l'on dépasse certaines lignes climatériques; en sorte que ce n'est que dans les deux sections orientales de la zone forestière, dans les régions du domaine de l'Amur et dans les États méridionaux de l'Amérique, que la transition entre les diverses latitudes se trouve marquée d'une manière plus graduelle.

Lorsqu'on considère les nombreuses analogies qui relient le continent oriental au continent occidental et qui se reproduisent jusque dans le fait que dans les deux continents le développement de la civilisation semble tenir aux mêmes conditions naturelles, on pourrait être tenté de réunir, à l'instar de la végétation arctique, toute la ceinture forestière du Nord dans un seul domaine végétal. Mais ce sont précisément les contrées littorales des deux côtés de l'Atlantique, en apparence si appropriées à une semblable combinaison, qui, par le caractère de leur végétation, se trouvent séparées les unes des autres d'une manière bien plus tranchée que ne le sont des contrées quelconques, situées dans les régions déboisées de la zone polaire. La largeur croissante de la mer et les contrastes climatériques entre les deux côtes, contrastes rehaussés encore par la direction du

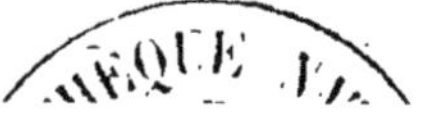

Gulf-Stream, s'opposent au mélange des produits des deux continents. Il est vrai que la flore le long de la mer Pacifique offre des dissemblances moins prononcées; néanmoins, la dépression de la limite des arbres jusqu'au soixante-quatrième degré de latitude accroît considérablement les différences résultant de l'espace qui sépare l'Asie de l'Amérique, ce qui rend plus difficile l'échange entre les centres de végétation respectifs, situés dans le domaine forestier. Par ces motifs il paraît plus conforme à la nature de ne point réunir dans un ensemble la zone des forêts à l'instar de la végétation des régions polaires, mais de l'étudier séparément dans les continents oriental et occidental.

C'est une question bien plus difficile, et dans un certain sens insoluble, que celle de déterminer si le domaine forestier du continent oriental est succeptible d'être divisé en flores naturelles plus circonscrites. Ce qui semble autoriser une telle division, ce n'est pas seulement la série successive des climats depuis la Laponie jusqu'aux Alpes et les Pyrénées, mais encore, à un beaucoup plus haut degré, le constraste bien plus prononcé qui existe entre l'intérieur de la Sibérie et les contrées littorales de l'Europe. Toutefois, les principes qui nous servent de guide ici comme dans tous les cas semblables, et qui ont pour but de nous mettre à même de tracer un tableau de l'ensemble naturel de la végétation d'un espace, grand ou petit, s'opposent à une tentative quelconque de ce genre; car, après tout, depuis la France jusqu'au Kamtchatka, nulle part la physionomie de la nature organique ne manifeste un changement considérable, et les variations auxquelles donne lieu le passage graduel du climat maritime au climat continental reposent moins sur de nouvelles formes ou de nouveaux traits physionomiques, que sur les éléments systématiques qui constituent la flore et qui apparaissent et s'évanouissent à tour de rôle et dans une succession insensible. Les tableaux de végétation du Kamtchatka tracés par M. Kittliz offrent une image vraiment graphique de la concordance sous le rapport physionomique, entre l'extrême Est de la Sibérie et de nos pays d'Europe[1]. Ce voyageur fait observer que dans le Kamtchatka la physionomie de l'Europe centrale et septentrionale est reproduite bien plus complétement qu'on ne s'y serait attendu, eu égard aux grandes différences de longitude ; de même la quantité d'espèces végétales européennes y serait très-considérable. Les plaines et les pentes sont revêtues de superbes forêts interrompues par des prés luxuriants. Là, comme dans le Nord scandinave, le Bouleau constitue l'arbre dominant des forêts à essences feuillues ; mais dans la partie centrale de la presqu'île, celle-ci est coupée transversalement par une bande de Conifères, parmi lesquelles les formes du Sapin et du Mélèze se trouvent représentées, tandis que les buissons recèlent dans ces forêts une grande richesse de végétaux baccifères, exactement comme dans la Scandinavie, et composés d'espèces identiques à celles de cette dernière. Même les buissons de Saules qui accompagnent les marais du Kamtchatka occidental rappellent le revêtement palustre des marais en Russie*.

Cependant le parallèle tracé entre la Sibérie et l'Europe donne un tout autre résultat lorsque la comparaison n'a plus pour objet la physionomie de la nature, mais les éléments systématiques qui constituent la flore. Le contingent que la flore de ces contrées, touchant à l'extrême Orient, fournit en espèces identiques à celles de l'Europe, peut à la vérité être regardé comme considérable, mais il ne l'est pas plus que celui que l'on constate en comparant les contrées de l'Amur avec le nord-ouest de l'Amérique. Je crois pouvoir estimer le nombre d'espèces européennes dans la Sibérie orientale comme formant plus de 30 pour 100 du total des plantes vasculaires[2]. Mais

* Pendant mes voyages dans la Sibérie occidentale, j'ai pu également y apprécier la remarquable reproduction de la physionomie des régions de l'Europe ; aussi, à l'instar de M. de Kittliz, ai-je essayé de rendre cette similitude plus palpable en retraçant dans une série de dessins les principaux sites de cette contrée. Parmi les dix-neuf planches que renferment les atlas accompagnant mon ouvrage sur l'Altaï (*Voyage scientifique dans l'Altaï et les parties adjacentes de la frontière de la Chine*, Paris, 1845, un volume de texte, un volume de planches pittoresques et d'histoire naturelle, et un volume de cartes), il y en est plusieurs qui rappellent d'une manière tellement frappante certains paysages grandioses de la Suisse, qu'en parcourant mon atlas, plus d'un voyageur familiarisé avec les magnifiques tableaux de l'Helvétie, m'avait témoigné une surprise presque mêlée d'un sentiment d'incrédulité. — T.

lorsqu'on considère que, d'après les recherches de M. Asa Gray[3], presque 15 pour 100 des végétaux indigènes dans la partie nord-est des États-Unis se trouvent également en Europe et par conséquent habitent tout le domaine forestier des deux continents, il devient évident que dans la direction de l'ouest à l'est l'apparition et la disparition des espèces s'opèrent en série graduellement croissante, et que la concordance et la divergence entre les flores dépendent uniquement de l'étendue de la distance géographique. Dans les régions basses qui constituent en grande partie cette zone forestière la migration des plantes ne se trouve presque nulle part arrêtée par des obstacles mécaniques, et de même que les lignes climatériques qui marquent les contrastes entre les climats maritime et continental se succèdent en série constante, ainsi chacun des végétaux subit un changement constamment progressif, selon le degré de résistance qu'il peut opposer aux influences climatériques. Les organisations les plus vigoureuses et les plus indépendantes de l'action du climat sont celles qui s'avancent le plus loin ; ainsi le Pin sylvestre d'Europe s'étend jusqu'à la région orientale de la Sibérie. Plus la sphère de la vie des plantes engagées dans la lutte avec la nature inorganique ou organique se trouve circonscrite, grâce à une constitution plus délicate, moins elles s'éloignent de leur patrie primitive. Comme toutes les relations se relient par des transitions, une division climatérique du continent en domaines floraux séparés serait éminement arbitraire et inadmissible, quelque degré de dissemblance que puissent atteindre les produits des pays le plus éloignés les uns des autres. Pour faire ressortir ce qu'il y a de caractéristique au milieu de cette multiplicité, on ne peut par conséquent se servir que de végétaux isolés ou de groupes d'espèces, en tant qu'ils reflètent un fait déterminé et dominant dans les conditions physiques de leur vie; c'est cette manière de voir qui a conduit à l'idée de lignes de végétation[4], d'après lesquelles la flore européo-sibérienne se divise climatériquement.

L'idée qui sert de fondement aux lignes de végétation a pour les régions basses de notre globe la même signification qu'a dans les montagnes la distinction en régions, laquelle est destinée à coordonner la végétation de ces dernières ; problème que Humboldt et Wahlenberg furent les premiers à traiter d'une manière conforme à la nature. Les régions sont déterminées par des valeurs-limites climatériques. Chaque plante est liée à une certaine mesure thermique ; sa limite altitudinale se trouve là où cette mesure n'est pas atteinte ou bien où elle est dépassée. Mais ces régions ne sont nettement séparées et ne peuvent servir de base à une représentation qui parle aux yeux, que lorsque la physionomie d'une contrée montagneuse subit un changement brusque à la suite d'un nouveau mode de conformation des organes végétatifs ; lorsque, par exemple, des arbres à feuilles aciculaires se touchent, ou que sur la limite des arbres il ne reste que les buissons suivis plus haut par les herbages alpins.

Ainsi, de même que dans les montagnes il y a une quantité de limites végétales qui ne se prêtent ni à une exposition sommaire de la végétation, ni à l'étude de ses conditions physiques, parce que le changement des espèces s'opère insensiblement en suivant un ordre successif constant, de même toutes ces considérations s'appliquent à plus forte raison aux grandes plaines où les contrastes climatériques sont répartis sur des espaces si grands. Sur les Alpes on traverse, en s'élevant des vallées jusqu'aux neiges perpétuelles, au bout de quelques heures les mêmes climats, ou du moins les climats analogues, qui, dans la plaine basse, se trouvent échelonnés peut-être sur une ligne de 30 degrés. Mais ce ne sont pas seulement les différences dépendant de l'espace qui entravent l'utilisation des limites climatériques, dans l'application à la surface terrestre d'une division ayant une valeur géographique. Il est encore beaucoup d'autres circonstances qui ont contribué à rendre l'introduction des lignes de végétation moins aisée que celle des régions dont la signification a été acceptée unanimement. D'abord, lorsqu'on a déterminé dans la plaine l'aire d'extension d'une plante, il devient beaucoup plus difficile de décider la question de savoir si c'est la valeur climatérique qui l'y attache ou bien si elle ne s'y trouve qu'à la suite d'une migration non achevée, en sorte que la plante s'avancerait au delà de sa limite actuelle aussitôt qu'il y aura place pour son établissement. En effet, tant à cause de la végétation qui s'est déjà emparée du sol que de l'étendue de l'espace, la migration des plantes s'opère en sens horizontal beaucoup plus difficilement qu'en sens vertical, où la limite climatérique est bien promptement atteinte en suivant les rayons du cercle autour duquel un végétal a répandu sa semence. C'est ce que M. Sendtner a perdu complétement de vue lorsque, dans son ouvrage sur la végétation des Alpes bavaroises[5], il a réuni indistinctement les limites climatériques des plantes avec leurs limites non climatériques ; ce sont précisément les Alpes et les montagnes élevées qui sont instructives sous ce rapport. La diffusion des plantes qui habitent les crêtes et les sommités d'une montagne est paralysée par les cols et par les dépressions des vallées. Ici, bien des espèces ont à supporter sur la même pente des variations de climat plus considérables que celles qu'elles auraient à subir si, en se tenant à la même altitude, elles s'étaient répandues à travers toute la chaîne alpine, en sorte que l'individualité fort tranchée qui caractérise la flore des parties éloignées des massifs montagneux, tels que l'Illyrie et le Dauphiné, ne tient principalement qu'aux obstacles mécaniques. Les limites des plantes alpines de l'Est et de l'Ouest n'ont une certaine signification que pour l'étude des centres de végétation ; mais elles peuvent varier, tandis que les limites climatériques sont des valeurs invariables, et c'est à ces dernières que je voudrais limiter généralement l'idée des lignes de végétation, afin de pouvoir comparer l'espace qu'elles embrassent avec les régions des montagnes.

La tâche de distinguer ces lignes de végétation climatériques réelles, des limites végétales fondées sur des données historiques, est d'ailleurs rendue plus difficile par le fait que la venue d'un végétal dépend des influences climatériques les plus diverses agissant simultanément. Pour accomplir le cercle annuel de la vie de l'arbre, les forêts exigent un laps de temps plus long que les végétaux moins considérables, et, pendant cette période, il leur faut non-seulement le degré requis de température, mais encore une grande masse d'eau destinée à circuler constamment le long du tronc, depuis la racine jusqu'à la couronne. En conséquence, la limite des arbres dépend autant de la forme déterminée de la courbe thermique que de l'affluence constante de l'eau capable d'imprégner le sol, et le tracé de cette courbe sera d'autant plus irrégulier que la température et l'humidité se trouvent moins en rapport avec la position géographique des lieux. Parmi les végétaux ligneux, il en est qui supportent les degrés de froid les plus élevés, capables de solidifier le mercure; d'autres gèlent aisément, et certaines espèces, telles que la vigne, ne mûrissent pas leurs fruits complétement lorsque la maturation n'est point favorisée par la température de l'arrière-saison. Les arbres dont les racines plongent profondément ne peuvent prospérer dans une grande partie de la Sibérie, où, pendant l'été, la glace souterraine ne fond que superficiellement. Toutes ces variations des conditions physiques de la vie, dont la mesure est donnée par la forme de la courbe thermique annuelle, ainsi que par la température de chacune des saisons, dépendent en partie des latitudes, en partie du contraste entre le climat maritime et le climat continental, et elles croissent ou diminuent tant en raison de la chaleur solaire qu'en raison de la distance géographique de l'Atlantique. Ainsi les lignes de végétation ne correspondent pas toujours avec certaines valeurs climatériques déterminées, mais avec plusieurs valeurs agissant simultanément. Tracées sur une carte, elles se présentent souvent comme bien plus irrégulières que les limites des régions des forêts et des neiges, régions que souvent l'œil suffit pour distinguer déjà de loin, ou au pied d'une montagne, sous forme d'autant de stries horizontales. Dans le sens vertical, la décroissance avec l'altitude des températures de l'air et du sol s'effectue bien plus régulièrement et plus promptement que les variations des autres valeurs climatériques, en sorte que l'influence de ces dernières devient moins sensible. Il est vrai que dans la plaine le climat solaire et la longueur des jours dépendent des cercles parallèles de l'équateur; pourtant, d'autres influences climatériques, qui agissent notablement sur la position des lignes de végétation, se trouvent tout aussi irrégulièrement réparties que la terre ferme et la mer, ou que les chaînes de montagnes et les surfaces planes, et c'est là ce qui complique la tâche de reconnaître dans chaque cas particulier la part qui appartient à l'action déterminante du climat. Toutefois, cette difficulté peut être expliquée par le fait que l'organisation des plantes permet de tirer une conclusion relativement aux influences climatériques qui déterminent leur *habitat*. La durée de la période de développement, qui ne peut être réduite que dans de certaines limites, et l'incapacité de résister aux basses températures, constituent des phénomènes vitaux, dont nous pouvons conclure avec sécurité en faveur de la connexion existant entre l'organisation et certaines valeurs climatériques.

Mais, quand même on aurait réussi à ramener les lignes de végétation à de certaines influences climatériques, cela seul ne suffirait pas encore à accomplir la tâche de décomposer un domaine floral naturel en sections géographiques déterminées. On n'y parvient que lorsque les valeurs-limites climatériques dont on se sert pour la division sont de nature semblable; en effet, les lignes correspondant aux influences diverses du climat sur la vie végétale se croisent en directions variées, et, à cause de cela, prises dans leur ensemble, elles sont peu propres à exprimer le caractère végétal d'un espace isolé. Dans la Russie centrale, la limite sud-est de la lande à Callune coupe les limites septentrionales de la plupart des arbres feuillus qui disparaissent dans la direction nord-est[6]. C'est ainsi que la ligne de végétation de la viticulture en Europe est une limite nord-ouest, parce que la température de l'arrière-saison, qui décide de cette culture, va en diminuant au nord et à l'ouest; de même la ligne de végétation des forêts de Hêtres est une limite nord-est, parce qu'elle dépend de la variation que subissent les valeurs climatériques dans les directions nord et est. Les deux domaines, celui de la viticulture et celui des forêts de Hêtres, sont indépendants l'un de l'autre; ils s'identifient sur le Rhin, mais dans le Danemark et l'Angleterre le Hêtre n'est point accompagné de la vigne. D'autre part, dans les provinces baltiques, la viticulture s'avancerait au delà des forêts de Hêtres si une autre influence climatérique, — la réduction de la période estivale, — ne venait ici mettre également un terme à la vigne. On ne peut se servir pour les divisions géographiques que des lignes climatériques qui, sans se couper nulle part, se fusionnent, pour ainsi dire, harmonieusement et divisent de cette manière le continent en sections circonscrites. Le choix des valeurs climatériques est, jusqu'à un certain degré, facultatif; cependant, sous les latitudes septentrionales de l'Europe et de l'Asie, les valeurs qui répondent le mieux à ce but sont celles qui indiquent les passages graduels du climat maritime au climat continental; car ce sont exclusivement ces transitions qui opèrent un changement dans la physionomie des forêts, formation végétale décidément dominante ici.

Mais, avant d'examiner de plus près les climats maritimes et continentaux, il est bon de déterminer le caractère climatérique général de la flore européo-sibérienne, sur lequel repose la concordance des éléments constitutifs de cette flore. Il s'agit d'étudier les conditions de la vie des arbres, qui, comme nous l'avons vu, font défaut à la flore arctique et se présentent à nous ici pour la première fois, en acquérant graduellement une prédominance marquée sur toute autre végétation, pour se manifester enfin dans toute son énergie sous la forme des forêts. Plus un végétal s'élève au-dessus du sol, plus est considérable le poids que les organes inférieurs ont à supporter, et plus ces organes doivent être massifs et cohérents. Le tronc ligneux de l'arbre remplit à l'égard de la couronne les fonctions dont sont chargées les colonnes d'un édifice, la force desquelles doit être en rapport convenable avec le poids des voûtes. Les arbres du Nord sont dicotylédones, et leur couronne, tant qu'elle jouit de la vie, augmente constamment chaque année de circonférence et de poids. Cela correspond à la croissance annuellement reproduite du tronc ligneux dans le sens du diamètre transversal, ainsi qu'au renouvellement constant de l'écorce, qui abrite contre l'atmosphère les parties du tissu les plus délicates et les plus susceptibles de développement. Ici deviennent indispensables des procédés végétatifs bien plus variés que chez des végétaux de grandeur moins considérable; et chacun de ces procédés exige un laps de temps déterminé pour élaborer les matériaux, les transporter au lieu de leur destination et les utiliser. Sous un climat où la végétation est interrompue pendant longtemps par la température décroissante, la période de développement que devraient parcourir toutes ces phases de croissance se trouve parcimonieusement réduite. La fraction de la courbe thermique qui permet le développement de la période de végétation acquiert alors la signification d'une valeur-limite climatérique variable sans doute, selon les divers arbres, mais qui néanmoins doit avoir proportionnellement plus d'étendue qu'il n'en faut pour les arbustes et les herbes. La feuillaison, le dépôt de substances nutritives qui doivent être utilisées au printemps, la formation de bourgeons destinés à l'hivernage, le développement de fleurs et de fruits, ce sont là des phases de la vie végétale qui appartiennent en commun aux végétaux vivaces des climats du Nord. Mais les arbres exigent outre cela la croissance constamment progressive du tronc, et comme ils doivent former une plus grande masse de tissus que les autres végétaux, il en résulte que pour accomplir tous ces travaux ils exigent une mesure de temps plus large accordée à leur période de végétation annuelle. La première condition climatérique de la vie de l'arbre c'est donc une durée déterminée de la période de végétation. Admettons que pour commencer, après l'hiver, ses phases de croissance, un arbre ait besoin d'une température de 10° et qu'en automne il cesse de nouveau à être actif lorsque la température descend au-dessous de cette valeur, il surgit la question de savoir quel est le minimum de temps qui doit être compris entre ces deux ordonnées de la courbe thermique, pour que ces exigences multiples soient satisfaites. Les observations climatologiques effectuées sur la limite des arbres nous promettent une solution de cette question. Il résulte des observations thermométriques faites à Alten, dans la Laponie scandinave (70° L. N.)[7], qu'ici, où trois mois seulement sont réservés à l'accomplissement des procédés végétatifs, la moyenne des minima de température que l'arbre puisse encore supporter se trouve atteinte. Cela s'accorde en quelque sorte avec le fait, que dans l'Europe centrale l'accroissement du bois commence en mai et se termine en août, opération qui par conséquent exige environ quatre mois. Ce ne sont là, je le répète, que des valeurs moyennes, mais qui précisément comme telles servent à exprimer les conditions climatériques du domaine forestier comparativement aux contrées privées d'arbres. Sans tenir compte de ce que l'insolation est capable de réveiller les fonctions végétatives plus tôt que l'on ne s'y serait attendu, eu égard à l'état du thermomètre, il se pourrait que sur la limite septentrionale des forêts l'accroissement de la longueur des jours contribuât à la réduction de la période de développement des végétaux. D'ailleurs, la durée de cette période varie avec les arbres divers, en sorte que la position de la limite des arbres dépend de la nature des espèces qui s'y avancent le plus. Dans le pays de Taïmyr, en Sibérie, les arbres s'avancent au nord plus loin que partout ailleurs (72° L. N.)[8], mais aussi il n'y reste plus à la limite des arbres que le seul Mélèze, dont les feuilles aciculaires ne constituent qu'un ornement pendant dix semaines[9]; d'ailleurs, c'est l'arbre qui également sur les Alpes s'élève plus haut que les autres Conifères. Il est vrai que cet arbre ne se trouve pas réduit à l'état frutescent, lorsque ses dernières limites climatériques sont dépassées, ainsi que c'est le cas avec les autres arbres à feuilles aciculaires, mais on le voit quelquefois se rajeunir sous forme d'un pygmée de la hauteur d'homme, et alors le temps destiné à la feuillaison[10] peut être réduit, puisqu'il n'y a que peu de bois à former. M. de Middendorff, dont les excellentes études en Sibérie nous ont fourni les solutions les plus importantes de la question relative au climat de la limite des arbres, a réuni toutes les objections suggérées par des considérations semblables contre la valeur des observations météorologiques pour l'élucidation des conditions physiques de la vie de l'arbre; mais ces objections ne touchent point à cette donnée capitale[11] : que l'étendue des produits organiques à créer est en rapport avec le temps nécessaire à l'accomplissement du travail, et que, pour les végétaux ligneux à tronc élevé, ce laps de temps ne saurait guère être au-dessous de trois mois.

Une deuxième condition climatérique de la vie de l'arbre

consiste en ce que cette dernière exige une température estivale plus élevée que les flores arctique et alpine. C'est un fait puisé dans l'expérience, que les arbres du Nord ne se revêtent de feuilles que lorsque la température s'est élevée à un degré qu'elle n'atteint point dans les toundra arctiques. A l'Hospice de Saint-Bernard (2,491m ou 7,670 p.), dans aucun mois la température moyenne n'arrive à 7° 5, par conséquent ici la vie de l'arbre devient impossible. Mais il est évident qu'entre ces altitudes alpines et la limite même de la végétation arborescente, se trouve une région où la feuillaison aurait pu avoir lieu, mais non la formation du bois. Ainsi se combinent les actions de l'intensité et de la durée de la température estivale pour assigner à la vie de l'arbre des limites septentrionales et altitudinales invariables.

De ces régions forestières extrêmes jusqu'aux contrées littorales sud-ouest sur le golfe de Biscaye, les variations graduelles de la température trouvent le plus vaste champ d'action, et malgré cela le Pin sylvestre se propage depuis les Pyrénées jusqu'à l'Amur. Dans l'enceinte de ce domaine, la durée de la période de végétation varie à un degré bien plus considérable que la température, grâce à l'influence des climats maritime et continental. Si pour la durée de la période susmentionnée nous n'admettons comme valeur moyenne que la fraction de la courbe annuelle pendant laquelle la température s'élève à 10°, cette période se trouverait réduite à trois mois sous le climat le plus continental d'entre tous, à Iakutsk sur la Léna, de même que sur la limite septentrionale des forêts laponaises ; tandis qu'elle s'étendrait à huit mois sous le climat maritime de Bordeaux[12]. C'est la mesure extrême de variation de la période de développement à laquelle un arbre tel que le Pin sylvestre doive se prêter. Et pourtant, une aussi grande dissemblance dans les conditions vitales a pour cause, ainsi que je l'ai fait voir il y a trente ans[13], un fait climatérique général, savoir : à peu près la même température moyenne de la période de végétation (*la Phytoisotherme*). En effet, la température moyenne des trois mois estivaux a Iakutsk (16° 3,) est presque la même que celle des huit mois de la période de développement à Bordeaux (17°.) Tant est considérable le pouvoir de nivellement par voie de compensations qu'exerce l'inégale durée du développement des plantes sur la quantité de calorique qui leur est fourni, pendant ce développement, par les climats maritime et continental. Depuis que j'avais signalé ce fait, qui sans doute gagnerait à être plus solidement établi et mieux apprécié, à l'aide de quelques rectifications empruntées aux observations plus récentes, il n'a subi dans le domaine forestier qu'une seule restriction substantielle. Elle consiste en ce que, sur la limite septentrionale des arbres, la température moyenne susmentionnée n'est point atteinte. La période de végétation dure, à la vérité, autant à Alten, en Laponie, que sur la Lena, mais la température moyenne de la période est moindre presque de cinq degrés (11°7.) De cette déviation, qui cependant ne paraît pas être très-considérable, comparée à celle que présentent les isothermes et autres valeurs thermiques, on serait disposé à conclure que, dans la zone arctique, c'est la durée plus longue du jour qui fait que, pendant l'été, l'activité productrice des végétaux est encore plus fortement accélérée que sous le climat continental de Iakutsk, situé à huit degrés plus au sud, et où, par conséquent, les jours de l'été sont notablement plus courts. Si cette manière de voir, sur laquelle nous reviendrons plus tard, était dès à présent plus solidement appuyée d'observations comparées sur la marche journalière de la croissance, il en résulterait que la relation la plus importante entre la température et la végétation serait à peu près la même dans tout le domaine de la flore europo-sibérienne, et qu'il y aurait également la même moyenne de température pendant une période de développement à durée inégale. Cependant certaines plantes seulement pourraient se prêter à des conditions semblables, qui supposent la faculté d'être independant à un si haut degré tant des oscillations de la température que de la durée de son action. Aussi, de nombreuses lignes de végétation sont l'expression de conditions vitales plus circonscrites auxquelles tiennent la majorité des plantes indigènes.

Si, après nous êtres occupés des conditions thermiques générales du domaine forestier, nous examinons les arbres sous le point de vue de leur besoin d'eau, nous trouvons que la nature a pourvu à ce besoin par le fait que pendant toute la durée de la végétation le sol se trouve constamment imprégné par une quantité suffisante d'humidité. Tant que dure la croissance des plantes, un courant de séve doit remonter sans cesse des racines jusqu'aux feuilles, qui par l'évaporation expulsent l'eau en tant qu'elle ne sert pas à la nutrition. Ce courant d'eau est nécessaire pour faire arriver les substances nutritives du sol au feuillage, où, en présence de l'acide carbonique de l'air elles éprouvent une action chimique réciproque, à l'aide de laquelle les susbtances inorganiques se transforment en combinaisons organiques actives, afin d'être employées à la production d'un tissu vivant. La quantité d'eau nécessaire à cette opération dépend des dimensions du végétal ; d'après les valeurs moyennes trouvées par Hales, cette quantité est en vingt-quatre heures égale à la moitié du poids de la plante entière; aussi, en tant que machines hydrauliques, les arbres possèdent sous ce rapport une étonnante capacité, bien supérieure à celle des organismes plus petits*. Comme une fraction tout à fait minime de cette masse d'eau est employée à la nutrition, il y a équilibre entre la quantité de liquide pompé par les racines et celle du liquide rejeté dans l'atmosphère par les feuilles. Toute interruption dans ce courant d'eau est également une interruption dans la croissance. La discontinuation de l'affluence tient à l'humidité du sol et celle-ci à la répartition des précipitations atmosphériques qui entretiennent cette humidité, ou, en d'autres termes, à la grande circulation de l'eau dans l'atmosphère. Or, ce qui sépare climatériquement le domaine forestier d'avec les steppes qui le limitent au sud, ainsi que d'avec les régions méditerranéennes, c'est que dans le

* Selon M. Gimbert (*Comptes rendus*, ann. 1873, t. XXVII, p. 764), l'*Eucalyptus globulus* peut absorber dans le sol en 24 heures une quantité d'eau 10 fois le poids de l'arbre. M. Gimbert ajoute (*Ibid.*, p. 1304) : « Une partie de la grande quantité d'eau absorbée par l'*Eucalyptus* en fleur est rendue à l'atmosphère sous forme de sécrétion liquide sucrée et aromatique, produite par le style, la portion de l'ovaire qui l'entoure, ainsi que par le bourrelet sur lequel sont insérées les étamines. Là est une des causes de l'influence hygiénique favorable que cet arbre exerce lorsqu'on l'introduit dans les contrées marécageuses. » — T.

domaine forestier cette circulation continue sans interruption et qu'aucune période exempte des pluies ne viendra s'y intercaler, ce qui serait une période d'arrêt pour le développement des plantes. Dans les conditions normales, le sol conserve, pendant l'intervalle qui sépare les précipitations aqueuses, assez d'humidité pour satisfaire aux exigences de la végétation. C'est là une conséquence de la lutte incessante entre des courants atmosphériques produisant tour à tour un ciel serein ou des nuages, phénomène qui caractérise la zone forestière du Nord et que cette dernière a en commun avec le domaine arctique. C'est précisément en été qu'il tombe ici le plus de pluie, ce qui donne lieu à la plus vive manifestation de la vie végétale. Ici la végétation est limitée par le déclin de la température, nulle part par le défaut d'humidité.

Le fait que les arbres exigent une plus forte quantité d'eau que les végétaux plus petits ne tient à la répartition des pluies que d'une manière apparente, puisqu'en aucun lieu du domaine forestier la sécheresse n'est assez grande pour limiter la venue des forêts. Ainsi les contrées littorales et les montagnes, où les pluies sont le plus abondantes, ne sont point particulièrement favorisées. Si les plaines de l'ouest de l'Europe possèdent aujourd'hui moins de forêts que les chaînes montagneuses, cela tient évidemment à ce qu'à l'époque où l'agriculture commença à entamer les contrées encore à l'état primitif, elle trouva des conditions plus favorables dans les régions basses que sur les surfaces inclinées des massifs montagneux revêtues de moins de terre végétale. Et si ce sont précisément les côtes les plus humides qui sont souvent les plus déboisées, c'est que les arbres, tant que leurs troncs sont encore faibles, y manquent de protection suffisante contre les violents vents de mer. La végétation du domaine forestier fut primitivement partout également sauvegardée, parce que l'humidité qui circule à travers les tissus n'est après tout qu'une faible partie de la masse d'eau que l'évaporation de la mer fournit aux continents, tandis que le reste retourne de nouveau à la mer par voies inorganiques.

Une question bien plus importante, fréquemment soulevée

et résolue en sens divers, c'est la question de savoir quelle influence les forêts exercent sur le climat et si, en les éclaircissant et en revêtant de céréales exposées au soleil des surfaces que ses rayons n'avaient pu atteindre à travers l'épais feuillage des arbres, la culture a essentiellement altéré les conditions physiques de la vie de la nature organique. D'accord avec les traditions de l'histoire, les observations faites sur les effets préjudiciables de la destruction des forêts ne laissent guère de place au doute ; ce ne sont que le genre et l'étendue des influences climatériques exercées dans l'économie de la nature par la vie des arbres, qui sont l'objet d'opinions contradictoires. Il faut d'ailleurs y distinguer diverses questions ; il s'agit de savoir d'abord si les forêts modifient le climat seulement sous le rapport de l'humidité, ou également sous celui de la température, et ensuite si elles déterminent une plus grande masse d'eau précipitée ou bien la distribuent de cette dernière entre plusieurs époques. Tout le monde reconnaît l'influence des forêts sur l'irrigation du sol pendant les diverses saisons. Cette influence peut être aisément et directement constatée lorsqu'on voit que le niveau des rivières varie moins dans les contrées boisées que dans celles qui ne le sont pas. La terre végétale enchâssée dans les racines des arbres retient l'eau des précipitations atmosphériques qui autrement s'écoulerait plus rapidement vers les sources[14]. Mais ces précipitations elles-mêmes deviennent plus fréquentes, parce que chaque feuille est une surface évaporante, qu'en conséquence l'ensemble du feuillage d'une forêt constitue une surface d'une prodigieuse étendue, émettant de la vapeur d'eau, et que l'effet réfrigérant de l'évaporation se communique aux couches atmosphériques limitrophes où à son tour la vapeur peut se condenser en brouillards et en nuages. Les nuages tels qu'ils se forment en été sont comparables à une image topographique reflétée par un miroir dans lequel les espaces éclairés du ciel bleu correspondent aux parties ouvertes et plus fortement échauffées de la surface du sol, d'où s'élèvent les courants d'air chaud qui dissolvent les vésicules du brouillard. Avec un calme parfait de l'atmosphère, les pluies seraient encore plus fréquentes dans la forêt, mais le fait que les endroits boisés alternent avec ceux qui ne le sont pas, constitue la condition la plus favorable aux précipitations locales et limitées qui ont lieu, même alors que la direction générale du vent annonce la sécheresse. L'irrigation fréquente du sol n'est au fond que la conséquence de ce que les divers points de la surface de notre terre possèdent des capacités calorifiques très-différentes. Si l'Europe était encore complétement revêtue de forêts, l'influence dont il s'agit ne se ferait plus sentir, et cependant, des naturalistes tels que Dove admettent que l'influence de cette nature est la seule que les arbres puissent exercer sur le climat. Ce profond connaisseur des mouvements atmosphériques est d'avis que les forêts n'influent pas essentiellement sur la quantité de la pluie, mais seulement sur l'époque à laquelle les précipitations ont lieu[15]. Il rapporte à l'appui de son opinion que, généralement parlant, la quantité de la pluie dépend de la distribution non symétrique de la mer et de la terre, que l'eau tombe rarement là où elle a été formée par évaporation et que l'eau de mer est la source commune à laquelle les continents empruntent leur humidité. C'est le soleil qui fait monter les vapeurs de la mer, vapeurs qui se condensent comme dans un appareil de distillation là où elles sont mises en contact avec des corps plus froids. Chaque condensation, chaque formation de vésicules de brouillard et de gouttes, fait place à de nouvelles vapeurs d'eau, et c'est parce que les montagnes sont les parties les plus froides du continent, qu'elles sont de même les points de repère vers lesquels la vapeur d'eau de mer ne manque pas de se diriger, et où l'atmosphère acquiert plus de sécheresse grâce aux précipitations aqueuses. Plus il se perd de vapeur d'eau, plus il en arriverait des couches atmosphériques latérales et plus vive deviendrait l'évaporation qui sur les points éloignés ne cesse de produire de la vapeur d'eau. Mais, est-ce que, à l'instar des montagnes, quoiqu'à un moindre degré, les forêts n'agissent pas dans un sens semblable sur le mouvement de la vapeur d'eau? ne sont-elles pas également plus froides que les contrées non boisées du continent? Ceci étant prouvé, il en résultera que la quantité de la pluie doit nécessairement être plus grande dans le domaine forestier du globe, les autres conditions restant égales. Si les observations faites dans les plaines relativement sèches de la Sibérie semblent être en désaccord avec ces déductions, il faut prendre en considération que des influences opposées peuvent faire disparaître les effets dont il s'agit, et qu'à cause de l'éloignement de la mer ou de la présence de montagnes entre cette dernière et les forêts, celles-ci seront privées de la vapeur d'eau. On peut distinguer trois conditions physiologiques dont dépend la température de la forêt, et qui agissant dans le même sens produisent, pendant la période de la végétation, un refroidissement local et par là une augmentation des précipitations aqueuses. D'abord l'ombre projetée par la couronne de l'arbre, laquelle soustrait à l'action du soleil les corps les plus susceptibles de se réchauffer, notamment les parties inorganiques de la surface du sol; ensuite la présence de l'eau accumulée soit dans les tissus solides où elle constitue une notable partie du poids total de l'arbre dans toute la plénitude de la végétation, soit dans le sol qui retient l'humidité, enfin l'évaporation des feuilles à la suite de laquelle la température de l'air ambiant se trouve abaissée; ce sont là autant de sources perpétuelles d'actions réfrigérantes. Leurs effets se manifestent dans l'observation de la température soit du tissu ligneux des arbres pendant l'été, soit du sol ombragé comparativement à la chaleur du sol des localités situées en plein soleil. Pendant l'hiver, à la vérité, se présentent des conditions opposées, car alors le rayonnement du sol non boisé prédomine et y produit un plus grand froid, tandis qu'en même temps avec la chute de feuilles cesse l'évaporation. Néanmoins la part que, pendant l'été, les forêts ont eue dans l'accélération de la circulation de l'eau dans l'atmosphère, figure à titre de valeur positive dans le montant total de la quantité de pluie tombée pendant une année. Il se pourrait qu'il ne fût pas toujours aisé de constater la diminution des précipitations aqueuses dans les montagnes postérieurement à leur déboisement, parce que l'action des arbres est bien moins considérable que celle du sol même, mais dans les régions basses de la zone tropicale, dans l'Inde, dans le Brésil, on a constamment vu la dévastation des forêts suivie d'un affaiblissement de la période pluvieuse. Je crois, en conséquence, pouvoir, contrairement à l'opinion rapportée plus haut, formuler le principe qu'en Europe l'éclaircissement des forêts a diminué les précipitations aqueuses et rendu le climat plus continental. Ce résultat est important non-seulement parce qu'il conduit à recommander la conservation des forêts dans l'intérêt de l'agriculture, mais encore parce que, plus tard, nous aurons l'occasion d'en faire usage dans la question de savoir si pendant l'époque historique les aires d'expansion des organismes ont éprouvé un changement *.

* Dans mon *Asie Mineure* (*Climatologie,* p. 535—587) j'ai réuni les témoignages historiques relatifs au déboisement de l'Asie Mineure et d'autres parties de l'Orient, en discutant ces documents, propres, par leur nombre et leur importance, à jeter quelque jour sur la grande question traitée ici par notre auteur. Parmi les travaux les plus récents relatifs à l'influence des forêts sur la quantité de pluie que reçoit une contrée, figure le travail (*Comptes rendus*, etc., an. 1874, t. LXXIX, p. 409) de MM. L. Fautrat et A. Sartiaux, qui ont cherché à donner une solution de cette question par des expériences faites dans les conditions les plus favorables. Les résultats qu'ils ont obtenus se trouvent résumés dans la détermination de la quantité de pluie tombée au-dessus d'un massif boisé, ainsi qu'à 300 mètres de ce dernier, de même que du degré de saturation de l'air (en centièmes) dans les deux cas. Or les chiffres pour la première donnée fournissent une différence en faveur de la forêt de 15^{mm},50, et pour la deuxième une différence également en faveur de la forêt, de 1,3 centièmes. Ces expériences confirment donc les résultats précédemment obtenus par M. Mathieu, et s'accordent avec les observations si remarquables de M. Becquerel. Aussi les deux savants terminent-ils leur travail par ces mots : « Si les observations qui se font chaque jour continuent et donnent des résultats dans le même sens, on pourra affirmer que les forêts forment de vastes appareils de condensation, et en conclure rigoureusement qu'il pleut davantage sur un terrain boisé que sur un sol découvert et cultivé. » Une autre question également importante, qui se rattache à l'influence des forêts, c'est l'action que les arbres en général exercent sur les conditions sanitaires de l'homme. Dans un travail intitulé : *Des plantations d'arbres dans l'intérieur des villes au point de vue de l'hygiène publique* (*Bulletin soc. d'Acclim.,* 2me sér., an. 1872, t. IX, p. 532), M. le Dr Jeannet cherche à démontrer que l'action assainissante de la végétation ne suffit aucunement, en présence de l'énorme quantité d'acide carbonique exhalée par les hommes et les animaux (selon le Dr Jeannet l'homme en respirant produit chaque jour 750 litres d'acide carbonique, contenant 404 grammes de carbone), tandis que d'autre par les grands ombrages exercent une influence défavorable en excluant les rayons de soleil et en produisant de l'humidité par leur exhalaison. Quelques restrictions dont l'opinion de M. le Dr Jeannet puisse être susceptible comme règle générale, elle trouve incontestablement son application dans plusieurs villes, notamment à Rome, où les endroits les plus ombragés sont toujours les plus exposés aux

Maintenant que les conditions climatériques générales du domaine forestier de l'hémisphère oriental ont été exposées dans leurs rapports intimes avec une température moyenne uniformément distribuée pendant l'époque de la végétation, ainsi qu'avec l'irrigation persistante du sol par les précipitations aqueuses, nous allons reprendre la tâche que nous nous étions proposée, d'essayer une division géographique de ce domaine d'après des lignes de végétation déterminées. L'idée des climats maritime et continental qui doit servir de base à cette étude exige tout d'abord une analyse plus développée, parce que les contrastes entre ces deux climats ne se manifestent pas toujours d'une manière distincte. Les degrés différents de capacité calorifique que possèdent la mer et la terre ferme exposées à l'action du soleil font que la courbe thermique se relève en raison de l'éloignement de la côte, parce que l'eau jouit d'une température plus uniforme, tandis que la surface solide se réchauffe davantage en été et se trouve plus refroidie en hiver par l'effet du rayonnement. C'est là l'expression générale des climats maritime et continental proprement dits, et c'est pourquoi la végétation trouve dans l'intérieur de la terre ferme des étés plus chauds et des hivers plus froids et jouit sur les côtes de l'avantage d'une période de développement plus prolongée. Cependant, il résulte des études de M. Dove[16] sur les courbes de température, que, sous les latitudes plus élevées, les côtes orientales des deux hémisphères ne portent guère l'empreinte bien prononcée du climat maritime, mais que la courbe thermique y présente un mélange de ces contrastes, en combinant les étés frais de la mer avec les hivers froids de l'intérieur des continents. Il faut donc distinguer dans la zone tempérée les climats maritime et continental proprement dits, des climats mixtes. La température plus élevée de la côte occidentale de l'Europe tient en partie au courant tropical qui la baigne, en partie à ce que les vents produisent des effets diffé-

affections fiévreuses (entre autres la villa Pamfili), ce qui semblerait prouver que, à Rome du moins, les conditions hygiéniques exigent que le sol subisse l'action directe du soleil, peut-être à cause des effluves délétères qu'il exhale et que favorise la nature peu perméable du terrain. — T.

rents selon qu'ils viennent de la mer ou de la terre. Lorsque les vents polaires de l'est soufflent sur la terre ferme, ils débarrassent l'atmosphère des nuages et donnent lieu, pendant l'été, aux températures les plus élevées, parce qu'ils laissent aux rayons solaires toute la plénitude de leur action. Pendant l'hiver ces vents se comportent, à la vérité, d'une manière opposée, attendu qu'alors le rayonnement du sol, qui produit les températures les plus basses, agit librement; toutefois, la température estivale du climat continental n'augmente pas au même degré que le froid hivernal. C'est là ce qui fait que les vents de terre fournissent moins de chaleur estivale à une côte occidentale qu'ils n'apportent de froid hivernal à une côte orientale. En traversant la mer, les courants atmosphériques possèdent en toute saison la température moyenne de la première. Avec les vents d'ouest, on a en Europe un ciel nuageux et pluvieux; mais dans la Sibérie orientale, ils produisent le froid d'hiver le plus rigoureux, parce qu'ils viennent des contrées les plus froides du climat continental. Ainsi, sans tenir compte de la distribution d'après les saisons des deux courants atmosphériques généraux, les côtes possèdent selon leur position des sources particulières de température, qui, en agissant d'une manière opposée, produisent en Europe le climat maritime proprement dit, tandis que sur les côtes orientales de la Sibérie, l'hiver a un caractère continental et l'été n'éprouve qu'une faible action calorifique. En Europe, c'est l'état du ciel serein ou nuageux qui agit particulièrement sur la température; en Sibérie, ce sont les influences dépendantes de la provenance des vents, parce que le centre du climat continental se trouve bien plus rapproché.

C'est là la deuxième cause capable de changer la disposition normale des climats maritime et continental. L'influence de la mer ne décroît pas seulement avec son éloignement, mais les contrastes extrêmes entre les températures estivale et hivernale ne commencent à se manifester en Sibérie que sur la Léna. Iakoutsk représente le pôle du froid hivernal de l'hémisphère oriental. Ici, selon M. de Middendorff, le sol est gelé jusqu'à la profondeur de 195 mètres, mais comme les couches superficielles dégèlent suffisamment en été, la glace souterraine n'exerce aucune influence sur la croissance des arbres forestiers, et même l'agriculture n'est pas étrangère aux froides régions de la Léna. Ce déplacement, cette énorme exagération dans les conditions du climat continental, croissant depuis les méridiens moyens jusqu'à l'extrême Orient, sont la suite de la configuration de l'Asie septentrionale, ainsi que du grand développement littoral de l'Europe. M. Dove a démontré que l'Atlantique exerce son action modératrice sur toute l'Europe jusqu'à l'Oural. Dans la Sibérie, au contraire, la mer Pacifique ne peut mitiger que faiblement les contrastes croissant dans la direction de l'est entre l'été et l'hiver; elle ne les atténue notablement que dans la presqu'île du Kamtchatka. Une chaîne montagneuse qui borde le golfe d'Okhotsk, bien au delà des bouches de l'Amur, empêche l'humidité du vent de mer de pénétrer dans l'intérieur de la terre ferme, et la température estivale de la côte même se trouve abaissée par les masses flottantes de glace. Mais si de telles conditions réduisent l'influence de la mer à un espace circonscrit, il faut attribuer à l'action des plateaux élevés de l'Asie centrale et du désert du Gobi, le fait que dans l'intérieur de la Sibérie les saisons continentales se trouvent avancées dans la direction de l'est. Le climat continental est mitigé non-seulement par l'action directe de la mer, mais aussi par les courants atmosphériques équatoriaux qui, en se dirigeant du sud-ouest au nord-est, transportent vers le nord la température des latitudes plus basses. Or, c'est dans cette direction que se dressent devant la majeure partie de la Sibérie les plus hautes chaînes montagneuses du globe ainsi que les surfaces élevées qui les relient ou s'y rattachent, en sorte que tout le calorique fourni par les régions méridionales se trouve soustrait à l'atmosphère avant que les vents sud-ouest aient atteint les régions basses de la Sibérie. On aperçoit par la position de Iahoutsk sur la Léna qu'une ligne tirée d'ici dans la direction sud-ouest jusqu'à l'Inde, correspond précisément au plus grand diamètre des hauts plateaux, où la sécheresse atmosphérique et l'exhaussement du sol, depuis l'Altaï oriental jusqu'à l'Himalaya, excluent le plus complétement l'action modératrice que l'Asie tropicale exercerait sur ce climat. D'autre part, l'origine des courants atmosphériques nord-est qui existent sur la Léna se rattachent probablement à la terre ferme récemment découverte, située dans la mer Glaciale vis-à-vis de la Sibérie orientale, et peut-être aussi les vents polaires sont ici moins humides que plus à l'ouest. Le ciel serein qui accompagne la plupart des courants atmosphériques permet aux forêts et même à l'agriculture de se développer sur un sol profondément congelé, mais en hiver il empêche la chute de la neige, et alors, sous l'influence du rayonnement nocturne, le mercure reste gelé pendant des semaines entières.

Parmi tous les arbres forestiers dont dépend la physionomie du pays, le Hêtre est l'expression la plus parfaite de l'influence du climat maritime de l'Europe. La ligne de végétation nord-ouest du Hêtre commence dans la partie la plus méridionale de la Norvége (entre Holmestrand et Frederiksvarn, 59° L. N.)[17], touche à la côte ouest suédoise de Gothenbourg, s'étend sur la côte est seulement jusqu'à Kalmar (51°)[18], et coupe le continent presque en ligne droite depuis Frischen Haff, près de Königsberg, jusqu'à la Podolie[19], en passant par la Pologne, et de là jusqu'à l'autre côté des steppes, reparaissant dans la Crimée et sur le Caucase. C'est pourquoi dans la Russie d'Europe les forêts de Hêtres ne se trouvent que dans quelques-unes des provinces occidentales frontières. Dans la direction nord-est le froid de l'hiver augmente et la période de végétation se trouve réduite. La question de savoir laquelle de ces deux valeurs climatériques bannit le Hêtre de l'Europe orientale reçoit sa réponse par le fait qu'à Gothenbourg où le Hêtre vient encore[17], le froid hivernal est plus rigoureux que sur la côte occidentale de la Norvége et au nord d'Édimbourg où cet arbre ne vient plus. Or, le Hêtre ne supporte pas une réduction de la période de végétation au-dessous de cinq mois. A Copenhague, non loin de sa limite septentrionale, sa feuillaison a lieu au commencement de mai[20], et à cette époque la température y monte à 10°. Admettons que dans la même localité le Hêtre perde ses feuilles lorsque la température s'abaisse au-dessous de cette valeur, et nous aurons une période de végétation de cinq mois, de mai à septembre ; et en effet, elle dure même un peu au delà, puisque la chute des feuilles n'y a lieu qu'à une température d'environ 7° 5. De l'autre côté de sa limite d'extension, la durée de la période pendant laquelle le thermomètre reste à 10° est d'un demi-mois plus courte à Christiania et à Saint-Pétersbourg et d'un mois entier à Stockholm. Le Hêtre est du nombre des arbres qui ne peuvent ni réduire ni beaucoup prolonger leur période de développement au delà des limites susmentionnées. Précisément là où sa ligne de végétation coupe le continent européen, le domaine forestier, mesuré du nord-ouest au sud-est, acquiert un diamètre beaucoup plus considérable d'une mer à l'autre que cela n'est le cas en France ou en Allemagne ; c'est donc ici que se trouve la limite du climat maritime plus accentué, qui donne au Hêtre le temps nécessaire à son développement. Voilà pourquoi la limite orientale du Hêtre se prête mieux que toute autre ligne de végétation à l'établissement d'une démarcation conforme à la nature entre les deux sections principales de la flore forestière de l'Europe et de celle de la Russo-Sibérie. La première a une période de végétation de cinq à huit mois, la dernière de trois à cinq mois.

C'est avec une certaine concordance harmonieuse et fondée sur des valeurs climatériques semblables que se trouvent disposées en Russie et en Scandinavie les limites septentrionales du Chêne et de certains arbres à feuilles aciculaires associés au Bouleau, association qui se maintient depuis la limite des arbres en Laponie à travers la Russie septentrionale et la Sibérie jusqu'à l'Amur, où se présentent de nouveau d'autres arbres à feuillage. Conformément aux différences ainsi signalées dans le caractère des forêts, on peut diviser le domaine de la flore russo-sibérienne en quatre sections géographiques plus restreintes, savoir : forêts d'arbres à feuillage de la Russie centrale de ce côté de l'Oural, forêts d'arbres à feuilles aciculaires qui revêtent le pays du Nord et une grande partie de la Sibérie, forêts d'essences mixtes de l'Amur et enfin celles du Kamtchatka qui, à leur tour, offrent entre elles des divergences. Il est bien plus difficile d'établir des divisions naturelles dans la flore de l'ouest de l'Europe où les lignes de végétation se croisent d'une manière beaucoup plus variée. En conséquence, il semble convenable de choisir dans cette étude la flore russe pour point de départ, à cause de sa nature moins complexe et plus primitive.

Le Chêne (*Quercus pedunculata*) constitue dans la région basse de la Russie une large ceinture forestière, entre le golfe Finnique et la limite de la steppe; elle s'avance, par conséquent, bien au delà des forêts de Hêtres, sans toutefois dépasser l'Oural, qui les empêche de pénétrer dans la Sibérie. Dans la Suède, la limite septentrionale est assez irrégulière; cependant, dans l'ensemble de sa direction, depuis l'Atlantique jusqu'à l'Oural, elle ne s'écarte que peu des lignes isothermes (2° 5 à 3° 7), ce qui, déjà sous ce rapport, la rattache à des conditions climatériques. Depuis la côte norvégienne (63° L. N.)[21], elle s'abaisse graduellement jusqu'à la latitude de Perm en passant par Saint-Pétersbourg (côte orientale de la Suède 61°[22], Saint-Pétersbourg 60°[23], Oural 50°)[24]. Cette ligne de végétation est remarquable à cause de la coïncidence qu'elle présente presque partout avec la limite septentrionale de la culture du Froment[25]. Vers l'ouest, c'est-à-dire en Scandinavie, le Chêne est l'arbre caractéristique pour les forêts à feuillage de la Russie moyenne; le domaine de cet arbre, au delà de la limite du Hêtre, se termine en une ceinture irrégulièrement rétrécie sous forme d'un coin. Il est donc évident que les conditions climatériques qui servent de base à l'aire d'extension du Chêne se trouvent coordonnées autrement que celles qui déterminent la limite du Hêtre. Si la réduction de la période de végétation y contribue, la part qui revient à la chaleur solaire, en raison des latitudes, est prédominante. Mais, en général, peut-il être question à l'égard du Hêtre d'une réduction de la période de végétation lorsqu'à Bruxelles le Chêne conserve ses feuilles pendant six mois, et même à Saint-Pétersbourg pendant cinq mois? Or les observations relatives à la période de développement du Chêne montrent que, sous un double rapport, cet arbre se comporte autrement que le Hêtre. Pour se couvrir de feuilles, le Chêne réclame une température un peu plus élevée (11° 2 — 12° 6, à Bruxelles seulement 10° 3) que le Hêtre, tandis qu'en automne il ne perd ses feuilles que lorsque la température journalière est inférieure à celle du commencement de la période de végétation. Cette différence est déjà sensible dans l'Europe occidentale, mais elle devient très-considérable sur la limite septentrionale du Chêne; car à Bruxelles il perd ses feuilles à 7° 5, et à Pétersbourg pas avant que le thermomètre ne soit descendu à 2° 5[26]. C'est ce qui permet à cet arbre de s'avancer en Russie aussi loin au delà du Hêtre, bien que la période de végétation soit presque la même pour l'un et pour l'autre. Le Chêne a aussi besoin d'une mesure déterminée de chaleur solaire; mais, vers la fin de sa végétation, lorsque le feuillage est encore en activité, il peut se contenter de ce qui reste à la courbe thermique qui s'abaisse plus rapidement dans le climat de l'est*.

Aux forêts de Chêne succède, dans le Nord et dans l'Est, la ceinture des arbres à feuilles aciculaires qui remplit dans la Russie d'Europe tout le reste de l'espace jusqu'à la limite des arbres, et s'étend de l'autre côté de l'Oural à travers toute la Sibérie jusqu'à l'Amur et le littoral de la mer d'Okhotsk. Comme une semblable disposition, déterminée par la température, se reproduit dans les Alpes, où la région forestière supérieure est formée par les Conifères et la région inférieure par les arbres à feuillage, on ne saurait y méconnaître la signification climatérique. Cependant les arbres à feuilles aciculaires toujours vertes ne se prêtent guère aux observations sur la durée de la période de végétation. Bien qu'au printemps ils renouvellent également leurs feuilles aciculaires, toute mesure de temps fait défaut pour déterminer en automne l'époque de l'accomplissement définitif de leur développement; puis, au commencement de sa croissance, leurs organes encore verts sont déjà en activité avant qu'ils ne soient remplacés par d'autres. Ainsi, nous ne pouvons conclure, relativement aux conditions clima-

* M. Coutance, professeur d'histoire naturelle à l'École de médecine navale de Brest, a publié en 1873 (Paris, chez M. J.-B. Baillière) un ouvrage curieux intitulé : *Histoire du Chêne dans l'antiquité et dans la nature; ses applications à l'industrie, aux constructions navales, aux sciences et aux arts,* etc. Le titre un peu long du livre se trouve justifié par l'érudition et le talent avec lesquels y est traité ce qui peut avoir un rapport quelconque avec le genre *Quercus* envisagé sous tous les points de vue des connaissances humaines. — T.

tériques des Conifères toujours verts, qu'à l'aide de végétaux qui les accompagnent et qui sont soumis à une rigoureuse périodicité; or, parmi les arbres de la ceinture forestière nord-est, ce sont le Bouleau et le Mélèze qui peuvent nous servir sous ce rapport. La limite septentrionale du Bouleau (*Betula alba*) s'accorde à peu près avec celle des arbres à feuilles aciculaires toujours vertes; en Sibérie, le Mélèze s'avance au delà de cette limite. Le Bouleau diffère des autres arbres à feuillage en ce qu'il exige une quantité moins considérable de chaleur solaire pour commencer sa croissance; ses feuilles éclosent déjà lorsque la température journalière est de 7° 5, et tombent lorsqu'en automne cette valeur n'est plus atteinte[27]. Cet arbre se comporte sous le rapport de cette valeur tout autrement que le Hêtre et le Chêne; c'est ce qui le rend capable de pénétrer jusqu'à la limite des régions polaires non boisées. Dans l'Europe occidentale, il étend sa période de végétation à plus d'une demi-année; à Saint-Pétersbourg, cette période est encore de cinq mois, mais en Laponie elle se trouve réduite à trois mois. En effet, ici, le Bouleau s'avance jusqu'à la limite des arbres qu'il n'atteint pas en Sibérie (Norvége 71° L. N., pays des Samoyèdes 66°, Iénisséi 69°)[28]. La valeur extrême climatérique de son domaine est donc représentée par le fait qu'il est capable de pousser la réduction de la période de son développement jusqu'aux dernières limites que la vie des arbres puisse atteindre. Mais comme cette réduction tient en partie à la décroissance de la chaleur solaire avec la latitude, en partie aux actions réciproques de la mer et de la terre ferme, ces circonstances expliquent les irrégularités dans les allures de la limite septentrionale du Bouleau, irrégularités qui se reproduisent chez les arbres à feuilles aciculaires toujours vertes. La Scandinavie est le pays où la limite septentrionale du Bouleau s'avance le plus au nord, grâce à l'action du Gulf-Stream; elle s'abaisse ensuite vers la contrée des Samoyèdes, suit çà et là les forêts à feuilles aciculaires du nord de la Russie, et se dirige enfin à l'est, en se tenant à peu près à la même distance du littoral sinueux de la Sibérie, jusqu'à l'endroit où, repoussée par le climat excessif de la Léna, elle va gagner des latitudes plus basses[29]. La capacité de supporter une réduction dans la période de développement est poussée chez le Mélèze à un plus haut degré encore que chez le Bouleau; tandis que dans l'Europe occidentale le Mélèze (*Pinus larix*) conserve ses feuilles aciculaires pendant plus de sept mois[30]; il constitue en Sibérie la limite de la végétation arborescente[31]. Mais ce n'est pas là la cause qui permet au Mélèze de s'avancer dans ce dernier pays au delà des limites des arbres à feuilles aciculaires toujours vertes ainsi que du Bouleau; cette cause tient à une tout autre particularité. Le fait est que le Mélèze a l'avantage sur le Bouleau de rester vert alors que la température est devenue bien inférieure à celle qui dominait au moment où l'arbre commençait à bourgeonner. A Saint-Pétersbourg, il ne perd ses feuilles aciculaires que quand la température journalière est au-dessous du point de congélation; dans l'Europe occidentale, la différence est moins considérable. Il s'ensuit que le Mélèze jouit d'une période de développement qui dure trois mois avec une courbe de température qui ne fournit plus au Bouleau le contingent voulu de chaleur. Ce qui permet donc au Mélèze d'avancer sous le climat continental de la Sibérie sa limite septentrionale au delà de celle de tous les arbres, c'est que, dans la sphère de ses conditions climatériques, il réunit les propriétés du Bouleau avec celles du Chêne, et qu'il est moins sensible que ces deux derniers aux oscillations de la période de développement, de même qu'au froid après que cette période est terminée. Il est vrai que l'on a l'habitude de distinguer spécifiquement les Mélèzes sibériens[31] de ceux qui habitent l'Europe; mais comme les différences sont minimes et variables, il semble plus conforme à la nature de n'y voir que des variétés climatériques. Après tout, parmi les Conifères sibériens il n'y a que le Pin pichta (*Pinus Pichta*) que l'on puisse considérer avec certitude comme une espèce particulière. Elle n'avance pas aussi loin au nord que les autres arbres à feuilles aciculaires (pays des Samoyèdes 64°, Oural 62°, Iénisséi 67°, Léna 60°)[32]; cependant sa sphère climatologique est très-différente de celle d'une espèce voisine, le Sapin argenté (*P. picea*). Parmi les autres Conifères toujours verts de la Sibérie, deux sont identiques avec les espèces de l'Europe et des Alpes (*P. sylvestris* et *P. cembra*); la troisième (*P. obovata*)[33], n'est vraisemblablement aussi qu'une variété climatérique de la Pesse ou de l'Épicéa (*P. abies*) à laquelle elle touche dans le nord de la Russie d'Europe. Si cette connexion géographique n'a pas lieu à l'égard du Mélèze et des Pins cembra, mais si, au contraire, les *habitat* nord-est de ces arbres sont séparés de ceux des Alpes par de larges intervalles où ils ne viennent plus, ce n'est pas une raison d'admettre dans un cas une diversité spécifique, et dans l'autre une provenance de centres particuliers de végétation. Il en est plutôt comme de la connexion entre la flore alpine et celle de la Laponie par l'intermédiaire d'espèces identiques, connexion que nous essayerons plus tard d'expliquer à l'aide de migrations et de modifications climatériques. Si c'est un degré déterminé du climat solaire qui fixe une plante dans des régions montagneuses plus élevées, elle peut se reproduire plus au nord sous le même méridien; mais si ce n'est, au contraire, que la réduction de la période de végétation, les conditions vitales de la plante se retrouveront dans une direction nord-est, tout en faisant défaut aux régions intermédiaires. Que l'on admette les Pesses et les Mélèzes de la Sibérie à titre d'espèces particulières ou seulement à titre de variétés, leur aire d'extension n'en sera pas moins l'expression la plus nette du climat continental, dont le point de transition au climat maritime de l'Europe se trouve marqué, d'après M. Dove, par la chaîne de l'Oural. La ligne de végétation sud-ouest de ces arbres a été qualifiée de limite des arbres aciculaires sibériens; elle se dirige, suivant de près celle des Pins pichta et cembra, depuis la mer Blanche jusqu'à l'Oural central[34], et ne comprend, par conséquent en dehors de la Sibérie, que les forêts de la partie nord-est de la Russie d'Europe.

La flore de la Mandchourie septentrionale et celle de l'Amur avec ses arbres feuillus et résineux se remplaçant tour à tour, est séparée de la Sibérie par des chaînes montagneuses dont l'axe principal est dirigé du sud-ouest au nord-est. Ce domaine, dont le climat conserve encore parfaitement le caractère continental de la Sibérie, est compris entre la chaîne Chingangan-Stanowoï et les montagnes littorales. Ici la région basse est revêtue de forêts à feuillage, éclaircies où interrompues par des prés luxuriants; les arbres sont d'espèces particulières appartenant aux genres européens; les Conifères ne font pas défaut, mais n'occupent que les montagnes. Précisément là où, après s'être frayé un passage à travers le Chingan chinois (bord oriental du haut Gobi) et le Stanowoï sibérien, l'Amur entre dans ce domaine fluvial (près d'Albasin, 53° L. N.), se présente la ligne de végétation nord-ouest d'un Chêne (*Quercus mongolica*), espèce qui, bien que « d'apparence maigre et exiguë », a cependant cela de remarquable qu'elle s'étend dans toute la Mandchourie septentrionale à titre « d'arbre caractéristique de la flore de l'Amur[34]. » En s'appuyant sur la montagne, mais sans la franchir, le genre Chêne représente donc ici dans l'extrême Orient un domaine de végétation analogue à celui qui lui est assigné de ce côté de l'Oural. Par contre, dans les vastes espaces de l'Asie du Nord compris entre les stations les plus orientales et occidentales du Chêne de l'Europe et du Chêne de l'Amur, ce genre ne se trouve pas représenté. Mais aussi les conditions climatériques qui président à ces deux espèces n'ont pas beaucoup de rapport entre elles. Dans le pays de l'Amur, la température estivale n'est pas supérieure, ni le froid hivernal inférieur aux températures des contrées méridionales de la Dahourie que le Chingan sépare du premier pays[35]. M. Radde y trouva même le sol congelé jusqu'à une certaine profondeur d'une manière persistante, et il fut témoin d'un froid de 43°7 au-dessous de zéro[36]. La glace du fleuve ne fond qu'au mois de mai[37], et les arbres ne portent guère leurs feuilles beaucoup au delà de quatre mois[38]. Ce n'est que la prolongation restreinte de la période de végétation et la forte humidité de l'été, qui paraissent être la cause de ce que les arbres à feuillage du pays de l'Amur se séparent des forêts à feuilles aciculaires de la plaine sibérienne et des steppes de la Dahourie. D'ailleurs les masses considérables de neige qui, pendant l'hiver, s'accumulent le long du cours inférieur du fleuve servent de préservatif contre le froid, tandis que de ce côté du Chingan la saison froide est précisément la plus pauvre en précipitations aqueuses[39]. Ici se manifeste l'influence que le désert de Gobi exerce sur la sécheresse du climat de la Sibérie; par contre, le pays de l'Amur se trouve en connexion plus directe avec la région basse de la Chine.

Là où, non loin de son embouchure, l'Amur se fraye un passage (53° L. N.) à travers la chaîne littorale, la physionomie de la nature subit un brusque changement; la végétation revêt un caractère boréal[40], les arbres à feuillage disparaissent, ceux à feuilles aciculaires — le Pin et le Mélèze — redeviennent dominants, à l'instar de l'intérieur de la Sibérie. Cette flore a été trouvée peu modifiée au sud, le long du détroit de la Tartarie (—49° L. N.). La partie septentrionale de l'île située vis-à-vis de la côte — île de Sachalin — dont la portion sud avait été regardée comme constituant une transition à la flore japonaise, ressemble également aux régions littorales septentrionales du golfe d'Okhotsk[41], dont le climat a un caractère mixte, unissant des étés frais aux hivers rigoureux. La contrée est revêtue de toundra où le Pin cembra nain (*Pinus cembra pumila*) descend des montagnes. Les forêts consistent en Mélèzes et Bouleaux (*B. alba*), comme dans le haut nord de la Sibérie.

Ce n'est seulement que dans la presqu'île de Kamtchatka que la dernière et la plus orientale parmi les zones végétales se sépare du reste de la terre ferme par un climat maritime plus doux; mais la flore de cette presqu'île n'est pas encore suffisamment connue. Le Bouleau du Kamtchatka (*Betula Ermani*) en est peut-être l'arbre caractéristique. En effet, bien qu'il franchisse la chaîne littorale de l'est de la Sibérie et ait été constaté sur les hauteurs de la moitié méridionale de Sachalin[42], il en est vraisemblablement comme des arbres résineux de la Sibérie, qui ne font point défaut au pays de l'Amur, mais, cédant à d'autres végétaux les endroits de la vallée qui possèdent les conditions les plus favorables, y habitent les régions montagneuses et non pas, comme en Sibérie, les régions basses.

Au nord de l'embouchure de l'Amur, le climat du littoral ne tarde pas à devenir encore plus rigoureux que le long du détroit; la végétation du golfe d'Okhotsk ne consiste qu'en « une forêt de Mélèzes[40] clair-semés, souvent rabougris »; cette végétation peut être comparée à celle des forêts les plus septentrionales de la Sibérie. Dans le Kamtchatka, au contraire, à l'été frais du climat maritime succède un hiver tempéré[43]. La côte tout autour du golfe d'Okhotsk et au delà de l'embouchure de l'Amur[44] possède les hivers bien plus rigoureux de l'intérieur continental, dont cette côte diffère par une plus forte humidité et par des brouillards perpétuels. Il en résulte un abaissement dans la température estivale, peu considérable encore à l'embouchure de l'Amur[45], néanmoins suffisante pour dépasser une certaine valeur-limite thermique et pour réduire, en conséquence, la durée de la période de végétation, en sorte que les arbres à feuilles aciculaires, qui, dans l'intérieur du pays, habitent les montagnes, descendent ici sur la côte. Quant au climat du Kamtchatka, on sait[43] que la température estivale ne dépasse que de peu celle du littoral d'Okhotsk; mais, comme l'hiver y est bien plus doux, le réveil de la végétation sera plus hâtif, et, par conséquent, la période de développement pourra avoir au Kamtchatka la même durée que dans le pays de l'Amur, bien que la température estivale moins élevée de la presqu'île de Kamtchatka ne suffise guère aux arbres à feuillage plus méridionaux.

Si maintenant nous embrassons l'ensemble de la distribution des arbres dans la Russie d'Europe et dans la Sibérie, nous voyons que, dans tous les cas, ils sont disposés selon la durée de la période de végétation, dont la réduction tient, soit à la courbe thermique relevée du climat continental, soit au décroissement de la chaleur solaire, et que, de plus, cette disposition se trouve également déterminée par le fait que, dans chaque phase de leur développement, les divers arbres se comportent différemment à l'égard de la température. Dans les grandes sections naturelles, qui divisent le domaine dont il s'agit, les forêts de Chênes de la Russie d'Europe et du pays de l'Amur correspondent à une plus longue période de végétation; les arbres à feuilles aciculaires, auxquels se joint le Bouleau, se rapportent à une période plus courte, et, parmi les premiers, la plus courte de toutes appartient aux Mélèzes. Enfin, le Kamtchatka figure comme type intermédiaire; la durée de la végétation y est plus longue, mais la température estivale moins considérable.

Dans l'Europe occidentale les rapports entre la végétation du Hêtre et le climat ne sont pas aussi simples. Ici on voit des végétaux qui ne supportent pas le froid hivernal de l'intérieur du continent, d'autres qui ne sauraient prospérer à la faible température estivale de la côte; et en sus de ces conditions restreintes, doit être prise en considération l'inégale durée de la période de végétation. La température estivale augmente au sud-est avec la chaleur solaire croissante et avec l'éloignement des côtes : des lignes de végétation de la même position que celles du Sapin argenté et de la Vigne peuvent donc faire supposer une dépendance de ces valeurs climatériques. Puis le froid hivernal augmente à mesure qu'on remonte au nord-est, parce qu'il est influencé par la latitude septentrionale et que l'action de la mer et du Gulf-Stream en modèrent les effets. Et comme la période de développement des plantes se trouve réduite dans cette même direction nord-est, il se présente ici la question déjà mentionnée à propos du Hêtre, celle de savoir à laquelle de ces deux conditions doivent se rapporter des lignes de végétation de la même position.

Il n'est que quelques arbustes qui permettent d'admettre avec certitude, qu'ayant été transportés des contrées littorales dans l'intérieur du continent, ils y aient péri par la gelée de l'hiver. De ce nombre sont l'Ajonc anglais (*Ulex*) et le Houx (*Ilex*). Les observations se rapportent au nord-ouest de l'Allemagne, et, à cet égard, il faut remarquer qu'à cause de l'élévation de l'intérieur du continent, l'éloignement de la mer exerce ici une action plus forte que la latitude sur la courbe thermique, et qu'en conséquence les lignes d'égale température hivernale se dirigent, tout autant que les lignes d'égale température estivale, parallèlement à la côte[46]. A la fin du siècle précédent, l'Ajonc anglais fut préconisé dans le Hanovre pour la plantation des haies, mais il ne se maintint point dans l'intérieur du pays, par exemple dans la proximité de Göttingue, parce que les troncs moururent pendant l'hiver froid; tandis que, dans quelques localités plus limitrophes du littoral de la mer du Nord, ce buisson est indigène. Quant au Houx, le fait observé est décisif, savoir : que cet arbuste, si largement répandu dans les bois de Hêtre des régions littorales du nord de l'Allemagne, devient plus petit avec l'éloignement de la mer, puisque, sur la ligne de végétation sud-est, par exemple près de la ville de Hanovre, les troncs sont quelquefois gelés jusqu'aux organes souterrains. Dans les deux cas, la distance de la mer que supportent ces arbustes n'est que de 20 milles d'Allemagne (144 kilomètres).

Comme les observations sur la dépendance de la végétation du froid hivernal ne sont guère susceptibles d'être multipliées, il faudra se servir d'une autre méthode pour établir une division naturelle dans la flore de l'occident de l'Europe. Plus il y a coïncidence entre les lignes de végétation de positions égales ou analogues, plus le caractère de la flore qu'elles délimitent devient particulier, et, en conséquence, de telles lignes ne se prêteront que davantage à des comparaisons botaniques entre diverses contrées. Il résulte de cette étude que, dans l'Europe occidentale, les lignes qui correspondent à une distance déterminée des côtes de la mer du Nord et de l'Atlantique ont une importance bien plus grande que toutes les autres[47]. Comme en général la ligne littorale comprise entre la Bretagne et la mer Baltique est dirigée du sud-est au nord-ouest, ces lignes de végétation seront des lignes sud-est ou nord-ouest, suivant que les plantes de l'intérieur du continent n'arrivent pas jusqu'à la mer ou qu'elles se trouvent délimitées en sens inverse. Ce sont ces considérations qui m'avaient déjà précédemment suggéré[47] la conclusion que, pour la diffusion des plantes, les extrêmes de température constituent ici les valeurs climatériques les plus importantes. Mais cette conclusion n'est pas toujours probante, et son application aux cas particuliers rencontre plus d'une difficulté. Parmi les plantes des côtes occidentales, il en est qui, en s'avançant davantage sous des latitudes plus méridionales, reparaissent dans l'intérieur du continent, tandis qu'il n'en est point de même pour d'autres plantes. Il y a donc lieu de distinguer ici plusieurs conditions climatériques, comme nous aurons à l'étudier plus tard. D'ailleurs, les végétaux de l'intérieur des continents sont, en général, plus variés que ceux des régions littorales sous une latitude correspondante. Dans le nord-ouest de l'Allemagne, sur le même sol, par exemple sur le même calcaire coquillier (*Muschelkalk*), la flore devient, je dirai presque de lieue en lieue, plus pauvre, à mesure qu'on s'éloigne de la Thuringe pour se rapprocher des districts littoraux du Weser. Dans l'intérieur du continent, l'échange entre les divers centres de végétation peut s'effectuer en tous sens, tandis que le littoral ne reçoit que d'un seul côté les végétaux du pays formant son arrière-plan. Il s'agit donc de savoir si les limites de plantes parallèles avec la côte sont toujours réellement des lignes climatériques de végétation, ou bien seulement la conséquence de la restriction imposée à la voie que suivent les immigrations. Il est vraisemblable que ce sont des influences climatériques qui éloignent les plantes littorales de l'intérieur des continents; cependant, un plus haut degré d'humidité pourrait bien en être également l'une des causes, en dehors de la courbe thermique. Toutes ces questions ne peuvent recevoir une solution que de l'examen de la position des lignes de végétation et, de plus, de l'étude des conditions vitales des espèces prises séparément; or, comme de tels travaux ont été à peine entrepris, c'est souvent aux investigations futures qu'il appartient de décider dans les cas particuliers.

La comparaison de la flore de la région basse de l'ouest de l'Europe conduit à la distinction de trois divisions principales, déterminées par la position des lignes accumulées de végétation. Comme la direction de ces lignes est parallèle à celle de la côte, elles touchent à la limite du Hêtre presque sous un angle droit. En partant du golfe de Biscaye, la zone occidentale comprend la majeure partie de la France, de l'Angleterre avec l'Irlande, les régions littorales de l'Allemagne jusqu'au Rhin et l'Oder, le Danemark, et enfin le bord extrême de la Scandinavie, où prospère encore le Hêtre. Vient ensuite le domaine central qui, en partant du Dauphiné, embrasse la Suisse, la majeure partie de l'Allemagne avec la Pologne et la Galicie, et s'étend, du côté du sud-est, jusqu'au Marchfeld et aux Carpathes; c'est ce qui délimite enfin la flore hongroise qui constitue la zone sud-est jusqu'à la ligne du Balkan, aux steppes de la mer Noire et à la Podolie. Ces trois zones correspondent en quelque sorte à de certaines valeurs-limites du climat maritime, quand on représente celui-ci par les différences de température entre les mois les plus froids et les plus chauds; ainsi, la première zone correspondrait à 12° 5 — 17° 5, la deuxième à 17° 5 — 22° 5, la troisième à 22° 5 — 23° 7 [48].

Il serait à désirer qu'à chacune des trois zones du climat du Hêtre on pût, comme en Russie, donner pour base des lignes de végétation déterminées de certaines plantes particulières. Le peu d'arbres qui s'y prêteraient possèdent une sphère climatérique trop circonscrite, et malgré cela leurs aires d'expansion sont de nature à jeter quelque lumière sur la question relative à la connexion entre le climat et la végétation. Dans ce sens, nous pouvons considérer le Châtaignier (*Castanea*) comme caractéristique pour la zone française, le Sapin argenté (*Pinus picea*) pour la zone allemande, et le Chêne cerris (*Quercus cerris*) pour la zone hongroise. Ces trois arbres sont communs à l'ouest et au sud de l'Europe, mais de l'autre côté des Alpes les forêts qu'ils constituent s'élèvent au-dessus de la plaine, à un niveau supérieur, tandis que, de ce côté, elles habitent la région basse, mais sans avoir les mêmes limites septentrionales.

Le Châtaignier s'avance le plus au nord-ouest. Répandu dans toute la France, il atteint l'Angleterre méridionale[49], d'où sa ligne de végétation continentale s'étend le long de la vallée rhénane (la Moselle) jusqu'à la Suisse (lac de Constance), et ce n'est qu'alors que de l'autre côté des Alpes elle constitue une région particulière qui embrasse le domaine méditerranéen tout entier. Le Châtaignier ne fait donc défaut qu'aux régions septentrionales de la zone de l'ouest. La ligne de végétation constitue de ce côté des Alpes une limite nord-est, et tandis que cette ligne se dirige parallèlement à celle du Hêtre, elle s'éloigne de la plupart des végétaux de l'ouest qui disparaissent dans la direction sud-est. Le domaine cultural du Châtaignier s'étend encore plus au nord-est jusqu'à une ligne qui va de l'Angleterre à travers le Harz (Blankenburg), la Saxe (Dresde) et la Hongrie (Pesth), ligne qui, par conséquent, est également parallèle à la limite du Hêtre. Seulement ici le fruit ne vient plus à maturité dans la plupart des lieux ; il y arrive, à la vérité, par exemple sur les pentes chaudes du Wiener-Wald, mais point, ou du moins exceptionnellement, dans l'Allemagne centrale. De ces faits, ainsi que de sa manière d'être dans le midi, sujet sur lequel le domaine méditerranéen nous fournira les plus amples informations, il est permis de conclure que, placé à peu près dans les mêmes conditions vitales que le Hêtre, le Châtaignier exige une période de développement plus longue que celle qu'il trouve de l'autre côté de sa limite climatérique nord-est. Mais comment expliquer maintenant le fait que les lignes de végétation nord-est sont tellement plus rares dans l'ouest de l'Europe que les lignes qui se croisent avec elles? Parmi les plantes de la zone occidentale nous pouvons distinguer deux classes d'après leur *habitat*. Les plus spéciales sont celles qui, comme certaines Éricinées (Ex. *Erica cinerea*)[50], se maintiennent toujours à une distance peu considérable de la côte, et dès lors se trouvent délimitées par une ligne de végétation sud-est. Les autres s'étendent au sud jusqu'aux méridiens situés plus à l'est, mais la plupart parmi ces plantes (Ex. *Ilex, Buxus*) n'en ont pas moins sous des latitudes plus élevées également une ligne de végétation sud-est, qui, dans le Midi, éprouve un changement de direction[51], et alors elle se convertit en une limite septentrionale, ce qui souvent s'effectue brusquement, soit seulement de l'autre côté des Alpes, soit déjà dans l'Allemagne méridionale. Il en résulte que des *habitat* méridionaux qui, généralement, ne dépassent guère une latitude déterminée, détachent le long de l'Atlantique un bras occidental, qui, pour le Houx (*Ilex*), remonte jusqu'à la Norvége. La configuration de telles aires d'extension doit être expliquée par l'influence de la chaleur solaire croissant en raison inverse des latitudes, tandis que le long de côtes un effet semblable se produit par des hivers modérés et des périodes de végétation prolongées. Nous y trouvons donc les mêmes conditions qui servent de base également aux lignes de végétation nord-est du

Châtaignier et du Hêtre. Si nous réunissions par une ligne les localités les plus septentrionales dans la Norvége et les plus orientales dans le Pont, habitées par le Houx, cette ligne serait également une limite nord-est. La différence ne consiste qu'en ce qu'une grande lacune sépare l'*habitat* occidental de celui du sud, et cette lacune paraît avoir pour cause les hivers plus rigoureux et les périodes de développement plus réduites, résultant, l'un et l'autre, de l'altitude plus considérable de l'intérieur du continent et de l'éloignement des côtes. C'est ainsi que, selon la sphère climatérique de chaque plante, nous trouvons des transitions entre les limites nord-est nettement accentuées et celles qui représentent de semblables courbes symétriquement disposées. Il serait donc permis d'admettre que, dans l'un comme dans l'autre cas, ce qui détermine les limites des plantes c'est la durée de la période de végétation, ou, pour certaines espèces, l'accroissement du froid hivernal, ou bien encore que ce sont ces deux influences qui agissent à la fois. Mais souvent les plantes positivement occidentales offrent également des indices de semblables lois d'extension, qui feraient supposer des conditions physiques analogues. Ainsi, il paraît que la Bruyère à quatre faces (*Erica tetralix*), qui s'étend depuis la Norvége et les provinces russes baltiques le long de la ligne littorale de l'ouest jusqu'au Portugal, reparaît sur les montagnes de la Transylvanie ; de même, ainsi que nous l'examinerons de plus près dans un autre endroit de ce livre, il serait difficile d'admettre une différence quelconque sous le rapport des conditions climatériques, entre les Éricinées indigènes dans la Gascogne et le Portugal, et plusieurs autres qui habitent en plus grand nombre le domaine méditerranéen.

Le Sapin argenté (*Pinus picea*) a cela de commun avec les végétaux propres à l'intérieur du continent, que sa limite septentrionale se dirige au nord-ouest. Si la majorité des plantes de la zone occidentale se trouvaient délimitées par des limites nord-est, les lignes de végétation se croiseraient avec celles de l'intérieur du continent, ainsi que c'est le cas à l'égard du Sapin argenté relativement au Châtaignier, et le mélange des espèces eût été tellement considérable qu'une séparation naturelle entre les flores française et allemande deviendrait impraticable. Ce n'est que parce que la plupart des plantes de la première zone ont trouvé une limite sud-est sous les plus hautes latitudes, qu'elles peuvent être plus rigoureusement distinguées des plantes de la deuxième zone. La limite nord-ouest du Sapin argenté commence dans les Pyrénées occidentales (43° l. N.)[52], et après avoir traversé l'Allemagne en se tenant, depuis l'Auvergne (45°), presque toujours à la même distance (à environ 40 milles d'Allemagne ou 300 kilomètres) de la côte de la Manche ainsi que des mers du nord et de l'est, cette ligne de végétation s'avance le plus au nord d'abord dans la Lausitz supérieure (51°) et enfin en Pologne, où elle passe à une limite orientale, apparemment sans s'avancer au delà du domaine du climat du Hêtre (Transylvanie)[53]. Ainsi, il y a encore de beaux massifs de Sapins argentés sur la pente septentrionale du Thuringer-Wald, tandis que ces arbres ne semblent pas venir sur le Harz, où les tentatives faites pour les cultiver n'ont eu de succès que dans quelques parties sud-ouest de la montagne, abritées contre les vents du nord par des altitudes plus considérables. J'avais rattaché précédemment de semblables limites nord-ouest de végétaux allemands à la diminution de la température estivale[54] dans la proximité de la mer; opinion justifiée non-seulement par l'analogie avec la ligne de végétation de la viticulture, mais encore par la concordance assez prononcée entre les températures du mois de juillet à Dantzig, Berlin et Erfurt[46], trois villes dans la proximité desquelles plusieurs plantes de la troisième zone apparaissent soudain et pour la première fois dans la direction de sud-est. Cependant, la position de la ligne de végétation du Sapin argenté offre une légère déviation de la limite principale de la première et de la deuxième zone; cette ligne franchit en France la limite dont il s'agit, se croise avec celle-ci près de Gotha et reste en arrière d'elle dans la partie orientale du nord de l'Allemagne et dans la Pologne. Si l'on compare la température mensuelle de juillet de plusieurs localités limitrophes de la limite nord-ouest du Sapin argenté[55], on voit, de l'ouest à l'est, une diminution graduelle de la température estivale. Sans doute ces différences sont insignifiantes (3° 7 — 5° 0), mais il est d'autres circonstances qui montrent qu'à l'égard de cet arbre ce n'est pas seulement une température estivale déterminée qui décide de la position de sa limite nord-ouest, mais encore la durée de la période de végétation. D'abord, les stations dans les contrées de l'ouest et de l'est ne sont pas les mêmes. Depuis les Pyrénées jusqu'au Thuringer-Wald, le Sapin argenté se trouve limité au sol incliné des hauteurs, et ce n'est que dans le Lausitz, en Silésie et en Pologne qu'il descend dans la région basse de la plaine baltique. Il s'ensuit que les observations météorologiques qui se rapportent aux localités de la plaine ne donnent point en France une mesure susceptible de servir de terme de comparaison. Ce qui dans le sens climatérique rattache les montagnes du sud-ouest aux plaines situées au nord-est, c'est une période réduite de végétation. D'ailleurs, les ouvrages relatifs aux forêts, à la vérité fort peu satisfaisants pour les questions climatologiques, me fournissent la remarque que cet arbre, généralement sensible aux extrêmes de température, perd aisément ses pousses du mois de mai à la suite des gelées tardives. Les deux faits indiquent donc que le Sapin argenté est lié, encore plus que le Hêtre, à une durée déterminée de la période de développement. Dans les montagnes, il habite presque les mêmes régions que le Hêtre, en sorte que dans l'est leurs lignes de végétation se suivent d'assez près; mais comme, à cause de sa sensibilité pour les oscillations de la température printanière, le Sapin argenté supporte encore moins que le Hêtre la prolongation de la période de végétation, il est exclu des contrées littorales. Il résulte donc de la comparaison des limites nord-ouest de la deuxième zone, que chez les divers végétaux c'est tantôt la diminution de la température estivale, tantôt la prolongation de la période de développement, ou en général les diverses influences d'un climat maritime exagéré, qui exercent une action perturbatrice. Le temps n'est pas encore venu où l'on soit capable de distinguer et d'indiquer d'une manière plus précise la cause qui agit dans chaque cas spécial, ce qui exigerait une connaissance parfaite des conditions physiques de la vie des espèces dont il s'agit, car il est à présumer que chacune possède des propriétés particulières. Or, une telle multiplicité de conditions vitales devient extrêmement vraisemblable, quand on considère que les lignes de végétation qui séparent la première zone de la deuxième se rapprochent les unes des autres, mais ne coïncident point et ne se dessinent pas toujours d'une manière harmonieuse.

Le Chêne cerris (*Quercus cerris*) est généralement répandu dans le domaine de la flore hongroise, et la frontière septentrionale de cet arbre s'étend depuis les Carpathes (47° L. N.) jusqu'à la Lombardie (46°) en touchant à la Moravie, l'Autriche inférieure, la Styrie et le Krain. Parallèle également avec les côtes des mers de l'est et du nord, cette ligne de végétation sépare la flore allemande de celle des régions du Danube inférieur. De même que plusieurs végétaux de l'Europe méridionale s'avancent en France de concert avec le Châtaignier jusqu'aux latitudes plus élevées, ainsi un phénomène semblable se produit en Hongrie, quoique sur une échelle plus petite. Ce sont des plantes exigeant une plus longue période de végétation qui leur est offerte par un climat plus chaud, tandis qu'elles se trouvent en majeure partie exclues de l'Allemagne méridionale grâce à la chaîne des Alpes et les surfaces élevées de la Bavière et de la Souabe, qui flanquent cette chaîne. Cela explique le développement qu'acquiert, dans le sens de l'ouest, la limite septentrionale du Chêne cerris qui pénètre dans les vallées alpines méridionales du Tyrol et de la Suisse et fait presque complétement défaut à la France orientale, mais dont le domaine s'étend ensuite de l'Espagne jusqu'à la Loire (47°) en longeant le golfe de la Biscaye. Le Chêne cerris est du nombre des arbres dont la période de végétation paraît exiger de six à sept mois, du moins c'est là un fait climatérique commun au sud-ouest de la France et de la vallée danubienne, depuis Vienne jusqu'au Banat. Le fait est que, sous l'influence de la latitude méridionale, la durée de la période de croissance s'allonge en proportion plus forte que par l'action de l'Atlantique. Dans le golfe de Biscaye, où les deux influences agissent simultanément, cette période est de huit mois; elle est encore de six à sept mois en Hongrie, où l'action latitudinale agit seule; mais sur la limite du Hêtre (Kœnigsberg), elle est déjà tombée à cinq mois[12]. Dans la plaine déprimée de la Hongrie, la feuillaison du Chêne a lieu à la mi-avril[56], et, à la moitié d'octobre, on voit revenir la température à laquelle la feuillaison s'était produite. A Vienne, la période de croissance est encore un peu plus longue; mais aussi la température varie sous ces latitudes, non en raison de la distance de la mer, mais seulement en raison de l'exhaussement du sol. La température de juillet est la même à Nantes, à Vienne et à Ofen (21° 2); en amont du Danube, à Passau, elle a déjà baissé de plus de deux degrés (18°). Et cependant, il est peu de plantes méridionales qui, telles que le Chêne cerris, habitent tout à la fois la France occidentale et la Hongrie, parce que la courbe thermique change considérablement de forme, et que dans les régions de l'est l'éloignement de la mer se fait sentir par des hivers plus rigoureux[48]. Il faut bien que le Chêne cerris soit en état de supporter les gelées nocturnes tardives telles qu'elles se présentent fréquemment sur le Danube, autrement il ne pourrait pas prospérer ici. Dans le midi de l'Europe, il habite souvent, de concert avec le Châtaignier, la région inférieure des montagnes (Ex., en Roumélie 389 — 877 mètres, ou 1,200 — 2,700 pieds); mais il y est banni de la région des végétaux toujours verts. Voilà pourquoi il a pu pénétrer des Pyrénées occidentales plus aisément dans la France occidentale que dans la France orientale, contrée que les Alpes et les régions méditerranéennes toujours vertes isolent des stations les plus voisines de la Lombardie et de l'Espagne. Le fait que le Chêne cerris évite la région toujours verte du sud de l'Europe se trouve également d'accord avec la supposition qu'il exige une longue période de croissance. En effet, dans ces contrées, la période de végétation est de durée plus longue sur les pentes inférieures des montagnes que dans la région toujours verte de la côte, où cette période se trouve interrompue par l'absence des pluies pendant l'été. Il est, en Hongrie, encore un autre arbre placé dans des conditions semblables, mais qui l'emporte sur le Chêne cerris par ses exigences, relativement à la courbe thermique, selon la mesure de son aire d'extension. C'est le Tilleul argenté (*Tilia argentea*), qui, à l'est, ne va que jusqu'au Plattensée, c'est-à-dire jusqu'à une ligne qui, à une certaine distance, court presque parallèlement à celle caractérisée par le Chêne cerris comme limite de la flore hongroise. Cet arbre apparaît de nouveau également dans la région montagneuse de la Roumélie, région tout à la fois chaude et non dépourvue de pluies estivales. Partout le Tilleul argenté se trouve associé à l'Érable de Tartarie (*Acer tataricum*) qui, toutefois, n'est placé qu'en apparence dans les mêmes conditions climatériques, puisqu'il habite également en Russie la zone des Chênes où la période de végétation est de plus courte durée. Que cet arbre ne tienne qu'à une plus haute température estivale ou qu'il n'atteigne point en Hongrie sa limite climatérique, il n'en doit pas moins être capable de supporter les variations thermiques plus considérables qui sont communes aux régions basses ainsi qu'aux montagnes de l'Est. En général, lorsque nous retrouvons des plantes du midi dans les régions inférieures danubiennes, nous ne devons pas nous attendre à découvrir leur patrie dans la région toujours verte, ainsi que c'est souvent le cas en France, mais bien dans les montagnes de la péninsule hellénique. Les Chênes toujours verts et les Éricées de la Gascogne, de même que plusieurs plantes du midi qui s'avancent jusqu'à Lyon le long du Rhône, font défaut à la Hongrie, parce que toutes ces plantes ne sauraient supporter l'hiver et le printemps de cette contrée, lors même qu'elles y trouveraient le degré requis de chaleur. D'autre part, la flore de la Hongrie ne varie jusqu'à la Grèce que très-graduellement et d'une manière bien moins prononcée que ne le fait la flore de l'Allemagne, comparativement à celle de l'Italie, parce que la péninsule hellénique est richement douée de séries de hauteurs et de montagnes. Et c'est encore à un degré bien plus uniforme que le caractère de la flore hongroise se maintient vers l'est jusqu'aux limites des steppes, bien que dans cette direction la période de la végétation finisse par se réduire graduellement, autant qu'en général les arbres sont en état de le supporter. C'est donc aux régions encore si peu explorées des Principautés danubiennes et de la Bulgarie qu'il appartient de nous éclairer sur la question de savoir quels sont les végétaux de la flore hongroise qui dépendent d'une période de végétation plus longue, et ceux qui tiennent à une température estivale plus élevée. Si enfin on compare le climat de la Hongrie avec celui de l'Allemagne, on voit qu'ici encore, dans l'appréciation des lignes de végétation, ces deux faits climatériques doivent être pris en considération. En effet, même dans le nord de l'Allemagne (Thuringe), il ne manque pas de localités possédant une période de végétation tout aussi longue que la Hongrie, mais toujours arriérées[48] quant à la température de juillet; or, l'uniformité relative de la flore allemande tient précisément à ce que les influences de la latitude géographique se trouvent anéanties ou mitigées par l'exhaussement du plateau méridional, et par le niveau déprimé de la région du nord. Ce qui caractérise le climat des régions danubiennes inférieures, c'est moins la durée prolongée de la période de végétation qu'une tempérerature estivale plus élevée. Dans des conditions pareilles, les herbes vivaces acquièrent une croissance plus considérable qu'en Allemagne, tandis que les arbustes toujours verts de la France, qui réclament une douce température hivernale, s'y sont presque complétement évanouis.

Tous ces faits climatériques dont dépend le caractère propre à la flore hongroise se rapportent particulièrement aux régions forestières qui, au sortir de l'enceinte des Carpathes, constituent une ceinture autour des steppes centrales ou *Poustes**. La flore de ces dernières subit un changement complet. Le climat des steppes russes se rapporte à celui des régions danubiennes

* Il serait possible que ce mot vînt du terme slave *poustoï*, vide, désert, stérile ; et de là *poustina*, solitude, exactement comme dans la Dalmatie le mot *bòrá* vient probablement également du mot slave *bourid*, tempête, ouragan. Une qualification slave dans un pays tel que la Hongrie, où tant de races (parmi lesquelles les Slaves jouèrent un grand rôle) s'étaient succédé pendant des siècles, n'aurait rien d'extraordinaire et rappellerait un fait analogue dans la Grèce. En effet, d'après M. Fallmeryer, le nom de *Morée* proviendrait du mot slave *Moré* (mer), et selon l'ingénieuse interprétation du savant historien et voyageur allemand, il aurait été imposé au Peloponèse à l'époque de l'invasion des Slaves. Frappés à l'aspect inaccoutumé de la mer, ces enfants des steppes ont naturellement pu qualifier de contrée de mer (*Moréa*) la presqu'île qui en est baignée, de même qu'ils ont pu désigner par le mot *poustoï* (vide) les surfaces déboisées qui se déployaient devant eux en Hongrie et qui leur rappelaient les steppes de leur pays. — T.

comme la région méditerranéenne toujours verte aux montagnes qui la bordent. Dans les deux cas, grâce aux étés dépourvus de pluie, la période de végétation est en grande partie limitée au printemps. Cependant que la flore des Poustes sur la Theiss ressemble à celle des steppes russes et qu'il y ait concordance entre beaucoup de leurs éléments constitutifs, l'une et l'autre n'occupent pas la même place sur l'échelle climatérique. Les Poustes paraissent être le reste d'un bassin lacustre, où les forêts ne font pas défaut comme dans la Russie méridionale, par suite de causes climatériques, mais plutôt parce que le sol y est moins favorable à la végétation des arbres qu'à celle des plantes de steppe. Il est vrai que, dans l'excellent tableau qu'il a tracé de la végétation des Poustes, M. Kerner[57] a prétendu le contraire, puisqu'il dit qu'à la suite de tardives gelées nocturnes, ainsi que d'un été chaud et sec, la période de développement s'y trouve resserrée dans des limites tellement étroites que les végétaux dont les phases annuelles sont susceptibles d'être parcourues rapidement sont les seuls capables de prospérer, et que, par conséquent, les Poustes participeraient du climat des steppes russes. Là seulement où se déploient des nappes d'eau à ciel ouvert ou des marais étendus, pénétreraient des forêts de Chêne dans la région non boisée. Toutefois, au milieu des Poustes hongrois et loin du système hydrographique de la Theiss et du Danube, par exemple entre Temesvar et Szegedin, on rencontre des villages avec de vastes champs de Maïs, et où l'on cultive avec succès les arbres fruitiers; ce qui prouve que, malgré le climat, la plantation des arbres y a réussi. J'ai été moi-même dans le cas de voir des tentatives semblables faites en vue de développer dans les Poustes une culture plus élevée; d'ailleurs M. Kerner n'en fait pas moins observer que, sur les bords de la plaine déprimée, l'humidité atmosphérique est considérable, et que même la plantation de forêts à feuilles aciculaires dans la contrée de Duna Földvar n'est pas restée sans résultats. L'industrie forestière et l'agriculture sont placées dans les mêmes conditions climatériques en tant que l'une et l'autre exigent une période de végétation d'au delà de trois mois. Ce qui constitue ici le fait décisif, ce n'est pas la question de température, c'est la question de savoir comment les précipitations atmosphériques se trouvent réparties entre les saisons plus chaudes, et si en Hongrie ces précipitations sont comme dans le sud de la Russie complétement exclues de la saison estivale. Or, les observations météorologiques faites dans les Poustes de la Hongrie nous apprennent que tel n'y est point le cas, et que les tentatives de les cultiver ont un avenir bien plus favorable que dans les steppes russes. Le courant polaire du nord-est, qui souffle sur ces dernières sans discontinuation pendant l'été et est la cause de l'absence des pluies dans cette saison, ne pénètre guère avec la même régularité à travers les Carpathes dans l'intérieur de la Hongrie. La sécheresse qui a lieu dans les Poustes en été, mais qui va en décroissant d'une manière frappante sur tout leur pourtour, ne saurait être expliquée par des vents dominants qui, persistant dans la même direction, se réchaufferaient en traversant des latitudes plus méridionales; la cause de cette sécheresse estivale tient plutôt à ce que tous les courants atmosphériques qui descendent des sommets boisés des Carpathes y déposent l'humidité dont ils sont chargés, de sorte qu'ils se trouvent à l'état de siccité au moment où ils pénètrent dans la plaine uniformément échauffée par le soleil de l'été. Il est possible qu'à la suite de variations dans les diverses directions des vents, des précipitations aient lieu quelquefois dans la plaine même, et alors profitent à l'agriculture; c'est ce qui est d'ailleurs d'accord[58] avec les observations pluviométriques effectuées dans le domaine des Poustes. A Szegedin sur la Theiss, où le climat des Poustes se manifeste dans tout son état normal, il est tombé néanmoins, en 1856, depuis juin jusqu'à septembre, au delà de $0^{m},10$ d'eau; à Debrezin, où les montagnes sont déjà plus voisines, le chiffre s'est élevé même jusqu'à $0^{m},28$, et cette irrigation du sol, qui aurait été inouïe dans les steppes russes, se trouvait si uniformément répartie entre les quatre mois, qu'elle a pu satisfaire aux exigences vitales des arbres. Il n'y a donc plus lieu de détacher les Poustes du reste de la Hongrie à titre de membre climatérique indépendant, lors même qu'ils empruntent aux steppes russes une partie de leur végétation à laquelle leur sol se prête, et que, malgré tout ce que l'on pourra y faire dorénavant pour dessécher les marais, bonifier le sol et développer l'agriculture, les Poustes n'en seront pas moins exposés dans les années de sécheresse à voir leur bien-être plus aisement compromis que tout autre point de la contrée.

Les arbres qui pourraient servir à caractériser les zones de l'Europe occidentale ne s'y prêtent qu'imparfaitement, en ce sens qu'ils ne répondent pas à toute l'étendue des sections naturelles de la flore. De plus, leur expansion dans d'autres directions dépasse souvent de beaucoup la limite d'une zone spéciale, en sorte que ce ne sont que certaines portions de leurs lignes de végétation qui peuvent servir de mesure pour les valeurs climatériques dont il s'agit ici. Le Châtaignier, le Sapin argenté et le Chêne cerris habitent dans le sud de l'Europe un domaine plus vaste qu'en France, en Allemagne et en Hongrie, comme aussi les Chênes, les Bouleaux et les Mélèzes de la Russie sont indigènes également dans l'ouest. Ce qui constitue le trait caractéristique, c'est uniquement le fait qu'en considérant l'ensemble de l'*habitat* de ces arbres, leurs lignes de végétation atteignent dans une certaine direction une valeur-limite climatérique, qui coïncide avec les divisions naturelles de la Flore. Mais c'est précisément parce que depuis la France jusqu'à la Sibérie et depuis les Alpes jusqu'à la Laponie, la végétation change d'une manière si insensible que nous ne gagnerions rien au choix d'autres végétaux. L'étendue des zones naturelles ne se rapporte qu'à des valeurs moyennes fournies par les climats maritime et continental. Pour établir toutes ces relations sur des bases plus solides, il faudrait parvenir à placer à côté de ces arbres des végétaux dont les lignes de végétation se rapprochassent le plus du type qui représente une zone; mais à moins d'entrer dans des détails topographiques, on ne saurait fournir à cet égard que des indications peu nombreuses.

Les arbustes toujours verts caractérisent beaucoup mieux que le Châtaignier l'étendue de la flore gallo-britannique; ils sont complétement exclus des plaines de l'Europe centrale situées plus dans l'intérieur du continent, parce que, étant l'expression du climat maritime à son plus haut degré de développement, ils exigent soit une période de végétation plus longue, soit un hiver à température douce. De même que les arbres à feuillage toujours vert figurent en tête des productions spéciales au domaine méditerranéen, de même les arbustes qui pendant l'hiver conservent également leurs feuilles coriaces, souvent luisantes, s'étendent de là le long du littoral de l'Atlantique; et bien qu'ils renferment certaines espèces qui eussent été susceptibles de revêtir une forme arborescente, ils perdent ici généralement le tronc au-dessous des branches (*Quercus Ilex, Ilex aquifolium, Laurus nobilis*). Ce qui prouve que selon le degré de leur sensibilité les végétaux y atteignent réellement, à l'instar du Châtaignier, les limites de leur sphère climatérique, c'est le fait que parmi les nombreux arbustes à feuillage toujours vert de l'Europe méridionale on ne voit pénétrer dans la plaine de la France ou bien s'y répandre davantage, que les espèces qui passent à une certaine altitude dans le domaine méditerranéen, sans y être limitées à la chaude région littorale, et que plusieurs de ces espèces s'avancent d'autant plus au nord dans l'ouest de l'Europe, qu'elles s'élèvent plus haut dans le domaine méditerranéen. De cette manière les deux classes de ces arbustes toujours verts, soit qu'ils soient limités au littoral de l'Atlantique ou qu'ils se rapprochent davantage du Châtaignier par leurs conditions climatériques, donnent lieu à plusieurs séries de lignes de végétation séparées les unes des autres par les diverses latitudes qu'ils atteignent[89]. Parmi tous ces arbustes, il n'en est qu'un qui se prête à caractériser, en remplaçant le Châtaignier, la partie nord de la zone occidentale, c'est le Houx (*Ilex*); depuis l'île de Rügen jusqu'au Rhin, il a pour limite méridionale une ligne de végétation décrivant une courbe qui exclut la majeure partie du sud de l'Allemagne jusqu'à Vienne, tandis que plus à l'est ce végétal ne reparaît que dans le domaine méditerranéen.

Quoique, d'après cela, la ligne de végétation du Houx se trouve dans le nord de l'Allemagne assez rapprochée de la limite nord-ouest de la zone moyenne, néanmoins déjà dans la vallée du Rhin cette zone est coupée par la courbe méridionale de la ligne de végétation du Houx, Parmi les plantes caractéristiques de la Flore allemande je ne trouve guère de végétal arborescent qui réponde plus exactement que le Sapin argenté à cette limite climatérique nord-ouest, ou qui puisse compléter plus au nord la ligne de végétation de cet arbre. Chez quelques arbustes toujours verts qui viennent ici se substituer aux précédents, se manifeste un phénomène opposé à celui que présente la Flore française, savoir : que c'est dans le haut Nord qu'ils sont le plus généralement répandus et non dans le sud à l'instar du Houx. La feuille à forme de Myrte de l'Airelle rouge (*Vaccinium Vitis idæa*) et même les feuilles aciculaires de la forme Erica (*Ledum palustre*) prouvent que des organes de cette nature sont indépendants des variations de la température et de la durée de la période de végétation, et c'est pourquoi ils ne font complétement défaut ni à l'Europe septentrionale ni à l'Europe orientale. Pour caractériser, d'une manière plus précise qu'on ne pourrait le faire à l'aide du Sapin argenté, la ligne de végétation qui sert de limite à la Flore allemande, on n'aurait presque que des herbes vivaces, et encore, parmi ces dernières, il en est peu qui possèdent une aire suffisamment étendue[70]. Malgré cela, les traits marquants des deux zones sont partout aisément perceptibles, lorsque des pays limitrophes de la mer du Nord on se dirige, au-delà du plateau de l'Eichsfeld, vers la rivière d'Unstrat ou qu'on remonte la vallée du Rhin inférieur, de même lorsque, dans la direction du sud-est, on franchit une ligne parfaitement droite tracée à égale distance du littoral atlantique à travers une bonne partie du continent, notamment du Dauphiné, jusqu'aux îles suédoises Œland et Gotland, en passant par l'Alsace, la Franconie, la Thuringe, le Brandebourg et la Poméranie. En effet, les deux îles suédoises sus-mentionnées offrent encore quelques plantes orientales, qui au reste ne se trouvent point en Suède, mais qui cependant servent à indiquer l'importance de cette ligne de végétation, même au-delà de la limite du Hêtre.

La plupart des plantes de la zone moyenne dépassent de beaucoup la limite orientale du Hêtre, ce qui fait que la Flore hongroise n'est réellement distincte de la Flore allemande que par le nombre considérable d'espèces qui se présentent pour la première fois dans la flore hongroise. L'Allemagne pourrait être considérée comme un domaine de transition entre la France, la Hongrie et la Russie, si l'on ne tenait compte que des plaines, mais non des Alpes avec leur flore riche et originale. La Hongrie possède quelques arbustes qui permettent de reconnaître distinctement les relations de ce pays avec l'Allemagne. Notamment les espèces de Cytise si répandues ici, mais dont quelques-unes habitant également la zone des forêts à feuillage de la Russie, vont en diminuant graduellement dans la direction nord-ouest; les lignes de végétation des espèces les plus avancées dans ce sens, courent de nouveau, il est vrai, parallèlement à la côte de la mer du Nord, mais plus avant dans l'intérieur du pays que les lignes de végétation du Sapin argenté, ce qui fait voir combien dans l'Allemagne orientale la Flore passe peu à peu aux types hongrois et russes.

De ce que nous avons jusqu'ici exposé sur ce sujet, il résulte que dans le grand diamètre du domaine forestier de l'hémisphère oriental, depuis l'Atlantique jusqu'à l'océan Pacifique, on peut distinguer sept zones conformément à un certain type de leur flore, zones toutes dépendant de la forme de la courbe thermique qui renferme les diverses valeurs climatériques de la période de végétation, ainsi que les variations des degrés de température. Ces zones, selon leur position, sont désignées par des lignes de délimitation à direction inégale, mais se trouvent presque sans exception en rapport avec la configuration des côtes et par conséquent avec les climats maritime, continental et mixte alternant les uns avec les autres. Les trois zones du climat du Hêtre sont d'abord placées sous l'action de l'Atlantique et partagent leurs végétaux ligneux caractéristiques, avec les montagnes du midi de l'Europe (Châtaigniers, Sapins argentés, Chênes cerris). Trois autres zones reposent en partie sur la répartition de la température, en partie sur l'isolement continental à l'égard de l'influence des deux océans; ce sont les domaines des forêts à feuillage de la Russie centrale, des arbres à feuilles aciculaires et du Chêne de l'Amur. Enfin, la dernière zone, celle du Bouleau de Kamtchatka, doit le caractère qui lui est propre au climat mixte du littoral oriental de la Sibérie. Cependant quelque prépondérants que soient les rapports entre la mer et la terre ferme dans la disposition des essences forestières et des autres végétaux qui les accompagnent, cette considération ne suffit pas pour épuiser complétement la question concernant les relations réciproques entre le climat et la végétation. Les lignes de végétation qui courent conformément aux cercles parallèles de l'équateur ou bien se rapprochent de ces derniers, réclament une étude spéciale.

En traitant des relations entre les forêts à feuillage et à feuilles aciculaires de la Russie d'Europe, nous avons fait ressortir (p. 120) l'importance de la chaleur solaire décroissant dans la direction septentrionale. Mais déjà dans l'enceinte du domaine climatérique du Hêtre, l'influence de la latitude géographique sur la richesse de la flore est considérable. Depuis les Alpes jusqu'à la Laponie, la variété des espèces végétales va en décroissant dans un ordre successif régulier[71]. Si l'on compare des espaces de mêmes dimensions de la vallée méridionale du Rhin allemand avec ceux de la Laponie, on trouve dans la première plus de trois fois autant d'espèces phanérogames que dans la dernière (400 : 1,360). La différence est moins grande, quoique cependant encore assez sensible, lorsqu'on met en parallèle des sections plus considérables du domaine forestier, comme la Scandinavie et l'Allemagne (1,680 : 2,840). Bien que le haut Nord possède plusieurs produits qui lui sont propres, leur nombre s'évanouit en présence des espèces méridionales qui disparaissent dans la direction septentrionale. Le fait que de telles lignes de végétation septentrionales sont plus ou moins liées à des latitudes déterminées se manifeste déjà dans une forme de Bruyère propre à l'ouest de l'Europe (*Erica cinerea*), qui disparaît dans les îles Faroé et en Norvége sous la même latitude (61°). Le phénomène est toutefois assez général, et l'on peut constater, dans beaucoup de cas, que le passage des limites septentrionales à d'autres directions ne se présente que sous des méridiens déterminés, où l'influence des variations de température commence à se manifester. Dans le Nord scandinave, la coïncidence des lignes de végétation septentrionale avec les cercles parallèles est moins frappante, attendu que ce phénomène se trouve dévié au nord par l'action du Gulf-Stream qui baigne la côte norvégienne. Les plantes profitent de la chaleur qu'elles en reçoivent en sus de la chaleur solaire. La Bruyère susmentionnée se trouve dans une position exceptionnelle, en ce sens que ces deux stations les plus septentrionales sont également influencées par le courant chaud. J'ai recueilli dans le nord de l'Allemagne une série de lignes de végétation [72], qui correspondent, de même que dans la Russie d'Europe, aux latitudes de 51 à 53°, et dont quelques-unes, en Angleterre seulement, passent par la même raison plus loin au nord. Rien n'est plus instructif pour ce genre de considérations que la comparaison entre le nord de l'Allemagne accidenté par des collines, et les plaines de la Russie où le sol n'a plus de surfaces inclinées, et où les districts marécageux de la Lithuanie touchent à la *terre noire* des bords des steppes, où les roches sur pied font défaut, bref, où presque toutes les influences du sol sur la vie végétale sont devenues autres. Puis donc que malgré les changements si considérables, tant dans les conditions dont dépendent les stations des plantes que dans la majorité des valeurs climatériques, la latitude septentrionale qui marque leur limite reste la même, la seule et unique cause de ce phénomène doit être la quantité de chaleur solaire que reçoivent les plantes, quantité à laquelle les espèces situées sur un sol non ombragé et exposé à l'action directe du soleil tiennent plus qu'aux lignes climatériques dont la température est mesurée à l'aide du thermomètre.

Le fait que non-seulement la diminution, mais aussi l'accroissement de la chaleur solaire peuvent mettre un terme à l'expansion des végétaux, est constaté par le petit nombre d'espèces septentrionales qui ne sauraient prospérer au sud d'une latitude déterminée, ou bien qui y remontent dans les montagnes. En effet, avec l'augmentation de la chaleur il y a perturbation dans les époques de développement des espèces, qui effectuant leur floraison et leur maturation dans le courant d'un été septentrional, sont forcées de se développer déjà au printemps et subissent l'excitation la plus vive à une époque où, conformément à leur organisation, elles devraient commencer leur sommeil hivernal.

Lorsque l'action complexe qu'exercent simultanément sur les diverses plantes les valeurs climatériques de la chaleur solaire et de la variation de la température pourra être analysée au point d'étudier toujours séparément chacune de ces actions, et que les bases physiologiques d'une telle étude auront été solidement établies, alors seulement il y aura possibilité de remonter complétement aux conditions qui déterminent l'ensemble de la délimitation des plantes. Pour le moment nous n'en sommes encore qu'aux débuts élémentaires de semblables travaux, mais c'est déjà autant de gagné que d'être à même de distinguer le cas où la limite donnée d'une plante est irrévocablement fixée par le climat, d'avec cet autre cas où, eu égard à la tendance qu'a chaque espèce de se répandre sur la surface du globe, elle n'a pas encore atteint, dans l'endroit où nous la trouvons, la limite extrême climatérique que comporte son existence.

Je signale donc comme un problème qui exigera encore des travaux multiples la question de savoir dans quel cas c'est la chaleur solaire ou bien les influences variées des climats maritime et continental qui déterminent la position des lignes de végétation, et dans quelles circonstances celles-ci passent à une direction moyenne, par suite de l'action simultanée de toutes ces valeurs. Pour amener la solution de cette question, les végétaux cultivés en grand s'y prêtent sous un double rapport, d'abord parce que, grâce aux besoins de l'homme, la culture du sol est généralement poussée aux limites climatériques, et ensuite parce qu'en Europe les Céréales varient avec la latitude géographique, tandis que les arbres fruitiers et la Vigne dépendent à un plus haut degré des variations de la température. Par le mot de Blé *(Korn)* on désigne dans les langues germaniques l'espèce de Céréales qui occupe le premier rang parmi les plantes alimentaires d'un pays, ce qui fait que la signification du mot varie fréquemment. Dans le Nord scandinave, grain, Blé, signifie l'Orge[64], dans l'Allemagne septentrionale le Seigle, dans l'Allemagne méridionale le Froment, et dans quelques endroits le Froment épeautre *(Spelz* des Allemands) qui y est cultivé par préférence[65]. C'est ce qui fournit déjà les éléments à une carte représentant les zones des Céréales, telles que M. Berghaus les a tracées[66]. D'après cela on pourra distinguer : la zone des Céréales d'été en Scandinavie (70°-60°), celle du Seigle et du Froment (60°-50°) et celle du Froment et du Maïs (au sud de 50°)*.

Parmi les Blés ou Céréales d'été, c'est l'Orge qui s'avance le plus loin au Nord, accompagnée de la Pomme de terre; elle s'étend sur la côte occidentale de la Laponie presque jusqu'à la limite des arbres (Alten 70° L. N.)[67]. Cependant sous aucun autre méridien elle n'atteint guère cette haute latitude, et il serait convenable de parler d'abord des Céréales d'hiver, dont la culture commence en Suède et en Russie sous le 60e degré, et dont la limite dans les deux pays ne paraît dépendre que de la latitude. Comme le Blé d'hiver germe en automne pour passer ensuite au sommeil hivernal, la durée de l'hiver devient un obstacle à la culture; car plus le printemps est tardif moins il reste de temps pour fournir la chaleur nécessaire à la formation du chaume et à la maturation du fruit. Ce serait donc la réduction de la période de végétation qui, dans le Nord, s'opposerait à la culture du Blé d'hiver. En effet, celui-ci n'a en Suède d'autre terme que la courbe de la température. Si nous comparons Stockholm (59°) à Torneo (66°), nous trouvons que la température des deux villes n'offre que peu de différence en juin et juillet, une très-considérable en mai et en septembre, de même qu'en août, qui est de deux degrés plus froid à Torneo[68]. Au cœur de l'été, la diminution de la chaleur solaire est compensée par l'accroissement de la durée des jours : ce n'est que lorsque celle-ci se trouve réduite, que la latitude plus élevée devient sensible. Les Blés d'hiver qui, en Suède, sont récoltés

* Il y a sur l'agriculture de la Scandinavie, telle qu'on la connaissait au XIIe siècle, un curieux passage dans Edrisi (*Géographie traduite de l'arabe* par A. Jaubert, t. II, p. 429) qui considérait encore cette péninsule comme une grande île; en parlant de la Norvége, le géographe arabe dit : « Les Norvégiens, après avoir semé leurs grains, les moissonnent encore verts et les transportent dans leurs demeures pour les faire sécher au feu, car le soleil les éclaire fort rarement. On trouve dans ce pays beaucoup d'arbres dont le bois est d'une rare solidité. » — T.

déjà en août[68], ne peuvent donc plus venir à Torneo, où le réveil de leur végétation est retardé et où la température décroissante du mois d'août empêche la maturation du fruit. Cependant, contre cette assertion pourrait s'élever l'objection apparente, que puisqu'avec l'éloignement de la mer une réduction de la période de végétation a lieu non-seulement dans la direction du Nord, mais aussi de l'Est, nous devons nous attendre à ce que la zone du Blé d'hiver ne soit pas liée à des latitudes déterminées, mais se trouve plutôt limitée dans le sens du Nord-Est, à l'instar du Hêtre. Or, on sait[25], qu'en Russie la culture du Froment correspond à la limite septentrionale du Chêne, et s'avance au Nord autant qu'en Suède. Néanmoins, il y a une différence essentielle entre la réduction de la période de végétation qui se produit dans la direction du Nord et celle qui a lieu dans la direction de l'Est. Dans le premier cas elle a pour cause la diminution de la chaleur solaire, et la position du soleil au-dessus de l'horizon, position qui est telle que pendant l'avant et l'arrière-été, la température est insuffisante à l'accomplissement des phases qu'à cette époque la végétation doit nécessairement parcourir. La réduction dans la direction de l'Est tient exclusivement au relèvement croissant de la courbe thermique, puisque les rayons solaires donnent sous tous les méridiens la même quantité de chaleur aux plantes qui y sont exposées. La position générale des lignes de végétation suffit déjà pour montrer que les circonstances dont il s'agit donnent lieu à une grande divergence dans les conditions de la vie et que la réduction de la période de développement produit des effets différents selon qu'elle agit dans un sens ou dans un autre. Si tel n'était pas le cas, les variations de la flore dans les directions Nord et Est devraient s'opérer bien plus régulièrement que cela n'a lieu. De plus, nous trouvons la même espèce limitée en partie par les lignes climatériques dirigées dans le sens du Nord et en partie par celles dirigées dans le sens de l'Est, selon les méridiens sous lesquels elle se trouve : elle arrive aux premières lorsque, eu égard à la position du soleil, les phases de la végétation ne peuvent plus se succéder à l'époque voulue, et elle atteint les dernières lorsque la position du soleil est telle que ces phases ne sauraient être accélérées, ou que la plante ne supporte pas les degrés excessifs de la température. Mais comme la même plante peut être climatériquement délimitée tant au Nord qu'à l'Est, les diverses espèces se comportent différemment, selon que leurs phases de développement dépendent soit d'une valeur limite déterminée de la chaleur solaire, soit seulement d'une certaine durée de la période de croissance; dans le dernier cas, elles se montrent, pendant cette période, indifférentes à la forme de la courbe thermique et n'exigent qu'une moyenne constante de température. La limite septentrionale ainsi que la chaleur solaire dépendront donc ou seulement de la latitude géographique, ou bien tant de cette dernière que de l'éloignement de l'Atlantique, et alors elles correspondront, à l'instar de la limite du Hêtre, à une ligne de végétation moyenne au Nord-Est. C'est, ce me semble, la cause de ce que les Céréales d'hiver ne viennent point sous une latitude septentrionale déterminée, où elles ne trouvent plus au commencement et à la fin de leur période estivale le degré de température dont elles ont besoin. Il est vrai, sur la côte occidentale de la Norvége elles s'avancent au Nord bien plus loin que dans la Suède (presque jusqu'à 65° L. N.)[25], mais ce n'est là que l'effet du Gulf-Stream dont l'action s'étend à toutes les limites septentrionales, car partout où ses flots réchauffent la terre ferme, la période de végétation est considérablement prolongée. Cette action s'évanouit dans la partie orientale des Fjelde norvégiens.

Le problème des frontières septentrionales normales devient plus compliqué par le fait qu'avec la latitude boréale ce n'est pas seulement la chaleur solaire qui change, mais encore la longueur des jours; par là, la première se trouve diminuée, tandis que la dernière s'accroît avec rapidité, et cela précisément depuis le 60e degré de latitude jusqu'au cercle polaire. Le jour le plus long compte à Saint-Pétersbourg (60°) 18h,5 éclairées par le soleil; à Torneo (65°), il en compte jusqu'à 22. Cela paraît donner lieu à une certaine compensation et, comme l'admet M. Schübeler, reculer plus vers le pôle la limite septentrionale des plantes. Ici surgit la question de savoir quelle influence, après tout, la longueur du jour peut exercer sur la croissance des plantes; est-ce par la lumière, qui seule rend possible l'opération chimique effectuée par les feuilles, ou bien par les rayons calorifiques du soleil, dont l'action plus prolongée accroît la durée normale de la période de développement, puisque, pendant la nuit, l'atmosphère ne fournit à la plante aucune substance nutritive? M. Schübeler a attribué d'une manière absolue à la lumière seule le rôle de compenser la réduction de la période de végétation[69]; pourtant, la lumière n'agit que sur les organes verts, et j'ai déjà précédemment communiqué l'observation[70] qui prouve que, si la lumière prépare l'organisme à l'exécution du travail dont il est chargé, l'accomplissement de la croissance dépend de la chaleur du soleil seul. A l'altitude de 389 mètres, sur le Soëfjard, à Bergen-Stift (60°), on avait commencé avec succès la culture de l'Orge; mais, entre la végétation et la maturation du fruit, s'écoula un laps de temps depuis la fin d'avril jusqu'au dernier tiers d'août; c'était au delà de quatre semaines de plus qu'il n'en faut sur la côte maritime limitrophe, où, à la vérité, il fait plus chaud, mais où le soleil ne luit pas plus longtemps et, par conséquent, doit exercer la même influence sur le dégagement de l'oxygène. Sur le Fjord, on ne compte qu'un mois et demi depuis les semailles (12 mai) jusqu'à la récolte : on a tout lieu d'admettre que, dans les deux cas, les semences étaient de la même nature.

M. Boussingault est le naturaliste qui a émis sur la relation de la chaleur avec la période de végétation la théorie physiologiquement la mieux fondée[71]. Selon lui, on obtient pour la même plante, quelque réduite ou prolongée que soit sa période de développement, une valeur constante, lorsqu'on multiplie la température moyenne de cette période de végétation par le nombre de jours compris entre le commencement et la fin de la croissance. Dans ce principe est nécessairement contenu celui-ci : que chaque végétal dépend d'une certaine mesure de chaleur, et que les mouvements qui s'opèrent dans l'organisme, et que l'on résume dans les termes de nutrition et croissance, sont proportionnés à la température qui les fait naître. Mais la formule ne fournit qu'une base juste, à laquelle il faut ajouter d'autres éléments, afin d'en augmenter la valeur générale. Après tout, je ne crois même pas que l'on connaisse parfaitement toutes les conditions de nature à la modifier. D'abord, on pourrait objecter contre le principe de M. Boussingault que chaque phase de la période de croissance tient à des degrés de température déterminés ; que la floraison et, dans d'autres cas, la maturation du fruit exigent une plus haute température que la germination ; valeurs qui, pourrait-on dire, ne se trouvent pas incluses dans la formule. De plus, il est évident que chaque travail organique, après avoir été inauguré, exige pour son accomplissement un certain laps de temps, avant que la plante puisse passer à une phase nouvelle. Tant que toutes les cellules d'un tubercule de Pomme de terre n'ont pas été remplies de grains d'amidon, il n'est point mûr et ne tarde pas à périr si les feuilles sont incapables de lui en fournir la quantité requise. C'est là, il me semble, la signification qui appartient aux longues journées du Nord, en sorte que la formule devrait comprendre, à côté du nombre des jours, la durée de chaque jour. Un travail chimique continu et de même nature exige du temps et de la lumière, mais non un exhaussement de température. Or, comme la lumière et la chaleur ne sont pas efficaces dans le même sens, on peut facilement se figurer que la formation et l'allongement des cellules et la croissance de divers organes tiennent à d'autres conditions que les opérations chimiques effectuées dans les feuilles, et que l'action des climats boréal ou continental se trouve également en connexion avec ce phénomène. Ne se pourrait-il pas que les longues journées du Nord favorisassent la croissance des feuilles, de même que, grâce à l'élévation rapide de la température, le climat continental favorise le développement des éléments de la tige, qui contribuent à la richesse du feuillage, puisque chaque feuille, pour être éclairée, a besoin d'être librement suspendue ?

En effet, sous les latitudes plus élevées, il y a des particularités de croissance qui paraissent être destinées à contre-réagir sur la période réduite de la végétation. Pendant mon voyage en Norvége en 1842, j'observai que la majorité des arbres à feuillage avaient déjà sous le 60e degré de latitude des feuilles plus grandes qu'en Allemagne[70]. Cette particularité me frappa très-vivement, surtout chez le Prunier putiet (*Prunus padus*), chez le Noisetier (*Corylus*) et chez le Peuplier-Tremble (*Populus tremula*). Ce dernier y avait généralement des feuilles de 5 centimètres de diamètre. M. Martins fit des observations semblables en Laponie[72], à l'égard des légumes qui y étaient cultivés. A Alten, les feuilles des Pois avaient presque 3 décimètres de longueur; celles des Betteraves, 52 centimètres. Là où la période de végétation devient plus courte, le feuillage peut élaborer la même quantité de substances nutritives et fournir aux arbres le bois nécessaire à la conservation du tronc, si le nombre des feuilles est augmenté ou bien la surface de chaque feuille agrandie en proportion de ses fonctions. Le climat de l'Est, plus riche en herbes élancées, paraît agir sur le nombre des feuilles contenues dans une pousse annuelle, et le climat septentrional, dans certains cas, sur leur dimension. D'après les études de M. Sachs[73], la lumière n'agit pendant le jour que sur la formation des combinaisons organiques, à l'aide des substances nutritives inorganiques, ainsi que sur la croissance des organes verts, tandis que toutes les autres opérations s'effectuent dans l'obscurité. Considéré sous ce point de vue, l'agrandissement de la surface des feuilles se présente comme une ressource accordée à de certaines plantes, afin d'augmenter dans le Nord les avantages que les jours plus longs leur y procureraient sans cela. Mais on pourrait dire, d'une manière plus générale, que les lignes de végétation qui correspondent à une latitude septentrionale déterminée, sont en relation avec la longueur des jours, en ce sens que les plantes ont dû trouver leur limite septentrionale là où, pendant le temps qu'elles sont réellement éclairées et échauffées par le soleil, le travail organique dont les feuilles sont chargées ne pourrait guère s'accomplir.

La culture de l'Orge n'atteint, ainsi que nous l'avons déjà dit (p. 150), qu'à Alten, dans le Finmark, la proximité de la limite des arbres. A un petit nombre de degrés de longitude plus à l'Est, notamment sur le golfe Baltique, cette culture cesse déjà de ce côté du cercle polaire (65° L. N.)[74]. L'action calorifique du Gulf-Stream, qui, même au cap Nord, empêche la formation de la glace, fait gagner cinq degrés de latitude, ainsi que c'est le cas pour les Céréales d'hiver. Depuis Torneo, dans toute la Russie d'Europe et d'Asie, l'agriculture se trouve refoulée de ce côté de la limite forestière, en se tenant à des distances variables de cette dernière, et c'est là, par conséquent, une preuve que, quoiqu'ils s'accordent à exiger une période de végétation d'environ trois mois, les arbres et les Céréales d'été n'en sont pas moins soumis à des conditions différentes. La nature a destiné les forêts du haut Nord à servir de domaine à la chasse, domaine qui ne sera jamais occupé par l'agriculture. M. de Middendorff, aux études étendues et solides de qui nous devons la connaissance complète de la limite septentrionale de l'agriculture en Sibérie, a prouvé, par des arguments puisés dans l'histoire et l'économie nationales, qu'ici les limites climatériques extrêmes sont partout atteintes, et il a en même temps indiqué les causes qui font qu'en Sibérie une grande partie du domaine forestier est et sera constamment inaccessible à la culture des Céréales. Aussi nous trouvons qu'en général la limite septentrionale de l'Orge, comme celle des Céréales d'hiver, se rattache à des latitudes déterminées, mais avec cette modification particulière, que l'exemple fourni déjà par la Laponie d'une déviation de cette limite vers le Sud, s'opérant pour ainsi dire par soubresauts, se reproduit encore deux fois sous les méridiens orientaux, et qu'en Sibérie les lignes de végétation des Céréales d'été et d'hiver ne sont que peu séparées ou même coïncident parfaitement. A quelques oscillations locales près (65°-67°), causées en partie par la mer Blanche, la limite septentrionale de l'Orge s'étend depuis le littoral Nord du golfe Baltique jusqu'à l'Oural, dans la proximité du cercle polaire (65°-66°), puis, depuis l'Obi jusqu'à la Léna, quatre degrés de latitude plus au Sud (61°-62°), et passe enfin, avec la chaîne montagneuse d'Okhotsk, dans le domaine de l'Amur, sans atteindre tout à fait la côte orientale, sur laquelle l'agriculture ne paraît devenir possible que sous une latitude bien plus basse (à peine 50°). M. de Middendorff a reconnu dans le sol congelé de la Sibérie la cause qui limite l'agriculture partout où l'accroissement de la chaleur estivale continentale n'agit pas comme contre-poids ; car la basse température que possède l'humidité du sol, maintenue par la glace fondante, exerce une influence également fâcheuse sur les Céréales d'été et d'hiver ; il est donc probable que les arbres à feuilles aciculaires y sont plus indifférents. Dans la Russie d'Europe, la longueur du jour agit encore considérablement sur la limite septentrionale des Blés d'été, parce que, dans le pays des Samoyèdes, la glace souterraine ne se présente qu'au-delà du cercle polaire [75], et que, par conséquent, elle ne consomme pas la chaleur solaire dans l'enceinte du domaine agricultural. En Sibérie, là où cesse l'agriculture, les jours sont déjà notablement plus courts, ce qui fait qu'à la suite du rayonnement nocturne, la température atmosphérique y doit baisser comparativement. Enfin le climat mixte sur le golfe d'Okhotsk n'admet point l'agriculture, parce que la température estivale y est, en général, trop peu considérable, et que, même dans le Kamtchatka, les tentatives de récolter le Blé n'ont pu se faire que dans l'intérieur du pays, et encore avec peu de succès.

Ainsi, malgré la facilité avec laquelle on peut rattacher, nonobstant les irrégularités apparentes, la limite septentrionale des Céréales d'été aux différentes conditions climatériques, il est toutefois une particularité physiologique propre à l'Orge, qui contribue à en restreindre la culture dans la Sibérie. Cette espèce de Céréale possède à un plus haut degré que le Seigle la faculté de produire des variétés climatériques ; aussi, les faits recueillis à cet égard dans la Norvége sont-ils instructifs. Ce côté du problème a été négligé en Sibérie, car, eu égard à l'éloignement des foyers de culture, il est souvent arrivé, ainsi que le rapporte M. de Middendorff, de ne point continuer la culture du blé à cause du manque de semences, lorsque se présentaient des années où la récolte avait péri par les gelées. Sous ce rapport sans doute, l'agriculture est susceptible de progrès, en introduisant sur une plus grande échelle, des variétés d'Orge plus appropriées au pays. Ainsi M. de Middendorff a trouvé qu'en Sibérie tout aussi bien qu'en Livonie, la période de végétation de l'Orge compte de dix à douze semaines. Or les faits que l'expérience a constatés en Norvége et que M. Schübeler nous communique[76], prouvent que c'est précisément chez l'Orge qu'a lieu un acte d'acclimatation correspondant parfaitement à la loi darwinienne sur la sélection ; loi qui, relativement aux variétés climatériques, trouve une complète confirmation et se manifeste avec évidence dans le cas dont il s'agit. En effet quand l'Orge qui fut cultivée sous une latitude plus méridionale est introduite dans un pays du haut Nord, il n'y a peut-être que quelques individus vigoureux capables de porter leurs semences à parfaite maturité, et puisque ceux-là seulement sont utilisés pour de nouvelles semailles, il en résulte chaque année un plus grand nombre d'épis précoces, grâce à la transmission par voie héréditaire de semblables particularités, et c'est ainsi que finit par se former une variété dont le caractère spécial, consiste précisément dans la capacité d'accélérer la croissance pendant une période de végétation plus courte. J'ai constaté, dans mon voyage en Norvége[76], plusieurs exemples de cette propriété que possède l'Orge de prolonger ou de réduire le développement selon les conditions physiques du milieu. Sur l'espace circonscrit depuis Hardanger jusqu'à Bergen, les variations dans la période de végétation oscillaient entre 70 et 140 jours. Avec cela j'ai trouvé que l'accélération dans la durée du temps a lieu depuis l'époque de la germination jusqu'à celle de la formation de la fleur, que par conséquent cette accélération s'applique ici encore aux organes verts, qui profitent de la lumière des longs jours et que par contre la période comprise entre la floraison et la maturation du grain se comporte dans cette partie de la Norvége comme en Saxe. Sur les côtes de Fjord, une distance de la mer de quelques kilomètres seulement suffit pour produire une différence considérable dans la durée de la période de croissance. De même que les vins généreux et communs se pressent sur le Rhin les uns à côté des autres, faisais-je observer, ainsi se rapprochent ici sur une plus grande échelle les climats et sols divers; c'est l'effet des Fjord, de ces gouffres étroits plongeant à une profondeur de plus de 1,300 mètres (4,000 pieds), tournés aux quatre points cardinaux du monde, et tantôt exposés à la réverbération des rayons solaires, tantôt enveloppés par les brouillards. Récemment M. Schübeler a repris, sous un autre point de vue, les observations de cette nature, en cultivant au jardin botanique de Christiania, et par conséquent dans les mêmes conditions physiques, diverses variétés d'Orge et, en comparant les variations qui se produisent dans leur période de croissance, variations qui de cette manière représentent les propriétés héréditairement acquises par les semences. Les oscillations furent ici moins considérables, car elles embrassèrent de 77 à 105 jours, mais dans un cas, et c'est là le résultat le plus remarquable de ses études, il observa une réduction de 55 jours (29 mai jusqu'au 19 juillet) dans le laps de temps qui s'écoula entre l'époque de l'ensemencement et celle de la maturité du grain. Or c'est précisément d'un endroit situé sur la limite des Céréales, de l'Alten en Laponie, qu'il avait reçu ces grains d'Orge; ici donc se trouve exprimée de la manière la plus saillante la loi de la sélection dont nous avons parlé précédemment. C'était, à la vérité, non l'Orge ordinaire, mais selon les indications transmises, l'Orge à six rangs (*Hordeum hexastichon*), qui, au reste, est souvent confondue avec les variétés de l'Orge commune. A l'égard de cette dernière qui, rigoureusement parlant, porte aussi des épis à six rangs (*H. vulgare æstivum*), M. Metzger rapporte[77], qu'à Baden elle n'exigea que 65 à 70 jours pour son développement. Sous l'influence des longues journées du climat de la Laponie, avait surgi une variété qui, nonobstant les circonstances où elle ne put jouir d'une lumière exceptionnelle, n'en conserva pas moins les propriétés qui lui avaient éte transmises par voie d'hérédité. Lors même que, sous un autre climat, les particularités physiologiques pourraient ne pas se conserver d'une manière persistante, il n'en sera pas moins utile de tenter et d'étendre en Sibérie l'introduction des variétés à courte période de végétation.

Entre le 60me et le 50me degré de latitude, le Seigle d'hiver et le Froment d'hiver sont les espèces de Céréales dominantes ; elles l'emportent sur toutes les autres Céréales dans la zone qui s'étend depuis l'Angleterre et le Danemark jusqu'à l'Ukraine à travers l'Allemagne septentrionale, la

Prusse et la Pologne, y compris les forêts à feuillage de la Russie. La question de savoir laquelle de ces deux Céréales constitue le produit principal d'un pays dépend, non des conditions climatériques, mais de la fertilité plus ou moins grande du sol, et celle-ci à son tour de la formation géognostique du sol, parmi les éléments duquel la chaux est favorable au Froment. Les terrains sédimentaires de l'Angleterre et de la Pologne ainsi que les dépôts tertiares du Mecklembourg assurent des avantages à ces pays. Cependant, même sur le sol diluvien arénacé de la plaine baltique, la culture plus importante du Froment fait souvent reculer celle du Seigle, là où l'on utilise plus généralement les dépôts marneux très-répandus partout, et qui paraissent être les débris des blocs erratiques de la formation crétacée du Danemark.

Au sud du 50me cercle parallèle, l'influence du terrain calcaire sur la prédominance du Froment ne saurait être méconnue. Mais ici se trouve en même temps dépassée une valeur limite climatérique de la chaleur solaire, limite qui est dépassée par les commencements de la culture du Maïs[78], et qui s'étend depuis la France jusqu'aux steppes russes à travers l'Allemagne méridionale et la Hongrie. Quant au Maïs (*Zea*), dont la véritable patrie est inconnue[79], mais qui n'arriva en Europe que de l'Amérique, il se trouve dans des conditions spéciales*. Ainsi, en Europe, la longueur de sa période de végétation le

* D'après M. Michaud (*Histoire des Croisades,* t. III, pièces justificatives n° XI), le Blé de Turquie fut introduit en Europe à l'époque des Croisades, par le Markgrave de Montferrat, qui en rapporta des graines de l'Asie Mineure et les fit semer dans ses propriétés en Italie. Encore aujourd'hui, dans plusieurs régions de l'Anatolie, le Maïs constitue le fond de la nourriture des classes pauvres. Quant aux opinions diverses relatives à la patrie du Maïs, ceux des botanistes qui la placent en Amérique reçoivent un nouvel appui du savant auteur du Rapport publié en 1871 à Washington sur la culture et les industries agricoles de l'Amérique, rapport dont un extrait a été donné dans le *Bulletin de la Société d'Acclimatation* (2me sér., t. X, p. 375). Parmi les arguments qui y sont développés en faveur de l'origine américaine du Maïs, figurent des témoignages historiques, dont il résulte que, bien antérieurement à l'arrivée des Européens, le Maïs avait été connu dans le Nouveau Monde sur les points les plus divers et les plus opposés qui, à cette époque reculée, n'ont pu avoir été reliés entre eux par des communications quelconques, et où, par conséquent, cette plante a dû s'être trouvée à l'état sauvage. — T.

limite aux régions plus chaudes; dans le nord de l'Allemagne ses grains généralement ne mûrissent pas; par contre en Amérique la période de développement oscille, selon le climat, entre des valeurs plus que doubles, entre sept mois et au-dessous de trois mois[80], et de cette manière la culture du Maïs s'y étend jusqu'au Canada. Le Maïs possède à un plus haut degré encore que l'Orge la faculté d'engendrer des variétés climatériques; cependant les tentatives qui avaient été faites de produire en Europe à l'aide de semences américaines des variétés à courte période de végétation, n'ont eu guère de succès jusqu'à présent. M. Metzger[80], a même trouvé que le Maïs Tarascora, grosse variété américaine, se convertit déjà à la troisième génération en Maïs ordinaire de teinte jaune et de taille déprimée, tel qu'il est cultivé dans la vallée rhénane. Chez le Maïs, la capacité de s'acclimater est plus grande que la faculté de produire des organisations constantes, et il faut bien qu'il y ait des relations toutes particulières entre le climat américain et la végétation de cette plante, relations qui n'existent pas en Europe.

Après les zones des Céréales, il nous reste encore à considérer ces végétaux ligneux indigènes qui, grâce à la culture, ont été portés en Europe jusqu'à leurs dernières limites climatériques. Les Pommiers, Pruniers et Cerisiers se rattachent, dans le nord, comme le Hêtre, à une ligne de végétation nord-est qui ne passe à une ligne septentrionale proprement dite[81] que dans la région comprise entre Moscou et Kazan. En Norvége cette limite s'étend jusqu'à Drontheim (64°, le Cerisier seulement va jusqu'à 66°); depuis la Suède (61°), la limite septentrionale de la culture des arbres fruitiers descend par Narva (59°) jusqu'à Moscou (56°) et de Kazan (56°) encore une fois vers la steppe. On le voit, dans la Scandinavie, la zone des arbres fruitiers coïncide presque complétement avec celle du Chêne, tandis qu'en Russie elle semblerait suivre une loi différente, du moins entre Pétersbourg et Moscou, ainsi que de l'autre côté du Wolga; en supposant, toutefois, que les données à ce sujet sont correctes, et que les limites climatériques y sont partout atteintes. Quand on compare la limite Nord-Est des arbres fruitiers avec la limite septentrionale des Céréales, on pourrait être porté à formuler ce principe, que ce qui joue le rôle principal dans la détermination de ces deux plantes, c'est, pour la première, la température moyenne de la période de végétation telle que cette moyenne résulte des observations météréologiques ; et, pour le deuxième, l'action directe des rayons solaires. En effet, les champs de Blé tiennent à l'influence de cette partie de la chaleur solaire que lui envoie un ciel serein ; aussi l'agriculture abandonne souvent les côtes nébuleuses de la mer. Il en est autrement des arbres ; la majorité de leurs organes se trouve ombragé, en sorte que, dans le cas dont il s'agit, ces végétaux sont dans une dépendance plus grande de la température indiquée par le thermomètre à l'ombre. Mais déjà les Chênes, en Russie, et les Sapins qui aiment à se soustraire à la lumière, feraient exception au principe formulé d'une manière si générale, de même que les arbres fruitiers ne pourraient guère s'y conformer, puisque sous certains méridiens ils ont une limite de végétation septentrionale. Lorsque nous voyons le même arbre posséder à l'ouest une limite Nord-Est, et à l'est une limite Nord, cela ne veut dire au fond qu'une chose, c'est que la chaleur solaire portée à un certain degré peut remplacer la réduction de la période de végétation, ou *vice versa*, que la diminution de cette chaleur peut être compensée par une croissance plus longue. On doit, en principe, se garder de généraliser dans un sens étendu des relations climatériques auxquelles on ne saurait refuser une certaine valeur limitée, car nous avons déjà pu constater plusieurs fois combien les arbres diffèrent entre eux par le degré de sensibilité physique dont ils sont doués.

La Vigne est également un végétal qui, sur sa limite septentrionale, semble ne pas pouvoir prospérer sans l'action directe des rayons solaires, ce qui n'empêche point que, dans sa patrie, elle soit complétement frustrée de cet avantage, à l'ombre des arbres autour desquels elle se cramponne. Quiconque a eu l'occasion d'observer la Vigne sauvage dans les régions littorales du Pont, dans la Thrace*, dans la Bulgarie et dans le

* Pline dit (*H. N.*, XIV, 6) que le vin le plus *anciennement* célèbre est celui de Maronée, sur la côte de la Thrace, et il cite à cet effet Homère (*Od.* IX, 197). — T.

Banat, ne saurait douter que les forêts à feuillage de ces contrées aient été le point de départ de la viticulture, exactement comme les arbres fruitiers proviennent des forêts de l'Europe centrale, où on les voit encore aujourd'hui à l'état de sauvageons, ainsi qualifiés, et tels qu'ils se trouvent le plus généralement répandus, notamment dans la zone des Chênes de la Russie. Dans leur patrie, ces végétaux ligneux se présentent doués de telles particularités primordiales, qu'il est aisé de reconnaître dans quel sens a agi leur perfectionnement par la culture. Les fruits des sauvageons d'arbres fruitiers, ainsi que les raisins sauvages des régions du Danube inférieur et du Pont, sont plus petits et à séve d'une nature moins variée*. Là où ils n'ont pas été dérangés, ils sont, par la manière dont ils se présentent, par le nombre des individus et par le mode indépendant de leur propagation, aussi spontanés que les arbres forestiers qu'ils accompagnent. La Vigne sauvage grimpe le long de ces derniers comme le font chez nous le Houblon ou le Lierre. Si l'on a mis en doute la provenance de la Vigne des régions pontiques, c'est uniquement parce qu'on n'a pas suffisamment étudié dans sa patrie, sa manière d'être et la nature uniforme de ses baies. Climatériquement parlant, la Vigne sau-

* Outre la Vigne sauvage, le Pont offre aussi le Cerisier, selon toute apparence également à l'état sauvage; du moins c'est dans de telles conditions que je crois l'avoir observé sur les montagnes limitrophes de Kerasun (*Cerasus* des anciens) où tant par la petitesse et la saveur acide de son fruit, que par les proportions réduites du tronc, il diffère de l'arbre si abondamment cultivé à Kerasun (V. mes *Lettres sur la Turquie*, 2e lettre, p. 16). Cette observation viendrait à l'appui de l'opinion tant de fois discutée et si diversement interprétée relativement à la patrie du Cerisier, que les anciens plaçaient à Kerasun ou *Cerasus*, ville dont le nom se reflète si parfaitement dans celui de *Kerasos*, par lequel les Grecs désignaient cet arbre. D'ailleurs, Pline (*H. N.*, l. XV, 30) dit positivement que ce fut du Pont que Lucullus transporta à Rome le *premier* le Cerisier, arbre qu'on n'a jamais pu acclimater en Égypte, mais qui, à l'époque du naturaliste romain, c'est-à-dire cent-vingt ans après son introduction à Rome par Lucullus, était très-répandu dans la Germanie, la Belgique et l'Angleterre (*Britannia*). Un autre fait, qui établit également une coïncidence entre le passé et le présent, c'est que Pline nous apprend (*loc. cit.* XV, 23) que le Noisetier est originaire du Pont, ce qui fit désigner les noisettes par le nom de *Nuces ponticæ*; or, il se trouve qu'aujourd'hui, c'est précisément la culture du Noisetier, ainsi que du Cerisier, qui constitue pour Kerasun la principale branche d'industrie et de commerce. — T.

vage exige absolument une température estivale élevée et une longue durée de la période de végétation; quant aux variations dans la température hivernale, elle y est plus indifférente, grâce à la profondeur à laquelle plongent ses racines*. En sa qualité de produit de forêts ombreuses, elle ne tient point à l'action directe des rayons solaires, car l'été continental ne lui fournit que la chaleur diffuse de l'atmosphère. Il est vrai, la culture a porté la Vigne à des limites septentrionales plus élevées, mais elle n'a pu le faire dans le même sens; à la suite de la combinaison d'une longue période de développement (de six à sept mois) avec une température estivale considérable (de 18°, 7' à 20°)[82], la viticulture s'étend dans l'Europe centrale vers le sud et vers l'est, mais elle cesse dans la direction nord-ouest. La ligne de végétation va de la Bretagne (47°, 30') presque en ligne droite par Liége jusqu'au Rhin (50°, 45'), et à travers la Hesse inférieure (51°, 20') et la Thuringe jusqu'à la Silésie (51°, 55'); elle se dirige parallèlement à sa limite naturelle septentrionale située dans les régions danubiennes. On a fait observer avec raison que si, dans les siècles passés, la viticulture correspondait à un parallèle plus septentrional qui s'étendait du sud de l'Angleterre à travers la Prusse jusqu'aux provinces baltiques

* Parmi les exemples les plus remarquables qui viennent à l'appui de cette assertion, figurent sans doute ceux fournis par les villes d'Erivan (Arménie russe) et de Bokhara (Asie centrale). Dans les deux localités, le raisin mûrit parfaitement (celui de Bokhara est même célèbre en Asie sous le nom de *Kichmich*), bien qu'à Erivan la moyenne hivernale soit de — 7°,1, et qu'en janvier le thermomètre y descende à — 30 et quelquefois même plus bas (V. mon *Asie Mineure, Climatologie*, p. 266), tandis qu'à Bokhara (*Ibid.* p. 345) la moyenne de janvier soit de — 4°, avec des minima de — 22°. Quant à la patrie présumée de la Vigne, dans son curieux opuscule (devenu fort rare) intitulé : *Botanische Erläuterungen zu Strabo's Geographie*, p. 76, E.-H.-F. Meyer (le savant auteur de *Geschichte der Botanik*) avait déjà émis l'opinion que la Vigne est originaire de l'Asie Mineure, notamment des régions du Pont et du Kurdistan. Je crois cette opinion très-fondée et j'ai été plus d'une fois dans le cas d'observer la Vigne à l'état sauvage dans des endroits où il est peu probable qu'elle ait été cultivée, entre autres sur les hauteurs arides et désertes du Boli-dagh (Bithynie) à une altitude de 900 mètres. J'ai réuni (V. *Une Page sur l'Orient*, p. 127 et 130) un grand nombre de témoignages historiques relatifs à la viticulture en Asie Mineure; ils prouvent combien elle y avait été florissante aux époques des Grecs et des Romains, et même au commencement du moyen âge. — T.

russes, cela tient à ce qu'au moyen âge, où l'Europe ne possédait que des voies de communication commerciales encore peu développées, on se contentait de boire un vin dont on ne voudrait plus aujourd'hui*. Dans le midi, on laisse souvent la Vigne grimper le long des arbres qui l'ombragent, ainsi que cela est conforme à ses habitudes primordiales; mais sur la limite climatérique de son domaine cultural, on est obligé d'exposer le végétal aux rayons solaires, afin de lui fournir le degré de chaleur voulue, notamment celle du mois de septembre (au moins 15°), qui contribue le plus à la formation du sucre dans les baies. C'est à l'action des degrés variables de température qu'on doit attribuer principalement les modifications chimiques que la culture est parvenue à faire naître peu à peu, et à la persistance desquelles sont dus le feu, l'arome et la bonté du vin. La nature du sol n'est pas sans importance, mais son action ne saurait être comparée à celle du climat. Ce qui prouve combien les conditions deviennent plus favorables à toutes ces influences à mesure qu'on se rapproche de la patrie de la Vigne, c'est la qualité des vins hongrois comparée à celle des vins allemands. Une autre comparaison, celle entre les vins du midi de la France et ceux produits dans la proximité de la limite septentrionale de la viticulture, nous montre comment ces influences tiennent avant tout à la chaleur du climat**.

Formes de Végétation. — M. de Baer a cherché[83] à démontrer que les dimensions des végétaux allaient constamment en décroissant depuis l'équateur jusqu'au pôle; mais, formulée d'une manière aussi générale, cette assertion n'est guère

* Déjà au XIIe siècle Édrisi (*Géographie*, trad. de l'arabe par A. Jaubert, t. II, 364, 366, 367) signale les *nombreux vignobles* dont étaient entourés, de son temps, non-seulement Paris (*Abariz*), Bruges et Laon, mais encore Utrecht, ville située aujourd'hui en dehors de la limite septentrionale de la viticulture. — T.

** M. Th. Ebray (*Bull. soc. géol. Fr.*, an. 1873, 3e sér., t. I, p. 203) cite un exemple curieux de l'influence qu'exerce dans le midi de la France la nature minéralogique du sol sur les produits de la Vigne, en faisant observer, que tous les vins renommés du Beaujolais sont situés sur un gros filon de porphyre granitoïde qui traverse le département du Rhône dans la direction de nord-ouest. « Les vins que fournissent les Vignes situées sur ce filon, dit le savant géologue, ont un cachet particulier de finesse et de bouquet, qui n'existe point dans ceux qui proviennent des Vignes voisines des terrains carbonifères. » — T.

fondée et ne s'applique, à la rigueur, qu'au domaine qui sert de transition entre les forêts et les régions arctiques. Ce n'est pas la taille des arbres, mais la variété des végétaux ligneux, qui grandit avec la chaleur du climat. Souvent, déjà sur la limite même des arbres, ceux-ci acquièrent un tronc d'une hauteur considérable, et, quant à l'intérieur des zones boisées, ce n'est pas sous les tropiques, mais entre les parallèles 50° et 30° des deux hémisphères qu'on a trouvé les arbres les plus élevés, sans que cela constitue toutefois un trait caractéristique pour ces latitudes, mais bien plutôt des particularités propres à certaines espèces d'arbres. Dans les forêts tropicales, le sol est occupé dans une plus forte proportion par des végétaux ligneux appartenant à des familles diverses, mélangées les unes avec les autres; tandis que, sous le rapport de la taille, les arbres pris isolément sont moins favorisés. Dans l'espace compris entre la limite septentrionale des arbres et l'équateur, on peut distinguer quatre formes principales d'arbres, parmi lesquelles deux sont représentées sous toutes lés latitudes, et les deux autres limitées aux contrées plus chaudes. Les premières sont les arbres à feuilles aciculaires et ceux à feuillage périodique, les deuxièmes sont les essences toujours vertes; elles se divisent en formes dicotylédones et monocotylédones. Toutes peuvent atteindre et même dépasser une hauteur moyenne de 32 mètres, mais ce ne sont que les arbres à feuilles aciculaires et les arbres dicotylédonés à feuillage qui développent au sommet de leur tronc une couronne ramifiée, sur les tranches de laquelle les feuilles se trouvent distribuées. Les arbres monocotylédones réunissent leurs feuilles en une rosette étalée qui termine l'appareil ligneux simplifié, et dans laquelle les dimensions des organes servent à remplacer la richesse du feuillage, comme chez les Palmiers et les Bananiers. Dans le domaine forestier du Nord, les arbres à feuilles aciculaires et ceux à feuillage se prêtent, par un double motif, à l'étude ayant pour objet de déduire de l'organisation de ces formes les conditions climatériques qui en déterminent la distribution. Le premier motif, c'est que ces arbres présentent, dans le domaine de cette zone, le caractère typique, puisque sous les tropiques les essences résineuses ou manquent complétement ou se retirent sur les montagnes et n'atteignent l'équateur que dans cette station (à Sumatra). Quant aux arbres à feuillage périodique, ils recherchent les savanes pour y jouir d'une période de végétation plus courte. Le deuxième motif, c'est leur mode de disposition dans le domaine forestier, où ils se succèdent régulièrement, de manière que, jusqu'à la limite des végétaux arborescents, les arbres à feuillage ne sont représentés que par peu d'espèces, telles que le Bouleau, et conséquemment on voit partout une ceinture bien marquée d'essences résineuses se produire dans les montagnes, au-dessus des arbres à feuillage. Afin d'obtenir un coup d'œil général de l'ensemble de cette distribution des forêts, depuis la Laponie jusqu'à l'équateur, on peut se figurer que la zone des formes d'arbres septentrionales s'étend dans l'Ouest de l'Europe jusqu'au 45e degré de latitude, ou même quelques degrés plus loin; que les arbres à feuillage toujours vert occupent l'hémisphère méridionale, et que, dans les plaines basses du Nord, les essences résineuses dominent de ce côté de l'Oural, depuis la limite des arbres jusqu'au 60e parallèle, et de l'autre côté de l'Oural jusqu'aux steppes (50°), ou jusqu'au domaine de l'Amur (53°).

En considérant les phases de la vie ainsi que la distribution géographique de ces formes d'arbres, on reconnaît que leur organisation est déterminée par des conditions climatériques. A tous les végétaux dont la durée de croissance n'est pas déterminée, incombe la tâche de passer successivement d'une période de végétation à une autre sans compromettre leur existence. A cet effet, ces végétaux ont besoin d'être abrités contre les influences nuisibles pendant leur sommeil hivernal et d'assurer le renouvellement des mouvements paralysés par cet arrêt. Le climat exerce sur le tissu une action destructrice, en en altérant les conditions de tension, genre de perturbation à laquelle les membranes sont exposées, soit par l'abaissement de la température, soit par le manque d'humidité. Dans les deux cas il se produit un tiraillement, parce que les forces restrictives ou expansives n'agissent ni uniformément ni simultanément sur les diverses parties du tissu organiquement réunies; par suite, leur connexion, leur ordonnance régulière, sont d'autant plus compromises que les membranes sont plus tendres et moins susceptibles de résistance. Aussi, le moyen le plus général pour procurer une protection au tissu consiste dans le procédé de la lignification, à la suite duquel la membrane est épaissie, sa cohésion et son élasticité accrues, et par là le danger de semblables ruptures considérablement diminué. Nous voyons, diversement utilisées, les propriétés ainsi acquises dans l'articulation du pétiole, dans l'ouverture des capsules et dans celle des anthères, mais nous les voyons aussi se manifester sous nos yeux dans l'œuvre de destruction désordonnée que subissent les organes plus tendres lorsque la vie les a quittés. Le tronc de l'arbre peut au contraire défier les plus fortes gelées et continuer son existence sans compromettre les tissus vides de séve de ses couches intérieures, parce que les membranes du bois et de l'écorce se sont épaissies en une substance tout à la fois solide et flexible jusqu'à un certain degré. De même, les feuilles acquièrent la propriété de rester toujours vertes, lorsque les parois extérieures de leur épiderme se trouvent suffisamment incrustées par le dépôt de matières solides qui, à l'instar d'un tégument en verre, protégent les tendres tissus de l'intérieur.

Le mouvement de la séve ainsi que les transformations chimiques et organiques qui caractérisent la période de végétation cessent pendant le sommeil hivernal, et quand même on aurait remarqué chez les arbres toujours verts une lente affluence d'eau se produisant à cette époque, ce phénomène n'en est pas plus d'une nature essentielle. En tout cas, il ne pourrait guère se manifester dans le climat excessif de la Sibérie où les séves s'engourdissent dans les arbres à feuilles aciculaires. Ici M. de Middendorff[84] a observé les effets de la gelée sur les arbres, et en conséquence a démontré que leur sommeil hivernal constitue une vie latente à durée indéterminée. A cette époque, les corps ligneux, la membrane avec sa séve, se trouvent congelés en une masse aussi dure que le fer, en sorte que l'on craint d'endommager la hache en abattant un tronc. Cela n'empêche point qu'en Sibérie les arbres ne soient que difficilement atteints par le froid, à moins que la température ne descende subitement à 50 degrés au-dessous de zéro, car alors il se produit des fissures et à la suite de la rupture du tissu solide on entend dans la forêt de violentes détonations. Au printemps, lorsque les rayons solaires les frappent, les bourgeons engourdis par le sommeil hivernal éprouvent les premiers le réveil de la vie : pendant que la température est encore considérablement au-dessous de zéro et que le bois des racines ainsi que le tronc continuent à être gelés, on voit déjà le Mélèze pousser ses feuilles, les Saules polaires frutescents développer leurs chatons et le Rosage, qui remplace ici celui des Alpes (*Rhododendron parvifolium*) épanouir ses fleurs. Il y a déjà longtemps qu'en suivant une autre voie, la physiologie a démontré expérimentalement, qu'après le sommeil hivernal le mouvement de la séve a d'abord lieu dans les bourgeons des végétaux ligneux et continue du haut en bas pour se communiquer aux racines; mais M. de Middendorff va trop loin, lorsque, eu égard aux effets produits directement par le soleil, il rejette l'usage des observations météorologiques pour l'étude des conditions vitales, parce que ces observations ne se rapporteraient qu'à la chaleur diffuse de l'atmosphère. Celle-ci n'en constitue pas moins une juste mesure pour les végétaux ombragés, et, à défaut d'observations comparées de la chaleur solaire, observations d'ailleurs peu susceptibles de précision, nous savons cependant que l'intensité de cette chaleur dépend uniquement de la latitude géographique, et que, par conséquent, c'est la hauteur polaire qui constitue le fait décisif pour les phases de développement des organes exposés aux rayons solaires. Or, le problème de rattacher les mouvements organiques qui ont lieu au printemps à ceux qui s'effectuent en automne n'est pas aussi simple qu'on serait disposé à le croire, si l'on se borne à prendre en considération que le réveil à la vie dépend de l'accroissement des excitations vitales. Ce problème se complique par le fait que les organes qui n'ont pu hiverner doivent d'abord être remplacés, et que par là un certain laps de temps est perdu qui eût pu être épargné, grâce à une autre combinaison. C'est à cette différence que tient la distribution climatérique des arbres à feuilles aciculaires toujours vertes et des arbres à feuilles caduques.

Les arbres à feuillage, en tant qu'ils n'ont à protéger contre le froid hivernal que le tronc et non les feuilles, sont adaptés au climat du Nord d'une manière plus simple que les arbres à feuilles aciculaires. Mais sans tenir compte d'exceptions isolées, ils exigent en général une période de croissance plus longue, et à cause de cela peu d'entre eux atteignent la limite de la végétation arborescente. Chez ces arbres, on voit des procédés particuliers mis en œuvre pour faire disparaître le feuillage avant l'arrivée du froid, parce que ces organes à tissu plus délicat ne manqueraient pas d'y succomber en subissant des mouvements de tiraillement. D'abord les feuilles se décolorent, puis a lieu la désarticulation du pétiole et enfin le feuillage est rejeté dans un état où il possède encore toutes les apparences extérieures de la vie. A surface unie et protégées par du liége, les cicatrices qu'il laisse garantissent mieux les organes capables de subsister pendant l'hiver que ne le ferait le pétiole s'il devait pourrir sur les branches mêmes. Or, ici surgit l'inconvénient que la période de feuillaison, qui suppose le dépôt de substances nutritives et la production pendant l'automne des bourgeons destinés à l'hibernation, multiplie la série d'opérations qui doivent se répéter chaque année, telles que la croissance végétative, la lignification des tissus récemment produits, le développement des fleurs et des fruits. En effet, tant que les organes verts font défaut, il ne peut y avoir d'alimentation à l'aide de l'atmosphère, et pour que le nouveau feuillage se forme il a besoin, jusqu'au terme de son entier développement, d'une provision d'amidon et d'autres substances organiques élaborées par les feuilles de l'année précédente et emmagasinées dans le tronc et dans les bourgeons. Ce n'est que lorsque l'arbre reprend sa parure printanière qu'il commence à remplir de nouveau la tâche universelle imposée au monde végétal, celle de transformer les corps élémentaires inorganiques puisés dans l'atmosphère et dans le sol, et de produire de l'hydrate de carbone et de l'albumine qui sont les véhicules matériels de toute vie sur cette terre. De plus, déjà pendant l'automne précédente, les feuilles nouvelles avaient été suffisamment préparées pour être à même de subir le sommeil hivernal sous les enveloppes protectrices des bourgeons et d'accomplir leur croissance d'autant plus rapidement au printemps, afin de réduire dans les limites du possible la période de feuillaison. De la même manière, le développement de la floraison peut être distribué entre deux années, et des organes protecteurs particuliers deviennent alors également nécessaires à leurs bourgeons. Les enveloppes ou téguments des bourgeons, eux aussi, exigent un abri convenable contre le froid et se trouvent préparés à supporter la gelée à l'aide de la consolidation de leur tissu ou d'un revêtement de poils ou de résine, mauvais conducteurs de chaleur. Ainsi donc, si les exigences générales de la végétation et de la propagation restent les mêmes; si, outre ces exigences, un certain laps de temps est nécessaire tant pour la floraison au printemps que pour l'accumulation des substances nutritives et pour l'aménagement des bourgeons destinés à l'hibernation, la période de croissance des arbres à feuilles caduques doit nécessairement être plus longue que celle des arbres qui conservent leurs feuilles. Par contre, l'inverse peut se présenter lorsque les fonctions des organes sont portées à un plus haut degré d'activité, ainsi que cela a lieu à l'égard des Aurantiacées qui ne cessent de mûrir leurs fruits : de même qu'il peut y avoir des cas où la mesure voulue du temps est susceptible de varier, soit que le travail organique même soit accéléré ou que le commencement et la fin de la période de croissance se rattachent à une température moins élevée que chez d'autres arbres, à l'instar du Bouleau et du Mélèze comme nous l'avons vu précédemment.

Ainsi donc, ce qui prime parmi les phénomènes vitaux des arbres à feuilles aciculaires toujours vertes, c'est la faculté de se prêter à une réduction de la durée de leur végétation, attendu que la période de feuillaison leur est épargnée. Aussitôt qu'ils éprouvent l'action du printemps, ils commencent à puiser directement leur nourriture dans les substances inorganiques qui les entourent. Toutefois, c'est plutôt au début qu'à la fin de leur période de croissance qu'ils jouissent de l'avantage d'économiser le temps. Si la feuille aciculaire du Pin sylvestre conserve son activité pendant trois années, et celle du Sapin même pendant dix années et au delà[85], cela n'empêche pas que, chaque printemps, au moins la troisième ou dixième partie de la masse totale ne soit simultanément renouvelée. En conséquence, leurs bourgeons de feuilles, de même que leurs bourgeons de fleurs, doivent être adaptés aux besoins de l'hibernation tout autant que chez les arbres à feuillage. La péridiocité dans la formation de ces organes exige donc également l'accumulation de substances amylacées pendant l'année précédente, puisque l'activité des anciennes feuilles aciculaires ne suffit point au rapide développement des bourgeons. Chez le Pin sylvestre, lors de la période printanière, on voit également se réveiller la formation ininterrompue des tissus séminaux dont la maturation avait été retardée, et c'est donc à cette époque que l'arbre a le plus besoin de provisions de substances nutritives accumulées pendant l'automne et destinées à la croissance des organes. La position particulière que les arbres à feuilles aciculaires occupent sous le rapport climatérique ne saurait être attribuée qu'au fait que, de concert avec la consommation de ces provisions, la période de croissance sert déjà, dès son début, à l'activité des organes verts. Il n'en est que plus remarquable que ce soit précisément le Mélèze, le plus septentrional de tous les arbres de la Sibérie, qui perde cet avantage, mais qui, ainsi que nous l'avons déjà fait voir, constitue une individualité spéciale, à cause de la faculté qu'il possède de conserver quelque temps ses feuilles aciculaires sous l'action de la gelée. Le fait que, grâce à de telles propriétés privilégiées, les essences à feuilles aciculaires forment la limite septentrionale des arbres, et, sous ce rapport, se prêtent mieux que la majorité des arbres à feuillage à une réduction de la période de végétation, ce fait suggère forcément la question de savoir pourquoi une distribution géographique semblable n'a pas été assignée également aux arbres à feuillage toujours vert, qui pourtant se trouvent dans la même position quant à la durée du temps qu'ils exigent. Nous verrons plus tard que ces derniers tiennent aux climats à longues périodes de développement, tout autant que les arbres à feuilles aciculaires sont indifférents à la durée de végétation. Cela n'indiquerait-il pas peut-être qu'il ne s'agit que de particularités spécifiques et que les créations organiques sont pour ainsi dire ascrites à la glèbe d'après des types systématiques, mais non d'après la forme des organes végétatifs susceptibles de se répéter dans les organisations les plus diverses, et d'être adaptés par la nature aux modifications effectuées dans les conditions climatériques? Il serait prématuré de répondre affirmativement à cette question, car on ne saurait nier que, sous beaucoup de rapports, les arbres à feuilles aciculaires diffèrent du groupe d'arbres à feuillage toujours vert. Il n'y a de commun entre eux que l'épiderme solide de leurs feuilles; par la forme linéaire de la feuille aciculaire et la simplicité de leur faisceau central vasculaire, les arbres à feuilles aciculaires sont bien plus aptes à résister au froid, parce qu'ici le tiraillement du tissu s'effectue dans le sens longitudinal, et non suivant deux dimensions, comme c'est le cas à l'égard de la feuille à surface dilatée, occupée par un système de nervures dont le plan est susceptible d'une rupture par raccourcissement dans tous les sens. De plus, cette forme méridionale d'arbres ne possède point les téguments solides dont sont pourvus les bourgeons destinés à l'hibernation chez les arbres à feuilles aciculaires et les arbustes toujours verts du haut Nord. Comme dans les Éricées arctiques et les Peupliers du haut Nord, ces organes sont protégés par des substances résineuses contre les injures atmosphériques, il est à présumer qu'une sécrétion de même nature rend des services semblables dans la feuille aciculaire des Conifères. Enfin, la loi de la croissance procure aux arbres à feuilles aciculaires le moyen de raccourcir la période de végétation, puisque, dans la direction de la limite septentrionale, on voit diminuer la puissance des anneaux annuels et, par conséquent, la masse du bois formé pendant un laps de temps donné. M. de Middendorff trouve qu'à mesure qu'il pénétrait plus avant dans les contrées boréales de la Sibérie, les troncs d'arbres devenaient plus minces, sans qu'il en résultât une diminution dans leur hauteur[86]. D'après les mesures comparées faites sur le Mélèze, les anneaux annuels avaient, dans les régions plus méridionales, une puissance de 3 à 5 millimètres, mais moins de 2 millimètres dans l'enceinte du cercle polaire. Toutefois, de semblables oscillations tiennent aussi à d'autres circonstances, telles que la station ou l'inégalité des conditions atmosphériques entre diverses années; elles peuvent être considérées comme une suite d'une nourriture insuffisante. Sur la limite même des arbres, plusieurs espèces présentent en Sibérie un raccourcissement du tronc, ce qui donne naissance à des arbres nains, par exemple chez le Pin cembra; cependant, la diminution dans les dimensions du tronc a lieu graduellement; en tout cas, c'est un phénomène beaucoup plus général, qui ne saurait être rattaché au fait seul que les rigueurs du climat causent plus aisément la destruction des arbres et que, par conséquent, ceux qui subsistent seraient d'un âge plus jeune. M. de Middendorff, qui émet cette opinion, semble également admettre qu'il en est ainsi de tous les arbres et non des Conifères seulement; pourtant le Hêtre du Danemark prouve par sa luxuriante végétation que, même sur la limite climatérique, un arbre peut conserver les plus grandes dimensions dans les deux sens.

Malgré les avantages qui sont propres aux arbres à feuilles aciculaires et en vertu desquels ils paraissent pouvoir s'accommoder à des périodes de végétation plus courtes que celles que peut supporter la vie d'un arbre en général, la question de savoir par quelle cause les forêts à feuillage toujours vert font défaut au domaine septentrional reste néanmoins sans solution suffisante. Pourquoi ces arbres ne posséderaient-ils pas des enveloppes solides, des bourgeons ou d'autres dispositions organiques de cette nature, lorsque de semblables moyens de protection ont été accordés même aux arbustes toujours verts de la flore arctique? Peut-être se contenterait-on de répondre que les sévices de l'hiver et les oscillations de température, qui, sous les latitudes plus élevées, accompagnent ordinairement le passage d'une saison à l'autre, sont plus facilement supportés par des arbustes bas, placés jusqu'à l'été sous la protection de la neige, que par des arbres dont les larges surfaces foliaires sont exposées à l'air froid, et qui, à l'époque où leur séve se ranime, doivent résister, soit aux gelées tardives du printemps, soit aux rigueurs de l'automne, avant de pouvoir jouir du repos de l'hiver. Jusqu'à quel point la question est épuisée par cette réponse, c'est ce que nous ne pourrons examiner que plus tard, lorsqu'elle surgira de nouveau dans le domaine méditerranéen. Dans cette revue préliminaire des formes d'arbres, qu'il nous suffise de signaler le fait que les arbres à feuillage toujours vert ne se présentent que là où la période de végétation est interrompue, non pas seulement par le froid de l'hiver, mais encore par les saisons sèches. Or, ces dernières commencent sous les latitudes où les hivers deviennent doux, et c'est ici que nous trouvons la limite septentrionale des formes du Laurier et de l'Olivier. Quand, par exception, les arbres à feuillage toujours vert dépassent le domaine des étés secs, c'est qu'alors ce sont des espèces à longue période de végétation, qui déjà, à cause de cela, doivent rester étrangères au Nord. L'incrustation renforcée de l'épiderme de la feuille obvie de la manière la plus simple au danger auquel l'exposerait l'évaporation, sans que le sol puisse lui fournir aucun contingent d'eau. Les oscillations de la température sont les plus préjudiciables à l'époque où l'œuvre de l'incrustation épidermique n'est pas encore accomplie, et c'est là une raison de plus, pour les arbres à feuillage toujours vert, de rechercher les régions à hiver doux. Enfin, les arbres monocotylédones sont encore plus sensibles au froid, parce que la perte du bourgeon terminal entraîne la destruction du tronc non ramifié. C'est seulement la forme des Bambous, différant des autres formes par ses bourgeons latéraux, qui supporte dans un seul et unique cas l'hiver des îles Kuriles (46° L. N.). Les arbres monocotylédones possèdent une économie qui leur est propre et qui se manifeste surtout par le défaut de l'accroissement du corps ligneux. Quand M. Nägeli prétendait[87] que la formation de la substance ligneuse dans les arbres dicotylédonés « fait l'effet d'un fâcheux gaspillage, » on pourrait faire observer qu'en augmentant de volume constamment et pendant un temps indéterminé, la couronne de l'arbre devient un poids sans cesse croissant, qui exige un support proportionné à la charge. L'arbre excavé par la maladie ou la vieillesse n'est plus de force à résister au souffle de l'orage. Le pilier destiné à porter la couronne doit nécessairement croître sans cesse en grosseur, tandis que la rosette feuillée du Palmier est un corps à poids invariablement déterminé de bonne heure; aussi, le pilier qui le supporte se développe en longueur, mais non plus dans le sens du diamètre transversal une fois acquis.

Les forêts du continent oriental le cèdent à celles du continent occidental et de plusieurs autres domaines floraux, sous le rapport du nombre d'espèces d'arbres à feuilles aciculaires et à feuillage. Et pourtant à l'aide des moyens les plus simples la nature a richement décoré nos pays. Nos arbres sont au nombre des plus beaux de la terre; chacun d'eux porte une empreinte particulière et significative, et les arts ne cessent de puiser à cette source intarissable, où la physionomie individuelle et le mode de groupement compensent si amplement le manque de variété dans l'organisation. En fait d'arbres à feuilles aciculaires, je n'ai admis que onze espèces à caractères bien tranchés[88], parmi lesquelles plusieurs constituent seulement des représentants locaux, tandis que la plupart des autres ont déjà été, dans la première section de ce chapitre, appréciés d'après leurs conditions climatériques. Mais il reste encore à y ajouter quelques faits spéciaux et à examiner leur disposition géographique sous d'autres points de vue. Excepté l'If, qui correspond au climat du Hêtre, toutes ces Conifères appartiennent au genre Pin pris dans son ancienne acception. Quant aux espèces toujours vertes du Pin à deux ou plusieurs feuilles aciculaires dans la même gaîne, ils sont encore l'objet de quelque incertitude systématique, ce qui n'est point le cas à l'égard des deux espèces (*Pinus sylvestris* et *Cembra*) qui ont une plus grande importance géographique. Les trois Sapins ayant les feuilles solitaires mais agglomérées, sont faciles à distinguer l'un de l'autre: la Pesse porte des cônes pendants, les deux Sapins argentés et ceux de la Sibérie les ont redressés et la surface inférieure de leurs feuilles est marquée d'une raie blanchâtre longitudinale; dans l'espèce européenne, les cônes sont munis de bractées saillantes, tandis que ces dernières sont dissimulées dans l'espèce sibérienne. Le Mélèze se distingue par ses feuilles agglomérées qui tombent en hiver. Parmi ces Conifères, le Pin Sylvestre et la Pesse constituent les essences forestières les plus étendues. Comme leurs aires d'expansion coïncident fréquemment, il devient facile d'apprécier jusqu'à quel point leur présence dépend de l'action du sol. Dans l'Europe occidentale, le Pin sylvestre est l'arbre de la plaine, le Sapin l'essence dominante dans la montagne; souvent de faibles différences altitudinales suffisent pour déterminer cette distribution, ainsi qu'on le voit sur les collines ondoyantes de la Bruyère de Lunebourg. Dans la Russie septentrionale [89], où la forêt n'est interrompue que par les marais, c'est l'inverse qui a lieu, car la dépression argileuse du vieux grès rouge est occupée par les forêts de Pesses, et les collines arenacées du Diluvium par le Pin sylvestre, qui ne craint pas l'eau non plus lorsqu'il trouve une terre légère. Dans les Alpes, le Pin sylvestre est bien loin de monter aussi haut que la Pesse, tandis que sur les Fjelde de la Norvége septentrionale, les deux espèces arrivent au même niveau [90]; en Laponie où, sur sa limite polaire (70°), le Pin sylvestre acquiert, dans certains cas, une taille de 20 mètres de hauteur, il s'avance quelquefois jusqu'à la lisière extrême de la forêt que la Pesse n'atteint point, et reste en arrière à une distance plus considérable (67°, localement 69°). D'autre part, en Sibérie, où le Pin sylvestre est très-répandu jusqu'au domaine de l'Amur et se trouve souvent mélangé avec les Sapins et les autres arbres, il ne va même pas jusqu'au cercle polaire [91]. Toutes les divergences si considérables et si variées que présentent ces arbres sous le rapport de leur manière d'être, peuvent se rattacher presque sans exception à deux propriétés de leur organisation : à la racine profondément pivotante avec laquelle le Pin sylvestre pénètre dans le sol, et à la disposition largement espacée de ses feuilles, laquelle répond à leur plus grand besoin de lumière. Les différences qu'offrent les degrés de son développement sont remarquables: il peut atteindre une taille de 40 mètres de hauteur, ou bien être réduit à une forme rabougrie, selon que le sol est compacte ou meuble, et perméable ou non à l'humidité. C'est ce qui fait que cet arbre fuit la montagne lorsque la roche n'est revêtue que d'une couche trop mince de terre végétale. La Pesse se comporte d'une manière inverse dans ses exigences relativement au sol et à la lumière. Les forêts serrées que compose cet arbre font naître l'ombre la plus profonde, et on se demande comment le long des abruptes rochers littoraux des Fjelde norvégiens il parvient, à l'aide de ses racines aplaties, à se fixer sur la moindre saillie, où malgré cela il s'élance à la hauteur des mâts les plus élevés lorsque le sol lui fournit la quantité suffisante d'humidité. Cependant, les conditions vitales extérieures ne suffisent pas pour expliquer le fait que le Pin sylvestre manque à la région basse de la Hongrie, où il eût trouvé le sol qui lui conviendrait le mieux, et d'où assurément il ne peut être banni par des causes climatériques. Depuis la Galicie il ne s'étend que jusqu'au pied des Carpathes centraux[92], et en Transylvanie il n'a atteint que la région forestière supérieure, et cela seulement sur quelques points isolés. Comme la Hongrie est presque entièrement entourée par la chaîne des Carpathes, le phénomène dont il s'agit ne serait que l'effet d'une migration non accomplie, puisque en dehors de l'enceinte, cet arbre n'aura pu franchir les hauteurs de la chaîne montagneuse et pénétrer ainsi dans l'intérieur plus bas du pays. Comparés entre eux dans le sens climatérique, la Pesse paraît différer du Pin sylvestre par une période de végétation plus courte, et c'est pourquoi dans les Pyrénées, au pied desquelles cette période a le plus de durée, il remonte plus haut la montagne que dans les Alpes. Mais comme depuis la Scandinavie jusqu'au Iéniseï la limite septentrionale de cet arbre (en admettant que la Pesse de la Sibérie n'en soit qu'une variété) se trouve partout sous la même latitude, il se comporte, nonobstant son développement dans l'ombre, comme un végétal du climat solaire (Laponie et Kanin 67°, Petchora 68°, Iéniséï 67° L. N.)[93]. Par contre, le Mélèze est un arbre qui recherche la lumière, ainsi que l'indique la douce lueur de ses forêts; or c'est précisément cette essence qui ne vient ni en Scandinavie ni sous le méridien des Alpes, mais dans les contrées du nord-est, entre la mer Blanche et l'Oural. Les Mélèzes septentrionaux, considérés par nous comme des variétés sibériennes, se trouvent séparés de la forme européenne qui habite en Suisse la région forestière la plus élevée, par toute l'étendue de la contrée basse de la Russie, depuis Wiatka jusqu'aux Carpathes, fait avec lequel s'accorde l'aire d'extension du Pin cembra; seulement ce dernier ne s'avance pas dans la Sibérie aussi loin vers le nord (68°) et se trouve de ce côté de l'Oural dans la direction sud-ouest jusqu'à Wologda et Perm. Cet arbre a ses cinq feuilles réunies dans la même gaîne et possède aussi des semences comestibles; il paraît se rattacher à une courte période de végétation et ombrage le sol plus largement que le Mélèze. Les deux espèces de Sapins, ceux de l'Europe et de la Sibérie, ne se ressemblent guère par leur taille : l'espèce européenne est un arbre magnifique, à couronne largement étalée, projetant une ombre intense et à tronc d'une grosseur considérable; le Pichta a la forme pyramidale du Peuplier lombard[94]; ses branches écourtées lui donnent l'apparence la plus mesquine. Les plus splendides formes d'arbres dans le Schwarzwald (Forêt-Noire) sont ces vieux Sapins argentés associés aux Pesses qui, partout où le sol est assez profond pour admettre leurs racines pivotantes, ombragent les pentes humides des vallées débouchant vers le Rhin. Le Sapin Pichta ne ressemble au Sapin argenté que par ses exigences à l'égard de l'humidité; il habite les régions littorales alluviales des fleuves de la Sibérie.

Bien que le nombre des arbres à feuillage soit six fois plus considérable que celui des arbres à feuilles aciculaires (j'en compte, indépendamment de la Forme-Saule, 67 espèces), la majeure partie des premiers ne sont que les compagnons des forêts non interrompues et uniformes du Hêtre, du Chêne et du Bouleau, et presque la moitié se trouvent limités à des localités particulières, situées sur les lisières du domaine dans l'enceinte duquel ils ne pénètrent du dehors qu'en petit nombre. Pour faciliter une revue sommaire, j'ai dressé deux listes, dont l'une représente les arbres à tronc élevés coordonnés d'après leur forme générale, et l'autre d'après leur distribution géographique. En admettant pour base la manière de voir de Humboldt, qui divise les arbres dicotylédones à feuillage d'après la configuration physionomiquement importante de la feuille, nous n'aurons à distinguer en général que quatre formes parmi les arbres à feuillage flexible et périodique, formes dont les types seraient représentés par le Hêtre, le Tilleul, le Frêne et le Saule. Cette division correspond à ce qu'en Allemagne les paysagistes ont l'habitude de désigner par le mot de *Baumschlag* (race d'arbres). La Forme-Hêtre est caractérisée par une feuille large, elliptique ou allongée, le Tilleul par une feuille arrondie; chez la première, il ne sort du pétiole qu'un seul faisceau vasculaire, la nervure est médiane; chez la deuxième, il y a plusieurs nervures qui s'épanouissent en divergeant sur la surface de la feuille. Le Frêne a un feuillage penné, en sorte qu'un même pétiole porte un certain nombre de surfaces séparées ou folioles rangées par paires; enfin le Saule a des feuilles simples, étroites, développées particulièrement dans le sens longitudinal. Aux premières trois formes, on ne rapporte que des arbres à tronc réellement élevé. Parmi les végétaux que comprend la Forme-Saule, qualifiée déjà ainsi par Humboldt, il convient de ne point séparer les formes arborescentes d'avec les formes frutescentes, eu égard aux fréquentes transitions entre les unes et les autres, et à la grande similitude des conditions vitales dans lesquelles ils sont placés. A la Forme-Tilleul correspondent chez Humboldt, qui avait pris pour point de départ la physionomie des tropiques, ses Formes-Malvacée et Bombacée; à la Forme-Frêne : la Mimeuse ou bien Tamarinde tropical, si, à cause de la division très-menue de la feuille, on veut placer la Mimeuse séparément. Au reste, la distinction entre les Formes-Hêtre, Chêne et Frêne n'a d'intérêt que pour la physionomie et la configuration individuelle des végétaux; elle n'a aucune valeur pour la distribution géographique des arbres à feuillage, bien que les modes variés dont l'intérieur obscur des forêts est éclairé, soient entièrement liés avec la configuration des feuilles. Je rattache à la Forme-Hêtre (25 espèces), en sus du Hêtre lui-même : le Châtaignier, le Charme (*Carpinus*), 5 Chênes, 3 Ormes, le Lilas, 2 Sorbiers (*Sorbus*) et 11 arbres fruitiers sauvages (*Prunus, Pyrus*); à la Forme-Tilleul (29 espèces), 6 Tilleuls, 9 Érables (*Acer*), 1 Sorbier, 5 Peupliers (*Populus*), 1 Coudrier (*Corylus*), 5 Bouleaux et 2 Aulnes (*Alnus*); enfin la Forme-Frêne (13 espèces) est représentée par 2 Frênes, 1 Sureau

(*Sambucus*), 1 Staphylier, 4 Sorbiers; et, dans le domaine de l'Amur, par 2 Noyers, ainsi que par des représentants uniques des Rutacées (*Phellodendron*), des Légumineuses (*Cladrastis*) et des Araliacées (*Aralia*).

L'immense plaine qui s'étend presque sans interruption depuis l'Atlantique jusqu'à l'océan Pacifique à travers l'Europe et le nord de l'Asie favorise à un tel degré la migration des organismes vigoureux, qu'ils peuvent y atteindre aisément leurs limites climatériques; tandis que dans la majorité des cas il devient impossible de constater le point de départ de chaque espèce en particulier. Cette circonstance donne aux lignes de végétation des arbres une plus grande importance et permet d'apprécier à leur juste valeur la distribution géographique des arbres à feuillage, ainsi que celle des Conifères. Toutefois, de même que les Carpathes se sont présentés à nous comme un obstacle mécanique qui empêche le Pin sylvestre de pénétrer dans la Hongrie, ainsi l'Oural, en sa qualité de chaîne méridienne, paraît exercer une influence semblable sur les arbres à feuillage du climat maritime; cependant les observations faites à cet égard ne sont pas encore décisives. M. de Middendorff[95] remarque que presque tous les arbres à feuillage qui habitent les zones européennes du Hêtre et du Chêne trouvent leur limite à l'Oural; il cite nommément, en sus du Chêne et des arbres fruitiers, les Érables, les Ormes, le Frêne et l'Aulne noir; de plus, dans la Sibérie occidentale, le Tilleul se trouve réduit à l'état d'arbuste, ce qui, selon ce savant, représente les restes des tentatives manquées de culture. Ce fait semblerait prouver que l'Oural exclut également les autres arbres à feuillage, non pas en sa qualité de barrière mécanique, mais plutôt à titre climatérique; aussi, c'est bien sous ce méridien que cesse l'action du climat maritime de l'Europe. D'autre part, il n'en est pas moins invraisemblable qu'un si grand nombre d'arbres ait la même ligne de végétation, et si les arbres à feuilles aciculaires de la Sibérie franchissent l'Oural, cela pourrait s'expliquer par ce fait que la région des Conifères se trouvant à une altitude plus considérable que celle des arbres à feuillage, les premiers ont plus de facilité que les derniers à franchir les cols. Pour décider cette question, il serait nécessaire d'essayer l'introduction dans la Sibérie des autres arbres à feuillage, ainsi que cela avait été tenté à l'égard du Tilleul. Comme les arbres que possèdent en commun les deux revers de l'Oural sont presque réduits aux suivants : Bouleau, Aulne blanc, Mérisier à grappes, Sorbier des Oiseleurs et Peuplier; comme, de plus, la majorité de ces arbres ne se présente que rarement en Sibérie, et comme le Bouleau même, le plus répandu d'entre tous, ne commence à y refouler les arbres à feuilles aciculaires que dans certaines contrées seulement, et peut-être à dater d'une époque récente, il en résulte qu'il faudra se représenter les forêts à feuillage en général comme réduites à deux zones principales, séparées l'une de l'autre par des forêts à feuilles aciculaires de la Sibérie, savoir : la zone de l'Europe centrale et la zone de l'Amur. En effet, la chaîne Chingan-Stanowoï limite au nord-ouest les forêts de l'Amur, exactement comme le fait l'Oural du côté de l'est à l'égard des forêts à feuillage de l'Europe. Mais comme la première chaîne est traversée par des vallées qui reçoivent les affluents de l'Amur, dont les sources se trouvent situées plus près du Baïkal, l'échange des végétaux entre les deux revers de la chaîne n'est point supprimé comme c'est le cas dans l'Oural, ce qui fait que nous connaissons déjà deux arbres à feuillage qui, depuis la Dahurie, accompagnent l'Amur en aval (*Betula davurica* et *Pyrus baccata*). Les arbres peuvent atteindre ici plus aisément que dans l'Oural leur véritable limite climatérique.

Si maintenant nous comparons l'aire d'extension des arbres à feuillage pris séparément, avec les zones climatériques qui divisent en sections particulières tout le domaine forestier, nous pouvons en général les classer facilement dans ces zones, ce qui n'empêche pas que deux ou plusieurs de ces dernières soient tout à la fois habitées par la majorité des arbres dont il s'agit. J'emprunte à mon catalogue géographique la revue suivante, en y ajoutant des observations relatives à quelques arbres en particulier. Deux arbres à feuillage seulement ont été constatés comme traversant toutes les sept zones, savoir : le Mérisier à grappes (*Prunus padus*), et le Sorbier des Oiseleurs

(*Sorbus aucuparia*); ils se comportent donc à l'instar du Pin sylvestre. Trois Peupliers indigènes, à la vérité jusqu'à présent non constatés dans le Kamtchatka, possèdent une aire d'extension presque aussi étendue; parmi ces peupliers, le Tremble (*Populus tremula*) se trouve encore dans le domaine de l'Amur, et les Peupliers noir et blanc (*P. nigra* et *alba*) ont été signalés au moins aussi loin que jusqu'à l'Altaï. Le Bouleau septentrional (*Betula alba*, L.)[96] qui, à cause de la conservation plus longue de ses lamelles corticales coloriées en blanc, est le seul qui mérite le nom de Bouleau blanc, est également un arbre dont l'aire embrasse toute la largeur de l'ancien continent, depuis la Scandinavie jusqu'au Kamtchatka et à l'Amur. Mais en Europe, de ce côté de la mer Baltique, cette espèce monte graduellement dans les régions montagneuses, ou bien passe sur le sol plus froid des marais à la forme frutescente (*B. alba var. pubescens* Ehrh.). Dans les plaines de la Russie, M. Blasius[97] l'a trouvée presque exclusivement limitée aux régions situées au nord du Waldaï (58°); ici elle atteint sa limite méridionale sur le partage des eaux entre les rivières du nord et du midi. Cet arbre correspond donc à la zone des arbres à feuilles aciculaires, et, dans celle du Chêne, il se trouve remplacé par le Bouleau allemand. L'Aulne blanc (*Alnus incana*) possède, à peu de chose près, exactement la même aire d'extension; elle aussi s'étend jusqu'à l'Amur et le Kamtchatka, sans pénétrer toutefois aussi avant dans le domaine climatérique occidental du Hêtre. Or ces sept arbres à feuillage sont à peu près les seuls qu'admette la zone des arbres à feuilles aciculaires en Sibérie; seulement on en voit quelques autres encore dans les régions les plus méridionales comprises entre l'Altaï et la Dahurie, jusqu'à ce qu'enfin sur l'Amur la physionomie du paysage change complétement.

Une série plus considérable d'arbres à feuillage européens correspond tout à la fois au climat du Hêtre et à la zone des Chênes de la Russie. Je compte 14 espèces appartenant à ce groupe. En sus de celles que M. de Middendorff a trouvées limitées par l'Oural, on doit ajouter le Bouleau allemand, auquel M. Ehrhart a donné le nom le mieux approprié (*Betula verru-*

cosa), à cause des déchirures que présente son écorce avec l'âge. Quant aux autres déjà mentionnés précédemment, je n'y ajouterai que quelques observations spéciales. Le Chêne à glands pédonculés (*Quercus pedunculata*) et le Tilleul à petites feuilles (*Tilia parvifolia*) embrassent les domaines de leurs congénères, le Chêne rouvre (*Quercus robur*) et le Tilleul commun (*T. grandifolia*), et dépassent de beaucoup ces derniers. C'est là un fait qui se reproduit fréquemment chez les espèces très-voisines; il s'expliquerait aisément à l'aide de la doctrine de M. Darwin, mais pourrait se rattacher tout aussi bien à l'hypothèse en vertu de laquelle le même centre de végétation aurait servi de point de départ à deux espèces analogues, mais à sphères climatériques inégales, et dont, par conséquent, l'une aura pu s'étendre sur un espace plus considérable que l'autre. La limite septentrionale du Tilleul à petites feuilles ne coïncide pas tout à fait avec celle du Chêne. Sur le littoral norvégien (62°), elle reste un peu en arrière de cette dernière, et, comme l'inverse a lieu en Russie sur la Dwina (62°), elle tient plus que le Chêne à une latitude boréale déterminée, sans paraître influencée par l'action du Gulf-Stream. Au reste, cela ne tient probablement qu'à des causes locales, puisque, même sur la côte orientale de la Suède, cette limite s'avance plus au nord que celle du Chêne. Les trois Érables, indigènes dans une grande partie de l'Europe centrale (*Acer campestre, platanoïdes et pseudo-platanus*), n'atteignent point la limite septentrionale du Chêne, mais restent en arrière de celle-ci à distances diverses. Le Frêne (*Fraxinus excelsior*) se présente rarement en nombreux individus; cependant, il constitue les taillis qui ornent de leur gai feuillage la lisière occidentale du Fjelde norvégien (61°—62°), où les arbres à feuilles aciculaires se trouvent refoulés sur l'arrière-plan. L'été humide de Bergen est favorable au Frêne et plus encore l'absence des gelées d'automne; voilà pourquoi, en Russie, dans la direction de l'est, il est réduit à des individus isolés. C'est d'une manière encore plus sporadique que se présentent les trois Ormes européens (*Ulmus campestris, montana* et *effusa*), mélangés ordinairement çà et là avec les essences des forêts à feuillage, mais qui, dans la plupart des contrées, ne sont guère distingués, à cause de la ressemblance entre les trois espèces. L'Aulne glutineux (*Alnus glutinosa*) tient à la proximité de l'eau courante et constitue dans ce sens une transition à la Forme-Saule. Enfin, parmi les arbres fruitiers sauvages, le Prunier merisier (*Prunus avium*), le Pommier doux et le Poirier commun (*Pyrus malus* et *communis*) appartiennent à ce groupe : aucun d'entre eux ne s'avance aussi loin au nord-est que le Chêne, et bien que le Pommier, le plus rustique de tous, atteigne en Norvége la limite septentrionale du dernier, il ne supporte pas en Russie, même le climat de Saint-Pétersbourg. La zone du Chêne de la Russie ne possède aucun arbre qui lui soit propre; mais, ainsi que nous l'avons déjà fait observer précédemment (p. 138), aux arbres à feuillage de cette zone s'ajoute un Érable des contrées danubiennes inférieures (*Acer tataricum*), lequel, dans cette direction, dépasse la zone du Chêne cerris.

Sept espèces d'arbres à feuillage correspondent plus ou moins à toute l'étendue du domaine climatérique du Hêtre, savoir : indépendamment du Hêtre lui-même (*Fagus sylvatica*), le Charme (*Carpinus betulus*), le Chêne rouvre (*Quercus robur*), le Sureau (*Sambucus nigra*), le Tilleul commun (*Tilia grandifolia*) et deux Sorbiers (*Sorbus aria* et *torminalis*). Parmi ces arbres, c'est le Sureau qui s'éloigne le plus du Hêtre, puisque, sur la côte norvégienne, il s'avance au nord (64°), même au delà du Chêne, sans qu'il ait été constaté en Russie, à ce qu'il paraît, de l'autre côté de la limite du Hêtre. Une espèce particulière de Sorbier (*Sorbus intermedia*, Pers., Syn. *S. Scandica*, Fr.) est propre aux districts méridionaux de la Scandinavie, d'où elle a passé jusqu'aux côtes allemandes et finlandaises. Ensuite, treize arbres à feuillage habitent séparément certaines sections du domaine climatérique du Hêtre; ce sont des formes plus méridionales, originaires en majeure partie des montagnes de la zone méditerranéenne, et qui ont pénétré du dehors dans ce domaine. Au Châtaignier (*Castanea vesca*) se rattache un Érable, réduit ici fréquemment à l'état frutescent (*Acer monspessulanum*), de même qu'à la zone du Sapin argenté un autre Érable (*A. opulifolium*), deux Sorbiers (*Sorbus domestica* et *hybrida*) et un Staphilier (*Staphylea pinnata*). Une espèce velue de Chêne (*Quercus pubescens*) est commune aux deux zones. Toutes les autres espèces remontent jusqu'à différents points le Danube inférieur; celles qui s'avancent le plus loin sont : d'abord le Chêne cerris (*Quercus cerris*) et puis le Tilleul argenté (*Tilia argentea*), le Lilac (*Syringa vulgaris*), un second Tilleul de l'Orient (*T. rubra*), qui va jusqu'au Banat, et un Coudrier (*Corylus Colurna*); le Cerisier (*Prunus cerasus*) n'a été trouvé indigène que dans la Bosnie et l'Illyrie.

En regard de ces essences des forêts à feuillage de l'Europe centrale, se range enfin le groupe d'arbres qui habitent le sud et l'est de la Sibérie (24 espèces) : d'abord se présente dans l'Altaï un Peuplier particulier (*Populus laurifolia*), auquel, de l'autre côté du Baïkal, succède le Prunier de Sibérie (*Prunus siberica*); ensuite viennent s'y rattacher les arbres à feuillage du domaine de l'Amur avec leur avant-poste en Dahurie (jusqu'à présent 19 espèces); en sus des cinq représentants déjà nommés de la Forme-Frêne et du Chêne de la Mongolie, il faut encore mentionner 3 Amygdalées (*Prunus*), 1 Poirier (*Pyrus baccata*), 4 Érables (*Acer*), 2 Tilleuls (*Tilia*), 1 Frêne (*Fraxinus*) et 2 Bouleaux (*Betula davurica* et l'espèce japonaise *B. ulmifolia*). Enfin, on connaît jusqu'à présent trois arbres propres au Kamtchatka, savoir : un Bouleau (*Betula Ermani*), un Peuplier (*Populus suaveolens*) et un Sorbier (*Sorbus sambucifolia*).

Quand le feuillage périodique du Hêtre et d'autres arbres à feuilles passe aux arbustes sans tronc, on voit surgir la Forme-Rhamnus, qui se distingue de la physionomie du Saule par une feuille plus large, bien qu'au reste ayant une configuration très-variée. De tels arbustes constituent généralement le bois menu des arbres à feuillage et ne se présentent que rarement à l'état de formation indépendante, comme le buisson d'Aulne et de Bouleau, dans le nord de l'Allemagne et de la Russie. Les éléments constitutifs du bois menu sont plus variés que les arbres qui les ombragent, mais les essences plus compactes de la forêt à feuilles aciculaires ne permettent pas aux végétaux ligneux de se développer dans leur domaine en aussi grand nombre que dans celui des arbres à feuillage, plus accessibles à la lumière; aussi ces essences excluent-elles fréquemment tout élément étranger, au point de ne tolérer que les Champignons d'automne. Les représentants les plus généralement répandus de la Forme-Rhamnus appartiennent à une vingtaine de genres répartis entre environ douze familles. Cependant, pour ne pas trop nous perdre dans les détails topographiques, qui ne contribuent que peu à la physionomie du paysage forestier, je me bornerai à quelques exemples de l'action climatérique sur les végétaux de la Forme-Rhamnus. Qu'ici encore, comme dans la flore arctique, avec la température décroissante, les branches ligneuses se raccourcissent et la grandeur de la feuille diminue, c'est ce que nous apprennent les végétaux fructescents qui revêtent le sol froid des marais, ainsi que les pentes supérieures des montagnes, où, dans la proximité de la limite des arbres, les formes alpines pénètrent dans les forêts. Les Bouleaux nains (*Betula nana*) qui, dans les Fjelde de la Norvége, constituent presque l'unique combustible, reparaissent, de concert avec un autre Bouleau frutescent (*Betula fruticosa*), dans les plaines marécageuses qui interrompent la forêt à feuilles aciculaires de la Russie septentrionale; dans les deux cas, le buisson est déprimé et ses feuilles plus petites que chez le Bouleau blanc. C'est également dans les tourbières des régions occidentales de la plaine baltique que nous trouvons le buisson à petites feuilles du Myrica Galé (*Myrica Gala*). Sous le climat plus chaud des forêts à feuillage, la Forme-Rhamnus passe aux arbustes épineux plus fréquemment que dans le nord et l'intérieur du continent; comme exemple très-connu de ce fait, on pourrait citer l'Aubépine (*Cratægus*) et d'autres Rosacées (*Prunus, Rubus, Rosa*), auxquelles correspondent, dans la Sibérie orientale, les Araliacées du domaine de l'Amur (*Aralia, Eleutherococcus*). Des genres inermes et plus riches en espèces indiquent un climat plus continental: le Cytise en Hongrie et la Spirée en Sibérie. Ce qui est plus remarquable, non pas tant sous le rapport de leurs variétés que sous celui de la réunion sociale des individus, c'est l'accroissement du nombre des arbustes baccifères dans la zone septentrionale des arbres à feuilles aciculaires. Ces arbustes aussi portent généralement de petites feuilles, telles que l'Airelle myrtille (*Vaccinium myrtillus* et *uliginosum*); quelques-unes appartiennent à la Forme-Myrte ou à la Forme-Bruyère; ainsi l'Airelle rose se rapporte à la première et la Camarine à fruit noir à la dernière. Leur fréquence est aussi caractéristique pour les forêts de la Scandinavie que pour le Kamtchatka, où ce trait n'a pas échappé à l'attention des voyageurs. Il paraît qu'en raison de la prolongation de l'hiver, le maintien de la vie animale exige une production plus considérable de ces substances alimentaires végétales, susceptibles de se conserver fraîches et comestibles sous l'enveloppe protectrice de la neige; aussi, ce que nous avons dit relativement au domaine arctique s'applique à un plus haut degré encore aux forêts du haut nord. C'est dans leur enceinte, comme dans les contre-forts des Alpes, que les animaux hivernants aiment à se retirer, lorsqu'ils ne trouvent pas assez de nourriture au delà de la limite des arbres. Enfin, il y a une signification climatérique dans l'aire d'extension des végétaux grimpants, des Lianes, qui, bien que peu nombreux dans nos forêts, diminuent décidemment dans les zones septentrionales et continentales : ainsi le Houblon (*Humulus*) est le produit de la forêt à feuillage; le Lierre (*Hedera*) est limité au domaine climatérique du Hêtre, de même qu'une forme américaine (*Schizandra*) se trouve dans les environs de l'Amur, où, dans la contrée ouverte, la forme non ligneuse du Liseron acquiert encore une importance considérable. Nous avons déjà indiqué (p. 162) le rôle climatérique de la Vigne sauvage dans les forêts du Danube inférieur.

Le Pin à tronc tordu et les Éricées frutescentes constituent une formation parfaitement indépendante, le premier sur la limite des arbres dans les montagnes, et les deuxièmes dans les pays littoraux. La feuille longuement étirée du Pin à tronc tordu proprement dit (*Pinus montana* ou *Mughus*) correspond à celle du Pin sylvestre, espèce très-voisine, tandis que d'autres fois elle passe par voie de raccourcissement à la feuille de Bruyère. C'est dans les Carpathes et les Sudètes que la région du Pin à tronc tordu acquiert le plus de développement; là ce

Pin couvre le sol de buissons serrés de 0,9—1m,2 de hauteur qui s'étendent au loin le long des pentes des montagnes, entre la limite forestière et les prairies alpines. La particularité du Pin à tronc tordu consiste en ce que les branches relevées en voûte sont entrelacées en une masse compacte frutescente, et que les feuilles agglomérées se trouvent disposées de manière à former par en haut des coussins aplatis, qui, pendant l'hiver, peuvent supporter les masses les plus pesantes de neige ; ce qui en même temps exclut du sol toute autre végétation. Sur les Alpes, où le Pin à tronc tordu descend quelquefois dans les vallées, il devient moins fréquent dans la direction de l'ouest ; il fait complétement défaut à l'Europe septentrionale, ou bien n'y est qu'imparfaitement remplacé par le Genévrier nain (*Juniperus nana*). Sur les montagnes de la Sibérie, il est représenté par le Pin cembra à l'état frutescent (*P. Cembra var pumila*) qui ici constitue également une région à part, située à la limite des arbres.

La Forme-Bruyère toujours verte, est une formation particulière propre à l'Europe occidentale. La Callune, bruyère de la plaine baltique, se trouve, à la vérité, encore en Russie[6], mais ici, dans la majorité des contrées, elle exige la protection des arbres projetant de l'ombre et maintenant ainsi l'humidité du sol. Il en résulte que cette dernière est une condition nécessaire à la Forme-Bruyère. La Bruyère de la plaine baltique est le produit du climat du Hêtre : en Écosse aussi, la Callune (—50°) ne s'avance que peu au nord de la limite du Hêtre (58°). Sur les montagnes, elle vient dans la région des nuages ; c'est ainsi que, dans les parages de Saint-Gervais, la pente nue du mont Blanc est revêtue de Callunes. La Forme-Bruyère n'est pas non plus étrangère aux humides forêts des montagnes ; une espèce particulière (*Erica carnea*) habite les forêts à feuilles aciculaires situées dans la partie orientale du domaine du Sapin argenté. D'ailleurs, ce ne sont que les Éricées proprement dites qui exigent le climat maritime prononcé, ou bien à titre de compensation les précipitations atmosphériques plus fortes de la montagne : en d'autres cas, les marais tiennent lieu de ces dernières (Ex. *Andromeda polifolia*), et parmi ces Éricées plusieurs végètent sous des méridiens orientaux (*Ledum*, *Andromeda calyculata*). Eu égard à des propensions aussi généralement prononcées pour l'humidité de l'atmosphère ou du sol, on est cependant frappé de voir que, dans le nord-ouest de l'Allemagne, les mêmes Éricées, et notamment la Callune et la Bruyère à quatre faces (*Erica tetralix*), revêtent tout aussi bien le sable aride et la tourbe imprégnée d'eau des tourbières élevées, et que nonobstant les grands contrastes sous le rapport de l'irrigation, elles impriment à toutes ces contrées une physionomie analogue. Mais cette apparente indépendance à l'égard de l'humidité du sol trouve peut-être son explication dans le fait que dans la région des collines sèches les buissons de Bruyère déposent sur le sable meuble une couche d'humus susceptible de retenir, pendant un certain temps, les précipitations atmosphériques du climat maritime. Si dans une grande partie de la plaine baltique, la Callune est l'unique représentant des Éricées, et si la Bruyère à quatre faces ne se produit que sur la ligne de végétation du Houx, et puis devient de plus en plus fréquente dans la direction du littoral de la mer du Nord, en France les Éricées offrent une plus grande variété spécifique, qui va en augmentant jusqu'aux Bruyères de la Gascogne, où elle acquiert son maximum et où viennent se joindre la majorité des formes portugaises, en s'étendant le long de l'Atlantique. Aussi, grâce à la durée plus longue qu'a sous ce climat la période de végétation, les buissons deviennent plus considérables. Tandis que dans la Bruyère de Lunebourg une hauteur de un mètre est rare, dans la Gascogne leur taille ordinaire est d'un mètre, quelquefois du double.

Dans le domaine forestier, la Forme-Saule se trouve le plus souvent liée aux mêmes conditions qui en déterminent *l'habitat* dans les régions arctiques et alpines. Elle n'est représentée que par certaines espèces du genre Saule (*Salix*) ; mais sur les rives méridionales de quelques fleuves, ainsi que sur la côte des mers du nord et de l'est, s'ajoute à ces espèces une Éléagnée (*Hippophae rhamnoides*). Si l'on se figure à l'origine ces pays revêtus complétement de forêts, toutes les autres formes végétales qui viennent interrompre ces dernières, soit en s'échelonnant sur des lignes isolées, soit en se massant dans certaines aires séparées, pourraient être rattachées à la circulation des eaux courantes, ou à l'interception de leur écoulement. En effet, là où le sol est trop humide, la majorité des arbres ne viennent point, et le peu qui s'en accommodent sont aisément refoulés par d'autres formes végétales. Si encore aujourd'hui on voit quelques individus isolés de Pin ou de Sapin végéter dans les marais de la plaine baltique, ce ne sont là que les restes d'une époque qui a précédé la formation de ces marais, ou bien c'est parce que les couches superficielles de la tourbe dans laquelle plongent les racines sont garanties contre un excès d'humidité par suite d'une disposition convenable des pentes; aussi lorsqu'une forêt placée dans de telles conditions vient à périr, elle se régénère rarement. Les buissons de Saule se présentent le plus généralement sur la rive des cours d'eau, où, grâce à ces derniers, la terre se trouve ramollie et où ils sont destinés à la raffermir et à la garantir contre les éboulements. Mais comme le genre Saule est composé d'espèces nombreuses à conditions vitales dissemblables, et dont plusieurs habitent les contrées les plus diverses du globe, il en est qui tantôt recherchent le sol marécageux au lieu d'eau courante, tantôt forment dans les forêts le bois menu, ou bien se contentent des plus arides sables des dunes. Plusieurs d'entre elles ne se rattachent guère par la configuration de leur feuille à la Forme-Saule prise dans le sens plus stricte, et cependant ce qui semble les caractériser c'est moins la forme étroite de la feuille que la faculté que possèdent leurs racines entrelacées de consolider le sol-meuble ; aussi, c'est en vue de ce résultat qu'ils trouvent une application technique dans les localités composées de sable aride. La cause des dunes, c'est l'action de l'eau qui par ses courants et ses vagues mine le littoral et, par suite, détermine l'éboulement du terrain dont la surface latérale n'oppose plus de résistance suffisante aux vents ; en sorte qu'il en résulte des buttes de sable meuble accumulées par les vents et privées de leur couche végétale superficielle. Ce qui peut mettre un terme à l'action de ces forces destructrices, c'est un système compliqué de racines à l'instar d'un treillage ; aussi en Allemagne et en Hollande les dunes de la mer du Nord sont consolidées particulièrement à l'aide des buissons de Saule, et dans la baie de Biscaye à l'aide du Pin maritime. Les Saules littoraux se distinguent par des dimensions plus considérables des Saules des flores arctique et alpine ; ceux des terrains marécageux ne sont, en partie, pas plus grands que ces derniers. Les premiers possèdent le plus souvent une aire d'extension très-vaste, par exemple le Saule des vanniers (*Salix viminalis*), puis les espèces arborescentes peu nombreuses (Ex. *S. alba* et *fragilis*). Quelques Saules littoraux se trouvent cependant placés dans des conditions climatériques plus circonscrites (Ex. *S. amygdalina* dans le domaine climatérique du Hêtre; *S. acutifolia* répandu dans la zone des chênes en Russie jusqu'à la Silésie). Dans la partie sud-ouest du domaine forestier jusqu'au Danube et à la lisière septentrionale des Carpathes, se trouve associée aux Saules littoraux une forme frutescente à aspect étranger, c'est celle des Tamaris qui, par des feuilles encore plus raccourcies et souvent succulentes ainsi que par d'autres conditions vitales, s'éloigne des Éricées auxquelles elle ressemble. Elle n'y est représentée que par un seul arbuste social croissant en forme de verges (*Myricaria germanica*), dont la particularité consiste en ce que, contrairement à la Forme-Tamaris qui tient aux terrains salins des steppes et des côtes, la Myricaire germanique n'exige point de semblables substances nutritives et se comporte à l'égal des Saules littoraux.

Dans les montagnes, au-dessus de la limite des arbres, surgissent des formes frutescentes qui reproduisent le type de la flore arctique, ou bien sont possédés en commun par celle-ci et par les régions alpines. Comme il en a déjà été question dans la partie de cet ouvrage traitant du domaine arctique (p. 61), il ne reste qu'à examiner encore les formes végétales qui ne développent point un corps ligneux, savoir : les Graminées, les Cypéracées, les Herbes vivaces et les Fougères.

Parmi les Graminées les plus importantes sont celles qui constituent le gazon ; c'est à leur mode de croissance que tient le caractère de la formation des prés, formation plus développée ici que dans aucun des domaines voisins. Au-dessus de l'agglomération compacte de racines diversement entrelacées se forme le gazon à l'aide d'une masse de branches raccourcies, à nœuds nombreux et à entre-nœuds supprimés; rangées l'une à côté de l'autre, les feuilles étroites, riches en silice et néanmoins flexibles, se multiplient sans cesse autant que l'espace et la lumière le permettent; ce n'est qu'à l'époque de la floraison que se produisent des chaumes allongés, le long desquels les feuilles s'écartent et se rangent à de certains intervalles. La hauteur et la densité du gazon dépendent, à la vérité, des espèces de Graminées qui le constituent; cependant, il croît aussi en raison directe des substances nutritives fournies par le sol. Ce sont les conditions climatériques qui décident de la prédominance de telles espèces ou de tels genres dans un pays; ainsi, dans les zones des forêts à feuillage de l'Asie orientale, les éléments constitutifs de notre gazon se trouvent représentés par des formes à taille plus élevée, semblables aux Graminées des savanes tropicales. Grâce à la ténuité et à la légèreté de la semence à laquelle le vent sert de véhicule, la majorité des Graminées possèdent une vaste aire d'extension et peuvent aisément atteindre leurs limites climatériques, pourvu qu'elles trouvent le sol qui leur convient. C'est l'irrigation qui décide de la question de savoir quelles sont les espèces indigènes qui croissent dans chaque pré en particulier, car chaque espèce exprime en quelque sorte l'état hygroscopique du sol. J'ai observé que les prés naturels, à pente irrégulière et à sol diversement mélangé, contiennent aisément de 20 à 30 espèces réunies sur des surfaces peu considérables. Dans les prés de Lunebourg, soumis à une irrigation artificielle, de manière que les pentes ménagées à l'eau permettaient à cette dernière d'humecter uniformément la moindre particule du sol, j'ai vu que le gazon, brillant dans tout son éclat et offrant les chances de la récolte la plus lucrative, avait fini par n'être plus composé que d'une seule et unique espèce (*Anthoxanthum*), qui avait refoulé toutes les autres. A la suite de la prolongation de la période de développement dans les contrées du sud et de l'ouest, ce qui permet des fenaisons plusieurs fois répétées, le gazon devient plus court et plus serré; c'est dans ces contrées que dominent les meilleures Graminées de pré de la zone tempérée, le Paturin, l'Ivraie, le Flouve, l'Agrostis (*Poa, Lolium, Anthoxanthum, Agrostis*). Là, où la période de végétation se raccourcit, comme pendant l'été continental dans le domaine de l'Amur ou dans le haut nord, dont les longues journées remplacent la chaleur réduite de l'été, le gazon est, à la vérité, beaucoup plus élevé que chez nous, mais d'un moindre rapport à cause de la prédominance de genres (nommément du *Calamagrostis*) dont les chaumes poussent plus rapidement, afin de ne point perdre le temps nécessaire à la maturation de la semence, mais qui, par contre, donnent moins de feuilles radicales. C'est bien ainsi que, dans nos forêts humides, les Graminées qui y reçoivent moins de lumière deviennent plus élevées que dans les prés placés à ciel ouvert, où la double action du soleil et de l'évaporation accélèrent la croissance des feuilles. Si l'influence exercée par l'irrigation artificielle sur la simplification de la végétation des prés tient à ce que chaque espèce exige un degré particulier d'humidité, et que, par conséquent, la variété dans les Graminées dépend de la propriété plus ou moins prononcée que possèdent l'argile, l'humus et le sable de retenir l'eau, alors la question de savoir jusqu'à quel point l'art de l'irrigation peut accroître la richesse du gazon et le produit du foin, devient non-seulement une question plus importante dans le sens pratique, mais encore se rattache en même temps au rôle particulier que jouent les Graminées dans la nature organique, ce qui embrasse les problèmes les plus élevés de la culture des plantes. Parmi les substances nutritives qu'exigent les Graminées pour leur végétation, et qu'elles doivent emprunter au sol, la silice tient le premier rang; elle est déposée particulièrement dans les gaînes des feuilles, qui ne deviennent capables qu'à cette condition de donner au chaume qu'elles emboîtent le degré suffisant de maintien solide, afin qu'il soit à même de se diriger verticalement dans le sens de la lumière et de supporter le poids considérable de l'épi mûr ou bien de la panicule étalée. De toutes les substances nutritives minérales de la plante, la silice est la combinaison la moins soluble dans l'eau; pour pouvoir arriver dans les feuilles des Graminées en quantité suffisante, elle réclame le renouvellement incessant de ce dissolvant et sa circulation plus accélérée à travers les tissus, en sorte que l'intensité de la croissance augmente en raison de la quantité de substances fournies, et s'arrête quand ces dernières font défaut. Ainsi donc, lorsque dans un pré placé à ciel ouvert l'évaporation se trouve stimulée par la chaleur, lorsqu'à la suite de l'action prolongée de la lumière les substances organiques se multiplient et que l'eau circulant sans interruption à travers les tissus maintient la nutrition minérale, alors la croissance des Graminées arrive à l'apogée de sa plénitude vitale. Mais ce n'est que l'eau courante qui puisse apporter constamment aux plantes de nouvelles dissolutions de corps minéraux empruntés à ses sources souterrraines, car ceux que la pluie trouve sur la surface du sol sont bientôt dissous et épuisés avant que les procédés chimiques de la désagrégation et de la régénération de l'humus aient rendu disponibles, en les dissolvant, de nouvelles combinaisons. Dans l'économie naturelle de la vie organique, le rôle des Graminées des prés, rôle que selon la différence des besoins respectifs elles partagent avec les herbes vivaces qui les accompagnent, consiste d'abord à élaborer dans leur tissu les dissolutions des corps minéraux opérées et transportées à la surface du sol par l'eau des sources, qui emprunte ces corps aux substances nutritives emmagasinées dans les roches souterraines; ensuite, ce sont les Graminées des prés desquelles dépend la subsistance des animaux en leur servant de pâturage; enfin, même les parcelles de poussière les plus ténues, qui se dégagent des organes après leur destruction, sont susceptibles de se répandre au loin sur la surface terrestre, et de fertiliser le sol comme engrais. C'est aussi en rapport avec le besoin particulier de nourriture que la distribution des prés tient à l'eau courante; ils revêtent les vallées des rivières qui, nourries en partie par les sources, refoulent la forêt et fécondent le sol gazonné sur toute l'étendue qu'occupent leurs eaux à l'époque des inondations. La couche d'argile ténue qui reste après la retraite des eaux constitue un bénéfice net au profit du développement futur du gazon. Le plus mince ruisseau donne naissance à un pré forestier au milieu des massifs épais des bois. Nous voyons partout comment, même dans leurs conditions primordiales, les Graminées des prés servent d'intermédiaires entre les trésors souterrains et la vie organique de la surface terrestre. Mais combien l'importance de cette action réciproque a grandi par l'activité humaine, par le travail du colonisateur qui, d'abord, s'empara du sol de la forêt pour y semer ses plantes alimentaires, puis finit par l'épuiser à la suite de ses besoins croissants et n'eût pas manqué de succomber à cette lutte au milieu de ses moyens limités, si l'eau des sources n'était venue les renouveler, si le pré n'avait pas été mis au service du bétail et celui-ci au service de l'agriculture, si enfin l'intelligence successivement développée ne s'était pas efforcée d'assurer, à l'aide d'une culture plus avancée, l'équilibre entre les plantes et les réservoirs souterrains qui les nourrissent et d'augmenter ainsi constamment les produits du sol!

Ce que l'eau courante est pour les Graminées, l'eau stagnante ou à mouvement lent l'est pour les Cypéracées, ces productions du sol marécageux. Ce n'est pas que cette famille réclame moins de silice; au contraire, les feuilles saturées de substances minérales de certaines espèces prouvent combien, sous ce rapport, les Cypéracées l'emportent, même sur les Graminées; mais elles sont loin de posséder au même degré que ces dernières la propriété de multiplier les organes verts en proportion de la quantité de substances nutritives fournies. Elles constituent une série de formes, commençant par les habitants des terrains les plus secs et finissant par les végétaux aquatiques nageants. La grande majorité des Cypéracées se rapprochent de ces derniers; elles ont un plus grand besoin d'eau que les Graminées. En même temps les deux groupes diffèrent l'un de l'autre par la nature de l'humidité qu'ils absorbent. On qualifie les Cypéracées de Graminées acides, parce qu'elles prospèrent dans les endroits où la transformation de l'humus donne lieu au dégagement d'acide humique libre. Quand, par suite de l'interception de l'écoulement de l'eau, un pré se convertit en marais, de telles conditions semblent se présenter, et c'est alors que les Graminées plus nutritives se trouvent refoulées par les Cypéracées. Bien que dans les marécages, les

Carex produisent souvent un revêtement gazonné non interrompu, au milieu duquel se dressent les blanches capitules agglomérées de Linaigrette, également une Cypéracée *(Eriophorum)*, cependant ses feuilles raides ne donnent point de foin qui puisse servir à la nourriture des animaux. La végétation du sol marécageux est plus indépendante des influences climatériques que celle des Graminées, et il en est ainsi à un plus haut degré encore des plantes aquatiques. Les mêmes formes de Linaigrette qui dans les Fjeld alpins de la Norvége revêtent les dépressions de ces hauts plateaux, se reproduisent sur le sol analogue des plaines basses, avec quelques changements insignifiants dans leurs parties constitutives. Ici, les contrastes entre les zones tempérée et arctique s'évanouissent jusque sous les latitudes les plus élevées. L'extension illimitée de certaines plantes aquatiques et palustres n'est pas seulement une conséquence de la diffusion de leurs semences à l'aide d'oiseaux de passage, qui cherchent leur nourriture dans l'élément liquide, ainsi que cela a été démontré par Darwin; le fait tient également à la température plus uniforme de l'eau absorbée par ces plantes. Sous les latitudes septentrionales de la zone tempérée, la glace de l'hiver disparaît plus tard dans les marais que dans les rivières, et c'est là encore un motif qui rend dans ce pays les conditions de la végetation plus analogue à celles de la flore arctique.

Par l'intermédiaire des Roseaux et des Typhacées qui s'élancent à une hauteur considérable au-dessus de la surface des eaux peu profondes, et dont les chaumes serrés portent des feuilles espacées ou bien en manquent complétement, les Cypéracées et les Graminées se trouvent réunies en une forme végétale ayant des manières de vivre analogues. Les massifs de Roseaux (notamment *Arundo phragmites*) ont la plus vaste expansion le long des cours inférieurs des grands fleuves, ainsi que sur leur delta insulaire ; ce développement acquiert d'immenses proportions près des bouches du Danube où, autant que le regard peut s'étendre, il n'aperçoit que des surfaces de bien des lieues carrées exclusivement revêtues de Roseaux. C'est dans cette solitude du delta, solitude inaccessible, quoique animée par les oiseaux aquatiques, que se cachent les bras étroits du puissant fleuve, comme si la végétation ne permettait point à l'eau courante d'atteindre le Pont-Euxin. Le mouvement ralenti de cette eau, ainsi que le dépôt persistant des alluvions, préparent aux grands Scirpes (*Scirpus*) et aux Roseaux (*Arundo*) le sol le plus convenable, qu'ils consolident ensuite à l'aide de leur compacte système radical.

La Forme des herbes vivaces est développée d'une manière variée selon la position et la nature de la localité, ainsi que selon les végétaux qui les accompagnent; cependant, dans la majorité des cas, elle n'appartient qu'aux éléments subordonnés de diverses formations végétales. Elle décore richement les espaces clair-semés de la forêt à feuillage et les lisières de ses environs; plongée dans le gazon des prés, elle étale, en les variant selon les mois, ses fleurs diversement coloriées, disséminées au milieu des Graminées; elle profite des substances nutritives dont celles-ci n'ont pas besoin, en sorte que, selon toute apparence, il existe un certain équilibre entre ces deux formes végétales. Nous avons déjà signalé précédemment (p. 155) les dimensions croissantes des herbes sous l'empire du climat continental; dans la profonde terre végétale de l'Ukraine, elles acquièrent une hauteur de près de 3 mètres, et c'est ce qui a aussi lieu dans les *formations à parc* du domaine de l'Amur et notamment dans les prés du Kamtchatka, dont M. de Kittlitz (voir plus bas) a figuré les gigantesques Ombellifères. De même il paraît que c'est à la suite de la réduction de la période de végétation dans les régions supérieures des hautes montagnes, que s'établit un certain rapport entre le climat continental des méridiens de l'est, et cette masse d'Aconites à taille élevée ainsi que d'autres herbes qualifiées de subalpines et associées, dans la proximité de la limite des arbres, aux Rhododendron des Alpes. Une certaine mesure dans la réduction de la période de croissance favorise l'allongement de la tige, mais aussitôt que cette mesure est dépassée et qu'en même temps la température à baissé au-dessous d'une valeur extrême déterminée, il se produit des effets opposés qui se manifestent chez les herbes alpines par la taille déprimée et par l'agrégation des rosettes feuillaires, phénomène qui, sur la limite des arbres, succède presque immédiatement aux végétaux élevés de la région subalpine. La première condition de la conservation d'une espèce, c'est la formation de la fleur et du fruit; une fois que celle-ci est encore suffisamment assurée, la plante cherche à élargir autant que possible l'étendue du travail assigné aux feuilles.

Comme elles s'effacent complétement dans la physionomie de nos pays, les Fougères ne méritent d'être mentionnées que parce que l'on prétend que le climat maritime doit accroître la variété de leurs espèces. Toutefois, la comparaison de la flore des Fougères russes avec celle des Fougères françaises ne m'a guère fourni une confirmation de cette opinion; tout au plus y voit-on cette différence que quelques-unes des espèces du midi de l'Europe s'étendent le long de l'Atlantique jusqu'aux îles Britanniques. Mais ce qui prouve évidemment qu'une chaleur uniforme et l'humidité sont favorables aux Fougères, bien que leur organisation ne nous ait pas permis jusqu'à présent d'apprécier les proportions voulues de l'une et de l'autre, c'est la fréquence croissante de leurs individus sous l'ombre des forêts à feuillage du domaine climatérique du Hêtre.

Formations végétales. — A mesure qu'on s'éloigne de l'est de l'Atlantique ou de l'Europe centrale vers les latitudes plus élevées, le revêtement forestier du continent acquiert un caractère plus continu. Tandis qu'en France la surface boisée est évaluée à 9 pour 100 de l'aréal total de la contrée, et dans les Pays-Bas, même à 6 pour 100, ce rapport paraît se monter à plus de 50 p. 100 dans les provinces russes d'Archangel, de Wologda et d'Olonetz, et à 64 pour 100 dans la Scandinavie. Quand même ces divergences ne seraient qu'une conséquence naturelle de l'extension de l'agriculture, resterait toujours à savoir jusqu'à quel point, à l'origine, l'éclaircissement des forêts a été déterminé par la nature du sol. Aujourd'hui, on peut distinguer quatre grandes sections dans le domaine où les forêts s'éloignent des terrains auxquels la charrue n'a cependant pas touché, savoir : les surfaces à Bruyères de l'ouest de l'Europe, les Poustes de la Hongrie, les marais de la Russie pour la plupart revêtus de broussailles, et les prés spacieux du pays de l'Amur et du Kamtchatka. Quant aux Bruyères de la plaine Baltique on ne saurait admettre que de tout temps elles aient été aussi peu boisées que de nos jours. Les troncs d'arbres à feuilles aciculaires enfouis dans les tourbières du Hanovre indiquent que la contrée déboisée avait possédé jadis des forêts. De même, près du lac de Steinhude, au-dessous des marais revêtus de Cypéracées, se trouve, reposant sur le fond plus solide, une couche puissante d'arbres immergés, qui prouvent que le sol aujourd'hui inondé composé d'une couche oscillante de gazon, avait été autrefois boisé. Ainsi se multiplient les observations dont il résulte que, d'abord naissent des tourbières forestières à la suite de la stagnation de l'eau dont l'écoulement fut arrêté par des alluvions, et puis viennent les remplacer des marais à ciel ouvert, lorsque les arbres ont été détruits. Dans les Bruyères sèches de la plaine Baltique, les essences forestières paraissent également avoir diminué, les arbres ayant commencé à être exposés au vent nord-ouest lorsque la consommation du bois a eu pour suite l'éclaircissement de la forêt ; c'est pourquoi à une époque plus récente, une silviculture rationnellement pratiquée est parvenue à repeupler d'espèces du Pin sylvestre ces surfaces devenues désertes, et de créer par là de nouvelles sources de bien-être. Il en est autrement des Poustes de la Hongrie, qui, bien qu'également accessibles à la végétation arborescente suivant la disposition de leur climat, doivent leur origine, comme le prouve leur surface horizontale, à un ancien bassin lacustre occupé aujourd'hui par la dépression du Theiss, ainsi que par la steppe limitrophe qui a adopté une végétation de caractère étranger. Enfin en Russie et en Sibérie, où les cours d'eau sont bien moins régularisés par la culture que dans l'ouest de l'Europe, les régions déboisées pourraient bien avoir été produites à l'origine par le défaut d'un écoulement uniforme. Nous y voyons les formations végétales qui tiennent à un sol plus humide concentrées soit sur les partages d'eaux, soit dans le domaine des inondations des rivières.

Si nous comparons, sous le rapport de leurs éléments constitutifs, les forêts avec de certaines flores, nous trouvons que leur particularité la plus saillante consiste dans la nature simple de ces éléments : en effet, ce qui impressionne le plus dans l'ensemble d'une forêt, c'est bien moins le mélange de plusieurs essences que la physionomie uniforme, mais si pittoresque dans son individualité même, du massif forestier composé uniquement de Hêtres, de Chênes ou d'arbres à feuilles aciculaires. Ce n'est qu'en remontant aux époques plus anciennes de l'histoire de notre globe, que quelquefois on peut constater un changement séculaire dans ces éléments. De même qu'en Sibérie le Bouleau paraît acquérir peu à peu une plus grande extension[104], ainsi il résulte des documents officiels que, dans le nord de l'Allemagne, les arbres à feuilles aciculaires ont graduellement fait perdre du terrain aux arbres à feuillage[105], et l'expérience nous apprend qu'aujourd'hui encore ils sortent triomphants de cette lutte ; ainsi, par exemple, dans le Harz occidental, la Pesse a généralement succédé au Hêtre, et lors de la coupe de ces derniers, on a trouvé dans plusieurs endroits, des restes de Chêne à un niveau de 650 mètres (2,000 pieds), altitude à laquelle depuis longtemps cet arbre ne se présente plus. Si, en conséquence de faits pareils, il devient vraisemblable que les modifications séculaires du climat sont la cause des changements subis par les essences forestières, on pourrait, dans d'autres cas, rattacher ces changements à la nature des éléments nutritifs minéraux du sol, dont telles substances sont absorbées par un arbre, telles autres par un autre arbre, en sorte que, lorsque les premières de ces substances se trouvent épuisées, celles qui restent permettent à la nouvelle végétation ainsi maintenue de refouler complétement la végétation en voie d'extinction. Ce que l'agronome voit s'opérer en peu de temps dans la succession alternante des plantes annuelles qu'il cultive, s'accomplit avec la même régularité dans le cours des siècles à l'égard de la croissance des arbres. Enfin, le changement dans les essences forestières peut également n'être que la suite de considérations économiques, alors qu'elles ne sont plus abandonnées à elles-mêmes, mais cultivées artificiellement. C'est ainsi que le phénomène devient un problème complexe qu'on doit soigneusement étudier avant de se croire autorisé à admettre un changement dans les conditions climatériques. Nous devons une étude semblable à M. Vaupell[106] qui, dans la question des forêts des îles danoises, s'est prononcé en faveur d'un changement dans les influences du sol. C'est précisément dans ces îles, qu'en étudiant les tourbières forestières zélandaises, M. Steenstrup avait été le premier à signaler d'une manière plus étendue les changements séculaires subis par les arbres; M. Vaupell continua les observations de ce savant, et constata qu'en qualité d'arbre dominant, le Bouleau avait précédé les forêts actuelles du Hètre, mais qu'en même temps le premier était mélangé avec le Chêne et le Pin sylvestre, qui aujourd'hui a complétement disparu dans le Zeeland. Si l'on voulait attribuer ce changement à des conditions climatériques, le Chêne, et à un degré encore plus élevé le Bouleau, feraient conclure à un certain adoucissement du climat, autant du moins que la limite septentrionale actuelle de ces arbres peut servir d'étalon pour le climat danois tel qu'il a été pendant les époques anciennes. Mais M. Vaupell rejette cette opinion qui, en effet, ne s'appuie guère sur des faits constatés par l'expérience dans le nord de l'Allemagne. On ne saurait néanmoins méconnaître que les mêmes changements dans la végétation sont susceptibles de provenir de causes différentes, et que l'adoucissement du climat amené par la diminution des forêts exerce sur ce qui en reste une influence rétroactive. M. de Liebich divise la marche historique des forêts européennes en trois grandes périodes, qui correspondent à l'éclaircissement croissant des forêts par suite des progrès de la civilisation: d'abord, les essences agglomérées et sombres au milieu desquelles le chasseur poursuit son butin, comme aujourd'hui en Sibérie et dans le Canada, firent naître un climat boréal, puis, la vie de l'arbre qui avait soustrait le sol aux actions du soleil et de la lumière dut subir une restriction convenablement dirigée par l'agriculture, ce qui donna lieu au développement des régions cultivées de l'Europe centrale, jusqu'à ce qu'enfin la dévastation démesurée des forêts commençât à produire les conditions telles que nous les avons sous les yeux en France, où ce n'est que le voisinage de la mer qui met le pays déboisé à l'abri d'une sécheresse extrême et préjudiciable à la fertilité du sol.

La hauteur et la richesse déployées dans le développement des arbres est l'expression des conditions physiques les plus diverses. La brièveté de l'été et la sécheresse comparative de la Sibérie, mais aussi tout autant la position de la glace souterraine rapprochée de la couche superficielle, réduisent ici la taille et la circonférence des troncs, et leur donnent, à mesure que l'on s'avance vers le nord, le caractère d'essences jeunes, qui, sous le rapport de la beauté, ne sauraient être comparées à celles des pays à climat maritime[108]. Mais, même dans l'ouest, où le climat favorise le plus la croissance des arbres, les forêts sont partagées d'une manière très-inégale sous le rapport de la beauté qui dépend de la nature du sol, mais avant tout de sa propriété de retenir l'humidité. C'est à ces conditions que M. Ratzeburg[109], l'un des plus grands connaisseurs des forêts allemandes, rattache l'éclat luxuriant des essences végétant sur le basalte des districts du Weser ou sur les trachytes du Rhin. Si la profondeur et la composition du sol déterminent la répartition des espèces arborescentes, c'est de la circulation uniforme de la séve que dépend la faculté des individus de se développer régulièrement jusqu'à l'âge avancé, et d'acquérir, d'année en année, une apparence plus imposante. En Allemagne, les plus beaux Hêtres se trouvent sur les côtes de la mer Baltique, ainsi que sur le sol calcaire des séries de collines du domaine du Weser. Beaucoup plus rares sont devenues les forêts de Chênes anciennes et bien conservées; j'ai vu les plus splendides de celles-ci sur la rive de l'Elbe, dans les duchés d'Anhalt, et il paraît que celles croissant sur l'alluvium de la Silésie, près de l'Oder, ne le leur cèdent guère; il est probable que des arbres tels que ceux-là ne se rencontrent que rarement dans la zone des Chênes, qui s'étend depuis le nord de l'Albanie, à travers la Servie, jusqu'aux forêts à feuillage de la Russie. Les Pesses des Sudètes, du Harz et des Alpes, ainsi que les Sapins argentés de la Forêt-Noire, sont, dans leur genre, les arbres les plus splendides dont l'Europe puisse faire montre. Le reste des éléments constitutifs de la formation forestière, tels que les buissons qui composent le bois menu, les Lianes, les Graminées, les herbes vivaces qui revêtent le sol, les Champignons qui, le plus souvent, inaugurent et terminent leur fugace existence pendant les pluies d'automne, sont distribués d'une manière déterminée, conformément aux actions du climat et du sol ; et, comme ils dépendent en même temps de la lumière, qui tantôt leur est complétement enlevée par une ombre épaisse, tantôt accordée par les gradations les plus diverses, tous ces éléments secondaires de la forêt peuvent acquérir une variété de formes supérieure aux essences de la forêt même. Cependant, ce ne sont que les forêts à feuillage plus éclairées qui sont riches en plantes prospérant à l'ombre. Les forêts à feuilles aciculaires ne les admettent guère. D'ailleurs, la présence même du bois menu y dépend de la lumière. Dans les forêts de Pesse du haut nord sur le Petchora, le bois menu est représenté par les Bouleaux, les Saules et l'Aulne vert (*Alnus fruticosa*), ainsi que par des Airelles et autres buissons baccifères; le sol des forêts plus épaisses du Pin sylvestre ne porte qu'un tapis blanc de Lichens ou une couche de mousse à fronde. On dirait que la formation cryptogamique du Toundra arctique se soit retirée en deçà de la limite des arbres, sous l'ombre plus fraîche de la forêt.

Sur les surfaces découvertes des plaines baltique et russe, les formations frutescentes des Bruyères et des marais occupent comparativement un espace étendu, et doivent être considérées comme tenant à l'état primitif de la contrée ou du moins à une époque reculée. Les Bruyères de la plaine baltique sont presque exclusivement revêtues de Callunes, qui n'admettent au milieu d'elles que peu de végétaux ou, pour la plupart, seulement des individus isolés. Près des confins russes, la Bruyère ouverte à Callune s'évanouit graduellement; elle ne se présente à l'état sporadique que sur le lac Onéga, et, plus fréquemment, en Lithuanie. Nous avons déjà vu (p. 189) que les mêmes Éricées, ou bien la Bruyère à quatre faces (*Erica tetralix*) représentant de la Callune, revêtent tout aussi bien le sol sec que les marécages voûtés de l'ouest (nommés *Hochmoore* en Allemagne). Or, les marécages voûtés[98] se distinguent des tourbières plates, formées de Cypéracées (*Wiesenmoore*), ainsi que des tourbières de forêts (*Waldmoore*), précisément par ce fait que la masse de tourbe qui se gonfle peu à peu en forme de tertre, provient presque exclusivement de la terre végétale engendrée par les Éricées; de cette manière, les substances organiques accumulées sous l'eau à la suite de leur humification, et devenues plus tard inaltérables après avoir subi l'action des diverses saisons, servent de base à de nouvelles générations capables de se développer sur cette couche inerte, comme sur un sol de nature inorganique. Puisque la tourbe remplit quelquefois les dépressions du sol jusqu'à une profondeur considérable, sans renfermer de substances minérales, à l'exception de celles que contiendrait la cendre des débris végétaux ou que le vent aurait pu apporter, cela prouve combien peu importantes sont, pour les Éricées, les substances nutritives contenues, à l'état de dissolution, dans l'humidité qu'elles absorbent. Le diluvium, qui constitue le sol arénacé de la plaine baltique, est tout aussi pauvre; en sorte qu'il est indubitable que la concordance qui se produit entre les Bruyères et les Tourbières, sous le rapport des conditions de végétation, tient à ce que les Éricées étouffent et refoulent tout autre végétal qui demanderait plus de nourriture minérale, et qu'ainsi elles s'emparent presque exclusivement du sol. Cependant, les Éricées des marécages voûtés sont déjà moins sociales que les Callunes du sol sec. Lorsque l'humidité du sol augmente, les interstices que présentent les convexités agrégées du terrain et formées de buissons nains (nommés *Bulten* en Allemagne) se trouvent remplis par des Cypéracées, des Carex et des Linaigrettes (*Eriophorum*); c'est ainsi que le marécage voûté peut passer à la tourbière à Glumacées (*Wiesenmoore*), dont la couche végétale continue là où elle est développée sans mélange, et est composée de Cypéracées et de quelques Graminées palustres, ainsi que d'herbes vivaces. Les tourbières à Glumacées (désignées aussi en Allemagne par le nom de *Bruch*), dont la tourbe est formée à l'aide des plantes susmentionnées, ne se dessèchent pas en été aussi facilement que les tourbières voûtées : la substance organique qui reste après l'humification de leurs organes est moins dense et constitue un combustible de moindre valeur; sous la couche du gazon que les pieds font osciller et frémir, l'eau s'accumule comme dans des citernes; c'est ainsi qu'un tel dépôt se convertit quelquefois en une île flottante qui, détachée du rivage, est ballottée par les ondes d'un lac. La différence entre la végétation des Cypéracées et celle des Éricées consiste en ce que les premières élargissent plus facilement leur gazon dans le sens latéral, sans craindre même une nappe d'eau placée à ciel ouvert, tandis que les dernières exigent, au contraire, un fond plus solide qu'à la vérité elles doivent d'abord faire naître et construire elles-mêmes, à la suite de l'humification de leurs racines. Aussitôt que la tourbière à Glumacées se trouve pourvue d'un revêtement végétal, la masse de tourbe engendrée par le gazon ne tarde pas à offrir un sol convenable aux buissons, non plus d'Éricées à feuilles aciculaires, mais à des buissons à feuillage d'une taille plus haute. Cela nous conduit au grand contraste géographique qui se présente entre les tourbières voûtées et les marais à Aulnes et à Bouleaux (appelés en Allemagne *Erlenbruch* et *Birkenbruch*), dont les premières appartiennent à la partie occidentale de la plaine baltique, et les derniers principalement à la Russie d'Europe. Ces marais de l'est s'étendent sur un espace beaucoup plus considérable que les tourbières d'Éricées, et se trouvent également constitués partout d'une manière uniforme, toute proportion gardée. Parfois les buissons sont tellement élevés et serrés que, s'ils n'étaient pas ramifiés immédiatement au-dessus du sol, on croirait voir une forêt de second ordre, et telle est notamment l'impression qu'ils produisent, vus à une certaine distance, lorsque les Aulnes septentrionaux (*Alnus incana*) y prédominent. Bien plus fréquents sont les buissons de Bouleau (*Betula fruticosa* et *nana*), à peu près de la hauteur de l'homme, séparés les uns des autres par un gazon à Cypéracées et accompagnés de petits Saules (*Salix rosmarinifolia*) et d'Éricées spéciales (*Ledum*, *Vaccinium*). Dans le nord, cette formation possède aussi ses baies, parmi lesquelles le fruit le plus savoureux de la flore tout entière est celui d'une espèce de Ronce herbacée, nommée *Moltebeere* en Suède (*Rubus chamæmorus*), produit d'une herbe sociale (environ de la longueur de la main) qui prospère dans de semblables marais, ainsi que dans les forêts en voie de se convertir en marécages. Le fruit ressemble à la framboise, qu'il dépasse en grosseur, et se trouve isolé au bout d'une tige simple. Répandue généralement en Scandinavie et dans le nord de la Russie, cette Ronce n'atteint l'Allemagne que dans les forêts marécageuses les plus septentrionales de la Prusse et de la Poméranie; plus loin, on la voit encore une fois sur des points isolés et élevés des Sudètes. La limite des marais à Aulne et des tourbières voûtées se trouve indiquée par la direction de l'Elbe, dans la Marche. Depuis le Mecklembourg jusqu'à la Lausitz, les marais à Aulne et à Bouleau sont tout aussi bien formés qu'en Russie. Leur développement le plus étendu a lieu dans les marais de la Lithuanie, parce que les régions qui renferment les sources des rivières du nord et du midi y sont moins séparées l'une de l'autre par des renflements du terrain; c'est ici que la végétation des marais n'est souvent formée que par des buissons de Saule, et même, sur un sol plus sec, on voit fréquemment la forêt de Chêne réduite à l'état de broussailles. En deçà de l'Elbe, se trouve encore un marais à Aulne assez considérable : c'est le Drœmling, situé sur les confins du Hanovre, du Brunswick et de l'Altmark. On ne saurait admettre que cette alternance entre les marais plats à buissons et les tourbières voûtées à Éricées ne soit que le résultat de différents modes d'irrigation; il est plus vraisemblable que la distribution de ces deux genres de tourbières est uniquement l'expression du contraste entre les conditions climatériques des Éricées et d'autres arbustes de taille plus élevée qui exigent un été continental. Ce n'est pas la manière dont l'écoulement de l'eau est obstrué qui imprime un caractère particulier à la végétation, c'est plutôt celle-ci qui détermine le mode et les effets de cette obstruction, selon que la terre végétale est composée de gazon d'Éricées ou bien de Cypéracées et de racines de buissons.

Par leur végétation, les Poustes de la Hongrie se rattachent de si près aux steppes de la Russie méridionale, qu'on pourrait se demander si, en les distinguant de ces dernières, on n'établit pas une distinction arbitraire. Où le sol est favorable aux plantes, la steppe elle-même a poussé au delà des Carpathes, ses avant-postes occidentaux entourés de forêts : on en cite une dans les parages de Chotin, sur le Dniester, au point de contact entre la Galicie, la Bessarabie et la Moldavie, et probablement on en trouvera de semblables dans les Principautés danubiennes. Aussi, par l'absence de végétaux ligneux, par la prédominance des Graminées, par la variété d'herbes vivaces mélangées avec les autres éléments, et enfin par le tapis gazonné non continu, qui constitue un trait si distinctif de la steppe à Graminées, comparativement aux formes végétales des prés, par tous ces caractères, les Poustes s'accordent avec les contrées qu'occupent les populations pastorales de la Russie. Déjà aux portes de Pesth ou à peu de distance, dans la direction de l'est, les Poustes commencent à se montrer; on aperçoit une végétation bigarrée, composée soit d'individus isolés annuels, soit formant des gazons au milieu desquels perce à nu le terrain sablonneux. Quand, plus loin, on arrive au sol salin de la dépression du Theiss ou de la Transylvanie, les Poustes à Graminées alternent avec la formation des Halophytes, ce qui rappelle les steppes salées de la Russie. Cependant, nous avons déjà précédemment signalé les motifs (p. 140) qui ne permettent guère de comprendre dans la même catégorie les Poustes et les steppes, et qui, de plus, assignent aux premières un avenir économique plus important. D'ailleurs, quelle que soit la ressemblance entre les unes et les autres, sous le rapport de la physionomie végétale, celle-ci présente dans les Poustes certaines déviations qui indiquent une migration des plantes du dehors, et non une communauté originelle. M. Kerner distingue, dans les Poustes hongroises à sol non salé, trois formations de Graminées[112], savoir : celle du Barbon (*Andropogon*), celle du Stipa (*Stipa*) et celle des Graminées annuelles (*Bromus*). Parmi ces formes, les gazons à Stipe sont seuls communs aux Poustes et aux steppes; aussi, dans la formation des Barbons (*A. Gryllus*), qui, comme la précédente, se trouve chamarrée de la manière la plus variée d'herbes vivaces à fleurs abondantes, domine une Graminée qui, répandue dans les vallées plus chaudes des Alpes jusqu'aux contre-forts des Carpathes, révèle une provenance du midi de l'Europe; quant aux Graminées sociales et annuelles, celles-là non plus ne sauraient être considérées comme originaires des steppes, car ce sont, pour la plupart, des espèces qui constituent une formation semblable dans le domaine méditerranéen. Il en est de même des Holophytes, qui offrent peu de termes de comparaison avec la steppe salée russe, soit parce que dans les poustes ils sont généralement limités à des localités plus étroitement circonscrites ou présentent bien moins de variété que dans les steppes[112]. Les dissemblances individuelles servent presque de contre-poids à la similitude physionomique entre les poustes et les steppes; mais la marche du développement d'après les saisons est la même. Là, comme ici, c'est une floraison rapide et passagère en mai et en juin, ainsi qu'un été sec auquel les Holophytes survivent, afin de développer leurs bourgeons en automne.

La formation des prés, dont le tapis gazonné ininterrompu se trouve en juste proportion avec les herbes vivaces associées aux Graminées, est, sous le rapport de l'espace qu'elle occupe, très-inférieure aux forêts. Mais, dans le domaine de l'Amur et dans le Kamtchatka, ces dernières sont remplacées par de vastes plaines à Graminées d'un caractère non moins particulier, car parmi leurs éléments constitutifs figurent des buissons et des arbres qui impriment au paysage la physionomie d'un parc naturel. Cette formation, qui semble rattacher l'Asie orientale à la flore de Californie, si différente cependant par ses conditions climatériques, a été qualifiée par M. de Kittlitz[113] de prés forestiers ou plaines à Graminées, qu'il a figurées telles qu'elles se présentent sur la rive de l'Awatscha, dans le Kamtchatka. Dans son voyage à l'Amur, M. Radde[114] en trace un tableau détaillé, mais il n'a pas été heureux, pas plus que d'autres auteurs, dans le choix du terme de comparaison, en assimilant les parcs naturels aux prairies américaines; car, bien que les premiers aient en commun avec les prairies de l'Amérique du Nord les herbes vivaces à taille élevée, ils diffèrent essentiellement de ces dernières par l'alternance entre les Graminées et les groupes d'arbres. Le vigoureux développement des Graminées entrelacées de plantes grimpantes de la forme Convolvulus, la taille élevée des herbes vivaces, l'immixtion des arbustes à feuillage, les bois de Chêne qui couronnent généralement les intumescences du sol, tout cela se trouve réuni dans la contrée de l'Amur pour lui donner un caractère particulier, caractère qui, d'après ses éléments constitutifs, pourrait être défini comme un mélange de la forêt à feuillage avec les prés luxuriants. Sous le rapport physionomique, cette contrée pourrait être assimilée bien plutôt aux savanes tropicales, mais nullement aux prairies déboisées. Les conditions physiques de la vie, cependant, y sont tout autres que celles dans les savanes proprement dites. Dans le pays de l'Amur, la brièveté de l'été exige le développement le plus rapide, activé par les eaux souterraines de la rivière et, de temps à autre, par ses inondations. Dans les savanes des tropiques, la croissance des végétaux n'est point stimulée par l'eau courante, mais par les pluies tropicales; c'est la sécheresse qui plonge ces végétaux dans le sommeil hivernal, comme le fait la gelée de l'automne à l'égard des plaines à Graminées du Nord. La physionomie du paysage de l'Amur à aspect de parc naturel offre une ressemblance parfaite avec celle des plaines à Graminées du Kamtchatka. M. de Kittlitz fait observer que, dans cette dernière contrée, le tapis gazonné acquiert également une puissance surprenante; que les buissons qui s'élèvent çà et là et qui l'ombragent d'abord finissent par percer à peine à travers les chaumes rapidement développés, et que même les herbes vivaces ayant la taille d'homme, ne tardent pas à voir leurs fleurs richement colorées masquées par les Graminées auxquelles elles sont associées. Néanmoins, les éléments constitutifs de la formation végétale sont tout autres sur l'Amur que dans le Kamtchatka. Dans cette péninsule, le Chêne mongol se trouve remplacé par le Bouleau; les buissons sont composés d'autres espèces à feuillage, les plantes grimpantes paraissent être propres à l'Amur. Parmi les herbes vivaces du Kamtchatka, dominent d'autres genres à taille encore plus considérable : ainsi une Spirée[115] (*S. Kamtchatica*) s'élance en peu de semaines à une hauteur de 3 à 4 mètres, pour disparaître à la première gelée de nuit; une Ortie (*Urtica*) et une Ombellifère (*Heracleum dulce*) se développent d'une manière tout aussi exubérante et s'élèvent bien au-dessus des Graminées.

Régions. — Les rapports climatériques entre les montagnes et la plaine comprennent une série de faits qui doivent devenir l'objet d'une étude rigoureuse, avant qu'il soit permis de saisir la loi en vertu de laquelle s'effectue la disposition des régions qui subdivisent la végétation dans le sens vertical. Le retour des plantes de montagnes dans les plaines situées sous des latitudes plus élevées constitue le phénomène qui tout d'abord donne lieu à une étude de cette nature. On a constamment rattaché à une concordance dans les influences thermiques la connexion intime qui se présente entre la Flore alpine de l'Europe et les produits de la zone arctique, connexion basée non-seulement sur la similitude des formes et formations végétales, mais aussi sur une série considérable d'espèces identiques qui font défaut aux régions intermédiaires. Humboldt fut le premier à formuler le principe, que la décroissance de la température dans le sens vertical donne lieu à la même disposition des plantes que celle qui se produit dans la direction de l'équateur au pôle ; seulement il s'est dispensé d'étudier le phénomène dans ses traits particuliers et de limiter de cette manière l'étendue de ce principe. Sans doute, pris dans un sens général, le parallélisme entre la disposition de la végétation dans les deux sens vertical et horizontal se manifeste sur toute la surface du globe par la succession graduelle du développement des plantes à travers les régions des forêts, des buissons alpins et des prés alpestres, jusqu'à la ligne des neiges perpétuelles ; mais les formes végétales des grandes montagnes tropicales diffèrent en partie de celles des Alpes européennes, et quant aux espèces des zones tempérée et froide. on ne les voit nullement s'y reproduire. Il en est autrement de la zone tempérée de l'hémisphère septentrional, car ici la loi de Humboldt paraît conserver toute sa valeur. Les régions de mêmes formes végétales et souvent de mêmes espèces descendent toujours plus bas avec l'accroissement de la latitude ; des montagnes situées au sud elles passent dans la région basse, à mesure qu'on se dirige au nord ; chez plusieurs végétaux de la flore indigène, cette disposition se manifeste déjà dans des lieux limitrophes, lorsqu'on compare leur distribution dans la plaine baltique avec celle qu'elles présentent sur les rangées de hauteur de l'Allemagne centrale ou sur les Alpes [116]. De nombreuses plantes alpines des Alpes reparaissent à des niveaux plus bas dans les Fjelde norvégiens et dans la Laponie, et M. Martins [117] a également fait voir que, sur le mont Blanc, au delà de la ligne des neiges perpétuelles, la roche nue présente encore des végétaux que l'on retrouve dans la Flore arctique. Et pourtant les influences climatériques dans les Alpes ne s'accordent que sous certains rapports avec celles qui ont lieu dans la région basse du Nord. A commencer par le phénomène le plus simple, celui de l'action des rayons solaires sur les plantes dont nous avons déduit les lignes de végétation correspondant aux latitudes, nous voyons qu'il a été constaté par des expériences qu'au lieu de diminuer dans le sens vertical, la température a moins d'intensité au pied de la montagne que sur les sommets élevés, où les couches supérieures de l'atmosphère ne peuvent l'abaisser de beaucoup. Ainsi donc, la température se comporte ici d'une manière diamétralement opposée à ce qui a lieu sous les hautes latitudes, échauffées moins fortement à cause de la position plus basse du soleil. De semblables contrastes se reproduisent dans l'action de la lumière plus prononcée au milieu de l'atmosphère pure au-dessus des nuages, dans la longueur du jour qui tient uniquement à la latitude septentrionale, dans la densité de l'air déterminée exclusivement par l'altitude, et enfin dans ce fait que les montagnes sont plus fréquemment arrosées que les basses régions par les précipitations atmosphériques. L'exposition au soleil déplace, à la vérité, le niveau des régions végétales; mais comme les actions contraires se compensent par l'orientation des diverses pentes, la limite altitudinale moyenne à laquelle arrive un végétal ne dépend point de ce que le sol soit exposé ou non aux rayons solaires. Ce que les flores arctique et alpine possèdent en commun se borne à la température de l'air observée à l'ombre, ainsi qu'à l'effet produit par sa diminution sur la végétation, en en réduisant la durée. L'abaissement si rapide de la température à mesure qu'on s'élève, nonobstant l'augmentation de la chaleur solaire, est la suite, ainsi que le constatent les observations faites dans les ballons, de la décroissance de la densité de l'air; or plus celui-ci est raréfié, moins il est susceptible de recevoir la chaleur directement du soleil et se trouve ainsi réduit à celle que lui fournit, par voie de conductibilité, le sol qui a absorbé les rayons solaires. Cependant cette propriété de l'atmosphère (sa diathermanéité) ne suffit pas pour expliquer à elle seule la décroissance de la température dans le sens vertical, parce que cette dernière dépend non-seulement de l'altitude, mais encore de la configuration plastique de la montagne. Plus celle-ci est disposée en masses continues, plus sa surface se rapproche de celle d'un plateau élevé, et moins considérable sera la décroissance de la température avec l'altitude. Ainsi que nous l'avons déjà fait observer en parlant du climat arctique, l'action de la chaleur solaire sur le sol tient à la somme des particules solides frappées par les rayons solaires. Plus la surface qui doit être échauffée se trouve dilatée par des courbures sur un espace donné, moins considérable sera le contingent calorifique que recevra chaque particule. La montagne se rapporte à la plaine comme la mer agitée par l'orage à une mer calme ; avec la hauteur croissante des vagues s'élargit la surface placée en contact avec l'atmosphère. Une montagne à crête étroite et abrupte se trouve dans les conditions les plus défavorables, la température y diminuera plus rapidement avec l'altitude. Une haute plaine unie, de même que la région basse, offre au soleil la plus petite surface, de manière que le même nombre de rayons solaires produisent leur plus grand effet. Ici, les régions des plantes se relèvent, tandis qu'elles s'abaissent sur les chaînes des montagnes. Elles s'abaissent également sous l'influence du climat maritime à la suite de la diminution de la température estivale, tandis que dans la région basse, ce même climat relève les limites septentrionales des plantes à exigences modérées.

De tous ces faits il résulte que, dans le Nord, le retour des plantes de montagne ne dépend pas directement de la chaleur solaire, mais des effets qu'elle peut produire dans les limites de l'espace qui leur a été assigné. Une ligne de végétation située en

France et en Russie sous une latitude boréale, égale peut-être la mesure de la quantité de chaleur fournie par les rayons solaires à une certaine plante, tandis que telle autre plante, qui s'élève le long du littoral à des latitudes plus hautes, dépend de la température de l'air qui l'entoure ainsi que de celle du sol ou plongent ses racines. Dans les deux cas une réduction de la période de développement peut être la suite de la diminution de la température annuelle, ce qui n'empêche pas que tel végétal soit plus indépendant de la durée, et tel autre des oscillations de la température. Une moyenne thermique semblable fait que sous les mêmes méridiens les plantes de montagne reparaissent sous les latitudes plus élevées. Parfois elles possèdent la propriété de réduire ou de prolonger leur période de développement. Parmi ces plantes il est même des espèces qui deviennent bisannuelles dans les montagnes, et y fleurissent plus tôt que dans la plaine où elles germent au printemps, et mûrissent leur fruit pendant l'automne de la même année (*Gentiana campestris*).

Mais il est aussi d'autres végétaux[118], quoique en nombre bien moins considérable, qui, tels que le Mélèze et le Pin cembra, reparaissent dans les plaines basses du nord-est, et se présentent tout à la fois sur les Alpes et en Russie, mais non dans la Scandinavie ni en Laponie. Dans cette direction c'est la période réduite de végétation qui constitue le seul lien climatérique entre ces arbres. Cette période se trouve retardée dans les montagnes, parce qu'il faut d'abord le temps nécessaire pour opérer la fonte de la neige et que, de plus, la température estivale reste fraîche, attendu que la fonte continue dans les régions plus élevées, et que l'échauffement du sol est paralysé par l'humidité provenant des eaux qui ne cessent de filtrer des hauteurs le long des pentes. D'ailleurs, dans les plaines du nord-est, il n'y a point de printemps proprement dit, parce que la courbe thermique s'y redresse d'une manière trop abrupte; ce qui n'empêche pas la température estivale de devenir intense aussitôt que les gelées de la nuit ont cessé. Ainsi donc, les plantes qui croissent tout à la fois sur les montagnes élevées des Alpes et en Russie sont plus indifférentes à la courbe thermique, pourvu seulement que les phases de développement coïncident avec les époques convenables. Parmi ces plantes, il en est qui affectionnent l'ombre ou qui recherchent la lumière; ce qui importe, ce n'est pas qu'elles soient réellement frappées par les rayons solaires, mais qu'elles puissent se développer sous l'action des températures variées. Dans les régions du nord et du nord-est, les plantes alpines s'avancent vers les plaines; seulement dans les régions du nord elles le font lorsqu'elles dépendent de la courbe thermique pendant la période de végétation, et dans les régions du nord-est quand elles tiennent à la durée de cette période. Ces dernières fuient le climat maritime de la Norvége, parce qu'au niveau où elles eussent pu trouver une période de végétation convenable, elles n'auraient plus le degré requis de température; aussi prospèrent-elles sur les Alpes, parce que la période de développement qu'elles exigent y est combinée avec une température suffisante. En Lithuanie, la saison estivale compense les avantages que la région alpine possède sous le rapport de sa chaleur solaire sur le climat littoral de la Scandinavie.

En dressant la liste des végétaux constatés dans la région alpine des Alpes, M. Christ[119] a trouvé que sur environ sept cents espèces, le tiers à peu près (36 p. 100) reparaît dans les montagnes du nord, et se répand partiellement dans les contrées polaires. Ce savant cherche à démontrer que si ces plantes ont effectué une migration, celle-ci a dû avoir lieu dans deux directions, tant du nord au sud que du sud au nord; et il base cette hypothèse sur ce que la flore alpine des Sudètes possède, d'après lui, sept espèces septentrionales qui ne se présentent point dans les Alpes, et, par contre, cinquante-deux espèces originaires des Alpes, mais qui ne s'étendent pas jusqu'à la Scandinavie. La comparaison entre d'autres flores de montagne conduit, selon M. Christ, à un résultat semblable. Ce qui est plus important, c'est le fait que les plantes locales des Alpes se rattachent en beaucoup plus grande proportion à des stations sèches, tandis que celles qui viennent sur un sol marécageux ou imprégné d'eau de neige reparaissent plus fréquemment dans les contrées du nord. Selon M. Christ, parmi les plantes endémiques des Alpes, celles attachées au sol sec constituent cinq sixièmes du chiffre total; la proportion est de trois quarts pour les plantes non endémiques qui recherchent l'eau. Ce phénomène est d'accord avec la loi qui préside généralement, dans l'intérieur du continent, à la distribution des plantes aquatiques; dans le cas dont il s'agit, cette loi est basée en même temps sur la température, non-seulement plus uniforme, mais encore moins élevée du sol où les plantes plongent leurs racines, ce qui permet à ces plantes de choisir sur un espace plus étendu les points les plus convenables à leur établissement.

La possibilité d'un échange de plantes entre des localités lointaines, comme entre les Alpes et la Norvége et même entre la Laponie et le Spitzberg, n'a jamais paru bien évidente à plusieurs naturalistes. Je ne partage point leurs scrupules, et je trouve très-vraisemblable la migration des semences à l'aide du vent et des oiseaux de passage, à travers les régions intermédiaires dont le climat n'est point favorable au développement de ces semences. D'ailleurs, depuis que l'on a commencé à y faire attention, les observations se multiplient relativement aux semences susceptibles de conserver leur faculté germinative dans le gésier ou entre les plumes des oiseaux[120]*. On a fait une objection plus grave à l'hypothèse de la migration, en disant que le même rapport qui existe entre les plantes des Alpes et celles de la Laponie a été également constaté à l'égard de grands animaux, dont pourtant on ne pourrait guère admettre que la migration se soit effectuée depuis les hautes latitudes du nord jusqu'aux montagnes de l'Europe centrale. Ici s'ouvre une arène toute préparée pour les besoins des investigateurs de l'enveloppe glaciaire qui, dans le cours de la période

* Aux exemples cités dans la note 120, on peut ajouter un fait curieux rapporté (*Nouvelles Archives du Muséum*, t. VII, septième année, *Bulletin*, p. 83) par l'abbé Armand David, qui a tant enrichi et continue encore à enrichir le Musée d'histoire naturelle de Paris par les importants envois qu'il lui adresse de la Chine et de la Mongolie; or le savant abbé signale dans la région de Setchuan un figuier donnant de petits fruits recherchés par les oiseaux seuls et à l'égard desquels les Chinois lui dirent que ces figuiers ne se multiplient par les graines que « quand celles-ci ont été avalées et rendues par les oiseaux; elles ne germineraient par sans cela ». — T.

désignée jadis simplement comme diluvium, aurait recouvert la surface de notre globe. Les stations des végétaux arctiques deviennent, pour les prosélytes de cette doctrine, autant de débris d'une flore qui, à l'époque où commença la retraite des glaciers, était généralement répandue dans le domaine forestier actuel. Les recherches sur l'aire d'expansion du Renne aux époques préhistoriques ne paraissent nullement venir à l'appui de cette manière de voir. Lorsque cet animal vivait dans l'Europe centrale, la terre avait déjà été habitée depuis longtemps, et ne se trouvait plus sous l'empire d'une autre période géologique. Le fait est que les animaux des régions boréales ont été refoulés ou bien se sont retirés lorsque l'agriculture a commencé à éclaircir les forêts, et que, par suite de cela, le climat rigoureux a dû, peu à peu, céder à un climat plus doux. C'est ainsi que plusieurs plantes qui habitaient les régions basses entre les Alpes et la Scandinavie, alors que le climat des forêts hyrciniennes était encore plus rigoureux que de nos jours, ont pu s'évanouir dans le cours de l'époque historique, et élargir, par là, la distance qui sépare leur habitation actuelle, sans qu'il soit nécessaire d'admettre des changements géologiques qu'aurait subis la totalité de la surface du globe terrestre *.

* Il résulte des études comparées sur les phénomènes glaciaires en général, tels que je les ai exposés en détail dans ma *Géologie de l'Asie Mineure* (III, p. 484-500) et en raccourci dans mon opuscule intitulé *Une Page sur l'Orient* (p. 250-272), que ces phénomènes sont tellement loin de s'appliquer à la *totalité* ou même à la majorité de notre globe, que ce qui caractérise le plus les phénomènes glaciaires, c'est moins leur *étendue* que leur *localisation*. En effet, une bonne partie de l'immense continent asiatique n'a point fourni jusqu'à présent aux géologues (du moins à ceux qui le sont de métier) des preuves suffisantes en faveur de l'action exercée par l'époque glaciaire; on ne les a trouvées ni dans la majorité de la Turquie d'Europe, ni en Grèce, ni en Asie Mineure, ni dans le Caucase, ni dans la Sibérie, ni dans l'Himalaya ou le Thibet, ni dans la Chine septentrionale, récemment explorée avec tant de succès par M. de Richthofen (*Zeitschr. der Gessel. für Erdkunde zu Berlin,* V. VIII, p. 90). De plus, dans les contrées mêmes où la période glaciaire a laissé des monuments d'une incontestable importance, l'action de ces phénomènes offre des interruptions tellement brusques, qu'il devient impossible de les expliquer exclusivement par les causes thermiques; ainsi, pour ne citer qu'un seul exemple parmi un grand nombre (rapportés dans mes ouvrages susmentionnés), dans la Russie d'Europe, les blocs erratiques s'arrêtent sous le parallèle de 51°, à environ 500 kilomètres de la mer Caspienne

Lorsque l'on compare les limites altitudinales des arbres dans les montagnes du midi, avec l'aire d'extension que possèdent les espèces dans les plaines du nord, on aperçoit, dans certains cas, des discordances d'une nature particulière dont on ne saurait se rendre compte qu'à l'aide de considérations physiologiques. Comme les influences climatériques sur la double échelle verticale et horizontale n'offrent que des ressemblances circonscrites, on a lieu de s'étonner de voir combien est prononcée la concordance entre la manière dont se succèdent, sur cette double échelle, la plupart des végétaux qui y ont atteint leurs limites extrêmes. On eût dû s'attendre à ce que les arbres forestiers, dont nous avons vu la sphère climatérique offrir tant de divergences individuelles, se comportassent dans les sens vertical et horizontal avec bien plus d'irrégularité qu'ils n'en présentent réellement. Sur les Alpes la plupart d'entre eux disparaissent en sens vertical d'après le même ordre de succession que celui qu'ils parcourent pour atteindre leurs limites septentrionales dans les plaines de la Scandinavie et de la Russie. C'est que les conditions générales dont dépendent la durée de leur période de végétation aussi bien que la faculté de la réduire, sont d'une importance beaucoup plus con-

et de la mer Noire, espace qui n'est pas beaucoup plus considérable que celui qu sépare Londres d'Orléans, ou Paris d'Amsterdam. Or, si aujourd'hui il survenait à Londres ou à Paris un froid assez intense pour recouvrir la contrée de glaçons chargés de blocs, on aurait peine à concevoir que cette catastrophe ne se fît pas sentir plus ou moins fortement dans les régions où se trouvent Orléans ou Amsterdam, et que, dans tous les cas, quelques glaçons munis de leurs hôtes erratiques ne fussent venus y échouer comme messagers du terrible voisin. Cette considération est d'autant plus applicable à la région qui sépare la mer Noire de la limite méridionale des blocs erratiques russes, que, même aujourd'hui où la Russie ne se trouve plus dans les conditions de la période glaciaire, elle exerce une remarquable action réfrigérante sur la côte septentrionale de l'Asie Mineure, ainsi que le prouvent les nombreuses données réunies dans mon *Asie Mineure* (*Climatologie*, p. 35-67) et dans mon *Bosphore et Constantinople* (p. 250-267), et parmi lesquelles figure le curieux phénomène de la congélation, soit partielle, soit totale, du Pont-Euxin, phénomène empreint d'un caractère éminemment local, puisqu'il ne s'est pas produit moins de *dix-sept* fois (*Le Bosphore et Constantinople*, p. 268-318) dans le courant de l'époque historique, sans qu'il ait coïncidé, sinon très-rarement, avec les époques de refroidissement général constaté dans le reste de l'Europe. — T.

sidérable que ne le sont des nuances particulières de climat dont l'action est moins sensible dans la distribution de ces arbres. Toutefois, dans ses études comparées sur la végétation de la Suisse et de la Laponie, M. Wahlenberg a constaté des déviations au principe de concordance ou de symétrie susmentionné, et a soutenu que, dans les plaines du nord, l'aire d'extension des arbres est déterminée par une autre loi que dans les régions forestières des Alpes. M. Martins[121] combattit cette assertion en démontrant que l'Oberland bernois offrait, sous ce rapport, bien plus de ressemblance avec la Scandinavie qu'avec la Suisse septentrionale, telle que M. Wahlenberg l'avait étudiée. En comparant les limites altitudinales des arbres sur le Grimsel avec leurs limites septentrionales en Norvége, M. Martins n'a pu constater qu'un seul cas de déviation au principe dont il s'agit. Aussi cette déviation constitue aujourd'hui l'unique fait de ce genre, généralement et positivement démontré, et c'est précisément pourquoi il mérite d'être examiné plus scrupuleusement. Le phénomène consiste en ce que, dans les Alpes, le Hêtre s'élève plus haut que le Chêne, tandis que nous avons vu (page 121) que, dans le nord de l'Europe, le Chêne pédonculé (*Quercus pedunculata*) s'avance considérablement au delà de la limite du Hêtre. Les valeurs mesurées par M. Sendtner[121] dans les Alpes bavaroises donnent, pour la limite altitudinale du Chêne pédonculé, le chiffre de 900 mètres (2,925 pieds) et celui de 1,419 mètres (4,370 pieds) pour le Hêtre. La relation précédemment indiquée que présentent les deux arbres à l'égard de la courbe thermique, fournit l'explication physiologique de cette disparité entre leurs limites altitudinales et septentrionales. Dans la montagne, le commencement et la fin de la période de végétation sont déterminés avant tout par la durée de l'enveloppe neigeuse qui revêt les pentes des montagnes pendant l'hiver. Depuis la ligne des neiges éternelles que l'été n'a pas le pouvoir de consommer complétement, se trouve du haut en bas échelonnée toute une série de niveaux où la disparition graduelle de la neige est plus hâtive et sa réapparition en automne plus tardive. Tant que la neige est en voie de se fondre, la température, dans ses alentours, reste au point de congélation :

ainsi donc le commencement et la fin du développement végétatif sont déterminés par le moment où la chaleur solaire n'est plus employée à la fonte de la neige et où, par conséquent, le sol peut se réchauffer davantage. L'époque de végétation commence peu de temps après la fonte de l'enveloppe neigeuse, et elle se termine dès qu'à la première chute de neige en automne, chute peut-être passagère, la température du sol descend brusquement au-dessous de la valeur indispensable à la végétation des végétaux phanérogames. Il y manque une période intermédiaire à laquelle la température, quoique basse, mais oscillant néanmoins entre les valeurs supérieures au point de congélation, pourrait encore permettre aux feuilles de certains arbres de continuer leurs fonctions. C'est ce qui a lieu pour le Hêtre, dont les époques de feuillaison (10°) et de la chute des feuilles (7° 5) exigent des températures peu différentes. Mais une telle courbe thermique est défavorable au Chêne, parce que cet arbre opère sa feuillaison à une température plus élevée (12° 5) que le Hêtre, en sorte qu'il perd plus de temps après la disparition de la neige, sans pouvoir compenser cette perte par l'avantage dont il jouit, dans les plaines du nord, de conserver ses feuilles à une température atmosphérique peu considérable (1° 5), avantage que lui enlèvent les chutes de neige hâtives. A la suite d'une plus abondante formation de nuages due à l'action des montagnes, la neige automnale surprend la période de végétation au moment où elle jouit d'une température plus élevée, et quand cette neige est en voie de se dissoudre, le sol est refroidi par l'effet de la fusion. Sur les limites septentrionales du Chêne, dans la région basse de la Suède et de la Russie, le climat est plus sec que dans les Alpes : entre l'été et les premières fortes chutes de neige on y voit une période pendant laquelle la température de l'air descend graduellement au point de congélation, ce qui procure à l'arbre l'avantage de regagner le temps qu'il avait perdu par l'éclosion retardée de ses feuilles. Le Hêtre ne peut plus utiliser cette période automnale, et c'est pourquoi sa limite boréale reste tellement en arrière de celle du Chêne. La section de la courbe thermique correspondant à la période de végétation du Hêtre offre en deçà et au delà du point culminant qu'atteint la température, deux bras à peu de chose près de même longueur. Chez le Chêne, le bras qui représente la période de la température croissante est bien plus court que celui qui mesure la période de la température en voie de décroissance. Il se présente donc ici un cas où une analyse physiologique d'une nature plus délicate des diverses nuances de sensibilité que possèdent les plantes à l'égard de la température, tend à déranger la concordance symétrique entre les limites altitudinales et septentrionales. Mais ce n'est que rarement que des effets semblables peuvent être constatés, parce qu'il n'est possible de les apprécier que sur les arbres de la même espèce, susceptibles d'étendre leur aire jusqu'aux limites climatériques extrêmes, ainsi que cela a lieu pour le Chêne pédonculé et le Hêtre. Dans les Alpes, le Bouleau est trop peu répandu pour que l'aire qu'il y possède puisse être comparée avec certitude à celle qu'il présente dans la Scandinavie : M. Martins[122] a observé que sur le Grimsel cet arbre se trouve, conformément à sa limite septentrionale en Laponie, à un niveau bien supérieur à celui de la Pesse (*Pinus abies*), tandis que dans les Alpes bavaroises, c'est le dernier qui s'élève davantage. Le Pin sylvestre est également trop rare sur les hautes Alpes, et dans les deux cas on n'est pas certain si les limites altitudinales climatériques se trouvent réellement atteintes. Décidément il n'en est pas ainsi à l'égard de la Pesse sur le revers septentrional du Grimsel.

La ligne des neiges éternelles a été souvent représentée comme la limite supérieure de la vie végétale; toutefois, en comparant les régions neigeuses des montagnes avec la flore arctique des plaines basses dénuées de neige, il devient évident que ce qui exclut, à ces altitudes froides, le développement de l'organisme, ce ne sont point des causes climatériques, mais la nature hostile du substratum, où les plantes ne sauraient prendre pied ferme, et où la fonte et l'évaporation en été ne permettent guère à la température de la surface du sol de s'élever au-dessus du point de congélation. La neige rouge, ainsi dite à cause d'une algue microscopique (*Protococcus nivalis*) qui souvent anime par une pellicule végétale la surface du névé perpétuel, est une nouvelle preuve que des végétaux cryptogames sont en état de vivre à la température de la glace fondante. Sur les îles du névé, terme par lequel on désigne en Suisse les endroits situés au-dessus des neiges perpétuelles, mais que celles-ci n'atteignent point à cause de la pente trop abrupte de la contrée environnante, on voit également un nombre considérable de plantes alpines et arctiques d'organisation supérieure, végétation qui a été étudiée par M. Heer[123] sur les plus hautes cimes du canton des Grisons. Sur le Piz-Linard, le niveau le plus élevé (3,475 mètres ou 10,700 pieds) était atteint par une Primulacée exiguë (*Androsace glacialis*) croissant, sous forme gazonnante, sur les débris des rochers, et, plus bas, sur l'espace compris entre cette station et la ligne des neiges perpétuelles (2,861 mètres ou 8,500 pieds), la flore phanérogame des Alpes rhétiques ne comptait pas moins de 100 espèces réparties entre 23 familles ; en sorte que, bien que circonscrite dans des limites étroites, cette flore offre autant de variétés que celle qui y correspond dans le domaine arctique, ou même que la totalité de la flore du Spitzberg. Aussi, quand on considère que dans l'Himalaya les plantes phanérogames s'élèvent encore bien plus haut, il est permis d'admettre avec certitude que dans les Alpes les stations les plus élevées des phanérogames ne représentent nullement leurs limites climatériques extrêmes, et que le manque seul de localités appropriées à leur végétation les empêche de s'élever davantage. En effet, une température du sol se maintenant constamment au-dessous de zéro pendant toutes les saisons n'a encore jamais été constatée sur aucun massif montagneux libre de neige, en sorte qu'ici, pas plus que dans le domaine de la flore arctique, il ne saurait être question d'une limite absolue de la vie organique. C'est bien la température du sol à laquelle se rattache la végétation dans les régions des neiges, car c'est à la surface du sol échauffé par le soleil que se cramponnent les petites herbes déprimées; et comme elles se régénèrent à l'aide de bourgeons latéraux en y formant un gazon à l'instar d'un coussinet, elles n'exigent point la maturation du fruit, et peuvent ainsi réduire la période de leur développement aux limites les plus circonscrites. On y voit encore représentés ces Saules nains qui plongent dans le sol leur tronc ligneux et ne reçoivent d'autres rayons solaires que ceux qui frappent les surfaces nues des débris rocheux. Aussi, pour M. Heer, la brièveté de la période de végétation, chez les plantes de la région des neiges, résulte déjà de ce fait : que, transportées dans la région basse, elles s'y comportent invariablement comme des végétaux printaniers, passant en peu de semaines de l'éclosion des feuilles à la maturation du fruit, et se montrant en même temps si parfaitement indifférentes au froid que, surprises par la gelée, même à l'époque de la floraison, elles n'avaient nullement l'air d'en souffrir. Quand même, sur leur station élevée, il se présenterait une année complétement dépourvue de printemps, à la suite d'avalanches ou de neiges localement accumulées par les vents, elles seraient capables de supporter sans périr un repos de plusieurs années. C'est ainsi que, dans l'enceinte de la région des neiges, on voit se reproduire complétement les mêmes conditions physiques que M. de Bâer a retracées avec tant de précision comme indispensables à la végétation de la Nouvelle-Zemble. Plus tard, M. Martins reprit les observations de M. Heer et les étendit à d'autres parties des Alpes suisses : sur les Grands-Mulets au Mont-Blanc (3,213-3,443 mètres ou 9,890-10,600 pieds), il trouva encore 21 phanérogames, dont le niveau le plus élevé coïncide presque complétement avec celui constaté par M. Heer ; puis il fit voir que, dans ces stations, il y a un nombre plus grand d'espèces identiques avec celles de la flore arctique que parmi les végétaux alpins au-dessous de la ligne des neiges perpétuelles.

Sans constituer une barrière absolue à l'égard de la vie végétative, la ligne des neiges perpétuelles n'en est pas moins, pour cette dernière, l'une des lignes de démarcation extrême les plus importantes, car c'est elle qui met un terme aux formations alpines non interrompues. Lorsque la ligne des neiges s'élève au-dessus ou s'abaisse au-dessous de la moyenne altitudinale, on voit le même déplacement se reproduire à l'égard des limites de la végétation des régions inférieures. Ce parallélisme a quelque chose de singulier dans ce sens que les conditions climatériques qui donnent lieu à ce déplacement se rapportent dans l'un des deux cas à la fonte d'une substance inorganique telle que le névé, et dans l'autre aux fonctions du mouvement d'une séve organique. Ce qu'il y a de commun aux deux cas, c'est le fait : que la ligne des neiges s'établit où la température estivale ne suffit point pour effectuer la dénudation du sol, et que de même c'est la courbe thermique de la saison chaude par laquelle la durée de la période de végétation se trouve déterminée, à la vérité, d'après des normes diverses selon la nature de chaque végétal. Mais c'est précisément à cause de la variété de ces normes que leur action sur les plantes est d'une nature complexe ; car, tandis que la ligne des neiges perpétuelles est soumise à des conditions plus simples, on voit telle plante accélérée dans la marche de son développement, ou adaptée à des températures dissemblables, telle autre rester dans une dépendance plus rigoureuse d'une température déterminée : il en résulte que l'espace vertical qui sépare les lignes parallèles susmentionnées est sujet à de certaines oscillations, à la vérité moins considérables dans l'enceinte de notre domaine que dans d'autres parties du globe. Le niveau de la région alpine entre la limite des arbres et celle des neiges oscille ici depuis 649 mètres jusqu'à 974 mètres (2000^p-3000^p), et l'amplitude de ces oscillations dépend, d'une part, de l'espèce des arbres et, d'autre part, de la quantité de neige accumulée pendant l'hiver. Dans les Fjelde de la Norvége méridionale (61°), la région alpine comprend en moyenne les altitudes de 974^m–1624^m (3000^p-5000^p), dans les Alpes du nord de 1786^m-2663^m (5500^p-8200^p), sur la chaîne pennine du Mont-Rose de 2117^m-3020^m (6500^p-9300^p). Quand on voit maintenant que sur diverses montagnes la limite des neiges perpétuelles ainsi que celles des végétaux, tantôt s'élèvent et tantôt s'abaissent, il se présente la question de savoir quels sont les cas où ces limites coïncident avec leur position normale, ou bien se trouvent soit au delà, soit en deçà de cette dernière. Or, même dans les cas les plus simples, la détermination exacte du niveau normal de la ligne des neiges perpétuelles n'est guère possible, puisque les influences agissant simultanément sont trop complexes, attendu que la température qui règne pendant la fonte de la neige ne dépend pas seulement de la latitude, mais encore de la configuration des parties de la montagne revêtues de neige, ainsi que des précipitations atmosphériques et de la proximité de la mer. Enfin, il faudrait en outre prendre en considération la quantité des neiges accumulées qu'il s'agit de faire disparaître. Les formules qu'on a essayé d'établir en vue de la détermination de la limite des neiges perpétuelles pour chaque latitude en particulier ne sont que des valeurs moyennes purement arbitraires, qui reflètent la distribution irrégulière sur la surface du globe, des massifs montagneux si différents les uns des autres par leur altitude et leur configuration plastique, et, de plus, il faut y ajouter le fait que sous les tropiques le niveau des neiges perpétuelles n'est point déterminé par la courbe thermique, mais par l'ordre dans lequel se succèdent les saisons sèches et humides. Comme la nature des influences dont dépendent les limites des végétaux devient encore plus compliquée par le degré de sensibilité qui varie avec chaque espèce, l'établissement d'une échelle d'après les latitudes offre ici des difficultés encore plus considérables. Il ne reste donc qu'à réunir les massifs montagneux limitrophes ou situés sous la même latitude septentrionale, en les plaçant les uns en regard des autres comme autant de termes de comparaison, ce qui permettra d'apprécier les conditions qui élèvent ou abaissent les régions végétales au-dessus ou au-dessous des limites moyennes déduites des formules susmentionnées; le tableau suivant est une tentative que nous avons faite de satisfaire à cette tâche, en analysant chaque cas particulier dont l'ensemble constitue la question.

Nous commençons par les régions situées dans le nord scandinave dont le littoral occidental est avant tout influencé par le Gulf-Stream.

LAPONIE [127].

Versant ouest des montagnes.	Versant est des montagnes.
RÉGION FORESTIÈRE.	
Bouleau (limite des arbres).	
Hammerfest (70° 30′). 259^{m} (800^{p}).	Kantokeino (69°)...... 357^{m} (1,680^{p}).
Sulitelma (67°)..... 357^{m} (1,100^{p}).	Quickjock (67°)....... 695^{m} (2,140^{p}).
Pin sylvestre (limite des Conifères au-dessous de la région du Bouleau).	
Finmark (69°)...... 331^{m} (1,020^{p}).	
RÉGION ALPINE (limite des arbres jusqu'à la ligne des neiges perpétuelles).	
Sulitelma (67°)...... 357^{m}-1,006^{m} (1,100^{p}-3,100^{p})...................	742^{m}-1,832^{m} (2,000^{p}-4,100^{p}).

RÉGION ÉLEVÉE DE LA NORVÉGE MÉRIDIONALE [128].

Versant ouest des montagnes.	Versant est des montagnes.
RÉGION FORESTIÈRE.	
Bouleau (limite des arbres).	
Hardanger (60°)..... 909^{m} (2,800^{p}).	Tellemarken (60°).... 1,039^{m} (3,200^{p}).
Folgefonden (60°) dépression locale des limites altitudinales. 594^{m} (1,835^{p}) jusqu'à 658^{m} avec exposition à l'est.	
Pin sylvestre (limite des Conifères).	Gaustafjeld (60°)..... 941^{m} (2,900^{p}).
Frêne. (Hardanger 60°) .. 389^{m} (1,200^{p}).	
RÉGION ALPINE (limite des arbres jusqu'à la ligne des neiges perpétuelles).	
Iisbraeer (62°)..... 1,624^{m} (5,000^{p}).	Dovrefjeld (60°)...... 1,624^{m} (5,000^{p}).
Folgefonden (60°)... 594^{m}-1,266^{m} (1,835^{p}-3,900^{p}) — 658^{m} - 1,396^{m} (2,030^{p} - 1,300^{p}), avec exposition à l'est.	Hardangerfjeld (62°).. 1,689^{m} (5,200^{p}).

CEINTURE PARTICULIÈRE DE VÉGÉTATION ALPINE SUR LE HARDANGERFJELD.

Arbustes alpins. 1,039^{m}-1,169^{m} (3,200^{p}-3,600^{p}).	(Bouleau nain)........ 1,136^{m} (3,500^{p}).
Herbes vivaces alpines. 1,364^{m} (4,400^{p}).	
Lichens terrestres et Mousses. 1,689^{m} 5,200^{p}).	(Accompagnés de *Salix herbacea.*)

Tout le long de la côte norvégienne jusqu'au cap Nord inclusivement et dans les fiord qui pénètrent bien avant dans l'intérieur de la péninsule, la formation de la glace pendant l'hiver est empêchée par la température plus haute de la mer, dont l'influence tend généralement à relever le niveau des régions, de manière que sous les latitudes les plus septentrionales du continent et même au delà, comme au Spitzberg (324^{m} ou 1,000^{p}), la ligne des neiges perpétuelles est comparativement élevée. En effet, sous le même cercle parallèle où l'Oural septentrional appartient encore décidément à la flore arctique dénuée d'arbres, on voit les revers des montagnes de Laponie complétement revêtus de forêts, au-dessus desquelles se détache une région alpine qui conserve jusqu'à la Norvége méridionale un caractère parfaitement semblable, et où le Renne sauvage trouve sa pâture. Aussi avons-nous vu (p. 155) que, même dans la Scandinavie, les lignes de végétation décrivent le long de la côte norvégienne une courbe relevée au nord, dont la forme ne pouvait être attribuée qu'à l'action du Gulf-Stream. C'est ce qui rend plus remarquable le fait que, sur les montagnes, la disposition des plantes semble être en contradiction avec la manière dont elles se comportent le long de la lisière littorale, puisque les régions végétales situées sur les pentes qui font face à l'Atlantique descendent à un niveau inférieur à celui qu'elles atteignent sur les pentes orientales tournées vers la contrée basse de la Suède. Sous les mêmes latitudes, les altitudes moyennes des régions végétales sont plus considérables que sur l'Oural, et c'est là l'effet du Gulf-Stream, ce qui n'empêche pas que dans l'espace plus circonscrit des Alpes scandinaves elles-mêmes la configuration plastique de ces dernières exerce sur les limites des plantes et des neiges perpétuelles une action prépondérante en sens opposé, action qui neutralise celle de la température annuelle, rehaussée par l'influence de la mer. Sous le rapport de la configuration des montagnes, on peut distinguer un type septentrional lapon (70°-63°) et un type méridional norvégien (de 63° jusqu'à 59°). La partie occidentale de la région élevée, appartenant à l'un et à l'autre de ces deux types, plonge d'une manière extrêmement abrupte de toute la hauteur des Alpes dans l'Atlantique et ses fiord, tandis que la partie orientale conduit graduellement par une surface doucement inclinée ou renflée en terrasses, dans les contrées basses ou boisées de la Suède. Mais au sud du 63e degré de latitude se trouve intercalée, entre les deux revers, la large surface élevée et ondulée des Fjelde norvégiens ; étant située au delà de la limite des arbres, elle offre à la région alpine la sphère de développement la plus étendue, ce qui enlève une notable partie du pays à l'industrie et à l'habitation de l'homme. Sur le côté atlantique, le Gulf-Stream rehausse, il est vrai, la température annuelle, mais non celle de l'été, car il agit dans le sens du climat maritime; en sorte que, grâce à la douceur de la température hivernale qui accroît la durée de la période de développement des plantes, les lignes de végétation qui suivent la lisière littorale, si considérablement développée par les fiord, se trouvent relevées vers le nord. Toutefois, les limites altitudinales sont soumises à d'autres influences d'une nature plus puissante. C'est ici que se déverse toute la masse de vapeurs d'eau que l'Atlantique apporte à ces abruptes pentes de montagnes, ce qui fait que la côte de Bergen est au nombre des localités les plus humides de l'Europe[130]. A la suite de cette formation de nuages, la chaleur solaire se trouve affaiblie sur les hauteurs plus élevées, et avec elle descendent les régions de végétation et la limite des neiges au-dessous de la ligne normale. Mais aussitôt que la lisière supérieure du massif montagneux des Fjelde est atteinte, on voit dans la Norvége méridionale se manifester les effets opposés du climat des plateaux, car ici toutes les limites se relèvent en raison des étés à atmosphère plus sèche et à température comparativement plus chaude. C'est pour cela que les Fjelde interieurs portent bien moins de neiges perpétuelles que les montagnes de hauteur semblable, situées plus près de l'Atlantique. Sur les Iisbraeer (62°), limitrophes de la côte et du fiord de Sogne, et qui possèdent une nappe glaciaire de plus de 20 milles carrés allemands, la plus considérable de la Norvége, on peut cependant encore reconnaître un rehaussement de la ligne des neiges, puisque celle-ci se rattache au grand plateau des Fjelde. D'autre part, la position la plus basse des limites de la végétation et des neiges perpétuelles se manifeste sur le Folgefond (60°) qu'entourent des Fjorde fortement agglomérés et nébuleux où descendent de nombreux glaciers, en refroidissant l'air tout autour, et le sommet desquels en forme de coupole (1,648 mètres ou 5,090 pieds), est en grande partie couvert de neige dont la masse absorbe la chaleur solaire [128]. Eu égard aux différences locales sous les rapports de l'exposition, de l'inclinaison du sol et de la configuration plastique de son relief, en Norvége les limites altitudinales offrent tant de variétés qu'il devient difficile d'obtenir des moyennes d'un certain degré d'exactitude; mais ce sont précisément ces divergences qui font ressortir les influences du climat maritime et de celui des plateaux. Or, quand on se demande si ces deux conditions climatériques tendent à abaisser les limites sur les montagnes littorales ou bien à les relever sur les plateaux des Fjelde, on voit que la ligne des neiges perpétuelles s'écarte presque tout autant dans les deux sens de la formule [128] établie pour ces latitudes : sur le Folgefond, on peut estimer [130] la dépression des limites à 194 mètres (600 pieds), et à 227 mètres (700 pieds) leur exhaussement dans le domaine des plateaux des Fjelde. Lors de mon voyage en Norvége, j'avais comparé ce pays avec l'Himalaya et le Thibet, en considérant qu'il y a, comme dans l'Asie, une série de montagnes neigeuses confinant à une région élevée et nue, et que pareillement on y voit à la suite de l'échauffement des plateaux toutes les limites altitudinales se déplacer dans un sens opposé à ce qui a lieu à l'égard des pentes tournées du côté de la mer et arrosées par les précipitations atmosphériques que leur apporte cette dernière. La Laponie nous offre des contrastes semblables et peut-être encore plus tranchés; seulement, il serait possible que dans la partie littorale de cette contrée, la région des arbres n'eût pas atteint sa limite extrême dans le sens vertical.

La comparaison des régions scandinaves avec celles des Alpes et d'autres massifs montagneux élevés de l'Europe nous révèle certains traits caractéristiques donnant à la nature du haut nord cette empreinte de calme solennel, qui inspire un intérêt mêlé de surprise à l'habitant du sud transporté dans ces contrées, et qui rend compréhensible le profond attachement dont elles sont l'objet pour les indigènes. En effet, lorsque par sa grandeur imposante, la nature se soustrait à la domination et à la force de l'homme, celui-ci devient moins sensible à l'exiguïté de ses dons. Ce sont les grandes forêts de la Scandinavie et les vastes solitudes des Fjelde qui, malgré toute la richesse des voies de communications fluviales, réduisent l'industrie humaine à des localités circonscrites, et permettent à la vie organique de fonctionner sans entraves, conformément à ses conditions primitives.

Les forêts occupent dans les montagnes de la Scandinavie un espace plus considérable que dans les Alpes, parce que le revers oriental de la Scandinavie s'incline par une pente très-douce et se trouve coupé par des vallées à de grands intervalles, et que, de plus, ce n'est pas seulement le climat, mais encore la constitution géologique du sol qui s'y opposent à l'extension de l'agriculture. Depuis le cap Nord jusqu'à la chaîne des hauteurs qui isolent Shonen, province la plus méridionale de la Suède, toute la péninsule scandinave est une masse non interrompue de gneiss, roche qui, eu égard à la lenteur avec laquelle s'opère sa désagrégation, ne peut donner lieu qu'à la formation d'une petite quantité de terre végétale. La présence de cette roche comme charpente solide, même dans la région basse, donne au nord scandinave une physionomie tellement saillante, qu'on en est frappé aussitôt que l'on a franchi les hauteurs précédemment mentionnées entre Shonen et Halland, et cette physionomie reste invariable jusqu'à la Laponie. Des arbres à racines horizontalement étendues, tels que la Pesse, peuvent se multiplier ici sans entraves. En Scandinavie, au-dessus de cette région d'essences à feuilles aciculaires représentant dans les Alpes la limite des arbres, et entre cette dernière et la région alpine, se trouve généralement intercalée une ceinture de forêts de Bouleaux. Sur le revers occidental du Hardanger (60°), les Bouleaux succèdent immédiatement à la forêt de Frêne et aux prés littoraux des fiord ; ou bien ils s'étendent jusqu'à la côte, mélangés avec le Frêne. Sur sa lisière supérieure, la forêt de Bouleau se trouve réduite à des buissons et associée ici à des herbes vivaces élevées qui correspondent aux végétaux subalpins des Alpes : c'est la région des Aconites (*Aconitum septentrionale* avec *Ranunculus platanifolius*) qui, en Scandinavie, croissent en commun avec le Bouleau frutescent, et, dans les Alpes, avec la Pesse. Dans la Laponie, la région du Bouleau se distingue par les Graminées à haute taille; ici elles ne se réunissent pas seulement en espèces exclusives pour revêtir le sol d'un tapis de gazon; mais se présentent également dans les prés fertiles, dont les Graminées (*Calamagrostis*) atteignent quelquefois presque la hauteur d'homme[131].

La région alpine commence avec une végétation sociale de Bouleaux nains (*Betula nana*), qui, sur le plateau des Fjelde, remplacent les Rhododendrons des Alpes. C'est un arbuste de la hauteur du bras qui constitue le combustible des chalets. Au-dessus des Bouleaux nains viennent des buissons plus petits et plus clair-semés, tels que des Airelles (*Vaccinium Myrtillus*) et d'autres végétaux baccifères analogues (*Empetrum*), dans les interstices desquels le sol commence à être revêtu d'herbes vivaces alpines qui, ensuite, vont occuper les hauteurs moyennes. Mais cette formation ne saurait nullement être comparée aux herbages des Alpes, ni sous le rapport de la variété, ni sous celui de la vigueur de la croissance. Pendant cinq jours de voyage dans les Fjelde, parcours qui correspond à une ligne de plus de 200 kilomètres (30 milles d'Allemagne) de longueur sur le Hardanger, ces latitudes alpines ne m'ont offert que 100 espèces de plantes vasculaires parmi lesquelles certaines herbes alpines, tant par la fréquence des individus que par la gracieuse coloration de leurs fleurs, ne manquaient pas de produire la charmante bigarrure de la végétation de montagne, mais sans posséder cependant les avantages de la taille ou d'un vigoureux développement. Le gazon, clair-semé, est composé presque exclusivement de Graminées, qui ne sont point, comme dans les Alpes, associées à des plantes nutritives. J'ai remarqué[128] que sur le Hardanger il n'y avait presque que deux espèces d'herbes alpines constituant réellement un gazon, et elles n'étaient pas plus grosses que des mousses à feuilles (*Gnaphalium supinum* et *Sibbaldia procumbens*). Mais ce qui diminue encore plus la valeur des formations alpines des Fjelde, c'est l'irrigation peu favorable du sol, parce que les dépressions qui en séparent les protubérances deviennent le siége de marais et de tourbières, dont le revêtement végétal est composé en grande partie de Cypéracées, telles que Carex et Linaigrette (*Carex* et *Eriophorum*). Enfin, dans les Fjelde norvégiens et en Laponie, la ceinture végétale la plus élevée est composée de Lichens terrestres et de Mousses, formation qui, dans une semblable étendue, est complétement étrangère aux montagnes élevées de l'Europe centrale. Les végétaux vasculaires alpins ne les atteignent point, à la seule exception des Saules nains (*Salix herbacea* et autres) dont ils sont encore accompagnés. Le décroissement de la température et la réduction de la période de végétation se reflètent d'une manière caractéristique dans l'ordre de succession des espèces de Saules, qui se remplacent tour à tour en sens vertical : d'abord on les voit, sous forme de buissons de la hauteur d'homme, longer socialement les ruisseaux et les rivières jusqu'au point où ceux-ci se précipitent par-dessus le bord du plateau des Fjelde en cascades souvent grandioses. Viennent ensuite des espèces devenant de plus en plus rabougries, jusqu'à ce qu'enfin il ne reste plus que ces formes naines dont la charpente ligneuse est ensevelie dans le sol et dont les pousses longues de $0^{m},02$ centimètres, cachées au milieu des lichens et des mousses, peuvent en peu de jours mûrir leurs chatons, aussitôt qu'un ciel plus serein prélude à leur développement. C'est la faible inclinaison de la surface ondulée de la haute plaine qui fait que l'humidité se répand partout et qu'en arrosant le sol d'une manière uniforme, elle ne fournit que la température de la neige fondante à la ceinture végétale la plus élevée; celle-ci repousse les plantes vasculaires et ne laisse presque subsister que les seules formes cryptogamiques. Sur les chaînes montagneuses plus abruptes où le névé fondant vient se concentrer dans les vallées des glaciers qui donnent immédiatement naissance aux tumultueux torrents des Alpes, les herbages alpins peuvent s'élever jusqu'à la ligne des neiges perpétuelles. Par contre, les Fjelde se rapprochent davantage des conditions de la région arctique que de celles de Alpes, et, selon la quantité plus ou moins grande de terre végétale, ils se trouvent revêtus, comme la première, soit de verdoyants gazons de mousse, soit d'un tapis de lichens terrestres à couleurs bigarrées, mais mates (*Cladonia, Cetraria*). Le plateau des Fjelde est donc, pour les habitants de la Norvége, de peu de valeur, et généralement ne se prête point, comme dans les Alpes, à l'établissement des chalets. On franchit bien des lieues sur ces surfaces solitaires avant de rencontrer en été un seul berger. La disproportion entre la région élevée et les lointaines vallées des fiord, sur les rives desquels s'échelonnent les maisons isolées, ne permet même pas d'utiliser convenablement les ressources que la bonne saison eût pu offrir à l'industrie rurale, parce que, à cause du peu d'étendue de la lisière littorale, on ne peut nourrir le bétail pendant les autres mois de l'année dans les vallées que la mer a inondées. C'est ainsi que les Fjelde se trouvent abandonnés à eux-mêmes; cependant, ils offrent à la vie animale qu'ils ont engendrée, tous les avantages propres à la flore arctique; ils lui fournissent les substances nourricières conservées fraîches sous la neige de l'hiver, une foule de baies, ainsi que le gazon à Graminées et les Lichens terrestres dont la signification est déjà suffisamment indiquée par le nom de Lichen de Renne, qu'ils portent. C'est la soudaineté même avec laquelle la neige envahit la haute région plane et y met un terme à la végétation, qui arrête la décomposition des combinaisons organiques, de manière que, pendant bien des mois, ces substances peuvent satisfaire aux besoins des animaux hivernants, dont le nombre d'ailleurs est peu considérable.

Si nous examinons maintenant les autres montagnes des latitudes plus élevées, nous verrons surgir du tableau suivant des termes de comparaison encore plus précis avec la Scandinavie.

RÉGIONS ÉLEVÉES DE L'ÉCOSSE (57° L. N.)[132].

RÉGION FORESTIÈRE. 0^m-812^m ($2{,}500^p$).

Bouleau (limite des arbres)	812^m ($2{,}500^p$).
Pin sylvestre	633^m ($2{,}100^p$).
Chêne	325^m ($2{,}100^p$).

RÉGION ALPINE. 812^m-$1{,}331^m$ ($2{,}500^p$-$4{,}109^p$). (N'atteignent point la limite des neiges.)

Callune	0^m-974^m ($3{,}000^p$).

OURAL.

Région forestière (61° L. N.). 742^m (2,350^p)[133].

Méléze (limite des arbres).................. 743^m (2,350^p).

Pesse (limite des arbres : 54° L. N.)......... 1,299^m (4,000^p)[134].

Bouleau (54° L. N.)....................... 1,250^m (3,850^p).

Région alpine (64° L. N.). 552^m-1,461^m (1,700^p-4,500^p)[135].

STANOVÖI (Aldan).

Région forestière (60° L. N.). 1,136^m (3,500^p)[136].

Mélèze (limite des arbres : 56° L. N.)........ 1,299^{m}2 (4,000^p)[137].

Pin sylvestre et Pesse (56° L. N.)........... 1,137^m (3,500^p).

Région alpine (56° L. N.). 1,299^m-1,949^m (4,000^p-6,000^p). (N'atteignent point la limite des neiges.)

Pinus cembra en forme d'arbuste........... 1,948^m (6,060^p).

KAMTCHATKA (56° L. N.)[138].

Région forestière. 0^m-942^m (2,000^p).

Région alpine. 942^m-1,299^m (2,900^p-4,900^p). (Limite des neiges.)

Dans les régions élevées de l'Écosse qui n'atteignent point la ligne des neiges perpétuelles, le climat maritime se prononce d'une manière encore plus accentuée que sur le littoral occidental de la Norvége. L'hiver est notablement plus doux, la température estivale à peu de chose près la même qu'en Norvége; cependant, les renflements les plus considérables du sol (57° L. N.) se trouvent à quelques degrés au sud des Fjelde. Dans la limite des arbres, ici également représentée par le Bouleau, l'action déprimante du climat maritime est aussi fortement reflétée que sur le Folgefond; mais dans les régions élevées de l'Écosse, les forêts se trouvent refoulées, et c'est pourquoi les données relatives à la limite inférieure de la flore alpine offrent ici des oscillations bien plus considérables que dans la Scandinavie. Dans les parties les plus septentrionales de l'Écosse, les montagnes sont, pour la plupart, nues ou seulement revêtues de Bruyères, de Callune : aussi, comme les troupeaux peuvent utiliser les pâturages pendant toute l'année, c'est de l'élevage du mouton que dépend ici la valeur, d'ailleurs peu considérable, du sol. Sur les hauteurs irrégulièrement disposées des Grampians (57°), ainsi que sur le canal calédonien où la région alpine a une plus grande extension, les forêts, également mélangées avec les Bruyères, n'atteignent que rarement leur limite climatérique, ce qui fait qu'on ne peut apprécier celle-ci qu'en se basant sur les observations relatives aux altitudes les plus élevées auxquelles y parviennent le Bouleau 812^{m} ou 2,500^{p}) et le Pin sylvestre (682^{m} ou 2,100^{p}). Or, la distribution de ces deux arbres correspond complétement à celle qui a lieu dans la Norvége; il n'y manque que la Pesse restée étrangère aux îles Britanniques. Eu égard à la latitude septentrionale, les Grampians présentent la concordance la plus parfaite avec le Folgefond sur le Hardanger : ce qui ne semblait être en Norvége que l'effet extrême du climat maritime, devient en Écosse une loi climatérique normale. Ensuite, ce qui constitue un fait particulier, c'est que la Callune, qui paraît avoir pour ainsi dire refoulé la forêt, s'avance au delà de la limite des arbres, et s'étend depuis la côte jusqu'à la région des buissons alpins, où, de même que dans les Fjelde, les Airelles et la Camarine s'élèvent encore plus haut au-dessus de la Bruyère et du Bouleau nain. De plus, comme c'est l'ombre de la forêt qui exclut les herbes alpines des régions plus basses, la Bruyère découverte permet, en Europe, à plusieurs de ces herbes de descendre bien plus souvent au-dessous du niveau de la région déboisée que cela n'eût été le cas partout ailleurs.

Grâce à son extension septentrionale jusqu'à l'île de Waïgatch, l'Oural constitue l'unique connexion directe entre la flore arctique et la flore alpine de l'Europe. Ici, la limite septentrionale du domaine forestier, composée de Pesses (67°) et de Mélèzes (68°), se trouve dans la proximité du cercle polaire et au pied de la montagne. C'est à ce changement des rapports climatériques que correspond le fait que, sous la latitude des Fjelde norvégiens (61°), la région forestière est située à plus de 195 mètres (600^{p}) plus bas que dans l'Oural. En supposant exactes les déterminations de M. Kowalsky, nous devons porter à un chiffre plus élevé encore la dépression de la limite des arbres sur l'Oural septentrional, comparativement à la Scandinavie, parce que, dans l'Oural, c'est le Mélèze qui monte le plus haut, et que, partout où il est associé au Bouleau, il s'avance le plus souvent au delà de ce dernier, ainsi que de la Pesse. Tout en admettant que cette divergence dans la position altitudinale des régions doit avant tout être attribuée à l'action du Gulf-Stream, on ne saurait nier la part qui, dans ce phénomène, revient à l'Oural lui-même. La partie arctique de cette montagne[140] est sauvage et rocailleuse, partout recouverte de galets et dénuée de végétation. Ce n'est qu'au pied de la chaîne que se montre la végétation des Toundra ; puis viennent uniformément des surfaces grisâtres, composées de débris de roches, région solitaire où ne peuvent subsister que des Lichens de pierre. Sur un sommet (68°) de plus de 1,300 mètres (4,000p) d'altitude, le voyageur Schrenk a cru voir la végétation disparaître partout complétement ; la neige y faisait également défaut ; et ce n'est que dans le fond des vallées qu'on voyait surgir çà et là une tache de teinte vert-brunâtre, représentant une misérable oasis de la vie végétale. Même sous des latitudes plus méridionales, où des forêts épaisses revêtent partout l'Oural, la région alpine des altitudes plus considérables est également déserte et encombrée de galets de roches, ce qui fait qu'ici encore la végétation arborescente se trouve refoulée ; elle ne paraît atteindre dans l'Oural sa limite climatérique que sur son sommet le plus élevé : l'Iremel-Tau. Et pourtant, les vallés du nord de l'Oural offrent aux arbres un meilleur abri que la basse région découverte des Samoyèdes, où la limite septentrionale des forêts n'atteint pas partout le cercle polaire, qu'elle dépasse un peu dans l'Oural. On aurait dû s'attendre à ce que ce massif montagneux, composé d'une arête unique ou de chaînes parallèles peu nombreuses et étroites, fût, pris dans son ensemble, moins assujetti que les autres montagnes aux influences de la configuration plastique du sol et des variations de la température, tendant soit à exhausser, soit à déprimer les limites des régions végétales. En effet, l'action de la masse de la charpente rocheuse ne saurait élever ces régions, pas plus qu'elles ne sauraient être abaissées par l'effet du climat maritime, qui précisément dans l'Oural passe au climat continental de la Sibérie. Malgré cela, les limites des régions se comportent d'une manière opposée dans le nord et dans le midi. Nous aurons l'occasion de signaler, dans le domaine de l'Europe méridionale, des phénomènes dont il résulte que, si la proximité de la mer abaisse les régions végétales, le climat continental est loin de les exhausser dans tous les cas, mais qu'au contraire il peut donner lieu à une dépression du moment où une certaine mesure se trouve dépassée. Selon que l'hiver ou la période de végétation exerce sur certains végétaux une influence prépondérante, l'accroissement dans les variations de température produit des effets opposés. Dans le sud de l'Oural, le mont Iremel, dont les conditions géologiques sont plus favorables que celles d'autres sommets limitrophes moins boisés, a fourni à M. Lessing, relativement à la limite des arbres, une observation qui prouve exactement le contraire de ce que constatent les mesures de M. Kowalsky dans le nord de l'Oural. La limite des arbres y atteint (54° L. N.) l'altitude de 1,299 mètres (4,000p), exactement comme dans les Sudètes, situées quatre degrés de latitude plus au sud. Cet exhaussement produit par le climat continental est démontré d'une manière d'autant plus décisive que dans cette montagne ouralienne, comme dans les Sudètes, la Pesse est celui de tous les arbres qui s'élève le plus haut; sur l'Iremel, il s'avance même au delà du Bouleau. On peut expliquer le phénomène par le fait que la propriété du climat maritime de déprimer les régions végétales va en diminuant graduellement dans la direction de l'est, où son action devient nulle sur l'Oural; en sorte que le climat de ce dernier n'eût pas manqué d'élever les régions plus haut que dans le reste de l'Europe, si la constitution géologique de la chaîne entière n'y faisait disparaître ces avantages presque partout, et notamment dans sa partie septentrionale. La flore alpine du nord de l'Oural est aussi uniforme que dans la Norvége. M. Schrenk y a recueilli environ 100 espèces, dont la grande majorité (70) se trouve également dans les Toundra arctiques.

De l'autre côté de la plaine basse de la Sibérie, la partie septentrionale de la chaîne du Stanovoï, autrement appelée chaîne d'Aldan, s'élève jusqu'aux altitudes alpines. La limite des arbres composés de Mélèzes paraît s'y avancer plus haut que sur les points de l'Oural situés sous une latitude septentrionale correspondante. La température estivale[141] est presque la même à Slataoust (55°), dans l'Oural, qu'à Jakoustk (62°); il s'ensuit que, dans la chaîne du Stanovoï, le climat est plus continental et les hivers sont beaucoup plus rigoureux. Donc ici encore, comme dans l'Oural méridional, la limite des arbres se trouve exhaussée par l'effet du climat continental, et cela se comprend, puisque le Mélèze est capable de réduire d'une manière si extraordinaire sa période de végétation, et, par conséquent, cette limite est bien moins influencée par le froid hivernal que par la température estivale. Les effets opposés du climat continental ne peuvent avoir lieu qu'à l'égard des végétaux qui exigent une plus longue période de végétation ou qui sont sensibles au froid, et, en conséquence, souffrent de la durée ou de l'intensité du froid hivernal. Mais ce qui donne encore un avantage à la chaîne du Stanovoï, sur le mont Iremel, c'est que, dans le premier, la limite des arbres est représentée par le Mélèze et non, comme dans l'Oural, par la Pesse, qui ne s'élève pas à une hauteur aussi considérable que le Mélèze, hauteur que celui-ci eût pu probablement atteindre aussi dans l'Oural. La région alpine du Stanovoï est revêtue d'une forme frutescente du Pin cembra (*Pinus cembra pumila*), passablement répandue dans les montagnes de la Sibérie orientale. On a de même observé que, dans les Alpes[142], le Pin cembra s'élève au delà du Mélèze.

La température estivale atténuée dans le KAMTCHATKA, donne enfin lieu au phénomène de l'abaissement des régions végétales à proximité de la mer. Sans doute, la différence entre les chiffres des données eût été plus considérable si ces données n'avaient pas été influencées par des circonstances secondaires. Les observations ont été faites par M. Erman sur le volcan élevé de Kliutschewsk, dont le cône repose sur une haute surface qui paraît, par son relief, favoriser la végétation arborescente. L'arbre qui atteint l'altitude la plus considérable serait l'Aulne septentrional (*Alnus incana*), ce qui exclut tout terme de comparaison avec la limite des arbres à feuilles aciculaires de Sibérie. Si cependant on voulait attacher de l'importance à ce que cet Aulne s'y élève au-dessus du Pin cembra frutescent[143], qui occupe dans le Stanovoï la région alpine, la dépression des limites dans le Kamtchatka serait, en proportion de cette dernière région, fort considérable.

Entre la Scandinavie et les Alpes, dans la proximité du 50e cercle parallèle, les massifs montagneux suivants méritent quelques développements plus détaillés : d'abord le Harz et les Sudètes, auxquels se rattachent, vers l'ouest et vers l'est, quelques autres montagnes; puis les Carpathes, et enfin l'Altaï et le Jablonnoï (littéralement montagnes de pommes), entre le Baïkal et l'Amur.

HARZ (52°)[144].

RÉGION FORESTIÈRE. 1,039m,4 (3,200p).

Pesse (limite des arbres). 1,039m (3,200p).

Hêtre.............. 649m (2,000p). Thuringer Wald. 747m (2,300p)[145].

Hundsruck..... 312m (2,500p)[146].

RÉGION ALPINE. 1,039m-1,136m (3,200p-3,500p). (Sommet du Brocken.)

SUDÈTES (Riesengebirge. 51°)[147].

RÉGION FORESTIÈRE. 1,169m4 (3,600p).

Pesse (limite des arbres). 1,169m,4 (3,600p). Dépressions. 1,299m (4,000p).

Bouleau............. 1,266m (3,900p).

Hêtre............... 649m (2,000p). Localement.. 1,169m (3,600p)[146].

Chêne.............. 487m (1,500p).

RÉGION ALPINE. 1,169m-1,507m (3,600p-4,930p). (Sommet de la Schneekoppe.)

Pin à tronc tordu (*P. Mughus*)....... 1,169m-1,364m (3,600p-4,400p).

BÖHMER WALD (49°)[148].

RÉGION FORESTIÈRE. 1,461m (4,500p).

Pesse (limite des arbres)...................... 1,461m (4,500p).

Hêtre et Sapin argenté....................... 1,169m (3,600p).

RÉGION ALPINE. 1,461m-1,506m, ou 4,500p-4,540p. (Sommet de l'Arber.)

TATRA (Carpathes centraux. 49°)[149].

RÉGION FORESTIÈRE. 1,553m (4,800p)[148].

Pin cembra (*P. cembra*) et Bouleau.............. 1,553m (4,800p).

Pesse (limite de la forêt compacte.................. } 1,499m (4,600p).
Mélèze.................................... }

Hêtre.. 1,006m (3,100p).

(Sur le Krivan : 1,266m (3,900p).

RÉGION ALPINE. 1,553m-2,241m (4,800p-6,900p). (Limite des neiges, mais celles-ci ne demeurent pas à cause des pentes abruptes des sommets).

Pin à tronc tordu.............. 1,494m-1,948m (4,600p-6,000p).[150]

ALTAÏ (50°)[151].

RÉGION FORESTIÈRE. 1,949m (6,000p). (Revers septentr. 1,786m (5,500p). Revers mérid. 2117m (6,500p).

Mélèze et Pin cembra (limite des arbres)........ 1,949m (6,000p).

Bouleau.. 1,624m (5,000p).

RÉGION ALPINE. 1,949m-2,598m (6,000p-8,000p). (Ligne des neiges.)

SAYAN (Altaï oriental. 50°)[152].

RÉGION FORESTIÈRE. 2,225m (6,850p).

Mélèze (limite des arbres)...................... 2,225m (6,850p).

Bouleau.. 1,754m (5,000p).

RÉGION ALPINE. 2,225m-3,261m ou 6,850p-9,950p. (Phanérogames s'élevant le plus haut; peu de neige.)

Bouleau nain avec *Rhododendron, parvifolium*.... 2,679m (8,250p).

JABLONNOI (Continuation du Stanovoï 50°)[152].

RÉGION FORESTIÈRE. 1,981m (6,100p).

Pin cembra (limite des arbres).................. 1,981m (6,100p).

Bouleau.. 1,624m (5,000p).

(Sur le Baïkal : 1,218m (3,750p.)

RÉGION ALPINE. 1,981m-2,289m (6,100p-7,750p). (Sommet du Sochonda.)

On le voit, sous ces parallèles aussi, depuis le Harz jusqu'à l'Altaï et au delà, le contraste entre les climats maritime et continental se manifeste par le mouvement ascensionnel imprimé aux limites de végétation, mouvement qui les élève à des altitudes deux fois plus considérables. Toutefois, les différences entre le Harz et les Sudètes, ainsi qu'entre ceux-ci et les Carpathes centraux, paraissent être trop fortes pour qu'on puisse les rattacher directement à ces influences climatériques. En effet, la température estivale au pied du Harz et au pied du Riesengebirge diffère peu, et pourtant, bien que l'écart entre les données moyennes ne dépasse guère le chiffre de 130 mètres (400 pieds), ces mêmes arbres, favorisés par des conditions locales, s'élèvent dans les Sudètes à une altitude triple du chiffre susmentionné, et le Hêtre atteint même celle de 489 mètres (1,600 pieds). Ainsi que le prouvent les tentatives de culture aussi bien que le dépérissement des arbres au delà d'une certaine hauteur, le Hêtre et la Pesse atteignent sur le Harz leurs limites altitudinales (649-1,039 mètres ou 2,000-3,200 pieds), tandis qu'en général tel n'est point le cas dans les Sudètes : des Hêtres à haute futaie ont été constatés par M. Ratzeburg à une altitude de 1,169 mètres (3,600 pieds)[146], des Pesses à celle de 1,299 mètres (4,000 pieds)[147] par M. Wimmer, et même à celle de 1,664 mètres (4,400 pieds) par M. Göppert[148]. D'ailleurs, le Harz partage la dépression dans ses limites végétales avec les autres chaînes de montagnes de l'Allemagne occidentale, avec le massif schisteux du Rhin et même encore avec le Thuringer-Wald. Les Sudètes constituent une transition au Böhmer-Wald ainsi qu'aux Carpathes où les arbres s'élèvent encore bien plus haut. Dans le Böhmer-Wald, le niveau le plus élevé de la limite forestière correspond à la position intermédiaire de cette chaîne entre les Sudètes et les Alpes. M. Ratzeburg a émis l'opinion que la cause de ces divergences tient aux diverses altitudes ainsi qu'à la configuration des montagnes de l'Allemagne centrale, en sorte que celles qui se trouvent plus à l'ouest n'offrent pas un abri suffisant aux forêts situées au delà de 649 mètres (2,000 pieds) d'altitude[154]. Toutefois, je serais disposé à maintenir ma manière de voir[153] déjà précédemment développée, savoir : qu'ici la différence entre les limites altitudinales dépend des mêmes causes qu'en Norvége. Le Harz et les montagnes rhénanes sont exposés sans abri à l'action de la mer et aux vents dominants du nord-ouest; ils peuvent par conséquent opérer la précipitation des vapeurs aqueuses de la mer du Nord avec plus de facilité que les Sudètes, situés bien plus dans l'intérieur du continent. Supposons, ainsi que les visiteurs du Brocken, en été, ont si souvent l'occasion de le constater, que pendant cette saison la formation des nuages y soit plus considérable, il en résultera nécessairement une décroissance plus rapide de la température estivale en sens vertical, et, par suite, un abaissement de la région forestière. Or, cela s'accorde avec les données relatives au climat du Brocken[153], en ce sens, que la température estivale (8°) à une altitude de 1,137 mètres (3,500 pieds) est basse, comparativement à la température au pied de la montagne, tandis que le froid hivernal n'augmente point dans la même proportion. Il est fâcheux qu'on ne possède guère de semblables observations relativement aux points altitudinaux des Sudètes, car elles seules pourraient fournir une preuve complète en faveur de mon opinion. Si celle-ci est fondée, on serait autorisé à comparer le Brocken, distant d'environ 35 milles d'Allemagne de la mer du Nord, avec le Folgefond, et le Schneekoppen, qui se trouve à une distance double plus avant dans le continent, avec les Fjelde intérieurs de la Norvége. Sous le rapport de leurs limites de végétation, le Folgefond se comporte à l'égard du Gausta, situé dans le Tellemark, exactement comme le Harz à l'égard des Sudètes; mais comme les deux derniers massifs montagneux sont plus limitrophes l'un de l'autre, et que, par conséquent, leurs conditions climatériques sont susceptibles d'être distinguées avec plus de facilité, le phénomène dont il s'agit peut ici se déduire plus aisément de l'action indirecte de la mer. Si depuis la Suisse septentrionale (48°) jusqu'au Gausta (60°) la limite de la Pesse descendait régulièrement avec la latitude septentrionale croissante, cette limite devrait atteindre sous la latitude du Harz (52°) une altitude de 1,461 mètres (4,500 pieds); et en effet M. Göppert vit des Pesses à 1,364 mètres (4,400 pieds), station la plus élevée de cet arbre dans le Riesengebirge.

La végétation des Sudètes est très-voisine de celle des Carpathes centrales, les deux massifs montagneux n'étant séparés que par la vallée de la Yablunka. Il n'en est que plus étrange de voir avec quelle soudaineté la limite des arbres s'élève dans le dernier de ces massifs à 325 mètres (1,000 pieds) environ plus haut que dans le premier, et cette différence est même d'à peu près 520 mètres (1,600 pieds) pour le Pin de montagne dans la région alpine, notamment sur le Tatra. Il est vrai, la chaleur estivale va en augmentant d'une manière assez sensible depuis la Silésie jusqu'au pied des Carpathes, et en même temps les hivers deviennent plus rigoureux. Mais ici la configuration plastique de ces deux massifs est d'une importance plus grande. Le Tatra est composé d'un groupe serré de sommets abrupts alpins reposant sur une surface élevée et boisée. C'est la masse du renflement du sol où les cols les dlus hauts atteignent presque la ligne des neiges, qui doit rendre ici le décroissement de la température estivale dans le sens vertical moins rapide que sur l'arête étroite des Sudètes. La manière dont le Hêtre se comporte dans les Carpathes constitue également un fait particulier, savoir : qu'il ne prend point part à l'exhaussement des limites des arbres. Sur le Kriwan, le sommet occidental du Tatra, le Hêtre ne s'élève pas beaucoup plus haut (1,266^{m}, ou 3,900 pieds) que dans certaines parties du Riesengebirge; et dans l'intérieur du groupe alpin du Tatra, il reste même encore au-dessous de ce niveau (1,006 mètres ou 3,100 pieds). Cet arbre subit une dépression dans ses limites altitudinales, parce qu'il ne saurait supporter au-dessous d'une certaine mesure une réduction de sa période de végétation; c'est le premier exemple d'un climat qui, en devenant plus continental, agit sur le développement d'un arbre non par l'accroissement de la température estivale, mais par la durée de l'hiver, et conséquemment dans un sens restrictif.

Les Carpathes centrales offrent aussi un intérêt particulier, en tant qu'ici le Mélèze et le Pin cembra se trouvent représentés parmi les essences forestières, ce qui permet une comparaison directe avec les montagnes de la Sibérie situées sous une latitude correspondante, et où ces arbres constituent la limite forestière. Dans l'Altaï, la limite moyenne des arbres est à 1,949 mètres (6,000 pieds) d'altitude, et relativement aux Carpathes, elle est de 390 mètres (1,200 pieds) supérieure à celle du Pin cembra, et de 455 mètres (1,400 pieds) à celle du Mélèze dans le Tatra. Puisque l'Altaï occidental surgit au milieu de la région basse sans être masqué par aucun autre massif, on peut considérer le phénomène comme une simple expression de l'action exercée par le climat continental sur les limites de ces arbres, qui y atteignent leur maximum d'altitude et sont d'ailleurs identiques avec ceux des Carpathes, ou des modifications climatériques de la même espèce. Il n'en est pas ainsi de l'Altaï oriental ou de la chaîne des Sayanes qui confine à la haute steppe de la Dahurie; l'exhaussement plus considérable de la limite du Mélèze (2,224 mètres, 6,850 pieds) reflète l'action du climat de plateau dans ces contrées qui font partie du système du Gobi, et dont la surface, de 812 à 975 mètres (2,500 à 3,000 pieds) d'altitude, sert de piédestal à cette muraille alpine. Ici, sur le revers méridional du Munku-Sardik, massif montagneux de presque 3,573 mètres (11,000 pieds) d'altitude, et qui malgré cela reste en grande partie libre de neige et de glaciers, la variété sibérienne du Mélèze s'élève à 730 mètres (2,250 pieds) plus haut que le Mélèze d'Europe dans le Tatra. De l'autre côté du lac de Baïkal, où la température estivale n'est plus influencée par le climat sec du plateau, nous retrouvons dans la chaîne du Jablonnoï le Pin cembra presque à un niveau aussi bas que dans l'Altaï oriental. Quelque chose de semblable se manifeste également chez le Bouleau qui s'élève plus haut dans les Sayanes, mais subit, dans les alentours humides du Baïkal, la plus forte dépression.

La zone latitudinale des Alpes est terminée en deçà de la mer Noire par le domaine des steppes, en sorte que la position des régions végétales reliées géographiquement les unes aux autres, depuis l'Auvergne jusqu'à la Transylvanie, dépend moins des différences du climat que de la configuration des massifs montagneux.

AUVERGNE (45° L.-N.) [157].

RÉGION FORESTIÈRE. 1,494^{m} (4,600^{p})

Pesse (limite des arbres)	1,494^{m} (4,600^{p}).
Sapin argenté	1,461^{m} (4,500^{p}).
Prés de montagne aux éléments alpins (4,600^{p}-5,800^{p}). (Sommet.)	1,494^{m}-1,884^{m}

JURA (47° L.-N.) [158].

RÉGION FORESTIÈRE. 1,494^{m} (4,600^{p}).

Pesse et Sapin argenté (limite des arbres), mais la forêt close seulement jusqu'à 698^{m}-1,104^{m} (2,159^{p}-3,400^{p}).

Hêtre	909^{m} (2,800^{p}).
Viticulture	552^{m} (1,700^{p}).

RÉGION ALPINE. 1,494^{m}-1,721^{m} (4,600^{p}-5,300^{p}). (Sommet.)

VOSGES (48° L.-N.) [159].

RÉGION FORESTIÈRE. 1,299^{m} (4,000^{p}).

RÉGION ALPINE. 1,299^{m}-1.364^{m} (4,000^{p}-4,400^{p}). (Sommet.)

SCHWARZWALD (48° L.-N.) [161].

Région forestière. 1,354ᵐ (4,200ᵖ).
Région alpine. 1,354ᵐ-1,494ᵐ (4,200ᵖ-4,690ᵖ). (Sommet.)

CHAINE SEPTENTRIONALE DES ALPES (47°-48° L.-N.) [160]

Région forestière. 1,786ᵐ (5,500ᵖ).

Pesse (limite des arbres)	1,786ᵐ (5,500ᵖ).
Hêtre	1,354ᵐ (4,200ᵖ).
Culture des céréales	876ᵐ (2,700ᵖ).
Viticulture	487ᵐ (1,500ᵖ).

Chiffres obtenus dans les Alpes bavaroises[162] :

Pin cembra	1,867ᵐ (5,750ᵖ).
Mélèze	1,818ᵐ (5,600ᵖ).
Pesse	1,721ᵐ (5,300ᵖ).
Sapin argenté	1,494ᵐ (4,600ᵖ).
Hêtre	1,364ᵐ (4,400ᵖ).

Région alpine. 1,786ᵐ-2,563ᵐ (5,500ᵖ-8,200ᵖ.). (Ligne des neiges).

Buissons alpins	2,273ᵐ (7,000ᵖ). [163]
Pin à tronc tordu et *Alnus viridis*	2,046ᵐ (6,300ᵖ).
Rhododendron ferrugineum	2,013ᵐ (6,250ᵖ). [162]
Rhododendron hirsutum	2,436ᵐ (7,500ᵖ).
Airelles	2,273ᵐ (7,000ᵖ).
Herbes alpines	2,563ᵐ (8,200ᵖ).
Saules nains	2,583ᵐ (7,800ᵖ).

CHAINE CENTRALE DES ALPES 46°-47° L.-N.) [160].

Région forestière. 1,949ᵐ (6,000ᵖ).

Pesse (limite des arbres)	1,949ᵐ (6,000ᵖ).
Hêtre	1,267ᵐ (3,900ᵖ).
Culture des céréales	1,299ᵐ (4,000ᵖ).
Viticulture	584ᵐ (1,800ᵖ).

Chiffres obtenus dans l'Engadine et dans les Alpes pennines :

Pin cembra et Mélèze (limite des arbres). 2,117ᵐ (6,500ᵖ), localement au delà de 2,273ᵐ (7,000ᵖ) [164].

Pesse, 1,981ᵐ, localement	2,149ᵐ (6,600ᵖ).
Hêtre	1,553ᵐ (4,800ᵖ).
Culture des céréales, 1,981ᵐ (4,700ᵖ), localement.	1,981ᵐ (6,100ᵖ).
Viticulture	883ᵐ (2,750ᵖ).

Chiffres obtenus dans les Tauern de Salzbourg[165] :

Pin cembra et Mélèze........................ 1,949m (6,000p).
Pesse.. 1,624m (5,000p).
Sapin argenté................................ 1,299m (4,000p).

RÉGION ALPINE. 1,949m-2,628m (6,000p-8,400p). Ligne des neiges : dans les Alpes pennines seulement à 3,020m (9,300p)[161].

CHAINE MÉRIDIONALE DES ALPES.

Ligne des neiges selon M. de Schlagintweit.......... 2,598m (8,600p).

DAUPHINÉ (45° L.-N.)[166].

RÉGION FORESTIÈRE. Limite des arbres oscillant entre 1,689m-2,501m (5,200p-7,700p)

Pin cembra et Mélèze (limite des arbres, localement). 2,501m (7,700p).
Pesse (limite des arbres, localement)............ 1,884m (5,800p).
Sapin argenté (limite supérieure oscillant entre 1,624m et 2,046m ou 5,000p-6,300p).
Hêtre.. 1,461m (4,500p).

RÉGION ALPINE. 1,184m-2,501m (5,800p-7,700p.) Ligne des neiges.

Rhododendron................................. 2,405m (7,400p).

ALPES DOLOMITIQUES DU TYROL MÉRIDIONAL (46° L.-N.)[167].

RÉGION FORESTIÈRE. 2,176m (6,700p). (Forêt close, 1,786m ou 5,500p, surmontée par le Pin de montagne avec des Mélèzes et Épicéas isolés).

Pin cembra (limite des arbres)................ 2,176m (6,700p).
Hêtre.. 1,624m (5,000p).
Viticulture.................................. 487m (1,500p).

RÉGION ALPINE. 2,176m (6,700p). Ligne de neige.

ALPES KARST DE L'ILLYRIE (46° L.-N.)[168].

RÉGION FORESTIÈRE. 1,526m (4,700p).

Hêtre (limite des arbres)...................... 1,526m (4,700p).
Chêne cerris................................. 649m (2,000p).

RÉGION ALPINE. 1,526m (1,527p). (Sommet.)

Pin à tronc tordu............................. 1,948m (6,000p).

ALPES DINARIENNES DE LA BOSNIE (44° L.-N.)[169].

RÉGION FORESTIÈRE. 1,624m (5,000p).

Pesse (limite des arbres)...................... 1,624m (5,000p).
Hêtre.. 1,299m (4,000p).

RÉGION ALPINE. 1,624m-1,786m (5,000p-5,500p). (Sommet du Vlassich.)

CARPATHES TRANSYLVANIENNES (45°-46° L.-N.)[170].

RÉGION FORESTIÈRE. 1,624m (5,600p).	
Pesse (limite des arbres)......................	1,624m (5,600p).
Hêtre...	1,299m (4,000p).
RÉGION ALPINE. 1,624m-2,572 (5,600p-7,900.) (Sommet.)	
Pin à tronc tordu..............................	2,046m (6,300p).
Herbes vivaces alpines.........................	2,572m (7,900p).

Afin d'être à même d'apprécier la position altitudinale des régions végétales dans LES ALPES, nous devons nous rappeler leur configuration qui, d'ailleurs, exerce une influence prépondérante sur la répartition de chacune des espèces, en tant qu'elle en entrave la migration. D'abord, on a l'habitude de distinguer trois chaînes principales séparées l'une de l'autre par une rangée de grandes vallées longitudinales, la moyenne de ces chaînes étant composée particulièrement de schistes cristallins, et la septentrionale ainsi que la méridionale, en grande partie de roches calcaires. Cependant, à proprement parler, ces chaînes ne consistent qu'en groupes de sommets alpins et de pics agglomérés, qui diffèrent par la direction de leur axe et se trouvent séparés les uns des autres par des cols ayant à peine la moitié de la hauteur de la crête principale, ou par des vallées encore beaucoup plus profondes. Ce caractère d'isolement qui se manifeste dans la disposition des groupes montagneux alpins, aussi bien que la variété dans la nature géognostique du sol, ont opposé en tous sens certains obstacles au passage des plantes d'une chaîne principale à l'autre. Dans les Alpes centrales composées de schistes, le renflement du sol est comparativement le plus considérable, et comme ordinairement le fond des vallées se trouve à une plus grande hauteur et l'inclinaison des pentes moins rapide, on y voit réunies des conditions plus favorables pour l'effet calorifique du soleil; aussi les régions végétales s'y présentent-elles à un niveau supérieur à celui qu'elles occupent dans les Alpes calcaires plus abruptes. Il est vrai, la chaîne méridionale jouit d'avantages semblables, parce qu'elle est plus au sud, et que la chaîne centrale échelonnée devant elle la garantit contre les courants atmosphériques du nord; cependant ces avantages profitent plutôt aux vallées inférieures qu'aux limites altitudinales de la végétation. Quant à ces dernières, il serait difficile d'en formuler les moyennes, les parties ouest et est de la chaîne se comportant différemment; et lors même qu'on tenterait de le faire, on n'en trouverait pas moins le niveau moyen des régions végétales à peine aussi élevé que sur les points les plus hauts de la chaîne centrale. Cette divergence tient à la nature géognostique plus variée du terrain et à ce que du côté de l'est se présente le plateau de Karst qui a cela de particulier que ses sommités ne surgissent que d'une manière isolée; mais ce qui rend les rapports entre les trois chaînes principales encore plus compliqués, c'est le changement de direction qu'elles subissent aux deux points extrêmes de leur extension de l'ouest à l'est; ce qui fait que la chaîne des Alpes décrit une courbe presque symétrique autour de la plaine de l'Italie septentrionale et de la mer Adriatique. Mais comme, tant dans le Dauphiné que dans la Croatie, la disposition des chaînes principales en trois branches passe à une ordonnance plus simple quoique peu régulière, on peut considérer le bras sud comme faisant partie des Alpes méridionales, bras qui diffère de la chaîne principale par la saillie qu'il fait dans le domaine méditerranéen proprement dit. Il est à remarquer que la flexion que subit la chaîne dans la direction du Dauphiné a son point de départ dans le groupe du Mont-Blanc, qui est non-seulement le massif le plus élevé, mais aussi le plus limitrophe du Jura; on dirait que la force la plus puissante se soit manifestée là où elle a été paralysée, et que lors du soulèvement des Alpes le massif du Jura existant depuis une période géologique antérieure ait pu agir comme contre-poids à un déchirement nouveau de l'écorce terrestre, et ramener l'axe ouest-est des Alpes pennines à la direction méridionale des Alpes graïennes et cottiennes. Cette manière de voir trouve une certaine justification dans le fait que ce n'est que dans les parages de la Grande-Chartreuse que le Jura se rattache sous un angle aigu aux contre-forts occidentaux des Alpes du Dauphiné, fait qui a une signification toute particulière pour la végétation de ce massif montagneux, puisque l'immigration des plantes alpines dans le domaine du Jura paraît avoir eu lieu non de la Suisse, mais de ce point méridional de jonction.

La position plus élevée des régions végétales dans la chaîne centrale des Alpes, comparativement aux Alpes calcaires du nord, se présente, il est vrai, comme un phénomène général; cependant il devient d'autant plus saillant que les Alpes gagnent en hauteur de l'est à l'ouest. L'exhaussement de la limite des arbres dans l'Engadine, c'est-à-dire dans la contrée élevée de l'Inn supérieur où M. Kasthofer fut le premier à le signaler, a été confirmé plus tard par MM. Heer et Mohl, et le fait a été également constaté sur les plus hautes Alpes de la Suisse et de la Savoie. Au reste, dans l'Engadine la différence pour les arbres de même espèce est à peine de 195 mètres (600 pieds); mais comme le Mélèze et le Pin cembra y atteignent une altitude supérieure à celle de la Pesse, et comme ces deux arbres à feuilles aciculaires sont plus fréquents dans la vallée supérieure de l'Inn, il en résulte que, dans l'Engadine, les forêts s'élèvent de 325 mètres (1,000 pieds) plus haut que dans la Suisse septentrionale. D'ailleurs, grâce aux oscillations extraordinairement fortes que, selon l'orientation des pentes, l'insolation détermine dans la position des limites des arbres, certaines localités offrent des exemples d'un exhaussement encore bien plus grand (dans la proximité du massif montagneux de Worms, le Mélèze s'élève jusqu'à 2,322 mètres ou 7,150 pieds et le Pin cembra jusqu'à 2,364 mètres ou 7,280 pieds)[164]. Avec les arbres monte également la ligne des neiges, en sorte que dans les Alpes pennines la culture des Céréales atteint quelquefois une altitude tellement considérable, qu'on ne saurait expliquer ce phénomène que par les influences locales se produisant dans les vallées dirigées du nord au sud (le Froment jusqu'à 1,754 mètres ou 5,400 pieds, l'Orge jusqu'à 1,981 mètres ou 6,100 pieds)[171]. M. Schlagintweit [161] a exprimé d'une manière heureuse les rapports entre les conditions climatériques des Alpes calcaires du nord et celles de la chaîne centrale, en opposant les premiers avec leurs sommets isolés, déchiquetés, séparés par des abîmes profonds et moins susceptibles d'être échauffés par le soleil, au bombement massif des derniers, où la position élevée des vallées leur imprime un caractère qui se rapproche de celui d'un pays de plateau.

Dans la majeure partie de la chaîne méridionale des Alpes, depuis le Piémont jusqu'aux Alpes dolomitiques de l'Illyrie, on voit dominer les formes abruptes des roches calcaires, mais les limites des régions végétales s'y comportent à peu près de la même manière que sur la ligne de soulèvement central plus élevée. Ici la position géographique compense les désavantages de la configuration plastique. Dans le Dauphiné, où la crête principale se rapproche, du côté de l'est, de ce système montagneux, il surgit immédiatement au milieu de la plaine piémontaise, tandis que, du côté de l'ouest, d'autres groupes montagneux non moins élevés se rattachent irrégulièrement à cette crête; aussi, les dernières extrémités des Alpes tournées vers la vallée du Rhône offrent une dépression dans les régions végétales. Le groupe ouest de la Grande-Chartreuse peut être assimilé aux Alpes calcaires du nord, et la crête orientale du mont Viso aux Alpes du sud. Cependant, grâce à l'action d'un climat plus chaud, aux expositions variées ainsi qu'à l'état des forêts généralement refoulées ou dévastées, c'est dans les Alpes françaises que les limites des arbres acquièrent les oscillations les plus étendues. Ici, des Mélèzes et des Pins cembra ont été observés à des hauteurs comme il ne s'en est présenté nulle part ailleurs dans les Alpes (2,501 mètres ou 7,700 pieds), tandis que sur le pic latéral abrupt de la Grande-Chartreuse (1,890 mètres ou 5,800 pieds), la Pesse reste même au-dessous du niveau qu'elle atteint généralement dans la chaîne centrale. La limite des arbres subit une dépression encore plus forte dans l'embranchement oriental du Karst illyrien, dont la haute plaine ne saurait compenser les inconvénients résultant de l'altitude moins considérable des sommets, de la constitution peu favorable du sol, ainsi que de l'action de la mer Adriatique jusqu'à laquelle descend le Bora sous forme d'un vent violent du nord. Mais ce qui contribue à circonscrire encore davantage le domaine forestier, c'est que la ceinture des arbres à feuilles aciculaires n'offre pas un développement plus étendu, et qu'alors la limite de la végétation arborescente est formée par le Hêtre. Cependant il paraît que, même dans la partie la plus méridionale des Alpes dinariennes, notamment dans la Bosnie, la Pesse ne s'élève pas aussi haut (1,624 mètres ou 5,000 pieds) qu'elle l'aurait pu sous cette latitude si les montagnes offraient une altitude plus considérable.

Certains arbres manifestent une déviation particulière de la disposition normale des régions végétales, en restant dans les Alpes méridionales au-dessous de l'altitude que, selon toute apparence, ils auraient dû atteindre, eu égard à la sphère climatérique qu'ils possèdent dans d'autres contrées. L'exemple le plus remarquable sous ce rapport nous est offert par la Pesse, qui, dans les Alpes calcaires septentrionales, s'élève de 325 mètres (1,000 pieds) plus haut que le Sapin argenté, tandis que, dans le Dauphiné, le premier ne va pas au-dessus du dernier. Nous nous trouvons ici en présence d'un phénomène qui ne saurait être suffisamment expliqué par le fait que, sans pénétrer plus avant dans les montagnes de l'Italie, la Pesse atteint déjà dans les Alpes du sud sa limite méridionale, et, par conséquent, ne trouverait peut-être pas ici autant que dans les contrées situées plus au nord les conditions nécessaires à son développement. Il faudrait découvrir le moyen de constater une action qui, dans le midi de l'Europe, fut préjudiciable à la Pesse et favorable au Sapin argenté, et si on ne parvenait pas à déduire une telle action des conditions physiologiques de ces deux arbres, force serait de nous contenter pour le moment de l'hypothèse d'une immigration non achevée venant du nord. Malgré cela, on ne comprendrait pas trop pourquoi dans sa marche progressive, depuis la chaîne centrale jusqu'aux Alpes méridionales, la Pesse ne se serait pas fixée également plus loin à une altitude qui lui convient. Dans la section consacrée au domaine méditerranéen, nous ferons voir que les montagnes qu'il renferme sont, au delà de 1,949 mètres (6,000 pieds), à atmosphère trop sèche pour le développement des forêts ; c'est là un fait qui s'applique également à quelques contrées des Alpes méridionales et notamment au Dauphiné. La Pesse est, sans conteste, au nombre des arbres qui exigent une forte irrigation du sol, et c'est pourquoi on voit habituellement se développer à l'ombre de ces arbres un si riche tapis de mousse. Cela ne serait-il pas la cause de ce que la migration de la Pesse vers le sud aura trouvé sa limite dans les Alpes, tandis que le Sapin argenté, précisément parce que, par les conditions thermiques de son aire d'extension il appartient à un niveau moins élevé, tout en exigeant le même degré d'humidité, aura pu se répandre dans les montagnes du domaine méditerranéen, où il est encore pour ainsi dire plongé dans la région des nuages? Si cette manière de voir est fondée, on devrait s'attendre à des exceptions locales, où l'altitude plus considérable d'un sommet de montagne ainsi que l'irrigation du sol par l'eau de neige auraient pour conséquence l'élévation du niveau de la Pesse, même sur sa limite méridionale. Il est, en effet, une localité où un cas exceptionnel de cette nature est constaté : c'est le Canigou, dans les Pyrénées-Orientales, où la Pesse (2,413 mètres ou 7,500 pieds) s'élève bien plus haut que le Sapin argenté (1,949 mètres ou 6,000 pieds), quoique sur cette montagne il eût atteint sa limite méridionale. Il pourrait bien en être de la Pesse comme du Pin cembra dont il a été constaté qu'il s'élève fréquemment plus haut sur les revers septentrionaux que sur les pentes exposées au sud. Mais le Hêtre aussi atteint dans les Alpes calcaires du nord un niveau un peu plus élevé, et ici c'est un autre fait, une réaction thermique qui paraît en être la cause : nous y voyons se reproduire un phénomène déjà signalé dans les Carpathes (p. 242), savoir : qu'en tant qu'il se rapproche des propriétés d'un climat continental à hivers plus longs, un renflement du sol en masse, et conséquemment une surface élevée, exerce sur la limite des arbres incapables de supporter une réduction de la période de végétation, une action de dépression et non d'exhaussement, comme c'est ordinairement le cas.

Quand nous considérons la physionomie des Alpes dans leurs rapports avec les ressources qu'elles offrent à l'économie nationale, nous ne pouvons méconnaître certains avantages considérables qu'elles possèdent comparativement aux autres montagnes élevées, avantages qui non-seulement servent au bien-être des habitants, mais encore les attachent au caractère imposant et à la beauté de leur patrie. La répartition convenable et la position des vallées, l'aménagement économique des dépôts de terre végétale et jusqu'à l'extension des masses de neige, doivent être pris en considération, afin de pouvoir comprendre ces avantages. En toutes ces choses il y a une symétrie, une perfection que peut-être aucune autre contrée alpine ne présente au même degré, et qui placent les Alpes, sous le rapport de la beauté, bien au-dessus de l'Himalaya avec son immense développement de masses, ainsi que du Caucase. On parle souvent des horreurs de la nature alpine, des glaciers qui ravagent le sol fertile, des avalanches et des éboulements des débris de roches qui détruisent tout ce à quoi tient l'homme, des dévastations produites par les torrents, enfin du rétrécissement que subit le domaine du sol susceptible de culture, à la suite de l'étendue démesurée des massifs montagneux ; mais tout cela ne doit pas faire perdre de vue les services que peut rendre la nature alpine, même dans de telles conditions. Condensation des nuages, distribution des rivières dans la région basse selon la direction des diverses vallées, maintien de la vie des plantes à l'aide des substances minérales nutritives accumulées dans les réservoirs inépuisables des sources, enfin, renouvellement de la surface du sol comprise dans le domaine de l'eau courante, voilà des bienfaits que d'une manière indirecte les montagnes répandent au loin, tandis que d'autres ressources pour le bien-être et l'activité des habitants, et celles-là directement appréciables, s'accumulent dans les forêts, les prés de montagne et les herbages alpestres. Mais nulle part ces bienfaits des régions élevées ne se trouvent distribués dans une plus juste mesure que dans une grande partie des Alpes; nulle part en Europe les pâturages alpestres ne fournissent aux troupeaux de plus copieuses rations d'été auxquelles les prés de montagne, qui descendent dans la ceinture forestière, ajoutent en automne un contingent supplémentaire. Parfois, ainsi que c'est le cas sur les Alpes de Seisser, près de Bolsena, les talus de la région alpine ont une telle extension qu'il y a place pour des centaines de chalets. En même temps, grâce à la ramification compliquée des vallées, qui souvent pénètrent bien avant dans les divers groupes des sommets alpins, l'étendue de ces vallées, disposées en terrasses propres à retenir la couche fertile du terrain, suffit à une agriculture limitée, ainsi qu'au maintien des troupeaux pendant l'hiver. Et c'est ainsi que l'élevage du bétail et l'industrie des chalets peuvent se développer proportionellement à l'étendue des pâturages alpestres qui, en raison de l'espace compris entre la limite des forêts et la ligne des neiges, sont plus uniformément revêtus de végétation que les Fjelde du nord scandinave. Afin d'opposer une digue aux forces destructrices des violentes chutes d'eau et de réunir les éléments constitutifs de la terre végétale tels qu'ils résultent de la désagrégation des roches, la nature semble s'être efforcée d'atteindre ce but par les moyens les plus variés, à l'aide tantôt de l'inclinaison convenable du sol, ou de l'abri protecteur d'une ceinture forestière, tantôt de l'action modératrice des lacs qui tendent à calmer l'eau des affluents torrentiels qui s'y précipitent. Sur les surfaces doucement inclinées des renflements situés entre les hautes vallées, l'humidité dont le sol est imprégné, en raison de la quantité de neige accumulée au-dessus de la limite de cette dernière, a le temps nécessaire pour subir l'action calorifique du soleil, tandis que le fond des vallées elles-mêmes se remplit de glaciers et sert de réceptacle à l'excédant des eaux; d'ailleurs, le mouvement imprimé à la glace par son propre poids, fait qu'en glissant sur le sol elle y dépose les matières limoneuses finement triturées dont se chargent les rivières et qui constituent autant d'éléments de fertilisation. Mais entre les agents favorables à la nature organique et ceux qui en paralysent les fonctions, il y a une variété infinie de rapports, et c'est cette individualisation des vallées et des groupes montagneux d'après leur position, leur dimension, l'inclinaison de leurs surfaces, et la nature de leur charpente rocheuse, qui rehausse le charme du paysage alpin, et qui fait que, partout où on le contemple, il présente toujours de nouveaux tableaux richement coloriés. Ce serait en vain que l'on tenterait de distinguer d'après l'étendue de leurs ressources naturelles chaque partie des Alpes en particulier, telle qu'elle se trouve indiquée par le caractère spécial de ses habitants : tout ce qu'il serait permis peut-être de dire d'une manière très-générale, c'est que les

Alpes méridionales sont moins favorisées que les Alpes septentrionales, et que les deux chaînes latérales sont dépassées sous ce rapport par la chaîne centrale, bien que celle-ci, du moins dans ses parties les plus élevées, telles que le Valais et la Savoie, reste bien loin derrière les massifs montagneux du Tyrol et de l'Autriche.

Quand nous suivons les diverses régions, depuis la ligne des neiges jusqu'au pied des Alpes, un fait remarquable se présente tout d'abord : c'est la grande extension verticale des herbages alpins ainsi que leur richesse végétale. Les herbes vivaces alpestres qui, dans les îlots de névés, dépassent la limite des neiges conjointement avec les gazons à graminées, prospèrent encore, bien que variant spécifiquement, dans la région des buissons jusqu'à la lisière supérieure de la forêt, et descendent à plusieurs reprises encore bien plus bas le long des dépôts de galets accumulés dans les vallées, tandis que, pour la plupart elles se trouvent exclues des prés de montagne, situés sur les pentes inférieures. A elles seules ces grandes divergences hypsométriques sont déjà une cause de la variété considérable dans les éléments constitutifs de la végétation. Ici, l'amateur des plantes se trouve enchanté par la réunion des fleurs les plus gracieuses, par la plus riche herborisation ; dans les Alpes fertiles et bien arrosées, telles que le Fimberjoch en Tyrol, ou le Pasterze près du Glockner, il n'est pas difficile de récolter plusieurs centaines d'espèces différentes de végétaux. Par sa position plus élevée, ainsi que par sa distribution dans le gazon à Graminées, la forme des herbes vivaces correspond aux conditions de la flore arctique, et passe de haut en bas graduellement à la taille plus élancée des végétaux de la région des Aconits, située à la limite des arbres. La ceinture des végétaux cryptogames se rattachant à la ligne des neiges fait défaut, parce que, ainsi que cela a déjà été mentionné (p. 52), en été, la masse d'eau produite par la fonte de la neige se trouve réunie dans les glaciers et dans le fond des vallées, en sorte que la partie du liquide dont les pentes des montagnes sont imprégnées a le temps, pendant son mouvement ralenti, de s'échauffer suffisamment pour assurer le développement de la végétation phanérogame jusqu'à la lisière de la neige et de la glace. De même, il y a également défaut des conditions qui, conformément à la configuration du sol incliné ou aplati de la montagne, déterminent la production des marais, de manière que, pour la plupart, les arbustes se retirent vers les rives des ruisseaux. Au reste, les dimensions des végétaux ligneux, ainsi que celles des herbes vivaces, sont en raison de la réduction que subit la période de végétation avec l'exhaussement des niveaux. Les Rhododendrons alpins ou Rosages, dont les nombreuses fleurs rouges se détachent avec éclat sur le fond vert foncé des feuilles agglomérées toujours vertes, forment dans les Alpes orientales, de concert avec le Pin de montagne des Carpathes, la ceinture inférieure des buissons, et descendent aussi le long des cours d'eau dans l'intérieur des vallées. Plus haut, les Airelles et les Saules du Nord se trouvent également représentés parmi les buissons plus petits, jusqu'à ce qu'enfin on ne voit plus que les herbes vivaces et les Graminées.

Dans la région forestière, une gradation régulière sépare la ceinture supérieure des arbres à feuilles aciculaires d'avec les arbres à feuillage, notamment le Hêtre, qui succèdent aux premiers dans l'ordre descendant. Ce n'est pas que la Pesse demeure étrangère aux pentes inférieures, puisqu'au contraire elle vient tout aussi bien sur les surfaces élevées situées au pied des Alpes septentrionales, mais c'est que les arbres à feuillage se trouvent exclus des forêts de la région supérieure. Dans les Alpes méridionales, la ceinture des Hêtres se présente d'une manière encore plus tranchée comme le représentant de la région forestière inférieure, ou bien elle constitue à défaut des arbres à feuilles aciculaires, une transition aux régions des Apennins où le Hêtre s'élève jusqu'à la limite des arbres. Enfin, dans les vallées qui conduisent vers l'Italie ou vers la France, on finit par traverser, avant d'atteindre la plaine, la ceinture de la forêt des Châtaigniers qui se trouve graduellement enrichie par d'autres formes végétales méridionales; abritées derrière les parois des rochers, et placées sous le climat plus chaud dont jouissent les localités soustraites à l'action du vent du nord, ces formes végétales ornent non-seulement la lisière de la montagne, mais encore remontent bien avant dans l'intérieur de cette dernière en longeant les torrents, en sorte que quelques-unes parmi elles accompagnent l'Adige jusqu'à Bolzano, et le Rhône jusqu'au Valais. C'est ainsi que l'entrée dans le domaine méditerranéen est graduellement préparée à l'aide de transitions attrayantes, tantôt par les forêts, lorsque celles-ci ont été mieux conservées comme dans la vallée de l'Isonzo, tantôt par la culture des plantes méridionales qui, sur les lacs lombards, trouvent si subitement les conditions qui leur conviennent, que le voyageur mettant le pied sur le sol de l'Italie ne manque pas de recevoir les impressions les plus inattendues, impressions promettant au delà de ce que peut réaliser la Péninsule à une distance plus considérable des Alpes.

Lorsque nous comparons les régions végétales des Alpes avec celles des montagnes limitrophes, nous trouvons que les forêts montent plus haut, même dans la chaîne septentrionale (1,786 mètres ou 5,500 pieds), que sur les hauteurs moins élevées situées plus à l'ouest. Au reste, dans l'Auvergne et le Jura suisse, où la différence est d'environ 292 mètres (900 pieds), cela tient à ce que, de même que dans les Alpes méridionales, la Pesse va à peine au delà de la limite du Sapin argenté, car ces montagnes ne jouissent pas de l'irrigation fournie par la fonte des neiges, et leurs hauteurs sont plus propres à produire des prés que des forêts. Les deux massifs montagneux ont entre eux cela de commun, que plusieurs plantes méridionales s'étendent jusqu'à leurs pieds, et que sous ce rapport ils se rapprochent davantage du climat des Alpes françaises. Mais avec une composition géologique différente, l'Auvergne volcanique se distingue par de vastes prés de montagne, dont la végétation pauvre en éléments alpins se rattache par plusieurs points à des formations semblables habitant en Allemagne un sol analogue tel que le basalte de la Rhön. Le Jura, au contraire, avec ses roches calcaires et dont le pied est entouré de buissons de buis de la zone des châtaigniers, possède une région alpine qui a pu aisément se relier, dans la mesure des conditions du sol, à la flore du Dauphiné.

C'est d'une tout autre manière que se présentent les Vosges

et la Forêt-Noire relativement aux Alpes septentrionales. Malgré l'altitude moins considérable de leurs sommets, puisque la limite des arbres est encore plus basse, on y voit les traces d'une région alpine, même plus distinctement marquée que sur le Harz. Comme les parties les plus élevées de ces deux massifs montagneux se trouvent à peu près sous la même latitude que les extrémités septentrionales des Alpes bavaroises et autrichiennes, et comme, malgré cela, la limite supérieure des forêts s'y trouve de 357-422 mètres (1,100 à 1,300 pieds) plus bas que sur les premiers, il se présente la question de savoir si ce phénomène doit être rattaché uniquement à la hauteur plus considérable des Alpes. Cependant, les Alpes calcaires abruptes sont peu propres à agir par leur masse, et il faudrait certainement attribuer une action plus puissante à ce qu'elles surgissent de la haute plaine bavaroise, qui ayant une altitude de 487 mètres (1,500 pieds), compense à peu de chose près la différence susmentionnée entre les limites des arbres ; tandis que les Vosges et la Forêt-Noire ont pour base immédiate la vallée bien moins élevée (97 mètres ou 300 pieds) du Rhin. En effet, la température estivale de Munich et d'Augsbourg est seulement de moins d'un degré et demi inférieure à celle de Carlsruhe[173]. Cette connexion entre les Alpes calcaires du nord et une région de plateaux jette aussi une nouvelle lumière sur leur relation à l'égard de la chaîne méridionale qui confine à la région basse de la plaine lombarde. Dans les Alpes du nord, les limites de la végétation et des neiges se trouvent élevées au delà de leur niveau normal par l'influence de la haute plaine bavaroise, et c'est pourquoi la différence entre ces limites et celles que présente la chaîne méridionale soustraite à de telles influences est moins considérable qu'elle ne l'eût été si on ne tenait compte que de la latitude géographique et de la position plus abritée.

Enfin cette manière de voir trouve son application, quoique dans une mesure plus circonscrite, également aux limites de la végétation dans les Carpathes méridionales. Bien que, eu égard à une position plus orientale, on se serait attendu à y trouver un exhaussement dans les limites altitudinales des arbres, néanmoins, celles de la Pesse et du Hêtre s'y présentent au même niveau que dans les Alpes calcaires du nord. Le climat plus continental aurait dû relever ces limites, comme dans le Tatra; mais si tel n'est pas le cas, c'est que surgissant dans la profonde vallée du Danube, les Carpathes du Banat se comportent d'une manière analogue aux Alpes méridionales. Du côté du nord au contraire, les Carpathes confinent également à la surface élevée de la Transylvanie (389 mètres ou 1,200 pieds) qui ne le cède que peu en hauteur à celle de la Bavière, et il est possible qu'ici la Pesse n'ait pas atteint sa limite altitudinale climatérique, parce que l'absence des neiges et des glaciers fait que, au-dessus de la ceinture des forêts, ce massif montagneux (environ 2,598 mètres ou 8,000 pieds) ne fournit pas le degré suffisant d'humidité. A la suite de la durée de la saison hivernale, les forêts de Hêtres restent également à un niveau plus bas, et c'est à cause de cela qu'elles conservent presque la même limite altitudinale dans toute la contrée comprise entre le Kriwan dans le Tatra, et la Bosnie, contrée située sous le même méridien mais embrassant cinq degrés de latitude. Comme dans le Tatra, la région alpine des Carpathes se trouve le plus richement développée sur le large rempart montagneux qui sépare la Transylvanie de la Valachie; elle y acquiert une variété d'espèces qui ne le cède que peu aux Alpes, bien que l'immense extension du Pin de montagne qui y revêt le sol, ne laisse que peu de place aux herbes alpines et aux Graminées. D'ailleurs, eu égard à leurs conditions orographiques, les Carpathes méridionales ne sauraient non plus être comparées aux Alpes sous le rapport des ressources naturelles, car dans ce sens les Carpathes se trouvent surpassées, même par le Tatra, plus favorisé par la ramification des vallées. Celles des Carpathes de la Transylvanie sont étroites, presque inaccessibles à cause de la végétation arborescente abandonnée à elle-même, et, en grande partie inhabitées, l'économie des chalets y étant par conséquent peu développée. Grâce à la solitude des forêts, au défaut d'habitations et à la rareté de faciles voies de communications à travers un massif montagneux si diversement ramifié, (ayant une largeur de près de 80 kilomètres), l'élément allemand des Saxons transylvaniens se trouve séparé de la population des principautés danubiennes, population à affinités plus orientales, mais tendant à gagner du terrain sur la race allemande sans que néanmoins celle-ci puisse lui opposer une résistance suffisante.

Enfin, il nous reste encore à comparer aux Alpes les PYRÉNÉES.

PYRÉNÉES CENTRALES (42°-43° L. N.) [174]

RÉGION FORESTIÈRE, 2,338m (7,200p).

Pin sylvestre (limite des arbres)	2,339m (7,200p).
Pesse	1,949m (6,000p).
Hêtre	1,850m (5,700p).
Pinus uncinata	1,754m (5,400p).
Culture des céréales	1,354m (4,200p).

RÉGION ALPINE, 2,338m,7-2,628m,4 (7,200p-8,400p). (Ligne des neiges.)

PYRÉNÉES OCCIDENTALES ET CANTABRES (43° L. N.) [175].

Sapin argenté (Navarre)	1,949m (6,000p).
Hêtre	1,462m (4,500p).
Quercus Toza	975m (3,000p).
Châtaignier	812m (2,500p).

La séparation de la flore de l'Europe centrale de celle de la Méditerranée est effectuée d'une manière bien plus tranchée par les Pyrénées que par les Alpes. En effet, tandis que la plaine lombarde constitue un domaine de transition dont le climat, considéré dans ses relations essentielles avec la vie végétale, s'éloigne du climat de l'Europe méridionale proprement dit, la crête principale des Pyrénées sépare de la manière la plus distincte la végétation de la France de celle de l'Espagne, et cette ligne tranchée de démarcation peut être constatée plus à l'ouest, là où l'axe de soulèvement se continue dans la chaîne cantabre jusqu'à son point extrême situé dans la Galicie. Les Pyrénées orientales, dont les deux revers appartiennent à la flore méditerranéenne jusqu'au nœud montagneux qui les rattache aux Cévennes, constituent la seule partie de cette chaîne qui n'oppose guère d'obstacle considérable au mélange des espèces végétales : ici, par l'entremise du littoral et par celle de la haute vallée de la Cerdagne, la végétation de la région chaude et le climat de la montagne se trouvent pour ainsi dire fusionnés en une seule unité. Toutefois, sous le rapport de leur constitution orographique, les Pyrénées orientales diffèrent peu des Pyrénées centrales, tandis que, du côté de l'ouest, la chaîne perd notablement en hauteur et, en conséquence, la flore change de caractère. C'est ainsi que dans la direction de l'est à l'ouest, les Pyrénées se divisent en trois sections, dont la première se distingue par son climat et les deux autres par la configuration de leur sol; mais ce n'est que le revers septentrional de ces deux dernières qui a de l'affinité avec les autres massifs montagneux de notre domaine. Les données que nous possédons jusqu'à présent sur les régions des Pyrénées occidentales ne sont guère satisfaisantes; par contre, depuis l'époque de M. Ramond, on ne s'est occupé que plus activement de travaux susceptibles de fournir des termes de comparaison entre la portion centrale du revers français et la chaîne et les Alpes. On a fait ressortir comme un trait caractéristique de la chaîne principale, la connexion qui existe entre ses parties constitutives, telle qu'elle est exprimée par leur ordonnance plus simple et plus distinctement circonscrite, ainsi que par la position plus élevée des cols, tandis qu'une autre particularité commune aux Pyrénées occidentales et centrales, a été moins prise en considération. Comparées à celles des Alpes, les vallées y sont généralement plus étroites, jusqu'à ce que vers leur terrasse la plus élevée souvent elles s'élargissent pour former ce qu'on appelle des cirques; les pentes sont plus abruptes et on atteint les sommets plus difficilement, quoique en moins de temps[176]. La vallée de Lauterbrunn dans l'Oberland bernois, avec la Jungfrau qui la surplombe à pic, peut donner une idée de la partie inférieure des vallées telles qu'elles se présentent ordinairement dans les Pyrénées. On dirait que le massif montagneux est relié par des cols plus élevés, et sillonné par des fentes plus profondes que dans les Alpes; on conçoit donc aisément que lorsque ces fentes ont été comblées par les matières détritiques jusqu'au fond actuel des vallées, les sources se trouvant à de plus grandes profondeurs et pénétrant davantage dans les couches plus chaudes de la terre, ont dû reparaître plus tard à la surface du sol sous forme de sources thermales. Or, c'est précisément par là que les Pyrénées diffèrent d'une manière frappante des Alpes qui, comparativement, sont pauvres en sources chaudes. Leur diffusion générale dans toute l'étendue de la chaîne des Pyrénées se manifeste déjà par tant de localités servant de rendez-vous à ceux qui y cherchent la guérison de leurs affections, mais le nombre de sources thermales non utilisées pour les traitements est bien plus considérable encore, aussi voit-on souvent dans le fond de vallées retirées, des nuages de vapeur se dégager des eaux chaudes. Pour la végétation, les surfaces comparativement abruptes de la montagne ont cette conséquence, que la terre végétale s'y accumule plus difficilement, ce qui fait qu'elle offre moins de prise aux racines des essences forestières, et que là où ces dernières ont été une fois détruites, les roches fragmentaires roulées exercent une action bien plus préjudiciable. Les vallées de l'Ariége, dont les forêts avaient été à peu de chose près complétement saccagées pendant la Révolution, sont restées depuis cette époque presque entièrement désertes, et il a été impossible de trouver un moyen pour restaurer dans de telles conditions la végétation arborescente. La partie occidentale des Pyrénées françaises est mieux boisée que la partie orientale; mais dans la plupart des régions, la chaîne cantabre est nue ou seulement revêtue de broussailles, ce qui fait qu'on ne saurait y déterminer avec certitude les limites climatériques des arbres. Les herbages alpestres des Pyrénées sont également très-inférieurs à ceux des Alpes sous le rapport de la vigueur du développement végétal, et déjà M. Ramond faisait ressortir comme un trait caractéristique le contraste entre l'exiguïté du bétail ainsi que la pauvreté des chalets dans les Pyrénées, et le bien-être des montagnards suisses[177]. L'extension peu considérable des névés et des glaciers contribue à rehausser ces inconvénients qui, à la vérité, peuvent aisément échapper au botaniste, car il les voit compensés par la richesse en produits locaux et par la variété d'espèces alpines.

Les régions végétales des Pyrénées centrales, auxquelles d'ailleurs les belles forêts d'arbres à feuillage et à feuilles aciculaires

laires ne sont point étrangères, ne sauraient être que difficilement comparées aux régions des autres parties de massifs montagneux, parce que chaque espèce d'arbres y est distribuée d'une manière spéciale. Sur le Canigou, dans les Pyrénées orientales, la limite des arbres se trouve presque au même niveau que dans la partie centrale de la chaîne, mais là elle est représentée par la Pesse et ici par le Pin sylvestre. Dans les Pyrénées centrales, la région de la Pesse paraît être déprimée (de plus de 454 mètres ou 1,400 pieds, comparativement au Canigou), tandis que le Hêtre s'élève plus haut (d'environ 227 mètres ou 700 pieds). Sur la chaîne cantabre, la Pesse n'a pas été observée du tout, mais le Châtaignier (812 mètres ou 2,500 pieds) et le Sapin argenté (1,949 mètres ou 6,000 pieds) y atteignent la même altitude que sur le Canigou. Peut-être n'est-il pas temps encore d'établir une relation plus rapprochée entre la distribution des arbres dans les Pyrénées et les particularités climatériques propres aux trois sections que nous avons adoptées pour cette chaîne. On conçoit aisément que dans la baie de Biscaye une plus longue période de végétation ou bien la douceur de l'hiver puissent produire sur certaines espèces un effet analogue à celui du climat méditerranéen de l'est, sans exercer une telle action sur d'autres espèces, et que, dans les Pyrénées centrales, où la végétation se rapproche davantage de celle du nord de l'Europe, la position des régions végétales corresponde également davantage à celles qu'elles ont dans les Alpes. Toutefois, d'une part les observations ne sont pas encore assez étendues, et d'autre part elles sont rendues trop difficiles par l'extension limitée des forêts, pour qu'il soit permis d'établir de telles considérations sur des bases solides. Le contraste entre les trois sections de la chaîne se prononce bien plus distinctement dans la végétation elle-même que dans la disposition des régions végétales. Ainsi, sous le rapport de leur développement végétal, les Pyrénées occidentales et cantabres ressemblent au littoral atlantique de la France méridionale, dont la flore avec ses massifs de buissons, de hautes bruyères et d'Ulex et avec ses végétaux ligneux toujours verts, développés en plus grand nombre, s'étend régulièrement depuis la Gasgogne jusqu'au Portugal septentrional, et ne se rattache que par quelques plantes caractéristiques isolées, telles que le Buis, aux sections de la montagne plus élevées et situées plus à l'est. Cependant, au pied des Pyrénées centrales, notamment à Pau [178], où la végétation littorale ne se manifeste pas encore, la courbe thermique se trouve aussi fortement influencée par l'Atlantique que dans les contrées susmentionnées, en sorte que le caractère local de la flore de la baie de Biscaye paraît tenir plutôt à l'humidité qu'à la température du climat. Le littoral septentrional de l'Espagne est une contrée alpestre romantique où, grâce à un climat humide et à la richesse du sol en sources, une couche exiguë d'humus développe une luxuriante végétation. A côté des buissons dominants de la Gascogne, les prés de cette contrée n'en portent pas moins complétement l'empreinte de la flore de l'Europe centrale, et sont en grande partie composées de plantes des prés de l'Allemagne : de même, les espèces de plantes immigrées ici de l'Espagne et du Portugal ne paraissent guère être plus nombreuses que dans la France limitrophe sud-ouest.

Comparées aux Alpes, les Pyrénées, malgré leur position plus méridionale, présentent, à peu de chose près, la même disposition des régions végétales. Sur leur revers septentrional, la ligne des neiges n'est pas plus élevée que dans la chaîne moyenne des Alpes, et la majorité des limites végétales sont représentées exactement par les mêmes valeurs dans certaines parties, soit de cette dernière chaîne, soit de celle des Alpes méridionales. Le Châtaignier et le Hêtre seuls, en leur qualité d'arbres particulièrement propres au climat maritime, ne montent nulle part dans les Alpes aussi haut que dans les Pyrénées. Par contre, dans les Pyrénées centrales, eu égard à leur latitude, l'influence déprimante de l'Atlantique ne saurait être méconnue, en considérant les limites altitudinales de la Pesse et des neiges perpétuelles.

Centres de végétation. — La disposition des plantes sur le continent indique, dans la majorité des cas, des aires d'extension non interrompues, en sorte que si, sur une carte, on réunissait par des lignes les points extrêmes des *habitat* naturels des espèces, la surface comprise entre ces lignes représenterait un ensemble sans laisser des lacunes considérables. En thèse générale, il est aisé d'expliquer les interruptions dans l'aire des plantes à l'aide des conditions de leur existence; cependant, lorsqu'on n'est pas dans le cas de le faire et que les solutions de continuité embrassent un espace étendu, il semble difficile de maintenir la supposition d'un point de départ unique, bien que, comparativement à la masse des espèces, de tels phénomènes ne constituent que de rares exceptions. Deux hypothèses se sont efforcées de rattacher ces phénomènes à des conditions antérieures, et de les subordonner par là à la loi générale de simples centres de végétation. Ce fut M. Forbes[179] qui formula la doctrine qui aujourd'hui est la plus généralement accueillie et représentée par des naturalistes distingués; on peut la qualifier de théorie géologique. Elle consiste à admettre qu'abandonnées à elles-mêmes, les plantes ne répandent leurs germes qu'à une distance peu considérable; que les individus existant actuellement proviennent de générations antérieures de même espèce; et enfin à expliquer les lacunes géographiques qui se produisent dans l'aire d'extension, à l'aide de changements géologiques opérés sur la surface du globe, et à la suite desquels une espèce donnée, habitant pendant une période antérieure certaine localité à titre d'indigène, y aurait perdu les conditions nécessaires à son existence. Abaissement du sol de nature à interrompre la continuité des continents ou accumulation de glaces faisant périr les végétaux, ce sont là autant de causes à l'aide desquelles on croit rendre compte de la perturbation apportée dans les communications et du changement qui en est résulté dans l'aire d'extension des plantes. Cette manière de voir dispense de toute observation positive des faits, et n'en laisse qu'un champ plus vaste à l'imagination. Ce qui rend cette théorie encore moins compatible avec une progression assurée de l'investigation, c'est le système de M. Darwin qui déduit les espèces les unes des autres, mais dans le fait ne touche point à la question dont il s'agit, en ce sens qu'il cherche seulement à expliquer comment, et non où les espèces avaient été produites. Il est possible que l'époque tertiaire ait laissé un retentissement qui se fasse sentir encore aujourd'hui dans la distribution des plantes, ce qui n'empêche pas que le mode de procéder dans les sciences naturelles doit avoir un caractère ordonné. Tant que les causes auxquelles se rattache un phénomène de la manière la plus directe n'ont pas été prises en considération, on n'a pas le droit de recourir aux causes plus éloignées. Autrement, l'œuvre laborieusement édifiée courrait risque de paraître infructueuse aux yeux de la postérité, quelque grands que soient les éloges dont elle a pu être honorée par les contemporains. Lorsqu'on adopte le principe de rechercher avant tout si les forces actuellement agissantes ne suffisent point à élucider la question relative aux lacunes qui se produisent dans l'aire d'extension des plantes, on se trouve plus aisément disposé en faveur de tentatives opposées à celle de l'hypothèse géologique, en essayant d'étudier les migrations à l'aide desquelles les plantes sont transportées d'un endroit à un autre. Il ne manque pas d'exemples qui prouvent comment, non-seulement par l'influence de l'homme, mais encore avec la coopération des animaux ailés ou des courants de l'eau et de l'atmosphère, certains végétaux sont capables de s'établir dans des localités lointaines, bien que, ici comme dans toute investigation ayant pour objet des relations historiques données, il ne soit pas possible de constater dans certains cas particuliers les voies et les moyens qui ont été mis en œuvre pour produire la distribution actuelle de la végétation. Les deux hypothèses accordent également à chaque plante une seule patrie primitive, un simple point de départ à son extension; mais en rattachant ces explications aux migrations et aux établissements des végétaux, l'hypothèse historique a sur l'hypothèse géologique l'avantage d'être plus riche en moyens susceptibles de tirer de la configuration de l'habitat actuel, des conclusions relativement aux voies que la nature a suivies à cet effet. La flore européenne est plus propre que toute autre à servir d'appui à de telles investigations, parce qu'ici les aires d'extension des plantes indigènes sont plus complétement connues.

La comparaison de ces aires d'extension prouve que, non-seulement dans la majorité des cas elles constituent des domaines distinctement circonscrits, mais encore qu'elles présentent des étendues extrêmement variées. Il y a un passage constant entre les plantes qui habitent presque la totalité de la surface terrestre ou l'une de ses zones, et celles qui se rattachent à des localités plus circonscrites, et, dans les cas extrêmes, à une localité unique, souvent très-limitée. Pour ce qui est de ces végétaux locaux dans le sens le plus rigoureux du mot, leur origine est susceptible d'une double interprétation; on peut admettre, ou qu'ils ont été produits sur les lieux mêmes sans avoir pu vaincre les obstacles qui s'opposaient à leur extension ultérieure, ou bien qu'étant répandus jadis sur des espaces plus grands, ils ont succombé dans la lutte avec d'autres organismes, et ne se sont conservés que là où nous les trouvons actuellement. L'une et l'autre de ces interprétations sont fondées, sans doute, sur des faits positifs. Il y a même certains cas de distribution sporadique qu'on aurait de la peine à expliquer autrement que par la voie de refoulement en dehors d'anciennes stations; telle est, par exemple, la présence d'un arbuste sibérien de la famille des Rosacées (*Potentilla fruticosa*), dans la région alpine des Pyrénées, dans les Iles Britanniques, sur l'Œland et dans la Russie, sans qu'il ait été constaté dans la flore centrale de l'Allemagne, jusqu'au moment où, pour ainsi dire, les dernières traces de cette plante furent également découvertes dans le Ries bavarois[180]. Néanmoins, la position et la configuration des divers domaines d'habitat justifient la conclusion que ce n'est que dans les cas d'extension sporadique que l'hypothèse du refoulement et de l'extinction de certaines espèces offre en sa faveur des motifs de vraisemblance; tandis que lorsqu'il s'agit de végétaux rigoureusement locaux, on ne peut leur appliquer que l'hypothèse d'une limitation persistante aux lieux mêmes où ils se sont produits. En effet, il résulte des études comparées de cette nature dans le domaine de la flore européenne, que *les plantes endémiques augmentent en raison des obstacles qui s'opposent à leur extension*. Supposons que les organismes nés dans des centres de végétation déterminés répondaient le mieux aux conditions de ces derniers, et nous devrons admettre, eu égard à la faculté d'adaptation connue dans les végétaux, qu'abandonnés à eux-mêmes et soustraits à l'influence perturbatrice d'agents extérieurs, ils ont dû s'étendre par voie de propagation à une certaine distance des lieux où ils sont nés. Mais ils auraient été forcés d'y rester s'ils étaient d'une nature plus délicate que ceux qui avaient déjà pris place avant eux, ou si des conditions particulières du sol, des montagnes ou des nappes d'eau isolaient leur station primitive. Si au contraire ils avaient occupé jadis un espace plus considérable qu'aujourd'hui, on les verra dans le cours de leur disparition graduelle se conserver çà et là plus longtemps qu'ailleurs; ils se manifesteront encore quelque temps sous forme sporadique, mais leur existence n'est point dépendante d'obstacles mécaniques de nature à limiter leur migration.

Les plantes que nous trouvons en Europe attachées à une seule et unique localité sont, à la vérité, peu nombreuses, mais ce sont presque exclusivement des végétaux de la haute montagne, végétaux qui, eu égard à leur sphère climatérique limitée et à la faiblesse de leur faculté de propagation, trouvent déjà dans la formation des vallées un obstacle invincible à leurs migrations. Ils ressemblent aux produits endémiques des îles solitaires de l'Océan, et se trouvent, comme ces dernières, entourés de toutes parts par la mer, par les abîmes qu'ils ne peuvent franchir. De tels exemples ne sont presque connus que dans les Alpes, où les sommets alpins échelonnés en groupes sont si propres à produire cet effet d'isolement. Au reste, de semblables phénomènes se présentent distribués sans ordre et presque seulement dans les Alpes méridionales, où les influences locales sont des plus variées, comme sur plusieurs points du Piémont, de la Lombardie, du Tyrol méridional et de la Carinthie. Nous connaissons aussi quelques exemples isolés dans les Pyrénées, où les variétés climatériques opposent un obstacle aux migrations *.

* Dans un travail publié en 1857 dans le *Bulletin de la Société botanique de France* (t. IV, p. 863), sous le titre de : *Études sur la végétation des hautes montagnes de l'Asie Mineure et de l'Arménie*, j'avais fait ressortir l'exemple curieux de localisation que présentent les cinq massifs suivants : l'Olympe (Bithynie), le

Si, après avoir considéré l'aire d'extension des plantes réduite aux limites les plus étroites, sujet sur lequel nous reviendrons plus tard, nous abordons la question de la diffusion des plantes locales en général dans l'enceinte de notre domaine, nous trouvons qu'ici encore le contraste entre la mon-

Boulgar-Dagh (Cilicie), le mont Argée (Cappadoce), et l'Ararat (Arménie russe). Or, parmi les espèces qui habitent ces cinq groupes montagneux et dont le chiffre total peut être porté à environ 2,000, il n'en est pas *une seule* qui soit commune à *tous* les cinq groupes, et l'on peut même admettre que les exemples d'une espèce répandue sur *trois* massifs sont fort rares. Cependant, la distance la plus considérable qui s'interpose entre les cinq massifs : celle entre l'Olympe et l'Ararat est d'environ 1,100 kilomètres, c'est-à-dire un peu plus de la distance qui sépare Paris de Berlin, tandis que le maximum de différence latitudinale, celle qui existe entre l'Olympe et le Boulgar-Dagh, n'atteint pas trois degrés, c'est-à-dire à peu près la distance entre Paris et Anvers. Il est évident que de semblables différences de longitude et de latitude ne suffisent guère pour expliquer le phénomène de localisation que présentent les cinq massifs dont il s'agit, phénomène qui acquiert des proportions presque inconcevables dans le Boulgar-Dagh, puisque sur le nombre des espèces qui habitent ce groupe montagneux, le *tiers* est composé d'espèces exclusivement propres à l'Asie Mineure, et, de plus, *deux tiers* de ces dernières n'ont été trouvées jusqu'à ce jour que sur cette seule montagne ; en sorte que si, par l'originalité de ses formes végétales, l'Asie Mineure constitue un petit État indépendant dans le grand royaume végétal, le Boulgar-Dagh figure dans cet État comme une république séparée. C'est là un de ces phénomènes qu'il serait impossible d'expliquer par l'action des causes actuelles, mais dont on pourrait essayer de se rendre compte à l'aide de considérations puisées dans l'histoire géologique de l'Asie Mineure ; c'est ce que j'ai tâché de démontrer dans mon opuscule *Une Page sur l'Orient* (p. 97-108), où j'ai donné un résumé très-succint du travail publié dans le *Bulletin de la Société botanique de France.* Dans tous les cas, les considérations de cette nature ont l'avantage d'être d'une application plus générale que les théories à l'aide desquelles on a essayé d'expliquer les curieuses anomalies que présente quelquefois la végétation, en choisissant certains points de prédilection et en délaissant d'autres placés à peu près dans les mêmes conditions ; parmi ces théories, la plus ingénieuse peut-être, celle formulée récemment par mon excellent et célèbre ami et confrère M. A. de Candolle, me paraît pécher également par l'application trop restreinte dont elle est susceptible. En effet, si en Suisse la richesse de la flore est en raison directe de l'époque à laquelle les glaces ou les neiges avaient abandonné les localités particulièrement privilégiées aujourd'hui, ce phénomène, expliqué ainsi en Suisse, n'en demeurait pas moins à l'état d'énigme dans les pays où la végétation présente les mêmes exemples de localisation, sans que cependant on puisse invoquer l'intervention de la période glaciaire, puisqu'elle n'y a jamais été constatée ; car dans ma note p. 217 j'ai déjà rappelé que non-seulement un grand nombre de pays sont dans ce cas, mais qu'encore la période glaciaire s'est produite d'une manière parfaitement indépendante des latitudes, en sorte qu'elle avait envahi des régions du midi en laissant intactes celles du nord. — T.

tagne et la plaine est des plus frappants. Parmi les plantes locales, la grande majorité est formée par celles des montagnes circonscrites dans des limites étroites, mais sans qu'on les voie reparaître sur d'autres montagnes lointaines, où cependant elles auraient pu trouver les mêmes conditions d'existence. L'étendue de l'espace qu'habitent ces plantes est en raison directe de leur faculté de migration, et en raison inverse des obstacles qui s'opposent à cette dernière. De tels obstacles mécaniques n'existent point dans les plaines basses; ici on ne saurait reconnaître distinctement les centres de végétation que dans les endroits où les montagnes arrêtent la migration. Entourée de tous côtés par les Carpathes, ainsi que par les chaînes de hauteurs qui les relient aux Alpes, la région basse de la Hongrie possède une série de plantes endémiques, et il est aisé de voir comment plusieurs produits de la flore hongroise ont cheminé en amont du fleuve à travers l'ouverture de la vallée danubienne jusqu'à Vienne et au Marchfeld, ou, dans le sens contraire, jusqu'à la plaine de la Bulgarie, ou bien encore, par l'entremise de la Morava, jusque dans la Servie. Le reste de l'Allemagne n'offre point de plantes endémiques quelconques; celles de la France sont, ou les produits des montagnes, ou exclusivement propres à la Gascogne, d'où elles s'étendent, selon leur sphère climatérique, plus ou moins le long des côtes de l'Atlantique. Dans la grande plaine basse de l'Europe septentrionale, les aires d'extension ne sont presque déterminées que par les limites climatériques; les espèces méridionales, occidentales et orientales s'y évanouissent très-graduellement les unes après les autres dans les directions du nord-est ou de l'ouest, et, de plus, les lignes de végétation s'y croisent en sens divers. De même l'Oural, où pourtant certaines espèces rencontrent un obstacle d'une nature mécanique, se trouve franchi par la majorité des plantes, en sorte que ce n'est que dans l'Asie orientale que l'on voit surgir de nouveaux centres locaux dans la région basse de l'Amur, séparée de la Sibérie par le Stanovoï et le Chingan; quant aux plantes nombreuses qui appartiennent exclusivement à la Dahurie, elles ne font pas partie de ce domaine, parce que leur station limitée tient à l'influence de la nature de steppe du Gobi, et par conséquent doit se rattacher à des immigrations venant d'autres domaines végétaux.

Les centres de végétation des montagnes de l'Europe centrale et méridionale, classés d'après leur richesse en produits locaux, forment la série suivante : Alpes (190 espèces), Pyrénées (88 espèces), Carpathes (29 espèces), Cévennes (2 espèces), Oural (1 espèce). Je ne connais point de plantes venant d'autres massifs montagneux auxquels elles appartiennent exclusivement. Les chiffres susmentionnés se rapportent aux documents fondés sur mes propres collections, et que j'ai adoptés pour base des recherches suivantes, afin d'éviter les difficultés de la classification systématique. Pour se rendre compte de la distribution de ces centres, on doit, ce me semble, prendre avant tout en considération les dimensions et la circonférence des montagnes. Sous ce rapport, les Alpes ont le pas sur les autres massifs montagneux; cependant, l'avantage que, sous le rapport de la production de formes endémiques, les Pyrénées possèdent sur les Carpathes, ainsi que l'absence de formes propres aux Fjelde septentrionaux, réclament des appréciations d'un autre ordre. La considération qui s'impose tout d'abord est fournie par la position géographique de chacune des montagnes comme exerçant une influence sur les migrations. Partant d'un point central, ces dernières peuvent s'étendre en tout sens à l'instar des rayons d'un cercle, et elles effectueront plus aisément cette expansion si elles rencontrent des montagnes analogues ou des conditions de climat et de station convenables, que si elles se trouvent limitées, comme dans les Pyrénées, par deux mers. C'est également sous ce rapport que, par leur position, les Alpes offrent les conditions les plus favorables à l'échange des plantes ; et, en effet, le chiffre des espèces qu'elles ont en commun avec d'autres massifs montagneux, même sans tenir compte de celles qui habitent également la région basse, est presque six fois aussi considérable que celui de leurs produits endémiques. Au contraire, parmi les plantes des Pyrénées, la moitié seulement de celles qui ne dépassent point le revers français de la chaîne, ont été retrouvées sur d'autres systèmes montagneux de l'Espagne ; tout le reste a conservé le caractère local. De même, dans les Carpathes, l'échange entre les plantes du côté de l'est est paralysé par les plaines russes; aussi cette circonstance s'y trouve-t-elle exprimée par un nombre plus considérable de plantes particulières. La position des Fjelde scandinaves est, à la vérité, géographiquement délimitée d'une manière bien plus tranchée encore, et malgré cela elle est la moins favorable à la conservation de formes endémiques, attendu que par la Laponie, les Fjelde se trouvent placées en communication non interrompue avec la basse région arctique de la péninsule de Kola, ce qui facilite singulièrement les migrations entre les contrées d'un climat analogue : il en résulte que les plantes norvégiennes de montagne sont, sans exception aucune, ou arctiques ou bien répandues en même temps jusqu'aux Alpes et autres chaînes montagneuses de l'Europe centrale.

On peut en dire autant de l'Oural qui, au nord, s'avance vers la flore arctique, et au sud vers celle de la steppe, en sorte que dans l'un et l'autre cas il favorise la migration entre la montagne et la plaine. Le troisième agent susceptible d'exercer de l'influence sur le développement des formes locales dans les montagnes, c'est la position climatérique de ces dernières, et le quatrième c'est leur constitution géologique. Une plus grande série de plantes est appropriée au climat chaud plutôt qu'au climat froid, et c'est pourquoi le nombre des plantes endémiques s'accroît dans la direction du sud. Enfin, plus la nature du sol est variée, plus les groupes de montagnes sont distinctement circonscrits par leur système de soulèvement, et plus riche sera leur flore. C'est à l'aide de ces considérations relatives aux dimensions, à la position, au climat, et à la constitution géologique des montagnes que l'on est à même d'expliquer en Europe la plupart des conditions de leur flore ; mais ces considérations sont bien loin d'être les seules : car nous verrons que dans d'autres parties du globe, les centres de végétation peuvent être riches ou pauvres d'une manière parfaitement indépendante des conditions qui agissent de nos jours. Même en Europe, les montagnes de l'Écosse et du pays de Galles nous en fournissent une preuve, puisqu'elles ne possèdent point une seule plante endémique malgré leur position isolée et le développement tout particulier de leur climat maritime. Les Alpes elles-mêmes, comparativement étudiées dans les groupes divers qui les composent, fournissent ample matière de méditations sur les points de départ de la migration des plantes. Elles renferment au delà de 800 végétaux (815 espèces), qui font défaut à la région basse et parmi lesquels les espèces non endémiques (625 espèces) passent tantôt à la majorité des montagnes, tantôt à quelques-unes seulement, situées dans l'Europe centrale ou méridionale et autre part; tandis que les espèces que la région alpine et la flore arctique possèdent en commun ne constituent même pas la cinquième partie du total (143 espèces). En s'appuyant sur le principe que le point de départ des plantes leur est toujours climatériquement le plus favorable et que, par conséquent, elles deviennent de plus en plus sporadiques à mesure qu'elles s'en éloignent, on peut souvent juger par leur mode de distribution si leur foyer primitif se trouve dans les Alpes mêmes ou ailleurs. C'est ainsi qu'il est certaines espèces, telles que le Pin de montagne, qui se présentent plus généralement sur les Carpathes et s'évanouissent en allant dans la direction de l'ouest vers les Alpes; d'autres, qui ne descendent des Pyrénées que pour atteindre seulement quelques montagnes du Dauphiné (Ex. *Gentiana Burseri*). Mais, de tels cas disparaissent presque complétement, comparés à ceux où les Alpes se présentent au centre même de l'aire d'extension, et il résulterait donc de cette considération que le massif montagneux le plus considérable de l'Europe serait aussi la patrie la plus riche de ses végétaux. Toutefois, il y aurait toujours lieu d'objecter à ces conclusions, que c'est précisément en occupant une nouvelle localité que des variétés climatériques pourraient y trouver, pour l'accroissement des individus, certaines conditions plus favorables que dans leur *habitat* primitif. C'est ainsi que, dans son état normal, le Pin de montagne pourrait être pris pour un végétal dégénéré comparativement à l'aspect qu'il a sur le groupe alpin d'Ortelès où il se présente comme un magnifique arbre, grâce peut-être à l'action d'un climat plus occidental; et pourtant c'est sous la forme rabougrie qui lui est habituelle dans les Carpathes

18

et les Sudètes qu'il y constitue des buissons sociaux qui refoulent toute autre végétation, tandis que là où de meilleures conditions ont particulièrement favorisé le développement individuel, cet arbre, en présence de la Pesse plus vigoureuse, n'a pu former que des bois isolés. Conformément à cette manièe de voir, le point de départ des migrations devrait être placé dans l'ouest, parce que c'est là que le climat est plus favorable; néanmoins, le centre numérique des individus se trouverait dans l'est, parce que la variété climatérique qui s'y est produite a pu, au milieu du conflit avec d'autres végétaux, se multiplier avec plus de succès. Cela viendrait à l'appui de l'opinion de ceux des botanistes pour lesquels le Pin pyrénéen (*P. uncinata*) serait la source originaire du Pin de montagne (*P. montana*), et alors on serait conduit à placer la patrie primitive de ce dernier encore plus à l'ouest, et, par conséquent, sur le point le plus éloigné des Carpathes. Des cas de cette nature sont rares, sans doute, et semblent supposer une certaine modification dans l'organisation, mais cependant, comme ils sont possibles, la question relative à la patrie des plantes ne saurait être tranchée d'une manière décisive par le chiffre numérique de ces dernières. Il serait donc à désirer que d'autres moyens encore fussent utilisés dans les recherches de ce genre, et plus les résultats concorderont entre eux, plus nos connaissances gagneront en certitude. L'affinité systématique entre les produits de centres de végétation analogues, ainsi que les conditions de la migration en tant qu'elles sont fondées sur l'organisation de chaque végétal et de sa sensibilité plus ou moins prononcée à l'égard des influences physiques, sont autant de faits dignes d'être pris en considération et particulièrement propres à éclairer la question relative à l'échange entre les Alpes et la flore arctique.

Les recherches sur la végétation des flores le plus rigoureusement circonscrites sous le rapport géographique ont fourni ce résultat que, dans les îles du même archipel océanique, les espèces d'un genre sont fréquemment réparties en groupes distincts, et que dans les contrées les plus remarquables par les produits spéciaux, non-seulement certains genres se distinguent par leur richesse en espèces, mais encore les familles dominantes renferment-elles des séries plus considérables de types génériques. Si nous appliquons à la question concernant la patrie des plantes alpines le principe de l'affinité systématique existant entre les centres de végétation analogues et fondée sur la position géographique, nous trouvons que, parmi les genres les plus riches, il en est beaucoup qui, à côté d'un nombre moins considérable d'espèces endémiques, renferment une plus grande série d'espèces qui passent à d'autres montagnes. Puis, ces espèces forment à leur tour une suite graduelle d'aires d'extension qui vont toujours en s'étendant, jusqu'à ce qu'enfin des espèces isolées atteignent le Fjelde norvégien et de là passent à la flore arctique. De tels rapprochements conduisent donc, par une voie toute différente, à ce résultat, que c'est dans les Alpes qu'il y a lieu de chercher le point de départ de la migration, et que ce massif montagneux fut une source bien plus riche en formes végétales qu'on ne serait en droit de l'admettre à en juger par le nombre de végétaux qui y ont conservé leur caractère exclusivement local. Ces conclusions nous mettent, à la vérité, en présence du Darwinisme, mais en opposition avec sa doctrine, qui tend à déduire l'origine des espèces locales de la transformation des formes arctiques. Quoi qu'il en puisse être, il suffit pour le but que nous nous sommes proposé ici, de montrer que l'hypothèse de migration peut également expliquer ces phénomènes. Il résulte de mes registres que, sur dix genres des plus étendus[182] qui comptent dans les Alpes un total général de 140 espèces, plus d'un tiers de ces espèces (48) y sont endémiques, tandis que toutes les autres (92) doivent être considérées comme ayant eu originairement leur point de départ dans ces montagnes, en supposant toutefois qu'elles n'ont pas, à l'instar des Saxifrages, des centres multiples. Dans cette supputation, je n'ai pas tenu compte, à dessein, de quelques genres considérables qui, tout en étant dans les Alpes également riches en espèces, le cèdent sous ce rapport à d'autres centres de végétation, ou bien se trouvent en général représentés dans beaucoup de localités lointaines par des espèces particulières. Les Carex constituent le genre le plus étendu parmi les végétaux vasculaires arctiques, et sont, sous le rapport de leur aire d'extension placés d'une manière particulière à l'égard des Alpes. Parmi les espèces septentrionales (19 espèces), la grande majorité (15 espèces) reparaît dans la région alpine des montagnes de l'Europe centrale, où, en partie, elles tiennent à des localités isolées. Excepté cela, presque autant de Carex faisant défaut à la flore arctique, habitent la région alpine; cependant ce genre ne se trouve pas limité à des centres géographiques particuliers. Il résulte de mes études comparées, que les espèces arctiques croissent préférablement dans les lieux humides, tandis que les espèces alpines appartiennent au sol sec; de semblables termes de comparaison sont également fournis par la majorité des Saxifrages chez lesquels on peut distinguer un centre arctique et un centre alpin. Par là je trouve confirmés les deux résultats des recherches de M. Christ[119] déjà précédemment signalés (p. 215) en parlant des régions végétales, savoir : que la migration des végétaux arctico-alpins a eu lieu tant du sud au nord que dans la direction inverse, et a été favorisée par un sol plus humide. Eu égard à leur constitution orographique, les Alpes sont rarement susceptibles de produire des marécages, tandis que dans les plaines des Fjelde et de la zone arctique, les eaux circulent avec lenteur; c'est à ce contraste dans les conditions physiques que paraît tenir le fait, que le haut nord produit préférablement des végétaux appartenant aux stations humides et se répandant d'ici vers le sud, et qu'au contraire les Alpes se font remarquer par la variété des plantes du sol sec. Le Bouleau nain de la Norvége habite certains marais du Harz et des Sudètes, mais quelque fréquent qu'il soit dans les dépressions humides de la Russie, il n'en reste pas moins presque étranger aux Alpes, bien qu'il ait été suffisamment approprié aux migrations pour avoir pu atteindre le Jura et la haute plaine bavaroise.

Dans les Alpes elles-mêmes, la distribution des plantes est déterminée bien moins par les conditions climatériques et par le substratum géologique que par la situation primitive de leurs centres de végétation. M. Zuccarini[183] fut le premier à reconnaître ce fait dans le contraste qui se produit entre les flores des Alpes orientales et occidentales. Il donna la liste d'une série de plantes dont les domaines d'habitation dans le Tyrol sont séparés les uns des autres par les vallées de l'Eisack et de l'Adige, et il suppose que les domaines orientaux ont eu l'Ortelès et les domaines occidentaux le Glockner pour points de départ, sans avoir dépassé les dépressions qui séparent ces deux massifs. Ces faits ainsi signalés tiennent à des phénomènes plus généraux. Dans la chaîne principale du Sud, les parties occidentale et orientale des Alpes diffèrent les unes des autres par un grand nombre de produits endémiques, tandis que les groupes montagneux de la Suisse et du Tyrol, situés dans la région moyenne de la chaîne centrale, n'offrent que peu de formes particulières comparativement au Dauphiné et à la Styrie. Le phénomène si caractéristique pour les Alpes méridionales du développement des espèces endémiques se trouve notamment exprimé par ce fait, que le lac de Garde et la vallée de l'Adige servent de ligne de démarcation à beaucoup d'espèces qui, de l'ouest et de l'est, convergent jusqu'ici, et que la végétation des points extrêmes, représentés d'un côté par le Dauphiné et le Piémont, et de l'autre par le Krain et l'Illyrie, offre le plus de divergence. Dans la chaîne centrale des Alpes, au contraire, la disposition des plantes est déterminée bien plus que dans la chaîne méridionale par les influences du sol, et, à un moindre degré, par la position géographique. Ici la richesse d'un massif alpin en plantes diverses dépend de la constitution des vallées, de l'irrigation et d'autres conditions semblables, en sorte que les localités les plus productives s'y trouvent réparties sans ordre quelconque. C'est ainsi que sous le rapport de la variété des plantes alpines, les Ferner de l'Oezthal sont surpassés par les Tauern de la Carinthie et par certaines Alpes de l'Engadine, de même que l'Oberland bernois et le Mont-Blanc par le groupe du Mont-Rose. Cependant, ce qui caractérise même les plus riches de ces stations, ce ne sont point les produits endémiques, mais uniquement l'agglomération plus considérable d'espèces qui se reproduisent également dans d'autres localités. La vallée de Nicolas sur le Mont-Rose est, à la vérité, l'endroit de toute la Suisse le plus riche en plantes, et pourtant elle ne saurait passer pour un centre de végétation dans le sens des Alpes dolomitiques à l'est de la vallée de l'Adige. La chaîne principale du nord se comporte à l'instar de la chaîne centrale. Bien qu'en leur qualité de points terminaux de la chaîne, le Schneeberg de Vienne et la Grande-Chartreuse, dans le Dauphiné, jouissent d'avantages privilégiés, il n'en est pas moins vrai que, pour le reste, la richesse plus ou moins grande de la flore dépend de la constitution géologique : ainsi, sous le rapport de la variété de la végétation, la Suisse septentrionale avec ses dépôts de Nagelfluhe est singulièrement inférieure aux Alpes calcaires de la Bavière et du Salzbourg. La différence de rapports entre les trois chaînes principales peut être assimilée à celle qui se présente entre l'ensemble du système des Alpes et les massifs montagneux limitrophes ; dans le premier, la migration est favorisée par la position centrale, dans les derniers elle est limitée par la constitution de chacun des membres de ces massifs ou par l'isolement des groupes alpins. Supposons que, dans l'origine, les lieux de naissance des espèces ainsi que les points de départ de leurs migrations aient été uniformément répartis dans le système montagneux tout entier, il s'ensuivrait que, grâce à ces connexions variées, la partie centrale de ce système a dû trouver plus de facilité à étendre ses produits jusqu'à la circonférence de son domaine, tandis que sur les extrémités d'une chaîne, cela n'aura pu s'opérer que dans une direction déterminée. Si la distribution des plantes alpines ne dépendait que du sol ou du climat seuls, les trois chaînes principales auraient dû présenter les contrastes comparativement les plus grands. Mais dans la chaîne méridionale c'est la constitution géognostique et dans toutes les trois c'est le climat qui sont insuffisants pour expliquer la localisation des espèces. En effet, si l'on voulait admettre que les Alpes occidentales et orientales se trouvent dans des rapports climatériques semblables à ceux qui existent entre les régions basses de l'ouest et de l'est, il faudrait ne pas perdre de vue qu'on ne saurait nullement tenir compte ici des modifications produites par la distance de la mer, modifications peu considérables eu égard à un espace si limité, parce que le froid hivernal et la durée de la période de végétation dépendent beaucoup plus de l'altitude que de la position géographique et, par conséquent, si les plantes de l'ouest se trouvaient dans des conditions semblables, elles n'auraient qu'à déplacer leurs régions pour se développer dans les contrées orientales et *vice versa*. En outre, dans la même chaîne se présentent des dissemblances climatériques irrégulièrement réparties et beaucoup plus considérables, causées par des influences tout autres que celles qui pourraient tenir aux positions occidentales ou orientales, notamment par la masse des précipitations atmosphériques qui atteignent leur maximum dans les Alpes vénitiennes, par l'abri contre les vents, avantage que possèdent les vallées italiennes, et enfin par la proximité de la Méditerranée et de la mer Adriatique dont jouissent les groupes montagneux les plus méridionaux. Ici se pose la question de savoir si la séparation si tranchée qui se produit dans la chaîne méridionale entre les plantes alpines de l'ouest ou de l'est tient à ce que les deux extrémités terminales de ce système montagneux se rapprochent du climat de la flore méditerranéenne. Pourtant, à Trieste, sur la côte illyrienne, ce climat est tout aussi développé qu'à Nice, au pied des Alpes maritimes, ce qui n'empêche pas que les plantes alpines de ces deux contrées n'aient presque rien de commun entre elles. Évidemment, ce qui constitue l'action du climat plus méridional, c'est l'accroissement du nombre des plantes incapables de se répandre dans les Alpes situées plus au nord, et non la supposition que ces plantes auraient accommodé leur migration à ce climat. Il n'y a pas lieu d'admettre que, sous le rapport de la richesse végétale, la chaîne septentrionale le cède à la chaîne centrale ou celle-ci à la chaîne méridionale. Les Alpes bavaroises, ainsi que certaines parties des Alpes tyroliennes, sont aussi riches en plantes qu'un groupe montagneux quelconque du Dauphiné ou de l'Illyrie; mais dans les premières, l'aire d'extension des espèces est en moyenne bien plus étendue que dans le dernier. On ne peut donc en chercher la cause que dans ce fait, que dans les Alpes méridionales les migrations des plantes rencontrent des obstacles plus considérables, et cela se trouve décidément confirmé par leur constitution orographique. Les chaînes méridionales offrent plus de variété dans la direction de leurs axes, leurs groupes alpins se trouvent interrompus ou réunis souvent par des cols peu élevés, et les vallées transversales qui débouchent en si grand nombre dans la plaine de l'Italie septentrionale sont bien plus profondes que partout ailleurs, en sorte que les plantes alpines ne sauraient les franchir si aisément. Ainsi donc, les domaines d'habitation circonscrits de tant d'espèces tiennent aux obstacles mécaniques qui s'opposent à leur migration; et pourtant ici encore, les formes endémiques manifestent un décroissement dans la partie moyenne de la chaîne, ce qui fait que dans le Tyrol méridional les plantes rares sont à la vérité nombreuses, mais se retrouvent, pour la plupart, soit dans les Alpes de Krain ou les Alpes dolomitiques, soit dans les Alpes calcaires de la Lombardie.

M. Christ[184] a rangé les plantes alpines de l'ensemble du système des Alpes d'après leur *habitat,* dans les parties orientales, centrales et occidentales, mais sans indiquer leurs limites d'une manière plus précise. Sur les 693 espèces de sa liste, il en place 589 dans les Alpes orientales, 531 dans les Alpes occidentales et seulement 395 dans les Alpes centrales. Mais comme dans cette classification il ne prend pas en considération les végétaux propres aux sections particulières des montagnes, on ne saurait conclure de ces chiffres si l'avantage que possèdent les Alpes orientales tient à l'accroissement des formes endémiques ou à une plus grande richesse de la flore de cette contrée. Il résulte de mes études comparées, qui ne se rapportent pas exclusivement à la région alpine, mais tiennent particulièrement compte de l'aire d'extension, que, sur 190 plantes endémiques alpines de la chaîne principale méridionale, 60 appartiennent à la partie occidentale (depuis le Dauphiné jusqu'à la Lombardie), 51 à la partie orientale (Tyrol méridional jusqu'à la Croatie), et 5 limitées à une station unique; le reste, ayant pour la plupart des aires plus considérables, se trouve répandu dans le système des Alpes tout entier; dans les chaînes centrales et septentrionales, les exemples de limitation plus circonscrite sont moins fréquents. Les plantes des parties occidentales et orientales des Alpes du sud se subdivisent, à leur tour, par des transitions insensibles en espèces à aires plus ou moins grandes. Il est certaines espèces dans le Dauphiné (11 espèces), dans le Piémont (8 espèces), dans la Lombardie (3 espèces), dans le Tyrol méridional (11 espèces) et dans le Krain (7 espèces), qui ne se trouvent que dans ces contrées, où elles sont assez fréquentes; il en est d'autres que seulement les deux premières ou bien les deux dernières de ces contrées possèdent en commun. C'est ainsi que le rétrécissement des aires d'extension va toujours en progressant jusqu'à ce qu'enfin celles-ci aient acquis cet isolement particulier dont nous avons déjà signalé d'une manière générale plusieurs exemples, tels que celui où l'*habitat* se trouve réduit à un seul groupe alpin ou même à une seule montagne, phénomène qui acquiert d'autant plus de certitude que les organisations offrent un caractère plus tranché, ce qui fait qu'elles ne pourraient aisément échapper ailleurs à l'attention de l'observateur. Une Saxifrage monotypique remarquable (*Zahlbrucknera*), constatée seulement dans les trois localités suivantes : vallée de Lassnitz en Styrie, vallée de Lavan en Carinthie, et sur le Passo di Tonale, entre la vallée di Sole et le val Camonica, dans le Tyrol méridional, sert d'intermédiaire entre les plantes à extension plus étendue, mais néanmoins déterminée par des conditions locales isolées, et les plantes rigoureusement limitées au lieu primitif de l'*habitat*.

Il n'est pas sans intérêt d'examiner de plus près les végétaux indigènes qui ne se présentent que sur certains groupes alpins. Nous trouvons d'abord dans les Alpes maritimes une Rosacée (*Potentilla Saxifraga*) constatée seulement, à une époque récente[185], sur la Cima di Mera, près de Menton, et sur le Cioudan, à San-Martino; cette plante s'éloigne tellement de toutes les autres espèces alpines du même genre, qu'il est peu probable qu'elle habite un domaine plus étendu : cette partie des Alpes maritimes est donc douée d'une propriété particulière qui tient à l'action de la Méditerranée. Les trois autres districts, auxquels se rapportent des espèces particulières parvenues à ma connaissance, ont cela de commun qu'ils se trouvent isolés par des vallées, des groupes alpins limitrophes. Le premier groupe, situé dans la région orientale du lac de Côme, est presque complétement entouré par ce dernier, par la Valteline (Adda), ainsi que par le val Camonica (Oglio), et se subdivise, à son tour, en plusieurs systèmes de chaînes. Ce groupe est habité par une Rosacée (*Sanguisorba dodecandra*[186]) qui n'a été constatée que dans la vallée d'Ambria, vallée latérale débouchant dans la Valteline, non loin de Sondrio, ainsi que sur le Bartellino, dans la province de Bergame. Une autre région encore plus isolée, c'est le massif montagneux situé sur la rive occidentale du lac de Garde, massif étroit atteignant à peine l'altitude alpine, composé de calcaire et de dolomite, mais fort riche en sources et encore orné de forêts de Hêtres; il s'étend entre les vallées de Guidicaria (Chiese et Lago d'Idro), ainsi que depuis Sarca (lac de Garde) jusqu'à Salo. En effet, ces deux vallées se trouvent en communication, grâce à la hauteur peu considérable du partage des eaux, situé près de Roncon, entre les sources du Chiese et l'Arno, qui, par la vallée de Sarca, opère sa jonction avec le lac de Garde et le Mincio. C'est à ce groupe montagneux qu'est limité un arbuste de la famille des Thymélées (*Daphne petræa*), et ce n'est que sur les rochers calcaires du Tombea (Cima Lanin, ayant à peine 1,949 mètres ou 6,000 pieds d'altitude), dans de petites cavités constamment humectées par les infiltrations, que croît l'une des Saxifrages les plus remarquables (*S. arachnoidea*) jusqu'à l'altitude de 1,624 mètres ou 5,000 pieds), transportée quelquefois par l'eau dans la vallée d'Ampola par-dessus le Storo (649 mètres ou 2,000 pieds). Le dernier exemple d'une plante notable par sa limitation à un seul groupe alpin nous est fourni par la Wulfenia (*Wulfenia carinthiaca*), qui passa longtemps pour monotype, et qui aujourd'hui encore conserve son individualité, même après qu'une deuxième espèce a été découverte en Syrie, et une troisième dans l'Himalaya. Il y a peu d'années, elle n'était connue que sur l'Alpe Kühweger, près de Saint-Hermagor, dans la Carinthie méridionale; mais M. Schenk m'écrit l'avoir découverte également sur une seconde Alpe, éloignée de l'autre seulement d'un petit nombre d'heures. Le groupe dont ces montagnes font partie constitue une chaîne parfaitement indépendante et complétement circonscrite par les vallées du Gail et du Drau ; cette chaîne se trouve intercalée entre les Tauern centraux et les Alpes Juliennes méridionales, attendu que les sources du Gail, ainsi que les affluents du Drau, sont situés dans la même vallée, non loin de Sillian. Mais ce ne sont pas ces vallées seules qui arrêtent l'expansion de la Wulfenia et la rivent à la station alpine, car, dans l'enceinte même de la chaîne, de nombreuses dépressions, telles que celle qui a donné lieu au bassin lacustre du Weissen-See, l'ont limitée à deux hauteurs isolées. On est donc parfaitement en droit de la placer, sous le rapport de son habitation, à côté des plantes montagneuses des îles océaniques, comme celles du pic de Ténériffe. De même que ces plantes ne peuvent atteindre d'autres montagnes, ainsi la Wulfenia fut empêchée de s'établir dans d'autres stations, grâce aux vallées dont se trouve entourée la localité qui constitue sa patrie primitive.

Néanmoins, si, ainsi qu'on l'a vu, nous sommes à même de rattacher la distribution des plantes alpines aux migrations qui ont eu pour point de départ une seule localité servant de berceau aux espèces, il n'en est pas moins vrai que certains phénomènes ne sauraient être inclus avec certitude dans ce genre d'explication. Lorsque, comme c'est le cas à l'égard du Bouleau nain, la migration a eu lieu dans la direction du sud, sa présence dans les Alpes peut être d'une nature sporadique; mais quand une espèce est originaire des Alpes et s'est répandue jusqu'aux Fjelde norvégiens, l'hypothèse de migration devrait faire supposer qu'une espèce douée d'une vigueur aussi considérable aurait dû se produire fréquemment dans le système des Alpes mêmes. C'est en effet la règle, puisque les plantes que la flore arctique et les montagnes méridionales possèdent en commun sont presque toujours fréquentes dans les Alpes quand elles en proviennent, ou bien elles y sont rares quand elles sont originaires du nord[188]. Mais il y a aussi des exceptions; il est des plantes dont la patrie, eu égard à leur *habitat* ou à leur affinité systématique, doit être placée dans les Alpes, mais dont la migration reste limitée à une aire circonscrite dans le système même des Alpes, tandis qu'elles atteignent néanmoins les Fjelde et d'autres localités très-lointaines. Un exemple remarquable de ce genre nous est fourni par une Gentiane (*G. purpurea*) fréquente dans la région alpine de la Suisse ; mais dans les Alpes, depuis le mont Cenis, on ne la voit plus dans la direction de l'est, où elle ne franchit point la vallée rhénane, tandis qu'au delà de cette dernière, dans le Tyrol, se présente une espèce voisine (*G. pannonica*) qui, à commencer d'ici, habite, de même que la *Gentiana purpurea*, les herbages alpins de la Styrie et atteint aussi les Carpathes méridionales. Une troisième espèce (*G. punctata*), également alpine, non-seulement embrasse le domaine d'extension si rigoureusement délimité des deux espèces précédentes, mais même le dépasse dans les Carpathes et les Sudètes, comme aussi sur le Scardus, dans la Macédoine. Or, la Gentiane de l'ouest (*G. purpurea*) se retrouve occupant des stations analogues, dans les Fjelde norvégiens, où je l'ai observée près de Röldal, dans le Tellemarken, parfaitement identique avec la plante suisse. De plus, elle est indigène dans les Apennins du nord, et, sous la forme d'une variété climatérique, dans le Kamtchatka, comme aussi, à ce qu'il paraît, dans la Transylvanie. Si l'on voulait expliquer ce cas en admettant qu'il est question ici d'une plante alpine jadis plus généralement répandue, mais qui, refoulée ensuite par d'autres espèces, ne se serait conservée que sur certains points disséminés à de grands intervalles, on ne comprendrait guère pourquoi, dans les Alpes, elle se trouve si rigoureusement isolée de sa congénère orientale. La présence de la *Gentiana purpurea* dans les montagnes de l'Europe occidentale rappelle celle des plantes atlantiques dans la contrée basse ; mais quand il s'agit d'un végétal de la région alpine, on ne saurait constater les causes climatériques de nature à circonscrire son aire d'extension dans les limites des contrées de l'ouest. Il est encore quelques autres exemples d'une semblable distribution où les migrations correspondent aux voies suivies par les oiseaux de passage et peuvent être retracées plutôt dans la direction du méridien que dans celles de l'ouest et de l'est. Une Synanthérée (*Hieracium aurantiacum*) se comporte comme une plante de montagne de l'Europe occidentale, dont l'aire d'extension aurait, dans la direction du sud, une ramification s'étendant depuis la France jusqu'aux Carpathes méridionales. Associée à la *Gentiana purpurea*, cette Synanthérée croît non-seulement dans les Fjelde norvégiens, mais encore dans quelques tourbières de prairies déprimées de l'Allemagne occidentale (Bremen, Hoya), où je l'ai trouvée loin de toute horticulture et dans des conditions locales qui rendent vraisemblable que son établissement sur ces points s'est effectué avec la coopération des oiseaux palustres, dont les migrations ont lieu dans cette direction, de la Norvége vers le sud. C'est à un tel agent qu'on pourrait attribuer également la remarquable aire d'extension que possède l'Aldrovanda[189], plante palustre qui habite sporadiquement une zone s'étendant du nord-est au sud-ouest, depuis la Poméranie et la Lithuanie jusqu'à la Garonne et le Pô. Cependant, si c'étaient des oiseaux de passage qui eussent répandu la Gentiane dont il s'agit, on ne comprendrait pas, en admettant la justesse systématique des faits, comment elle a pu arriver en Transylvanie, et même l'une de ses variétés jusque dans le Kamtchatka. Je ne puis formuler aucune autre supposition qu'en admettant qu'un phénomène aussi compliqué aura été produit par la coopération de plusieurs causes : soit à la suite du refoulement de la plante de son ancien domaine d'habitation, jadis plus étendu, et de l'impossibilité de s'établir ailleurs en présence d'espèces affines d'une plus vigoureuse organisation, soit à la suite de l'extension de ces dernières, ou bien encore par l'entremise des oiseaux dont les plumes, le gésier et le canal intestinal auront pu servir de véhicule à ces semences ténues, entourées d'une membrane ailée, ou enfin par les courants de l'air atmosphérique. On ne saurait toutefois se dissimuler que, en apparence, le cas dont il s'agit trouverait dans le Darwinisme une explication plus satisfaisante, en admettant, conformément à ce système, qu'à la suite d'un changement opéré dans les conditions physiques, la *Gentiana punctata*, dont l'aire d'extension dépasse ces limites dans plusieurs directions, aurait engendré les deux autres espèces par voie de transformation. Néanmoins, il faut faire observer que cette hypothèse rencontre des difficultés dont la solution se trouve placée en dehors de la sphère de l'expérience, d'abord parce que, malgré leur affinité, les trois espèces offrent, sous le rapport de leur structure, des différences telles qu'on n'en constate jamais dans les simples variétés des Gentianes, sans que cependant aucune transition ait lieu entre les trois espèces, mais seulement, parmi deux d'entre elles (*G. punctata* et *purpurea*), une procréation hybride; ensuite parce que la différence entre les conditions extérieures qui auront effectué cette transformation, reste complétement inconnue, et enfin parce que les lacunes étendues qui se présentent entre l'aire d'extension ne se trouvent point expliquées, mais supposent les mêmes limitations apportées à la migration que celles qui auraient lieu si l'on admettait la procréation indépendante de ces plantes. Ainsi donc, ici encore, l'avantage d'une plus grande simplicité plaiderait en faveur de l'hypothèse de migration, d'après laquelle l'affinité entre les trois espèces tiendrait à leur origine dans des centres de végétation appartenant au même système géographique, tandis que les aires d'extension, tantôt transgressives, tantôt circonscrites, s'expliqueraient par les degrés divers de sensibilité à l'égard des influences extérieures, les unes de ces espèces étant moins fortement constituées que les autres.

L'échange des plantes entre les Pyrénées et les Alpes s'est opéré de manière que les migrations venant des Alpes furent fréquentes, tandis que celles se dirigeant des Pyrénées vers les Alpes n'eurent que rarement lieu. C'est ce qui résulte du fait que la plupart des plantes alpines qui reparaissent dans les Pyrénées sont des espèces douées d'une grande faculté de migration, se répandant dans les directions les plus diverses et susceptibles, par conséquent, de se manifester également dans d'autres montagnes. La partie orientale des Pyrénées, rattachée par les Cévennes au reste des massifs montagneux de la France, mais séparée néanmoins par la vallée du Rhône des ramifications du système des Alpes, se trouve, grâce à son climat méridional, placée en dehors du domaine de ces migrations, et c'est pourquoi peu de ses végétaux ont pu suivre les chaînes de montagnes situées dans la direction du nord. D'autre part, celles-ci n'ont aucun lien orographique avec les

Pyrénées centrales, qui, par leur climat, se rapprochent davantage des Alpes. Par contre, entre les montagnes de l'Espagne et la chaîne pyrénéenne tout entière, il existe une connexion multiple sous le double rapport orographique et climatérique, et c'est là ce qui fait que presque la moitié des végétaux que l'on ne connaissait précédemment que dans les Pyrénées, se sont retrouvés dans les régions supérieures de cette Péninsule (62 espèces sur 150 de ma collection). Ce résultat acquiert un intérêt encore plus considérable par la considération que le versant français des Pyrénées est bien moins connu que le versant espagnol, et que, par conséquent, la crête principale de la chaîne n'a pu être un obstacle pour celles des plantes qui réapparaissent dans l'intérieur de l'Espagne. Quelques cas particuliers démontrent d'une manière encore plus distincte que, dans le sens climatérique, les Pyrénées ont plus de rapport avec l'Espagne qu'avec la France. De même que certaines plantes de la flore espagnole se trouvent tout à la fois dans les steppes de l'est à titre d'espèces indigènes, de même on voit croître, dans les Pyrénées orientales à atmosphère plus sèche, une Gentiane particulière (*Gentiana pyrenaica*) qui, tout en faisant défaut aux Alpes, reparaît dans les Carpathes de la Transylvanie aussi bien que dans le Caucase. Il en est ainsi de plusieurs autres plantes des Pyrénées qui habitent tout à la fois les parties orientale et centrale de la chaîne, et dont quelques-unes (Ex. : *Carex pyrenaica*) ne reparaissent également que dans les Carpathes méridionales, d'autres (Ex. : *Saxifraga media*) dans les montagnes de la Roumélie.

Bien qu'à l'aide d'une certaine série d'espèces locales, on puisse reconnaître dans les Pyrénées les trois sections climatériques que nous y avons distinguées (p. 260), les limites de ces dernières se trouvent dépassées par la majorité des espèces dont il s'agit, notamment lorsqu'elles appartiennent à la région alpine. C'est là un phénomène qui s'explique aisément par la continuité presque ininterrompue de l'arête principale et par l'accroissement avec l'altitude de l'uniformité dans les conditions climatériques. Dans mon catalogue, la moitié (44 espèces) des plantes pyrénéennes considérées jusqu'aujourd'hui comme rigoureusement endémiques se trouvent, ou représentées dans toutes les trois sections, ou bien ne sont pas susceptibles de cette répartition, faute d'indication suffisante des localités où elles avaient été recueillies. Quelques espèces (9 espèces) sont possédées en commun, seulement par les Pyrénées orientales et centrales, d'autres (4 espèces) par les Pyrénées centrales et les Pyrénées occidentales. La plupart des espèces endémiques limitées à de certaines sections de la montagne se trouvent (17 espèces) dans les Pyrénées centrales, ce qui peut être attribué à la plus grande étendue de ces dernières ainsi qu'au soulèvement de masses plus considérables. A l'exception d'une seule espèce, les plantes propres aux Pyrénées occidentales (6 espèces) n'ont été constatées que dans les montagnes cantabres de la Biscaye et des Asturies. Les plantes endémiques des Pyrénées orientales (8 espèces) offrent ce cas particulier, qu'un genre monotype (*Xatardia*) n'y a été trouvé que dans une seule et unique station, savoir : sur la Couillade de Nouri, col des hautes Alpes qui sépare le val d'Eynes d'avec la Catalogne, et où cette Ombellifère se présente sur les deux versants. De plus, le caractère local de ce massif montagneux se trouve exprimé par un genre monotype bien plus remarquable encore, par la Gesnériacée *Romendia*, répandue depuis les Pyrénées centrales, où je l'ai vue dans le cirque de Gavarnie, jusqu'aux Pyrénées orientales. Enfin, à cet exemple d'une organisation étrangère est venu se rattacher, seulement depuis peu, une découverte non moins remarquable, c'est celle de l'unique Dioscorée européenne, constatée dans une station élevée des Pyrénées centrales (*D. pyrenaica,* Boiss.)*. Le genre le plus riche parmi les végétaux endémiques des plantes pyrénéennes est celui des Saxifrages, dont peu pénètrent en Espagne (3 espèces, tandis que 7 sont rigoureusement endémiques). Si la classification systématique des Hiéracées reposait sur une base plus solide, ce genre l'emporterait peut-être sur les Saxifrages en richesse de formes particulières (je

* C'est M. Bubani, botaniste italien et explorateur fort actif des Pyrénées, qui a eu le mérite non-seulement de découvrir, mais encore de déterminer cette plante, en sorte que l'espèce porte le nom de Bubani et non celui de Boissier. — T.

compte 11 espèces dont je n'en possède que 2 de l'Espagne).

Eu égard à la diffusion des végétaux endémiques, on peut distinguer dans les Carpathes deux groupes de centres qui répondent parfaitement à la constitution orographique de cette chaîne montagneuse. La partie centrale des Carpathes qui compose le Tatra, est un groupe alpin de peu d'étendue entouré de tous côtés par de profondes vallées. C'est ce qui fait qu'il ne possède qu'un petit nombre de plantes qui lui soient propres; mais comme il est moins éloigné des Sudètes que des Carpathes méridionales, sa flore paraît également se rattacher plus aux premières qu'aux dernières. En effet, parmi les plantes endémiques des Carpathes, je ne connais que certaines espèces (4 espèces)[190] qui s'étendent depuis le Tatra jusqu'à la Transylvanie ou jusqu'au Banat. A cause de son altitude beaucoup plus considérable (2,549 mètres ou 8,150 pieds), le Tatra est bien plus riche que les Sudètes (1,591^{m},6 ou 4,900 pieds) en végétaux alpins; cependant les deux massifs montagneux se trouvent étroitement liés entre eux par de certains produits remarquables, par exemple par un saule extrêmement variable dans le domaine forestier du Tatra (*Salix silesiaca*). Les Carpathes du sud constituent une chaîne alpine continue, qui, interrompue sur un seul point (dans la vallée d'Aluta), s'étend le long de la frontière de la Roumanie, depuis le Banat jusqu'à la Marmarosch, et puis se trouve séparée du Tatra par des rangées de hauteurs composées de grès. La chaîne embrasse la haute plaine de la Transylvanie pour passer ensuite à la circonvallation plus étendue de la Hongrie. Sous le rapport de l'altitude (2,544 mètres ou 7,830 pieds) les Carpathes du sud ne le cèdent que peu au Tatra, mais elles l'emportent considérablement sur ce dernier en circonférence et en extension de la région alpine. Grâce à cette constitution géographique, la chaîne méridionale est bien plus riche en végétaux endémiques : ainsi, parmi les Saxifrages qui y figurent, trois espèces se trouvent limitées à cette section de la montagne, une seulement au Tatra, et la cinquième habite la région alpine du massif montagneux tout entier. De même que le Tatra se relie aux Sudètes, ainsi plusieurs produits des Carpathes du sud (par exemple, parmi les arbustes, l'Éricée *Bruckentalia*) se rapportent aux montagnes de la Servie et de la Roumélie, dont la connexion orographique avec les Carpathes du Banat n'est interrompue que par les parages rétrécis du Danube.

Les montagnes servo-rouméliennes, en tant qu'elles font partie de notre domaine, n'ont été explorées que trop imparfaitement pour qu'il soit permis de prononcer dès à présent un jugement positif sur les formes endémiques qu'elles produisent. Ici encore, les migrations correspondent avec les relations qui se présentent entre les chaînes montagneuses de ce pays si diversement ramifiées et celles de la Dalmatie, de la Grèce et de l'Anatolie à travers les Dardanelles; de même, le climat y reflète déjà l'Orient. Les explorations de M. Pancic en Servie ont fourni une récolte de plantes endémiques (12 espèces, parmi lesquelles figure l'Ombellifère monotypique *Pancicia*); ce botaniste me les ayant communiquées, j'ai été à même de les étudier et d'en confirmer le caractère particulier.

Les produits endémiques isolés, observés dans le reste des massifs montagneux de l'Europe centrale et septentrionale[191], prouvent seulement que de ce côté des Alpes aussi il y a lieu d'admettre des centres de végétation dont, cependant, à la suite des échanges réciproques, il ne reste que peu de traces reconnaissables.

Relativement aux formes endémiques des montagnes de la Sibérie, on ne saurait jusqu'à présent donner à cet égard des renseignements satisfaisants. Dans l'Altaï, région la mieux explorée, la flore des steppes est souvent tellement indépendante des influences altitudinales, qu'on ne peut jamais savoir à quelle distance, même les espèces alpines de ce massif montagneux pénètrent dans l'Asie centrale. Sans doute, c'est là la cause des nombreuses migrations qui eurent lieu à travers les montagnes surgissant en masses isolées au milieu du domaine des steppes, migrations qui relient le Caucase et l'Asie occidentale à l'Himalaya thibétain et à l'Altaï. Enfin, quant aux pays situés au delà du désert de Gobi, les botanistes russes Turczaninow, Maximovicz et autres, ont, à la vérité, donné l'énumération des végétaux endémiques de la Dahurie et de la contrée de l'Amur, mais il faudra s'attendre à voir ce nombre considérablement diminuer par suite d'une connaissance plus parfaite acquise de la flore de la Chine.

Nous devons maintenant examiner jusqu'à quel point les régions basses le cèdent aux montagnes sous le rapport des plantes à aire d'extension réduite. Ce qui, dans un espace circonscrit, a lieu à la suite des obstacles mécaniques qui paralysent la migration, se reproduit dans les plaines, grâce à la variation lente des valeurs climatériques. En excluant ici encore la Sibérie, et après avoir éliminé, ainsi que je le fais en tout autre cas, les espèces douteuses sous les rapports géographique ou systématique, j'obtiens pour les formes endémiques relatives à la partie européenne de notre domaine les séries numériques suivantes : zone du Chêne cerris (12 espèces), celle du Châtaignier en France et dans les Asturies (21 espèces), zone du Chêne en Russie (1 espèce).

Ainsi donc, à l'exception de la Hongrie, la France seule (même sans tenir compte de sa flore méditerranéenne de la vallée du Rhône) possède une série de plantes qui lui sont propres. Si nous classons ces plantes françaises d'après les lieux où elles se présentent, il se trouve qu'elles proviennent presque toutes de la côte atlantique. Ce sont autant de membres de cette flore qualifiée par M. Forbes de flore atlantique, qui, lorsque la migration embrasse l'espace le plus considérable, peut s'étendre du Portugal jusqu'aux Iles-Britanniques, et dans de certains cas même, jusqu'à la Norwége et l'Islande. Mais, comme en longeant le développement des côtes, la ligne de végétation exclut cette flore de l'intérieur du continent et se trouve, grâce à des transitions graduelles, diversement raccourcie sur ses deux points extrêmes, les plantes atlantiques se répartissent en plusieurs centres, parmi lesquels celui du Portugal est le plus productif, mais ne saurait encore être pris ici en considération[194]. Dans l'enceinte de notre domaine[193], je compte 29 espèces exclusivement propres à la flore atlantique, et une espèce habitant l'intérieur de la France. Parmi les centres de végétation de la flore atlantique, la plus importante (13 espèces), c'est le groupe méridional qui s'étend le long de la baie de Biscaye depuis les Asturies jusqu'à la Gironde. Les plantes locales de cette côte se trouvent séparées les unes des autres selon les diverses conditions de configuration, que présentent les parties françaises et espagnoles du groupe méridional. Les Pyrénées cantabres descendent vers la mer sous forme de rochers, tandis qu'entre l'Adour et la Gironde les dunes de sable de la Gascogne constituent le littoral. A ces différences dans la configuration du sol répond presque sans exception la présence des espèces asturiennes (4 espèces), aussi bien que de celles qui sont propres au département des Landes (9 espèces). C'est de ces centres méridionaux que se dirigent certaines espèces attachées aux côtes, jusqu'à la Bretagne (1 espèce) ou à la Normandie (1 espèce) ; d'autres pénètrent à une certaine distance plus avant dans l'intérieur et n'atteignent que dans la proximité de Paris leurs limites orientale et septentrionale. A ces dernières se rattachent les plantes de la flore atlantique qui, franchissant la Manche, pénètrent dans les Iles-Britanniques, et que pour cette raison j'exclus du nombre des plantes propres à la France. Un centre de végétation situé plus au nord que la Gascogne n'est indiqué que par quelques espèces isolées sur la côte de la Bretagne. Les trois plantes suivantes en font partie ; la première, observée entre la Rochelle et Quiberon (*Omphalodes littoralis*), la deuxième (*Eryngium viviparum*), seulement dans le Morbihan, et la troisième (*Linaria arenaria*), le long du littoral depuis Nantes jusqu'à Dunkerque.

La question de savoir pourquoi les plantes atlantiques n'ont pas immigré plus avant dans l'intérieur du continent, trouve sa solution pour la majorité de ces plantes dans ce fait, qu'elles se comportent à l'instar des Halophytes du littoral de la mer, et n'ont pu en conséquence se détacher de ce dernier. Cependant, là où cela n'a pas lieu, il faut distinguer les diverses conditions climatériques, notamment la douceur de l'hiver, la prolongation exceptionnelle de la période de végétation, et peut-être aussi l'influence d'un degré plus élevé de l'humidité atmosphérique. Les espèces originaires du Portugal sont placées dans les mêmes conditions que celles qui, provenant d'autres localités de la flore méditerranéenne, sont arrivées jusqu'à la côte occidentale de la France, parce qu'elles y trouvent un hiver aussi doux que dans la vallée du Rhône. Néanmoins, les Éricées atlantiques, dont une espèce avance jusqu'aux îles Féroé et jusqu'à Bergen en Norwége, et quatre autres jusqu'aux Cornouailles ou à l'Irlande, ne sauraient être empêchées par le froid hivernal de pénétrer de la Gascogne dans la Provence et dans la vallée du Rhône : car à Avignon la température du mois de janvier est presque la même qu'à Bordeaux, et elle est inférieure en Irlande et sur la côte de Bergen. Nous ferons voir ailleurs qu'en général les explications de nature climatologique ne sauraient être appliquées à ces Éricées d'une manière bien certaine. La durée de la période de développement qui, à cause de la sécheresse estivale, est plus courte dans le Portugal que dans la baie de Biscaye, convient particulièrement aux plantes locales de la Gascogne; aussi fus-je surpris de voir combien était considérable le nombre des végétaux caractéristiques que je trouvai en fleur aussi tard qu'en septembre à l'embouchure de l'Adour. Si elles ne sont pas capables de réduire leur période de développement, de telles espèces ne s'éloigneront guère de leur patrie, pas plus dans la direction du nord que dans celle de l'est. Il s'ensuit qu'une dépendance moins rigoureuse de ces conditions leur permet de s'étendre dans les deux directions. Ce sont, sans doute, de semblables valeurs climatériques qui font que la France a sur l'Allemagne l'avantage d'avoir conservé les traces de ses centres de végétation. Toutefois, il reste des cas difficiles à expliquer de cette manière, tels que celui où la migration s'avance plus au nord qu'elle n'aurait dû le faire eu égard aux obstacles qui l'empêchent de pénétrer dans l'intérieur de la France. Il faut de plus, dans ce cas, prendre également en considération que les plantes atlantiques se trouvent dans une position géographique analogue à celle où sont placées les Pyrénées à l'égard des Alpes. Comme ces plantes ne peuvent s'étendre qu'à l'est ou au nord, elles suivent la voie septentrionale lorsqu'elles y rencontrent moins d'obstacles qu'en s'avançant dans l'intérieur du continent. Et si même dans cette dernière direction elles trouvaient encore sur un certain espace la température voulue, il n'en est pas moins vraisemblable que leur existence tiendrait à l'humidité plus considérable que contient l'atmosphère littorale imprégnée par les vapeurs aqueuses de la mer.

En ne tenant point compte de cas douteux[196], c'est une Ombellifère qui nous offre l'exemple d'une trace de centre de végétation dans l'intérieur du pays; cette Ombellifère (*Peucedanum parisiense*) habite toute la France centrale (46°-49° L. N.), depuis Lyon jusqu'à Paris, et notamment le système hydrographique de la Loire. Un autre exemple de ce genre (*Silaus virescens*) n'a pas été confirmé[197]. Or comment expliquer un tel phénomène dans la région basse, où la propagation est bien plus facilitée que dans la montagne? Lorsque nous considérons que presque le quart (8 espèces) du nombre peu considérable de végétaux endémiques que possède la région basse appartient à la même famille des Ombellifères[198], il semblerait que c'est là un signe que nous n'avons pas affaire à une plante à son déclin, mais bien à une plante persistant à habiter le lieu de sa patrie. Or nous savons positivement que la semence des Ombellifères perd promptement ses propriétés germinatives, et que plusieurs d'entre elles constituent des plantes rares limitées à des stations peu nombreuses et lointaines. Ainsi la flore atlantique de la France compte quatre Ombellifères qui lui sont propres, dont l'une (*Libanotis bayonnensis*) n'a encore été observée que dans une seule localité, près de Biarritz, sur un rocher raviné par les flots de la mer. De tels phénomènes rappellent le Silphium de l'antiquité, Ombellifère qui était propre à la Cyrénaïque, et qui, à en juger par la figure qu'en donnent les monnaies anciennes, se sera évanouie dans le cours du temps, ce qui peut arriver bien plus aisément aux végétaux endémiques qu'à tout autre. Dans la région basse, des centres isolés de végétation peuvent donc se conserver également par le fait que leurs produits manquent de force nécessaire pour se faire place, en présence d'autres organisations qui l'emportent sur eux par leur faculté de propagation.

Au delà des Alpes, dans la zone de la flore allemande, telle que nous l'avons placée en regard de la flore française caractérisée par le Châtaignier, aucune trace de centre de végétation ne s'est conservée, pas plus que dans la zone de la Pesse de ce côté de l'Oural. De même, je ne connais qu'une seule plante endémique dans la zone du Chêne, en Russie, et celle-là appartient également aux Ombellifères (*Seseli campestre*). Les stations des plantes, même des plus rares, se rattachent à des conditions particulières inhérentes à certaines localités, ou du moins font supposer de telles influences locales, en ce sens que là où une de ces plantes s'offre à nous d'une manière inattendue, on la voit le plus souvent accompagnée d'autres également circonscrites dans les limites physiques de leur sphère vitale. Ou bien encore, quelquefois, la rareté d'une plante tient seulement à ce qu'elle y a atteint une limite climatérique, tandis qu'elle devient graduellement plus fréquente dans l'autre direction où elle acquiert une vaste extension. Il est vrai, les exemples de migration non achevée ne font pas défaut également à l'Allemagne, ainsi que le prouve la décroissance que subit la richesse végétale à mesure que l'on s'avance de l'intérieur du pays vers la mer du Nord, ou bien dans les vallées des grandes rivières où l'eau courante favorisait jadis l'extension des plantes; toutefois, pris dans leur ensemble, les domaines d'habitation des espèces y sont trop vastes pour qu'on puisse ramener leur patrie à des centres déterminés. Les localités où elles sont nées se sont étendues en surfaces d'une circonférence considérable, en sorte qu'on peut bien dire si une espèce a son origine dans le climat du Hêtre ou de la Pesse, mais non pas si elle dérive de l'Allemagne ou de la Hongrie, de la Scandinavie ou de la Russie. La flore de la basse région de l'Allemagne est une réunion de végétaux originaires des contrées les plus diverses qui, conformément à la position centrale du pays, se sont rencontrés dans leur migration à travers des climats analogues. Lorsque nous nous efforçons de les séparer d'après leurs conditions climatériques, nous obtenons plusieurs séries qui diffèrent les unes des autres par la position et l'étendue de leur domaine d'habitation ; d'abord, une quantité de plantes presque non limitée par le climat, ensuite celles qui correspondent au climat du Hêtre; d'autres, qui sont propres aux zones du Châtaignier ou du Sapin argenté, ou bien possédées en commun par ces deux zones et en même temps par celle des Chênes; enfin, un beaucoup plus grand nombre de plantes qui, à partir de la zone de la Pesse, trouvent leur limite occidentale dans le domaine du Sapin argenté. Sont bien plus rares les exemples d'espèces (16 espèces)[199], qui se trouvent limitées aux deux zones du Sapin argenté et du Chêne cerris, ou bien ne les dépassent guère, et je ne connais que des cas extrêmement peu nombreux (2) d'espèces du côté allemand des Alpes où en général elles n'ont d'autre domaine d'habitation que la zone du Sapin argenté *. Parmi les végétaux caractéristiques de l'Europe centrale, la seule plante aquatique c'est l'Aldrovanda précédemment mentionnée (p. 284); presque tous les autres sont les produits du sol calcaire, et il est vraisemblable que c'est le manque de roche solide susceptible de produire un tel sol qui est cause qu'ils ne pénètrent point dans la Russie comme le font la plupart des autres végétaux. En effet, sans tenir compte des plantes ubiquistes ou réputées telles, qui n'ont guère de limites climatériques dans l'enceinte de la basse région européo-sibérienne, la masse des éléments constitutifs de la flore allemande consiste pour la plupart en espèces qui habitent également la Russie et la Sibérie et qui trouvent leur limite climatérique dans la ligne de végétation nord-ouest précédemment indiquée (p. 129), à une distance de 40 à 60 milles géographiques de la mer du Nord et du littoral de l'Atlantique. Cette distance est dans le nord de l'Allemagne (Ex. à Magdebourg), moins considérable que dans le midi (Alsace, Dauphiné), ce que probablement il faut attribuer aux montagnes schisteuses qui forment une barrière à travers la partie moyenne de la vallée rhénane, ainsi qu'aux Vosges et aux ramifications qui les rattachent à l'Auvergne. D'autres irrégularités de cette ligne de végétation tiennent aux influences géognostiques du sol, telles que l'interruption qu'elle subit sur le grès bigarré de la Hesse, entre les Muschelkalk de la Thuringe et la terre végétale calcarifère de la Wetterau et du Rhin.

* Depuis la publication de mon ouvrage, j'ai reçu encore le *Gagea saxatilis* de plusieurs localités de la France, où elle paraît être confondue avec le *Gagea bohemica*, espèce orientale, en sorte que le seul exemple d'une plante endémique de la basse Allemagne que j'avais cru pouvoir adopter doit être également effacé. — G.

Le phénomène des formes endémiques ne saurait être constaté dans la Hongrie partout avec certitude, parce que les flores de la Roumanie et de la Bulgarie sont restées presque inconnues jusqu'à nos jours. Cependant, à en juger par les plantes déjà observées dans les contrées limitrophes, on peut se faire une idée de la direction dans laquelle un échange plus ou moins considérable s'est opéré. Or, comparativement à la plaine circonscrite de la Hongrie, le rôle prépondérant appartient ici aux steppes et aux forêts de la Russie, dont la flore, il est vrai, est bien mieux connue que celle de la péninsule sud-est. Toutefois, les connexions avec cette dernière se réduisent en majeure partie à des plantes montagneuses qui leur sont communes, ou à des végétaux de la flore méditerranéenne qui pénètrent dans les régions plus chaudes de la Hongrie méridionale. Quelque partagées que soient les opinions des classificateurs systématiques sur beaucoup de végétaux de la flore hongroise[200], on peut néanmoins admettre avec certitude, que les Poustes, formation la plus récente du pays, ne possèdent point de plantes qui leur soient propres, mais ont emprunté la majeure partie de leur végétation aux steppes de la Russie. Les plantes endémiques de la contrée plane de la Hongrie habitent particulièrement les prés et les forêts du pays à collines, ou les roches sur pied qui constituent ces dernières. Une Malvacée monotype (*Kitaibelia*), d'abord découverte sur la série de hauteurs déprimées de la Syrmie, mais ensuite retrouvée dans la Slavonie, constitue le phénomène le plus saillant parmi ces produits particuliers. La taille considérable de ces derniers fait ressortir le trait caractéristique précédemment mentionné (p. 198) de la flore de l'est de l'Europe, à savoir : l'accroissement en hauteur qu'y acquiert la tige des herbes vivaces; c'est là un phénomène dont je fus tout d'abord frappé au milieu de la végétation luxuriante sur les rives du Danube près d'Orsova.

J'estime le nombre total des plantes vasculaires observées dans le domaine européo-sibérien, à environ 5,500 espèces, mais qui cependant sont si fortement mélangées avec les flores limitrophes, qu'à peine peut-on en admettre 40 pour 100 comme réellement endémiques, ou bien comme reparaissant au delà de leurs limites sous forme sporadique. Puisque les conditions climatériques se répètent en grande partie dans les montagnes du sud de l'Europe, et que la région alpine des Alpes trouve son pendant dans la zone arctique, de même que les arides contrées de la Hongrie et de la Dahurie dans les steppes, il en résulte que l'autonomie d'une flore est exprimée d'une manière plus tranchée par son caractère physionomique que par ses éléments systématiques. Cependant je trouve[201] encore, parmi les 27 genres monotypes, 19 genres rigoureusement endémiques, et, quant aux autres 8 genres on peut également les considérer avec certitude comme originaires de ce domaine, eu égard à leurs apparitions sporadiques dans les contrées limitrophes. Nous pouvons donc admettre ces 27 monotypes comme caractéristiques pour leurs centres de végétation. Inégalement répartis, ils servent évidemment de confirmation à l'opinion manifestée sur leur distribution. En effet, la plus grande série (11 genres) est ici encore originaire des Alpes; puis viennent la flore de l'Amur (4 genres) et celle des Pyrénées (3 genres); un genre monotype habite sur un espace plus étendu la basse région européenne, un deuxième le domaine du climat du Hêtre et un troisième les contrées du nord; enfin chacune des régions suivantes possède un genre monotype : les Carpathes, la contrée plane de la Hongrie, la Servie, la Bosnie, l'Altaï et la plaine de la Sibérie.

Les tentatives que j'ai faites de classer la flore européo-sibérienne d'après ses conditions climatériques ne m'ont guère fourni de résultats certains, soit parce que les données relatives aux localités habitées par chacune des espèces sont souvent insuffisantes, soit parce que la patrie primordiale reste incertaine, quand il s'agit d'espèces répandues dans plusieurs zones de végétation ou en même temps dans les contrées limitrophes. Je crois cependant devoir reproduire dans les notes quelques-unes de mes évaluations pouvant servir de résumé des éléments constitutifs de cette flore[202].

L'échange des plantes entre les fractions particulières du domaine, ainsi qu'entre celui-ci et les contrées limitrophes, obscurcit, à la vérité, la question relative à la patrie de bien des espèces; on peut néanmoins reconnaître, dans beaucoup de cas, la direction des migrations qui ont eu lieu. Dans son travail sur l'origine de la flore britannique, M. Forbes[179] a cherché à donner la solution de ce problème en se servant du point central du domaine de l'habitation, pour la détermination de la patrie. Il parvint à ce résultat que la majorité des plantes de la Grande-Bretagne indique une connexion avec l'Allemagne, et que dans ces plantes on peut distinguer un groupe plus petit, composé de quatre séries d'espèces, dont deux appartiennent à la basse région, de manière que l'une de ces dernières relie le sud-ouest de l'Angleterre et l'Irlande méridionale à l'ouest, l'autre le sud-est de l'Angleterre au nord de la France; quant aux deux séries qui restent, elles mettent en rapport les montagnes de l'Irlande occidentale avec les Pyrénées et les régions élevées de l'Écosse et du pays de Galles avec les Fjelde norvégiens. C'est sur cette base que M. Forbes a construit ses hypothèses géologiques, mais les faits dont il s'agit peuvent tout aussi bien être ramenés aux migrations, quoiqu'à elles seules elles eussent été insuffisantes, il est vrai, pour rendre compte de la direction dans laquelle elles se sont opérées. Toutefois, si nous ajoutons qu'aucune plante endémique n'a été constatée dans les Iles-Britanniques, qu'aucun genre n'y renferme un plus grand nombre d'espèces que dans les pays avec lesquels l'échange a eu lieu, et que ces derniers possèdent généralement une flore plus riche, dont seulement une partie déterminée aura pu franchir la mer, il semble qu'on soit autorisé à conclure que les migrations ont eu le continent pour point de départ, et que, par conséquent, toute la flore de la Grande-Bretagne doit être considérée comme venant du dehors. Ce fut à un résultat semblable que fut conduit M. Martins[203], relativement aux archipels du nord de l'Atlantique, dont la position entre l'Écosse et l'Islande facilite les migrations dans cette direction. Il avait déjà conclu du caractère non endémique de la végétation, que toutes les plantes de ce groupe d'îles y ont immigré de l'Europe, et que parmi celles qui, en partie, sont originaires de l'Amérique, il ne s'en présente aucune qui ne soit en même temps naturalisée en Europe. Il étendit également aux Iles-Britanniques cette considération qui n'admet que deux exceptions que nous signalerons plus tard. Si, malgré cela, M. Martins voulut faire dériver du Groënland et du nouveau monde les éléments arctiques de la flore de l'archipel atlantique septentrional, aucun fait ne venait à l'appui de cette assertion, ainsi que je le fis voir alors plus en détail, et il eût été plus juste de considérer toutes les plantes de ces îles comme étant immigrées du continent européen. Cependant, c'est une observation importante qu'il formule en faisant voir que les Fjelde norvégiens eux-mêmes ne peuvent être considérés que comme un système secondaire de centres de végétation, dont les plantes arctiques dérivent de la Laponie, parce que, depuis le cercle polaire, leur nombre va en diminuant dans la direction du sud. M. Christ[184] a donné plus de développement à cette thèse, en cherchant à démontrer que les éléments alpins de la flore scandinave ont pu être amenés en partie de la Sibérie et en partie des montagnes plus méridionales de l'Europe. La seule plante endémique des Fjelde, mentionnée ci-dessus (page 290, note 191), et qui pourrait facilement être retrouvée ailleurs, ne saurait contre-balancer la masse des autres plantes. De même, la zone de la Pesse de la Scandinavie et du nord de la Russie renferme à peine un végétal qui ne se présente également soit en Sibérie, soit dans les zones de végétation plus méridionales de l'Europe. Le caractère non endémique de la végétation du nord de l'Europe, ainsi que des îles de l'Atlantique situées au delà du 50e cercle parallèle, constitue un fait particulièrement remarquable sous le rapport géologique. En effet, il en résulte que la position des centres de végétation est indépendante de l'âge du continent. Dans les contrées comprises entre l'Angleterre et l'Islande, non-seulement toutes les formations se trouvent représentées, depuis les plus anciennes jusqu'aux terrains volcaniques et tertiaires les plus récents, mais encore la Scandinavie appartient aux parties de notre globe émergées depuis les époques géologiques les plus reculées, puisque, dans toute son étendue, son plateau gneissique n'a point été recouvert par les dépôts neptuniens plus récents. Les centres actuels de végétation se trouvent donc disposés seulement dans le sens géographique et non pas dans le sens géologique, en sorte que, pour décider la question de savoir à quelle époque de la formation de notre globe eurent lieu ces opérations organisatrices, il faut avoir recours à l'étude comparée des créations évanouies et non à l'examen de la constitution du sol dont sont sorties les créations actuelles. Précisément les centres les plus riches, tels que les Alpes, appartiennent aux systèmes de soulèvements les plus récents, et font voir que la flore d'aujourd'hui ne date que de l'époque actuelle de notre globe, sans qu'elle se soit produite partout. Si, d'autre part, on était disposé à admettre que la destruction de la flore tertiaire qui la précéda fut effectuée par l'agglomération des glaces, on pourrait objecter que les faits servant de base aux opinions sur la période glaciaire ne se rapportent qu'à une extension plus considérable des glaciers dans les montagnes; phénomène qui pourrait tout aussi bien tenir à une augmentation de l'humidité qu'à une diminution dans la température, et que les blocs erratiques des plaines trouvent une explication plus satisfaisante dans les glaces flottantes que dans les glaciers fixes. Aussi, plutôt que d'admettre l'hypothèse fictive d'une période de glaces universellement répandues (*Eiszeit* des Allemands), j'aurais préféré que, pour désigner ce qu'autrefois on appelait période diluvienne, on employât l'expression de période glaciaire (*Glacialzeit* des Allemands) comme se rapportant à l'extension des grands glaciers. Lorsqu'on considère la lutte constante entre les organismes, qui sont d'autant plus vigoureux qu'ils répondent davantage aux exigences des conditions physiques existantes, on n'a pas besoin d'admettre un revêtement glaciaire de notre globe pour comprendre que la flore européenne des lignites ne s'est point maintenue, mais qu'elle a dû céder la place à une création nouvelle qui la refoula.

L'échange entre la flore de notre domaine et celle de l'Europe méridionale constitue la relation la plus étendue parmi toutes celles établies avec les pays voisins. Ici le mode d'expansion de chaque plante permet de conclure, avec bien plus de certitude encore, que, dans le nord, la migration a eu lieu dans les deux directions. Bien que, dans les montagnes du sud, on voie se répéter des conditions climatériques analogues, les végétaux appartenant à des latitudes plus élevées ne se présentent dans ces montagnes que sous forme sporadique, et y sont accompagnés d'autres espèces qui ne se trouvent pas de ce côté des Alpes. C'est dans une direction inverse qu'avec le changement des conditions climatériques s'évanouissent celles des plantes de la flore méditerranéenne qui pénètrent dans les zones de végétation de la France et de la Hongrie. De cette manière il devient aisé de reconnaître presque dans chaque cas la patrie primordiale des espèces, et, comme le nombre des végétaux méridionaux qui dépassent les limites de la flore méditerranéenne est environ cinq fois moins considérable que celui des végétaux qui reparaissent de l'autre côté des Alpes, étant originaires des latitudes plus élevées, le caractère indépendant de la flore de notre domaine n'en est que plus fortement prononcé.

Nous avons déjà mentionné plus haut (p. 207) la connexion entre les Poustes et la flore des steppes, et nous avons fait voir que les migrations avaient ici pour point de départ des centres de végétation situés dans les steppes, et que, par conséquent, elles se sont opérées dans la direction de l'ouest. Dans la Moldavie, où, entre le Sireth et le Pruth, elles refoulent les forêts, les steppes, bien que séparées par les Carpathes, s'avancent assez près des Poustes pour y faciliter l'établissement des plantes. Par contre, on voit pénétrer dans les steppes de nombreuses plantes du domaine forestier, et non-seulement celles qui, eu égard à la brièveté de leur période de végétation, sont adaptées à des climats divers, mais encore bien d'autres, parce qu'elles peuvent se développer, comme dans leur patrie, le long des rivières et sur les montagnes. Un intérêt plus grand encore se rattache aux exemples, bien qu'isolés, que présentent les herbes vivaces des hautes montagnes (Ex. *Astragalus onobrychis*), d'une réapparition dans les steppes, phénomène qui indubitablement tient à ce qu'elles n'exigent qu'une courte période de développement qui leur est offerte dans les deux cas, sans qu'elles soient influencées au même degré par la température ou d'autres agents climatériques. Ce sont également des relations analogues qui donnent lieu à l'échange beaucoup plus général entre l'Altaï et les steppes asiatiques, ainsi qu'au mélange de la flore de la Dahurie avec celle du Gobi. Si, dans de tels cas, les plantes s'élèvent de la plaine à la montagne ou bien se répandent dans une direction inverse, ce sont là des questions qui, à la suite d'une étude plus précise, se trouveraient décidées peut-être, soit par le développement numérique des individus, soit par la place qu'occupent les genres dans la classification systématique. L'Altaï occidental, ce réservoir des grands cours d'eau de la Sibérie, est humide comparativement à la Dahurie, de même que le sont les Alpes comparées à la Russie méridionale. En conséquence, les plantes du sol humide seraient nées dans ces montagnes comme les plantes du sol aride proviendraient des steppes, et c'est d'après ces conditions que les stations se trouveraient agglomérées ou sporadiques.

Je trouve dans quelques plantes peu nombreuses[205], qui sont communes à la Hongrie et à la France sans se manifester en Allemagne, une indication du fait que la longue durée de la période de végétation doit également être considérée comme un agent décisif.

Les liens qui rattachent la Sibérie orientale à la flore chino-japonaise ont été, à la vérité, fréquemment constatés ; néanmoins ce que nous connaissons de ces relations est encore d'une nature trop fragmentaire pour qu'il soit permis de prononcer dès à présent un jugement sur les conditions de semblables migrations. Les investigations effectuées par M. Schmidt dans l'île Sahalin, où les deux flores se trouvent en contact immédiat, indiquent que sous ces latitudes plus élevées il y a un passage graduel d'une flore à l'autre.

Quant aux rapports avec le domaine forestier de l'Amérique du nord, l'expérience démontre que le mélange avec la flore de la Sibérie est plus considérable qu'avec la flore de l'Europe, et que les plantes qui croissent tout à la fois en Europe et dans les États orientaux de l'Amérique se trouvent répandues à travers tous les méridiens de la terre ferme, et par conséquent à travers toute l'Asie et le continent occidental en allant d'une côte à l'autre. Il est vrai, des exceptions à cette disposition sont assez fréquentes, notamment parmi les végétaux introduits accidentellement par l'industrie humaine (Ex. en Europe des Asters et des Œnothérées sur les bords des rivières, *Paspalum distichum* en Gascogne, *Elodea canadensis* en Angleterre et dans l'Allemagne septentrionale) ; toutefois on ne connaît que deux ou trois exemples d'un transport direct à travers l'Atlantique tel qu'il se serait opéré sous ces latitudes dans l'ordre naturel des choses (ce sont les stations de deux plantes américaines en Islande, de l'Orchidée *Spiranthus cernua* et de l'*Eriaucaulon septangulare,* seuls représentants des Restiacées en Europe, dans les marais de Connemara et dans l'île Skye ; ensuite l'établissement effectué en direction inverse de la Callune européenne à Terre-Neuve, sur laquelle nous reviendrons ailleurs).

Tout aussi clair-semés sont les établissements de plantes provenant de domaines floraux plus lointains et qui souvent se laissent rattacher aux opérations du commerce et de la navigation (Ex. *Cotula coronopifolia* dans les districts littoraux de la mer du Nord, *Galinsoga parviflora,* originaire du Mexique, et d'autres). C'est ainsi que dans l'enceinte même de notre domaine, les relations entre les peuples ouvrent parfois de nouvelles voies aux migrations des plantes, comme le prouve un exemple dont on a beaucoup parlé[206], celui de l'apparition soudaine d'une Synanthérée à extérieur très-frappant (*Xanthium spinosum*) qui se répandit en masses depuis la Hongrie jusque dans le sud de l'Allemagne, plante dont les fruits épineux se cramponnent à la toison des moutons en pâturage, et qui, exportés avec la laine, parviennent à germer après avoir été éliminés avec les résidus des métiers des tisserands*.

*Parmi les localités où a été constatée l'introduction de plantes étrangères par l'entremise de marchandises ou de fourrages, il en est deux, — Montpellier et Marseille, — qui sont devenues classiques, à cause des études consciencieuses et prolongées dont elles ont été l'objet, notamment, pour Montpellier, de la part de M. D.-A. Godron, auteur de la *Flora Juvenalis* (ou *Énumération des plantes étrangères qui croissent naturellement au port Juvénal, près de Montpellier,* Nancy, 1854, 2e édit.), renfermant environ 350 espèces, et, pour Marseille, de la part de M. Ch. Grenier, qui, en 1857, publia à Besançon sa *Florula massiliensis advena,* composée de 250 espèces. M. Grenier signale ainsi les différences entre les deux florules, qui ne possèdent en commun que 33 espèces : la florule Juvénal a un caractère bien moins oriental que celle de Marseille, puisque, sur les 350 espèces qu'elle compte, elle en emprunte à peine une centaine à la Grèce, l'Égypte, l'Asie Mineure et l'Asie centrale, le reste étant fourni par l'Espagne et les contrées boréales africaines; de plus, la florule Juvenal renferme près d'un quatorzième, c'est-à-dire environ 25 espèces provenant de l'Amérique, de la Nouvelle-Hollande et des contrées étrangères au bassin méditerranéen; par contre, la florule de Marseille, sur un ensemble de 250 espèces, en offre au moins 100 appartenant aux régions orientales, et le reste est, à l'exception de 2 ou 3 espèces, emprunté exclusivement au bassin méditerranéen. Il s'ensuit donc qu'en retranchant 16 espèces des 33 espèces communes aux deux florules, il n'y aurait pas moins de 583 espèces étrangères qui, par suite de l'importation de marchandises provenant de pays plus ou moins lointains, se sont établies sur deux points littoraux du midi de la France, où leur naturalisation a subi l'épreuve d'un laps de temps assez considérable. C'est un contrôle qui fait encore défaut aux espèces étrangères importées en France pendant la dernière guerre, et dont M. Vibray compte 157 espèces méditerranéennes, pour la plupart algériennes, introduites par les troupes à Blois et à Orléans (*Comptes rendus*, t. LXXIV, ann. 1872, p. 1376), de même que MM. Gaudefroy et Mouillefarine (*Bull. soc. bot. Fr.*, t. XVIII, p. 246) énumèrent 190 espèces importées dans l'enceinte de Paris; or, rien n'atteste encore la naturalisation de toutes ces espèces, d'autant moins que M. Nouel (*Bull. soc. bot. Fr.*, t. XX, p. 151) déclare qu'en recherchant, en 1873, les espèces introduites aux environs d'Orléans, il s'était convaincu que toutes, à l'exception de 5, avaient disparu. C'est ce qui a eu lieu également à l'égard des plantes étrangères qui, comme nous l'apprend M. Aug. Neilreich (*Verhandl. der k. k. zool.-bot. Gesellsch. in Wien*, an. 1870, t. XX, p. 603), apparurent pour la première fois dans le Prater (Vienne), à la suite des expositions de bétail et surtout des campements de cavalerie, mais qui graduellement se sont évanouies, à la seule exception du *Lepidium perfoliatum*, qui s'est maintenu, grâce au nombre immense des individus. De même, il serait intéressant de constater comment se sont comportées les plantes introduites d'Orient dans les environs de Vienne par l'armée turque qui assiégea la capitale de l'Autriche en 1529 et en 1683, plantes sur lesquelles M. le baron de Cesati (*Rendiconto della R. Acad. di sc. f. e. mat.*, an. 1872, fasc. 9) nous donne des renseignements intéressants. Au reste, selon M. Aug. Neilreich (*loc. cit.*), la flore de Vienne a subi une altération curieuse depuis une vingtaine d'années, non à la suite de mouvements commerciaux ou militaires, mais uniquement par l'action de la culture, de la démolition d'anciens forts, du desséchement de marais et de l'établissement de chemins de fer. En effet, le savant botaniste autrichien nous apprend que, sous l'influence de toutes ces causes, la flore du bassin de Vienne a vu disparaître ou devenir très-rares non moins de 76 espèces, et, d'un autre côté, en a gagné 20 qui lui étaient étrangères. Enfin, M. le professeur Caruel nous a fait connaître (*Di alcuni cambiamenti nella flora toscana in questi ultimi tre secoli*, Milano, 1867) certaines modifications intéressantes que la flore toscane a subies dans le courant des trois derniers siècles. Tous ces faits démontrent combien la flore d'un pays peut éprouver d'altérations complétement indépendantes d'un changement appréciable quelconque dans les conditions climatériques proprement dites. — T.

PIÈCES JUSTIFICATIVES

ET ADDITIONS

II. DOMAINE FORESTIER

DU CONTINENT ORIENTAL.

1. KITTLITZ, *Vierundzwanzig Vegetations Ansichten von küstenländern und Inseln des stillen Oceans*. Texte, p. 53 (*Jahresb. 6*, an. 1844, p. 36).

2. Dans la *Flora des Ussuri-Gebiets* de M. Regel (p. 21), contrée située au sud de l'Amur, sur la limite extrême entre la Sibérie orientale et la Chine, se trouvent énumérées 569 plantes vasculaires, dont environ 38 pour cent se présentent également en Europe.

3. ASA GRAY, *Statistics of the Flora of the Northern United-States*, p. 9. (*American Journ. of science*, 1865) : sur 2,091 phanérogames comparés, l'auteur constate 321 espèces européennes.

4. GRISEBACH, *Die Vegetationslinien des nordwestlichen Deutchlands* (*Göttinger studien*, 1847).

5. SENDTNER, *Die Vegetations-Verhältnisse Südbayern's*, p. 197.

6. BODE, *Verbreitungsgrenzen der Holtzgewächse des europäischen Russlands* (*Beiträge zur Kenntniss des russichen Reichs*, von Baer und Helmersen, Bd XVIII, Taf. I). La limite sud-est de la Callune s'étend depuis Chotim sur le Dniester à travers Kaluga et Kasan jusqu'à l'Ural et coupe successivement les limites nord-est du *Fagus* (non loin de Brody), *Acer pseudoplatanus* (Kiew), *Carpinus Betulus* (Ukraine), *Fraxinus* (Wolga) et *Quercus pedunculata* (à l'est de Kasan).

7. A Alten (70°), dans la proximité de la limite des arbres de la Laponie, la température moyenne ne s'élève que pendant les trois mois de l'été à 10° ou au delà. (Juin 10°, Juillet 12° 5, Août 12° 5 : DOVE, *Temperatur*

tafeln, p. 34). M. Martins détermina dans la même localité la moyenne de chaque période de cinq jours pendant le printemps et le commencement de l'été. A cette époque, déjà au mois de mai se produisit une température plus élevée (16-20. Mai : 10° 9) mais qui après une période plus froide ne s'éleva qu'en Juin (6-10. Juin : 10° 6) d'une manière durable au dessus de 10° (*Voyage botanique le long des côtes de la Norvége*, p. 87). Dans le pays de Taïmyr (71° L. N.), près de la limite des arbres formée par le Mélèze, la période pendant laquelle le thermomètre s'élève au-dessus de 10° est plus courte (Juin 1° 7, Juillet, 9° 2, Août 10° 5), à Iakutsk (62° L. N.) elle dure trois mois comme à Alten, mais se trouve accompagnée d'une température plus élevée (Juin 12° 5, Juillet 16° 7, Août 13° 7 : Middendorff, *Reise in den äussersten Norden und Osten Sibiriens*, IV, I, p. 367). Si dans le pays de Taïmyr, la réduction de la période de végétation chez le Mélèze ne tient qu'à la nature particulière de cet arbre, ou bien si l'insolation et la longueur du jour y ont leur part d'influence, c'est ce qu'on ne pourra savoir que lorsqu'on aura pour terme de comparaison des mesures climatériques exécutées sur la limite des arbres dans des montagnes situées plus au sud.

8. Middendorff, *loc. cit.*, p. 532.

9. Id., p. 657.

10. Radde, *Reisen im süden von Ostsibirien* (*Beiträge zur Kenntniss des russichen Reichs*, Bd. xxiii, p. 118). Dans le Sayan (continuation orientale de l'Altaï) on a constaté des Mélèzes ayant une hauteur de 2m,2 et dont la feuillaison (par conséquent au delà de la limite altitudinale de l'arbre) ne durait qu'environ 7 semaines (2 juillet jusqu'au 11 août).

11. Middendorff, *loc. cit.*, p. 657. Lorsque l'auteur croit que la réduction de la période de végétation importe peu, et que dans le haut nord du pays de Taïmyr le décroissement de la température estivale exerce une plus grande influence sur la position de la limite des arbres, on peut lui faire observer que quand il s'agit de l'accomplissement de plusieurs conditions climatériques, l'une est précisément aussi importante et aussi nécessaire que l'autre. Sans doute, la réduction de la période de végétation n'est également que l'effet de l'abaissement de la température estivale, mais physiologiquement parlant, la durée plus prolongée de cet abaissement de température est pour la vie de l'arbre une condition tout aussi indépendante que le degré de température à laquelle a lieu son réveil.

12. A Iakutsk (v. note 7), ce n'est que pendant les trois mois d'été que la température moyenne de chaque mois s'élève au-dessus de 10°; à Bordeaux déjà, le mois de mars a une moyenne de 10°,6 et même octobre a encore 14°,6, tandis que les six mois intermédiaires correspondent à la

série suivante : 13° 2, 15° 8, 19° 2, 22° 8, 22° 8 et 19° 3 (Dove, *Temperaturtafeln*, p. 18) ; à Königsberg, la température se maintient pendant 5 mois (mai-septembre) au-dessus de 10° (*Id.*, *Ibid.*, p. 28).

13. Grisebach, *Vegetationscharakter von Hardanger* (*Archiv für Naturgesch*, X, p. 1-3) ; Schübeler, *Die Kulturpflanzen Norwegens*, p. 75; sporadiquement, le Hêtre se trouve encore à l'état sauvage dans une localité située sous la latitude de 60° 37′, mais la limite septentrionale normale est sous les latitudes 59°-59° 30′. — Je ne me suis guère occupé dans le texte des opinions divergentes émises relativement aux causes climatériques qui déterminent la limite du Hêtre, parce que parmi les causes signalées, telles que la sécheresse atmosphérique (selon M. de Candolle) ou l'accroissement de la température estivale (selon M. Basiner), aucune ne pourrait être mise d'accord avec la direction que cette ligne de végétation a réellement, notamment sous les latitudes les plus septentrionales et les plus méridionales.

18. Andersson, *Végétation de la Suède*, p. 17.

19. Trautvetter, *Die Pflanzengeographischen Verhältnisse des europäischen Russlands*, I, p. 40.

20. Vaupell, *Nizza's Winterflora*, p. 29 ; l'époque moyenne de la feuillaison du Hêtre a lieu à Copenhague le 9 mai. J'admets, en conséquence, que dans la proximité de sa limite septentrionale, sa période de végétation ne dure pas moins de 5 mois, de même qu'à Madère elle ne se prolonge qu'à 7 mois. Ce dernier fait sera étudié dans la section consacrée à la flore méditerranéenne. Ce qui prouve que la ligne de végétation nord-est du Hêtre repose sur une valeur extrême climatérique, c'est sa direction régulière à travers tout le continent, ainsi que l'insuccès des tentatives de le cultiver au delà de ce domaine. Dans quelques localités où le Hêtre ne vient plus, mais qui sont situées près de sa ligne de végétation, notamment dans les Fjorde intérieurs et abrités de Bergens Stift ainsi qu'à Dorpat une période de développement de cinq mois pourrait encore être atteinte, eu égard à la mesure faite de la courbe thermique ; mais j'en avais déjà conclu précédemment (v. note 17) que dans la Norvége l'extension de l'arbre n'atteint pas partout sa valeur-limite. De telles déviations rentrent, au reste, dans le cercle d'anomalies locales qui se reproduisent constamment dans les lignes de végétation climatériques, et qui tiennent à la station et au sol, ou bien encore à la divergence qui se présente entre les mesures météorologiques et le montant de chaleur qui revient réellement aux plantes.

21. Blom, *Das Königreich Norwegen*, I, p. 48. Schübeler, *loc. cit.*, p. 72. La limite septentrionale du Chêne sur la côte occidentale de la Nor-

vége se trouve à Thingvold dans Romsdalen (63° L. N., elle est déjà sous la latitude 61° dans la Norvége orientale).

22. Andersson, *loc. cit.*, p. 25.

23. Trautvetter, *loc. cit.*, II, p. 29.

24. Middendorff, *loc. cit.*, p. 576.

25. La limite septentrionale de la culture du Froment se trouve graphiquement représentée par M. Quetelet dans son *Climat de la Belgique,* I, pl. 1 ; ce n'est que dans l'intérieur de la Russie d'Europe qu'elle va au delà des forêts de Chêne jusqu'à 60° L. N. Dans la Suède, M. Quetelet a porté la culture du Froment trop vers le nord (jusqu'à 63°), car selon M. Andersson (*Aperçu de la végétation de la Suède,* p. 60) elle n'atteint que la vallée de la Dalelf (60°-61°) et se trouve par conséquent sous la même latitude qu'en Russie. Il ajoute, à la vérité, que dans des localités favorables et dans de bonnes années on obtient des récoltes de Froment, même dans la Laponie suédoise (Quickjock 67°), mais cette observation ne se rapporte qu'au Froment d'été, car il fait positivement la remarque que la culture du Froment d'hiver trouve sa limite septentrionale à Fahlun sur la Dalelf. Il paraîtrait qu'en Norvége, sur la côte occidentale, le Froment d'hiver est également cultivé même au delà de Drontheim (jusqu'à Fosnaes, 64° 40' ; v. Schübeler, *loc. cit.,* p. 49).

26. Linsser, *Die periodischen Erscheinungen des Pflanzenlebens* (*Mémoires de l'académie de Saint-Pétersbourg,* sér. VII, t. II) : l'époque moyenne de la feuillaison du *Quercus pedunculata* a lieu : à Bruxelles le 29 avril, à Saint-Pétersbourg le 27 mai, la chute des feuilles à Bruxelles le 4 novembre, à Saint-Pétersbourg le 21 octobre. Si nous ajoutons à ces époques les températures y correspondantes, telles qu'elles résultent pour Bruxelles des chiffres obtenus par M. Quetelet à l'appui de matériaux datant d'une longue série d'années (*Mémoire de la température de l'air à Bruxelles,* 1867, p. 26, basé sur trente années d'observations) et pour Saint-Pétersbourg des calculs effectués par M. Dove (*Temperaturtafeln,* p. 68, déduits de vingt-six années d'observations), nous obtiendrons les valeurs suivantes utilisées dans le texte : Feuillaison à Bruxelles à 10° 25, à Pétersbourg 9° 50 ; chute des feuilles à Bruxelles à 7° 50, à Pétersbourg à 2° 01.

27. Époque moyenne de la feuillaison du Bouleau à Bruxelles le 14 avril à une température de 7° 8, à Saint-Pétersbourg le 15 mai également à la même température ; de la chute des feuilles à Bruxelles le 1er novembre, à 8° 1, à Saint-Pétersbourg le 11 octobre à 6° 8 (d'après les mêmes sources chez MM. Linsser, Quetelet et Dove).

28. Middendorff, *loc. cit.,* p. 566.

29. La Pesse de Sibérie (*Pinus obovata*) a sa limite septentrionale sur le Jeniseï, de même que le Bouleau sous la latitude de 69°, et sur le Léna sous la latitude de 64° (Middendorff, I, *loc. cit.*, p. 543)

30. Époque moyenne du bourgeonnement du Mélèze à Namur le 1er avril, à Pulkowa le 23 mai (les températures correspondantes à ces dates sont : à Bruxelles 8° 3, à Pétersbourg 10° 5); la chute des feuilles aciculaires a lieu à Namur le 12 novembre, à Pulkowa le 10 novembre (températures correspondantes: à Bruxelles 5° 4, à Saint-Pétersbourg, —0° 1); toutes les données puisées aux mêmes sources que dans les notes 26 et 27.

31. Limites septentrionales du Mélèze dans la Sibérie : Ural 68° L. N., Jeniseï 70°, Boganida 71°, Chatanga 72°, Léna 72°, Indigiuirka et Kolyma 69°, Anadyr 65°, Okhotsk 61° (Middendorff, *loc. cit.*, p. 531). — Pour ce qui est de la relation entre les Mélèzes sibérien et dahurien (*Pinus Ledebourii* et *P. daourica*) et le Mélèze européen (*Pinus larix*) que déjà Pallas avait considérés comme autant de variétés de la même espèce, les observations de M. de Middendorff ne laissent guère de doute à cet égard; ses dessins relatifs aux modifications que présentent les écailles, de même que les observations faites sur des Mélèzes cultivés, me décidèrent à revenir à l'opinion de Pallas rapportée dans le texte.

32. Middendorff, *loc. cit.*, p. 550.

33. La Pesse de Sibérie (*Pinus obovata*), ainsi que cela résulte de la description de M. de Middendorff, ne diffère, à la rigueur, de la Pesse d'Europe (*P. abies*) que par des cônes plus courts, puisque le caractère fondé sur l'écaille supérieurement échancrée du cône de la première, et sur l'écaille à bord entier du cône de la dernière, est d'une nature variable comme chez les Mélèzes. M. de Middendorff fait observer que les Pesses aussi bien que les Mélèzes de la Sibérie ne possèdent aucune propriété spéciale sous le rapport de l'économie forestière, et qu'on ne saurait non plus les distinguer de l'espèce européenne ni par leur taille ni par la forme de leurs feuilles aciculaires. On ne pouvait élever de doute sur l'indépendance du *Pinus obovata* tant qu'on n'avait pas rectifié l'erreur commise par M. Ledebour à l'époque où il le décrivit pour la première fois dans la flore de l'Altaï, erreur que même plus tard il maintint avec tant d'obstination, puisqu'il prétendit (*Fl. ross.*, III, p. 671) que les cônes sont dressés comme chez le Sapin argenté et que tel est également le cas chez le *P. orientalis*, que pourtant MM. Lambert et Spach avaient figuré avec des cônes pendants. Depuis que M. de Middendorff a déclaré que le *P. obovata* a les cônes pendants comme ceux du *P. abies*, toute la différence se réduit à ce que les cônes du premier ont une longueur de 4-5 centimètres et ceux du dernier le double de cette longueur. Cette par-

ticularité pourrait très-bien s'expliquer comme un effet de l'action du climat continental et de la réduction qui en résulterait dans la période de développement, ce qui pour moi servirait à l'élucidation du sens attaché aux variétés climatériques. Que, dans la culture, ce caractère fondé sur les dimensions du cône se maintienne constamment ou non, cela ne contribuerait que peu à la solution de la question, puisque les effets produits sur l'organisation par un changement dans les conditions physiques ne se manifestent qu'après une plus longue série de générations. Ma manière de voir, d'après laquelle le *Pinus obovata* n'est qu'une variété du *Pinus abies*, est aujourd'hui partagée en Russie ; M. Teplouchoff trouva les deux formes de cônes réunies par des transitions. (*Mémoires de Moscou*, ann. 1868, II, p. 244.)

34. Maximovicz, *Primitiæ floræ amurensis* (*Mém. de l'Acad. de Saint-Pétersbourg par divers savants*. T. IX, p. 390).

35. Parmi les données encore incomplètes sur le climat du pays de l'Amur, les observations météorologiques continuées par M. Maximovicz (*loc. cit.*, p. 376), pendant un an et demi à Mariinsk, et comparées avec celles faites à Nertschinsk en Dahurie, suffisent cependant pour justifier l'assertion émise dans le texte. Or, Mariinsk (52° L. N.) est situé sur la limite orientale extrême du domaine de l'Amur, au pied occidental de la chaîne côtière, et déjà très-près de la mer ; cette localité a la même température estivale, et l'hiver encore assez rigoureux : il est donc probable que les régions orientales de l'Amur central ne s'écartent que peu du climat continental de la Dahurie. Mariinsk : température du mois le plus chaud (août) 17° 6, du mois le plus froid (février), 18° 1 ; différence presque 36°, Nertchinsk : température du mois le plus chaud (juillet) 17° 7, du mois le plus froid (janvier), — 29° 3, différence 47 degrés.

36. Radde, *Reisen im Süden van Ostsibirien* (*Beträge zur kenntnïss des russ. Reichs*, de Baer et Helmersen, v. XXIII, p. 534-546). Dans le massif montagneux de Bureja dont le grand arc méridional coupe l'Amur central (49-48° L. N.), ce voyageur trouva, même après les jours les plus chauds de l'été, le sol dégelé seulement jusqu'à la profondeur « de moins d'une brasse », et il y ajoute l'observation que dans les hautes steppes de la Dahurie, le sol reste gelé à une profondeur « d'une brasse et demie ». Aussi la température extrême de — 43° 7 (v. p. 534) se produisit également dans la vallée des montagnes de Bureja en janvier de l'année 1858.

37. Schrenck, *Reisen und Forschungen im Amurlande*, v. I. *Einleitung*, p. 27.

38. Radde (*loc. cit.*, p. 620, 646) trouva dans le domaine central de l'Amur la feuillaison des arbres en grande partie terminée après la mi-mai

(9 mai, vieux style). Il fait la même observation pour la chute des feuilles à la fin de septembre (13 sept. vieux style). Il caractérise ainsi le climat des montagnes de Bureja : printemps fort court; été chaud très-humide, automne long et hiver à froid intense, mais peu abondant en neige, à moins de cas exceptionnels. Cependant, selon M. Schrenk (*loc. cit.*, p. 30), les contrées situées sur le cours inférieur du fleuve (au-dessous des montagnes de Bureja) se distinguent par de copieuses chutes de neige, des régions situées en amont, et il y reconnaît, aussi bien que dans l'adoucissement relatif du froid hivernal, l'influence de la mer.

39. A Nertchinsk les précipitations atmosphériques annuelles sont de 430 millimètres (16 pouces), dont un peu moins de 9 millimètres (4 lignes) reviennent à l'hiver; à Barnaoul, dans l'Altaï, se présentent les mêmes proportions relatives, 290 millimètres (11 pouces) : 20 millimètres (9 lignes) (Dove, *Klimatologische Beiträge*, I, p. 183).

40. Schrenck, *loc. cit.*, p. 24.

41. Maximovicz, *loc. cit.*, p. 399. Schmidt, *Reisen im Amurlande und auf Sachalin*, p. 85.

42. Schmidt, *loc. cit.*, p. 89. Le Bouleau du Kamtchatka se trouve encore signalé dans le domaine de l'Ussuri, affluent méridional de l'Amur (Regel, *Tentamen floræ ussuriensis*, p. 134; *Mém. Acad. St-Pétesb.* VII, 4, 1861), mais l'espèce observée serait *B. costata,* Trautv., que M. Trautveter distingue de *B. Ermani,* tandis que M. Regel, après avoir précédemment réuni ces deux espèces, rattache aujourd'hui la première à l'espèce japonaise, *B. ulmifolia* (*Bemerkungen über Betula und Alnus*, Moscou, 1866, p. 26). Il est probable que l'on a trop multiplié les espèces de ce groupe et que même le *B. Ermani* n'est que le Bouleau de Bhojpaltra (*B. Bhojpaltra,* Wall), répandu dans toute l'Asie orientale et qui, d'abord observé dans l'Himalaya, puis retrouvé dans les montagnes japonaises, plus loin, remonte vers le nord et pénètre dans les plaines du Kamtchatka.

43. A Petropavlosk, dans le Kamtchatka, la température de l'été est de 12° 9, celle de l'hiver, — 6° 8, la température la plus élevée observée en juillet 15°, la plus basse en janvier, seulement — 7° 5 (Erman, *Reise um die Erde,* III, p. 560, cf. *Jahresb., an. 1848,* p. 376). D'après la position des isothermes mensuels rapportés par M. Dove, il est permis d'évaluer à 13° 7 la température du mois de juillet à Petropavlosk. La différence entre les températures estivale et hivernale y est donc notablement moins forte que dans le pays de l'Amur (note 35), en sorte qu'à Petropavlosk la température réduite de l'été ne serait plus suffisante aux arbres à feuilles de la flore de l'Amur.

44. La température du mois de juillet à Okhotsk (59° L. N.) est de 12° 5, à Ajan (56°), également de 12° 5, celle de janvier à Okhotsk — 23° 7 et à Ajan — 21° 2 (Maximovicz, *loc. cit.*, p. 373). La différence entre les deux mois (là, de 35° 9, ici de 33° 7) est donc tout aussi considérable que dans le pays de l'Amur (note 35), et la température estivale (11° 7 à Okhotsk) peu inférieure à celle de Kamtchatka (note 43.)

45. A Nicolayevsk, à l'embouchure de l'Amur (53°) la température du mois de juillet était de 15°, celle de février, mois le plus froid, — 20° (Maximovicz, *loc. cit.*, p. 376). La différence entre les deux mois (35 degrés) est donc la même que celle de l'autre côté de la chaîne côtière, mais la température estivale est déjà un peu plus basse.

46. Dove, *Bericht über die auf den stationen des meteorol. Instituts im preuss. Staate angestellten Beobachtungen,* an. 1851, p. XVII. « Le froid d'hiver le plus rigoureux se manifeste dans les stations éloignées de la mer des provinces de l'est. » La ligne de végétation nord-ouest la plus importante du nord de l'Allemagne, celle du Stipa, correspond à la ligne d'égale température des mois de janvier et de juillet (janv. — 2° 5 ; — 2° 7 ; — 2° 2 ; — 2° ; juill. 17° 5 ; 18° 7 ; 16° 8 ; cf. *Jahresb.*, an. 1851, p. 16), ligne qui traverse Dantzig, Stettin, Berlin et Erfurt.

47. Grisebach, *Die Vegetationslinien des nordwestlichen Deutchlands :* de ce domaine se trouvent tracées ici 81 lignes sud-est, 96 nord-ouest, et par conséquent en tout 177 limites végétales parallèles à la ligne côtière ; tandis qu'il n'y a que 50 limites septentrionales et 9 méridionales qui se rattachent au climat solaire. La discussion relative aux conditions climatériques des lignes de végétation sud-est et nord-ouest est exposée avec étendue dans ce travail auquel je puis renvoyer le lecteur, puisque les objections qui pourraient être élevées contre mon raisonnement, ainsi que les développements auxquels elles donnent lieu, se trouvent formulées dans le texte.

48. Aux degrés de développement du climat maritime dans les trois zones de l'Europe occidentale, correspondent les températures de janvier et de juillet, par exemple, dans les localités suivantes (d'après les *Temperaturtafeln* de M. Dove, parmi lesquelles la ville de Cracovie (d'après vingt années d'observation météorologique) présente un écart à cause d'un froid hivernal plus considérable et ne s'accorde avec les limites des zones de végétation que dans la température du mois de juillet.

Différence de température entre le mois le plus chaud et le mois le plus froid :

12° 5-17° 5.

Bergen	(60° L. N.).	Jan. 1° 5.	Juil. 15° 6.	Différence,	14° ».
Dublin	(53° —).	— 3° 7.	— 16° 2.	—	12° 5.
Londres	(51° —).	— 2° 8.	— 17° 7.	—	14° ».
Paris	(49° —).	— 1° 7.	— 18° 7.	—	17° ».
Bordeaux	(45° —).	— 5° ».	— 22° 8.	—	17° 8.

18° 7-22° 5.

Dantzig	(54° L. N.).	Jan.—2° 5.	Juil. 17° 5.	Différence,	20° ».
Berlin	(52° —).	— —2° 1.	— 18° 7.	—	20° 8*.
Erfurt	(51° —).	— —1° 9.	— 16° 8.	—	18° 7**.
Cracovie	(50° —).	— —4° 3.	— 19° 3.	—	23° 6.
Stuttgard	(49° —).	— —0° 9.	— 18° 9.	—	19° 8.
Prague	(50° —).	— —2° 5.	— 20° ».	—	22° 5.
Passau	(48° —).	— —1° 5.	— 18° ».	—	19° 5.

22° 5-23° 7.

Vienne	(48° L. N.).	Jan.—1° 4.	Juil. 21° 4.	Différence,	22° 8.
Ofen	(47° —).	— —1° 7.	— 21° 6.	—	23° 3.
Karlsburg	(46° —).	— +0° 3.	— 21° 2.	—	20° 9.

49. De Candolle, *Géographie botanique*, p. 687.

50. La ligne côtière que suit l'*Erica cinerea* s'étend depuis les îles Färoer et Bergen en Norvége (à quelques lacunes près) jusqu'au Portugal. Les stations situées plus dans l'intérieur du pays (Bonn, Isère) sont éminemment sporadiques, et même dans le domaine méditerranéen cette bruyère ne se trouve presque que le long du golfe de Provence.

51. Grisebach, *Vegetationslinien*, p. 20.

52. De Candolle, *loc. cit.*, p. 160.

53. Fuss, *Flora Transylvaniæ*, p. 602.

54. Grisebach, *Vegetationslinien*, p. 23.

55. Température de juillet à Bordeaux, 22° 8, à Gotha 20° 8, à Varsovie 18° 7 (Dove).

56. Kerner, *Das Pflanzenleben der Donauländer*, p. 43, 294. L'auteur compare les phases de végétation telles qu'elles se produisent à Pesth et à Vienne et trouve que dans la première ville au printemps, le développement de la végétation est d'abord un peu en retard, puis s'accélère promptement et plus tard gagne une avance.

* Voir la note 46.

** *Ibid.*

57. *Ibid.*, p. 78, 84 (Cf. GRISEBACH dans les *Göttinger gel. Anzeigen*, ann. 1863, p. 1688).

58. BURKHARDT, *Berichte der österreich. meteorol. Centralanstalt*, ann. 1856.

Quantité de pluie tombée.	Juin.	Juil.	Août.	Sept.
	mill.	mill.	mill.	mill.
Szegedin,	40 »	16,2	45 »	36 »
Debreczin,	96,5	95,2	42,8	139,8

59. Extension des arbustes toujours verts dans la zone occidentale :

1. Forme atlantique de bruyère, à limite franchement marquée dans l'intérieur du continent :

Jusqu'à l'Irlande	(55°)	*Erica ciliaris.*
— —	(55°, mais manquant de 55-47°) ...	*Daboecia polifolia.*
— —	(34°, mais manquant de 51-45°) ...	*Erica mediterranea.*
— Cornouailles	(51°)	*Erica vagans.*
— Paris	(49°)	*Erica scoparia.*

2. Forme atlantique de bruyère avec ligne de végétation nord et sud-est, à stations sporadiques dans l'intérieur du continent :

Jusqu'aux Färeer et à la Norvége (62°)	*Erica cinerea**.
— l'Écosse, lac Mälar et Livonie (59°)	*Erica tetralix.*

3. Arbustes atlantiques épineux :

Jusqu'à l'Écosse (59°, ligne de végétation nord-est jusqu'au Danemark), périssant par la gelée dans la Suède (58°); limite sud-est en Allemagne, avec courbe méridionale jusqu'à l'Italie	*Ulex europæus.*
Jusqu'à l'Écosse (57°, limite franchement est)	*Ulex nanus.*

4. Formes d'Oléandre et de Myrte du sud de l'Europe, limite septentrionale de ce côté des Alpes, avec une branche atlantique d'extension :

Jusqu'à la Norvége (62°; Écosse jusqu'à 59°; station orientale extrême du domaine littoral à Rügen, 54°; courbe méridionale du lac de Constance jusqu'à Vienne, 48°)	*Ilex aquifolium.*
Jusqu'à la région rhénane (51°; vallée de la Moselle, sporadiquement dans la Thuringe; d'ici la ligne de végétation septentrionale du domaine littoral va probablement jusqu'à l'Angleterre, la courbe méridionale s'étendant du Jura jusqu'à l'Autriche, 48°	*Buxus sempervirens.*

5. Formes de Laurier et d'Oléandre du sud de l'Europe, limite septentrionale

* Voir la note 50.

de l'autre côté des Alpes dans le domaine méditerranéen, et avec une branche atlantique d'extension (comme chez le *Pinus pinaster*) :

Jusqu'en Normandie (50°, Cherbourg)........................	*Laurus nobilis.*
Jusqu'à la Loire (470°, Angers)........................	*Quercus ilex.*

6. Forme de Myrte de l'Europe méridionale, limite septentrionale de l'autre côté des Alpes, et avec une ligne de végétation nord-est dans la branche atlantique d'extension (comme chez le *Castanea*).

Jusqu'en Écosse (56°; d'ici la limite septentrionale va jusqu'à la Suisse méridionale, 46°)........................	*Ruscus aculeatus.*
Jusqu'en Charente (46°; limite nord-nord-est allant d'ici jusqu'à l'Isère, 45°)........................	*Osiris alba.*

60. Exemples de plantes limitées par la ligne de végétation nord-ouest de la zone centrale.

Ile Gottland	jusqu'aux	Cévennes (Languedoc).....	*Adonis vernalis.*
—	—	Vallée du Nahé (en France dépassant la ligne).....	*Fumana procumbens.* *Globularia vulgaris,*
—	—	Mayence..................	*Gypsophila fastigiata.*
—	—	Thuringe................	*Artemisia rupestris.*
Ile Oeland	—	Lyon (sporadiquement à Paris)................	*Helianthemum œlandicum.*
—	—	Thuringe................	*Thalictrum angustifolium,* Jacq. *Artemisia laciniata.*
—	—	Domaine de l'Elbe jusqu'à Magdeburg............	*Ranunculus illyricus.*
Suède orientale (60°) jusqu'à la Thuringe.......			*Lavatera thuringiaca.*
Suède méridionale (59°) jusqu'à la France orient. (sporadiquement dans la France occidentale)..			*Stipa pennata.*
Poméranie jusqu'au Dauphiné (Provence).......			*Potentilla alba.*
—	—	Languedoc	*Dictamnus alba.* *Stipa capillata.*
—	—	—	*Oxytropis pilosa.*
Franconie jusqu'à Lyon (sporadiquement dans la France occidentale)..........................			*Rosa gallica.*

61. Lignes de végétation de quelques arbustes de l'Allemagne orientale qui rattachent cette dernière aux flores de la Russie et de la Hongrie.

Posen, Silésie, Bohême (sporadique à Saalfed; limite orientale : l'Ukraine..............................	*Cytisus capitatus.*
Prusse orientale jusqu'à la vallée du Danube supérieur (Augsbourg; limite orientale dans le domaine des steppes)...............................	*Cytisus ratisbonensis.*
Prusse orientale jusqu'à la Bohême (limite orientale dans l'Ural)............................	*Evonymus verrucosus.*

62. De Candolle, *Géographie botanique*, p. 1271. Entre autres on y trouve les chiffres suivants : dans le Westfinmark croissent (d'après Lund) 402 phanérogames, et sur un espace environ aussi grand dans la vallée rhénane depuis Schaffouse jusqu'à la Bavière rhénane (d'après Griesselich) 1362 espèces (1 : 3,1). Dans la Flore scandinave de M. Fries, comprenant également la Finlande et le Danemark (*Summa veget. Scand.*) se trouvent enumérées 1,677 espèces phanérogames; dans la flore allemande de M. Koch (*Synopsis fl. germ.* ed. 2) 2,840 espèces (1 : 1,67)); dans la flore de la Suède de Wahlenberg : 1,165 esp.; dans la flore française de M. Duby 3,614, dont cependant sont à défalquer 800 esp. du domaine méditerranéen et de la Corse; il resterait donc 2,800 esp. (1 : 2,4); cf. Martins, *Essai sur la météor. et la géogr. bot. de la France* dans la publication encyclopédique *Patria*.

63. Grisebach, *Vegetationslinien*, p. 14, 36 et seq. Parmi les 90 espèces à peu près dont la limite septentrionale y est indiquée (entre 51° et 53° L. N.) je choisis les exemples suivants pour faire voir le parallélisme qui existe sur le continent de l'Europe entre ces limites et les latitudes.

Clematis vitalba	Allemagne N.-O.	53°;	Pologne.... 53°, Russie .. 52°.
— *recta*.........	—	52°;	Domaine du Don en Russie. 52°.
Erysimum odoratum ...	—	52°;	Volhynie ... 52°.
Dianthus caesius	—	52°;	Angleterre.. 52°, Posnie 52-53°.
Linum tenuifolium	—	52-53°;	Volhynie ... 52°.
Astrantia major........	—	51-52°;	Posnie... 52-53°, Lithuanie.53°.
Bupleurum falcatum	—	52°;	Angleterre.. 52°, Volhynie. 52°.
Orlaya grandiflora	—	52°;	Pologne.... 52°.
Carlina acaulis	—	52°;	Posnie ..... 53°, Lithuanie. 53°.
Centaurea montana.....	—	52°;	Volhynie ... 52°.
Phyteuma orbiculare ...	—	53°;	Angleterre.. 52°, Lithuanie. 53°.
Lithospermum purpurocœruleum...........	—	52°;	Angleterre.. 52°, Podolie.. 49°.
Verbascum phœniceum..	—	52-53°;	Prusse ..... 53°, Lithuanie. 52°.
Veronica spuria........	—	52°;	Lithuanie .. 52°.
Salvia sylvestris	—	52°;	Lithuanie... 52°.
Ayuga chamæpitys	—	52°;	Angleterre.. 53°, Volhynie. 52°.
Feucrium chamædrys ...	—	52°;	Angleterre.. 57°, Volhynie. 52°.
Androsace elongata.....	—	52°;	Volhynie ... 52°.
Polycnemum arvense....	—	53°;	Pologne.... 53°.
Scilla bifolia..........	—	52°;	Volhynie ... 52°.
Andropogan ischæmum .	—	52°;	Lithuanie... 52°.
Sclerochloa dura	—	52°;	Volhynie... 52°.

64. Andersson, *Végétation de la Suède*, p. 62.

65. Metzger, *Landwirthschaftliche Pflanzenkunde*, p. 93.

66. Berghaus, *Physikalischer Atlas, Pflanzengeogr.* Pl. 2, cf. *Jahresb.* ann. 1844, p. 1.

67. Schübeler, *Die kulturpflanzen Norwegens*, p. 51.

68. La température des mois de mai à septembre est à Stockholm et à Tornéo la suivante (Dove, *Temperaturtafeln*).

	Mai.	Juin.	Juillet.	Août.	Septembre.
Stockholm...........	9°	14° 2	17° 5	16° 2	11° 6
Torneo...............	5°	13° 1	16° 2	13° 4	7° 8

69. Schübeler, *loc. cit.*, p. 5.

70. Grisebach, *Vegetationscharakter von Hardanger* (*Archiv. f. naturgesch.*, 10, p. 24, 25). M. de Baer fit une observation semblable sur la côte orientale de la mer Blanche (65°) où les feuilles d'*Aconitum septentrionale* acquièrent quelquefois un diamètre d'au delà de 48 centimètres (*Bullet. scientif. de l'Acad. de Pétersb.*, 3, p. 133.)

71. Boussingault, *Die Landwirthshaft.* Éd. allemande, II, p. 436; cf. Grisebach, *Einfluss des Klimas* (*Linnæa*, xii, p. 188).

72. Martins, *Voy. bot. le long des côtes de la Norvége.* 1846, p. 92.

73. Sachs, *Experimental-Physiologie*, p. 30,32.

74. Middendorff, *loc. cit.*, p. 702-723. C'est la source principale relativement à l'agriculture en Russie; seulement je trouve que pour ce qui concerne la Scandinavie les données sur la culture du Seigle d'hiver sont susceptibles de rectification, car d'après les autorités du pays (Schübeler, Andersson), les limites de cette culture ont été portées beaucoup trop au nord. Des tentatives isolées, lors même qu'elles réussissent, grâce à une exposition favorable, ne doivent jamais être prises en considération pas plus qu'à l'égard des lignes de végétation en général, quand il s'agit d'étudier les conditions climatériques qui déterminent la station d'une plante.

75. *Ibid.*, p. 496.

76. Schübeler, *loc. cit.*, p. 21.

77. Metzger, *loc. cit.*, p. 20.

78. De Candolle, *Géographie botanique*, p. 337.

79. *Ibid.* De même que la majorité des botanistes, M. de Candolle considère comme certaine l'origine américaine du Maïs. Mais son affinité systématique avec le *Coix* et d'autres Graminées asiatiques ne s'accorde guère avec cette opinion. Une autre preuve du contraire est fournie par les données sur la culture du Maïs en Chine, bien que M. de Candolle révoque en doute leur authenticité. Nulle part on n'a trouvé en Amérique à l'état sauvage, ni le Maïs, ni aucune organisation de Graminée qui lui

soit voisine. L'extension de la culture du Maïs constatée par les Conquistadores dans ce continent, de même que la culture de la Banane et de l'Orange, nous permettent d'apercevoir un indice de la connexion préhistorique qui paraît avoir eu lieu entre l'Asie et l'Amérique et à laquelle il faudrait peut-être rattacher sinon la première immigration, du moins la civilisation plus avancée du Mexique et du Pérou.

80. METZGER, *loc. cit.*, p. 206; BLODGET, *Climatology of the United States*, p. 420.

81. BODE, *loc. cit.* (v. note 6), pl. 2; limite septentrionale du *Pyrus malus*. Les données sur la culture d'arbres fruitiers en Scandinavie sont empruntées aux travaux de Schübeler (note 67) et Andersson (note 64).

82. DE CANDOLLE, *Géographie botanique*, p. 339 et 357; on y trouve l'indication des limites anciennes et actuelles de la viticulture, indication susceptible seulement à l'égard de l'Allemagne de quelques légères rectifications. Les valeurs suivantes (empruntées aux *Temperaturtafeln* de M. Dove) peuvent servir à caractériser la limite septentrionale de cette cultur :

	Température de l'été;	du mois de sept.
Nantes	23°	17° 7
Liége	18° 8	15° 8
Coblentz	19° 4	15° 6
Dresde	18° 8	14° 4

La limite septentrionale sur le Rhin passe par Bonn (53° 45'), dans la Hesse, par Witzenhausen (51° 20'), dans la partie la plus septentrionale de la Silésie, par Grüneberg (51° 55'); trois localités situées dans la proximité de ces points mais en dehors de la limite, sont : Cologne, Heiligenstadt et Francfort-sur-l'Oder. (*Bericht über die meteorol. Stationen des preuss. Staats*, p. XVII).

	Température de l'été;	du mois de sept.
Cologne	17° 6	15° 3
Heiligenstadt	15° 1	12° 6
Francfort-sur-l'Oder	17° 1	13° 7

83. BAER, *Die Verbreitung des organ. Lebens* (*Reden in wissenschaftlichen Versammlungen*, I, p. 186).

84. MIDDENDORFF, *loc. cit.*, p. 651, 654.

85. SCHAHT, *Der Baum*, p. 167.

86. MIDDENDORFF, *loc. cit.*, p. 631, 641.

87. NÄGELI, *Entstehung und Begriff der naturhistorischen Art*, p. 47.

88. Les onze arbres à feuilles aciculaires de ce domaine, rangés d'après

l'étendue de leur aire géographique, forment la série suivante : Pin sylvestre (*Pinus sylvestris*), Pesse (*P. abies* et *var. obovata*), Mélèze (*P. larix* et *var. sibirica* et *daurica*), Pin cembro (*P. cembra*), If (*Taxus baccata*), Sapin argenté (*P. picea*), Sapin Pichta ou de Sibérie (*P. pichta*), Sapin de Menzies (*P. Menziesii*), depuis la Sibérie orientale jusqu'au Japon et aux montagnes Rocheuses, puisque c'est à cette espèce qu'appartiennent, selon M. Parlatore, *P. ajanensis, sitchensis* et *jezoensis;* depuis le midi de l'Europe jusqu'à la côte atlantique de France s'étend le Pin de Bordeaux ou Pin pinastre (*P. pinaster*) et jusqu'au Wiener-Wald et la Hongrie le Pin de Corse ou Pin laricio (*P. laricio* et *var. austriaca*); aux Alpes, aux Carpathes et aux Sudètes est propre le Mugho ou Pin de montagne (*P. montana* ou *mughus*), qui n'atteint les proportions d'un arbre que dans les vallées alpines occidentales et sous cette forme avait été pris pour le *P. uncinata* des Pyrénées; au reste, les propriétés du Mugho paraissent exiger encore des observations ultérieures (Cf. Grisebach, *Bemerkungen zu* Willkomm's *Monographie der europäischen Krummholzkiefern* in *Regensb. Flora,* ann. 1861, p. 593). Sur le *Pinus excelsa* du Scardus voyez la flore méditerranéenne.

89. Blasius, *Reise im europäischen Russlands,* I, p. 102 (*Jahresb.,* ann. 1843, p. 8).

90. Schübeler, *loc. cit.,* p. 57, 61.

91. Middendorff, *loc. cit.,* p. 555.

92. Wahlenberg, *Flora Carpathorum,* p 310.

93. Middendorff, *loc. cit.,* p. 512.

94. *Ibid.* Figure du Pin pichta, p. 548.

95. *Ibid.,* p. 766.

96. Grisebach, *Zur Systematik der Birken* (*Regensb. Flora,* ann. 1861, p. 625) : ici se trouvent exposées les raisons qui me font maintenir la distinction entre les Bouleaux du nord et les Bouleaux de l'Allemagne, malgré les formes intermédiaires qui sont probablement d'origine hybride. Ce qui parle en faveur de cette manière de voir, c'est notamment l'extension géographique : les variétés climatériques sont ordinairement séparées par l'espace ; deux espèces telles que les deux Bouleaux se confondent aisément sur les limites de leur aire d'extension, et lorsque le genre s'y prête, elles peuvent, par une fécondation hybride, obscurcir les traits saillants du type spécifique. Il en est à peu près des Bouleaux comme des deux Chênes et Tilleuls de l'Europe centrale.

97. Blasius, *loc. cit.,* I. p. 279-286.

98. Grisebach, *Die Bildungen des Torfs in den Emsmooren,* p. 20 (*Göttinger Studien,* ann. 1845, p. 274).

99. GRISEBACH, *Der gegenwärtige Zustand der Geographie der Pflanzen* (*Behm's geogr. Jahrb.*, I, p. 376).

100. CZERNIAYEW (*Bullet. Naturalistes Moscou*, XVIII, 2, p. 132, cf. *Jahresb.*, an. 1845, p. 9). L'herbe la plus élevée dans les forêts de l'Ukraine, c'est *Cephalaria tatarica* (2m,9) ; les champignons également acquièrent ici des dimensions extraordinaires, on y voit des *Polyporus* et *Leuzites* à réceptacles de 9 décimètres de largeur ; le *Lycoperdum horrendum* est un champignon globuliforme de 9 décimètres de diamètre. Le sol est composé de Tschernozem, (terre noire), qui descend ici à 3m,2 - 4m,8 de profondeur.

101. Chez GRENIER et GODRON (*Flore de France*) se trouvent énumérées 44 espèces de véritables Fougères de France : j'en compte 39 dans le contingent russe de notre domaine.

102. SCHREINER, *Steiermark's Waldstand* (*Berghaus Annalen*, 1837, IV, p. 35), les trois provinces russes mentionnées forment à peine la troisième partie de l'aréal (23,800 : 75,000 milles carrées), assigné par cet auteur à la Russie d'Europe, et dont il évalue la superficie occupée par les forêts à 17 p. 100.

103. KERNER, *Das Pflanzenleben der Donauländer*, p. 30.

104. MIDDENDORFF, *loc. cit.*, p. 646.

105. BERG, *Das Verdrängen der Laubwälder durch Fichten und Kiefer* (cf. *Jahresb.*, an. 1844, p. 15).

106. VAUPELL, *De nordsjaellandske Skovmoser* (cf. *Jahresb.* an. 1851, p. 12).

107. LIEBICH, *Compendium der Forstwissenschaft*, p. 664.

108. MIDDENDORFF, *loc. cit.*, p. 631.

109. RATZBURG, *Forstnaturwissenschaftliche Reisen durch Deutchland* (cf. *Jahresb.*, an. 1842, p. 385).

110. SCHRENK, *Reise nach dem Nordosten des europ. Russlands* (cf. *Jahresb.*, an. 1850, p. 3).

111. FISCHER, *Die Vegetationsverhältnisse in Lithauen* (*Mittheilungen der Berner naturf. Gesellsh.* an. 1843-1844, cf. *Jahresb.*, an. 1844, p. 6).

112. KERNER, *Das Pflanzenleben der Donauländer*, p. 67, 292 (Voyez note 57).

113. KITTLITZ, *Vegetatiousansichten*, pl. 17, 22 (*Jahresb.* an. 1844, p. 37).

114. RADDE, *Reisen im Süden von Ostsibirien*, *loc. cit.*, p. 582, 590, 594. Les données suivantes servent à la comparaison des éléments constitutifs des prés du Kamtchatka avec le pays de l'Amur, à aspect de parc.

Graminées......... Amur : *Calamagrostis.*
Plantes grimpantes. Amur : *Menispermum, Calystegia, Vicia, Wahlenbergia.*
Herbes vivaces..... Amur ; prédominent : *Artemisia* (de 2m,2 à 2m,5 de hauteur), l'ombellifère *Callisace* (2m à 2m,5 de hauteur).
— ..... Kamtchatka ; prédominent : *Senecio cannabifolius; Epilobium angustifolium;* sont caractéristiques : *Lilium, Fritillaria;* les herbes les plus élevées sont citées dans le texte.
Arbustes........... Amur : ex. *Acer, Viburnum.*
— .... Kamtchatka : *Cratœgus, Salix.*
Arbres............ Amur : *Quercus mangolica.*
— .... Kamtchatka : *Betula Ermani* et *alba.*

115. Erman, *Reise um die Erde* (Cf. *Jahresb.*, an. 1848, p. 377).

116. Grisebach, *Vegetationslinien*, p. 77. Ici se trouvent énumérées 24 plantes des districts montagneux du nord de l'Allemagne, plantes dont la moitié reparaissent dans la basse région du Hanovre, et le reste dans la proximité de la Baltique.

117. Martins, *Du Spitzberg au Sahara* (cf. *Jahrb.*, in Behm, *geogr. Jahrb.*, II, p. 196). A une altitude de 2,598-2,760 mètres (8,000 à 8,500') M. Martins trouva, parmi les plantes observées 8-9 pour 100 de plantes du Spitzberg, et à une altitude de 3,053-3,508 mètres, 21-22 pour 100.

118. Je donne ici un index des plantes qui habitent tout à la fois les Alpes et la basse région de la Russie d'Europe. Les plantes qui atteignent le maximum de ces propriétés exposées dans le texte, sont les quelques espèces que la région alpine de l'Europe et les steppes possèdent en commun, mais dont le nombre parait être bien plus considérable dans les montagnes de l'Asie centrale.

Astragalus Onobrychis, L... Alpes............... Poustes, steppes.
Dianthus barbatus, L....... Pyrénées-Carpathes.. Pensa.
Alyssum alpestre, L........ Pyrénées-Taurus..... Steppes (identité incertaine).
Pulsatilla Halleri, W...... Alpes-Carpathes..... Pologne, Livonie.
Sedum anacampseros, L.... Pyrénées-Alpes...... Podolie, Ukraine.
Pedicularis comosa, L...... Pyrénées-Sibérie or... Livonie, Moscou.
Salvia glutinosa, L......... Pyrénées-Himalaya... Volhynie, Podolie
Swertia perennis, L........ Pyrénées-Carpathes... Allemagne N.-E., Livonie.
Lonicera cœrulea, L........ Pyrénées-Sibérie...... Pétersbourg-Suède.
Cirsium Erisithales, Scop... Alpes-Carpathes..... Podolie, Lithuanie.
Daphne Cneorum, L........ Pyrénées-Carpathes.. Bohême, Lith., Volhynie.
Pinus Larix, L., *Cembra* L. et *Picea*, L. (Voy. le texte.)
Orchis globosa, L.......... Pyrénées-Caucase..... Volhynie, Podolie.
Veratrum nigrum, L....... *Alpes-Sibérie* or...... Volhynie-Kursk.

Quelques espèces servent d'intermédiaires entre cette série et les plantes alpines qui dans le Nord reparaissent sous des méridiens semblables, en se présentant également dans la basse région de la Russie, tandis que dans la Norvége et dans la Laponie elles se trouvent limitées aux régions montagneuses. De ce nombre sont :

Mulgedium alpinum, Less........	Laponie..............	Kazan.
Betula nana, L..................	Fjelde norvégiens.....	Lithuanie, Moscou.
Nigritella angustifolia, Rich.....	—	Livonie, Lithuanie.
Veratrum album, L.............	Laponie..............	Lithuanie.

119. CHRIST, *Die Verbreitung der Pflanzen in der alpinen Region der Europ. Alpenkette* (cf. *Jahresb.* in Behm, *Geogr. Jahrb.*, II, p. 198).

120. Aux observations connues de Ch. Darwin relativement aux oiseaux palustres qui conservent des semences susceptibles de germer jusque dans les ordures de leurs extrémités, j'ajoute encore une couple de faits du même genre : M. Radde trouva dans l'estomac de l'*Anas boschas* de la steppe dahurienne des semences de *Lepidium* et dans l'estomac de *Syrrhaptes paradoxus* celles de *Thermopsis* (*Reise in Ostsibirien*, p. 392). M. Wagner nous apprend que d'après l'expérience d'un planteur de l'Amérique centrale, l'un des arbres les plus fréquents des taillis de savane (*Duranta*) de cette contrée ne germe que lorsque les semences ont passé par le canal intestinal des pigeons et par conséquent ont subi une espèce de fumure par l'action de leurs excréments (*Sitzungsberichte der bair. Acad.*, ann. 1866, cf. *Jahresb.* in Behm, *Geogr. Jahrb.*, II, p. 216).

121. MARTINS in *Ann. sc. nat.*, XVIII, p. 193, cf. *Jahresb.*, ann. 1842, p. 373. J'avais cru précédemment que la cause de la divergence entre les limites altitudinales et septentrionales ne tenait qu'à ce que les espèces comparées n'étaient pas identiques ; que notamment le Rouvre (*Quercus robur*), qui en Scandinavie reste également bien en arrière du Chêne pédonculé (*Q. pedunculata*), n'atteint point la limite du Hètre sur le Grimsel. Mais depuis, M. Sendtner (*Vegetationsverhält. Südbayern's*, p. 502) a cependant fait voir que le Chêne pédonculé aussi, qui dans le Nord se trouve tellement répandu au delà de la limite des arbres, reste dans les Alpes considérablement au-dessous du Hêtre, bien que pas autant que le Rouvre (*Q. robur* — 584^{m} ou 1,800', *Q. pedunculata* — 972^{m} ou 2,925' ; *Fagus* — 1,317^{m} ou 4,369', localement — 1,479^{m}, ou 4,555', sous forme frutescente — 1,557^{m} ou 4,815'). Grâce à ces observations, la justesse de l'opinion de M. Wahlenberg relativement aux Chênes et aux Hêtres se trouve donc établie.

122. MARTINS (*loc. cit.*). D'après les observations de ce naturaliste,

voici l'ordre dans lequel se succèdent, sur le revers nord du Grimsel, Oberland bernois, les limites altitudinales des arbres les plus importants, indigènes également dans le nord de l'Europe : Chêne — 798m (2,460'), Hêtre — 984m (3,030'), Pesse (*P. abies*) — 1,546m (4,760'), Bouleau — 1,974m (6,080'), Pin cembro (*P. cembra*) — 2,098m (6,465'). Comparés à la manière dont ils se comportent dans les Alpes en général, ni le Hêtre ni la Pesse n'atteignent ici une altitude à laquelle ils pourraient encore prospérer.

123. Heer, *Die obersten Grenzen des thierischen und pflanzlichen Lebens in den Alpen der Schweiz*, cf. *Jahresb.*, ann. 1845, p. 20.

124. Martins, *Du Spitzberg au Sahara*, cf. *Jahresb.*, in Behm *Geogr. Jahrb.*, II, p. 195.

125. Grisebach, *Vegetationscharakter van Hardangar*, p. 10.

126. Schlagintweit, *Physikalische Geographie der Alpen*, p. 584-596, cf. *Jahresb.*, ann. 1850, p. 33 ; les deux valeurs relatives aux Alpes se trouvent rapportées ici.

127. Schübeler, *Die Kulturpflanzen Norwegens*, p. 57, 64 ; Berghaus dans Behm, *Geogr. Jahrb.*, I, p. 258. Les évaluations exprimées en pieds norvégiens (un pied a 0'968 de pied français) par Schübeler et d'autres observateurs scandinaves, ont été dans le texte converties en mesure française et données en chiffres ronds.

128. Grisebach, *Hardanger*, p. 9, 10, 20, 21. Berghaus, *loc. cit.*

129. Le rapport climatérique entre les Fjorde occidentaux et le Fjorde oriental de Christiania est constaté par les observations météorologiques suivantes faites sous 60° L. N. (Dove, *Temperaturtafeln*, p. 35).

Bergen,	Hiver,	+ 2° 1.	Été,	13° 7.	Différence entre janv. et juill.,	15° 2
Ulbensvang (intérieur du Hardanger-Fjord). .	—	0° 0	—	15° 5	—	17° 5
Christiania.	—	4° 2		15° 2	—	21° 7

130. Sur le versant occcidental du Folgefand, je trouve la dépression locale de 256 mètres, sur le versant oriental de 126 mètres ; l'altitude au Filefjeld (61° L. N.) est de 282 mètres (870'), à Harteigen (60° L. N.) qui est superposé au plateau de Fjeld, mais situé plus près de la mer, 165 mètres (cf. Grisebach, *Hardanger*, *loc. cit*).

131. Lund, *Zweite Reise in Finmarken*(*Botaniska Notiser*, ann. 1846, cf. *Jahresb.*, ann. 1846, p. 12).

132. Watson, *Geogr. Vertheilung der Gewächse Grossbritanniens* : édition allemande de Beilschmied, p. 58, 228, 232 ; *ejusd. Plants of the Grampians*, dans *Journ. of Bot.*, ann. 1842, p. 50, 241, cf. *Jahresb.*,

ann. 1812, p. 380 : pieds anglais réduits en mesures françaises et exprimés en chiffres ronds. Pour la limite du Bouleau, les deux valeurs de 617 mètres et 811 mètres (1,909′ et 2,500′) ont été placées l'une à côté de l'autre; la dernière mérite la préférence en ne considérant seulement que ce fait que d'après M. Watson, le Pin sylvestre s'élève à 682 mètres (2,100′) et néanmoins reste au-dessous du Bouleau comme en Norvége.

133. Kowalski, dans l'ouvrage de l'expédition qui avait été organisée par la Société géographique de Saint-Pétersbourg, et publié sous le titre : *Der nördliche Ural* (*Jahresb.*, ann. 1853, p. 5, pieds anglais réduits en mesure française).

134. Lessing (*Linnæa*, 9. 8., p. 149). La Pesse, qui constitue sur l'Iremel la limite des arbres, est qualifiée ici d'*Abies* (Sapin), avec la remarque qu'une détermination spécifique plus précise est encore à désirer; cependant il ne peut s'agir ici que de la question de savoir si c'est le vrai *Pinus abies* ou bien sa variété sibérienne.

135. La limite inférieure de la région alpine de l'Ural (60° L. N.) est, d'après Kowalski, la supérieure (ligne des neiges); d'après Krag (chez Berghaus, *loc. cit.*) : dans l'Ural méridional, la ligne des neiges n'est pas atteinte.

136. Erman, *Reise um die Erde*, I, 2, p. 372; la valeur qu'il donne est déclarée par M. de Middendorff (*Reise*, IV, I, p. 618), à mon avis sans motif suffisant, comme trop basse, attendu que M. Erman franchit le Stanovoï entre Okhotsk et Yakutsk (et par conséquent sous la latitude de 60°); et M. de Middendorff traversa la chaîne principale sur sa route conduisant à Udskoï (56°).

137. Middendorff (*loc. cit.*). Sur le col qui vient d'être mentionné ayant une altitude de 1,299 mètres (4,000′), le voyageur observa encore des Mélèzes de 9m,7 de hauteur, mais vus de loin, les sommets évalués à 1,948m (6,000′) se présentaient comme déboisés (gravure sur bois de p. 221). Lors même que dans des gorges abritées, les Mélèzes s'élèvent jusqu'à proximité des « hauteurs » les plus considérables, sans former cependant des taillis compactes (p. 616), la conclusion qu'en tire M. de Middendorff, que dans ces montagnes la limite des arbres n'est pas atteinte, ne me paraît pas du tout justifiée, attendu que le niveau moyen seul de la végétation arborescente doit être pris en considération. Après avoir examiné les faits rapportés par ce voyageur, le chiffre de 1,299 mètres (4,000′) me paraît être la valeur probable de la limite des forêts, soit parce que ce chiffre correspondrait à la distance de la limite mesurée de la Pesse et du Pin sylvestre (1136 mètres ou 3,500′), soit parce que sur les chaînes limitrophes moins élevées (p. 617), la limite du Mélèze se trouva être plus basse ue

sur la crête principale, favorisée sous ce rapport par sa masse plus considérable.

138. ERMAN, *loc. cit.* (V. aussi Berghaus *Annalen*, IX, p. 534, cf. *Jahresb.*, an. 1840, p. 434). La dépression de la limite des arbres qui paraît être formée dans le Kamtchatka par l'*Alnus incana*, résulte également de ce fait que le Pin cembro sous forme frutescente reste en arrière de cet aulne sous le rapport altitudinal (Middendorff, *loc. cit.*, p. 622), tandis que dans le Stanowoï il s'élève jusqu'à 1,948 mètres (6,000').

139. Le climat maritime de la région élevée de l'Écosse résulte des observations météorologiques faites à Aberdeen (57° L. N.) : hiver +3° 7 ; été 15° 2 ; différence entre janvier et juillet 12° 5 (Dove, *Temperaturtafeln*).

140. SCHRENK, *Reise nach dem Nordosten des europ. Russlands*, cf. *Jahresb.* an. 1850, p. 5, 13 ; Helmersen *Uber den Ural und Altaï* (*Bull. de l'Acad. de Petersb.* 1837, p. 97).

141. A Statooust la température de l'été est de 16° 3, à Yakustz 16° 4 ; différence entre janvier et juillet : là 28°, ici 43° 6 (Dove *Temperaturtaf.* p. 37).

142. MIDDENDORFF, *loc. cit.*, p. 623 (Observation dans les Alpes de Salzbourg). Également dans l'Engadine et dans l'Oberland bernois, le *Pinus cembra* s'élève un peu plus haut que le Mélèze (*Jahresb.* an. 1842, p. 373, an. 1843, p. 24).

143. MIDDENDORFF, *loc. cit.*, p. 622, « dans le Kamtchatka le Pin cembro frutescent est dépassé encore par l'*Alnus incana*, qui bien qu'il y descende également jusqu'à la côte, végète sans rival à l'altitude de 649-974 mètres (2,000-3,000'). »

144. Observations faites par l'auteur lui-même : la limite inférieure du *Pulsatilla alpina* (Hirschhorner sur le Brocken) est à 1,013 mètres (3,120'), un peu au-dessous de la limite de la Pesse.

145. SCHWAAB, *geogr. Naturkunde von Kurhessen* (*Jahresb.* an. 1851, p. 21).

146. RATZEBURG, *Forstnaturwiss. Reisen*, p. 69. La présence locale de taillis de Hêtre dans le Riesengebirge y est (p. 4) signalée jusqu'à l'altitude de 1,299 mètres (4,000') tout en renvoyant le lecteur à la partie spéciale du voyage, où je trouve des chiffres allant jusqu'à 974 mètres (p. 451) et jusqu'à 1,168 mètres (3,600'). La donnée de M. Göppert, relativement à l'élévation de la Pesse jusqu'à 1,428 mètres (4,400') est rapportée p. 379.

147. WIMMER, *Flora von Schlesien. Geogr. Uebersieht der Vegetation*, p. 8.

148. SENDTNER, *Vegetationsverhaltnisse des bayerishen Waldes*,

p. 494; Göppert, *Urwälder Schlesiens und Böhmens*, p. 31 (*Nov. act. nat. cur.*, 34.)

149. WAHLENBERG, *Floræ Carpatorum principalium.*

150. GERNDT, *Plantæ sudeticæ secundum fines verticales et horizontales dispositæ.* Cf. *Jahresb.* in Behm, *geogr. Jahresb.*, II, p. 200.

151. LEDEBOUR, *Reise im Altaï*, I. p. 240; ouvrage où a puisé Berghaus, *loc. cit.* La ligne des neiges (2,598 mètres ou 8,000') d'après l'évaluation de Gebler (*Mém. de St-Pétersb. Divers savants*, 1837, p. 503).

152. RADDE, *Reisen im Süden von Ostsibirien*, p. 96-117. Les observations furent faites notamment sur le Munku-Sardik, ayant une altitude de 3,491 mètres (10,748p) et où le peu de neige accumulée sur le sommet de la montagne n'alimente qu'un seul glacier : les pieds anglais, dans le texte de M. Radde, ont été réduits ici en mesure française. Les mesures des limites de végétation dans la chaîne du Jablonnoï se trouvent dans le même endroit de l'ouvrage, p. 117-123; elles se rapportent au Sochonda, le sommet le plus élevé de la chaîne.

153. A Aschersleben, au pied du Harz, la température estivale est de 16° 4; à Breslau de 16° 9; sur le Brocken de 8° 9. Les différences entre le mois le plus chaud et le mois le plus froid sont à Aschersleben de 17° 5, à Breslau 20°, sur le Brocken 16° 4 : ici, à une altitude de 1,137 mètres (3,500') la température moyenne de janvier est de — 7° 9, et celle d'août, qui y est le mois le plus chaud, seulement 9° 5 (Dove, *Bericht über die auf den Stat. des meteor. Instit. im preuss. Staate angestelten Beobachtungen*, 1851, p. 80-82).

154. RATZEBURG, *loc. cit.*, p. 70.

155. GRISEBACH. *Die vegetationslinien des nordwestl. Deutchlands*, p. 88.

156. A Breslau, juillet a 17° 5, janvier — 2° 5 (Dove, *loc. cit.*); Kracovie, juillet 19° 2, janvier — 4,3 (Dove, *Temperaturtafeln.*)

157. LECOQ et LAMOTTE, *Catalogue des plantes du plateau central de la France* : cf. *Jahresb.*, an. 1847, p. 18; Ramond chez Berghaus, *loc. cit.*

158. THURMANN, *Phytostatique du Jura* : cf. *Jahresb.*, an. 1849, p. 14. Grenier, *Géographie botanique du Doubs* : *Jahresb.*, an. 1844, p. 21.

159. KIRSCHLEGER, *Flore d'Alsace*, d'après Berghaus, *loc. cit.*

160. HEUSINGER, chez Berghaus, *loc. cit.*

161. SCLAGINTWEIT, *Die vegetationsverhält. des oberen Möllgebiets.* (Dans sa *Physik. Geogr. der Alpen*, p. 584, *Jahresb.*, an. 1850, p. 33.)

162. SENDTNER, *Die vegetationsverhält. Sudbayerns.*

163. MOLENDO, *Pflanzenregionen der Algäuer Alpen* : *Jahresb.* dans Behm Geogr. *Jahrb.*, II, p. 199.

164. Mohl, *Bemerkungen über die Baumveget. in den Schweizer Alpen* (*Bot. Zeitg.* an. 1813, p. 409 : cf. *Jahresb.*, an. 1843, p. 22); Heer, *Uber Forstkultur in den Schw. Alp.* (*Schw. Zeitschr. f. Land. und Gartenbau*, an. 1843 : *Jahresb.*, id. p. 23).

165. Sauter, *Topographie des Oberpinzgaus*; *Jahresb.*, an. 1845, p. 19.

166. Martins, *Essai sur la météor. et la géogr. bot. de la France* : *Jahresb.*, an. 1845, p. 22; Mathews chez Berghaus, *loc. cit.*

167. Fuchs, *Die venetianer Alpen* : *Jahresb.*, an 1844, p. 16.

168. Sentdner, *Klimat. Verbreit. d. Laubmoose durch das österreich. Küstenland* (*Regensb. Fl.*, an 1848 : cf. *Jahresb.*, an 1848, p. 358). Limite du Hêtre, ibid., 1,299 mètres (4,000'), mais d'après Heufler 1,517 mètres ou 4,670' (chez Berghaus, *loc. cit.*).

169. Sendtner dans le journal *Ausland* an. 1848-49 : cf. *Jahresb.* an. 1849, p. 30. Les données se rapportent à la montagne Vlassich sur le Travnik.

170. Reissenberger dans les *Verhandl. des siebenbürg. Vereins* : *Jahresb*, an 1850, p. 34. Les données sont en pieds de Vienne, réduits dans le texte en mesure française et exprimée en chiffres ronds.

171. Les limites altitudinales extrêmes de la culture des Céréales ont été observées par MM. Gaudin et Martins sur le Zermatt (*Jahreb.*, an. 1843, p. 23).

172. Sclagintweit, *loc. cit.*, p. 504.

173. A Munich (alt. 510 mètres), la température estivale est de 17° 5; à Augsbourg (475 mètres) 17°; à Karlsruh (105 mètres) 18° 9; (Dove, *Temperaturtafeln*).

174. Desmoulins, *État de la végét. sur le Pic du Midi*, cf. *Jahresb.* an. 1844, p. 24, an. 1849, p. 25; Ramond chez Berghaus, *loc. cit.* (Ligne des neiges).

175. Willkomm, *Vegetationsskizzen aus Spanien.* (*Bot. Zeit.*, VIII, p. 524; *Jahresb.*, an. 1850, p. 37) : les données plus précises ont été communiquées plus tard dans son *Prodromus Floræ Hispaniæ*, I. p. 16, 246.

176. Ramond, *Voyage dans les Pyrénées* (Édit. allemande, II, p. 74). L'auteur dit que l'ascension, y compris le retour, du Canigou ou du pic du Midi peut s'effectuer aisément en un seul jour; selon M. Ramond, c'est l'extension plus grande des neiges et des glaciers qui fait que l'ascension des hautes cimes des Alpes exige un temps tellement plus long. Même là où la neige et la glace ne présentent pas d'obstacles, les ascensions dans les Alpes se trouvent retardées par les contre-forts et les gradins inférieurs plus étendus : souvent les angles d'inclinaison de chacune des pentes diverses pourraient bien y être tout aussi considérables que dans les Pyré-

nées, mais la distance horizontale entre les sommets et le fond des vallées est en moyenne plus grande dans les Alpes.

177. *Ibid.*, I. p. 34.

178. Le climat atlantique à Pau est presque le même qu'à Bordeaux (Dove, *Temperaturtafeln.*)

	Pau.	Bordeaux.
Température de l'été................	20° 9	21° 6
Température de l'hiver..............	5° 7	5°
Différence entre le mois le plus chaud et le plus froid..................	17° 5	17° 7

Sous le climat méditerranéen des Pyrénées orientales, à Perpignan, la température de l'été s'élève à 23° 8, celle de l'hiver à 6° 8.

179. Forbes (*Report of the meeting of the British association at Cambridge*, cf. *Ann. nat. hist.* XVI, p. 126, et la revue de ce travail faite dans *Jahresb.* an. 1815, p. 4).

180. Schnizlein, (*Regensb. Flora* an. 1854, p. 563) : il ne trouvait qu'un seul exemplaire restant du *Potentilla fruticosa*, mais de concert avec d'autres végétaux originaires dans les contrées lointaines du nord-est (*Pedicularis sceptrum*, *Veronica longifolia*, *Polemonium cœruleum*, *Iris sibirica*) et placés dans des conditions de nature à faire admettre qu'ils ont été produits sur les lieux mêmes (et non à l'aide de la culture); la station est une tourbière de prés, située entre le pied du Jura bavarois, à Wemding (à l'est de Nördlingen), et la Wörniz.

181. C. A. Meyer (*Florula provinciæ Wiätka* dans le *Beitr. zur Pflanzenkunde des russ. Reichs*, 5me livraison) trouva que sur les 372 plantes vasculaires qui habitent Wiatka quelques vingtaines d'espèces atteignent leur limite orientale dans cette province et quarante autres espèces dans l'Ural, tandis que le reste franchissent cette chaîne et sont pour la plupart répandues jusqu'à la Dahurie (*Jahresb.* an. 1848, p. 342).

182. Les genres de plantes alpines auxquels il est fait allusion dans le texte, sont les suivants :

Potentilla.................	11	espèces	(dont	4	locales.)
Alsine.....................	9	—	(—	3	—)
Arabis.....................	15	—	(—	3	—)
Saxifraga..................	31	—	(—	10	—)
Laserpitium................	8	—	(—	3	—)
Androsace..................	9	—	(—	4	—)
Primula....................	14	—	(—	8	—)
Pedicularis................	18	—	(—	9	—)
Gentiana...................	13	—	(—	2	—)
Phyteuma...................	12	—	(—	2	—)
	140	—	(—	48	—)

Le genre ubiquiste *Senecio* compte dans les Alpes 13 espèces étrangères à la basse région, mais dont une seule et unique est endémique. Je possède 19 espèces arctiques de *Carex,* parmi lesquelles 15 habitent également les régions alpines de l'Europe et 4 sont exclusivement propres à la flore arctique.

183. Zuccarini (*Regensb. Flora,* II, p. 103).

184. Christ, *Die Verbreit. der Pflanz. in der alp. reg. der Alpenkette,* p. 50.

185. La *Potentilla Saxifraga* ne fut découverte qu'en 1859 par Ardoino sur la Cima de Mera. En 1861, M. Bourgeau la recueillit sur les rochers du Cioudan, au-dessus de la vallée du Var : je la possède de l'une et de l'autre station.

186. Excepté le *Sanguisorba dodecandra,* découverte par M. Massara dans le val d'Ambria, la *Viola comollia* n'est également connue jusqu'à aujourd'hui que sur quatre Alpes (indiquées dans la flore italienne de Bertoloni) du Valtelin, mais elle a bien pu ne pas avoir été remarquée ailleurs. Deux autres végétaux endémiques du groupe des Alpes lombardes n'ont également été observés que dans des localités isolées : *Melandrium Elisabethæ* (*Silene Jan*), dont je possède des exemplaires du Campione, massif montagneux sur le côté oriental du lac di Lecco, où cette plante avait été découverte par M. Agliate en 1831, et la *Primula glaucescens,* Mor. (*P. calycina*, Duby) que M. Dœner recueillit sur le même Campione. Autant que je le sache, la Caryophyllée susmentionnée n'a été jusqu'à présent observée que dans trois localités, savoir : dans la Brianza (entre Como et Lecco), sur les Alpes du val Sassina (Campione) et sur le Dos Alto, entre Oglio et Chiesa; de même la *Primula glaucescens* ne dépasserait guère, selon Bertoloni, la dépression entre les affluents supérieurs de l'Adda et de l'Oglio (entre Firano dans la Valteline et Edolo dans le Val Camonica) sur le Braulio (près du col de Worms), fait nié par M. Koch.

187. Leybold (*Regensb.* Fl. an. 1854, p. 138) fut celui qui découvrit a *Daphne petræa,* et c'est encore à lui que nous devons des renseignements plus précis sur l'*habitat* de la *Saxifraga arachnoidea.* Je possède les deux plantes provenant du Tombea et qui m'ont été communiquées par M. Leybold, de même que la Daphné du Primiero où M. Bamberger la recueillit : la dernière localité paraît être située dans la vallée de Sarca; peut-être Primiero est le même endroit que Premione.

188. Voici des exemples de plantes arctiques et septentrionales qui ne se présentent que sporadiquement dans les Alpes : *Betula nana, Ranunculus pygmæus, Gentiana prostrata, Juncus stygius, Carex microglochin, capitata, vaginata,* etc. Les plantes arctico-alpines qui, eu égard à

leur affinité ou à leur habitat sont originaires dans les Alpes, sont bien plus nombreuses, par exemple *Saxifraga Aizoon, oppositifolia* et *muscoïdes, Pedicularis verticillata, Gentiana nivalis, Hieracium alpinum* et beaucoup d'autres.

189. Grisebach, *Vegetationslinien*, p. 11. Excepté les stations de l'Aldrovanda qui y sont indiquées, il en est de nouvelles qui sont venues s'ajouter aux premières, savoir : dans la Poméranie antérieure, dans la Hongrie et dans le Tyrol (les marécages de l'Adige près de Balzano). J'évalue à 250 milles d'Allemagne la longueur de la zone d'extension de nord-est au sud-ouest; la largeur de la zone est plus considérable que celle que j'avais admise alors, elle compte environ 100 milles d'Allemagne (de la Poméranie jusqu'à la Lithuanie et du Médoc jusqu'à Padoue).

190. Les quatre plantes endémiques des Carpathes qui s'étendent depuis le Tatra jusqu'à la Transylvanie sont les suivantes : *Saxifraga carpatica, Campanula carpatica, Chrysanthemum rotundifolium*, et *Festuca carpatica;* il serait permis peut-être de placer à côté de ces plantes la *Salix silesiaca* qui s'étend jusqu'aux Sudètes, mais que cependant je n'ai point trouvée dans les Carpathes méridionales où elle se présente selon M. Schur. Parmi les quatre Saxifrages (sans compter *S. carpatica*) propres aux Carpathes, la *S. perdurans* est limitée au Tatra, et les *S. luteoviridis, Rocheliana* et *heucherifolia* à la chaîne méridionale. Une liste des plantes endémiques des Carpathes est donnée dans la note 200.

191. Les deux plantes endémiques des Cévennes sont : *Avenaria ligericina* et *Koniga macrocarpa; Senecio Gerardi* peut également être considéré comme ayant été produit dans ces montagnes, mais il atteint les Pyrénées orientales. La seule plante des Fjelde scandinaves qui ne se trouve point ni dans la flore arctique ni ailleurs, c'est *Pedicularis Œderi;* une deuxième qui pourrait également passer pour une forme endémique est *Artemisia norvegica* dans le Dovrefjeld; cependant M. Hooker (J. Hooker, *Distribution of arctic plants*, p. 331) la considère comme une variété de *Artemisia artica*, Less., opinion sur laquelle je n'ai pas à me prononcer, et M. Herder (*Bullet. des Naturalistes de Moscou*, 1867, I, p. 331) qui adopte cette opinion, fait observer que la même variété se produit également dans la Sibérie orientale et dans le Kamtchatka. La seule plante locale de l'Ural est *Gypsophila uralensis* (780-1,461 mètres ou 2,400-4,500'), voisine de *G. transylvanica* (*Banffya petræa*, qui est propre aux Carpathes méridionaux.

193. Les plantes endémiques de la France et de la côte cantabrique admises par moi se répartissent de la manière suivante, tout en faisant observer cependant qu'il se pourrait que le chiffre en fût trop élevé, attendu

que la flore du nord du Portugal n'a pas encore été suffisamment explorée pour qu'il soit permis de déterminer avec certitude les espèces propres à l'Asturie, et que parmi celles de la Gascogne admises ici comme indépendantes, il en est qui ne sont pas généralement reconnues comme telles.

Asturies : *Genista obtusiramea, Sinapis setigera, Angelica lævis* (c'est peut-être une plante de montagne; cependant d'après l'étiquette de M. Bourgeau elle se trouve sur un torrent dans la proximité de la côte) *Rumex suffruticosus.*

Gascogne : *Silene Thorei, Ptychotis Thorei, Libanotis bayonnensis,* Gr. (*Seseli Sibthorpii,* Godr.), *Laserpitium daucoides* qu'il y a lieu de distinguer de *L. prutenicum* avec lequel M. Godron le réunit), *Linaria thymifolia* (au delà de la Gironde au nord jusqu'à 46° L. N.), *Hieracium eriophorum, Armeria expansa* (que mes propres observations faites sur les lieux de la station, permettent de distinguer comme espèce indépendante, de même que *Laserpitium daucoides*), *Statice Dubiœi, Allium ericetorum* (confondue par M. Grenier avec les espèces alpines *A. serotinum,* Lap., et *A. ochroleucum*) ;

Gascogne jusqu'à la Bretagne (48°) : *Galium arenarium;*

— jusqu'à la Normandie (50°) : *Astragalus bayonnensis;*

Littoral cantabrique jusqu'à Fontainebleau : *Kœleria albescens, Airopsis agrostidea;* jusqu'à Paris *Potentilla splendens* (en Allemagne reproduite sous la même forme par voie d'hybridité).

Bretagne : *Omphalodes littoralis* (46-47° 30') *Eryngium viviparum* (47° 30').

Bretagne jusqu'à Dunkerque : *Linaria arenaria.*

Le *Physospermum cornubiense* qui ne se trouve que dans le Devonshire et en Cornouailles, mais fait défaut à la côte française, est réuni par les botanistes anglais avec le *Ph. aquilegifolium.* Parmi les plantes atlantiques répandues jusqu'aux îles Britanniques, on peut citer plusieurs Erica (voy. note 195), puis *Ulex nanus* (Portugal-Écosse 57°) et *Meconopsis cambrica* (depuis les Asturies jusqu'à l'Écosse 57°), comme exemple remarquable d'une extension jusque dans l'intérieur de la France, la dernière s'avançant jusqu'à Lyon.

La *Silene maritima* s'étend jusqu'à l'Islande et l'*Erica cinerea* jusqu'à la Norvége.

194. Sur le centre portugais des plantes atlantiques comparez les observations relatives à la forme des Erica, dans la section où est traitée la flore méditerranéenne.

195. Parmi les cinq Erica atlantiques mentionnées dans le texte (comp. notes 50 et 59), l'*Erica cinerea* s'avance au nord jusqu'à la lat. de 62°

(la temp. de janvier étant à Bergen de + 1,5), l'*E. ciliaris* jusqu'à 55°; *Dabœcia polifolia* et *E. mediterranea* jusqu'à 54° (nord-ouest de l'Irlande); en France la *Dab. pol.* est fréquente dans les Pyrénées occidentales, rare dans les Pyrénées centrales, et dans le reste de cette contrée, limitée seulement à deux localités sporadiques sur la Garonne et sur la Loire inférieure; l'*E. medit.* est réduite à une seule station à Pauillac (départ. de la Gironde); *E. vagans* s'avance au nord jusqu'à la lat. de 51° (Cornouailles), en France dans la direction de l'est jusqu'à Paris. Dans la vallée du Rhône, aucune de ces espèces ne croît, et si pour *E. cinerea* et *E. vagans*, on signale en dehors de cette vallée une station isolée (Roybons dans le département de l'Isère), cela prouve seulement que ces végétaux sont susceptibles d'émigrer dans l'intérieur, en supposant qu'ils trouvent dans une localité exceptionnelle les conditions indispensables à leur existence; et c'est précisément ce qui indique que de telles conditions n'ont pas lieu dans la vallée du Rhône. A Dublin, la température du mois de janvier est de + 3° 7, à Plymouth, de + 6° 8, à Bordeaux, de + 5°, à Avignon de + 4° 5.

196. Parmi les végétaux endémiques de la zone des Châtaigniers, plusieurs plantes annuelles ont été omises à dessein, parce qu'elles proviennent peut-être d'ailleurs et auront été répandues avec les végétaux cultivés (*Bromus arduennensis* en Belgique, *Avena Ludoviciana* dans le domaine de la Garonne, *Erysimum murale* dans le nord de la France et en Belgique), de même que de petites organisations susceptibles d'échapper aisément à l'attention (*Arenaria controversa*) dans le domaine de la Garonne; *Peplis Borœi* (dans celui de la Loire), enfin le *Pyrus salvifolia*, un arbre de l'Auvergne qui n'est peut-être qu'une variété climatérique.

197. *Silaus virescens* ne se présenterait, ainsi que nous le trouvons indiqué dans la flore française de Grenier et Godron, que dans la plaine de la Côte-d'Or, sur l'espace compris entre Dijon et Beaune : pourtant je possède cette plante provenant des Pyrénées orientales (Font de Comps) et d'après Bertoloni elle croît aussi dans l'Italie inférieure. A la suite d'un examen réitéré, je trouve également confirmée l'opinion de MM. Boissier et Neilreich d'après laquelle *S. virescens* est la même espèce que *S. carvifolius* venant de la Transylvanie, de la Rumélie, de l'Anatolie et du Caucase, toutes localités que j'ai été dans le cas de comparer. Aux opinions contraires de MM. Bentham et Hooker (*Gen. plant.* I, p. 902, 910.), je réponds en faisant observer que cette Ombellifère ne saurait être séparée génériquement du *Silaus pratensis*, attendu que dans ce genre les conduits oléifères du fruit sont variables et sans signification systématique : car, ou l'huile est secrétée en petite quantité (*S. pratensis*), ou bien elle se concentre dans une seule et quelquefois aussi dans deux parties spéciales

du tissu (*S. virescens*), tandis que les côtes fortement carénées et la forme des pétales s'opposent à la réunion avec le genre *Fœniculum*, si dissemblable déjà par son habitus auquel les deux botanistes anglais veulent rattacher *Silaus virescens* et *S. carvifolius*.

198. Je compte les huit Ombellifères suivantes au nombre des plantes endémiques de la région basse de l'Europe :

En Gascogne : *Ptycholis Thorei*, *Libanotis bayonnensis* et *Laserpitium daucoides*;

En Bretagne : *Eryngium viviparum*;

Dans l'intérieur de la France : *Peucedanum parisiense*;

En Hongrie : *Seseli leucospermum*, *Ferula Sadleriana*;

En Russie : *Seseli campestre*.

199. Voici les seize plantes dont il s'agit ici et qui sont limitées (sans compter celles qui reparaissent dans le midi de l'Europe et sont placées entre parenthèses) à la zone du Sapin argenté et du Chêne cerris ou bien dépassent à peine la limite du Hêtre et qui, au reste, se conforment aux exemples déjà cités (note 60) : *Coronilla montana* (Crimée), *Astragalus excapus* (Espagne, Italie septentrionale), *Trifolium parviflorum*, *Gypsophila fastigiata* (Dalmatie), *Aldrovanda vesiculosa* (Italie septentrionale, comp. note 189), (*Erysimum crepidifolium*, *Thalictrum angustifolium*, *Th. galioides*, *Isopyrum thalictroides* (Italie, plus à l'est de la ligne de végétation nord-ouest, Königsberg, Silésie, Genève), *Bupleurum longifolium*, *Lactuca quercina*, *Cirsium canum*, *Inula germanica*, *Scabiosa suaveolens*, *Allium fallax* (Italie), *Scilla amœna*.

Les deux plantes limitées à la zone du Sapin argenté sont : *Erysimum virgatum* (midi de l'Europe) et *Gagea saxatilis*. Cette Gagea serait donc la seule plante endémique de l'Allemagne, mais une plante aussi exiguë et s'évanouissant avec les premiers jours du printemps, pourrait bien être retrouvée ailleurs. Pour le moment, elle n'a été constatée que dans une zone étroite s'étendant de la Marche (Francfort-sur-Oder) jusqu'au Palatinat rhénan et peut-être jusqu'à la Suisse; en sorte qu'il ne serait pas aisé de dire quelle localité a servi de point de départ à sa migration.

200. Voici les plantes indépendantes, endémiques de la région plane de la Hongrie, les seules dont on puisse tenir compte ici : *Orobus ochroleucus*, *Euphorbia lingulata*, *Kitaibelia vitifolia*, *Melandrium nemorale*, *Alyssum Wierzbickii*, *Seseli leucospermum*, *Ferula Sadleriana*, *Pedicularis campestris*, *Syrinya Josikœa*, *Cirsium furiens*, *C. brachycephalum*, *Cephalaria radiata*.

Eu égard au travail de M. Neilreich (*Diagnosen der in Ungarn beoacht. Gefässpfl.*) qui renferme plusieurs rectifications dont il faut tenir compte, mais aussi certaines opinions (telle que la réduction de *Swertia punctata, Satureja pygmœa*, etc.) qui paraissent complétement inadmissibles, je considère les espèces suivantes comme végétaux endémiques des Carpathes : *Melandrium Zawadzkii, Silene dinarica, S. nivalis* (*Lychnis*, Kit.), *Dianthus callizonus, D. Henteri, Scleranthus uncinatus, Arabis neglecta* (*A. glareosa, Schur. Thlaspi dacicum, Ranunculus carpaticus, Sempervivum patens* (*S. Heuffelii*, Schtt.), *Saxifraga perdurans* (Tatra), *S. Carpatica, S. Luteaviridis, S. Rocheliana, S. Heucherifolia, Chœrophyllum nitidum* (Tatra), *Heracleum palmatum, Veronica Baumgartenii, Swertia punctata, Gentiana phlogifolia, Asperula capitata, Campanula carpatica, C. transylvanica* (*C. thyrsoidea*, Baumg.), *Chrysanthemum rotundifolium, Anthemis tenuifolia, Tephraseris Fussii, Crepis viscidula, Festuca carpatica* (*F. nutans*, Wahlenb.), *Alopecurus laguriformis.*

201. Voici une revue des trente-sept genres monotypes. (Eu égard aux divergences qui existent relativement à l'appréciation des caractères génériques, ce chiffre est au reste assez incertain ainsi qu'on le voit en comparant notre liste avec celle des monotypes alpins donnée par M. Christ, *loc. cit.*, p. 29.)

Onze genres des Alpes (sont limitées à ces dernières : *Zahlbrucknera, Wulfenia, Pœderota* (2 espèces), *Arctium;* passent également aux Carpathes : *Hacquetia;* aux Carpathes et au Jura : *Chlorocrepis;* aux Pyrénées et aux Vosges *Schlagintweitia;* aux Appenins ou à d'autres montagnes du domaine méditerranéen : *Erinus, Tozzia, Horminium, Aposeris*).

Quatre genres des flores de l'Amur (je ne compte que ceux qui sont reconnus comme indépendants, nommément : *Phellodendron*, famille des Zanthoxylées; *Schizopogon*, famille des Cucurbitacées; *Eleutherococcus*, famille des Araliacées et *Symphyllocarpus*, famille des Synanthérées).

Trois genres des Pyrénées (*Xatardia, Dethawia, Ramondia*). Depuis la publication de cet ouvrage, une seconde espèce indépendante de *Ramondia* a été découverte dans la Servie par M. Pancii, qui me l'a communiquée (*R. Serbica*, nouvel exemple remarquable d'une certaine affinité entre les flores des Pyrénées et des montagnes de la péninsule grecque. Voy. note 205).

Trois genres de la basse région de l'Europe (*Subularia*, dans l'Europe septentrionale, dans la flore arctique et dans l'Amérique septentrionale, seulement d'une manière sporadique; *Arnoseris*, répandue partout et reparaissant en Espagne; *Litorella*, limitée au climat de la zone du Hètre).

Genres isolés dans les Carpathes (*Senecillis*, descendant dans la plaine de la Podolie), dans la Hongrie (*Kitaibelia*), en Servie (*Pancicia*), en Bosnie (*Zwakkia*), dans l'Altaï (*Macropodium*, en Sybérie (*Amethystea* sporadiquement jusqu'au Pont et au nord de la Chine).

Eu égard à leurs stations, sont originaires des flores limitrophes, trois genres monotypes (*Diapensia* des Fjelde norvégiens provenant de la flore arctique, *Diotis* de la côte atlantique, originaire dans la flore de l'Europe méridionale, *Teloxys* de la Sibérie orientale, originaire dans la flore des steppes).

La patrie primordiale de sept monotypes qui pénètrent dans le midi de l'Europe reste incertaine : deux de ce nombre habitent la basse région (*Cucubalus*, *Myagrum*, *Tussilago*), les quatre autres les montagnes, où ils s'élèvent plus haut du côté du sud (dans l'ouest *Atropa*, dans l'est *Lembotropis*, *Bruckenthalia*, *Telekia*).

202. Mes évaluations des rapports approximatifs entre les plantes limitées à des espaces déterminés et la somme totale des plantes vasculaires, ne s'étendent guère à chacune des zones et de leurs combinaisons, ce qui aurait exigé un travail beaucoup plus détaillé que celui qu'il m'a été permis d'entreprendre jusqu'à présent. En conséquence, je me contente de diviser les éléments constitutifs de la flore en catégories suivantes :

a. Espèces communes au nord et au sud de l'Europe, en partie ubiquistes, et dont beaucoup s'évanouissent peu à peu sous les latitudes plus élevées de la Scandinavie, ainsi que dans la direction de l'est en Sibérie.. 23 pour 100

b. Espèces climatériquement séparées habitant la basse région de l'Europe qui, en partie, pénètrent au delà de la limite du Hêtre et du Chêne et reparaissent aussi fréquemment dans les montagnes du midi de l'Europe, plus rarement dans le domaine des steppes..... 19 pour 100

Dans ce nombre, espèces occidentales de la zone du Châtaignier.. 4,3 —

Espèces orientales habitant du côté de l'ouest la zone du Sapin argenté.. 6,6 —

Espèces orientales du côté de l'ouest jusqu'à la zone du Chêne-Cerris.. 7,2 —

Espèces orientales du côté de l'ouest seulement dans la zone du Chêne en Russie.. 0,9 —

c. Espèces climatériquement séparées appartenant aux montagnes, en partie communes à ces dernières ainsi qu'à la basse région du Nord et même à celle de la zone arctique (y inclus les espèces locales de la basse région) .... 26 pour 100

Dans ce nombre reparaissant dans la basse région du Nord .... 5 —

Communes à plusieurs montagnes .... 14,4 —

Plantes locales des montagnes .... 6 —

Plantes locales de la basse région .... 0,6 —

d. Espèces sibériennes, dont un petit nombre seulement s'étend dans la zone de la Pesse du nord de l'Europe, mais une grande partie appartiennent aux plantes des montagnes ou à celles qui paraissent être originaires des steppes ou de la Chine .... 18 pour 100

e. Espèces de la flore méditerranéenne qui pénètrent dans les parties méridionales du domaine européen .... 11 pour 100

(Les espèces originaires de la flore arctique ou de celle des steppes sont comprises dans les lettres *b*, *c* et *d*.)

f. Espèces dont on n'a pas tenu compte .... 3 pour 100

J'attache moins d'importance aux chiffres relatifs des familles, pourvu qu'ils ne reposent pas exclusivement sur les espèces endémiques d'une flore, ce qui précisément ici n'a pu encore être le cas. En coordonnant les plantes qui habitent la région inférieure, j'ai obtenu la série suivante pour les dix familles les plus riches en espèces : Synanthérées (14 pour 100), Crucifères (8), Légumineuses (6-7), Graminées (6), Ombellifères (6), Rosacées (5-6), Caryophyllées (5-6), Scrophularinées (4), Cypéracées (4), Labiées (3-4).

Pour les plantes alpines (à l'exclusion des espèces reparaissant dans la flore arctique) j'ai obtenu la série suivante : Synanthérées (27 pour 100), Crucifères (7-8), Ombellifères (7-8), Caryophyllées (6-7), Scrophularinées (5-6), Saxifrages (4-5), Campanulacées (4-5), Graminées (4-5), Primulacées (4-5), Renunculacées (4-5). Ainsi, non-seulement les deux régions s'écartent beaucoup l'une de l'autre, mais il existe entre la flore alpine et la flore arctique également une grande différence, notamment à cause de l'accroissement des Synanthérées, des Ombellifères, des Campanulacées et des Primulacées, de même que par suite du décroissement des Cypéracées, des Éricées et des Salicinées. C'est surtout le chiffre relatif des Ombellifères qui fait voir que par rapport à ces familles les centres de végétation des Alpes ont plus d'affinité avec la plaine de l'Europe qu'avec la flore arctique, et c'est par là que se trouve exprimé ce phénomène général que la position géographique n'influe pas moins que le climat sur la constitution des plantes.

203. MARTINS, *Essai sur la végétation des Far-Oeer* (*Voyage de* la Recherche. *Géogr. physique*, 2, p. 353, *cf. Jahresb*, ann. 1847, p. 6).

204. GUEBHARD (*Bibliothèque de Genève*, 1849, p. 89, *cf. Jahresb.* an. 1849, p. 35).

205. GRISEBACH et SCHENK, *Iter hungaricum*, p. 360 (*Archiv. f. Naturgesch.*, Jahrg. 18); on y cite comme exemple de plantes françaises reparaissant dans le Banat : *Carex depauperata*, *brevicollis* et *pyrenaica*. La dernière appartient à la catégorie des plantes alpines mentionnées p. 287, à l'aide desquelles les Pyrénées entrent en relation avec les Carpathes méridionales et les montagnes servo-ruméliennes. On peut également admettre, à l'égard de cette région, que la prolongation de la période de végétation en raison du décroissement de la latitude n'est pas sans influence.

206. HEINRICH (*Jahresb.* an. 1847, p. 17); dans des circonstances semblables à celles qui favorisèrent l'importation du *Xanthium spinosum*, s'effectua également l'établissement de l'*Inula Helenium* en Moravie, dont le pappus s'attache aux crins crépus d'une certaine race porcine du Bakonyer-Wald.

III

DOMAINE MÉDITERRANÉEN

Climat. — Les régions littorales de la Méditerranée se trouvent réunies par un caractère de végétation qui leur est commun, et c'est la beauté de ces formes végétales tout autant que la douceur de son climat, dont les charmes attirent l'homme du nord vers le midi. Quoique ce ne soit pas partout que « l'orange dorée brille à travers le sombre feuillage » (Gœthe), et que le palmier africain n'ait été acclimaté que dans certaines localités où il ne mûrit même pas ses fruits, la région du midi n'en exerce pas moins un prestige tout particulier, dont l'attrait, malgré leur sentiment peu développé pour la nature, impressionnait vivement les anciens, ainsi qu'ils le font voir chaque fois qu'ils opposent leur patrie aux lugubres parages du nord. Même les objets inorganiques semblent, sur les bords de la Méditerranée, être animés par des couleurs plus riches. Les teintes plus foncées du ciel et de la mer, les contours accentués que reflète l'horizon et qui donnent une certaine importance jusqu'aux collines déprimées, la transparence de l'atmosphère qui groupe les objets éloignés et les objets voisins en un seul tableau varié, tout cela est la conséquence du mouvement régulier avec lequel, pendant l'été, les courants atmosphériques s'avancent du nord au sud, et au milieu desquels les vapeurs se dissolvent et les nuages sont empêchés de s'accumuler. De plus, les formes végétales s'embellissent sous l'action de la lumière éclatante que répand le soleil. Les branches redressées du Pin Pignon, ainsi que les teintes foncées des sveltes Cyprès, se détachent d'une manière plus tranchée grâce à la pureté de l'atmosphère, et l'on regretterait même de ne pas voir les nuances bleuâtres et mates des bocages d'Oliviers, à côté de toutes ces teintes éclatantes. A peine la saison fraîche des pluies hivernales a suspendu le charme de ces impressions, que déjà, dès les premiers mois de l'année, les buissons toujours verts et même l'aride sol caillouteux déploient une richesse de fleurs, comme les pays du nord n'en offrent nulle part à un tel degré de variété. Et lorsque toute cette magnificence s'est évanouie et que sous le poids de journées brûlantes on se trouve moins sensible aux tableaux de la nature, le soleil ardent vient chaque jour faire place à ces délicieuses nuits, à ces nuits de l'Andalousie, afin de raviver l'âme à l'aspect des étoiles dont l'éclat diamanté éclaire les ténèbres, ou en présence du mystérieux clair-obscur qui plane sur les contours du paysage.

Ce qui détermine le régime de la vie végétale dans le domaine de la Méditerranée, ce n'est pas seulement la température plus élevée, c'est la marche des saisons, différente de celle qui a lieu dans le nord de l'Europe. Dans le midi, les précipitations atmosphériques ne sont point, comme dans le nord, réparties entre toute l'année, car la saison chaude de l'été y est exempte de pluies. Quand le soleil se rapproche des tropiques du nord et que la zone la plus chaude de la terre suit la voie du soleil, les alizés s'élèvent en même temps vers les latitudes supérieures, parce que l'air se trouve aspiré jusqu'à une distance déterminée des espaces plus chauds. Ces effets sont renforcés par l'action du désert africain avec ses surfaces nues et fortement échauffées pendant l'été, désert situé au sud-ouest, vis-à-vis de la majeure partie du domaine méditerranéen, et donnant lieu, par suite de cette position, à des vents nord-est qui s'échauffent sur leur chemin et produisent ainsi la saison dépourvue de pluies. C'est à la répartition en sens opposé de la terre ferme et de la mer, que tiennent les conditions essentielles du contraste climatérique qui se manifeste entre l'Europe méridionale et les États sud-est de l'Amérique du nord;

c'est pourquoi ces derniers ne sont pas dépourvus, même en été, de précipitations atmosphériques, étant baignés par le golfe mexicain dans la direction des alizés. La péninsule Ibérique seule est située de manière que, pendant la saison chaude de l'année, l'aspiration de l'air vient en grande partie de l'Atlantique, mais c'est aussi précisément la contrée où, par l'action simultanée de causes diverses, le caractère des pays à étés non pluvieux se trouve le plus fortement empreint. Ici, les vents du nord et d'est traversent un plateau sec ainsi que les chaînes montagneuses qui l'entourent et qui enlèvent à l'atmosphère son humidité; mais ici encore, l'action du Sahara se fait sentir dans un autre sens, puisque ce foyer de chaleur lui lance, à de certaines époques et dans une direction opposée, des bouffées de ce sirocco du désert qui embrase et dessèche. Toutefois, dans un sens plus général, ce n'est pas la proximité de l'Afrique qui rend compte à elle seule du caractère climatérique particulier du domaine méditerranéen, mais c'est encore et tout autant la position de ce dernier, séparé de l'Europe septentrionale par les Alpes et d'autres massifs montagneux. Non-seulement les courants polaires atmosphériques s'échauffent pendant leur trajet vers le midi, mais encore, là où ils pénètrent dans le domaine méditerranéen, depuis les Pyrénées jusqu'aux Balkans, de même que du côté de l'Asie Mineure et du Caucase, ils ont partout à franchir des chaînes montagneuses considérables dirigées de l'ouest à l'est, qui font subir à l'atmosphère une perte en vapeurs aqueuses. Pendant l'été, de telles chaînes marquent la ligne jusqu'à laquelle s'étendent les alizés constants de l'Europe méridionale : c'est jusqu'à cette limite que le Sahara détermine la marche du développement de la végétation, puisque de l'autre côté les courants polaires varient avec les courants équatoriaux pendant toute l'année.

L'action d'une chaleur plus élevée sur la végétation de l'Europe méridionale se manifeste moins par l'augmentation de la température estivale que par la diminution du froid hivernal. Ces valeurs ne se modifient pas d'une manière uniforme, l'hiver étant beaucoup plus doux, tandis que l'été n'est pas plus chaud dans la même proportion [1]. Si d'une part dans le nord, le soleil s'élève moins haut, d'autre part il y a en quelque sorte compensation pendant l'été, à cause de la longueur plus considérable des jours, tandis que pendant l'hiver les nuits plus longues exercent dans le même sens que la position plus basse du soleil une action réfrigérante. Mais sans même tenir compte de ces circonstances, un étalon comparatif pour déterminer les conditions vitales des plantes du nord et du midi ne saurait être fondé sur l'intensité de la température. En effet, tandis que dans le nord les phases de la végétation coïncident avec la période plus chaude de l'année, dans le midi, les plantes se développent au printemps, demeurent stationnaires tant qu'elles sont privées d'humidité, et se ravivent de nouveau sous l'action des pluies de l'automne. On devrait, en conséquence, comparer la température du mois de juillet dans le nord avec celle du mois de mai dans le midi, afin de pouvoir répondre à la question de savoir si ici la végétation exige une température plus élevée que là-bas. Or ces valeurs n'offrent guère de différence en deçà et au delà des Alpes; les isothermes du mois de mai 17°,5 — 20°, embrassent la majeure partie du domaine méditerranéen; les isothermes de juillet à température correspondante touchent à Berlin et à Vienne. La température plus élevée que possède le mois de juillet dans le midi (25°) n'a d'autre action indirecte que celle de forcer la végétation, à l'époque de son état stationnaire, de s'abriter contre l'ardeur du soleil, tandis qu'elle ne possède pas les moyens de le faire à l'aide de l'évaporation accélérée de ses surfaces foliaires, et c'est pourquoi dans l'étude des formes végétales indigènes on doit beaucoup tenir compte de cette considération. Quant au froid hivernal par lequel ces formes sont empêchées d'immigrer dans le domaine septentrional, ce sont d'autres phénomènes qui expliquent ce genre d'influences climatériques. D'abord, nous pouvons reconnaître cette connexion dans les lignes de végétation du climat maritime occidental, ainsi que dans le mélange beaucoup plus considérable qui a lieu en France et jusqu'en Irlande entre les espèces végétales du nord et du midi. L'une des formes les plus remarquables du domaine méditerranéen, les arbustes toujours verts franchissent sur le littoral occidental de la France les limites de ce domaine et supportent, à l'état cultivé, le climat plus doux de l'Angleterre ; tandis que ceux de ces végétaux qui sont le moins sensibles à la gelée ne pénètrent pas, malgré cela, bien avant dans le continent. Ensuite, c'est à l'abri que trouve la végétation au pied méridional des Alpes contre les froids de l'hiver, que tient ce contraste attrayant dont on est si vivement impressionné à l'entrée dans la plaine lombarde. En effet, la végétation méridionale qui orne les lacs italiens se développe sous un climat auquel, pendant l'été, les précipitations atmosphériques ne font pas défaut [2], et où, pendant l'hiver même, la culture des Orangers n'exige que des mesures de précaution insignifiantes. Parmi tous les végétaux de la flore méditerranéenne, c'est l'Olivier qui se prête le mieux à marquer les limites climatériques de ce domaine. On sait combien cet arbre est sensible à la gelée et combien le froid exceptionnel de certaines années est funeste à la culture des Oliviers et détruit les plantations [3]. Quoique l'absence des pluies en été et la douceur des hivers constituent les traits les plus importants du climat qui exerce son influence sur la végétation des contrées de la Méditerranée, il faudrait considérablement limiter ce domaine si l'on voulait en déterminer l'étendue d'après de telles conditions. Ce qu'on appelle flore méditerranéenne, en entendant par ce terme l'ensemble des formes et formations végétales par lesquelles ces régions littorales se distinguent de la manière la plus frappante des domaines limitrophes, se rattache sans doute aux traits climatériquement caractéristiques dont il s'agit. Mais grâce à la configuration plastique de la surface du sol, le climat est soumis à des changements tellement variés et embrassant des espaces tellement étendus, que souvent la flore méditerranéenne se trouve réduite à une bande littorale rétrécie, et que même celle-ci s'évanouit complétement. C'est précisément par le mélange de climats divers qui dans ces péninsules tour à tour se touchent ou se repoussent mutuellement, que la nature a si puissamment contribué à l'ancien éclat de la civilisation et à l'individualisation si multiple du développement national, particularité qui se reflète encore de nos jours dans les produits végétaux de ces contrées.

Chacune des quatre grandes péninsules qui embrassent la partie la plus considérable du domaine méditerranéen possède un caractère climatérique qui lui est propre et qui tient, soit aux chaînes montagneuses qui l'entourent ou qui en occupent la surface, soit à une position particulière relativement à la mer. Aussi, c'est en raison de ces conditions que la flore méditerranéenne, souvent réduite à une région littorale toujours verte, varie sous le rapport de l'extension de son développement, ou bien se trouve convertie en formes de transition qui la relient à d'autres domaines de végétation. Il devient donc nécessaire de la décomposer dans ses éléments constitutifs, et de comparer séparément l'une à l'autre chacune des contrées sous le rapport de leur position climatérique. Cependant, nous devons mentionner tout d'abord un phénomène plus général qui résulte de l'influence exercée par l'Atlantique, phénomène dont l'action sur les conditions locales de la végétation va graduellement en augmentant à mesure que l'on s'avance plus à l'ouest.

Lorsqu'on considère combien le développement des lignes côtières est considérable dans le midi de l'Europe, et que jusqu'au Pont-Euxin la mer pénètre si avant dans les parties les plus reculées du continent que toutes les contrées y sont converties en autant de péninsules, on pourrait s'attendre à ce que le climat maritime qui, en deçà des Alpes, a déterminé la disposition de la végétation eût dû se développer partout d'une manière uniforme dans les domaines végétaux situés au delà de cette chaîne. Toutefois, les petits golfes intérieurs ne sauraient atténuer les contrastes de température à l'instar du grand Océan. C'est pourquoi, ainsi que le font voir les limites altitudinales de la végétation, les différences dans la variation de la température se produisent également dans le domaine de la Méditerranée. Plus on s'éloigne du littoral de l'Atlantique, plus on voit, même ici, s'accroître le froid hivernal[4] sous le même niveau, ce qui en conséquence donne lieu à une réduction dans la période de développement de la vie végétale.

Comme dans les péninsules du midi de l'Europe il y a rarement des plaines basses d'une certaine étendue, toutes les surfaces étant occupées par les chaînes montagneuses, les influences de cette nature se manifestent le plus distinctement dans les limites altitudinales de celles des plantes qui sont sensibles au froid de l'hiver ou exigent plus de temps pour leur végétation. En conséquence, dans les contrées de l'est, les formes de la région toujours verte ne revêtent presque partout qu'une étroite bande littorale; elles atteignent seulement l'altitude de 390-487 mètres (12-1,500 pieds)[5]; et, au delà des montagnes adjacentes, c'est le niveau de la surface continentale qui les empêche de reparaître plus avant dans l'intérieur de la péninsule. Cette limite va en s'exhaussant dans la direction de l'ouest; sur le revers méridional des Alpes maritimes elle atteint le niveau de 779 mètres (2,400 pieds), jusqu'auquel s'élève, à Nice, la culture de l'Olivier[6]. Mais sur la côte portugaise se produit un nouveau contraste. Ici, même dans les parages les plus méridionaux de l'Algarve, la limite de l'Olivier redescend au-dessous de 454 mètres (1,400 pieds), et déjà au-dessus de 292 mètres (900 pieds), ces arbres commencent à devenir rabougris[7]. On pourrait croire que l'humidité de l'Atlantique leur convient tout aussi peu que la température hivernale plus rigoureuse de l'est. Cependant, ce n'est que lorsqu'il s'agira des régions végétales que nous pourrons nous occuper davantage de cette énigme que constituent la hausse et la baisse des limites altitudinales; il suffit de faire observer ici que dans ce cas, les conditions opposées portées au delà d'un certain degré peuvent avoir les mêmes effets; que les extrêmes du climat uniforme ainsi que du climat variable selon les saisons, exercent une action tout aussi défavorable et que c'est sous les méridiens intermédiaires et n'ayant point de valeurs extrêmes, que les végétaux remontent le plus haut dans les montagnes. Au reste, dans le cas où s'élèveraient quelques doutes relativement au problème, si ce phénomène tient réellement à l'influence de l'Atlantique, il suffirait de faire observer que la limite du Hêtre et peut-être même celle des neiges perpétuelles[8], autant qu'il est possible de déterminer cette dernière dans l'Europe méridionale, sont également soumises aux contrastes entre les positions occidentales et orientales, exactement semblables à ceux qui se produisent dans l'extension de la région toujours verte. Il paraîtrait plutôt que, sous le même cercle parallèle, cette variation climatérique exerce à l'égard de certaines plantes une action même plus forte que celle que produit sur la Méditerranée une différence dans les degrés de latitude. La région des végétaux toujours verts ne monte pas aussi haut dans la Lycie (36° L. N.) que sur la côte méridionale de la Thrace (41° L. N.); l'Olivier ne s'élève pas autant sur l'Etna (714 mètres ou 2,200 pieds sous la latitude nord de 38°) que sur le littoral de Nice (779^{m} ou 2,400 pieds sous 44°). La température plus élevée d'une position plus méridionale a peu d'influence sur les végétaux toujours verts, parce que cette température est accompagnée d'une saison sèche plus longue qui interrompt leur végétation.

En Espagne et dans le Portugal, les arbres à feuillage toujours vert se trouvent répandus sur presque toute la surface du pays, et pourtant, parmi les péninsules du midi de l'Europe, il n'en est point qui offrent une plus grande variété sous le rapport climatérique. A l'aride région du plateau intérieur, se trouve opposée l'humide côte de l'Atlantique; aux hivers rigoureux de Madrid la chaude dépression de l'Andalousie. Aussi, une diversité dans les espèces végétales telle qu'elle n'est guère dépassée par un pays quelconque de l'Europe, est la conséquence de ces transitions du climat uniforme au climat plus excessif, ainsi que de l'atmosphère extrêmement pluvieuse de Coïmbre au ciel presque constamment serein de Murcie; contrastes tantôt échelonnés d'une manière graduelle, tantôt séparés plus abruptement par des chaînes de montagnes. Dans le nord, depuis leur soulèvement central jusqu'au cap Finisterre en Galicie, les Pyrénées servent à marquer une limite tranchée à l'égard du domaine de la flore de l'Europe septentrionale, domaine dans lequel nous avons précédemment compris la contrée littorale de la Biscaye, où l'on voit peu de plantes qui n'appartiennent pas également à la France occidentale [9]. Immédiatement à côté du versant méridional des Pyrénées cantabres commence le vaste pays de plateaux qui embrasse la majorité de l'Espagne et se subdivisent en plusieurs sections naturelles à l'aide des chaînes montagneuses qu'il supporte. Ce pays élevé, dont l'altitude moyenne est de 650 mètres (2,000 pieds), a également un climat qui s'écarte de celui de la flore méditerranéenne et constitue un domaine spécial de la flore espagnole[10]. Tout en s'accordant par ses étés dépourvus de pluie avec la région toujours verte, dont à cause de cela il admet plusieurs végétaux, ce pays se distingue par un hiver plus rigoureux[11] et par une plus grande sécheresse atmosphérique. En effet, les surfaces élevées de l'Espagne sont encore plus arides que les régions littorales de la Méditerranée. De tous côtés, les montagnes frontières qui les circonscrivent absorbent les vapeurs aqueuses, et par suite de l'évaporation pendant la saison chaude de l'année, tarissent les ressources que l'atmosphère ou les montagnes ont pu restituer au sol en fournissant de l'eau courante. Jusqu'à un certain degré, les saisons sont ici semblables à celles de la flore des steppes de la Russie. A un printemps humide qui stimule la floraison de toutes les plantes, succède un été chaud et sec, et puis l'hiver réduit également leur période de développement. Mais si cela explique la réapparition de quelques végétaux du plateau de l'Espagne dans la steppe russe et dans l'Anatolie, il n'en est pas moins vrai que le nombre de tels végetaux est peu considérable. Car, après tout, l'hiver dans ces contrées n'est pas aussi rigoureux qu'en Russie. D'ailleurs, contrastant avec le climat excessif de l'intérieur du continent, ici l'action de l'Atlantique se fait tellement sentir que la majorité des plantes espagnoles ne supportent point le froid rigoureux des hivers de la steppe orientale. A titre d'intermédiaire spécial entre la flore méditerranéenne et celle de la steppe, le pays de plateau de l'Espagne possède une série considérable de végétaux endémiques déterminés par des conditions climatériques qui ne se reproduisent nulle part ailleurs en Europe. Enfin, les contrées plus basses qui entourent le plateau et qui y pénètrent du côté de la côte sont également bien loin d'avoir partout le climat méditerranéen. A l'est, les basses régions de l'Aragon et de Murcie s'écartent de ce climat par une atmospère bien plus sèche pendant toutes les saisons de l'année, parce que l'Aragon, complétement entouré de plateaux et de chaînes de montagnes, reçoit de toutes parts des courants atmosphériques déjà dépouillés de leur contingent de vapeurs aqueuses, et que, dans la province de Murcie, le sirocco du Sahara pénètre par le seul point où cette province se trouve ouverte du côté de la côte. Il s'ensuit que les deux provinces sont peu fécondées par des précipitations atmosphériques persistantes. Il est vrai, en été, les orages sont fréquents dans l'Aragon, mais ils sont rarement accompagnés d'abondantes pluies[12]. C'est ainsi que dans cette contrée également, le sol a été envahi par une végétation analogue à celle des steppes et qui se rapproche de la végétation du plateau, beaucoup plus qu'on ne s'y serait attendu en considérant la différence des conditions de température. Mais comme partout où l'eau courante tarit aisément, se forment souvent des dépôts de gypse et de sels de sodium, il en résulte du moins une uniformité dans les influences du sol ; et comme, de plus, dans tous les pays de steppes la végétation est disposée plutôt conformément à la nature du sol qu'aux conditions de l'altitude ou du climat, il importe peu, ce semble, pour plusieurs végétaux, s'ils ont à supporter l'hiver froid du pays des plateaux ou s'ils habitent une surface chaude où même en automne et en hiver il pleut peu et neige encore moins[13]. D'après cela, il ne resterait donc dans toute la péninsule que des districts littoraux peu nombreux dont le climat réponde complétement aux exigences de la flore méditerranéenne. Et encore, même dans ces districts, on voit se produire, selon la position des trois côtes, des particularités climatériques tellement prononcées qu'il en résulte autant de fractions spéciales de la flore espagnole. Toute la partie orientale de l'Espagne est bien plus sèche que la partie occidentale, parce que les courants atmosphériques venant de l'Atlantique sont les plus humides et amènent la pluie d'hiver favorable au développement de la végétation. Mais comme avant d'atteindre la province de Valence et la Catalogne ces vents équatoriaux de sud-ouest doivent traverser le plateau à atmosphère sèche, il s'ensuit que, dans la partie orientale de l'Espagne, la saison humide est moins développée que dans le Portugal, dont les rivières débordent en hiver à la suite de pluies torrentielles. Puis, la basse région de l'Andalousie, qui aussi devient graduellement plus humide dans la direction de l'ouest, doit sa position particulière à la latitude méridionale ainsi qu'à la proximité de l'Afrique, avec le littoral de laquelle elle a échangé beaucoup de végétaux. De même que sur le littoral de l'Algérie, dans l'Andalousie, la saison sèche de l'année est de quatre à cinq mois[14], mais grâce à la douceur de l'hiver la durée de la période de végétation se prolonge et profite de la température supérieure d'un ciel plus méridional. Séparée de la province de Valence par le plateau et par la terrasse littorale de celle de Murcie, la flore de l'Andalousie paraît se rattacher plus intimement à celle du Portugal méridional. Les parties sud et est de la péninsule se trouvent placées de la même manière à l'égard des courants atmosphériques; l'une et l'autre ne reçoivent le vent nord-est de l'été qu'après qu'il a été dépouillé par les plateaux élevés et par les chaînes montagneuses, des vapeurs d'eau que, dans d'autres conditions altitudinales, la Méditerranée et la baie de Biscaye n'auraient pas manqué de leur fournir. Plus le ciel est serein et plus s'élève la température de l'été qui ne peut être tempérée par la brise de mer que sur la côte même. Toutefois, sans tenir compte des transitions qui ont lieu dans les domaines frontières du midi, le Portugal et une partie de la Galicie constituent une dernière section indépendante, dont le caractère spécial tient à l'humidité du climat atlantique, sans que cependant les étés en deviennent moins exempts de pluies. Ici, la période de végétation est prolongée comme dans l'Andalousie, mais la chaleur est plus tempérée, et comme la majeure partie de la contrée est occupée par les chaînes de montagnes et que les limites altitudinales de la région toujours verte sont plus basses qu'en Espagne, la flore méditerranéenne se trouve réduite souvent à de gracieuses vallées ou à des parages littoraux plus étroitement circonscrits. Dans les provinces septentrionales du Portugal, de même que dans les parties les plus élevées de l'Espagne, le climat des régions de montagne donne naissance aux mêmes formes végétales de l'Europe septentrionale, dont nous indiquerons plus tard les conditions vitales dans le midi de l'Europe en traitant du climat.

Le seul pays en Espagne où la végétation offre peu de particularités, c'est la Catalogne. Bien que les Pyrénées la séparent de la France méridionale d'une manière tout aussi tranchée que de l'Aragon et de la Navarre, cette chaîne n'exerce guère une influence notable sur la répartition des plantes. La flore catalane s'accorde presque complétement avec celle du Roussillon et du Languedoc[15]. Cela tient à la similitude des climats et du développement continu de la côte. La flore de la France méridionale, le long du littoral ligurien, se rattache de la même manière à la flore italienne. Il paraît qu'en Espagne, la côte de la province de Valence se trouve également comprise dans les limites de cette végétation aussi riche que caractéristique[16]; en Italie, elle n'embrasse qu'un littoral étroit jusqu'aux Maremmes de la Toscane. Mais au sud de Valence, plus le climat est froid et sec, plus cette flore s'enrichit d'éléments caractéristiques, tandis que dans la Toscane, la végétation ligurienne, remarquable par sa diversité, s'évanouit promptement, parce qu'ici dans un sens inverse l'été est plus humide et l'hiver plus froid[17]. Sur le côté français, dans le système du Rhône, la flore méditerranéenne s'avance plus au nord qu'en Italie, et précisément ici se produit, à l'aide des Alpes et des Cévennes, l'une des limites végétales les plus tranchées de l'Europe tout entière; ce sont là des faits qui méritent d'être examinés de plus près. Nulle part on ne connaît de paysage plus brusque d'un domaine floral à un autre que sur le point où, entre Montélimart et Orange (44° 25' L.-N.) commence dans la vallée du Rhône la culture de l'Olivier. L'impression est d'autant plus vive que l'on n'a pas besoin, comme pour entrer en Italie, de franchir les Alpes; ici, les formes méridionales de la flore méditerranéenne se présentent, sans intermédiaire aucun, côte à côte avec la végétation de l'Europe septentrionale, et cela avec une telle abondance, qu'en France on ne compte pas moins de six cents végétaux agglomérés dans le triangle entre Nice, Orange et Perpignan[18]. Précisément à l'endroit où se trouve ce point de contact entre les deux flores, on a observé une brusque diminution dans les pluies d'été[19]; or, c'est ici que prend naissance ce vent dominant de vallée qui, connu sous le nom de mistral, donne à la Provence le climat sec qui la caractérise *. Bien que dans certaines années, la France méridionale ait des hivers d'un froid intense quoique passager[20], néanmoins, à Nice, la différence entre les températures du mois le plus chaud et du mois le plus froid n'est que d'environ quatre degrés plus forte qu'à Lisbonne[17]. Le climat de la région méditerranéenne trouve ici sa plus complète expression; la position des chaînes montagneuses qui entourent Nice fait que dans ce bassin ouvert le long de la côte, l'alizé d'été s'avance plus dans la direction du nord que dans les directions latérales, ce qui n'a pas lieu au même degré dans le domaine des Cévennes et des Alpes. Mais, en même temps, en sa qualité de mistral, ce vent revêt dans le midi de la France un caractère particulier; les Pyrénées ainsi que d'autres causes font dévier sa direction au nord-ouest et il acquiert souvent la violence d'un ouragan soufflant par saccades; au reste, de tels courants atmosphériques secs, se précipitant de la montagne sur la côte, ont lieu également dans les autres saisons de l'année, sans en excepter même l'hiver; partout où les Alpes maritimes n'offrent pas d'abri local, le mistral constitue le trait dominant du climat. L'air sec de ce vent est décidément préjudiciable aux poitrinaires attirés à Hyères et à Nice par la douceur du climat; on ne peut s'y soustraire qu'à Menton, qui est complétement abrité. Grâce à l'action fréquemment réitérée de ce vent orageux, on voit dans la vallée du Rhône, entre Orange et Avignon, tous les cyprès courbés en arc dans le sens du sud-est. A Marseille, le mistral souffle en moyenne pendant cent soixante-seize jours de l'année, en hiver aussi souvent qu'en été[21]. Ce vent qui diminue considérablement, sans doute, le charme du climat

* Dans les *Comptes rendus,* ann. 1872, t. LI, 2e sem., p. 1650, se trouve un travail de M. Lartigue intitulé : « Une Explication du mistral », fondé dans ses parties essentielles sur des considérations analogues à celles développées ici par M. Grisebach, à qui cependant appartient le droit de priorité, le travail de M. Lartigue ayant été publié quelques mois après l'ouvrage du savant allemand. — T.

de cette contrée, n'en est pas moins la cause principale de sa douceur, ainsi que de l'éclat de sa riche végétation. En effet, quand il souffle en hiver et au printemps, étant toujours accompagné d'un ciel serein ou légèrement nuageux, le soleil agit puissamment sur la température, même pendant ces saisons de l'année[22]. Si à Nice le mois de janvier est bien plus chaud qu'à Florence et à Lucques, et si, sur le versant méridional des Alpes maritimes la flore méditerranéenne s'élève relativement si haut, il ne faut pas l'attribuer seulement à une position plus occidentale à l'égard de l'Italie, ou à l'abri protecteur des montagnes, mais aussi à l'action locale du mistral. On ne peut apprécier à leur juste valeur les causes de ce phénomène que lorsqu'on l'admet comme la conséquence de la configuration plastique du pays. Quand on le considère sous ce point de vue, on ne trouve pas extraordinaire que les saisons de l'année qui, dans l'Europe méridionale, déterminent la marche alternante des courants polaires et équatoriaux, exercent ici une si faible influence. Le fait est que les vents sud, qui apportent les pluies hivernales, se trouvent ici en présence d'un littoral ou d'une basse plaine plus chaude que la mer, et en conséquence ils ne précipitent leur humidité que lorsqu'ils remontent les versants des Cévennes et des Alpes. C'est alors que la côte constitue la zone la plus chaude, car c'est là où s'élève l'air échauffé, en sorte que du haut des montagnes enveloppées de nuages, le mistral se précipite de temps à autre, comme une cataracte, dans l'espace occupé par l'air raréfié. Comme cet air se condense promptement mais irrégulièrement, le vent qui, en pareilles circonstances, descend en ligne oblique, sera tantôt accéléré par saccades, tantôt interrompu par des intervalles de repos. Mais, en même temps, il s'échauffe pendant son trajet en soufflant de haut en bas, et il passera donc de la région des nuages et des neiges dans l'atmosphère sereine de la côte placée sous l'action des rayons solaires. Les mêmes phénomènes peuvent se reproduire également dans d'autres saisons de l'année, parce que le contraste entre les froides régions des nuages et les chaudes contrées des côtes subsiste constamment. Aussi, sous l'empire d'une configuration analogue de la côte, le mistral se reproduit dans le domaine septentrional de l'Adriatique où il est connu sous le nom de Bora[23].

En Italie *, à l'exception de la côte ligurienne, il n'y a que la partie napolitaine de la péninsule qui possède décidément une flore méditerranéenne. Ce n'est qu'à Terracine, sur la limite méridionale des ci-devant États pontificaux, que l'on voit les premiers Palmiers, ainsi que des Orangers cultivés à ciel ouvert, végétaux si communs sur la côte ligurienne, tandis qu'à Florence et à Rome ils ne sont cultivés qu'isolément dans les endroits abrités des jardins. La majeure partie des végétaux qui composent les flores de la Toscane et des ci-devant États pontificaux, appartiennent, comme ceux de la Lombardie, aux formes de l'Europe centrale; seulement ils sont mélangés avec certains éléments de la région toujours verte, parmi lesquels le plus grand nombre s'avancent également ailleurs au nord des limites du domaine méditerranéen. Ce n'est que la côte napolitaine qui reproduit la richesse de la Riviera et de la Provence. Il en est de même de la côte orientale, sur l'Adriatique. Une foule de formes méridionales revêtent encore le promontoire du Gargano, sous la latitude de Rome (42° L. N.); les Abruzzes, de même que Rome et la Toscane, constituent déjà un domaine de transition à la végétation des Apennins, rappelant celle de l'Europe centrale; dans les lieux déprimés, on y trouve encore, à la vérité, des arbres à feuillage toujours vert ainsi que l'Olivier mûrissant ses fruits[24], mais peu de produits propres au climat méditerranéen, et encore moins d'espèces endémiques. Si, de plus, on considère que les ramifications des Apennins occupent une bonne partie de l'Italie moyenne et méridionale, et que, dans ce domaine de transition, la région toujours verte, là où elle se présente sur les côtes, ne paraît guère dépasser[6] l'altitude de 389 mètres (1,200 pieds), on comprendra combien peu d'espace est laissé au développement des plantes méditerranéennes. Depuis les forêts de Châtaigniers, de Chênes et de Hêtres (389-1,948 mètres, ou 1,200-6,000 pieds), on voit se ré-

* Voyez, pour tout ce qui concerne l'Italie, le travail de M. Parlatore, placé à titre d'Appendice à la fin de ce volume. — T.

péter la flore de l'Europe moyenne. J'ai déjà fait observer plus haut (p. 350), que ce phénomène tient à ce que dans la Toscane les étés sont plus humides et les hivers plus froids que sur la côte ligurienne. Or, nous devons maintenant examiner de plus près ce fait moins simple qu'on le croirait, en comparant entre eux les climats de Nice et de Florence. En effet, à Rome, où le caractère de la végétation tel qu'il se présente dans la Toscane n'a pas encore subi de modification essentielle, il pleut en été moins qu'à Gênes, et l'hiver est presque aussi doux qu'à Nice[25]. Quand il s'agit de l'action exercée sur la végétation par les précipitations atmosphériques, le volume d'eau tombée importe peu, pourvu que le sol en soit imprégné pendant un certain laps de temps; une petite quantité de liquide suffit aux exigences de la croissance, parce que ce n'est qu'une fraction de l'eau, dont la plante est humectée, qui pénètre réellement dans son tissu. C'est pourquoi les énormes différences qui se produisent sous l'empire des montagnes, dans la quantité d'eau pluviale, n'ont pas plus d'influence sur la distribution des plantes que n'en ont les conditions inégales de diverses années sur la fertilité d'un pays[26], en supposant, bien entendu, que certaines limites d'humidité ou de sécheresse du sol ne soient point dépassées. Même en été, lors d'une brusque explosion d'orage, de violentes chutes d'eau peuvent baigner la végétation toujours verte, et, malgré cela, physiologiquement parlant, elle n'en a pas moins joui d'un été dépourvu de pluies, parce que le sol est si promptement remis à sec, que les mouvements de la séve n'ont pas eu le temps de s'établir régulièrement. Si, au contraire, les précipitations atmosphériques ne comptent chaque mois que quelques fractions de millimètres, mais se reproduisent à des intervalles convenables, la circulation de l'eau dans les plantes en général ne sera pas interrompue, et alors se trouvent réunies les conditions vitales qu'exigent les végétaux de l'Europe septentrionale. En conséquence, parmi les appréciations météorologiques relatives aux précipitations atmosphériques, celles qui se rapportent au nombre et à la répartition des jours de pluie ont une plus grande importance que toutes les autres. Or, en appliquant ces principes à la comparaison entre la côte ligurienne et la Toscane ainsi que Rome, la divergence des caractères de végétation s'expliquera par ce fait que, tandis qu'en été il y a à Florence dix-sept jours de pluie et quinze à Rome, on n'en compte que six à Nice, et encore ne sauraient-ils être comparés aux premiers, s'il s'agissait de distinguer les pluies d'orage des pluies ordinaires. De même, la température du mois le plus froid, bien que les observations ne constatent sous ce rapport que peu de différence, pourrait également être d'un notable poids dans la balance; car, quand il s'agit de limites thermiques, une petite valeur suffirait pour produire un effet considérable sur la végétation. Mais si maintenant on se demande à quoi tiennent les différences de climat entre la Ligurie et l'Italie centrale, puisque l'une et l'autre possèdent des côtes exposées librement à l'action du Sahara, la réponse serait encore en faveur du mistral comme cause principale, dont les effets se font sentir même à Gênes. Dans l'Italie centrale, il n'y a point de ces contrastes entre des côtes élevées et abruptes et un littoral fortement échauffé par le soleil; ces pays sont riches en massifs montagneux centraux, dont les hauteurs et les vallées ne permettent guère à l'alizé d'été de se développer régulièrement. Or c'est là ce qui donne lieu aux conditions climatériques qui font naître dans le midi, au-dessus de la région toujours verte, une zone forestière telle qu'elle existe dans l'Europe centrale. Partout où les courants atmosphériques, lors même que ce seraient des vents alizés, ne se meuvent pas dans une direction horizontale, mais remontent en été les pentes des montagnes, cette saison n'est plus privée de précipitations aqueuses, et il se produit alors non-seulement des orages, mais encore de véritables jours de pluie qui suffisent pour faire naître les conditions climatériques d'une flore plus septentrionale. C'est pourquoi, lorsqu'il se présente un configuration plastique du sol répondant à de telles conditions, comme c'est le cas dans la majeure partie de l'Italie, et encore plus généralement dans la péninsule hellénique, on voit se former, sur les limites septentrionales de l'alizé, de vastes domaines intermédiaires passant à la flore de l'Europe centrale; dans la direction du sud, là où les courants atmosphériques deviennent plus chauds, ces domaines de transition se rétrécissent graduellement et passent de cette manière à une région franchement montagneuse. C'est ce qui fait qu'après son apparition sur la côte ligurienne, la flore méditerranéenne ne se présente plus en Italie que dans le ci-devant royaume de Naples, où elle élargit peu à peu son domaine dans la direction de la Sicile; ce qui n'empêche pas qu'ici encore elle se trouve interrompue par les régions forestières des Apennins calabrais. De même, les Apennins toscans donnent lieu à deux domaines de transition, dont il nous reste encore à examiner le domaine septentrional sous le rapport climatérique. La région basse du Pô ainsi que des rivières littorales de la Vénétie n'offrent des traces d'une flore méditerranéenne qu'autour des lacs lombards et sur les collines euganéennes près de Padoue. On dirait, à la vérité, qu'à la suite de l'ancienne culture dont a été l'objet cette plaine, qui aujourd'hui encore n'a pas sa pareille dans toute l'Europe sous le rapport des richesses naturelles, la végétation originaire aura été refoulée, et ne se sera conservée comme un débris du passé que dans ces localités isolées. Et pourtant, lorsqu'on compare les résultats des observations climatériques, et que l'on considère le changement subit de végétation constaté entre Venise et Trieste sur la côte illyrienne, où la région toujours verte est bien plus richement dotée que sur le lac de Garde, on reconnaît, dans la plaine du Pô, une constitution géographique particulière, dont il résulte que sa flore se rapproche plus de celle de l'Europe centrale que de celle du midi. L'été est ici tout aussi peu dépourvu de pluies que dans la Toscane; à Milan, dans cette saison, le nombre des jours de pluie est de dix-huit, à Venise de dix-neuf, et même à une certaine distance des Alpes, la quantité de pluie tombée est à peine moindre que sur le lac de Genève, tandis qu'au pied des Alpes elle est supérieure[27]. Si, de plus, nous voyons que dans ces contrées, les précipitations atmosphériques se trouvent réparties entre toute l'année, que la prédominance des pluies d'hiver sur les pluies de printemps n'y a pas lieu, et que l'automne n'y est pas beaucoup plus humide que l'été, il paraît évident que l'alizé d'été, qui produit cette séparation des saisons, ne pénètre en Italie que jusqu'aux Apennins du nord, qui, après tout, peuvent être considérés comme une continuation des Alpes maritimes. La région toujours verte des lacs lombards ne doit donc pas être considérée comme une expression normale du climat de ce pays, mais plutôt comme une déviation locale du caractère végétal de la plaine du Pô, exception que peut expliquer la température plus élevée produite par l'abri des Alpes contre les vents du nord. Aussi c'est une question ouverte ou bien susceptible seulement d'une solution presque arbitraire, que la question de décider s'il y a lieu de ranger la plaine du nord de l'Italie dans le domaine de la flore de l'Europe centrale, ou de la considérer, comme nous l'avons fait, eu égard à plusieurs formes végétales du midi qu'elle contient, comme un domaine de transition se rattachant aux contrées plus méridionales de la péninsule. Ce domaine diffère par des hivers plus rigoureux [28], des contrées situées au delà des Apennins du nord, et c'est là, à ce qu'il paraît, pourquoi, à partir de Bologne, l'Olivier n'y vient plus. Les différences de température entre le mois le plus froid et le mois le plus chaud s'élèvent, dans le domaine du Pô, à plus de 22° ; elles dépassent les valeurs extrêmes admises pour la région toujours verte, ainsi que cela résulte de la comparaison avec le climat de la côte illyrienne et celui de la Grèce. Les Alpes agissent donc sur la partie limitrophe de l'Italie de telle sorte que, bien qu'à leur pied elles la protégent encore contre les vents du nord et les froids de l'hiver, cependant, déjà à une distance peu considérable de là, les courants atmosphériques septentrionaux, refroidis par ces régions neigeuses, ne manquent pas d'atteindre la plaine où, même à Milan, ils se font tellement sentir, que la température de janvier ne s'y maintient qu'à un demi-degré au-dessus du point de congélation.

Sur la côte de l'Illyrie la flore méditerranéenne s'avance au delà d'un degré et demi de latitude (46° L. N.) plus au nord que dans la vallée du Rhône, notamment jusqu'aux parages de Goerz, en sorte que nulle part dans les Alpes, peut-être, la physionomie du sud ne se présente d'une manière plus pittoresque et plus caractéristique qu'à l'endroit où l'on passe des pentes boisées du rapide Isonzo au littoral de l'Adriatique. C'est ici, au pied des Alpes carniques, que se trouve en général le point le plus septentrional que la flore méditerranéenne ait atteint dans un pays quelconque. Ce qui rend ce phénomène encore plus frappant, c'est que les deux côtés de l'Adriatique se comportent d'une manière tout opposée. Ainsi que nous l'avons vu (p. 353), la côte italienne se trouve, sur un espace de trois degrés de latitude, encore dépourvue de la plupart des formes végétales du midi, tandis que les végétaux toujours verts revêtent sans interruption tout le littoral oriental du golfe depuis Trieste jusqu'à la Dalmatie et au delà. Ce n'est pas seulement grâce à l'abri protecteur des Alpes, qui bordent constamment la côte illyrienne jusqu'à l'Albanie, que la température de l'hiver se trouve ici rehaussée, de même que cela a lieu sur les bords des lacs lombards, mais il s'agit, de plus, d'une répartition particulière des pluies, fait que l'on peut constater ici comme ailleurs. Il est vrai, lorsqu'on compare entre eux les étés de Trieste et de Venise, les résultats pluviométriques ne semblent guère confirmer cette assertion, bien que tout autour de ces deux villes littorales si rapprochées l'une de l'autre, les différences entre le caractère des végétations respectives soient déjà parfaitement prononcées. A Trieste, par suite de la proximité des montagnes, non-seulement les précipitations atmosphériques en général sont plus considérables qu'à Venise, mais même pendant l'été elles le sont encore un peu (à Trieste 13$^{m.m.}$, à Venise 17$^{m.m.}$)[29]. Cependant le nombre de jours de pluie à Venise est aussi grand qu'à Milan, et ce qui prouve que tel n'est pas le cas de Trieste, où les données sur cette valeur font défaut, c'est qu'à la fin de la saison chaude, la végétation y est brûlée par le soleil tout autant qu'en Dalmatie. Tellement il est vrai que l'on peut être induit en erreur par l'appréciation seule de la quantité des précipitations qui, sans doute, ne sont aussi considérables à Trieste pendant l'été que parce que des averses orageuses isolées sont à même de fournir un plus grand volume d'eau. Bien que dévié par la position des côtes, l'alizé d'été se développe dans l'Adriatique jusqu'à l'extrémité septentrionale du golfe, tandis que la plaine du nord de l'Italie est soustraite à ce vent par les Apennins. Lorsque les courants atmosphériques septentrionaux acquièrent la violence de la Bora, ses effets, sur la côte illyro-dalmate, sont semblables à ceux du mistral dans la Provence; et puisque la Bora a son origine dans les montagnes carniques et croates qui s'élèvent aussi abruptement que les Alpes maritimes au-dessus de l'étroite bande côtière qu'ils bordent, le constraste entre la région toujours verte et la végétation de l'intérieur du pays s'y trouve également prononcé d'une manière extrêmement tranchée. Ce n'est que dans le golfe de Fiume, où le myrte est encore indigène à Lussin tandis qu'il est exclu de la partie septentrionale de l'île de Cherso [31], que cette lisière de la flore méditerranéenne subit une interruption. Au reste, des conditions climatériques analogues règnent depuis l'embouchure de l'Isonzo, dans l'Illyrie, jusqu'au lac de Scutari dans l'Albanie. Or, comme depuis ces contrées, la ceinture de végétation méridionale dont il s'agit se continue [31] le long de toute la péninsule hellénique ainsi qu'au travers de la Thrace jusqu'aux ramifications du Balkan sur le littoral de la mer Noire (43° L. N.), il s'ensuit que la flore illyrico-dalmatique se rallie beaucoup plus intimement à celle de la Grèce qu'à celle de l'Italie. En effet, ici on ne voit pas se reproduire les grandes divergences climatériques qui subdivisent en fractions diverses, d'une manière, les côtes de l'Espagne et, d'une autre, les côtes de l'Italie. Ce qui est commun à toutes les contrées de la péninsule hellénique c'est la température rigoureuse de l'hiver; mais celle-ci offre des gradations si faiblement accusées depuis l'Adriatique jusqu'au Bosphore, que lorsqu'on consulte les observations relatives à la différence de température entre les mois de janvier et d'août, observations faites à Janina, à Athènes et à Constantinople [32], les seules localités (mais précisément si importantes par leur position pour la question) sur lesquelles des données de cette nature soient connues, nous n'obtenons que des valeurs dont l'accroissement dans la direction de l'est n'est que d'environ 2° (19°1–21°2). Dans la péninsule hellénique, le développement de la végétation toujours verte se trouve arrêtée, non-seulement par la sécheresse de l'été, mais aussi, bien que d'une manière passagère, par la température trop fraîche des mois d'hiver; cette végétation y subit deux interruptions, dont l'une est à peine sensible dans l'Andalousie et dans les parages de Nice. Il en résulte qu'en Grèce, sous la même ligne isotherme, la période de végétation est beaucoup plus courte que sur les côtes situées plus à l'ouest. Néanmoins, ici aussi, la flore se subdivise en trois régions, moins d'après la position géographique que d'après les conditions altitudinales qui, dans la péninsule hellénique, donnent lieu bien plus encore que dans les autres péninsules à la formation de domaines floraux circonscrits indépendants. La flore de l'Europe centrale pénètre constamment du côté du nord dans l'intérieur du pays et en domine la majeure partie, tandis que, sur les hauteurs plus froides qui surgissent çà et là comme autant d'îles au milieu des chaînes montagneuses diversement ramifiées, on voit la végétation alpine déployer une variété de formes comme bien peu d'endroits en Espagne ou sur les Apennins pourraient en offrir de semblables. La configuration toute particulière de chaînes montagneuses sous forme circulaire revenant sur elles-mêmes, telles qu'elles se manifestent pour la première fois dans le Karste illyrien par l'écoulement souterrain des eaux, se reproduit fréquemment depuis la Croatie jusqu'à la Macédoine et la Grèce; elles produisent tantôt des vallées circonscrites, souvent d'une étendue considérable, dont le fertile sol alluvial attire une population compacte, tantôt des plaines qui cependant ne sont nulle part suffisamment élevées pour donner lieu au développement du climat des pays à plateaux, tandis que la conformation susmentionnée des montagnes contribue à individualiser davantage chacune des fractions florales, parce que les conditions climatériques y parcourent une échelle graduelle conformément aux diverses altitudes, et qu'en même temps les eaux qui s'écoulent par des gorges ou des *katavôthres* ont moins de facilité à répandre et à mélanger les plantes. Depuis l'Albanie, la région toujours verte pénètre plus ou moins loin de la côte à l'intérieur, et atteint, dans les parages de Janina, la chaîne centrale du Pinde (40° L. N.).

Comme cela n'a pas lieu sur le versant oriental de cette chaîne, dans la Thessalie, et comme une telle végétation ne se développe (et alors, à la vérité, de la manière la plus luxuriante) qu'en dehors de la plaine et dans l'enceinte intérieure des montagnes de la vallée de Tempé, il s'ensuit que la flore de l'Europe centrale y continue sans interruption jusqu'à la latitude de la Calabre méridionale (39°). Et même au delà de l'isthme de Corinthe, les plaines élevées du pays montagneux de l'Arcadie offrent, à l'instar des contrées du nord, des prés favorables à l'élève du bétail [33]. Au contraire, dans l'Albanie méridionale, ainsi que dans les provinces livadiennes et une bonne partie de la Morée, la végétation toujours verte occupe une partie plus grande de la surface du pays [34], et l'on y voit au milieu de cette nappe verdoyante les montagnes nues ou seulement couronnées de forêts surgir en chaînes étroites ou en sommets massifs. On a souvent prétendu, à l'égard de ces contrées, que depuis l'antiquité le climat et par conséquent la végétation y ont subi une altération essentielle, et que, par suite de la destruction des forêts, la circulation des eaux y aura diminué, au point que ce fait expliquerait en grande partie la décroissance des richesses naturelles du sol et le déclin de l'ancien état florissant de la culture. Ainsi que M. Unger l'a démontré, en s'appuyant sur des documents fournis par l'antiquité [35], il y a lieu de considérer cette opinion comme très-exagérée. Sans doute on ne saurait nier que partout où l'homme établit sa domination au milieu de la nature primitive, il doit abattre les forêts pour forcer le sol à lui fournir un tribut plus considérable, que par là il porte décidément atteinte à l'ordre du monde physique, que là où la charrue éclaircit l'ombrage des arbres, le climat devient non-seulement plus sec mais encore d'un caractère plus continental, et que les réservoirs souterrains où leurs profondes racines pourraient puiser les substances nourricières à l'usage du règne végétal n'en fournissent plus à une végétation qui n'y pènètre pas. De même il est indubitable que ces influences ont dû avoir acquis plus de force encore dans tout le domaine de la Méditerranée, eu égard à la longue durée de l'état de civilisation florissante de ses habitants et de la dégradation de leurs descendants. Toutefois, on a dit avec raison que « la civilisation ne creuse nullement sa propre tombe ». C'est que les forces de la nature agissent avec plus de puissance et sur une plus large échelle que les efforts de l'homme qui lutte avec elles. Si en effet l'Attique a beaucoup perdu, si le chiffre annuel de l'eau tombée n'y est que de 0m,27, ce qui assurément n'était pas le cas alors que les hauteurs se trouvaient boisées; par contre, dans l'Albanie septentrionale se sont conservées les vastes forêts de Chênes qui depuis là s'étendent à travers la Servie jusqu'au Danube et exercent sans doute sur le climat de la péninsule une influence plus considérable que les côtes dénudées de la Grèce. En effet, déjà à Janina le chiffre pluviométrique atteint annuellement la valeur élevée de 4m,14, valeur à peu près aussi forte que celle fournie par une vallée humide des Alpes, quoique à la vérité répartie d'une manière très-peu favorable à la végétation[36]. La connexion entre la végétation de l'Albanie septentrionale ainsi que de la Macédoine et celle de la Servie et de la Hongrie, végétation à caractère de l'Europe centrale, se manifeste dans ces forêts d'une manière très-prononcée, et se trouve favorisée par ce fait que dans les parages du champ des Merles (*Campus Cassobus*) (42° L. N.), des lacunes donnent lieu sur plusieurs points à une solution de continuité entre les Alpes bosniaques et les chaînes du Balkan et du Rhodope. Ici, au pied du Scarde septentrional, les vastes bassins des vallées du Drin blanc, du Vadar supérieur, se trouvent à une altitude bien inférieure (227-276 mètres ou 700-850 pieds[37]) à celle que la région toujours verte atteint sur la côte. Mais ce qui prouve que l'alizé d'été n'arrive point jusqu'à ces contrées, c'est que, malgré son niveau si peu élevé dans l'intérieur du pays, la végétation a parfaitement le caractère de celle de l'Europe centrale, et qu'au cœur de l'été rien n'indique un état quelconque d'aridité. Les chaînes montagneuses albano-grecques produisent dans cette contrée le même effet que les Apennins en Italie qui maintiennent pendant l'été la fertilité de la Lombardie en la garantissant contre les vents secs. La limite entre les pays à étés sans pluie et les contrées intérieures qu'embrasse le domaine de la végétation de l'Europe centrale se trouve représentée par une ligne qui, partant des Alpes dinariennes, se dirige à travers les gorges du Drin, près de Scutari, jusqu'au haut Tomoros, près de Bérat, où elle s'écarte graduellement de la côte, puis dans la direction sud-est atteint le Pinde (40° L. N.), et enfin se termine à la chaîne de l'Othrys (39° L. N.). On serait donc autorisé, encore plus qu'en Italie, à rattacher ce vaste espace à la flore septentrionale, parce qu'aucune arête montagneuse ne le sépare des contrées danubiennes. Des relations semblables se reproduisent dans la moitié orientale ou macédono-thracique de la péninsule. Ici le Rhodope paraît exercer sur le développement de l'alizé estival une influence analogue à celle qui, dans la Grèce, se trouve dévolue au Pinde. Dans la contrée comprise entre la côte thessalienne et au delà du cap de Chalcidice, la flore méditerranéenne est le plus richement représentée; mais dans la Thrace elle emprunte quelques éléments à la végétation des steppes : des études ultérieures effectuées dans la vallée de la Maritza et dans la Bulgarie sont nécessaires pour permettre de déterminer avec plus de précision les limites entre les pays à climat de steppe situés dans le Delta danubien, et ceux caractérisés par la végétation de l'Europe centrale et la végétation toujours verte.

La quatrième péninsule, celle de l'Anatolie, ressemble à l'Espagne tant par sa configuration et son extension que par la conformation de sa surface, mais elle en diffère par le fait que la plaine élevée qui s'étend à travers l'intérieur de la péninsule et qui souvent n'est séparée de la côte que par des montagnes marginales ou une étroite bande littorale, possède une altitude plus considérable qu'on pourrait évaluer en moyenne à celle de 974 mètres (3,000 pieds). De telles conditions de relief donnent lieu à un véritable climat de steppes, et par suite la période de végétation y est réduite à une courte floraison printanière. De plus, comme l'Asie Mineure se trouve en connexion non interrompue avec la haute région arméno-persane, on ne peut, conformément aux considérations physiques, ranger dans le domaine méditerranéen que les contrées littorales. Grâce à cette connexion des steppes avec la zone toujours verte et aux montagnes alpines disséminées çà et là sur toute la surface de la haute région où reparaissent les plantes du nord de l'Europe, et où de riches et indépendants centres de végétation ont conservé leur isolement primordial, la flore de l'Anatolie est bien plus variée encore que la flore de l'Espagne. Mais il en est de même des contrées littorales, les seules que nous ayons à considérer en ce moment. Car elles aussi offrent des contrastes climatériques à l'instar des côtes espagnoles, et, dans les deux pays, ces contrastes sont l'expression de leur diverse position à l'égard de la mer ; tandis que, conformément aux exigences normales de la latitude et de la position continentale de l'Asie Mineure, le climat de la côte occidentale de l'Ionie se rattache directement à celui des côtes grecques et par là a rendu possible un échange de plantes à travers la mer Égée ; la région côtière de la Cilicie rappelle l'Andalousie, comme, dans sa moitié orientale, le Pont rappelle les humides Asturies. D'ailleurs, de même que sous les rapports du climat et de la végétation, le midi de l'Espagne se rallie à la partie opposée de l'Afrique, comme la côte cantabre à l'ouest de la France, ainsi la flore cilicienne passe à la flore syrienne, et celle du Pont à celle de la Mingrélie, sans que le changement qui se produit dans la direction de la ligne littorale exerce une influence appréciable sur ces conditions. La côte ionienne nous fait voir, dans le climat de Smyrne[38], presque la même différence entre le mois le plus chaud et le mois le plus froid qu'à Athènes (22° 5) ; dans l'île limitrophe de Chios on a constaté la même rareté de pluie (62 jours de pluie par an). Ce qui doit augmenter la sécheresse de l'été dans ces contrées, c'est que l'alizé descend du pays des plateaux. Il en est de même du littoral méridional, où, d'après les observations faites à Tarsus, sur la côte cilicienne, le nombre des jours de pluie est en effet encore moins grand (seulement 46 par an)*. Mais ici la température s'élève considérablement, non pas à la suite de la différence, d'ailleurs peu considérable, de latitude, mais par des causes qui agissent également à Nice, et qui tiennent à ce que les massifs

* Voyez pour Chios ma *Climatologie de l'Asie Mineure*, p. 251-255, et pour Tarsus, *ibid.*, p. 201-235. — T.

élevés des chaînes ouest-est du Taurus se dressent abruptement au-dessus de la région littorale et la garantissent contre les vents du nord. C'est pourquoi ici le climat continental se trouve supprimé; l'hiver y est extraordinairement doux, bien que cependant il neige quelquefois, et la différence entre le mois le plus chaud et le mois le plus froid est seulement de 17° 5. C'est à la côte méridionale de l'Anatolie que correspond la limite du Dattier, qui, à ce qu'il paraît, se voit çà et là dans la région littorale comprise entre la Syrie et la Lycie, mais fait défaut à la région occidentale de la péninsule*. Plus compliqués sont les phénomènes climatériques sur la côte septentrionale près de la mer Noire. La culture de l'Olivier, qui commence aux régions littorales du sud et de l'ouest de l'Anatolie et qui, à Brousse, au pied de l'Olympe, brille encore dans tout son éclat, n'a plus lieu sur le Bosphore et s'évanouit dans la partie occidentale de la côte pontique, pour reparaître encore une fois, plus à l'est de l'autre côté du promontoire de Sinope [39]. Si la cause de ce phénomène tient aux hivers rigoureux de Constantinople, il ne peut, dans tous les cas, être question que de limites thermiques qui, ici, sont dépassées, et, à Trébizonde, ne se trouvent pas atteintes. Mais les différences dans le caractère de végétation entre les parties occidentales et orientales de l'Anatolie sont beaucoup trop importantes pour qu'on puisse s'en rendre compte à l'aide d'une explication semblable; elles tiennent plutôt à ce que la flore pontique constitue un domaine séparé, tandis qu'à l'ouest de Sinope, la végétation répond à celle de la côte de Thrace sur le Bosphore. La flore du Pont, au contraire, telle que nous la connaissons par les collections faites à

* Je n'ai, en effet, observé nulle part le Dattier sur la côte occidentale de l'Asie Mineure; il ne se présente qu'isolément sur certains points de la côte méridionale, mais sans donner de fruits mûrs. On en voit quelques pieds à Alaya, Adalia, Tarsus, Adana, et sur le golfe d'Alexandrette. Dans la belle plaine d'Alaya, à peu de distance au sud-est de la ville de ce nom, s'élève un vigoureux Dattier, non loin d'un superbe *Melia Azedarach,* du tronc excavé duquel sort un Figuier, qui au point où il surgit se trouve enchâssé comme dans un étui; le tronc du Mélia a 1^{m},45 de circonférence, celui du Figuier 0^{m},25. Sans doute cette bizarre alliance a été occasionnée par l'introduction du fruit d'un Figuier dans le tronc du Mélia, où il aura trouvé les conditions nécessaires à son développement. — T.

Trébizonde et dans le Lasistan, s'accorde avec celle de la côte orientale de la Mingrélie jusqu'au pied du Caucase. Elle possède, à la vérité, une région toujours verte, de même que le reste du littoral de l'Anatolie, mais les arbustes sociaux qui constituent cette région, d'une part, représentent des espèces particulières, et, d'autre part, se trouvent mélangés avec des végétaux ligneux de l'Europe centrale; dans leur agglomération compacte, ils déploient une richesse extraordinaire de développement. De cette manière, il se forme ici un domaine de transition indépendante qui passe à la flore de l'Europe septentrionale, aux forêts du Caucase et aux régions supérieures de la chaîne pontique. La cause climatérique repose sur les conditions d'humidité, conditions qui s'éloignent complétement des exigences de la flore méditerranéenne. En effet, l'été qui à Constantinople n'a que six jours de pluie, en compte vingt-huit à Trébizonde, et même juin, dans cette dernière localité, est le mois le plus humide de l'année. La côte ponto-mingrélienne est du nombre de ces régions où les précipitations atmosphériques se trouvent réparties si également entre tous les mois de l'année, que la végétation n'y est jamais interrompue par la sécheresse. Or, comme les alizés du nord dominent en été tout aussi bien à Trébizonde qu'à Constantinople, nous sommes forcés de chercher l'explication de ce phénomène dans les différences que présentent ces deux fractions littorales sous le rapport de leurs conditions de relief. M. Abich[41] avait rattaché l'humide climat maritime de la Mingrélie à l'influence du Caucase, où les courants atmosphériques venant de la mer Noire déposent leur humidité, tandis que ces massifs montagneux offrent un abri protecteur contre les vents froids de la steppe. Pierre de Tchihatchef, auquel nous sommes redevables de tant de solutions importantes relativement au climat de l'Anatolie, fait valoir une considération semblable à l'égard de la côte pontique qui, elle aussi, est garantie du froid par le Caucase. Et, en effet, il est très-remarquable que la flore pontique ne s'étende qu'aussi loin que la chaîne principale du Caucase se trouve au nord-est opposée à la côte de l'Anatolie. Sans doute, cette côte se trouve soustraite par le Caucase, comme l'est la Thrace par le Balkan, aux influences réfrigérantes des hivers de steppes russes qui se font encore sentir dans les contrées du Danube inférieur. Mais il ne s'agit pas d'expliquer seulement la température plus élevée du littoral pontique, laquelle ne diffère pas beaucoup de celle de Constantinople, mais encore l'humidité de l'été dont résulte un déplacement dans la période du développement des plantes. Comment le Caucase pourrait-il agir à une si grande distance sur la quantité de vapeurs aqueuses contenues dans l'atmosphère, et cela lorsqu'une vaste mer se trouve interposée? La cause de cette humidité de la côte pontique doit donc être cherchée dans les montagnes pontiques elles-mêmes qui se dressent en formes abruptes le long du littoral près des frontières limitrophes de l'Arménie, et qui, pendant l'été, doivent donner lieu à des précipitations d'autant plus abondantes, que leur axe est opposé perpendiculairement aux vents maritimes dominants à cette époque, notamment à l'alizé de l'été. Il est vrai, quelques hautes rangées de montagnes se succèdent également à l'ouest de Sinope, mais à partir du promontoire septentrional de l'Anatolie, la côte s'infléchit au sud-ouest et les arêtes des montagnes manifestent cette inflexion d'une manière encore plus prononcée, en sorte que, dès lors, l'alizé d'été souffle le long de ces montagnes ou bien les coupe sous un angle peu considérable; et c'est ainsi qu'en persistant dans sa direction horizontale, il conserve la quantité de vapeurs aqueuses dont il est chargé; or c'est à la condensation de ces vapeurs que tient l'humidité du Pont, comme à leur dissolution la sécheresse de la saison chaude à Constantinople. Dans le Pont, grâce à un climat plus humide, les pentes des montagnes se sont revêtues d'une végétation ligneuse plus compacte, ce qui contribue également à maintenir et à rehausser le contraste entre les deux parties de la côte*.

* En faisant ressortir (*Asie Mineure, Climatologie*, pp. 104, 106 et 163) les contrastes entre les deux régions de la côte septentrionale de l'Asie Mineure, que j'ai divisée, sous le rapport climatérique, en région *à climat byzantin* et en région *à climat trapézéen* (*Ibid.*, pp. 370-377), je n'avais assigné au Caucase que le rôle d'un rempart protecteur contre l'action directe du courant polaire, mais nullement le rôle de condensateur des vapeurs aqueuses contenues dans l'atmosphère; ce

Les limites orientales extrêmes du domaine méditerranéen sont situées sur la crête sud de la chaîne mesgique qui rattache le Caucase à la haute région de l'Arménie et sépare le domaine humide du Rion pontique d'avec les contrées plus sèches du Kour caspien, où se développe le climat des steppes. Le Caucase occidental lui-même, ainsi que les massifs montagneux sur la côte méridionale de la Crimée, séparent également la steppe russe d'avec la région toujours verte, mais de telle manière que sur le littoral de la presqu'île taurique, la flore méditerranéenne proprement dite se produit de nouveau, protégée contre les froids comme à Nice et dans l'Illyrie par les parois escarpées de la chaîne montagneuse. Ainsi partout ce sont les rangées de hauteurs qui, selon leur disposition, leur direction et leur altitude, isolent d'une manière tranchée, sur les côtes de la mer Noire, trois flores à caractères différents, savoir : la flore méditerranéenne dans les parties sud-ouest de cette côte, ainsi que sur le littoral de la Crimée, qui lui est opposé, la flore pontique dans la région orientale depuis Sinope jusqu'au Caucase, et enfin une végétation de steppe dans le nord-ouest, où le sol est plat, et où cesse l'influence des montagnes.

De même que du côté de l'est, la flore du domaine méditerranéen est, sur plusieurs points, en contact avec les steppes, ainsi, du côté du sud, elle confine à la zone dépourvue de pluies de l'Afrique et de l'Arabie. Les conditions climatériques sont ici beaucoup plus concordantes que dans les quatre péninsules de la Méditerranée. La Syrie d'un côté et l'Algérie et le Maroc de l'autre, bien que séparés par une vaste partie de la côte tripolitano-égyptienne, où le Sahara atteint partout la mer, offrent à peu près les mêmes conditions de végétation. Ici, dans les régions de l'est, la distinction d'un climat plus continental n'a presque plus lieu. Ce qui est commun à toutes ces régions et ce qui en même temps les réunit entre elles et les rattache à

dernier rôle appartient évidemment aux montagnes mêmes qui bordent le littoral pontique ; sous ce rapport donc il ne peut y avoir aucune divergence entre M. Grisebach et moi, puisque les conditions orographiques signalées par moi sont autant de prémisses contenant virtuellement les conséquences qu'il en a si justement déduites. — T.

l'Andalousie et à la Sicile, c'est la durée prolongée de la saison sèche et de la température plus élevée de l'hiver[42]. Mais bien que ces faits préludent à la proximité de la zone dépourvue de pluie, la transition au Sahara ne s'en opère pas moins presque partout d'une manière subite. C'est à peine si à Jérusalem on a compté soixante-neuf jours de pluie, que déjà, à quelques lieues au sud de cette ville, on entre de plain-pied dans le désert d'Arabie dépourvu de pluies. Et pourtant, la conformation plastique du pays n'en reste pas moins la même, tandis qu'en Afrique l'Atlas peut être considéré comme une barrière climatérique naturelle entre le Sahara et la flore méditerranéenne des régions côtières. Tout dépend uniquement de la question de savoir si les courants équatoriaux de l'hiver qui amènent la pluie s'abaissent ou non jusqu'à la surface du sol : c'est là ce qui établit une ligne de démarcation tranchée, même quand il s'agit de plaine. Aussi dans ces régions de l'Afrique, les domaines de transition entre la flore méditerranéenne et la flore du désert ne sont connus qu'en peu d'endroits : nous les mentionnerons en parlant du Sahara. Sur le littoral de la Cyrénaïque, où le désert se trouve séparé de la mer par une rangée de hauteurs, la végétation paraît se comporter à peu près comme en Algérie. Par contre, la flore méditerranéenne de la Syrie n'a que peu d'affinité avec celle de l'Afrique du nord, en tout cas, pas plus que des régions littorales quelconques du midi de l'Europe; cela tient probablement, avant tout, à la distance considérable à laquelle se trouvent situés les uns des autres ces centres de végétation, séparés par le Sahara maritime. D'ailleurs, d'autres influences climatériques d'une nature moins saillante pourraient bien y avoir leur part. La saison hivernale pluvieuse à Alger, où elle est accompagnée de vents de nord-ouest [43] et par conséquent se rattache à l'action hygrométrique de l'Atlantique, se trouve régulièrement développée, et domine avec une grande persistance pendant quatre mois, depuis novembre jusqu'à février. En Syrie, le commencement de la saison pluvieuse est moins déterminé et les précipitations atmosphériques se réduisent presque à des averses d'orages passagères mais fort abondantes[44], ce qui les rapproche de phénomènes semblables qui se produisent également dans le Sahara. L'humectation des végétaux s'effectue donc dans les deux contrées d'après un ordre différent, et l'organisation des plantes syriennes doit résister à l'irrégularité avec laquelle l'eau leur est fournie. D'autre part, l'Algérie se rattache davantage à la flore andalousienne, également par ce fait que l'Atlas donne lieu à une subdivision en régions végétales distinctes, semblables à celles que présentent les montagnes opposées dans le midi de l'Espagne. D'ailleurs, sur le versant méridional de l'Atlas, on voit intercalée, entre la haute région et le Sahara, une végétation comparable à celle des steppes du pays de plateaux de l'Andalousie.

Enfin, le domaine de la flore méditerranéenne se trouve encore considérablement élargi par les îles et les archipels de ces parages, qui reflètent partout cette végétation sous sa forme la plus pure et en rehaussent souvent la variété par des centres de végétation qui leur sont propres. Depuis la Corse et les Baléares jusqu'aux îles de Thasos et de Chypre, ces îles se rattachent toujours, sous les rapports du climat et des formes végétales, exactement aux pays continentaux dont elles sont géographiquement les plus voisines.

Après cette revue des différences climatériques qui subdivisent le domaine méditerranéen en sections naturelles, il convient d'examiner de plus près les influences auxquelles la période de végétation est soumise, à la suite de la répartition des pluies et à la forme de la courbe de la température annuelle. Mais comme dans les régions montagneuses et dans les districts de transition ces conditions répondent à celles qui existent dans l'Europe centrale et septentrionale, nous pouvons nous borner à indiquer la marche que suit le développement des plantes dans la flore méditerranéenne; cependant, pour bien saisir ce sujet, nous devons d'abord consulter l'expérience de l'économie rurale, relativement aux végétations cultivées dans le midi de l'Europe.

En prenant pour point de départ la température plus élevée du midi, on voit que cette dernière déplace la période de développement des Céréales, et qu'à mesure qu'on s'éloigne des

Alpes pour se rapprocher de l'Afrique, l'époque de la moisson se trouve accélérée. Dans la même année où à Rome le Froment d'hiver était mûr au commencement de juillet, on le récoltait à Naples un mois avant, à Palerme dans la seconde moitié de mai, à Malte déjà à la mi-mai ; et comme les semailles aussi ont lieu plus tôt dans les contrées plus septentrionales que dans celles du midi, la période comprise entre la germination et la récolte offrait des divergences encore plus prononcées; elles sont représentées dans les localités susmentionnées par le nombre de jours suivants : 242 (Rome), 195 (Naples), 171 (Palerme) et 164 (Malte); dans cette dernière localité, l'étendue de la période était, relativement à Berlin (299 jours), réduite à presque la moitié[45]. Au reste, cette accélération n'est point la conséquence d'une croissance plus rapide, mais tient à ce que l'interruption que subit la croissance pendant les mois d'hiver va en s'évanouissant dans la direction du midi. Le Froment d'hiver entre, après la germination de la graine, dans la période stationnaire de son développement, aussitôt que la température commence à baisser au-dessous de 7° 5. A Berlin, les cinq mois de novembre à mars ont en moyenne une température plus basse; il n'y reste donc pour la période du développement du Froment que six mois, notamment octobre et le temps compris entre avril et août. A Palerme, où la température du mois le plus froid est au delà de 10°, cet état stationnaire hivernal se trouve supprimé, et la période comprise entre les semailles et la récolte est également presque de six mois. Toutefois, ainsi que nous le verrons plus tard, ces faits à eux seuls ne sauraient rendre compte de toutes les différences qu'offre la période dont il s'agit.

Généralement parlant, le midi de l'Europe a sur le nord le grand avantage que le même champ peut y donner dans la même année plusieurs produits. Déjà, dans les vallées des Alpes méridionales, en Carinthie, on obtient, après la récolte des Céréales, une récolte automnale de Blé sarrasin. Puis, dans la Lombardie, c'est à l'avantage de voir le même champ fournir la même année plusieurs récoltes, que tient la valeur élevée du sol, aussi bien qu'à la facilité de cultiver dans les interstices qui rattachent les mûriers à la vigne, des Céréales et d'autres végétaux, doués d'une période de développement encore beaucoup plus longue. Mais plus au sud, où cessent les pluies d'été de la Lombardie, des conditions opposées se produisent graduellement à l'égard de l'agriculture, car elle s'y trouve limitée à une période plus courte, par suite de la saison sèche. En effet, bien peu de végétaux peuvent, à l'instar de la vigne, supporter l'aridité de la saison estivale. Dans les parages de Montpellier, on voit en août à peine une feuille verte quelconque, à l'exception de celle de la vigne, dont les racines, pénétrant à une profondeur considérable, peuvent absorber l'eau souterraine, le niveau de laquelle baisse proportionnellement à la durée de la saison sèche, ce qui permet à la tige de ce végétal de maintenir la circulation de sa séve.

Dans les contrées méridionales, et à un plus haut degré encore dans l'Orient, l'agriculture se trouve, en conséquence, réduite à des périodes de l'année de plus en plus circonscrites, lorsqu'elle ne repose que sur les ressources fournies par l'atmosphère. Dans de telles contrées, l'époque de la sécheresse devient plus longue, et lors même que, grâce à la douceur de l'hiver, il reste encore à l'Andalousie une longue série de mois pendant lesquels le développement des plantes n'est pas complétement interrompu, le contraire a lieu dans l'Orient et sur les plateaux de l'Espagne, où ce développement est réduit à des limites plus étroites, à la suite non-seulement de la saison sèche, mais aussi de la saison froide. Une accélération dans les procédés de l'évolution n'est point pour la vie organique une conséquence essentielle de l'accroissement de la température; autant qu'elle est possible, cette accélération a pour chaque plante une certaine limite qui ne saurait être dépassée, parce que le procédé de l'évolution étant un travail particulier de croissance, chaque plante a besoin d'un temps déterminé pour accomplir ce travail. Des plantes à période de végétation plus longue, telles que le Riz, le Maïs, ne peuvent réduire leur développement à quatre mois, en sorte qu'on voit enfin se présenter des pays où en général la culture des Céréales ne serait plus possible.

Toutefois, ces limitations peuvent être vaincues par l'activité de l'homme, qui sait utiliser l'eau courante de la montagne au profit de l'agriculture. Par là, on produit dans le midi des conditions de végétation bien plus favorables que celles que nous connaissons dans nos pays du nord, car notamment on y obtient une période de chaleur plus longue que chez nous, combinée à une provision illimitée d'eau. Mais il y a, outre cela, encore cet avantage que l'eau courante constitue pour les plantes un moyen de nutrition bien plus satisfaisant que l'eau atmosphérique, parce que, entretenue par les sources, elle apporte à la surface du sol des substances minérales solubles, puisées dans la charpente rocheuse de l'intérieur de la terre, et offertes constamment à la consommation des plantes avec lesquelles cette eau est en contact. C'est sur cet échange entre le sol où les plantes ont leur racine et les inépuisables substances nutritives déposées dans l'intérieur de la terre, que repose le maintien de la vie végétative en général; c'est par là seulement que la fertilité d'un pays est assurée pour l'avenir le plus reculé, tandis que si cette fertilité n'avait d'autre source d'alimentation que la surface limitée du sol, elle succomberait promptement dans la lutte avec la nature inorganique, soit par l'effet de la désagrégation de l'écorce superficielle ou de l'épuisement des substances nutritives, soit à la suite de la transformation de ces dernières en combinaisons insolubles et inaccessibles à l'organisme végétal. Plus, au contraire, la régénération de la surface superficielle du sol est assurée, grâce à la circulation intérieure des eaux, plus sera riche le trésor où la nature puise les éléments destinés à transformer la surface inanimée en produits divers, produits qui non-seulement servent à l'ornement artistique du pays, mais encore sont autant de sources du bien-être et du développement plus élevé de l'homme. Ainsi, bien que dans le domaine méditerranéen il y ait des contrées telles que la Lombardie où la productivité du climat, plus grande que dans le nord, tient aux dons gratuits de la nature ; dans les contrées les plus méridionales aussi bien que dans l'Orient, au contraire, la fécondité doit être réveillée de son état latent par la coopération de l'homme à l'aide du maintien d'une irrigation artificielle. C'est assurément un phénomène remarquable, que ce soit là où se trouvait le berceau de la civilisation, où naquit et fleurit pendant bien des siècles l'agriculture, cette condition d'un développement intellectuel plus élevé, que ce soit là, dis-je, que l'industrie humaine ait eu à supporter plus de difficultés dans la lutte avec la nature, mais aussi y ait trouvé des ressources plus riches que dans les pays du nord, où l'eau se répand sur le sol sans assistance quelconque. Les systèmes d'irrigation, qui supposent une demeure fixe, ont dû stimuler chez les peuples orientaux de l'antiquité l'énergie qui réunit les tribus isolées en vue d'un travail commun, et jette par là les fondements de l'ordre moral des conditions sociales. Avec cette énergie, s'évanouit par la suite des temps la domination de l'homme sur la nature, et dès lors des steppes désertes prirent de nouveau la place des contrées les plus fertiles*. Néanmoins, ce qui avait été une fois acquis passa à d'autres peuples et en dernier lieu à ceux du nord de l'Europe, appelés à développer davantage la domination de l'homme sur le monde inorganique et à enrichir ainsi le domaine de la vie intellectuelle, non plus en luttant brutalement avec les obstacles physiques, mais en forçant la nature de lui révéler les forces mystérieuses qu'elle cachait dans son sein.

Grâce à la grande variété de son relief, le domaine méditerranéen se prête tout particulièrement à l'irrigation artificielle, en sorte que ce qui, à une époque de décadence, a été négligé ou perdu par les prédécesseurs, peut être restauré par les descendants. De nos jours, où sur de si vastes espaces l'agriculture est dans un état d'abandon, où en Espagne ainsi que dans

* Il n'est point de sujet plus digne des méditations du naturaliste et même de l'homme d'État, que les questions relatives aux conséquences physiques et morales qu'ont eues pour le monde civilisé tout entier le retour vers la barbarie des contrées de l'Orient. M'étant beaucoup occupé de ces questions intéressantes et très-complexes qui exigent des recherches aussi étendues que variées, j'ai donné le résultat de mes études dans mon *Asie Mineure* (2e partie, *Climatologie*, p. 535-587 ; 1re partie, *Géographie physique comparée*, p. 374-382 ; *Une Page sur l'Orient*, p. 296-302), où j'ai exposé les conséquences principales (telles que : modifications climatériques, déboisement, diffusion des marais, obstructions et changements de lits des cours d'eau, dépopulation, affections morbides, etc.) de la désastreuse métamorphose qu'ont subie les plus belles régions du monde, et que bien des siècles d'une tardive réparation auront de la peine à effacer. — T.

plusieurs contrées de l'Orient, l'affluence de l'eau est devenue moins abondante et plus irrégulière à la suite du déboisement des montagnes, on voit les régions les plus fertiles, là où elles se sont encore conservées, telle que *le jardin de Valence*, placées quelquefois en contact tellement immédiat avec des régions devenues désertes, qu'on peut y observer, mieux que partout ailleurs, les inconvénients résultant pour la végétation du climat sec de la saison estivale. La nature a, à la vérité, pourvu les végétaux indigènes de ressources d'organisation propres à résister à la sécheresse; pourtant, l'active circulation de la séve et la croissance des organes ne sont possibles que pendant les mois où des précipitations atmosphériques ont lieu. La théorie nous fait voir que sur les limites méridionales du domaine méditerranéen, elles constituent des pluies d'hiver; qu'en s'élevant plus au nord elles se séparent en deux périodes plus humides, savoir : celle des pluies d'automne, et celle des pluies de printemps; jusqu'à ce qu'en deçà des Alpes, dans l'Europe centrale, ces deux périodes finissent par se réunir de nouveau pour former un maximum de pluie d'été [46]. Mais comme les influences locales modifient diversement cette répartition des précipitations atmosphériques, il s'ensuit que, même sur la côte septentrionale de l'Afrique (zone des pluies d'hiver), les mois d'automne et de printemps sont encore suffisamment humides pour animer le monde végétal. La masse de pluies pendant les mois les plus humides constitue une surabondance dont les plantes n'ont guère besoin. En conséquence, leur période de développement commence avec les premières pluies d'automne et persiste à continuer encore pendant quelque temps au début de la saison sèche, jusqu'à l'époque où les racines ne trouvent plus d'humidité dans les couches du sol où elles plongent. Mais, d'autre part, cette longue durée de la période de végétation correspondant à la répartition des précipitations atmosphériques se trouve encore limitée par la marche de la température. Dans les contrées où, sous le climat continental, le froid de l'hiver interrompt la croissance, la période de végétation se sépare en deux époques caractérisées par les floraisons de l'automne et du printemps. Toutefois, même là où les degrés de température comporteraient une végétation non interrompue depuis l'automne jusqu'au printemps, ce ne sont que certains végétaux, même des espèces spéciales, qui se montrent complétement indifférents à l'égard des diverses positions du soleil. Afin de mieux faire ressortir ces rapports, il convient d'examiner de plus près ceux qui existent entre la température et la végétation.

Quand tout d'abord nous cherchons à déterminer la température moyenne de la période de végétation, nous sommes en présence de difficultés insurmontables jusqu'à présent, mais qui, lors même qu'elles auront été levées, n'expliqueraient guère certains faits. Il faudrait posséder des observervations plus précises sur l'époque à laquelle a lieu, dans la croissance, l'état stationnaire; or, dans la plupart des contrées, de telles observations font complétement défaut. Ce n'est que là où la végétation dure sans discontinuer depuis l'automne jusqu'au commencement de l'été, qu'on pourrait utiliser à cet effet les déterminations météorologiques. Calculée d'après un tel étalon, la température moyenne de la période de végétation, par conséquent le degré de chaleur qui est réellement utile aux plantes pendant leur croissance, est aussi élevée que dans le nord de l'Europe, ou tout au plus supérieure d'un ou d'un petit nombre de degrés[47]. Cela n'expliquerait guère la différence entre le caractère de la végétation, lors même que des observations ultérieures feraient voir que, sous des méridiens situés plus à l'est et déduction faite de l'état stationnaire pendant l'hiver, cette valeur ne varie pas essentiellement. La différence qui se présente entre le nord et le midi de l'Europe sous le rapport des effets produits par la température sur la végétation, ne tient pas à ce que dans cette dernière contrée les limites extrêmes d'une valeur thermique se trouvent dépassées, mais à la sphère plus large laissée au développement de la période de végétation, parce que les plantes méridionales qui entrent dans la saison sèche possèdent divers degrés de vigueur, ce qui rend possible la production de formes plus variées. Si c'était le froid de l'hiver seul qui les empêchât de pénétrer dans un pays à climat septentrional, elles auraient pu prospérer sur les côtes de l'Atlantique, et tel est en effet le cas pour plusieurs d'entre ces plantes, ainsi que le prouve leur extension. D'autres exigent une période plus longue de développement combinée avec la température de nos étés, et ce sont celles-là qui sont le mieux garanties contre la saison sèche. Puis il en est d'autres encore qui, pour ainsi dire, traversent rapidement la terre et ne lui prêtent qu'un ornement passager, mais exigent dans leurs organes souterrains un long travail préparatoire (plantes à bulbes), ou bien ne se trouvent liées qu'à des phases particulières de la courbe de température et demeurent le reste du temps dans un état d'inertie indifférente (plantes annuelles). C'est là ce qui fait que dans le midi, les formes végétales qui caractérisent d'une manière saillante certains mois de l'année offrent plus de diversité que dans le nord, et que dans le premier il est beaucoup plus difficile de déterminer le commencement et la fin de la période de végétation, parce que l'un et l'autre diffèrent beaucoup selon les diverses formes végétales. De même que dans le nord les plantes d'automne sont soumises à d'autres conditions que la masse principale de la végétation, ainsi la flore de l'Europe méridionale se divise en groupes plus nombreux qui réclament une période toute particulière de développement de durée tantôt plus longue, tantôt plus courte.

Au milieu de cette multiplicité de phénomènes à laquelle tient la richesse en formes qui distingue la flore méditerranéenne, on ne saurait méconnaître la loi générale, qu'au printemps la végétation se développe bien plus vigoureusement qu'en automne. C'est au printemps qu'a lieu la floraison de la plupart des végétaux. Sous ce rapport, on pourrait comparer cette saison avec l'été du nord, et les floraisons d'automne avec celles de notre printemps. A Nice, bien que décembre soit aussi chaud que février, il existe entre ces deux mois une période pendant laquelle on n'aperçoit presque point de fleurs. Il est évident que ce temps d'arrêt dans le développement ne saurait être expliqué directement par la courbe thermique de l'hiver. Le sol est suffisamment humide en automne comme au printemps, et la température du mois de novembre (12° 5) est aussi élevée que celle d'avril, et pourtant dans le premier de ces mois la végétation produit sur nous l'effet de celle de notre automne à son déclin, tandis qu'en avril toute la contrée brille de l'éclat du nouveau feuillage des arbres et des riches tapis émaillés de fleurs. On se demande donc quelle est la cause climatérique qui peut produire cela ; pourquoi les arbres à feuillage périodique se montrent à Nice sans feuilles au mois de décembre, et pourquoi même les végétaux toujours verts, tels que l'Oranger et l'Olivier, poussent de nouvelles feuilles précisément au mois de janvier. Si tant est que le climat y soit pour quelque chose, la différence ne peut tenir qu'à ce que la température va en décroissant jusqu'à la fin de l'année et commence à se relever au mois de janvier. On sait que les végétaux qui sont sensibles à l'action de la température se comportent différemment selon que la chaleur s'élève ou s'abaisse. C'est ce que l'on voit déjà chez ces arbres de notre climat qui au printemps développent leurs bourgeons feuillaires à la même température à laquelle en automne ils préludent à la chute de leurs feuilles, par la décoloration de leur teinte verte et par la désarticulation de leurs pétioles [49]. Après tout, si chaque phase de développement est liée à l'apparition de degrés déterminés de température, ce phénomène ne laisse pas que d'avoir quelque chose d'énigmatique. On pourrait dire que les phases de croissance ne dépendent pas seulement de la chaleur et de l'humidité, mais encore des conditions dans lesquelles l'organisme a été placé par les procédés précédents du développement ; mais ici, de même que dans les migrations des oiseaux de passage, ce ne sont pas seulement les faits du passé, mais aussi de l'avenir, qui paraissent exercer une influence sur la vie organique. Autrement, s'il ne s'agissait que du passé, il ne pourrait être question que d'impressions reçues par les générations plus anciennes des végétaux, et conservées dans les procédés du développement de la semence, de même que l'instinct de l'oiseau, qui le porte à opérer des migrations à une époque déterminée, se transmet par voie héréditaire d'une génération à l'autre. On conçoit que, si la floraison d'un arbre exige une température plus élevée que l'épanouissement foliaire qui le précède, cette condition ne se trouverait pas remplie par la courbe thermique décroissante de l'automne; mais comment se fait-il que les bourgeons foliaires, qui ne paraissent guère subir d'altération pendant l'hiver, demeurent stationnaires avant le commencement de cette saison et à une température à laquelle ils se développent au printemps? Les explications d'une nature mécanique ne font pas défaut, en tant que l'on admet que les phases de développement dépendent de la température, mais elles ne suffisent pas lorsqu'on considère la connexion entre les faits antécédents et les faits subséquents. L'organisme n'est pas seulement une machine chimique mise en mouvement par des forces extérieures, c'est une machine dont les mouvements intérieurs sont réglés de telle manière, que lors même que l'impulsion extérieure a lieu, les effets de cette dernière se trouvent anéantis toutes les fois que l'exige la conservation persistante de la vie. Les moyens à l'aide desquels se produit une résistance contre le feu qui chauffe la machine nous restent inconnus, mais ce qui est évident, c'est que tout y est adapté à un but déterminé et que si les effets tels qu'ils s'y produisent n'avaient pas lieu, l'organisme périrait.

De semblables considérations, fort étrangères, il est vrai, à la tendance mécanique de la physiologie moderne, sont également applicables à d'autres cas, qui en partie déposent d'une manière encore plus prononcée en faveur de l'existence de forces cachées dans l'organisme. Lorsque j'étais à Constantinople, pendant la seconde moitié d'avril de l'année 1839, je trouvai les végétaux ligneux qui perdent leur feuillage en hiver, fort arriérés; les ormes étaient en fleur, mais n'avaient pas encore, le 20 avril, commencé à épanouir leurs feuilles, tandis que les végétaux toujours verts, ainsi que les plantes herbacées, avaient déjà accompli à cette époque une partie notable de leurs phases annuelles de développement[50]. Je reconnus que le sommeil hivernal avait une durée complétement différente pour les diverses classes de végétaux, mais je n'avais pas tenté alors de donner une explication du fait. Elle ne fut présentée que plus tard par M. Vaupell, qui observa les mêmes phénomènes à Nice, et auquel nous devons des renseignements détaillés sur la feuillaison des arbres dans cette localité pendant l'hiver de 1855-1856. Les faits recueillis par lui le conduisirent à admettre, qu'indépendamment du climat, la patrie primitive d'un végétal exerce une influence sur l'époque des phases de son développement. Tandis que les arbres du midi de l'Europe poussent de nouvelles feuilles déjà en janvier, on voit retardée jusqu'au mois d'avril la feuillaison des Chênes, des Tilleuls, des Frênes, des Ormes et des Hêtres, ainsi que des Robinia de l'Amérique septentrionale, par conséquent, des arbres qui prospèrent également sous les climats du nord. Comme les observations de M. Vaupell étaient accompagnées de déterminations thermométriques, il est possible jusqu'à un certain degré de distinguer la part qui revient dans ces phénomènes à la température, de ce qu'il convient d'attribuer à la force dont pourraient être doués les organismes de résister à cette dernière. On peut admettre que dans le nord de l'Europe la feuillaison des Chênes et des Frênes n'a lieu qu'à une température de 11° 2-12° 5, et quand même, à Nice une température identique domine dans la première semaine d'avril, pendant laquelle ces arbres développent complétement leurs feuilles, il n'en est pas moins inexplicable pourquoi cela n'a pas eu lieu également avant cette époque, puisque la température de 12° 5 s'y produisit déjà le 13 février, se maintint cinq jours, et après quelques interruptions fut même dépassée avant le mois de mars. Comment l'action de la même température peut-elle, à une époque mais non à une autre, raviver les bourgeons endormis, sans qu'il soit possible de constater une modification quelconque dans l'état intérieur de l'arbre? C'est là un phénomène qui a de l'affinité avec ce qu'on appelle atavisme, en vertu duquel un ordre de développement des phases transmis par voie d'hérédité n'est point complétement bouleversé par un changement des influences climatériques, mais seulement déplacé dans des limites déterminées. Nous ne connaissons point les moyens concédés au Chêne pour persévérer dans son sommeil hivernal en dépit de la température que le mois de février possède à Nice, mais nous pouvons comprendre que, même sous ce climat, la feuillaison tardive soit nécessaire à la conservation de l'arbre. En effet, puisque la période de végétation d'une plante peut être raccourcie ou allongée dans des limites déterminées, selon la forme que revêt la courbe thermique, il est probable que si, à Nice, la feuillaison du Chêne avait lieu dans le mois de février, cet arbre n'arriverait guère à la saison sèche dans tout l'éclat de sa parure estivale, mais peut-être avec un feuillage déjà décoloré. D'ailleurs, à l'époque de la température décroissante, il commencerait à bourgeonner de nouveau, ce qui à la longue compromettrait son existence. Il en est autrement quand la feuillaison n'a lieu qu'en avril, car alors il se présente armé de toute la plénitude de ses forces vitales devant l'été dépourvu de pluies, et ne perd ses feuilles qu'en automne. Le Chêne s'adapte aussi bien au climat du sud qu'à celui du nord; seulement, dans ce dernier, les gelées nocturnes d'avril détruiraient ses feuilles encore en voie de croissance, si celles-ci avaient pu se produire au printemps à une température plus basse. Le Hêtre a un feuillage plus délicat que le Chêne et par conséquent ne possède pas la même force pour résister à la saison sèche, c'est pourquoi il ne descend guère des montagnes dans la région toujours verte. De pareilles observations, mais encore plus remarquables eu égard au climat plus chaud, ont été faites par M. Heer sur la période de végétation du Chêne et du Hêtre dans l'île de Madère[50], où, à Funchal, la température moyenne de l'hiver est de 17° 5 et par conséquent de 4° supérieure à celle à laquelle la feuillaison du Chêne a lieu en Europe. Malgré cela, celui-ci eut ses feuilles décolorées à la fin d'octobre, le Hêtre en novembre; la feuillaison du premier s'accomplit de nouveau en février, mais celle du dernier, pas avant avril. Avec une température de nos étés d'Europe, le sommeil hivernal du Hêtre avait donc duré cent quarante-neuf jours. Dans l'enceinte du domaine méditerranéen, les époques de feuillaison du même arbre ne paraissent varier que peu, même sous l'empire de différences climatériques très-considérables. C'est ainsi que, d'après M. Vaupell, à Hyères, la période du développement de l'Orme et du Figuier se manifesta au commencement d'avril[68]; à Nice, contrée limitrophe, le Figuier avait commencé à bourgeonner plusieurs semaines auparavant. Sur le Bosphore, où l'hiver est bien plus rigoureux et bien plus long, cette période change à peine ou très-peu ; ici, d'après M. de Tchihatchef, la feuillaison du Figuier a également lieu en mars, et celle de l'Orme à la fin d'avril ; en 1839, j'ai vu le développement des deux végétaux s'opérer à cette époque simultanément. Il paraît que les différences qui se présentent dans la même localité, selon les individus, sont tout aussi considérables que celles qui dépendent du climat.

Les études auxquelles M. Vaupell s'est livré à Nice fournissent des renseignements encore sur d'autres faits, quoiqu'on ne puisse pas accepter toutes les explications qu'il essaye d'en donner. Aucun arbre ne revêt son feuillage avant janvier, et pourtant la température de ce mois est inférieure à celle de décembre (7° 5 en janv. ; 8° 9 en déc.). Il paraîtrait donc que la température décroissante émousse l'énergie de la vie, tandis que la température croissante la stimule. C'est pendant le mois le plus froid de l'année que les Oliviers, les Orangers et les Caroubiers (*Ceratonia*) revêtent leurs pousses de nouvelles feuilles, et si, à cette époque, il arrive que le thermomètre soit une seule fois au-dessous du point de congélation, le feuillage en voie de développement se fane et périt aisément. Il est donc exposé à un danger qui ne se présenterait point dans un autre mois. M. Vaupell est d'avis qu'il faudrait s'attendre à un effet exactement opposé à celui qu'indique l'ordre dans lequel se succèdent les époques de feuillaison, et qu'ainsi les arbres du nord, étant adaptés à un climat plus froid, auraient dû se développer avant les arbres du midi, qui exigent plus de chaleur. Mais ici il est dans l'erreur, parce qu'il ne prend en considération que la température et non la durée diverse de la période de végétation, et parce que, ainsi que nous l'avons vu (pag. 340), la température qui a lieu pendant cette période n'est pas considérablement supérieure dans le midi à celle du nord. Pour que l'Olivier soit en état de fleurir en mai et de mûrir ses fruits en automne, ou l'Oranger de renouveler ses phases pendant toute l'année, il est indispensable que les organes qui préparent les substances nutritives soient développés aussitôt que possible, et pour y parvenir, ils doivent pouvoir se renouveler, même à l'époque la plus défavorable. Les arbres du nord, au contraire, exigent, à l'époque de leur feuillaison, plus de chaleur que les arbres du midi, car si les feuilles se produisaient plus tôt, elles périraient, grâce aux fortes oscillations qu'éprouve la température pendant le printemps septentrional. C'est pourquoi les arbres du nord diffèrent beaucoup entre eux, selon le degré de sensibilité que possèdent, à l'égard de la gelée, les feuilles en voie de croissance. Dans le nord, c'est le Sureau *(Sambucus nigra)* qui, le premier, revêt son feuillage à une température d'environ 5°, puis vient le Hêtre à 10°, et enfin le Chêne à 12° 5. Ainsi, le feuillage du Chêne est le plus exposé aux gelées de mai, comme celui de l'Olivier dans le midi à la température de janvier ; quant au Sureau, il supporte sans dommages de grandes oscillations de température. Cependant le fait seul qu'à Madère le Chêne bourgeonne deux mois avant le Hêtre, prouve combien cet ordre de feuillaison change chez les arbres divers dans un climat méridional. De telles différences se répètent à plusieurs reprises tant dans l'ouest que dans le sud de l'Europe. C'est ainsi que, selon M. Vaupell, les Hêtres, les Chênes et les Frênes se succèdent dans l'ordre suivant d'après l'époque de leur feuillaison, sans tenir compte, bien entendu, des déviations que peuvent présenter certaines années à cause d'anomalies thermiques :

Hêtre, Chêne, Frêne, depuis la Baltique jusqu'à Munich.
Frêne, Hêtre, Chêne, en Belgique.
Chêne, Frêne, Hêtre, à Dijon.

A Nice, la feuillaison du Sureau et de l'Olivier fut simultanée en janvier, de même que le fut, au commencement d'avril, celle des trois autres arbres (Chêne, Hêtre et Frêne). M. Vaupell a essayé d'expliquer ce phénomène à l'aide d'une hypothèse ingénieuse, mais le phénomène n'est pas aussi simple qu'on pourrait le croire, puisque, lors même que le degré de température voulue pour la feuillaison de chaque arbre ne se produirait pas aux mêmes époques dans les diverses localités, la courbe de température ne s'en élèverait pas moins partout dans le même sens depuis le commencement de l'année.

On ne saurait rendre compte de tels phénomènes à l'aide d'une explication quelconque de nature mécanique, lorsqu'on n'admet, avec MM. De Candolle et Quetelet, que la somme des degrés de température (au-dessus d'un minimum au commencement de la période de développement) où leurs carrés donnent la mesure des valeurs qui déterminent les phases de végétation. C'est là aussi l'opinion à laquelle fut conduit M. Vaupell lorsqu'il essaya dans quelque cas de suivre cette voie. Les défauts de la méthode ont été signalés par M. Erman et d'autres. Elle est déjà en contradiction avec les faits physiologiques, par cette raison qu'après chaque phase de végétation, il peut se produire une époque d'arrêt de durée indéterminée, jusqu'à ce que la température se soit élevée au degré qu'exige la nouvelle phase. Dans chaque addition des degrés de température, on n'élimine point la valeur thermique variable qui a eu lieu entre les deux phases, bien que la croissance ait été alors à l'état stationnaire. Mais si, au contraire, on admet que chaque phase se rattache à un minimum déterminé de température et dépend en même temps de la durée de divers procédés de développement[49], alors il sera permis de considérer le changement produit dans l'ordre de la feuillaison du même arbre comme une conséquence de la forme de la courbe annuelle, qui diffère selon les divers climats, et c'est sur cette manière d'envisager la question que M. Vaupell a basé sa tentative d'explication. En effet, si je le comprends bien, il considère l'apparition de la séve printanière dans l'arbre et l'épanouissement des bourgeons feuillaires comme deux phases de végétation succédant l'une à l'autre, dont la dernière exige une température plus élevée que la première, en sorte que, selon que ce degré est atteint plus tôt ou plus tard, un laps de temps de durée différente peut s'écouler entre les deux phases. Admettons maintenant que chez le Chêne et le Hêtre la température à laquelle la séve printanière commence à monter, soit le même (par exemple 7° 5), mais que l'éclosion des feuilles exige chez le Hêtre 10° et chez le Chêne 12° 5, et supposons de plus que le Hêtre ait besoin de plus de temps que le Chêne pour établir la circulation de la séve dans le tronc et dans les branches alors, dans un climat où la température s'élève rapidement de 7° 5 à 12° 5, le Chêne se couvrirait de feuilles avant le Hêtre, parce que les bourgeons foliaires de ce dernier arbre n'auront pas encore reçu l'affluence nécessaire de séve. Inversement, la feuillaison du Chêne devrait être retardée et ne se produirait qu'après celle du Hêtre dans un climat, où la température de 12° 5 n'aurait pas été atteinte pendant quelque temps encore après que la séve se serait répandue dans le végétal tout entier, en sorte que la température correspondrait à celle qu'exige le Hêtre pour la pousse des feuilles, mais non à celle que réclame le Chêne pour la même opération ; en ce cas le Chêne éprouverait un temps d'arrêt dans son développement. C'est ainsi que j'entends l'hypothèse posée par M. Vaupell en vue d'expliquer un phénomène, dont la nature mécanique semblait de plus ressortir de ce fait, que des branches de ces arbres introduites dans les serres s'y comportèrent comme dans des climats plus chauds, en sorte qu'à une température plus élevée, le Chêne bourgeonna également plus tôt que le Hêtre. A Nice, où la température croît rapidement au commencement d'avril, les deux arbres pourraient donc se développer simultanément. Toutefois, l'explication tentée par M. Vaupell ne s'accorde guère avec les faits suivants : dans le climat maritime de la France, la température printanière s'élève plutôt moins rapidement qu'en Allemagne, pays plus continental ; aussi, à Dijon, où la feuillaison du Hêtre a lieu après celle du Chêne et du Frêne, la température moyenne d'avril est de 10° 5 et celle de mai 15° 7 ; à Göttingue, où les Chênes revêtent leur feuillage constamment plus tard que le Hêtre, la moyenne d'avril est également de 10° 4, et celle de mai 17° 8. En conséquence, la température de 12° 5 qui accompagne la feuillaison du Chêne se produira en Allemagne plus tôt qu'en France, et pourtant cet arbre se développe dans le premier pays plus tard que dans l'autre. Ainsi les efforts qu'a faits M. Vaupell pour donner la solution de l'énigme qui se rattache à ce phénomène, ne nous ont guère fourni un résultat positif, et nous nous trouvons encore une fois dans le cas de voir l'hypothèse mécanique en défaut, ce qui nous ramène de nouveau au point de départ purement géographique de nos considérations, lequel consiste à admettre que le climat du centre de végétation où une espèce a pris naissance, est celui qui convient le plus au développement de cette espèce. Transportée dans d'autres pays, peut-être par elle-même elle s'efforce de maintenir sa période de développement, ou bien elle la modifie dans de certaines limites pour assurer sa conservation, jusqu'à ce que, poussée dans des contrées encore plus lointaines, elle succombe enfin aux conditions défavorables du climat. Ce n'est qu'ainsi que, pour le moment, il nous est permis de comprendre que les arbres du Nord se développent si tard dans le Midi, et que, selon la quantité de chaleur, les époques de développement changent, et la durée de la végétation se trouve réduite ou prolongée.

De ce principe en vertu duquel les périodes de développement des végétaux correspondent le plus au climat de leur patrie primitive, on peut déduire une méthode nouvelle pour la détermination des centres de végétation de certaines espèces dans l'enceinte de leur aire d'extension actuelle. Je ferai usage de cette voie à l'égard de plusieurs plantes méridionales cultivées, en faisant observer ici préalablement que lorsque de telles plantes sont originaires de l'Orient, leur feuillaison peut avoir lieu à une époque annuelle hâtive ou tardive, selon que leur patrie se trouve plus rapprochée du climat des steppes ou de celui des déserts de la Syrie, et ainsi, par exemple, selon qu'elle est située sur le Bosphore ou dans la Palestine.

Bien que nous ignorions les moyens dont se sert une espèce transportée dans un pays étranger, pour résister à la chaleur qui se produit à une époque intempestive, je voudrais, avant de terminer, mentionner un fait de nature à répandre peut-être plus tard quelque lumière sur ce sujet. Pendant les années à courbe thermique anormale, les plantes dont la floraison a lieu dans des mois différents ne se comportent pas de la même manière. C'est en 1869 que je fis cette observation, lorsque dans le nord de l'Allemagne le mois d'avril fut extraordinairement chaud et le mois de juin d'autant plus froid. Des plantes printanières, notamment celles à bulbe (*Gagea*), accélérèrent leur végétation d'une manière excessive, ce qui ne fut le cas ni pour les Orchidées qui fleurissent seulement en mai, et dont les bulbes ne peuvent être forcées par la chaleur du mois d'avril à émettre leurs pousses, ni bien moins encore pour les herbes vivaces (exemple : les Ombellifères) qui ne fleurissent qu'au cœur de l'été et qui, sans avoir été influencées par la température printanière, furent tellement tenues en échec par le froid de juin, que leur développement éprouva en partie plusieurs semaines de retard. Ce sont là évidemment des phénomènes exactement semblables à la feuillaison retardée des Chênes dans les climats du midi. Si l'on admet que le sommeil hivernal n'est qu'en apparence un véritable temps d'arrêt, on pourrait se figurer que celle des opérations qui, à cette époque, s'effectuent d'une manière occulte doivent être complétement achevées, avant que la température croissante puisse exercer son influence sur les phases subséquentes et parfaitement manifestes de la végétation. Conformément à cette manière de voir, le Chêne resterait insensible à la température hivernale de Nice, parce que ses organes ne sont pas encore préparés pour la feuillaison, pas plus que ne l'étaient, en 1869, les bulbes des Orchidées, lorsque les chaleurs du mois d'avril passèrent, pour ainsi dire, à côté d'elles sans y toucher. Peut-être obtiendrons-nous des renseignements plus positifs sur de tels phénomènes, à la suite d'investigations comparées des conditions anatomiques du tissu aux époques différentes de l'hiver.

Si nous jetons maintenant un coup d'œil rétrospectif sur les Céréales, la réduction que subit leur période de développement dans les pays méridionaux se présentera à nous sous un nouveau point de vue. Tous les végétaux ne sont point, comme les arbres, liés à des mois déterminés de l'année; il en est qui n'ont pas ce caractère périodique, et de ce nombre sont les Céréales, que l'on considère comme susceptibles d'être semées et récoltées en tout temps, pourvu qu'elles trouvent le degré voulu de température et d'humidité. Pour quelle raison sèmerait-on donc, en Italie, le Froment d'autant plus tard que le climat est plus chaud, à Rome, au commencement de novembre, à Naples, à la mi-novembre et à Palerme seulement les premiers jours de décembre? Cela ne serait-il pas motivé par l'expérience qu'on aurait faite, qu'ici encore, la graine, tout en étant susceptible de germer à une température décroissante, subit néanmoins un temps d'arrêt dans son développement, jusqu'au moment où le thermomètre commence à s'élever de nouveau, et que dès lors le degré de température nécessaire à la floraison se trouve assuré? Il résulte des observations météorologiques, qu'à Naples, les mois de décembre et de janvier sont plus chauds qu'à Rome, mais non les mois subséquents, tandis qu'à Palerme, pendant tout le temps compris entre décembre et avril, le thermomètre se tient plus haut qu'à Naples. Quand donc il ne s'agit que de ce fait, que pendant l'époque où la température baisse le Froment acquiert la vigueur nécessaire pour supporter le sommeil hivernal et se trouve suffisamment préparé pour la croissance ultérieure, un tel résultat peut être réalisé en Sicile encore au mois de décembre, mais non pas à Rome, et il s'ensuit que plus les mois qui précèdent le solstice d'hiver sont froids, plus tôt on doit commencer les semailles. Si la végétation du Froment d'hiver offrait une progression constante partout où la température hivernale se maintient au-dessus de 7°5, on ne comprendrait pas pourquoi la période de développement se trouve réduite à Palerme, comparativement à Naples, puisque dans les deux localités, la température des mois les plus froids est supérieure à 7°5. Mais si, au contraire, la baisse et la hausse de la température y exercent une influence, ce sera la température des premiers mois de l'année qui déterminera l'époque de la récolte.

Tous ces faits tendent à indiquer que ce ne sont pas les moyennes mensuelles des trois saisons humides de l'année qui, dans le domaine méditerranéen, nous fournissent un étalon pour la période de végétation, mais que ce sont les mois où la température s'élève, qui exercent sur la vie végétale une bien plus grande influence que ceux de l'automne où elle baisse. Après tout on ne peut considérer les phases de végétation qui ont lieu en automne que comme l'accomplissement et la clôture de ce qui avait été préparé au printemps. Ce qui vient encore à l'appui de cette manière de voir, c'est que les différences les plus considérables que présentent les contrées diverses sous le rapport de leur caractère végétal, dépendent bien moins des conditions climatériques de l'automne que de la température de l'hiver et du printemps, ainsi que de l'époque à laquelle commence la saison sèche. Voici les données recueillies sur la durée de la période de végétation, pendant l'époque à température croissante, jusqu'à la cessation des pluies; données fondées en partie sur les observations directes relatives à la période de la croissance des plantes, et en partie sur des mesures météorologiques, auxquelles j'ai ajouté, en tant qu'elle est connue, la température moyenne correspondante à l'époque de l'année dont il s'agit :

6 mois....	Nice.............	Janvier-Juin...	= 12° 5
5 mois....	Lisbonne.........	Janvier-Mai....	= 13° 8
—	Cadix............	Janvier-Mai....	= 13° 7
4 mois....	Madrid...........	Mars-Juin......	= 15° 2
—	Dalmatie.........	Février-Mai.	
—	Janina...........	Mars-Juin......	= 12° 5
—	Chypre...........	Janvier-Avril.	
3 mois....	Alger............	Janvier-Mars...	= 12° 6
2 mois....	Constantinople....	Avril-Mai......	= 12° 9

Ce tableau fait voir que la température de la première période de végétation n'est sujette qu'à des oscillations peu considérables, et qu'elle est même moins élevée que la Phytoisotherme du nord de l'Europe. Le printemps du midi présente un paysage plus riche en végétaux fleurissants, mais il est moins chaud que l'été du nord. Ce n'est qu'en Syrie qu'on obtiendrait une valeur égale pour les deux saisons (à Beirout, cette valeur est de 15° 7 ou de 16° 5, selon que l'on compte la période de végétation jusqu'à avril ou jusqu'à mai). Je serais porté à considérer la température moyenne de cette période principale comme la Phytoisotherme qui réunit la flore méditerranéenne par un fait climatérique qui lui est commun. Les différences dans les conditions de végétation de chaque pays pris séparément, tiennent particulièrement à la durée inégale de la période de développement. La période de végétation la plus longue appartient à la côte ligurienne où les précipitations atmosphériques ne cessent qu'en juillet; la plus courte revient à Alger et à Constantinople, fait par lequel se prononce la proximité du Sahara, et qui explique l'introduction des plantes de steppe dans la flore de la France. Toutefois, c'est précisément sur le Bosphore que la brièveté de l'époque de la floraison printanière se trouve compensée par une période automnale plus longue. Nous reconnaissons partout que ce sont les gradations dans la durée de la période de végétation, qui constituent la cause climatérique de la limite imposée aux migrations des plantes méditerranéennes. Bien que réunies par des traits fort prononcés de ressemblance sous le rapport de formes et formations végétales, ainsi que de la vaste étendue de l'aire d'extension qu'y possèdent plusieurs espèces, chacune des quatre grandes péninsules (Asie Mineure, Grèce, Italie et Espagne) se trouve isolée par le caractère de sa flore à un degré bien plus considérable que ne le sont entre elles les contrées du nord. Aussi, c'est dans ces péninsules que l'on est à même de distinguer des centres de végétation placés encore dans leurs conditions primitives.

Formes de végétation. — Le caractère le plus important par lequel la flore méditerranéenne se distingue de la flore du nord de l'Europe, c'est le feuillage toujours vert des végétaux ligneux; prédominant dans les pays plus humides des tropiques, ce caractère n'appartient, sous les latitudes plus élevées, du moins sous celle dont il s'agit ici, qu'à certains arbres seulement, mais devient beaucoup plus fréquent chez les végétaux frutescents. Il est vrai, nous avons rencontré des arbustes toujours verts, même dans la flore arctique, et nous avons vu (p. 343) qu'ils viennent encore sur les côtes atlantiques de l'Europe occidentale, tandis que dans l'ancien monde, le climat continental paraît les exclure complétement des contrées situées sous des méridiens plus orientaux. Mais dans le midi ils se se trouvent placés dans de nouvelles conditions vitales, et les arbres à feuillage toujours vert qui se rattachent aux formes du Laurier et de l'Olivier atteignent presque tous leur limite septentrionale extrême, dans le domaine méditerranéen. Toute ces formes, tant celles à haute futaie que celles ramifiées à leur sortie du sol, s'accordent par la texture raide de leur feuillage, propriété qui, comme nous l'avons fait observer ailleurs, (p. 174), tient à ce que les couches de substances solides incrustantes déposées sur l'épiderme des feuilles en général, ici se trouvent renforcées ou bien douées de plus de cohésion, et qu'ayant un tissu moins succulent, les feuilles deviennent tantôt flexibles comme du cuir, tantôt cassantes comme du parchemin. A cette particularité s'ajoute celle que la plupart de ces végétaux ligneux sont ornés d'une riche teinte de vert foncé et brillent par l'éclat luisant de la surface de leurs feuilles. La grande quantité de globules de chlorophylle à l'aide desquels se développe cette intense coloration, atteste une tendance énergique à produire de riches substances organisatrices, et, grâce à sa transparence, la surface unie de l'épiderme laisse voir distinctement la teinte verte du tissu intérieur. C'est par l'étendue de la surface que ce feuillage toujours vert se distingue des feuilles aciculaires des Conifères, et c'est cette expansion des parties du tissu exposées à l'action de l'air et de la lumière qui ouvre un vaste champ à leur activité employée à transformer en produits organiques les substances nutritives de l'atmosphère. Aussi le feuillage foncé luisant de l'Oranger ne manquerait pas à se renouveler pendant toute l'année et à produire constamment et simultanément fleurs et fruits, si le sol fournissait seulement la quantité requise d'humidité, en sorte qu'il peut arriver que ce travail de production ne se trouve point interrompu, tant que l'arbre éprouve l'action de précipitations atmosphériques. Tous ces végétaux du midi jouissent d'une longue période de végétation, et cela est une des causes pourquoi ils ne peuvent prospérer dans le climat plus continental de l'Europe orientale. Si les conditions où se trouvent placés les arbustes toujours verts de la flore arctique et de la région alpine sont sous ce rapport encore plus défavorables, on ne doit pas perdre de vue que la même organisation peut être adaptée à des conditions opposées, et que les mêmes moyens servent aux fins les plus diverses. Mais ici il y a encore à prendre en considération : que la similitude de constitution n'est qu'apparente, du moins en partie, et que la forme extérieure d'une feuille et la solidité de son tissu ne suffisent pas pour conclure à la durée de son existence; aussi avons-nous déjà rapporté (p. 66-173) que, dans les climats plus froids, les

Rosages des Alpes et d'autres arbustes toujours verts de la famille des Éricées se trouvent garantis, par la neige qui les recouvre ainsi que par les substances résineuses qu'ils sécrètent, contre les dangers d'une longue interruption de leurs fonctions, de même que contre les rigueurs de l'hiver. Les végétaux toujours verts du midi, au contraire, sont fort sensibles à la gelée; ils appartiennent aux familles les plus diverses qui ne sécrètent point les mêmes substances; ils n'ont point d'organes protecteurs contre le froid, et leur développement paraît être déterminé par une loi organisatrice différente. Une plante est qualifiée de plante toujours verte, lorsqu'à l'époque où éclosent les nouvelles pousses foliaires les anciennes feuilles ne sont pas encore mortes, ce qui n'empêche pas que la durée des fonctions d'une feuille peut être très-inégale. Chez les Rosages des Alpes, les feuilles, à la vérité, se maintiennent au delà d'une année, mais l'époque la plus prolongée de leur conservation coïncide avec l'époque de leur sommeil hivernal, pendant laquelle les fonctions vitales sont à l'état de repos. Chez les végétaux toujours verts de la Méditerranée, l'activité des feuilles embrasse un laps de temps plus long; elle se renouvelle en automne et se maintient pendant les mois les plus froids de l'année, lorsque les bourgeons foliaires se développent périodiquement. Les observations nous manquent pour savoir combien de temps chaque feuille se conserve et continue son activité, mais il est certain que ses fonctions ont une durée considérable, et qu'en aucun cas l'interruption de ces dernières, pendant la sécheresse de l'été, ne porte atteinte à ses forces vitales. Dans cette saison, le courant ascendant de la séve qui dilate les tissus se trouve arrêté, et nous avons déjà indiqué d'une manière générale (p. 170), comment l'organisation se garantit contre cet inconvénient; c'est un sujet que nous devons développer ici plus amplement. Lorsque l'évaporation continue et même se trouve renforcée dans une atmosphère sèche, sans que l'eau que fournit le sol puisse compenser la perte subie par la séve, les membranes se resserrent à mesure que diminue la dilatation du tissu, et lorsque cela a lieu avec des organes foliaires délicats et à surfaces aplaties où les tiraillements se produisent diversement selon les diamètres, il en résultera des ruptures et des plissements qui mettent un terme à la vie végétale. Ces conséquences se manifestent dans l'effeuillement des arbres tropicaux des savanes, pendant la saison sèche de l'année. Mais la feuille toujours verte résiste à de telles influences. En effet, l'évaporation n'agit que sur les cellules qui, à l'instar de la surface de l'eau en voie d'évaporation, se trouvent en contact direct avec l'air atmosphérique. Plus les cellules de l'épiderme sont épaisses à la surface intérieure de la feuille, mieux elles seront protégées contre l'évaporation qui dans les plantes à feuilles délicates peut s'exercer au détriment de leur séve. Ce sont les méats intercellulaires des feuilles mis en communication avec l'atmosphère, uniquement par l'entremise des stomates, qui constituent le véritable foyer de l'évaporation. Mais, comme ces issues microscopiques réservées à l'air se trouvent closes à la suite d'une dilatation moins considérable des cellules, une feuille revêtue d'une épiderme plus solide est complétement garantie contre l'évaporation, et c'est la condition dans laquelle la saison sèche place les végétaux toujours verts. Ils conservent leur séve, leur tissu reste inctact, mais aussi leurs fonctions nutritives sont suspendues, et ils persévèrent dans cet état de repos jusqu'à l'époque où les pluies d'automne rétablissent la circulation de la séve; alors, la turgescence des cellules se reproduit et les stomates admettent de nouveau l'entrée de l'air. C'est là ce qui fait que la feuille toujours verte ne souffre pas de la sécheresse, et quand même, pendant l'été, elle n'a plus la vigueur de sa coloration, parce que les globules de chlorophylle ne se régénèrent pas dans les espaces fermés à l'air, elle peut reprendre le cours de ses opérations organisatrices, aussitôt que les communications avec l'atmosphère se trouvent rétablies. Ainsi s'explique pourquoi la floraison de l'Olivier a lieu avant la saison sèche, et la maturation du fruit postérieurement à celle-ci en automne, pourquoi la période de végétation embrasse non-seulement la première, mais aussi la deuxième moitié de l'année, et pourquoi, par conséquent, les végétaux ainsi constitués utilisent, dans toute leur étendue, les avantages d'un climat méridional, en développant leurs jeunes pousses déjà au mois de janvier. Quand même, dans le nord de l'Europe, ils pourraient supporter les froids de l'hiver, leur existence y serait impossible s'ils exigeaient une aussi longue période de croissance. Là où cette période est réduite, comme sur le Bosphore ou dans la haute région de la Castille, se trouve la limite de l'Olivier, et c'est ainsi que dans la majeure partie du domaine méditerranéen, l'Olivier est l'expression exacte de la sphère climatérique de ce domaine, tandis que dans certaines contrées il le cède sous ce rapport aux autres formes toujours vertes. De même, celles parmi ces dernières qui, tout en étant sensibles aux froids de l'hiver, n'exigent pas autant de temps pour leur développement annuel, peuvent également supporter les climats maritimes de la France et de l'Irlande. Les Chênes toujours verts qui, dans les parages de Nice, revêtent de feuillage leurs jeunes pousses, non pas en janvier, mais seulement à l'époque de leur floraison, pendant les mois subséquents, se montrent de nouveau dans le golfe de Biscaye, et n'atteignent leur limite septentrionale qu'à Angers, sur la Loire; quant à l'Olivier et le Caroubier, ils sont limités au climat méditerranéen de la vallée du Rhône inférieur. Il importe peu que le développement des végétaux toujours verts soit continuel dans les pays de l'ouest, ou bien qu'il se trouve interrompu dans le midi par la sécheresse; le fait est que, même là où la saison sèche est supprimée, la période de développement reste plus courte que dans plusieurs contrées du domaine méditerranéen, où, au printemps ainsi qu'au renouvellement de la croissance pendant l'automne, on doit encore ajouter au moins une partie de l'hiver. Maintenant, si l'on se demande pourquoi le feuillage toujours vert est si fréquent non-seulement dans la flore méditerranéenne, mais même dans les pays situés sur sa limite, tels que le Pont, où les influences climatériques subissent un complet changement, et où, malgré cela, nous avons vu reparaître la culture de l'Olivier, on ne pourra expliquer ce phénomène que par le fait que, dans ces pays, les conditions de végétation exigées par l'Olivier se trouvent réunies presque pendant l'année entière. En tout cas, elles ne sont certainement pas moins favorables qu'à Nice, où l'Olivier bourgeonne en janvier à une température de 8°1, et où, déduction faite de l'été sec, la période de développement peut être évaluée à neuf mois. A Trébizonde[39], janvier est plus froid presque d'un degré (6°1), mais février (8°9) est déjà plus chaud que le mois le plus froid à Nice. Puis les précipitations atmosphériques y sont assez uniformément réparties entre toute l'année, en sorte que depuis février jusqu'à novembre, la végétation de l'Olivier peut durer sans discontinuer pendant onze mois, et par conséquent plus longtemps qu'à Nice; ce n'est qu'en décembre (7°) que la température y descend au-dessous de celle de janvier à Nice. A Constantinople[32], au contraire, c'est seulement pendant les huit mois compris entre avril et novembre que la température s'élève au-dessus de la valeur qui marque la première phase du développement de l'Olivier (8°1), et si nous déduisons de cette période l'été sec, il se trouvera que, sur le Bosphore, les conditions exigées par la culture de l'Olivier existent encore moins que dans la France occidentale.

La sensibilité à l'égard du froid de l'hiver, constatée chez la plupart des arbres à feuillage toujours vert, peut également être rattachée à la longue durée de leur période de végétation. Bien que leur épiderme épaissie soit de nature à les protéger contre l'action de la gelée, ils perdent cette protection lorsque le froid se présente à une époque où les jeunes pousses sont en voie de développement, et où, par conséquent, l'épaississement des cellules superficielles ne s'est pas encore produit. Ainsi, lorsqu'à Nice l'Olivier développe ses feuilles déjà au mois de janvier, afin qu'elles puissent entrer en activité à l'époque voulue, il ne supporterait pas un climat à hiver plus rigoureux, parce que si le renouvellement du feuillage se trouvait retardé, la période de développement ne suffirait plus à l'accomplissement des opérations organiques, tandis que si cette période commençait plus tôt en hiver, la gelée détruirait les jeunes pousses. C'est à l'aide de ces considérations qu'il y aurait moyen peut-être de concilier les contradictions apparentes qui se produisent, entre les observations sur la culture de l'Olivier dans la France méridionale et sur la côte de Crimée[3]. Dans certaines régions du Languedoc, cette culture a été complétement abandonnée, parce que, à la suite des froids de janvier qui y ont lieu pendant des hivers exceptionnellement rigoureux, toutes les plantations avaient été détruites, ce qui occasionna la perte de gros capitaux. Dans la Crimée, le thermomètre descend chaque année incomparablement plus bas que dans le midi de la France, et pourtant l'Olivier y est cultivé sur la côte méridionale. Il paraîtrait qu'il y supporte sans préjudice les gelées intenses qui se produisent quelquefois, bien que généralement l'hiver en Crimée soit très-doux, grâce à l'abri protecteur des chaînes montagneuses contre les vents du nord. D'après les observations faites par M. Koch dans ce poste avancé de la flore méditerranéenne, ce n'est pas en janvier, mois le plus froid à Sévastopol à cause de sa position moins abritée, qu'a lieu l'époque des gelées, mais seulement vers la fin de l'hiver, et souvent pas avant les mois de mars ou d'avril, par conséquent à une époque où les feuilles de l'Olivier sont déjà complétement développées, et dès lors moins sensibles au froid. Ce n'est point en leur qualité de plantes toujours vertes que les Oliviers souffrent du froid, ainsi que le prouve le Lierre ou, même sous les climats les plus continentaux, les buissons d'Airelles rouges ou bien encore quelques herbes telles que la Pyrole; ce qui les fait souffrir, c'est lorsque leur période de feuillaison coïncide avec une saison froide. Aucun obstacle se rattachant à l'organisation ne pourrait empêcher les végétaux ligneux toujours verts à courte période de végétation, de se maintenir dans les pays froids, et cela explique, indépendamment de moyens protecteurs particuliers contre les rigueurs de l'hiver, comment le Rhododendron de l'Amérique peut encore servir d'ornement aux forêts, situées même sous le climat continental du Canada, et comment des formes semblables habitent les régions alpines de la zone tempérée. Après tout, ce n'est qu'à cause de particularités inhérentes aux divers centres de végétation que, dans les plaines basses de l'ancien monde, on ne voit pas se produire des végétaux ligneux de cette nature, doués d'une période réduite de développement; car parmi ces végétaux, ceux seulement dont le cycle annuel de la végétation exige beaucoup de temps se trouvent liés au climat méridional, capable de réaliser de telles conditions, Enfin, comme chez les arbres, le travail qui se reproduit chaque année est plus considérable que chez les arbustes ; on voit la limite septentrionale des végétaux, appartenant aux formes du Laurier et de l'Olivier, marquée sous tous les méridiens d'une manière plus prononcée que ne le sont les limites du Rosage et du Myrte.

Les végétaux à feuilles toujours vertes, lorsqu'ils s'élèvent à la hauteur d'arbres, sont précisément ceux qui se rapportent aux formes du Laurier et de l'Olivier, dont la première répond à la feuille large du Hêtre et la dernière à la feuille plus étroite du Saule. Ainsi que cela est habituellement le cas sur la limite septentrionale d'une forme végétale, on ne trouve, dans le domaine méditerranéen, que des représentants isolés de cette organisation, mais qui, lorsqu'ils constituent des forêts, peuvent néanmoins exercer une grande influence sur la physionomie d'un pays. Toutefois, cet effet se trouve amoindri non-seulement par le déboisement de bien des contrées, mais aussi par la taille en général beaucoup moins élevée des arbres du midi comparés à ceux du nord de l'Europe, en sorte que les premiers sont souvent réduits à l'état frutescent. L'importance de ces formes végétales est rehaussée par la culture du sol, au point que, vue de loin, une plaine d'une certaine étendue ornée de bouquets d'arbres cultivés produit l'effet d'une contrée boisée. Aussi, ce ne sont pas les arbres indigènes, mais les Aurantiacées originaires des péninsules indiennes de l'Asie, qui constituent l'expression la plus pure des végétaux représentant la forme tropicale du Laurier. Un fait reproduit par plusieurs formes végétales, c'est celui de n'avoir été introduites dans le midi qu'à une époque relativement récente, ce dont il résulte que, précisément dans quelques-uns de ses traits les plus saillants, la physionomie de la nature a éprouvé une modification depuis l'antiquité. Néanmoins, M. Philippi va trop loin quand il prétend que le caractère spécial de la végétation du domaine méditerranéen ne repose presque que sur les végétaux cultivés : le fait est que, même dans ses produits primitifs, ce domaine possède encore bien des formes du même caractère physionomique qui lui sont propres. Les Aurantiacées ont été d'abord importées de l'Inde en Perse, ce qui a donné lieu au nom systématique de Citronnier (*Citrus medica*); cependant cette branche de culture florissait en Syrie déjà du temps des Romains. Les nombreuses variétés que la culture a engendrées dans les deux espèces de Citronnier distinguées par Linné, variétés qui aujourd'hui sont au nombre des produits les plus importants de certaines régions, doivent particulièrement aux Arabes leur extension vers l'Ouest, et ne paraissent avoir pris possession de leur domaine cultural actuel que depuis les croisades, ou même depuis une époque encore plus récente. Du moins quant à l'Orange douce (*Citrus aurantium dulcis*), qui aujourd'hui est au premier rang des fruits du Midi, il résulte des recherches de M. Gallesio [52] que ce n'est qu'à dater du commencement du XVIe siècle que nous possédons des données positives qui prouvent qu'à cette époque l'Orange douce était cultivée en Italie et en Espagne *. Les Aurantiacées ne répondent guère aux conditions générales du climat de la flore méditerranéenne ; aussi leur culture est-elle presque complétement exclue de la partie nord-est de ce domaine, sans doute parce qu'elle ne peut y supporter les froids de l'hiver. Sur le lac de Garde, on voit des Orangers de haute taille, mais ils sont entourés de murs, de même que dans l'Italie centrale ; par exemple, sur la côte adriatique (43° L. N.), on ne les cultive que dans les jardins. Les contrées où ils peuvent se passer de tout abri sont : les régions littorales de l'Espagne [53], la partie méridionale de l'Ita-

* C'est un fait assez curieux que, même aujourd'hui, dans tous les pays musulmans où la langue turque est parlée, l'orange douce n'a pas d'autre nom que celui de *Portugal*, ce qui semblerait indiquer que cette partie de l'Orient l'a reçue par l'intermédiaire de la Péninsule ibérique. De même, Isztachri, auteur arabe du Xe siècle, fait usage du mot *Limon* pour désigner le Citronnier qu'il signale sur le golfe Persique comme un arbre donnant un fruit d'un goût très-aigre. Quant aux nombreux témoignages d'auteurs anciens relativement à l'extension fort peu considérable que la culture de l'Oranger et du Citronnier possédait alors, l'un des plus curieux et des plus significatifs est celui de Varron, qui cite (III, 2) au nombre des objets de luxe les plus ruineux *le bois de Citronnier* et *l'or*; d'ailleurs, plusieurs passages des épigrammes de Martial sont de nature à faire admettre que, de son temps, l'or était même *moins cher* que le bois de Citronnier. — T.

lie, ainsi que le littoral ligurien; puis toute l'Afrique et la Syrie, jusqu'à la Morée et les îles chaudes de l'archipel grec; enfin on les voit, de concert avec l'Olivier, se présenter encore une fois sur le golfe Pontique de la mer Noire, où le climat se trouve modéré par l'humidité. Leur limite altitudinale reste en arrière de celle de l'Olivier[54], et M. Boissier est d'avis que les extrêmes, tant de la chaleur que du froid, leur sont préjudiciables. De même il a été observé qu'ils exigent un degré considérable d'humidité[55]. De telles conditions climatériques répondraient à leur origine dans la zone tropicale; aussi, ce qui s'accorderait avec la température presque uniforme de leur pays natal, c'est le fait que chez les Orangers, les opérations de développement présentent à un moindre degré le caractère de périodicité, en sorte que pendant toute l'année les fleurs et les fruits se produisent simultanément et dans un ordre constant, bien que la récolte principale ait lieu au printemps.

Les représentants indigènes de la forme de Laurier se réduisent presque aux Chênes verts, et encore, parmi ces derniers, les espèces ordinaires à petites feuilles se rapprochent beaucoup de la forme de l'Olivier. Le Laurier du midi de l'Europe (*Laurus nobilis*), auquel Humboldt a emprunté le nom de cette forme végétale, ne constitue généralement qu'un arbuste de $1^m,9$ à $3^m,2$ de hauteur, et dès lors se rattache à la forme de l'Oléandre. Quand il acquiert les proportions d'un véritable arbre muni d'un tronc et d'une couronne foliaire, il n'en atteint pas moins une hauteur peu considérable, environ celle de 8 mètres, et il en est presque de même du Jujubier (*Zizyphus vulgaris*). Sous le rapport climatérique, le Houx (*Ilex Aquifolium*) de l'Europe occidentale est également voisin du Laurier, et, de même que dans le midi, cette Ilicinée acquiert souvent les proportions d'un arbre, et comme alors ses feuilles perdent leur bord recourbé et leurs épines, il porte également sous cette forme modifiée de son feuillage l'empreinte parfaite de la forme du Laurier. Répandus dans les forêts, ces Houx arborescents s'élèvent sur le mont Athos jusqu'à l'altitude de 974 mètres (3,000 pieds). Le Laurier, qui y offrait jadis de beaux arbres, dépasse également la région toujours verte, mais ne va pas au delà de 649 mètres (2,000 pieds). C'est grâce à ces conditions climatériques que l'aire d'extension du Laurier embrasse la France occidentale, tandis que le Houx s'avance jusqu'à la Baltique, et le long de l'Atlantique jusqu'à la Norwége. Ces deux végétaux n'acquièrent que dans le midi les proportions d'un arbre ; sous les latitudes plus élevées, ils restent à l'état frutescent. Enfin, une deuxième Laurinée (*Persea indica*) appartient également à la forme de Laurier ; elle se trouve en Portugal, où elle paraît avoir été introduite de l'Archipel atlantique.

Parmi les arbres à feuilles qui se rattachent à la forme du Laurier, les Chênes toujours verts sont les seuls qui, dans la chaude région littorale, se réunissent pour constituer des forêts indépendantes. En dehors du domaine de la flore méditerranéenne et des plateaux de l'Espagne, ils ne se présentent qu'isolément, et c'est ainsi qu'il est rare de les voir dans la France occidentale. Bien que les glands permettent de reconnaître aisément le genre auquel ils appartiennent, il n'en est pas de même à l'égard des feuilles auxquelles les découpures lobées font défaut, lesquelles ne se trouvent complétement développées que dans les espèces qui perdent leur feuillage en hiver. Ceux des Chênes qui ne se dépouillent qu'au printemps de leurs feuilles lobées (Ex. *Quercus infectoria*) constituent en apparence un lien intermédiaire entre ces deux formes. Mais ici le feuillage ne se conserve qu'à l'état privé de sa séve et il est déjà mort en hiver; par contre, bien qu'il ne se maintienne également que peu au delà d'une année, le feuillage des Chênes toujours verts reprend son activité à l'époque de son bourgeonnement et ne meurt que beaucoup plus tard, alors que les nouvelles feuilles sont déjà complétement formées depuis longtemps. Deux espèces seulement de Chênes toujours verts habitent le domaine méditerranéen tout entier, et toutes deux sont à petites feuilles, le Chêne vert (*Q. ilex*) et le Chêne kermès (*Q. coccifera.*) Le feuillage du Chêne ilex est d'un vert mat qui paraît prendre une teinte encore plus pâle à cause du duvet blanchâtre qui revêt la surface inférieure de la feuille. Cet arbre n'atteint habituellement qu'une hauteur peu considérable; quoique le Chêne au kermès constitue parfois des arbres à haute taille, qui en circonférence ne le cèdent nullement aux Chênes du nord, cependant, il passe volontiers également aux formes frutescentes déprimées. Il se distingue par une teinte verte, luisante et foncée; le feuillage est, à la vérité, élégant, armé de pointes épineuses le long du bord légèrement recourbé, mais il n'en est pas moins insignifiant à cause de ses dimensions exiguës. Il y a encore dix à douze autres espèces qui n'habitent que des régions particulières du domaine méditerranéen et parmi lesquelles les plus importantes sont le Chêne liége dans l'Occident et le Chêne vallané ou vélani dans l'Orient*. Le renouvellement de l'écorce, limité dans le Chêne liége aux couches extérieures élastiques du tissu, pénétrant dans le Platane jusqu'au *liber* et se reproduisant dans un troisième cas (chez *Arbutus Andrachne*) d'une manière plus particulière encore[56], constitue un phénomène qui paraît se rattacher au climat sec de la saison estivale, sans que la nature de cette relation soit bien connue. Ne se pourrait-il pas que, tandis que dans les conditions normales le développement de l'écorce progresse sans discontinuation, ici, la longue durée de la végétation ou son interrupion en été ralentît la croissance du bois, et par là donnât lieu à une formation nouvelle mais périodique d'une couche corticale, forcée de s'adapter au diamètre croissant du tronc, afin de le protéger dans chaque phase de son développement? En tout cas, le phénomène ne se rattache que par de faibles liens à l'ensemble de l'organisation des arbres, puisque les espèces les plus voisines peuvent se comporter très-différemment dans la croissance de leur écorce. On ne saurait distinguer qu'à l'aide du gland et de la substance subéreuse, le Chêne liége de la Provence, du Chêne vert qui y est répandu dans les mêmes forêts et de concert avec le premier.

La valeur pratique du tissu subéreux dépend de la durée

* Voyez dans ma *Botanique de l'Asie Mineure,* II, 470, la vaste aire d'expansion qu'y possède le *Quercus ægilops,* L. (*Quercus velani,* Oliv., le Βελανιδία des Grecs modernes.) — T.

26

de sa période de développement. Chez les Chênes liéges, ce tissu croît en puissance pendant une suite d'années, en conservant sa cohésion organique jusqu'au moment où il se trouve brusquement rejeté après qu'à sa surface inférieure il s'est formé une nouvelle couche adaptée à l'agrandissement qu'a subi pendant ce temps le diamètre du tronc. Cette période, dont on n'attend pas le terme quand il s'agit de la décortication artificielle, dure chez les Chênes liéges environ six ans. Ce n'est que grâce à des études systématiques comparées, faites récemment, qu'il a été constaté que la qualité et la valeur du liége, tel qu'on le trouve dans le commerce, dépendent des diverses espèces de Chêne qui le fournissent. Le meilleur liége est recueilli dans la Gascogne, où l'on a introduit à cet effet un Chêne (*Q. occidentalis*) qui paraît être originaire du Portugal. Un autre arbre à liége (*Q. suber*), de taille plus petite et très-voisin du Chêne vert, est beaucoup plus généralement cultivé; sa patrie s'étend depuis l'Espagne et la Provence jusqu'à la Toscane, et il paraît être indigène également en Dalmatie et en Istrie. Puis, les Maremmes de la Toscane et quelques autres contrées possèdent un Chêne liége de peu de valeur (*Q. pseudosuber*), dont la feuille crénelée incline déjà vers les formes lobées. Cette dernière forme se reproduit dans la feuille du Chêne vélani (*Q. ægilops*)[57] des deux péninsules orientales, ainsi que de la Syrie, Chêne dont les grosses cupules fournissent une substance tinctoriale; enfin, deux espèces voisines, les plus belles peut-être parmi les espèces toujours vertes (*Q. Libani* et *Q. castaneifolia*), réunissent le feuillage du Châtaignier à la taille vigoureuse des Chênes du nord.

Presque le seul représentant de la forme de l'Olivier est l'Olivier lui-même (*Olea europæa*), dont l'importance dans la physionomie de la flore méditerranéenne a été considérablement rehaussée par la culture. On admet ordinairement que cet arbre est originaire de l'Orient. D'après les auteurs bibliques, il était indigène en Syrie, et d'après les auteurs grecs également en Asie Mineure. La variété sauvage appelée en Grèce *Agroelea*, ne saurait fournir une présomption en faveur de la patrie de l'Olivier cultivé, puisque, même dans cet état, ses pousses radicales reproduisent la forme sauvage. La légende mythologique d'après laquelle l'Olivier aurait été d'abord transplanté dans l'Attique, laisse place à la question de savoir si l'on entendait par là l'introduction de l'arbre de l'étranger, ou seulement l'amélioration ou l'utilisation d'un végétal indigène. Aujourd'hui, tant à l'état arborescent que frutescent, l'Olivier est indigène non-seulement dans l'Anatolie, mais aussi sur la côte européenne de la mer Égée; cependant, des considérations philologiques rapportées par M. de Candolle semblent prouver que l'olive était inconnue aux habitants primitifs des deux péninsules occidentales. Comme, d'une autre part, la longue période de développement de l'Olivier indique une patrie méridionale où l'hiver est doux et de courte durée, et que dans l'Orient la saison sèche se prolonge également, les conditions les plus favorables se trouveraient réunies dans des contrées telles que la Syrie et la côte méridionale de l'Asie Mineure, où, grâce aux eaux courantes (bien que souvent faisant défaut plus tard) qui arrosent le sol, la croissance pourrait se prolonger au delà du printemps; c'est là une considération qui viendrait à l'appui des traditions relatives à l'origine de l'Olivier*.

Puisque presque toutes ces formes arborescentes toujours

* L'Olivier, si répandu en Asie Mineure, où, le plus souvent, il ne s'écarte pas beaucoup des côtes, se présente quelquefois dans l'intérieur de la péninsule et en dehors de tout centre de population moderne ou ancienne. Ainsi, je l'ai observé en Phrygie, près du village solitaire Erigœz, distant de plus de 100 kilomètres de la mer, à une altitude de 650 mètres, de même qu'à Keyadjik, à environ 96 kilomètres de la côte, à 400 mètres. Quant à la variété *Oleaster*, elle se présente çà et là, même à une altitude de 1,200 mètres, sur le versant méridional du Boulgar-Dagh, entre Tarsus et Namrun. Pline (*H. N.*, xv, 1) dit, en s'appuyant sur l'autorité de Fenestella, que lors du règne de Tarquin l'Ancien, l'Italie, l'Espagne et l'Afrique ne possédaient point l'Olivier, qui, à l'époque du naturaliste romain, s'était répandu au delà des Alpes, dans les Gaules et en Espagne; il ajoute que, du temps d'Hésiode, la culture de l'Olivier en Europe était si peu avancée, que ce poëte a pu dire que personne encore n'avait été dans le cas de recueillir les fruits d'un Olivier planté de ses mains. Homère (*Odyss.*, VII, 112-121), en décrivant le jardin d'Alcinoüs, dans l'île de Corcyre, y signale, à côté de Figuiers, Grenadiers et Poiriers, de beaux Oliviers, ce qui semblerait indiquer qu'à cette époque l'Olivier était encore au nombre d'arbres fruitiers cultivés seulement dans les jardins; mais déjà du temps d'Aristote, Clazomène, près de Smyrne, était célèbre par ses huiles, de même qu'aujourd'hui, de magnifiques taillis d'Oliviers entourent Kelisman, triste représentant de l'antique cité. — T.

vertes passent si aisément à l'état frutescent, et que ce déclin de l'énergie végétative semble aller sans cesse en croissant grâce à la destruction des forêts, il en résulte que les formes de l'Oléandre et du Myrte qui simulent en proportions plus petites les arbres à feuillage toujours verts, ont dû prendre une place d'autant plus large dans le revêtement du sol soustrait à la culture. La forme de l'Oléandre comprend les arbustes toujours verts à grandes feuilles; la forme du Myrte a une feuille plus petite, et ici le nombre plus considérable et la disposition plus agglomérée des organes en compense la surface amoindrie. Cependant, la forme du Myrte le cède ordinairement à celle de l'Oléandre sous le rapport de la hauteur de la taille. Sur le terroir riche en humus de la langue de terre du mont Athos [59], la région toujours verte est composée de buissons étroitement entrelacés qui atteignent quelquefois une hauteur de 4^{m},8, et consistent partiellement en Arbousiers et autres végétaux répondant à la forme de l'Oléandre. Dans la plupart des contrées, les *Maquis* ont une taille beaucoup moins élevée, en sorte que lorsqu'on se tient debout, le regard peut embrasser par-dessus ces buissons un espace considérable, ce qui n'empêche pas que, comparés à ceux de l'Oléandre, les buissons de Myrte sur la côte adriatique ne sont que des pygmées. On compte plus de vingt arbustes divers qui représentent dans la flore méditerranéenne la forme de l'Oléandre; malgré la similarité du feuillage, ils diffèrent tellement sous le rapport de la structure de la fleur, qu'ils appartiennent à quinze genres différents qui, à leur tour, font partie de onze familles. Il n'y a que les Éricées qui possèdent deux genres, savoir : l'Arbousier et le Rhododendron pontique; dans tous les autres cas, chaque genre reste isolé ou bien ne compte qu'une ou deux espèces. Les Cistes seuls offrent une plus grande variété, mais chez eux aussi la forme de l'Oléandre ne se trouve complétement développée que dans deux espèces; les autres Cistinées sont, à la vérité, également toujours vertes, mais n'ont point le tissu substantiel et ferme de l'Oléandre, et, d'ailleurs, s'en éloignent par une teinte plus mate du feuillage et par sa surface molle, rugueuse et velue; elles sont rarement à grandes feuilles, et plusieurs se rattachent à la forme des Éricinées. A en juger par la structure particulière des fleurs et des fruits, on devrait s'attendre à trouver dans les buissons toujours verts des conditions vitales également particulières; mais c'est précisément ici que nous avons un exemple frappant de ce fait, que la position climatérique des plantes dépend avant tout du développement végétatif, fait qui assure à la division des plantes, d'après les organes de végétation, toute son importance scientifique pour les considérations géographiques. Presque tous ces buissons fleurissent au printemps, à peu de chose près, simultanément; ils croissent à l'état social et la plupart sont répandus sur toute la surface du domaine. Je ne compte que quatre arbustes limités aux péninsules orientales, mais nous trouvons une exception plus importante en Espagne, où la végétation des Cistes est particulièrement favorisée. Le domaine d'habitation de chacune des espèces de ce genre n'est point déterminé par la structure différente des feuilles. Toutes les conformations possibles du feuillage se présentent en Espagne. Parmi les Cistes qui habitent le domaine méditerranéen tout entier, se trouve l'une des espèces qui représentent la forme de l'Oléandre (*Cistus laurifolius*), tandis que les trois autres portent des feuilles petites et molles. En Espagne, les espèces indigènes, ou tout au plus transportées dans le midi de la France et dans l'Algérie, sont trois fois plus nombreuses que le total des espèces habitant les autres parties du domaine méditerranéen. Mais ce n'est pas par cela seul que les Cistes constituent un caractère principal de la flore espagnole, c'est encore parce qu'ils se présentent dans cette péninsule réunis en masses sociales beaucoup plus compactes qu'ailleurs, en sorte que dans beaucoup d'endroits ils déterminent la physionomie locale du plateau. Sur la Sierra Morena qui sillonne l'Espagne dans toute sa largeur depuis Murcie jusqu'à l'Algarve et que revêt sans discontinuation une verte et fraîche végétation de plantes ligneuses, on voit tellement prédominer un Ciste de la forme de l'Oléandre (*C. ladaniferus*), que souvent une surface de plusieurs lieues carrées est exclusivement revêtue de cette espèce [60]. Lorsqu'ils sont en fleur pendant les mois de printemps, les Cistes ressemblent aux roses simples blanches ou rouges et sont quelquefois même plus chargés de fleurs que ces dernières. Par la structure de leur fleur ils s'accordent presque complétement avec un autre genre d'herbes vivaces ou demi-arbustes (*Helianthemum*) qui compte en Espagne un nombre encore plus considérable d'espèces endémiques. Ainsi donc, c'est sous plusieurs points de vue que la famille des Cistinées est significative pour les contrées de végétation de l'Espagne, et pourtant, dans sa structure elle n'a rien qui la rattache au climat espagnol. On pourrait, à la vérité, supposer que les abondantes sécrétions de substances résineuses qui revêtent les bourgeons et d'autres organes du Ciste de la Sierra Morena répondent aux hivers plus froids du plateau, mais c'est précisément cette même espèce qui se trouve aussi dans le midi de la France et dans le nord de l'Afrique. Le fait est que les Cistes nous fournissent un exemple évident de cette loi générale, que la structure des fleurs et des fruits sur laquelle repose le système des plantes a été influencée par les centres de végétation où naquirent ces dernières, et que, par contre, le mode de formation des organes végétatifs dépend plus décidément du climat sous lequel elles sont destinées à vivre. Ainsi les faits qui, dans l'organisme, servent à la conservation des espèces nous rappellent les conditions inconnues de leur origine. Ce qui a rapport au développement et à la croissance de l'individu, se trouve dans une connexion évidente avec les forces de la nature inorganique qui exercent une influence persistante sur le premier, et c'est pourquoi ce genre de relation est plus accessible à nos investigations que les relations que nous venons de mentionner. Y a-t-il quelque chose de plus propre à faire ressortir le caractère indépendant de la vie ainsi que de sa transmission d'une génération à l'autre, que l'exemple fourni par la feuille de l'Oléandre, lorsque nous la voyons se répéter dans tant de familles de la flore méridionale, tout en déviant si peu du plan de construction si simple qui lui sert de base? Quand dans tout l'éclat de leurs diverses fleurs luxuriantes ces buissons viennent embellir le printemps du midi, ils témoignent de l'uniformité des conditions et des phases de développement auxquelles se trouvent soumises toutes ces organisations. Par contre, quand, dans le nord de l'Italie, le Laurier-rose, c'est-à-dire l'Oléandre lui-même (*Nerium*) ne déploie ses bouquets de fleurs rouges que seulement en été et jusqu'à l'automne, nous reconnaissons que cette différence tient à ce que ce végétal recherche les bords du fond des vallées, où il trouve plus facilement de l'eau courante, même pendant la saison sèche.

Maintenant, lorsque nous embrassons les séries du reste des arbustes toujours verts qui constituent les Maquis, nous voyons une décroissance progressive depuis la dimension des feuilles bien développées jusqu'à leur complète disparition ou conversion en organes épineux. A la feuille du Myrte succède la feuille aciculaire des Éricées, et c'est sur la suppression ou la transformation du feuillage que repose la distinction entre la forme du Spartium et les arbustes épineux. De telles modifications sont communes à presque tous les climats de la terre, et il nous suffira de faire observer ici d'une manière générale, que le but de réduire l'évaporation de la séve est tout aussi bien atteint par la réduction de la surface que par la consolidation de l'épiderme. Quant aux cas spéciaux relatifs à ce phénomène, nous aurons assez l'occasion de les signaler, soit ici, soit à propos d'autres climats, chaque fois qu'il s'offrira des organisations qui se prêtent particulièrement à l'élucidation de ce sujet. Dans la flore méditerranéenne, la forme du Myrte est représentée par près de trente espèces dont néanmoins plus de la moitié sont composées de Thymélées qui, pour la plupart, n'ont qu'une aire d'extension limitée. D'ailleurs, on y voit certaines espèces qui sont autant d'intermédiaires entre la forme foliaire de l'Oléandre et celle du Myrte. Ainsi la multiplicité des arbustes doués d'organes foliaires persistants se manifeste dans une série d'environ soixante espèces, série où la feuille élliptique oscille entre des surfaces plus ou moins rétrécies, sans cependant dépasser un cercle circonstrit de formes différentielles. Presque toujours les branches sont copieusement feuillues, et les feuilles entières, à l'exception d'un seul cas où les surfaces exiguës offrent une disposition pennée (*Pistacia lentiscus*). A la forme du Myrte, y compris également ce dernier arbuste, appartiennent dix genres répartis entre neufs familles diverses. Environ la moitié des espèces sont répandues dans le domaine tout entier; cependant peu d'entre elles se présentent en masses considérables socialement ou associées à d'autres arbustes, comme c'est notamment le cas à l'égard du Myrte lui-même (*Myrtus communis*), de deux Oléinées (*Phillyrea*) et du Pistachier lentisque (*Pistacia lentiscus*). Exactement comme chez les plantes de la forme de l'Oléandre, quelques-unes de ces espèces indigènes dans le midi habitent également le domaine occidental du climat maritime ayant des limites septentrionales inégales (*Osiris, Buxus, Ruscus*). L'une des Thymélées (*Daphne oleoides*) pénètre dans le domaine climatérique opposé, celui des steppes de la Russie méridionale, tandis qu'aucun exemple de ce genre n'est connu à l'égard de la forme de l'Oléandre. La feuille plus exiguë du Myrte peut tout aussi bien s'adapter à la période de végétation réduite de la steppe, que supporter l'hiver doux de l'Occident, tandis que, à cause de sa longue période de végétation, la feuille de la forme de l'Oléandre évite le climat continental de la Russie.

En tant que représentée par le genre Érica lui-même, la forme de Bruyère acquiert dans le domaine méditerranéen une taille plus élevée que chez nous. Déjà les Bruyères de la Gascogne sont composées d'arbustes plus considérables que ceux de la plaine baltique, mais il se trouvent de beaucoup dépassés par la Bruyère arborescente du midi (*Erica arborea*). Celle-ci ressemble par sa taille à la forme de l'Oléandre [59] avec laquelle elle croît souvent mélangée; comme cette dernière, elle se développe selon la nature du terrain, en sorte que tantôt elle acquiert la hauteur de l'Arbousier richement feuillu, tantôt sur un sol rocailleux elle est réduite à des dimensions exiguës. Bien que cette Bruyère développe ses panicules extrêmement riches en fleurs, simultanément avec les autres arbustes toujours verts, elle n'a qu'une période de végétation plus réduite, parce que la feuille aciculaire se renouvelle plus rapidement que les feuilles de dimension supérieure. On peut tirer cette conclusion de ce que la Bruyère arborescente monte plus haut dans la montagne. Sur l'Olympe bithynien elle se présente jusqu'à l'altitude de 812 mètres (2,500 pieds). C'est à cette condition que répond le fait, que dans le nord-ouest de l'Europe les espèces d'Érica s'avancent à une altitude plus élevée que les arbustes à feuilles toujours vertes et plus larges. Toutefois, ces relations n'ont pas un caractère constant. La forme de Bruyère du domaine méditerranéen comprend d'autres arbustes exclusivement propres au midi, et au nombre desquels se trouve la Bruyère arborescente elle-même. La majeure partie consiste généralement en végétaux d'une extension restreinte, et, comme rien dans leur organisation ne permet de reconnaître la cause qui limite leur sphère climatérique à des parties spéciales de ce domaine, il serait permis d'admettre que, nonobstant leur caractère social, elles sont peu propres aux migrations. De même que les Érica du Cap ne s'éloignent de la côte qu'à une faible distance, ainsi parmi les dix-sept Éricées à petites feuilles habitant le midi de l'Europe, il n'en est que deux qui s'étendent depuis l'Espagne jusqu'aux péninsules orientales. La plupart des Érica (douze espèces) ne se présentent qu'en Portugal et en Espagne, mais ce qui est bien plus remarquable, c'est que la majeure partie de ces végétaux (huit espèces) s'étendent depuis ces deux contrées le long du littoral de l'Atlantique jusqu'à la France occidentale et aux Iles Britanniques, et une espèce (*Erica cinerea*) pénètre même en Norvége. Ce phénomène tiendrait-il à un degré plus élevé d'humidité, ainsi que nous l'avons fait observer (p. 189), ou à quelque propriété du climat atlantique, en sorte que les mêmes conditions ne se trouveraient pas remplies dans les parages plus orientaux de la Méditerranée? ou bien, les petites semences de ce végétal seraient-elles susceptibles d'être transportées plus aisément d'une côte à l'autre, tant par les courants marins que par l'air atmosphérique? Leur diffusion depuis l'Espagne septentrionale jusque dans la Gascogne, l'Irlande et Bergen-Stift en Norvége, correspond assurément à la voie sinueuse que suit le Gulf-Stream, et pourtant la présence de la Bruyère arborescente à Madère et dans les îles Canaries peut bien être expliquée à l'aide des vents alizés, mais non à l'aide des courants marins. La preuve que la patrie de la plupart des Érica européennes est espagnoloportugaise résulte non-seulement de ce que plusieurs espèces endémiques habitent la péninsule ibérique, mais encore de ce que la feuille aciculaire de la forme de Bruyère s'y présente en général plus fréquemment qu'ailleurs. Je compte dans le domaine méditerranéen trente-cinq arbustes chez lesquels ce cas a lieu, et parmi ceux-là vingt-trois espèces habitent exclusivement l'Occident, quelques-uns même seulement l'Espagne, tandis qu'il n'y a que dix espèces qui appartiennent à l'ensemble du domaine et quatre se trouvent limitées aux méridiens orientaux. Tous ces arbustes sont répartis entre douze genres et neuf familles, dont l'Espagne possède sept genres appartenant à autant de familles. Ce sont les genres considérables (*Érica, Frankenia, Cistus*) qui en Espagne renferment le plus d'espèces. J'ai été frappé de voir que, tandis que la fleuraison des buissons de l'Occident est en grande partie si tardive, celle de la Bruyère arborescente a déjà lieu au printemps. Dans la Gascogne, la plupart des Érica fleurissent en automne, quelques-unes en hiver[61]. Ne serait-il pas permis d'en conclure que le climat atlantique est le seul qui soit capable de satisfaire aux exigences d'une si longue période de végétation? Toutefois, il y a certaines choses que cette supposition n'explique pas. En effet, la durée de la période de végétation est plus longue dans la baie de Biscaye qu'en Portugal, où, dans la région côtière, elle se trouve interrompue par la sécheresse de l'été, en sorte qu'il est probable que les Érica qui sont communes aux deux contrées devront s'y comporter différemment. D'ailleurs, les deux Bruyères de la plaine baltique qui, chez nous aussi, ne commencent à fleurir que dans l'arrière-saison, s'élèvent considérablement dans la région alpine des Alpes et des Pyrénées, où elles se trouvent forcées de réduire beaucoup leur période de développement. Donc, à l'égard de la forme de Bruyère, de même qu'à l'égard des Cistes, il ne nous reste préalablement qu'à admettre qu'ils ont été produits en plus grande variété par les centres de végétation de l'Espagne, sans que nous connaissions la véritable cause climatérique de ce phénomène, bien que ce soit, à ce qu'il paraît, un fait avéré que celles des Érica qui ne fleurissent qu'en automne ne se sont guère éloignées à l'est de leur patrie, tandis que celles dont la fleuraison a déjà lieu au printemps n'ont trouvé aucun obstacle qui s'y opposât. De plus, il est encore un autre fait qui place la forme de Bruyère sur la même ligne que les Cistes de l'Espagne, c'est que dans ce pays leur agglomération sociale se produit sur une échelle bien plus considérable qu'ailleurs, et tel est le cas non-seulement pour les Érica elles-mêmes, mais encore pour d'autres arbustes doués d'organes de végétation analogues (Ex. *Rosmarinus*).

La forme de Spartium qui comprend les arbustes aphylles, tient son nom d'un végétal du midi de l'Europe (*Spartium junceum*), dont les verges longues et vertes se pressent entre les buissons des Maquis, et déploient vers la fin du printemps leurs grandes fleurs jaunes papillonacées. Bien que, dans certaines saisons, cet arbuste développe des feuilles isolées et petites, celles-ci n'en ont pas plus une valeur physiologique quelconque. C'est qu'ici, c'est plutôt le tissu des branches fines et cylindriques qui doit remplacer la fonction des feuilles. Grâce aux surfaces réduites, la circulation de la séve est ralentie, puisque c'est par l'évaporation autant que par la force d'absorption dont les racines sont douées, que se trouve réglée la circulation de l'eau dans les plantes. Les stomates à l'aide desquels s'effectue tout le dégagement de la vapeur aqueuse qui en général s'échange entre le gaz atmosphérique et la séve, sont bien moins nombreux dans l'épiderme cylindrique que sur une surface foliaire unie. Il en résulte que la réduction de l'évaporation donne lieu en même temps à un ralentissement dans les opérations nutritives auxquelles, tant que dure l'action de la lumière sur les organes verts, l'acide carbonique de l'atmosphère fournit l'aliment le plus important. Toutefois, les conditions ne sont pas les mêmes dans les deux cas. En effet, l'évaporation est accélérée par la chaleur et la sécheresse du climat, tandis que l'absorption de l'acide carbonique ne dépend que de la lumière dont l'action ne paraît point se modifier sous les divers climats. Souvent une station exposée au soleil ou à l'ombre est d'une importance décisive pour le développement d'une plante, et la longueur inégale de la durée du jour, sous différentes latitudes, se trouve peut-être compensée par les variations que subit l'intensité de la lumière, selon la position moyenne du soleil au-dessus de l'horizon. Dans la flore méditerranéenne, nous ne trouvons la forme de Spartium représentée que par des arbustes peu nombreux, généralement répandus, mais dans l'Occident, notamment en Espagne et dans l'Afrique septentrionale, cette forme se présente avec plus de variété et passe par beaucoup de gradations intermédiaires à d'autres formes frutescentes. Aussi porte-t-elle en Espagne un nom particulier, emprunté à l'arabe (*Retam*), qu'on ferait bien peut-être de substituer au nôtre pour réunir en un seul ensemble tous ces arbustes aphylles. M. Willkomm décrit le Retam à fleurs blanches de l'Andalousie (*Retama monosperma*) comme « un arbuste de la taille d'homme, à troncs gros comme le bras, dont les branches redressées se divisent en houppes de rameaux sous forme de baguettes, de teinte grisâtre argentée et d'un luisant soyeux, ayant la grosseur d'une plume d'oie, pendant à l'instar du Bouleau pleureur et développant en février des épis serrés de fleurs odoriférantes ». Distinguée par un extérieur aussi frappant, la forme de Spartium constitue donc, de concert avec les Cistes et les Érica, un troisième trait caractéristique propre aux centres de végétation de l'Occident. Les conditions variées du climat de la péninsule espagnole ne sont pas sans influence sur la répartition de ces arbustes. Il est permis d'admettre que c'est sur ces plateaux de l'intérieur que les Cistes sont le plus fréquents. Les Érica, au contraire, l'emportent dans le Portugal, tandis que, sous le climat chaud de l'Andalousie, c'est la forme de Spartium qui possède le plus grand nombre d'espèces. Comme ces arbustes aphylles appartiennent en majeure partie aux Légumineuses du groupe des Genistées, et comme beaucoup d'autres représentants de ce groupe, tous compris ordinairement dans le nom de buisson de Genêt, habitent la région basse du midi de l'Espagne, on pourrait également ne voir dans la répartition de la forme de Spartium qu'une particularité propre à ces contrées, particularité qui, une fois admise à titre de fait primitif, ne serait guère susceptible d'une explication ultérieure.

Mais si, d'une part, les Érica se concentrent sur la côte de l'Atlantique, d'autre part, les arbustes aphylles de la contrée de Grenade placée sous un climat plus sec, nous rappellent le Sahara où ces arbustes présentent une plus grande variété dans la structure de leur fleur, tout en jouissant bien moins encore de l'avantage de l'irrigation. Quand nous opposons les Érica avec leurs feuilles aciculaires abondantes et serrées aux branches nues et étirées du Genêt, il devient évident que, pour ce qui concerne la production des cellules et l'acte de croissance, en un mot, le travail qui doit s'accomplir dans le cours d'une période de végétation, une tâche bien plus laborieuse incombe aux Érica qu'aux Genêts. Dans les deux cas, cette période peut être de la même durée, mais sous le climat atlantique plus humide, la circulation de la séve est proportionnellement plus active, la quantité de substances nutritives fournies par le sol plus considérable et la continuation non interrompue de la croissance plus nécessaire. Il s'ensuit que, plus le climat devient sec, plus l'organisation se simplifie. Or, ce n'est pas dans les fleurs, mais dans les organes de végétation que cette simplification a lieu, et c'est ce qui explique peut-être aussi pourquoi les végétaux appartenant à la forme de Genêt sont capables de réduire, plus aisément que les Éricées, la période de leur développement. C'est également à l'étendue moins considérable du travail requis par la croissance, que l'on pourrait rattacher le fait que les Bruyères du nord s'écartent dans le même sens des Érica du midi; ainsi, pour la Callune, ce phénomène tiendrait à ce que ses feuilles aciculaires sont plus petites, et pour la Bruyère tetralix (*Erica tetralix*), à ce que sa taille est bien moins élevée et que, par conséquent, la plante n'a à produire que peu de substance ligneuse. Néanmoins, les Érica n'atteignent point la simplicité de structure qui caractérise les arbustes aphylles, et par conséquent elles ne pénètrent pas comme ces derniers dans les contrées à climat de steppe et de désert, où les conditions de croissance sont encore bien moins favorables que dans les montagnes humides. Il serait difficile de tracer exactement une ligne de démarcation entre les végétaux appartenant à la ferme de Spartium du domaine méditerranéen et d'autres arbustes, parce que, sous le rapport des organes foliaires, il y a des passages graduels entre les Genistées pourvues de feuilles et celles qui n'en ont point; tandis que lorsque ces dernières développent des branches mucronées, elles se rattachent aux arbustes épineux. En réunissant tous les arbustes chez lesquels les branches vertes se trouvent chargées plus ou moins complétement des fonctions du feuillage, par suite de l'absence totale des feuilles ou de leur courte durée, je trouve dans mon herbier, au delà de quarante espèces (quarante-quatre) d'arbustes de cette nature, parmi lesquels cependant presque la moitié (vingt) sont pourvus d'épines. Ils sont répartis très-inégalement entre les deux familles des Légumineuses (trente-neuf espèces) et des Gnetacées *(Ephedra)*. A une seule exception près *(Coronilla juncea)*, les premiers font partie des Genistées, mais le nombre des genres dont je distingue huit, n'est guère certain, parce que les opinions des classificateurs systématiques relativement à l'étendue de ces genres sont partagées. A moins de tenir compte de distinctions d'une nature plus délicate, constatées dans la structure de la fleur et du fruit, on ne saurait distinguer ces genres de Genistées les uns des autres, et ce n'est que dans un seul cas *(Pterospartum)* que des branches prennent une forme aplatie analogue à celle d'une feuille, en sorte qu'à elles seules elles remplacent alors complétement le feuillage qui fait défaut. Parmi les Genistées aphylles dépourvues d'épines, deux espèces seulement sont répandues dans toute l'étendue ou du moins dans la majeure partie du domaine méditerranéen, dont même elles dépassent les limites dans certaines directions, en pénétrant, l'une *(Spartium junceum)* dans la vallée du Rhône, où elle remonte jusqu'à Lyon, ainsi que, à ce qu'il paraît, dans l'Arménie ; l'autre *(Syspone radiata)* dans les vallées alpines plus chaudes et dans le Banat*. Il en est autrement des formes épineuses, qui sont presque toutes limitées à l'Occident et parmi lesquelles deux

* Parmi les nombreuses localités de l'Asie Mineure où j'ai été dans le cas de signaler le *Spartium junceum* (*Bot. de l'A.-M.,* I, 5), l'Arménie turque ne m'a fourni aucun représentant de cette espèce, et ce n'est que sur l'autorité de M. Ledebour que je l'ai indiquée dans l'Arménie russe. — T.

espèces (*Ulex*) sont répandues, à l'instar des formes de Bruyère, le long de la côte Atlantique, et pénètrent bien avant dans le nord des Iles Britanniques. Le genre Ephedra, caractérisé par l'articulation de ses branches rigides et aphylles, et dont le tissu plus solide résiste à l'hiver plus froid du climat continental, est dans le sens géographique diamétralement opposé aux Genistées : le centre de son aire d'extension touche au domaine du désert, mais deux espèces atteignent cependant l'Espagne, et une troisième est même exclusivement propre à l'Occident. Enfin il résulte de la réunion de tous ces faits, que dans le domaine méditerranéen il n'y a que cinq arbustes de la forme du Genêt qui possèdent une aire d'extension étendue; quelques-uns (trois espèces) appartiennent à l'Orient, d'autres (trois espèces) à la Sicile et à la Sardaigne, tout le reste est limité à l'Occident, et la plupart dépassent à peine la péninsule ibérique ou le nord de l'Afrique. Cependant, parmi ces nombreuses Genistées espagnoles, il est une espèce qui franchit les limites de la flore méditerranéenne, pour pénétrer en France, c'est le *Sarothamnus purgans,* qui s'étend jusqu'à la Loire.

La position géographique des arbustes épineux diffère, dans le domaine méditerranéen, selon qu'ils appartiennent aux Genistées ou à d'autres groupes. Les premiers sont plus fréquents dans l'Occident, les derniers dans les péninsules orientales. Cependant, je ne range dans cette forme de plantes que les végétaux chez lesquels les organes aciculaires se produisent aux dépens des organes foliaires. En effet, ce ne sont que de tels végétaux qui se trouvent dans un rapport déterminé avec le climat, ce qui les rattache directement à la forme de Spartium. Il importe peu alors que les feuilles deviennent moins nombreuses par suite de l'avortement du bourgeon terminal des branches et de sa transformation en une épine, ou bien que leurs dimensions soient réduites, parce que certaines parties de leur tissu ne se développent pas et se lignifient en pointes piquantes. Dans l'un comme dans l'autre cas, le végétal tout entier offre à l'évaporation une surface moins étendue, et par là son organisme se trouve adapté à un climat plus sec. Il est évident qu'il ne saurait plus être question de semblables conditions climatériques, lorsque tout en étant abondamment pourvue de feuillage, une plante telle que le Houx (*Ilex*), porte des épines au bord de la feuille, ou que les feuilles secondaires revêtent un caractère spiniforme (par exemple chez le *Paliurus*), ou enfin lorsque les piquants ne se développent qu'irrégulièrement sur l'épiderme, comme chez le Rosier. Sans doute, dans cette manière de voir, de même que dans une appréciation physiologique quelconque des formes végétatives, il ne manque pas de se présenter des transitions qui rendent douteuse la signification des organes. Ainsi, les arbustes épineux se rattachent à toutes les autres formes frutescentes, et ce sont les cas les plus simples, les cas typiques, qui doivent nous fournir la loi d'après laquelle l'*habitat* le plus convenable a été assigné aux plantes. Il est à peine possible de tracer une ligne de démarcation entre les arbustes épineux toujours verts appartenant à la forme du Spartium et les Genistées épineuses pourvues de feuilles. Parfois le feuillage est même composé, ce qui ne l'empêche pas d'être très-éphémère (*Calycotome*). Ici les branches demeurent souvent vertes pendant longtemps et remplissent les fonctions de la feuille, en sorte que la longue période de végétation telle qu'elle a lieu dans l'Occident leur est favorable bien que non pour toutes les espèces. Par contre, la plupart des autres arbustes épineux ne sont guère organisés de manière que les parties axiles puissent contribuer à la nutrition. Les éléments constitutifs de la tige restent courts et se lignifient rapidement, la taille devient moins élevée. C'est là la forme d'arbustes épineux qui n'acquiert sa plus grande variété que sous le climat des régions de steppe, d'où elle passe aux contrées littorales des péninsules orientales. Nous aurons dans la suite l'occasion de considérer cette forme de plus près ; cependant, il convient de signaler dès à présent une condition particulière dont résulte sa position climatérique. Il n'est point de forme végétale qui caractérise d'une manière plus tranchée le plateau persico-anatolique que les arbustes de tragacanthe (*Astragalus* section *Tragacantha*), dont les feuilles pennées, agglomérées et élégantes se terminent en épines, et dont les troncs se trouvent encore fortement armés après la chute des feuilles, lorsqu'il ne reste plus que les pétioles piquants, susceptibles d'une longue durée. Or cette forme frutescente habite non-seulement les côtes de la Thrace et de la Macédoine (*A. thracicus*), mais encore les montagnes les plus élevées et les plus lointaines du domaine méditerranéen, depuis le mont Athos et le mont Ida en Crète, jusqu'à l'Etna et la Sierra Nevada, et même jusqu'à la chaîne méridionale des Alpes (*A. aristatus*). Presque tous ces arbustes de Tragacanthe de l'ouest et du midi du domaine méditerranéen croissent sur des montagnes à altitude alpine. Or quelle est l'affinité climatérique entre l'Asie antérieure et l'Etna? Ce qui leur est commun, c'est la brièveté de la période de végétation, et ce rapport est analogue à celui qui rattache la région alpine à la flore arctique, et, dans quelques cas, également aux plaines de la Russie. La réduction des éléments de la tige que nous trouvons dans les arbustes de Tragacanthe est le contraire de la production des verges longuement étirées du Spartium: elle est l'expression de l'abréviation de la période de développement, pendant laquelle les feuilles doivent opérer leur évolution aussi promptement que possible, afin de gagner le temps indispensable à leur activité. Cette constitution se reproduit aussi chez d'autres arbustes épineux dont l'Orient est la patrie (par exemple: *Acantholimon, Poterium spinosum*). De telles conditions se présentent là où l'hiver, combiné avec une saison sèche, limite les phases de la vie végétale. C'est ce qui fait que, dans la proximité de la lisière des steppes, les arbustes de Tragacanthe descendent sur la côte de la Thrace, habitent en Grèce des hauteurs moins élevées que celles qu'ils habiteraient dans les contrées situées plus à l'ouest, et de même se trouvent représentés en Espagne non-seulement dans la région alpine, mais encore dans les pays de plateaux de moindre altitude (*A. Clusii*). Il n'y a qu'une espèce qui ne se prête guère à ces conditions, puisque, étant exclusivement propre à l'Occident, on la trouve encore sur la côte de la Provence (*A. massiliensis*). Or, outre la période réduite de leur végétation, une autre condition climatérique s'impose aussi aux arbustes épineux de l'Orient, attendu que c'est précisément grâce à leurs épines qu'ils sont à même de supporter la sécheresse. Sous ce rapport encore, ainsi que nous le verrons plus bas, des conditions semblables se reproduisent dans la région alpine de l'Europe méridionale comme dans les pays de steppes, et c'est pourquoi ils se trouvent exclus des régions plus humides de la chaîne septentrionale des Alpes. Pour ce qui concerne la variété des espèces, les arbustes épineux du domaine méditerranéen le cèdent de beaucoup à ceux de la flore des steppes, notamment lorsqu'on ne prend pas en considération les Génistées et autres formes de transition. Je compte en tout environ trente espèces qui se rattachent décidément à cette flore : elles appartiennent à treize genres et à huit familles.

Maintenant, si après avoir suivi la feuille toujours verte jusqu'aux formes d'arbustes où elle s'évanouit complétement, nous revenons aux autres éléments constitutifs des essences forestières du midi de l'Europe, le domaine méditerranéen nous apparaît comme s'il avait été créé exprès pour rattacher les zones septentrionales aux régions des tropiques. En effet, le climat n'empêche point les formes arborescentes du Nord d'y pénétrer, et il ne s'oppose pas non plus péremptoirement au développement de certains produits tropicaux. Ainsi que cela se manifestait déjà chez les Aurantiacées de l'Inde, le même rapprochement est indiqué par la forme des Mimosées et par le Palmier de l'Afrique. Mais, quant aux formes arborescentes du nord de l'Europe, il faut les considérer sous un double point de vue, en tant que, d'une part, reparaissent les mêmes espèces, et cela le plus souvent seulement dans les régions montagneuses, et, d'une autre part, surgissent de nouveaux représentants de ces espèces, dont les unes, exigeant un hiver plus doux, trouvent leur patrie sur les côtes chaudes; d'autres la trouvent également dans les montagnes.

Le Caroubier (*Ceratonia*) s'identifie avec la forme tropicale du Tamarinde à feuilles pennées toujours vertes, et, grâce au tissu solide de son feuillage luisant, sert de transition au Laurier, et constitue un genre monotype dans la région toujours verte, tandis que la chair douce de son fruit, enfermée dans une gousse, assigne à cet arbre une place particulière parmi les plantes alimentaires *. La structure délicate du feuillage à composition multiple, structure qui constitue le caractère de la forme des Mimosées, et qui est si fréquente dans l'Amérique tropicale, ne se manifeste que dans les pays de l'Orient, où les végétaux qui la représentent s'étendent depuis l'Égypte, le long de la côte de la Syrie, et même s'avancent, à l'état sporadique, assez loin vers le nord, puisque leur limite septentrionale se trouve sur le Bosphore et sur la mer Caspienne (Ex. *Albizzia julibrissin*). C'est donc une de ces formes végétales qui expriment les relations entre le climat de l'Afrique tropicale et celui des parties du domaine méditerranéen limitrophes de celui des steppes. Parmi les arbres généralement répandus ne figurent que ceux à feuilles une fois pennées, qui se rattachent à la forme septentrionale du Frêne, et, de même que ce dernier, perdent leurs feuilles pendant l'hiver. De ce nombre sont les Pistachiers et les Frênes du midi de l'Europe qui habitent la région toujours verte, ou du moins ne la dépassent guère de beaucoup. Le Frêne à la manne (*Fraxinus ornus*), celui qui est le plus fréquent, n'est qu'un arbre de peu d'apparence, et reste en Rumilie à l'état frutescent. Les Pistachiers-térébinthes (*Pistacia terebinthus*) constituent quelquefois des arbres de haute futaie; cependant, en général, ni les Pistachiers, ni les Frênes, n'égalent la taille élégante du Caroubier.

La forme du Hêtre est d'une importance bien plus grande. Représentée presque dans toutes les forêts des montagnes du

* C'est sur la côte méridionale de l'Asie Mineure, notamment dans la Cilicie, que le fruit du Caroubier joue un rôle très-important comme substance alimentaire, en sorte que le voyageur à court de provisions y est obligé de se soumettre à ce monotone régime végétal; en été, lorsque les habitants se retirent avec leurs troupeaux dans la montagne, en laissant leurs chétives cabanes le plus souvent entr'ouvertes, on est étonné d'y trouver d'énormes tas de Caroubes secs, représentant à eux seuls toutes les provisions d'hiver réservées aux hommes et aux animaux domestiques. Cependant, dans ces contrées, le Caroubier est pour la plupart à l'état sauvage, ce qui n'empêche pas qu'il ait une vigueur remarquable, et que ses fruits soient plus doux et plus savoureux qu'en Europe. Il ne serait donc pas improbable qu'il fût originaire en Asie Mineure. D'ailleurs, Théophraste (XIV, 2), en parlant du Caroubier, qu'il décrit assez bien, ne le signale qu'en Ionie et dans l'île de Rhodes, et Gallien dit positivement que c'est de l'Orient que vient l'arbre connu chez les Grecs sous le nom de *Ceronia*. — T.

nord de l'Europe, elle constitue, sur les versants inférieurs, la limite des taillis de Châtaigniers. Lorsqu'on descend des Alpes méridionales ou de toute autre contrée montagneuse, on voit, avant d'entrer dans le domaine de la flore méditerranéenne, le Châtaignier (*Castanea*) préluder aux formes de la région toujours verte. Le tissu plus compacte ainsi que le vert éclatant de sa feuille finement dentelée répondent déjà à son organisation plus massive et annoncent une période de végétation prolongée, tandis que les Hêtres et autres arbres semblables, pourvus d'un feuillage flexible et plus délicat, sont limités aux régions montagneuses plus élevées. On retrouve la ceinture des forêts de Châtaigniers depuis les Alpes jusqu'à la Sicile, depuis la Sierra Nevada jusqu'au Pont; dans la plupart des montagnes du midi de l'Europe, elle constitue, sur la limite de la région toujours verte, tantôt des taillis clair-semés, tantôt un dôme de feuillage élégant et compacte, supporté par des troncs élancés. C'est la première impression que le voyageur reçoit des formes plus luxuriantes de la nature méridionale. Mais, après avoir laissé loin de lui les Hêtres et autres végétaux du Nord, il se voit encore accompagné par le feuillage du Chêne germanique (*Q. cerris*), non-seulement à travers la ceinture des Châtaigniers, mais encore au milieu de la région littorale toujours verte, et il en est de même des Ormes et des Peupliers, dont l'aspect lui est si familier. Ici, il devient évident que si les formes végétales du Midi ne supportent pas le climat de l'Europe centrale, les modifications que le Midi fait subir aux conditions climatériques ne sont pas également hostiles à tous les produits des latitudes plus élevées. Bien que les Chênes qui, en hiver, perdent leur feuillage, éprouvent une réduction dans le développement de leur taille, et souvent passent même à des formes frutescentes déprimées, ils n'en résistent pas moins à la sécheresse de l'été. Les espèces les plus fréquentes (*Q. pubescens* et *Q. toza*) jouissent d'une certaine protection, grâce aux poils qui revêtent leurs feuilles. Toutefois, il ne manque pas de Chênes à feuilles glabres, et malgré la difficulté qu'il y a à délimiter d'une manière certaine les espèces affines, il n'en est pas moins indubitable que l'une d'elles est identique avec l'espèce qui, dans le Nord, porte des glands pédonculés (*Q. pedunculata*). Il est permis d'admettre ici que sa feuillaison tardive, dont il a été question précédemment (p. 122), lui procure la facilité de se maintenir pendant la saison dépourvue de pluies, laquelle a lieu précisément à l'époque où l'arbre a atteint la plus grande énergie de végétation. Quelque fanées et pulvérulentes que puissent alors paraître ses feuilles, elles n'en périssent pas pour cela, et reprennent leur vigueur sous l'action des pluies d'automne. Une espèce analogue, propre à l'Orient (*Q. infectoria*), se rapproche déjà, à cause de son tissu foliaire plus tenace, des formes toujours vertes, puisqu'elle ne perd ses anciennes feuilles qu'au printemps subséquent, pendant que les nouvelles feuilles se développent. Si les Chênes à feuilles caduques sont l'expression des conditions climatériques communes à l'Europe centrale et méridionale, plusieurs arbres cultivés, plus ou moins analogues au Hêtre par la configuration de leurs feuilles, font voir que le Midi possède également des produits qui lui sont propres, se rattachant aux mêmes ou du moins à de semblables séries de formes. De ce nombre sont l'Amandier (*Amygdalus communis*), le Grenadier (*Punica granatum*), et les deux Mûriers (*Morus alba* et *nigra*). L'origine de végétaux aussi précieux que ceux-ci ne peut être que rarement déterminée avec certitude. Toutefois, les recherches faites sur leur patrie primordiale nous ont appris que les arbres dont il s'agit avaient été tous connus déjà à l'antiquité grecque, et que, même aujourd'hui, ils sont considérés comme végétaux indigènes soit dans l'Orient, soit dans le nord de l'Afrique, et par conséquent dans les régions de notre domaine à période réduite de végétation. Comme ils exigent un hiver plus doux que les Chênes du Nord, il faut admettre leur migration dans un sens opposé à celle de ces derniers. La culture les a répandus dans les directions occidentale et septentrionale; mais, d'après les limites culturales qu'ils possèdent de nos jours, leurs conditions climatériques sont dissemblables. Le Grenadier qui, dans la Macédoine, se comporte comme un végétal indigène, ne dépasse nulle part les limites de la flore méditerranéenne, quelle que soit la facilité avec laquelle il s'acclimate sous les tropiques, où, à ce que l'on dit, il développe pendant presque toute l'année ses fleurs pourpres. Le feuillage de cet arbre dure moins longtemps que celui des végétaux toujours verts [62], et le retard que subit pendant l'été sa floraison dans le midi de l'Europe se rapporte également à la période réduite de végétation qui lui est assignée dans sa patrie orientale. Il paraîtrait donc que, dans les pays plus chauds, il a pu contracter l'habitude de renouveler pendant la même année ses phases de croissance, tandis que sous de plus hautes latitudes, tout en trouvant le temps nécessaire à son développement, il ne serait pas capable de supporter le froid durant la période de son sommeil hivernal. Il en est tout autrement de l'Amandier, car bien que ses fleurs ornent si hâtivement les pays consacrés à l'arboriculture, et que, par exemple, dans le midi de la France, il fleurisse déjà en janvier ou en février, néanmoins, la maturation de ses fruits ne s'accomplit qu'à la fin de la saison sèche. On serait donc en droit d'en conclure que la patrie primitive du Grenadier et de l'Amandier n'est pas la même, que le premier vient des contrées de l'Orient, où l'hiver, quoique doux, a une durée plus longue, et que le dernier est originaire du nord de l'Afrique, où, encore aujourd'hui, il est considéré comme indigène [63], et où la période de végétation se trouve réduite non par l'hiver, mais par la prolongation de la sécheresse de l'été, qui retarde la maturation des amandes*. Nous voyons également le domaine cultural de l'Amandier franchir les limites de la flore méditerranéenne (notamment dans l'Occident, jusqu'au Rhin, 49° L. N.), en s'avançant aussi loin qu'il peut trouver le temps nécessaire à son développement, et jouir de l'hiver doux du climat maritime. Sous le rapport de sa sphère climatérique, le Mûrier paraît se rapprocher du Grenadier plus que de

* Dans un travail publié en 1873 à Palerme, sur la culture de l'Amandier en Sicile (*Manuale della Cultivazione del Mandorlo in Sicilia*), M. Giuseppe Bianca s'efforce de démontrer que cet arbre est originaire de la Sicile, où, d'après ce botaniste, il déploie un si grand nombre de variétés, que l'auteur a cru pouvoir en distinguer jusqu'à 725 (!). Pline dit (*H. n.*, XV, 24) qu'il est douteux que l'Amandier ait existé en Italie du temps de Caton, bien qu'à l'époque de Pline les Amandiers de l'île de Thasos, de l'Albe et de Tarente fussent célèbres. — T.

l'Amandier, puisqu'il se réveille bien plus tard de son sommeil hivernal, et ne développe ses feuilles, en Provence, qu'à la seconde moitié de mars. Au commencement d'avril, en 1867, je fis cette observation dans la vallée du Rhône, qu'au sud de Lyon les Mûriers étaient encore dépourvus de feuilles jusqu'à la limite de la flore méditerranéenne; mais à peine eus-je atteint les premiers Oliviers, qu'ils apparurent revêtus d'un frais feuillage jaunâtre, de même que les Amandiers brillaient dans tout l'éclat de leur parure printanière. Bien que plusieurs observations parlent en faveur de l'origine pontique des deux espèces de Mûrier, il n'en est pas moins surprenant que tout en paraissant avoir été connus aux Grecs anciens, leur culture, faite en vue de l'élevage du ver à soie, soit restée limitée à la Chine, puisqu'elle n'a été introduite dans l'Occident que beaucoup plus tard, sous l'empereur Justinien. L'apparente contradiction basée sur la non-coïncidence entre la patrie d'un insecte et celle du végétal qui lui sert de nourriture, trouverait vraisemblablement sa solution dans ce que l'origine des deux espèces de Mûrier ne serait nullement la même. En effet, leurs conditions climatériques n'offrent point de concordance. Le Mûrier blanc, dont les variétés sont presque exclusivement employées à la sériciculture, supporte le climat continental des steppes, et ne souffre que des degrés élevés de froid. Le Mûrier noir gèle aisément en Allemagne, et correspond d'ailleurs au climat de la Vigne [65]. On serait ainsi conduit à chercher la patrie de ce Mûrier sur la mer Noire, et cela expliquerait pourquoi les anciens en connaissaient parfaitement le fruit. Mais, d'après M. Metzler, on ne saurait l'utiliser pour la nourriture du ver à soie, et cet éminent connaisseur de nos végétaux culturaux pense que, si l'opinion contraire a été soutenue, c'est qu'on avait confondu le Mûrier noir avec le Mûrier blanc, qui présente quelquefois des baies à teintes foncées. Toutefois, quand même cette manière de voir ne serait pas complétement fondée, et que l'opinion de savants italiens [64] se trouverait confirmée, d'après laquelle la sériciculture, dans l'Occident, aurait eu lieu pendant longtemps à l'aide du Mûrier noir, et ne se serait élevée à l'état florissant dont elle jouit de nos jours qu'après que, dans le courant du VIe siècle, le Mûrier blanc eut été transplanté de l'Asie en Europe, il n'en serait pas moins vrai que ces traditions, aussi bien que les différences climatériques qui existent entre les deux espèces, indiquent que la patrie de l'insecte, de même que celle de la plante que la nature lui a assignée pour nourriture, n'appartiennent point au domaine méditerranéen, mais bien à une contrée de l'Orient, placée sous un climat plus continental. Si l'on considère la mer Caspienne comme la patrie du Mûrier blanc, il ne faut pas perdre de vue que le climat de la steppe s'étend de cette contrée jusqu'à la Chine, ce qui a pu avoir pour résultat la diffusion naturelle de ce végétal à travers une grande partie de l'Asie. Ainsi tous les faits semblent se réunir en faveur de l'opinion que le Mûrier blanc a pour patrie les steppes de l'Asie, arrosées par des cours d'eau, ce qui a fait que dans l'Orient il a pu être connu aux Chinois, et dans l'Occident peut-être même aux Grecs, mais que ce sont les Chinois, habitants de l'ancien Sericum, qui ont découvert la manière d'utiliser le produit du travail du ver à soie, découverte qui aura été conservée à titre de monopole jusqu'au VIe siècle *.

* J'ai observé quelques pieds de Mûrier noir sur les hautes et âpres montagnes au milieu desquelles est située la chétive bourgade arménienne de Hadtchin, à une altitude de 1,100 mètres. L'absence de toute culture d'arbres fruitiers, aussi bien que les conditions dans lesquelles se trouvent les misérables habitants de cette partie inhospitalière de l'Anti-Taurus, ne permettent guère de supposer qu'ils aient planté ces arbres inutiles comme simple ornement, en sorte qu'il est probable qu'ils y sont à l'état sauvage. M. Ch. Koch a signalé le Mûrier noir à une altitude encore plus élevée, notamment à Pertakrek (Arménie), où il atteindrait 1,787 mètres. Ces stations sont tellement considérables, qu'elles sembleraient exclure la similitude admise par M. Grisebach entre les conditions climatériques du Mûrier noir et celles de la Vigne, mais il se trouve qu'elles n'infirment nullement cette opinion, eu égard aux altitudes auxquelles la Vigne s'élève en Asie Mineure, altitudes, à la vérité, supérieures à toutes celles qu'elle atteint en Europe, puisque j'ai été dans le cas de la signaler à 1,891 mètres à Kizildagh, et à 1,874 mètres à Malagœub (*Asie Mineure, Climatologie*, p. 388.) D'autre part, un exemple remarquable de la culture du Mûrier blanc sous une latitude très-élevée a été signalé dans le *Bulletin de la Société d'Acclimatation* (3e série, t. I, p. 469), qui publie un intéressant travail sur l'introduction du ver à soie chinois (*Attacus Yama-Maï*) dans les provinces baltiques de la Russie, ainsi que sur la culture, dans ce pays, du Mûrier blanc (*Morus alba*), qui y a été acclimaté au point que, malgré son climat continental intense, «Moscou, où, jusqu'à 1830, on ne savait rien de planta-

Par la configuration variable de ses feuilles, le Mûrier se rattache aux formes du feuillage du Tilleul et des Sycomores africains, dont les représentants se comportent en Europe à l'instar de la forme du Hêtre. Sur les montagnes du Midi le Bouleau est bien plus rare que le Hêtre, mais dans l'Italie inférieure un Aulne à feuilles de Tilleul *(Alnus cordifolia)* joue un rôle important parmi les essences forestières des montagnes; il se présente également en Corse et s'accorde, à ce qu'on dit, avec une espèce indigène dans les régions du Caucase *(A. subcordata)*. Dans la péninsule hellénique, le Tilleul argenté (*Tilia argentea*) accompagne la ceinture des Châtaigniers et constitue en Macédoine une région forestière étroite [66], distinctement délimitée, composée de futaies non mélangées, largement ramifiées, dont le feuillage a donné lieu à la dénomination spécifique de l'arbre, à cause de la coloration blanche de ses surfaces inférieures. Mais tandis que le Châtaignier ne dépasse considérablement que dans l'Occident les limites du domaine méditerranéen, l'aire d'extension de l'arbre grec va jusqu'à la Hongrie, douée d'un climat analogue. Cependant, un rôle bien plus saillant dans la physionomie des pays de l'Orient appartient au Platane (*Platanus orientalis*), qui accompagne ordinairement la demeure de l'homme depuis la Macédoine et la Grèce jusqu'aux steppes de l'Indus. Des taillis de ce magnifique arbre, dont la feuille irrégulièrement découpée rappelle non-seule-

tions de Mûriers et de sériciculture, produit actuellement une *telle quantité de soie, qu'elle dépasse les besoins de cette ville de 400,000 habitants.* » Quant à l'ancienneté de la culture du Mûrier en Chine, elle remonterait, selon M. J. Plath, (*Zeitschr. d. Gesellch. f. Erdk.*, an. 1871, t. VI, p. 162), à non moins de 4,000 années avant l'ère chrétienne, et l'élevage du ver à soie s'y serait pratiqué à une époque où l'usage du thé, du sucre et du coton était encore inconnu aux Chinois. Au reste, une intéressante observation faite par l'abbé Armand David dans le nord de la Chine semble y placer également la patrie du ver à soie, car le savant missionnaire dit (*Nouv. Arch. du Museum d'hist. nat. de Paris,* 3e année, t. III, p. 71) : « Quoique le Mûrier soit commun dans tout le nord de la Chine, ce n'est cependant que dans l'Ourato que j'ai trouvé en très-petite quantité le *Bombyx Mori* à l'état sauvage ; j'y ai recueilli les cocons et les chenilles du précieux insecte dans des lieux si sauvages et tellement inaccessibles, que l'on ne peut admettre que ce soient des individus échappés et devenus sauvages. D'ailleurs, il n'y a point de magnaneries en Mongolie, à plus de 100 ou 200 lieues de Sartchy. » — T.

ment l'Érable, mais aussi les Bombacées tropicales, apparaissent déjà dans la zone forestière inférieure, sur le promontoire de l'Athos, ainsi qu'en Grèce, et existaient, à ce qu'il paraît, également au pied de l'Etna; toutefois il est probable que sa patrie se trouve dans les montagnes des steppes de l'Asie antérieure où le Platane s'élève dans le Taurus au delà de 1,624 mètres (5,000 pieds)[67]. Ce qui parle également en faveur de cette assertion, c'est que le Liquidambar (*Liquidambar orientale*), voisin du Platane, se trouve limité à un espace circonscrit dans le Taurus pisidien, et par conséquent n'a point abandonné le centre de végétation qui leur est commun. A cette occasion nous pouvons rappeler le fait que, dans le nord de l'Amérique, les deux arbres sont représentés par deux espèces éminemment analogues, en sorte que le baume de Styrax est fourni au commerce par deux contrées originaires très-éloignées l'une de l'autre, et que dans nos jardins les deux espèces de Platanes sont fréquemment confondues. C'est là l'un des exemples les plus frappants du fait, que les centres de végétation les plus lointains se plaisent quelquefois à engendrer des produits analogues quoique non identiques, fait où pourtant il ne saurait nullement être question du transport d'un domaine à un autre de l'espèce primordiale*.

* Ce fut en 1849 que je constatai le *Liquidambar oriental,* Mill (*L. imberbe,* Ait.) dans le Taurus pisidien, entre les villages Baulo et Miliklar, à une altitude de 700 mètres. Je n'ai vu cette plante nulle part ailleurs dans la péninsule anatolique, et je ne sache pas qu'aucun botaniste l'y ait signalée depuis, en dehors de la localité où je l'avais découverte; ainsi donc, l'opinion de M. Grisebach quant à la patrie du Liquidambar oriental a beaucoup de vraisemblance. On pourrait en dire autant du Platane. Dans mon opuscule intitulé : *Une Page sur l'Orient* (p. 132-138), j'ai réuni de nombreux documents historiques dont il résulte non-seulement qu'à une époque très-reculée le Platane n'était connu qu'en Orient, surtout en Asie Mineure, mais que, même au XVIe siècle, Pierre Bélon, lors de ses voyages botaniques en Orient, signala le Platane (près d'Antioche) comme un arbre très-curieux, dont il dit : « *Il n'en croît point une seule plante en tout le pays du Roi, ni cultivé ni sauvage... Il n'en croît aucun n'en France n'aussi en Italie, sinon quelques-uns cultivez à Rome et autres villes par singularité.* » L'allusion que fait Bélon à la ville de Rome a un intérêt particulier, car elle semble se rattacher à ce que Pline l'Ancien nous apprend des tentatives faites dans cette cité pour cultiver le Platane, tentatives dont le Platane de la villa Ludovici (j'en ai donné les dimensions, *loc. cit.*, p. 136) pourrait bien être l'un des

La forme de Sycomore, que nous ne pourrons étudier d'une manière plus spéciale que quand il s'agira du Soudan dont le climat lui convient le plus, ne pénètre dans le domaine méditerranéen (*Ficus sycomorus*) que par l'Égypte jusqu'en Syrie; cependant le Figuier (*Ficus carica)* du midi de l'Europe peut être comparativement considéré comme son représentant le plus avancé vers le Nord et placé dans des conditions nouvelles. Mentionné déjà dans les traditions historiques les plus anciennes, et, ainsi qu'on le croit, originaire de l'Asie antérieure, le Figuier cultivé embrasse aujourd'hui toute l'étendue de la flore méditerranéenne, et comme sa diffusion ultérieure n'est arrêtée que par les gelées de l'hiver, il n'atteint sa limite septentrionale que dans l'ouest de la France, placé sous le climat maritime. Partout, dans l'enceinte de ce domaine cultural, on voit le Figuier, bien que réduit souvent à la forme frutescente, répandu à l'instar d'un végétal indigène, sans qu'il soit possible de distinguer s'il représente un sauvageon résultant de la dégénérescence de variétés perfectionnées par la culture, ou bien le végétal primitif tel qu'il est sorti de sa patrie, en se propageant sur une vaste étendue uniquement à l'aide de ses propres forces. Comme en Provence le Figuier n'entre ordinairement qu'au commencement d'avril dans la période de son développement, ce fait indiquerait son origine orientale, en ce sens que les arbres à bourgeonnement tardif proviennent d'un climat soit septentrional, soit oriental. Cependant, il paraît que, chez ces végétaux, l'époque de la feuillaison [68] est sujette à des oscillations plus considérables *.

La forme de Saule, dont le Grenadier se rapproche par son feuillage étroit, n'a pas dans le Midi la même importance que sous les latitudes plus élevées. Il y a cependant quelques arbres de cette nature, appartenant à diverses familles et plus fréquents

monuments les plus anciens. Le Platane à aspect de vétusté si prononcé, qui se trouve au Jardin botanique de Padoue semble aussi remonter aux premières époques de l'introduction de cet arbre en Italie. — T.

* La vaste aire qu'embrasse le Figuier dans l'Asie Mineure s'étend depuis le niveau de la mer jusqu'au delà de 1,200 mètres (3,790 pieds) d'altitude, où j'ai observé cet arbre près du village Namroun, sur le versant méridional du Boulgard-Dagh.—T.

dans les péninsules orientales (*Elaeagnus, Pyrus amygdaliformis*). A côté des arbres à feuilles dont la feuillaison est périodique viennent se ranger de nombreux arbustes qui perdent également leurs feuilles en hiver. Tantôt, mélangés avec les formes toujours vertes, ils contribuent à rehausser la variété des maquis; tantôt ils constituent le menu bois des forêts, tandis que quelques-uns, réunis en végétation sociale, revêtent par là le caractère d'une formation indépendante. C'est ce qui est notamment le cas à l'égard des buissons de Chêne, extraordinairement fréquents dans la Turquie d'Europe, où ils pourraient bien être les restes d'anciennes forêts à haute futaie qui, livrées à toute sorte d'influences préjudiciables, n'ont plus été à même de se régénérer. Bien que, parmi les arbustes correspondant à la forme du Rhamnus de l'Europe septentrionale, j'en compte plus de cinquante espèces rien que dans la flore méditerranéenne, espèces auxquelles dans les régions montagneuses se rattachent encore plusieurs autres, pour la plupart identiques avec celles des latitudes plus élevées, néanmoins, il en est peu qui offrent un intérêt particulier au point de vue de l'influence exercée sur la physionomie de la contrée. Parmi ceux qui habitent la région toujours verte, plusieurs frappent l'attention, attendu que la forme du Rhamnus y développe une bien plus grande variété que dans l'Europe centrale, non-seulement sous le rapport des fleurs, mais encore sous celui de la configuration du feuillage et de la vigueur de la croissance. Je compte parmi ces buissons cinquante espèces réparties entre vingt-sept genres et appartenant à seize familles diverses. Ici encore, la série la plus considérable et la plus importante pour la péninsule espagnole fait partie des Génistées (Exemple : *Adenocarpus, Sarothamnus*), puisque tout le cercle de formes constituant ce groupe, depuis les troncs nus et épineux jusqu'à ceux pourvus d'un luxuriant feuillage, y est complétement développé. Mais pour faire voir combien l'organisation des arbustes est riche également dans d'autres contrées, il suffit de citer les espèces peu nombreuses particulièrement caractéristiques pour certaines sections du domaine méditerranéen ou remarquables par la disposition sociale des individus. Ainsi nous trouvons dans l'Occident, une Malvacée avec feuilles à lobes arrondis (*Lavatera olbia*), dans l'Orient une Styracée à poil fin et blanc (*Styrax officinalis*), dans le Pont une Éricée richement ornée de grandes fleurs coloriées (*Azalea pontica*). Une Euphorbiacée à riche feuillage revêt les galets soleillés de la côte ligurienne (*Euphorbia dendroides*) ; cet arbuste a cela de remarquable qu'il perd ses feuilles en été, et les reprend de nouveau sous l'influence des pluies d'automne [98]. Une Verbenacée aromatique (*Vitex agnus castus*), qui constitue des buissons épais et étendus sur les rives des cours d'eau et est qualifiée en arabe de « main de Marie », doit son nom à la gracieuse conformation de son feuillage, composé de cinq élégantes folioles qui se trouvent dilatées sur le pétiole en forme d'étoile simulant les cinq doigts de la main, et dont les surfaces inférieures sont rendues luisantes par le duvet tendre et blanchâtre qui les revêt [69]. Lors même que ces produits particuliers du Midi sont étrangers aux régions forestières des montagnes, on n'en trouve pas moins sur les plus hauts sommets, depuis l'Atlas jusqu'au Liban et l'Athos, un charmant arbuste nain (*Prunus prostrata*), rappelant par sa taille et son feuillage les Bouleaux nains du Nord, mais qui par ses fleurs d'un rouge vif anime les conglomérats rocailleux *.

Les Conifères ont, dans la constitution des forêts du midi de l'Europe, une part tout aussi large que les arbres à feuilles. Ils forment non-seulement, comme dans le Nord, souvent les zones forestières supérieures des montagnes, mais possèdent aussi des espèces particulières qui jouissent également d'une vaste extension dans les chaudes régions littorales. Or, si dans beaucoup de montagnes les arbres à feuillage et à feuilles aciculaires se trouvent disposés par régions et, de cette manière, sont climatériquement délimités, tel n'est point le cas dans d'autres contrées, notamment dans le domaine de la flore méditerranéenne, pas plus que dans les plaines de l'Europe septentrionale. C'est la nature de la terre végétale qui, ici encore, décide de la

* Voyez, pour le *Styrax officinalis*, mon *Asie Mineure, Botanique*, I, 469; pour l'*Azalea pontica, ibid.*, 467; pour *Vitex agnus castus, ibid.*, II, 192; et pour *Prunus prostrata, ibid.*, 109. Quant à *Lavatera olbia* et *Euphorbia dendroides*, l'une et l'autre sont extrêmement rares en Asie Mineure. — T.

physionomie de toute la contrée. Là où la couche d'humus s'étend sur la roche sous-jacente de puissance peu considérable, ou bien est de constitution arénacée, et à cause de cela plus fortement échauffée par le soleil, ce sont les arbres à feuilles aciculaires qui viennent le plus facilement, tandis que les essences des forêts à feuillage se développent ordinairement d'une manière plus serrée et plus vigoureuse sur un sol à éléments plus argileux, qu'ils enrichissent promptement de substances humiques. C'est ainsi que les plus grands contrastes dans la physionomie d'un pays, laquelle partout dépend le plus des végétaux ligneux, se trouvent souvent géographiquement rapprochés les uns des autres. L'île de Chypre ne possède presque que des forêts composées d'essences à feuilles aciculaires, tandis qu'en Syrie, contrée située vis-à-vis de l'île, ce sont les arbres à feuillage qui dominent généralement[70]. Mais si, depuis les limites des arbres en Europe jusqu'au désert africain, la série entière des valeurs climatériques est de nature à favoriser le développement des végétaux appartenant à la forme des Conifères, les diverses espèces d'arbres à feuilles aciculaires, considérées séparément, se prêtent fort bien à caractériser des régions particulières, ainsi que des lignes et des centres de végétation. Dans le domaine méditerranéen, je distingue dix-huit espèces d'arbres conifères, dont onze appartiennent au genre Pinus pris dans un sens étendu, et le reste à quatre autres genres. Ces Conifères se subdivisent en deux formes principales, selon que la feuille aciculaire se trouve développée (*Pinus*) ou supprimée (forme de Cyprès). Parmi les espèces de Pin, il en est deux qui habitent presque toute l'étendue de la région toujours verte, le Pin pignon et le Pin d'Alep (*P. pinea* et *halepensis*). Le Pin pignon, arbre élevé et magnifique dont les branches redressées constituent un dôme épais de feuilles aciculaires, est au nombre des formes les plus saillantes de la flore méditerranéenne; aussi aucun peintre de la nature méridionale ne le perd-il de vue, car c'est l'élément décoratif par excellence de la contrée. Il a cela de commun avec le Cèdre, que chez l'un et l'autre les feuilles aciculaires se groupent vers les extrémités des branches; mais, chez le Pin pignon, la couronne est voûtée, tandis que chez le

Cèdre le dôme formé par les feuilles aciculaires se trouve généralement dilaté en une surface plane. Dans l'un et l'autre cas, il devient évident que les feuilles aciculaires se multiplient davantage là où elles reçoivent le plus de lumière, ou bien que le développement de la couronne se trouve dans une exacte proportion avec la disposition et l'agglomération des organes foliaires. Le Pin pignon paraît avoir besoin de soleil et d'un ciel serein; aussi ne le voyons-nous presque nulle part dépasser les limites de la région toujours verte. Ce cas ne se présente qu'en Italie, où la grande forêt de Ravenne, composée de cette essence, s'étend jusqu'au delta de l'embouchure du Pô (44° 30', L. N.)[71]. De même, dans la Toscane, une branche des Apennins longeant la rive gauche de l'Arno se trouve, entre Florence et Pise, revêtue de Pins pignons sauvages[72]. Quelque fréquente que soit la culture de cet arbre dans toutes les régions chaudes de l'Europe, néanmoins les forêts vierges de Pins pignons, qui jadis avaient probablement une étendue plus considérable, ne se présentent aujourd'hui que dans quelques districts, répandus, il est vrai, dans tout le domaine méditerranéen, depuis l'Espagne jusqu'à la côte de l'Anatolie. J'ai vu de tels groupes dans la Provence et sur la mer Égée, et je les trouve signalés notamment en Andalousie, et de là jusqu'à la chaîne centrale de Sierra de Gredos, puis, dans les deux péninsules orientales, jusqu'en Bithynie et en Cilicie; ce n'est qu'en Crimée et sur le littoral pontique que le Pin pignon paraît faire complétement défaut*. Le Pin d'Alep le cède, sous le rapport de la taille, aux autres espèces de Pin, et manifeste une tendance à revêtir la forme frutescente. Il s'étend depuis l'Espagne jusqu'au Pont et à la Syrie, mais a été fréquemment confondu avec deux autres espèces[73], qui habitent également la région toujours verte, sans se trouver cependant placées dans les mêmes conditions. Les deux dernières espèces se font remarquer par leurs feuilles aciculaires extraordinaire-

* Cependant, M. Ch. Koch signale le *Pinus pinea* dans la vallée de Tchorouk, près d'Artvin (à environ 49 kilomètres au sud du littoral), à une altitude de 812 mètres. Aussi c'est en m'appuyant sur l'autorité de ce botaniste et en lui laissant toute la responsabilité, que dans ma *Botanique de l'Asie Mineure* (II, 500) j'ai indiqué le Pin pignon dans les parages littoraux du Pont. — T.

ment allongées et peuvent être distinguées en Pins maritimes occidentaux et orientaux, puisque l'une (*P. pinaster*) va de l'Algérie jusqu'aux côtes de la France, dépasse ici sur l'Atlantique les limites du domaine méditerranéen, mais, du côté de l'est, ne s'étend guère au delà de la Dalmatie ; et que l'autre, au contraire (*P. maritima*, Lamb.), est propre aux deux péninsules orientales. La série des Pins, c'est-à-dire des espèces à deux feuilles aciculaires dans une seule gaîne, comprend, outre les espèces mentionnées, encore deux arbres de montagne, dont l'un est identique avec le Pin du nord (*P. sylvestris*), et l'autre constitue sous des formes très-variées une bonne partie des forêts de montagne dans toutes les régions plus élevées du continent, ainsi que dans les grandes îles. En Autriche et en Hongrie, il pénètre également dans le domaine de la flore de l'Europe centrale (*P. laricio*). De même que les Pins nous fournissent un exemple de végétaux des plaines basses du Nord trouvant dans les montagnes du Midi le climat qui leur convient, ainsi on voit l'If (*Taxus baccata*) habiter l'Europe entière, depuis la Scandinavie jusqu'à la Sierra Nevada. Chez les Sapins, la dépendance des influences climatériques se manifeste d'une manière encore plus prononcée. Il est peut-être permis d'admettre que les Conifères s'élèvent dans les montagnes en raison directe de la brièveté de la période de développement de chaque espèce. Or on est surpris de ne voir nulle part la Pesse, ce Sapin du nord, franchir les Alpes pour atteindre le midi, où, dans le domaine méditerranéen, il se trouve remplacé par le Sapin argenté (*Pinus picea*, L.). Nous verrons plus tard que, même là où les montagnes du midi de l'Europe s'élèvent à une altitude considérable, elles n'en sont pas plus propres à produire des forêts, à un niveau correspondant climatériquement à la région des Pesses dans les Alpes. Mais, ici encore, le Sapin argenté habite, comme en Europe, les mêmes altitudes que le Hêtre, et, par suite, constitue aussi fréquemment que ce dernier la limite des arbres dans les montagnes. On dirait même que c'est dans ces montagnes du Midi qu'il trouve la sphère la plus favorable à son développement, autant du moins qu'il est permis d'en juger par la richesse des variations[74] qu'il présente dans les péninsules orientales. Le Sapin Pinsapo (*P. Pinsapo*) a cela de remarquable que, bien que constituant également des forêts, il ne s'est presque pas éloigné de sa patrie primitive. On ne connaissait d'abord qu'un petit nombre de taillis de ce Sapin sur la sierra de Ronda et sur quelques autres montagnes isolées dans la proximité de la côte maritime de l'Andalousie, mais récemment il fut découvert dans la Kabylie, sur les hauteurs de l'Atlas, opposées à cette dernière. Enfin, le versant sud-ouest colchique du Caucase, ainsi qu'une grande partie des montagnes qui bordent l'Asie Mineure, sont habités par une espèce voisine de la Pesse (*P. orientalis*) que M. Ledebour considère comme identique avec le Sapin de Sibérie, opinion contre laquelle s'élèvent de sérieuses objections, déjà sous le rapport climatérique. Il est vrai, le problème que présenterait une aire d'extension aussi vaste et tout à la fois interrompue ne serait pas sans analogie, puisque nous connaissons toute une série de Conifères qui constituent des forêts dans des montagnes très-éloignées les unes des autres, sans qu'ils aient été constatés dans des pays intermédiaires. Parmi ces derniers arbres figurent comme les plus remarquables les deux espèces de Pin du domaine méditerranéen qui nous restent encore à mentionner, et chez lesquelles un plus grand nombre de feuilles aciculaires se trouvent réunies dans une seule gaîne. Comme dans la section consacrée aux centres de végétation, nous aurons à considérer ces deux espèces de plus près; je me contenterai de faire observer ici que l'une est le Cèdre de l'Atlas, du Taurus et du Liban (*Pinus cedrus*), et que l'autre n'a été constatée jusqu'à présent, dans l'enceinte de notre domaine, que sur une seule montagne de la Macédoine, ainsi que sur le Kom, près des frontières du Monténégro; mais, par contre, on l'a trouvée dans l'extrême Orient, sur l'Himalaya (*P. Peuce* ou *P. excelsa*). De semblables exemples d'aires d'extension disjointes, dont les causes restent obscures, se reproduisent chez les espèces arborescentes de Genévrier, genre qui, dans l'ouest comme dans l'est de notre domaine, constitue des forêts à hautes futaies, mais seulement dans certains districts. Les Genévriers qui, dans l'Archipel, atteignent une taille de $9^m,7$, ressemblent parfaitement, par la configuration de leurs organes foliaires, aux Cyprès, dont ils diffèrent par leurs fruits bacciformes. C'est pourquoi ils se rangent de concert avec ces derniers dans la forme des Tamaris, qui comprend les végétaux ligneux dans lesquels l'exiguïté des feuilles appliquées aux branches est compensée par leur nombre considérable, ainsi que par leur agglomération serrée. Chez ces Conifères la feuille aciculaire se convertit en une écaille verte de structure compacte, parfaitement appliquée à la branche et souvent réduite à 2 millimètres de longueur. Bien que ces écailles revêtent les branches en rangées fortement serrées, la couronne de l'arbre, tout en étant verte, n'en paraît pas moins dépourvue de feuilles. Il y a un cas où ces écailles foliaires se confondent complétement avec les branches, ce qui fait passer la forme des Cyprès et des Tamaris à celle des Casuarinées parfaitement aphylles. Ce phénomène est propre à l'Atlas, dont les forêts de montagne présentent un tel Conifère (*Callitris quadrivalvis*). La classification systématique des Genévriers n'est pas suffisamment précisée[75], mais, d'après mes études, chacune des trois espèces habite un domaine séparé. L'espèce qui fut connue le plus tôt, c'est l'espèce espagnole (*Juniperus thurifera*), qui constitue particulièrement les forêts de Valencia, sur les plateaux de l'est, et se voit répandue jusqu'à l'Aragon et à Murcie. Le même arbre se trouve aussi dans la Sardaigne et sur l'Atlas, puis, sous une forme exactement semblable, sur le lointain Taurus cilicien, dans la région forestière moyenne. Une espèce très-voisine, mais sans doute différente (*J. ægæa*), habite les îles de l'Archipel, où je l'ai observée dans l'île de Tassos, s'étendant jusqu'à la côte, dans la région toujours verte. L'aire d'extension la plus vaste appartient à l'espèce asiatique du Genévrier arborescent (*J. fœtidissima* ou *excelsa*), qui ne paraît toucher à l'Europe que par la côte méridionale de la Crimée et se présente en variétés en quelque sorte vacillantes dans les régions montagneuses du Caucase et du Taurus, jusqu'à l'île de Chypre, et puis ne reparaît qu'à une grande distance, dans l'Himalaya occidental*. Parmi les Cyprès, deux espèces sont indigènes dans

* V. dans ma *Botanique de l'Asie Mineure*, II, p. 491, l'énumération des nombreuses localités où cet arbre a été constaté dans la péninsule anatolique; je l'y

la région toujours verte, bien que plusieurs botanistes n'y voient qu'autant de modifications de la même espèce*. Il est vrai, sans doute, que la taille svelte, ordinairement qualifiée de pyramidale, qui caractérise tellement le Cyprès italien (*C. sempervirens*) et se manifeste également chez le Peuplier lombard et chez une variété de même nature du Chêne, ne peut être considérée que comme une variation qui n'a guère d'importance plus sérieuse. Cela n'empêche pas que l'espèce du Cyprès moins connue (*C. horizontalis*), qui étale largement sa couronne à l'instar du Genévrier, offre dans la configuration de ses feuilles aciculaires certaines particularités difficilement appréciables et paraît être propre à l'Orient. Un troisième Cyprès encore (*C. glauca*) est mentionné comme un arbre fréquent dans le Portugal; cependant il n'y est point indigène et a été transporté des Indes orientales. En vérité, la patrie originaire du Cyprès italien doit aussi être cherchée dans la région orientale du domaine méditerranéen, mais en sa qualité de symbole de deuil, auquel le vert foncé de son feuillage semble le destiner, on le voit planté partout dans les cimetières; d'ailleurs, répandu par la culture comme arbre favori, son aspect se trouve associé à tout souvenir de formes végétales de la nature du midi. Le bocage de Cyprès n'est-il pas une des premières impressions que reçoit l'habitant du nord aussitôt qu'il a traversé la ceinture de la forêt de Châtaigniers? Même avant d'avoir complétement franchi les Alpes, il lui est permis de jouir de l'aspect du Cyprès sur les rives abritées du lac de Genève, et alors cet arbre l'accompagne depuis l'Italie jusqu'à l'extrême Orient. Quant à la comparaison établie entre sa taille et la forme d'une pyramide, je la trouve peu heureuse. Le Cyprès rappelle plutôt l'architecture de l'obélisque, ou bien ressemble à un cône élancé, et c'est précisément cette forme, ayant peut-être exercé une influence sur la construction du minaret oriental, qui donne tant d'at-

ai observé souvent à des altitudes très-considérables : ainsi, dans la Lycie, près des neiges perpétuelles, à environ 3,000 mètres, et dans l'Arménie, entre Koessé et Sepigor, entre 2,200 et 2,600 mètres; non loin d'Erzeroum, on le voit s'élever à 2,000 mètres. — T.

* Selon Pline (*H. N.*, XVI, 61), la Crète serait la patrie du Cyprès. — T.

traits à cet arbre vu du lointain, lorsque sa teinte verte noirâtre se détache vivement du fond bleu foncé du ciel. La suppression des feuilles se trouve alliée à une croissance extrêmement lente du bois, et, bien qu'on voie parfois des arbres d'une vigueur considérable, ils n'en sont pas moins très-rares et accusent un âge extrêmement avancé. Près du couvent *Laura*, sur l'Athos, j'ai vu deux Cyprès [76], dont l'âge, plus de dix fois centenaire, pouvait être prouvé par des inscriptions ; le diamètre de leur tronc ne s'était accru en moyenne que d'un millimètre, dans le courant d'une période de végétation. Les Tamaris (*P. gallica*, etc.) se distinguent par une teinte de vert bleuâtre, à coloration mate, non luisante, du Cyprès aux branches étalées ; ils ressemblent encore plus au Genévrier espagnol, mais se trouvent chargés, au printemps, d'innombrables grappes florales de couleur rouge de chair, et les troncs étant généralement moins élevés, ils passent aisément à la forme d'arbustes. Des futaies de 7 mètres de hauteur ne se voient qu'isolément sur la côte de la mer ; mais comme le groupe végétal dont ils font partie appartient à la steppe saline, cette forme d'arbre est représentée par un plus grand nombre d'espèces sur les côtes orientales que dans l'occident. La distinction entre arbres et arbustes est difficilement applicable à des végétaux ligneux dont les feuilles aciculaires sont réduites, en sorte qu'on devra y rattacher également quelques espèces de Genévrier peu élevées, parmi lesquelles celle qui est la plus connue (*Juniperus phœnicea*) est fréquente dans les Maquis du domaine méditerranéen tout entier, et ajoute un nouveau membre à la série des formes végétales qui s'y trouvent réunies.

Parmi les arbres monocotylédones, il n'y a à mentionner que le Dattier (*Phœnix dactylifera*), mais qui n'a été transporté sur la Méditerranée qu'à l'aide de la culture. Ce qui prouve qu'il n'est pas indigène, c'est que même sur les chaudes côtes de l'Algérie et de la Sicile ses fruits n'arrivent point à la maturité complète. D'ailleurs, il n'est cultivé que dans les régions de l'ouest et du sud *. Dans la péninsule ibérique il croît sur toutes les côtes,

* Bien qu'il soit probable que les Arabes aient été les principaux agents de l'introduction des Palmiers dans les parties de l'Europe qu'ils occupaient, le célèbre

à l'exception de la partie du Portugal située au nord du Tage, et il atteint sa limite septentrionale dans les Asturies, en Provence et sûr la rivière de Gênes. Au reste, dans le nord et le centre de l'Italie il n'y a guère de Palmiers à ciel ouvert. Dans les jardins seulement on en rencontre parfois un individu isolé, comme aux îles Borromées ou, comme à titre de spécimen d'habile culture, à Florence ou à Rome. Ce n'est qu'à partir de Terracine (41°) où les étrangers allant à Naples le saluent comme une nouveauté, que le Dattier devient plus fréquent; sur le côté Est des Apennins il se présente jusqu'à Foggia dans la Capitanata, et constitue plus loin un trait saillant dans la physionomie de la région toujours verte de l'Italie inférieure et des îles limitrophes. Sur l'Adriatique, j'ai vu des Palmiers du côté de Raguse, et il paraît qu'ils vivent en Dalmatie dans la contrée de Spalatro (43° 30′), mais ils se trouvent presque complétement exclus de l'intérieur de la péninsule hellénique et ne supportent point le climat continental de la côte macédono-thrace. De même en Anatolie ils ne sont nulle part mentionnés par M. de Tchihatchef, en sorte que dans l'orient leur limite culturale paraît ne comprendre que les îles méridionales de l'Archipel grec, et ne dépasser le nord de l'Afrique et de la Syrie que juste autant qu'il en faut pour effleurer la côte méridionale de l'Asie Mineure [77].

La famille des Palmiers est la plus parfaite expression des climats tropicaux, mais, dans les contrées les plus chaudes des deux zones tempérées, cette organisation se comporte à l'instar des essences forestières, qui se trouvent remplacées par des arbustes au delà de la limite des arbres. C'est là la signification du Palmier nain, le seul représentant indigène que le midi de l'Europe possède de cette famille tropicale. Bien que sous cette forme le tronc du Palmier disparaisse ordinairement et se

taillis d'Elché, en Espagne, paraît dater d'une époque postérieure à la domination arabe, car, en parlant de la ville d'Elché, qu'il décrit longuement, comme tout ce qui a trait à l'Espagne, sa patrie mahométane, Edrisi (*Géographie* trad. de l'arabe par A. Jaubert, t. II, p. 38) ne mentionne point le taillis de Palmiers, et pourtant le géographe arabe écrivait à une époque où cette partie de l'Espagne était occupée par ses compatriotes déjà depuis plus de trois siècles. — T.

trouve réduit à une charpente ligneuse souterraine, toutefois la rosette de feuilles vertes longuement pétiolées que cette charpente est destinée à supporter a la même configuration que chez tous les autres Palmiers et les rappelle par sa surface étalée profondément divisée. Il arrive parfois que, d'une manière exceptionnelle, le Palmier nain du midi de l'Europe (*Chamærops humilis*) soit muni d'un tronc ligneux déprimé (*arborescens*); néanmoins, partout où le Palmier nain est socialement réuni à l'exclusion de presque toute autre végétation, en revêtant des espaces considérables, ce qui détermine la physionomie du pays, c'est que les rosettes serrées de quelques pieds de hauteur, composées de feuilles flabelliformes, ont l'air de surgir immédiatement de la surface du sol. L'Andalousie et le nord de l'Afrique sont les pays où le Palmier nain, appelé Palmito en Espagne, est le plus fréquent. On eût dû s'attendre à ce que, déjà en sa qualité de végétal indigène et aussi à cause de plusieurs avantages que son organisation possède sur les Palmiers à haute futaie, il répondît mieux au climat méditerranéen que le Dattier, et embrassât un domaine plus étendu que le domaine cultural de ce dernier. Or cela n'est nullement le cas, car le Palmier nain ne monte pas plus haut dans la montagne, et même ne s'avance pas autant dans la direction de nord-est. Les deux Palmiers se trouvent limités à la région toujours verte, et il paraîtrait, au contraire, que sur l'Etna, le Palmito s'arrête à un niveau plus bas que le Dattier [78]. Sur quelques côtes, où le Palmier nain est mentionné par des auteurs plus anciens, il a disparu aujourd'hui, et sa limite septentrionale est tellement irrégulière, qu'on serait tenté d'admettre qu'il dépend encore plus des influences locales que du climat, ou bien ne s'avance pas au nord autant que ce dernier le permettrait. C'est ce qui frappe surtout dans l'enceinte de la mer Tyrrhénienne, où, à ce qu'il paraît, le Palmier nain se développe d'une manière particulièrement luxuriante dans la petite île de Capraja, de même qu'il se présente sur l'Argentario [79], dans les Maremmes de la Toscane, ainsi que sur certains points de la Riviera, tandis qu'il ne se voit ni dans le midi de la France, ni dans l'île de Corse, située cependant bien plus au sud. A partir de l'Algarve, la limite septentrionale du Palmito s'étend le long de la Sierra Morena jusqu'à Valence, et n'embrasse, sans tenir compte des stations isolées et sporadiques situées en dehors de cette limite, que les Baléares, la partie méridionale de la Sardaigne et la côte napolitaine avec la Sicile; sur l'Adriatique elle va en Italie jusqu'à Brindisi. Sur le littoral albanais, le Palmito se trouve encore une fois mentionné entre Durazzo et Valona; pour ce qui est du petit nombre d'autres stations situées plus à l'est, elles sont douteuses.

Quant aux végétaux gras, la forme des Cactus, chez laquelle les feuilles sont remplacées par des troncs succulents, a jadis constitué un phénomène extrêmement rare et limité aux contrées sud-ouest, limitrophes du Sahara. En effet, parmi les végétaux indigènes, elle n'y est représentée que par deux arbustes aphylles de Salsola dans la steppe saline de l'Espagne, de même que par une Asclépiadée *(Apteranthes)*, voisine des Stapélia du Cap, dont les apparitions isolées seront signalées quand il sera question des centres de végétation. Mais aujourd'hui, la forme de Cactus est devenue un membre important de la flore méditerranéenne. C'est sur les terrains secs exposés au soleil, qu'en Amérique, patrie des Cactées, cette famille développe la plus grande variété de structure, et dans de telles conditions les Opontia Figue d'Inde, après avoir été transplantées en Espagne dès l'époque de la conquête du Mexique, ont acquis une importance considérable pour la physionomie des contrées sud-ouest, et se sont établies spontanément et d'une manière sociale plus loin sur les côtes de la Méditerranée; en sorte qu'à présent elles ont pris place à côté des végétaux indigènes, et revêtent de vastes surfaces, notamment dans l'Andalousie, dans le nord de l'Afrique et en Sicile. L'examen des peintures murales de Pompéi [80], à l'aide desquelles on peut reconnaître le caractère de la végétation italienne à l'époque de l'antiquité romaine, a permis à M. Schouw de lever tout doute relativement à la question de savoir si une forme végétale dont l'aire d'extension actuelle se déploie en Occident, jusqu'aux vallées chaudes des Alpes méridionales, et en Orient, jusqu'à la Palestine et l'Arabie, n'a pas pu être connue dans l'ancien monde antérieurement à la découverte de l'Amérique. Mais il ne manque pas non plus de témoignages historiques sur l'introduction en Europe de l'Opontia Figue d'Inde, qui, tant à cause de ses fruits comestibles que parce que, par son mode de croissance et ses épines, il se prête à servir de haies protectrices, a été planté fréquemment et par suite a commencé sur un sol favorable à refouler la végétation indigène. Parmi les diverses formes primordiales, propres aux Cactées américaines, la seule qui soit devenue indigène dans la flore méditerranéenne est celle des Opontia, qui se ramifie au sortir du sol et dont les parties constitutives du tronc ressemblant à des entre-nœuds aplatis et foliiformes, se trouvent rangées comme autant d'anneaux d'une chaîne. On distingue plusieurs espèces, désignées toutes par le nom de Figues d'Inde (*Fici indichi*) et en Espagne aussi par celui de Tuna. L'espèce plus grande d'Opontia, qui ne prospère que dans les contrées les plus chaudes (*O. Ficus indica*), a un tronc dressé qui acquiert la hauteur de 2m,5 a 3m,8 et dont les articulations, presque dépourvues d'épines et à forme ovale, ont au delà de 3 décimètres de longueur et 2 centimètres d'épaisseur; une espèce voisine (*O. amyclæa*) porte de longues épines. L'Opontia la plus commune et celle qui s'avance le plus vers le nord (*O. vulgaris*) est également épineuse; son tronc a besoin d'un appui et s'adapte aux rochers; ses articulations n'acquièrent qu'une longueur de quelques centimètres *. De même que

* L'Opontia (*O. vulgaris*) et l'*Agave americana*, l'un et l'autre si communs dans tout le midi de l'Europe, font presque complétement défaut à l'Asie Mineure, autant que le Palmier nain et le Dattier; et pourtant la côte méridionale de la péninsule offre à la culture de ces végétaux une température aussi favorable que dans le midi de l'Europe. Ce n'est donc pas le manque de chaleur qui les bannit du littoral de l'Anatolie, et cela d'autant moins que, selon M. Martins (*Bull. Soc. bot. Fr.*, t. II, p. 6), l'*Agave americana* supporte des froids passagers de — 15°, de même que dans le Sahara algérien le Dattier brave impunément une température de — 3° (M. Cosson, *ibid.*, p. 37). Il est, par conséquent, probable que l'une des causes principales qui entravent la culture des plantes susmentionnées sur les côtes méridionales et occidentales de l'Asie Mineure, ce sont les conditions hygroscopiques; car, en effet, ainsi que cela résulte des observations météorologiques que j'ai publiées relativement à plusieurs localités situées sur ces côtes (*Climatologie de l'Asie Mineure*, p. 201-255 et 360-364), le climat y est humide, surtout lorsqu'on le compare à celui de la côte méridionale de l'Espagne, où le littoral de la province de Murcie jouit d'une atmosphère tellement sèche que,

la famille des Cactées; la forme d'Agavé est venue des contrées lointaines s'établir au milieu de la flore méditerranéenne. Ce qui distingue ces végétaux succulents de la forme d'Agavé, c'est qu'ici ce sont les feuilles réunies en une rosette qui deviennent grasses, c'est-à-dire s'épaississent en un tissu succulent. La forme d'Agavé est représentée par l'Agavé elle-même (*A. americana*) et par l'Aloès (*A. vulgaris*), nom qu'on applique ordinairement par erreur aux deux plantes. Comme les Opontia Figue d'Inde, on les trouve particulièrement sur de chaudes côtes rocheuses. L'Agavé est le végétal connu, dont les feuilles grasses, étroites, pointues, à dentelures épineuses, peuvent s'étaler en forme d'arc à une longueur de près de 3 mètres et constituent une rosette, du fond de laquelle on voit quelquefois les hampes nues s'élancer rapidement à $3^{m},2$ et jusqu'à $6^{m},4$ de hauteur, pour se diviser en une panicule pendante de fleurs jaunes serrées. Les Agavé sont originaires de l'Amérique tropicale, le genre Aloès au contraire de l'Afrique. L'Aloès établi sur la Méditerranée est en quelque sorte un Agavé à l'état réduit, dont la hampe florale ne s'élève qu'à 3 ou 6 décimètres au-dessus de sa rosette. Sa patrie est vraisemblablement l'archipel des Canaries d'où il s'est transporté à travers la mer tant dans l'Inde occidentale qu'en Europe. La forme de Chénopodées qui comprend les végétaux semi-succulents chez lesquels les feuilles seules sont charnues, tandis que les organes de la tige et du tronc ordinairement ne participent point à ce mode de formation, doit être considérée comme un produit d'un sol salin, développé soit sur la côte maritime, soit dans les parties de l'Espagne, que, d'après leur climat ainsi que la constitution de leur terrain, nous avons comparées avec les steppes russes. Les arbustes de Salsola avaient jadis sur la Méditerranée une certaine importance, puisqu'ils étaient utilisés pour la fabrication

selon M. Willkomm (*Die Strand u. Steppengebiete der Iber. Halbinsel*), souvent trois ou quatre années s'y écoulent sans que la pluie ait un caractère de persistance; il en est de même de la province de Valence (ainsi que j'en ai fait l'expérience), où se trouve le célèbre taillis des Palmiers d'Elché, et où, plus que partout ailleurs en Europe, la contrée rappelle le climat sec et le soleil brûlant des déserts de l'Afrique. — T.

de la soude, mais au milieu de la végétation halophyte de l'Espagne ils offrent plus de variétés que sur la Méditerranée. Parmi ces végétaux semi-succulents, quelques espèces sont locales, d'autres indigènes également dans le nord de l'Afrique et dans le Sahara, de même qu'ils contiennent un genre (*Mesembryanthemum*) dont le centre est au Cap et dont deux espèces littorales se présentent sur la Méditerranée, genre à l'aide duquel se trouve indiquée une certaine affinité avec le continent africain.

Une autre connexion avec des formes tropicales se manifeste par le fait que dans les forêts et les buissons, la végétation des plantes grimpantes acquiert en quelque sorte une plus grande importance. Elles surplombent souvent le menu bois clair-semé qui remplit l'espace entre les arbres disséminés, et on les voit, dans l'ombre profonde de la forêt à haute futaie, s'élever jusqu'à la couronne des arbres à la recherche de la lumière. Quelques-unes ont le feuillage compacte et luisant, comme des végétaux toujours verts (*Smilax*), d'autres chez lesquelles il est délicat et quelquefois presque transparent (*Tamus*) ; il se soustrait volontiers à une lumière trop intense. Les deux formes principales, tant le tronc ligneux des lianes que la faible tige grimpante du Liseron (*Convolvulus*), appartiennent aux formes de la Méditerranée. Quelques contrées sont plus riches que d'autres en végétaux grimpants, telles sont notamment les épaisses forêts du Pont que l'on peut considérer, de même que la Thrace et le pays s'étendant de là jusqu'au Danube, comme la patrie primitive de la Vigne qui y monte partout le long des troncs d'arbres *.

* L'une des régions littorales du Pont, où j'ai observé le développement le plus considérable de la Vigne sauvage, c'est la contrée comprise entre Samsoun et Oumié, contrée éminemment classique par ses souvenirs, car c'est là que les Anciens plaçaient le siége de la célèbre république féminine des Amazones, et notamment à Themiscyra (aujourd'hui Thermé), sur le Thermodon (Thermé Tchai). D'ailleurs, Strabon a tracé un tableau enchanteur de la richesse végétale de cette contrée, et aujourd'hui encore, malgré la désolation qui y règne, on peut parfaitement admettre la justesse de cette description, lorsqu'on traverse ces magnifiques taillis où l'on aperçoit à l'état sauvage un grand nombre de nos arbres fruitiers. Voyez, pour le Thermodon, ma *Géographie physique comparée de*

C'est ainsi que le Roseau du midi de l'Europe rappelle également par la hauteur de sa taille la forme de Bambou de la zone tropicale. La Canne de Provence (*Arundo Donax*), qui se présente déjà dans la Lombardie, s'élève à une hauteur de 3m,8 jusqu'à 4m,8, et possède un chaume ligneux à l'instar du Bambou, mais non sa ramification fasciculiforme. C'est à la même hauteur de 4m,8 que parvient un Millet (*Sorghum saccharatum*) qui, depuis peu, fréquemment cultivé dans la plaine du Pô comme plante fourragère, donne plus qu'une autre plante culturale une idée de l'exubérante fertilité dont est doué le sol de ces riches campagnes. C'est l'effet opposé et conforme au climat sec des hautes plaines arides qui produit le Sparte de l'Espagne (*Macrochloa*), genre de Stipacées réuni socialement dans le vaste et rigide gazon dont sont revêtues les surfaces étendues des plateaux, où cette Stipacée remplace les formes semblables de Graminées de la steppe russe *.

Lorsque l'on compare les Graminées de la flore méditerra-

l'Asie Mineure, p. 124-195, et pour la célèbre plaine de Themiscyra, ma *Géologie de l'Asie Mineure*, t. III, p. 404-406. — T.

* La *Macrochloa tenacissima*, Knth. (*Stipa tenacissima*, L.) est devenue depuis quelque temps un objet de commerce fort important pour la fabrication du papier. Selon M. Raveret-Wattel (*Bull. Soc. d'Acclimatation de France*, 2e sér., an. 1873, t. X, p. 876), c'est particulièrement de l'Algérie, où elle est très-commune et connue sous le nom d'*Alfa*, que les Anglais en exportent chaque année d'énormes quantités (environ 50,000 tonnes), surtout depuis que le Sparte de l'Espagne commence à s'épuiser, bien qu'aujourd'hui encore les ports d'Alicante, Carthagène, Aguila et Almeria, fournissent chaque année aux papeteries de la Grande-Bretagne jusqu'à 60,000 mètres cubes de Sparte. Cette utile Graminée se recommande non-seulement par le rôle important qu'elle joue en remplaçant les chiffons qui deviennent de plus en plus insuffisants, mais encore par la facilité remarquable avec laquelle elle est convertie en papier ; ainsi chaque tonne d'*Alfa* donne, selon M. Raveret-Wattel, environ la moitié de son poids en papier, et cela avec une telle promptitude que, grâce aux procédés ingénieux inventés en Angleterre, « des balles d'*Alfa*, débarquées le matin sur les quais de la Tamise, sont, avant la fin de la journée, transformées en papier ». La *Stipa tenacissima* avait déjà attiré l'attention des Anciens, car Pline (*H. N.*, XIX, 6) se sert du nom de *Sparta* pour signaler en Espagne et en Afrique une Graminée qui évidemment est celle dont il s'agit. Il décrit avec détails les procédés qu'on employait pour faire servir le Sparte à la confection non-seulement de cordes, de gréement de navires, etc., mais encore de vêtement et de chaussure pour les classes pauvres. — T.

néenne avec celles de l'Europe centrale, on voit que les espèces sont, à la vérité, plus nombreuses, mais que les Graminées des prés formant gazon restent en arrière parce qu'elles ne viennent que sur un sol bien arrosé. Par contre, nous trouvons une longue série de Graminées annuelles, groupées notamment sur un sol siliceux et arénacé comme les chaumes d'un champ de Blé, mais, à cause de leur rapide dessèchement ainsi que de leur taille médiocre, elles n'offrent aux animaux pâturants que peu de nourriture.

Dans certaines régions montagneuses, le sol qui, à la suite de la destruction de la forêt, se trouve envahi par de hautes Fougères (*Pteris aquilina*) à l'exclusion de toute autre végétation terrestre, a encore bien moins de valeur. Ce cas n'est pas rare tant en Espagne et en Sicile que dans les péninsules orientales et sur le versant sud-ouest du Caucase; et comme les racines de cette Fougère, à laquelle le bétail ne touche point, sont très-profondes, le dommage que cause le développement d'un tel végétal ne saurait être réparé à l'aide de la destruction par le feu, de ses organes verts. Les Fougères sont, à la vérité, plus variées sous le climat maritime de l'occident que dans l'orient, mais il n'y a que la Fougère susmentionnée qui, à cause de sa croissance sociale, ait l'importance d'une formation indépendante.

Généralement parlant, le midi de l'Europe est moins riche que le nord en bons pâturages, bien qu'on y voie assez fréquemment des surfaces découvertes auxquelles les végétaux ligneux font défaut et où l'agriculture est négligée ou devient impraticable à cause de l'inclinaison et de la nature rocailleuse du sol. Les prés du nord ne peuvent être remplacés par les pacages de la flore méditerranéenne où prédominent les formes d'herbes vivaces au lieu des Graminées à gazon. Ces pacages embrassent une multitude énorme de diverses plantes herbacées et, de plus, les demi-arbustes et les végétaux bulbeux de nature ornementale. C'est ici que le butin de l'herborisateur est le plus riche; ici sont les stations de la plupart des plantes endémiques. Les différences entre les divisions du domaine méditerranéen deviennent d'autant plus perceptibles, que le nombre des végétaux réunis sur le même sol est plus considérable. L'ornement floral de ces pacages varie de semaine en semaine ; cependant au printemps on peut toujours le qualifier de riche, plus riche que dans une formation végétale quelconque des latitudes plus élevées. Mais c'est encore en beauté et en importance de diverses formes d'herbes et de Liliacées que la flore méditerranéenne l'emporte de beaucoup sur l'Europe septentrionale. Qui est celui qui ne prête une oreille complaisante aux accents des descriptions poétiques qui retracent les prés à Asphodèles de l'Attique, ou le feuillage à nobles contours de l'Acanthe? Parmi les avantages variés dévolus à l'antiquité, on ne saurait, sans doute, ne pas apprécier à sa juste valeur celui que possédaient les Grecs de voir leur instinct pour la nature vivifié non-seulement par le coloris plus brillant et plus riche du pays, mais aussi par des formes plus belles de la vie organique fournissant les études nécessaires à la création des monuments de l'art. Où trouver dans le nord une plante qui puisse comme la feuille de l'Acanthe se présenter à la décoration des arabesques et en même temps faire admirer dans ces épis serrés de magnifiques fleurs blanches, la beauté d'une œuvre accomplie ? Mais c'est avec un goût exquis que l'art grec sut choisir ce qui y répondait le plus. Ainsi il a su donner une solution à la tâche d'imiter la nature dans les ornements plastiques, en adoptant la feuille de l'Acanthe pour la décoration de la colonne corinthienne, mais tout en dédaignant la surcharge que produirait ses fleurs agglomérées, et en préférant en conséquence le Lis à structure plus simple. De même, bien que l'Olivier et le Pin de Neptune se trouvent liés aux divinités grecques, c'est seulement le Pin pignon, symétriquement arrondi, qui fournit la couronne au bâton de Tyrse, tandis que le feuillage toujours vert du Laurier est destiné à orner le front de l'homme éminent par ses services. C'est précisément l'avantage que possède la richesse des formes organiques d'offrir à l'imagination une sphère plus étendue. A peine le court hiver s'est-il évanoui, que déjà la campagne se revêt d'innombrables fleurs de végétaux bulbeux. C'est l'heure des Narcisses, des Tulipes, des Hyacinthes, des Crocus et des Orchidées, dont l'alimentation avait été préparée pendant beaucoup de mois dans les organes souterrains et dont la magnificence ne brille que peu de jours. Viennent ensuite les diverses plantes herbacées, les Légumineuses annuelles, qui germent sous la pluie du printemps et souvent développent leurs fleurs et leurs fruits avant que leurs cotylédons ne soient desséchés ; mais déjà, à cette époque, la vigueur de la croissance est si considérable, que de luxuriantes Synanthérées et Ombellifères surgissent au-dessus des plantes plus humbles du tapis végétal. En Provence, la floraison de l'Acanthe commence dès avril, simultanément avec l'Asphodèle blanc et une Ombellifère jaune (*Ferula*) après que la tige vigoureuse a déjà acquis la taille d'homme. Plus la saison sèche se rapproche, plus devient variée la masse des Synanthérées et des Labiées aromatiques ; de même, plus leur floraison est tardive, plus les parties inférieures de la tige tendent à se lignifier, en sorte que les végétaux que l'on a l'habitude de qualifier de demi-arbustes peuvent se conserver plus aisément pendant l'été. Ce mode de croissance est l'un de ceux qui se manifestent encore plus fréquemment dans les Savanes de la zone tropicale, et qui rattachent à ces dernières les pâturages de la flore méditerranéenne. Mais quelque luxuriante, quelque variée que la végétation de ces pâturages puisse devenir sous l'influence de l'humidité, leur valeur n'en reste pas moins peu considérable pour les grands animaux. Ils semblent avoir été destinés par la nature plutôt aux insectes qu'aux mammifères. Ce ne sont ni les cerfs des forêts septentrionales ni les troupeaux d'antilopes des Savanes africaines, mais bien les chèvres et les moutons qui trouvent leur nourriture dans les pacages rocailleux du midi de l'Europe.

Maintenant, lorsqu'en terminant nous réunissons sous un coup d'œil rétrospectif les formes végétales de la région toujours verte, partant de cet ensemble nous verrons résulter la preuve que la nature s'efforce, dans cette zone des pluies d'hiver, d'établir, à l'aide des transitions graduelles, un intermédiaire entre les formes tropicales et le nord. Toutefois cela n'a pas lieu de la même manière dans chacun des continents, et nous aurons, tant dans l'Asie que dans le nord de l'Amérique, à rechercher et à expliquer des termes particuliers de comparaison ainsi que des différences. Sur la Méditerranée, le nombre des végétaux ligneux qui, dans les pays tropicaux plus humides, constituent la partie prépondérante de la flore tout entière, augmente déjà notablement à mesure qu'on s'éloigne de l'Europe centrale, et d'autres formes végétales, telles que les Roseaux, manifestent, par suite de l'allongement de la période du développement, plus de force à accroître leurs dimensions. Mais aussi, d'autre part, on voit dans certains endroits de la flore méditerranéenne les végétaux annuels acquérir un chiffre prédominant[81]. A la végétation habituelle de la zone tempérée viennent se joindre, comme représentants de la zone tropicale, les arbres à feuillage toujours vert et les Palmiers ; cependant ces derniers, comparés à leur type originaire, n'en offrent qu'un pâle reflet sous la forme du Palmier nain. Mais la part qu'ont les familles tropicales dans la composition de la flore méditerranéenne, apparaît encore bien plus insignifiante lorsqu'on la compare à la végétation de l'Asie orientale, ainsi qu'à celle des contrées plus chaudes du nord de l'Amérique. Sur la Méditerranée il n'y a que des espèces isolées de Myrtacées, de Laurinées, de Térébinthacées, de Palmiers et d'Acanthacées, tandis que sur les deux autres continents, de telles transitions aux organisations tropicales pénètrent en bien plus grand nombre dans la zone tempérée. Il paraît que la large ceinture du désert africain s'oppose aux mélanges avec les produits des climats tropicaux, puisque la seule voie de communication, celle de la vallée du Nil, offre à peine un contact immédiat avec la flore méditerranéenne.

Formations végétales. — La physionomie de la nature a subi une modification par l'influence de l'homme tout autant dans l'Europe méridionale que dans l'Europe centrale ; cependant cette modification s'est opérée d'une autre manière. Les forêts primitives ont diminué sur une plus grande échelle, mais de vastes cultures d'arbres, des plantations d'Oliviers et de Mûriers offrent une compensation, sans doute même dans le sens climatérique. Dans plusieurs pays, ce qui a refoulé les forêts, c'est moins la culture du sol que l'abandon de la culture, ainsi que la consommation du bois dont le besoin avait agi pendant tant de siècles. Ou bien, dans les contrées telles que la Sicile où florissait jadis l'agriculture qui se développe toujours le mieux aux dépens du terrain forestier, les campagnes laissées incultes depuis le déclin de la civilisation n'ont plus été réoccupées par les arbres, mais par d'autres végétaux. Pendant longtemps les forêts s'étaient protégées elles-mêmes ; mais du moment où cette protection s'est évanouie, il faut bien plus de temps encore avant que le renouvellement constant, mais si lentement progressif, des substances nourricières minérales se soit suffisamment développé dans le sol épuisé, pour permettre à la vie des arbres de se réveiller et de se rajeunir. Et voilà comment il est arrivé qu'il y a des espaces en friche bien plus considérables dans le midi que dans le nord de l'Europe et que, sous le double rapport du développement spontané et industriel des produits organiques, les sources de la richesse nationale ont baissé de niveau depuis l'antiquité.

D'ailleurs, des conditions imposées dès l'origine contribuent à ce que, nonobstant le climat plus riche du midi, la balance incline cependant en faveur de l'Europe centrale et occidentale. Dans une grande partie du domaine méditerranéen le substratum géognostique est plus uniforme ; les calcaires compactes, qui prédominent fréquemment, sont moins susceptibles de se désagréger en fertile terre végétale et le mouvement des substances nutritives subit chaque année, pendant les mois secs, un temps d'arrêt lorsque l'eau courante menace de se tarir. Combien l'effet de telles influences est préjudiciable, c'est ce qui se manifeste dans les contrastes locaux souvent si rapprochés entre la plus grande fertilité du sol et l'aridité des déserts, contrastes dont l'Espagne fournit des exemples nombreux. Naturellement ou artificiellement arrosées, les plaines alluviales du midi de l'Europe qui, à la vérité, n'en a été que parcimonieusement doté, sont encore de nos jours tout aussi fertiles que du temps des Romains et des Arabes. Dans la Lombardie, dont la terre végétale est constamment renouvelée par ces hautes régions où se trouvent les sources des eaux des Alpes, on ne saurait constater une décroissance quelconque de fertilité depuis les époques les plus reculées, ainsi que le rapporte Saussure l'aîné, comme un fait mémorable [32].

Les végétaux indigènes du domaine mediterranéen ne se rangent que dans trois formations principales, qui occupent la majeure partie du sol non cultivé, savoir : en forêts, buissons et pacages découverts. En espagnol elles sont distinguées par des termes spéciaux : *Monte* signifie les parties boisées du pays, *Montebaxo* celles revêtues de buissons, *Tomillares* les parties découvertes occupées par des herbages et des demi-buissons. Le Montebaxo espagnol répond aux Maquis de la Corse ou aux Garrigues du midi de la France, que l'on qualifie en Italie de Macchie. En Grèce aussi on a un nom particulier pour les Tomillares, tandis qu'en Espagne on les désigne d'après les Labiées qui exhalent leur parfum dans l'atmosphère; en Grèce on les appelle *Xerovuni,* parce que les collines sèches sont revêtues de ces pacages [83]. Ces noms pourraient s'appliquer aussi bien à la région toujours verte des quatre péninsules qu'aux régions montagneuses; mais comme les expressions allemandes suffisent aux deux autres cas, je ne me suis servi que du terme plus connu de Maquis pour désigner les formations des buissons. D'ailleurs, en Espagne les formations de steppes acquièrent une importance particulière, qui permet de les comparer à celles de la Russie méridionale. Les Prés de l'Europe septentrionale font presque complétement défaut au midi, puisqu'ils ne s'y présentent que çà et là sous l'influence de la mer, et même sont rares dans la majorité des montagnes.

Il est probable que dans les quatre péninsules les forêts n'ont point subi une diminution au même degré qu'en France. Cependant nous manquons jusqu'à présent de comparaisons statistiques [84], en sorte que je dois me borner à quelques faits isolés sur lesquels je base cette opinion. Dans l'Occident, les montagnes paraissent être encore assez boisées, autrement les voyageurs ne feraient pas ressortir comme quelque chose de frappant la nudité de la Sierra Nevada et de l'Atlas. Sur la lisière de la région des plateaux de l'Espagne, M. Willkomm [85] trouva des forêts étendues d'arbres à feuilles aciculaires, notamment sur les Idubèdes, montagnes frontières de l'Aragon, de Valence et de Castille; puis les fonds des vallées pittoresques de l'Estramadure, par exemple entre Placencia et le Tage, sont riches en Chênes verts; ensuite, sur les roches granitiques de la Sierra Morena et le long de la côte arénacée sud-ouest de l'Andalousie se déploient, depuis Gibraltar jusqu'à l'embouchure de la Guadiana, les forêts à haute futaie déjà mentionnées (pag. 432) de Pins pignons et de Chêne-liége. Le Portugal non plus ne saurait être taxé de pauvreté en forêts, du moins pas dans les districts à collines, situés au nord du Tage. Dans l'Afrique les forêts ne font pas défaut aux versants de l'Atlas, abrités contre les vents nord-ouest venant de l'Espagne et susceptibles, à cause de cela, de conserver l'humidité plus longtemps pendant l'été. En Italie les Apennins méridionaux, depuis les Abruzzes jusqu'aux Calabres, sont encore de nos jours richement boisés, et il en est de même de la péninsule hellénique, de l'Albanie septentrionale, de l'Eubée et du Pinde. Enfin le Taurus, dans le midi de l'Asie Mineure, ainsi que le versant septentrional des montagnes pontiques jusqu'au Caucase occidental, possèdent également des régions forestières continues *.

* V. sur l'extension actuelle des forêts et du développement qu'elles avaient jadis en Asie Mineure, mon opuscule intitulé : *Une Page sur l'Orient* (p. 141 à 157), ainsi que mes *Lettres sur la Turquie.* Les documents qui s'y trouvent réunis prouvent que dans l'Orient en général et en Asie Mineure en particulier, l'œuvre de dévastation des forêts s'est exercée sur une échelle bien plus large qu'en Europe, la France y comprise. Quant à l'Europe, c'est l'île de Corse qui paraît avoir conservé le plus longtemps ses richesses forestières, car, selon M. Doumet-Adanson (*Bull. Soc. bot. Fr.*, an. 1872, t. XIX, p. 8), ce n'est que depuis 1845 qu'y a commencé la destruction des forêts de Laricio, dont on peut encore aujourd'hui apprécier la magnificence par les quelques arbres gigantesques qui ont échappé à ce déplorable massacre, et parmi lesquels M. Doumet-Adanson en signale qui ont 5m,80 de circonférence; pourtant, il fait observer que de telles dimensions sont très-inférieures à celles que lui fournirent plusieurs Laricio en 1845, car ils avaient de 8 à 9 mètres de circonférence, et le nombre de leurs couches concentriques les faisait remonter à 15 et même à 18 siècles. Au reste, malgré l'œuvre de destruction, la Corse possède encore quelques forêts remarquables. Dans une conférence tenue par M. Van de Velde à Genève, en 1873, et que M. de la Harpe a habilement reproduite dans un tirage à part qu'il a eu la complaisance de me communiquer, le savant voyageur s'exprime ainsi sur la forêt de Bavella, située dans le midi de la Corse : « J'ai vu des forêts dans des pays bien divers; j'en ai vu de belles en Suisse; j'en ai vu au Liban, à Java, à Bornéo; mais je peux dire hardiment que Bavella est ce que j'ai vu de plus beau en fait de forêts. Seulement, si le

Il résulte de cette revue que, quoique plusieurs massifs montagneux jadis boisés soient actuellement nus, les pays plus élevés n'en ont pas moins conservé sous ce rapport un certain avantage sur la région toujours verte. Mais ce qui rend cette différence encore plus sensible, c'est que sur les côtes les véritables grandes forêts à haute taille sont extrêmement rares, car les arbres toujours verts sont clair-semés et le cèdent à ceux du nord sous le rapport de la taille. Cependant des essences disséminées et peu élevées sont également très-ordinaires dans les montagnes. C'est ce qui fait, par exemple, que les épaisses forêts de Pin laricio de Cuença [84] ne ressemblent aucunement aux hauteurs de l'Idubède, faiblement occupées par des Genévriers arborescents, et où les larges clairières se trouvent revêtues de formes frutescentes du même genre. Lorsqu'on voit combien fréquemment les Maquis pénètrent dans les forêts à clairières, et combien ce menu bois ressemble à la formation des buissons, on est tenté d'admettre que ce n'est que la destruction des forêts dans le midi de l'Europe qui a eu pour conséquence la naissance du Maquis. Or, dans plusieurs contrées, telle a été sans doute la marche historique des faits qui a déterminé le changement opéré dans la physionomie du pays. Au reste, la végétation des buissons paraît dès l'origine plus adaptée à la sècheresse de l'été dépendant des mouvements atmosphériques, que la croissance des arbres plus élevés qui exigent pour la for-

touriste veut la voir dans sa gloire, qu'il se hâte! la hache s'y promène, et Bavella s'en va! » Une autre possession française également remarquable par ses richesses forestières menacées de ruine, c'est l'Algérie. Dans un travail intitulé : *les Incendies de forêts en Algérie* (*Revue des Deux Mondes,* an. 1874, t. IV, p. 949), M. Ch. Roussel signale les terribles ravages causés chaque année par l'incendie dans les forêts de cette contrée, au point qu'en douze années seulement, 250,000 hectares ont été consumés ; ce qui rehausse la gravité de cette perte, c'est que, parmi les belles essences gratuitement détruites, figure le Chêne-liége, « espèce qui, comme le fait observer M. Roussel, serait exclusive au bassin de la Méditerranée, si elle ne comptait quelques représentants dans les landes de Gascogne, et qui semble à la veille de disparaître du midi de la France, de l'Italie et de l'Espagne, tandis qu'en Algérie elle n'occupe pas moins de 440,000 hectares. » Heureusement pour cette contrée, elle a trouvé une protection qui n'avait pas encore été accordée à la Corse, car le gouvernement français vient de présenter (le 22 juin 1874) à l'Assemblée nationale un projet de loi pour réprimer les incendies de forêts en Algérie. — T.

mation de leurs anneaux ligneux une plus longue période annuelle de développement. C'est là précisément ce qui explique la différence qui existe, sous le rapport des dimensions, entre les arbres du nord et ceux du midi de l'Europe, ainsi que la tendance de ces derniers à passer à la forme frutescente. Il est donc permis d'admettre que du moins la région littorale aura été dès l'origine peu boisée, et c'est ainsi qu'il faut interpréter le fait prouvé par l'expérience, que la répartition des forêts et des Maquis dépend avant tout de la nature de la terre végétale et par conséquent d'une condition originairement imposée. M. Willkomm va même jusqu'à soutenir qu'en Espagne les forêts sont généralement limitées au sol arénacé. Pourtant, lorsqu'on voit en Provence les Chênes toujours verts prospérer sur la roche nue, dans les fissures de laquelle s'enfoncent leurs racines noueuses, on doit reconnaître qu'ici encore les exigences des divers arbres à l'égard du sol ne sont pas les mêmes. Ce qu'il y a de vrai dans l'observation de M. Willkomm, c'est que les forêts plus épaisses d'arbres à feuilles aciculaires viennent encore bien dans un sol arénacé profond, sans permettre au bois menu de se développer sous leur ombre; et qu'à mesure que le dépôt de la terre végétale diminue de puissance, les essences forestières s'éclaircissent et les Maquis deviennent dominants.

Les Maquis sont de toutes les formations de l'Europe méridionale la plus caractéristique, et déterminent souvent à eux seuls la physionomie du pays dans les régions littorales. Fréquents partout, ils recouvrent dans certaines contrées, telles que la Corse, les îles dalmates et les côtes septentrionales de la mer Égée, de vastes surfaces à l'exclusion de toute autre végétation. Souvent leur domaine constitue une solitude inhospitalière occupée par des buissons spontanés et inutiles que traversent seulement d'étroits sentiers, et dont les fourrés servent de refuge aux chacals dans l'Orient, et à d'autres animaux rapaces dans le nord de l'Afrique. Selon que le sol devient plus rocailleux ou le dépôt de l'humus plus puissant, les buissons se trouvent serrés ou clair-semés et varient de taille. Les roches calcaires nues et compactes sont favorables à la végétation des

Maquis, et en déterminent la diffusion dans la Castille, où ils font défaut tant au gypse qu'au granit et aux grès, et ne reparaissent qu'avec le terrain jurassique des Idubèdes de Cuença[86]. Sur les côtes de la Thrace et de la Macédoine, au contraire, ils se trouvent tout autant dans le domaine du micaschiste que dans celui du calcaire[87], et sur l'isthme d'Athos c'est précisément le riche produit fourni par les schistes désagrégés qu'ils imprègnent d'humus, qui fait naître ces hauts et luxuriants fourrés, où le sentier ombragé se trouve enchâssé entre les parois solidement entrelacées et impénétrables des buissons. Sur le sol aride de la péninsule espagnole, les arbustes restent bas et disséminés; ici, le pays ressemble à la steppe, parce que le feuillage est supprimé, et que même les taillis clair-semés ne sauraient lui prêter un ornement quelconque quand l'irrigation est si peu abondante. Les différences que présentent les buissons sous le rapport de leur taille, ainsi que de leur disposition serrée ou clair-semée, se rattachent également à la variété ou à l'uniformité dans le mélange des formes végétales qui constituent le Maquis. Dans la région toujours verte, leur caractère est ordinairement déterminé par quelques espèces peu nombreuses d'arbustes qui y prédominent, puisque ceux-ci appartiennent tantôt aux formes de l'Oléandre ou Myrte, tantôt à celles de l'Éricée, du Genêt ou du Ciste. Plus le sol sur lequel les Maquis se développent est riche, et plus ces formes se mélangent, de manière à produire un ensemble auquel la variété de ses éléments constitutifs donne du charme. Mais cette variété ne fait pas défaut aux broussailles déprimées, croissant sur un sol exposé au soleil, parce qu'ici les clairières se trouvent, au printemps, ornées par une végétation bigarrée de plantes vivaces et bulbeuses qui constituent une transition aux Tomillares. Cependant le caractère des Maquis ne dépend pas seulement du sol, mais aussi de leur rapport avec les centres de végétation ainsi que de la nature du climat. Sur la terre ferme où le mélange des formes est facilité, ils sont plus riches en éléments constitutifs que dans les îles, selon que quelques-unes de ces dernières pouvaient admettre l'immigration de certaines espèces, tandis que d'autres ne le pouvaient pas.

Ainsi, dans l'île de Chypre, les Maquis ne sont souvent composés que de deux arbustes[88]; au pied du mont Athos prédominent huit végétaux différents qui, mélangés entre eux, réunissent les formes de l'Oléandre, du Ciste et de la Bruyère à celle du Genêt en un seul tableau d'ensemble. Les influences climatériques se manifestent soit par les particularités propres à l'Espagne, déjà précédemment étudiées, soit par la comparaison des Maquis situés dans des régions à niveaux différents. Sous ce rapport, les divergences les plus fortes sont fournies par les organes de végétation, selon que le feuillage des buissons reste toujours vert, ou bien est de nature caduque et se trouve limité dans son développement ou remplacé par des épines. Les Maquis de la région toujours verte, ainsi que des plateaux de l'Espagne, sont beaucoup plus caractéristiques que les formations des buissons de montagne. A mesure qu'on se rapproche des pays situés sous le climat des steppes, on voit les arbustes épineux devenir plus fréquents, et parfois remplacer complétement les buissons feuillés. Les broussailles épineuses qui revêtent la plaine ondulée de la Thrace, tout près de la riche végétation du Bosphore, ne consistent qu'en un seul végétal *(Poterium spinosum)*, qui croît socialement à l'instar de la Callune, et est désigné sous le nom de *Stœbé* en Chypre, où il se présente d'une manière semblable[90]. De même que dans le Pont, les végétaux ligneux de l'Europe centrale se mélangent plus fréquemment avec les Maquis toujours verts; ainsi les Chênes dégénérés en arbustes et perdant leurs feuilles pendant l'hiver, remplacent souvent à eux seuls les Maquis dans les pays de montagne. Ici, cette formation paraît d'autant plus ostensiblement provenir de forêts abandonnées, que les arbres et les arbustes s'accordent spécifiquement. Mais si tel est le cas ordinaire dans les péninsules orientales, la position climatérique toute particulière de l'Espagne ressort également de ce qu'ici les Maquis conservent aussi dans la montagne le caractère qui leur est propre, et que des Genêts épineux n'habitent pas seulement le pays des plateaux au pied de la Sierra Nevada, mais encore dominent dans toutes les régions jusqu'à la limite alpine des végétaux ligneux sous forme d'arbustes.

Le substratum géognostique ainsi que la nature de la terre végétale exercent une influence encore plus grande sur les herbages et sur leur importance comme pâturages que sur les Maquis. C'est ce qui rend très-difficile la réunion, sous des points de vue plus généraux, des groupes si variés que la région toujours verte offre sous forme d'herbes vivaces et annuelles, de demi-arbustes, de Graminées et de végétaux bulbeux. Ce n'est que rarement que le caractère d'une formation se trouve déterminé par une seule forme végétale se présentant socialement, ainsi que cela est le cas avec les Graminées annuelles et avec les demi-arbustes de la famille des Labiées. Généralement les éléments constitutifs sont mélangés, et les particularités moins importantes dépendent des différences peu considérables mais positives que présente la terre végétale, selon qu'elle est rocailleuse, arénacée ou argileuse. Quelques exemples montrent ces rapports mieux que des considérations plus générales. Sur la côte de la Thrace [91], j'ai fait voir dans une localité criconscrite à côté de l'embouchure de la Maritza l'influence du sol sur la composition des pacages. Certaines Graminées annuelles caractérisaient le gravier arénacé, d'autres le sol argileux à humus; où les deux terrains s'étaient mélangés, on voyait dominer les Anthémidées aromatiques, fournissant un meilleur pâturage, et enfin là où le gravier disparaissait, elles étaient refoulées par des espèces sociales de trèfle qui avaient enrichi le terrain par l'humus qu'elles avaient formé. Sur les collines de micaschiste de Salonique [92], là où la terre végétale est bien moins considérable, les plantes annuelles s'étaient évanouies depuis longtemps, lorsqu'en juin j'y vis la végétation composée d'un mélange d'herbes vivaces et de demi-arbustes de Labiées, de Cynarées, de Caryophyllées et d'Ombellifères. Des comparaisons de ce genre entre la nature du sol et la composition des pâturages ont été faites par M. Reuter dans les environs de Madrid [86]. Ici, ce sont les Tomillares avec leurs Labiées ligneuses qui caractérisent le sol argileux, tandis que sur les dépôts de terre végétale arénacée prédominent au printemps les plantes herbacées annuelles, parmi lesquelles les plus fréquentes sont les Crucifères du groupe des Brassicées, suivis plus tard par des

Ombellifères et autres herbes vivaces. En Espagne, les pacages à éléments variés se manifestent dans toutes les régions, parce que depuis la côte jusqu'aux hauteurs les plus considérables de la Sierra Nevada, nulle part le sol aride ne fait défaut, sol qui leur est favorable contrairement à ce qui a lieu pour les prés du nord, et qui possède une si grande extension dans la Péninsule par suite de son climat de plateaux. En Italie et dans l'Orient on voit également des herbages riches en fleurs dans la région alpine, parce que celle-ci, rarement aussi humide que dans les Alpes, favorise moins la croissance des Graminées et offre par conséquent dans ces contrées un champ moins productif à l'industrie des chalets que dans les Alpes.

Sous le climat plus sec de la partie orientale de l'Espagne les pacages passent à la formation des steppes. Toutefois, ici ce ne sont pas, comme en Russie et dans l'Asie antérieure, les conditions climatériques seules qui provoquent ce changement, attendu que la steppe n'est complétement développée avec tous ses traits caractéristiques que là où le terrain gypseux salifère constitue le substratum géognostique. La steppe diffère des pacages, d'abord en ce que le sol est moins complétement revêtu de végétation et que partout la roche sous-jacente se fait jour à travers le tapis végétal. Il est vrai, on peut assimiler la steppe graminifère de la Russie à la formation de Sparte de l'Espagne (*Macrochloa*) en ce sens, qu'ici comme là, le gazon n'est composé que d'une Stipacée, mais le sol étant plus complétement revêtu, il paraît plus conforme à la nature d'exclure le Sparte de la végétation de steppe, et de le considérer comme une des nombreuses ramifications de la formation des pacages. M. Willkomm[93] a donc eu raison de ne point citer du tout le Sparte parmi les plantes de steppes de l'Espagne, et de limiter la steppe au terrain gypseux et salifère. Prises dans ce sens, les formations de steppes de l'Espagne se rapportent aux formations russo-asiatiques de cette nature, de telle sorte qu'il y a concordance, physionomiquement parlant, entre la végétation des Halophytes, tandis que les représentants de la steppe sont remplacés par une série d'herbes vivaces sociales et de demi-arbustes déprimés, parmi lesquels les Artémises reproduisent le même type et les Graminées se trouvent reléguées au second plan. Par conséquent, de même que l'Espagne se distingue par des formes végétales particulières, ainsi le caractère de sa steppe est d'une nature particulière, et plus du tiers des Halophytes consiste, d'après l'énumération de M. Willkomm, en espèces endémiques. Il rapporte huit demi-arbustes et une seule Graminée pérenne (*Lygeum*) qui, par suite de leur croissance sociale, occupent à eux seuls une vaste étendue sur le gypse *in loco*. De ce nombre sont deux Artémises, puis des espèces isolées de Cistinées (*Helianthemum squamatum*), de Caryophyllées (*Gypsophila*), de Légumineuses (*Ononis crassifolia*), de Synanthérées (*Zollikoferia*), de Labiées (*Sideritis*) et de Chénopodées (*Salsola*). Ils croissent en touffes pulviniformes, entre lesquelles on voit miroiter le sol blanc sur lequel elles se trouvent disséminées comme des tâches noirâtres. La steppe devient encore plus désolée lorsque la terre végétale est argileuse ou arénacée, et alors, au lieu de ces plantes sociales apparaît une végétation tellement isolée, tellement rabougrie que « déjà à une distance peu considérable elle échappe complétement à la vue », et que sur de vastes espaces on n'aperçoit rien excepté la teinte du sol. Enfin, entre les collines gypseuses nues, on voit dans les fonds marécageux des vallées où se concentrent les sels de soude, les Halophytes sociaux, diverses Chénopodées et Staticées, les premières presque à l'état d'arbustes exactement comme sur la côte marine, et parmi lesquelles figurent les deux plantes grasses aphylles (*Salsola*) et un singulier végétal ligneux couché, dont les rameaux articulés s'élèvent à peine de deux centimètres au-dessus de la surface du sol (*Herniaria fruticosa*). Parmi les cent soixante Halophytes qui habitent la steppe saline de l'Espagne, la plupart sont colorés en vert terne pâle, ou en teintes indéterminées de ce genre, produites par divers revêtements de l'épiderme, tels que de petites écailles, une efflorescence farineuse sur les feuilles ou une sécrétion résineuse. Il est évident que ce sont autant de préservatifs contre l'évaporation ; c'est le même but qui, dans la forme des Chénopodées, est indiqué par les feuilles grasses, et qui ici est atteint à l'aide du sel contenu dans la séve, ainsi que nous le ferons voir plus tard. Les cinq steppes les plus considérables, que

M. Willkomm distingue en Espagne, sont réparties assez irrégulièrement dans la division orientale de la Péninsule, attendu qu'elles tiennent au terrain gypsifère. Deux seulement, celles de la Castille et de la province de Grenade, appartiennent au plateau, les autres sont situées dans les basses plaines de l'Aragon, de Murcie et de la basse Andalousie. Les premières ont en conséquence l'hiver plus rigoureux du pays des plateaux, mais non pas les secondes, et pourtant, dans les deux cas, le caractère de la végétation est le même : fait qui est encore incertain seulement à l'égard de la steppe andalouse à l'est de Séville. Ainsi, parmi les phénomènes climatériques, la sécheresse de l'air constitue la seule condition commune à toutes ces contrées ; les Halophytes espagnols sont indépendants de la différence de température hivernale qui existe entre les régions élevées et les régions basses, et ne paraissent liés à la localité qu'ils occupent que par la quantité de soude contenue dans la terre végétale *. Mais aussi des pays d'une telle sécheresse ne se reproduisent guère jusqu'à l'Anatolie et la Russie ; d'ailleurs, le terrain gypsifère lui-même, associé aux sels de soude dans tant de pays de la terre, où l'évaporation est intense et l'écoulement de l'eau vers la mer se trouve obstrué, peut être considéré comme un effet géologique du climat sec. C'est pourquoi les formations de steppe constituent dans le midi de l'Europe une particularité propre à l'Espagne, et qui ne peut être rapprochée géographiquement que des conditions végétales semblables, telles qu'elles existent sur les lisières du Sahara algérien.

Parmi le reste des formations dont quelques-unes, comme celle du Palmier nain (page 438), ont été étudiées précédemment, d'autres se trouvent limitées à des espaces trop circonscrits pour pouvoir exercer sur la physionomie du pays une action considérable ; les seules qui méritent encore une revue étendue sont celles qui n'ont été engendrées que par l'influence de l'homme. Ce qui, dans la culture des végétaux faite en grand,

* Voir dans les *Comptes rendus,* an. 1873, t. LXXVI, 1er sem., p. 113, l'important travail de M. Eugène Péligot, intitulé : *Sur la répartition de la potasse et de la soude dans la végétation.* — T.

importe avant tout, ce sont les avantages d'une plus longue période de végétation. C'est là-dessus que repose, soit la prépondérance de la culture des arbres qui fait que de loin les campagnes cultivées apparaissent comme boisées, soit la possibilité, non-seulement d'obtenir chez les Céréales plusieurs récoltes dans le cours de la même année, mais encore l'introduction de végétaux qui, de ce côté des Alpes, ne sont plus susceptibles de maturation. Les principales espèces de Céréales dans le midi de l'Europe sont le Froment et le Maïs. Tandis que les champs de Froment ne tardent pas à passer en friche et dans beaucoup d'endroits fournissent une arrière-récolte, le Maïs exige une plus longue période de développement. En effet, quoique dans sa patrie américaine cette plante l'emporte sur toutes les autres Céréales par son aptitude à s'acclimater aisément et qu'elle produise des variétés capables de supporter la courte période de végétation du Canada, elle ne vient bien en Europe que dans l'enceinte climatérique de la viticulture. Il paraît en être de même du Riz, qui donne en Chine une variété, le Riz de montagne, mûrissant en trois mois, mais dont la culture n'a pas réussi en Europe. En Italie, la culture du Riz exige sept mois, et comme les rizières doivent être submergées au printemps, cette exploitation n'est praticable que dans des plaines où existent les établissements d'irrigation voulus, comme dans la Lombardie et dans l'Andalousie. Quand nous approfondissons les conditions dont dépend la culture de végétaux précisément les plus importants, ou bien la production de leurs variétés, nous nous trouvons souvent en présence de phénomènes, lors même qu'ils sont au nombre des plus connus, dont la connexion climatérique n'en est pas moins difficile ou bien impossible à expliquer. Il en est ainsi à l'égard de la culture du Maïs et du Riz en Europe et dans d'autres parties de la terre. La viticulture dans le domaine méditerranéen présente également un semblable problème. Qui ne sait que la proportion du sucre dans le raisin augmente à mesure que nous nous éloignons de la limite septentrionale de la viticulture, et que c'est à cela que tient la force des vins méridionaux? Or, il est, à la vérité, aisé de constater que l'été sec ne paralyse guère le développement de la vigne, qu'à l'époque de la maturation du raisin une température plus élevée augmente la production du sucre, et que, pour le goût, les acides organiques se trouvent neutralisés par l'accroissement de la substance douce; et cependant nous ne trouvons nulle part, dans le fruit parfaitement mûr, des restes de l'amidon aux dépens duquel le sucre de raisin doit d'abord se former, et alors comment se fait-il que sous les climats plus méridionaux la proportion de l'amidon dans les baies non mûres soit plus grande? Ne serait-il pas permis d'admettre que, sous l'action d'une température estivale plus élevée, la végétation de la vigne devient plus intense et que les feuilles qui restent fraîches aux époques de la plus forte sécheresse, continuent pendant plus longtemps à déposer de l'amidon dans les raisins? Ainsi l'influence qu'à l'aide de son feuillage vert la viticulture de la Méditerranée exerce sur la physionomie de la campagne brûlée par le soleil d'été, se rattacherait à ses racines, pénétrant profondément dans le sol, comme nous l'avons déjà dit (pag. 372), et en même temps se trouverait réalisée la condition qui nous promet d'avance un plus riche développement du fruit. La portée de ces relations entre le climat estival et l'un de ses plus importants produits acquiert un caractère encore plus général par ce fait que la viticulture n'est point limitée, comme sur le Rhin, au terrain incliné et exposé aux rayons solaires, mais s'adapte à toute position et même s'appuie sur les arbres plantés. Déjà, dans la vallée du Rhône où la Vigne, reniant sa qualité de végétal grimpant, rampe sur le sol, la viticulture est pratiquée à l'instar de l'agriculture, et, en dépit de cette négligence apparente, n'en produit pas moins les vins les plus généreux. Par contre, là où, comme en Provence, elle est subordonnée à la culture de l'Olivier, et en Lombardie à la sériciculture, et où la Vigne embrassant les troncs, va d'arbre en arbre projeter des guirlandes pittoresques, sa tendance naturelle de chercher la lumière se trouve entravée, et la valeur des raisins en pâtit. Sous le rapport de l'utilisation du sol pour divers genres de cultures, la plaine du Pô l'emporte sur tous les autres pays du midi de l'Europe. De loin, on croit voir s'étendre à une distance incommensurable la surface couverte d'une forêt de Mûriers régulièrement alignés, mais de près l'œil se repaît non-seulement du feuillage de la Vigne, mais encore de l'aspect des Céréales, du Maïs, du Millet, des Roseaux s'élançant jusqu'à la couronne des arbres, de diverses plantes fourragères et domestiques, car tout cela se trouve réuni sur la même pièce de terrain. Il n'y a que les rizières et les prés artificiels qui soient exclus de ce mélange de végétaux cultivés. Aussi les plantations d'arbres dans d'autres contrées n'y ressemblent que peu ; celles des arbres fruitiers du midi, telles que des Oliviers, rappellent le plus souvent plutôt les forêts d'essences toujours vertes ; les Oliviers croissent d'une manière chétive, et çà et là sur le sol pierreux de la Provence, exactement comme le Chêne-liége. La longue période de développement est une condition climatérique qui favorise la culture des arbres à l'opposé de celle des Céréales, mais qui n'a pas été nécessaire au même degré à tous les arbres cultivés dans le midi. Nous avons vu (pag. 389, etc.) combien se comportent différemment sous ce rapport les Orangers, les Figuiers, autant que les Oliviers et les Mûriers. Cependant, comme la sensibilité à l'égard du froid hivernal constitue une deuxième condition qui empêche de ce côté des Alpes la culture des fruits du midi, c'est la raison qui limite, dans le nord, la culture des arbres presque uniquement à celle des arbres fruitiers dans les vergers, tandis que dans le midi de tels arbres dominent si souvent le caractère tout entier du pays. Les deux conditions s'appliquent également aux autres végétaux cultivés originaires des pays plus chauds, et c'est pourquoi leur variété va en croissant dans la direction sud-ouest. Ce qui rappelle également dans le midi la richesse des contrées tropicales, c'est que le maintien de l'industrie des habitants repose sur des ressources naturelles plus variées que dans l'Europe septentrionale. Déjà les plantes alimentaires sont plus nombreuses, la production des Melons d'eau (*Citrullus vulgaris*) des Figues d'Inde et d'autres fruits encombrent si énormément les marchés, que la vie devient trop facile pour exiger le stimulant d'une énergique activité. Grâce au climat, non-seulement les Aurantiacées, mais encore d'autres végétaux culturaux de la zone chaude prospèrent sur la Méditerranée par les soins de l'homme. Le Cotonnier (*Gossypium*) vient dans l'Italie inférieure non pas seulement sous forme annuelle, mais aussi à l'état frutescent. Mais ce n'est qu'en Andalousie que réussit la culture de la Canne à sucre, du Bananier et de la Patate. Cette basse région, la plus chaude de toutes, se rapproche le plus des conditions culturales de la zone tropicale. En Sicile aussi, le Bananier mûrit ses fruits, et dans les jardins au pied de l'Etna, cette forme d'arbre monocotylédoné rehausse l'impression produite par un paysage déjà assez semblable au caractère tropical.

Régions. — La répartition des plantes d'après les limites altitudinales offre, dans le domaine méditerranéen, certains phénomènes d'une nature plus générale, qu'il convient d'élucider d'abord avant de comparer les régions dans chacune des chaînes montagneuses. Depuis les Alpes jusqu'à l'Atlas et même au delà des limites de notre domaine jusqu'au Pic de Ténériffe, les forêts dépassent rarement la hauteur de 1,950 mètres (6,000 pieds) sans que la température, croissant avec la latitude du sud, exerce une influence sur la limite des arbres ainsi que c'est le cas depuis la Laponie jusqu'aux Alpes (p. 268). Ensuite ces limites altitudinales qui par conséquent ne changent pas essentiellement du nord au sud, ou bien qui, dans ce cas, sont déprimées par des causes locales, se trouvent soumises dans la direction de l'ouest à l'est à une variation plus régulière, en sorte qu'on peut en tirer une conclusion relativement à l'action du climat.

Dans une étude précédemment publiée[94], j'ai fait voir que les différences entre les limites climatériques des chaînes septentrionales et méridionales des Alpes peuvent se monter à 650 mètres (2,000 pieds) et que, lorsqu'on compare les massifs montagneux du domaine méditerranéen tout entier, cette valeur est sujette à des oscillations tellement petites, qu'on peut les considérer comme indépendantes de la température. Depuis, le nombre des mesures hypsométriques a été énormément accru, mais elles n'ont fait que confirmer cette conclusion. Il est vrai que, dans beaucoup de massifs montagneux, les forêts actuelles sont très-loin d'atteindre la limite des arbres, mais la position géographique n'exerce aucune influence sur les valeurs les plus élevées qui soient atteintes, ainsi que cela résulte des mesures suivantes :

Pyrénées orientales, sur le Canigou [95]	2,414m ou 7,430p	(*Pinus abies*).
Versant méridional du Caucase dans l'Abchasie [96]	2,143m ou 6,600p	(*Betula*).
Sierra Nevada [97]	2,111m ou 6,500p	(*Pin. sylvestris*).
Etna [98]	2,014m ou 6,200p	(*Pin. laricio*).
Taurus cilicien, versant méridional [99]	1,949m ou 6,000p	(*Pin. cedrus* et *laricio*).
Taurus cilicien, versant septentrional [100]	2,274m ou 7,000p	(*Pin. laricio*).
Lycie [100]	2,599m ou 8,000p	(*Junip. fœtidissima*).
Chaîne septentrionale des Alpes dans l'Allgäu [101]	1,754m ou 5,400p	(*Pin. abies*).
Chaîne méridionale des Alpes, vallée de Martell sur l'Ortelès.	2,405m ou 7,390p	(*P. abies* et *larix*).

De plus, j'avais déjà fait observer alors que cette indépendance à l'égard de la température du climat se rapporte à la végétation arborescente comme telle, mais non aux espèces d'arbres prises séparément, dont chacune se range dans les régions forestières conformément à sa propre sphère thermique. En effet, avec la température croissante du climat, on voit changer régulièrement les espèces arborescentes qui constituent la limite des arbres. La Pesse, qui s'élève le plus dans les Alpes et dans les Pyrénées, ne croît pas dans les hautes montagnes du midi. Le Sapin argenté et le Hêtre, qui dans les Alpes septentrionales restent à environ 325 mètres (1,000 pieds) au-dessous de la limite de la Pesse, constituent la limite des arbres elle-même sur les Apennins, sur le Pinde et dans la Macédoine. Le Pin laricio qui, sur le mont Athos, disparaît à 228 mètres (700 pieds) au-dessous des Sapins argentés qui atteignent l'altitude la plus élevée, est le même arbre qui sur l'Etna et sur le Taurus s'élance jusqu'aux altitudes les plus considérables *. Si, par conséquent, la Pesse trouvait dans le midi ses

* Sur le versant septentrional du Boulgardagh, au-dessus du village Boulgarmaden, j'ai trouvé le *P. laricio* à une altitude de 2,900 mètres (7,830 pieds); le *P. karamanica*, Spach., qui n'est qu'une variété orientale du *P. laricio*, ne paraît point

autres conditions vitales, elle ferait monter la limite des arbres sur le Taurus encore bien plus haut, ainsi que cela a déjà lieu dans la Lycie pour l'espèce asiatique du Genévrier. Il faut donc que dans les régions plus élevées des massifs montagneux de l'Europe méridionale, une condition indispensable à la vie des arbres fasse défaut, et comme ce n'est point le cas à l'égard de la chaleur ainsi que de la période de végétation qui en dépend, il se présente la question de savoir si la cause du phénomène ne tient pas au manque d'humidité dont les arbres ont besoin dans une mesure bien plus considérable que les végétaux plus petits. Ce qui constitue pour les montagnes la source d'un plus haut degré d'humidité, c'est qu'en leur qualité de corps plus froids qui surgissent dans l'atmosphère et se trouvent soumis à de plus fortes oscillations de température que cette dernière, elles précipitent la vapeur d'eau qui s'élève de la région basse ou de la mer. Mais on conçoit moins que les brouillards et les nuages qu'elles produisent diminuent dans les régions plus hautes. Puisque la vapeur d'eau monte constamment de bas en haut et que, par la condensation qui résulte nécessairement de son refroidissement, elle n'est qu'en partie enlevée à l'atmosphère, il faut qu'il y ait une cause physique qui mette un terme à son écoulement par en haut. Cette cause paraît tenir à ce que, conformément aux expériences de M. Meissner dont j'ai pu dans son laboratoire constater l'exactitude, la tension électrique convertit l'oxygène en deux formes d'ozone dont l'une, l'antozone, fait passer la vapeur à l'état vésiculaire, et, attendu que les forces opposées de l'électricité atmosphérique croissent avec la hauteur, l'air finit par être complétement débarrassé de sa vapeur et la formation de nuage se trouve liée à des limites déterminées. Or, comme à la suite de cela la quantité des vapeurs aqueuses contenues dans l'atmosphère diminue rapidement au-dessus des nuages, les arbres

atteindre, en Asie Mineure, une hauteur aussi considérable, car je ne l'y ai vu nulle part au-dessus de 1,500^m. Au reste, il convient de ne point perdre de vue que dans les déterminations des limites d'arbres, notre auteur n'accepte que les moyennes, et que par conséquent ces limites pourraient souvent être modifiées par des influences locales sans porter atteinte au chiffre *moyen*. — T.

ne peuvent plus subsister à une certaine hauteur, si le massif montagneux n'est pas assez élevé et assez étendu pour que la neige accumulée par l'hiver puisse devenir, pendant la période de végétation, une source permanente d'eau courante, arrosant la région alpine et conservant également à l'état humide le sol des forêts. Il est vrai que la circulation de cette eau dans l'intérieur des arbres augmentera de nouveau la vapeur aqueuse de l'atmosphère, en sorte que la ceinture forestière, là où elle existe une fois, contribuera à sa propre conservation. Mais dans le domaine méditerranéen la plupart des montagnes ne sont pas assez élevées pour atteindre la ligne des neiges, et quand elles le sont, comme la Sierra Nevada, l'Etna et le Taurus, cette altitude n'est représentée que par quelques sommités abruptes, dénuées de neige ou n'en portant que peu. Voilà pourquoi dans les Alpes le sol de la région alpine est plus humide et plus richement revêtu de végétation, et pourquoi dans le nord de l'Italie les forêts, alimentées par de vastes champs de neige, s'élèvent souvent au delà de 324 mètres (1,000 pieds) plus haut que dans les montagnes de l'Andalousie et de la Sicile, situées bien plus au sud. Il n'y a que les forêts du Taurus qui atteignent la limite des arbres telle qu'elle se trouve dans les Alpes et même l'emportent sur ces dernières dans la Lycie : mais aussi, tant en circonférence qu'en altitude, le Taurus est un massif montagneux pour le moins égal aux Alpes méridionales. D'ailleurs, eu égard à ses feuilles aciculaires réduites à l'instar de celles du Cyprès, le Genèvrier de la Lycie a sans doute moins besoin d'humidité que le Pin laricio, dont la limite altitudinale dans le Taurus est inférieure de 324 mètres (1,000 pieds) à celle du premier. Mais le fait que dans la plupart des massifs montagneux de notre domaine, la limite des arbres se trouve entre 1,949 mètres (6,000 pieds) et 2,274 mètres (7,000 pieds), nous fournit le moyen de savoir à quelle altitude diminue la formation des nuages et commencent les hauteurs sèches de la région alpine.

Quand on veut juger de l'influence exercée par la température sur les limites altitudinales des régions, il devient nécessaire, conformément à ce qui a été dit ci-dessus, de comparer le niveau auquel monte la même espèce d'arbres dans diverses montagnes. L'application de ce principe soulève, à la vérité, maintes objections; d'abord, l'incertitude où l'on est souvent si la limite climatérique est effectivement atteinte; ensuite, le fait qu'indépendamment de la température, d'autres influences pourraient limiter l'expansion d'un arbre. Ces difficultés peuvent être, sinon levées, du moins atténuées, lorsqu'on choisit des arbres généralement répandus, sur lesquels on possède des mesures hypsométriques suffisamment nombreuses. Il n'y a que le Hêtre, le Châtaignier et l'Olivier qui, dans le domaine méditerranéen, semblent se prêter à ce choix; mais le dernier à un plus haut degré que les deux premiers, parce que la culture de l'Olivier s'étend aussi loin qu'elle est possible, tandis que les essences forestières pourraient facilement rester en arrière de leur niveau climatérique.

Limite altitudinale de l'Olivier :

Algarves [7]	454m	(1,400p).
Sierra Nevada	974m	(3,000p).
(Versant méridional, 1,354m ou 4,200p).		
Nice [6]	779m	(2,400p).
Etna [6]	715m	(2,200p).
Macédoine [102]	390m	(1,200p).
Phrygie [103]	399m	(1,230p).
(Localement, 650m 2,000p).		
Lycie [100]	487m	(1,500p).
Cilicie [90]	650m	(2,000p).

Limite altitudinale du Châtaignier (*Castanea*) :

Algarves [7]	747m	(2,300p).
Grenade [105]	1,624m	(5,000p).
Canigou [95]	799m	(2,460p).
Apennins [104]	974m	(3,000p).
Sicile [104]	1,299m	(4,000p).
Macédoine [102]	974m	(3,000p).
Phrygie [103]	1,240m	(3,850p).

Limite altitudinale du Hêtre :

Pyrénées cantabres [105]	1,461m	(4,500p).
Versant aragonais de la Sierra de Mincayo [105]	974m	(3,000p).

Canigou [95]	1,624m	(5,000p).
Alpes méridionales [104]	1,624m	(5,000p).
Apennins et Etna [104]	1,949m	(6,000p).
Dalmatie [106]	974m	(3,000p).
Macédoine [102]	1,429m ou	(4,400p).
(A l'état frutescent, 1,494 ou 4,600p).		
Phrygie [103]	1,299m	(4,000p).
Monts pontiques [103]	1,799m ou	(5,540p).
(1,850m ou 5,700p).		
Bosnie [107]	1,299m	(4,000p).
Carpathes centraux [108]	974m	(3,000p).

Ces observations font voir tout d'abord, que dans leur extension verticale il y a plus de ressemblance entre l'Olivier et le Hêtre qu'entre ce dernier et le Châtaignier, qui dans les directions sud et est s'élève davantage. Les deux premiers arbres présentent ce phénomène déjà mentionné dans l'examen du climat atlantique (page 237) que les limites altitudinales s'abaissent tant du côté de l'ouest que du côté de l'est, et qu'elles se trouvent le plus élevées en Italie ou dans les parages de Nice. Ensuite, on voit encore une fois le Hêtre monter plus haut dans les Monts pontiques que sous les méridiens situés plus à l'ouest. Reste à savoir si cette hausse et cette baisse de la limite altitudinale peuvent être expliquées à l'aide de la sphère vitale de chacun de ces arbres. Quant à la limite du Hêtre, j'ai déjà fait observer précédemment [106], que portés au delà d'une certaine mesure, les climats maritime et continental tendent à la déprimer, et c'est pour cela que nous voyons en Italie cet arbre s'élever le plus haut dans les montagnes, plus haut que dans les Pyrénées ou dans la Macédoine. Or, parmi les valeurs climatériques modifiées dans les contrées de l'ouest et de l'est, quelles sont donc celles capables d'exercer une telle influence sur l'organisation du Hêtre? En étudiant la limite du Hêtre dans les plaines du nord, il a été admis (page 120) que lorsque l'arbre bourgeonne à 10° et perd ses feuilles à 7°, il trouve à Gothenbourg encore cinq mois pour sa végétation annuelle, mais non plus à Christiania, où par conséquent sa sphère climatérique est franchie. Dans les montagnes des deux péninsules orientales du domaine méditerranéen, de semblables conditions se reproduisent ; la période de développement est raccourcie parce que déjà sur les côtes de la mer l'hiver dure plus longtemps qu'en Italie. Le domaine de la flore pontique seul y fait exception, et c'est aussi pourquoi la limite des arbres s'y élève au-delà de 323 mètres (1,000 pieds) plus haut que dans la Macédoine et sur la côte occidentale de l'Anatolie. La dépression en sens vertical dans les contrées de l'est, laquelle atteint son maximum sur le Biokovo en Dalmatie, est donc la conséquence de la réduction que subit la période de végétation à la suite des courbes thermiques plus brusques. Malgré les hivers doux de la côte dalmate, les pentes abruptes du Biokovo se trouvent sous ce rapport dans des conditions encore plus défavorables que les hautes contrées de la Bosnie, soit parce que sur le Biokovo la nature du sol s'oppose à la formation des forêts, soit parce que la température subit en sens vertical un décroissement plus fort que sur le plateau de Bosnie, hérissé de montagnes. La dépression orientale qu'éprouve la limite de la culture de l'Olivier, qui exige une période de développement beaucoup plus longue, tient aux mêmes conditions qui déterminent cette dépression à l'égard du Hêtre; et lorsque dans la Lycie et en Cilicie le Hêtre s'élève plus haut que sur la côte septentrionale de la mer Égée, on reconnaît dans ce fait l'influence exercée par une latitude plus méridionale sur la durée de la période de végétation. Le Châtaignier, qui par son feuillage plus compacte est plus voisin que le Hêtre des végétaux de la région toujours verte, et dont par conséquent on pourrait s'attendre à voir l'extension former un chaînon intermédiaire entre le Hêtre et l'Olivier, ne manifeste dans les montagnes du midi que peu de signes d'une dépression dans sa limite, déterminée par de plus courtes périodes de développement[109]. Tandis que son extension dans la direction nord-est demeure bien en arrière de celle du Hêtre, ses limites altitudinales n'expriment presque que le phénomène climatérique plus simple d'une diminution de température, tant dans la direction du Sud qu'en raison de la distance de l'Atlantique. C'est pourquoi dans l'Andalousie, en Sicile et sur la côte occidentale de l'Asie Mineure, le Châtaignier s'élève le plus dans les montagnes et offre, eu égard à la dépression occidentale que subit sa limite en Portugal, une preuve tout aussi caractéristique que l'Olivier, de l'opposition qui existe dans le midi de l'Europe entre les variations de température. Il est évident que parmi les multiples conditions climatériques, qu'on a réunies sous la dénomination de climat maritime et qui agissent si différemment sur la vie des plantes, selon qu'elles se rapportent à la température des diverses saisons ou à la durée de la période de végétation, il ne peut être question que du décroissement de la température estivale, dont on puisse déduire la dépression des limites de végétation sur l'Atlantique, exactement comme celle de la ligne des neiges [8]. Mais quand on voit combien la différence est énorme entre les limites altitudinales des Algarves et de Grenade (pour l'Olivier 910 mètres ou 2,800 pieds), pour le Châtaignier 877 mètres ou 2,700 pieds), bien que la température estivale à Lisbonne, telle qu'elle a été mesurée, diffère à peine dans une proportion correspondante de celle de la côte méridionale de l'Espagne, puisque l'écart [110] n'est que de 4°, il paraît douteux que les données relatives au Portugal doivent effectivement être rapportées aux valeurs-limites climatériques. Cependant, si nous considérons que la Sierra Nevada surgit du plateau de Grenade, dont l'action doit rendre le décroissement de la température plus lent que sur les montagnes littorales des Algarves, cette objection se trouve écartée, théoriquement du moins. Or, tout climat de plateau comme tel, est continental, la température estivale y est élevée parce que le sol est d'autant plus échauffé par le soleil que la surface susceptible d'éprouver l'action calorifique est plus unie; d'une autre part, l'hiver y est froid, à la vérité, parce que le rayonnement nocturne est activé par la sérénité de ciel; cependant, même alors il est adouci par l'action encore agissante de l'insolation du jour. En effet, à un niveau de presque 650 mètres (2,000 pieds) la température estivale à Madrid est presque aussi élevée que sur la côte de Malaga, et comme le plateau de la Castille se continue immédiatement par celui de Grenade, cela rend parfaitement explicable l'exhaussement des limites de végétation et de la ligne des neiges dans la Sierra Nevada. Aussi, à l'opinion de M. Willkomm [84], qui voulait déduire du granit de la Serra de Monchique la dépression que subissent ces valeurs dans les Algarves, j'opposai la remarque que ce phénomène pourrait bien être attribué à la cessation de l'influence des plateaux. Je pensais que la mer limitrophe, ainsi que la région basse du Portugal, permettaient d'admettre un décroissement normal de la température en sens vertical, tandis que l'Espagne se trouverait placée sous ce rapport dans une condition anormale, et que les limites de végétation y seraient démesurément élevées. Mais à présent je suis à même de développer ces assertions, et de les fonder non-seulement sur des considérations théoriques, mais aussi sur des observations de faits. D'abord, il s'agit de démontrer que dans les Algarves l'Olivier et le Châtaignier atteignent effectivement leur limite altitudinale climatérique. Cette démonstration peut se faire de trois manières : soit à l'aide des végétaux cultivés dont la culture est poussée jusqu'aux limites du possible; soit parce que sur leur limite altitudinale climatérique les arbres passent à l'état frutescent ou aux formes rabougries; soit enfin indirectement, lorsque les résultats des mesures se trouvent en proportion convenable, relativement aux valeurs climatériques, avec ceux des mesures effectuées dans d'autres localités où de semblables observations étaient praticables. Or, ainsi que nous l'avons mentionné précédemment (page 346) pour l'Olivier, cette démonstration a été parfaitement fournie dans les Algarves par M. Bonnet [7], puisqu'il ne s'agit ici que d'un arbre cultivé et que celui-ci, selon cet observateur, végète avec vigueur seulement jusqu'à l'altitude de 300 mètres (925 pieds), mais ne se maintient que chétivement à peine jusqu'à 450 mètres (1,400 pieds). Ensuite, il résulte des observaions météorologiques faites à Mafra [110], situé à 228 mètres (700 pieds) au-dessus de Lisbonne, à l'embouchure du Tage, que sur la côte portugaise la température, notamment celle d'été, décroît en sens vertical plus rapidement peut-être que sur un point connu quelconque du globe. En effet, la différence de la température annuelle entre Lisbonne et Mafra est de 2°5 et par conséquent diminue d'un degré déjà à une altitude de 113 mètres (350 pieds). Un semblable décroissement n'a lieu au pied méridional des Alpes [111] qu'à la suite d'une différence altitudinale de 309 mètres (950 pieds). En été, la température moyenne de Mafra descend même à 4° au-dessous de celle de Lisbonne; la décroissance est donc en raison de 69 mètres (212 pieds). Que ces résultats soient de nature à exiger une confirmation ultérieure, ou que peut-être ils aient été démesurément exagérés par des influences locales, ils n'en jettent pas moins en tout cas un nouveau jour sur la dépression des limites de la végétation. Ils nous représentent l'action de l'Atlantique comme celle de la plus puissante source de vapeurs aqueuses pour l'Europe, capable par ses brouillards de voiler sur les côtes montagneuses le soleil déjà à une faible hauteur, et d'atténuer l'effet de ses rayons, même dans une saison estivale dépourvue de pluie [112]. Les différences dans les limites altitudinales de la végétation entre le Portugal et Grenade ne tiennent donc pas uniquement au climat de plateau de l'Espagne, mais aussi à ce que dans le Portugal la température de la période de végétation succombe aux influences démesurément développées de l'Atlantique; et c'est ainsi que la disposition des régions végétales nous donne la preuve la plus péremptoire de la riche variété climatérique de cette péninsule. Enfin, quant à la limite occidentale des forêts de Hêtre, les stations extrêmes connues en Espagne se rapportent à la Galicie et aux versants de l'Idubeden, faisant face à l'Aragon. Le Hêtre ne vient pas sur la Sierra Nevada et ne paraît pas non plus se présenter dans le Portugal, parce qu'il ne supporte pas les étés sans pluies qui dominent sur son versant occidental jusqu'à la côte maritime et dans les pays des plateaux. Le Hêtre a cela de commun avec l'Olivier que, dans les deux directions de l'est et de l'ouest, sa limite altitudinale subit une dépression ; mais celle-ci est moins considérable du côté de l'ouest, parce que sa présence dans la péninsule espagnole est fort circonscrite. Toutefois, la différence entre les Pyrénées occidentales et l'Italie n'en est pas moins de 488 mètres (1,500 pieds), en sorte qu'ici encore se manifeste d'une manière évidente l'influence de la diminution de la température estivale. Si la dépression encore plus forte que subit la limite du Hêtre dans l'Aragon, où elle s'abaisse 488 mètres de plus pour descendre au niveau de 975 mètres (3,000 pieds), devait être considérée comme une valeur climatérique extrême, on ne saurait néanmoins rattacher d'aucune manière ce phénomène aux mêmes causes. A en juger par le reste de la végétation et par la position qu'occupe l'intérieur de la péninsule, il n'est certes pas possible d'admettre qu'ici, sur la lisière montagneuse du pays de plateaux, la température estivale ait baissé comme sur la côte de la mer, et il faudrait considérer cette ceinture forestière de la Sierra de Moncayo comme le dernier avant-poste de la région du Hêtre, avant-poste qui jouit à peine du degré nécessaire d'humidité et que la sécheresse estivale du plateau castillan, de même que celle de la basse région aragonaise, réduit à une étroite zone montagneuse de 325 mètres (1,000 pieds) de largeur.

Maintenant, avant d'aborder l'indication des traits caractéristiques des régions végétales, nous avons encore à examiner la question de savoir quels sont les principes d'après lesquels la circonférence de ces régions doit être déterminée. Eu égard à la physionomie du pays, en tant qu'elle repose sur la dimension de certaines plantes et sur le groupement social des individus, on serait disposé et même parfaitement autorisé à distinguer, au-dessus de la région toujours verte du domaine méditerranéen proprement dit, les deux étages représentés par les forêts de montagne et par les hauteurs déboisées, en considérant le domaine des premières comme appartenant à la flore de l'Europe centrale et celui des secondes comme faisant partie de la flore alpine. Toutefois, il ne faut pas perdre de vue que de semblables comparaisons reposent uniquement sur ce que des végétaux d'une vaste aire d'extension et liés à des conditions climatériques déterminées, viennent des plaines du nord reparaître dans les régions montagneuses plus élevées du midi, tandis qu'ici ils peuvent s'associer à un plus grand nombre de plantes sociales qui font défaut au nord de l'Europe ainsi qu'aux Alpes. C'est précisément sous ce rapport que les massifs montagneux du domaine méditerranéen se présentent comme particulièrement instructifs. Ils sont non-seulement bien plus riches en produits endémiques que ceux des montagnes de l'Europe septentrionale de ce côté des Alpes, mais encore souvent ces végétaux endémiques tiennent aussi par leur organisation de beaucoup plus près à la flore méditerranéenne, qu'aux centres de végétation des latitudes plus élevées. D'ailleurs, on voit s'y joindre également des plantes moins dépendantes du climat du midi, qui peuvent émigrer des vallées dans les montagnes avec plus de facilité que n'en ont ces dernières à recevoir des végétaux venant des contrées lointaines du nord. C'est ainsi que se produit dans les régions montagneuses un mélange bigarré, et que les régions alpines de la Sierra Nevada permettent d'y distinguer six diverses séries d'espèces d'après leur provenance [113]. Ce qui les réunit et rend possible d'embrasser l'ensemble du tableau que présente une telle végétation, c'est la communauté des conditions climatériques sous lesquelles elles sont destinées à vivre, et qui se reflètent dans le mode de conformation de leurs organes de végétation. Mais pour fixer les limites des régions, on est forcé d'admettre pour base certains végétaux physionomiquement importants et prédominants. Là, où ceux-ci font défaut, les limites s'oblitèrent également selon les modifications graduelles que subit le climat en sens vertical. De cette manière on conçoit que, quand les arbres n'atteignent plus leur limite altitudinale climatérique, les plantes de la région alpine descendent plus bas, jusqu'à ce que la plupart d'entre elles s'évanouissent soudain sur la lisière de la forêt, sous l'ombre desquelles elles ne peuvent pénétrer plus avant, ayant besoin de plus de lumière.

Les deux régions représentant des latitudes plus élevées ne se trouvent développées sur les montagnes de la péninsule espagnole que dans les chaînes superposées aux plateaux ou comprises dans ces derniers, parce qu'ici la large zone de la végétation propre à l'Espagne est intercalée entre la flore méditerranéenne et la ceinture forestière. C'est par là que l'élevage du mouton acquiert son importance pour l'Espagne où, pendant l'hiver, les Tomillares aromatiques de la haute région offrent d'excellents pâturages et où, au mois de mai, en Estramadure et en Castille, ainsi que cela se pratique dans les hautes steppes de l'Asie antérieure, les troupeaux sont conduits dans les lointaines montagnes septentrionales des Asturies et de l'Aragon et puis retournent en automne dans le midi. Bien que des données sur plusieurs chaînes montagneuses de l'Espagne ne fassent pas défaut, ce ne sont que celles que nous devons à M. Boissier [114], relativement à la Sierra Nevada, qui nous fournissent une revue complète de la disposition verticale de la flore espagnole :

Région toujours verte du Palmier nain. 0-650m (0-2,000p).
Région toujours verte espagnole ou région des Cistes. 650-1,624m (2-5,000p). 1,462m ou 4,500p, versant septentrional.
Région forestière (du Pin sylvestre) .... 1,614m (5,000p). (1,462m ou 4,500p). 2,111m (6,500p)
Région alpine où la limite des plus grands buissons se trouve à 2,599m (8,000p)........................ 2,111m (6,500p). 3,573m (11,000p).

Sur la côte de Grenade, la région du Palmier consiste en maquis et en pacages, les arbres indigènes sont rares, les végétaux annuels prédominent. Dans la deuxième région où sont situées les villes de Grenade et de Ronda, la physionomie de la contrée ne change que peu, mais on y voit se présenter des forêts clair-semées d'arbres à feuilles aciculaires et de Chênes verts ; les formations de la steppe espagnole varient avec les maquis, où prédominent les Genistées et les Cistes ; les arbustes et les herbes vivaces l'emportent sur les plantes annuelles, et, dans les pacages, les Tomillares se dégagent plus distinctement du rigide Gazon de Sparte et d'autres formes semblables de Graminées. Ainsi, le caractère indépendant de cette région analogue aux plateaux de l'Espagne, caractère exprimé en sens climatérique par la gelée hivernale et la chute de neige, repose moins sur les formations que sur certaines formes végétales, de même que sur ce que les éléments constitutifs des premières sont pour la plupart différents et que le nombre des espèces endémiques s'accroît. Parmi les plantes de culture, les Aurantiacées s'étendent aussi loin que le Palmier nain ; l'Olivier et la Vigne embrassent la majeure partie des deux régions. Il est remarquable de voir coïncider la limite altitudinale de la culture de l'Olivier et de la Vigne, bien que leurs conditions climatériques soient si différentes. Sur le versant méridional de la Sierra Nevada, les deux genres de culture sont pratiqués jusqu'à l'altitude de 1,354 mètres (4,200 pieds) ; sur le versant septentrional l'Olivier s'élève à celle de 945 mètres (3,000 pieds), et la Vigne jusqu'à celle de 1,137 mètres (3,500 pieds). Il est probable que cette concordance ne tient qu'à ce que la période de développement dont la durée prolongée est nécessaire à l'Olivier, se réduit dans la même proportion ou dans une proportion semblable selon que diminue la chaleur d'été que le raisin exige pour sa maturation. Dans la troisième région, les précipitations atmosphériques sont réparties entre toute l'année, attendu que les brouillards et l'orage rafraîchissent le sol au printemps comme aussi pendant l'été, et cela à un plus haut degré sur le versant septentrional que sur le versant méridional, ce qui explique la richesse plus grande en plantes du versant septentrional du massif montagneux. De cette manière toutes les conditions de végétation de l'Europe boréale se trouvent donc réunies. Conformément à cela, la ceinture forestière est composée par le Pin sylvestre du nord de l'Europe qui, dans la Serrania di Ronda, se trouve remplacé à un niveau semblable par le Sapin Pinsapo. De même, on voit dans les vallées de petits prés où se trouvent la plupart des plantes de l'Europe centrale qui habitent la Sierra Nevada. Cependant les arbres sont de taille exiguë et les taillis de Pin sylvestre clair-semés et de peu d'étendue, n'étant que le reste de vastes forêts qui jadis revêtaient ces montagnes. Ainsi, bien que le sol soit utilisé pour l'économie des chalets, le gazon ininterrompu de pré est rare, et la majeure partie des versants est recouverte par des buissons épineux rabougris. Au-dessus de la limite des forêts, on voit une large ceinture végétale presque exclusivement composée de l'arbuste du Piorno, Génistée épineuse (*Genista aspalathoides*) qui remplace ici en quelque sorte le Rosage des Alpes et qui comme celui-ci, descend à une certaine distance dans l'intérieur des forêts (1,787-2,499 mètres ou 5,500-8,000 pieds). Dans les prés qui se détachent au milieu des buissons de Piorno, les Graminées sont d'une texture rigide, mais au-dessus de la limite supérieure de ces broussailles, d'autres espèces y succèdent qui forment un tapis de Graminées fin et serré, à travers lequel on voit briller les fleurs d'herbes alpines comme sur les Alpes. Les quelques végétaux ligneux qui restent encore n'élèvent presque jamais leur tronc au-dessus de la surface du sol. Ces pâturages alpestres désignés dans la Sierra Nevada par le nom de Borreguiles, sont pendant au moins huit mois revêtus d'une nappe ininterrompue de neige, de même qu'en été le sol est constamment maintenu humide par la neige fondante. Ainsi donc, les pentes les plus élevées de ces montagnes rappellent parfaitement la physionomie de la flore arctique et des régions alpines : ici, où rien ne reste des particularités propres au climat espagnol, le type d'organisation de la flore espagnole s'évanouit également parmi les végétaux endémiques.

Les régions de l'Atlas paraissent se comporter à l'instar de celles de la Sierra Nevada. Cette chaîne montagneuse aussi se trouve séparée par de hautes plaines, tant de la région toujours verte de la côte méditerranéenne que du Sahara [115]. Sur l'Atlas algérien la ceinture supérieure de Conifères de l'Andalousie est remplacée par le Cèdre; on n'y connaît encore rien en fait de flore alpine.

Dans les chaînes montagneuses centrales de l'Espagne, le Pin sylvestre du nord de l'Europe monte aussi haut que dans la Sierra Nevada ; mais conformément à une latitude plus élevée, il descend bien plus bas sur le versant septentrional de la Guadarama (1,137-2,111 mètres ou 3,500-6,500 pieds) [84] ; par suite, les formations végétales du plateau se sont emparées du sol, notamment les Tomillares dans la région inférieure (1,299 mètres ou 4,000 pieds), ainsi qu'au-dessus, les broussailles d'une Génistée nue (*Sarothamnus purgans*) qui recouvre presque complétement les pentes supérieures de la montagne.

Les Pyrénées orientales et les Alpes méridionales, en tant qu'elles appartiennent au domaine méditerranéen, n'ont plus une relation quelconque avec l'Espagne dans la disposition de leurs régions végétales, mais sont plutôt à assimiler aux Alpes sous ce rapport. Comme exemple on pourrait citer le Canigou, non loin de Perpignan, ainsi que le mont Ventoux, sommité la plus élevée dans la proximité de la vallée du Rhône.

CANIGOU[95].

RÉGION toujours verte. Culture de l'Olivier. (0-422^m ou 1,300^p).
RÉGION FORESTIÈRE. (422^m-2,413^m ou 1,300-7,430^p).

Châtaignier	799^m (2,460^p).
Hêtre	1,625^m (5,000^p).
Sapin argenté (*P. picea*)	1,949^m (6,000^p).
Pesse (*P. abies*)	2,413^m (7,430^p).

RÉGION ALPINE. (2,413-2,629^m ou 7,430-8,400^p).

MONT VENTOUX[115].

RÉGION toujours verte sur le versant méridional : culture de l'Olivier. (500^m ou 1,540^p).
RÉGION FORESTIÈRE. (500-1,874^m ou 1,540-5,670^p), sur le versant méridional. 1,735^m (5,340^p).
— sur le versant septentrional................. 1,735^m (5,340^p).

Ceintures disjointes de végétation :

	Versant méridional.	Versant septentrional.
Chêne vert (*Q. ilex*)	549^m (1,690^p).	620^m (1,910^p).
Buissons, par exemple *Buxus*	1,152^m (3,540^p).	909^m (2,800^p).
Forêt de Hètre	1,660^m (5,110^p).	1,320^m (4,065^p).
Buissons de Hêtre	1,699^m (5,230^p).	
Forêt de Pin (*P. uncinate*)	1,810^m (5,570^p).	1,625^m (5,000^p).
Forêt de Pesse (*P. abies*) plus bas jusqu'à 975^m (3,000^p).		1,735^m (5,340^p).

RÉGION ALPINE. 1,910^m ou 5,880^p. (Altitude du sommet.)

Ainsi, la limite des arbres sur le Canigou se trouve, comme sur certains points de la chaîne méridionale des Alpes, presque de 325 mètres (1,000 pieds) plus élevée que dans la Sierra Nevada. A l'instar de tant de montagnes du domaine méditerranéen, cette limite se trouve fortement déprimée sur le mont Ventoux, mont bien moins élevé, isolé, exposé au mistral et privé de l'humidité que possèdent les hautes chaînes montagneuses composées de masses considérables. Les différences si grandes entre les expositions au nord et au midi indiquent en même temps que le mont Ventoux se trouve précisément sur la lisière de la flore méditerranéenne. De même, la limite altitudinale de la culture fait voir directement combien le versant méridional des Alpes maritimes est favorisé par l'action du mistral. En effet, quoique les Pyrénées orientales soient de deux degrés plus au sud, la région toujours verte s'élève sur le mont Ventoux de 65 mètres (200 pieds) plus haut que dans les premières, où elle reste même de 293 mètres (900 pieds) au-dessous de la limite inférieure de la culture de l'Olivier à Nice.

Nous ne possédons guère de mesure relativement aux limites de végétation dans les montagnes de la Corse; cependant nous savons [116] qu'au-dessus des maquis de la région toujours verte se succèdent plusieurs ceintures forestières; d'abord le Châtaignier, puis le Pin laricio, jusqu'à ce qu'enfin, sur le Monte d'Oro, la limite des arbres est formée par le Hêtre. Sur le Genargentu, en Sardaigne, la limite de la végétation arborescente telle que cette limite est représentée par la forêt de l'Aulne, se trouve à une altitude de 1,657 mètres (5,100 pieds) [117].

Quant aux régions végétales des Apennins, M. Tenore a fourni des données détaillées qui se rapportent particulièrement aux Abruzzes, partie la plus élevée de cette chaîne. Toutefois, ses valeurs altitudinales méritent peu de confiance, car elles sont beaucoup trop basses comparées aux moyennes que nous devons à M. Schouw. M. Tenore fait observer lui-même que dans les Apennins calabrais les régions sont plus élevées que dans les Abruzzes; et à cette occasion il remarque que les forêts composées d'Aulne à large feuille (*Alnus cordifolia*) recouvrent la moyenne partie de la Basilicate et de la Calabre, tandis que, dans sa revue générale, il assigne à cet arbre une place dans la région toujours verte. En conséquence, je me borne aux données moins étendues mais plus dignes de confiance de M. Schouw [124], et j'y ajoute celles de M. Philippi sur les régions de l'Etna [98].

APENNINS (valeurs moyennes).

RÉGION toujours verte. (0-389m ou 1,200P).
RÉGION FORESTIÈRE. (389-1,949m ou 1,200-6,000P).

Châtaignier	975m (3,000P).
Chêne (*Q. pedunculata*)	1,137m (3,500P).
Hêtre et Sapin argenté (*P. picea*)	812m (2,500P).
(Bologna) 1,949m (6,000P).	

RÉGION ALPINE. (1,949-2,696m ou 6,000-9,200P).

ETNA.

RÉGION toujours verte. Culture de l'Olivier. 0-389m (0-2,000P).
RÉGION FORESTIÈRE. 389-2,014m (2,200-6,200P).

Viticulture	1,004m	(3,300P).
Châtaignier	1,266m	(3,900P).
Forêt de Chêne (*Q. pubescens*)	1,787m	(5,500P).
Hêtre	975-1,949m	(3,000-6,000P).
Bouleau	1,546-1,982m	(4,760-6,100P).
Pin laricio	1,300-2,014m	(4,000-6,200P).
Au même niveau un buisson de Génistée (*Gonocystus ætnensis*)	1,295-1,949m	(3,990-6,000P).

RÉGION ALPINE. 2,014-2,808m ou 6,200-8,950P).

Buissons subalpins descendant dans la région forestière	2,436m	(7,500P).
(*Junip. hemisphæricus*	1,527-2,283m	(4,700-7,110P).
Berberis ætnensis	1,625-2,283m	(5,000-7,110P).
Astragalus siculus)	1,039-2,436m	(3,200-7,500P).
Herbes alpines peu nombreuses et disséminées	2,808m	(8,950P).

Ainsi, la différence la plus substantielle entre les montagnes italiennes et celles de l'Espagne consiste en ce que les forêts qui perdent leur feuillage pendant l'hiver commencent immédiatement au-dessus de la région toujours verte, et que la limite des arbres étant presque à la même altitude, elles occupent en Italie une zone disproportionnellement plus large qu'en Espagne, où la ceinture des Cistes se développe dans leur domaine et réduit dans un espace circonscrit les formes végétales de l'Europe centrale. Dans la région alpine ainsi que dans son voisinage, l'Etna ressemble beaucoup plus à la Sierra Nevada qu'aux Alpes; on peut assimiler l'arbuste Piorno à la Génistée de l'Etna qui, à ce qu'il paraît, se trouve également dans les montagnes de la Sardaigne; de même qu'il y a lieu de réunir en un seul groupe les arbustes de Tragacanthe dont l'importance augmente dans le midi. Toutefois, dans les régions plus élevées de l'Etna, la végétation offre bien moins de variétés que sur d'autres montagnes. Ainsi, au-dessus de la limite des arbres, on n'a pu y signaler que cinquante espèces, qui disparaissent complétement à 389 mètres (1,200 pieds) au-dessous du sommet, tandis que sur la Sierra Nevada, M. Boissier trouve encore environ cent vingt espèces au-dessus de la limite des buissons alpins. M. Philippi a indiqué de la manière la plus évidente les causes de la pauvreté en plantes du volcan silicien, en plaçant au premier plan la sécheresse du sol et les obstacles qu'opposent à la formation du tapis végétal les épanchements sans cesse renouvelés des masses volcaniques, et en prenant également en considération la position isolée de la montagne, rendant plus difficile l'échange avec d'autres centres alpins de végétation. Je dois reconnaître avec la satisfaction que l'on éprouve de voir appliquées à l'étude de la nature des méthodes rationnelles que, déjà, en 1832, cet observateur distingué avait adopté pour guides les mêmes principes qui ont donné naissance à ma manière d'envisager la disposition actuelle de la végétation. Ce n'est que sur un point secondaire que les idées de M. Philippi doivent être modifiées. Lorsqu'il déduit la position déprimée de la limite des arbres sur l'Etna du manque de terre végétale convenable à la surface des roches volcaniques, ce point de vue se trouve modifié depuis que nous savons que le phénomène dont il s'agit est d'une nature applicable au bassin méditerranéen tout entier, et par conséquent ne tient pas seulement aux roches, mais aussi à l'altitude et aux climats des montagnes du midi de l'Europe. Comparé aux Apennins, l'Etna se distingue surtout par ce fait, que les forêts de la région de l'Europe centrale ne commencent qu'à un niveau beaucoup plus élevé (1,072 mètres ou 3,300 pieds); cependant, ainsi que cela a été prouvé par des témoignages historiques[118], cette divergence ne s'est présentée qu'à la suite de l'extension que la culture, surtout celle de la Vigne, avait prise sur les versants inférieurs des montagnes, jadis richement boisés. Ainsi, on a connaissance d'une forêt de platanes aujourd'hui disparue, et il paraît que la ceinture des Châtaigniers a presque complétement succombé à de semblables influences*.

Parmi les mesures faites dans la péninsule hellénique, les suivantes sont particulièrement connues :

ALPES DALMATES[106].

RÉGION toujours verte. 0-455^{m} (1,400^{P}).
RÉGION FORESTIÈRE. 455-975^{m} (1,400-3,000^{P}). Chêne (*Q. cerris*) et Hêtre
RÉGION ALPINE. 975-1,949^{m} (3,000-6,000^{P}).

SCARDUS[119] (Montagnes frontières macédonico-albanaises, 42° L. N.).

RÉGION FORESTIÈRE. 228-543^{m} (700-4,670^{P}).

Tilleul argenté..................	488^{m} (1,500^{P}).
Châtaignier et buissons de Chêne..	926^{m} (2,850^{P}).
Hêtre..........................	1,416^{m} (4,360^{P}).
Chêne (*Q. pedunculata*)...........	1,517^{m} (4,670^{P}).

RÉGION ALPINE. 1,517-2,572^{m} (4,670-7,900^{P}).

Forme subalpine de Bruyère (*Bruckenthalia*)..................	1,300-1,949^{m} (4,000-6,000^{P}).

* A la disparition d'essences forestières sur l'Etna, peut servir de pendant un phénomène semblable (mais sur une échelle infiniment plus grande) que présentent, en Asie Mineure, plusieurs montagnes ainsi que leurs régions limitrophes où, à la vérité, ce n'est point l'envahissement de la culture, mais bien celui de la barbarie, qui ont fait disparaître les forêts. Ainsi Xénophon (*Katabasis*, IV, 4) parle des forêts qui, de son temps, couvraient la plaine de Much, en Arménie, de même que le pied méridional du mont Bingueul, situé au sud d'Erzeroum; et Strabon (XII, 2) nous signale celles qui entouraient le mont Argée (Ergias-Dagh) dans la Cappadoce; or, aujourd'hui, ainsi que j'ai pu m'en assurer sur les lieux mêmes, on ne voit plus que quelques rares buissons rabougris, tant dans la plaine de Much que tout autour des deux montagnes susmentionnées, l'une et l'autre, selon mes mesures, de plus de 3,000^{m} d'altitude. — T.

MONTAGNES DE LA MACÉDOINE MÉRIDIONALE (41° L. N.)[120].

RÉGION toujours verte. 0-405^m (1,245^p).
RÉGION FORESTIÈRE. 405-1,884^m (1,245-5,800^p).

Chêne cerris	859^m (2,650^p).
Hêtre	1,430-1,494^m (4,400-4,600^p).
Pin de Himalaya (*Pin. pence*)	1,884^m (5,800^p).

localement 1,981^m ou 6,100^p.

RÉGION ALPINE. 1,884-2,352^m (5,800-7,240^p).

Forme subalpine de Bruyère (*Bruckenthalia*	1,884^m (5,800^p).

Junip. nana. 1,689-2,339^m ou 5,200-7,200^p.)

MONT ATHOS (40° L. N.)[121].

RÉGION toujours verte. 0-390^m (1,200^p).
RÉGION FORESTIÈRE. 390-1,705^m (1,200-5,250^p).

Châtaignier	975^m (3,000^p).
Chêne (*Q. pubescens*)	1,137^m (3,500^p).
Pin laricio	1,137-1,462^m (3,500-4,500^p).
Sapin argenté (*P. picea*)	552-1,705^m (1,700-5,250^p).

RÉGION ALPINE. 1,705-2,092^m (5,250-6,440^p). Arbustes de formes de Myrte et Rhamnus (*Daphne jasminea* et *Prunus prostrata*).

VELUGO (sur le Pinde méridional) (39° L.-N.)[122].

RÉGION toujours verte. (— ?)
RÉGION FORESTIÈRE. 1,787^m (5,500^p).

Forêt de Chêne	975^m (3,000^p).
Sapin argenté	1,787^m (5,500^p).

RÉGION ALPINE. 1,787-2,274^m (5,500-7,000^p). Subalpin un arbuste de Tragacanthe, sur le sommet *Prunus prostrata.*

DELPHI (en Eubée)[123].

RÉGION toujours verte. (— ?)
RÉGION FORESTIÈRE.

Forêt de Châtaignier;

Sapin argenté	650-1,137^m (2,000-3,500^p).

(A Céphalonie. (909-1,559^m ou 2,800-4,800^p).

RÉGION ALPINE.

Quelles que soient les lacunes à combler dans ce domaine, il n'en est pas moins permis d'en tirer un tableau général. Bien qu'ici encore, les montagnes n'atteignent point la limite des neiges, ce qui permet de reconnaître cependant un climat plus continental, c'est que tous les sommets, qui en Macédoine pénètrent jusqu'à la région alpine, conservent pendant l'été des lambeaux de neige dans les ravins abrités contre le soleil. Si, néanmoins, sur la côte septentrionale de la mer Égée la limite de la végétation toujours verte est aussi élevée que sur les Apennins, cela tient à ce que M. Schouw n'a donné, pour l'Italie, que des moyennes dans lesquelles se trouvent compris les versants septentrionaux de cette chaîne, situés en dehors de la flore méditerranéenne. On n'obtient une idée plus juste de la disposition des régions végétales dans les deux péninsules qu'en comparant entre elles les montagnes placées entre le 40ᵉ et le 38ᵉ degré de latitude où, dans l'Italie inférieure, la région toujours verte monte à des niveaux notablement plus élevés que dans les Apennins du nord. Si à cet effet on met l'Athos et le Delphi d'Eubée en regard de l'Etna, il est hors de doute que tant la forêt du Hêtre que la région toujours verte se trouvent à un niveau moins élevé sur la mer Égée qu'en Italie. En place des Génistées subalpines de l'Etna et de la Sierra Nevada, se présentent sur les montagnes illyrico-macédoniennes d'autres arbustes, notamment ceux appartenant à la forme de Bruyère, ce qui indique une relation plus rapprochée à l'égard des Carpathes méridionaux et aussi des Apennins. La Bruckenthalia transylvanienne constitue, dans la proximité de la limite des arbres, une ceinture végétale fortement tranchée, et le Genévrier nain remplace le Pin à tronc tordu de ces chaînes montagneuses. Sur le Peristeri, près de Bitolia, trois espèces de Genévriers se trouvent séparées les unes des autres par les limites altitudinales déterminées (*J. oxycedrus*, 1,462 mètres ou 4,600 pieds; *J. communis*, de là jusqu'à 1,689 mètres ou 5,200 pieds; *J. nana* au-dessus de cette dernière). Des arbustes subalpins de la forme de Myrte (*Daphne jasminea* et *glandulosa*) servent également de lien entre les montagnes de la Macédoine et de la Dalmatie et celles de l'Italie.

La conservation plus longue de la neige exerce sur la végétation de la région alpine une influence manifeste. Là où les sommets ne sont pas trop rocailleux pour permettre l'accumulation de la terre végétale, les prés alpestres ont l'avantage particulier de posséder un tapis compacte de Graminées orné d'herbes alpines. C'est ce qui fait que sur le Scarde l'économie des chalets est presque aussi développée que dans les Alpes. Il est vrai que sur les chaînes montagneuses prises séparément, la végétation alpine n'offre guère plus de variétés que sur la Sierra Nevada, et le cède décidément aux régions les mieux partagées des Alpes; mais, ainsi que nous l'avons déjà fait observer (p. 361), non-seulement cela se trouve compensé par la disjonction orographique des chaînes montagneuses, mais encore le montant total des espèces appartenant à la flore alpine est beaucoup plus considérable que dans les deux péninsules occidentales, ce qui constitue une transition à la richesse encore plus grande de l'Anatolie.

Quant aux montagnes qui bordent la péninsule anatolique, les régions végétales ne sont pas encore jusqu'a présent susceptibles d'une comparaison complète. Les observations les plus importantes sont les suivantes :

OLYMPE BITHYNIEN [124].

RÉGION toujours verte. Plaine de Brousse. 0-293^m (900^p).

RÉGION FORESTIÈRE. 293-1,494^m (900-4,600^p).

Châtaignier.. 812^m (2,500^p

Arbres à feuilles aciculaires (*Pinus picea* et *laricio*) et Hêtre.. 1,494^m (4,600^p).

RÉGION ALPINE. 1,494-2,248^m (4,600-6,920^p). Sommet.

TAURUS LYCIEN [160].

RÉGION toujours verte. 0-488^m (1,500^p).

RÉGION FORESTIÈRE. 488-2,499^m (1,500-8,000^p).

— — inférieure (*Quercus* et *Pinus*).

— — supérieure, composée de *Juniperus fœtidissima*. 1,949-2,499^m (6,000-8,000^p).

RÉGION ALPINE. 2,499-3,249^m (8,000-10,000^p).

TAURUS CILICIEN[99] (versant méridional).

RÉGION toujours verte. 0-650m (2,000p).
RÉGION FORESTIÈRE. 650-1,950m (2,000-6,000p).
— — inférieure (*Pinus* et *Quercus*). 1,234m (3,800p).
— — supérieure (*Pinus laricio*) prédominant. 1,625m (5,000p).
— — — *P. cedrus* et autres Conifères. 1,950m (6,000p).
RÉGION ALPINE. 1,950-3,443m (6,000-11,000p), presque sans arbustes, revêtue çà et là d'herbes vivaces, sous forme de gazon. Sur le versant septentrional, commence la région forestière au-dessus du plateau de Caramanie, 1,300m (4,000p), seulement à 1,559m (4,800p), et s'élève à 2,274m (7,000p).

MONTS PONTIQUES[125] (versant septentrional, à l'est de Trébizonde).

RÉGION toujours verte. Culture de l'Olivier. 0,325m (1,000p) [126].
RÉGION FORESTIÈRE. 325-1,851m (1,000-5,700p).
Arbustes de la forme de l'Oléandre et de Rhamnus (Rhodorées), avec groupes d'arbres à feuillage de l'Europe centrale.................... 1,449m (4,600p).
Forêt de Hêtre avec Conifères (*Pinus orientalis*) de concert avec les mêmes arbustes (par exemple *Rhododendron ponticum*, *Prunus laurocerasus*).................................. 1,851m (5,700p).
RÉGION ALPINE. 1,951-3,249m (5,700-10,000p).
Rosage (*Rhod. caucasicum*).......... 1,851-2,499m (5,700-8,000p).
Pâturages alpestres sans buissons ... 2,499-3,249m (8,000-10,000p).
(Ligne des neiges.)

Le versant méridional tourné du côté de l'Arménie est déboisé, en dehors des vallées arrosées par des cours d'eau.

Ce qui distingue les montagnes anatoliques de celles du midi de l'Europe, c'est non-seulement que par leurs versants tournés vers l'intérieur du pays elles confinent avec le climat de steppe, mais encore qu'en moyenne leur altitude est plus considérable, car dans quelques cas elle dépasse la ligne des neiges perpétuelles. Sur la côte pontique, la limite des neiges est dans le Lasistan (41° L. N.) la même que sur le Caucase (43° L. N.), et quant au mont Argée (38° 30′ L. N.), qui, du milieu de la haute région de la Caramanie, s'élève à une altitude de plus de 3,832 mètres (11,800 pieds), les neiges perpétuelles s'y trouveraient à un niveau (3,401 mètres ou 10,470 pieds)[125], moins de 163 mètres (500 pieds) inférieur à cette altitude*.

Dans l'Anatolie et l'Arménie occidentale le climat de steppe n'a que peu d'influence sur la position de la ligne des neiges, eu égard à la longueur de l'hiver et aux abondantes chutes de neige causées par la proximité de la mer Noire et de la Méditerranée. Ce n'est qu'à une certaine distance de la mer que l'accumulation de la neige diminue sur l'Ararat, ainsi que nous le signalerons en traitant de la flore de steppe. Toutes ces conditions se trouvent reflétées dans la richesse ainsi que dans la variété du caractère de végétation que présente la flore alpine de l'Anatolie. Là où, comme dans les montagnes ponto-arméniennes, les sommités de ces dernières sont revêtues de neige pendant longtemps, on voit sous l'influence de l'humidité se développer de magnifiques herbages alpestres, ornés d'une multitude de végétaux alpins et très-favorables par leurs Graminées à l'économie des chalets. Ici, dans la partie inférieure de la région alpine se déploient de vastes surfaces revêtues du rosage caucasien à fleurs blanches, qu'accompagnent les grandes herbes subalpines; ici, on a pu observer, réunies dans la même localité, environ deux cents espèces de plantes alpines. Ainsi, même par leurs régions supérieures, les montagnes pontiques constituent un trait d'union entre le midi et le nord, et cela s'applique également à tout le versant jusqu'à la côte de la mer Noire. Bien que la forêt fasse défaut au versant méridional soustrait aux vents humides pontiques, on n'en voit pas moins dans toute l'Arménie de semblables prés alpestres, alterner avec de hautes steppes sèches. Les herbages alpestres se présentent

* Le chiffre précis de l'altitude du mont Argée est 3,841 mètres, telle qu'elle a été mesurée par moi. Mais comme le dernier rocher accessible où j'avais fait mes observations hypsométriques et météorologiques, se trouve surmonté par une aiguille que l'on peut estimer à 100 mètres tout au moins, la véritable altitude du mont Argée est sans doute très-près de 4,000 mètres; elle serait même plus considérable d'après M. Hamilton, mon seul et unique prédécesseur scientifique dans l'ascension du géant cappadocien, car le chiffre qu'il obtint sur le rocher terminal où j'ai pris ma mesure est de 3,905 mètres, en sorte qu'en y ajoutant la hauteur probable de l'aiguille, nous aurions 4,005 mètres.

Voir ma *Géographie physique comparée de l'Asie Mineure*, p. 111 et 573.—T.

là où le sol est humide, tandis que la haute steppe est le produit du terrain aride. La configuration irrégulière ainsi que la conformation richement variée de la chaîne du Taurus superposée au pays de steppe, mais néanmoins interrompue sur de nombreux points, ont pour conséquence que les vapeurs aqueuses accumulées au-dessus de la mer pénètrent bien avant dans l'intérieur du pays, et donnent lieu à ces prodigieuses accumulations de neige[41] qui, pendant l'hiver, encombrent les hautes montagnes de l'Arménie. C'est là ce qui explique également la richesse en sources et en copieuses rivières situées à des altitudes considérables, et qui envoient régulièrement leurs eaux fécondantes vers les lointains et vastes domaines fluviaux de l'Euphrate et du Tigre, de l'Arace, du Kour et du Tchorouk. Quand on compare avec cela les artères fluviales exiguës de l'Anatolie, on voit que la sécheresse relativement plus grande de cette haute région située plus à l'ouest, tient avant tout à ce que les chaînes montagneuses de l'intérieur sont moins considérables et n'atteignent que très-rarement la ligne des neiges. Il faut ajouter encore, qu'ici le Taurus devient la lisière méridionale du plateau, et que des chaînes non interrompues s'étendent également le long de la côte pontique, en sorte que, sur les deux bords extérieurs de la péninsule, les vents venant des deux mers perdent leur humidité et ne peuvent transporter leurs vapeurs aqueuses dans l'intérieur du pays élevé. Aussi la flore alpine de l'Anatolie n'a, en effet, aucune ressemblance avec la flore du Pont; elle est, dans la majorité des cas, une flore de steppe. Le compacte tapis gazonné des herbages alpestres produit une terre végétale plus puissante, plus riche en humus, qui retient l'humidité; la végétation des hautes steppes vient sur un sol pierreux et passe aux rochers qui constituent la charpente solide. Ce contraste se reflète encore de la manière la plus manifeste, même dans la chaîne méridionale du Taurus, où le tapis compacte à Graminées des prés alpestres pontiques fait défaut, et les herbes alpines se trouvent disséminées sur le sol composé de pierres roulées. L'enceinte moyenne de la région située au milieu des nuages étant revêtue de Cèdres, de Sapins et d'autres essences à feuilles aciculaires, on ne voit pas, au-dessus de la limite des arbres, des arbustes subalpins de taille élevée, car, à l'instar des Graminées, ils exigent un sol plus humide. Bien que la partie inférieure de la région alpine soit richement pourvue de fleurs, puisque M. Kotschy signale environ 120 espèces d'herbes vivaces et de demi-arbustes sur le Boulgar-Dagh à un niveau de 1,950-2,499 mètres (6-8,000 pieds), cependant, comme malgré l'altitude de la montagne estimée à 3,573 mètres (11,000 pieds) au-dessus de la mer, la neige ne stationne point d'une manière permanente sur le versant tourné du côté de la mer, la végétation devient pauvre en s'élevant davantage, en sorte que sur les pentes pierreuses supérieures (2,499-3,573 mètres ou 8-11,000 pieds) le chiffre susmentionné se trouve réduit à 50. Des vents de mer qui viennent frapper à angle droit l'axe du Taurus cilicien, ainsi que cela est ordinairement le cas à l'égard des montagnes pontico-arméniennes, ne se présentent que fort rarement[128]; les courants atmosphériques dominants soufflent parallèlement à la chaîne du sud-ouest ou du nord-est et ne déposent leur humidité que dans le Kurdistan. C'est à ces conditions que se rattache la cause ultérieure de l'inégale répartition, dans l'Anatolie, des végétaux alpins, et cela explique comment, dans les chaînes qui bordent la péninsule, on voit se produire tout à la fois de hautes steppes sèches et des prés alpestres humides, selon que la direction des vents de mer est modifiée par la position des chaînes montagneuses.

Si nous considérons les sommets des montagnes prises séparément comme autant de centres disjoints de végétation, l'échange entre ces centres se trouvera singulièrement paralysé par la disposition si irrégulière des climats humide et sec, et c'est en effet par les stations limitées des végétaux alpins que les montagnes de l'Anatolie sont remarquables*. Les diverses parties des côtes nord et sud ne sont pas seules dans ce cas, car la flore des ramifications occidentale ou ionienne de la péninsule offre également des particularités de cette nature, ainsi qu'une mul-

* Voyez ma note à la page 268. — T.

titude variée de produits, attendu qu'ici des chaînes lisières font défaut, que les divers sommets alpins, depuis l'Olympe jusqu'au Taurus lycien, se trouvent plus espacés les uns des autres, et qu'à l'aide de gradations multiples et de chaînes de hauteurs moins élevées, la haute plaine intérieure passe peu à peu à la flore méditerranéenne littorale. On le voit, le climat et la configuration plastique de la surface se réunissent pour rehausser la richesse de la flore anatolique. Mais les contrastes deviennent plus tranchés là où la flore de steppe de l'intérieur se trouve séparée plus fortement de la côte par les chaînes lisières. C'est ainsi qu'immédiatement derrière le Taurus lycien surgit une haute plaine habitée par des formations végétales de steppe, que M. Forbes distingue comme une région spéciale (975-1,949 mètres ou 3,000-6,000 pieds) intercalée entre les deux ceintures forestières, région dont l'inférieure est limitée aux pentes faisant face à la mer et la supérieure est commune aux deux revers de la montagne, tant au versant extérieur qu'à celui tourné vers l'intérieur du pays. C'est ainsi encore que, bien que le mont Argée soit voisin du Taurus cilicien, il n'a pas la région forestière de ce dernier, mais seulement des buissons[129], parce que son enveloppe neigeuse a peu d'étendue et que les chaînes qui bordent la péninsule enlèvent l'humidité aux pentes plus basses de la montagne. Aussi, déjà dans cette chaîne du Taurus, le contraste entre les revers intérieurs et extérieurs de la montagne se trouvent exprimés par la disposition des forêts, puisque sur le versant qui regarde le plateau de la Caramanie, la limite des arbres s'élève de 325 mètres (1,000 pieds) plus haut. Ici se présente une anomalie, à la vérité apparente, c'est qu'au-dessus de la même haute plaine, la ligne des neiges du mont Argée est relativement basse, et au contraire la limite des arbres sur les revers nord-ouest du Taurus est élevée, tandis que cependant, sous l'influence du climat de steppe, les deux valeurs auraient dû aller en augmentant dans le même sens. L'explication de ce phénomène paraît être fournie par la supériorité altitudinale du mont Argée à l'égard du Taurus. Son sommet peut encore être atteint par les vents de mer dont les vapeurs aqueuses donnent lieu à l'accumulation de la neige, tandis que les pentes abritées plus basses du Taurus, de même que ses revers tournés vers l'intérieur du pays sont soumis à l'action desséchante et échauffante du plateau, action qui tantôt s'oppose à la formation des forêts, tantôt les fait monter à un niveau plus élevé. Enfin la position déprimée de la limite des arbres sur l'Olympe bithynien ne saurait être déduite aussi aisément de conditions climatériques ; elle n'est peut-être que la suite des vents froids de steppe qui soufflent de la Russie à travers la mer Noire, et viennent frapper ce sommet découvert,

Quant aux montagnes de la Syrie et de l'île de Chypre, les données que nous possédons à leur égard sont de nature à nous faire admettre qu'indépendamment de leur déboisement avancé, les régions végétales y sont semblables à celles du Taurus.

MONT LIBAN (revers occidental)[99].

RÉGION toujours verte. 0-488^m (1,500^p).	
RÉGION FORESTIÈRE. 488-1,949^m (1,500-6,000^p).	
Ceinture de buissons de Chêne.......	975^m (3,000^p).
Forêt de Pin sylvestre...............	1,299-1,884^m (4,000-5,800^p).
Essences de Cyprès (*C. horizontalis*) et restes de forêts de Cèdre.......	1,299-1,884^m (4,000-5,800^p).
Agriculture........................	1,949^m (6,000^p).
RÉGION ALPINE. 1,949-2,631^m (6,000-9,000^p).	

OLYMPE DE CHYPRE[130].

RÉGION de l'Olivier. 0-812^m (2,500^p).	
RÉGION FORESTIÈRE. 812-1,949^m (2,500-6,600^p). Sommet.	
Pin maritime (*P. maritima*).........	0-1,249^m (4,000^p).
Pin laricio (*P. laricio*).............	1,299-1,949^m (4,000-6,000^p).
Genévrier arborescent (*Junip. fœtidissima*).........................	1,949^m (6,000^p).

Sur la pente du mont Liban tournée vers l'intérieur du pays, la limite des arbres est formée par le Genévrier arborescent (*Junip. fœtidissima*) qui, sur le revers septentrional de la montagne, s'élève jusqu'à 2,014 mètres (6,200 pieds), en dépassant les forêts de Cèdre et de Sapin. Au-dessus de la vallée orientale de Baalbeck, la limite de cet arbre ne monte pas aussi haut (1,299-1,787 mètres ou 4,000-5,500 pieds) et confine inférieurement avec la ceinture de forêt de Chêne (975-1,299 mètres ou 3,000-4,000 pieds). Il résulte de ces données que la différence de latitude entre le Taurus cilicien et le mont Liban (37°-34° L. N.) n'a point d'influence sur la disposition des régions végétales et que la limite des arbres est ici la même. La dépression encore plus forte de cette dernière sur le versant oriental du Liban, pourrait bien s'expliquer par le fait que la vallée de Baalbeck n'est ouverte que du côté du nord-est, et se trouve soustraite par l'Anti-Liban à l'action des courants atmosphériques méridionaux. L'île de Chypre aura été jadis complétement revêtue d'arbres à feuilles aciculaires dont à présent il ne reste que peu de forêts. Or, comme ici sur les pentes nues des montagnes l'été est sec, même dans les parties les plus élevées de l'île, la flore méditerranéenne avec ses maquis et ses tomillares a occupé une grande partie de l'ancienne région forestière.

Enfin, relativement à la côte septentrionale de la mer Noire, il ne nous reste encore qu'à mentionner les versants du Caucase occidental et de la Crimée faisant face au domaine de la flore méditerranéenne.

VERSANT ABCHASIQUE DU CAUCASE [131].

RÉGION FORESTIÈRE pontique, composée de Chênes et d'Ormes.

RÉGION du Hêtre.

RÉGION d'arbres à feuilles aciculaires (*P. orientalis* et *picea*, var. *Nordmanniana*).

Limite des arbres (Bouleau)..................... 2,143^{m} (6,600^{p}).

RÉGION ALPINE. 2,143-2,855^{m} (6,600-9,100^{p}). Hauteur des cols.

COTE MÉRIDIONALE DE LA CRIMÉE [132].

Arbres à feuillage toujours vert (*Arbutus andrachne*). 390^{m} (1,200^{p}).

RÉGION d'arbres à feuilles aciculaires (*P. laricio*), 195-975^{m} (600-3,000^{p}); remplacé sur le versant nord de la chaîne par le Hêtre; limite des arbres, 1,316^{m} (4,050^{p}).

La flore pontique ne change que peu à son passage du Lasistan à la Colchide (Mingrélie et Abchasie). Les pentes sont plus boisées, mais les dessous de bois, composés de buissons toujours verts, sont les mêmes. Sur la côte orientale de la mer Noire, le climat, sous l'influence des vents d'ouest, est extraordinairement humide et uniforme, attendu que le Caucase ainsi que les montagnes mesgiques condensent les vapeurs d'eau et offrent en même temps un abri contre les vents de nord et les vents d'est des steppes. L'humidité plus élevée et peut-être les masses neigeuses plus considérables du Caucase font que dans l'Abchasie la limite des arbres se tient environ 293 mètres (900 pieds) plus haut que sur la côte pontique méridionale qui lui est opposée. Sur le littoral sud de la Crimée la flore méditerranéenne peut être comparée avec celle des lacs lombards; cet extrême domaine limite littoral ne ressemble guère aux humides forêts de la Colchide et n'offre qu'un pâle reflet des côtes de l'Anatolie. Ici le Pin laricio descend à un niveau plus bas, de même que c'est le cas en Autriche.

Centres de végétation. — Les comparaisons suivantes, tant entre les régions diverses du domaine méditerranéen qu'entre ces dernières et d'autres flores, sont exclusivement basées sur les espèces que renferme mon herbier. Si, par suite de cette limitation, les chiffres se trouvent inférieurs à ceux que fournirait l'utilisation de la totalité des végétaux décrits, les résultats n'en auront que plus de certitude, et il est vraisemblable que les proportions dans lesquelles s'opèrent l'augmentation et le décroissement de diverses familles dans des directions déterminées, ne subiront que peu de changements, eu égard à la richesse de mon herbier et à sa répartition assez uniforme entre toutes les parties de notre domaine. Ainsi, notamment les collections faites en Espagne, en Algérie et en Orient par MM. Bourgeau, Heldreich et Balansa s'y trouvent complétement représentées et celles de M. Kotschy en majeure partie, de même que j'avais à ma disposition des matériaux relatifs à l'Italie, le midi de la France, la Rumélie, embrassant presque toutes les espèces endémiques connues *. Les documents rela-

* Mon herbier, contenant environ 4,000 espèces, formé pendant cinq années d'exploration en Asie Mineure, et dont je cite les numéros dans mes *Éléments*

tifs à l'Anatolie offrent moins de certitude, soit parce qu'en partie il n'était possible de tracer qu'arbitrairement les limites entre l'intérieur du pays de steppe qui doit être exclu ici, et les chaînes montagneuses extérieures, soit à cause des difficultés auxquelles donne lieu la divergence des principes admis comme base de distinctions spécifiques. Dans la *Flore orientale* de M. Boissier, dont le premier volume seulement a pu être utilisé, il y a environ un tiers d'espèces décrites en plus de celles consignées dans mon catalogue, mais ici il était d'autant plus nécessaire de restreindre le sujet, que les limites des sections naturelles de notre domaine attendent encore de l'avenir une détermination plus précise.

Mon catalogue comprend environ 7,000 espèces de plantes vasculaires, dont 60 pour 100 sont propres au domaine méditerranéen, et le reste possédé en commun par l'Europe du nord et du midi. C'est donc sur 4,200 espèces que repose l'autonomie botanique de cette flore, et dans ce nombre sont compris environ 60 genres monotypes qui ne se présentent point dans une autre partie quelconque du globe. Déjà la répartition de ces genres prouve combien grande a dû avoir été l'influence de la Méditerranée, sur la séparation permanente des centres primitifs de végétation. Ainsi seulement 12 monotypes sont répandus dans le domaine tout entier; les autres n'en habitent que certaines sections isolées et ont presque tous rencontré un obstacle mécanique à leurs migrations, dans les grandes surfaces d'eau qui séparent les péninsules et les continents les uns des autres. De même, sur les 4,200 espèces, il n'y en a qu'environ 500 qui embrassent l'espace compris depuis l'Espagne jusqu'à l'Anatolie ; 1,000 sont communes à deux ou trois sections et pour la plupart se trouvent limitées tantôt aux dis-

de la Flore de cette péninsule, se trouve chez M. Boissier, de même que la majorité des doubles ont été remis par moi à la *Société botanique de France,* et en partie à M. Cosson et au Jardin botanique impérial de Saint-Pétersbourg. Comme mes collections n'étaient pas destinées à la vente, et que pour diminuer les embarras du transport je ne récoltais que très-peu d'exemplaires de chaque espèce, je n'ai pu en faire communication aux botanistes à la seule exception de M. Boissier, qui a eu l'obligeance de déterminer et de décrire la plus grande partie de mes plantes. — T.

tricts occidentaux ou orientaux, tantôt à ceux du midi. Il ne reste, par conséquent, pas moins de 2,700 espèces dont les migrations ont été restreintes par la mer, ou bien qui ne se sont éloignées que peu de certains groupes de centres de végétation réunis par les surfaces continentales. C'est donc là-dessus que repose le contraste le plus général entre l'Europe du Nord et l'Europe du Midi. Tandis que dans le domaine forestier septentrional, autant que des plaines ininterrompues s'étendent depuis l'Atlantique jusqu'à l'océan Pacifique, les lieux d'habitation des plantes se trouvent déterminés particulièrement par des lignes climatériques, dans le domaine méditerranéen les obstacles mécaniques qui s'opposent à leur diffusion exercent une influence beaucoup plus grande sur le caractère systématique de la flore. Le développement extraordinaire des lignes côtières, qui morcelle le domaine en fractions géographiques séparées, agit sur les migrations des plantes de manière plutôt à les disjoindre qu'à les réunir. Les produits originels se trouvent plus fortement rivés à leurs localités primitives, les centres de végétation se laissent encore aujourd'hui reconnaître en plus grand nombre, et les péninsules se rapprochent sous ce rapport des lois qui président à la disposition de la végétation dans les archipels à caractère endémique. Si dans le Nord on ne peut constater presque que parmi les plantes de montagnes des exemples d'habitat étroitement circonscrit, dans le Midi le caractère endémique est, à la vérité, également plus prononcé sur certaines montagnes que dans la région basse ; cependant, dans plusieurs cas, les végétaux méditerranéens proprement dits n'ont aussi été observés que sur des points isolés. Tous ces faits déposent donc évidemment en faveur de l'opinion que les monotypes ainsi que d'autres organisations rares ne sont pas, ou du moins ne sont pas tous à considérer comme des débris de créations antérieures, mais plutôt comme autant de témoignages de la puissance productive des localités où ils se trouvent actuellement et dont ils n'ont pu s'éloigner faute de moyens.

Les monotypes se prêtent particulièrement à faire ressortir les phénomènes de connexion et de disjonction que présente le domaine méditerranéen. Parmi les 12 genres généralement répandus [133], 2 appartiennent aux Crucifères et 6 aux Synanthérées ; ils sont presque tous annuels et accompagnent les végétaux culturaux ; quelques-uns comme tels franchissent aussi les limites du domaine. Leur diffusion étendue n'a donc rien d'extraordinaire, et rien ne prouve que la mer y ait été pour quelque chose. Une seule herbe vivace (*Diotis*) est dans ce cas, car en sa qualité de halophyte, elle est arrivée jusqu'en Angleterre en longeant l'Atlantique. Les 4 autres genres sont des végétaux ligneux des Maquis et représentent autant de monotypes appartenant à diverses familles. Deux grands et vigoureux arbustes (*Spartium* et *Rosmarinus*) sont bien plus fréquents que les deux autres qui restent faibles et bas, et par conséquent n'eurent point une sphère aussi étendue dans leur lutte pour trouver place sur le sol (*Coris, Cressa*). Néanmoins, n'étant liés qu'à la région chaude, toutes ces plantes ligneuses ont pu longer sans difficulté les lignes littorales.

Cinq autres monotypes s'y rattachent [134], parmi lesquels un seul, une chétive Rubiacée (*Callipeltis*), se trouve subordonné aux relations plus générales d'affinité qui existent entre l'Espagne et le domaine de steppe, et que nous aurons à étudier plus tard. Le reste, répandu de côte en côte, est limité seulement à certaines sections méridionales du domaine. Les migrations de ces végétaux ont quelque chose d'énigmatique ; on dirait un esquif jeté par la tempête sur une plage lointaine, sans qu'on puisse retrouver aisément son point de départ; ou bien on serait disposé à admettre que, refoulés ou perdus ailleurs, ils n'ont pu se conserver et se maintenir que sur certains points-limites. Ce qui prouve que de telles migrations ont réellement eu lieu ici, c'est le fait que 4 monotypes se retrouvent ensemble en Sicile ou dans les parages limitrophes, puisque à cause de sa position centrale, par rapport aux méridiens de la Méditerranée, cette île est particulièrement propre à servir de point de départ ou de terme, et se trouve, à l'aide de courants, uniformément reliée à l'orient et à l'occident extrêmes. C'est ainsi qu'elle se rattache à l'île de Chypre par une Éricée (*Pentapera*) et à la Syrie par une Oléinée (*Fontanesia*) sans que toutefois ces arbustes aient été constatés jusqu'à présent sur les côtes intermédiaires de la Crète ou de la Morée. De même, les deux autres genres (*Lonas* et *Apteranthes*) indiquent également les stations lointaines, mais situées dans l'extrême occident non loin du détroit de Gibraltar, genres parmi lesquels le dernier est remarquable comme étant une Asclépiadée grasse, affine des Stapélies de l'Afrique méridionale. Observée par M. Gussone dans les îles solitaires de Lampedusa et Linosa, entre Malte et Tunis, elle ne se présente de nouveau que sur deux points occidentaux, à Grenade et sur les frontières du Maroc, où déjà quelques années auparavant elle avait été constatée par M. Webb sur la côte de la mer, près d'Almeria, et, depuis, fréquemment signalée dans les parages d'Oran. Les deux petites îles au sud de la Sicile sont si cachées et si isolées du côté de l'ouest par la forte saillie de la côte tunisienne, que l'on s'attendrait bien plutôt à un échange entre ces stations occidentales et la Sardaigne ou la Sicile elle-même. La plante est physionomiquement trop remarquable et a un aspect trop étranger, pour qu'il soit permis de croire aujourd'hui que, quand même elle aurait pu sur certains points échapper à l'attention, elle se trouve répandue sans interruption le long de la côte africaine, visitée par tant d'habiles botanistes. Cela est d'autant moins admissible, que la Stapélie européenne est un halophyte et par conséquent a dû, avant tout, se rattacher à la côte marine *. Nous avons donc ici un cas d'extension intermittente qui nous rendrait fort disposés à admettre comme vraisemblable un déclin dans l'existence de cette plante, et à supposer qu'elle aura jadis habité un littoral continu, mais se sera trouvée refoulée dans la plupart de ses stations et aura péri ainsi.

Ce qui démontre combien peu le bassin clos de la Méditerranée, si pauvre en courants réguliers, a contribué à la diffu-

* Ma manière de voir qui résultait des faits connus à l'époque de ma publication doit être modifiée, puisque depuis, ainsi qu'il m'en informe dans ses lettres, M. Rein a retrouvé l'Apteranthes dans l'intérieur du Maroc, où il croît sur des rochers calcaires dans plusieurs localités, mais assez isolément (entre 800 mètres et 1,200 mètres d'altitude au-dessus de la mer). — G.

sion des plantes, c'est le chiffre triple des genres monotypes habitant une seule des péninsules, ou bien d'autres contrées étroitement circonscrites et limitées par la mer. L'inégalité de leur répartition, en raison des centres de végétation, se trouve dans un certain rapport avec la richesse des diverses sections du domaine en plantes spéciales. L'Espagne seule y fait cependant exception, car elle possède plus de genres monotypes que la contrée littorale anatolico-syrienne à laquelle elle le cède sous le rapport des espèces endémiques.

Quand on compare les fractions du domaine séparées par la mer, d'après le nombre de leurs plantes spéciales et l'étendue de leur surface [135], on obtient la série suivante dans laquelle ces rapports se trouvent indiqués approximativement par des chiffres. Le plus gros chiffre est fourni par la division anatolico-syrienne (1/7-1/8); viennent ensuite la péninsule hellénique (1/10), l'Espagne (1/13), la côte d'Atlas (1/18) et enfin l'Italie, pays le plus pauvre en produits endémiques (1/25) *. Que cette dissemblance ne soit pas seulement la suite d'une position plus ou moins isolée, c'est ce qui ressort déjà du fait que l'Anatolie se rattache géographiquement pour le moins autant à la Grèce que celle-ci à l'Italie. Mais la disposition dissemblable et désordonnée des centres de végétation apparaît d'une manière bien plus manifeste encore, lorsque des divisions plus grandes on passe à des districts géographiques plus circonscrits. La Sicile (1/6) est six fois plus richement dotée que la terre ferme de l'Italie (1/36), lors même que l'on ajoute à cette dernière les espèces communes aux deux pays; la Crète (1/2) surpasse la

* Le chiffre proportionnel pour l'Asie Mineure serait bien supérieur à celui que présente aucune des contrées dont il s'agit ici, si l'on prenait pour base du calcul le nombre des plantes endémiques consigné dans ma flore de l'Asie Mineure; ce nombre est de 1,148 espèces, en en défalquant toutes celles constatées, même sur des points isolés du Caucase, de la Perse ou de la Syrie; elles sont réparties très-inégalement parmi diverses familles, mais dont les suivantes offrent les chiffres les plus élevés : Synanthérées avec 318 espèces endémiques, Papilionacées 280, Caryophyllées 200, Labiées 171, Crucifères 158, Personées 144 et Ombellifères 119. Or, l'aréal de l'Asie Mineure, telle que la comprend ma carte, étant de 104,450 lieues métriques carrées ou de 7,718 milles géographiques carrés (V. *Asie Mineure, Géogr. phys. comparée,* p. 21), il y aurait plus de 6 espèces endémiques par mille géographique carré. — T.

presqu'île hellénique (1/10) cinq fois; et en général, eu égard à son étendue, elle l'emporte en variété de produits spéciaux sur toutes les autres contrées du domaine méditerranéen. Ce qui est tout aussi remarquable, c'est de voir les deux îles de Sardaigne et de Corse présenter un contraste qui en chiffres se traduirait par les proportions de 1 à 4. Grâce à MM. Moris, Viviani et autres, les deux îles nous sont connues aussi bien qu'une section quelconque du domaine méditerranéen. Quoiqu'elles aient échangé entre elles une grande partie de leurs produits endémiques, beaucoup d'espèces n'en sont pas moins restées limitées à la Corse. En général, vu l'action paralysante de la mer sur les migrations des végétaux, les îles sont plus riches en produits endémiques que des fractions de la terre ferme ayant la même étendue ; mais les dissemblances entre les îles elles-mêmes ne sauraient guère trouver une explication dans la constitution du climat. La Corse est plus montueuse et a des montagnes plus élevées que la Sardaigne, et pourtant les plantes spéciales à la Corse sont également fréquentes dans la région chaude de l'île. Un âge géologique fort reculé est commun aux deux îles, en tant qu'elles ne sont pas recouvertes par des terrains fossilifères. Il en est de même des relations entre la Crète et Chypre, deux îles qui se ressemblent tellement par leur dimension, leur position et leur climat. Je trouve [136] que dans l'île de Chypre environ 10 espèces endémiques ont été décidément constatées, tandis que je possède de l'île de Crète au delà de 80 espèces qui s'éloignent à un bien plus haut degré des types que présentent les autres îles de l'Archipel ainsi que la Grèce. Ici encore, le mont Ida est plus considérable que l'Olympe de Chypre, mais ici également les formes spéciales se rapportent aux stations les plus diverses. La richesse inégale des centres de végétation constitue un phénomène primordial, un fait géologique dont les conditions sont soustraites à nos recherches. A quoi pourrait nous servir ici la doctrine de M. Darwin, lorsque nous voyons que sous des actions similaires le résultat est d'une nature si variable, et que la géologie non plus ne saurait nous donner là-dessus une solution péremptoire? Le fait est qu'il n'est pas possible de soutenir que l'île plus riche l'emporte en âge sur l'île plus pauvre, tandis que dans plusieurs cas c'est le contraire qu'on pourrait prouver.

Pour ce qui est du caractère qui constitue les plantes endémiques dans les diverses sections de notre domaine, je me bornerai ici à quelques considérations d'une nature plus générale, et d'abord relativement à l'Espagne, en m'en référant aux notes pour les autres résultats de cette étude comparée[137]. Le principe si aisément intelligible et basé sur l'expérience, en vertu duquel la montagne est plus riche que la plaine en plantes endémiques, nous permet de nous rendre compte de la position en Espagne de la Sierra Nevada qui peut être comparée aux Pyrénées sous le rapport de la variété de produits spéciaux. Mais, tandis que dans les plaines de l'Europe septentrionale la distinction des centres particuliers de végétation à l'aide d'un échange facilité ne pouvait se rapporter qu'à de vastes espaces climatériquement reliés, l'Espagne nous fournit le premier exemple de végétaux à domaines d'habitation circonscrits, situés dans la région basse ou bien sur les plateaux et dont la disposition primitive s'est encore maintenue. Sans doute, des nuances climatériques plus localisées contribuent à conserver aux centres de végétation leur isolement. Toutefois, on pourrait attribuer aussi cet effet à l'action disjointive des montagnes, et même, dans un certain cas, à la composition de la terre végétale. Déjà, de la répartition des monotypes résultent six centres particuliers de végétation, dont quatre appartiennent aux quatre principales sections climatériques de la péninsule et les deux autres à la Sierra Nevada, ainsi qu'au terrain salé situé dans son voisinage. Quatre monotypes (*Ortegia* parmi les Polycarpées, puis la Synanthérée *Hispidella*, et la Crucifère *Guiraoa*, la dernière observée jusqu'à présent seulement dans la province de Murcie) sont spéciaux au pays des plateaux; est propre au Portugal une Anthémidée (*Lepidophorum*); à la région basse de l'Andalousie et de Murcie trois genres (la Scrophularinée *Lafuentea*, la Solanée *Triguera*, et l'Amaryllidée *Lapiedra*); au littoral de la Provence joint à la Catalogne, une Alsinée (*Gouffeia*). Dans sa région supérieure produisant des plantes de la flore de l'Europe centrale, la Sierra Nevada possède une Liguliflore monotype voisine du Catananche (*Hænselera*), et un demi-arbuste du groupe des Brassicées (*Euzomodendron*) n'a encore été trouvé que sur le sol salifère de la Sierra de Gador, dans la partie méridionale de la province de Grenade. Dans la péninsule espagnole, le nombre des monotypes est plus considérable que dans une partie quelconque du domaine méditerranéen. En effet, aux dix genres susmentionnés viennent s'en joindre huit autres qui ne dépassent que peu la péninsule, notamment au delà du détroit de Gibraltar. Tous ces monotypes ont en Espagne une grande extension, et font voir dans quelle direction les diverses organisations ont progressé de certains centres vers les régions limitrophes. La patrie de la remarquable Droséracée *Drosophyllum* doit évidemment être cherchée dans le Portugal, d'où elle s'est répandue dans trois contrées voisines, au nord jusqu'à la Galicie, au sud dans l'Andalousie et dans le Maroc. Ici, c'est la configuration du domaine occupé actuellement par la plante qui donne lieu à cette conclusion. Il en est de même des autres genres, qui tous peuvent être rattachés avec beaucoup de vraisemblance aux pays de plateau de l'Espagne; d'ailleurs, dans certains cas, cette conclusion se trouve appuyée par le caractère social de leur végétation (*Macrochloa*) en tant que ce caractère indique une relation plus intime avec le climat et le sol de la patrie. Ces monotypes de la haute région sont : l'Euphorbiacée *Colmeiroa* (jusqu'au Portugal, l'Andalousie); la Légumineuse *Pterospartum* (jusqu'aux Asturies et le Maroc); les Labiées *Cleonia* (jusqu'au Portugal, l'Andalousie et le nord de l'Afrique), *Preslia* (jusqu'au Portugal et le midi de la France); les Graminées *Macrochloa* et *Wangenheimia* (jusqu'au nord de l'Afrique), *Chæturus* (jusqu'au Portugal et une seule fois observée en un petit nombre d'exemplaires et probablement par hasard sur les monts Euganéens). Les conclusions que fournissent les Monotypes relativement à la position ou à l'isolement des centres de végétation en Espagne, se trouvent confirmées par la disposition des espèces endémiques appartenant à des genres plus considérables. Mais, jusqu'à présent, les observations faites sur l'étendue de l'aire d'extension ne s'appliquent suffisamment qu'à un petit nombre de végétaux ligneux. Dans quelques cas, c'est aussi par l'accroissement de la richesse en espèces que présentent certains genres ou familles, que se traduit le caractère des centres séparés de végétation. Ce n'est que dans le domaine catalogno-français méridional que je n'ai pu découvrir de telles particularités distinctives. Parmi les autres cinq districts, les traits caractéristiques suivants me semblent être positivement établis :

1. Pays de plateaux. — Les végétaux ligneux deviennent moins nombreux, la plupart (à l'exception du *Colmeiroa*) sont immigrés. Dans les maquis, les Cistes l'emportent, mais la famille des Cisténées est moins variée que dans la province de Grenade. Parmi les familles prédominantes, les Graminées et les Scrophularinées (*Linaria*) montrent un accroissement dans la richesse en espèces, les Synanthérées sont moins nombreuses.

2. Portugal. — Un arbuste d'Empétrées (*Empetrum album*) a presque la même extension que le *Drosophyllum*. Parmi les autres végétaux ligneux, les Erica augmentent en nombre d'espèces et d'individus; un genre de Génistées épineuses (*Ulex*) compte une série d'espèces endémiques, et il en est de même parmi les herbes vivaces d'*Armeria*. C'est ici également qu'est la patrie du Chêne-liége occidental (*Quercus occidentalis*).

3. Région basse de l'Andalousie. — Parmi les végétaux ligneux, plusieurs Génistées (*Bolina*) et un arbuste de Celastrinées (*Gymnosporia europæa*) sont endémiques; puis un Chêne (*Quercus Mesto*) s'étend jusqu'au Portugal. Presque tous les genres considérables augmentent ici en richesse d'espèces; les groupes végétaux prépondérants sont presque les mêmes dans la région basse que dans les régions montagneuses, par exemple les Génistées.

4. Sierra Nevada. — La région se rapportant à la flore de l'Europe centrale possède deux arbustes endémiques de Rosacées (*Prunus Ramburei* et *Cotoneaster granatensis*), ainsi qu'un demi-arbuste épineux de la famille des Crucifères (*Vella spinosa*). L'accroissement des Génistées et des Saxifrages (neuf espèces) constitue un trait caractéristique.

5. Steppes salées. — Les arbustes endémiques de Salsolacées sont limités à ces centres ; cependant il en est parmi eux qui reviennent également sur la côte de la mer. De même, les demi-arbustes dominants qui croissent sur un sol salin ou sur le terrain gypsifère sont en partie endémiques (*Ononis tridentata, Sideritis linearifolia;* s'étendant jusqu'au nord de l'Afrique: *Helianthemum squamatum* et *Artemisia herba alba*).

Si de cette manière une certaine série de centres de végétation peut être reconnue en Espagne, il n'en est pas moins inexplicable qu'un plus grand nombre encore de ces centres ne se soient pas conservés séparés. Les chaînes montagneuses centrales surgissent tout aussi isolément au-dessus des plateaux que la Sierra Nevada et atteignent, dans le Guadarama et dans la Sierra de Gredos, une altitude alpine. Malgré cela, la récolte en fait de plantes endémiques que ces montagnes fournirent à M. Bourgeau est exiguë et nullement comparable à la richesse de la Sierra Nevada. D'ailleurs, cette différence ne tient ni à l'élévation plus considérable de ce dernier massif montagneux, qui manifeste le plus d'originalité précisément dans ses régions moyennes, ni à sa position plus méridionale, puisque les Pyrénées aussi l'emportent tellement sur la chaîne centrale par leur richesse en espèces endémiques. C'est ainsi encore que les montagnes des Asturies, dont M. Durieu s'est plaint à cause du petit nombre de plantes spéciales, et de la dissémination sur de grands espaces de leurs stations isolées[138], le cèdent de beaucoup à la chaîne orientale principale des Pyrénées; et même le système montagneux des Algarves, si isolé par sa position détachée dans l'extrémité sud-ouest de la péninsule, est loin d'être aussi riche qu'on aurait droit de s'y attendre. En Espagne, comme sur toute la surface de notre globe, les centres de végétation se trouvent donc irrégulièrement répartis, sans que la nature actuelle des influences inorganiques puisse nous donner une solution quelconque à cet égard.

Il serait difficile de se prononcer positivement sur les plantes endémiques de l'Afrique méditerranéenne [139], eu égard à la transition graduelle de la flore de ce pays à celle du Sahara.

Bien que l'Atlas forme une limite montagneuse tranchée, et qu'à cause de cela on ne comprenne dans le domaine méditerranéen que la région désignée par les Arabes sous le nom de Tell, néanmoins, la steppe intercalée en Algérie le long du revers méridional de la chaîne constitue un pays où les plantes des deux climats voisins viennent se mélanger, en sorte qu'on reste dans l'incertitude de savoir quels sont les centres qui les avaient fournies. C'est pourquoi dans mon catalogue des espèces endémiques j'ai tenu compte aussi peu que possible des végétaux de cette contrée, et je me suis borné en majeure partie au Tell algérien et à l'Atlas, attendu que le Maroc est encore presque complétement inexploré *. Sur six genres monotypes de ce domaine, trois appartiennent au Tell (les Crucifères *Cordylocarpus*, *Psychine* et *Raffenaldia*) ; un à l'Atlas (la Chénopodée *Oreobliton*); enfin, c'est le Maroc qu'habitent les deux restants, dont l'un (*Nolletia*), un arbuste de la famille des Synanthérées, s'étend à l'est jusqu'à Oran, et l'autre (la Sapotée *Argania*) compose les forêts de la côte de l'Atlantique. Parmi

* Depuis que ces lignes ont été écrites, le Maroc a été l'objet d'un travail important, par M. E. Cosson, qui en a donné un résumé dans une note sur la géographie botanique de ce pays (*Bull. Soc. bot. Fr.*, an. 1873, t. XX, p. 49), résumé accompagné d'un tableau synoptique fort instructif de la distribution des plantes au Maroc et de leurs principales affinités de géographie botanique. Il résulte de ce tableau que, sur 1,478 espèces, qui forment à peu près la totalité (1,500) d'espèces connues dans le Maroc, la majorité appartient à la flore de l'Europe méditerranéenne, mais presque exclusivement à la partie occidentale de ce bassin, car la partie orientale ne fournit que six espèces, parmi lesquelles *une seule* italienne. Quant aux espèces endémiques ou spéciales au Maroc, leur chiffre est porté à 95 dont 16 Légumineuses, chiffre que M. Cosson ne tarda point à grossir par 27 nouvelles espèces recueillies par M. Balansa. De son côté, et presque à la même époque, M. Ball fit connaître, dans le *Journal of Botany*, les résultats des explorations effectuées par MM. Hooker, Maw et l'auteur de cette publication, dans laquelle tout en tenant compte des nouvelles 27 espèces de M. Balansa, il put en ajouter encore 62 indépendamment de nombreuses sous-espèces et variétés. Dans ce travail, M. Ball fait observer que le caractère général de la flore montagneuse du Maroc la rapproche des montagnes tant de l'Espagne que de l'Abyssinie, ce qui prouverait que, dans la flore montagneuse du moins, l'élément du bassin occidental méditerrannéen n'est point aussi prédominant qu'il le serait d'après M. Cosson dans l'ensemble de la flore marocaine. Quoi qu'il en puisse être, le chiffre total des espèces endémiques du Maroc connues jusqu'à présent monte donc à no moins d 184. — T.

les végétaux ligneux, la plaine littorale possède plusieurs arbustes endémiques, deux Génistées et deux Cistes qui servent à traduire l'analogie climatérique avec l'Andalousie; viennent ensuite deux Térébinthacées (*Rhus*) qui en franchissant la mer n'ont acquis l'indigénat qu'en Sicile. Nous connaissons de l'Atlas quatre arbres qui lui sont propres, une Conifère (*Callitris quadrivalvis*), un Frêne (*Fraxinus dimorpha*), une Térébinthacée (*Pistacia atlantica*) et une Pyrée (*Pyrus longipes*). Parmi ces arbres, la Conifère, qui s'étend jusqu'à l'Atlas marocain et à la côte de Mogador, a cela de remarquable qu'elle appartient à un genre qui ailleurs n'est représenté qu'en Australie. C'est là un fait qui jette quelque jour sur ceux des phénomènes de la flore tertiaire, dont on a déduit un âge plus avancé à l'égard de la végétation actuelle, et par suite une connexion entre les parties de notre globe les plus éloignées les unes des autres. Si parmi les restes du monde antérieur, des formes appartenant aux climats les plus lointains se sont conservés en Europe, cela prouverait, selon M. Unger, que les domaines de végétation situés de nos jours les uns à côté des autres doivent leur caractère à la période géologique pendant laquelle se sont produits les végétaux qui y sont indigènes; qu'ainsi, par exemple, ce qui depuis l'époque tertiaire a péri en Europe se sera conservé en Australie. Cette conclusion paraît extrêmement hasardée, lorsqu'on voit que les mélanges d'organisations appartenant aux centres de végétation les plus lointains ne font pas défaut aux flores actuelles, sans qu'il en résulte une complète identité entre les espèces. La flore de l'Afrique septentrionale fournit encore une couple de pareils exemples d'analogies avec des contrées lointaines, bien qu'appartenant à la même partie du monde, mais dont cette flore est géographiquement séparée par le désert ou par des espaces encore plus considérables. Ainsi, en Algérie se trouve représenté un genre de Synanthérées (*Othonna*) dont les autres espèces ne croissent qu'au Cap. C'est donc le même rapport qui existe entre les Erica de l'ouest de l'Europe et celles du Cap, ou entre l'Apteranthes et les Stapélies de l'Afrique méridionale. De même, la Sapotée épineuse, qui compose, dans le Maroc, les forêts d'Argan, ne trouve son plus proche parent que de l'autre côté du Sahara, sous les tropiques, et constitue l'un des représentants peu nombreux de familles tropicales sur les limites du domaine méditerranéen, sans qu'il soit permis d'y voir une connexion généalogique.

Parmi les îles situées entre l'Espagne et l'Italie, les Baléares et la Corse peuvent avec plus de certitude être considérées comme autant de centres de végétation. La flore des Baléares[140], il est vrai, ne renferme qu'un petit nombre d'espèces particulières ; cependant, eu égard à l'étendue des îles, ce nombre ne saurait passer pour exigu (1/10). D'ailleurs, il comprend des arbustes endémiques (*Genista lucida, Hypericum balearicum*) ; d'autres végétaux retrouvés également dans des localités isolées de l'Espagne sont à Majorque parmi les plus fréquents (*Buxus balearica, Hippocrepis balearica*).

Quant aux rapports entre la Corse et la Sardaigne, nous allons maintenant examiner sous un point de vue plus général l'observation que nous avons faite précédemment sur ce sujet (p. 497). L'admission de centres particuliers de végétation offre d'autant moins de certitude, que le nombre de plantes endémiques d'une île est moins considérable ou que leur organisation est d'une nature moins spéciale, en sorte qu'on n'aperçoit dans cette île ni monotypes, ni végétaux ligneux ou autres plantes peu propres aux migrations à travers la mer, ni enfin un type déterminé quelconque dans sa flore primordiale. Quand certaines espèces isolées à formes particulières s'y présentent, il reste douteux si elles ne sont pas susceptibles d'être retrouvées dans d'autres localités d'où elles ont pu émigrer, ou si peut-être elles n'auraient pas péri ailleurs et se seraient conservées ici. Si nous appliquons ces principes à la Corse, nous sommes amenés à lui accorder décidément des centres indépendants. Ici, nous nous trouvons en présence du phénomène particulier qui consiste en une série de chétives Labiées à organes foléaires excessivement petits, et dont plusieurs sont limitées à l'île; d'autres croissent également en Sardaigne et dans les Baléares. De semblables végétaux à feuilles d'un diamètre de quelques millimètres se présentent encore dans trois autres familles, et de ce nombre sont les deux monotypes, de même qu'une troisième plante qui, sous le rapport de sa structure, n'a pas sa pareille (la Crucifère *Morisia* et la Synanthérée *Nananthea* sont des plantes monotypes, et *Helxine Soleirolii* demeure isolée au milieu des Urticées européennes). Ainsi donc, la tendance à produire des organisations douées de petites feuilles constitue un trait caractéristique pour ces centres de végétation. Or, bien que ces trois végétaux à position isolée se répandent également jusqu'à la Sardaigne, la patrie corse pour toute cette série n'en est pas moins vraisemblable. Ce qui l'indique, c'est que les Labiées sont restées en partie limitées à la Corse, et qu'on n'a pas été dans le cas de constater d'une manière certaine la présence en Sardaigne de formes semblables qui ne se trouvent pas également dans l'île voisine. On est conduit au même point de vue relativement à l'ensemble des plantes endémiques, mais communes aux deux îles, lorsqu'on considère que le peu d'espèces propres à la Sardaigne manquent de caractère particulier, et sont plus voisines des plantes endémiques que cela n'est le cas chez tant de plantes corses de cette nature. En conséquence, il semblerait que, généralement parlant, on fût peu fondé à admettre des centres sardes, et il en serait de même à l'égard de certaines petites îles telles que Capraia et Lampedouse où l'on a trouvé quelques espèces particulières [142]. Toutefois, quant à la Sardaigne, la comparaison des végétaux ligneux paraît venir à l'appui de l'opinion opposée, que la découverte de nouvelles stations ou bien des études systématiques ultérieures pourront consolider ou affaiblir. Le fait est que les deux îles de Corse et de Sardaigne ne renferment que trois arbustes endémiques, une Rhamnée et deux Genêts, et parmi ceux-là aucun n'est spécial à la Corse, puisque une espèce (*Genista corsica*) est commune aux deux îles, tandis que les deux autres espèces sont limitées à la Sardaigne (*G. Morisii* et *Rhamnus salicifolius*).

L'Italie [143], ainsi que nous l'avons dit (p. 497), est la région du domaine méditerranéen la plus pauvre en plantes endémiques. Le fait ne saurait être expliqué uniquement par la position centrale de la péninsule. Si ce fait ne tenait qu'à ce que l'échange entre les divers points d'une surface continentale circulaire, diminue à mesure qu'on va du centre à la périphérie, alors, sans parler du vaste développement littoral qui agit en sens opposé, on verrait dans le domaine climatérique de la flore méditerranéenne, notamment dans l'Italie supérieure et en Sicile, décroître le nombre des végétaux endémiques. Aussi y peut-on constater des migrations en sens les plus divers, de même que des traits d'union avec la Sardaigne, l'Afrique, la Grèce et jusqu'à la Crète, à l'aide d'espèces communes à ces contrées. Cependant, c'est précisément dans ces parties de l'Italie, mais surtout en Sicile, que les formes endémiques se trouvent relativement plus développées. Les centres italiens, parmi ceux encore reconnaissables, sont irrégulièrement distribués, et leur isolement soit par la mer, soit par l'influence des montagnes, s'y laisse également apercevoir. Dans la plaine du nord ainsi que plus au sud jusqu'à la latitude de Naples et en dehors des Apennins, on ne connaît guère d'une manière certaine de plantes endémiques quelconques. Quelques espèces particulières peu nombreuses ont été fournies seulement par la Riviera, région littorale de la Ligurie. A ces centres se rattache le massif montagneux des Apennins apouanes (au nord de Lucques), qui, à la vérité, n'ont aussi que peu de plantes endémiques, mais parmi ces dernières se trouve le seul et unique végétal que l'on puisse qualifier de monotype italien (la Globulariée *Carradoria*). La chaîne principale des Apennins qui traverse les Abruzzes, où sont réunies les hauteurs les plus considérables, est habitée par une série également restreinte d'espèces locales pour la plupart alpines, et le continent de l'Italie inférieure n'est pas plus riche en fait d'espèces endémiques méditerranéennes. Parmi ces dernières, une Primevère remarquable (*Primula Palinuri*) n'a été observée que sur le promontoire Palinuri (40° L. N.), exactement comme l'une des plantes endémiques de la Ligurie (*Convolvulus sabatius*) ne vient, dit-on, que sur le cap Noli. De tels phénomènes, qui correspondent à la présence de la Wulfenia dans les Alpes, se rattachent aux analogies les plus saillantes, observées entre les centres de végétation continentaux et ceux de l'archipel océanique ; aussi, afin de voir ces phénomènes solidement constatés, doivent-ils être tout particulièrement recommandés à l'attention des botanistes topographes. Parmi les végétaux ligneux endémiques, l'Italie n'en offre que peu, au nombre desquels cependant se trouvent quelques exemples remarquables. Le plus important nous est fourni par l'Aune calabrais (*Alnus cordifolia*), qui, selon M. Schouw, serait limité aux Apennins méridionaux (39°-41° L. N.). Comme cet arbre y constitue des forêts étendues, son aire d'*habitat* restreinte dans la Corse n'est certes pas de nature à soulever un doute quelconque relativement à sa patrie sur le continent de l'Italie. Quant à l'arbuste de Genévrier de l'Etna, considéré comme une espèce distincte (*Juniperus hemisphærica*) et qui se trouve également dans les Apennins calabrais, il n'est pas certain s'il a son point de départ ici ou sur le continent italien. Un Œillet frutescent (*Dianthus rupicola*) est de même commun aux deux sections du domaine méditerranéen, tandis que deux Genêts n'ont été observés qu'en Sicile. La majorité de toutes les plantes endémiques de l'Italie appartiennent en commun à Naples ou à la Sicile, et, eu égard à la grande pauvreté relative du continent italien, il devient probable que beaucoup de ces plantes se sont répandues de la Sicile et non en direction inverse. Cependant quelle que soit la supériorité de la Sicile à l'égard du continent sous le rapport de produits spéciaux, les plantes siciliennes n'ont rien de caractéristique et se trouvent réparties, à titre d'espèces isolées, entre les genres les plus divers. On ne peut pas dire non plus qu'ici les montagnes ont un avantage sur la région chaude. Toujours est-il que, malgré son altitude beaucoup plus considérable, l'Etna, qui ne possède que peu de plantes spéciales, est manifestement plus pauvre que les Madonies qui, du moins dans leurs régions supérieures, l'emportent de beaucoup sur l'Etna en fertilité et en variété du sol *.

Autant que le permet l'exploration très-imparfaite du pays placé sous ce rapport au-dessous de l'Italie et de l'Espagne, on peut néanmoins distinguer dès à présent dans la péninsule hel-

* Voyez, pour ce qui concerne l'Italie, le travail de M. Parlatore placé à titre d'appendice à la fin de ce volume. — T.

lénique et dans l'Archipel, à l'aide de centres particuliers, les quatre districts suivants plus restreints, dont trois déjà caractérisés par des genres monotypes : la région littorale illyrico-dalmatique, les chaînes montagneuses intérieures et celles de l'est, la Grèce avec les petites îles et enfin la Crète.

1. La région littorale illyrico-dalmatique avec sa chaîne détachée des Alpes, vers laquelle cette région se relève brusquement, s'étend de l'embouchure de l'Isonzo jusqu'à l'Albanie, contrée presque complétement inexplorée par les botanistes et qui doit contenir le trait d'union avec la flore grecque. C'est à la majeure partie de ce littoral adriatique, depuis Monfalcone sur le golfe de Trieste jusqu'à Raguse, que correspond l'aire d'extension du genre monotype *Petteria* (*P. Weldeni*), Genêt frutescent qui a été détaché du genre *Cytisus*. Il est également peu vraisemblable que plusieurs autres plantes dalmates à structure particulière s'avancent plus loin en dehors de la péninsule puisque, climatériquement, la région littorale ne se rattache guère à l'intérieur, mais à la Grèce, pays bien exploré à plusieurs reprises. Dans la Dalmatie même, quelques-unes de ces espèces n'avaient été observées que sur des points isolés, quoiqu'elles n'eussent pas pu échapper aisément ailleurs (par exemple *Fibigia triquetra* seulement dans trois stations rocailleuses des parages de Spalatro). Il serait plutôt possible que les plantes endémiques des montagnes de la Dalmatie fussent désormais retrouvées dans l'intérieur : du moins, sur les trois espèces qui paraissaient propres au Biokovo, sommet le plus élevé de la chaîne littorale (entre Spalatro et l'embouchure de la Narenta), une espèce a été recueillie également sur l'Olympe thessalien (*Euphorbia capitulata*, les deux autres sont *Hedranthus pumilio* et *serpyllifolius*).

2. La partie ottomane de la presqu'île, en tant qu'elle appartient encore au domaine méditerranéen, touche de si près géographiquement et climatériquement à l'Anatolie, qu'une énumération des espèces endémiques de cette région eût été prématurée. Dans la région côtière de la Thrace, cette connexion se traduit par l'entremise d'un Tragacanthe-Astragal (*A. thracicus*) ; bien que cette espèce n'ait pas encore été positivement

constatée de l'autre côté de la Propontide, elle n'en offre pas moins une grande affinité avec les formes bythiniennes de ce genre, et serait même, à ce qu'il paraît, identique à une espèce de la Carie. Toutefois, les plantes de montagne s'écartent davantage de celles de l'Anatolie, et ici une connexion devient plus invraisemblable ou du moins limitée à des cas plus rares, attendu que l'Olympe bithynien, l'un des sommets alpins les plus limitrophes, diffère déjà sensiblement dans sa végétation, et que les chaînes de la Rumélie se rattachent plus aux Carpathes méridionaux qu'au Taurus, déjà passablement connu. Un genre monotype qui à l'instar du Tilleul argenté indique cette connexion avec les Carpathes, c'est l'Éricée *Bruckenthalia*, si caractéristique pour le Scarde et le Pinde. La Gesnériacée *Haberlea* est, à cause de son affinité avec la *Ramondia* pyrénéenne, le genre monotype le plus important de la péninsule; elle fut d'abord découverte dans les montagnes de Rhodope; il paraît ne plus se présenter déjà dans la Macédoine; une deuxième espèce fut ensuite trouvée par M. Heldreich sur l'Olympe thessalien. Il existe enfin un troisième genre monotype appartenant aux Ombellifères et trouvé dans la région alpine du Parnasse (*Huetia*). Au reste, aucun genre monotype ni un végétal ligneux particulier n'ont été constatés jusqu'à présent sur le Rhodope, le Scarde, le Pinde, ou sur les hauts sommets isolés de la péninsule, malgré la richesse de leur végétation en espèces endémiques.

3. A l'aide des îles de la mer Égée, la Grèce se rattache également de si près à l'Anatolie, que l'on s'explique aisément l'existence d'un échange facile entre ces deux contrées. Aussi on n'y connaît guère de genres monotypes dans la région chaude, et parmi les végétaux ligneux endémiques, je n'en trouve qu'un seul exemple peu avéré (*Colutea melanoxylon* de l'Attique). Cependant, des espèces caractéristiques d'herbes vivaces et de végétaux bulbeux ne font pas défaut, et l'on voit, comme en Dalmatie, certaines espèces à aire d'extension très-restreinte (par exemple, *Brassica nivea* sur les rochers de l'Acrocorinthe). En fait de plantes spéciales, les îles Ioniennes n'ont fourni rien d'important, mais on possède relativement à l'ar-

chipel grec quelques anciennes données qui mériteraient d'être examinées de plus près. C'est ainsi que l'île d'Amorgos posséderait une Labiée endémique (*Origanum Tournefortii*); or, cette île est l'une des Cyclades située presque à la même distance des côtes de la Grèce et de celles de l'Anatolie, en sorte que quand quelque chose de spécial s'y est produit, elle a pu, étant placée vis-à-vis des centres plus riches, les conserver mieux que si elle s'y trouvait géographiquement plus rattachée. En effet, comme la migration des plantes est bien plutôt entravée que facilitée par la mer, les archipels se comportent en sens inverse des continents, où la position centrale favorise le mélange des végétaux. Mais comme ici il ne s'agit que d'espèces isolées ayant une étroite affinité avec celles du continent limitrophe, les données relatives à leur *habitat* exigent un contrôle plus rigoureux; aussi, le seul arbre qui n'a été constaté jusqu'à présent que dans certaines îles de la mer Égée, notamment la Conifère (*Juniperus ægæa*), qui à Tassos constitue une partie des forêts, ne serait pas encore à mes yeux une preuve suffisante que ce soit ici sa patrie primordiale et unique *.

* Les facilités d'échange qui existent aujourd'hui entre la flore hellénique et celle du littoral occidental de l'Asie Mineure n'ont pu avoir lieu pendant la période miocène, ainsi que je l'avais fait observer dans ma *Géologie de l'Asie Mineure* (V. III, p. 138), en me basant sur l'isolement curieux où se trouve à l'égard de l'Asie Mineure la flore de Kumi et la faune de Pikermi (plus ou moins empreintes d'un caractère africain). Or, si à l'époque miocène la Grèce et l'Asie Mineure ne formaient qu'un seul continent, ainsi que cela a été généralement admis, on ne comprendrait guère comment une végétation et une faune aussi riches auraient pu se produire dans l'une de ces contrées sans atteindre l'autre, puisque le littoral occidental de l'Asie Mineure n'a conservé aucune trace des trésors paléontologiques concentrés sur des points distants à moins de 300 kilomètres de ce littoral, et cela à une époque où la plus splendide végétation ornait des contrées beaucoup plus éloignées de la Grèce (Œningen, Sotzka, Rodoboj, etc.), et où des pachydermes tout aussi énormes que ceux qui habitaient l'Attique, tels que le *Dinotherium* et l'*Anthrocatherium*, parcouraient l'Auvergne, le versant septentrional des Pyrénées, l'Allemagne et le nord de l'Italie. Il est donc très-vraisemblable qu'à l'époque pendant laquelle la flore de Kumi et la faune de Pikermi animaient la péninsule hellénique, cette dernière devait être séparée de l'Asie Mineure par une mer plus large et moins hérissée d'îles que ne l'est aujourd'hui l'archipel grec, ou bien que le littoral occidental de l'Asie Mineure, composé en grande partie de terrains de transition ou cretacés (V. ma carte géologique de l'Asie Mineure), devait par son élévation et son aridité avoir été

4. Étant le pays le plus riche en plantes endémiques, la Crète est également douée d'un genre monotype (la Campanulacée *Petromarula*). De plus, cette île possède des végétaux ligneux spéciaux. Elle est la patrie d'un arbre affine de l'Orme (*Planera abelicea*), et appartenant à une famille représentée d'ailleurs dans le Caucase et dans le nord de l'Amérique. Connu jadis seulement dans les montagnes sphakiates de la Crète, cet arbre fut aussi dernièrement découvert par M. Unger dans l'île de Chypre. Mais comme il n'y a été observé que sur un seul point de la côte montagneuse du nord, la patrie crétoise serait indubitable, si la différence spécifique de l'espèce caucasienne à feuilles bien plus grandes se trouvait confirmée. A la Crète seule se trouve limitée une série d'arbustes, et dans ce cas, c'est un fait assez caractéristique pour ces centres insulaires de végétation, que ces arbustes appartiennent pour la plupart à des genres dont les espèces ne consistent, sur le continent, qu'en herbes vivaces ou demi-arbustes. Trois de ces arbustes habitent les montagnes qui se rattachent à l'Ida (*Linum arboreum, Ebenus cretica* et *Astragalus ereticus*), deux Synanthérées tiennent aux régions plus chaudes de l'île (*Stachelina fruticosa* et *arborescens*). Aussi, parmi les arbustes endémiques de la Crète se trouvent des espèces nombreuses à structure étrangère, fait à l'appui duquel je me bornerai à rappeler que deux Ombellifères sont décrites comme monotypes, mais qu'à présent on veut les rapporter à d'autres genres (*Ormosolenia* à *Peucedanum* et *Anosmia* à *Smyrnium*.

peu favorable à la vie végétale et animale; en tout cas, la présence, dans les conditions actuelles de la mer Égée, pendant l'époque miocène, ne suffirait pas pour qu'on se rendît compte d'une manière satisfaisante du phénomène curieux dont il s'agit. Au reste, en admettant une séparation entre les péninsules hellénique et anatolique pendant l'époque miocène, je n'entends nullement atténuer la valeur des arguments exposés par MM. Unger, Heer et plusieurs autres savants (arguments rapportés *loc. cit.*, p. 135-139) en faveur de l'immense développement que les continents ont dû avoir pendant l'époque miocène. D'ailleurs, la relation intime entre la flore miocène de la Grèce et celle de l'Afrique vient de recevoir un nouvel appui par les découvertes récentes, ainsi que l'a signalé M. G. de Saporta dans un travail intéressant sur la présence d'une Cycadée dans les dépôts miocènes de Kumi (*Comptes rendus*, LXXVII, ann. 1874, 1er sem. p. 1318). — T.

Le moment n'est pas venu encore de distinguer d'une manière précise les centres orientaux de végétation de la Syrie jusqu'au Pont et à l'Anatolie[145], bien que l'on soit fort tenté de le faire eu égard à la variété des conditions climatériques qu'offre l'Orient. Dix genres monotypes, dont plusieurs sont répandus également dans l'intérieur, se trouvent répartis de telle sorte que quatre habitent le midi, la Syrie, et en partie la Cilicie, trois appartiennent à la côte occidentale de la Lydie jusqu'à la Lycie, un à la Bithynie et les deux autres à la péninsule anatolique tout entière. Ces monotypes sont les suivants : les Légumineuses *Cytisopsis* (Syrie jusqu'à la Cilicie) et *Chronanthus* (côte occidentale); les Crucifères : *Andreoskia* (Anatolie) et *Boreava* (Anatolie)*; les Ombellifères : *Macrasciadium* (côte occidentale) et *Astoma* (Syrie); les Scrophularinées *Iainhe* (Bithynie-Bosphore); la Labiée *Dorystachys* (Lycie), les Synanthérées : *Stechmannia* (Syrie) et *Gundelia* (Syrie, Cilicie-Perse). La variété des conditions climatériques des trois côtes et de leurs chaînes montagneuses se traduit d'une manière plus déterminée par les végétaux ligneux endémiques, au nombre desquels cinq espèces comprennent des arbres. Parmi ces derniers un Chêne et un Aulne habitent la région littorale syrico-cilicienne (*Quercus Libani* et *Fraxinus syriaca*), et l'arbre de Storax quelques contre-forts de la région sud-ouest du Taurus (*Liquidambar orientale*, à une altitude de 650 mètres ou 2,000 pieds); deux espèces d'Amandiers n'ont été observées jusqu'à présent que dans la Phrygie (*Amygdalus orientalis* et *salicifolia*). Une variété de Sapin argenté est limitée aux montagnes pontiques jusqu'au Caucase occidental, contrées où elle suit les régions forestières supé-

* J'ai trouvé l'*Andreoskia cardamine* en assez grande quantité sur les collines au-dessus de Samsun, et la *Boreava orientalis* dans le Pont méridional, à une altitude de 1,500 mètres; quant au *Quercus Libani*, j'ai indiqué (*Asie Mineure, Botanique*, II, 470) la vaste aire d'extension que cette espèce a en Asie Mineure, où le genre *Quercus* est si richement représenté, que j'ai pu en signaler jusqu'à quarante-neuf espèces, chiffre qui sans doute se trouvera considérablement augmenté quand on aura exploré certaines régions que je n'avais fait qu'effleurer, et parmi lesquelles je ne saurais trop recommander à l'attention de mes successeurs la vallée supérieure de l'Iris, contrée sauvage et très-dangereuse (du moins à l'époque où je la parcourais), mais particulièrement remarquable par sa richesse en diverses espèces de Chêne. — T.

rieures (*Pinus picea* var. *Nordmanniana* — 1,950 mètres ou 6,000 pieds). Parmi les arbustes, je ne prends en considération que les espèces aisément reconnaissables, ce qui assure d'autant mieux le sens attaché à leur aire d'extension. Eux aussi fournissent des points de repère pour la distinction des centres de végétation syrico-ciliciens, ioniens et pontiques. Au premier groupe appartiennent trois Légumineuses (*Psoralea Jaubertiana, Colutea cilicica, Cytisopsis dorycinifolia*), un Ampélidée (*Cissus orientalis* en Cilicie), deux Caprifoliacées (*Lonicera nummularifolia* et *viscidula*). C'est à la montagne ionienne de Tmolus que se trouve limité l'arbuste monotype précédemment mentionné, détaché du genre Cytise (*Chronanthus orientalis*), et depuis ici, on voit une Rosacée (*Amelanchier parviflora*) longer le Taurus méridional jusqu'à la Cilicie. Dans les montagnes pontiques, M. Balansa découvrit un arbuste toujours vert (*Phillyrea Vilmoriniana*), tellement frappant par son feuillage, qu'il eût été difficile de ne point le remarquer s'il eût été répandu ailleurs. Au nombre des particularités les plus saillantes des contrées du Taurus et de la Syrie il faut encore compter ce fait, que plusieurs genres d'autres flores, et, dans certains cas, même des parties lointaines du globe, se trouvent représentés ici par des espèces isolées, qui au milieu de l'ensemble de la végétation figurent comme autant de membres étrangers. En majeure partie ce sont des plantes de steppe (par exemple *Cousinia*), dont la présence pourrait être justifiée par des raisons climatériques, ce qui n'empêche pas que même ici, on a lieu d'être surpris de voir des genres ne point s'étendre d'une manière continue depuis le domaine des steppes jusqu'aux côtes syrico-anatoliques, mais faire défaut aux contrées voisines pour ne reparaître que sous des méridiens plus éloignés (*Polylophium* et *Anthrolepis* en Perse). Cependant il serait possible que de telles lacunes ne tinssent qu'à un manque d'observation et qu'elles finissent par s'évanouir. Mais on ne saurait guère l'admettre là où n'existe point une connexion climatérique ou géographique. La loi de l'affinité systématique entre les centres limitrophes de végétation peut seule servir à expliquer quelques cas semblables. D'ailleurs, relativement à quelques-uns des genres tropicaux représentés ici, il y a lieu de faire observer qu'ils tiennent de près aux genres indigènes (le plus d'affinité existe entre *Cissus orientalis* et *Vitis*, un peu moins entre *Anthistiria brachyantha* également cilicienne et *Andropogon* et encore moins entre la Rafflésiacée *Pilostylis* et *Cytinus*). Quant à la relation du Platane et du Styrax (*Platanus* et *Liquidambar*) avec la flore de l'Amérique septentrionale, ce dont nous avons déjà parlé (page 426), il ne peut être question ici que d'un certain degré d'analogie climatérique. Et c'est dans cette catégorie que rentre le genre monotype de *Gundelia*, seul représentant du groupe des Vernoniacées habitant la zone tempérée de l'ancien monde, tandis que le genre tropical affine (*Vernonia*) atteint également l'Amérique du nord. Enfin, le plus remarquable exemple de connexions systématiques de cette nature avec des contrées lointaines a été fourni par la découverte d'un Pelargonium dans les montagnes de la Cilicie et de la Syrie septentrionale (*Pelargonium Endlicherianum*), sans qu'aucun autre lien géographique avec les nombreuses espèces de ce genre dans les régions du Cap puisse être constaté, excepté par quelques rares apparitions de cette espèce en Abyssinie. Cela prouve, une fois de plus, combien, dans le caractère systématique des centres de végétation, ce qui constitue le fait réellement déterminant reste presque toujours soustrait à nos connaissances.

Si maintenant nous embrassons d'un coup d'œil l'ensemble des résultats fournis par l'étude sur la répartition des centres de végétation, nous trouvons que celles des îles qui ont engendré des produits spéciaux sont plus riches en espèces endémiques que des espaces de la même étendue sur le continent. Les catalogues des flores insulaires, énumérant toutes les espèces végétales observées, sont, dans les mêmes conditions favorables du sol et du climat, constamment plus pauvres que les inventaires qui se rapportent à des sections du continent à dimensions correspondantes. Beaucoup de végétaux méditerranéens généralement répandus font défaut à l'île de Chypre, ainsi que je l'ai déjà fait observer (page 454), notamment à l'égard de la formation uniforme des maquis de cette île. Des considérations de cette nature furent suggérées au botaniste anglais M. Prior, lorsqu'il traversa successivement la Dalmatie et la Sicile[146], et obtint, sur le continent dalmate, une récolte bien plus riche que dans l'île. Ici, comme cela a déjà été dit (page 506), on ne saurait méconnaître l'effet des migrations des plantes; car la flore de tout district étroitement circonscrit ne consistant que pour une part minime en espèces endémiques, et la présence des autres végétaux ne reposant que sur l'échange entre divers centres de végétation, il s'ensuit qu'un point du continent peut s'enrichir à l'aide de provenances multiples, tandis qu'une île n'a reçu les végétaux qui l'habitent que peut-être d'une seule côte. Plus cette île est éloignée du continent, plus l'immigration devient difficile. Or, la Sicile n'est pas assurément une île lointaine, ce qui ne l'empêche pas de se trouver dans des conditions bien moins favorables que la Dalmatie. Sous ce rapport encore, les sommets de montagnes peuvent être assimilés aux îles. M. Prior trouva la région alpine des Apennins tout aussi peu productive qu'on savait que l'était l'Etna. Le voyageur eut l'occasion de comparer en peu de temps le Matese, situé au nord de Naples, avec le Biokovo en Dalmatie, et il fut surpris du contraste entre les deux endroits, eu égard à la richesse en plantes, bien que la nature des roches, la configuration des montagnes et la constitution du climat aient dû faire espérer une concordance décidément prononcée sous le rapport des végétations respectives. C'est que les Apennins n'ont de connexion directe qu'avec les Alpes piémontaises, en sorte que ce n'est que dans cette direction qu'à l'aide de la diffusion de semences, l'échange entre les végétaux alpins peut s'effectuer aisément, cet échange étant paralysé en tout autre sens, tandis que la chaîne littorale dalmate se rattache au système montagneux de la Bosnie et à la péninsule hellénique tout entière.

Sur le continent, eu égard aux conditions climatériques et géographiques, les mélanges entre les centres de végétation peuvent être si aisément et si simplement reconnus, qu'il ne reste qu'à examiner de plus près que quelques cas d'une nature plus complexe, susceptibles de faire naître des doutes sur la possibilité d'une migration. C'est sur des analogies climatériques que repose le fait que certaines espèces, appartenant à la végétation du midi, pénètrent au delà des limites du domaine méditerranéen du côté de l'ouest jusqu'aux latitudes plus élevées, espèces dont le nombre diminue à mesure qu'on s'avance au nord, et que dans la Hongrie[147], dans les parages de la mer Noire et dans l'Orient, un échange semblable devient plus sensible qu'en Allemagne, où les Alpes se trouvent en contact immédiat avec des plateaux sur lesquels ne sauraient prospérer les plantes qui pénètrent dans les vallées italiennes et dans le domaine du Rhône. Aussi, c'est par un contraste climatérique plus tranché que la flore méditerranéenne se trouve plus fortement séparée d'avec le Sahara que d'avec les forêts et les steppes de l'Europe et de l'Asie, où les conditions physiques se différencient d'une manière moins brusque. Mais dans l'enceinte du domaine, les influences de la position géographique et les obstacles s'opposant à la migration des plantes se prononcent davantage. Moins est grande la distance entre deux côtes opposées, ou bien encore, plus les crêtes des montagnes forment une chaîne non interrompue, et plus on voit croître le nombre des plantes qui leur sont communes. C'est ce qui est prouvé par la conformité de la végétation des côtes opposées des détroits de Gibraltar et de Messine, ainsi que de celles entre la Thrace et la Bithynie; et c'est aussi pourquoi il y a plus de concordance entre les plantes de montagne du Scarde et du Pinde qu'entre celles des chaînes de l'intérieur et des sommets isolés du mont Athos. Quand on considère ces faits, on ne se sent nullement forcé d'admettre, ainsi qu'on a cru devoir le faire à l'occasion de la présence des singes sur les rochers de Gibraltar, que là où la mer sépare actuellement deux continents, ceux-ci ont dû jadis être réunis. En effet, de semblables connexions de flores[148] ont lieu également entre la Sicile et l'Afrique du nord, et cela même à l'égard de végétaux ligneux, seulement plus rarement. Les singes ont pu avoir été transportés aisément par l'homme à une époque où les deux côtes se trouvaient habitées par le même peuple, mais les semences de la plupart des végétaux sont à même de franchir la mer, transportées par les oiseaux, par les vents ou par les courants; l'inégale durée de leur faculté germinative peut seule limiter leur établissement.

Cependant, quand il s'agit de plantes de montagne liées aux plus hautes cimes alpines, on est forcé d'admettre une migration de la semence à travers l'atmosphère, lors même que la distance entre ces cimes est peu considérable, mais que les cols qui les séparent n'ont pas la hauteur voulue. Il est aisé de trouver des hypothèses géologiques toutes prêtes à combler les lacunes entre la diffusion des plantes, à l'aide de changements éventuels dans les niveaux et même dans les climats ; mais comme ces changements, opérés à une époque antérieure à la nôtre, sont soustraits à nos observations, notre tâche n'est point de faire voir comment en général ils ont pu s'effectuer, mais de rechercher si les forces dominant actuellement la nature suffisent pour les produire et, par conséquent, si des phénomènes du même genre peuvent se répéter journellement. Ce serait déjà satisfaire jusqu'à un certain degré à cette exigence, si l'on parvenait à démontrer que la diffusion des plantes pardessus la mer et à travers l'atmosphère tient aux distances géographiques, avec lesquelles doit aller en croissant proportionnellement la difficulté d'assurer la propagation des individus ainsi que leur établissement. La théorie des centres de végétation et de leurs mélanges une fois développée, des observations plus étendues ne manqueront pas de démontrer, par la suite, comment des résultats tels que ceux que le passé nous a légués s'effectuent réellement à l'aide des courants de la mer et de l'atmosphère ou du mouvement du règne animal.

La connexion de la flore des plateaux espagnols avec les steppes de la Russie et de l'Anatolie [149], par l'entremise d'une série d'espèces identiques, constitue un phénomène qui, de même que la réapparition des plantes arctiques dans les Alpes, pourrait être considéré comme en contradiction avec l'idée de l'unité des centres de végétation. Toutefois, quand on examine séparément les espèces (je n'en compte qu'une trentaine) qui, en leur qualité de plantes caractéristiques de steppe, ne trouvent point dans les régions intermédiaires un climat convenable, rien n'empêche d'admettre la possibilité de l'échange, lors même que pour le transport des semences il n'y aurait pas d'autre agent de locomotion que l'atmosphère. D'abord, il faut faire ressortir le fait que ces végétaux sont pour la plupart annuels, et produisent des semences nombreuses et exiguës, susceptibles d'être transportées par des vents violents, comme des grains de poussière à travers de vastes espaces. La longueur d'une telle voie de communication aérienne depuis la Russie jusqu'à l'Espagne, équivaut à peu près à la distance comprise entre les Alpes et Dovrefjeld en Norwége. De plus, en leur qualité de plantes annuelles, ces végétaux, se perpétuant avec facilité et dépendant plutôt du climat que du sol, viennent le plus souvent dans les champs de blé, et par conséquent peuvent aussi avoir été transportés avec les graines. Ensuite, ce qui parle en faveur de la migration de ces végétaux, c'est que plus de la moitié ne font pas complétement défaut aux régions par-dessus lesquelles passe la voie de communication susmentionnée, et où ils se présentent çà et là, selon leurs diverses conditions climatériques; ainsi six de ces végétaux croissent également en Grèce, deux dans la Thrace, quatre en Hongrie, quatre dans le midi de la France, et quelques-uns parmi eux simultanément dans plusieurs de ces régions intermédiaires. Par là se trouve rétablie une transition graduelle à la série beaucoup plus grande d'espèces qui, tout en pouvant végéter en Italie, habitent non-seulement l'Espagne et les steppes orientales, mais encore le domaine méditerranéen tout entier. Enfin, les plantes annuelles ne se trouvent associées qu'à sept plantes vivaces, parmi lesquelles trois sont douteuses, soit relativement à l'identité, soit à l'autonomie de l'espèce; une quatrième (*Orobanche cernua*) accompagne les Artémises à titre de parasite (entre autres une espèce qui n'est point propice aux steppes, en sorte que son existence n'a peut-être pas été complétement constatée); les trois autres ne font pas tout à fait défaut aux pays intermédiaires.

Ces considérations ne sont point applicables à certains végétaux appartenant non aux steppes, mais à d'autres parties de l'Espagne, et qui cependant, à l'instar des premiers, ne se retrouvent que dans des contrées lointaines de l'Orient. C'est ce que nous avons déjà mentionné (page 434) relativement au Genévrier arborescent de l'Espagne (*Juniperus thurifera*), dont les forêts, tout en atteignant la Sardaigne et l'Atlas, ne reparaissent plus que dans le Taurus. Ici se trouve également le Rosage pontique (*Rhododendron ponticum*), qui revient sur la côte méridionale de l'Espagne, ainsi qu'une Rosacée (*Geum heterocarpum*) qui jusqu'à présent n'a été observée, d'abord que dans la région montagneuse supérieure de Grenade et de Murcie, et puis sur l'Elborus persan. Dans le dernier cas, des stations intermédiaires pourraient être encore découvertes ; quant aux lacunes que présente l'aire d'extension des arbres à feuilles aciculaires, nous allons tout à l'heure examiner cette question de plus près. Pour ce qui est du Rhododendron toujours vert et social, arbuste qui dans l'Orient jouit d'une vaste aire d'extension depuis le Caucase jusqu'à la Bithynie et la Syrie, mais qui, dans l'Andalousie occidentale, est limité à une étroite bande côtière, on serait disposé à trouver vraisemblable sa transplantation par les Arabes, puisqu'il s'agit d'une plante ornementale *.

* Voyez, dans ma *Botanique de l'Asie Mineure,* I, 467, l'indication de la vaste aire d'extension qu'y présentent le *Rhododendron pontificum* et l'*Azalea pontica*. C'est à cette dernière plante que très-probablement le miel emprunte les propriétés toxiques signalées par Xénophon. Il est vrai, M. Charles Koch (*Wand. nach dem Orient,* II, p. 111 et *Der Zug der Zehntausende,* p. 110) n'est point de cet avis; mais sans avoir eu l'occasion de constater le fait même, je l'ai souvent entendu mentionner dans plusieurs localités du Pont, où certains miels sont désignés par le nom de *Deli Ball* (miel-*fou*). Aussi, M. Blau, ci-devant consul de Prusse à Trébizonde, actuellement consul allemand à Odessa, fort connu par ses savants travaux sur l'archéologie et la topographie orientales, déclare positivement (*Zeitschrift für allgem. Erdkunde,* Neue Folge, XII, 299) avoir constaté l'action toxique de l'*Azalea pontica* non-seulement sur les hommes, mais encore sur les animaux, en sorte que cet excellent observateur ne doute point que c'est à cette plante qu'est dû l'effet funeste que le miel du Pont a eu sur la troupe de Xénophon. D'ailleurs Pline (*H. N.* XXI, 44 et 45) signale en Asie Mineure deux localités produisant du miel vénéneux : l'une, c'est *Heraclea pontica* (Eregli) où ce phénomène n'est point à l'état permanent, puisque le miel n'y devient vénéneux que les années où la fleur (que Pline ne nomme pas) a été détrempée par un printemps pluvieux; l'autre localité, c'est la région du Pont habitée par les Sanni (parages de Trébizonde), région mentionnée par Xénophon; là, les propriétés délétères du miel sont constantes et ne dépendent pas des conditions atmosphériques. Pline les attribue décidément à l'action du *Rhododendron,* et ce qui prouve que le fait était généralement connu du temps de Pline, c'est qu'il le rapporte sans s'appuyer sur une autorité quelconque, celle de Xénophon paraissant lui avoir échappé, car il ne le cite pas. Aux deux localités signalées par le natu-

Toutefois, de telles conjectures ne seraient nullement admissibles si l'on voulait les appliquer à la diffusion des forêts de Cèdres et d'autres Conifères, dont les domaines d'*habitat* isolés se trouvent séparés par de vastes intervalles. Le Cèdre du Liban (*Pinus cedrus* de Linné), qui paraissait avoir été presque détruit sur cette montagne, mais où cependant il en a été retrouvé récemment un plus grand nombre, a été signalé dans le Taurus anatolique comme une essence forestière largement répandue. Le Cèdre Deodora (*P. Deodora,* Roxb.), qui est au nombre des Conifères les plus belles et les plus fréquentes de l'Himalaya, se distingue considérablement par sa taille ; ses rameaux ne sont pas étalés en éventail, disposition qui fait que les feuilles agglomérées du Cèdre du Liban constituent une surface plane qui donne à la couronne tout entière l'apparence d'autant de planches vertes. Lorsque, plus tard, on découvrit le Cèdre de l'Atlas, où, dans la province de Constantine, les forêts des régions supérieures des montagnes sont presque exclusivement composées de cette essence, M. Endlicher éleva au rang d'une espèce particulière (*P. atlantica)* cette Conifère africaine dont il n'avait connu que quelques drageons. Toutefois, des caractères positifs n'existent guère, et quoique, sous le régime cultural, le Deodora conserve sa taille et que dans ces trois cas il puisse être question de variétés climatériques dont les propriétés ne disparaissent point à la suite de l'influence de conditions vitales étrangères,

raliste romain on peut en ajouter une troisième, dont je dois la connaissance à M. le professeur Ophanidès, que j'ai eu le plaisir de voir fréquemment à Florence, lors de la grande exposition de fleurs qui vient d'y avoir lieu. Or, le savant professeur d'Athènes m'apprit que dans l'île de Chios, il avait eu l'occasion de constater les effets funestes éprouvés par les hommes qui l'accompagnaient, à la suite de l'usage d'un miel qui, selon ses observations, avait emprunté ses propriétés toxiques et drastiques au *Passerina* (*Daphne*) *Tarton-Raira*. En mentionnant ici l'éminent botaniste grec, je ne puis m'empêcher de signaler une autre communication que je dois à sa bienveillance, c'est la découverte faite par lui dans la péninsule hellénique du Marronnier d'Inde (*Æsculus hippocastanum*) à l'état sauvage, découverte que sans doute il ne tardera point à communiquer au public avec tous les détails qu'elle mérite. Elle confirmerait les prévisions de M. Decaisne, relativement à la patrie de cet arbre important; car M. Ophanidès ne manqua pas de me faire observer que, depuis de longues années déjà, le célèbre botaniste français lui avait exprimé l'opinion que le Marronnier d'Inde est probablement originaire de la péninsule hellénique. — T.

l'identité spécifique n'en est pas moins indubitable. C'est là une opinion partagée par les botanistes les plus considérables de l'Angleterre, où les Cèdres du Liban et de l'Himalaya sont fréquemment cultivés dans les parcs. L'étude comparée du Cèdre de l'Atlas et de celui du Taurus conduisit M. Cosson[150] aux mêmes résultats; il ne trouva d'autre différence que les feuilles ordinairement moins longues chez le premier. Entre l'Atlas et le Taurus, comme entre le Liban et l'Himalaya, le Cèdre n'a été trouvé nulle part. Dans le premier cas, la distance peut être évaluée à au moins trois cents milles géographiques, et dans le dernier à plus de cinq cents. Si l'identité spécifique est assurée, l'unité des centres de végétation exige ici également une origine commune. Mais il n'est guère aisé de concevoir les moyens dont pouvait disposer le Cèdre pour effectuer une migration à travers de si vastes espaces. On aura déjà fait un pas vers la solution de ce problème si l'on parvenait à signaler des cas analogues parmi d'autres arbres de montagnes; et, en effet, le Cèdre ne demeure pas isolé au milieu des Conifères du domaine méditerranéen. Un second exemple vient d'être fourni par les études de M. Hooker[151] sur un Pin de l'Himalaya, qui y est également fort répandu et atteint du côté de l'ouest les montagnes de l'Afghanistan (*P. excelsa*). Sur le Peristeri, montagne élevée de la Macédoine, j'ai trouvé la région forestière composée en partie par une Conifère inconnue au reste de l'Europe et que je distinguai du Pin cembro (*P. cembra*) qui lui est voisine, comme une espèce particulière (*P. peuce*). Ce ne fut que beaucoup plus tard que les cônes mûrs de cet arbre devinrent connus, et en les comparant à ceux du Pin de l'Himalaya, M. Hooker les trouva identiques. Comme une Conifère de cette espèce n'avait été observée nulle part sur le vaste espace compris entre le Peristeri près de Bitolia et l'Afghanistan, M. Hooker fut d'avis que la provenance de cet arbre constitue l'un des problèmes les plus remarquables. Plusieurs personnes pourraient être tentées de penser à la plantation sur la montagne macédonienne du Pin Weimouth (*P. strobus*), puisque cette espèce est très-voisine de celle de l'Himalaya; mais cette supposition se trouve repoussée par l'extension toute locale de l'espèce, comme aussi par ce fait que la plupart des individus du Pin peuce restent à l'état frutescent et s'étendent également sous cette forme bien avant le long des pentes inférieures de cette montagne, revêtues de buissons de Genévriers. Ensuite, on avait émis l'opinion que le Pin macédonien se maintiendrait à l'état d'espèce indépendante; mais après avoir comparé soigneusement les cônes mûrs provenant de l'Himalaya et du Peristeri, je suis amené à partager sans réserve la manière de voir de M. Hooker. C'est là évidemment un phénomène analogue à celui de l'extension des forêts de Cèdres, phénomène qui d'ailleurs se reproduit, ainsi que nous l'avons vu précédemment (page 434), chez le Genévrier arborescent asiatique (*Juniperus fœtidissima*), à l'égard duquel on ne connaît pas non plus de station intermédiaire, et sur l'extension duquel dans les montagnes du domaine des steppes nous reviendrons ailleurs. Aussi la lacune qui sépare les forêts de Genévrier arborescent espagnol d'avec celui du Taurus cilicien doit être envisagée dans le même sens. Dans ce dernier cas, il n'y a guère lieu de s'attendre à ce que cette lacune puisse être comblée plus tard par la découverte de nouvelles stations en Italie ou en Grèce. Il en pourrait être autrement en Asie, à l'égard des autres Conifères, si l'on prend en considération que le Cèdre lui-même n'a été découvert que tout récemment dans le Taurus, où cependant il forme de grandes forêts, et que, par conséquent, des arbres moins frappants que le Pin de l'Himalaya pourraient aisément se trouver recélés dans d'autres montagnes de l'Anatolie et de la Perse*. De plus, il y aurait lieu de prendre en

* La découverte des forêts de Cèdres dans le Taurus est, en effet, tellement récente, qu'antérieurement aux explorations de M. Kotschy et aux miennes en Asie Mineure, elles étaient complétement ignorées. Ce fut en 1853 que de Constantinople j'annonçai à M. Decaisne que je venais de traverser dans l'Anti-Taurus de vastes forêts de Cèdres associés à la magnifique *Abies cilicica* ainsi qu'à *Juniperus fœtidissima,* forêts particulièrement abondantes entre Sokanty-Oglan et Tchedemé, à environ 1,700 mètres d'altitude, de même qu'entre Tchedemé et Kadjin et entre cette dernière ville et Gœksyn à 1,200 mètres. M. Decaisne publia dans le *Journal de l'Agriculture* les renseignements que je lui avais fournis sur cette intéressante découverte. Sans doute, si elle avait été connue à l'époque où l'on nomma cette belle espèce en honneur de quelques individus rabougris du Liban, elle aurait été consacrée au souvenir de l'Asie Mineure. — T.

sérieuse considération combien, dans le midi de l'Europe, de même que dans l'Asie antérieure, les forêts ont été éclaircies et dévastées, en sorte que les Conifères dont il s'agit ont pu avoir existé dans les contrées intermédiaires auxquelles aujourd'hui ils font défaut. Cela expliquerait également l'absence complète de forêts dans la partie occidentale du Hindokouch qui constitue la seule voie de communication entre l'Himalaya et l'Elbörous persan. Mais les forêts de Cèdre et de Genévrier de l'Atlas et de l'Espagne, séparées de l'Orient par toute la longueur de la Méditerranée, n'en constitueraient pas moins un phénomène énigmatique, un fait géographique qui nous force ou à porter atteinte à l'unité des centres de végétation en y introduisant des exceptions, ou bien à nous prononcer pour la voie de communication aérienne. Or, on ne se décide pas volontiers à admettre qu'à l'aide de vents orageux ou d'oiseaux, des semences douées de facultés germinatives aient été en état de franchir le vaste espace compris entre le Taurus et l'Atlas, espace où aucune montagne n'offre une étape quelconque propre à y favoriser leur développement. Seuls l'Etna et le Taygète s'élèvent à une hauteur suffisante pour atteindre une telle voie atmosphérique; il est peu probable qu'ils aient jamais possédé des forêts de Cèdre, bien qu'à la vérité, jamais aussi on n'ait rien fait pour la découverte de semblables reliques. Ce que l'on peut rapporter en faveur d'une migration historique de ces Conifères, c'est que, dans plusieurs cas, la semence des végétaux ligneux conserve plus longtemps ses propriétés germinatives ; que celle du Cèdre est pourvue d'appendices ailés poussés par le vent à l'instar d'une voile, et que les oiseaux qui se nourrissent des baies des Genévriers arborescents servent de receptacles à leurs germes bien conservés, qu'ils peuvent transporter dans les localités lointaines où leurs migrations les conduisent. Il est complétement impossible de fixer la limite que de tels effets peuvent atteindre ; mais quand on considère en combien peu de temps les oiseaux de passage ou les pigeons voyageurs franchissent des centaines de milles, ou à travers quels vastes espaces la poussière météorique ou les cendres volcaniques peuvent être transportées par le vent, on ne voit pas trop pourquoi les lacunes que présentent les domaines naturels d'habitation, quelque considérables d'ailleurs qu'ils soient, seraient incompatibles avec l'unité d'origine d'un végétal. Si dans la disjonction des plantes, les distances géographiques jouent un rôle si important, et si les grandes lacunes dans l'aire d'extension ne se présentent que chez peu d'espèces, cela ne tient pas à ce que la locomotion fait défaut à la semence, mais c'est une conséquence des obstacles qui s'opposent à l'établissement de stations lointaines là où il est rarement possible, dans les circonstances les plus favorables, de refouler de leur sphère d'existence les végétaux qui s'y trouvent déjà fixés. Envisagés sous ce point de vue, les doutes qui ont été soulevés contre les migrations à travers l'atmosphère ou par-dessus la mer ne sont pas justifiés. Ils ne sont à peu près fondés que sur des observations négatives[152], telles que ces assertions : que l'on ne voit guère de semences tomber de l'atmosphère et que des bras de mer étroits suffisent pour paralyser l'échange entre certaines espèces. Un seul fait positif a plus de poids et réfute toute dénégation basée uniquement sur la rareté d'occasions favorables à des observations réelles. Aussi, tout en appréciant les données relatives à la coopération des oiseaux de passage pour la transplantation des végétaux dans les contrées lointaines, j'attache une grande importance à l'observation encore inédite de M. Berthelot[153], laquelle prouve à quelle distance des semences douées de leurs propriétés germinatives peuvent être transportées par le vent, et arriver par cette voie à de nouvelles stations pour s'y développer. Dans les îles Canaries, dont il connaît si bien la flore, ce voyageur vit, immédiatement après un violent ouragan, une Synanthérée annuelle (*Erigeron ambiguus*), généralement répandue dans la flore méditerranéenne, germer subitement sur les points les plus divers et prendre possession durable du sol. Ainsi donc, à la suite d'une catastrophe extraordinaire de la nature, de nombreuses semences de cette plante qui, grâce à leur pappus, voltigent dans l'air, ont été d'un seul coup transportées de l'Afrique ou du Portugal dans cette île*.

* La longue liste des plantes *disjointes* a été enrichie par M. de Cesati d'un

Parmi les faits variés de colonisation d'origine lointaine à la suite desquels la flore méditerranéenne a été modifiée dans le cours des siècles, nous avons déjà rapporté (page 439) ceux qui exercent une notable influence sur la physionomie du pays. Dans quelques-uns de ces cas, où la transplantation était limitée à de certaines sections de la flore méditerranéenne, on voit se manifester sous ce rapport les relations climatériques avec la contrée originaire, ou bien cette transplantation n'est basée que sur un échange plus restreint entre la colonie et la métropole. C'est ainsi que, dans le Portugal, deux arbres à feuillage toujours vert rappellent l'Archipel atlantique (*Persea indica* et *Prunus lusitanica*), et un Cyprès particulier (*Cupressus glauca*) indique les voies de communications maritimes avec Goa. Au nombre des plantes établies par la culture se trouvent aussi quelques végétaux palustres [154], qui accompagnent les champs de riz de la haute Italie et qui, pour la plupart originaires des contrées tropicales, ont été souvent pris par erreur pour des plantes endémiques. Cependant, lorsque l'établissement de tels végétaux n'est pas de nature à être attribué à la coopération de l'homme, mais seulement à des causes physiques, les influences des conditions vitales extérieures se manifestent quelquefois d'une manière surprenante. L'un des exemples les plus remarquables de ce genre, c'est la présence de deux végétaux tropicaux, d'un Souchet et d'une Fougère autour des fumaroles de l'île d'Ischia, non loin de Naples [155] (*Cyperus polystachyus* et *Pteris longifolia*). Ici ils ne se trouvent qu'à cause de la haute température du sol et sont maintenus par l'action persistante de l'activité volcanique : en effet, ils croissent au milieu des colonnes ascendantes de vapeurs d'eau, en sorte qu'on risque de se brûler la main lorsqu'on fouille le sol pour en détacher leurs racines. Transportés dans le jardin botanique de Naples, ils ne purent supporter l'hiver napolitain ; aux fumaroles d'Ischia la température de l'air ambiant est naturellement

exemple intéressant, celui du *Ballarrea phalloides* Pers, champignon qui n'avait été connu qu'en Angleterre et que le savant botaniste italien (*Rendiconte della R. Acad. delle Sc. fis.*, etc., 1872, fasc. 9) vient de découvrir dans les environs de Naples. — T.

constante, elle est de 30° selon M. Parlatore. M. Schouw, qui examina ce fait extraordinaire et qui ne manque jamais de nier l'unité des centres de végétation, a néanmoins admis dans ce cas l'immigration, attendu que, fait-il observer, la Fougère d'Ischia a été répandue des contrées tropicales jusqu'en Sicile et le Souchet jusqu'au nord de l'Afrique. Il commet une inconséquence en ne voulant pas admettre les migrations dans d'autres cas, par exemple dans l'échange entre les flores de l'Écosse et de la Norwége, tandis qu'ici, où les stations les plus proches se trouvent pourtant séparées par une mer étendue, il considère comme efficaces les locomotions à l'aide desquelles les graines de semences sont transportées de leur patrie dans des régions lointaines. Cependant, il n'a point fait de tentatives pour déterminer les limites auxquelles les migrations seules peuvent être admises à son avis, et on ne saurait comprendre pourquoi une semence ne parviendrait pas aussi aisément de la Norwége en Écosse que de Tunis à l'île d'Ischia. Ce qu'il y a de particulier dans le phénomène d'Ischia, c'est que des locomotions de cette nature doivent être considérées comme s'étant infiniment répétées dans le cours du temps, afin de comprendre comment, à une distance aussi considérable, une station solitaire, telle qu'une source chaude où seul cet agent était capable de produire son effet, a pu ne pas échapper à son action*.

* J'ai été dans le cas d'observer en Asie Mineure un phénomène tout aussi remarquable que celui d'Ischia. Sur la côte méridionale de la presqu'île comprise entre le golfe de Smyrne et celui de Scala Nuova, on voit, non loin du village Ipsili, le sol percé par un grand nombre de petites ouvertures rondes laissant échapper en bouillonnant des jets d'eau chaude; ils forment un ruisseau qui avant d'atteindre la mer s'élargit en un vaste marais. Selon la proximité des sources qui alimentent le ruisseau, la température en est très-variable, cependant elle oscille entre 70 et 45°. Le fond du ruisseau est tapissé d'algues, parmi lesquelles dominent les Confervacées et notamment les Oscillaria. En se détachant du sol, ces Cryptophytes se trouvent incrustés par les substances que l'eau tient en dissolution, et forment d'énormes accumulations de croûtes jaunes et verdâtres, qui flottent comme des scories à la surface de l'eau et vont se déposer dans les parages limitrophes. Je fus étonné de recueillir sur les rives mêmes du ruisseau, où la température n'était pas de beaucoup inférieure à 50°, le *Heliotropium Bovei,* Boiss., plante qui n'a encore été observée que dans les régions chaudes de l'Arabie Heureuse et en Syrie, près de Saïda. — T.

PIÈCES JUSTIFICATIVES

ET ADDITIONS

III. DOMAINE MÉDITERRANÉEN

1. Dove, *Die Verbreitung der Wärme. Monats-Isothermen, Karte 1 et 2.* Les isothermes de 5° à 10° traversent le domaine méditérranéen, ceux de 0° passent de ce côté des Alpes; dans ces dernières l'isotherme de juillet s'élève à peine au-dessus de 25° 5, seulement de 4° de plus que l'isotherme qui touche à Vienne.

2. Dürer, *Regenmessungen am Comer See* (*Peterm. Mitth.* 1864, p. 306). D'après des moyennes déduites de six années d'observations, la quantité de pluie tombée pendant les mois d'été, à la villa Carlotta, était d'environ 427mm (juin 168mm; juillet 131mm; août 128mm.)

3. Duchartre, *Végétation dans le départ. de l'Hérault.* (*Comptes rendus,* 1844, p. 254, cf. *Jahresb.* an. 1844, p. 23.) Les faits fournis par l'expérience relativement au préjudice que dans le midi de la France la gelée cause à l'Olivier, paraissent être en contradiction avec l'assertion de M. Léveillé (Demidoff, *Voyage dans la Russie mérid.*; *Jahresb.*, an. 1840, p. 445), d'après laquelle on cultiverait dans la Crimée une variété capable de supporter, sans périr, une température de — 22° 5. A moins de connaître les circonstances particulières si importantes pour la sphère thermique d'un végétal, il est difficile de prononcer une opinion sur cette donnée extraordinaire. Peut-être le caractère très-passager des grands froids sur la côte méridionale de la Crimée suffirait-il pour lever cette contradiction (Koch, *Die Krim und Odessa*, p. 186); déjà Pattas disait du climat de la Crimée que l'hiver y est à peine sensible (*Gemälde von Taurien*, p. 69). Plus loin, dans le texte, nous mentionnerons une autre considération de nature à expliquer la donnée de M. Léveillé. Cette considération repose sur ce que le minimum de température ne paraît se

présenter qu'à la fin de l'hiver. M. Koch (*loc. cit.*) fournit à cet égard les observations suivantes : Année 1843, hiver jusqu'au 17 mars : thermomètre jamais au-dessous du point de congélation; maximum au mois de janvier 18° 7, au mois de février 16° 7; minimum le 21 mars — 12° 5. Année 1844 : hiver doux, mais le 11 avril + 1° 2; le 13 avril — 3° 7. Année 1840 : le premier jour de Pâques — 10°.

4. L'augmentation du froid hivernal avec l'accroissement de la distance de l'Atlantique, résulte des observations météorologiques suivantes : A Gibraltar la température moyenne des trois mois d'hiver est de 13° 7; à Palerme 11° 2; à Athènes seulement de 7° 8. A Lisbonne, la différence entre le mois le plus froid et le mois le plus chaud, est de 11° 2 (janvier 11° 3; juillet 22° 5. Dove, *Temperaturtaf.*), à Athènes 21° 8 (janvier 5° 1; août 26° 9. Schmidt, *Beiträge zur physik. Geogr. von Griechenland*).

5. Les mesures suivantes se rapportent aux limites supérieures de la région toujours verte dans les deux péninsules orientales :

Lycie. — 487m ou 1,500′ (Forbes, *Trav. in Lycia*, II, cf. *Jahresb.*, ann. 1847, p. 25).
Athos. — 389m ou 1,200′ (Grisebach, *Reise durch Rumelien*, I, p. 302).
Macédoine méridionale. — 389-421m ou 1,200-1,300′ (*Ibid.*, II, p. 158).
Albanie septentrionale. — 389-487m ou 1,200-1500′ (*Ibid.*, II, p. 354).
Dalmatie. — 454m ou 1,400′ (Visiani, *Flora dalmatica*, v. I, cf. *Jahresb.*, ann. 1842, p. 392).

6. Schouw (*Europa*, p. 82) attribue à la région toujours verte en Italie une altitude moyenne de 389m (1,200′). A cet égard il ne faut pas perdre de vue que les Chênes toujours verts, qui, sur le mont Athos aussi, sont mélangés avec les arbres à feuilles jusqu'à une altitude de 974m (3,000′), se trouvent sur le monte Pisano, en Toscane, jusqu'à celle de 877m (2,700′) et également dans les Apennins septentrionaux jusqu'à celle de 649m (2,000′). La limite altitudinale de ces arbres ne peut servir d'étalon pour les conditions altitudinales de la flore méditerranéenne. La valeur moyenne de 389m n'est pas non plus applicable à l'Italie méridionale et à la Ligurie, c'est-à-dire aux parties de la péninsule où la flore méditerranéenne est le plus richement développée. C'est ce qui résulte également des mesures faites de la limite de l'Olivier qui coïncide ici avec la région toujours verte :

Etna. — 715m ou 2,200p (Philippi dans *Linnæa*, VII, p. 762 : cette mesure s'applique au versant septentrional de la montagne; sur le versant méridional l'Olivier s'élève, d'après M. Gemellaro, à 974m ou 3,000′).
Nice. — 779m ou 2,400′ (Daum, *Bemerk. über die Landwirthschaft in Südfrankreich*, p. 94).

7. Mesures de la limite de l'Olivier en Espagne et au Portugal :

Versant sept. de Sierra Nevada. — 974^{m} ou 3,000' (Boissier, *Voy. bot. dans le midi de l'Espagne*, p. 407).
Versant mérid. de Sierra Nevada. — 1,354^{m} ou 4,200' (*Ibid.*).
Algarve. — 499^{m} ou 1,385' (Bonnet, dans *Memorias de Lisboa*, 1850, cf. *Jahresb.*, ann. 1852, p. 23).

8. Les montagnes du midi de l'Europe atteignent à peine la ligne des neiges perpétuelles, et quelques-unes seulement parce qu'elles n'offrent pas de place suffisante à l'accumulation de ces dernières. Cependant, ici encore, l'action déprimante exercée par l'Atlantique sur la limite des neiges paraît résulter des observations faites dans les Pyrénées, ainsi que du phénomène signalé, mais non accepté par un naturaliste quelconque, sur le Gaviarra, situé sur la limite septentrionale du Portugal (42° L. S.), montagne qui, selon M. Bruguière (*Orographie de l'Europe* dans *Recueil de la Soc. de Géogr.*, p. 70), avec une altitude de 2,403^{m} (7,400'), serait couronnée de neiges (*dépasse la ligne des neiges perpétuelles*). Ces données viennent du géographe Balbi (*Essai sur le royaume du Portugal*, I, p. 69, où il est dit : *le Gaviarra conserve la neige pendant toute l'année*). Il est cependant singulier que M. Link qui est resté un mois dans la proximité du Gaviarra, aux eaux de Caldas, ne mentionne pas du tout cette montagne, et en général ne donne qu'une altitude bien moins considérable au Serra de Gerez au système duquel elle appartient (*Reisen durch Portugal*, III, p. 67, 137), et qu'il évalue seulement à 974 mètres ou 3,000 pieds; le comte Hoffmansegg passa plus tard, même à côté du Gaviarra, sans mentionner cette montagne (*ibid.*, p. 80). Pourtant la question de savoir si le Gaviarra porte en effet des neiges perpétuelles, doit évidemment être très-aisée à résoudre par les vaisseaux qui vont à Oporto. De Bragance, situé dans l'angle nord-est du Portugal, M. Link vit en août une longue bande de neige sur les montagnes surgissant au delà de la frontière, ici la Sierra de Montezinho s'élève jusqu'à 2,273 mètres ou 7,000' (Link, *loc. cit.*, III, p. 42; Willkomm, *Strand und Steppengebiete der iberisch. Halbinsel*, p. 32). Sous le climat continental du Caucase, nous voyons dans la proximité du 43e degré L. N. la ligne des neiges s'élever au delà de 3,248 mètres (10,000 pieds), tandis que sous le climat maritime des Pyrénées elle se produit déjà à 2,628 mètres ou 8,100 pieds (selon Humboldt).

9. Durieu, *Botan. excurs. in the mount. of Asturias* (*Companion to bot. Magazine*, I, p. 212) : « La végétation des Asturies diffère peu de celle de la Bretagne, ainsi que de celle des provinces aquitaniennes de la

France; à Oviedo elle est parfaitement semblable à celle de la contrée de Nantes. »

10. Ordinairement on donne au plateau d'Espagne une altitude moyenne de 584 mètres ou 1,800 pieds (HUMBOLDT, *Centralasien*, I, p. 123), mais à la suite des consciencieux travaux comparés de M. WILLKOMM, cette évaluation est trop basse, ainsi que le font voir les résultats suivants de ses investigations (*Strand und Steppengebiete*, cf. *Jahresb.*, ann. 1832, p. 9) :

Altitude moyenne des plateaux de Léon et de la Vieille-Castille 831^{m} ou 2,560^{p} (p. 25).

Altitude moyenne des plateaux de la Nouvelle-Castille jusqu'à Mancha 805^{m} ou 2,480^{p} (p. 25).

Plaine de Cadix, dans la Grenade............ 974^{m} ou 3,000^{p} (p. 45).

Plateau de Navarre évalué à................ 389^{m} ou 1,200^{p} (p. 38).

M. Willkomm évalue la steppe de l'Aragon traversée par l'Ebro, à 130 mètres (400 pieds).

11. D'après les mesures météorologiques faites pendant vingt-cinq ans à Madrid, M. GARRIGA (chez Willkomm, *loc. cit.*, p. 189), dans cette ville le mois le plus froid est le décembre, et le plus chaud l'août; la différence de la température moyenne entre ces deux mois est de 17° 5, et, par conséquent, moins grande qu'à Athènes, où cependant les écarts entre les minima et les maxima ne sont pas aussi considérables.

MADRID. Décembre. Température moyenne + 6° 2. (Hiver, 6° 7). Minimum — 6° 2.
Août. Température moyenne 23° 9.) Été, 23° 1). Maximum 40°.
Différence entre les extrêmes de température 46° 2.

Ce qui prouve combien le climat continental des steppes russes est plus excessif que le climat de plateau de l'Espagne, c'est que, d'après les tableaux mensuels dressés par M. Dove, les isothermes du mois de janvier, — 5° à — 10°, passent entre la mer d'Azow et Astrakhan, les isothermes de juillet, de 20° à 25°, entre Tiflis et Orenbourg, ce qui donne donc une différence de 30° entre les températures moyennes du mois le plus froid et du mois le plus chaud (12° de plus qu'à Madrid).

12-13. WILLKOMM, *loc. cit.*, p. 187.

14. A Gibraltar, la saison sèche dure depuis le mois de mai jusqu'au mois de septembre (KELAART, *Flora calpensis* : *Jahresb.*, ann. 1847, p. 22), et de même à Alger depuis la mi-mai jusqu'aux équinoxes d'automne (HARDY dans *Comptes rendus*, 1847, juin : *Jahresb.*, *ibid.*, p. 40). Dans la région côtière de Grenada, la période de la sécheresse se prolonge, il est vrai, davantage (à Malaga depuis avril jusqu'à la fin de sep-

tembre), toutefois, en mai la plupart des plantes sont encore à se développer et à fleurir (BOISSIER, *Voy. bot. dans le midi de l'Espagne*, p. 187-189). La douceur de l'hiver, qui n'interrompt jamais la période de végétation, notamment chez les plantes annuelles, se manifeste déjà par ce fait, qu'à Malaga la température moyenne de janvier est de 12°, et le minimum de 5° 9; cette dernière valeur est donc de plus de 11° supérieure à celle que présente Madrid (HÆNSELER, chez Boissier, *loc. cit.*, p. 188; cf. *Jahresb.*, ann. 1845, p. 26).

15. La concordance entre les flores de la Catalogne et du midi de la France, ainsi que cela résulte des collections rapportées par M. Bourgeau des Pyrénées orientales espagnoles, est très-frappante et se trouve confirmée par la liste qu'a dressée M. Colmeiro des plantes catalanes (COLMEIRO, *Catalogo de plantas observadas en Cataluña*. Madrid, 1846).

16. Dans sa carte instructive représentant les conditions de la végétation en Espagne, M. WILLKOMM place du côté du sud la limite de la province orientale sur le cap Nau, entre Valence et Alicante, et ne sépare pas, par conséquent, la flore de la Catalogne de celle de Valence, bien qu'il fasse observer que dans cette dernière province le nombre des plantes endémiques est plus considérable (*Strand und Steppengebiete*, p. 263 et carte). Au reste, on n'est pas encore suffisamment renseigné sur les conditions climatériques de cette contrée. M. Willkomm remarque, à la vérité, qu'il y pleut rarement en été (*ibid.*, p. 185); toutefois, probablement à cause de particularités locales de l'exposition, Barcelone du moins s'écarte sous ce rapport considérablement du climat méditerranéen. Cette ville a en été dix-sept jours de pluie, et bien que les pluies de printemps et d'automne prédominent, il n'en tombe pas moins pendant les trois mois d'été, presque 107^{mm} (42° 7 lignes espagnoles), pendant l'année 572^{mm} (DOVE, *Klimatol. Unters.*, I, p. 114). D'après Colmeiro, l'alizé d'été y est complétement supprimé; les vents sud-ouest dominent en été et ceux d'est en hiver, il paraît donc que les vents de mer et de terre y soufflent à tour de rôle, chacun pendant six mois, attendu que pendant la saison chaude les Pyrénées s'opposent au passage des vents de nord-est.

17. A Nice, la différence entre le mois le plus chaud et le mois le plus froid est de 15° 3 (janvier 8° 1, août 23° 4), à Florence de 20° (janvier 5°, juillet 25° : SCHOUW, *Climat de l'Italie*, p. 95). A Nice il y a pendant les trois mois d'été 6 jours de pluie, à Florence 17 (*id.*, p. 196).

18. MARTINS (*Essai sur la météorologie de la France dans Patria*, p. 444) compte 800 plantes françaises propres à la flore méditerranéenne, dont environ 140 de la Corse; il y a également quelques plantes cultivées qui ont été admises dans cette liste.

19. A Viviers, près de Montélimart (44° 30′ L. N.), la proportion entre les pluies d'été et les pluies d'hiver est comme 243^{mm} : 341^{mm} (MARTINS, *loc. cit.*, p. 264), tandis qu'à Orange (44° 8′), 103^{mm} : 308^{mm} (*ibid.*, p. 274), et de plus il ne faut pas perdre de vue que dans le domaine méditerranéen les pluies d'été tiennent aux météores orageux dont les explosions aqueuses de durée passagère ne produisent aucun effet sur la végétation (v. *infrà*). Puis, dans les endroits comme ceux-ci où deux climats différents se rapprochent, les différences sont notables selon les années : aussi les proportions susmentionnées entre les précipitations aqueuses sont indiquées comme moins considérables par M. GASPARIN (Viviers, 177^{mm} : 353^{mm}, Orange 114^{mm} : 222^{mm}, chez Dove, *Klimatol. Beiträge*, p. 122).

20. MARTINS a fait l'énumération des hivers froids dans la France méridionale, et remarque qu'il s'en présente de cinq à huit dans le courant d'un siècle (*loc. cit.*, p. 267), même à Hyères dont le climat est si doux, le thermomètre descendit une fois en janvier 1820 à — 11° 7.

21. MARTINS, *loc. cit.*, p. 270, 272.

22. Lors de mon séjour à Hyères et à Nice pendant la première moitié du mois d'avril de 1867, le mistral souffla constamment et le thermomètre se maintint entre 22° 5 et 25°, tandis qu'à Nice la température moyenne de ce mois n'est que de 12° 5 (SCHOUW, *loc. cit.*).

23. LORENZ (*Physikal. Verhältn. im quarnerischen Golfe*, p. 57) donne une description très-exacte de la Bora à Fiume qui dans ses traits principaux s'accorde avec le mistral; les coups de vent se reproduisant à intervalles semblables à ceux que j'avais observés sur les côtes escarpées des Fjorde norwégiens, sont désignés dans le golfe illyrien par le nom de *Refoli*. A l'instar du mistral, la Bora ne tient également pas à une saison déterminée quelconque. Les différences entre la Bora proprement dite ainsi caractérisée et la Bora soufflant constamment, ainsi que la Borina, moins violente, sont autant de nuances graduelles du même phénomène. Dans les tentatives d'explications à l'aide desquelles M. Lorenz a cherché à individualiser ces diverses nuances et que plus tard lui-même se montra disposé à modifier, il n'a pas pris en considération que toute masse d'air atmosphérique qui descend de haut en bas doit acquérir le degré de densité qui correspond au niveau qu'elle atteint, ce qui doit donner lieu à ces actes de violente équilibration qui se manifestent dans ces rafales (Refoli) intermittentes, selon les points de départ des masses d'air, selon qu'elles viennent des cimes plus hautes des montagnes ou des gorges situées à des altitudes moins élevées. De même le *Föhn* des Alpes suisses ne saurait être apprécié à sa juste valeur, lorsqu'on se borne à le

rattacher au mouvement général de l'atmosphère d'une zone à une autre. A l'instar de ces vents de côte, il est limité géographiquement à des localités déterminées, mais non à une saison quelconque; s'il descend le long des vallées méridiennes comme du Tödi à travers Glarus, il doit s'échauffer rapidement; s'il franchit la crête des Alpes il sera sec sur le versant septentrional de ces dernières. Peut-être aussi la chaleur qui se dégage de la condensation de l'air dans des vallées closes d'où il ne peut s'échapper, produit une sensation plus intense, tandis que quand il s'agit du mistral où l'air peut s'étendre le long des côtes sous forme d'éventail, cette chaleur devient insignifiante comparée à l'action calorifique d'une forte insolation. En effet, toutes les circonstances concourent pour conserver la sérénité de l'atmosphère dans le domaine sur lequel s'étend l'action du mistral, tandis que le contraire a lieu dans l'endroit même où il a sa naissance. C'est ce que j'ai pu observer parfaitement, lors de mon voyage de Nice à Toulon, le 17 avril 1867; pendant les chaudes heures de l'après-midi, sous l'action du mistral soufflant du haut des Alpes, les nuages s'accumulèrent puissamment sur les sommets des montagnes et y masquèrent bientôt tout l'horizon, tandis que, malgré le vent qui soufflait de cette direction, le ciel au-dessus de nos têtes restait serein et le soleil illuminait les cumulus limitrophes se reproduisant constamment.

24. La culture de l'Olivier ne va en Italie (sans tenir compte des exceptions locales qui se produisent sur les lacs de Côme et de Garde) que jusqu'aux Apennins du nord (44° L. N.); elle a encore lieu à Perugia, mais non plus à Bologne et à Ravenne (PALMIERI, *Topografia dello stato pontificio,* I, p. 2). M. SCHOUW (*Die Erde, die Pflanze und der Mensch,* p. 93) mentionne, sur le côté adriatique septentrional des Apennins, des forêts de Chênes toujours verts et des buissons de Myrtes et de *Pistacia lentiscus,* près de Teramo (42° 40'); on a des renseignements plus précis sur la végétation toujours verte des Maremmes de la Toscane, où de certains points littoraux, tels que la péninsule de l'Argentario, près d'Orbitello (42° 20'), possèdent un grand nombre de plantes liguriennes et même le Palmier nain (SANTI, *Viaggio per la Toscana,* II, p. 172).

25. A Rome, il tombe pendant l'été 81mm de pluie, à Gênes, 162mm (SCHOUW, *Climat,* etc., p. 150), mais les 81mm de Rome sont répartis entre 15 jours (*ibid.,* p. 196 : comp. note 17). La température moyenne du mois de janvier à Rome est de 6° 9 (à peu près 1° de moins qu'à Nice); celle de juillet 23° 8, et par conséquent la différence entre le mois le plus chaud et le plus froid 16° 9 (1° 30 plus forte qu'à Nice, *ibid.,* p. 95). Chez M. Dove les différences pluviométriques entre Rome et Gênes sont encore plus considérables (*Climat. Beitr.,* p. 120), celles entre les tem-

pératures des mois extrêmes le sont un peu moins (*Temperaturtaf.*, p. 25).

26. Combien peu la quantité de pluie tombée agit sur la végétation, c'est ce qui résulte de ces faits que, tandis que, d'après M. Marcel de Serres, la moyenne pluviométrique de Montpellier est de 757mm à 784mm, elle n'était que de 466mm en 1807, année qui néanmoins fournit la recette la plus riche en froment, vin et huile (DAUM, *Bemerkungen*, p. 33).

27. SCHOUW (*Climat*, etc., p. 195). La quantité de pluie tombée est : à Venise, de 812mm,5, à Milan, de 945mm, à Brescia, de 1m,272, et à Tolmezzo, de 2m,436 (*ibid.*, p. 139); à Milan cette quantité est répartie selon les saisons, de manière que 21 p. 100 du total annuel reviennent à l'hiver, 24 au printemps, 24 à l'été et 31 à l'automne (*ibid.*, p. 148).

28. Dans le domaine du Pô, la température du mois de janvier est, à Milan, de + 0° 5, à Bologne de + 1° 9, tandis qu'à Trieste elle est de + 3° 3. Quand on compare à ces chiffres la température moyenne de juillet (Milan 23° 7, Bologne 25° 7, Trieste 22° 5), on aura pour la différence entre le mois le plus chaud et le plus froid les valeurs de 23°, et 23° 7, quant aux deux localités situées en dehors de la région toujours verte, et seulement 18° 9 quant à la côte illyrienne comprise dans cette région (SCHOUW, p. 95).

30-31. BARTLING, *De littoribus maris liburnici*, p. 29; LORENZ, *Physik. Verhaltn. im quarnerish. Golfe*, carte; GRISEBACH, *Reise durch Rumelien*, II, p. 370.

32. A Janina (alt. 415 mètres ou 1,280'), la différence entre les températures moyennes du mois le plus chaud et le plus froid est de 22° (janv. + 1° 9, août 23° 9. SCHLÄFLI, *Klimatologie von Janina* dans *Schweiz. Denkschr.* an. 1862); à Athènes, 21° 8 (v. note 4), à Constantinople, 19° 4 (janv. + 4° 5, juill. 23° 9 : TCHIHATCHEF, *Asie Mineure*, II, p. 15, d'après dix années d'observations.) D'après ses seize années d'observations communiquées plus tard, mais sans indication des moyennes mensuelles, à Constantinople la température moyenne de l'hiver est de 5° 7, celle de l'été 21° 9 (TCHIHATCHEF, *le Bosphore*, etc., p. 251).

33. UNGER, *Ergebnisse einer Reise im Griechenland*, p. 203.

34. GRISEBACH, *loc. cit.*, II, p. 372. Dans ce travail se trouvent résumées les limites de la région toujours verte, d'après LEAKE (*Northern Greece*) et POUQUEVILLE (*Voyage en Grèce*).

35. UNGER, *loc. cit.*, p. 192. Lorsqu'il place l'été de Tassos parmi les cas qui parlent en faveur des opinions réfutées par lui, il faut faire observer que, de nos jours encore, les forêts descendent dans cette île jusqu'à la côte.

36. A Athènes, la quantité de pluie tombée annuellement était de 247^{mm} (J. SCHMIDT, *loc. cit.*), à Janina le montant de 1^{m},298 se produisit d'une manière tellement irrégulière, que le nombre de jours de pluie proprement dits dans le cours de l'année n'était évalué qu'à 52 (SCHLÄFLI, *loc. cit.*). Même sur les pentes sud et ouest du Péloponèse, la quantité annuelle de pluie serait, d'après M. Boblaye, de plus de 1 mètre, et par conséquent de peu inférieure à celle de Janina (DOVE, *Klimatol. Beiträge*, p. 115).

37. La dépression du pays dans les parages du *champ des Merles* résulte des déterminations altitudinales approximatives suivantes : plaine du Drina blanc à Ipek, 357 mètres (1,100 pieds) ; à Prisdren 227 mètres (700') ; dans le Tettovo, domaine des sources du Vardar, 276 mètres (850 pieds), à Ueskub, 192 mètres ou 560' (GRISEBACH, *loc. cit.*, II, p. 112, 127, 320).

38. A Smyrne, la différence entre la température moyenne du mois le plus froid et le plus chaud est de 22° 6 (janv. 6° 4, juill. 29°) ; à Tarsus, de 17° 6 (janv. 11° 5, juill. 29° 1 ; TCHIHATCHEF, *Asie Mineure*, II, p. 369). Nonobstant la température élevée du mois de janvier, la plaine littorale de la Cilicie « se trouve dans certaines années couverte de neige pendant deux à trois jours » (KOTSCHY, *Reise in dem cilicischen Taurus*, p. 340) : c'est que le minimum de température se trouve au-dessous du point de congélation (— 0° 4 : TCHIHATCHEF, *loc. cit.*, p. 203). Dans l'île de Chios, les 62 jours de pluie sont répartis de manière que pendant les trois mois d'été il n'y a qu'un seul jour (10 juin), et la plupart se présentent en janvier et en mars (24, TCHIHATCHEF, *ibid.*, p. 251) ; à Tarsus l'été a 5 jours de pluie, et, dans cette saison, un ciel légèrement nuageux, sans qu'il en résulte des précipitations aqueuses, est plus fréquent qu'en hiver et en automne, parce qu'ici l'alizé d'été ne touche pas à la côte, grâce à la proximité du Taurus ; en sorte que pendant l'été ce sont les vents du sud qui dominent et en hiver les vents de terre nord-est ; mais ces déviations locales n'exercent pas une influence appréciable sur la répartition des précipitations aqueuses ; l'automne a 12 jours de pluie, l'hiver 13 et le printemps 16 (TCHIHATCHEF, *ibid.*, p. 223, 225). Ainsi, dans le Taurus même, M. KOTSCHY trouva que l'alizé, répandu dans toute l'Anatolie, prédomine comme vent de nord-est-nord pendant les trois mois d'été et revêt quelquefois le caractère de violents vents d'orage (*loc. cit.*, p. 355), exactement comme le mistral et la Bora avec une configuration analogue des montagnes littorales.

39. TCHIHATCHEF, *loc. cit.*, p. 373. Les climats de Trébizonde et de Constantinople fournissent les valeurs suivantes caractéristiques pour la

végétation : différence entre la température moyenne du mois le plus froid et le plus chaud à Trébizonde 18° (janvier 7° 1, août 24° 1. *Id. ibid.*; comp. les valeurs correspondantes pour Constantinople dans la note 32.) Minimum de température à Trébizonde — 5° 6 (*id. ibid.*, p. 121), à Constantinople — 11° 6 (*ibid.*, p. 40). Jours de pluie à Trébizonde 96, à Constantinople 66, mais pendant l'été, là 28,5, ici seulement 6 (*ibid.*, p. 124) : là, juin est le mois le plus humide avec 18,5 jours de pluie, ici ce sont janvier et décembre avec 30 jours de pluie. A Trébizonde les précipitations atmosphériques sont réparties de manière que l'hiver a 27 jours de pluie, le printemps 19,5, l'été 28,5, l'automne 20,5 (*id. ibid.*, p. 135).

40. La région toujours verte de la flore pontique est caractérisée notamment par *Rhododendron ponticum*, *Prunus Laurocerasus*, ainsi que par *Azalea pontica* et *Vaccinium arctostaphylos*, avec lesquels se trouvent mélangés des arbustes de l'Europe centrale à feuillage périodique et quelques groupes d'arbres de la même patrie (K. Koch, *Wanderungen im Orient*, Bd. II; cf. *Jahresb.*, an. 1848, p. 363).

41. Abich (*Bullet. Pétersb. phys. math.* IX. p. 1-48; *Journ. géogr. Soc.*, XXI, p. 7; *Jahresb.*, an. 1851, p. 33).

42. Les valeurs caractéristiques de Beyruth, Jérusalem et Alger sont : différence entre la température moyenne du mois le plus froid et le plus chaud à Beyruth : 15° 5 (janv. 12° 2; août 27° 7 : Dove, *Temperaturtaf.*), à Jérusalem, altitude de 812 mètres ou 2,500' : 16° 3 (janv. 8° 7, août 25°; *id. Monatsber. der. Berl. Akad.*, 1867, p. 772), à Alger 13° (janv. 11° 5; août 24° 5; *ibid.*). Jours de pluie à Beyruth 81 (de juin à sept. seulement 2), à Jérusalem 6 (de juin à octobre seulement 1, Dove, *Klimatol. Untersuch.*, p. 115), à Alger, 72 (de juin à août 5, en avril et mai 11, en septembre environ 4, *ibid.*, p. 106).

43. Hardy, dans *Comptes rendus*, 1847; cf. *Jahresb.*, an. 1847, p. 40.

44. Wildenbruch chez Dove, *Klimatol. Untersuch.*, p. 115. Nardi dans Peterm. *Mittheil.*, an. 1858, p. 38.

45. Pendant les années 1841-1842 le Froment d'hiver fut ensemencé et récolté en moyenne aux jours suivants : à Rome, 1er nov. et 2 juil.; à Naples, 16 nov. et 2 juin; à Palerme, 1er déc. et 20 mai; à Malte, 1er déc. et 13 mai (Daum, *Bemerkungen*, p. 348; *Jahresb.*, an. 1845, p. 39).

46. Dove, *Klimatolog. Untersuch.*, p. 110.

47. En comparant la température moyenne de la période de végétation à Malaga et à Nice, on obtient les valeurs suivantes : 17° 2 et 14° 7, ce qui, relativement à la phytoisotherme de 16° 2 établie pour le nord de l'Europe, donne un léger excédant à l'égard de Malaga et une diminu-

tion à l'égard de Nice. La valeur pour Malaga (17° 2) représente la moyenne de huit mois, d'octobre à mai (BOISSIER, *Voy. bot. en Espagne*, p. 188), et la valeur de Nice (14° 7) se rapporte aux moyennes de neuf mois, de sept. à mai (DOVE, *Temperaturtaf.*, p. 52). Dans le dernier cas, n'ont été exclus que les mois d'été pendant lesquels il tombe le moins de pluie. A l'égard de Malaga, on voit combien les déterminations de cette nature sont arbitraires, dans ce sens que les diverses formes végétales se comportent différemment : selon M. Boissier (*loc. cit.*; *Jahresb.*, an. 1845, p. 27) les Liliacées s'y développent avec les premières pluies de l'automne, puis viennent les plantes annuelles, qui fleurissent pendant l'hiver et se trouvent toutes desséchées au mois de juin; quant aux herbes vivaces, au contraire, quelques-unes ne commencent à fleurir que pendant l'époque dénuée de pluie des mois de juin et de juillet, en sorte que si l'on voulait fonder sur ces plantes la durée de la période de végétation, il ne resterait que les mois d'août et de septembre pour le temps d'arrêt absolu de la vie végétale, et alors la valeur de 17° 2 s'élèverait à 18° 7. La détermination d'une phytoisotherme a donc d'autant moins de signification que sont plus variées les conditions climatériques des formes végétales réunies dans une flore.

48. VAUPELL, *Nizza's Vinterflora*, p. 35 : « En novembre bien peu de plantes sont à leur époque de floraison et en décembre il n'en est presque aucune qui soit dans ce cas. » Les exceptions admises par la douceur du climat sont représentées en partie par des végétaux dont l'époque de floraison a lieu en automne, mais se prolonge pendant les mois subséquents, et en partie par des végétaux indifférents aux influences climatériques et accompagnant les plantes cultivées, végétaux qui, également dans le nord de l'Europe, peuvent continuer à croître et à fleurir, même au cœur de l'hiver, lors de l'absence de la neige et du froid (p. 41). A la première catégorie appartient le *Cneorum tricoccon*, petit arbuste qu'à Nice on trouve en fleur depuis septembre jusqu'à mars (p. 34).

49. D'après les observations de M. LINSSER, ce ne serait que dans l'Europe centrale que la feuillaison et la chute des feuilles des arbres dépendraient des mêmes degrés de température, mais non plus ni à Pétersbourg ni à Venise. Ses données se rapportent à des valeurs moyennes pour divers arbres, tandis que l'assertion formulée dans notre texte ne s'applique qu'à de certaines espèces qui croissent loin du climat de leur centre de végétation, de leur climat naturel, et se sont accommodées à de nouvelles conditions vitales. Quand il s'agit de la question de savoir si les ordonnées de la courbe de température sont égales ou non au commencement et à la fin de la période de développement, il serait plus correct,

ainsi que nous l'avons fait voir dans la section relative à la flore de l'Europe septentrionale-sibérienne, de distinguer les arbres divers, que de ne prendre en considération, comme l'a fait M. Linsser, que l'influence exercée par des climats divergents sur le même arbre. — A cette occasion, je désire ajouter mon appréciation des résultats qu'a obtenus M. Linsser à l'aide de la méthode du calcul de probabilités relativement aux rapports entre le climat et la température. Il croit avoir découvert une nouvelle loi exprimant les relations entre la température et les phases de végétation, mais il n'a que le mérite d'avoir, à l'aide d'observations accumulées aujourd'hui en bien plus grand nombre, consolidé et précisé d'une manière plus mathématique les principes que déjà, en 1838 (*Linnæa*, XII, p. 188), j'avais déduits de la théorie de M. Boussingault. Ces principes formulés dans notre texte tendent à établir que le début des phases de développement dépend en partie de la température, en partie de la durée de chacune des phases de développement dont la somme constitue ce qu'on appelle période de végétation. Dégagée de ses formules physiologiquement inadmissibles, la loi de M. Linsser n'est qu'une nouvelle expression de cette relation, attendu qu'il divise la température que reçoit une plante depuis une phase de son développement jusqu'à une autre, par le montant de la température de la période de végétation tout entière; et, à l'aide de ce procédé, il trouve une valeur invariable, résultat qu'on obtenait également par la méthode de M. Boussingault, qui multiplie la température moyenne d'une période de végétation quelconque par le nombre de jours qu'a duré cette température. La loi de M. Linsser est formulée ainsi (p. 24) : « Les sommes des températures au-dessus de zéro qui, sur deux points différents, appartiennent aux mêmes phases de végétation, sont proportionnées aux sommes de toutes les températures positives des deux points. » Or, physiologiquement on ne saurait admettre, comme cela est admis ici, que le point de congélation soit la limite de la période de végétation, puisque, ainsi que l'a fait observer M. de Candolle, le point de départ du développement végétatif peut coïncider chez diverses plantes avec des degrés divers de température : d'ailleurs, cela influerait peu sur le résultat du calcul. De même, il importe peu que chacune des périodes de végétation soit évaluée par des sommes de température ou par des températures moyennes, pourvu que dans la formule dont on fera usage on tienne compte de la température et du temps, c'est-à-dire que les abscisses, aussi bien que les ordonnées de la courbe de température, soient également prises en considération. On obtiendrait tout aussi bien une valeur invariable, en divisant seulement les jours d'une période de végétation par la somme des jours qui se sont écoulés pendant la durée entière de la végétation, puisque pour une courbe de température donnée les abscisses (jours) contiennent déjà les ordonnées (degrés de température). Par là se trouveraient aussi écartées, ce me semble, les objections que M. SACHS (*Pringheim's Jahrbücher*, II, p. 372) éleva contre la théorie de M. Boussingault, en s'appuyant sur ce fait que pour la germination il y a une période de température d'un développement très-rapide, puisque la durée des procédés végétatifs ainsi que la température se balancent en produisant des valeurs moyennes.

Si je ne puis reconnaître dans les lois de M. Linsser qu'une confirmation de la théorie de M. Boussingault, il est bon cependant de rappeler que celle-ci n'a pas droit à une valeur générale, ainsi que le constatent les faits rapportés par moi dans le texte. Sans parler des restrictions que doit subir la doctrine de M. Boussingault, eu égard à la longueur des jours, comme cela a déjà été signalé précédemment, il y faut considérer que l'accommodation d'une plante à un climat étranger ne se manifeste pas seulement par un déplacement des époques de développement, ainsi que par la faculté de se contenter d'une température inférieure à celle qu'elle reçoit dans sa patrie, mais que cette accommodation se traduit encore par une autre propriété bien plus remarquable : celle de résister, à de certaines époques, au stimulant d'une température qui, à d'autres époques, détermine le développement de la plante. C'est à cet obscur domaine physiologique qu'appartiennent les nouveaux faits que contient le travail de M. Linsser. Il signale une véritable faculté d'acclimatation chez certaines variétés de Céréales, qui après s'être développées sous un climat à courte période de végétation, conservèrent leur développement accéléré, même lorsqu'elles se trouvaient transportées dans des contrées méridionales. Les renseignements sur ce fait viennent de M. RUPRECHT (p. 39) qui, par une expérience analogue faite en Russie, a confirmé et étendu la donnée fournie par M. SCHUBELER, d'après laquelle l'Orge cultivée dans la Laponie était mûre à Christiania cinquante-cinq jours après avoir été semée, tandis qu'une Orge originaire des contrées plus méridionales exige dans le même pays une période de végétation de 88 à 96 jours.

50. GRISEBACH, *Reise durch Rumelien*, I, p. 31-45.— Heer, dans les *Verh. der Schweiz. Naturforscherversam. in Glarus*, 1851, p. 54 (cf. *Bibl. de Genève*, 1852 et *Bot. Zeit.*, 1853). La feuillaison des Chênes (*Quercus pedunculata*) plantés à Tunchal en février a été observée tant par M. HEER que par M. SCHACHT (*Madeira*, p. 115) et M. HARTUNG (*Azoren*, p. 74). Cependant, d'après M. Hartung, il arrive que certains arbres isolés développent déjà leurs jeunes feuilles vers la fête de Noël.

De telles exceptions constituent autant de phénomènes individuels ou états pathologiques qui prouvent que la faculté de résister à une température se produisant en temps inopportun, a une limite. On doit comparer à cet égard la floraison automnale que les arbres fruitiers présentent quelquefois sous l'action d'une température chaude, floraison qui, à Madère, (*id.*, p. 69) revêt chez certaines espèces le caractère d'un phénomène habituel, ce qui est particulièrement le cas avec le Pêcher, de même qu'avec une espèce atlantique des Laurinées (*Oreodaphne fœtens*). Toutefois, les fleurs automnales du Pêcher ne sont point fécondées ou bien ne fournissent au printemps que peu de fruits d'une consistance ligneuse, tandis que là également la floraison normale a lieu au printemps comme la maturation du fruit dans l'arrière-saison estivale. Ce qui prouve combien la baisse et la hausse de la température y ont leur part, c'est une autre observation faite à Madère par M. Hartung (*ibid.* p. 77) sur la période de végétation du Froment, dont la récolte a lieu à la même époque (fin de mai ou commencement de juin), bien que selon la position des champs, les semailles soient faites en décembre ou même six à huit semaines plus tard.

51. La température de la période de végétation est calculée d'après les données fournies par M. Dove dans ses *Temperaturtafeln*, et le commencement de la saison sèche comme clôture de cette période, d'après sa revue des jours de pluie dans le midi de l'Europe (*Klimatol. Unters.*, p. 106, 115). La température de Madrid est empruntée aux observations M. de Garriga (note 11), celle de Janina au travail de M. Schläfli (note 32). Le dernier auteur remarque, il est vrai, que les prés sur le lac ne deviennent verts qu'en avril; cependant il faut admettre que le mois de mars fait également partie de la période de végétation, puisqu'il y est dit que l'Amandier fleurit déjà au commencement de ce mois. Les données sur l'époque de la végétation à Madrid sont dues à M. Reuter (*Essai sur la végétation de la Nouvelle-Castille*, p. 12), celles sur la Dalmatie à M. Visiani (*Fl. dalmatica*), enfin celles sur Chypre à M. Gaudry (*Recherches scientif. en Orient*, p. 124).

52. Gallesio, *Traité du Citrus*; A. de Candolle, *Géographie botanique*, p. 868.

53. Boissier, *Voy. bot. en Espagne*, p. 113. Sur la carte de la végétation de l'Espagne par M. Willkomm, le domaine de la culture des espèces de Citrus n'embrasse que les trois côtes, depuis la Gallicie méridionale jusqu'à la Catalogne, mais M. Boissier fait observer, en s'appuyant sur les données de M. Gay, que cette culture a aussi lieu sur la côte septentrionale (Asturies).

54. Extension verticale des Aurantiacées (cf. notes 6 et 7).

Grenade — 640^{m} ou 2,000′ (Boissier, *loc. cit.*).
Nice — 389-421^{m} ou 12-1,300′ (Daum, *Bemerk*, p. 103).
Etna — 617^{m} ou 1,900′ (Philippi, *loc. cit.*, mais d'après M. Gemellaro, s'élevant aussi haut que l'Olivier).
Chypre — 487^{m} ou 1,500′ (Unger, *Cypern*, p. 355).

55. Unger, *ibid.*, p. 459.

56. Grisebach, *Reise durch Rumelien*, I, p. 282.

57. Pour n'avoir pas pris en considération les cercles de variations, le *Quercus Ægilops* comme espèce est devenu très-confus. Placé à tort par Linné en Espagne, son nom spécifique ne se rapporte cependant qu'au Chêne velani caractérisé par ses gros glands, puisqu'il le rattache positivement à l'industrie commerciale dont ces fruits sont l'objet. Des études renouvelées me conduisirent aux résultats obtenus par Hooker (*Linn. Transact.*, XXIII, p. 381). Pourvu aujourd'hui de matériaux bien plus considérables, je ne fais donc que rectifier mon ancienne manière de voir, en divisant comme il suit les quatre espèces mentionnées : 1° *Q. Ægilops* L. Hook. Feuilles orbiculaires-oblongues, rarement plus étroites (*Q. troyana*, J. Sp.; *Q. Ægilops*, Oliv.) inférieurement le plus souvent revêtues de poils gris; lobes ordinairement arrondies ou munies d'une pointe raccourcie; cupules grandes, à écailles étroites, longues, pour la plupart recourbées. Syrie et Asie Mineure jusqu'aux îles Ioniennes (Oliv.) — 2° *Q. Libani*, Oliv. Feuilles oblong-lancéolées, luisantes, glabres : lobes munies d'une pointe aculiforme; cupule grande : écailles pour la plupart deltoïdes à pointe raccourcie. Mont Liban et Asie Mineure. — 3° *Q. castaneifolia*, C. A. M. (*Q. Ægilops*, *Spicil. rum.*, *Q. macedonica*, A. Ol.) Feuilles comme chez l'espèce précédente, quelquefois un peu velues inférieurement; écailles de la cupule pour la plupart étroites et recourbées. « Mazenderan, Talusch, » Géorgie, Asie Mineure, Macédoine, Albanie. — 4° *Q. pseudo-suber*, Sant. (*Q. suber*, Gr. *Reise durch Rumelien*, II, p. 354). Feuilles oblongues, faiblement sinueuses, inférieurement velues; tronc revêtu d'une écorce subéreuse; cupules petites, écailles pour la plupart deltoïdes. Albanie, Italie, Algérie (*Q. castaneifolia*, Coss. in *pl. Kralick*, 143). Précédemment j'avais considéré les trois premières espèces comme autant de formes d'une seule, et même aujourd'hui je dois avouer qu'il n'est pas aisé d'établir des limites entre elles. Le *Quercus troyana* se rapproche beaucoup du *Q. castaneifolia*, et, à en juger par les figures de M. Hooker, sur le même arbre les glands offrent des dimensions très-diverses, comme aussi les cupules varient considérablement.

C'est pourquoi il ne me paraît pas impossible qu'un jour on revienne à mon ancienne manière de voir. D'une autre part si, conformément à l'opinion de M. Visiani, j'avais admis le Chêne-liége comme une variété du *Q. ilex*, c'était une erreur, dans ce sens qu'alors je n'avais pas encore reconnu dans le Chêne albanais le Chêne italien de Santi.

58. Grisebach, *Reise durch Rumelien*, I, p. 200.

59. *Ibid.*, p. 216.

60. Willkomm dans *Bot. Zeit.*, 1846. Cf. *Jahresb.*, an. 1845, p. 25.

61. Les deux Erica les plus rares du dép. de la Gironde (*E. mediterranea* et *lusitanica*) n'y fleurissent qu'au mois de janvier (Grenier, *Flore de France*, II, p. 429-433).

62. A Marseille, la feuillaison du Grenadier a lieu seulement à la mi-avril, plus tard que celle des Tilleuls, Chênes et Ormes (Vaupell, *Nizza's Winterflora*, p. 16 : le 14 avril *Punica* et *Vitex agnus castus* commencèrent à bourgeonner).

63. Cosson observa à Saïda, en Algérie, des forêts d'Amandiers (*An. sc. nat.*, I, 19, p. 429; cf. A. de Candolle, *Géogr. bot.*, p. 889.

64. A. de Candolle, *Géogr. bot.*, p. 856.

65. Metzger, *Landwirthsch. pflanzenkunde*, p. 398, 404.

66. Grisebach, *Reise durch Rumelien*, II, p. 149. Dans la Macédoine, la région du Tilleul argenté est limitée aux altitudes de 389-487 mètres (1,200-1,500').

67. *Ibid.* I, p. 340. Tchihatchef, *Asie Mineure, Botanique*, II, p. 462.

68. A Nice, la feuillaison du Figuier a lieu le 30 mars (Vaupell, *Nizza's Winterflora*, p. 15), à Hyères, le 5 avril (*ibid.*, p. 16); sur le Bosphore, celle de l'Orme à la fin d'avril, celle du Figuier en mars (Tchihatchef, *le Bosphore et Constantinople*, p. 216).

69. Grisebach, *Reise durch Rumelien*, I, p. 171.

70. Unger et Kotschy, *Cypern*, p. 144.

71. Bertoloni, *Flora italica*, 10, p. 266.

72. Tenore, *Viaggio per diverse parti d'Italia*, III, p. 140.

73. Il paraît que c'est surtout parce que les figures classiques de l'ouvrage de M. Lambert sont accessibles seulement à un petit nombre de botanistes, que la classification systématique des espèces de Pins européens est si confuse. Aussi en présence du travail, du reste consciencieux, de M. Christ (*Verh. der naturf. Gesellsch. in Basel*, an. 1863), je crois devoir maintenir le résultat de mes propres investigations. Son *P. brutia* n'est pas autre chose que le *P. maritima* de M. Lambert et le mien, qu'il a tort de rattacher au *P. halepensis*. Ce qui prouve au contraire que le

P. brutia de Tenore est précisément le *P. halepensis,* c'est un cône conservé par moi, que M. Blasius avait rapporté du Jardin botanique de Naples, où il provient du *P. brutia* ainsi qualifié par M. Tenore. Il s'ensuit que cette dernière espèce est également la même que le *P. pyrenaica* de Parlatore (*Fl. italiana,* IV, p. 43, *exlus. syn. Lapeyr.*).

74. Les formes du Sapin argenté distinguées en Grèce (*Pinus cephalonica* et autres) ne sont qu'autant de variétés d'une même espèce (cf. UNGER, *Reise in Griechenland,* p. 93). Cela s'applique, d'après M. PARLATORE (*D. C. Prodr.,* XVI, p. 421), également au *P. nordmanniana,* Stev.

75. Voici ce qui résulte de mes études sur les arbres du genre *Juniperus :*

1. *J. thurifera,* L. Baies longuement pédonculées, feuilles entièrement appliquées, longues de 1mm, aplaties en une pointe sur le dos convexe. Sierra de Segura (Bourgeau), Sardaigne, mont Atlas (Balansa), Taurus cilicien, alt. 649-2,079 mètres ou 2-6,400′ (*J. excelsa,* Kotschy, Balansa).

2. *J. œgœa* (*J. excelsa, Spic. rum.,* Endl.). Baies sessiles; feuilles du *J. thurifera.* — Région côtière de l'île de Tassos, où l'arbre acquiert une hauteur de 9 mètres et constitue la forêt, de concert avec deux espèces de Pinus.

3. *J. fœtidissima,* W. (*J. excelsa,* M. B.). Baies à pédoncules très-courts; feuilles un peu étalées à l'extrémité, longues de 2mm, ordinairement infléchies à l'extrémité convexe du dos également convexe. — Karabagh (Hohenacker), Crimée (Steven : forme à dos presque non glanduleux), Taurus cilicien, alt. 1,624-2,111 mètres ou 5-6,500 pieds. (Kotschy, Balansa), Thibet, alt. 1,624-3,412 mètres ou 5-15,000 pieds (Thomson). Les stations dont je n'ai pu comparer des exemplaires sont : Abchasie (Nordmann); Turcomanie (Karatin d'après Ledebour), Fontau (Lehmann).

76. GRISEBACH, *Reise durch Rumelien,* I, p. 278.

77. Les Dattiers sont encore fréquents sur le golfe de Skanderun (Alexandrette), situé entre la Cilicie et la Syrie; ils atteignent donc ici la lat. sept. de 37° (Aucher-Eloy, *Relations de voyages en Orient;* cf. *Jahresb.* I, an. 1843, p. 37).

78. Limite altitudinale du *Chamœrops* sur l'Etna, 324 mètres (1,000 pieds), du *Phœnix,* 545 mètres ou 1,680′ (Philippi, *loc. cit.*). A Grenade, le Palmier nain fut trouvé par M. Boissier jusqu'à 487 mètres (1,500 pieds), et par M. Willkomm jusqu'à 650 mètres (2,000 pieds).

79. SANTI, *Viaggio secondo,* p. 172. Ce qui prouve que le Palmier nain n'est guère connu ni sur la côte méridionale de la France, ni dans

la Corse, c'est qu'il n'est pas mentionné dans la Flore de MM. Grenier et Godron. Il a été observé par M. GAY (A. DE CANDOLLE, *Géogr. bot.*, p. 152) entre Monaco et Villefranche. Les stations les plus orientales à Brindisi et à Durazzo sont signalées par M. Welden (MARTIUS, *Histor. palmarum*, III, p. 249).

80. SCHOUW (*Die Erde, die Pflanzen und der Mensch*, p. 12) : à Pompeji on ne voit figuré ni Cactées ni Agaves. Les données historiques sur l'introduction des Opuntia, ont été réunies par M. STEINHEIL (BOISSIER, *Voy. bot. en Espagne*, I, p. 25).

81. D'après les recherches de M. BOISSIER (*Voy. bot. en Espagne*, I, p. 192), c'est dans la région côtière de Grenade que le nombre de végétaux annuels atteint leur maximum. Sur 1,070 espèces, on y trouve 542 annuels, 46 bisannuels et 482 pérennents; parmi ces derniers, il y a 19 arbres et 126 arbustes ou demi-arbustes.

82. LIÉBIG a émis l'opinion que certaines parties de la Lombardie sont menacées de voir leur sol épuisé, mais en faisant abstraction de mauvais systèmes d'aménagements dont l'effet est préjudiciable dans tout pays, même dans les conditions naturelles les plus favorables, il est certain que le produit total de la plaine du Pô est de nos jours aussi élevé que jamais. Le renouvellement de la terre végétale, effectué à l'aide de l'eau courante et de l'inclinaison du sol, est pour l'agriculture d'une importance plus grande que toutes les ressources artificielles; si tel n'était pas le cas, comment les plantes sauvages pourraient-elles se maintenir à la longue, puisque la désagrégation et l'humification n'en finissent pas moins par fournir des produits impropres à la nutrition? C'est pourquoi, des plaines comme celle de la Virginie, situées loin des montagnes, se trouvent placées dans des conditions bien moins favorables que les plaines dont le sol, à l'instar de celui de la Lombardie, est renouvelé plus promptement et plus constamment, grâce aux montagnes qui les entourent de toutes parts.

83. Le sens qu'on attache en Grèce au terme de *Tomillarès*, a été indiqué par UNGER (*Cypern*, p. 104). Le même auteur fait observer qu'un autre nom est employé dans l'île de Chypre pour désigner cette formation, notamment l'expression *Trachiotis*, qui signifie pays aride, et par conséquent se rapporte aussi bien que celle de *Xerovuni* à la sécheresse du sol, qui pendant l'été donne aux pacages de montagne un aspect si stérile.

84. SCHREINER, *Steiermarks Waldstand* (*Berghaus, Ann.*, 1837, IV, p. 45), évalue l'aréal boisé de toute l'Europe à 20 p. 100 de la superficie de cette dernière. Il admet que cette proportion descend à 15 p. 100 dans la Grèce et à 8 p. 100 en Italie et en Espagne; mais je doute qu'en faisant

ces évaluations, l'auteur ait eu à sa disposition des matériaux suffisants en dehors de ceux qui se rapportent aux États de l'Autriche. D'après la statistique semi-officielle de la Grèce, publiée en 1867 par M. MANSOLA, l'aréal de la partie boisée de ce royaume constitue 11 p. 100 de la superficie totale de ce dernier (*Gött. gel. Anz.*, an. 1868, p. 1115, 1117); cet aréal y est donc bien plus étendu qu'on ne se le figure ordinairement.

85. WILLKOMM, *Bot. Berichte u. Vegetationssk. aus Spanien und Portugal* (*Bot. Zeit.*, IV, p. 8 : cf. *Jahresb.*, an. 1845 et 1851).

86. REUTER, *Essai sur la végét. de la nouv. Castille*, cf. *Jahresb.*, an. 1843, p. 28.

87. GRISEBACH, *Reise durch Rumelien*, I, 8, p. 245.

88. UNGER und KOTSCHY, *Cypern*, p. 109. Les Maquis de Chypre consistent en *Pistacia Lentiscus*, et *Juniperus phœnicea*, ceux de la langue de terre d'Athos en *Arbutus unedo*, *Quercus ilex*, *Cistus salvifolius* et *villosus*, *Erica arborea*, *Spartium junceum*, *Calycotome villosa* et *Anthylis Hermanniæ*.

89. GRISEBACH, *Reise durch Rumelien*, I, p. 35.

90. UNGER und KOTSCHY, *Cypern*, p. 371.

91. GRISEBACH, *loc. cit.*, I, p. 186.

92. *Ibid.*, II, p. 59.

93. WILLKOMM, *Die Strand und Steppengebiete der iber. Halbinsel*, cf. *Jahresb.*, an. 1852, p. 9.

94. GRISEBACH, *loc. cit.*, I, p. 354 et seq.

95. MASSOT (*Comptes rendus*, T. XVII. *Jahresb.*, an. 1853, p. 26).

96. RADDE (*Peterm. geogr. Mittheil.*, an. 1867, p. 97. *Jahresb.* dans Behm, *geogr. Jahrb.*, 2).

97. BOISSIER. *Voy. bot. en Espagne*, I, p. 213, *Jahresb.*, an. 1845, p. 32.

98. PHILIPPI, *Die Veget. am Aetna* (*Linnaeæ*, VII, p. 727-764).

99. KOTSCHY, *Reise in dem cilic. Taurus*, p. 373, 375, 415. Il est probable que les données altitudinales ne sont que des évaluations. Quant à l'assertion de M. DE TCHIHATCHEF, tendant à admettre que dans le Taurus cilicien les Cèdres et les Pins s'élèvent localement bien au delà de la limite des arbres indiquée par M. KOTSCHY, on ne saurait prendre cette donnée en considération, parce que lui-même paraît plus tard l'avoir retirée implicitement (*Asie Mineure, Botanique*, I, p. 309, 504 ; et II, p. 494, 496).

100. FORBES, *Travels in Lycia*, II (*Jahresb.*, an. 1847, p. 27).

101. MOLENDO (*Jahresb. des Augsb. naturhist. Vereins*, V, 18; cf. *Jahresb.* dans *geogr. Jahrb.* 2).

102. GRISEBACH, *Spicil. Floræ rum.*, II, p. 71, 339, 340.

103. TCHIHATCHEF, *Asie Mineure, Botanique*, II, p. 73, 480, 481. D'après les mesures faites par l'auteur, la limite du Hêtre dans les montagnes pontiques est portée à 1,800 mètres (5,540 pieds) : selon M. Koch, elle atteindrait localement 2,274 mètres ou 6,380 pieds (*loc. cit.*, I, p. 304), cependant ce voyageur admet l'altitude de 1,850 mètres (5,700') comme limite supérieure de la région du Hêtre (*Jahresb.*, an. 1848, p. 363).

104. SCHOUW (*Dansk. Videnskab. Sels. Skrift.* V, 1, *Jahresb.*, an. 1849, p. 28). — Dans les Appenins du Nord, M. HOFFMANN trouva la limite du Hêtre sur le Gran Lasso, déjà à une altitude de 1,786^{m} ou 5,500' (*Geognost. Betrachtungen*, p. 60).

105. WILLKOMM, *Prodr. Flor. hispan.*, I, p. 247; BOISSIER, *Voy. bot. en Espagne*, II, p. 575.

106. VISIANI, *Flora dalmatica*, 1, p. 14 (*Jahresb.* an. 1842, p. 393).

107. SENDTNER (*Ausland*, an. 1849, p. 643 ; *Jahresb.*, an. 1849, p. 643; *Jahresb.*, an. 1849, p. 32, 33).

108. WAHLENBERG, *Flora Carpatorum*, p. 308.

109. Comme exemple de la dépression que subit la limite orientale du Châtaignier, on pourrait citer ce fait que dans la flore pontique ainsi qu'en Crimée, il est limité à la région littorale de la mer Noire (*Tchihatchef, Ledebour*); cependant il est également mentionné dans l'Iméritie et dans le Karabagh. Sans doute la période de végétation de cet arbre est plus courte que celle de l'Olivier, mais plus longue que celle du Hêtre.

110. A Lisbonne, température estivale 21° 5 (Dove, *Temp. Taf.*); à Gibraltar 25° 4 (*ibid.*); à Malaga 25° 2 (Hænseler chez M. BOISSIER, *Voy. bot. en Esp.*); à Barcelone 25° (Dove) ; à Mafra (227^{m} ou 700' au-dessus de Lisbonne) seulement 17° 6 (*ibid.*); à Madrid (630^{m} ou 1,940'), au contraire, 24° 4 (*ibid.*). La température annuelle de Mafra est de 13° 6; celle de Lisbonne de 16° 3 (*ibid.*).

111. SCHLAGINTWEIT, *Physik. Geogr. der Alpen*, p. 345.

112. La question, si la basse température estivale de Mafra tient à la formation des brouillards, est encore à décider. La quantité de pluie tombée y est, à la vérité, considérablement plus forte qu'à Lisbonne (ici, 56^{mm} 3, à Mafra, 103^{mm} 7), mais l'été y est presque autant dépourvu de pluie, ce qui assurément n'exclut point la formation de brouillards qui diminuent l'échauffement du sol par le soleil. Pendant les trois mois d'été, les précipitations atmosphériques fournirent à Lisbonne 23^{mm} 2, à Mafra 29^{mm} 6 (Dove, *Klimatol. Beiträge*, I, p. 114).

113. *Jahresb.*, an. 1842, p. 390. La flore alpine de la Sierra Nevada

se trouve mélangée de plantes appartenant aux six catégories suivantes : plantes exclusivement propres à ce massif montagneux, espèces espagnoles, plantes de montagnes du midi de l'Europe, espèces de la flore méditerranéenne indifférentes aux actions clématériques, associées à des végétaux communs à l'Europe centrale et à l'Europe septentrionale et enfin végétaux de la flore alpine arctique.

114. BOISSIER, *Voy. bot. en Esp.*, I, *Jahresb.*, an. 1845, p. 25.

115. MARTINS, *Du Spitzberg au Sahara*. Édition allemande, II, p. 261. — *Mont Ventoux*, *id.*, p. 125.

116. LINK (*Bot. Zeit.* VI, p. 667 ; *Jahresb.*, an. 1848, p. 360.

117. LA MARMORA, *Itinéraire de l'île de Sardaigne*, I, p. 431 ; TENORE, *Essai sur la Géog. phys.* et *bot. du roy. de Naples.*

118. SCUDERI, *Dei boschi dell' Etna* (*Atti dell' Acad. Gioenia*, I.)

119. GRISEBACH, *Reise durch Rumelien*, II, p. 260. 302.

120. *Id.*, II, p. 158, 187. La limite problématique plus élevée du Hêtre sur le Nidgé (1,799^{m} ou 5,540^{p}, p. 168) n'a pas été prise en considération, mais la région alpine sur le Peristeri se trouve maintenant rapportée à la vraie limite du Hêtre, et non pas, comme précédemment, à la limite inférieure du *Juniperus nana.*

121. *Id.*, I, p. 302.

122. SPRUNER (*Regensb. Flora*, 1842, p. 636 ; *Jahresb.*, an. 1842, p. 39).

123. UNGER, *Ergebnisse einer Reise in Griechenland*, p. 66, 89, 121.

124. GRISEBACH, *Reise in Rumelien*, I, p. 80.

125. KOCH, *Wander. im Orient*, II ; cf. *Jahresb*, an. 1848, p. 363.

126. WAGNER, *Reise nach dem Ararat* ; cf. *Jahresb.*, *id.*, p. 367.

127. TCHIHATCHEF, *Asie Mineure*, *Botanique*, I, p. 285. La limite des neiges perpétuelles sur le mont Argée est portée ici, mais provisoirement, à 3,400^{m}. Cela correspond avec les évaluations de M. Wagner, relativement à la ligne des neiges dans l'ouest de l'Arménie, tandis que plus à l'est et à une distance plus considérable de la mer, cette limite est notablement plus élevée ; sur l'Ararat, elle va même jusqu'à 4,223^{m} ou 13,300' (*Jahresb.*, an. 1848, p. 365).

128. TCHIHATCHEF, *ibid.*, p. 218. Le vent sud-ouest dominait sans interruption pendant le mois de juillet jusqu'en septembre, et par conséquent à une époque où la flore alpine se développe, et comme l'axe du Taurus cilicien est dirigé du sud-ouest au nord-est, les chaînes montagneuses situées plus à l'est, profitent de la vapeur d'eau apportée par ce vent de mer.

129. TCHIHATCHEF, *ibid.*, p. 299.

130. UNGER et KOTSCHY, *Cypern*, p. 111, 263.

131. RADDE (chez Petermann, *Mittheil.*, an. 1867, p. 92; *Jahresb.*, dans *Geogr. Jahrb.*

132. WEGNER, *Augsb. Zeitung*, N° 4, *Jahresb.*, an. 1813, p. 13; Engelhardt et Parrot (*Mém. de l'Acad. de Pétersb.* 1841, p. 333; *Jahresb.* an. 1841, p. 420).

133. Monotypes généralement répandus : une légumineuse : *Spartium ;* 2 Crucifères : *Carrichtera, Calepina ;* 1 Primulacée : *Coris ;* Convolvulacée : *Cressa ;* 1 Labiée : *Rosmarinus ;* 6 Synanthérées : *Gatyona, Zazintha, Geropogon, Notobasis, Tyrimnus, Diotis.*

134. Parmi les Monotypes qui relient entre elles les diverses divisions du domaine méditerranéen, nous citerons les suivants : *Pentapera* (Éricée en Sicile et à Chypre), *Apteranthes* (Asclépiadée observée sur les deux petites îles Lampedusa et Linosa, entre la Sicile et Tunis, puis à Oran, en Algérie, enfin dans les montagnes du Maroc et à Alméria, sur la côte espagnole opposée), *Fontanesia* (Oléinée constatée dans la Syrie, la Cilicie, la Pamphylie et la Sicile), *Callipeltis* (Rubiacée constatée dans l'Orient, en Espagne et dans le nord de l'Afrique), *Lonas* (Synanthérée dans la Terra d'Otrante, province de l'Italie méridionale, en Sicile et dans le Maroc).

135. Les chiffres indiquant la relation entre le nombre des espèces végétales exclusivement propres à un pays et l'étendue de ce dernier exprimée en milles géographiques carrés, offrent le moyen le plus simple pour comparer la disposition et la richesse des divers centres de végétation. J'évalue (en grande partie d'après les données de M. Behm dans son *Geogr. Jahrbuch*, vol. I) à environ 33,500 milles carrés allemands la superficie du domaine méditerranéen et je la divise en sections principales suivantes : 1° Espagne, Portugal et 8 départements de la France ; 2° Afrique septentrionale jusqu'aux limites du Sahara ; 3° Sardaigne et Corse ; 4° Italie et Sicile ; 5° parties suivantes de la péninsule hellénique : régions littorales de l'Illyrie et de la Dalmatie, Albanie, Macédoine, Thrace, Thessalie, Grèce et Archipel grec avec les îles Ioniennes et la Crète ; 6° moitié de l'Asie Mineure ; septième partie de la Syrie et île de Chypre. Le tableau suivant, dressé d'après le catalogue de mes collections, fait voir le total des espèces habitant exclusivement l'enceinte de chacune de ces sections ou n'en dépassant que de peu les limites :

1. Espagne (Portugal jusqu'à Nice)...	11,000 milles carrés.		782 espèces		(1/13)
2. Côte de l'Atlas..................	6,000	— —	335	—	(1/18)
3. Sardaigne et Corse...............	600	— —	72	—	(1/8)
Sardaigne seule..................	440	— —	9	—	(1/50)
Y inclus les 12 espèces de Moris à moi inconnues (1/20).					
Corse seule......................	160	— —	32	—	(1/5)
Communes aux deux îles..................			32	—	
4. Italie depuis les Alpes jusqu'à la Sicile..........................	4,930	— —	207	—	(1/25)
Sicile seule.....................	530	— —	87	—	(1/6)
Terre ferme de l'Italie (y inclus les espèces répandues jusqu'à la Sicile).........................	4,400	— —	120	—	(1/36)
5. Péninsule hellénique.............	4,740	— —	479	—	(1/10)
Côte illyrico-dalmatienne.........	390	— —	45	—	(1/8)
Partie turque (incomplètement explorée).........................	3,120	— —	160	—	(1/26)
Grèce : terre ferme et îles........	1,075	— —	191	—	(1/6)
Crète	155	— —	83	—	(1/2)
6. Partie Anatolico-syrienne........	6,220	— —	831	—	(1/7-1/8)
Anatolie / Pont	5,000	— —	651	—	(1/7)
Syrie...........................	950	— —	109	—	(1/9)
Chypre..........................	170	— —	10	—	(1/17)

Ainsi, le total des plantes endémiques du catalogue (environ 2,700) se rapporte à la superficie du domaine méditerranéen de telle sorte, que pour environ 23 mille carrés, il y a une espèce (1/13), tandis que le grand total de la flore entière (7,000) correspondrait à la proportion de 5 milles carrés pour une espèce (1/5).

136. Pour les relations de l'île de Crête à l'égard de celle de Chypre, comparez mon rapport dans *geogr. Jahrb.*, II, p. 203.

137. **Plantes endémiques de l'Espagne.**— Sur les 782 espèces endémiques de mon catalogue, 577 appartiennent à 11 familles, qui, eu égard au nombre total, forment la série suivante : Synanthérées (16 pour 100), Légumineuses (12 p. 100), Crucifères (8 p. 100), Scrophularinées (7 p. 100), Caryophyllées (7 p. 100), Labiées (5 p. 100), Ombellifères (presque 5 p. 100), Graminées (4 p. 100), Cistinées (presque 4 p. 100), Liliacées (au delà de 3 p. 100), Plumbaginées (3 p. 100). Les genres les plus étendus rangés d'après le nombre des plantes endémiques qu'ils contiennent, sont : *Linaria* (33 espèces), *Centaurea* (23), *Helianthemum* (20) ; *Ononis, Silene, Thymus, Armeria* (13) ; *Saxifraga, Statice* (11) ; *Genista, Astragalus, Dianthus, Arenaria, Teucrium, Senecio, Narcissus* (10) ; *Ulex, Cistus,*

Sisymbrium (9). Les dix-huit genres monotypes sont mentionnés dans le texte : le genre *Prolongoa* a été exclu, attendu que ses rapports avec les autres Chrysanthémées ne me sont pas clairs.

138. DURIEU, *Excursions in the maountains of Asturias* (dans *Hooker's Companion to the Bot. mag.*, I, p. 213.

139. **Plantes endémiques de l'Afrique septentrionale méditerranéenne.** — Sur les 335 espèces endémiques de mon catalogue, 244 appartiennent à 10 familles qui forment la série suivante : Synanthérées (20 p. 100), Légumineuses (13 p. 100), Crucifères (8 p. 100), Labiées (7 p. 100), Ombellifères (5 p. 100) ; Caryophyllées, Graminées et Liliacées (4 p. 100) ; Scrophularinées (3 p. 100), Cistinées (plus de 2 p. 100). Au nombre des genres les plus considérables sont : *Ononis* (10 espèces), *Centaurea, Silene* (9), *Sinapis* (7), *Erodium, Galium, Carduncellus* (6), *Astragalus, Linum, Linaria, Thymus, Campanula, Atractylis, Pyrethrum, Scilla* (5). Parmi les genres monotypes *Kremeria* et *Ludovicia* ont été exclus parce que MM. Bentham et Hooker ont rattaché le premier au *Muricaria* et le deuxième au *Hammatalobium* ; mais on peut encore citer les genres suivants comme caractéristiques et la plupart d'entre eux comme indiquant une connexion climatérique avec l'Orient : les Légumineuses, *Hammatalobium* et *Ebenus* ; les Crucifères, *Vella, Savignya, Zilla*, et *Muricœria* ; les Synanthérées, *Zollikoferia, Kalbfussia, Spitzelia, Catananche, Othonna, Cladanthus* et *Anvillea*, la Conifère *Callitris*, l'Aroidée *Ischarum* et les Graminées *Ammochloa* et *Anthistiria*.

140. **Plantes endémiques des Baléares.** — La flore de ce groupe d'îles dont l'aréal est de 87 milles géographiques carrés, contient chez Cambassèdes (*Enumeratio plantarum ins. Balear.*, dans *Mem. Mus.*, t. XIV). 664 plantes vasculaires, dont 8 n'avaient été trouvées qu'ici, et qui, en sus de celles citées dans le texte, sont : *Brassica balearica, Helianthemum Serrœ, Helichrysum Lamarkii, Crepis Triasii, Origanum majoricum* et *Leucojum Hernandezii*.

141. **Plantes endémiques de la Corse et de la Sardaigne.** — Parmi les 72 plantes de mon catalogue propres à ces deux îles, les seules familles possédant une série plus considérable d'espèces sont : les Labiées (9 espèces), les Synanthérées (8 espèces) et les Crucifères (6 espèces). Dans la plupart des cas, les espèces endémiques ne sont que des espèces isolées de genres plus considérables, disséminées irrégulièrement parmi diverses familles. Ce n'est que dans 7 genres que je trouve 2 plantes endémiques, et seulement un seul genre (*Armeria*) en possède 4. Les 4 Labiées à petits organes foliaires sont : *Mentha Requienii* (Corse), *Micromeria filiformis* (Corse et Baléares), *Melissa*

glandulosa et *Acinos corsicus* (Corse et Sardaigne), les 3 autres plantes à petites feuilles (avec les deux Monotypes) sont désignées dans le texte, de même que les végétaux ligneux endémiques. Dans la *Flora Sardoa* de Moris où jusqu'à ce moment les Dicotylédones sont terminés, je trouve encore environ 12 espèces endémiques, en quelque sorte solidement établies, mais qui me sont inconnues ; une Labiée à petites feuilles *Micromeria cordata*, Mor.) y est distinguée de la *Micromeria microphylla*, espèce variable et très-répandue, mais qui demande à être comparée ultérieurement.

142. On cite comme exemples de plantes exclusivement limitées à de petites îles : *Daucus lopedusanus* à Lampedusa, et *Linaria Capraricæ* à Capraya et à Elbe.

143. **Plantes endémiques de l'Italie.** — Sur les 207 espèces endémiques de mon catalogue, 156 appartiennent à 12 familles et forment la série suivante : Synanthérées (18 p. 100), Légumineuses (13 p. 100), Crucifères (9 p. 100), Ombellifères (8 p. 100), Graminées (6 p. 100), Ranunculacées (5 p. 100), Liliacées (4 p. 100), Caryophyllées (plus de 3 p. 100), Scrophularinées (3 p. 100), Labiées, Rubiacées et Plumbaginées (presque 3 p. 100). De genres plus considérables sont : *Ranunculus* et *Anthemis* (6 espèces) ; *Senecio* (5) ; *Vicia, Medicago, Brassica, Calendula, Helichrysum, Allium* (4). Les végétaux ligneux sont mentionnés dans le texte : M. Regel a rattaché à l'*Alnus cordifolia* l'espèce caucasienne *A. subcordata*, identification qui à mon avis exige une confirmation ultérieure, mais qui, si elle se trouvait constatée, ferait disparaître le seul arbre du nombre de plantes exclusivement propres à l'Italie. Parmi les centres de végétation spéciaux, mon catalogue contient 3 plantes de l'Etna (*Galium, Senecio* et *Festuca* dont les noms spécifiques sont empruntés au nom de la montagne), 4 des Apennins apuanes (*Silene lanuginosa, Santolina pinnata, Corradoria et Avena villosa*), 5 de la Ligurie (parmi lesquelles la remarquable *Saxifraga florulenta*, bien qu'appartenant plutôt aux Alpes-Maritimes), 13 de l'Italie inférieure et 17 des Abruzzes. De même que dans tout le domaine méditerranéen, je n'ai admis ici presque exclusivement que les espèces dont j'ai eu connaissance pour les avoir vues de mes propres yeux. La tendance qu'ont fréquemment les botanistes classificateurs à trouver ou à distinguer du nouveau dans la sphère de leur demeure, ne permet que rarement de faire usage de leurs livres pour les comparaisons géographiques. C'est ainsi que des botanistes italiens des plus distingués ont décrit dans leurs flores locales beaucoup d'espèces rejetées par M. Bertoloni qui donnait dans l'excès opposé. Je citerai, comme exemple,

que M. de Notaris (*Prospetto della Flora ligustica*) décrit 20 nouvelles espèces des centres liguriens, parmi lesquelles quelques-unes, comme il le dit lui-même, ont été introduites avec les plantes cultivées; d'autres, que je connais, ne sont pas limitées à cette côte ou bien doivent être considérées comme des variétés, ce qui assurément ne veut pas dire que parmi les espèces dont il s'agit, il ne puisse s'en trouver d'importantes et à caractère particulier.

144. **Plantes endémiques de la péninsule hellénique.** — Parmi les 479 espèces endémiques de mon catalogue, 372 font partie des familles suivantes : Synanthérées (18 pour 100), Caryophyllées (9 pour 100), Labiées (plus de 8 pour 100), Légumineuses et Ombellifères (presque 8 pour 100), Crucifères (7 pour 100), Campanulacées (6 pour 100), Scrophularinées (5 pour 100), Rubiacées (4 pour 100), Liliacées (plus de 3 pour 100), Boraginées (3 pour 100). Il en résulte donc d'une manière évidente, relativement à l'Italie, un accroissement considérable dans les Caryophyllées, Labiées et Campanulacées, ainsi qu'une décroissance dans les Légumineuses comparativement aux deux péninsules occidentales (Espagne et Italie), tandis qu'avec ses nombreuses Caryophyllées et Labiées, l'Espagne occupe une place intermédiaire, mais reste également en arrière sous le rapport des Campanulacées. Les genres les plus étendus sont : *Centaurea* (25 espèces), *Dianthus* (20), *Campanula* (19), *Silene* (13), *Stachys* et *Galium* (12), *Trifolium, Verbascum* et *Achillea* (8), *Saxifraga* (7), *Erysimum, Senecio, Crocus,* et *Allium* (9). On peut citer comme exemples d'espèces caractéristiques pour des centres spéciaux et en sus des espèces mentionnées dans le texte : en Dalmatie : *Seseli tomentosum* et *globiferum, Pyrethrum cinerarifolium, Moltkia petræa* (*Lithospermum,* A. DC.), la dernière s'étendant jusqu'à Montenegro; dans les montagnes de la Macédoine : *Silene Asterias, Viscaria atropurpurea, Alkanna* (2 espèces), *Betonica scardica* (allant jusqu'en Servie), *Tephroseris procera;* en Grèce : *Ebenus Sibthorpii*, *Hymenonema græcum, Aristolochia microstoma, Merendera attica;* en Crète : *Ricotia cretica*, *Cynoglossum sphacioticum*, *Anchusa cæspitosa*, *Symphyandra cretica, Ammanthus* (2 espèces), *Chionodoxa* (2).

145. **Plantes endémiques de l'Anatolie et de la Syrie.** —Sur les 816 espèces endémiques de mon catalogue, 679 appartiennent aux douze familles suivantes : Synanthérées (13 pour 100), Légumineuses (13 pour 100), Caryophyllées et Labiées (9 p. 100), Ombellifères (8 pour 100) Crucifères (7 pour 100), Scrophularinées (presque 5 pour 100), Boraginées (presque 4 pour 100), Rubiacées (plus de 3 pour 100), Campanulacées, Liliacées et Graminées (3 pour 100). Ainsi l'analogie climatérique avec l'Espagne

est exprimée dans les Légumineuses, et avec la Grèce dans les Caryophyllées et les Labiées. Les genres les plus considérables sont : *Centaurea* (25 espèces), *Silene* (22), *Astragalus* (20), *Trifolium*, *Hypericum*, *Galium* et *Campanula* (17), *Anthemis* (15), *Dianthus* et *Salvia* (13), *Trigonella, Verbascum* et *Stachys* (12), *Arenaria* (11), *Senecio* (10), *Alyssum* et *Marrubium* (9), *Onobrychis*, *Bupleurum*, *Nepeta* et *Allium* (8). Indépendamment des monotypes cités dans le texte, il y a encore plusieurs (5) Ombellifères distingués comme genres particuliers, mais cependant non reconnus comme tels par MM. Bentham et Hooker. A titre de genres caractéristiques, les suivants sont encore à ajouter à ceux déjà mentionnés; pour l'Anatolie, *Ebenus, Acanthophyllum, Ricotia, Heldreichia, Aethionema, Bupleurum, Hasselquistia, Prangos, Wiedemannia, Sideritis, Alkanna, Moltkia, Onosma, Asyneuma* (*Phyteuma,* sp. auct.), *Helichrysum, Achillea, Acantholimon, Crocus, Chionodoxa, Nephelochloa, Colpodium;* pour la Syrie et la Cilicie: *Hammatolobium, Ceratocapnos, Zosimia, Polylophium, Ainsworthia, Turgenia* (*Lisœa* et *Turgeniopsis*), *Tordylium, (Synelcosciadium), Prangos (Meliocarpus), Coriandrum (Keramocarpus), Munbya, Trachelium, Michauxia, Cousinia.*

146. Prior (jadis Alexander) dans *Ann. nat. hist.*, XVII, p. 124, cf. *Jahresb.*, ann. 1846, p. 25.

147. Une liste de plantes de la péninsule hellénique, qui au reste sont endémiques, mais s'étendent jusqu'à la Hongrie méridionale et la Croatie, contient plus de 30 espèces qui cependant constituent pour la plupart des plantes de montagnes (marquées par un astérisque *) ou en tous cas sont exclues de la région chaude. Exemples caractéristiques : *Astragalus chlorocarpus**, *Tilia argentea**, *Silene Lerechenfeldiana**, *Mœhringia pendula**, *Cardamine carnosa**, *Aurinia sinuata** et *macedonica* (*A. saxatilis,* (*Spicil. rum.* non Auct.), *Bruckentalia spiculiflora**, *Acanthus langifolius, Verbascum leiostachyum**, *Symphytum ottomanum**, *Thymus acicularis**, *Campanula lingulata**, *macrostachya* et *divergens**, *Comandra elegans, Gymnadenia Friwaldii**, *Tamus cretica, Sesleria marginata**. *Bongardia chrysogonum* et *Morina persica* offrent deux exemples remarquables de la connexion de la Grèce avec les steppes de l'Orient.

148. Voici des exemples de plantes *africano-septentriono-siciliennes* dont je compte environ 30 espèces : *Rhus pentaphyllum* et *dioecum, Euphorbia Bivonæ, Saponaria depressa**, *Polycarpon Bivonæ, Thlaspi luteum, Ranunculus spicatus* (*R. rupestris,* Guss.), *Eryngium triquetrum, Magydaris tomentosa* (également en Sardaigne), *Teucrium*

pseudoscorodonia, Helminthia aculeata, Carduncellus pinnatus, Microlonchus tenellus, Lonas inodora, Anthemis punctata, Scabiosa parviflora (*S. dichotoma*, Ucr.), *Iris mauritanica, Festuca cœrulescens, Melica Cupani, Gastridium scabrum* et *nitens*.

149. Liste des plantes de steppe qui reparaissent en Espagne, avec l'indication des stations intermédiaires en tant qu'elles ont été constatées : 1° 24 plantes herbacées monocarpiques (22 annuelles et 2 bisannuelles) : *Trigonella polycerata* (Provence, Hongrie), *T. pinnatifida; Silene conoidea* (France méridionale, Ligurie, introduite en Belgique avec les blés); *Cerastium perfoliatum* (Grèce), *C. dichotomum, Minuartia montana, Queria hispanica* (Servie, Grèce), *Mollugo cerviana* (Grèce, sous les tropiques jusqu'au cap dans les blés), *Helianthemum villosum* (très-voisin d'une espèce méditerranéenne, *H. niloticum*); *Meniocus linifolius* (station illyrienne non confirmée), *Lepidium perfoliatum* (bisannuel, depuis les steppes jusqu'à la Galicie, la Hongrie, la Servie et l'Archipel), *Sisymbrium runcinatum*, Lag.; *Lagœcia cuminoides* (Macédoine, Grèce); *Veronica digitata* (Thrace); *Rochelia stellulata* (Hongrie, Thessalie,) *Echinospermum patulum, Lycopsis orientalis; Salvia pinnata* (bisannuelle), *Ziziphore tenuior; Callipeltis cucullaria; Matricaria aurea Cotula*, L. : également dans le Sahara); *Campanula fastigiata*, Duf.; *Plantago Lœflingii; Scleropoa memphitica* (Thrace). — 2° 7 plantes herbacées perennentes : *Astragalus alopecuroides* (Dauphiné : identité non encore démontrée); *Zygophyllym Fabago* (Sardaigne); *Peganum Harmala* (Naples, péninsule hellénique jusqu'à la Hongrie); *Gypsophila struthium* (la plante espagnole distinguée par M. Willkomm sous le nom de *G. hispanica*, très-voisine de l'espèce continentale *G. fastigiata*); *Orobanche cernua* (France méridionale, croît également sur l'*Artemisia campestris*); *Eurotia ceratoides* (Autriche inférieure); *Arundo hispanica* (*Phragmites*, Ns., variété climatérique peut-être).

150. Cosson (*Bullet. soc. bot. France*, 1856, mars). Dans mes exemplaires, les feuilles aciculaires du Cèdre de l'Atlas ont 13-18^{mm}, celles du Cèdre du Taurus cilicien 15-22^{mm}.

151. J. Hooker (*Journ. Linn. Soc.* VIII, p. 145. *Bericht* dans *geogr. Jahreb.*, II, p. 200). M. Pancie a réussi plus tard à constater le *Pinus pence* sur le Kom (p. 316).

152. A. de Candolle, *Géogr. bot.*, p. 611-640. — Gussone (*Ibid.*, p. 707).

153. Berthelot, son observation manuscrite ajoutée à *Erigeron ambiguus* (dans *Göttinger bot. Museum*) est ainsi conçue : « Cette Composée, qui a quelque rapport avec les Conyza, est devenue très-commune sur toutes les côtes de Ténériffe après le dernier ouragan. »

154. Avec la culture du riz se sont établies les Cypéracées en se répandant dans les marécages du pays. L'*Euphorbia hypericifolia* (*E. Preslii*, Guss.) y a une origine semblable; de même les plantes observées dans les marais de Bientina et que les botanistes italiens avaient considérées comme locales, peuvent également être rattachées à des espèces exotiques, notamment *Hypericum bientinense*, à l'espèce de l'Amérique septentrionale *H. mutilum; Scirpus squarrosus* (*Fimbristylis*, V.) vient des tropiques, et quant au *S. Cionianus* (*Fimbr.*, Savi), il n'a pas encore été identifié d'une manière certaine avec une autre espèce.

155. SCHOUW, *Die Erde, die Pflanzen und der Mensch* (*Jahresb.*, ann. 1851, p. 31). La présence du *Cyperus polystachyus* en Sicile, attestée par M. Presl, n'a pas été confirmée (PARLATORE, *Fl. ital.*, II, p. 25).

IV

DOMAINE DES STEPPES

Climat. — La sphère de civilisation de l'Occident européen est séparée de celle de la Chine et de l'Inde par le vaste domaine des steppes, et voilà pourquoi dans le cours de l'histoire ces deux sphères se sont rarement trouvées en contact, et que chacune d'elles a suivi un développement qui lui est propre. Depuis les embouchures du Danube dans la mer Noire, jusqu'aux affluents de l'Amur, de même que depuis la région moyenne du Volga (53° L. N.) jusqu'au littoral de la mer d'Arabie, dans les parages de Béloutschistan (26°), et jusqu'à l'arête principale de l'Himalaya, on voit les surfaces les plus déprimées comme aussi les plus élevées de notre globe, s'étendant à travers de toute l'Asie antérieure et de l'Asie centrale, occupées par les steppes, avec leur type climatérique uniforme et pourtant si diversement nuancé, et avec leurs peuples nomades et pasteurs qui, dès les époques les plus reculées, ne se sont élevés à l'existence solidaire des villes et à l'association politique indépendante, que là où l'eau courante était venue offrir son appui à l'agriculture. A en juger par son action sur la vie végétale, le climat de ces contrées n'est guère plus favorable que celui de la zone arctique, bien que, eu égard à la position géographique, il ait beaucoup plus d'affinité avec les contrées méditerranéennes bénies du ciel. Un été chaud, dénué de pluies, est commun aux deux domaines, mais comme avec la distance de l'Atlantique le climat continental va toujours en se développant, il en résulte, que les contrastes croissants entre les saisons font perdre les avantages d'un ciel plus méridional. Par suite de la rigueur et de la durée de l'hiver, la période de la végétation printanière se trouve réduite, et celle de l'automne à peine renouvelée, en sorte que le temps assigné au développement est limité, comme dans le haut nord, à trois mois tout au plus. Sur un espace dont l'aréal peut être évalué à presque 300,000 milles carrés, et qui, par conséquent, embrasse plus du tiers de toute l'Asie, nous trouvons cette succession uniforme de trois saisons, parmi lesquelles le court printemps est presque la seule qui soit à la disposition de la vie végétale pour opérer son développement, puisque les neiges de l'hiver se rattachent en quelque sorte immédiatement à un été sans pluie. Ce n'est qu'une organisation adaptée au climat sec de l'été, qui soit capable de prolonger chez certaines formes végétales la période de développement; et comme chez les autres plantes la brièveté de la période de végétation ne tient qu'au défaut d'irrigation, la présence des cours d'eau et de montagnes susceptibles de maintenir l'humidité, même en été, suffit pour fournir à l'industrie humaine des conditions beaucoup plus favorables.

Si le climat et la végétation offrent un si haut degré de concordance, le long des méridiens qui s'étendent depuis la steppe kirghize jusqu'au littoral de la mer indo-arabe, à travers 27° de latitude, la cause générale de ce phénomène tient à ce que les différences latitudinaires se trouvent neutralisées jusqu'à un certain point par l'exhaussement du sol des hautes régions asiatiques, ce qui fait que dans le Midi l'action du soleil est atténuée, quoique, à la vérité, pas dans les mêmes proportions comme dans les montagnes, où la température décroît plus rapidement en sens vertical que sur les plateaux comparés aux régions basses. La dépression de la Caspienne est de 25m,9 au-dessous du niveau de l'Océan. Les hautes plaines méridionales qui, fractionnées par des chaînes montagneuses, s'étendent sans discontinuation depuis l'Asie Mineure jusqu'à la steppe de Gobi, s'élèvent de 975 à 1,949 mètres (3,000-6,000 pieds)[2], et atteignent dans les plus grands bombements du sol de l'Asie centrale l'altitude sans exemple de plus de 5,197 mètres (16,000)[3]. Aux contrastes continentaux créés par les phénomènes de l'échauffement, s'ajoute un second phénomène climatérique, celui d'une sécheresse atmosphérique extraordinaire. Ici, la région basse du nord reçoit du désert africain et des hautes surfaces de l'Asie antérieure les courants atmosphériques équatoriaux, qui dans d'autres conditions eussent apporté humidité et pluie, mais qui n'atteignent cette région qu'après avoir été dépouillés de la majeure partie de leur vapeur aqueuse, pendant le long trajet à travers deux continents. Le climat des plateaux ne saurait nulle part être mieux qu'ici, étudié dans ses conditions diverses. Considérée sous le point de vue le plus général, la sécheresse d'un tel climat est la suite du poids de la vapeur aqueuse dont la densité diminue rapidement avec la hauteur, et dont la décroissance accélère à son tour l'évaporation. Ces effets se trouvent limités dans les montagnes, parce que les vents qui remontent leurs pentes favorisent la formation des nuages, et que l'échauffement inégal produit par la variété des expositions donne lieu à des précipitations. D'ailleurs, presque toutes les hautes plaines du globe se trouvent entourées de montagnes plus élevées, qui enlèvent l'humidité à l'enceinte intérieure, et c'est précisément en Asie qu'exercent en ce sens une action desséchante toutes les hautes chaînes montagneuses, depuis le Taurus jusqu'au Chingan, en Chine. Enfin, grâce à la sérénité du ciel, le climat des plateaux devient encore plus excessif qu'il ne le serait déjà par sa position dans l'intérieur du continent asiatique. Par suite, les courants atmosphériques soufflant en sens horizontal s'échauffent pendant l'été, lorsque venant d'une atmosphère plus froide ils arrivent au plateau où, sous un ciel serein, l'insolation a plus de force, et c'est là encore un motif qui empêche la condensation des vapeurs aqueuses dans les régions élevées. Lorsque toutes ces influences agissent simultanément dans une enceinte bordée de montagnes, on voit en Asie, même sous des latitudes assez élevées, des steppes qui se convertissent en déserts inhabitables.

Comparés avec le domaine méditerranéen, les étés des

steppes dénuées de pluie qui limitent au printemps la période de développement de la plupart des plantes, ont une plus grande extension du côté du nord, ce qui élargit considérablement la sphère topographique des conditions vitales analogues. Tandis que dans la Méditerranée les courants polaires qui amènent le ciel serein ne soufflent guère constamment pendant l'été au delà du 45ᵉ degré de latitude, leur action dans les steppes de la Russie d'Europe s'étend 8° plus au nord. La transition est brusque ; la zone plus vaste de l'alizé d'été commence au pied oriental des Carpathes, conserve son extension au delà de l'Oural jusqu'à l'Altaï, et en allant de là jusqu'à l'Amur, n'en atteint pas moins le 30ᵉ degré de latitude *.

Comme dans une partie de notre domaine, les steppes asiatiques passent à de véritables déserts, qui sous le rapport de la réduction de la vie végétale peuvent être placés sur le même rang avec le Sahara, on est généralement porté à admettre que les mêmes causes qui fractionnent climatériquement le continent africain agissent également en Asie, et remontent vers des latitudes plus élevées, conformément à la position géographique du continent. Mais les conditions du climat tropical doivent être distinguées d'une manière plus précise de celles de la zone tempérée, afin de se former une juste idée de la disposition de la végétation dans les deux continents. Dans le Sahara, l'alizé qui enlève l'humidité au sol souffle sans interruption pendant toute l'année, mais dans les steppes, lors même que le pays est tout aussi désolé et désert, ce courant atmosphérique alterne en hiver et au printemps avec le contre-alizé

* Dans son travail intitulé *Die atmospherische circulation* (Circulation atmosphérique) publié dans Peterman *Mittheil.* (*Ergänzungsheft* n° 38), M. Wayeïkof signale (p. 18) l'erreur que, selon lui, M. Grisebach aurait commise en admettant un alizé de nord-est sur la côte de la mer Noire ainsi que dans les steppes de la Russie méridionale en général (V. *Domaine forestier du continent oriental*, p. 142), car M. Wayeïkof déclare qu'au contraire le domaine des pluies estivales prédominantes s'étend presque sur la Russie européenne tout entière jusqu'à la mer Noire et le Caucase et que l'alizé nord-est n'y existe point. En conséquence, la limite entre le domaine forestier et le domaine des steppes telle que M. Grisebach l'a tracée, devrait, selon le savant russe, être portée beaucoup plus au sud; aussi M. Wayeïkof signale-t-il dans la Russie d'Europe des forêts situées au sud de la limite de la végétation arborescente admise par M. Grisebach. — T.

qui, eu égard à sa direction opposée, donne lieu à des précipitations aqueuses dont le bénéfice ne peut être perdu pour la végétation que sous l'influence d'obstacles locaux.

Afin de pouvoir apprécier à sa juste valeur la zone des déserts du Monde Ancien, il est nécessaire de remonter à l'origine des alizés et des moussons. Lorsque le soleil a traversé le zénith, il se développe un courant d'air ascendant, ce qui donne naissance à un système de mouvements atmosphériques qui mettent en relation les hautes et les basses latitudes, et atténuent les différences que présentent leurs degrés de réchauffement. Les zones les plus chaudes, où la pression de l'air est à son minimum, reçoivent les alizés des deux hémisphères, qui s'y précipitent latéralement, tandis que dans les couches supérieures de l'atmosphère ce mouvement est équilibré par le retour du contre-alizé. Dans l'Atlantique comme dans le Pacifique, entre les deux alizés se trouve intercalée une zone de calmes, qui correspond à l'aspiration des courants atmosphériques ascendants. Lorsqu'on mentionne une semblable zone de calmes, qui existerait dans l'intérieur des continents, il ne faut pas perdre de vue que les deux alizés de l'Afrique et de l'Amérique, ainsi que les moussons de l'Asie, se touchent directement et se refoulent les uns les autres, et que, par conséquent, le courant atmosphérique ascendant se trouve contracté en une ligne possédant le maximum d'échauffement et le minimum de pression. Cette zone d'aspiration, tantôt étroite, tantôt élargie, fournit par sa position une mesure plus juste de la répartition de la chaleur dans l'atmosphère des tropiques que les indications du thermomètre, qui ne se rapportent qu'aux couches inférieures de l'atmosphère. Ces indications dépendent de la conductibilité thermique du sol et n'apprennent rien relativement aux rapports entre l'insolation et le rayonnement nocturne, rapports qui manifestent leur influence également sur la pression et la température des couches supérieures de l'atmosphère. Depuis mai jusqu'à septembre [4], les régions les plus chaudes de l'Afrique orientale et de l'Arabie sont situées des deux côtés de la mer Rouge et s'étendent jusqu'à l'isthme de Suez (30° L. N.), mais l'aspira-

36

tion qui donne lieu à l'alizé du nord ne franchit point les tropiques dans une saison quelconque. L'échauffement plus considérable qui se manifeste à la surface du sol ne trouble pas le mouvement général de l'atmosphère dans le sud, et l'absence persistante des pluies dans le Sahara est une suite de ce phénomène. Les moyennes de l'année entière donnent une idée plus juste de la répartition de la chaleur dans l'atmosphère de l'Afrique tropicale, que les variations de température selon les saisons ou les heures du jour.

Dans la basse région, les époques des pluies tropicales s'étendent constamment jusqu'à la ligne où la zone d'aspiration suivant le mouvement solsticial, s'écarte de l'équateur. Sur la mer, elles accompagnent la zone des calmes, et sur la terre ferme, elles se manifestent aussi longtemps que les courants atmosphériques s'écoulent en sens opposé à l'alizé proprement dit, qui souffle du pôle à l'équateur. Par suite de la rapidité croissante de rotation dans la direction de l'équateur, cet alizé subit la déviation qui convertit le vent du nord en nord-est, et le vent du sud en sud-est. C'est par la même raison que l'alizé qui franchit l'équateur, parce que la zone d'aspiration se transporte sous d'autres latitudes, cesse d'être un vent sud-est pour devenir vent sud-ouest, ainsi que le nord-est devient nord-ouest. Ce sont là les directions des moussons d'été, considérées comme autant d'élargissements de l'alizé venant de l'hémisphère opposé. Les époques de pluie de l'Afrique tropicale sont, par conséquent, accompagnées de vents sud-ouest de ce côté de l'équateur, et de vents nord-ouest de l'autre côté.

Comme la terre ferme est plus fortement échauffée par le soleil que par la mer, et que l'effet calorifique se produit plus promptement, de manière que l'insolation par les rayons verticaux n'a pas besoin d'agir aussi longtemps pour déplacer le courant d'air ascendant, il s'ensuit que la zone d'aspiration s'avance à travers les continents vers des latitudes plus élevées, tout en réglant sa migration sur l'étendue de l'espace, occupé par la terre ferme dans la direction des courants atmosphériques ascendants. C'est sur cet échauffement plus considérable de la terre ferme que reposent les particularités climatériques les plus importantes des trois continents. En Amérique, où la mer occupe une grande partie de la région tropicale septentrionale, la zone d'aspiration ne s'avance pas autant que dans le Monde Ancien, au nord de l'équateur. En Afrique, partie du monde largement développée des deux côtés de l'équateur, le déplacement du courant atmosphérique ascendant atteint dans les deux zones tropicales, en moyenne, le 20ᵉ cercle parallèle. En Asie, où le plus grand développement continental a lieu dans la zone tempérée et où, sous les tropiques, la terre ferme n'atteint point l'équateur, l'écartement de la ceinture d'aspiration dans le sens du nord est le plus considérable, et pénètre en dehors des tropiques dans les latitudes les plus élevées.

Les limites septentrionales des alizés persistants se trouvent dans les mêmes conditions. En venant de l'Europe, c'est en été, dans la proximité du 35ᵉ cercle parallèle, que l'on rencontre ordinairement sur l'Atlantique l'alizé du nord [5], et en arrivant dans la région des calmes, on le voit à cette époque s'évanouir de nouveau entre le 10ᵉ et le 15ᵉ degrés de latitude septentrionale; puis, à son entrée dans le continent africain, la ceinture d'aspiration s'élève depuis la côte de la Sénégambie jusqu'au 20ᵉ degré de latitude, et par suite, l'alizé d'été du bassin méditerranéen se fait sentir encore dans la vallée du Rhône, sous le 45ᵉ cercle parallèle. Cependant les divergences qui se produisent sous le rapport de la latitude septentrionale qu'atteint, sous divers méridiens, l'alizé d'été dépourvu de pluies, divergences qui peuvent monter au delà de 10° de latitude, quand on compare l'Italie avec la Russie méridionale, exigent un plus ample développement.

La limite septentrionale de l'alizé se trouve là où, par suite de la condensation augmentant avec le décroissement de la latitude, le contre-alizé atteint la surface du sol en s'abaissant comme le long d'un plan oblique. Jusqu'à ce point, les deux courants atmosphériques opposés, qui neutralisent la chaleur tropicale par le froid des latitudes plus élevées, cheminent au-dessus de la surface terrestre, de telle manière que l'alizé occupe l'espace inférieur et le contre-alizé l'espace supérieur de l'atmosphère. Mais ensuite commence leur lutte sous les latitudes plus élevées : leurs voies alors se trouvent juxtaposées jusqu'au pôle, et comme ils se refoulent réciproquement, la position alternante qu'ils occupent est la cause de ce que les précipitations se répartissent plus uniformément pendant toute l'année. Il faut admettre que l'alizé des tropiques s'élève d'autant plus dans l'atmosphère qu'il se rapproche de la ceinture d'aspiration. Le pic de Ténériffe (28° L. N.) est assez élevé (3,716 mètres ou 11,440 pieds) pour pénétrer dans le contre-alizé. Situés sous une latitude où la hauteur de l'alizé est déjà de beaucoup diminuée, les Apennins et autres montagnes du midi de l'Europe sont à même, malgré leur altitude bien moins considérable, d'intercepter du côté du nord le contre-alizé. D'autre part, l'action aspirante qu'exerce l'Afrique peut agir sur les steppes russes jusqu'à une latitude beaucoup plus élevée. Ici, l'alizé d'été souffle sur toute la mer Égée et la mer Noire, excepté en Anatolie ; il n'est point arrêté par un obstacle montagneux quelconque de nature à pouvoir intercepter le contre-alizé et à opérer le mélange des deux courants atmosphériques. C'est ainsi qu'avec l'alizé, l'été dépourvu de pluie s'avance sur le Volga (53° L. N.) jusqu'aux plus hautes latitudes, tout aussi loin vers le nord que dans un endroit quelconque de l'Asie. Mais si ni le Taurus ni le Caucase n'exercent point d'action paralysante sur l'extension de l'espace dominé par l'alizé d'été, cela paraît tenir à ce qu'au-dessus des hautes surfaces de l'Asie antérieure, les voies des deux courants atmosphériques se meuvent à une altitude plus considérable qu'au-dessus de la Méditerranée ; c'est là ce qui fait que le vent nord-est est souvent complétement insensible dans les couches inférieures de l'atmosphère.

L'influence de l'Afrique et de l'Arabie sur le développement de l'alizé d'été sous les latitudes plus élevées s'étend, conformément à la position géographique, à l'est jusqu'aux montagnes qui séparent l'Asie centrale chinoise d'avec Bokhara et les steppes kirghizes. La Perse et l'Afghanistan sont encore situés du côté du nord-est vis-à-vis de l'Arabie et du Soudan, mais au delà du golfe Persique commence le domaine des moussons indiennes, qui dominent dans la majeure partie de l'Asie orientale. Lorsqu'il n'y a qu'une seule des deux zones tropicales qui tient à la terre, tandis que l'autre fait partie de l'Océan, on voit s'élargir jusqu'aux latitudes les plus élevées l'espace que parcourt, selon les saisons, la ceinture d'aspiration, parce qu'en été le continent est plus fortement échauffé que la mer, et que celle-ci est bien moins refroidie en hiver que le continent. L'alternance semestrielle entre les vents nord-est et sud-ouest est une conséquence de ces conditions présentées par l'Asie. Rigoureusement parlant, les moussons de ce continent ne tiennent qu'à l'écartement renforcé du courant atmosphérique ascendant. Car sur tous les trois continents, et également sur l'océan Indien, ce courant se déplace des deux côtés de l'équateur, conformément à la position du soleil, mais en Afrique il ne s'avance pas autant dans la direction du nord qu'en Asie. Ainsi que l'exige la configuration des côtes, la transition s'opère soudainement. Tandis que l'Arabie ne reçoit que sur ses côtes méridionales (jusqu'au 15e degré de L. N.) les pluies tropicales, celles-ci s'étendent dans le Punjab jusqu'à l'Himalaya (32°). Sous les latitudes occupées en Afrique par la déserte zone de l'alizé, la corne d'abondance de la fertilité tropicale a répandu ses richesses sur les Indes. Tandis qu'en Afrique le large Sahara se trouve intercalé entre la zone du Soudan à pluie d'été et celle de la Méditerranée à pluie d'hiver, il n'y a pas de place sur le Gange pour des pays dépourvus de précipitations aqueuses. L'époque des pluies tropicales de l'Inde s'étend tout aussi loin du côté du nord-ouest que l'époque des pluies d'hiver de l'Afghanistan du côté du sud-est. L'arête indienne de l'Himalaya est la limite méridionale non d'un vent constant, mais seulement d'un alizé d'été, qui dans la direction nord-est peut être constaté, du moins par des manifestations locales, déjà dans toute la haute Asie jusqu'à la steppe Gobi, sans être cependant toujours perceptible dans les couches inférieures de l'atmosphère. Des steppes élevées, arrosées en hiver et au printemps, s'étendent à travers l'Asie centrale jusqu'aux limites de la Sibérie et de la basse région chinoise, au milieu de chaînes montagneuses à nombreuses ramifications. Un nouveau domaine de végétation ne commence que là où cesse le système de soulèvement de l'Himalaya, et où les basses régions de l'Inde postérieure et de la Chine se trouvent moins séparées les unes des autres par la nature plastique de leur surface. Ce n'est qu'ici que l'écart subi par la ceinture d'aspiration atteint sa latitude la plus élevée (45°), ce qui fait que la variation des moussons acquiert des proportions plus grandes dans la zone tempérée que partout ailleurs. Cependant en Chine l'aspiration paraît être tellement divisée par la steppe du Gobi qui s'y trouve entreposée, que de l'autre côté de l'Amur aucun alizé d'été ne peut plus se produire.

L'uniformité climatérique du domaine des steppes, dont les formes végétales conservent le même caractère sur d'aussi vastes espaces, n'exclut pas néanmoins des traits différentiels très-variés dans les diverses sections que nous avons à examiner maintenant, comme autant de districts floraux plus circonscrits. Ces individualisations que nous avons vues s'opérer sur la Méditerranée à l'aide de lignes côtières disjonctives, sont ici la suite de la variation des niveaux, et à un plus haut degré encore, de l'apparition de chaînes montagneuses qui surgissent au milieu de la steppe, ou bien encore de la présence des déserts qui interrompent cette dernière, attendu que de semblables obstacles mécaniques empêchent le mélange des centres de végétation.

La plus vaste parmi les régions basses, c'est celle du domaine de la dépression caspienne. Quelque prononcés que soient les contrastes des caractères végétaux, par lesquels les steppes à Graminées de la Russie méridionale se distinguent du sol limoneux salé et des déserts de la région du lac Aral, et quelque brusquement que sur leurs limites respectives viennent se placer les uns à côté des autres les types physionomiques des diverses contrées, pour demeurer ensuite invariables sur de vastes espaces, néanmoins, on n'est pas encore parvenu à constater des causes climatériques quelconques de nature à expliquer de tels phénomènes. Il est vrai, la température hivernale va en s'abaissant considérablement [6], à mesure qu'on s'éloigne de la mer Noire dans la direction de l'est ; toutefois, pendant cette saison la végétation se trouve protégée par l'enveloppe neigeuse. Ce qui prouve combien cet abri doit être efficace, même dans la steppe kirghize, pour modérer la température du sol, c'est le fait rapporté par M. Borssczow[7], qui avait trouvé dans les parages de l'Ilek (50° L. N.) une couche de neige de la nature du glacier, recouverte de sable accumulé par le vent, et la garantissant tout à la fois de l'effet frigorifique de l'évaporation et de la fonte ; en sorte qu'elle s'était conservée pendant une série d'années, en dépit de la température élevée des étés de cette contrée. Des herbes vivaces variées, associées au gazon à Graminées des steppes russes, se présentent en même quantité et en partie composées des mêmes espèces[8], également dans la lointaine contrée orientale de la Dzoungarie, au pied de l'Altaï, et si elles deviennent moins nombreuses dans les parages déserts du lac d'Aral[9], cela paraît tenir au sol et non au climat. Nous verrons que ce n'est pas seulement la nature de la couche superficielle qui détermine le caractère de la flore, mais encore la constitution du sous-sol à une plus grande profondeur. M. Borssczow pensait que dans les déserts de la steppe kirghize, les précipitations atmosphériques étaient moins considérables que de ce côté de la rivière d'Oural ; pourtant elles ne se montent qu'à un petit nombre de millimètres, même dans les contrées les mieux partagées du midi de la Russie, entre le Dnèpre et la mer Azow, où également l'été est dépourvu de rosée[10]. C'est pourquoi je considère les revêtements divers des steppes et des déserts de la grande région basse, comme des formations végétales qui, par suite de l'extension de conditions similaires du sol à travers de vastes étendues de pays, se trouvent marqués par des traits géographiques plus fortement accentués, et je réunis sous le nom de domaine de dépression caspienne tout l'espace compris entre la limite forestière et les soulèvements montagneux du Caucase et des massifs de la Perse. La steppe kirghize orientale, celle de la Grande Horde, est aussi un pays de pacages fournissant aux troupeaux une copieuse pâture[11]. Du côté de l'est, la contrée basse s'étend jusqu'au Thianchan ; entre cette chaîne montagneuse et l'Altaï, la flore demeure la même, également au delà de la frontière russe [12], et conserve probablement jusqu'à la Mongolie un caractère concordant. La plus profonde dépression de cette surface est occupée par la mer Caspienne, et on ne sait pas bien encore où cette dépression atteint le niveau de la mer, après s'être insensiblement élevée le long de ses bords latéraux et dans la direction du nord. Déjà l'Aral est de quelques mètres (7^m,6) [13] au-dessus du niveau de la mer, et on estime à 367 mètres (1,130 pieds) l'altitude du lac Alakul, au pied de l'Alatau [14]. L'Ustjurt est un plateau isolé de 195 mètres (600 pieds) d'altitude placé entre la Caspienne et l'Aral; c'est dans la même direction également que s'évanouissent dans la steppe les soulèvements méridionaux de l'Oural*. Toutefois, pris dans son ensemble, le domaine de la dépression caspienne constitue une grande excavation, dont le niveau ne subit une certaine variation qu'à des distances considérables. On a fréquemment émis l'opinion, aujourd'hui, à ce qu'il paraît, passablement répandue en Russie, qu'il n'y aurait guère d'équilibre entre l'évaporation et la précipitation, et que l'abaissement du niveau des lacs et des mers intérieurs y continue constamment. M. Borssczow a réuni dans les cas particuliers tous les arguments qui peuvent être rapportés en faveur de cette manière de voir. Si elle était fondée, un notable appui serait acquis à son hypothèse, d'après laquelle, dans les régions les plus déprimées et désertes de cette excavation, lesquelles s'étendent des parages de l'Aral jusqu'aux côtes orientales de la Caspienne et jusqu'au Volga inférieur, le climat serait plus sec que dans les pâturages

* Un important travail géodésique, qui vient d'être exécuté en Russie sous la direction du colonel Thilo, établit pour la première fois une base pypsométrique précise pour la contrée située entre les points où la Caspienne se rapproche le plus de l'Aral, notamment entre le 45e et le 46e degrés de L. N. Il résulte de ce travail, dont un résumé a été publié d'après les documents officiels russes, dans les *Verhandl. der Gesellsch. für Erdk. zu Berlin* (t. II, nos 2 et 3, p. 84), que l'altitude moyenne de la Caspienne n'est que de 26^m,083 au-dessous du niveau de la mer, tandis que celle de l'Aral est de 58^m au-dessus de ce niveau, chiffre très-supérieur à celui (8 m.) qui avait été admis jusqu'à présent. Or, comme un grand nombre d'altitudes déterminées dans les parages limitrophes de l'Aral, telles que celles relatives à l'Oasis de Khiva, avaient été rapportées au niveau de ce lac, elles devront toutes subir un exhaussement de 50 mètres. — T.

situés de l'autre côté. En effet, moins les précipitations sont considérables, plus il est permis d'accorder une prédominance à l'évaporation. Cependant les arguments que M. de Baer oppose à de telles opinions ne me paraissent pas avoir été réfutés[15]. C'est dans une période géologique plus ancienne ou du moins préhistorique qu'il déclare être close depuis longtemps, que ce naturaliste place le desséchement des steppes, ainsi que cela résulte indubitablement de la présence des débris de coquilles vivantes et de l'extension générale des sels de soude. Il s'appuie à cet égard sur les témoignages d'Hérodote, d'après lesquels la Caspienne a eu, il y a deux mille ans, la même circonférence que de nos jours; et il fait voir en même temps que, par l'effet de l'eau courante, les steppes russes ont perdu depuis longtemps leur salure ; ce qui doit faire admettre que ce procédé de lixiviation a commencé à une époque reculée, puisque le fond de mer récemment dénudé doit nécessairement rendre salés les cours d'eau qui le traversent. L'eau douce du Volga et des autres fleuves russes prouve que dans la steppe le sel n'est resté que sur les points inaccessibles à l'eau courante, par suite de la constitution du sol *.

* Si, comme M. de Baer l'a fait observer avec raison, la circonférence de la Caspienne n'a pas changé depuis Hérodote, il n'en est pas de même de l'Aral, que les auteurs anciens et ceux du moyen âge mentionnent et passent sous silence tour à tour, fait curieux qui a donné lieu à beaucoup de discussions parmi les savants, mais qui pourrait trouver son explication dans les modifications éprouvées par ce bassin, selon que l'Oxus (Amou Daria) y débouchait ou n'y débouchait point. Ainsi, M. Élisée Reclus (*Bull. de la Soc. de Géogr. de Paris,* an. 1873, p. 113-118), en évaluant, d'après son aréal et sa profondeur, à 1,000 milliards de mètres cubes la quantité d'eau contenue dans l'Aral, et en n'admettant que 4 mètres cubes pour l'évaporation annuelle, arrive à la conclusion, que 3 à 5 années suffiraient pour opérer la dessiccation de la majeure partie du lac, si l'Oxus cessait de l'alimenter, en limitant au Syr Daria (*Jaxartès*) seul le contingent d'eau reçu par le lac. Or l'hypothèse d'un changement réitéré dans la direction du lit de l'Oxus, et par suite la disparition et la réapparition successives de l'Aral deviennent moins improbables que ne le croit M. H. Kiepert (*Zeitschr. der Gesellsch. fur Erdkunde zu Berlin,* t. IX, p. 266), lorsqu'on considère que de tels exemples ont été fournis par des fleuves considérables, exemples parmi lesquels je pourrai citer, comme l'un des plus remarquables, celui qu'offrent deux rivières classiques de l'Asie Mineure orientale : le *Sarus* (Seïhoun) et le *Pyramus* (Djihoun). En passant en revue les nombreux et curieux témoignages historiques dont elles ont été l'objet (*Géogr. phys. comp. de l'A. M.,* p. 272-313), j'ai démon-

Les déserts de l'Aral ne peuvent pas non plus être considérés comme une preuve de ce que les précipitations y sont plus rares que dans la steppe. Afin de le bien faire voir, il est nécessaire de déterminer avec plus de précision le sens attaché au terme de *désert*. Il conviendrait de se conformer à cet égard au langage habituel, car les nombreuses tentatives de donner à ce terme une signification scientifique, et par là plus restreinte, ne peuvent conduire qu'à des malentendus. En effet, les déserts des contrées polaires et des continents de l'Asie et de l'Afrique ne possédant rien en commun physiquement parlant, cette expression n'indique que l'état inhabitable de certaines régions où les animaux non plus ne trouvent point une nourriture suffisante. Les steppes sont habitées par des nomades qui se livrent à l'élevage des troupeaux ; la population des déserts est limitée aux oasis, qui isolément interrompent leur solitude. Ordinairement le défaut d'eau est la cause première qui les rend inhabitables et qui appauvrit la végétation ; mais l'expression, restreinte ainsi, ne saurait être applicable aux déserts polaires avec leurs surfaces humectées par l'eau de glace, et tout aussi peu aux marécages imprégnés de sel qui sur l'Aral alternent avec les dunes et dont l'eau n'est guère potable. Je connais bien en Arabie des déserts privés de précipitations régulières, tel que le Sahara africain où souvent il ne pleut pas pendant une série d'années, mais je ne connais point de semblables déserts dans l'intérieur de l'Asie. Malgré cela, en Asie également l'eau peut manquer tout autant quand il n'y a pas moyen de l'atteindre au-dessous du sol. Cependant cela tient à la nature du sol, mais non pas au montant annuel de la pluie ou de la neige. Lorsque la surface est argileuse, ou que les couches d'argile qui s'opposent à l'écoulement de l'eau ne se trouvent point à une trop grande profondeur, le sol conserve après la fonte de la neige assez d'humidité

tré que, dans l'espace d'à peu près vingt-deux siècles, le Seïhoun et le Djihoun ont tour à tour opéré leur jonction et leur séparation pas moins de *six fois*. Peut-être l'Aral est-il menacé aujourd'hui de disparaître de nouveau, si les Russes trouvent moyen de ramener l'Oxus dans le lit qui déjà une fois le conduisait à la Caspienne. — T.

pour produire une luxuriante végétation de Graminées et d'herbes vivaces, végétation qui, par l'humus qu'elle dépose, contribue à son tour à retenir l'humidité. Mais là où se trouvent de puissants dépôts de sable et de galets, ou bien des roches perméables, les eaux accessibles aux racines des plantes ne manquent pas de tarir. Alors la steppe devient un désert ; les caravanes n'y trouvent plus, comme dans la première, des puits pour abreuver leurs troupeaux, et cherchent à franchir aussi rapidement que possible ces surfaces inhospitalières. Ce sont là les pays où, même les eaux courantes se perdent dans la profondeur du sol meuble. Cependant, dans le désert aussi la circulation de l'eau n'est point paralysée, soit qu'en hiver il y tombe de la neige, comme dans la zone tempérée de l'Asie, soit que le sol n'y soit arrosé que par de rares averses d'orage telles qu'elles se produisent dans le Sahara. En effet, à quelque profondeur que puissent descendre les eaux souterraines alimentées par des précipitations atmosphériques, c'est à un niveau bien plus bas encore que se trouve le fond de la mer sur lequel ses eaux s'écoulent, retenues par des couches imperméables et finissent par former des sources et par rentrer ainsi dans le grand cercle de circulation établi entre l'Océan, l'atmosphère et la terre ferme. Lorsque la neige fond dans les steppes et dans les déserts, l'humidité descend plus ou moins rapidement vers les réservoirs souterrains : aussi le désert est-il plus riche que la steppe en végétaux ligneux, parce que leurs racines pénètrent plus profondément dans le sol. Mais comme ils se trouvent disséminés et ne possèdent que peu de feuilles, peu d'organes périodiques, la quantité d'humus qu'ils produisent n'est pas suffisante pour retarder l'écoulement des eaux, en sorte que bientôt il ne leur reste que le montant d'humidité absorbée par leur tissu, au commencement de leur période de développement. C'est ainsi que la répartition des formes de plantes dans le domaine de dépression s'explique par le mélange des éléments constitutifs de la terre végétale, lors même que la surface du sol ne nous rend pas compte du phénomène. Dans les steppes, cette surface peut être composée tout aussi bien de sable que de glaise ou d'argile et produire plus ou moins d'humus; dans les déserts, ce sont des dépôts perméables qui la constituent jusqu'à une plus plus grande profondeur. Comme dans une période géographique plus ancienne, l'ensemble du domaine de dépression formait une vaste mer, il n'est pas étonnant que la partie la plus profonde constituant le centre de l'excavation, soit particulièrement recouverte de dépôts arénacés représentés aujourd'hui par les déserts de l'Aral, et que dans les parages correspondant aux anciennes lignes cotières, on voie s'accroître l'élément argileux favorable à la végétation de la steppe. En effet, c'est bien ainsi qu'actuellement les rivières déposent le détritus le plus fin dans les marais et deltas en voie de formation, tandis que le sable grossier et pesant ne se précipite qu'à une distance plus considérable de leur embouchure, et se réunit dans les endroits plus profonds de la mer. A partir de la lisière septentrionale forestière, le domaine de dépression peut, sous le rapport de ses différents degrés de fertilité, être représenté, pour ainsi dire, par trois terrasses, tout en admettant, comme de raison, bien des déviations. C'est dans la direction des steppes à Graminées de la Russie méridionale, jusqu'au lac Aral, que cette gradation se prononce le plus distinctement. Le Volga inférieur sert de ligne de séparation entre la meilleure partie de la contrée à pâturages et les localités plus désertes de la steppe kirghize, et du côté du sud, celle-ci confine sous le 46me cercle parallèle avec le désert de Karakoum, sur le littoral nord-est de l'Aral.

Ce qui prouve que le climat des steppes se rapproche plus du climat du midi de l'Europe que de celui du domaine forestier, c'est que la transition s'opère moins brusquement à l'ouest qu'au nord. Là, la durée graduellement croissante de l'hiver permet un mélange également graduel entre des plantes de la Méditerranée et de la steppe ; ici, c'est la limite plus fortement accentuée de l'alizé d'été qui sépare les flores. Les relations avec la région méditerranéenne auraient été encore plus fréquentes, si les montagnes qui bordent la péninsule anatolique jusqu'au Liban, ainsi que le Caucase occidental ne rendaient pas l'échange plus difficile. Cependant un contact direct paraît avoir lieu dans la Thrace, et ici il faut qualifier de zone de transition la côte de la Propontide. Le vaste pays de pacages où les Graminées prédominent ou bien de petits buissons épineux occupent le sol aride, rappelle déjà décidément la steppe, et pourtant, les espèces dominantes n'en appartiennent pas moins à la flore méditerranéenne. Les formations de la steppe russe ne se trouvent franchement prononcées que dans le delta de l'embouchure du Danube, dont les îles, exactement comme sur la Caspienne et sur l'Aral, sont revêtues de fourrés de roseaux; ou bien dans la Moldavie inférieure[16], entre le Sireth et le Pruth, où de hautes herbes vivaces croissent sur les dépôts d'humus, bien que la saison sèche se produise déjà avant la fin de mai. A partir d'ici la lisière forestière peut être tracée d'une manière fort tranchée à travers la Russie jusqu'à l'Altaï. Ce qui prouve que la cause de ce brusque changement est d'une nature climatérique et ne tient point, ainsi qu'on l'a cru, aux terrains, c'est l'extension de ce qu'on appelle le *Tchernozème*, dépôts de terre végétale noire, d'une extrême fertilité, et qui indiquent les régions côtières de la mer diluvienne qui recouvraient jadis les steppes de la Russie *. Cet humus,

* Parmi les travaux les plus récents relativement au *Tchernozème*, figure le travail de M. L. Grandeau, intitulé : *Recherches sur le rôle organique du sol* (Nancy, 1873). M. Grandeau y examine successivement la quantité de la substance humique noire fournie par plusieurs sols, et il trouve que le *Tchernozème* est celui qui en renferme la plus forte proportion, qui n'est dépassé que de bien peu par le terreau de jardinier, puisque dans ce dernier la proportion de la matière noire est de 4,29 pour 100, et dans le *Tchernozème* de la Russie, de 4,20, tandis que les autres sols examinés par M. Grandeau n'offrent que les chiffres de 0,11 et 0,34. Si l'extrême fertilité du *Tchernozème* de la Russie, ainsi que de certains dépôts analogues dans les Indes, tient réellement aux fortes proportions d'azote qu'ils renferment, il est assez singulier de voir qu'il n'en est pas de même du limon du Nil, qui, d'après les analyses de M. A. Houzeau (*Comptes rendus*, an. 1869, t. LXVIII, p. 612), ne contient que 0,0504 d'azote pour 100 grammes de limon desséché à l'air; et pourtant, la fertilité de ce limon est un fait attesté par une réputation séculaire, réputation qui aurait pu paraître exagérée par les auteurs anciens, si elle n'avait pas été scientifiquement confirmée de nos jours, et entre autres par une curieuse expérience de M. Guérin-Méneville, qui en 1857 présenta à l'Académie des sciences des pieds magnifiques de froment provenant des graines recueillies dans une tombe égyptienne; semées en 1849 en France, elles donnèrent douze cents graines pour une; l'année subséquente, la moitié d'un champ fut ensemencée de ces graines égyptiennes et l'autre moitié de froment européen ordi-

source de la haute valeur territoriale de l'Ukraine, où le Seigle est cultivé sans jamais réclamer d'engrais, a souvent une puissance de trois à quatre mètres [17], et par conséquent ne peut provenir de la végétation actuelle, mais doit être considéré comme un don légué par les flores anciennes aux habitants de la Russie. Le *Tchernozème* est singulièrement favorable à la végétation arborescente et, malgré cela, la surface du pays dans les contrées du Dnèpre près de Kiew est déjà déboisée et l'agriculture s'arrête au milieu même de la zone de l'humus [18]. Ce n'est seulement que dans les dépressions marécageuses et dans le fond des vallées fluviales que se trouvent les taillis de Chêne, mélangés avec des arbres fruitiers sauvages, mais ici encore, les forêts ne sont guère continues. Puis, dans les parages de Kharkow, sur le même sol à humus, on voit apparaître les humides et ombreuses forêts à essences feuillues de l'Ukraine et, ainsi que cela a lieu sur d'autres limites climatériques des arbres, ici aussi se trouve intercalée sur la lisière de la steppe une ceinture de buissons bas et épais. Sur le Volga, dans les parages de Simbirsk (54°), la flore est encore parfaitement celle de l'Europe moyenne ; mais déjà à Sysran (53°), ce fleuve entre dans le domaine de la steppe [19]. Ici, déjà en juillet, le vert de ses Graminées prend une teinte de jaune fauve, à une époque où, de l'autre côté de sa lisière septentrionale, la végétation est dans toute sa fraîcheur et précisément à son point de culminaison. Sur la frontière des deux flores, un faible abri contre la sécheresse de l'été, tels qu'un léger renflement du terrain de nature à modifier la direction du vent, ou un abaissement du sol qui en retient plus longtemps l'humidité, suffisent pour donner naissance à

naire, et, bien que l'exubérance des premières ne se maintînt pas au même degré, le lot à graines d'Égypte donna la soixantième graine, tandis que celui du froment français seulement de sept à huit pour une. Au reste M. Houzeau fait observer que les blés d'Égypte renferment moins de gluten et par conséquent moins d'azote que les blés d'Europe, et que, d'autre part, les volumes d'eau que le Nil fait couler vers la mer, lors de ses crues, sont si considérables que l'on peut admettre que le fleuve porte chaque semaine à la Méditerranée près de 6 millions de kilogrammes d'ammoniaque, c'est-à-dire en azote la valeur d'environ un million de sacs de blé d'Égypte. — T.

des formes arborescentes. C'est pourquoi on voit ici encore, tantôt des bandes d'essences forestières s'avancer dans la steppe, tantôt la steppe pénétrer dans le domaine forestier. Dans les ravins du pays accidenté qui indique sur le Volga le bord de la steppe, les arbres ne se présentent guère dans leur état normal, mais constituent plutôt de maigres broussailles, alternant avec de petits buissons, à l'exception toutefois de la rive du fleuve, où néanmoins ils se trouvent souvent refoulés par les Saules frutescents. Il résulte donc de toutes ces observations que ce n'est pas le sol mais le climat qui met un terme aux steppes, et c'est là ce qui donne une solution décisive à la question tant de fois agitée relative à la possibilité de les boiser. En effet, l'extension de l'alizé d'été dépend de l'ensemble de la configuration du continent et de la position de l'Afrique ; en sorte que les forêts cultivées à l'aide de l'irrigation artificielle ne suffisent pas pour opérer des précipitations qui sont exclues par les courants atmosphériqnes généraux. C'est donc à tort qu'on s'attendait à un notable accroissement des ressources de la Russie, grâce au boisement des steppes, opération susceptible de réussir par suite d'un perfectionnement local du terrain, tel que l'irrigation, mais qui jamais n'obtiendrait une extension considérable. Ici, le développement de l'agriculture ne pourrait succéder à celui des forêts, comme dans les landes de la plaine baltique. Dans ces dernières on a pour tâche de bonifier le sol à l'aide du feuillage déchu ; dans les steppes la terre végétale du domaine du *Tchernozème* qui revêt une grande partie des steppes à Graminées est le sol le plus favorable à l'agriculture, et pour arriver sûrement à maturité il ne manque aux Céréales que des précipitations atmosphériques suffisantes en temps voulu *.

* Le remarquable succès avec lequel le système du boisement artificiel a été appliqué en Australie, grâce à l'infatigable initiative de M. le Dr Mueller, savant directeur du jardin botanique de Melbourne et collaborateur de M. Bentham dans la rédaction de la belle *Flora australiensis* (Londres, 1863-1873), a conduit cet éminent naturaliste à une généralisation sans doute trop absolue de ce système, lorsqu'il dit (*Bull. Soc. d'Acclimatation, an. 1873,* 2me série, t. X, p. 594) : « Nous pensons que *partout où le sol est désagrégeable,* il sera possible d'y faire croître un arbre, il s'agira seulement de rechercher les espèces les

La base essentielle de l'agriculture dans les steppes de la Russie méridionale, c'est l'irrigation abondante par de puissantes artères fluviales que fournit la région forestière et qui traversent ces steppes. Plus leurs eaux se trouvent concentrées dans tout l'espace compris entre le Danube et le Volga, plus on voit se succéder les localités cultivées, dont les habitants sédentaires contrastent avec les populations nomades de la steppe. A l'est du Volga, ces centres plus animés de populations font défaut jusqu'aux limites du Turkestan, parce que les eaux ne se réunissent plus en fleuves considérables ou bien s'écoulent vers le nord. Les fleuves russes qui du côté du sud entrent dans la steppe ont toujours leur rive droite plus élevée et sur la rive opposée une surface alluviale déprimée, phénomène qui, conformément à la loi formulée par M. de Baer, tient à la rotation du globe qui refoule l'eau vers la rive droite *. Cette disposition est favorable à l'extension de l'agriculture, du moins relativement à un côté de la vallée ; toutefois les rivières de la Russie ont un double désavantage, comparées à celles du Turkestan, tant sous le rapport de l'étendue de l'espace susceptible d'irrigation que sous celui de la nature de l'eau. Des rivières telles que l'Oxus à Khiva ou le Sarafchan à Boukhara, qui ont leurs sources dans de hautes chaînes alpines, possèdent, à

mieux appropriées au sol. » M. Mueller cite comme particulièrement propres à opérer le boisement plusieurs espèces d'Acacia (*A. lophanta, homolophylla, inflexa, leiophylla, pycnantha, decurrens,* etc.), ainsi que quelques espèces de *Casuarina* et de *Callitris*, qui, selon lui, suffiraient pour convertir en forêts des déserts tels que le Sahara ainsi que les marécages salés, pour lesquels il recommande surtout la *Melaleuca ericifolia.* D'une autre part, plusieurs projets ont été formulés de nos jours, en vue de diminuer la sécheresse atmosphérique des steppes caspiennes. C'est ainsi que le colonel Wenyukow (*Izwestia Imp. Geogr. Obstchestwa*, t. X, n° 6) propose de détourner une partie des eaux de la mer Noire vers la Caspienne, à l'aide d'un canal joignant le Don au Volga ; il pense qu'il en résulterait un accroissement dans les surfaces évaporantes de la Caspienne, ce qui déterminerait des précipitations plus abondantes dans les steppes limitrophes. — T.

* M. Schweinfurth (*The Heart of Africa,* t. I, p. 54) signale exactement le même phénomène en Afrique, où tant dans le Nil blanc que dans le Nil inférieur la rive droite est toujours plus élevée que la rive gauche ; en sorte que souvent la première est bordée de collines de sable de trente pieds de hauteur, tandis que la rive gauche est complétement plate. — T.

leur entrée dans le domaine de dépression, l'avantage d'une pente plus forte, de même que celui d'être plus riches en substances minérales puisées dans les roches cristallines et qui rehaussent la valeur de l'eau d'irrigation employée à l'alimentation des plantes culturales. La surface horizontale du sol permet un système de canalisation limitée seulement par les ressources du fleuve. A Bukhara elles sont si parfaitement exploitées, que le Sarafchan se trouve pour ainsi dire épuisé jusqu'à la dernière goutte, au point de ne pouvoir plus atteindre l'Oxus limitrophe. Dans de telles conditions les Khanates du Turkestan voient se reproduire celles de l'Egypte, en sorte que malgré les rigueurs de l'hiver, ils jouissent de récoltes presque aussi productives. Toutes les fois que le temps consacré annuellement à l'exploitation n'est pas de très-longue durée, les sources de la fertilité se trouvent dans le Hindoukouch et dans les montagnes de Samarkand, plus rapprochées du sol destiné à la culture, que ne le sont les hautes régions abyssiniennes à l'égard de la vallée du Nil. A leur point de contact avec les steppes, les eaux fluviales n'ont encore rien perdu de leurs substances limoneuses fécondantes, et l'accroissement rapide de la température du climat continental rehausse l'énergie du développement.

A Bokhara (40° L. N.) l'agriculture, ainsi que la culture généralement répandue d'arbres fruitiers, sont alimentées par la submersion périodique des champs et jardins, qui sont entourés de murs en limon, et dans l'enceinte desquels on conduit de temps en temps les eaux de la rivière afin de les laisser déposer leur détritus [20]. C'est ainsi que, pendant tout l'été, les Figuiers sont mis sous l'eau une fois chaque semaine; en hiver on doit les incliner et les garantir contre le froid, à l'aide de revêtements. Presque tous les fruits de la partie plus chaude de l'Europe mûrissent ici; les Abricots et les Pêches sont au nombre des produits les plus importants et les meilleurs du pays. La sériciculture y a également lieu, et la vigne, qui n'est arrosée que deux fois pendant l'année, est cultivée dans la plaine. On voit donc combien, de même que dans la viticulture en Europe, ici aussi la formation de la substance sucrée des fruits est favorisée par une température estivale élevée. Mais encore plus instructive est l'agriculture à Bokhara, en ce sens qu'elle fait voir combien la végétation des plantes culturales est accélérée par le climat continental, et combien il stimule l'accroissement des éléments constitutifs de la tige. Le Froment, Céréale principale, est récolté déjà en juin après avoir été ensemencé en septembre et avoir supporté l'hiver, et il donne parfois la quarantième graine; il est suivi comme deuxième culture par le Haricot Mungo (*Phaseolus Mungo*) récolté dans le courant du même automne. Même le Riz, dont la période de développement exige tant de temps dans d'autres pays, n'est point exclu de ce climat continental. La Luzerne (*Medicago sativa*) est la plante fourragère généralement répandue qui, à la suite d'une irrigation répétée chaque semaine, peut être récoltée cinq à six fois pendant l'année, ce qui ne l'empêche pas de s'élancer à une hauteur extraordinaire (1^m,6 — 1^m,9), ainsi que le Millet (*Sorghum*) qui s'élève à 1^m,9 — 2^m,9 et est déjà mûr au bout de trois mois. De même que le Sahara est en contact avec ses oasis, ainsi les champs cultivés et les jardins de Bokhara confinent immédiatement avec la steppe limoneuse, encore plus désolée que le désert de Kizulkoum sur l'Aral. Dans celui-ci du moins se présentent des buissons arides et des Halophytes, tandis que le sol limoneux de Bokhara est souvent dépourvu de toute végétation. L'irrigation a pour tâche non-seulement de faire disparaître la salure du sol, mais encore de modérer la température. En effet, pendant l'été la température à l'ombre s'élève à 43° 7 et dans le désert arénacé de l'Oxus [21], le sol a été trouvé échauffé même à 62° 5. Sur ce fleuve, dans la plaine cultivée de Khiva (42° L. S.), l'agriculture rappelle parfaitement celle de Bokhara, mais on doit au voyage effectué par M. Basiner dans ce khanat occidental, de plus amples données sur le climat et sur les phases de développement des plantes culturales. L'Oxus commence à charier dans la première moitié de février, cependant les gelées de nuit durent quelquefois jusqu'au mois d'avril. A la fin de mars on ose mettre à nu les Vignes, les Figuiers et les Grenadiers, enveloppés pendant l'hiver. A cette époque aussi a lieu la feuillaison des arbres. Déjà en avril la chaleur devient très-forte et s'accroît constamment jusqu'à la fin de juillet, au point de devenir insupportable. En juin ou au commencement de juillet au plus tard, le Froment mûrit : et simultanément aussi les Prunes et les Abricots, les Cucurbitacées comestibles et les Raisins précoces. Avec le mois d'août la température baisse graduellement : déjà en septembre se manifestent parfois des gelées nocturnes, qui peuvent compromettre la récolte du Millet d'Italie, du Riz et des Raisins tardifs. La défeuillaison des arbres dure depuis la seconde moitié d'octobre jusqu'au commencement de décembre. Décembre est le mois le plus froid, pendant lequel l'Oxus et le lac d'Aral se congèlent : on voit se produire des couches de glace de $0^m,43$ d'épaisseur, bien qu'ici le froid, atténué par les brouillards, paraisse être plus modéré que dans les steppes plus septentrionales *.

* Les observations les plus récentes faites par M. Fedtchenko à Samarkand et dans la vallée de Sarafchan, reproduisent les conditions climatériques signalées dans les régions de Khiva et de Bokhara. Selon M. Fedtchenko (*Mitth.*, an. 1874, t. XX, p. 201) en 1869, à Samarkand la température moyenne du mois de février était de 3,17 et celle de mars de 6,94. Tous les arbres fruitiers y supportent l'hiver sans abri, à l'exception de la Vigne, du Figuier et du Grenadier. Dans la même année, M. Fedtchenko signale à Samarkand une chaleur estivale intense, s'élevant jusqu'à 40° à l'ombre. Ce fut dans la vallée de Sarafchan que M. Fedtchenko put recueillir des racines fraîches de la plante mentionnée jusqu'alors sous le nom de *Sambul,* mais qui n'avait été connue en Europe que par quelques fragments desséchés; les racines rapportées par Fedtchenko furent plantées dans le jardin botanique de Moscou et reproduisirent la plante pourvue de fruits mûrs; elle fut reconnue par le professeur Kauffmann comme représentant un genre nouveau d'Ombellifères, qu'il nomma *Euryangium* et l'espèce *E. sambul.* Quant au Khanat de Khiva sur lequel on ne possédait guère de meilleurs renseignements que ceux fournis par M. Basiner, cette contrée est devenue pour la Russie un vaste champ d'explorations scientifiques, qui ne tarderont pas à nous la faire connaître sous tous les rapports. Déjà beaucoup de renseignements intéressants ont été publiés à cet égard depuis la dernière expédition de Khiva, entre autres par M. L. Kostenko, qui avait fait partie de cette mémorable et fructueuse campagne, et dont le travail se trouve résumé par M. Petermann (*Mitth.*, ann. 1874, t. XX, p. 330). L'officier russe insiste particulièrement sur l'habileté avec laquelle les habitants de Khiva savent pratiquer le système de l'irrigation artificielle à l'aide de canaux conduits de l'Oxus, et qui ressemblent à de véritables rivières de plusieurs centaines de kilomètres de longueur sur une largeur de quarante-cinq mètres et au delà. « C'est, dit M. Kostenko, grâce à ce système d'irrigation aussi bien qu'à l'usage de l'engrais, que le sol de Khiva fournit des récoltes comme on n'en voit guère

Quand on compare la culture faite à l'aide de l'irrigation dans le Turkestan avec l'agriculture en Égypte, on ne saurait méconnaître les avantages et les préjudices d'un climat sec sous les latitudes plus élevées de l'Asie et sous celles plus basses du Sahara. Dans le Turkestan, les eaux fluviales, alimentées par les neiges fondues des hautes montagnes, peuvent être utilisées pendant toute la durée de la saison chaude, mais la végétation est interrompue en hiver. En Égypte, la crue du Nil dépend des pluies tropicales d'été et n'est que de courte durée (depuis juin jusqu'en septembre)[22], en sorte que, précisément pendant les mois les plus chauds, le labour devient impossible. Les récoltes, qui pour la plupart ont lieu en hiver et au printemps, se reproduisent plus fréquemment sur le même sol, et consistent aussi en végétaux tropicaux à plus longue période de développement, en Canne à sucre et en Dattes, qui ne viennent plus sous le climat continental de l'Asie ; toutefois, la douceur des fruits n'est guère rehaussée dans la même proportion.

Le Caucase et les chaînes montagneuses qui dans le Khorasan rattachent l'Elborus au Hindoukouch, constituent, ainsi que cela a été déjà dit (p. 568), la limite méridionale du domaine de dépression. Sur le sol incliné qui fait dévier le courant horizontal des vents, se trouvent réunies, même pen-

en Europe. » A l'époque (mi-août) où M. Kostenko traversa le territoire de Khiva, la majorité des champs étaient ensemencés de Djugarra (*Sorghum vulgare* ou grand millet), qui malgré la chaleur excessive de ce pays était encore vert. A Khiva, Bokhara et Tachkend, le Djugarra tient lieu de l'Orge et sert de fourrage aux chevaux, bien que les classes pauvres se nourrissent également de cette Céréale. La culture du Cotonnier joue un rôle important dans le khanat de Khiva ; la plante mûrit à la fin de septembre ou au commencement d'octobre ; sa taille est bien moins élevée qu'à Bokhara et à Tachkend, de même la capsule est plus petite et les fibres plus courtes, mais en revanche, ces dernières sont plus fines. Le sol est fumé régulièrement chaque année avant les semailles, à la seule exception de la culture du Trèfle, qui n'exige l'engrais que chaque cinq ou six années. « En général, dit M. Kostenko, l'oasis de Khiva qui doit son existence exclusivement à l'irrigation artificielle, a un aspect vraiment attrayant, et cela non-seulement à cause du contraste avec l'horrible désert qui l'entoure, mais aussi grâce à la luxuriante végétation dont la splendide verdure brille à chaque pas, de même qu'à la culture parfaite du sol. Au printemps, ce charme se trouve encore rehaussé par le chant des rossignols, extrêmement nombreux dans ce pays. Il est remarquable que cet oiseau ne se présente qu'à Khiva, mais fait défaut aux autres contrées de l'Asie centrale. » — T.

dant la saison chaude, les conditions de précipitations atmosphériques qui renouvellent la végétation des forêts septentrionales dans le domaine des steppes. Les chaînes montagneuses se comportent à peu près comme elles le font dans le midi de l'Europe à l'égard de la flore méditerranéenne, mais avec cette différence que, eu égard à la sécheresse de l'atmosphère, les régions inférieures sont généralement encore soumises à l'aride été des steppes, et que la ceinture de forêts ne commence qu'à une hauteur plus considérable. Grâce à la connexion orographique entre les chaînes montagneuses situées sur les limites de la contrée basse et de la contrée élevée, la migration des végétaux septentrionaux trouve une voie ouverte, par laquelle certaines espèces, même parmi les arborescentes, sont venues du lointain Occident jusqu'à l'Himalaya. On voit également au pied du Caucase et de l'Elborus se détacher de la contrée basse des steppes, deux districts floraux particuliers servant de transition aux flores européennes, savoir : le domaine du Kour en Transcaucasie et la côte méridionale de la Caspienne, tous deux caractérisés par une déviation de l'ordre normal dans la succession des saisons.

Il résulte des observations météorologiques faites dans l'Arménie russe [22], que les courants atmosphériques passent pardessus le Caucase, et que l'alizé nord-est d'été atteint sans subir d'interruption la région haute située de l'autre côté. Entre le Caucase et les montagnes servant de bords à l'Arménie, se trouvent intercalées les deux grandes vallées de la Transcaucasie, à l'est celle du Kour, et à l'ouest celle du Rion, parmi lesquelles la dernière a déjà été signalée (p. 366) comme un membre de la flore pontique. La chaîne mesgique qui sépare ces vallées et réunit les deux hauts massifs montagneux, constitue ici d'une manière tranchée la limite de végétation entre deux climats, dont celui de l'est, le Géorgien, appartient jusqu'à la Caspienne au climat des steppes. Les forêts sur le versant oriental de la chaîne mesgique sont incomparablement plus luxuriantes que les forêts géorgiennes du côté de l'est; les végétaux ligneux toujours verts font défaut au partage des eaux, et l'Olivier ne vient plus à Tiflis. Cependant, à cause de la proximité des montagnes élevées qui entourent la Géorgie et le Schirwan à l'est et au sud, le climat de steppes subit également dans ces vallées des modifications particulières. Sur le Kour la température annuelle est moins considérable que sur le Rion, attendu que, dans la direction de l'est, le froid augmente à un plus haut degré que la chaleur estivale, néanmoins l'hiver est beaucoup plus doux[23] que dans les autres steppes caspiennes et correspond à Bakou, environ à celui du nord de l'Italie. Mais c'est d'une manière bien plus divergente encore que se trouvent réparties les précipitations atmosphériques qui en Géorgie ont lieu le plus fréquemment pendant tout l'été, tandis que vers la côte caspienne la sécheresse s'accroît et acquiert en été le plus haut degré d'intensité. La Géorgie réunit donc toutes les conditions pour l'introduction des plantes de l'Europe centrale, et ce caractère se manifeste également dans les forêts mixtes sur les saillies méridionales du Caucase[24]. Comme, d'ailleurs, la température d'été égale à peu près celle de la Sicile, il n'y manque pas non plus de végétaux de la flore méditerranéenne, qui seraient encore plus nombreux si l'hiver ne durait pas plus longtemps qu'en Lombardie. Mais vers la Caspienne, la végétation passe à la formation de steppes franchement telle, parce que la sécheresse atmosphérique est trop forte et que les pluies d'été viennent à cesser. C'est ainsi que dans le domaine du Kour nous pouvons constater trois flores de transition, dont les éléments constitutifs ont été empruntés au Caucase, à l'Asie Mineure et aux steppes; et comme ce domaine est entouré de montagnes, il se trouve également doté de produits endémiques. Les causes d'une position climatérique aussi isolée sont d'une nature multiple. L'alizé d'été décharge sur les versants septentrionaux du Caucase et sur le Daghestan l'humidité que lui fournit l'évaporation de la Caspienne; aussi, dans les steppes, sur le Kour inférieur, l'atmosphère a été trouvée singulièrement sèche. Les pluies d'été de la Géorgie ne sont vraisemblablement que la suite du relief très-varié de ce pays, et peuvent être assimilées aux précipitations qui ont lieu dans les montagnes de la région des steppes. D'autre part, le fait que les vents équatoriaux de l'hiver sont accompagnés d'un ciel serein s'explique par leur provenance des hauts plateaux de l'Arménie, où ils ont perdu leur humidité, tandis qu'ils s'échauffent dans la profonde vallée. Les courants polaires qui viennent de la Caspienne sont ici relativement plus humides que les vents qui ont subi l'action du climat excessif des plateaux. On y voit le contraste le plus frappant à l'égard des chutes de neige qui ont lieu sur le bord oriental de la Caspienne, où les vents d'ouest d'hiver sont imprégnés de l'humidité que fournit cette mer.

Un effet bien plus frappant encore de l'action des vapeurs aqueuses de la Caspienne, est produit sur la côte méridionale de cette dernière, dont le climat humide, tel qu'il règne de l'autre côté du Kour, fait naître la brusque transition à la flore de Talusch, et détermine la position toute particulière du littoral du Ghilan et du Masenderan. Ici, les vents soufflent perpendiculairement à l'abrupte chaîne de l'Elborus, et déchargent l'humidité de la Caspienne par d'abondantes averses. Déjà à Lenkoran, point le plus important sur les rivages de Talusch[25], nous trouvons une précipitation se montant à 1m,28, et à Recht dans le Ghilan[26], à 1m,48. Au delà de Masenderan, sur le golfe d'Asterabad, où la côte se recourbe au nord, cet humide climat confine tout aussi directement avec les steppes arides du Turkestan. Comme le froid hivernal est modéré par les nuages, et qu'en été la température s'élève même plus que dans la Transcaucasie, on y voit encore une fois réunies les conditions d'une flore méditerranéenne. Les Orangers, le Cotonnier et la Canne à sucre sont cultivés ici ; même le Dattier, bien qu'à ce qu'il paraît ses fruits ne mûrissent plus, y aura été introduit au moyen-âge, et quelques pieds se seront conservés à Sara dans le Masenderan[27]. La côte est fortement boisée, mais l'été est néanmoins la saison la moins humide, puisque ce qui paraît déterminer la marche des précipitations, ce ne sont point les courants atmosphériques généraux, mais l'alternance entre les vents de terre et les vents de mer. Voilà pourquoi ce littoral aussi, a une position climatérique parfaitement isolée ; il combine pour ainsi dire les étés de l'Andalousie avec les hivers de l'Irlande, et est par conséquent susceptible, à l'instar du Caucase, d'accepter les végétaux des parties froides comme des parties les plus chaudes de l'Europe.

Les pays à plateaux du sud s'avancent presque partout jusqu'aux limites extrêmes du domaine des steppes: ils ne sont interrompus depuis la Mésopotamie que par les vallées de l'Euphrate et du Tigre. Toutefois, tant à cause des chaînes montagneuses qu'elles supportent que de la variété de leur propre niveau, ces hautes steppes se subdivisent à leur tour en sections florales indépendantes. Ici, les centres de végétation correspondant à ces subdivisions, se trouvent séparés les uns des autres d'une manière bien plus tranchée qu'ils ne le sont dans la région basse; et pourtant, ces formes végétales ne manquent pas de certains traits déterminés par le climat et qu'elles possèdent en commun; c'est ce qui se manifeste notamment dans la série des buissons épineux ainsi que dans les nombreuses espèces de Tragacanthe-Astragales sociaux, qui se présentent depuis l'Asie Mineure jusqu'à l'Afghanistan en s'étendant jusqu'au Caucase, mais font défaut à la dépression Caspienne.

Le partage des eaux formé par la chaîne du Taurus qui sépare le Halys (Kizil-Irmak) d'avec l'Euphrate, peut être considéré comme la limite des flores des hautes régions de l'Anatolie et de l'Arménie, flores dont les éléments constitutifs diffèrent les uns des autres d'une manière éminemment significative. L'Anatolie se comporte à l'égard de l'Arménie comme un système de terrasses situées à une altitude plus basse (en moyenne de 975 mètres ou 3,000 pieds)[28], et s'abaissant graduellement dans la direction de l'ouest vers la mer Égée*. Par suite de cela, et aussi à l'aide des vallées de rivière

* Dans la note 28 des Pièces justificatives, notre auteur cite à l'appui de cette assertion quelques exemples d'altitudes mesurées dans les hautes steppes de l'Asie Mineure, en les empruntant à la carte de M. Kiepert, dont les données ne s'accordent pas complétement avec celles contenues dans ma carte de l'Asie Mineure, bien plus récente, et renfermant un nombre de points hypsométriques *cinq fois* plus considérable que celui indiqué par le savant géographe de Berlin, ainsi que cela résulte des tables jointes à ma *Géographie physique comparée de l'Asie Mineure*, p. 555-580, qui contiennent *sept cent soixante-six points* déterminés, dont *six cent quatorze* exclusivement par moi. D'après ces tables, les chiffres

se dirigeant vers la côte ionienne, la végétation de la haute plaine passe, dans cette direction, plus insensiblement à la flore méditerranéenne que dans le Midi, où le Taurus élevé l'isole, et où la steppe salée de Konia confine immédiatement avec cette chaîne-lisière. La flore de montagne de l'Anatolie est incompablement plus variée que celle des hautes surfaces arides, privées par le Taurus de l'humidité des vents sud-ouest. Au reste, nos connaissances du climat de l'intérieur sont encore très-peu satisfaisantes. Nous ne possédons des déterminations météorologiques que sur Kaïsaria (39° L. N.)[29], où les vents nord-ouest soufflent aussi en hiver, parce que le mont Argée limitrophe repousse les courants atmosphériques de la direction opposée. Le résultat le plus important de ces observatious consiste, en ce que le climat y est bien loin d'être aussi continental que dans les autres parties du domaine des steppes. Le partage des eaux relativement à l'Euphrate constitue ici le point-limite; l'hiver rigoureux et neigeux de l'Arménie est la suite non-seulement d'un niveau plus élevé, mais aussi de ce qu'en Asie Mineure la température se trouve modérée par l'action de la mer, qui baigne la péninsule de trois côtés. C'est là, ainsi que dans la richesse bien moins considérable de l'Anatolie en courants d'eau, qu'il faut reconnaître les causes principales de la dissemblance entre les flores des deux pays. Le climat de l'Asie Mineure se rapproche de celui de l'Espagne beaucoup plus que d'un climat quelconque de la région des steppes. Avec une température estivale un peu moins basse, l'hiver à Kaïsaria est presque de deux degrés plus froid qu'à Madrid, mais aussi la première ville est à une altitude bien plus considérable (1,196 mètres ou 3,680 pieds) *. Dans des conditions climatériques tellement semblables, l'affinité entre

cités dans la note 28 doivent être modifiés de la manière suivante : Sivas (moyenne des mesures de MM. Texier et de Tchihatchef) 1,104 mètres; Karahissar (moyenne de MM. Hamilton et Tchihat.), 1,267 mètres; Lac salé (moyenne de MM. Ainsworth et Tchihat.) 800 mètres, Eguerdir, 900 mètres (Tchihat.). — T.

* Le chiffre donné ici est inférieur à celui qui résulte de la moyenne des mesures effectuées à Kaïsaria par M. W. Hamilton et par moi, car elle est de 1,255 mètres ou 3,900 pieds (V. ma *Géogr. phys. de l'A. M.*, p. 574). — T.

les flores de l'Espagne et de l'Anatolie, eût été bien plus prononcée, si l'échange n'était pas rendu si difficile par l'espace qui sépare les deux péninsules. Aussi est-ce précisément à cause de la connexion intime avec les contrées limitrophes, que nous considérons la haute région de l'Espagne comme un membre de la flore méditerranéenne, tandis qu'au contraire nous rapportons celle de l'Anatolie à la région des steppes.

Les ruines des villes lyciennes, ainsi que d'autres monuments antiques, nous donnent une idée de l'état brillant de civilisation qui jadis a dû régner, même sur les hautes plaines de l'Asie Mineure, là où de nos jours ne circulent que des Kurdes nomades avec leurs troupeaux. A défaut d'observations plus étendues sur le climat, nous sommes en droit d'admettre qu'avec une irrigation négligée, il ne pouvait y avoir d'agriculture, qui de tout temps a été la première condition de la fondation des villes et d'une civilisation plus avancée. En effet, ce n'est que lorsqu'a été opérée la subdivision des travaux imposés chez les nomades à chaque famille, et que ces travaux se sont organisés de manière à alimenter l'activité d'un peuple par des occupations variées selon les aptitudes individuelles, que les esprits d'élite trouvent le loisir pour se livrer au culte de la pensée et aux inspirations politiques et religieuses, et c'est alors qu'on voit surgir les œuvres artitisques, les monuments et les temples voués à la divinité, dont les débris nous attestent encore aujourd'hui les tendances actuellement éteintes des habitants de ces contrées. De prime abord, la haute région de l'Anatolie ne paraît guère favoriser l'agriculture par l'eau courante de la montagne, étant faiblement pourvue d'artères fluviales, et même sa plus grande rivière, le Halys, ne possédant que peu d'importance, eu égard à l'espace que doit embrasser son irrigation. On a cru, en conséquence, devoir attribuer au déboisement des montagnes l'état de désolation où se trouve le pays. Toutefois, en examinant de plus près le relief, on arrive à une autre conclusion, savoir : qu'autant que l'esprit de la population actuelle le permettrait, ici encore on aurait lieu de s'attendre à une résurrection de l'Orient*. Le Taurus, qui tant à l'est qu'à l'ouest constitue le bord montagneux de la haute surface, possède encore de nos jours des forêts étendues, qui ne font pas défaut non plus aux montagnes septentrionales du Pont. Dans l'intérieur, la haute plaine est abondamment pourvue de soulèvements qui tantôt se détachent séparément des chaînes montagneuses, tantôt surgissent en cônes irrégulièrement disséminés, parmi lesquels le plus élevé, le mont Argée, près de Kaïsaria, s'élance à près de 3,898 mètres ou 12,000 pieds (3,840 mètres ou 11, 824 pieds)**. Lors même que ces hauteurs sont dépourvues de végétation arborescente, elles n'en servent pas moins d'enclos à de nombreux bassins, dont les eaux privées d'issues, étant situées dans l'intérieur du Taurus, se trouvent néanmoins alimentées par ce dernier. Le versant occidental de la péninsule possède moins une chaîne-lisière, qu'une série de hautes chaînes parallèles, en partie perpendiculaires à la mer Égée, et entre lesquelles des vallées arrosées pénètrent bien avant dans l'interieur. C'est pourquoi, plus les cours d'eau de l'Anatolie sont insignifiants, plus grand est leur nombre et leurs pentes plus favorables à l'irrigation artificielle. Aujourd'hui encore les oasis culturales ne font pas défaut aux hautes steppes de l'Anatolie, ainsi que le prouvent les villes de l'intérieur, la culture de l'opium à Karahissar, l'industrie assez importante d'Angora et Konia et l'activité commerciale de Kaïsaria***. Même dans les hautes régions désolées de la Lycie, encombrées de ruines d'anciennes cités, on voit se pratiquer, à l'instar des chalets alpins, une culure particulière de Céréales et de Vigne, attendu que les habitants de la terrasse côtière inférieure viennent à cet effet y occuper les *Yaïlah,* c'est-à-dire établir dans la montagne leur résidence périodique[30].

La chaîne pontique ainsi que sa continuation alpine[31] à travers l'isthme, entre la mer Noire et la Caspienne, continua-

* Voyez à cet égard mon opuscule intitulé : *Une Page sur l'Orient,* p.333-336.— T.

** V. mon *Asie Mineure, Géogr. phys. comparée*, p. 444. — T.

*** Voyez, pour l'état industriel et commercial de la péninsule anatolique en général, mes *Lettres sur la Turquie*, et pour la sériciculture en particulier : *Une Page sur l'Orient*, p. 203-204. — T.

tion qualifiée par quelques-uns de Caucase inférieur ou méridional, constituent le bord septentrional de l'Arménie, contrée dont l'altitude dans la plaine d'Erzeroum (1,965 mètres ou 6,050 pieds) est à peu près deux fois plus élevée que celle de l'intérieur de l'Anatolie. Cette chaîne-lisière projette tout à la fois dans la direction sud-ouest les nombreuses ramifications du Taurus, et dans celle de sud-est les chaînes du Kurdistan, les unes et les autres s'emparent tellement de la haute région, que les surfaces deviennent des bassins séparés, ou bien se rétrécissent en simples vallées fluviales. Les grands lacs continentaux de Gœktchaï ou de Wan en Arménie, de même que d'Urmi (Ouroumia) dans l'Aserbeidjân, font cependant voir que dans certaines régions les montagnes s'écartent les unes des autres suffisamment pour donner lieu à de hautes plaines spacieuses; et c'est à quoi correspond aussi le caractère de végétation de l'Arménie, désigné comme étant celui de la haute steppe, où de vastes surfaces sont revêtues de buissons de Tragacanthe et de Staticées (*Acantholimon*) épineuses[32]. Les limites orientales de la flore arménienne ne sont pas encore suffisamment connues. A en juger d'après les collections des voyageurs Szowits, pour l'Aserbeidjân, et Kotschy, pour le Kurdistan, ces contrées montagneuses ne paraissent guère différer considérablement l'une de l'autre, et constitueraient une transition à la flore persane. Du côté du sud, la pente descend plus doucement vers la région basse de la Mésopotamie, que du côté du nord vers le Pont, le Rion et le Kour, mais le contraste entre le climat et la végétation, là où le Tigre se dégage des montagnes, est des plus surprenants. A Mosoul[33], au mois d'avril règne un ciel serein, et le tapis végétal de la plaine de la Mésopotamie commence déjà à être dévoré par les rayons solaires, à une époque de l'année où Erzeroum est encore enseveli sous la neige et la glace. Quelque grandes que soient les différences altitudinales, elles n'expliquent pas suffisamment le contraste du climat, puisque l'Arménie et l'Aserbeidjân s'abaissent considérablement dans certaines directions, sans qu'il en résulte un changement dans le caractère du pays. Ainsi, déjà entre l'Alaguès et l'Ararat, la vallée de l'Araxe est profondément excavée (jusqu'à 812 mètres ou 2,500 pieds), et passe graduellement à la plaine déprimée du Kour. Sur l'Araxe les plantations d'arbres des villages, entretenues grâce à l'irrigation, se trouvent disséminées comme des oasis et entourées par une steppe déserte. Jamais des villes d'une certaine étendue ne se sont développées ici comme dans la Mésopotamie, siége de la plus ancienne civilisation, de celle de l'Assyrie et de la Babylonie, où fleurissait une vigoureuse exploitation du sol et où aujoud'hui encore, le Dattier est cultivé. Ce qui donne lieu à ce contraste, ce n'est point l'altitude, ni l'inégal accès des eaux fluviales nécessaires à l'agriculture; dans l'un et l'autre cas, c'est la différence des positions géographiques, attendu que, ouverte du côté du nord-est, la vallée de l'Araxe reçoit les courants atmosphériques du climat continental fournis par la steppe caspienne, tandis que l'Euphrate et le Tigre se rattachent immédiatement aux côtes chaudes du golfe Persique et au désert de la Syrie. En passant insensiblement à la haute plaine de l'Aserbeidjân, située à 650 mètres (2,000 pieds) plus bas, plaine aride, déboisée, brûlée par le soleil, la flore arménienne prouve une fois de plus, qu'en Espagne, la végétation de steppe dépend moins de l'altitude que de la durée et de la rigueur de l'hiver, ainsi que de la sécheresse atmosphérique *.

Comparé aux hautes régions limitrophes, le climat de l'Arménie est moins bien partagé, à cause de la rigueur de la saison hivernale [35]; toutefois, malgré son atmosphère sèche, cette contrée se distingue avantageusement par une plus grande richesse en eau. L'été y succède rapidement à l'époque de la fonte des neiges; cependant la courte durée d'une tempé-

* La flore de l'Arménie a été récemment enrichie de plusieurs espèces nouvelles décrites dans un travail de M. E. R. Trautvetter (*Mémoires du Jardin bot. Journal de Saint-Pétersbourg*, t. II, an. 1873), où parmi vingt-quatre espèces orientales nouvelles, dix-sept appartiennent à l'Arménie turque, tandis que le premier tome de la même publication et du même auteur renferme la description des plantes recueillies en 1870 en Mongolie par M. M. Lomonosow, et dans la Turcomanie par le capitaine Maloma. — T.

rature correspondant à la vie végétale s'y oppose à la production de la forêt, mais donne naissance, dans les régions plus élevées, à des végétaux qui par leur organisation se rapprochent davantage de la flore alpine, tandis que d'autre part, le manque de pluie pendant les mois chauds, fait disparaître l'analogie avec les régions supérieures des Alpes et du Caucase. Des essences forestières continues n'appartiennent qu'aux montagnes qui forment les bords extrêmes du pays, les étés humides desquels produisent un contraste tranché entre la flore de l'Arménie intérieure et la végétation des parages de l'Alaguès, et c'est ce qui donne lieu à une transition aux formes végétales du Caucase. Au nombre des localités les plus humides figurent les alentours du lac de Gœktchaï, où dans l'arrière-saison on voit affluer de loin les troupeaux qui viennent y paître dans les riches herbages alpins, tandis que tout le reste de la haute région est desséché depuis longtemps [36]. En effet, la végétation marche ici plus lentement que dans les autres parties de l'Arménie, où le développement se trouve tellement accéléré, que çà et là les Céréales alimentées par les irrigations n'ont besoin que de deux mois pour passer des semailles à la récolte. Toutefois, ces contrastes climatériques n'ont lieu que précisément en été, qui dans l'Arménie intérieure est une saison sans nuages, aride et chaude. Par contre, pendant l'hiver, qui ordinairement dure depuis octobre jusqu'à mai et par conséquent huit mois entiers [32], des vents orageux du nord-est poussent les vapeurs aqueuses jusqu'aux montagnes occidentales d'Erzeroum, grâce à la position ouverte de la vallée de l'Araxe. La particularité climatérique de la chaîne montagneuse bordant l'Arménie tient en même temps à ce qu'ici les vents de nord-est, qui viennent de la Caspienne, dominent presque toute l'année [37]. Des courants atmosphériques équatoriaux proprement dits paraissent être exclus de l'Arménie, par la raison que les chaînes du Taurus se trouvent dirigées dans le sens du sud-ouest. Cependant, la variation plus fréquente du vent pendant la saison froide, favorise également dans les vallées intérieures les précipitations atmosphériques, qui à Gumri atteignent encore 1m. 46.

L'extension des champs de neiges fondantes, l'abondance de l'eau courante et la température estivale élevée par un ciel serein, sont les conditions de la culture du sol dans cette région, et se rattachent par là intimement à la portée historique et au développement du peuple arménien. Un pays qui, revêtu de hautes steppes ou de prairies alpines, ne paraît, à en juger par ses conditions altitudinales et plastiques, accessible qu'à la vie de chalet, et où en effet, depuis la dispersion de ses anciens habitants, on voit, comme dans l'Anatolie, des hordes nomades, un tel pays a néanmoins joui de bonne heure des avantages d'une population agricole et civilisée, parce que l'irrigation s'y trouve facilitée par d'abondants cours d'eau, et la rapide maturation des Céréales assurée par la température continentale d'un pays à plateaux. Grâce à des conditions aussi favorables, l'agriculture s'élève sur le lac de Wan et sur le Bingöl-Dagh à près 2,111 mètres (6,500 pieds), et la plaine d'Erzeroum, ayant plus de 1,940 mètres (6,000 pieds) d'altitude, donne d'abondantes récoltes de Froment, tandis que dans le bassin nuageux du Gœktchaï, déjà à 1,787 mètres (5,500 pieds), il n'y a que l'Orge qui vienne[33], et même dans quelques années elle n'atteint point sa maturité. Or, là où pendant l'été le ciel est serein, il ne faut que de l'eau courante pour faire prospérer, même des végétaux culturaux de contrées plus chaudes. Sur la haute plaine de l'Urmij*, le Cotonnier, le Sésame et jusqu'au Riz, sont cultivés, le Figuier y vient dans des endroits abrités, et sur les rives du lac de Wan, la viticulture est pratiquée jusqu'à 1,787 mètres (5,500); mais, dit M. Wagner, il n'y a que stérilité, désolation et indigence, partout où les montagnes neigeuses ou les cours d'eau qu'elles alimentent font défaut, ou bien lorsque l'inclinaison du sol s'oppose à l'irrigation[37].

Jusqu'au pied des montagnes d'où l'Euphrate et le Tigre entrent dans les plaines de la Mésopotamie et de la Babylonie, ces dernières n'atteignent nulle part une altitude au delà de

* Dans un travail spécial sur ce lac (*Zeitschrift d. Gesell. f. Erdkunde*, t. VII, p. 538), M. H. Kiepert écrit *Urmij* comme étant le seul nom admis dans le pays, où celui d'Ourumia de nos cartes serait complétement inconnu. — T.

228 mètres (700 pieds). Comme du côté du nord-est elles se trouvent parfaitement abritées par les soulèvements du Zagros dans le Kurdistan persan, la température hivernale y acquiert la valeur correspondant à la latitude géographique [38]. Et pourtant, on peut qualifier le climat d'excessif, puisqu'à Bagdad la chaleur brûlante de l'été s'élève à un dégré (33° 7) non dépassé dans l'Inde tropicale et qui ne trouve son pareil, que dans le Sahara, comme aussi sur les côtes de l'Arabie et du golfe persique*. On voit ici comment, même sous cette latitude (33°) le soleil peut agir, lorsque son pouvoir calorifique n'est point modéré par les nuages qui s'amassent pendant les pluies tropicales, lorsqu'en été le ciel reste toujours serein, l'atmosphère sèche et enfin lorsque le sol est susceptible de s'échauffer fortement. Dans cette saison dominent à Bagdad des vents d'ouest, notamment ceux de sud-ouest [39], qui viennent de la haute région, chaude et aride de l'Arabie et de la Syrie et par suite n'apportent point de vapeurs d'eau. Dans la plaine même de Mésopotamie, la terre végétale desséchée est chargée de galets empruntés aux roches calcaires sous-jacentes [40], lesquels s'échauffent fortement par les rayons solaires. En hiver les vents dominants passent au nord-ouest [39], et alors le mélange de l'air plus froid de l'Arménie et du Kurdistan avec l'atmosphère de la chaude région basse, détermine des précipitations qui, au printemps, ornent le steppe de fleurs. Ainsi donc, dans la Mésopotamie la période de végétation s'évanouit aussi rapidement comme dans les contrées où l'alizé

* Dans le golfe Persique, la haute température est probablement combinée à une grande sécheresse atmosphérique, ainsi que cela semble résulter de la présence dans les îles de ce golfe de dépôts considérables de guano. Ces dépôts, qui reproduisent en Perse le phénomène que les célèbres îles de Chincha présentent dans l'Amérique méridionale, ont déjà été signalés au XIIe siècle par Edrisi (*Géogr.*, trad. de l'arabe par P.-A. Jaubert, t. I, p. 157), qui dit, que près de la côte méridionale du golfe Persique, entre Djolfar et Bahrein, se trouve « un grand nombre d'îlots déserts fréquentés seulement par des oiseaux aquatiques ou terrestres, qui s'y rassemblent et déposent leurs fientes. Lorsque le temps le permet, on va charger ces fientes avec des embarcations et on les transporte à Bassora et en d'autres lieux, où elles se vendent à très-haut prix, attendu qu'elles sont considérées comme un puissant engrais pour la vigne, pour les dattiers et en général pour les jardins. » — T.

d'été vient du nord-est. D'après la description que fait M. Ainsworth[41] des phases de développement telles qu'elles se présentent à Mossoul (36° L. N.), c'est pendant l'humide février que germent les plantes qui constituent le seul ornement de la steppe; les mois de mars et d'avril embrassent leur période de floraison, et déjà en mai domine la saison sèche. A la fin de ce mois, tout était fané, à l'exception des Armoises et des Mimeuses, et cet état se maintint jusqu'à l'année subséquente. En conséquence, la culture du sol ne se rattache qu'aux rivières abondamment pourvues d'eau, qui se trouvent alimentées par la fonte des neiges de hautes montagnes, et qui, comme en Égypte, servent à la canalisation de la contrée. Comparativement aux hautes steppes de l'Arménie avec lesquelles la Mésopotamie a en commun les buissons de Tragacanthes, dans cette dernière, le caractère végétal se trouve exprimé par le fait, qu'aux Armoises dominantes s'associent des Mimeuses et des Graminées annuelles, et que parmi les arbres culturaux viennent le Dattier, ainsi que l'Olivier au pied des montagnes. De même, on voit se présenter des espaces nus dont le sol n'est revêtu que de Lichens correspondant aux Mannes de l'Arabie ainsi que d'autres déserts de steppes. Ce sont là des analogies avec trois autres flores reproduites ici par la végétation, bien qu'aucune de ces flores ne se trouve en contact immédiat avec la Mésopotomie. La brièveté de la période naturelle de végétation par suite de la courte durée des précipitations hivernales, reproduit dans les Armoises le tableau physionomique des steppes russes, de même que la végétation printanière de la flore méditerranéenne se reflète dans les Graminées annuelles, tandis que la température élevée rattache ces contrées, par l'entremise de leurs Mimeuses, au Sahara arabe. Mais ce sont notamment les arbres culturaux qui, de concert avec les Céréales, font voir comment à l'aide de l'irrigation, la période de développement végétal peut être étendue sur presque l'année entière. Un fait remarquable qui s'y présente, c'est que l'Olivier et le Dattier s'excluent mutuellement. La culture de l'Olivier s'étend du Kurdistan sur l'Euphrate jusqu'à Anah (34° L. N.)[42], et à peu près aussi loin sur le Tigre, tandis que ce n'est que de l'autre côté de cette latitude que se produisent les Dattes, et dans des proportions considérables. Il est vrai qu'à Mossoul (36°) on voit encore quelques Dattiers isolés, mais il paraît qu'ils ne mûrissent plus leurs fruits. Toutefois, je doute que cette limite culturale se rattache à des causes climatériques, puisque l'Olivier n'est point exclu, même des oasis du Sahara oriental, et par conséquent supporterait également le climat de Bagdad, tandis que les Dattes de Valence mûrissent dans des conditions pas plus favorables que celles que l'on doit admettre à l'égard de Mossoul, en supposant, bien entendu, qu'elles y reçoivent l'irrigation voulue. Ce qui détermine leur domaine cultural dans ces contrées, ce n'est peut-être pas le climat, mais une connaissance précise de la nature des deux végétaux, ainsi que les soins dont ils sont l'objet. En effet, les Kurdes avaient appris déjà en Syrie la culture de l'Olivier et c'est pourquoi elle s'est développée au pied de leurs montagnes. Les Arabes, au contraire, se sont toujours efforcés, lors de leurs expéditions conquérantes, à introduire le Dattier de leur patrie partout où le climat le permettait, en Mésopotamie comme en Espagne et même sur la côte de la Caspienne, ainsi que nous l'avons fait observer précédemment (p. 580) *.

* L'action exercée sur l'extension et le perfectionnement des plantes culturales par les moyens puissants dont disposent les sociétés civilisées, ne fournit nulle part des exemples aussi frappants comme dans l'Orient, surtout en ce qui concerne l'agriculture. Ainsi, selon Théophraste (VIII, 7), dans la Babylonie, qui chez les anciens comprenait une partie des régions actuellement si désertes de la Mésopotamie, le Froment donnait le centième grain et l'Orge, d'après Strabon (XXI, 1), même le trois-centième. Quelque exagérées que puissent paraître de telles évaluations, elles le deviennent moins quand on considère qu'elles se rapprochent beaucoup de celles formulées de nos jours par des juges compétents relativement à certaines contrées du Caucase. Ainsi, comme preuve de l'extrême fertilité du sol de l'Albanie (comprenant chez les anciens la Géorgie et le Daghestan) Strabon (XI, 4) rapporte que dans cette contrée les Céréales donnent jusqu'à trois récoltes par an, dont la première fournit ordinairement le cinquantième grain. Or, M. Eichwald (*Reise auf dem Casp. Meere u. um den Kaukasus*, t. I, 413), confirme ces données, en ce sens que, selon le naturaliste russe, le sol de Salian et du delta du Kour sont d'une telle fertilité qu'on aurait pu obtenir pour le Froment le centième grain si l'agriculture y était plus avancée, tandis que dans les conditions où elle se trouve on n'obtient que le douzième grain pour le Froment et le dix-huitième pour le Riz; cependant il assure que, même aujourd'hui, dans le Chirvan, le Froment rapporte le cent-cinquantième grain; de plus, M. Eichwald

A l'ouest de la Mésopotamie s'étend une région élevée jusqu'aux montagnes littorales de la Méditerranée. La majeure partie de cet espace, depuis les soulèvements du Taurus jusqu'à l'Arabie, est ordinairement désigné par le nom de désert syrien. Cependant, comme il est décidément habité par des tribus arabes nomades et qu'il se trouve partout, autant du moins que nous pouvons le connaître, fécondé par une période de pluies hivernales, nous ne pouvons le considérer que comme une steppe. Au printemps, les Bédouins se transportent avec leurs troupeaux au nord, jusqu'aux parages d'Alep, et il paraît qu'en automne, ils poussent leurs pérégrinations tant à l'est jusqu'à l'Euphrate, qu'au sud-ouest jusqu'à Nejed [43], en allant jusqu'aux limites du domaine des villes confinant aux montagnes centrales de l'Arabie; on aurait donc droit d'en conclure que la steppe syrienne s'étend uniformément jusque-là, et touche immédiatement au bord septentrional du Sahara arabe. Mais l'intérieur de ces vastes espaces continentaux est encore géographiquement non exploré; on sait seulement, quant aux bords nord et ouest de la steppe, que leur sol végétal est richement pourvu de Graminées et de plantes aromatiques. Bien qu'il n'y ait point de rivière conservant son eau pendant tout l'été, un voyageur, qui connaissait la Russie et l'Afrique, fait observer, que le désert de Palmyre ainsi nommé, ressemble plutôt aux steppes russes qu'au Sahara [44]. A certaines époques de l'histoire on y vit même fleurir une civilisation plus développée, dont les ruines d'anciennes cités sur la haute plaine du Hauran fournissent des témoignages remontant au commencement de notre ère; aussi aujourd'hui encore, dans cette région située sur la rive orientale du Jourdain, la culture des Céréales est pratiquée, à l'aide d'irrigations fournies par les citernes qui recueillent les eaux pluviales de l'hiver. Si la conjecture se confirme d'après laquelle quelques-unes de nos Céréales se trouvent dans le Hauran, à l'état sauvage, il se pourrait qu'à une époque de l'antiquité bien plus reculée encore, l'agriculture fût ici florissante et eût exercé une influence prépondé-

déclare parfaitement exacte ce que Strabon avait avancé relativement à la grosseur énorme qu'acquiert la Vigne dans l'Hyrcanie. — T.

rante sur l'histoire de la civilisation de ce pays. Le niveau de la steppe syrienne n'est guère connu, mais puisque l'altitude de Damas située dans une vallée du bord gauche de la chaîne montagneuse est encore de plus de 650 mètres (731 mètres ou 2,250 pieds), et qu'en hiver la neige et la gelée blanche n'y sont point des phénomènes extraordinaires, il faut en conclure, que l'altitude de la haute surface atteint pour le moins celle de l'Asie Mineure et de la Palestine. M. Russegger[45] a estimé la plaine du Hauran à 811 mètres (2,500 pieds) et les montagnes de ces parages à 1,949 mètres (6,000 pieds), évaluations probablement trop basses *.

Nos connaissances de la flore syrienne sont limitées jusqu'à présent aux régions occidentales situées de ce côté du Jourdain, dont la vallée, profondément déprimée au-dessous du niveau de la mer[46], sépare la Palestine du Hauran et de la Pérée. Ici, entre la côte de Beïruth (31° L. N.) et la plaine de Damas, nous voyons la flore méditerranéenne séparée de l'intérieur par le mont Liban d'une manière plus tranchée que cela n'est le cas plus au sud, où les hautes montagnes font défaut et où le plateau de Jérusalem (32°) surgit sous forme de terrasses. Au nord (36°) aussi, M. Aucher-Éloy a vu[40], entre Antioche et Alep, à 390 mètres ou 1,200 pieds, la végétation méditerranéenne passer brusquement à celle de la Syrie. Ce n'est cependant pas à la température, qui sur la haute plaine de la Palestine s'accorde avec celle de la côte[47], qu'il faut attribuer ce phénomène, mais bien à la sécheresse atmosphérique, qui va en croissant vers l'intérieur du pays. Aussi loin que s'étendent les soulèvements alpins du mont Liban, ils dépouillent de leur humidité les vents de mer dominants; d'ailleurs, sur tout l'espace compris entre la fertile plaine littorale et le Jourdain, jusqu'à la latitude de la mer Morte (30°), on voit superposé à la haute terrasse méridio-

* Depuis M. Russeger, le Hauran a été l'objet de plusieurs travaux, parmi lesquels figurent au nombre des plus importants ceux de M. Wetzstein (V. *Zeitschr. allg. Erdk.*, Neue Folge, t. VII et IX); tout récemment M. R. Doergens (*Zeitschr.*, an. 1873, T. VIII, p. 97) a donné les mesures de quelques localités du Hauran d'après lesquelles les points les plus élevés sont représentés par le mont Tell et Gene, altitude 1,839 mètres (5,662 pieds) et le mont Tell-Kleb, 1,949 mètres (6,000 pieds). — T.

nales des montagnes jurassiques intermédiaires[48], dont les contours arrondis exercent également une action desséchante sur les abruptes gorges qui pénètrent dans la vallée du Jourdain. Dans la Palestine, le climat et le caractère végétal sont déterminés en partie par l'influence du désert arabe, en partie par la proximité de la mer : c'est la raison pourquoi, dans le nord, l'époque des pluies est plus productive que dans le midi. M. Russegger[45] compare la Judée aux hauteurs rocheuses et stériles du Karst illyrien, et vers la mer Morte ce pays passe à un désert rocheux franchement prononcé, où la terre végétale ne se rencontre que dans des gorges extrêmement étroites, telle que la rigole dont le fond n'a que quelques mètres de large et qu'arrose le ruisseau Kidron, en passant bien au-dessous du couvent Saba, au milieu de rochers presque verticaux de 390 mètres (1,200 pieds) de hauteur. Ce n'est donc que dans des vallées traversées par des eaux courantes, que la Judée peut produire les plantes culturales du midi de l'Europe, parmi lesquelles on remarque les Oliviers et la Vigne. La Samarie au contraire jouit d'une riche végétation, et plusieurs de ses montagnes sont revêtues de forêts jusqu'aux sommets. Sur les contre-forts du Dschebel-Nabud, M. Russegger trouva de gracieuses vallées ombragées de forêts de Hêtre, animées par des gazelles et altérant avec de jolis prés, et sur le versant du rempart montagneux qui se dirige vers le Kermel, de vigoureuses forêts mixtes de Chênes et de Hêtres. Ce caractère va en se développant de l'autre côté de ce rempart dans la Galilée, où le Thabor est boisé jusqu'au sommet et où la vallée du Kison possède la plus riche terre végétale. Ici se déploie la plus luxuriante région culturale, brillant de tout l'éclat de la végétation du midi, arrosée par de notables torrents de montagne et ayant les pentes des hauteurs revêtues de gras pâturages. Même de l'autre côté du Jourdain, les montagnes d'Adschlun, dans la Pérée, portent d'épaisses forêts de Pistachiers et d'Arbousiers[49].

De même que dans la Mésopotamie, on voit souffler en Syrie sans interruption l'alizé d'été, que le Taurus empêche de pénétrer dans la haute plaine située plus bas. Cependant, comme la région basse de la Mésopotamie semble agir sur la Méditerranée à la manière d'un centre d'aspiration local, les vents d'ouest, qui dominent ici presque l'année entière[50], sont tout aussi secs que le vent nord-est sus-mentionné. L'époque pluvieuse de l'hiver dure jusqu'en mars ; la haute plaine demeure déserte jusqu'en octobre, et comme les précipitations atmosphériques se produisent ordinairement en averses isolées, mais violentes, la quantité d'eau tombée est souvent plus considérable[47], que ne le ferait supposer l'effet qui en résulte sur la végétation. Comparée à la Mésopotamie, avec laquelle elle partage les hivers doux, la Syrie s'en distingue par une température estivale beaucoup moins considérable, ainsi que par ce fait que, tout en ayant besoin de l'irrigation artificielle autant que la première contrée, l'agriculture sur la plupart des points est moins bien partagée sous le rapport du relief du pays. Néanmoins, la riche oasis culturale de Damas, quoique située dans l'intérieur, prouve ce que peut produire l'irrigation, lorsqu'elle est favorisée par les conditions du niveau. Les alternances variées de soulèvement et de dépression du sol, concentrées dans un espace circonscrit facilitent, à la vérité, un mélange bariolé avec les plantes des contrées limitrophes, mais accroît en même temps le nombre des végétaux endémiques de la Syrie. Les espèces d'arbres et d'arbustes[51] mentionnés par la Bible et dont la position systématique a été parfaitement déterminée, donnent une idée de cette irruption de la végétation de la flore méditerranéenne, et de celle du Sahara : encore de nos jours, sous l'empire des mêmes conditions locales et climatériques, ils sont restés ce qu'ils étaient à ces époques reculées de l'antiquité. C'est dans la gorge profonde de la vallée de la mer Morte que l'action du Sahara se manifeste le plus distinctement : mais lorsqu'on a prétendu que, eu égard au changement de niveau, un climat tropical s'est établi ici, où il s'annoncerait par la présence de végétaux indiens, on n'a pas pris en considération le lien qui rattache les unes aux autres les désertes régions de l'Asie et de l'Afrique. Parmi les oiseaux des tropiques, on en a remarqué quelques-uns dans l'oasis de Jéricho, et quant aux plantes tropicales il n'en existe que de telles qui sont indigènes également dans le Sahara arabe, auquel les parages de la mer Morte touchent immédiatement par l'entremise de la péninsule de Sinaï. La forme végétale la plus remarquable de l'Afrique tropicale qui s'y présente est l'*Oschur* (*Calotropis procera*) qui s'est répandue au loin dans le Soudan, à travers les oasis du Sahara, ainsi que dans l'Asie.

La Perse constitue une haute plaine inclinée à l'est, entourée de tout côté par des chaînes montagneuses et reproduisant parfaitement les caractères du climat d'une région à plateaux. Tous les cours d'eau qui, fournis par les montagnes marginales, assurent dans le domaine de ces dernières une productive agriculture, en tant que l'irrigation n'est point négligée, tarissent néanmoins dans l'intérieur du pays et sont ordinairement à sec au cœur de l'été. Les villes les plus considérables de la Perse se trouvent, comme autant de foyers de la culture du sol, rapprochées du bord extérieur nord et sud-ouest de la haute plaine, et à une altitude assez élevée (1,200 mètres ou 4,000 pieds)[52]. Le grand désert de l'intérieur et de la contrée sud-est correspond à une dépression du sol, s'abaissant à moitié de l'altitude de la région supérieure des plateaux, et dans l'oasis de Chabbis encore plus. Mais une chaîne montagneuse centrale, celle du Kohrud, divise aussi la haute région persane et s'élève, à ce qu'il paraît, sur quelques points, jusqu'à la ligne des neiges perpétuelles. Elle traverse la Perse dans la direction sud-est, à partir de Hamadan, passe à côté d'Ispahan jusqu'à Yezd et de là jusqu'à Kerman, et se confond enfin avec le massif montagneux de Beludchistan qui sert de bord méridional à ce pays. Elle produit sur la lisière du désert une haute steppe, dont le caractère végétal se trouve exprimé, de concert avec les Halophytes des parages de Yezd, par des buissons épineux endémiques, ainsi que par des Ombellifères persanes, remarquables à cause de leur gomme résineuse[53] *. On admet généralement, que le tiers, et

* A. Burnes (*Travels into Bochara*, etc., t. I, p. 165-170) signale dans les régions alpines du Hindoukouch, la *Ferula asa fœtida* (*Scorodosma fœtidum*,

d'après d'autres, même la moitié de la population persane consiste en nomades et par conséquent en habitants des steppes, tandis que le reste de la population est adonné à l'agriculture et à l'industrie.

Bien que partout il tombe de la neige à certaines époques, le climat de la Perse n'a ni les rigueurs des hivers de l'Arménie ni la température estivale élevée de la Babylonie; malgré cela, il peut encore être qualifié d'excessif, surtout dans le nord. Il paraît que, pendant la saison chaude accompagnée d'un ciel parfaitement serein, le vent dominant vient de la Caspienne. C'est un alizé d'été dévié par les montagnes et qui pendant l'hiver alterne avec des courants atmosphériques équatoriaux soufflant du golfe d'Oman. La sécheresse extraordinaire de l'atmosphère se trouve accrue par les montagnes bordant le pays; cependant, avec le changement du vent, l'hiver apporte des précipitations régulières, quoique à la vérité, de courte durée. A Schiraz, M. Aucher-Eloy les observa depuis la mi-janvier jusqu'à la mi-mars[40]; dans d'autres localités elles embrassent la période comprise entre décembre et avril. A Schiraz, février était le mois de la floraison, et le printemps de la Perse est vanté par tous les voyageurs comme d'une beauté ravissante. La végétation, bien que dans ses formes elle corresponde à celles des hautes régions plus occidentales, cependant, à en juger par les collections de MM. Aucher-Eloy, Kotschy et Bunge, est dans ses espèces en majeure partie endémique, ce qui s'explique facilement par les montagnes qui entourent le pays. Même dans les sections particulières de la contrée, les espèces végétales diffèrent considérablement les unes des autres; celles du nord et du sud se trouvent séparées par la chaîne de Kohrud, comme celles du Khorasan situé plus bas, par le désert. D'ailleurs, il faut prendre également en considération

Bunge), comme très-abondante, fort recherchée par les troupeaux qui la broutent avec avidité et fournissant au commerce un article important; de plus, les indigènes affectionnent tellement cette Ombellifère qu'ils la considèrent comme un mets délicat qualifié par eux de « friandise des Dieux ». Au reste, je tiens du capitaine Burton lui-même que dans les Indes le peuple partage également cette singulière prédilection et trouve fort suave cette odeur si répulsive pour les Europèns. — T.

les différences latitudinaires ; ainsi, la culture du Dattier dans la Perse occidentale ne va pas au delà de Schiraz (29° 30′ L. N). Elle fait défaut à Kerman, parce que la ville est à une trop grande altitude, mais elle est fort abondante dans l'oasis de Chabbis (31°) [55], et dans cette localité, dont la dépression atteint les eaux souterraines du désert, le Dattier est cultivé dans les mêmes conditions comme dans le Sahara. C'est ainsi encore que dans l'oasis de Tèbes (34°) située plus au nord, les villages sont entourés de plantations de Dattiers dont les fruits mûrissent.

La particularité la plus remarquable de la Perse reproduite encore une fois dans l'Afghanistan, ce sont les vastes déserts qui occupent presque le tiers de la surface, et différant complétement de ceux de l'Aral, paraissent être sur plusieurs points presque inaccessibles, et plus stériles même que le Sahara. Le grand désert salé s'étend de la chaîne de l'Elborus jusqu'aux montagnes de Yezd et de Kerman ; il sert de ligne de séparation entre les hautes plaines de Téhéran et de Khorasan. Il constitue, ainsi que le rapporte M. Buhse [52], une plaine inclinée au sud, dont la dépression la plus profonde, évaluée à 650 mètres (2,000 pieds) jusqu'à 812 mètres (2,500 pieds), correspond à un lac salé allongé en forme d'une rivière, de plus d'un mille géographique de largeur, et ayant son eau partout revêtue d'une croûte de sel d'un pied d'épaisseur. D'après la description de ce voyageur, le désert salé de la Perse est complétement privé de vie organique quelconque : dans toute son étendue il ne possède que trois oasis, et parmi celles-là deux seulement ont de l'eau douce. Aucune plante, aucun chaume de Graminée ne croît sur ce sol salé, sous la surface duquel on voit souvent se développer de véritables cristaux de sel ; ce ne fut que dans la proximité du bord septentrional du désert que M. Buhse aperçut une seule fois un Halophyte isolé. Ces données furent confirmées par M. Bunge [52], puisqu'il dit, en parlant du désert de Kerman, après l'avoir traversé à dos de chameau pendant trois jours et trois nuits, qu'antérieurement à ce voyage, et bien qu'il ait vu le Gobi de ses propres yeux, il n'avait jamais pu se faire une idée d'une telle absence de végétation en toute saison et sur un espace aussi considérable; ce qui ne rendit que plus vive et plus inattendue l'impression produite par l'oasis de Chabbis avec ses abondants Palmiers et Orangers. Le désert exempt de végétation est désigné par les Persans sous le nom de *Luth*, c'est-à-dire espace nu. Au reste, d'autres déserts salés, tels que ceux de l'Asie-Mineure et encore moins ceux de la Perse occidentale, ne sont point aussi complétement dépouillés de toute végétation. Avec la dépression et l'aridité de la haute région, doit augmenter son état de désolation, et c'est pourquoi la Perse nous fait voir, encore plus distinctement que les autres déserts asiatiques, que la cause de cette désolation tient au relief et à la nature du sol, et non pas seulement aux conditions climatériques, ainsi que c'est le cas pour le Sahara. Lorsqu'un désert s'étend sur tout un continent, comme en Afrique, la cause de sa formation doit être cherchée dans l'atmosphère, dont les mouvements généraux, tel que l'alizé de la mer, dépendent de la latitude et peuvent empêcher les précipitations lorsqu'ils agissent uniformément sur des espaces étendus. Là, au contraire, où comme dans le domaine des steppes de l'Asie les déserts sont sporadiquement répartis, ce sont les conditions altitudinales ou la constitution de la terre végétale qui les produisent. Les exemples les plus grandioses de ces deux cas se présentent sous les méridiens de la Perse orientale. Quand, ainsi que cela est le cas sur le lac Aral, c'est le sol sableux qui laisse échapper l'humidité à travers les couches inférieures, il n'en est pas pour cela dénué de toute végétation, en dépit de son aridité. Dans le désert salé de la Perse, où une terre végétale argileuse retient le sel, la vie organique fait complétement défaut lorsque le sol déprimé échauffe démesurément les courants atmosphériques, de quelque côté qu'ils puissent venir, et empêche la formation des nuages, tandis qu'en même temps le niveau élevé augmente la sécheresse de l'air et fait aussitôt disparaître par l'évaporation toute humidité éventuelle de la surface du sol *.

* La physionomie physique de la Perse a été saisie et appréciée par notre auteur avec une sagacité d'autant plus méritoire, qu'à l'époque où il écrivait, on ne connaissait pas encore plusieurs travaux publiés depuis, sur la topographie de la

Séparée au nord par le Hindoukouch des plaines basses du Turkestan, la haute région de l'Afghanistan et du Beludjistan se trouve divisée en deux parties, à l'aide d'une chaîne qui se détache du Hindoukouch dans la direction du nord, depuis Kaboul jusqu'à Kélat, et qui par ses ramifications orientales fractionne tellement la contrée, que la partie faisant face à l'Inde représente un pays montagneux avec de hautes et vastes vallées bien plus qu'un pays à plateaux. La moitié occidentale du Kandahar, de même que Hérat, se rattachent par leur constitution plutôt à la Perse, et du côté du midi le désert de Beludjistan les rend tout aussi désolés *. Il est encore incertain

Perse, et qui confirment parfaitement ses assertions. Parmi ces travaux l'un des plus récents est l'exploration de la Perse faite par les majors Lavett et Saint-John, dont un résumé très-général (accompagné d'une carte) a été publié dans les intéressantes *Mittheilungen* de M. Petermann (ann. 1874, t. XX, p. 59). Les explorateurs anglais font ressortir, comme le trait plastique le plus saillant de la Perse, la présence de vastes déserts entourés de montagnes et dont l'enceinte. intérieure n'offre point d'issue. Dans un curieux travail (également accompagné d'une carte) sur la nature et l'âge probable des dépôts superficiels dans les vallées et les déserts de la Perse centrale, M. W. F. Blanford (*Quart. Journ. of the geol. Soc. of London*, ann. 1873, t. XXIV, Part. 4, p. 173), s'était déjà prévalu de cette singulière configuration pour formuler une hypothèse ingénieuse. M. Blanford admet, qu'il fut une époque où la Perse possédait un climat beaucoup moins sec qu'aujourd'hui, et contenait des lacs nombreux dont les nappes principales s'étendaient du sud-est au nord-ouest à travers les régions du Sistan-Yezd et Khorassan; la dessiccation de ces lacs, aussi bien que le changement effectué dans le cours de l'Oxus, auraient été la suite d'une modification subie dans le climat, dont la sécheresse extrême aura converti la Perse centrale en une série de déserts. Si des observations ultérieures confirmaient les conjectures de M. Blanford relativement à la grande extension que les lacs avaient jadis dans la Perse, ce phénomène rappellerait celui que présentait l'Asie Mineure à un époque à la vérité bien plus reculée et sur une échelle encore plus vaste. En effet, il n'est point de pays peut-être, qui offre à l'égal de la péninsule anatolique un aussi énorme développement de dépôts lacustres (parfaitement caractérisés par leurs fossiles) ainsi qu'on en est frappé au premier coup d'œil jeté sur ma carte géologique de l'Asie Mineure; au reste il y avait cette différence entre les lacs anciens de l'Asie Mineure et de la Perse, aussi bien qu'entre les lacs actuels des deux pays, c'est que dans la première ils étaient et sont d'eau douce, tandis qu'en Perse c'étaient des lacs salés qui dominaient comme ils y dominent de nos jours. — T.

* Selon M. A. W. Steffe (*Quart. Journal of the geol. Soc.*, ann. 1874, v. XXX, p. 50), la partie littorale du Beludjistan, notamment la côte de Mekran, est presque dépourvue de pluie ; il en tombe quelquefois en hiver, mais souvent il n'y a pas une goutte d'eau pendant deux années consécutives. — T.

s'il faut séparer du domaine végétal persan la partie plus basse de la contrée[56] arrosée par le Hilmend, qui se jette dans un lac privé de débouché. Les résultats des explorations de M. Bunge, à Hérat, n'ont pas encore été publiés, et ce que nous savons de la flore de l'Afghanistan se réduit presque aux seules collections de MM. Griffith et Stocks, dont le premier n'avait pas dépassé Kandahar, dans la contrée montagneuse de l'est, et ne s'était arrêté plus longtemps qu'à Kaboul et sur le Hindoukouch, et le dernier n'avait pénétré que jusqu'à Quetta (30°), à partir du Beludjistan. Quoique les montagnes y atteignent rarement la ligne des neiges, cette partie orientale de la contrée est à une bien plus grande altitude que la Perse ; cependant, comme les crêtes arrondies ne s'élèvent pas considérablement au-dessus (environ 163-650 mètres ou 500-2,000 pieds) des vallées, il en résulte qu'il n'y a presque que le Hindoukouch qui possède une ceinture forestière, et que le pays tout entier apparaît sous la forme d'une haute steppe. Ce n'est que dans la proximité des localités habitées que des irrigations soignées les ont converties en une région cultivée, qui sur les rives des torrents de montagnes alternent avec des prés fournissant de riches récoltes de fourrages. Le froid hivernal est rigoureux, mais à Kaboul les Céréales d'hiver se trouvent protégées par l'enveloppe neigeuse [57]. En été dominent les vents d'ouest [58], qui, aspirés par les plaines basses de l'Inde, sont accompagnés d'un ciel serein et accroissent beaucoup tout à la fois la sécheresse et la température de l'air, en s'élevant dans la montagne à une hauteur considérable. L'époque des précipitations atmosphériques est ici également limitée à l'hiver et au printemps, saisons où le contre-alizé touche à la montagne et y dépose son humidité. Ainsi, on voit qu'à l'exception de la Perse, dans toutes les hautes régions du domaine des steppes, depuis la côte syrienne jusqu'à l'Indus, à la suite de la position séparée qu'occupent les centres d'aspiration dans la Mésopotamie et dans les Indes, l'alizé d'été se trouve interrompu, du moins dans les couches atmosphériques inférieures, par des courants occidentaux opposés, et que malgré cela l'ordre dans la succession des saisons, qui fait naître la végétation de la steppe, n'en reste pas moins le même, ce qui fait qu'il n'a été accordé à ces contrées qu'un printemps richement fleuri.

M. Griffith [59] qualifie le caractère de végétation de l'Afghanistan comme étant celui de l'Asie-Mineure; M. Stocks [60] le trouve d'accord avec celui de la Perse méridionale. Cela exprime l'identité des formes végétales dans toute l'étendue des hautes régions, depuis la Méditerranée jusqu'à l'Indus. Ce qui, de concert avec les Halophytes, sert dans l'Afghanistan de mesure à cette relation, ce sont les Astragales, les Staticées épineuses, les Artemisia et les Labiées, les végétaux bulbeux, les nombreuses Crucifères, les Boraginées et les Ombellifères. M. Griffith dit qu'il y a récolté soixante espèces d'Astragales, et dans sa collection, ainsi que dans celle de M. Bunge, relatives à Hérat, les buissons de Tragacanthe sont également représentés. A la sécheresse et à la chaleur de l'été correspondent les productions épineuses, nulle part peut-être dans le domaine des steppes aussi fréquentes qu'ici, de même que les poils cotonneux des organes et leurs huiles éthérées. La position particulière de la contrée tient à l'extension générale des formes frutescentes aussi bien qu'à ce que certaines espèces, provenant de l'Himalaya et des arides régions des Indes, ne trouvent leur limite occidentale que sur la chaîne centrale de l'Afghanistan et du Hindoukouch. Nulle part, fait observer M. Stocks [61], le sol n'est complétement nu, hauteurs et plaines sont uniformément revêtues de buissons bas; plusieurs végétaux, surtout parmi les plus répandus, tels que les Artemisia et les Labiées, se distinguent par leur parfum, et l'on prétend que l'huile éthérée donne même à la chair des moutons et des chèvres un goût « presque aromatique. » Lorsqu'au mois de juin le soleil amène la saison sèche, cette végétation, il est vrai, offrirait un aspect d'aridité; tandis qu'au printemps la contrée prendrait une teinte de vert d'olive fanée, avec laquelle le vert frais des vallées cultivées contrasterait agréablement. Dans les régions rocailleuses où dominent des demi-buissons bas, peu feuillus, épineux, ne pouvant venir qu'isolément, la physionomie du pays est sans doute moins gaie; or, une telle constitution du sol est assez fréquente. C'est la lisière méridionale du Beludjistan qui se trouve le plus influencée par la flore indienne, lisière qui, de même que la côte méridionale de la Perse, représente le passage soit au Sahara arabe, soit aux déserts du Sind et du Punjab. Dans la ceinture forestière du Hindoukouch, on observe également, non point des arbres européens et persans, mais bien des arbres de l'Himalaya (pas moins de cinq espèces de Conifères indiens, de concert avec *Æsculus* et *Dalbergia Sissoo*), phénomène qui s'explique par ce fait que, bien que dans le Khorassan la connexion orographique avec la chaîne de l'Elborus ne paraisse nulle part être interrompue, néanmoins les forêts s'évanouissent dans cette direction, en sorte que le Hindoukouch occidental est déboisé et moins élevé.

Sous le rapport de l'agriculture, les hautes vallées de l'Afghanistan manifestent déjà un rapprochement vers les conditions de végétation existant dans le Thibet, similitude telle que la configuration du sol aurait pu le faire supposer. Ainsi que les Alpes de l'Engadine nous l'ont déjà appris (p. 250), un renflement en masse de la surface terrestre, lors même que des chaînes montagneuses le décomposent en vallées, produit à l'instar des hautes plaines un accroissement considérable dans la température estivale et, par suite, un exhaussement dans toutes les limites de végétation. Il paraît que dans l'Afghanistan, le Froment et l'Orge viennent jusqu'à l'altitude de 2761 mètres (9400 pieds[58]) ; à Kaboul (1950 mètres ou 6000 pieds) on cultive même le Riz ; les arbres fruitiers sont presque les mêmes qu'à Bokhara; associés à quelques espèces particulières, ils se rapportent soit au nord, soit au midi de l'Europe ; leurs fruits sont également renommés et la viticulture aussi ne manque pas d'importance. Le Dattier s'élève depuis la côte méridionale jusqu'aux hautes vallées plus chaudes (1430 mètres ou 4400 pieds) et se trouve dans le Beludgistan accompagné par un Palmier nain (*Chamærops Ritchieana*) qui au nord, atteint le pied du Hindoukouch, près d'Attok sur l'Indus. A l'altitude de Kaboul, où le printemps est affecté par des gelées nocturnes tardives, les époques de semailles et de récoltes sont semblables à celles de l'Europe [57], le labour des Céréales d'été ne peut avoir lieu qu'en mai et elles mûrissent seulement en août et en septembre. Il n'en est que plus remarquable d'y voir pratiquer dans de telles conditions la culture du Riz et du Maïs; ce qui devrait faire admettre ou que le climat y donne lieu à une accélération insolite des phases de développement, ou bien qu'on y possède de cette Céréale certaines variétés qui se distinguent par une courte période de végétation, variétés telles que le Riz en a produites dans la Chine et le Maïs dans le nord de l'Amérique.

La flore du Thibet comprend tout l'espace occupé et entouré par les plus hautes montagnes du globe, depuis l'arête indienne de l'Himalaya jusqu'au pied septentrional du Kouenlun, où la plaine d'Iltchi n'a plus qu'une altitude de 1250 mètres (4000 pieds), et où commence ensuite la steppe de Gobi. Les idées anciennes d'après lesquelles le Thibet serait une haute plaine uniforme ont déjà été rectifiées par Humboldt, et sa manière de voir a été confirmée et développée par les voyages de découverte faits depuis, dans l'Asie centrale. C'est chose arbitraire que la distinction dans ces régions de divers systèmes de montagnes [63]; car entre les chaînes de l'Himalaya, de Karakoroum et du Kouenlun il y a les mêmes rapports qu'entre les chaînes principales des Alpes, toutes liées entre elles par leurs ramifications. De même qu'avec le développement progressif des connaissances géographiques on a vu s'élargir le sens attaché à la chaîne des Andes, ainsi je serais porté à qualifier d'Himalaya le système montagneux tout entier de la haute Asie, en distinguant la chaîne méridionale comme chaîne indienne. Dans ce sens, les plus hauts massifs montagneux du monde [64], s'étendent sur plus de douze degrés de latitude (40° — 27°), depuis les frontières de Bokhara jusqu'aux régions basses indiennes et chinoises. Il n'y a pas encore été géographiquement constaté comment ces massifs s'y terminent du côté de l'est *. Le Petit Thibet et le pays qui y

* Depuis que ces lignes ont été écrites, nos connaissances de la partie de la Chine dont il s'agit ont été considérablement augmentées par les remarquables explorations de M. de Richthofen, explorations dont M. Grisebach lui-même vient de donner un résumé fort substantiel dans ses *Jahresberichte* de

confine au nord; sont les seules contrées mieux connues parmi celles situées de l'autre côté des défilés conduisant dans les Indes. Sous ces méridiens, de hautes plaines ne se trouvent que dans l'enceinte des deux chaînes septentrionales (30° — 37° L. N.) et encore sont-elles d'étendues peu considérable. En ne tenant pas compte de bassins lacustres isolés, ni la vallée principale de l'Inde dans le Petit Thibet[65], ni ses vallées latérales ne se dilatent point en plateaux, car ce sont les chaînes montagneuses fortement allongées qui serrent de près les lits des cours d'eau ; aussi les surfaces inclinées constituent-elles le caractère général en vastes proportions, et les surfaces s'inclinent si doucement, qu'ainsi que s'exprimait M. Gérard[66], les sommets neigeux pâlissent à la grande distance où ils s'élèvent,

l'année 1874, p. 75. Je me contenterai d'en extraire les renseignements suivants qu'on lira avec intérêt. Un fait géologique domine les conditions agriculturales de la Chine, c'est la présence du *Lœss,* en sorte que selon que ce dépôt abonde ou manque, l'agriculture est florissante ou défectueuse ; heureusement il a une extension très-considérable et embrasse la majeure partie du nord de la Chine en donnant à cette zone une grande supériorité, sous le rapport agricultural, sur les parties méridionales de l'Empire, privées de ce précieux dépôt. Le partage des eaux entre les affluents du Hoangho et du Yangtsekiang (au sud de Schensi) trace une ligne de démarcation entre la végétation de la Chine septentrionale et celle de la Chine méridionale. Dans la province Schensi où le Lœss est très-développé on obtient chaque année deux récoltes. Cependant ni dans cette province ni dans celle de Kansu il n'existe point de végétaux ligneux toujours verts. Le partage des eaux du côté du sud est formé par la chaîne de Tsinglings dirigée de l'ouest à l'est et constituant probablement le prolongement oriental du système du Kouenlun, sous les rapports de sa position, de son altitude (jusqu'à 3,573 mètres ou 11,000 pieds) et sa masse, le Tsinlings peut être comparé aux Pyrénées. Sur son versant méridional servant d'abri contre les vents du nord, commence la végétation des arbres et buissons toujours verts : du Bambou sauvage, de l'Oranger et du Palmier chinois, ce qui prouve que dans l'intérieur de la Chine également la limite septentrionale des Palmiers, que l'on avait cru jusqu'à présent ne s'étendre que jusqu'au Yangtsekiang s'avance plus au nord (jusqu'à 34° L. N.). Szetschuan est la plus grande, la plus belle et l'une des plus fertiles provinces de la Chine. Elle se comporte à l'égard de la province de Schensi, comme la Lombardie à l'égard de l'Allemagne ; seulement ici les plantations du Cotonnier remplacent les Rizières. Les divers végétaux ligneux qu'on y cultive servent à la sériciculture, à la production du thé, du Tungöl (*Camellia oleifera* syn. *C. Sasangua*) et de la *Cire d'insecte* (*Pela*). M. de Richthofen donne des détails relativement à cette substance, mais c'est surtout sur la climatologie de ces vastes contrées qu'il fournit des renseignements importants, qui malheureusement ne sauraient trouver place dans cette note déjà trop longue. — T.

tels qu'une image qui ne laisse dans le souvenir qu'une blême lueur*.

Les hautes vallées thibétaines[67] s'abaissent de 4,545 mètres (14,000 pieds) jusqu'à 3,249 mètres (10,000 pieds), sans que la

* L'opinion formulée par notre auteur relativement à l'ensemble des massifs montagneux de la haute Asie s'accorde bien mieux que le système orographique de Humboldt, avec les résultats les plus récents des nombreuses et importantes explorations dont l'Asie centrale a été l'objet de la part des Anglais et des Russes. Au reste M. Grisebach a le mérite d'avoir été l'un des premiers à signaler les invraisemblances de ce système, car il y a déjà vingt ans qu'en se basant sur les explorations de M. Lehman, il émit l'opinion (V. *Jahresb.*, ann. 1832, p. 32, 33, et ann. 1864, p. 67) que le Bolor n'est probablement qu'une continuation N.-O. de la chaîne de l'Himalaya. Depuis, les observations d'un grand nombre de voyageurs ont relégué de plus en plus le système de l'immortel auteur du *Cosmos* dans le domaine d'ingénieuses et attrayantes fictions. Ainsi, en 1866, M. H. Johnson (*Journ. of the Roy. geogr. Soc.*, t. XXXVII, p. 1-47) constata (de même que le fit plus tard M. Douglas Forsyth) que la chaîne de Kouenlun est bien loin d'avoir de l'ouest à l'est l'extension que Humboldt lui avait donnée, puisqu'elle s'évanouit à peu près sous le méridien d'Iltchi (Khotan). En 1868, M. Sewertzow révoqua en doute l'existence de la chaîne désignée par le nom apocryphe de Bolor (v. sur ce nom le colonel Yulde dans le *Journ. geogr. Soc.*, t. XXXXII, p. 138); il réduisit les cinq chaînes tracées par Humboldt (Altaï, Thianchan, Kouenlun, Himalaya et Bolor) à trois chaînes (Altaï, Thianchan et Himalaya). M. Shaw (*Proceed. of the geogr. Soc.*, t. XIX, p. 124, ann. 1870) déclara positivement que le Kouenlun et l'Himalaya ne sont que deux ramifications d'un seul groupe montagneux. Le peu qui a été publié jusqu'à ce moment des remarquables explorations de M. Fedchenko (v. *Petermann, Miltheil,* ann. 1872, et *Zeitschr. d. Gesellsch f. Erdkunde,* t. VII. p. 170, t. XVIII, p. 161), dont la science déplore la perte prématurée et inattendue, suffit pour prouver qu'aux yeux de ce savant, la chaîne de Bolor n'est point méridienne, mais plutôt dirigée du sud-est au nord-ouest, ainsi que cela résultait déjà des relevés exécutés par le Mirza sous la direction de Montgomery; de même, M. Fedchenko, d'accord avec M. Shaw, rejette l'existence de la chaîne de Karakoroum, ajoutée par les frères Schlagintweit aux quatre chaînes parallèles de Humboldt, et d'accord encore avec un autre explorateur anglais, le colonel Walker, le savant russe n'admet point la chaîne du Hindoukouch comme une chaîne non interrompue. Il est même des géographes (v. *Proceed. of the geogr. Soc.*, t. XIV, p. 207) qui, au lieu de cinq chaînes parallèles, n'en acceptent plus qu'une seule : celle de Thianchan, en considérant toutes les autres comme autant de ramifications de ce rempart colossal. Au reste, il est probable qu'en admettant une telle simplification du système orographique de l'Asie centrale, on tombe dans l'excès opposé reproché au système complexe de Humboldt. Aussi M. de Richtohfen est-il venu à son tour (*Verhandl. der geogr. Gesellsch. zu Berlin,* ann. 1874, n° 6, 7.) revendiquer de nouveau en faveur des chaînes de Kouenlun et de Karakoroum une place indépendante de l'Himalaya, et même il considère le Kouenlun comme la chaîne la plus importante et la plus ancienne parmi tous les massifs montagneux du continent asiatique. — T.

flore éprouve un changement, et les hautes plaines septentrionales sont encore plus élevées (4,872 mètres ou 15,000 pieds). Néanmoins, à l'altitude considérable qu'atteignent les vallées, la culture des Céréales est pratiquée le long des cours d'eau (jusqu'au delà de 4,223 mètres ou 13,000 pieds), et même on y voit des arbres isolés (des arbres de haute futaie jusqu'à 4,155 mètres ou 11,600 pieds). Ici, les irrigations n'ont pas seulement pour but de triompher de la sécheresse excessive et de l'aridité du climat des steppes, mais encore la température estivale, peu considérable [68], ne paraît guère compatible avec la culture du sol, bien que les pentes très-douces retardent la décroissance de la température. Il est vrai, nous trouvons à Leh, chef-lieu du Petit-Thibet (3,508 mètres ou 10,800 pieds), l'été tout aussi chaud qu'à Stockholm (15°,7), mais en admettant pour la haute Asie un décroissement d'un degré de température, en raison de 260 mètres (800 pieds) d'altitude [69], la végétation se trouverait placée, sur la limite supérieure de la culture des Céréales, dans des conditions encore plus défavorables que dans la Laponie, où cette culture a son terme. Nulle part sur notre globe il n'y a de preuve plus manifeste de l'accroissement, dans les couches supérieures atmosphériques, de l'insolation lorsque celle-ci rencontre, comme ici, une surface aussi susceptible de s'échauffer, et c'est là ce qui sert à expliquer les conditions de culture dans les hautes vallées de l'Afghanistan. Sans doute, la température est aussi considérablement augmentée par la sécheresse atmosphérique, puisque les rayons solaires perdent beaucoup de leur force dans la vapeur aqueuse à l'état de dissolution. A Leh, M. Moorcroft vit le thermomètre, sous l'action du soleil de juillet, monter à 62°,5 ; à cette époque, même pendant la nuit, il ne descendit qu'à 23°,7, et jusqu'au cœur de l'hiver, il observa la colonne de mercure s'élevant, en plein soleil, à 28,7. La puissante insolation compense non-seulement le décroissement de la température moyenne, mais encore la brièveté de l'été, et porte les Céréales à leur maturation, parfois plus promptement que dans la Laponie. A Leh, gelée et neige se présentent au commencement de septembre et durent, à peu d'interruption près, jusqu'au commencement de mai; en sorte que sans doute quatre mois restent disponibles pour le labour des champs et qu'en conséquence le Froment vient bien. D'ailleurs, ordinairement l'Orge y est ensemencée à la seconde moitié de mai et récoltée en septembre[71]; cependant M. Moorcroft mentionne également le cas où, à une altitude de 3,249 mètres (10,000 pieds), dans la vallée close de Pituk dont la réverbération accroît l'action de l'insolation, cette Céréale peut être récoltée déjà deux mois après avoir été ensemencée *.

Le décroissement de la température est pour l'agriculture thibétaine un obstacle moins grave que la sécheresse de l'air et la rareté de la pluie. Dans la vallée principale de l'Indus il n'y point de précipitations capables d'humecter le sol complétement[65]; en hiver aussi, il tombe peu de neige et les rivières empruntent leurs eaux aux chaînes montagneuses de plus de 3,248 mètres (10,000 pieds) d'altitude, où les vapeurs aqueuses se condensent en de vastes champs de neige perpétuelle. Les conditions sont encore bien plus défavorables dans le Grand Thibet[72], qui pendant l'hiver paraît être privé de précipitation atmosphérique quelconque. Les Pundits, qui de Nepal atteignirent sa vallée principale et s'avancèrent jusqu'à Hlassa, n'eurent, pendant toute la durée de leur voyage depuis octobre jusqu'à juin, qu'une seule fois de la neige et jamais de pluie[73]. Quand même on n'aperçoit dans les hautes vallées que des vents locaux de provenance diverse, il n'en paraît pas moins probable qu'au-dessus des montagnes de la haute Asie souffle un courant polaire persistant, qui est aspiré par la région indienne et qui, à cette grande altitude, exclut toute condensation de la faible quantité de vapeurs aqueuses. Ce n'est que sur les hauteurs les plus élevées, atteignant probablement le contre-alizé, que se produit cette accumulation considérable de neiges perpétuelles, qui constituent les puissants glaciers de la chaîne de

* Dans un travail sur la zoologie du Thibet (*Bulletin. Soc. d'Acclimatation*, 2e sér., t. X, p. 309, ann. 1873), l'abbé Desgodins, missionnaire apostolique, dit que dans cette contrée la culture des Céréales s'élève jusqu'à 3,700 et 3,800 mètres, et que l'on peut même faire deux récoltes chaque année dans un même champ jusqu'à la hauteur de 2,800 à 2,000 mètres au-dessus du niveau de la mer. — T.

Karakaroum, source d'une partie des énormes volumes d'eau recueillis dans les deux grands fleuves de l'Indus et du Brahmaputra. Un courant polaire traversant les couches atmosphériques inférieures est seul de nature à expliquer le fait que, sur les hautes vallées et les plaines, de même que sur les pentes légèrement inclinées, le défaut de fertilité peut revêtir le caractère du désert complétement nu, et que le vaste domaine du Yaru le cède, sous le rapport de ses conditions culturales, au domaine plus étroitement circonscrit de l'Indus. Les hautes plaines dans la chaîne du Kouenlun sont souvent privées de toute végétation sur des espaces considérables ; les plus élevées parmi ces plaines [3] se trouvent au-dessus du niveau de la limite des neiges et sont pourtant dénuées de ces dernières, sillonnées seulement par de copieux ruisseaux qu'alimentent les nevés des sommets et les glaciers des versants [74]. Ici, comme le fait observer M. de Schlagintweit, les troupeaux de chevaux sauvages, de Yaks et d'autres ruminants qui animent ces solitudes, ne peuvent trouver leur maigre pâture qu'autant qu'ils franchissent journellement des espaces de plusieurs lieues pour arriver à des pacages isolés, disséminés*. Il en est de même de l'agriculture sur le Yaru, dans le Gand-Thibet, praticable, à la vérité, jusqu'au niveau de 4,223 mètres (13,000 pieds), qui cependant ne donne lieu qu'à des oasis culturales le long de la rivière [74], tandis qu'au-dessus on voit le pays s'étendre au loin en une région servant exclusivement à l'élevage du bétail. Ce n'est qu'en été, notamment en juillet et en août, qu'on voit ici, à Schigatsa, de violentes averses [73], probablement parce qu'alors, à l'époque où la mousson sud-ouest est dans sa plus grande force, le Brahmaputra refoule ses nuages dans la vallée latérale. La marche des saisons s'écarte donc complétement de celle qu'elle suit dans la région des steppes, et comme malgré cela la végétation est la

* Le capitaine Prchewalski, qui vient d'explorer des régions de l'Asie centrale où aucun voyageur scientifique n'avait pénétré avant lui, signale avec étonnement les essaims de Gazelles, d'Antilopes, de Mouflons (*Ovis argali,* représenté par une nouvelle espèce) et surtout de Yaks, qu'il rencontra sur les plateaux du Thibet oriental ; en parlant des derniers, il dit qu'ils y errent par *millions* (*Petermann, Mittheil.*, ann. 1874, t. XX, p. 41). — T.

même[75] que dans le Thibet occidental, l'action exercée par ce régime pluvial passager ne saurait être importante. Même sur le sol aride des hautes vallées thibétaines, l'eau courante est l'unique condition d'une agriculture productive, et sert tout à la fois à vivifier la végétation indigène. De concert avec le Froment, l'Orge et le Blé sarrasin, qui constituent les Céréales du Thibet, les arbres fruitiers[76], les Peupliers et les Saules trouvent également les conditions de leur existence rattachées aux lignes d'irrigation.

L'aspect du Thibet est celui d'une vaste solitude, la végétation très-pauvre, le sol rocailleux et les pacages à gazon ras ne s'offrant que localement. Il en est de même des montagnes auxquelles les forêts continues font complétement défaut. Quand on a quitté les arbres à feuillage et à feuilles aciculaires du versant indien de l'Himalaya, ce n'est que sur le versant septentrional du Kouenlun qu'on se retrouve pour la première fois en présence d'une forêt, bien qu'assez médiocre et qui paraît être composée de Peupliers[77]. Dans le domaine hydrographique du Satlej, on voit s'élever jusqu'à la vallée de Spiti un Conifère (*Juniperus fœtidissima*) exclu du reste du Thibet, arbre qui constitue à Kunawar la région forestière supérieure et se rencontre dans le Cachemir avec d'autres essences résineuses de l'Himalaya[65]. Cependant, lors même que le long des rivières des hautes vallées du Thibet on ne voit que des taillis isolés d'essences feuillues, les buissons de ce pays n'en revêtent pas moins quelquefois une forme arborescente. Dans un ravin latéral de l'Indus, à une altitude de près de 4,353 mètres (13,400 pieds)[67], M. Thomson trouva un taillis de *Myricaria* ayant une hauteur de 3m,8 et un tronc de la grosseur du bras, de même que dans la vallée de Shayuk, entre des montagnes neigeuses nues, également un massif de *Hippophae* qui ici s'était développé en un petit arbre. Ce n'est point la brièveté de la période de végétation qui dans le Thibet s'oppose à la vie de l'arbre, c'est l'aridité du sol et la sécheresse atmosphérique. En effet, puisque les récoltes de Froment exigent quatre mois, la courbe de la température annuelle pourrait suffire à certains arbres. Aussi, parmi toutes les formes végétales, ce sont les buissons qui frappent davantage, parce qu'ils ont besoin de moins d'eau que les arbres et possèdent une plus longue période de développement que les plantes herbacées. Déjà les anciens explorateurs, qui en venant des Indes franchirent les cols de l'Himalaya, avaient fait ressortir comme caractéristiques pour la flore thibétaine les buissons épineux à feuilles pennées, dont plusieurs atteignent presque la taille d'homme (des espèces de *Caragana*, de concert avec des buissons plus petits de Tragacanthe). De telles broussailles ne s'évanouissent qu'à une altitude de 5,197 mètres (16,000 pieds), à un niveau plus élevé que la majorité des Graminées, exactement comme les buissons des déserts du lac Aral se présentent de l'autre côté de la steppe à Graminées. C'est à ce buisson qu'on se trouve réduit au Thibet pour le bois de combustion, particulièrement à une espèce qui revêt les versants plus élevés (*Caragana versicolor*) *. Cependant même les formations de buissons sont rares et ne se trouvent que là où le sol conserve l'humidité[65]. C'est ainsi que les Tamaris, les Saules et autres formes frutescentes semblables accompagnent les cours d'eau. Sur les versants de montagne arrosés par la neige fondante, on voit des espèces plus nombreuses de Saule, associées au Caragana précédemment mentionné. En général, il se manifeste une différence fortement accentuée entre la végétation des vallées et celle du sol incliné situé au-dessus des dernières; toutefois il ne s'agit pas ici, comme le pensait M. Thomson, de deux régions séparées par l'altitude et le climat, mais bien de formations végétales, isolées par l'action du sol et du degré d'humidité qu'il leur fournit. La limitation du sens de région alpine aux versants supérieurs est ici d'autant moins applicable que les vallées renferment tout aussi bien des genres alpins, et que, par conséquent, le caractère de l'ensemble de la

* M. de Schlagintweit (*Reise in Indien und Hochasien*, t. III, p. 152) fait observer que, tout en étant très-commun dans le Thibet, le *Caragana versicolor* (le genre *Caragana* inconnu dans les Alpes d'Europe) manque à l'Himalaya. De son côté, M. Fedchenko nous apprend (*Petermann, Mittheil.*, t. XVIII, p. 163) que les buissons de Caragana sont caractéristiques pour la flore du système du Narym, mais font défaut à la vallée du Sarafchane. — T.

flore repose sur le mélange des formes arctiques et steppiques. Ce qui constitue la particularité propre au Thibet, c'est précisément que le climat de la steppe se trouve ici combiné à celui des régions alpines, et que sur le sol aride la période de la végétation est raccourcie par la sécheresse atmosphérique, et dans les parages à eau courante, par la durée de l'hiver. Mais même dans les vallées riveraines, les plantes de steppes jouissent de conditions plus favorables que dans les montagnes, parce que dans les anciens bassins marins se trouve souvent un sol salifère produisant des Armoises et de Chénopodées. La différence essentielle entre le caractère physionomique des vallées et celui des versants de montagne consiste évidemment en ce que les premières peuvent produire un tapis végétal non interrompu, et les derniers représentent pour la plupart un désert dénué de plantes; aussi M. V. Jacquemont[78] fait observer avec raison, à l'égard des défilés de la vallée de Spiti qui conduisent dans une vallée nue de 650 mètres (2,000 pieds) de largeur, située entre la limite de végétation et la ligne des neiges, que c'est là un contraste qui ne tient pas à la décroissance de la température, mais à la répartition de l'eau courante, condition première et la plus nécessaire de la vie végétale sous un climat aussi sec. Cependant la désolation de la nature, telle qu'elle se présente sur une grande partie de la surface de la montagne, en ne permettant point à l'industrie des chalets de se développer dans l'Himalaya, se trouve en quelque sorte compensée par la hauteur extraordinaire à laquelle montent des formes végétales alpines sur un sol humecté. Les frères Schlagintweit[79] constatèrent la végétation phanérogame du Thibet à un niveau de 6,037 mètres (18,590 pieds), environ 195 mètres au-dessus de la limite des neiges. L'indépendance de la flore de steppe à l'égard de l'altitude n'est nulle part exprimée d'une manière plus évidente qu'au Thibet[80], où l'on trouve des Graminées à structure particulière qui sont en même temps indigènes dans le domaine de la dépression caspienne *.

* Sous le double rapport de l'originalité et de la richesse, la flore du Thibet paraît offrir un contraste des plus frappants avec sa faune. En effet, dans un travail sur

Le Gobi n'a été l'objet d'une exploration plus exacte que dans ses régions orientales, où cette steppe est traversée par la route conduisant de la Sibérie à Pékin, et où elle dépasse la frontière russe dans la Dahurie. Mais c'est précisément le peu qu'on connaît du climat et de la culture des régions occidentales (le Thianchannanlu) qui est d'une importance toute particulière. Ici on voit se dresser, au-dessus d'une rangée de villes florissantes, le rempart presque déboisé du Thianchan, car il paraît que la ceinture forestière de cette haute chaîne appartient en grande partie à ses versants extérieurs, qui font face à la région basse de la Dzungarie. Situé sous la même latitude que Bokhara et la steppe khirgize, mais opposé à ces basses plaines sous forme de pays oriental de plateaux, le Gobi s'étend jusqu'aux surfaces planes des systèmes hydrographiques de la Chine, et se trouve limité au nord par le Thianchan et l'Altaï et à l'ouest par le Bolor. Ces chaînes marginales, qui, de concert avec le Kouenlun et Chingan, le bordent au sud-ouest et à l'est, sont sur plusieurs points interrompues par de vastes lacunes, ce qui facilite le mélange de leur flore de steppe avec les produits d'autres contrées ; de telles transitions ont

les mammifères de la Chine et du Thibet (*Bull. Soc. d'Acclimat.*, 2me série, t. IX' p. 239.) Alph. Milne Edwards passe en revue les collections zoologiques rapportées de ces contrées par l'abbé Armand David, et arrive à cette conclusion, que le massif himalayen, dont le Thibet fait partie, doit être considéré comme un foyer zoologique qui tient à un centre particulier de création. Cette conclusion est basée sur la physionomie éminemment originale qui caractérise la faune du Thibet, faune qui, selon M. A. Milne Edwards, est tellement différente de celle des autres contrées « *qu'il n'en existe point d'analogue sur toute la surface de notre globe* ». Or rien de semblable ne paraît avoir été suggéré par l'étude des collections botaniques de l'abbé, ce qui prouve que le savant missionnaire n'a pas été aussi bien servi par la flore que par la faune, quoique ses herbiers aient fourni à M. Decaisne quatre nouveaux genres (*Bull. soc. bot. de France,* ann. 1873, t. XX, p. 155), dont trois du Thibet oriental et un de la Mongolie. D'ailleurs, le peu que nous connaissons encore des résultats zoologiques et botaniques des explorations faites par MM. Fedchenko et Prchewalsky dans les contrées limitrophes du Thibet, dans le Thibet oriental et dans la Mongolie, suffit pour faire ressortir l'énorme prédominance dans ces contrées des formes animales sur les formes végétales, car dans leurs courtes relations de voyage (V. *Zeitschr. der Gesellsch. für Erdk.*, t. VII; *Petermann, Mittheil,* t. XVIII, XIX et XX), nous ne voyons signalées que peu de plantes nouvelles, mais d'autant plus fréquemment des espèces d'animaux rares ou inconnues. — T.

lieu entre le Thianchan ainsi que l'Altaï et la steppe khirgize; à l'est entre le Kouenlun et le Thibet, et entre la Sibérie et la vallée dahurique de l'Onon (50° L. N.) qui sépare la chaîne de Yablonovoï de celle du Chingan. De même sur le côté chinois paraissent se présenter des petites pentes non interrompues descendant dans la région basse. Le niveau du Gobi n'a été déterminé par des mesures que sur quelques points[81] où il correspond à celui de la haute plaine de Perse (1,250 mètres ou 4,000 pieds) et, de même que sur cette dernière, offre des localités plus déprimées.

Les massifs montagneux qui bordent la contrée exercent une notable influence sur le climat de cette dernière. Dans les régions orientales de la Mongolie, placées en communication largement ouverte avec la Sibérie et se trouvant d'ailleurs à une plus haute latitude (42° — 50° L. N.), la répartition de la température telle qu'elle a lieu dans les pays continentaux est fortement accentuée ; dans la partie du Turkestan comprise entre le Thianchan et le Kouenlun (37°—43°) nous voyons associé à une chaleur estivale également forte un hiver tellement doux qu'on ne se serait nullement attendu à le trouver dans le cœur de l'Asie et à une altitude aussi considérable (1,370 mètres ou 4,250 pieds). Ce phénomène, indiqué par les produits culturaux du pays, a vivement préoccupé M. de Humboldt[82]. En admettant pour base la viticulture à Hami (43° L. N.), il a cru vraisemblable que dans cette localité le sol n'atteint point le niveau de 857 mètres (2,640 pieds). Les produits[83] de Khotan et de Kachgar sont, en effet, presque les mêmes que dans la région basse de Bokhara : aussi dans tous ces endroits ils ne sont que l'œuvre des irrigations ; de concert avec le Froment on y voit cultivés le Maïs et le Riz, comme aussi le Cotonnier, et à côté de la Vigne et du Mûrier.nous trouvons signalés parmi les fruits du pays : la Pêche et l'Abricot et jusqu'aux Olives et les Grenades. D'après les sources chinoises, Hami produirait même des Oranges[82]. Malgré cela, la supposition de M. de Humboldt relativement à la dépression du sol au pied des montagnes ne s'est point confirmée, du moins pas pour Khotan ; nous possédons maintenant les mesures hypsométriques étendues de M. Johnson, dont il résulte que les vastes plaines où cette culture a lieu se trouvent à un niveau même un peu plus élevé que le Gobi entre Pékin et Kiachta*. En conséquence, la nature du sol de ces plateaux doit trouver son explication dans les conditions climatériques de leur culture même. Sous ce rapport, des données récentes[84] fournissent sur la marche des saisons à Kachgar des renseignements plus précis. L'hiver y est tellement doux que les cours d'eau ne se congèlent point et que le peu de neige qui tombe ne se maintient guère au delà de trois ou quatre jours. De même, brouillard et pluie ne se voient guère en hiver : de septembre à mars il n'avait plu que deux jours et encore avec interruption, bien que les vents dominants vinssent de l'ouest. La feuillaison des arbres eut lieu à partir du commencement de mars ; alors on vit fleurir les Tulipes et les Anémones ; les feuilles ne commencèrent à tomber qu'à la fin d'octobre. Il paraît qu'une chaleur étouffante y règne pendant l'été, lorsque d'épais nuages pulvérulents envahissent l'atmosphère et que les pluies sont extrê-

* Grâce à l'étonnante rapidité avec laquelle progresse de nos jours l'exploration de l'Asie centrale, qui chaque année nous fournit quelque chose de nouveau, la position astronomique de beaucoup de points y a été modifiée, non-seulement relativement aux relevés des jésuites (qui ont servi de base principale aux données admises dans l'*Asie centrale* de Humboldt), mais encore à l'égard des travaux comparativement récents des frères Schlagintweit. Ainsi le Mirza envoyé par le capitaine Montgomery (V. *Journ. of the geogr. Soc.*, ann. 1871, t. XLI, p. 143) place Kachgar à 39°,29′ L.-N. et 76°,12 long., détermination presque identique avec celle de M. C. Scharnhorst (39°,27′ — 76°,4′) qui en 1872 accompagna le baron de Kaulbars dans sa mission à Kachgar (V. *Peterm. Mittheil.*, an. 1873, t. XIX, p. 392). Or cette concordance même est un motif pour préférer ces chiffres à ceux (très-différents) donnés par les jésuites et les frères Schlagintweit. (V. *Journ. loc. cit.*) ; presque la même discordance existe entre les jésuites, les frères Schlagintweit et le Mirza pour Yarkand et Khotan. Enfin des divergences tout aussi considérables se présentent sous les rapports hypsométriques entre les voyageurs les plus récents et leurs prédécesseurs immédiats ; tel est le cas, entre autres, pour l'altitude de Kachgar que le Mirza (*loc. cit.*) a déterminé à 1,689 mètres (5,200 pieds). Tout récemment les positions astronomiques et les altitudes ont été données par les observateurs russes pour les points suivants : Kassalinsk, Kopal, Kuldja, Tachkendt et Khodjent (V. *Mittheil.*, T. XIX, p. 435). On peut aussi consulter avec fruit le travail important publié par M. Louis Hugues dans le *Cosmos* de M. Guido Cora (ann. 1873, n° III et IV, p. 176) sur les conditions géographiques et hypsométriques des possessions russes dans l'Asie centrale ; les données relatives à l'altitude des cols à travers les montagnes sont surtout fort instructives. — T.

mement rares. Ainsi sous la latitude de Valence (39° L. N.), le climat de cette contrée peut donc être assimilé à celui de la région méditerranéenne, cependant il en diffère par une forte sécheresse atmosphérique en toute saison, et c'est là, et non pas l'hiver, ce qui fait de ce pays une steppe et un désert. Il n'aurait pu donner naissance à ces produits, si les trois massifs neigeux qui l'entourent ne le pourvoyaient d'eaux abondantes qui se réunissent pour former le Tarim, rivière débouchant dans le Lop-Noor. L'eau courante met huit mois à la disposition de la végétation, et la haute température estivale accroît la substance sucrée des fruits. On conçoit plus aisément la sécheresse du climat que la douceur de l'hiver; car la direction des courants atmosphériques n'a ici aucune importance, puisque les chaînes montagneuses les dépouillent de leur vapeur aqueuse et que le seul côté ouvert, celui de l'est, est représenté par le Gobi même. D'ailleurs, cette haute plaine se trouve abritée contre les vents polaires de la Sibérie par la chaîne du Thianchan, qui doit exercer sur les vallées situées à son pied, telles que Aksou, Hami et autres, la même action qu'ont les Alpes sur les rives des lacs lombards. La rareté de la production des nuages laisse à l'insolation la plus grande latitude, et l'élévation du niveau la renforce même en hiver, quoiqu'à un moindre degré, ainsi que nous l'avons mentionné à propos de la ville de Leh (p. 610). Telles paraissent être les conditions sous l'empire desquelles se sont développés ici, sur le bord extérieur de la haute plaine, un nombre considérable de grandes villes et des foyers de culture du sol, contrairement aux pays plus éloignés des montagnes, lesquels sont restés déserts et inhabités, bien qu'à en juger par le cours des rivières, ils se trouvent à un niveau inférieur. En effet, comme à Bokhara, on voit confiner immédiatement avec le sol cultural irrigué, un désert à dunes meubles composées de sable pulvérulent, dénué presque entièrement de végétation[85], et alternant avec des couches d'argile salifère. Ici aussi, comme en Perse, les niveaux les plus déprimés paraissent appartenir au désert, dont les régions limitrophes consisteraient en steppes ; toutefois, grâce à l'irrigation variée fournie par de nombreux torrents de montagne, des districts fertiles, même ornés de la verdure de massifs d'arbres, se déploient au milieu du désert comme autant «d'îles florissantes». Et c'est ainsi que dans cette contrée encore ce ne sont que les montagnes qui font naître des oasis, tandis que sur les vastes surfaces des hautes plaines du Gobi, aucune ville n'a été fondée, et qu'on n'y voit, comme dans la steppe kirghize, que des peuples de pasteurs nomades.

Il est vraisemblable que dans ces parties centrales et orientales du Gobi, déserts et steppes alternent les uns avec les autres. Cependant la population nomade des races mongole et turque, dont les hordes victorieuses se sont précipitées maintes fois sur les contrées cultivées de l'Ouest comme de l'Est, est trop nombreuse pour ne pas attribuer aux steppes et aux pâturages une étendue bien plus considérable qu'au désert. D'ailleurs, les déserts sablonneux du haut Turkistan ne se reproduisent que rarement dans les régions situées plus à l'est, où la nature pierreuse et rocheuse du sol prédomine jusqu'à la Dahurie [86]. Le long de la ligne qui conduit de Kiachta à Pékin, le Gobi fut trouvé dépourvu d'eau sur certains espaces, qui cependant ne s'étendent qu'à un nombre peu considérable de jours de marche, et même alors ces espaces offrent çà et là des pâturages avec eaux souterraines peu profondes. M. Timkowski [87] suivit cette voie en hiver comme en été; d'après ses données, les conditions climatériques paraissent y être semblables à celles dans les steppes du lac d'Aral. On peut admettre que dans le Gobi mongol aussi, la végétation dépend du relief et des relations entre l'eau et le sol, et que dans l'espace déprimé le désert l'emporte sur la steppe. Entre Kiachta et Pékin, la partie centrale du Gobi est plus basse que les bords, et c'est précisément cette partie qui est déserte sur une largeur de 17 milles géographiques. Il paraît qu'un désert dépourvu d'eau et de végétation [85], se déploie également dans les régions vers lesquelles, au sud-ouest de Hami, se dirigent plusieurs rivières desséchées, et où par conséquent il y aura dépression du niveau *.

* Depuis les voyages de MM. Timkowski et Bunge, nos connaissances de la partie du Gobi comprise entre Kiachta et Pékin ont été considérablement aug-

Le caractère végétal de la haute steppe dahurienne est semblable à celui de la steppe kirghize [88], bien que les éléments constitutifs de la flore soient très-différents et qu'ils renferment

mentées et complétées par M. le capitaine Prchewalski, dont la relation a été publiée in extenso dans le Bulletin (*Izwestia*) de la Société géographique russe (ann. 1871, t. VII, p. 139-149) et reproduite sommairement dans les *Mittheilungen* de Petermann (ann. 1872, t. XVIII, p. 10). M. Prchewalski distingue trois plateaux échelonnés sur l'espace compris entre Kiachta (800 mètres) et le bord méridional du Gobi, bord qui aurait 2,000 mètres d'altitude; tandis que parmi les hauteurs qui sillonnent les trois plateaux, il en est une, située à environ cinquante et un kilomètres au sud d'Urga, qui s'élèverait à pas moins de 2,394 mètres, en sorte que les chiffres divers fournis par les mesures de M. Prchewalski donneraient pour l'altitude moyenne du Gobi une valeur différente de celle admise par ses prédécesseurs et adoptée par Humboldt (1,299 mètres ou 660 toises), qui d'ailleurs croyait que les points culminants du désert ne dépassent nulle part 1,656 à 1,754 mètres (850 à 900 toises). Le voyage de M. Prchewalski avait été effectué en hiver, et il mit à franchir l'espace compris entre Kiachta et Pékin trente-sept jours, sur lesquels vingt-six furent à ciel complétement serein; il ne neigea que quatre fois, une fois en novembre et trois fois en décembre. Les jours les plus froids furent le 15 novembre à Kiachta où, à huit heures du matin, le thermomètre descendit à — 31°,5, et le 10 décembre dans l'intérieur du Gobi, lorsqu'il marqua — 37°. Pendant les premiers vingt-trois jours de décembre, la température à huit heures du matin avait été vingt et une fois au-dessous de — 20; le vent dominant soufflait du nord-ouest; la neige n'avait nulle part au delà de un pied d'épaisseur. M. Prchewalski ajoute à sa relation un tableau fort instructif de la température du sol à diverses profondeurs; il en résulte que, dans cette contrée, la gelée pénètre comparativement bien peu dans l'intérieur du sol, puisque à cent cinquante-cinq kilomètres environ au sud-est de Kiachta, la température de l'air était de — 18°, tandis que déjà à un demi-pied au-dessous de la surface du sol elle montait à — 6°,5, ce qui ferait supposer qu'elle devait atteindre le zéro à une profondeur de moins de trois pieds; or, à Yakoutsk, située seulement à 8 — 9 degrés de latitude plus au nord, ce point ne se trouve, selon M. de Middendorff, qu'à mille pieds au-dessous de la surface du sol. L'infatigable investigateur russe n'avait pas voulu retourner de Pékin à Kiachta sans avoir exploré la vaste région du mont Inchan, exploration qui ne dura pas moins de dix mois, et qui fournit également des résultats fort intéressants, ainsi qu'on peut en juger par le résumé publié dans les *Mittheilungen* (ann. 1873, t. XIX, p. 84). En retournant pendant l'été à Kiachta par la même voie qu'il avait déjà parcourue en hiver, M. Prchewalski put apprécier le contraste extraordinaire de température que présente le Gobi entre les deux saisons, car dans les mêmes endroits où précédemment il avait à supporter un froid de — 33°, il se trouvait accablé par une chaleur de 37° (70° degrés de différence!) Si en se rendant de Pékin à Kiatcha, M. Prchewalski nous a fourni des données nouvelles sur une voie déjà connue, le Dr H. Fritche a eu le mérite de traverser le Gobi par une voie nouvelle, car en 1873 (mai et juin) il retourna de Pékin en Russie non pas par la route de Kiachta, mais en laissant celle-ci à l'ouest et en suivant la direction de Nertchinsk. Un résumé de cet important voyage a été publié dans les *Verhandl. der Gesellsch. für Erdk. zu* beaucoup d'espèces endémiques. Les Tulipes d'Orenbourg se trouvent remplacées par des espèces d'Iris (*J. halophila*); les Graminées des steppes par de nouvelles formes (*Elymus pseudo-agropyrum*); les herbes vivaces se distinguent par des feuilles étroites; mais à titre de contraste, dans cette contrée comme dans toute l'étendue de la région des steppes, on voit également se présenter le vigoureux Rheum; c'est qu'aussi les racines de la Rhubarbe du commerce constituent un produit particulier du Gobi, appartenant à une espèce encore non constatée qui paraît être indigène dans le haut Turkestan *.

Berlin, ann. 1873, n° 4, p. 78. De plus, grâce à M. le Dr Fritsche, nous possédons aujourd'hui un tableau complet de tous les itinéraires (au nombre de treize), suivis par les voyageurs entre Pékin et divers points de la frontière russe; sur la carte publiée par ce savant dans les *Mittheilungen* (ann. 1874, t. XX), se trouvent tracées trois lignes, toutes partant de Pékin jusqu'aux parages de Kalgan (direction moyenne du sud-ouest au nord-est), d'où elles s'écartent en forme d'éventail pour se diriger en moyenne, l'une la plus occidentale (celle de Pékin à Kiachta), du sud-est-sud à l'ouest-nord-ouest; l'autre, celle de Pékin au village Kalussutayeskaya, situé au sud de Nertchinsk), du sud au nord, et la troisième (celle de Pékin jusqu'aux mines de Nertchinsk), du sud-ouest-sud à l'est-nord-est. De ces trois lignes, ce sont les deux premières qui sont les plus importantes, à cause de nombreux points hypsométriquement déterminés; elles ont d'ailleurs à peu de chose près la même longueur, puisque la première (de Pékin à Kiachta) a environ 1,500 kilomètres, et la deuxième (de Pékin à Kaluss.), 1,400 kilomètres, la distance entre les deux points terminaux (Kiachta-Kalussutayeskaya) étant d'environ 600 kilomètres; c'est l'écartement le plus considérable entre les deux lignes dont il s'agit. Si nous prenons maintenant la moyenne des points déterminés sur les deux lignes, nous aurons pour la ligne Pékin-Kiachta (36 points) 930 mètres, et pour la ligne Pékin-Kaluss (39 points), 1,214 mètres; moyenne des deux lignes, 1,070 mètres. Quant à la ligne la plus orientale, celle qui longe le Chingan, elle ne saurait fournir un terme rigoureux de comparaison à l'égard des deux autres lignes, le nombre de points déterminés n'étant que de 25, ce qui donnerait pour cette ligne une moyenne de 794 mètres, de manière qu'en en tenant également compte, la moyenne générale du Gobi traversé par les trois lignes serait de 1,027 mètres. — T.

* Il paraît que, déjà au XIIIe siècle, la Mongolie était considérée comme le pays possédant le privilége de la production de la Rhubarbe, car Marco Polo (*The book of ser Marco Polo*, transl. by Col. Jule, vol. I, p. 196) dit que dans la province de Tungut (particulièrement dans les environs des villes de Suhchau et Kanchau), il croît une telle quantité de Rhubarbe, que les marchands viennent ici s'en approvisionner pour « la répandre dans le monde entier ». Quant aux caractères scientifiques de la plante, ils se trouvent actuellement fixés, grâce à M. Baillon, qui a été le premier à donner une diagnose précise du *Rheum officinale*, ainsi que M. Grisebach le fait observer dans son *Jahresbericht*, ann. 1874, p. 74. La

Les buissons épineux non plus ne font pas défaut au sol rocailleux, dominant dans la Dahurie presque sans terre végétale; ils y sont représentés, de même que dans la Dzoungarie, par le genre Caragana (*C. microphylla.*), répandu jusqu'au Thibet. Enfin, dans la dépression de la surface ondulée, dominent ici également les Halophytes, les Chénopodées et les Armoises, qui ne terminent leur développement qu'en automne. Au reste, malgré la pénurie de neige que présente l'hiver, la période de végétation dans les steppes dahuriennes a lieu au printemps tardif, car en mai et en juin elles sont richement ornées de plantes en fleur.

Lorsque, après avoir passé en revue les fractionnements multiples qu'offre la région des steppes, nous embrassons encore une fois l'ensemble de leur domaine, nous nous trouvons amenés à reconnaître que l'action desséchante de l'alizé d'été, qui a servi de point de départ à nos recherches, ne suffit guère pour expliquer la concordance entre les phénomènes de la vie végétale. Il est vrai, ce n'est que dans peu de régions que, par suite de l'action des montagnes, la marche des saisons se modifie et que la période de développement peut s'allonger ; toutefois la direction des courants aériens, du moins dans les couches inférieures de l'atmosphère, y est fréquemment opposée à celle exigée par la configuration générale des continents. Mais nous avons vu de plus que, même dans ces cas, l'été demeure tout aussi sec que sous l'action de courants polaires dominants, et là est la cause de la concordance entre les trois saisons dans les régions les plus diverses du climat des steppes. Nous terminerons par un examen sommaire des contrastes du relief, auxquels tiennent les perturbations apportées aux conditions normales, et que nous avons déjà étudiés dans les cas particuliers qu'ils présentent. Pour apprécier l'influence de l'altitude sur les conditions de la culture, il suffit de considérer attentivement la répartition irrégulière et sporadique des villes dans le domaine des steppes, de voir comment elles s'échelonnent et quel-

plante décrite par le savant botaniste français vient des montagnes situées au N.-E. de la ville de Sining. — T.

quefois même s'agglomèrent au pied des montagnes ou le long des cours d'eau, et puis disparaissent sur d'énormes espaces depuis Orenbourg jusqu'à Pékin, comment enfin dans les hautes régions du midi elles dépendent de l'action des montagnes limitrophes et de leurs masses de neiges fondantes. Dans la région forestière, nous avons vu la fertilité augmenter dans les dépressions des vallées fluviales ; ici les cours d'eau deviennent une condition indispensable de la culture du sol. Ainsi donc, si d'une part ce sont les chaînes montagneuses qui agissent par l'accroissement des précipitations atmosphériques, ou bien, comme en Russie, les forêts situées en dedans de la limite des steppes et qui fournissent également des cours d'eau aux régions désertes, d'autre part, la surface horizontale et déboisée de la steppe n'en exerce pas moins une influence fortement prononcée sur son climat et sur sa végétation. Ce sont là des causes qui renforcent les courants atmosphériques et empêchent la formation des nuages. On pourrait objecter en faisant observer que toutes les contrées déboisées de la zone tempérée ont une surface unie ou tout au plus ondulée, ce qui contribuerait à la conservation de leur végétation. Mais, puisque les basses régions boisées peuvent être tout aussi unies que les steppes, et que la même concordance peut se présenter également sous le rapport de la nature de la terre végétale, ainsi que l'Ukraine nous l'a fait voir, il s'ensuit que la cause première de la naissance de la steppe ne tient ni à son relief ni à son sol, mais aux conditions de l'atmosphère.

La puissance des courants atmosphériques se trouve en connexion intime avec les obstacles mécaniques qu'ils rencontrent. Les orages tels qu'ils ont lieu sur la mer ou sur ses côtes sont d'autant plus rares dans l'intérieur des continents, que les irrégularités du relief qui s'y opposent sont plus considérables. Même la présence des forêts suffit pour les modérer. C'est pourquoi les steppes à surface unie, où aucun objet ne surgit au delà de la hauteur d'un buisson, ressemblent à une mer agitée par les mouvements orageux de l'atmosphère. Cependant ici ces ouragans qui font tourbillonner d'énormes nuages de poussière et chassent la neige en strates horizontales pendant des semaines entières, ne viennent presque que des directions de l'est; par leur sécheresse, ils accroissent en hiver le froid glacial, et en été l'aridité du sol. Comme les courants atmosphériques non affaiblis par un obstacle quelconque, s'étendent sur un espace plus considérable, leur vitesse modifiée par la rotation du globe acquiert une influence plus générale et plus forte; un mouvement léger doit s'élever graduellement à un vent orageux, lorsque l'aspiration agit sur de grandes distances et que la différence entre les vitesses de rotation va en croissant sous diverses latitudes. Quand même l'humidité du sol ne ferait pas défaut, les arbres n'en manqueraient pas moins d'abri pour résister aux orages des steppes : ici, il incombe à la végétation de produire des organes doués de plus d'élasticité qu'elle n'en possède dans le tronc ligneux, ou bien de surface moins considérable que celle des feuilles d'un arbre à feuillage. Comme d'ailleurs l'atmosphère glisse sur un sol aussi uniformément constitué, il n'y a plus des ces brusques différences de température qui donnent lieu à la condensation de la vapeur aqueuse en brouillards et nuages, selon le changement de l'insolation et du rayonnement ainsi que de la déviation qu'éprouve le vent dans sa voie horizontale. Les précipitations que le décroissement de la température répand sur des distances lointaines sont faibles, et peuvent même faire complétement défaut quand la quantité de vapeur aqueuse est diminuée par l'action des montagnes. La sécheresse du climat de steppe stimule l'évaporation des plantes, et elles périssent prématurément, par suite de la perte de la séve, lors même qu'elles seraient capables de résister aux orages. Dans ce cas, elles ne se putréfient pas aisément sur place, mais se dessèchent en corps mobiles qui, mêlés aux nuages de poussière, sont balayés par l'orage; ce qui fait voir que, même avec un vent modéré, les objets légers sont livrés dans ces plaines à un mouvement sans trêve, c'est le phénomène connu en Russie sous le nom de *coureur des steppes* et dont M. de Baer reproduit les traits caractéristiques [89]. Il s'était élevé un vent pas précisément orageux et tendant, selon toute vraisemblance, à neutraliser la différence de température entre la steppe brûlante et la vallée plus fraîche du Volga, et aussitôt une poussière ténue de limon s'élança par tourbillons en se répandant en tout sens ; ce fut alors que le voyageur observa ces *coureurs de la steppe*. « Ce sont les plantes raides, desséchées complètement depuis leur mort, que le vent arrache et pousse devant soi ; par suite, les pointes des extrémités sont rompues et il ne reste qu'un corps globuliforme, qui roule sur le sol en sautillant. Cette course essoufflée de chacun des petits globes, dont quelques-uns (*Gypsophila paniculata*) faisaient des soubresauts de plusieurs toises, donnait à l'ensemble d'une telle locomotion sans but quelque chose d'infernal, peut-être parce qu'on se trouvait involontairement sous l'impression que tout ce mouvement désordonné était l'effet spontané des corps mêmes ainsi agités. C'est qu'aussi on ne sentait point de vent orageux capable de tout emporter. » Cependant, ce mouvement de corps allégés par la dessiccation n'est pas complètement sans importance pour la végétation, puisqu'il favorise la migration des semences contenues dans ces fragments et établit de nouveau les végétaux dans des stations lointaines. Dans les déserts africains, nous aurons également à étudier de semblables mouvements auxquels tiennent les pluies de manne, qui déjà dans l'antiquité biblique avait attiré l'attention comme un rare et bienfaisant phénomène de la nature.

Formes végétales. — Parmi les agents constitutifs de l'organisation à l'aide desquels les formes végétales de la steppe se trouvent adaptées aux conditions du climat, figurent, d'une part, ceux destinés à simplifier l'étendue du travail, de manière à lui permettre de se contenter de moins de temps pour l'accomplissement de son cycle annuel, et d'autre part, ceux qui servent à les protéger contre l'aridité de l'été, et à prolonger ainsi la période du développement. Nous parlerons des premiers quand il s'agira des végétaux bulbeux ; c'est aux derniers, qui sont bien plus variés, et exigent d'abord quelques considérations préliminaires, que se rattachent les organes à séve abondante des Halophytes, les productions de poils et d'épines ainsi que les sécrétions d'huiles éthérées.

Les plantes grasses, dans le tissu desquelles la séve s'accumule au point qu'elles peuvent se passer pendant plus longtemps du contingent fourni par les racines, revêtent le sol salifère de la région des steppes et se rattachent à la forme des Chénopodées. Relativement à ces plantes, il nous suffira ici de faire observer préalablement, et d'une manière générale, que leur évaporation se trouve limitée tantôt par la carapace épidermique ou par un dépôt renforcé de substances solides à la surface extérieure de l'épiderme, tantôt par les sels de soude que contient leur séve et qui à cause de leur solubilité sont aisément empruntés au sol. Le dernier phénomène tient à ce qu'une solution saline s'évapore plus lentement que l'eau pure, parce que le sel exerce une attraction restrictive sur le milieu soluble. M. Willkomm [90], qui fut le premier à signaler l'action qu'exerce ce sel sur le tissu succulent des Halophytes, fit voir la connexion entre les deux relations, particulièrement à l'aide de ce fait, que sur le littoral de la mer se présentent fréquemment des variétés qui par des feuilles charnues diffèrent de l'organisation que leur tissu a ordinairement dans l'intérieur du pays, ce qui précisément indique un accroissement dans la quantité de la séve, sans que cependant il en résulte toujours un épaississement de l'épiderme.

Le revêtement pilifère des organes parfaitement développés et exposés à l'air, sert à modérer l'action des rayons solaires et à retarder par là l'évaporation. Par la perte de l'eau qu'ils émettent dans l'atmosphère et qui reste sans compensation, les tissus des feuilles se trouvent compromis à un plus haut degré que les cellules des poils, qui ne tiennent que par une surface plus étroite et sont moins influencés par les alternatives de turgescence et de contraction auxquelles donne lieu une surabondance de séve. Dans ces cellules pilaires frappées par le soleil, l'évaporation s'effectue avec plus d'intensité et sur une surface plus étendue, et par là encore, la température et la sécheresse se trouvent diminuées dans leur proximité la plus immédiate. Si ces cellules pilaires sont tendues, elles peuvent se raccourcir plus aisément lorsque le soleil leur enlève leur contingent de substance fluide, tandis que, quand elle est plus rigide, la membrane cellulaire supporte plus facilement la perte en séve par suite de l'évaporation, et comme elle se remplit d'air, sa forme n'en est que moins altérée. Parmi les plantes de steppe, ce qui imprime un caractère particulier au revêtement pilaire des Armoises, dont l'épiderme porte un tégument fin, d'un luisant soyeux, c'est que sur le sol salé, la floraison de ces herbes vivaces est tout aussi tardive que celle des Chénopodées auxquelles elles se trouvent associées.

La production des épines tient également à une organisation qui tend à faire résistance à l'évaporation, en diminuant le nombre et la dimension des organes aplatis du végétal, ainsi que la consommation d'eau, à l'aide d'un développement supprimé. C'est que les épines ne sont pas autre chose que les tissus plus rigides des faisceaux vasculaires séparés aux dépens du parenchyme des feuilles, lequel, par voie d'évaporation, fait disparaître l'eau plus rapidement; elles réduisent l'étendue de la surface lorsqu'elles se trouvent sur les feuilles mêmes, et diminuent le nombre de ces dernières quand elles les remplacent sur l'axe*. Avec une disposition organique donnée, un végétal épineux posséderait donc une surface évaporante bien plus considérable que si cette transmutation des organes n'avait pas lieu. Mais plus son évaporation est lente, plus longtemps pourra se maintenir la circulation de la séve, alors que le sol commence à devenir aride et que les contingents fournis par les racines vont en diminuant.

Les huiles éthérées paraissent également agir d'une manière restrictive à l'égard de la dépense de la vapeur aqueuse, lorsque les organes de végétation sont richement pourvus de ces éléments aromatiques. L'huile s'évapore plus facilement que l'eau, et entoure chaque feuille d'une atmosphère imprégnée de vapeurs odoriférantes. On sait que les vapeurs de substances différentes restent indépendantes les unes des autres dans un espace qui en est saturé, mais il n'en est pas de même lorsqu'elles sont dégagées avec rapidité des liquides, dans des

* V. la dissertation inaugurale soutenue en 1873 à Berne par M. C. Delbrouck (*Uber Stacheln und Dornen*) sur les aiguillons et les épines, considérées sous les rapports morphologiques et physiologiques. — T.

conditions où il ne peut être question de saturation. Sans doute, cette rapidité est retardée en présence d'une autre vapeur susceptible de se produire plus aisément. C'est l'huile éthérée seule que la plante rejette comme une substance d'évacuation, tandis qu'elle doit retenir autant que possible l'eau de sa séve, lorsqu'il s'agit de prolonger la durée de ses fonctions vitales. Un rôle de certaine importance pourrait également revenir au phénomène de réfrigération produit par l'évaporation, au moment du passage rapide des huiles éthérées à l'état de vapeur, phénomène qui réagit contre la température communiquée par l'insolation aux feuilles, dont le degré de chaleur détermine aussi la marche de l'évaporation.

Chez les Herbes vivaces et les Buissons, ces moyens divers servent dans beaucoup de cas à utiliser autant que possible la courte période de végétation; cependant ils parviennent rarement à conserver l'activité de l'organisation au delà de l'aride saison d'été. Cette tâche n'est réalisée que presque seulement à l'égard des Armoises, de quelques buissons de Polygonées et des Chénopodées, et c'est ce dernier groupe de plantes qui obtient ainsi la possibilité d'acquérir dans sa croissance des proportions plus considérables, qui ne seraient guère compatibles avec la brièveté du printemps. On ne connaît cependant, dans l'intérieur de la région des steppes, qu'un seul exemple d'une forme arborescente se développant indépendamment de toute eau courante accessible, c'est ce qui constitue l'intérêt qui s'attacha au Saxaoul *(Haloxylon ammodendron)*, Chénopodée répandue depuis les régions de l'Aral à travers le Turkestan jusqu'à la Perse, et qui ressemble à un faisceau verdoyant de fagots [91]. Sur la haute surface déprimée de l'Usturt, entre la Caspienne et l'Aral, M. Basiner décrit un taillis considérable et passablement épais de Saxaoul, où se présentaient des troncs de $0^m,2$ de puissance et de $4^m,8$ — 6 mètres de hauteur; c'était dans ces déserts la seule forêt, mais une forêt sans frondaison ou feuilles aciculaires, bien que verdoyante et fleurissante, simulacre de la forme des Casuarinées de l'Australie. Ici, la fonction d'emprunter à l'air les substances nutritives se trouve presque exclusivement transportée à la couche corticale des branches cylindriques; les organes foliaires sont réduits à de petites écailles réunies en coupe et ayant moins de 2 mètres de longueur, et plus sont exiguës les surfaces de contact avec l'atmosphère, moins considérable devient la masse de produits organiques qui en résulte. Mais aussi, c'est dans la même mesure que se trouvent simplifiées en ce cas les tâches qui incombent à la vie de l'arbre. Au lieu de feuilles il n'y a que production de fleurs et de fruits, et la croissance du corps ligneux est également circonscrite dans des limites plus étroites que toutes celles connues chez un arbre dicotylédone quelconque. En effet, il ne se produit point régulièrement, autour du tronc, des couches concentriques annuelles, mais seulement des « stries descendant sous forme de bourrelets et réunies quelquefois en réseau ; par leur teinte verdâtre passant au brun, elles se distinguent du bois plus ancien mis à jour dans leurs interstices ». A leurs extrémités supérieures, ces stries ligneuses se rapprochent d'autant plus que les parties axiles sont plus ténues, en sorte que dans les branches les plus jeunes elles passent à la forme complétement cylindrique, preuve évidente que la suppression du feuillage détermine la croissance incomplète du corps ligneux. Quant au bois même, il est d'une dureté extraordinaire, sa pesanteur spécifique dépassant celle de l'eau (1, 07) ; il est, de plus, tellement cassant, que l'on peut rompre avec la main des branches assez grosses. Si cet arbre avait des feuilles dûment développées, remarque M. Basiner, chaque coup de vent des orages de steppe le mettrait en pièces. On peut y ajouter que le sol aride n'admet point d'arbres à feuillage, parce que l'évaporation enlèverait la séve, que les feuilles restant à l'état rudimentaire produisent peu de bois, et que ce bois doit avoir d'autant plus de solidité que sa masse est moins considérable.

Par leur organisation se rangent immédiatement à côté du Saxaoul les buissons de la forme de Spartium, chez lesquels la production du feuillage est également supprimée. Au lieu de Génistées espagnoles, auxquelles cependant ici aussi correspond un genre monotype de Galégées (*Eremosparton*), nous voyons dans la région des steppes quelques buissons de Chénopodées aphylles (*Anabasis, Brachylepis*), et notamment des Calligonées, groupe spécial des Polygonées, qui se développent aussi lentement que le Saxaoul, et, par suite, conservent eur verdure dans les steppes sablonneuses de l'Aral, alors que le reste de a végétation a déjà disparu depuis longtemps; c'est ce qui est particulièrement le cas avec une espèce à sveltes rameaux, dont les fruits se trouvent suspendus en automne à des pédoncules filiformes (*Pterococcus aphyllus*).

Les buissons épineux sont représentés dans les steppes d'une manière beaucoup plus variée que dans la région méditerranéenne. Bien que dans celle des steppes la production d'épines soit pour les herbes vivaces un phénomène des plus fréquents, cependant il est encore plus général dans les hautes régions où règnent les buissons sociaux à petite taille, armés d'organes piquants. Dans les broussailles du désert sablonneux, c'est l'absence des feuilles de la forme de Spartium qui prédomine; sur le sol salé, limoneux, c'est la nature succulente des feuilles, et sur les hautes plaines et leurs montagnes, c'est la forme des buissons épineux. Eu égard au rôle saillant des Légumineuses, ces dernières rappellent l'affinité climatérique entre l'Orient et l'Espagne, où de tels buissons épineux sont également plus fréquents que dans d'autres contrées de la Méditerranée. Il n'est guère vraisemblable que la sécheresse qui dans les pays à climat de plateaux règne pendant toutes les saisons contribue à l'extension des buissons épineux, attendu qu'ils se présentent au Thibet d'une manière moins variée que dans la Perse et dans l'Afghanistan, pays à niveau inférieur et à printemps plus humides. Nous avons déjà vu précédemment (p. 417) que dans la région méditerranéenne les buissons de Tragacanthes qui constituent la série spécifiquement de beaucoup la plus riche de cette forme végétale, reviennent d'une manière sporadique préférablement sur les hauteurs alpines, et nous formulâmes l'opinion que l'hiver pourrait bien avoir une relation particulière avec leur végétation. Lorsque la neige fondante trouve un sol incliné, elle humecte la surface sur une plus grande étendue que là où l'eau ainsi formée ne peut s'écouler que dans l'intérieur du sol. C'est ce qui fait que sur les hauteurs des montagnes et sur les hautes régions à surface ondulée se trouvent réunies les conditions en faveur d'une éclosion rapide et relativement précoce des feuilles, en sorte que le feuillage pressé, fortement aggloméré des buissons de Tragacanthe, est à même de se développer en peu de temps et de déployer son activité. Telle est la configuration des hautes steppes de l'Orient, depuis l'Anatolie jusqu'à l'Afghanistan, et ce sont précisément ces contrées qui produisent les espèces les plus nombreuses de buissons de Tragacanthes [92]. Dans l'Asie centrale, depuis le Thibet jusqu'à l'Altaï et la Dahurie, où il tombe beaucoup moins de neige, ils sont remplacés par les Caraganes, qui ont des organes axiles plus longs et chez lesquels la position plus espacée des feuilles pourrait faire admettre une marche plus lente dans l'opération progressive de la nutrition. Les buissons de Tragacanthes font de même complétement défaut à la basse région des steppes caspiennes et araliennes de l'autre côté du Caucase; ici les buissons en général évitent le sol de meilleure qualité, ils ne se présentent presque que parmi les Halophytes, et ce n'est qu'à l'état de végétaux aphylles qu'ils deviennent prédominants dans le désert, où, grâce à l'humidité parcimonieusement accordée, on voit des formes de plantes qui végètent encore plus lentement, mais qui en revanche se conservent longtemps fraîches. Les buissons de Tragacanthes utilisent plus complétement les eaux passagères mises à leur disposition, et en retirent un plus grand avantage pour la formation de la fleur, ainsi que pour la production de la gomme qui renouvelle leur substance corticale; leur taille peu élevée, conséquence de la suppression des éléments axiles, leur procure la protection de l'enveloppe neigeuse hivernale. Le reste des buissons épineux se rapprochent de cette forme de croissance, lorsqu'ils coïncident avec l'extension des buissons de Tragacanthes (*Acantholimon*); dans d'autres contrées le nombre des espèces de végétaux ligneux à épines est peu considérable, mais leur organisation est plus variée. La nature se plaît à produire les organes piquants des buissons, à l'aide de procédés les plus divers tendant à neutraliser certains développements, en formant ainsi ces organes aux dépens tantôt des pétioles foliaires endurcis (buissons de Tragacanthes, *Caragana, Halimodendron*), tantôt des bourgeons avortés (*Alhagi, Eversmannia, Balanites*), ou bien encore de la pointe foliaire elle-même (*Acantholimon*). On aperçoit un cas particulier parmi les herbes vivaces de l'Afghanistan : à la suite de la putréfaction des parties latérales d'une feuille simple, la côte médiane se convertit en une épine, et cela dans un genre où de semblables transformations se présentent comme quelque chose de complétement étranger (*Draba hystrix*). Chez un buisson de la steppe kirghize, voisin des roses (*Hulthemia*), les épines ne sont, comme chez ces dernières, que l'excroissance de l'épiderme ; et pourtant elles limitent le développement du feuillage, au point qu'au lieu des folioles d'une feuille composée, il ne reste qu'une simple surface foliaire.

A l'aide des buissons épineux, la région des steppes se rattache par des liens multiples aux contrées limitrophes, attendu que les mêmes espèces passent d'une flore à une autre ; elle se rattache de cette manière aux côtes adjacentes de la Méditerranée, ainsi que cela a déjà été signalé (p. 368), et aux arides pays de l'Afrique et des Indes, par l'entremise des formes de Mimeuse dont quelques espèces nombreuses, mais sociales, se présentent depuis la Syrie et la Mésopotamie jusqu'au Caucase. La limite occidentale de leur expansion continue a été signalée par M. Ainsworth [93] en Anatolie, sur un affluent du Halys, dans la proximité de Sinope, où des Mimeuses de concert avec les Tragacanthes formaient des broussailles presque impénétrables. Chez cette forme de plante aussi, les organes piquants se produisent de diverses manières, tantôt en venant de l'épiderme (*Prosopis Stephaniana*), tantôt en s'opérant par la transformation des feuilles secondaires (*Acacia albida*).

Les buissons épineux qui revêtent la steppe en diminuent la valeur comme pays de pâturage ; cependant, parmi les mammifères originaires de l'Asie centrale, le chameau, du moins, possède la faculté de s'en servir comme substance alimentaire (*Alhagi camelorum*). D'autre part, ce sont précisément les plus fréquentes Graminées de steppes, ainsi que quelques herbes vivaces auxquelles les troupeaux des peuples nomades ne touchent guère, lorsqu'à cause de végétaux à épiderme endurci

(*Stipa*), le gazon devient trop compacte, ou que les herbes se trouvent munies d'épines trop fortes (*Cousinia*). Les avantages des steppes herbeuses reposent sur la présence de Graminées plus délicates, à courte durée, de même que d'herbes vivaces tendres dont le printemps fait naître une grande variété*.

Dans le développement des herbes vivaces on peut distinguer deux tendances, à la vérité confondues dans des transitions variées, mais indiquant néanmoins autant de particularités du climat des steppes. Afin de pouvoir déployer une activité productive au moment du réveil du printemps, on voit d'abord se développer au-dessus de la surface du sol une rosette de feuilles ; puis, les herbes vivaces tantôt restent déprimées lorsque les fleurs agglomérées succèdent promptement à la naissance de la rosette, tantôt leur tige acquiert une hauteur considérable, exactement comme sous les climats continentaux de la région forestière, quand l'accroissement de la température exerce une influence sur le développement des organes de végétation. Dans le premier cas, la structure du végétal rappelle des analogies fournies par les climats arctique et alpin. Les membres raccourcis des Tragacanthes se reproduisent souvent, également chez les herbes vivaces du même genre (*Astragalus*), et c'est à la faculté d'adapter de la manière la plus variée les organes de végétation au climat des steppes, que paraît tenir l'inépuisable richesse de ce genre en espèces, dont le

* Les genres *Alhagi, Cousinia* et *Stipa,* caractéristiques pour les hautes steppes de l'Orient en général, sont assez richement représentés sur les plateaux élevés de l'Asie Mineure. Ainsi l'*Alhagi camelorum* n'est pas rare dans la Lycaonie et dans la Cappodace où je l'ai observé à des altitudes de 900 à 1,200 mètres, associé çà et là aux *A. Maurorum,* Tourn., et *A. Turcorum,* Boiss., tandis que l'*A. Græcorum* ne paraît guère pénétrer dans la péninsule et s'arrête à l'île de Samos. Quant aux genres *Cousiana* et *Stipa,* j'ai signalé 16 espèces du premier, parmi lesquelles une (*C. humilis,* Boiss.) exclusivement propre à l'Asie Mineure, et 9 espèces du dernier. (V. ma *Flore de l'Asie Mineure,* v. II, p. 306 et 630.) Une autre plante, la *Morina persica,* également caractéristique des hautes régions de la Perse, est assez répandue en Asie Mineure, où je l'ai observée à des altitudes comprises entre 700 et 1,900 mètres. Cette belle Dipsacée, qui mériterait bien d'être cultivée en Europe comme plante ornementale, semble affectionner dans la péninsule anatolique particulièrement les terrains trachytiques et basaltiques, mais sans atteindre les zones littorales, où cependant ces terrains ne sont pas rares, ainsi que le fait voir ma carte géologique. — T.

nombre l'emporte probablement sur celui d'un genre végétal quelconque de notre globe[93]. Par contre, les herbes vivaces à taille élevée des steppes sont une preuve de l'énergique croissance qui peut avoir lieu en peu de temps sous l'action d'une humidité convenable : la tige de Rhubarbe (*Rheum*) nous offre sous ce rapport l'exemple le plus connu, à côté duquel se rangent, au même titre, de grandes Ombellifères (*Ferula*), des Cynarées (*Echinops*), des Euphorbes (*E. agraria*) et autres. Mais parmi ces végétaux aussi, il en est peu (*Artemisia*) qui survivent à l'été ; chez la plupart, les tiges vigoureuses à rameaux raides se trouvent, à cette époque, déjà frappées de mort, malgré un commencement de lignification ; elles fournissent aux steppes russes le combustible connu sous le nom de *Burian,* le seul qu'on puisse utiliser dans le domaine du Tchernozème[94]. Ce qui donne une idée de la luxuriante croissance développée sur cette couche d'humus, ce sont les dimensions surprenantes que M. Blasius vit acquérir aux plantes fourragères cultivées ici quelquefois, telles que le trèfle, la luzerne, le sainfoin, atteignant une hauteur de 4^{m},08, ainsi que certains pieds de chanvre celle de 6^{m},04, et cela, comme ajoute expressément le voyageur, dans des conditions qui n'admettent ni un arbuste de médiocre grandeur ni un arbre quelconque. A de tels phénomènes, dont rien de semblable ne se présente dans l'Europe occidentate, ne sauraient cependant être assimilées les herbes vivaces indigènes dans la région des steppes, et moins encore quand il s'agit de localités d'une fertilité inférieure. Les pluies de printemps, de concert avec une terre végétale particulièrement riche en substances minérales nutritives, exercent sur la steppe dont est exclu tout végétal ligneux tant soit peu considérable, une influence plus grande que celle que pourraient avoir les irrigations sur le sol limoneux de Bokhara ; dans les deux cas, le développement luxuriant de la végétation doit être attribué à la courbe thermique fortement convexe, et dans le premier cas, l'humidité concentrée dans l'humus compense l'affluence moins abondante de l'eau.

Une autre différence avec la courte végétation de l'été arctique, consiste dans le grand nombre de plantes herbacées annuelles qui font presque complétement défaut au Nord, et qui se présentent dans les steppes, particulièrement parmi les Crucifères et les Chénopodées. Si la période de végétation était immédiatement suivie par des chutes de neiges accompagnées d'une température hivernale, la conservation de tels végétaux serait impossible, dans le cas où les fruits n'auraient pas atteint leur maturité auparavant. Sous le climat de steppe, au contraire, l'époque de la transition à la saison aride succédant à la période de la floraison, offre les conditions les plus convenables au développement complet de la semence. Toutefois, il y reste encore quelque chose d'énigmatique ou du moins non suffisamment éclairci. Lorsque nous voyons que des Chénopodées annuelles fleurissent également à une époque tardive de l'automne, elles paraissent tout aussi bien être exposées à souffrir de la gelée. De même, parmi les plantes printanières dont les fruits doivent rester à l'état de repos jusqu'à l'année subséquente, on voit dans l'Orient, notamment en Perse, les Crucifères se distinguer par la variété de formes particulières, famille où les semences, à cause des huiles grasses qu'elles contiennent, et aussi conformément à des expériences[95], ne paraissent guère jouir d'une faculté germinative de longue durée. Cependant, ces expériences ne se rapportent qu'à un petit nombre d'espèces, et à en juger par les Crucifères oléagineuses cultivées, il semble que l'huile grasse de cette famille est moins susceptible de se décomposer que dans d'autres cas.

Patrie des antilopes et d'autres grands ruminants, ainsi que des solipèdes, les steppes ont déjà été destinées par la nature à servir de pâturages. Les Graminées qui ont été assignées aux troupeaux se distinguent de celles des contrées limitrophes, moins par leur forme que par la manière dont elles sont disposées. Comme valeur nutritive, elles sont inférieures aux Graminées de la région forestière, en ce sens que les Graminées de meilleure qualité leur cèdent la place, et que celles qui prédominent poussent les épis de bonne heure, puis, après leur dessiccation, ne donnent en été qu'une paille jaunâtre au lieu de foin nutritif. L'espace considérable qu'elles revêtent, bien que très-incomplétement, doit remplacer auprès des animaux pâturants la pauvreté du produit. Parmi les Graminées qui constituent le gazon de la zone tempérée, celles des steppes portent des feuilles rigides, souvent enroulées, au lieu des formes étalées et plus flexibles qu'on voit dans les prés de la région forestière. Souvent de taille considérable, elles constituent un gazon élevé, et sont connues dans le midi de la Russie sous le nom de Thyrsa (*Stipa*). Le Thyrsa ne saurait ni être utilisé comme pacage, ni donner lieu à une fenaison avantageuse[96], parce que les rigides extrémités foliaires, ainsi que les barbes, blessent le bétail, et que la valeur fourragère de cette Graminée est trop peu considérable; c'est ce qui fait qu'on préfère la détruire par le feu, opération qui ne laisse pas de porter atteinte à la terre végétale. La prompte conversion du gazon en une paille si peu utile tient à ce qu'à l'époque de la maturation des graines, les substances albumineuses des feuilles passent aux semences pour y être emmagasinées, comme chez les Céréales, en vue d'une nouvelle génération. Sous le rapport de sa répartition, le Thyrsa correspond à l'Esparto de l'Espagne, mais les espèces qui le composent[96] se trouvent aussi dans l'Allemagne orientale aux endroits secs et sur un sol maigre. Le gazon vert et fin qui, mêlé au Thyrsa, constitue le produit le plus important des steppes à Graminées, consiste également en espèces ayant la plus vaste expansion, mais qui, dans l'Europe occidentale aussi, ne sauraient être admises au nombre des Graminées de prés proprement dites, étant plutôt considérées comme signes d'un sol aride. La meilleure Graminée (*Festuca ovina*) des steppes russes est comparativement sans valeur dans les contrées boisées de l'Europe, où la nature a eu soin de pourvoir bien plus libéralement aux exigences alimentaires des animaux.

Les formes de Graminées qui ne constituent point de gazon n'offrent également rien de particulier dans leur structure, mais seulement dans leur mode de répartition. Les Graminées annuelles du midi de l'Europe deviennent moins nombreuses; ce n'est que dans les contrées plus chaudes, telles que la Mésopotamie, qu'elles ont une plus grande importance. Les Roseaux, au contraire (*Arundo phragmites*), revêtent partout des espaces considérables où diminue la pente des cours d'eau, ou bien où le sol de leurs rives est inondé et marécageux. Que l'eau soit douce ou salée, cela ne fait ici aucune différence. La même vaste ceinture de Roseaux, demeure du sanglier et d'innombrables oiseaux palustres, accompagne les rivières et entoure les lacs des dépressions caspiennes et araliennes jusqu'au Balkhach. Sur le Syr-Daria, ces massifs impénétrables de Roseaux acquièrent parfois une hauteur d'au delà de 6m,04, et même sous cette latitude (45°), là où le fleuve passe du Kokand dans la steppe kirghize, ils servent encore d'embuscade au tigre.

Quelque inférieures que soient les steppes, sous le rapport de la variété des formes végétales, à la région méditerranéenne, celles qu'admet la similitude des climats respectifs n'en constituent pas moins un trait saillant de la contrée, et dans ce nombre figurent avant toutes les autres les végétaux bulbeux. Au premier réveil du printemps, les parages d'Orenbourg se revêtent de Tulipes, et dans les steppes caspiennes on voit pendant une partie d'avril leurs fleurs ornementales occuper des espaces entiers du sol[97]; d'autres espèces de Liliacées et d'Iris s'y associent fréquemment. Le développement de l'ognon de la Tulipe constitue, pour ainsi dire, le symbole de l'utilisation vigoureuse du temps, ainsi que de la conservation et de la résurrection périodique des forces organiques de la nature engagées dans la lutte avec le climat. Tant que les feuilles peuvent se pourvoir d'eau, elles travaillent à approvisionner l'ognon de substances nutritives; à mesure que les dépôts de l'année précédente ont été consommés pour subvenir à l'éclosion des fleurs, à la maturation de la semence et au développement de nouvelles feuilles, opérations qui ne laissent subsister des organes anciens que les écorces cutanées extérieures, on voit dans l'intérieur de ces organes l'espace occupé par les substances épuisées se remplir de nouveaux approvisionnements pour l'année subséquente; en sorte que l'ognon peut passer en repos les longues saisons d'été et d'hiver, en attendant le moment où les agents susceptibles de rappeler la vie remettent en activité les facultés productives. C'est ainsi que l'ognon de la Tulipe offre en tout temps la même circonférence, le même aspect extérieur, et la même structure, mais en apparence seulement;

image de l'inaltérable persistance et pourtant d'une perpétuelle transmutation à l'époque du printemps, on dirait, comme de tout phénomène vital, un fleuve tranquille dont les eaux semblent reposer, tandis qu'elles nous fuient constamment, irrésistiblement. Quelques Liliacées et la plupart des espèces d'Iris se distinguent en ce qu'elles déposent leurs substances nutritives dans un rhizome, ce qui ne les empêche pas de ressembler beaucoup, dans leurs évolutions annuelles, aux végétaux bulbeux, puisque, malgré la grande différence entre les formes respectives, les organes souterrains s'accordent essentiellement dans leurs relations avec la vie de la plante. Pour tous ces végétaux, même la courte durée d'un printemps de steppe paraît une période surabondante, à laquelle ils n'empruntent que quelques jours, afin d'effectuer le développement dès longtemps préparé de ces fleurs, aussi frappantes par leur dimension que par l'élégance des teintes, fleurs dont dépend la fécondation, et qui malgré la particularité de leur forme n'en offrent pas moins une structure si simple.

Dans la région des steppes, non-seulement les formations de végétation, mais encore les formes végétales, se trouvent réparties d'une manière plus tranchée que partout ailleurs, selon les influences du sol. C'est dans les Halophytes, produits du terrain salé auquel les formes de Chénopodées et de Tamaris sont pour la plupart limitées, que cette influence du terrain sur la végétation se manifeste à un plus haut degré encore que dans les steppes et les déserts comparés entre eux. Les Chénopodées constituent particulièrement la forme à laquelle la steppe salée doit le caractère de végétation qui lui est éminemment propre. Certaines plantes herbacées vivaces ou annuelles, appartenant à d'autres formes et à d'autres familles, font également partie des Halophytes, mais il en est peu qui soient aussi intimement liées à la nature saline du sol comme les Chénopodées. Même les espèces qui sont indépendantes de la présence de la soude, et qui en leur qualité de produits de la culture, suivent la demeure de l'homme, se réunissent en plus grand nombre dans les endroits imprégnés de nitrates et de sel de potasse. Parmi le reste des Halophytes, on trouve beaucoup de Crucifères dans la Dzoungarie ; dans d'autres contrées cette famille est plus fréquemment représentée sur le sol dénué de sel ; les Armoises ne sont pas non plus limitées à la steppe salée.

Parmi les végétaux gras, ce qui caractérise la forme des Chénopodées, c'est que la séve est retenue dans les feuilles, sans que leur épiderme y contribue essentiellement. Des cas où, comme dans la forme du Cactus, les organes succulents de l'axe remplacent les feuilles, ne se manifestent dans la steppe que d'une manière isolée (Salicornes). Sur tous les points de notre globe, la présence dans le sol de sels facilement solubles a eu pour résultat celle des Chénopodées. C'est là ce qui prouve péremptoirement que ce ne sont pas seulement, comme le prétendait M. Thurman, les propriétés physiques du substratum ou son humidité, mais aussi ses éléments chimiques qui déterminent le développement des plantes. Les Chénopodées viennent partout sur le littoral de la mer, comme aussi sur le sol salé de n'importe quelle région du globe. Mais c'est le domaine des steppes de l'ancien monde qui en est de beaucoup le plus richement pourvu; c'est ici que cette famille manifeste la plus grande variété de structure, et cela non-seulement dans les fleurs et les fruits, mais aussi dans les organes de végétation. Ce que les Cactées sont pour l'Amérique, les Chénopodées le sont pour la région dont il s'agit, où elles offrent un champ inépuisable aux études de la classification systématique. Associée à une foule d'espèces et de genres annuels, et grâce au développement social des formes d'arbustes des Soudes et des Suéda, la végétation de la steppe salée imprime à la physionomie de cette contrée un cachet éminemment original. Ordinairement, les branches de ces végétaux sont recouvertes de feuilles agglomérées, qui tantôt se développent en cylindres de moyenne grosseur, tantôt se trouvent réduites à des mamelons charnus peu considérables. C'est par un revêtement foliaire analogue que viennent se ranger à côté de ces Chénopodées les Zygophyllées dont quelques espèces, notamment le Nitraria, possèdent un tronc ligneux. La fraîche coloration verte qui ressort d'autant plus vivement que l'épiderme de la forme de Chénopodée est plus délicate et à surface plus polie, s'évanouit dans les arbustes moins succulents de Tamaris, qui atteignent parfois une hauteur extraordinaire (3m,03-9m)[9], et dont la structure uniforme se reconnaît aisément par les teintes glaucescentes et mates des écailles foliaires qui revêtent les rameaux. Chez une espèce (*Tamarix articulata*) répandue depuis le Sahara jusqu'à la Perse, ces petites écailles avortent également, ce qui donne lieu à une transition au Saxaoul et à la forme du Casuarine. Dans un autre cas, c'est une Tamariscinée, au contraire, qui se trouve revêtue de feuilles analogues à celles des Chénopodées et constitue ainsi une forme de transition à l'égard de ces dernières (*Reaumuria*).

Tous ces Halophytes profitent de l'humidité plus grande du sol riche en argile, afin de prolonger leur période de végétation; par là les conditions auxquelles se rattache le développement des Tamaris sur les rives des cours d'eau ressemblent plus aux conditions qu'offrent les steppes salées. C'est avec raison que les voyageurs représentent souvent comme marais salés des espaces revêtus d'Halophytes, même dans le désert, car la conservation persistante du sel à leur surface est précisément la conséquence de ce que le terrain retient l'eau, de manière à en rendre impossible l'éloignement par l'action des rivières. L'accumulation dans les steppes des sels de soude est un phénomène général et originel, qui, de même que ceux contenus dans l'eau de mer, peut s'expliquer par ce fait, que ces substances ne constituent point des combinaisons insolubles et se concentrent dans les endroits où l'eau par laquelle elles avaient été lessivées n'a pas d'écoulement. Dans le Thibet, il est des lacs qui, comme le prouvent les débris de coquilles répandues sur leurs rives, contenaient de l'eau douce, à l'époque où ils étaient en communication avec les cours d'eau, et qui plus tard deviennent salés, après que leur écoulement s'était trouvé arrêté, par suite d'un changement dans le niveau du sol. D'ailleurs, nous avons déjà été dans le cas de voir (p. 569) que les grandes plaines du domaine des steppes représentent un fond de mer mis à sec, où l'eau en s'évaporant avait déposé des sels de soude. Par suite du temps, ces dépôts se sont évanouis là où les précipitations atmosphériques ont pu les dissoudre et les transporter dans les cours d'eau, tandis qu'ils se sont conservés partout où cet effet n'a pu avoir lieu. La végétation des steppes ne s'est constituée en formations actuelles qu'après que s'était accomplie la séparation entre le sol salé et celui qui ne l'est pas; cette végétation offre une preuve de sa naissance à une époque postérieure, par la nature même du terrain qui seul pouvait la maintenir.

Nous avons déjà mentionné quelques formes végétales des steppes qui ne sont dues qu'au contact avec les flores limitrophes, ou bien qui ne jouissent que d'une aire moins générale. De ce nombre sont les Lichens sur le sol nu de la steppe sablonneuse, les buissons d'*Oschur* sur la mer Morte, les Palmiers nains du Beloudjistan et les Dattiers introduits par les Arabes dans les contrées du Midi. Enfin, il convient de mentionner encore les broussailles sur la limite septentrionale de la steppe (p. ex. *Cytisus, Spiræa*), de même que les formes arborescentes sur les bords des rivières et dans les montagnes, qui toutes ne quittent la région forestière pour pénétrer dans les steppes, que là où les actions climatériques se trouvent modifiées et neutralisées par l'affluence des eaux.

Formations végétales. — Ce sont les travaux relatifs au midi de la Russie et à la région basse de la Caspienne qui nous fournissent les données les plus étendues sur la végétation des steppes. Aussi je m'attacherai maintenant par préférence à ces contrées, puisqu'en caractérisant le climat du pays à plateau, nous avons déjà touché (p. 583, etc.) aux traits différentiels qu'offre leur physionomie et qui fournissent assez de matière pour tracer facilement un tableau général. On a distingué des steppes herbeuses, limoneuses, sablonneuses et salées, auxquelles M. de Baer[98] a encore ajouté à titre de catégorie séparée la steppe rocailleuse. Toutefois, une classification plus simple serait à désirer, lorsqu'on considère les transitions qui rattachent la steppe rocailleuse à la steppe sablonneuse et au désert, ainsi que les relations intimes qui existent entre le terrain limoneux et les dépôts de sel. Je m'en tiens donc aux trois formations de steppes, herbeuse, sablonneuse et salée, celles qui diffèrent le plus l'une de l'autre par leur végétation. Prise dans un sens plus étendu, la steppe herbeuse ou à Graminées n'est pas toujours caractérisée par la taille élevée de la Graminée *Thyrsa;* cette steppe embrasse en général tous les espaces où le sol a perdu les substances salines dont il avait été imprégné, et où la végétation a déposé assez d'humus pour que l'humidité fournie par la fonte de la neige, ou par des précipitations atmosphériques, ne soit pas aussitôt soustraite aux couches superficielles du sol; en sorte que, lors même que celui-ci est revêtu de broussailles, il n'en produit pas moins des végétaux d'une nature plus tendre et propres aux pâturages. Privée presque complétement d'humus et laissant descendre l'humidité vers les eaux souterraines, ce qui fait qu'elle retient aussi peu que la formation précédente les sels de soude, la steppe sablonneuse passe au type du désert, selon le degré de pureté de la silice qui la constitue, et la présence des roches sur pied, ainsi que de leur tendance à se désagréger plus ou moins promptement; ce désert tantôt se revêt de dunes meubles, tantôt est dépouillé de la terre végétale fine et grenue, la surface du sol étant composée de la roche nue ou de pierres roulées. Enfin, la steppe salée, dont le sol renferme plus ou moins de combinaisons de soude et dont l'humidité, dépendant de la présence de l'argile dans la terre végétale, ne se perd qu'à la suite de l'évaporation, ou bien dans d'autres cas, peut se maintenir plus longtemps, embrasse également les stériles dépôts limoneux du Turkestan, qui, à cause du défaut de végétation suffisante, ne produisent guère de l'humus, sans être cependant tout à fait privés de quelques Halophytes isolés. Lorsqu'elle s'étend sur de vastes espaces, la steppe salée se convertit également en désert, attendu que son eau n'est point potable et que sa végétation ne se prête pas aux pâturages; d'ailleurs, cette steppe aussi est parfois composée de roches sur pied non désagrégées, lorsqu'elles retiennent l'eau. Les pâturages des nomades se trouvent donc limités aux steppes herbeuses, ce qui n'empêche pas les troupeaux de trouver quelque nourriture sur les points les mieux partagés des steppes salées.

Là où prédominent les Graminées formant gazon, la steppe herbeuse diffère des prés du Nord, en ce que le gazon ne revêt jamais complétement la surface du sol. Dans la province de la Tauride, les gazons verdoyants de quelque extension font complétement défaut à la contrée comprise entre les rives du Dnèpre et la lisière même des jardins de Simphéropol[99]. Les Graminées n'y croissent que par lambeaux, et n'occupent que le tiers de la surface totale ; le reste de cette dernière ne se revêt qu'au printemps d'herbes tendres qui, promptement desséchées, laissent à nu un sol mort. Nous possédons de M. Corniess[100] des plans topographiques relativement aux steppes de la Russie méridionale, sur lesquels les proportions géométriques entre le sol revêtu d'une végétation persistante et le sol nu se trouvent retracées d'après nature, de même que les diverses espèces de plantes dans chaque genre de gazon, indiquées à l'aide de teintes. Il résulte de cette représentation graphique que la valeur des pâturages de la steppe tient aux espèces de Graminées qui s'y trouvent, en sorte que la répartition inégale de ces dernières, ainsi que des herbes vivaces, permet d'en conclure jusqu'aux nuances qui différencient la composition des terrains. De plus, on voit que dans les plus mauvais terrains de steppe les herbes vivaces s'évanouissent et font place au *Thyrsa,* à peine susceptible de servir de pâturage. Par contre, la proportion entre les espaces gazonnés et les intervalles nus paraît partout être probablement la même. On distingue trois degrés dans la valeur du terrain qui, d'après le poids du foin obtenu, se comportent à peu près comme 1 : 1/3 : 1/6, et sont désignés comme terrain de steppe de première, de moyenne et de dernière qualités. Dans le terrain de première qualité dominent les Graminées plus tendres (*Festuca avena*), et les herbes vivaces plus petites et nutritives y sont fréquentes (p. ex. *Medicago foliata*, *Thymus*). Sur les terrains de qualité moyenne, le *Thyrsa* se multiplie et refoule le gazon plus menu, les herbes vivaces disparaissent, tout en se présentant encore localement, et quelques Graminées de meilleure qualité (*Triticum*) se développent en assez grande quantité. Le terrain de troisième classe ne produit presque que du Thyrsa, et le peu d'herbes vivaces qui restent encore ne fournissent guère qu'un fourrage de faible valeur. Cependant, même dans le terrain le plus fertile de steppe, les intervalles de sol nu sont tellement considérables, et le produit en Graminées tellement exigu, que les meilleures coupes, pendant les années les plus fertiles, correspondent au produit de ce qui, dans le système allemand, constitue les classes inférieures des prés ne se fauchant qu'une fois; produit que M. Thaer qualifie de tout à fait mauvais (60 poudes par désiatine ou 16 kilog. 38 par 109,25 ares).

Dans les interstices nus du gazon des steppes à Graminées de la Russie, croissent, ainsi que nous l'avons dit, seulement au commencement du printemps, quelques végétaux qui ne tardent pas à tomber en poussière, en laissant pendant neuf mois le sol complétement dégarni. Au reste, chez les autres plantes de steppe qui constituent le gazon même, la période de végétation ne dure également que trois mois à peu près, depuis la mi-avril jusque la mi-juillet, ce qui n'empêche pas que le gazon desséché peut servir de pâturage, même pendant les autres saisons, tant qu'il n'est pas recouvert par la neige. Cependant, les conditions de l'élevage des bestiaux sont bien moins favorables dans ces basses régions que dans les hautes steppes, où les buissons épineux diminuent, à la vérité, la valeur du terrain, mais où, en revanche, les pacages alpestres des montagnes et les prés situés le long de leurs cours d'eau, offrent selon les saisons une succession variée des plus beaux pâturages. Y a-t-il dans la steppe Caspienne rien de comparable aux prés alpestres de l'Alaguès arménien, ou bien à cette magnifique nappe verdoyante qui se déploie immédiatement depuis le bord septentrional du désert salé de la Perse, jusqu'au pied de l'Elborus dont elle boit les eaux vivifiantes [101]?

Ce qui prouve combien la végétation des steppes à Graminées de la Russie dépend des eaux fournies par les précipitations atmosphériques, c'est que pendant l'été les couches superficielles du sol y dessèchent complétement. A cette époque on le voit se fissurer dans les intervalles des lambeaux de gazon, et tous les végétaux périssent; mais l'inégalité des précipitations, selon les diverses années, donne également lieu à des différences considérables dans la hauteur du gazon à Graminées; de telles divergences sont ici bien plus fortes que dans l'Europe occidentale. Dans la province de la Tauride il y a des séries d'années sans pluie ni neige. M. Teetzmann [96] fut témoin de vingt mois (1832 et 1833) d'aridité, pendant lesquels il ne tomba point sur le sol la moindre goutte, le moindre flocon; dans d'autres années, la quantité de la précipitation se trouve réduite à la dixième partie de celle fournie par les années humides (telle que l'année 1838). Les tentatives de l'agriculture souffrent encore plus de l'humidité qui ramollit le terrain que de l'aridité; néanmoins, sous l'action de cette humidité, tous les végétaux de la steppe se développent d'une manière fort luxuriante, et parviennent à mûrir leurs semences, ce qui ordinairement n'est pas le cas pour les plantes qui végètent pendant plusieurs années. On assure que dans les années d'aridité, aucun chaume ne dépassa la hauteur de la cheville du pied, tandis que dans d'autres années (1837-39) environ la moitié du gazon s'élevait jusqu'au mollet et le reste jusqu'à la moitié du corps; dans ce dernier cas, la supériorité du produit pouvait être estimée au sextuple. Cependant, sous le rapport de la valeur des terrains à pacage, les avantages résultant des années humides sont égale-plutôt apparents, puisque le *Thyrsa*, que ni l'aridité ni la gelée ne font complétement périr, devient d'autant moins profitable qu'il acquiert une plus grande hauteur.

De même, sous le rapport de la variété [100], les Graminées des steppes ne sont nullement à comparer avec celles des prés du Nord. Dans les tracés de M. Corniess, on ne voit signalées que sept Graminées, et quant aux herbes vivaces dont la masse bigarrée offre plusieurs centaines d'espèces réunies dans un espace circonscrit de la steppe, elles se trouvent de même autrement réparties que dans les prés, où généralement chaque espèce se présente en quantité plus considérable. M. Teetzmann a donné une liste de deux cent cinquante plantes, constatées par lui dans une propriété de la steppe Nogaï, et il fait observer que le plus grand nombre de ces plantes est tellement rare, que si la Graminée dominante du Thyrsa (*Stipa capillata*) renfermait 5 millions d'individus, il n'y aurait que 18 espèces qui compteraient plus 1,000 individus et 33 espèces au delà de 100.

Dans la steppe à Graminées, la nature de la couche superficielle du sol a moins d'influence sur la répartition des plantes qu'on ne serait porté à le croire. La position des eaux souterraines, qui dépend des couches situées à une plus grande profondeur, est d'une importance supérieure à celle que pourraient avoir l'alternance du sable et de l'argile, ou le dépôt d'humus souvent insignifiant à la surface du sol. Dans la steppe du lac d'Elton, M. de Baer vit[98], sur un sol exclusivement arénacé, le Chanvre sauvage s'élancer à une hauteur de 1m,9 et au delà : un tel développement serait-il possible, si l'intérieur du terrain ne recélait point des couches argileuses, empêchant l'humidité de s'échapper à travers le sable et accroissant ainsi l'effet des précipitations? En effet, le sol de la steppe de la Tauride[96] repose généralement sur une couche profonde d'argile, qui retient l'humidité, bien que dans de faibles proportions, puisqu'on y trouve beaucoup de difficulté à obtenir de l'eau potable, tant pour l'homme que pour les troupeaux. A chaque nouvel établissement le forage de puits devient indispensable, et ils ont souvent plus de 32 mètres de profondeur, ce qui en rend l'usage difficile. Au-dessus du dépôt d'argile susmentionné ne se trouve ici qu'une mince couche d'humus également argileuse ayant tout au plus 4 décimètres d'épaisseur. C'est précisément par une proportion plus forte d'argile continue dans les couches superficielles du sol que se trouve caractérisée également la végétation, à la vérité, bien plus maigre de la steppe kirghize occidentale, où le *Thyrsa* disparaît pour faire place aux Triticées et à laquelle manquent beaucoup d'herbes vivaces parmi les plus considérables du midi de la Russie [102]. C'est la nature diverse du substratum qui devra fournir l'explication de semblables divergences. De même, le relief de la steppe à Graminées exerce à son tour une grande influence sur la végétation; le peu d'abri qu'offrent les accidents du terrain contre les orages, favorise la variété des espèces et laisse un champ plus libre à l'énergie de leur développement, tandis qu'en même temps, grâce à l'influence des eaux sur la surface du sol incliné, les endroits situés plus bas acquièrent plus d'humidité. Partout où la surface de la steppe était tant soit peu ondulée, M. Baer [98] la vit plus richement revêtue de *Thyrsa* et d'autant mieux gazonnée, plus on y apercevait les traces d'eaux courantes y affluant de tout côté. Aucun gazon à *Thyrsa* ne venait sur l'aride sable mouvant, mais un sol sablonneux tant soit peu consolidé par l'humidité produisait une végétation de Graminées que le voyageur qualifie de « champ ondoyant de Stipe ».

La steppe sablonneuse diffère de la steppe herbeuse en ce que le gazon à Graminées disparaît avec l'humidité des couches superficielles du sol, et que les herbes vivaces et annuelles se trouvent complétement subordonnées aux formes frutescentes. Dans le Khorasan et même dans le désert Karakum, sur le lac Aral, les espèces sablonneuses sont copieusement revêtues de Calligonées et d'autres broussailles aphylles de ce genre [102]. Ces contrées, bien que différant tellement par leurs niveaux, se trouvent toutefois placées dans des conditions physiques semblables, en ce sens qu'elles sont exposées au même degré d'aridité, peu importe qu'on voie à la surface du sol des roches continues, des pierres roulées ou des masses de sable fin, en sorte que les transitions les plus diverses peuvent se présenter entre la steppe rocailleuse et celle à dunes mouvantes. Les formes des arbustes de la steppe, tout autant que leur répartition, dépendent du mode d'irrigation du terrain et de la nature du sous-sol. Les arbustes de Tragacanthe des hautes steppes croissent socialement; ayant leurs branches feuillées fortement entrelacées les unes avec les autres, ils forment quelquefois des buissons touffus, qui, malgré leur taille déprimée, n'en deviennent pas moins presque infranchissables, à cause des épines dont ils sont hérissés. La région basse, au contraire, est partout accessible, et le sol jaunâtre et dénué d'humus perce dans les interstices du grêle branchage des végétaux de la forme de Spartium; la steppe sablonneuse finit par se convertir en un désert inhabitable à mesure que les buissons s'isolent ou ne se présentent qu'en groupes, et selon que l'humidité tantôt ne sufit pas à leur entretien, tantôt par sa disparition complète n'en permet pas le développement. Dans d'autres contrées les steppes sablonneuses ne sont pas privées de Graminées et les broussailles s'y trouvent remplacées par des demi-buissons épineux (*Alhagi*); c'est ainsi qu'à l'aide de transitions elles se rattachent aux steppes herbeuses. La différence ne tient en partie qu'aux formes végétales; au reste, la disposition plus ou moins touffue de la végétation exerce également une influence sur la quantité d'humus déposé, et celle-là est, dans la steppe herbeuse, bien plus considérable par l'action de certains buissons épineux que par celle des Graminées et des herbes vivaces.

Là où, dans les steppes sablonneuses et dans les déserts, l'élément argileux du sol augmente, et lorsque l'eau n'est point parvenue à débarrasser celui-ci complétement de ses substances salines, on voit les végétaux alterner avec les Halophytes des terrains salifères. Souvent les ondulations que présentent les dunes du sable mouvant sont sillonnées par des vallées, où l'humidité se concentre en marais, dont la végétation s'accorde avec celle de la steppe salée ; de même que dans cette dernière on voit de petites oasis bien pourvues de Graminées se produire sur les points où les substances salines ont été emportées. La steppe salée permet de distinguer une série de formations, selon son degré d'humidité et la quantité de sel qu'elle contient. Le sol aride des pentes inclinées, la nature limoneuse de la steppe unie, les roches sur pied et les stations plus humides, influent sur la disposition des Halophytes. Mais ce qui appartient en commun à toutes ces formations c'est la prédominance des Chénopodées et des Armoises, comme aussi la propriété que possèdent ces végétaux de se conserver frais pendant tout l'été et de n'opérer leur fécondation qu'en automne.

Un exemple de la végétation des Halophytes sur les pentes des montagnes et des collines nous est offert par le versant du Kohrud, dans le midi du désert salé de la Perse, où ce désert se confond avec celui des steppes sablonneuses[101]. Dans les vallées on fore des puits dont l'eau est potable, du moins pour les bêtes de somme, et ici croissent, à côté des buissons sociaux de Salsolées, notamment d'une forme particulière du Saxaoul (*Togh*), également des Calligonées, sans que pour cela les Graminées en soient complétement exclues. Les versants nus et rocailleux des montagnes possèdent un Pistachier, ainsi que divers buissons pour la plupart épineux à feuilles étroites (*Amygdalus scaparia*, *Gymnocarpus*) ; c'est qu'ici les substances salines ne se seront guère conservées.

Des steppes limoneuses arides se présentent déjà dans les régions du Volga, mais dans les parages de l'Aral, sur le plateau de l'Ustjurt et dans la direction de Bokhara, elles deviennent des déserts nus, souvent dénués de toute végétation. Comme les proportions du sel contenu dans leur sol à surface unie sont ordinairement peu considérables, les Chénopodées sont ici moins variées, et comme, de plus, sous l'action d'un soleil dévorant, la surface du terrain perd son humidité, le peu de végétaux tendent à s'isoler. Par l'évaporation le sol argileux et limoneux peut devenir tout aussi aride que le sable mouvant à la suite de l'écoulement des eaux dans l'intérieur, mais la végétation elle-même, en tant qu'elle projette de l'ombre ou produit de l'humus, agit en sens opposé. Dans les steppes limoneuses situées plus au sud (jusqu'à 48° L. N.) on ne trouve souvent, en fait de Salsolées ligneuses, que le seul Saxaoul, qui comme arbre ou buisson indique toujours la présence d'une certaine quantité de sel et qui dans un terrain aride est ordinairement réduit aux proportions de broussailles déprimées ; les Chénopodées annuelles sont plus fréquentes (*Kochia*) et se trouvent accompagnées d'un petit nombre d'autres herbes vivaces (*Euphorbia*). En parlant d'une telle steppe située sur le Volga et par conséquent en dedans du domaine du Saxaoul, M. Baer dit[98], que nulle part l'œil n'était réjoui par une teinte franchement verte ; on ne voyait que çà et là des nuances grises produites par les surfaces velues des feuilles, tandis que le sol de couleur de feu semblait flamboyer pour ainsi dire sous l'action des rayons ardents du soleil. M. Borssczow aussi, représente comme quelque chose d'indescriptible le caractère de monotonie, de mort, que respire la contrée située au sud d'Irgis [102]. Les terrasses qu'elle constitue étaient, ou dépourvues dans certains endroits de végétation quelconque, ou bien revêtues sur des espaces à perte de vue par une lugubre Armoise (*Artemisia fragrans*), à laquelle se joignaient çà et là de chétifs buissons de Saxaoul d'un pied de hauteur ainsi qu'une couple d'autres Salsolées.

C'est la même image de mort que présente la steppe dans la péninsule de Mangichlak [98], sur le versant caspien de l'Ustjurt, dont la végétation de Halophytes ne laisse voir en été qu'une seule Chénopodée aphylle (*Anabasis aphylla*), mais où toutefois dans le cours du printemps se manifestent des Graminées isolées, sans que la teinte morte du sol en soit plus animée.

Avec l'accroissement de l'humidité du sol, qui ici ne dépend point de l'écoulement des eaux, mais tient à la proportion entre les précipitations et l'évaporation effectuée sur les lieux mêmes, on voit les Halophytes se joindre à la formation des buissons sociaux de Salsolées et de Tamaris. S'il y a en même temps accroissement de substances salines, les Chénopodées acquièrent la plus grande variété, les formes annuelles se développent à côté des formes ligneuses, et les Armoises se trouvent associées aux belles rosettes feuillées des Statices. C'est ainsi qu'à mesure que l'eau afflue, ces steppes passent aux marais salés proprement dits, auxquels les Roseaux ne sont pas étrangers non plus; sur les rives des grands bassins de l'intérieur, ces derniers finissent par refouler les Halophytes soit complétement, soit partiellement.

Quant aux formations étrangères à la flore des steppes, mais qui se développent par suite de l'humectation du sol en été, nous devons encore faire observer, avant de terminer, qu'elles diffèrent aussi peu par leurs formes que par leur disposition de celles du domaine forestier. Les bois légers qui constituent les forêts littorales consistent particulièrement en Saules et en Peupliers, et parmi ces derniers se présentent en Asie plusieurs espèces particulières (*Populus euphratica* et *pruinosa*). Mais ce n'est que très-rarement que, comme dans le haut Turkestan, les rives des cours d'eau se trouvent bordées d'une large bande de forêts à hautes futaies. Les Saules sous forme de buisson ainsi que les Roseaux conviennent mieux aux surfaces planes comprises dans le domaine des inondations, tandis que les arbres correspondent aux surfaces plus inclinées dans la proximité des montagnes, dont nous allons maintenant étudier les régions forestières.

Régions. — Les influences du climat des steppes sur les limites altitudinales de la végétation se manifestent le mieux, quand on les compare avec l'action exercée par les Pyrénées, situées sous la même latitude que le Caucase et le Thianchan.

L'insolation, renforcée par un soleil sans nuages, ainsi que la diminution des précipitations atmosphériques dans l'intérieur des continents, ont, chacune selon sa propre mesure, une action d'exhaussement sur la ligne des neiges, mais non point, ou du moins d'une manière à peine appréciable, sur la limite altitudinale des forêts. Dans le Caucase, la ligne des neiges est de 780 mètres (2,400 pieds), et sur le versant septentrional du Thian-chan, de 974 mètres (3,000 pieds) plus élevée que dans les Pyrénées centrales. La plus grande élévation de la ligne des neiges a été constatée dans la chaîne centrale de l'Himalaya[103], celle de Karakoroum, où elle s'élance à un niveau qui l'emporte de 2,499 mètres (8,000 pieds) sur le mont Liban, situé sous le même parallèle. Dans le Caucase et le Thianchan, les limites des arbres sont de 150 mètres ou 163 mètres plus élevées que sur les Pyrénées; et comme les forêts font défaut à l'intérieur de l'Himalaya, les arbres isolés qui s'y présentent à de grandes hauteurs[67], par suite de l'irrigation du sol, ne sauraient servir de terme de comparaison relativement aux limites de végétation dans d'autres montagnes.

L'exhaussement de la ligne des neiges dans les montagnes de la région des steppes s'explique plus aisément que la dépression de la limite des forêts. Le Caucase surgit immédiatement du sein de la basse région : nous avons ici l'expression d'un climat franchement continental, dont la température estivale à Tiflis est au delà de 4 degrés supérieure à celle de Pau[104], et où, par conséquent, la neige peut disparaître à un niveau plus considérable *.

* M. J. J. Stebnizki vient de publier dans le Bulletin de la Société géographique de Saint-Pétersbourg (*Izvestia Imper. geogr. Obstchestva*, section du Caucase, v. II, n° 5) un tableau intéressant, qui résume toutes les mesures hypsométriques faites jusqu'à ce jour relativement à la détermination de la ligne des neiges perpétuelles dans la chaîne du Caucase. Il résulte de ces données, que sur le versant méridional cette ligne s'élève à 3,118 mètres (9,600 pieds) dans la partie occidentale de la chaîne; à 3,443 mètres (10,600 pieds) dans la partie centrale, et à 3,963 mètres (12,200 pieds) dans la partie orientale. Sur le versant septentrional du Caucase, eu égard à la sécheresse des vents du nord, la ligne des neiges perpétuelles est de 324 à 490 mètres (1,000-1,500 pieds) plus élevée que sur le versant méridional. Les chiffres que vient de donner à son tour M. Ernest Favre (*Bull. Soc. géol. de France*, ann. 1874, 3e sér., t. III, p. 59) diffèrent

Dans le Thianchan, une telle action se trouve renforcée, parce que, située sur la lisière du Gobi, cette chaîne subit tout à la fois l'influence calorifique des hautes steppes qui s'y rattachent dans la direction du sud. Enfin, dans les chaînes intérieures de l'Himalaya, les neiges sont refoulées vers les sommets les plus élevés, soit parce que le renflement du sol y est plus considérable et se maintient des deux côtés au même niveau, soit parce que la sécheresse de l'atmosphère réduit ici le plus les précipitations et accélère l'évaporation.

Cependant, le fait que le climat continental et le climat des plateaux agissent sur les forêts en un sens opposé ne saurait être rattaché partout, comme cela est le cas à l'égard du domaine méditerranéen, au défaut d'humidité. En effet, dans ces contrées, la hauteur des montagnes est tellement plus considérable qu'en Europe, que, eu égard aux masses étendues de neige qui pendant l'été s'y trouvent en voie de fusion, les régions supérieures ne doivent pas manquer d'eau ; en sorte que si ce fait seul était pris en considération, nous devrions voir, du moins sur certains points mieux partagés, les forêts s'élever davantage. Ainsi donc, la cause de leur dépression, dont on ne saurait nier le caractère général, ne pourrait être attribuée

de ceux du savant russe par leur valeur généralement moins considérable; ainsi, selon M. Favre, sur le versant nord du Caucase, la limite inférieure des neiges est en moyenne à 2,925 mètres dans la partie occidentale; à 3,230 mètres dans la partie centrale et à 3,720 mètres dans la partie orientale; elle est de 300 à 450 mètres plus élevée sur le versant sud. Par contre, les glaciers, d'après M. Favre, descendent plus bas sur le versant nord que sur le versant sud; les deux glaciers qui descendent le plus bas sur le versant méridional sont ceux de Zannor dans la plaine de Souanétie (2,015 mètres) et du Rion (2,130 mètres); la plupart des autres restent au-dessus de 2,200 mètres. Sur le versant nord, le glacier du Katchi-Don ou du Karagam, magnifique glacier qui ne peut se comparer en grandeur qu'au glacier d'Aletch dans les Alpes, descend jusqu'à 1,783 mètres. Selon M. Favre cette étrange différence entre la limite inférieure des glaciers et celle des neiges s'explique « par le fait de la structure même du Caucase ; en effet, sur le versant sud, la chaîne s'abaisse rapidement au-dessous du niveau des neiges éternelles, de manière à ne laisser dans cette région qu'une zone de 5 ou 6 kilomètres de largeur, tandis que sur le versant nord la crête centrale se prolonge par des crêtes latérales en un grand nombre de hauts massifs montagneux, qui forment de vastes réservoirs très-favorables au développement des nevés ». — T.

qu'à la courbe thermique qu'offre le climat continental, et qui ne suffit point aux exigences vitales de l'arbre, parce que la période chaude de l'année est trop passagère. Si cette conclusion est juste, nous devrons nous attendre à trouver de grandes différences selon la sphère de température propre à chaque arbre en particulier; or, c'est ce qui est confirmé en ce sens, qu'à l'aide de ce principe, s'expliquerait le niveau exceptionnel auquel s'élèvent le Peuplier d'Euphrate, le Genévrier oriental, et, dans le Thibet[67], la Myricaire arborescente. Toutefois, ce qui rend des considérations de ce genre peu certaines, c'est que les arbres qui constituent dans les montagnes diverses les régions forestières, pour la plupart ne sont pas les mêmes; il en résulte que leurs conditions climatériques ne sont guère directement comparables. Presque le seul arbre qui se prête à de telles comparaisons, à cause de l'étendue de son aire, c'est le Genévrier précédemment mentionné (*Juniperus fœtidisima*), et c'est précisément l'arbre qui, sur le Liban et dans le Thibet, se comporte exactement comme on devrait s'y attendre, eu égard aux valeurs différentielles de leurs lignes de neiges respectives; en effet, dans le Thibet[67], M. Thomson l'observa à une altitude de presque 2,572 mètres (7,900 pieds) supérieure à celle qu'il atteint en Syrie, ce qui, à la vérité, laisse incertain, si même à cette altitude, qui l'emporte sur toutes celles d'autres arbres thibétains, la forme arborescente est conservée. Il y aurait lieu d'admettre que les arbres exigeant une plus longue période de développement se trouvent, précisément à cause de cela, représentés dans l'intérieur du continent par d'autres espèces, et qu'ici, en général, font défaut les organisations arborescentes capables d'occuper les régions supérieures qui auraient pu être boisées s'il y avait, comme par exemple dans les montagnes Rocheuses, des essences forestières à courte période de végétation. Par ce fait, l'espace de la région alpine entre les forêts et la ligne des neiges se trouve notablement élargi, et pourtant cet avantage est rarement dévolu à la flore montagneuse. Dans la plupart des montagnes, l'action climatérique des hautes steppes placées en contact avec les premières est trop prédominante pour permettre le développement d'une riche flore alpine ainsi que des pâturages conformes à une telle flore; néanmoins, on voit en même temps, que dans des conditions locales favorables, comme sur l'Alaguès, des avantages de cette nature peuvent avoir lieu.

Les massifs montagneux, sur lesquels la disposition des régions végétales a été exactement étudiée, sont susceptibles d'être divisés d'après leur latitude et leur position à l'égard des hautes steppes, en deux groupes, dont celui du nord comprend le Caucase et le Thianchan, et l'autre, les soulèvements qui bordent les plateaux de l'Asie antérieure ainsi que les chaînes se rattachant plus intimement à l'Himalaya indien.

CAUCASE (41-45° L. N.).

RÉGION FORESTIÈRE. 2,501^{m} ou 2,143^{m} (7,700^{p} ou 6,600^{p}).
Bouleau dans le Daghestan 2,501^{m} ou 7,700^{p} (Ruprecht) [106].
— dans l'Abchasie 2,143^{m} ou 6,600^{p} (Radde) [107].
Pin sylvestre dans l'Abchasie 1,926^{m} ou 5,930^{p} (Radde).
RÉGION ALPINE. 2,501^{m} ou 2,143^{m} (7,700^{p} ou 6,600^{p}).
Ligne des neiges. 3,508^{m} ou 10,800^{p} (Abich) [108].

THIANCHAN ET CHAINES PARALLÈLES SEPTR. DE L'ALATAU (42-46° L. N.) [109].

RÉGION de steppe sur le versant sept. 1,950^{m} ou 4,000^{p}.
Terrain cultural irrigué, ibid. 487-1,950^{m} (1,500-4,000^{p}).
RÉGION FORESTIÈRE consistant en *Pinus Schrenkiana* 1,950-2,469^{m} (4,000-7,600^{p}.)
RÉGION ALPINE 1,950-3,638^{m} ou 7,600-11,200^{p} (Ligne des neiges sur l'Alatau; 3,748^{m} ou 11,540^{p} sur le Thianchan).
Arbustes alpins 2,631^{m} (9,000^{p}).

Quoique pour l'exploration botanique du Caucase il y ait déjà été beaucoup fait à une époque précédente par MM. Marschall de Bieberstein, Meyer et autres, nos connaissances relatives à ce massif montagneux, si important pour la comparaison avec les Alpes, ont dû néanmoins rester incomplètes jusqu'à la soumission des tribus indépendantes. Depuis lors, M. Ruprecht pénétra jusqu'à la demeure des Lasges dans le Daghestan, et M. Radde jusqu'à celle des Tcherkesses dans le Caucase occidental ; toutefois, les résultats de leurs explorations n'ont été communiqués jusqu'à aujourd'hui que fragmentairement. Ce qui n'empêche pas que le peu que nous en savons a précisément une valeur toute particulière pour notre étude comparée. Bien que la flore du Caucase ne manque pas d'offrir des traits de connexion, d'un côté avec les Alpes et de l'autre avec les montagnes de l'Asie, elle possède cependant en propre des plantes nombreuses, ce à quoi on doit s'attendre de la part d'un si vaste système de soulèvement. C'est ainsi que M. Ruprecht rapporte, comme un fait remarquable et suffisamment constaté[106], que la végétation de Taluch, rattachée plus intimement à la flore montagneuse de la Perse, reste complétement isolée du Caucase oriental par la vallée du Kour.

Les forêts qui revêtent une grande partie du Caucase s'élèvent sur le versant nord-est du Daghestan plus haut que sur le versant sud-ouest. Quoique sec par lui-même, mais imprégné de vapeurs aqueuses à la suite de son passage à travers la Caspienne, l'alizé d'été dépose son humidité sur le versant septentrional de la montagne, tandis que, sur le versant méridional, même le vent d'ouest est accompagné d'un ciel serein[22]. C'est à l'aide de ce fait que M. Abich explique le contraste qui se présente entre la région forestière du Daghestan et l'aride versant méridional du Shach-Dagh, où, à une altitude de 3,670 mètres (11,300 pieds), avec un vent d'ouest et sur un sol dénué de neige, il observa une tension de vapeurs extraordinairement faible. Ici, par conséquent, la ligne des neiges est plus élevée que là-bas[108]. Le même résultat fut fourni par la comparaison entre les mesures que fit M. Ruprecht de la limite du Bouleau dans le Daghestan et celles de M. Radde dans le Caucase Tcherkesse[107], puisque les premières se rapportent au versant nord-est et les deuxièmes au versant sud-ouest de la chaîne principale. Cependant, on ne sait pas encore si le côté nord du Caucase occidental se comporte de la même manière que celui du Caucase oriental : il est vraisemblable qu'ici l'influence de l'exposition est moins sensible. En effet, ce qui détermine climatériquement la différence entre la limite des arbres dans le Daghestan et l'Abchasie, c'est probablement le fait que dans la première de ces contrées, l'alizé d'été reçoit de la Caspienne des nuages qu'il force de monter plus haut, tandis que les vents opposés du Pont se déchargent de leur humidité sur les contreforts boisés de la Colchide, sans atteindre l'arête principale du Caucase. Dans les régions plus élevées, le vent qui vient des steppes russes paraît conserver sa domination en été, et restreindre par sa sécheresse le développement des forêts. En général, dans le Caucase, la limite des arbres est sujette à des oscillations tout aussi considérables que celle des neiges, en sorte qu'il n'est pas aisé de reconnaître la loi climatérique qui y préside et qu'une réunion plus étendue de faits est à désirer. Là où les forêts descendent, la flore alpine suit ordinairement aussi ce mouvement de dépression. M. Ruprecht trouva déboisées plusieurs contrées, même de l'humide Daghestan, et il n'est pas rare de voir le Rosage caucasien *(Rhododendron caucasicum)* remplacer le bois de chauffage[109]. Dans le Caucase central, en Ossétie, le manque de bois ne se fait pas moins sentir[110]; souvent le sol est ici à peine recouvert par de chétives broussailles composées de Rhamnus et de buissons épineux de l'Europe moyenne.

Ce n'est pas seulement la sécheresse du climat qui s'oppose au développement des forêts, c'est aussi la structure de la montagne. Surpassant les Alpes en étendue, mais ne s'élevant que sous forme d'une simple arête principale, le Caucase ne possède point de système symétrique de vallées longitudinales, dans lesquelles les dépôts d'une féconde terre végétale peuvent se concentrer plus aisément. Les ramifications latérales de la chaîne principale s'aplatissent, au milieu des ravins irréguliers, en hautes plaines faiblement arrosées et par suite déboisées, sur les parois abruptes desquelles les végétaux du sol pierreux acquièrent seuls une certaine importance. Les précipitations atmosphériques sont assez abondantes pour exclure les plantes de steppes également des hautes plaines, et c'est par là que le Caucase diffère du reste des montagnes de l'Asie antérieure, mais l'eau n'est point retenue par la surface des roches schisteuses, et dans les vallées elle ne trouve pas non plus assez de place pour exercer son action fécondante. Le sol déchiqueté de l'Ossetie se prête peu à la production de l'humus, et c'est ce qui fait dire au voyageur Koch que la végétation luxuriante est ici complétement inconnue. Dans d'autres contrées où les vallées transversales se serrent davantage et ont des parois moins abruptes, un champ plus vaste est ouvert aux forêts, aux prés et aux pacages alpins. On conçoit que dans l'enceinte d'un aussi énorme massif montagneux, les récoltes des botanistes aient donné lieu à des résultats passablement contradictoires. Alors que le Caucase central pouvait seul être visité dans la proximité de la grande route militaire conduisant à Tiflis, la région alpine semblait être bien plus pauvre en plantes que dans les Alpes. Mais depuis, tant dans le Daghestan oriental, que dans l'Abchasie occidentale, on a trouvé que la flore alpine est très-riche, et qu'au-dessus de la région forestière se déploient de magnifiques pâturages*.

Au pied du Caucase, le contact entre trois flores rapprochées les unes des autres, donne également lieu à une certaine alternance de transitions. Nulle part, la végétation de la steppe ne paraît pénétrer sans altération dans la montagne même; c'est à quoi s'oppose le système d'irrigation, les contre-forts les plus avancés étant particulièrement ramifiés, et la jonction d'innombrables torrents de montagnes en cours d'eau plus grands, n'ayant lieu qu'à une certaine distance. De telles conditions se trouvent parfaitement représentées sur le versant septentrional

* Dans le *Bulletin de la Société impériale des naturalistes de Moscou* (ann. 1874, n° 2, p. 196), M. Alex. Becker a publié une intéressante relation de son voyage aux montagnes neigeuses du Daghestan méridional (*Reise nach den Schneebergen des sudl. Daghestans*). Au nombre des plantes que le naturaliste russe y a recueillies et dont il donne la liste (où cependant on ne voit point figurer des espèces nouvelles, du moins aucune caractérisée par une diagnose quelconque), les espèces suivantes ont été observées sur le Schah Dagh, à une altitude de 4,532 mètres (13,951 pieds) : *Thymus serpyllum*, var.; *Draba nemorosa*, var.; *D. incana*, var.; *D. siliquosa*, *Campanula Steveni* et *Myosotis sylvatica*. Parmi les points moins élevés, le village Kurusch (altitude, 2,536 mètres ou 8,175 pieds) a fourni quarante-cinq espèces, dont une seule, la *Campanula Steveni*, se retrouve sur le Schah Dagh ; de même dix-sept espèces furent récoltées à Krys (altitude, 1,995 mètres ou 6,681 pieds), toutes complétement différentes de celles signalées à Kurusch ou sur le Schah Dagh. Enfin sur le sol salé de Derbent ont été recueillies huit Halophytes, tandis que sur le sol non salé, *Noæa spinosissima* et *Fœniculum officinale*. — T.

par les prés de la Kabarda, intercalés entre le Caucase central et les steppes russes. Herbes vivaces et Graminées se développent ici d'une manière tellement luxuriante, qu'on peut s'y cacher aisément sans se coucher par terre[111]. Les Graminés appartiennent pour la plupart à celles des prés de l'Europe moyenne; par contre, on observe parmi les herbes vivaces plusieurs espèces caucasiennes, qui ont été transportées de la haute région montagneuse sur les surfaces planes, situées immédiatement au-dessous de ces régions. Par là, comme aussi par le développement de la végétation au cœur de l'été, cette contrée de prés diffère de la steppe à Graminées, qui, à cette époque, est déjà desséchée depuis longtemps. Sans doute, à en juger par certaines herbes vivaces, le climat de steppe domine encore ici; c'est ce qu'indiquent les Armoises, les Astragales et les Cynarées; mais l'action exercée par les montagnes voisines, modifie le caractère de la végétation; les plantes printanières de la steppe succombent à l'aridité de l'été, tandis que le Caucase fournit à la Kabarda une bonne irrigation.

Dans la Géorgie où, comme nous l'avons fait observer précédemment (p. 581), les précipitations atmosphériques ont lieu en été, il en résulte que les pentes boisées s'étendent jusqu'aux steppes de la plaine du Kour[24], et que dans la Colchide les forêts de la vallée du Rion touchent immédiatement à celles de la haute région montagneuse. De même que dans les Alpes, on voit, du moins dans les parties occidentales et centrales du Caucase, les forêts à essences feuillues séparées de celles à essences résineuses par des gradations distinctement accentuées; dans toute la montagne, le Hêtre est ici encore, caractéristique pour les premières. Sur le versant méridional de l'arête principale, les forêts sont semblables à celles de la chaîne pontique littorale, et consistent en partie des mêmes espèces. Toutefois, par ses forêts de Chênes et par les fourrées étendues de fougères (*Pteris*), occupant de vastes espaces dans les clairières, la région inférieure de l'Abchasie et de la Mingrélie, rappelle plutôt les montagnes de la Rumélie [107]. Les rhizomes de cette fougère sociale pénétrant profondément dans le sol, le rendent inaccessible à l'agriculture, de même que cette forme végétale est presque complétement perdue pour l'élevage des bestiaux, puisqu'ils n'y touchent guère. Dans la région littorale de l'Abchasie, la végétation est bien plus luxuriante que dans l'intérieur de la Mingrélie, l'action du Pont se faisant sentir jusqu'à la crête des montagnes revêtues de forêts. Presqu'au contact de la mer, on voit les treillages formés par les végétaux grimpants (*Smilax, Vitis, Clematis*) atteindre la couronne des Chênes et des Ormes; entrelacés avec les arbres et les herbes vivaces, ils constituent des parois impénétrables, à travers desquelles on ne peut se frayer un passage qu'en suivant d'étroits sentiers. Ici, comme s'exprime M. Radde, les proportions grandioses de la végétation causent tout d'abord une vive surprise au voyageur, notamment lorsqu'il arrive des contrées orientales des steppes, mais cette végétation ne tarde pas à le fatiguer par le manque de variété dans les formations. Au-dessus de la région des Chênes vient la fôret de Hêtres et au-dessus de celle-ci la ceinture de Conifères, composée de deux espèces de pins (*Pinus orientalis* et *Picea*, var. *Nordmanniana*).

Les forêts du Caucase oriental consistent presque exclusivement en essences feuillues; parmi les Conifères, probablement assez rares, puisque d'après les données plus anciennes de M. Steven ils feraient complétement défaut à cette contrée, on ne voit mentionné que le Pin sylvestre (*P. sylvestris*)[106]. Dans le Daghestan, de même qu'en Géorgie, les derniers rejetons de la montagne sont encore boisés, mais ces forêts ne peuvent nullement être placées à côté des magnifiques futaies de la mer Noire[24]. Les arbres sont plus serrés, mais leurs troncs moins élevés; point de Lianes, de Vigne, de Lierre, et les buissons toujours verts du Pont ont disparu. Ces forêts, dont les éléments constitutifs se rattachent aux essences feuillues de l'Europe moyenne, se trouvent souvent interrompues par de maigres buissons; cependant les formes franches du Hêtre, se présentent également dans les stations plus élevées.

L'extension des essences résineuses du Caucase, renferme un problème difficile qui, pour le moment, échappe complétement à toute solution définitive. La diminution des Conifères dans la direction de la Caspienne, constitue un fait dont la cause reste inconnue, mais ce serait un fait bien plus remarquable encore, s'il se confirmait que le Pin oriental des montagnes pontiques et du Caucase occidental, reparait sur le Thianchan sous la même latitude. Or, dans ce massif montagneux, lointain de l'Asie centrale, aussi bien que sur l'Alatau, croît une Conifère qui ne se distinguerait de l'espèce susmentionnée que par des feuilles aciculaires plus longues et conséquemment appartiendrait peut-être à la même espèce (*P. Schrenkiana*)[112]. Nous aurions ainsi un cas semblable à celui que présente le Cèdre, mais un cas encore plus surprenant, parce que, non-seulement une connexion quelconque avec l'habitat lointain par-dessus les montagnes de la Perse est inadmissible, mais aussi, parce que le Pin oriental, tout en pénétrant jusqu'à l'Ossétie, ainsi que M. Ruprecht l'a positivement constaté, fait défaut au Caucase oriental, sans qu'on soit à même de comprendre ce qui a pu le repousser d'ici. A cette occasion, nous devons revenir encore une fois[113] au Genévrier asiatique (*Juniperus fœtidissima*), puisque nous voyons se produire de nouveau la même difficulté d'expliquer les migrations des arbres. A partir de la Crimée, le Genévrier arborescent s'étend à travers le Caucase occidental et central ainsi que le Taurus jusqu'à la Perse; les stations extrêmes du côté de nord-est ont été constatées sur les contre-forts de la province de Karabagh, au sud du Kour. Il paraît faire défaut également au Caucase oriental, cependant, on le découvrit ensuite dans l'Asie centrale, répandu depuis l'Himalaya dans la direction nord-ouest jusqu'au Fontau près de Samarkand[114]. Toutefois, il paraît qu'une localité non suffisamment indiquée dans la Turkomanie, et conséquemment située peut-être sur les ramifications méridionales de l'Oural, servirait d'intermédiaire entre les deux domaines d'habitation séparés l'un de l'autre par un aussi vaste espace[115]. Dans des cas pareils, on pourrait bien invoquer les hypothèses se rattachant aux conditions offertes par des époques antérieures, on pourrait admettre comme possible pour les Conifères, des connexions existant jadis entre leur domaine d'habitation à travers l'Elborus persan et les montagnes de Khorasan actuellement déboisées, et on pourrait encore s'appuyer sur le fait que, conformément aux recherches de M. Steenstrup, il se manifeste dans la végétation des arbres une alternance séculaire qui doit forcément se produire un jour, de même qu'elle se produit dans les cultures alternantes alors que les substances nutritives indispensables à une certaine espèce se trouvent épuisées dans le sol. Malgré cela, de telles conjectures ne seraient guère applicables à des cas particuliers, en sorte que nous devons nous arrêter de nouveau à cette considération, que les difficultés présentées ici par des migrations à travers d'aussi vastes espaces, même en franchissant des stations qui eussent pu être favorables, ne sont pas après tout plus grandes que dans le cas où il s'agit du Cèdre. La distance entre les forêts de Cèdre de l'Atlas et le Taurus ainsi que le Liban est aussi considérable qu'entre le Caucase occidental et le Thianchan et le Fontau, sans qu'on puisse admettre un changement dans les essences forestières, parce que les chaînes intermédiaires dont la végétation eût pu changer, font défaut. Ainsi donc, ce que nous avons dit précédemment sur ce sujet peut s'appliquer également au Genévrier arborescent et peut-être aussi au Pin oriental.

Les régions végétales du versant faisant face à la steppe dzoungare, ainsi que les chaînes de l'Alatau séparées de l'arête principale par le plateau de l'Issik-Kul (1,354 mètres ou 4,200 pieds) constituent presque les seules parties du Thianchan tant soit peu exactement explorées jusqu'à aujourd'hui*.

* Le *Sextum Tianchianum* publié en 1869 par le baron Osten Saken et M. J. Ruprecht, énumère environ 350 espèces recueillies dans la contrée montagneuse du Thiauchan, comprise entre le lac Issik-Kul et les parages limitrophes de Kachgar. De même, MM. G. Henderson et A. O. Huene ont fait connaître (*Lahore to Yarkand*, etc.) 215 espèces recueillies à Yarkand, lors de l'expédition commandée en 1870 par M. T.-D. Forsyth ; les 215 espèces trouvées à Yarkand, parmi lesquelles plusieurs nouvelles, constituent plus de la moitié du total des plantes (412) recueillies sur le vaste espace entre Lahore et Yarkand. D'autre part, M. Sewerzow a fait paraître en 1873 la deuxième partie de ses voyages dans le Turkestan, que le monde scientifique tout entier n'a pu apprécier à sa juste valeur que depuis la traduction qui vient d'en être publiée dans les *Mittheilungen* de Petermann (ann. 1875, *Ergänzunghsheft*, nº 42), enrichie d'une carte précieuse où ont été réunis et élaborés les relevés les plus importants et les plus récents exécutés dans ces régions inconnues par les topographes russes, et qu'avec sa libéralité accoutumée, le gouvernement impérial avait mis à la disposition de M. Petermann. Cette carte donne un tableau complet de la partie centrale du Thianchan explo-

Les forêts n'y commencent qu'à un niveau bien plus élevé que dans le Caucase (1,279 mètres ou 4,000 pieds), il paraît qu'elles font complétement défaut au Tabargataï entre l'Alatau et l'Altaï. M. Schrenk [116], qui en a atteint le sommet le plus élevé (2,858 mètres ou 9,700 pieds) n'y a trouvé que des pentes abruptes et verdoyantes, avec des rochers nus, mais point de forêts. Nous ne voyons les montagnes de la région des steppes pourvues de zones forestières continues, que là où ces montagnes sont franchement opposées à une région basse, qui, rattachée à la mer, source universelle des vapeurs aqueuses atmosphériques, est à même d'attirer ces dernières. Il en est ainsi du Caucase surgissant au-dessus de la steppe russe, comme aussi des versants de l'Alatau et du Thianchan se dressant au-dessus de la steppe kirghize de la Dzoungarie. Là, au contraire, où un massif montagneux est masqué par un autre plus élevé qui a déjà épuisé toute la vapeur aqueuse, ainsi que le fait d'Altaï à l'égard du Tabargataï la sécheresse de l'air est accrue, et c'est ainsi encore que les versants restent déboisés lorsqu'ils ne reçoivent les courants atmosphériques qu'après que ceux-ci ont traversé un plateau. Une autre condition protectrice des forêts, c'est une certaine mesure dans l'inclinaison des pentes des montagnes; si le sol s'élève insensiblement, l'air qui remonte ces pentes ne se refroidit pas suffisamment pour produire du brouillard et des nuages. C'est pourquoi les forêts font défaut aux régions inférieures du Thianchan, où le sol ne se relève que graduellement depuis

rée par M. Sewerzow, et fait parfaitement ressortir cette compacte agglomération de chaînes colossales (dont quelques-unes de plus de 4,000 mètres d'altitude tandis que le Chan-Tengri en a 7,726) traversées par des cols rarement de moins de 3,000 mètres de hauteur. Mais ce n'est pas seulement la topographie du Thianchan que le savant et intrépide explorateur russe nous a fait connaître, c'est aussi sa constitution géologique et son histoire naturelle, surtout la faune. Au nombre des données curieuses relatives à cette dernière, figurent le fait de la présence du Sanglier (spécifiquement identique avec celui des régions basses) à l'énorme altitude de 3,573 mètres, de même que la découverte d'une nouvelle espèce de Vautour (*Gyps nevicola*, Sew.) dans la proximité des neiges perpétuelles, oiseau de dimensions tellement colossales qu'il ne le cède que peu à celles des plus grands Condors d'Amérique. Enfin, l'indication que donne M. Sewerzow des limites altitudinales de plusieurs végétaux, offre également un grand intérêt pour la Géographie botanique. — T.

l'Aral jusqu'au Balkach et de là jusqu'à la haute montagne, tandis que sur les pentes plus abruptes du Caucase, les arbres descendent jusqu'à son pied en défiant pour ainsi dire la steppe. Si l'on voit çà et là des exceptions à ces deux conditions générales, dont dépendent d'un côté l'humidité et de l'autre l'existence de l'arbre, de telles déviations ne manqueront pas de trouver leur explication dans les influences locales; ainsi la maigre végétation arborescente qu'offre le versant septentrional du Kouenlun ne paraît être que la conséquence de l'irrigation fournie par la fonte des masses de neiges, qui partout où les montagnes sont assez élevées pour dépasser les espaces qu'occupent ces neiges, se concentrent vers les sommets et les arêtes, lors même que dans les régions plus basses la sécheresse de l'air a atteint son maximum.

Les versants inférieurs déboisés du Thianchan refoulent cependant au loin la végétation de steppe (1,299-487 mètres ou 4,000-1,500 pieds) parce que, grâce à l'irrigation, ils deviennent fertiles et par suite produisent un humus plus riche. Ici se reproduit sur une plus grande échelle l'image de la Kabarda du Caucase. M. Semenow[109] trouva, que sous le rapport des herbes vivaces, la végétation spontanée de ce terrain cultivé se rapproche plus de celle de la région forestière russo-sibérienne que de celle de la steppe, tout en étant associée à quelques végétaux ligneux particuliers. Les premières hauteurs de l'Alatau sont encore, d'après la description de M. Schrenk, sous l'influence de la steppe, elles lui parurent nues et pauvres en plantes; cependant on voyait dans les ravins un Astragale ligneux remarquable, haut d'un pied et un quart (*A. Sieversianus*). Les vallées situées de l'autre côté (650 mètres ou 2,000 pieds) étaient déjà plus riches en eau et produisaient des prés verdoyants et fleuris, ornés en partie de hautes herbes vivaces et de buissons. Dans une vallée plus grande, on voyait des riantes collines alterner avec des fonds gracieux, des prés arrosés par de limpides ruisseaux se déployer de tout côté; « partout gazon verdoyant, fleurs odoriférantes et buissons à feuillage touffu (par ex. *Lonicera, Berberis*). »

D'après M. Schrenk, la région forestière consiste en deux

Sapins[112], dont il décrit l'un à cônes pendants et l'autre à cônes dressés : M. Semenow ne mentionne que le dernier (*P. Schrenkiana*). Cette sombre forêt de Sapins à branches touffues revêt les versants partout où les arbres peuvent prendre racine. On a de la peine à pénétrer à travers de ces fourrés où l'on se trouve arrêté par les branches étalées. La roche est revêtue d'un tapis de mousse molle et humide qui laisse échapper de frais ruisseaux, et où des herbes vivaces subalpines déploient leurs fleurs élégamment coloriées (par ex. *Primula, Pedicularis, Thermopsis, Doronicum*). Çà et là on voit au milieu de la forêt à essences résineuses, des essences feuillues, telles que Bouleaux, Peupliers (*P. balsamifera*, var. *suaveolens*), Saules et Frênes, ainsi que sur la surface du sol des buissons de Ronces et de Genévrier (*Juniperus pseudosabina*) *.

Dans la région alpine, les arbustes qui s'élèvent à une altitude considérable (jusqu'à 2,631 mètres au 9,000 pieds), rappellent en partie encore une fois, les formes de la flore de steppe (par ex. *Caragana, Spiræa*). A côté d'espèces particulières, les herbes vivaces alpines consistent en un mélange d'espèces altaïques, caucaso-européennes et de végétaux thibétains de forme arctique. Ces végétaux aussi, se retirent dans la proximité des neiges éternelles, en sorte que, comme en Scandinavie, il ne reste presque plus que des Lichens et des Mousses. Cependant, même ici, M. Schrenk trouva encore trois petites herbes vivaces sur les rochers dénudés au-dessus de la limite de neige.

Après nous être déjà occupé, dans la section relative à la région méditerranéenne, des montagnes qui bordent l'Anatolie et la Syrie, nous ne pouvons consigner ici que des données fragmentaires sur les zones végétales des hautes régions situées de ce côté de l'Himalaya telles que l'Arménie, la Perse et l'Afghanistan.

* M. Sewerzow (Petermann *Mittheil, loc. cit.*, p. 40) signale sur les montagnes (environ 41° 30 L. N.) qui borde la rive droite du Naryn (affluent supérieur du Yaxartes) des buissons de Genévrier à l'énorme altitude de 3,735 mètres (11,500 pieds) ; selon le savant naturaliste russe, la limite du Sapin, s'élève dans la même vallée à 3,248-3,410 mètres (10,000-10,500 pieds). — T.

ARARAT ET ALAGUÈS (40° L. N.).

Région au-dessus de la haute steppe avec formes arborescentes de bouleaux. 2,533^{m} ou 7,800^{p} (Parrot).

Chêne dans les montagnes qui bordent l'Arménie. 2,306^{m} ou 7,100^{p} (Abich)[117].

Région alpine. 2,533-4,223^{m} ou 7,800-13,000^{p} (Ligne des neiges d'après M. Abich).

ELBOROUS PERSAN

(37° L. N., au-dessus d'Asterabad : Bunge)[40].

Versant septentrional au-dessus de la Caspienne :

Région forestière 2,498^{m} (8,000^{p}).

Hêtre et Juglandées............................ 974^{m} (3,000^{p}).

Charme oriental (*Carpinus orientalis*)........... 2,498^{m} (8,000^{p}).

Région alpine. 2,498^{m} ou 8,000^{p} (Ligne des neiges sur le Demavend 4,287^{m} ou 13,200^{p}, Berghaus).

Versant méridional déboisé (à l'exception d'une ceinture de Genévriers arborescents) :

Haute steppe. 2,273^{m} (7,000^{p}).

Région alpine avec buissons de Tragacanthes 2,273^{m} (7,000^{p}).

KUH-DAENA[118] (30° 30' L. N. dans les montagnes qui bordent la Perse occidentale : système du Zagros).

Région de Chêne (*Q. persica*). 1,299-1,949^{m} (4,000-6,000^{p}).

Région alpine. 1,949-3,573^{m} (6,000-11,000^{p}).

Ceinture frutescente de *Lonicera persica*. 1,949-2,273^{m} (6,000-7,000^{p}).

Buissons de Tragacanthes 2,273-2,728^{m} (7,000-9,300^{p}).

Herbes vivaces alpines 1,949-3,573^{m} ou 7,000-11,000^{p} (Ombellifères 1,949-2,498^{m} ou 7,000-8,000^{p}).

Dans l'Arménie russe, il n'y a que l'Ararat et l'Alaguès qui atteignent la ligne des neiges[119], et cela à un niveau bien plus élevé que sur le Caucase, ainsi que sur les montagnes pontiques et anatoliques. Relativement au Caucase, le surplus d'élévation est de 715 mètres (2,200 pieds) et cela s'explique par l'effet du climat de plateau dont l'action sur l'Ararat est renforcée, grâce à la configuration de la montagne et la nature volcanique des roches que l'insolation échauffe davantage. Comparées avec l'Arménie occidentale et l'Anatolie, ces hautes cimes se trouvent plus dans l'intérieur du pays, et par conséquent sont plus soustraites à l'influence de la mer, dont la proximité déprime la ligne des neiges sur les chaînes pontiques. C'est tout différemment que se comportent les limites des arbres dans l'Arménie, où les forêts sont tellement rares. Tandis que sur l'Ararat la ligne des neiges est si élevée, nous y voyons les arbres disparaître presque au même niveau que dans le Caucase oriental, tout en montant plus haut que dans le Pont. En effet, le développement des arbres est limité par la sécheresse atmosphérique, et ne peut céder dans la même mesure aux influences thermiques qui relèvent la ligne des neiges; cependant, grâce au renflement plus considérable du sol, ce développement trouve des meilleures conditions que dans le Pont et dans l'Anatolie, sinon pour produire des régions forestières, mais du moins pour atteindre un niveau plus élevé sur les points convenables. Il n'y a de mieux boisé que les versants franchement opposés à la Caspienne, notamment les vallées de la province de Karabagh où les montagnes bordant la contrée se trouvent fréquemment enveloppées de brouillards et de nuages pluvieux par suite des courants atmosphériques qui remontent la vallée du Kour. Sur le côté tourné vers l'intérieur, les forêts manquent ordinairement tout à fait, et sont remplacées par des buissons de Chênes; souvent les taillis isolés disparaissent déjà à un niveau plus bas (2,274 mètres ou 7,000 pieds). Mais la région alpine qui, sous l'empire de ces conditions, possède dans les montagnes qui bordent l'Arménie une bien plus grande extension que sur le Caucase, ne produit pas non plus de pacages alpestres franchement prononcés, c'est la végétation des hautes steppes qui l'emporte; et même sur l'Alaguès où, de tels pacages sont le plus richement développées, on voit sur le versant sud-ouest, au-dessus de la région des buissons de Chêne, de Genévrier et de Mugho, le sol revêtu de buissons de Tragacanthe*.

* Dans ma *Climatalogie de l'Asie Mineure*, p. 289, j'ai discuté le curieux phénomène qu'y présente l'accroissement de la sécheresse atmosphérique, et par

Les montagnes de la Perse se comportent d'une manière semblable, mais soumise à un plus haut degré encore au climat de plateau qui produit les steppes. Ce n'est que sur le versant caspien que la chaîne septentrionale de l'Elborus possède, dans le Mazenderan et le Ghilan les régions touffues d'arbres à feuillage; les essences résineuses font défaut à cette chaîne, si on ne tient pas compte de quelques Ifs isolés. Au haut des cols, M. Bunge observe la transition à la flore persane, distinctement déterminée par le versant qui soustrait l'humide climat caspien à l'influence du plateau sec. Sur le revers méridional dominent les arbustes épineux et les plantes des steppes; dans la région supérieure ils se trouvent mélangés avec les herbes vivaces alpines; en fait d'arbres, on n'y voit que le Genévrier (jusqu'à 162 mètres ou 500 pieds au-dessous du col non mesuré). Au reste, dans le Khorasan, entre Nischapur et Mesched, les vallées des rivières n'ont offert que Peupliers, Saules et Platanes. Sur le Zagros [118], massifs montagneux

suite, l'exhaussement progressif de la limite des neiges à mesure qu'on s'avance de l'ouest à l'est, notamment vers les hauts plateaux de l'Arménie orientale, où la sécheresse atmosphérique doit sans doute atteindre un degré exceptionnel, puisqu'elle est déjà très-remarquable sur le mont Argée. En effet, le 16 août 1849, à une altitude de 2,463 mètres (à midi), j'y ai trouvé l'humidité relative de 0,18, le thermomètre à l'ombre marquant 15°,3; le 17 août à 3,005 mètres (à 2 heures du soir) l'humidité relative était de 0,48, température de l'air, 6°8; le 18 août, altitude 3,841 (sommet) 0,37 (à 11 heures matin), température 11°. Ce sont là des chiffres dont l'exiguité contraste singulièrement avec ceux fournis à Humboldt par le Chimborazo à 5,619 mètres, ainsi qu'à M. Boussingault à 6,000 mètres où l'air fut trouvé bien moins sec que dans les steppes de la Sibérie au niveau de la mer. Au reste, un autre fait d'une nature botanique, vient à l'appui des résultats constatés en Asie Mineure par des mesures directes: c'est le développement extrêmement limité qu'y présente la famille des Mousses. Ce fait a été particulièrement mis en relief par les belles études de M. Hausknecht sur les Mousses de l'Asie Mineure, de la Perse et du Caucase, études publiées dans les *Verhandl. der K. K. Zool-bot. Gesellsch. in Wien*, ann. 1870, v. xx, p. 589. Ce qui frappe particulièrement dans la liste qui y est donnée de la totalité des espèces de Mousses recueillies par le savant botaniste sur cet énorme espace, c'est l'exiguité relative du chiffre ainsi que l'absence presque complète de formes alpines, malgré le caractère éminemment montagneux des contrées dont il s'agit. M. Hausknecht attribue ce phénomène à l'extrême sécheresse qui caractérise l'atmosphère de ces dernières. En effet, la liste de M. Hausknecht ne contient que 150 espèces de Mousses (parmi lesquelles 12 nouvelles) et, sur ce nombre, seulement *28 espèces* (dont 3 nouvelles) ont été trouvées en Asie Mineure. — T.

servant de bord occidental du côté du Kurdistan et de la Mésopotamie, la forêt de Chêne se trouve limitée aux pentes inférieures au-dessus du plateau de Schiras (jusqu'à 1,949 mètres ou 6,000 pieds) : viennent ensuite des buissons, et dans la région alpine les formes végétales de la steppe sont encore parfaitement perceptibles. En effet, ici aussi les arbustes de Tragacanthe s'élèvent considérablement (jusqu'à 2,728 mètres ou 9,300 pieds) et limitent l'espace qui, sur ce sol aride et pierreux, a été parcimonieusement assigné aux herbes vivaces alpines.

Les montagnes du Khorasan ainsi que le Hindoukouch occidental, situé sur le bord septentrional de l'Afghanistan, sont bien plus désolés encore[120]. Ici les deux versants sont complétement déboisés, mais ce qui est encore plus stérile, c'est le revers septentrional tourné du côté de la région basse du Tourkestan et sur lequel on voit les Halophytes se développer davantage. Des endroits à verdure luxuriante revêtus de buissons touffus, ne se voient que sur les bords des cours d'eau. La végétation de broussailles épineuses (*Acantholimon*) et d'Armoises s'étend jusqu'à la hauteur des cols du Hindoukouch (3,898 mètres ou 12,000 pieds) ; cependant, dans les ravins humides, mais là seulement, se présentent aussi des herbes vivaces alpines (par ex. des Gentianées, *Pedicularis*).

On doit encore ajouter à ce que nous avons dit relativement au caractère de végétation de l'intérieur déboisé de l'Himalaya, les observations faites par M. Lehmann [121] près de Samarkand (40° L. N.) sur le Fontau, qui se rattache au système du Bolor, mais où le niveau des régions végétales n'a pas encore été mesuré. Le Bolor comprend les montagnes élevées qui relient le Kouenlun et le Hindoukouch au Thianchan ; le Fontau est une ramification secondaire alpine s'étendant le long du Sarafchan. La région alpine est ici également déboisée, les arides collines sont revêtues de buissons de steppe. Plus loin, en amont de la vallée, les pentes douces se trouvent occupées par de gracieux taillis d'arbre à feuillage, clair-semés et de taille déprimée (*Pistacia, Betula, Cratægus*, et autres). De concert avec ces formes arborescentes diversement variées, le Fontau est revêtu de forêts de Genévrier, généralement prédominantes (*Juniperus fœtidissima*, voir p. 661). Mais cette essence résineuse est également loin d'être de haute futaie; la grosseur des troncs est, à la vérité, considérable, mais leur hauteur ne paraît guère dépasser de beaucoup 5m,07. Constamment associés aux plantes de steppe, les dessous de bois de ces forêts consistent en arbustes appartenant aux formes de Rhamnus et du Spartium (par ex. *Lonicera, Ephedra*). Une affinité avec la flore de montagne de la Perse se trouve exprimée par quelques espèces, notamment par le Chèvrefeuille frutescent (*Lonicera persica*) et par une Liane (*Cissus aegirophylla*) qui, eu égard à sa nature non sarmenteuse, s'accorde avec une espèce (*Cissus vitifolia*) qui se présente sur le Zagros. Au-dessus des forêts de Conifère vient immédiatement la région alpine, qui offrit au voyageur une abondante récolte. Ici, des pacages alpestres dont l'humidité et la fertilité se reflètent dans les herbes vivaces dominantes (par ex. *Polygonum alpinum*), alternent non-seulement avec des terrains rocailleux où, comme dans les Alpes, se réunissent les espèces plus exiguës, mais aussi avec des pentes arides revêtues de plantes de steppes (par ex. *Acantholimon, Cousinia*). C'est par ce mélange de formes que se trouve exprimée la transition à la flore thibétaine.

Centre de végétation. — Il n'y a que certaines contrées et notamment la Russie, où l'extension des plantes de steppes ait été suffisamment explorée, pour pouvoir servir de base à la position de centres de végétation. Les pays à plateaux du midi, ne sont connus que par les collections de voyageurs isolés, et c'est pourquoi on ne peut distinguer avec certitude les aires locales des domaines d'habitation plus étendus. Néanmoins, des contingents instructifs servant à l'exploration de l'origine géographique des plantes sont fournis par les steppes, en tant que celles-ci font voir, comment la disposition de leurs plantes dans le sens de l'espace ne s'accorde point avec celle qui domine, soit dans le domaine forestier, soit dans le midi de l'Europe. Ici, dans les plaines continentales, les centres de végétation se sont maintenus séparés presqu'au même degré que dans les montagnes ; les obstacles mécaniques ou climatériques qui s'opposent à leur mélange existent, à la vérité, mais ne sont pas aussi aisément reconnaissables, comme dans les péninsules de la Méditerranée.

La flore de la région des steppes est bien plus riche qu'on ne s'y serait attendu, à en juger par les conditions physiques défavorables, et par l'uniformité des formes végétales. J'estime à 6,000 espèces, le montant total des plantes déjà constatées comme appartenant en propre au domaine des steppes, les montagnes y incluses, puisque ma collection en renferme au delà de 3,000 ; en sorte qu'il pourrait bien lui en manquer autant, à en juger par ce qui a été fourni depuis par l'Orient et l'intérieur de l'Asie. Il faut y ajouter encore ceux des végétaux qui sont communs aux steppes, y incluses leurs chaînes montagneuses et les flores limitrophes; et comme ils sont bien moins nombreux que les espèces endémiques, le grand total se monterait peut-être à 8,000 espèces. Répartie sur 300,000 milles carrés géographiques, ce qui constitue la huitième partie de la surface terrestre, cette somme apparaît sans doute assez exiguë (1 espèce sur 37 ½ milles carrés), mais elle n'en est pas moins le triple de ce que présenterait le domaine forestier si nous lui assignions approximativement la même extension. On n'a pas le droit de comparer ce chiffre à celui fourni par la végétation bien plus variée de la région méditéranéenne, parce qu'une flore se montre d'autant plus riche que l'espace qu'elle occupe est moins étendu. Or, quel que soit l'accroissement de la somme totale des produits endémiques du domaine des steppes, grâce aux montagnes lointaines et à caractère si divers, la variété des espèces dans les plaines, même dans celles de la basse région caspienne, est incomparablement plus considérable, plus frappante, que dans la région forestière. Après que les steppes du midi de la Russie avaient déjà été explorées d'une manière assez complète, même à l'époque de Pallas et de Bieberstein, un nombre considérable de nouvelles plantes furent fournies par chaque voyage botanique qui faisait pénétrer plus avant à travers la steppe kirghize dans la Dzoungarie et dans le Turkestan. Pour s'en convaincre on n'a qu'à jeter un coup d'œil sur la littérature botanique russe et de considérer le nombre sans cesse croissant des Astragales, des Synanthérées et de quelques autres groupes *. Et pourtant, de tels résultats sont de beaucoup dépassés par les collections botaniques faites dans l'Orient; jamais encore on n'avait vu décrites par un seul botaniste, et dans le cours de peu d'années, un nombre aussi considérable de nouvelles plantes comme celui que les régions à plateaux ont fourni à M. Boissier **.

Dans la région forestière, nous avons vu que la variété de la flore se rattache aux lignes climatériques. Mais le climat de la steppe offre sur plusieurs points des gradations si peu prononcées, que des influences de cette nature sont rarement dans le cas d'empêcher le centres de végétation d'échanger leurs produits. Or, comme de plus, les terrains de même constitution, se reproduisent dans les contrées les plus lointaines, la séparation durable des flores spéciales devient un problème passablement complexe.

* L'élaboration des riches matériaux fournis récemment par le Turkestan promet un accroissement encore plus considérable de la flore du continent asiatique, ainsi que le prouvent déjà les intéressantes publications faites sur ce sujet par M. Regel, le savant directeur du Jardin botanique impérial de Saint-Pétersbourg dans le IIIe volume des mémoires de ce splendide établissement *Troudy Imp. S. Peterb. bot. Sada*). Le 2e fascicule de ces publications (lequel m'a été obligeamment communiqué par M. Regel) et dont un tirage à part a paru (sous le titre de *Descriptiones plantarum novarum et minus cognitarum in regionibus turkistanicis a d. P. et O. Fedschenko, Korolkow, Kuchakevitz et Kraus, collectis,* etc., auctore E. Regel) renferme 41 espèces, la très-grande majorité desquelles sont nouvelles; 22 exclusivement propres au Turkestan et 19 d'origine diverse cultivées dans le jardin botanique de Saint-Pétersbourg. Parmi les plantes du Turkestan figurent 11 espèces nouvelles d'Astragales et 4 Oxytropis dont une (*O. trichocalycina,* Bge.) recueillie dans le Turkestan par l'intrépide compagne de Fedchenko, offre une structure très-particulière. — T.

** Le nombre d'espèces orientales décrites par cet infatigable et habile botaniste est en effet tellement prodigieux, que dans ma flore de l'Asie Mineure, qui malgré sa richesse exceptionnelle (j'ai donné l'énumération de plus de 6,000 plantes vasculaires) ne représente, après tout, qu'une fraction de la grande flore orientale, les espèces de M. Boissier constituent en moyenne le quart du total, et quelquefois beaucoup plus. Pour ne donner que quelques exemples, je citerai la famille des Papillonacées (y comprises les Rosacées) dans laquelle, sur un total de 865 espèces ne figurent pas moins de 220 espèces de M. Boissier, dont plusieurs rapportées par moi, sont exclusivement propres à la Péninsule anatolique; de même, parmi les 355 Caryophyllées, il y a 136 espèces de M. Boissier, et le nombre de celles-ci est de 19 sur 61 Dipsacées et de plus de la moitié pour les Plumbaginées (28 sur 47). — T.

La supposition qui se présente le plus naturellement est celle d'admettre que, tandis que dans le midi de l'Europe c'est la configuration de la Méditerranée qui constitue les obstacles à l'extension des espèces, dans les steppes ces obstacles tiennent aux chaînes montagneuses, ou, à défaut de ces dernières, aux déserts interposés entre les régions fertiles. Des comparaisons plus développées sont nécessaires pour savoir sur quelle étendue agissent ces influences. Les espèces habitant l'enceinte tout entière du domaine des steppes sont relativement peu nombreuses : dans ma collection elles ne vont pas jusqu'à cent [122]. Un chiffre un peu plus considérable est représenté par celles qui sont possédées en commun par la basse région caspienne et les plateaux limitrophes; elles prouvent l'indépendance de telles plantes à l'égard du niveau de la station, ainsi que leur aptitude de franchir dans leur migration, même les chaînes encore plus élevées du bord du plateau. Enfin, une partie très-notable des plates de steppe et de montagne embrassent plusieurs sections du pays à plateaux, et par conséquent font également voir que les alternances dans les accidents du terrain n'ont point limité leurs migrations. Néanmoins, le rôle principal que joue l'organisation dans la séparation ou le mélange des centres de végétation, se reconnaît aisément et surtout distinctement dans les plantes que le Sahara et les steppes possèdent en commun, et dont je puis signaler environ cent espèces (V. plus bas). Parmi les familles dominantes auxquelles appartiennent ces plantes, ce sont les Crucifères et les Graminées qui se trouvent le plus richement réprésentées, tandis que les Synanthérées et les Chénopodées le sont moins et les Légumineuses presque pas du tout. Les chétives semences des Graminées et des Crucifères peuvent aisément être transportées au loin par les orages des steppes. Aussi dans les steppes elles-mêmes, chacune des espèces d'Astragale est, pour la plupart, limitée à un espace circonscrit, et, quant aux Chénopodées qui, dans la steppe kirghize et dans le Gobi, constituent de six à sept pour cent du montant total des plantes vasculaires [123], cette proportion se trouve réduite à la moitié lorsqu'il s'agit de toute l'étendue du domaine, tellement le nombre des espèces décroît sur les plateaux méridionaux. Mais, comme les terrains salifères ne font nullement défaut à des plateaux, et que les Halophytes s'y présentent à l'état social tout autant que dans la basse région, il faudra bien considérer la variété prédominante des Chénopodées caspiennes comme une particularité originelle propre à ces contrées.

Dans les steppes caspiennes, ainsi que dans la Perse, l'influence du désert sur la séparation des centres de végétation se reconnaît distinctement. Les terres fertiles de la Dzoungarie sont séparées de celles de la Russie méridionale par la steppe kirghize plus désolée, et celle-ci se trouve à son tour diversement subdivisée par les déserts de l'Aral. C'est de la même manière que le grand désert salé, de concert avec la chaîne de Kohrud, sépare la Perse du nord de celle du midi. Mais, dans l'un comme dans l'autre cas, nous trouvons la végétation des deux côtés bien moins concordante, qu'elle ne le serait si les régions plus productives se trouvaient en connexion immédiate.

Nous pouvons en conséquence attribuer aux chaînes montagneuses ainsi qu'à l'alternance entre les steppes herbeuses et les steppes sablonneuses, une notable influence sur la séparation des centres de végétation, lors même que cette influence est particulièrement limitée à des organisations déterminées. On pourrait croire qu'en général, les conditions originaires se sont moins modifiées dans les steppes que dans les pays cultivés, parce que chez les nomades la nature est livrée plus complétement à elle-même que là où l'agriculture est venue se développer; toutefois, les habitants ont exercé sur la végétation des forêts sibériennes encore moins d'influence que sur les steppes qu'ils ont l'habitude de dévaster par le feu. Et pourtant, grâce à la migration des plantes, la flore est devenue bien plus uniforme dans ces forêts que dans ces steppes, parce que, dans le vaste domaine forestier, la diffusion des plantes, facilitée surtout par le grand développement des bassins hydrographiques, n'a rencontré aucun obstacle, mais seulement des agents protecteurs. Ce qui est plus important peut-être, c'est que les plantes de steppe sont appelées à résister aux dangers les plus graves qui puissent atteindre la vie organique. Ayant été le plus complétement pourvues à cet effet dans les lieux mêmes de leur origine, elles ne sauraient aisément pénétrer dans le domaine d'autres centres, parce que dans les lieux où elles avaient été créées, elles se trouvent en quelque sorte placées sur les limites de leur existence.

Le fait que tant de plantes de steppe et de désert habitent la basse région à surface unie, sans s'élever dans la montagne ou sans la franchir, a cela de remarquable que, considérées géologiquement, ces surfaces n'ont été abandonnées par la mer qu'à l'époque la plus récente. L'origine de cette végétation appartient par conséquent à la dernière période de l'histoire de notre globe. Si à ce sujet on adopte pour point de départ les idées de M. Darwin, on a peine à comprendre, de quelle organisation du monde passé sont issues les Chénopodées de la steppe salée caspienne, puisqu'elles ne se rattachent guère d'une manière spéciale à une forme quelconque de l'époque tertiaire, et l'on concevrait tout aussi peu pourquoi, conformément à l'esprit de l'hypothèse darwinienne, elles se sont fractionnées ici en formes plus variées qu'en Anatolie ou dans le Thibet. De semblables particularités, originellement données, se soustraient toutes complétement à nos connaissances et restent à l'état de problèmes non résolus.

Comme on ne saurait encore déduire avec sécurité la disposition de centres de végétation, de la nature endémique des espèces, je me suis d'abord attaché aux genres monotypes dont la présence semble fournir les premiers jalons à de semblables investigations. Dans la majorité des sections climatériques, nous trouvons des organisations particulières, sans que, cependant, on puisse y observer une régularité dans leur répartition, ou une dépendance à l'égard de la variété plus ou moins grande des conditions de la vie. En effet, c'est précisément dans la basse région caspienne où ces conditions ont le plus d'uniformité, que le nombre de telles organisations est le plus considérable.

Généralement parlant, les Monotypes sont ici plus nombreux que dans le midi de l'Europe. Élimination faite de ceux que les steppes possèdent en commun avec l'une des flores limitrophes, j'ai pu encore en constater au delà d'une centaine d'après leur aire plus restreinte. Cependant, ici se présente l'inconvénient qu'un grand nombre appartient aux Crucifères (38), et aux Ombellifères (17), familles où la classification systématique des genres a été établie d'après des principes peu susceptibles d'un solide avenir, puisqu'elle se trouve déjà ébranlée sous plus d'un rapport, et que, par conséquent, elles ne peuvent servir de terme de comparaison avec les principes généralement suivis. En conséquence, je crois convenable de ne prendre en considération qu'une série choisie de genres, que j'ai été dans le cas de comparer moi-même.

Ma collection de plantes contient, relativement à la basse région caspienne, 16 Monotypes, limités à cette section du domaine des steppes. Il résulte de leur répartition que les aires se rétrécissent plus le sol qui les nourrit devient stérile. La force des plantes du désert est dans leur aptitude de résister aux actions nuisibles extérieures : leur végétation est plus lente que celle des steppes qu'elles fuient et dont les plantes à croissance plus énergique, leur abandonnent le sol aride, tandis que, précisément à cause de leur force vitale supérieure, les plantes de steppe se sont éloignées davantage de leurs centres pour suivre d'autres directions. Dans le désert de Kizilkum, sur l'Aral, deux monotypes ont été découverts dans l'aride steppe limoneuse de Bokhara; enfin deux autres s'étendent également tout autour du lac d'Aral. Les genres (5) qui atteignent le midi de la Russie se trouvent tous aussi dans la steppe kirghize ou de l'autre côté de cette dernière dans la Dzoungarie, et parmi ces genres trois n'apparaissent qu'au delà du Volga, où les steppes herbeuses deviennent rares. Un seul monotype caractérise la steppe orientale ou dzoungarienne, les restants (4) s'étendent depuis cette dernière jusqu'à la côte orientale de la Caspienne. Les genres comparés sont : les Légumineuses *Ammodendron :* rivière d'Aral jusqu'à la Dzoungarie; *Ammothamnus* : Kizilkum; *Eremosparton :* Volga jusqu'au Balkhache; la Rosacée *Hulthemia :* steppe kirghize. — Dzoungarie; la Zygophyllée *Milianthus* : Bokhara; la Crucifère *Cithareloma :*

Kizilkum, une deuxième espèce entre l'Aral et Bokhara ; *Streptoloma :* Bokhara ; *Lachnoloma :* Kizilkum ; *Strogonowia :* Dzoungarie (également sur le Tabargataï, *ibid.*) ; l'Ombellifère *Muretia :* Podolie — steppe kirghize ; la Borraginée *Rindera :* Don-Dzoungarie ; la Synanthérée *Karelinia :* Volga-Dzoungarie ; *Ancathia :* steppe kirghize jusqu'à la Dzoungarie ; la Chénopodée *Girgensohnia :* Volga-steppe kirghize ; *Landesia :* littoral oriental de la Caspienne-Aral ; la Liliacée *Rhinopetalum :* steppe kirghize-Dzoungarie. Ici se rangent cinq genres monotypes qui, à partir de la basse région caspienne en franchissent les limites, sans cependant atteindre les hautes plaines situées au sud : la Légumineuse *Halimodendron :* steppe kirghize et Bokhara jusqu'à la Dzoungarie et la Transcaucasie ; la Scrophularinée *Dodartia :* Don jusqu'à la Dzoungarie et la Transcaucasie ; *Cymbaria :* Dnèpre, une deuxième espèce depuis le Yeniseï jusqu'à la Dahurie ; la Borraginée *Suchtelenia :* steppe kirghize, Transcaucasie ; la Chénopodée *Ceratocarpus :* Danube jusqu'au Gobi.

Je ne connais aucun genre exclusivement propre au Caucase : cependant, la vallée du Kour possède deux monotypes, une Ombellifère (*Cymbocarpum*) et une Synanthérée (*Cladochæta*), qui remontent également les montagnes limitrophes ou peut-être sont descendues de ces dernières dans la plaine.

Le revers persan qui s'abaisse vers la Caspienne est caractérisé par une Hamamélidée (*Parrotia persica :* une deuxième espèce habite l'Himalaya du Cachmir). Les forêts qui s'étendent depuis l'Elborus jusqu'à Taluch [124], acquièrent, non-seulement par ce monotype, mais aussi par deux formes arborescentes (*Gleditschia caspica* et *Pterocarya caucasica*) le caractère de centres indépendants de végétation.

Quant aux monotypes anatoliques et syriens déjà mentionnés (p. 512) dans la section de la région méditerranéenne, il y a à y ajouter encore une Crucifère (*Texiera*) qui ne se trouve que dans l'intérieur de la Syrie.

Dans la haute région arménienne, notamment dans le Kurdistan, M. Kotschy découvrit une Synanthérée monotype

(*Sprunera*). La Mésopotamie n'a point fourni de genre qui ne se présente pas dans les contrées limitrophes *.

Tous ces pays orientaux sont de beaucoup surpassés par la Perse en fait de formes particulières. Ici encore, la cause ne tient point à des conditions physiques plus favorables, sous le rapport desquelles cette contrée reste tellement en arrière de l'Anatolie et des vallées caucasiennes, mais évidemment à ce que la haute plaine se trouve si isolée par les montagnes qui la bordent. Toutefois, cela n'explique guère pourquoi, parmi les onze monotypes de la Perse comparés par moi, trois sont limités à la région alpine, tandis qu'une semblable autonomie des centres alpins ne se voit point dans d'autres parties de la région des steppes. Il est vrai que presque tous les monotypes persans sont des Crucifères (9) [125] : un seul genre appartient aux Labiées (*Tapeinanthus*) et un autre aux Synanthérées (*Grantia*). Ce dernier, une Inulée, étant très voisin du genre de Kurdistan (*Sprunera*) peut servir d'exemple remarquable de l'analogie des formes se produisant dans des centres géographiques fort rapprochés.

Dans l'Afghanistan, je connais trois monotypes : une Crucifère (*Pyramidium*), une Labiée (*Perowskya* : une deuxième espèce croît dans le Turkestan), et parmi les arbustes toujours verts une Myrsinée (*Reptonia*) dont la dernière, se présentant sur le revers qui regarde l'Indus, indique la transition à la flore tropicale de l'Asie.

* Comme dans l'énumération des genres spéciaux de l'Asie Mineure, l'auteur n'a signalé que ceux représentés dans son propre herbier, il n'a pu mentionner le genre *Tchihatchewia* que M. Boissier avait créé pour une curieuse Crucifère découverte par moi en Arménie à une altitude de 1,700-2,000 mètres (*Asie Mineure, Botanique*, I, 292, et *Flora Orientalis*, I, 310). Ce genre, représenté pour le moment par une seule espèce (*T. isatioides*) repose sur des caractères assez solides, pour qu'on puisse le considérer comme définitivement acquis à la science, aussi M. Bentham l'a-t-il admis dans ses *Genera*. A l'époque où M. Unger étudiait les végétaux fossiles, que j'avais recueillis dans les environs de Constantinople, il ignorait encore l'établissement de ce genre, et en créa un du même nom pour un bois fossile dont la diagnose fut publiée en 1863 dans les *Comptes rendus* (t. LVI, p. 516) sous le nom de *Tchihatchewia byzantina ;* plus tard, il le remplaça par celui de *Tchihatchewites* et c'est sous ce dernier nom que la diagnose détaillée de ce genre remarquable (accompagnée de figures) a été publiée dans ma *Paléontologie de l'Asie Mineure*, p. 324, pl. XVII, fig. 3, 4. — T.

La flore thibétaine renferme un genre endémique de Synanthérées (*Allardia*), composé de plusieurs espèces. En fait de monotypes proprement dits, une Caryophyllée (*Thylacospermum*) s'étend jusqu'au Thianchan, et deux Graminées (*Ptilagrostis* et *Leucopoa*) jusqu'au Gobi. La première de ces Graminées habite également la région alpine de l'Himalaya indien de Sikkim. La steppe même de Gobi possède en propre un Halophyte de la famille des Zygophyllés (*Sarcozygium*).

Parmi les montagnes de la région de steppe, sans compter celles de la Perse, il n'y a que l'Alatau dzoungarien qui ait fourni trois monotypes de la famille des Synanthérées (*Waldheimia*, *Richteria* et *Cancrinia*), dont les deux derniers appartiennent au groupe des Heléniées, peu représenté dans l'ancien monde. De semblables analogies systématiques, comme celles qui ont lieu ici entre les Synanthérées de l'Amérique du Nord et de l'Asie centrale, se produisent quelquefois sur des points lointains du globe, sans qu'on ait droit d'en conclure à une connexion généalogique.

Plus nombreuse que tous ces genres si sporadiquement répartis, est la série des monotypes (22) embrassant plusieurs sections climatériques de la région de steppe. Parmi ces derniers, il en est beaucoup qui habitent tout à la fois la basse région et les hautes steppes, ce qui, au reste, n'établit aucune relation entre l'étendue des migrations en sens vertical et horizontal. La faculté de s'élever en sens vertical tient uniquement à celle d'être indépendant de l'action altitudinale, tandis que les migrations à de grandes distances dépendent en même temps de l'intensité de la vigueur que possède la végétation ainsi que les organes de propagation. Nous trouvons en conséquence quelques organisations limitées à des espaces circonscrits, mais occupant des stations à altitudes très-inégales, d'autres possédant une aire d'extension qui embrasse la totalité ou la majeure partie de l'étendue de la steppe. Les genres monotypes comparés par moi sont les suivants : les Crucifères *Schiwereckia* Podolie-Steppe kirghize, Anatolie-Perse; *Leptaleum* : Volga et Transcaucasie-Beloudjistan ; *Diptychocarpus* : steppe kirghize-Afghanistan; *Tauscheria* : steppe caspienne-

Thibet (*Goldbachia, ibid.* mais s'étendant jusqu'à l'Inde) ; *Hymenophysa :* Dzoungarie, Perse, *Octoceras :* Turkestan, Perse-Béloudjistan; *Coluteocarpus :* Anatolie-Arménie et Syrie; *Parlatoria :* Mésopotamie, une deuxième espèce en Perse ; la Crassulacée *Tetradiclis* (considérée jusqu'ici comme Rutacée) : Russie méridionale —Beloudjistan (Tunis aussi); la Boraginée *Caccinia :* Syrie-Perse; les Synanthérées *Acroptilon :* Don-Dzoungarie, Anatolie-Afghanistan; *Chardinia :* Anatolie, Perse, *Gundelia :* Arménie et Syrie-Perse; *Siebera :* Syrie-Perse ; *Pentanema :* Mésopotamie, une deuxième espèce en Perse ; *Strabonia :* Perse-Afghanistan; *Varthemia :* Perse-Afghanistan; la Thymélée *Diarthron :* steppe caspienne jusqu'à la Dzoungarie, Anatolie-Perse, une deuxième espèce dans le Gobi; les Chénopodées *Antochlamys :* Transcaucasie-Perse, *Panderia :* Dzoungarie, Arménie-Talusch; la Graminée *Heteranthelium :* Syrie jusqu'à la Perse *

Quand une fois on sera à même de distinguer avec plus de précision les espèces endémiques, des espèces à aire plus étendue, les particularités systématiques des centres de végétation pourront être désormais mieux déterminées, par la répartition des familles de plantes, qu'à l'aide des monotypes. J'ai réuni dans les notes [126], ce qui sous ce rapport m'a paru offrir en quelque sorte des garanties de solidité. Le résultat général est remarquable par ce fait, que dans tout le domaine de la steppe la série de familles prédominantes se rapproche le plus de celle que présente la flore de l'Espagne, dont les plateaux

* Parmi les genres monotypes mentionnés ici, il en est deux, *Goldbachia* et *Parlatoria* dont l'aire d'extension telle qu'elle est indiquée par notre auteur est trop limitée, puisqu'elle doit embrasser également la péninsule anatolique. En effet, M. Ledebour, *Flora rossica*, I, p. 215, signale, sur l'autorité de M. Koch, la *Goldbachia tetragona* dans l'Arménie russe, et M. Balansa (*Pl. d'Ar.*, an. 1856, n° 1,005) a rapporté la *G. torulosa* de la Cappadoce, où il la recueillit près du village Enchei, dans les blés, à une altitude d'environ 480 mètres. Quant au genre *Parlatoria,* que M. Fenzl rejette (V. ma *Bot. de l'A. M.*, I, p. 346) comme étant en partie synonyme du genre *Sobolewskia,* M. B., la *Parlatoria brachycarpa,* Boiss. (*Sobol. lithophila,* M. B., selon Fenzl) a été trouvée par M. Balansa en Asie Mineure, sur le Bulgar-Dagh, et j'ai également constaté la *P. clavata,* Boiss. (*S. clavata,* selon Fenzl), sur la chaîne pontique du Paryadrès, à une altitude de 1,900-2,500 mètres. — T.

possèdent un climat analogue. Toutefois, les déviations ne laissent pas que d'être considérables dans les flores spéciales. Ce qui ressort le plus distinctement de ces études, c'est l'accroissement des Chénopodées dans les contrées du Nord, et celui des Labiées, des Caryophyllées et des Ombellifères dans les hautes régions de l'Orient.

La connexion de la flore de steppe avec les centres de végétation des pays limitrophes est en rapport avec les analogies climatériques, mais le mélange est beaucoup plus limité qu'entre le nord et le midi de l'Europe, où pourtant il paraît être entravé à un bien plus haut degré par les chaînes de montagnes séparatives. Cependant, des obstacles bien plus forts s'opposent, dans le premier cas, à de telles connexions. Sur la limite septentrionale des steppes, où celles-ci touchent presque partout aux forêts situées sur une surface plane, le contraste climatérique est trop grand, et, par suite, les migrations se trouvent limitées aux lignes des cours d'eau et des chaînes de montagnes où cesse l'action de ce contraste. Mais ce n'est presque que dans le midi de la Russie qu'ont lieu des communications fluviales entre les deux flores, et pour ce qui est des montagnes, elles sont séparées par de vastes espaces ou par la mer, en tant qu'on fait abstraction de l'Altaï et de l'Oural, qui orographiquement, ne se rattachent guère au reste des montagnes, et dont les régions alpines ou boisées n'appartiennent plus au domaine des steppes. On s'explique ainsi comment dans des conditions climatériques semblables, les montagnes, tout en possédant constamment une série de végétaux européo-sibériens du Nord, en deviennent d'autant plus dépourvues et les remplacent d'autant plus par leurs propres produits, que la distance qui les sépare est plus considérable. Par suite, le Caucase et le Taurus sont les montagnes où le mélange avec les plantes européennes acquiert proportionnellement la plus grande étendue, l'Alatau à l'égard de l'Altaï se trouve dans les mêmes rapports avec la Sibérie. Les arbres du Caucase font voir distinctement que ce massif montagneux est en quelque sorte un pont jeté entre les régions forestières de l'Europe et de l'Asie, car parmi ces arbres il n'a pas encore été constaté aucune espèce endémique rigoureusement parlant. La connexion orographique avec les chaînes montagneuses de l'Anatolie qui se rapprochent des ramifications du Balkan sur le Bosphore, explique le caractère européen de ces forêts. La transition à l'Elborus persan est également aisée, mais de là jusqu'aux régions forestières du Hindoukouch et de l'Himalaya se déploie une vaste lacune, et, par suite, le nombre d'espèces concordantes d'arbres se trouve considérablement diminué. Les forêts à feuillage du Caucase sont en majeure partie composées d'essences du nord de l'Europe, telles que Hêtres (*Fagus* et *Carpinus*), Chênes, Bouleaux, Tilleuls, Ormes, Frênes, Erables (*Acer platanoides*) et Peupliers ; en fait d'arbres résineux se trouve le Pin silvestre, le Sapin argenté et l'If. Le domaine méditerranéen y est représenté par le Châtaignier, le Chêne vélu (*Q. pubescens*) et un Érable (*A Lobelii*) ; l'Aulne à larges feuilles (*Alnus cordifolia*) paraît être la même espèce que celle de l'Italie ; dans le Caucase occidental, M. Steven trouva également le Pin laricio, et M. Ruprecht [106] signale le Pin pignon dans la Gurie. Ici viennent se ranger les arbres de l'Orient, tels que le Platane, un Tilleul (*T. rubra*) et un Chêne toujours vert (*Q. castaneifolia*), arbres qui atteignent le sud-est de l'Europe et parmi lesquels le Platane s'étend jusqu'à l'Inde. D'ailleurs, la connexion avec l'Himalaya se trouve particulièrement exprimée tant par le Noyer (*Juglans regia*), que l'on peut encore considérer comme indigène dans le Caucase, que par le Genévrier déjà mentionné fréquemment. L'aire d'extension du reste des essences forestières caucasiennes n'embrasse encore que l'Elborus persan ou le Taurus ; à en juger par sa diffusion, le Planera (*P. Richardi*) voisin de l'Orme, est probablement originaire du Caucase ; cet arbre a été également observé dans le Taluch. Une autre Juglandée indigène (*Pterocarya caucasica*) paraît venir de l'Elborus persan ; quant au point de départ des migrations précédemment mentionnées du Sapin oriental (*P. orientalis*) c'est là un fait qui reste incertain. La flore alpine du Caucase manifeste également de semblables relations soit avec les Alpes, soit avec les montagnes asiatiques jusqu'à l'Altaï et l'Himalaya. Je ne me suis pas efforcé de rechercher le rapport entre les espèces à vaste étendue et les espèces endémiques; d'ailleurs nos connaissances de la région alpine paraissent être encore passablement défectueuses : cependant, on a droit d'admettre que le Caucase est assez richement pourvu de centres spéciaux, quoique pas au même degré comme le Taurus et les Alpes.

Les connexions entre la basse région et les Poustes de la Hongrie ont déjà été examinées précédemment (p. 209), c'est de la même manière que se comportent en général les zones orientales du domaine forestier. Dans la direction de l'ouest, les plantes qui supportent le climat de steppe, deviennent peu à peu toujours plus rares. Déjà de l'autre côté de la Hongrie on en voit le nombre s'abaisser considérablement, et pour quelques plantes de steppe, le bassin de Vienne constitue une limite climatérique occidentale distinctement prononcée [127].

Le domaine des steppes se rattache à la flore méditerranéenne de telle sorte, que sur le versant occidental de l'Anatolie ainsi que dans la Syrie, il n'y a point de limites fortement tranchées, mais que l'on peut y admettre une transition graduelle. Néanmoins, dans plusieurs cas, les plantes communes à ces deux flores permettent de conclure à la direction de leurs migrations. Tantôt, répandues dans toute la flore méditerranéenne, elles n'habitent que les contrées de la région de steppes mieux protégées contre les froids de l'hiver (50 espèces), tantôt au contraire, c'est des steppes mêmes qu'elles procèdent, et dans ce cas, elles se trouvent limitées aux péninsules orientales de la Méditerrannée où la période de végétation se raccourcit (64 espèces). De cette dernière série sont enfin à exclure celles des espèces qui étant communes seulement à l'Anatolie ou à la Syrie et à la Péninsule hellénique, ne permettent guère de reconnaître, à l'aide de la configuration de leur domaine d'habitation, la direction soit est, soit ouest de leur immigration (50). Les chiffres ci-joints se rapportent aux inventaires de ces plantes, dont l'extension dans le sens indiqué, peut être constatée par les documents de ma collection : j'en ai donné quelques exemples caractéristiques dans les notes [128]. Le rapport spécial de l'Espagne à l'égard de la flore de steppe, a déjà été examiné dans la section relative à la flore méditerranéenne. La connexion de la flore asiatique de steppe avec le Sahara [129], est dans la majorité des cas limitée aux contrées frontières de la Syrie, de la Mésopotamie, de la Perse et du Beloudjistan, où la transition climatérique s'effectue aussi graduellement comme celle qui a lieu à l'égard de la flore méditerranéenne sur les côtes orientales de la Méditerranée. Au reste, un contact immédiat et étendu entre les deux flores n'a presque lieu qu'en Arabie; les séparations géographiques rendent les migrations plus difficiles. Néanmoins, dans des conditions vitales aussi semblables, le mélange des espèces se serait sans doute produit à un degré encore plus élevé, si en général le Sahara n'était pas si pauvre en espèces, et que le nombre borné des produits possédés en commun avec d'autres contrées, ne constituait pas une proportion aussi considérable de sa végétation (environ 10 pour 100.)

Comme la flore du Sahara s'étend à travers l'Arabie jusqu'aux districts déserts de la dépression de l'Indus, elle se trouve ici encore une fois en contact avec les steppes. Par là, le mélange de la flore de l'Afghanistan avec les formes tropicales de l'Inde, est paralysé à un plus haut degré que sur le versant méridional de l'Himalaya, au pied duquel un tel mélange a eu lieu dans des proportions limitées [130].

Enfin, nous ignorons encore complétement comment la flore de steppe se comporte sur son versant oriental à l'égard de la Chine. Les explorations faites à Pékin constituent tout ce que l'on possède à ce sujet, et celles là nous révèlent peu de chose, parce qu'à Pékin les traits caractéristiques de la flore chinoise sont encore imparfaitement développés*.

* La publication complète des résultats scientifiques des remarquables explorations faites par M. Prchewaldsky dans la vaste région comprise entre la frontière septentrionale de la Chine et le plateau du Thibet septentrional, nous permettra sans doute d'apprécier les rapports qui existent entre la flore de steppe de la Mongolie et celle de la Chine septentrionale. Pour le moment, nous ne possédons sur les travaux de l'intrépide et savant naturaliste russe, que les mesures hypsométriques publiées par M. H. Fritsche (Petermann, *Mittheil.*, an. 1874, t. XX, p. 206) et qui, à la vérité, offrent des chiffres bien propres à donner une idée de l'énorme élévation qu'atteignent plusieurs points de la Mongolie, ainsi que le prouvent les altitudes suivantes : col de Schuga : 4,717 mètres; pied septentrio-

nal de la chaîne Bayan-chara-Ula : 4,551 mètres; point culminant du col qui traverse les montagnes de Burchan-buda : 4,974 mètres; col traversant les montagnes du bord méridional du lac Kuku-Nor : 4,120 mètres; sommet du mont Zodizoruksum, non loin du couvent de Tchöbsen (2,720 mètres) : 4,140 mètres; lac Bucha-Nor, sur le plateau du Thibet septentrional : 4,381 mètres; lac de Demtchuk : 3,986 mètres; lac de Kuku-Nor : 3,248 mètres, etc. — T.

PIÈCES JUSTIFICATIVES

ET ADDITIONS

IV. DOMAINE DES STEPPES.

1. HUMBOLDT (*Asie centrale*, éd. allemande, I, p. 536), admet le chiffre de 24^{m},6 ; mais d'après les observations plus récentes, la dépression de la mer Caspienne est de 25^{m},9. (*Peterm. Mittheil*, ann. 1861, p. 136.)

2. Altitude moyenne des plateaux asiatiques (d'après Humboldt *loc. cit.* II, p. 381 ; I, p. 136) : Asie Mineure 974 mètres (3,000'), Arménie 1,949 mètres (6,000'), Perse 1,299 mètres (4,000'), Afghanistan 1,949, mètres (6,000'), Kelat, dans le Beludschistan 2,534 mètres (7,800'), Gobi, 1,299 mètres (4,000').

3. Le plateau de Dapsang, alt. 5,233 mètres (16,420') situé dans le domaine du Kouenlun et du Karakoroum est signalé par M. Schlagintweit comme le plus élevé de toute l'Asie (*Sitzungsber. der Münchener Akad,* an. 1861 : *Höhenverhältnisse Indiens und Hochasiens*, p. 14).

4. DOVE, *Verbreitung der Wärme; Karte der Monats-Isothermen.*

5. SCHMID. *Meteorologie,* p. 509 (d'après M. Maury). Cependant les Azores (37°-40°) se trouvent encore sous l'action de l'alizé d'été.

6. A Kherson, sur le Dnèpre, la température hivernale est de 2°,8, à Astrakhan de — 7°,5; à Orenburg de — 18°,2 (Dove, *Temperaturtaf.*, p. 36). Dans la steppe des Kirghizes et à Khiva où un froid de — 43,7 a été constaté, les extrêmes de température présentent presque les mêmes écarts (Middendorff, *Reise*, IV, I, p. 355).

7. BORSSCZOW, *Die Natur des Aralo-kaspischen Flachlandes* (*Würzburger naturwiss. Zeitschr.*, I, p. 276).

8. FISCHER et MAYER. *Enumeratio plantarum a Schrenk lectarum* (*Jahresb.*, an. 1841, p. 422).

9. BORSSCZOW, *loc. cit.*, p. 273-293.

10. A. Askania nova, dans le gouvernement de la Tauride, la quantité moyenne annuelle des précipitations atmosphériques n'était que de 162^{mm}., répartie seulement entre 47 jours (Teetzmann dans Baer et Helmersen, *Beiträge*, VII, *Jahresb.*, an. 1846. p. 3).

11. PETERMANN, *Mitth.* 1868, p. 404.

12. SCHRENK, *Reise Zum Alatau* (Baer et Helmersen, *Beiträge*, VII; *Jahresb.*, an. 1846, p. 30).

13. STRUVE (Chez Borssczow, *loc. cit.*, p. 129.

14. PETERMANN, *loc. cit.*, p. 79.

15. BAER, *Kaspische Studien*, p. 26. (*Bullet. phys. mat.* Saint-Pétersb. 1855.)

16. GUEBHARDT (*Biblioth. de Genève*, 1849; *Jahresb.*, ann. 1849, p. 35).

17. TCHERNIAYEW (*Bull. des naturalistes de Moscou*, XVIII, 2, p. 132; *Jahresb.*, an. 1845, p. 9). Ruprecht (*Bullet. Saint-Pétersb.* 1866), a fourni les renseignements les plus complets sur le Tchernozème de la Russie; il fait dériver de la végétation actuelle ces dépots de terre végétale; cependant, on ne voit guère aujourd'hui réunies les conditions nécessaires à une semblable production de tourbe, et les résultats des analyses chimiques ne s'accordent pas non plus avec les dépôts de humus qui ont lieu de nos jours.

18. BLASIUS, *Reise im europ. Russland*, II, p. 222, 264, 297, 313.

19. CLAUS (*dans Beiträgen zur Pflanzenk., des russ. Reich.*; livraison 8; *Jahresb.* an. 1851, p. 2.

20. LEHMANN, *Reise nach Buchara und Samarkand* (Baer et Helmersen, *Beiträge*, V. XVII; *Jahresb.*, an. 1852, p. 28).

21. BASINER, *Reise durch die Kirgisensteppe nach Chiva* (Baer et Helmers., *loc. cit.* V, XV; *Jabresb.*, an. 1840, p. 370). D'après les calculs de M. Kämtz, à Khiva la température de janvier est de — 4°,4, celle de juillet 30°,3. Dans le compte rendu par moi du voyage de M. Basiner, la zone asiatique du désert est représentée, ainsi qu'on le fait fréquemment, comme dépourvue de pluies, assertion que j'ai dû rectifier eu égard aux chutes de neige y constatées par les renseignements que j'avais recueillis depuis.

22. ABICH, *Meteorolog. Beobacht. in Transkaukasien* (*Bullet. Saint-Pétersb. Sc. phys. mathem.*, IX, p. 23; *Jahresb.*, an. 1851, p. 33). C'est sur les observations de M. Abich que sont fondées les notions formu-

lées dans le texte sur les climats de la Transcaucasie et de l'Arménie.

23. Valeurs climatériques caractéristiques pour le domaine du Kour ainsi que pour la contrée du Schirwan.

TIFLIS (42° L. N.; alt., 422 mètres ou 1,300').

Température de l'hiver	+ 1° 2	Dove, *Temperaturtaf.*
— de l'été	+ 25° 7	
Précipitation atmosphérique, 541 m.m.		Dove, *Klimatol. Beitr.*, p. 138.
Mois les plus humides : Mars et Septembre.		

BAKOU (40° L. N. sur la Caspienne).

Température de l'hiver.	+ 3° 75	Wesselovski, chez Baer, dans *Bull. Saint-Pétersb.*, 1859, p. 173.
— de l'été.	+ 25° 7	
Précipitation atmosphérique, 351 m.m.		Dove, *Klimat. Beitr.*, *loc. cit.*
Mois les plus humides : Septembre, Avril.		

24. C. Koch, *Wanderungen*, III, p. 286 (*Jahresb.*, ann. 1848, p. 369).

25. Dove, *Klimat. Beiträge, loc. cit.*

26. Hantzsche (*Virchow's Archiv.*, an. 1862).

27. Baer, *Dattelpalmen an den Ufern des Kasp. Meers. Bullet. Saint-Petersb.*, 1859).

28. Exemples de mesures d'altitudes faites dans la haute plaine anatolique (d'après la carte de l'Asie Mineure par M. Kiepert.) : Sivas sur le Kirsil Yrmak supérieur) 1,201 mètres (3,700'); Karahissar (au pied du mon Argée) 1,218 mètres (3,750'); Lac salé de Kotschhissar (dépression au sud d'Angora) 844 mètres (2,600'); Koutaïa (au sud-est du mont Olympe) 909 mètres (2,800'); Lac d'Egerdir (au pied sept. du Taurus occid.) 877 mètres (2,700').

29. La température hivernale de Kaïsaria, située à une altitude de 1,195 mètres (3,680') est de + 1°,9, la température estivale de 21°,4, le nombre de jours de pluie évalué à 69. (Tchihatcheff, *Asie Mineure*, II, p. 185. Pour le climat de Madrid, voyez Domaine méditerranéen, N° 11).

30. Spratt et Forbes *Tranvels in Lycia, Botany.* (*Jahresb.*, an. 1847, p. 26.)

31. Au nombre des plus hautes sommités de l'Arménie septentrionale sont l'Ararat (5,278 mètres ou 16,250') et l'Alaghuès (4,184 mètres ou 12,880') séparées l'une de l'autre par la vallée de l'Araxès : plus à l'est se dresse dans l'Aserbeidschan le Salawan-Dagh (3,962 mètres ou 12,200'), qui est presque aussi

élevé que l'Alaghuès (selon la carte des régions caucasiennes par M. Kiepert). La dépression formée par les trois grands lacs lacustres est à peine au-dessous de l'altitude moyenne des hautes plaines de l'Arménie et de l'Aserbeidschan : telles sont les dépressions du Göktchaï, 1,787 mètres (5,500'); du lac Wan, 1,682 mètres (5,180'), et de celui d'Urmia, 1,299 mètres (4,000').

32. C. Koch, *loc. cit.*, II, p. 354, 255.

33. M. Wagner, *Reise nach dem Ararat ; Jahresb.*, an. 1848, p. 366, 317.

34. Buhse (*Bullet. St-Petersb.*, VII; *Jahresb.*, an. 1848, p. 368).

35. A Erzeroum la température moyenne de l'hiver est de 5° 9, celle de l'été 21° 2 (Dove, *Temperaturtaf.*, p. 29). Dans la ville de Gumri (Alexandropol, 1,462 mètres ou 4,500'), la température de l'hiver fut trouvée de — 6° 4, celle de l'été de 18° 8, la quantité de pluie tombée de 460 millimètres (Abich, *loc. cit.; Jahresb.*, an. 1851, p. 39).

36. Abich (*Bullet. St.-Pétersb.*, V., p. 321 ; *Jahresb.*, an. 1848, p. 364).

37. M. Wagner, *Reise nach Persien*, II, p. 289 ; *Jahresb.*, an. 1851 p. 40.

38. La température hivernale moyenne de la Mésopotamie est à Mossoul, (36° L. N.) de 8°; à Bagdad (33° L. N.), de 9° 5; la température d'été dans la première localité, 32° 5; dans la dernière, 33° 9 (Dove, *Temperaturtaf.*, p. 39).

39. Coffin, *Winds of the northern hemisphere* (Schmid, *Météorologie*, pl. pour la p. 504).

40. Aucher-Éloy, *Relat. de voy. en Orient* (*Jahresb.*, an. 1843, p. 39 ; Bunge (Petermann, *Mittheil.*, an. 1860, p. 205).

41. Ainsworth, *Researches in Asia Minor, Mesopotamia, Chaldea and Armenia* (*Jahresb.*, an. 1843, p. 38).

42. *Ibid.*, p. 35.

43. Ritter, *Erdkunde*, XVII, p. 1481.

44. Richter (dans Ritt. *Erdk.*, *ibid.*, p. 1448).

45. Russegger, *Reisen*, III, p. 211, 204, 125 ; *Jahresb.*, an. 1847, p. 28).

46. Niveau de la Palestine (Peterm., *Mittheil.*, an. 1865, p. 374 : Hebron, 890 mètres (2,740') ; Jérusalem, 795 mètres (2,450') ; Nazareth, 334 mètres (1,030'); source du Jourdain, 389 mètres (1,200'); lac de Tibérias, 227 mètres (700') ; mer Morte, 400 mètres (1,235') ; mont Liban, 2,933 mètres (9,030'); Hermon (Anti-Liban), 3,086 mètres (9500').

47. A Jérusalem, la température d'hiver est de 9° 1, celle d'été 23° 7, la quantité de pluie tombée de 433 millimètres (Dove dans *Berliner Monatsber.*, an. 1867, p. 772. Voy. Domaine méditerranéen, note 42).

48. Les montagnes de la Judée ne s'élèvent pas au delà de 1,300 mètres (4,000'), Russegger, *loc. cit.*

49. Burckardt, *Travels*, p. 248.

50. Chez M. Coffin (note 39), les mois d'été font défaut; mais M. Burckardt (*loc. cit.*, p. 320) fait positivement observer qu'en Syrie les vents d'ouest dominent, même pendant l'été, assertion confirmée par M. Nardi pour ce qui concerne Jérusalem (Peterm., *Mittheil.*, an. 1858, p. 38). C'est sur les observations de M. Nardi que repose la donnée relative à la durée de la période des pluies dans la Palestine.

51. Parmi les végétaux bibliques, les suivants peuvent servir d'exemples de mélange de la végétation syrienne avec la flore du domaine méditerranéen et de celle du Sahara (Griffith, *Catalogue of plants collected in Syria by the United States expedition under Lynch; Jahresb.*, an. 1850, p. 44). Les végétaux de la Méditerranée sont : le Pistachier térébinthe (*Pistacia terebinthus*), l'Hyssope de la Bible (*Capparis spinosa*), le Buisson flamboyant de Moïse (*Rubus sanctus*), le Peuplier de la Genèse (*Styrax officinalis*). Parmi les plantes du Sahara et de l'Arabie, on peut citer : l'arbuste épineux Nubk (*Zisyphus spina christi*), la Pomme de Sodome chez Josèphe (*Colotropis procera*), l'Arbre-moutarde (*Salvadora persica*), la Citrouille de Jonas (*Ricinus communis*). Le Baume de Gilead dans la Genèse est, d'après sa station, *Elæagnus angustifolia*, et le Lis de la Bible *Lilium chalcedonicum*.

53. Déterminations altitudinales dans la Perse : d'après M. Grewingk (*Verh. der Petersburg. mineral. Gesellschaft*, an. 1852; *Jahresb.*, an. 1852, p. 21), dans la Perse occidentale : Téhéran (36° L. N.), à 1,364 mètres (1,200'); Ispahan (32° 30'), 1,429 mètres (4,400'); Schiras (29° 30'), à 1,455 mètres (4,480'); dans le Khorasan : Mesched (36°), à 1,104 mètres (3,400'). L'altitude de Kerman, près de la chaîne de Kohrud (29° 30'), a été évaluée par M. Goldsmid (*Journ. géogr. soc.*, 1867, p. 279) à 1,624 mètres (5,000'), par M. Bunge (chez Baer, *Mélanges biologiques, Acad. de Saint-Pétersb.*, 1859, p 241), à plus de 1,949 mètres (6,000'). D'après M. Buhse (*Bullet. des natural. de Moscou*, 1850; *Jahresb.*, an. 1850, p. 44) le grand désert salé s'abaisse jusqu'à 650 mètres (2,000'); d'après M. Bunge (*loc. cit.*), l'oasis Chabbis, dans le désert de Kerman, s'élève à peine à 325 mètres (1,000') au-dessus du niveau de la mer; mais M. Lenz (Peterm., *Mittheil.*, 1860, p. 226) évalue l'altitude de ce désert à 455 mètres (1,400'), et celle de l'oasis Tebes à 552 mètres (1,700').

53. L'Ombellifère la plus importante de la Perse est celle qui fournit l'Asa fœtida et qui est désignée chez les Persans par le nom de *Angusch*. M. Buhse l'a observée dans les parages de Jezd et la qualifie de *Ferula*

Asa fœtida. Elle diffère de la plante linnéenne du même nom : cette dernière fut nommée par M. Bunge *Scorodosma fœtidum*, et correspond à la description de Kæmpfer. M. Borssczow (*Mém. de l'Acad. de Saint-Pétersb.*, VII, 3) a fait voir cette concordance sans cependant démontrer que l'Asa fœtida dérive du *Scorodosma;* au contraire, il cite l'assertion de M. Bunge, d'après laquelle cette Ombellifère se présente en masses dans les parages de Herat sans être utilisée. Quand on considère que les données de Kæmpfer se rapportent au Laristan et à Herat, que d'après M. Borssczow (p. 14) la *Ferula* de M. Buhse fut de nouveau recueillie par M. Loftus à l'endroit indiqué par Kæmpfer dans le Laristan et que selon M. Buhse, c'est précisément cette plante qui fournit l'*Asa fœtida*, il devient extrêmement vraisemblable que Kæmpfer commit l'erreur de prendre le *Scorodosma* de Herat pour la *Ferula* du Lar, et que c'est cette dernière qui est la vraie souche de l'*Asa fœtida*. Cela expliquerait pourquoi la description et les exemplaires de Kæmpfer correspondent au *Scorodosma*, tandis que ses données sur l'exploitation de la résine gommeuse se rapportent à la plante du Laristan. — Parmi les autres Ombellifères persanes fournissant de la gomme résineuse, ont été positivement constatées *Ferula erubescens*, Boiss., pour la production du Galbanum, et *Dorema ammoniacum* pour celle de la gomme ammoniaque; si le Sagapenum provient de *Ferula Szovitsiana*, c'est ce qui reste encore à être démontré d'une manière plus certaine.

54. Behm, *géograph. Jahrbuch.*, I, p. 61.

55. Dans l'oasis de Chabbis le nombre des Dattiers fructifères se monterait à au delà de 100,000 individus (Bunge, *loc. cit.*, et chez Péterm., *Mitth.*, an. 1860, p. 214, 223). M. Bunge visita lui-même cette oasis ainsi que celle de Tebes; dans cette dernière on compte également les Dattiers par milliers, et de même qu'à Chabbis ils sont accompagnés d'Orangers.

56. Déterminations altitudinales dans l'Afghanistan (Hooker et Thomson, *Flora indica*, I, p. 253) : le long de la chaîne centrale dont les monts Soliman de nos cartes ne sont que les contre-forts orientaux près de l'Inde, sont situés Kabul (34° L. N.), à 1,950 mètres (6,000'); Ghazin (33° 30'), à 2,355 mètres (7,250'); Quetta (30°), à 1,689 mètres (5,200'); Kelat (29°), à 2,530 mètres (7,800', voy. note 1); la chaîne montagneuse elle-même s'élève à des altitudes de 2,631-4,223 mètres (9,000-13,000'); le sommet Koh-i-Baba, dans le Hindoukousch, à 5,080 mètres ou 15,640'. Bamian, au pied de ce sommet, sous la lat. de 35°, étant à 2,566 mètres ou 7,900'; dans la moitié occidentale de l'Afghanistan, le niveau de Kandahar a été déterminé à 1,040 mètres (3,200').

57. Irwine (*Journ. of. Asiat. Soc. of Bengal; Jahresb.*, an. 1844, p. 46).

58. Hooker et Thomson, *Flora indica*, I, p. 254.

59. Griffith (chez Martius dans *Münchener gelehr. Anzeigen; Jahresb.*, an. 1842, p. 405).

60. Stocks (Hooker, *Journ. of. Bot.* IV; *Jahresb.*, an. 1852, p. 62).

61. *Ibid.* (II; *Jahresb.*, an. 1850, p. 55).

62. Les arbres fruitiers propres au Kaboul sont le Sinjet (*Elæagnus orientalis*) et une Théophrastée (*Edgeworthia buxifolia*; Irwine, *loc. cit.*). Parmi les fruits du midi de l'Europe, y ont été mentionnés : Pêches, Abricots, Amandes, Figues et Grenats (Stocks, *loc. cit.*). Quant au Palmier nain d'Attok et du Beludschistan (*Chamærops Ritchieàna*, Griff.), M. Hooker (*Fl. indica*, I, p. 256) dit qu'il est peut-être identique avec celui du midi de l'Europe, ce qui, certes, serait fort extraordinaire, eu égard à la solution de continuité qu'éprouverait la diffusion de l'espèce. Aussi cette supposition ne se trouve-t-elle pas confirmée, puisque, d'après les études de M. Wendland, le Palmier dont il s'agit différerait, même génériquement, du *Chamærops* (*Nannorops*, Wendl. ined.)

63. A. de Humboldt, que les Anglais suivent sous ce rapport, distingue le Kouenlun de l'Himalaya comme chaîne indo-thibetane; entre ces deux chaînes, les frères Schlagintweit en ont intercalé une autre à titre de chaîne principale sous le nom de Karakorum, dont M. Thomson, en qualité de botaniste, a atteint les cols. Quant à la flore du Kouenlun que, jusqu'à présent, MM. A. Schlagintweit et Johnson sont les seuls à avoir traversé, nous ne possédons à cet égard que des données défectueuses.

64. Les sommets les plus élevés sont le Gaurisankar (Everest), dans le Népal, de 8,700 mètres (27,000') d'altitude), et le Dapsang dans le Karakorum, 8,585 mètres (26,430'); le Kouenlun s'élève jusqu'à 6,704 mètres ou 20,640'. (Schlagintweit, dans *Münchner Sitzungsber.*, an. 1861, p. 10).

65. Thomson (Hooker, *London Journal of Botany*, VII, et *Journ. of Bot.*, I; *Jahsreb.*, an. 1848, p. 385-389).

66. Gerard (chez Royle, *Illustr. of the Bot. of the Himalayan mountains*).

67. Niveau des deux vallées principales de l'Inde et du Yaru : partage des eaux près du lac Mansarawur, 4,690 mètres ou 14,450' (Schlagint., *loc. cit.*, p. 14); Leh, 3,508 mètres ou 10,800' (*Id.* dans Peterm., *Mitch.*, 1865, p. 235); Hlassa, 3,557 mètres ou 10,950' (Montgomerie d'après les mesures faites par les deux Pundites; Peterm., an. 1868, p. 289). Sur l'Inde, M. Hooker (*Flora indica*, I, p. 216, considère la contrée de Rondu comme marquant la frontière occidentale de la flore

thibétaine, un peu au-dessous d'Iskardo (2,192 mètres ou 6,750'), là où commence la forêt des Conifères; cependant il fait observer qu'au-dessous de Leh le caractère de la végétation se rapproche davantage de celui de la végétation du Sind, c'est pourquoi j'ai admis le niveau de 3,248 mètres (10,000') comme point de partage. L'altitude moyenne du renflement du sol thibétain a été déterminée par M. Strachey à 4,544 mètres ou 14,000' (*Journ. geog. Soc.*, 1853); celle des hautes plaines du Karakorum et du Kouenlun serait (d'après cinq données fournies par M. Schlagintweit) d'environ 4,872 mètres ou 15,000'; quant à l'altitude moyenne des cols qui traversent les chaînes principales, ce voyageur la porte à 5,424 mètres (16,700') pour l'Himalaya indien, à 5,684 mètres (16,700') pour le Karakorum, et à 5,197 mètres (16,000') pour le Kouenlun. La limite supérieure de la culture des céréales dans le petit Thibet fut trouvée par lui à 4,483 mètres ou 13,800' (*Münch. Sitzungsber.*, 1871, p. 25); dans le grand Thibet elle est seulement de 4,235 mètres ou 13,100' selon les mesures faites par les Pundites (*loc. cit.*, p. 236). D'après M. Hooker (*Journ. of. Bot.*, II; *Jahresb.*, an. 1850, p. 50), les navets et le raifort, derniers produits de l'agriculture, sont cultivés dans le Thibet, même jusqu'à une hauteur de 4,577 mètres (14,000'). L'altitude la plus considérable à laquelle s'élèvent les arbres fut déterminée à 4,166 mètres ou 12,630' (*Populus euphratica*) dans le jardin du couvent de Mangnang (Schlagint., *Münch. Sitzungsb.*, an. 1865, p. 256); mais M. Thomson avait vu encore à 4,346 mètres (13,380') croître une Myricaria grande comme un arbre (voy. le texte *infra*), et il observa le *Juniperus fœtidissima* même jusqu'à l'altitude de 4,569 mètres ou 14,075' (de 5,000 à 15,000 pieds anglais selon les étiquettes ajoutées à ses exemplaires). Chushul, le plus élevé parmi les villages du Thibet à population permanente, se trouve à l'altitude de 4,353 mètres (13,400'), et le couvent Haule à Ladak, à celle de 4,604 mètres ou 14,184' (Schlagintweit, *ibid.*, p. 259).

68. A Leh, la température moyenne annuelle est de + 6° 5, celle de l'été est de 15° 7, celle de l'hiver de 8° 5 (Schlagint., *Sitzungsber.*, *loc. cit.*, p. 235). La température estivale à Stockholm est de 15° 8, à Alten de 11° 7 (Dove, *Temperaturtaf.*).

69. D'après les recherches de M. Schlagintweit (*loc. cit.*, p. 249), dans la haute Asie la température moyenne décroît d'un degré de Fahr. avec 390 pieds anglais. Il faudrait, en conséquence, admettre que dans le Thibet (4,483 mètres ou 13,800') la limite des céréales correspond à une température estivale de 10° 7.

70. Moorcroft, *Travels in the Himalayan provinces* (*Jahresb.*, an. 1842, p. 404). M. Strachey (*loc. cit.*) représente d'une manière encore

plus favorable que M. Moorcroft le cours des saisons à Leh, car, selon lui, depuis la mi-avril jusqu'à la mi-septembre, les gelées de nuit y feraient défaut, la gelée persistante n'y ayant lieu que depuis le commencement de novembre jusqu'à la fin de février.

71. MOORCROFT (*Quart. Reviev.*, 1838, I, p. 169) : l'orge fut semée à Leh le 18 mai, et récoltée le 12 septembre.

72. HOOKER (*Flora indica*, I, p. 215-227) a conclu de l'humidité du climat dans la région du Brahmaputra, que le Thibet occidental doit être considérablement plus sec que le Thibet oriental. Cette opinion semblait recevoir un appui de la donnée fournie par M. TURNER, qu'à Schigatse, sur le Yaru, ont lieu pendant l'été de fréquentes pluies, donnée confirmée depuis par le voyage des deux Pundites. Toutefois, ce que rapportent ces derniers prouve seulement que la vallée du Yaru est encore plus sèche que celle de l'Inde. C'est donc un fait remarquable que des climats qui sont au nombre des plus secs et des plus humides de notre globe (Thibet et Assam) se trouvent ici si rapprochés géographiquement l'un de l'autre.

73. MONTGOMERIE (Peterm., *Mith.*, an. 1868, p. 290).

74. SCHLAGINTWEIT (*ibid.*, an. 1865, p. 365-371).

75. La concordance entre la végétation du grand Thibet et celle de la vallée de l'Indus à Ladak résulte de la présence sur le Yaru du *Caragana versicolor* qui y fournit le seul combustible (Hooker, *Fl. indica*, I, p. 227), de même que de quelques autres données peu nombreuses que l'on possède jusqu'à ce moment sur la végétation du grand Thibet.

76. En fait de fruits cultivés dans le petit Thibet sont mentionnés par MM. MOORCROFT et ROYLE : pommes, noix, pêches, abricots et *Sarsin* (*Elæagnus Moorcroftiana*).

77. JONHSON (*Journ. geogr. Soc.*, 1867, p. 30) mentionne des Peupliers sur le Kouenlun, mais ne paraît guère avoir touché à des ceintures forestières non discontinues, lorsqu'il traversa à deux reprises les cols en se rendant à Ilchi. D'après M. Schlageintweit (note 71), les forêts s'y élèvent jusqu'à 1,761 mètres (8,500').

78. JACQUEMONT, *Voyage dans l'Inde*, II, p. 298; *Jahresb.*, an. 1844, p. 19.

79. SCHLAGINWEIT (*Münch. Sitzungsber.*, 1861, p. 21).

80. GRISEBACH, *Gramineen Hochasiens* (*Nachrichten der Gött. Ges. der Wissensch.*, an. 1868, p. 65-67). Les espèces suivantes fournissent autant d'exemples de la connexion entre la haute Asie et les steppes caspiennes : *Elymus dasystachys*, *Schismus minutus*, *Lasiagrostis splendens*, *Slipa Szovitsiana*; sur ce nombre *Lasiag. splend.* a été recueillie par M. Thomson encore à une altitude de 4,872 mètres (15,000'), tandis

que cette Graminée se présente également sur la Caspienne sans avoir été modifiée dans sa configuration. L'altitude la plus considérable dont on possède une Graminée thibétaine est 5,489 mètres ou 16,900' (*Poa altaica* recueillie par M. Thomson) ; dans l'Himalaya indien la *Festuca avina, Var. alpina,* Gaud. (recueillie par M. Hooker dans le Sikkim) s'élève tout aussi haut.

81. Niveau du Gobi. Sur l'espace franchi entre Kiachta et Peking, MM. Fuss et Bunge déterminèrent l'altitude moyenne du plateau à 1,299 mètres (4,000'), mais dans sa partie centrale la haute plaine s'abaisse à 799 mètres ou 2,400' (HUMBOLDT, *Central Asien,* I, p. 32). Les steppes élevées de la Dahurie n'ont qu'une altitude de 649-909 mètres ou 2,000-2,800' (RADDE, *Reisen im Süden von Ostsibirien* dans les *Beiträge zur Kennt. des russ. Reichs,* XXIII, p. 354). Les mesures hypsométriques faites par M. Johnston à Khotan (*Journ. geogr. Soc.,* 1867, p. 31) embrassent neuf localités dans la vaste plaine entre Yarkand et Kiria (78-80° L. E.) : la moyenne qui en résulte pour la position de la ville principale, Ilchi, est de 1,370 mètres (4,250'), les valeurs extrêmes étaient 1,259 mètres (3,870') et 1,448 mètres (4,460').

82. HUMBOLDT, *Centralasien,* I, p. 393. Ce qui prouve combien M. de Humboldt lui-même était dans le doute relativement à l'appréciation hypsométrique du Thianschananlu, telle qu'elle est admise ici, c'est que, dans le texte de son ouvrage, Kaschgar est placé à une altitude de 857 mètres (2,690'), tandis que sa carte de l'Asie centrale porte le chiffre de 1,169 mètres (3,600').

83. HUMBOLDT, *ibid.*, I, p. 605; JOHNSON (*loc. cit.*), p. 6.

84. WALICHANAW (Erman, *Archiv. für Kunde von Russland,* XXI, p. 605-636). Dans la mi-septembre 1858, cet officier russe se rendit par le Thianschan à Kaschgar où il demeura jusqu'au commencement de mars de 1859. Ses données se rapportent sans doute au style julien et se trouvent par conséquent dans le texte en retard de douze jours.

85. JOHNSON (*loc. cit.,* p. 5); WALICHANAN (*loc. cit.,* p. 606, 616, 620).

86. TURCZANINOW, *Flora der Baikalgegenden* (*Bullet. des natural. de Moscou; Jahresb.,* an. 1842, p. 398).

87. TIMKOVSKI (*Reise nach China*) mentionne pendant l'été pour la plupart des vents de nord, et de la neige en hiver avec des vents d'ouest.

88. RADDE, *Reise im Süden von Ostsibirien* (*loc. cit.,* p. 348-438). Selon ce voyageur, la terre végétale fait presque complétement défaut aux vallées du plateau dahurien, le sol y est revêtu de galets. L'altitude y varie entre 649 mètres (2,000') et un peu au-dessous de 974 mètres (3,000').

89. BAER, *Kaspiche Studien,* p. 123.

90. Willkomm, *Strand und Steppengebiete der iberisch. Halbinsel* (*Jahresb.*, an. 1852, p. 14), où l'idée ingénieuse de l'auteur n'avait pas encore été appréciée; plus tard, j'en ai constaté l'admissibilité, après avoir étudié sur la côte de la mer du Nord la série des formes que revêt l'*Atriplex hastatum*.

91. Basiner (*Bullet. de l'Acad. de Pétersb.*, II, p. 199; *Jahresb.*, an. 1843, p. 43), son voyage à Khiva dans les *Beiträge zur Kennt. des russ. Reichs*, XV, p. 93; *Jahresb.*, an. 1848, p. 373 et 434.

92. Ma collection contient environ 100 espèces de buissons de Tragacanthe dont 47 de la Perse et de l'Afghanistan, 16 de l'Anatolie, 5 de la Transcaucasie, 3 de la Syrie, 1 de la Crimée et 10 du reste des contrées du midi de l'Europe. Grâce aux riches dons de M. Bunge, le monographe du genre *Astragalus*, les espèces persanes sont mieux représentées que celles qui proviennent du reste des régions de l'Orient. D'après une communication orale, M. Bunge évalue au chiffre de 800 le total des espèces d'Astragale à lui connues provenant du domaine des steppes (y inclus les espèces peu nombreuses des autres parties du monde ancien, mais non celles du nord de l'Amérique dont M. Asa Gray a déjà décrit un certain nombre); ma collection, relative au domaine des steppes, contient 328 espèces.

93. Ainsworth (*Journ. geogr. Soc.*, IX, p. 258).

94. Blasius, *Reise im Europe Russland*, II, p. 274. Ce ne sont ordinairement que les Artémisiées que l'on désigne par le nom de Burian, mais M. Blasius mentionne également comme servant de combustibles les genres *Verbascum*, *Euphorbia*, *Achillea*, ainsi que des chardons.

95. De Candolle, *Géographie botanique*, p. 541.

96. Teetzman (dans *Beitr. zur Kennt. des russ. Reichs*, II; *Jahresb.*, an. 1816, p. 7). Les Graminées qui, dans les steppes du midi de la Russie, constituent particulièrement le Thyrsa, sont *Stipa pennata* et *capillata*.

97. Claus. Flores locales dans les régions du Wolga (dans *Beitr. zur Pflazenkunde des russ. Reichs*, VIII; *Jahresb.*, an. 1851, p. 7). L'auteur mentionne 8 espèces de végétaux bulbeux comme caractéristiques pour les steppes du Wolga : 3 Tulipes (*Tulipa Gesneriana*, rouge et variant dans la couleur des fleurs; *biflora* blanche et *Biebersteiniana* jaune); 2 Fritillaires (*F. ruthenica* et *minor*), *Scilla sibirica*, *Gagea lutea*, *Bulbocodium ruthenicum* de concert avec *Iris æquiloba*.

98. Baer, *Kaspische Studien*, p. 119, 127, 137, 122, 142.

99. Gr. Cancrin (*Erman, Archiv*, an. 1841; *Jahresb.*, an. 1841, p. 419).

100. Corniess (chez Köppen dans *Beitr. zur Kennt. des russ. Reichs*, v. II; *Jahresb.*, an. 1846, p. 6). En fait de végétaux prédominants de la steppe du midi de la Russie, les espèces suivantes sont signalées particu-

lièrement par M. Corniess (les chiffres y joints se rapportent aux trois classes de sol distinguées dans le texte) : *Festuca avina* (1), *Stipia pennata* et *capillata* (3), *Triticum cristatum, imbricatum* et *repens* (1, 2), *Kœleria cristata; Carex* sp., *Statice tatarica* et *latifolia, Thymus Marschallianus* (1), *Salvia sylvestris* et *mutans; Lynosyris villosa, Artemisia austriaca, Pyxethrum millefoliatum, Centaurea scabiosa, Sonchus asper, Medicago sulcata* (1), *Euphorbia Gerardiana* et *tenuifolia; Dianthus guttatus* et *capitatus; Adonis vernalis*. D'après M. Teetzmann (note 96), dans la steppe de Nagaï le rapport numérique entre les individus peut être exprimé par les chiffres suivants : 1,000 : *Stipa capillata*, 300 ; *St. pennata*, 140 ; *Triticum repens, Medicago falcata*, 120 ; *Artemisia austriaca, Achillea millefolium*, et *Gerberiana*, 80; *Vicia cracca*, 20; *Pyrethrum millefoliatum*, 10; *Lynosyris villosa, Inula germanica, Salvia pratensis, Salsola Kali*.

101. BUHSE (*Bull. des Natural. de Moscou*, 1850; *Jahresb.*, an. 1850, p. 45). D'après ce voyageur, les pâturages situés au pied de l'Elborus offrent un coup d'œil extraordinaire et surprenant, pour le caractère général des plateaux de la Perse.

102. BORSSCZOW (note 7), p. 273, 107, 288.

103. SCHLAGINTWEIT (*Münch. Sitzungsber.*, 1861, p. 23). Ligne des neiges sur les trois chaînes de l'Himalaya (en chiffres ronds) :

Versant nord du Künlün..............	4,609ᵐ (14,200′)	4,707ᵐ (14,500′)
Versant sud —	4,804ᵐ (14,800′)	
Versant nord du Karakoroum.........	5,673ᵐ (17,450′)	5,987ᵐ (17,800′)
Versant sud —	5,912ᵐ (18,200′)	
Versant nord de l'Himalaya indien....	5,294ᵐ (16,300′)	5,115ᵐ (15,759′)
Versant sud —	4,937ᵐ (15 200′)	

Les valeurs plus anciennes formulées par M. Hooker relativement à la ligne des neiges dans l'Himalaya (*Journ. of Bot.*, III, p. 27; *Jahresb.*, an. 1851, p. 43) sont même un peu plus élevées pour le Thibet (5,944 mètres ou 18,300′), mais plus basses pour le versant méridional de la chaîne indienne à Sikkim (4,482 mètres ou 13,800′). Plus tard, cependant, M. Hooker rectifia ces valeurs, puisqu'il admet pour Sikkim (*Fl. ind.*, I, p. 179) 4,872 mètres (15,000′), pour Thibet (*ibid.*, p. 217) environ 5,522 mètres (17,000′), et pour le versant sud du Karakoroum 6,974 mètres (18,700′).

104. Température estivale moyenne à Tiflis 23° 3, à Pau 18° (DOVE, *Temperaturtaf.*)

105. Les montagnes du domaine des steppes, rangées dans l'ordre de

la hauteur de leurs sommets les plus élevés, forment la série suivante : Alatau, 4,223 mètres (13,000'); Hindoukousch, 5,067 mètres (15,600'); Taurus (Ararat), 5,278 mètres (16,250'), selon d'autres données 5,184 mètres (15,900'); Elborus persan, 5,619 mètres (17,300'); Caucase, 5,657 mètres (17,400'); Thianschan, 6,496 mètres (20,000'); Himalaya, 8,765 mètres (27,200').

106. RUPRECHT (*Bull. de l'Acad. de Pétersb.*, 1861; Peterm., *Mittheil.*, 1862, p. 185). La limite admise pour la région forestière est la moyenne de deux données (2,254 mètres ou 6,940', et 2,741 mètres ou 8,440'). Sur la carte du Caucase publiée en 1868 par la société géographique russe, la limite du Bouleau est placée à 2,533 mètres ou 7,800'(Peterm., *Mitth.*, an. 1869, p. 57.)

107. RADDE, Peterm. (*ibid.*), an 1867, p. 12, 92; Behm, *geogr. Jahr.*, II, p. 204; cf. domaine méditerranéen, texte se rapportant à la note 131.

108. ABICH (d'après Behm, *geogr. Jahr.*, I, p. 262). Moyenne de deux données différant l'une de l'autre en raison de l'exposition, 3,346 mètres (10,300') et 3,670 mètres (11,300'). D'après la nouvelle carte du Caucase (voy. note 106), la ligne des neiges oscille entre 2,891 mètres (8,900') et 3,800 mètres (11,700'); elle est souvent de 325 mètres (1,000') plus élevée sur le versant nord que sur le versant sud.

109. SEMENOW (Peterm., *Mitth.*, 1858). J'ai conservé comme des moyennes les indications altitudinales données ici; quant aux modifications plus détaillées publiées depuis, voyez *Zeitschr. für Erdkunde*, 1869, v. IV (*Ber. in Behm, Jahr.*, III).

110. KOCH, *Reise durch Russland.*, II, p. 55 (*Jahresb.*, an. 1841, p. 32).

111. *Ibid.*, I, p. 250.

112. LEDEBOUR rattache le *Pinus Schrenkiana* au *P. orientalis*, var. *longifolia* (ayant des feuilles aciculaires d'environ 24mm. de longueur). Cela présente cependant sous le rapport de la classification systématique des difficultés qu'on ne pourrait faire disparaître sans une investigation renouvelée. M. Schrenk distingue dans l'Alatau deux espèces de Sapins, et il signale dans l'une des cônes pendants, et dans l'autre des cônes dressés (*Jahresb.*, an, 1846, p. 31). La dernière est le *P. Schrenkiana*, la première probablement le Sapin de Sibérie (*P. abies*, var. *obovata* : cf. Domaine forestier, note 33). Or, comme le *P. orientalis* a également des cônes pendants, le *P. Schrenkiana* devrait constituer une espèce particulière, à moins qu'on ne veuille admettre qu'ici encore a eu lieu la même erreur que d'après l'assertion de M. de Middendorff, M. Ledebour avait commise à l'égard du *P. obovata*. Mais l'incertitude relativement à la

direction des cônes se conçoit aisément, puisque cette dernière ne saurait être déterminée qu'à l'époque de la maturation. La question n'a guère été élucidée par M. Parlatore dans son travail sur les Conifères (De Candolle, *Prodromus*, XVI, p. 415), puisqu'en suivant M. Ledebour, il distingue *P. obovata* du *P. orientalis* par les cônes redressés et considère le *P. Schrenkiana* comme une variété du premier. Il me semble que, eu égard au fait que selon M. Schrenk il existe dans l'Alatau deux espèces différentes de Sapins, ce qu'il y a de plus vraisemblable c'est que le *P. Schrenkiana* appartient au *P. orientalis*, aussi M. Semenow fait-il observer que les deux Sapins sont très-voisins l'un de l'autre.

113. Comparez le domaine méditerranéen, p. 317 et note 75 (*ibid.*).

114. Bunge, *Reliquiæ botanicæ A. Lehmanni* (*Mém. de l'Acad. St-Pétersb., Savants étrangers.* 1852; *Jahresb.*, année 1852, p. 39).

115. Ledebour, *Flora rossica*, III, p. 683 : les exemplaires turkomanes de *Juniperus fœtidissima*, W. (*J. excelsa*, M. B.) viennent de M. Karelin qui collectionna particulièrement dans la partie de la steppe Kirghize située au sud de l'Oural.

116. Schrenk (dans *Beitr. zur Kennt. des russ. Reichs*, v. VII; *Jahresb.*, an. 1846, p. 30).

117. Abich (*Bullet. Acad. Petersb.*, V; *Jahresb*, an. 1846, p. 28).

118. Hohenacker, *Höhenprofil des sudwestl. Persiens* (d'après les observations de M. Kotschy : *Jahresb.*, an. 1846, p. 27).

119. Abich (*Journ. of the geogr. Soc.*, XXI, p. 5; *Jahresb.*, an. 1851, p. 39).

120. Hooker, *Journal of Bot.*, III, p. 180; *Jahresb.*, an 1841, p. 442.

121. Lehmann, *Reise nach Buchara und Samarkand* (*Beitr. zur Kennt. des russ. Reichs*, v. XVII; *Jahresb.*, an. 1852, p. 34).

122. Exemples d'une grande extension dans le domaine des steppes depuis la basse région caspienne jusqu'à la Perse et le Thibet : *Sophora alopecuroides, Cicer songaricum, Caragana pygmæa; Prunus incana, Spiræa hypericifolia, Potentilla bifurca; Geranium collinum; Tetradiclis salsa*; *Tamarix Pallasii* et *laxa; Hypericum scabrum, Althæa ficifolia; Silene supina, Cerastium davuricum, Holosteum liniflorum; Frankenia pulverulenta; Cleome ornithopodioides; Alyssum hirsutum, dasycarpum* et *obtusifolium, Chorispora tenella, Erysimum sisymbroides, Leptaleum linifolium, Goldbachia lævigata, Sterigma sulfureum; Hyoscyamus pusillus; Arnebia cornuta; Marrubium astracanicum, Ziziphora clinopodioides; Asperula supina; Campanula Stevenii; Picris strigosa, Acroptilon picris, Centaurea squarrosa, pulchella* et *glastifolia, Artemisia salsoloides, fragrans et armeniaca*,

Achillea micrantha, Cephalaria centauroides; Acantholimon Hohenackeri; Atraphaxis spinosa, Anabasis aphylla, Salsola brachiata, Atriplex verruciforum, Ceratocarpus arenarius; Ephedra monostachys; Iris Guldensteadtiana; Triticum procumbens, Elymus dasystachya, Bromus crinitus, Glyceria caspia, Schismus minutus, Aristida pungens, Lasiagrostis splendens, Stipa Szovitsiana et *orientalis*.

123. Dans la *Flora rossica* de Ledebour, je compte parmi 1,446 plantes vasculaires de la steppe kirghise (*Siberia uralensis* chez Ledebour), 96 Chénopodées et par conséquent 6,6 pour 100; chez M. Maximovicz (*Flora amur.*, p. 430, 479; *Mongolia chinensis* et *daurica*), dans la liste des plantes mongoles le nombre des Chénopodées est, d'après son calcul, de 6,9 pour 100. Je possède du domaine de la dépression caspienne 63 Chénopodées locales ou du moins ne dépassant pas de beaucoup les limites de ce domaine, chiffre qui par conséquent donne même 9 p. 100. Ma collection des plantes du domaine des steppes tout entier ne contient que 3 à 4 p. 100 de Chénopodées, ce qui tient à la décroissance que subit la famille dans la direction du sud, phénomène auquel cependant le Khorasan fait peut-être exception.

124. Buhse, énumération des plantes recueillies pendant un voyage à travers la Transcaucasie et la Perse, p. 19 : au nombre d'arbres remarquables de ces forêts se trouvent signalés : *Parrotia persica, Albizzia julibrissin, Gleditschia caspica* et *Pterocarya caucasica*, parmi lesquels le dernier seulement franchit le Kour et s'étend jusqu'au versant Kachétien du Caucause. M. Bunge (Peterm., *Mitth.*, an. 1860, p. 205), qui n'a point observé dans le Masenderan l'*Albizzia* à l'état sauvage, ajoute à ces arbres *Quercus castaneifolia* et *macranthera, Planera Richardi*, des Érables, des Hêtres et quelques autres. D'après la carte qui accompagne l'ouvrage, les forêts sur la côte de la Caspienne s'étendent presque sans interruption depuis l'embouchure de l'Astara (38° 30′ L. N.) jusqu'au delà d'Asterabad, et selon M. Bunge le versant septentrional de l'Elborus serait boisé jusqu'à l'altitude de 2,599 mètres (8,000′); mais déjà à 974 mètres (3,000′) on voit disparaître plusieurs des arbres les plus caractéristiques, c'est le *Carpinus orientalis* qui sélève le plus haut.

125. Les neuf Crucifères persanes que j'ai comparées sont : *Clastopus, Alyssopsis, Brossardia, Chalianthus, Buchingera, Fortuynia* (une espèce dans l'Afghanistan) ; puis les trois genres alpins : *Graellsia, Didymophysa* et *Zerdana*.

126. **Série des familles prédominantes.** — Dans ma collection relative au domaine des steppes, les familles les plus riches en espèces se répartissent en séries suivantes : Synanthérées (16-17 pour 100), Légumineuses

(13-14), Crucifères (10), Labiées (8), Caryophyllées (7-8), Boraginées (4), Graminées (3-4), Chénopodées (3-4), Ombellifères (3-4), Scrophularinées (3), Liliacées (2-3). Ces chiffres, de proportions relatives, diffèrent de ceux que présente la flore d'Espagne, par l'accroissement des Chénopodées et Boraginées, par la diminution des Scrophularinées et par la disparition presque complète des Cistinées. Les genres de mon catalogue les plus riches en espèces sont : *Astragalus* (328 espèces), *Silene* (88), *Centaurea* (73) et *Artemisia* (46).

Quant à chacune des sections entre lesquelles le domaine des steppes se subdivise, je n'ai cherché à y déterminer les chiffres de proportions relatives que dans les cas où les matériaux paraissaient être suffisants jusqu'à un certain point.

Domaine de la dépression caspienne. — Sur 530 espèces, les familles suivantes offraient : Légumineuses 19 pour 100, Synanthérées 15-16, Chénopodées 9, Crucifères 7, Boraginées 6, Graminées 5, Caryophyllées 4, Liliacées 4, Ombellifères 3, Labiées 2, Scrophularinées 2. Il résulte de ces chiffres une augmentation dans les Chénopodées et les Légumineuses (Astragalées) et une diminution dans les Caryophyllées et les Labiées.

Anatolie (peu certain à cause du mélange avec les espèces méditerranéennes). Sur 900 espèces, les Synanthérées 14 pour 100, Labiées 11-12, Légumineuses 9-10, Crucifères 9, Caryophyllées 8, Ombellifères 7, Boraginées 5, Scrophularinées 4-5, Graminées 3, Liliacées 2, Chénopodées 1/3. L'acroissement des Labiées et des Ombellifères est considérable, la diminution dans les Légumineuses prononcée ; il se peut que les Chénopodées aient été imparfaitement récoltées, cependant leur notable diminution est hors de doute.

Arménie. — Parmi 350 espèces, les Légumineuses 15-16 pour 100, Synanthérées 12-13, Crucifères 11, Labiées 8, Caryophyllées 8, Liliacées 3-4, Boraginées 3, Scrophularinées 3, Ombellifères 2, Graminées 1, Chénopodées 1. Ici il y a lieu d'admettre un décroissement dans les Synanthérées et les Chénopodées.

Perse. — Sur 520 espèces, Légumineuses 24 pour 100, Synanthérées 12-13, Crucifères 10, Cariophyllées 7, Labiées 6-7, Boraginées 4, Ombellifères 4, Scrophularinées 3, Graminées 1-2, Liliacées 1-2, Chénopodées 1/2. Les chiffres de proportions relatives sont semblables à ceux que présente la flore arménienne, mais les Légumineuses sont encore plus nombreuses à cause de la quantité croissante des Astragalées. Toutefois, les chiffres pour les Légumineuses, les Caryophyllées et les Crucifères sont trop élevés, attendu que ma collection avait été grossie hors proportions par les dons que fit M. Bunge relativement à ces familles. M. Bunge lui-même (Peterm.,

Mitth., an. 1860, p. 226) donne pour la flore du Khorasan, la série suivante, d'après les espèces recueillies par lui : 270 Synanthérées, 265 Légumineuses, 165 Crucifères, 115 Labiées, 105 Graminées, 90 Caryophyllées, 85 Boraginées, 80 Chénopodées, 75 Ombellifères, 70 Scrophularinées, 50 Rosacées, 45 Euphorbéacées et 45 Liliacées.

Gobi (d'après M. Maximovicz, *Flora amurensis*, p. 430), Synanthérées (14,7 pour 100), Légumineuses (11,7), Chénopodées (6,9), Graminées (6,3), Rosacées (6,1), Ranunculacées (4,6), Crucifères (4,3), Scrophularinées (3,4), Liliacées (2,8), Ombellifères (2,6), Caryophyllées (2,6), Boraginées (2,2). Ces chiffres de proportions relatives s'écartent les uns des autres beaucoup plus que ceux des autres domaines ; cependant ils ne sont pas susceptibles d'être directement comparés avec ces derniers, en tant qu'ici le total des plantes vasculaires trouvées dans le Gobi et énumérées d'après les chiffres de ma collection ne représente que les espèces locales. Néanmoins on peut admettre avec certitude que dans le Gobi les Crucifères, les Labiées et les Caryophyllées subissent une notable diminution, tandis qu'il y a accroissement pour les Rosacées, Chénopodées et Ranunculacées. Sous le rapport des Chénopodées, la fleur du Gobi est semblable à celle de la steppe caspienne ; sous celui des Rosacées on voit se prononcer l'approximation géographipue de la Chine et du Japon. Enfin, il s'y produit encore cette particularité que les Astragalées se trouvent représentées ici moins par le genre *Astragalus* que par le genre voisin *Oxytropis*.

127. Exemples de végétaux des steppes qui s'étendent à travers la Hongrie jusqu'à Vienne et la Moravie : *Silene multiflora, Gypsophila paniculata; Eudidium syriacum, Conringia austriaca, Crambe tartarica; Onosma arenarium, Salvia austriaca; Artemisia austriaca; Corispermum nitidum.*

128. Exemples de connexion entre la flore méditerranéenne et celle des steppes :

1. Plantes méditerranéennes généralement répandues, reparaissant dans la Transcaucasie, dans la Mésopotamie, dans la Perse méridionale et dans l'Afghanistan.

Végétaux ligneux : *Ziziphus vulgaris* (Transcaucasie, Himalaya), *Paliurus aculeatus* (Transcaucasie, Taluch), *Vitex agnus castus* (Transcaucasie, Afghanistan), *Ficus carica* (Transcaucasie).

Jusqu'à l'Afghanistan et l'Inde : *Astragalus hamosus; Sisymbrium columnæ, Nigella sativa.*

Jusqu'à la Perse méridionale : *Andrachne telephioides, Carrichtera Vellæ, Calepina Corvini; Rœmeria hybrida; Ammi majus; Hedypnois polymorpha.*

Jusqu'à la Mésopotamie : *Hypecoum procumbens; Leontice leontopodium; Ammi visnaga; Pulicaria arabica.*

Jusqu'à la Transcaucasie : *Hypecoum grandiflorum, Garidellæ nigellastrum* (également dans le nord de la Perse), *Plumbago europæa* (également en Arménie).

Le chiffre se trouve considérablement réduit quand il s'agit de plantes méditerranéennes, dont l'aire comprend également les steppes à hiver rigoureux et dont la patrie reste douteuse. Parmi ces plantes, s'étendent jusqu'à la Russie : *Frankenia lævis, Pæonia tenuifolia;* jusqu'à la Dzungarie : *Tribulus terrestris, Ziziphora capitata, Cynanchum acutum* et *Artemisia gallica;* jusqu'au Thibet, *Solsola soda.*

2. Plantes de steppe qui atteignent les péninsules orientales (Grèce et Asie Mineure) de la Méditerranée. La majorité n'habite que les pays à plateaux du midi, mais quelques-unes également la partie septentrionale du domaine des steppes.

Dzungarie jusqu'à la Grèce : *Alhagi camelorum; Frankenia hirsuta; Elæagnus orientalis.*

Dzungarie jusqu'à l'Illyrie : *Apocynum venetum;* jusqu'à la Dalmatie : *Artemisia procera;* jusqu'à la Macédoine : *Nepeta violacœa;* jusqu'à la Thrace : *Tournefortia arguzia.*

Thibet jusqu'à la Bulgarie : *Echinospermum barbatum.*

Russie méridionale et Anatolie jusqu'à la Grèce : *Convolvulus scammonia; Allium guttatum; Briza spicata.*

Afghanistan jusqu'à la Grèce : *Petrosimonia brachiata.*

Perse jusqu'à la Grèce : *Datisca cannabina* (Crète); *Bryonia cretica* (Crète); *Alyssum micropetalum; Bupleurum Sibthorpianum; Cyclamen persicum; Scorzonera suberosa; Morina persica.*

Mésopotamie jusqu'à la Grèce : *Erucaria aleppica; Artedia squamata; Phelipœa ægyptiaca; Kentrophyllon leucocaulon.*

3. Plantes que les plateaux de l'Anatolie et la Grèce ont en commun : *Astragalus angustifolius; Johrenia dichotama; Phlomis samia, Lamium veronicifolium; Anthemis pectinata* et *absinthifolia; Acantholimon androsaceum; Cornucopiœ cucullatum.* Pour plusieurs espèces, il reste incertain si elles se trouvent exclusivement limitées à la côte méditerranéenne ou à la région montagneuse de l'Anatolie.

129. Exemples de plantes du Sahara pénétrant dans le domaine des steppes.

Jusqu'à la Syrie : *Nitraria tridentata; Ziziphus spina christi; Ochradenus baccatus; Calotropis procera* (du Sudan); *Artemisia judaica.*

Jusqu'à la Mésopotamie : *Haplophyllum tuberculatum; Policarpœa prostrata; Anchusa hispida* et *strigosa, Alkanna hirsutissima; Pulicaria desertorum, Gymnarrhena micrantha.*

Jusqu'à la Perse : *Andrachne aspera; Tamarix articulata ; Sclerocephalus arabicus, Pteranthus echinatus* (également en Syrie); *Paronychia arabica* (également en Syrie); *Reseda arabica; Anastatica hierochuntica* (également en Syrie); *Farsetia linearis, Koniga libyca, Malcolmia pygmæa, Diplotaxis parra, Savignya ægyptiaca; Onosma echinatum; Calligonum comosum* (également en Syrie); *Salsola fœtida.*

Jusqu'à l'Afghanistan : *Fagonia Bruguieri, Tribulus bimucronatus; Tamarix mannifera* (également en Syrie); *Farsetia ægyptiaca, Sinapis juncea; Aerva javanica; Echinopsilon eriophorum* (également en Mésopotamie).

Jusqu'au Beludschistan : *Gymnocarpon decandrum* (également en Perse); *Sisymbrium Schimperi.*

Jusqu'à l'Anatolie : *Halogeton spinosissimus.*

Jusqu'à la Transcaucasie : *Minuartia montana; Hohenackeria bupleurifolia.*

Jusqu'à la Dzungarie : *Kœlpinia linearis, Kalidium arabicum, Atriplex dimorphostegium; Populus euphratica.*

130. Exemples de genres tropicaux de l'Inde, s'étendant jusqu'à l'Afghanistan : *Cæsalpinia, Dalbergia, Sissoo, Indigofera; Dodonaea; Trianthema; Tournefortia; Berthelotia; Cupressus torulosa.*

V

DOMAINE CHINO-JAPONAIS

Climat. — De concert avec l'archipel japonais, la région basse de la Chine a sur l'Europe le grand avantage de posséder une répartition plus régulière des précipitations atmosphériques. C'est la conséquence de ce que les Moussons qui déterminent la formation des nuages, s'élèvent ici à la plus haute latitude (en Chine jusqu'à 40°, au Japon jusqu'à 45° L. N.). On ne les trouve pas aussi loin que s'étendent les grands renflements de sol ainsi que les pays à plateaux, parce que sur ces hauteurs, malgré la diminution de la pression, la température de l'air est trop basse pour produire des courants ascendants d'aspiration. Le vent sud-ouest des mois d'été se rattache au niveau déprimé qui relie la Chine à la péninsule malaise. La ceinture d'aspiration se trouve là où dans les mêmes conditions altitudinales la pression atmosphérique est la moins forte. Il n'est pas aisé, au reste, de reconnaître la cause de cette raréfaction de l'air, puisque dans la direction d'où souffle la Mousson, la température estivale est supérieure à celle de la Chine [1]. En tout cas, comme conséquence du mouvement solsticial, il ne peut être question que d'une température plus élevée de l'atmosphère donnant lieu à des courants d'air ascendants. On devrait donc présumer que la région basse de la Chine subirait pendant l'été un échauffement plus intense de l'atmosphère que la péninsule malaise, baignée par la mer des Indes. Mais les mesures météorologiques effectuées à la surface de la terre sont en désaccord avec cette conclusion. Il paraît que la masse d'air plus considérable mise en mouvement par le soleil au-dessus du continent, exerce sur les directions de l'aspiration une influence plus considérable que le degré de température que possède cet air. A Pékin (40° L. N.), l'insolation est encore assez puissante pour produire un courant d'air ascendant qui diminue la pression atmosphérique et pour pousser la Mousson sud-ouest si loin au delà des tropiques. Les effets aspirateurs se renforcent avec la circonférence croissante de la terre ferme. En effet, lorsque le soleil se rapproche des tropiques du nord, cette ligne de minimum de la pression atmosphérique correspond à l'axe le plus long (en proportion de la mer des Indes) du continent asiatique, qui coupe ce continent depuis le Beloudjistan jusqu'au Japon septentrional. C'est dans cette direction que les masses d'air échauffées et mises en mouvement par la surface solide du sol sont les plus considérables et les plus indépendantes de l'influence de la mer. Le niveau élevé de l'Asie centrale refoule vers le sud cette ceinture d'aspiration, mais c'est dans la basse région orientale qu'elle se développe.

Or, lorsque après avoir dominé pendant l'automne et l'hiver, depuis octobre jusqu'à avril, la Mousson de nord-est passe à celle de sud-ouest, qui règne plus ou moins régulièrement pendant les autres deux saisons, on voit se produire les plus fortes précipitations qui, en mai et en juin, profitent au jeune Riz, céréale par excellence de l'Asie orientale. Jusqu'à cette époque le sol était refroidi par le rayonnement nocturne, mais maintenant les jours deviennent longs et les effets du soleil prédominants. Alors l'atmosphère aspire l'air moins échauffé des mers des Indes et de la Chine, et condense leur vapeur aqueuse jusqu'au moment où graduellement se rétablit l'équilibre entre le ciel serein et le ciel nuageux, et qu'une sécheresse plus prononcée se produit pendant l'arrière-saison.

C'est le long de la côte asiatique orientale, depuis les tropiques, dans les parages de Canton jusqu'à la Chine septentrionale, ainsi que dans le Japon, que se manifestent, d'une part, ces influences régulières des précipitations sur les phases de végétation où les organes, au moment de leur plus forte croissance, exigent le plus d'humidité, et, d'autre part, ces températures élevées des mois estivaux à ciel plus serein, pendant lesquels les fruits sont en voie de développement[2]. Au reste, de tels phénomènes ont été constatés également dans l'intérieur de la vaste région basse sillonnée par des chaînes centrales et par des collines[3], quelles que soient les pertes en vapeur aqueuse que doit subir ici la Mousson sud-ouest, à cause des contrées interposées des Indes postérieures. Sur le haut Yangtsekiang, dans la province Szetschuan (28-30° L. N.), une longue période de pluie succède au chaud printemps et à ses fréquents orages.

Tandis qu'en Europe, de ce côté des Alpes, on voit se présenter des années fertiles ou stériles, selon que la variation des courants polaires ou équatoriaux est ou n'est point favorable au développement végétatif, en sorte que les populations se contentent d'une récolte moyenne, il en est autrement en Chine, où le labour des champs peut s'opérer de manière à rendre infaillible la plus abondante production du sol. Le temps peut se prévoir aisément et ne limite point la maturation des grains, lorsqu'on a bien choisi les fruits qui conviennent à la saison. Les récoltes ne sauraient périr qu'à la suite de rares catastrophes, telles que des inondations ou bien l'absence des précipitations, ainsi que cela peut arriver une fois exceptionnellement, et alors la famine est la conséquence inévitable pour le pays à dense population *. Le fait est que la succession nor-

* Malheureusement, des cas semblables se produisent en Orient trop fréquemment et sur une échelle trop vaste, pour ne point ébranler la confiance que pourrait inspirer la fixité ou la régularité des phénomènes météorologiques. Sans parler de la terrible famine qui tout récemment a décimé la Perse et l'Asie Mineure, il suffit de rappeler que, dans l'espace d'un siècle, les Indes britanniques ont vu *plusieurs millions* de leur population disparaître à la suite de récoltes manquées de Riz. Ainsi, en 1770, sur un total de 25 millions d'habitants que possède le Bengale, le *tiers* environ périt de famine, et telle a été à peu près la proportion des pertes subies en 1866 par Orissa (dont la population est environ d'un million) ; quant au chiffre des victimes qui, lors de la dernière famine, tombèrent dans les Indes sous les coups de ce fléau, on ne saurait encore l'apprécier complétement, mais on a tout lieu de craindre qu'il ne soit assez considérable. Quand on voit de tels ravages produits seulement par quelques millimètres de pluie supprimés ou tombés

male des saisons y est aussi régulière que sous les tropiques. L'antique usage en vertu duquel le souverain du pays met lui-même la main à la charrue et laboure la terre, nous rappelle la conviction acquise dans ce pays depuis longtemps, que tout bien-être du peuple se rattache en dernière analyse à l'agriculture. Quand on a généralement admis que l'état florissant de l'agriculture chinoise et la nombreuse population qui en a été la conséquence dans les larges vallées fluviales sont, de concert avec la fertilité du sol, uniquement dus à l'application d'un système d'aménagement aussi soigné que celui de l'horticulture, ainsi qu'à l'utilisation économique d'un fumier richement azoté, on a perdu de vue que les effets de cette industrie laborieuse et éclairée sont bien moins efficaces que l'avantage que l'Asie orientale possède sur l'Europe sous le rapport du climat.

Les produits de l'agriculture n'étant pas, comme chez nous, maintenus en équilibre avec l'élevage du bétail, on a pu donner plus d'extension à la culture des plantes alimentaires. En Chine, les dépôts de terre végétale fertile ont été mis complétement au service de l'homme, et il n'est plus resté de place aux animaux domestiques de grande taille. On n'y voit ni prés ni plantes fourragères, rien que des champs labourés ou des cultures disposées en terrasses à côté de déserts rocailleux dépourvus d'humus, la végétation originaire ayant été refoulée sur les hauteurs. Là où la nature a refusé le terrain convenable, il a été moins fait qu'en Europe pour l'amender et pour arracher des produits, même au sol récalcitrant. Sans doute lorsque, pour remplacer le fumier perdu par l'élevage négligé du bétail, on recueille avec soin et on utilise convenablement les rebuts et les produits de putréfaction des villes, on donne un bon exemple de la manière de favoriser l'alimentation organique, exemple digne d'être imité; et il en est de même de la pratique usitée parmi les Chinois d'employer au labour les plantes vertes, que l'on doit considérer comme autant de réservoirs de

soit trop tôt, soit trop tard, il est impossible de ne point considérer avec effroi la position précaire des nombreuses populations dépendant entièrement de conditions semblables. — T.

combinaisons azotées; néanmoins, sous d'autres rapports, et cela non-seulement en tant qu'il s'agit d'une connaissance scientifique des conditions de la culture, mais aussi de l'application pratique, le cultivateur européen est très-supérieur au cultivateur chinois; et pourtant, placé sous un climat moins constant, le premier n'obtient qu'exceptionnellement des résultats aussi importants et en même temps d'une nature aussi durable. Par l'amendement des champs avec des fumiers liquides, on favorise en Chine plutôt la croissance du tissu organique que l'alimentation minérale des plantes cultivées. Aussi, ce qui est d'une plus grande importance, c'est le fait que le défaut de substances minérales dans le fumier liquide se trouve compensé par l'eau courante, grâce à ces rivières qui, avec leurs affluents, recouvrent toute la basse région, comme un arbre à ramification serrée, et parmi lesquelles le Hoangho et le Yangtsekiang, eu égard à la longueur de leurs cours, sont, après le Nil, les plus grands fleuves du monde ancien. Sortant du Kouenlun, dans l'Asie centrale, ils empruntent aux réservoirs inépuisables des nombreuses sources de montagne, les substances minérales nutritives qu'ils charrient dans les basses régions. La crue que subit le Yangstekiang supérieur, à l'époque des pluies printanières[3], est au moins de $6^{m},4$ et souvent de $9^{m},7$. Grâce à cette variation dans le niveau de l'eau, les particules limoneuses se trouvent, comme en Égypte, répandues sur la vaste surface des vallées, et les irrigations, développées par un système grandiose de canalisation, sont dans la Chine les auxiliaires de la nutrition, mais non pas, comme en Égypte, les conditions de la croissance *.

* Les curieuses données fournies par le professeur A. Streng confirment ce que dit ici notre auteur relativement à la richesse en matières détritiques qui caractérise les grands fleuves de la Chine. Dans un travail publié par ce savant (*Neues Jahrb. fur Mineralogie, etc.*, von G. Leonhardt und H.-B. Geinitz, an. 1873, p. 33) sur la proportion des substances solides charriées par les principaux grands fleuves connus, M. Streng fait observer que c'est le Hoangho qui, sous ce rapport, se place au premier rang, même au-dessus du Mississipi, car, d'après M. Streng, le fleuve chinois renferme 500 parties solides sur 100,000 parties liquides, et fournit à la mer, en une heure, environ 2 millions de pieds cubes de

Cependant, en considérant que les crues de l'eau courante ne tiennent pas aux averses que reçoivent les contrées lointaines où se trouvent ses sources, mais plutôt aux précipitations qui ont lieu dans la basse région elle-même, nous sommes conduits, dans l'appréciation du climat des Moussons, à un deuxième fait qui au Japon, privé des grandes dépressions fluviales, exerce une action non moins importante sur une bonne irrigation. Ce fait consiste dans l'intensité tropicale des précipitations qui déchargent une masse d'eau, comme en Europe on n'en constate guère sur les versants de montagne franchement exposés à la mer. On peut admettre d'une manière générale qu'en Chine et au Japon, il tombe en moyenne annuelle au moins trois fois plus d'eau que dans l'Europe occidentale [4]. D'ailleurs, même dans les pays tels que le littoral norvégien, à Bergen, les comtés occidentaux du nord de l'Angleterre, le Portugal et le Frioul, où les mesures pluviométriques atteignent les chiffres fournis par l'Asie orientale, les précipitations périodiques leur font défaut [5], précipitations qui dans cette dernière région déterminent la crue des rivières et, par suite, les dépôts limoneux dans les bas-fonds submergés des vallées. Il n'y a rien d'étonnant qu'à Canton et à Hong-Kong la quantité de pluie tombée égale ou même dépasse celle de Calcutta [4], attendu que ces localités se trouvent également dans la proximité des tropiques; et cependant les précipitations sont tout aussi considérables à Yeddo, situé sous la latitude de Malte. Mais ce qui prouve que ces précipitations ne frappent pas seulement les points littoraux, mais qu'au printemps, dans l'intérieur de la Chine, elles fournissent une masse beaucoup plus grande d'eau qu'en Europe ou dans le nord de l'Amérique, c'est la variation que le Yangtsekiang subit dans son niveau, fleuve qui, ayant ses sources dans d'arides montagnes, ne reçoit que dans la basse région les contingents d'eau empruntés à l'atmosphère, par suite desquels il éprouve des crues supérieures à celle que présente un fleuve quelconque de la

substances solides, ce qui donnerait, pour le montant annuel, l'énorme chiffre de 16 milliards 920 millions de pieds cubes. — T.

zone tempérée, excepté son voisin le Brahmapoutra. Sous ces latitudes, des effets aussi généraux ne peuvent être produits que par la Mousson. Ce n'est qu'à Pékin, au pied du Gobi, que la quantité de pluie descend aux proportions du climat européen (622 millimètres). Or, quelque large part qu'on fasse à l'action fécondante qu'exercent en Chine les fortes précipitations sur la culture du Riz ou d'autres végétaux culturaux, soit en leur assurant la quantité nécessaire d'eau, soit en leur fournissant indirectement les éléments nutritifs minéraux, ces précipitations se trouvent dans une relation encore plus intime avec le caractère de la flore indigène. Les particularités les plus saillantes qu'offre cette dernière, consistent dans le mélange de certaines formes européennes avec des formes tropicales. Pour la flore européenne, une quantité annuelle de pluie au delà de 541 millimètres constitue une superfluité sans aucun effet sur la végétation. Il en est autrement de telles plantes tropicales qui exigent plus d'eau, et parmi lesquelles il en est qui, comme le Bambou de l'Himalaya, n'ont besoin que des pluies tropicales, mais non de la chaleur tropicale, et qui, placées dans de semblables conditions, peuvent venir jusque sous des latitudes plus hautes. Aussi dans ces régions isolées de l'Europe possédant des précipitations tout aussi fortes, les Bambous n'en auraient pas moins de la peine à prospérer, non pas seulement parce qu'ils exigent tant d'eau, mais aussi parce que l'époque à laquelle elle leur est abondamment fournie doit coïncider avec la période de leur croissance; or, en Asie, ces deux conditions de leur végétation se trouvent accomplies. Ici cette forme de Graminée est généralement répandue dans les îles du Japon voisines du continent, et même nous la voyons encore indiquée dans les îles Kuriles (jusqu'à 46° L. N.). C'est là ce qui fait que la flore chinoise se rapproche plus de l'Himalaya que de la basse région indienne, et là aussi réside l'explication du phénomène singulier que la culture chinoise du Thé a réussi sous le climat tout à la fois chaud et humide d'Assam.

Il est vrai, l'immigration de plantes tropicales se trouve favorisée par la connexion continentale entre la Chine et la péninsule malaise. En effet, nulle part le climat tropical ne passe aussi directement et aussi graduellement à celui de la zone tempérée que précisément ici, où n'existent point ces barrières représentées dans l'Asie occidentale par les steppes, sur la Méditerranée par le Sahara, et dans le nord de l'Amérique par les Prairies. C'est pourquoi la Chine méridionale possède une flore de transition ; dans la direction du nord, les éléments tropicaux diminuent successivement peu à peu, un Palmier indigène (*Chamærops excelsa*) habite encore l'île de Nipon, mais aucune autre forme de plante ne s'étend aussi loin que les Bambous, qui, aussi dans l'Himalaya, s'élèvent jusqu'à la limite des arbres*. Cependant, déjà dans l'île de Hong-Kong (22° L. N.), île rocailleuse mais néanmoins riche en plantes, les principaux traits physionomiques de la flore chinoise se prononcent distinctement, bien que la flore y soit généralement indienne et complétement différente de celle du Japon. M. Bentham fait observer[7] que beaucoup de plantes indiennes atteignent dans l'île Hong-Kong leur limite septentrionale ; que les humides ravins des forêts ont bien des choses en commun avec l'Himalaya, mais que probablement le continent offrirait une transition à ce dernier. Du côté du nord, le long de la côte, la divergence serait cependant décisive ; déjà à Amoy (24° L. N.) les éléments tropicaux auraient presque complétement disparu, et seulement quatre-vingts végétaux japonais auront été constatés à Hong-Kong (environ 1/13e de la flore totale). Même parmi les plantes himalayennes qui s'étendent à travers la Chine jusqu'au Japon, peu d'espèces se trouveraient à Hong-

* M. le Dr Vidal a publié (*Bull. Soc. d'Acclim.*, 3e sér., an. 1874, t. I, p. 741) un travail intéressant sur les usages aussi variés qu'importants du Bambou dans les contrées de la Chine et du Japon, où il est non-seulement d'une immense utilité pour une foule de services domestiques, mais encore fournit un aliment sain et fort répandu parmi toutes les classes de la société : ce sont les jeunes pousses de cette Graminée, dont les Chinois et les Japonais sont très-friands ; ils les mangent soit à l'état frais, soit conservés, en les faisant macérer pendant quelque temps dans une sorte de saumure et les laissant sécher ensuite. Ainsi, quand on considère la variété et l'importance des applications pratiques dont il est susceptible dans cette partie de l'Orient, le Bambou pourrait prendre place immédiatement après le Bananier et le Palmier. — T.

Kong. Toutefois, il est probable que le brusque isolement de la végétation de cette île ne tient pas uniquement à des causes climatériques, mais aussi aux obstacles que la mer oppose à ses migrations. En effet, la température d'hiver, la seule qui pourrait être prise ici en considération, change lentement à partir des tropiques [8], et ce n'est que dans le nord de la Chine qu'elle subit une telle baisse, que le climat de Pékin en reçoit une empreinte plus continentale.

Or, c'est là le troisième fait climatérique qui exerce son influence sur la flore chinoise et la rattache au nord de l'Asie et à l'Europe. On ne retrouve plus en Chine le climat du littoral oriental de la Sibérie, composé d'étés frais et d'hivers rigoureux. Partout, même à Yeddo, dans le Japon, la température estivale se maintient élevée sans que la température hivernale décroisse considérablement dans la direction du nord, ainsi que c'est le cas à l'égard de l'intérieur de l'Asie. L'influence de la mer sur la saison hivernale est prédominante, tandis que le ciel serein de l'été, succédant à la période pluvieuse des Moussons, donne lieu à une intense insolation. Au Japon, le chaud courant japonais qui longe le littoral oriental de l'Archipel jusqu'à Yeddo contribue également à tempérer les froids de l'hiver *. Le climat plus excessif de Pékin s'explique par l'effet

* Selon l'éminent hydrographe William B. Carpenter (*Proceed. of the Roy. Geogr. Soc.*, ann. 1874, v. XVIII, p. 364), le courant chaud du Japon connu sous le nom de *Kuro Siwo* ne touche point au littoral oriental japonais, mais en est séparé par une bande d'eau froide, exactement comme le long du littoral de l'Amérique du Nord une bande d'eau froide sépare ce littoral d'avec le Gulf-Stream, phénomène que le savant anglais explique très-ingénieusement par l'effet de la rotation de la terre. Les dernières explorations du pyroscaphe américain, le *Tuscarora,* qui a eu le mérite de découvrir, dans la mer du Japon, le point le plus déprimé du fond de la mer connu aujourd'hui, fournissent également des données importantes sur le courant *Kuro Siwo* (v. *Verhandl. der Gesellsch. für Erdk., zu Berlin,* t. II, p. 84); il résulte des nombreux sondages exécutés dans cette mer par le *Tuscarora* (capitaine Belknap), que le *Kuro Siwo* se dirige à l'est jusqu'à la côte américaine, en sorte que sa limite septentrionale atteint presque les côtes méridionales de l'île Vancouver, ensuite il tourne de nouveau au sud et opère sa jonction avec le courant désigné par le nom peu correct de *courant froid de Californie;* au-dessous du courant Kuro Siwo se trouve un autre courant se dirigeant au nord-ouest, et atteignant la surface de la mer, sous 50° L. N.; enfin, il paraît qu'une partie de l'eau trans-

des Moussons, en ce sens que les mois d'hiver, tant que dominent les vents de nord, jouissent d'un ciel serein, et qu'en été le courant atmosphérique opposé apporte du sud un air chaud. Les différences de la courbe thermique exercent leur influence sur les relations entre les formes tropicales et européennes des plantes, sans que le caractère de la flore éprouve un changement au même degré que cela est le cas dans la Mandchourie, où, grâce au décroissement de la température estivale et à la durée plus longue de l'hiver, la flore de l'Amur et celle du nord du climat littoral commencent déjà à se toucher. On voit encore à Pékin, de même qu'à Yeddo, des Chênes toujours verts (*Quercus chinensis*); au reste, ici, au pied du Gobi, où la Mousson ne produit plus de pluie périodique, la flore a déjà perdu presque complétement ses traits caractéristiques, par suite de l'exclusion des plantes tropicales et de l'admission des plantes de la Mandchourie et des steppes.

Formes végétales. — Comme les flores de la Chine et du Japon, comparées au reste de l'ancien monde, présentent un mélange de formes végétales europo-sibériennes et indiennes, dont les premières ont déjà été examinées selon leurs conditions climatériques, tandis que les dernières trouveront plus convenablement leur place dans la région des Moussons tropicales de l'Asie, notre tâche se réduit ici à nous arrêter devant les végétaux prédominants ou bien caractéristiques sous d'autres rapports, et de retracer, conformément à ce principe, un tableau physionomique de la végétation. Cependant, comme l'intérieur de la Chine, de la Corée et de l'île de Formose reste encore presque complétement inexploré sous le rapport botanique, et que les limites septentrionales de chacune des formes tropicales ne sauraient être indiquées, une telle revue ne peut nullement être considérée comme accomplie, même dans ce sens circonscrit. Elle serait encore plus défectueuse si les îles de Sakhalin[8] et de Hong-Kong[7] servant de transition aux

portée au nord-ouest, par ce courant inférieur, retourne sous la longitude ouest de 150° vers le Kuro Siwo, de manière que leurs eaux mélangées s'écoulent dans la direction du sud, le long de la côte occidentale de l'Amérique, en formant une partie du courant supérieur. — T.

flores limitrophes situées au nord et au sud, n'avaient pas déjà été l'objet de travaux plus étendus, et si dans sa constitution physique, la Chine n'offrait pas autant d'uniformité jusqu'à la limite des steppes. Ici, à la suite de la culture étendue du sol, la végétation originaire a été refoulée, et quand même, dans les contrées non explorées, la plupart des détails nous échappe probablement encore, il est à présumer que de telles lacunes une fois comblées, les principaux traits physionomiques du tableau n'en conserveront pas moins leur caractère essentiel.

Au nombre des phénomènes généraux par lesquels la flore de l'Asie orientale s'éloigne de celle de l'Europe, figure le chiffre singulièrement élevé, eu égard à d'autres formes de plantes, des divers végétaux ligneux, non pas tant des arbustes et des lianes ligneuses, que des arbres eux-mêmes. Sous ce rapport, la Chine et le Japon se rapprochent des pays tropicaux, dont les forêts se distinguent de celles de la zone tempérée par la nature mixte de leurs essences. Sous les latitudes plus hautes de l'Asie orientale, cette relation proportionnelle n'est pas uniquement la conséquence de l'introduction des familles arborescentes ligneuses dans les pays à climat de Moussons, mais elle se manifeste au même degré également dans les familles de plantes qui, dans la zone tempérée, fournissent les éléments constitutifs des végétaux ligneux; c'est ce qu'on voit au Japon à l'égard des Conifères, des Amentacées et des Éricées. A Hong-Kong, où il n'y a de boisé qu'un petit nombre de gorges de vallées, et encore seulement lorsqu'en partie elles sont cultivées, le chiffre de plantes à substance ligneuse est presque moitié aussi considérable que celui de tous les autres végétaux (1 : 2). M. Bentham[7] compara une île de la Méditerranée (Ischia), où cette proportion est de plus de cinq fois moins forte (1 : 11)*. Mais si les éléments tropicaux prédominent à Hong-Kong, néanmoins d'autres végétaux ligneux sont également tout aussi nombreux au Japon. M. Zuccarini[9] estima ici

* M. H. Fletcher Hance a publié dans le *Journal of the Linn. Soc.*, vol. XIII, un supplément considérable à la *Flora Hongkongensis* de Bentham, qui se trouve ainsi enrichie de 75 espèces. — T.

à un tiers (1:3), la proportion des arbres, et des buissons à l'égard du reste des végétaux. Dans l'état actuel de nos connaissances de la flore japonaise, cette proportion se trouve un peu réduite; cependant, d'après M. Miquel[10], elle représente encore le quart (1 : 4), et autant dans le nord de la Chine, autour de Pékin. Cette multiplicité de végétaux ligneux est bien plus considérable que dans le domaine forestier de l'Amérique septentrionale (1 : 6)[11], à laquelle on avait voulu comparer le Japon sous ce rapport, mais où la proportion est la même que sur l'Amur et dans la Sibérie orientale. Au Japon comme en Chine, cette proportion se trouve considérablement renforcée par l'adjonction de formes arborescentes tropicales, telles que les Laurinées et les Bambousées; on connaît au Japon vingt-six espèces des premières et quatorze des dernières. Ce qui peut s'expliquer par l'action climatérique des précipitations plus abondantes, c'est la présence des formes tropicales, mais non la variété des espèces et des genres, et cela d'autant moins qu'ici les éléments constitutifs d'une forêt ne sont point comme dans les forêts tropicales d'une nature mixte, mais au contraire tout aussi simples que dans d'autres contrées sous une latitude analogue. C'est là un fait qui nous révèle une particularité qui est propre à ces centres de végétation de l'Asie orientale et qui peut-être se rattache à leur isolement insulaire, en sorte qu'il serait à désirer de pouvoir comparer sous ce rapport l'intérieur de la Chine. Il convient de faire observer à ce sujet, d'une manière générale, qu'en moyenne les végétaux ligneux occupent des aires plus circonscrites que les végétaux à plus courte période vitale. Le fait est que, quoique par leur ombrage et par la soustraction des substances nutritives, les végétaux ligneux excluent bien d'autres plantes du sol dont ils ont pris possession, l'avantage d'une plus grande force de résistance se trouve plus que neutralisé par le nombre moins considérable d'individus. Évalués d'après le chiffre de ces derniers, les végétaux plus petits possèdent une telle masse de semences, qu'ils s'emparent aisément de l'espace laissé libre, et même n'y admettent pas les végétaux ligneux qui dans leur première période de développement sont plus vulnérables et exigent plus de protection. Il s'ensuit que, comparativement, ces derniers restent davantage à l'état endémique, ce qui toutefois ne nous éclaire en aucune manière sur la question de savoir pourquoi dans le Japon il s'est produit plus de végétaux ligneux divers que dans d'autres contrées à climat analogue.

Quand nous plaçons chacune des formes arborescentes de la Chine et du Japon en regard de celles d'autres régions de la zone septentrionale tempérée, nous constatons, comme sur la Méditerranée, la prédominance des organes feuillaires toujours verts. Conformément à la douceur de l'hiver et à la longue durée de la période de végétation, on voit ici également les essences résineuses associées aux essences feuillues appartenant à la forme de Laurier. Déjà, dans les parages de Canton [12], les maigres taillis qui se sont maintenus sur les collines rocailleuses de la côte sont exclusivement composés d'un Pin assez semblable au Pin sylvestre de l'Europe (*Pinus chinensis*). Mais ce sont précisément les essences résineuses qui déploient le plus de variété, au point de l'emporter sous ce rapport, même sur le domaine forestier de l'Amérique septentrionale. Du Japon seul, on connaît déjà plus de trente espèces de Conifères [13], dont plusieurs contiennent des genres monotypes. Nous ne trouvons, en général, parmi les essences résineuses que des espèces endémiques, qui cependant sont voisines des Pins et Sapins européens, de même qu'elles leur ressemblent physionomiquement. Quelques-unes se font remarquer par leurs dimensions et la belle symétrie de leur ensemble : de tels arbres servent d'ornement aux temples buddistes près desquels on a l'habitude de les planter. M. Fortune a fait des ébauches physionomiques de deux espèces [14] : l'une est le Pin à parasol du Japon (*Sciadopitys*), chez lequel la svelte couronne chargée de feuilles aciculaires extrêmement serrées forme un cône surgissant d'une large base, dont le diamètre longitudinal (de 25^{m},9 de hauteur) dépasse cinq fois le tronc raccourci ; l'autre espèce est un Pin à écorce blanche, de la Chine septentrionale (*Pinus Bungeana*), remarquable par sa ramification, puisqu'à peu de distance au-dessus du sol, huit à dix branches principales s'élancent comme autant de mâts, et ne s'épanouissent qu'à leur partie supérieure, en couronnes entrelacées *. Même parmi les Conifères, dont les feuilles aciculaires sont réduites à des écailles (exemples : *Thujopsis*, *Chamæcyparis*), le Cyprès chinois (*Cupressus funebris*), semble se prêter parfaitement dans ce pays au culte des tombeaux, car leurs branches, pendantes comme celles du Saule pleureur, réunissent, dans la teinte foncée et dans l'attitude déprimée, ces deux symboles de la douleur. Comparativement aux Conifères européens, les organes foliaires des essences résineuses de ces contrées offrent une variété bien plus développée. Ainsi, c'est ici qu'elles présentent la large feuille d'Olivier des formes tropicales (*Podocarpus*), et dans un genre monotype (*Gingko*) les feuilles striées par les faisceaux vasculaires offrent dans leur contour rhomboïde, découpé et lobé antérieurement, quelque chose de si particulier, qu'on aurait de la peine à les comparer à un autre arbre quelconque, et qu'elles ne rappellent la feuille de la forme du Laurier que par la solidité du tissu.

Si les essences résineuses dominent dans les forêts de l'Asie orientale, la forme de Lauriers qui les accompagne est représentée par des organisations beaucoup plus variées que sur la Méditerranée, car elle l'est non pas comme sur cette dernière, seulement par des Amentacées et des Chênes verts, mais encore par d'autres familles; on y voit de nombreuses Laurinées, suivies par quelques Magnoliacées et Ternstrœmiacées. Cependant, les Chênes verts qui, à Yeddo, figurent encore comme des arbres forestiers ordinaires, n'atteignent point Sakhalin; les Laurinées diminuent déjà à Nipon : l'arbre au camphre (*Cinnamomum Camphora*) accompagne les essences résineuses dans l'île de Chusan et habite Kiusin dans le Japon, mais n'est

* M. de Geofroy, ministre plénipotentiaire de France à Pékin, donne les renseignements suivants sur le *Pinus Bungeana* (*Bull. Soc. d'Acclim.*, 3e sér., an. 1874, t. I, p. 302) : « Lorsqu'il est jeune, cet arbre a l'écorce verdâtre, s'enlevant par écailles comme celles du Platane. Le tronc et les branches blanchissent en vieillissant et finissent par sembler passés à la chaux. Cet arbre acquiert des dimensions énormes. On en voit d'immenses dans les cours des pagodes et dans les jardins impériaux qui doivent être aussi très-vieux. Il supporte le froid aride de Pékin (15 à 20 degrés au-dessous de zéro) et ne paraît réclamer aucun soin de culture. » — T.

plus signalé comme indigène sous des latitudes plus élevées. Les représentants tropicaux de la forme de Laurier dans l'île de Hong-Kong appartiennent à une série encore plus nombreuse de familles qu'au Japon. Lorsqu'on voit ces représentants se simplifier de plus en plus dans la direction du nord, de manière qu'à une certaine distance il ne reste, comme dans le midi de l'Europe, que des Chênes toujours verts, et qu'enfin ceux-là disparaissent également à Sakhalin, on est porté à croire qu'en général les limites géographiques déterminées, admises pour le domaine floral de l'Asie orientale, sont d'une nature complétement arbitraire. On pourrait dire plutôt qu'il y a une transition graduelle de la flore chinoise du côté du sud à la flore indienne, et du côté du nord à celle de l'Amur. En effet, c'est dans ce sens que s'est prononcé M. Miquel[10], en rejetant la distinction d'une flore japonaise indépendante. Sans doute, je n'assigne une étendue géographique à la région végétale chino-japonaise que d'après des valeurs climatériques, en considérant d'un côté le changement que subit sous les tropiques la répartition des saisons, et d'un autre côté la limite septentrionale des Moussons. Cependant, lors même que dans l'enceinte de cette région on voit la végétation subir une modification graduelle, semblable à celle qui se manifeste dans le domaine forestier de l'Amérique septentrionale, là où sous le rapport de leurs caractères végétaux il y a transition entre les pays du midi et ceux du nord, les différences déterminées dans la flore par des latitudes plus élevées n'en restent pas moins prononcées, même dans l'île de Sakhalin, différences indiquées déjà par M. Maximovicz[15], et plus complétement exposées par M. Schmidt[8]. Ce botaniste constata la parfaite concordance entre le caractère de végétation des parties septentrionales de l'île jusqu'au golfe de la Patience, et celui des contrées littorales de la mer d'Okhotsk[16]. Sur la presqu'île méridionale de Sakhalin (49—46° L. N.), que des chaînes de montagnes séparent de ces contrées et qui se trouve abritée contre les vents du nord, la flore du Japon septentrional, se refléterait par la présence d'une série d'espèces identiques et par l'accroissement des végétaux ligneux. Néanmoins, à en juger par la liste des plantes observées par M. Schmidt, cette conclusion me paraît douteuse; la présence du Chêne mongol ainsi que la proportion des végétaux ligneux à l'égard des autres plantes (1 : 5) indiquent peut-être des relations plus rapprochées avec la flore de l'Amur qu'avec celle du Japon. Il faut attendre des données plus précises sur Yéso, telles que celles que M. Maximovicz nous fait espérer, avant qu'il soit permis de décider la question de savoir s'il convient de rattacher les deux îles les plus septentrionales du Japon à la flore de l'Amur, ou à celle de Nipon. Mais comme la forme des Graminées ligneuses s'étend précisément jusqu'à la même latitude (49°, sur la côte occidentale abritée 51°), où se produit un brusque changement dans la flore, je m'en tiens préalablement à la manière de voir des voyageurs susmentionnés, et je considère le Sakhalin méridional comme un pays de transition entre le Japon et la Sibérie. En tous cas, ici également les limites des flores se rattachent aux contrastes climatériques que M. Schmidt a fait ressortir. On peut en dire autant relativement à la contrée située au sud de Hong-Kong, où la limite septentrionale de quelques-unes des familles tropicales (par exemple des Guttifères et de la forme de Manguier) a été constatée sous les tropiques avec assez de certitude.

A côté de la forme de Laurier, le reste des formes arborescentes de la région méditerranéenne se trouvent complétement représentées au Japon, souvent même par des espèces semblables. Des exemples nous sont fournis par le Hêtre japonais (*Fagus Sieboldi*), qu'on a considéré à tort comme identique avec le Hêtre européen, par le Châtaignier *(Castanea japonica)*, par une Ulmacée (*Planera Kiaki*), estimée à Nipon comme bois de construction *.

* Selon M. Planchon (*Comptes rendus*, an. 1872, t. LXXVI, p. 1,495), l'Asie doit être considérée comme le centre de végétation des *Ulmus,* ainsi que des *Ulmidées* en général, parce qu'aucune espèce d'*Ulmus* n'est propre à l'Europe; une seule est particulière à l'Amérique, tandis que l'Asie en a quatre qui lui appartiennent exclusivement et deux qui lui sont communes avec l'Europe. Dans le groupe des Ulmidées, l'Asie possède en propre les *Holoptelea* et les *Hemiptelea;* elle a deux sous-genres sur trois d'*Ulmus* (*Dryoptelea, Microptelea*) ainsi que le *Zelkova* en commun avec l'Europe. Il n'y a que le genre *Planera* qui appartienne presque à l'Amérique seule. Toutefois, il convient de faire observer que le savant botaniste de Montpellier n'a pas tenu compte de la présence d'une espèce de *Pla-*

Le reste des formes d'essences feuillues à feuilles caduques telles que les Tilleuls, les Frênes, les Sycomores, possèdent dans la Chine et au Japon certaines espèces appartenant pour la plupart aux mêmes genres qu'en Europe. Les plus nombreux parmi ces arbres sont les Érables (*Acer*), qui à Nipon prêtent à la physionomie du paysage automnal un ornement particulier par le changement de teintes qu'il subit à l'époque de l'effeuillaison ; c'est ce qu'on voit également au Canada en automne. L'identité constatée entre quelques espèces de ces arbres feuillus et celles de l'Amur, ne fait qu'ajouter une difficulté de plus à l'établissement d'une limite naturelle de végétation entre la Sibérie orientale et la Chine. La Mandchourie est, de même que le Japon septentrional, un pays de transition, où avec la durée croissante de l'hiver les espèces chinoises de plante peuvent disparaître graduellement et les espèces septentrionales se répandre dans le sens du sud. Jusqu'à proximité de Pékin, les forêts paraissent être encore passablement étendues. La grande forêt qui dans la Mandchourie sert de domaine de chasse à l'empereur de Chine[17] aurait de l'est à l'ouest une longueur de 100 heures de marche*.

A partir des côtes du golfe de Petcheli, les conditions de l'agriculture et de l'élevage du bétail deviennent plus semblables à celles que présentent l'Europe et la Mandchourie, et c'est là sans doute une conséquence de la cessation du climat à Moussons. Cependant, la Mandchourie méridionale est encore presque complétement inconnue sous le rapport botanique, et des explorations ultérieures conduiront peut-être au même

nera en Crète, où M. Grisebach l'a indiquée (p. 512, 682), comme aussi d'une deuxième espèce au Caucase, où cependant M. Planchon l'a signalée dans *le Prodromus* de De Candolle sous le nom de Zelkova, en considérant peut-être le Caucase comme faisant partie de l'Asie. — T.

* A l'époque (XIIIe siècle) du célèbre Koublaï-Khan, les forêts vouées aux vêneries impériales ont dû être bien plus étendues encore, à en juger par a description que Marco Polo donne de ces chasses dont il fut témoin oculaire (*The Book of Sir Marco Polo,* translated by col. Jule, v. II, p. 356); c'étaient de véritables mouvements d'armées, puisque le conquérant mongol était accompagné de 22,000 chasseurs conduisant 5,000 chiens, suivis de 10,000 tentes et d'autant de soldats; de telles parties de plaisir duraient quelquefois depuis mars jusqu'en mai. — T.

résultat qu'en Europe, en faisant voir que par les Chênes toujours verts, la flore chinoise se sépare naturellement de celle de l'Amur. Dans ce cas, la limite telle qu'elle a été admise par analogie à l'égard du Japon, devra être reculée depuis le coude méridional de l'Amur jusqu'à Pékin (40° L. N.).

A l'aide des formes de l'Oléandre et du Myrte, la similitude physionomique entre la flore de l'Asie orientale et celle de la région méditerranéenne, se trouve également exprimée dans la série des arbustes. Assurément il ne peut être question de Maquis dominants, s'emparant du sol, mais en revanche, les arbustes toujours verts ne brillent que davantage par la richesse et l'éclat de leurs fleurs, car ce sont eux qui ont fourni aux serres de l'Europe les Camélias, ainsi que d'autres précieuses plantes ornementales, parmi lesquelles l'arbrisseau à Thé réclame un examen plus précis, eu égard aux conditions spéciales de sa culture. A l'exception d'Éricées à larges feuilles (P. ex. *Rhododendron*), les buissons toujours verts de ces contrées ont peu d'affinité avec ceux du midi de l'Europe. Ce qu'il y a de plus remarquable sous ce rapport, c'est certainement le vaste domaine d'habitation du Buis (*Buxus sempervirens*), puisque, en admettant la manière dont MM. Hooker et Bentham considèrent les variétés de ce buisson [18], celui-ci s'étendrait de l'Europe occidentale et méridionale à travers les montagnes dans les steppes, et sur l'Himalaya jusqu'à la Chine et le Japon. Les familles auxquelles appartiennent les arbustes toujours verts de la Chine et du Japon ont pour la plupart une relation plus intime avec celles des Indes et de l'Himalaya qu'avec celles de l'Europe et de l'Amérique du Nord : au premier rang se placent les Ternstrœmiacées (*Camellia, Thea, Eurya*); viennent ensuite les Rubiacées, les Myrsinées et les Styracées et enfin les Ilicinées et les Cornées (*Aucuba*), caractéristiques par le nombre de leurs espèces ou par leur fréquence. De concert avec les arbres résineux, ces buissons constituent les formes végétales que ne manquent jamais de mentionner les voyageurs qui visitent les montagnes centrales et les collines du Japon, parce que c'est là ce qui détermine le caractère physionomique de ce pays. Mais le plus remarquable parmi tous ces arbustes toujours verts, c'est l'arbrisseau à Thé de la Chine (*Thea viridis*), qui, très-voisin du Camélia, peut servir d'exemple des conditions climatériques qu'exige la forme d'Oléandre dans l'Asie orientale *.

Comme par la culture du Thé, l'Europe et l'Amérique se trouvent sous le rapport commercial placées dans un état de dépendance à l'égard de la Chine et du Japon, et qu'il s'agit ici d'une grave question économique, puisque l'Opium ne constitue qu'un triste et insuffisant article à offrir en échange à ces pays, ce serait une tâche des plus importantes que celle de rechercher pourquoi la culture de l'arbrisseau à Thé n'a pu réussir sous d'autres climats. En effet, ici la question n'est plus la même que celle relative à la culture des plantes tropicales impraticable dans la zone tempérée. Les transactions commerciales ayant pour objet les produits de latitudes dissemblables, reposent sur une base naturelle, et trouvent des compensations mutuelles, chaque fois que des nations moins bien partagées par la nature mettent dans la balance les ressources de leur industrie. Dans l'échange entre des méridiens différents, cette compensation n'a plus lieu, en tant que la culture du sol et les facultés du travail dépendent des conditions physiques qui se ressemblent davantage dans la même zone. Pourquoi l'arbrisseau à Thé indigène en Chine sous le

* Il est assez singulier que Marco Polo, qui avait parcouru toutes les provinces de la Chine, ne mentionne jamais ni la culture, ni l'usage du Thé. Il est vrai qu'en parlant de la région qu'il désigne par le nom de Caïndou, et qui probablement se rapporte à la province de Junnan, il dit (*The Book of Sir Marco Polo*, transl. by col. H. Jule, v. II, p. 34) que cette contrée montagneuse ne produit pas de vin, mais fournit une grande quantité de *clous de girofle* provenant d'un « petit arbre à feuilles de laurier, seulement plus longues et plus étroites, et à petites fleurs blanches semblables à un clou de girofle » ; or, il serait difficile d'y découvrir l'arbuste à Thé et d'en admettre la culture sur des montagnes qui excluent celle de la Vigne. Au reste, quelque inexplicable que soit à cet égard le silence de Marco Polo, on ne saurait en tirer une conclusion quelconque relativement à la culture du Thé en Chine, d'autant moins qu'il commet, à l'égard de ce pays, un autre oubli aussi extraordinaire, en paraissant ignorer la fameuse muraille construite plus de quinze siècles (l'année 215 avant J.-C., par l'empereur Tchsinchi-hoangti) antérieurement à l'époque de l'illustre Vénitien, et mentionnée par ses contemporains Rachiduddin et Abulfeda. — T.

30e degré de latitude et prospérant au Japon presque sous le 40e degré, ne pourrait-il pas également être transporté dans le midi de l'Europe ou des États-Unis ? D'ailleurs, à cette considération se rattache cette autre : qu'en Chine, dans les meilleurs districts à Thé, où le sol incliné des collines est destiné à cette branche de culture, le second principal produit du pays — la Soie — est obtenu sous le même climat que le Thé. Or, au moyen âge, lorsqu'à l'époque des croisades et des conquêtes mongoles, les relations entre l'Europe et l'Asie orientale étaient plus actives, la sériciculture, inaugurée au VIe siècle dans les régions méditerranéennes, s'y développa davantage, sans que l'arbrisseau à Thé ait suivi le Mûrier. Pourquoi, serait-on porté à se demander, ces végétaux ne pourraient-ils pas être cultivés également ici, réunis sous l'empire des mêmes conditions naturelles, qui, dans la Chine aussi, sont les mêmes, du moins climatériquement, pour les deux végétaux? Les versants des Apennins qui forment une ceinture autour de la plaine lombarde sont assimilables aux collines de Bohea, et semblent convier à cette culture. Les tentatives d'acclimater l'arbrisseau à Thé dans d'autres pays n'ont échoué pendant longtemps que parce qu'on n'avait pas suffisamment connu ni la nature du végétal ni le mode de sa culture. Voyant arriver le Thé de Canton, par conséquent des tropiques, on le prit pour un produit tropical. L'arbrisseau à Thé, cultivé dans les provinces les plus méridionales de la Chine (*Thea Bohea* ne fournit qu'un produit comparativement sans valeur, soit parce que cette espèce est réellement différente de celle du district à Thé (*Thé viridis*), ou que le climat tropical lui est préjudiciable. Cela explique l'échec qu'ont subi toutes les tentatives faites d'introduire la culture du Thé dans les colonies tropicales de l'Asie et de l'Amérique.

M. Fortune fut le premier qui explora les districts à Thé de la Chine et nous fit connaître d'une manière plus précise la dépendance des diverses qualités du Thé, de l'époque de leur récolte et du mode de leur préparation, ainsi que les falsifications du Thé vert [19]. Il réussit à transplanter avec succès la culture du Thé à Assam, dans l'Himalaya oriental, où la vraie espèce (*Thé viridis*) avait été trouvée indigène. Depuis, on vit se généraliser l'opinion que, dans les montagnes tropicales, la culture du Thé est partout possible, bien qu'Assam se trouve déjà considérablement en dehors des tropiques. Par suite, on négligea de faire de semblables essais dans les contrées plus chaudes de la zone tempérée; ils ne furent recommandés qu'en Amérique, mais, à ce qu'il paraît, sans effet. Pour apprécier cette question, nous devons admettre pour base les explorations de M. Fortune. Il résulte de sa carte du domaine cultural des plantations de Thé [19], que le meilleur Thé est produit dans la proximité du littoral chinois, entre le 27e et le 32e degré de L. N.; la limite septentrionale de la culture du Thé atteint presque le 40e degré de latitude *. Assam se trouve sous la même latitude que les districts chinois à Thé, qui s'étendent depuis la province Tschekiang sur la côte, jusqu'à Szetschuan sur les frontières du Thibet, et pourtant, combien ces contrées diffèrent sous le rapport du climat. A Assam [20], la température annuelle est plus élevée (23° 7), la différence entre les saisons moins considérable, mais l'insolation y fait défaut; la période des pluies dure huit mois, depuis mars jusqu'à octobre, et d'épais brouillards règnent pendant l'hiver. En Chine, sous la même latitude, l'hiver est, à la vérité, également doux, mais l'arbrisseau à Thé doit supporter la gelée, tandis qu'au cœur de l'été, après l'époque des pluies, on voit, avec un ciel serein, la température s'élever extraordinairement (à 37° 5).

* Dans un travail sur la culture du Thé au Japon (*Ueber den Anbau des Thees an d. w. küste des Japans, etc.*, dans les *Mittheil. der deutsch. Gesellsch. für Natur. u. Völkerkunde Ost Asiens,* 3 Heft. Iokohama, an. 1873), M. Weber, établi depuis plusieurs années dans ces contrées, considère la latitude de 36° comme la limite de la culture vraiment productive du Thé, et fait observer que cette culture n'est pratiquée avec grand avantage sur la côte occidentale du Nipon (lat. 39°) que d'une manière tout à fait exceptionnelle, grâce à des conditions météorologiques particulières, au nombre desquelles il signale au premier rang l'influence protectrice, pendant l'hiver, d'une épaisse couche de neige, et ensuite l'action calorifique exercée sur cette côte par un courant venant de sud-est à travers le détroit de Sangar, courant, à la vérité, complétement en désaccord avec nos cartes hydrographiques, puisqu'on n'y voit consigné qu'un courant froid parcourant du nord au sud la mer du Japon et s'écoulant de l'est à l'ouest par le détroit de Sangar. — T.

D'ailleurs, à Assam, la culture du Thé est limitée aux vallées les plus humides [21], dans les bas-fonds desquelles l'arbrisseau se trouve tellement ombragé par les arbres que les rayons solaires ne peuvent l'atteindre. En conséquence, bien que ne supportant point des froids rigoureux de l'hiver, la culture du Thé n'en est pas moins très-largement indépendante de la température. De plus, comme l'arbrisseau à Thé est, soit indigène, soit cultivé, sur le vaste espace compris entre le pied oriental de l'Himalaya thibétain et la côte de la Chine, il y a lieu d'admettre que toutes les gradations intermédiaires de climat depuis Assam jusqu'à Shanghaï sont également favorables à sa végétation. Ce que ces contrées possèdent en commun, se réduit à l'intensité des précipitations du climat à Moussons. Mais l'arbrisseau est d'autant moins sensible à la répartition et la durée de ces précipitations, que l'absorption de l'eau par les racines se trouve considérablement diminuée par l'inclinaison et la nature du sol. En effet, cette culture dépend à un bien plus haut degré de la terre végétale que du climat. Elle ne réussit que là où l'eau s'écoule avec facilité et où la terre végétale devient promptement sèche. Même à Assam, elle n'est praticable que dans les endroits où le sol absorbe l'humidité avec tant de promptitude qu'il se présente comme parfaitement sec et pulvérulent malgré les constantes précipitations. Le végétal est riche en éléments minéraux, et l'ablation réitérée des feuilles, lors de la récolte, augmente le besoin d'une alimentation minérale, en sorte que l'irrigation abondante, quoique passagère, paraît indispensable à l'obtention de ces substances nutritives. L'arbrisseau à Thé ne vient point sur un sol humide et compacte. En général, les buissons toujours verts de la Chine et du Japon n'habitent guère les surfaces des vallées, mais préférablement les pentes d'un pays à collines. S'il est permis de tirer une conclusion de la culture du Thé aux conditions qu'exige le reste des arbustes toujours verts, ces derniers paraissent s'écarter sous plusieurs rapports de ceux de la région méditerranéenne. Ils ne s'accordent qu'en ce qu'ils réclament un hiver doux comme condition indispensable, et qu'une nouvelle feuillaison se produit pendant un printemps humide. Dans le midi de l'Europe, ils se rattachent à un été sans pluie et doué d'une température élevée, mais, dans l'Asie occidentale, ils se montrent indifférents à de semblables conditions. Toutefois, dans cette dernière région, ils reçoivent des précipitations plus abondantes que dans la première [2]. Le riche feuillage, la surface foliaire plus large des Camélias, le facile renouvellement des feuilles de l'arbrisseau à Thé, sont autant de phénomènes de croissance qui se rattachent à leurs plus fortes exigences alimentaires. Les conditions climatériques de la sériciculture ne sauraient être assimilées à celles de la culture du Thé. Bien que dans les deux cas les feuilles soient récoltées et qu'un nouveau développement de bourgeons doive les remplacer, le feuillage toujours vert à tissu solide réclame du sol une plus forte alimentation que le feuillage caduc du Mûrier, et c'est à quoi paraissent devoir correspondre proportionnément les quantités d'eau fournie. Le Portugal est dans le midi de l'Europe le seul pays peut-être dont les côtes offrent de la ressemblance avec les districts à Thé, à cause de l'intensité des précipitations. Dans l'Amérique du Nord, il n'y a, dans la proximité du golfe mexicain [21], que quelques endroits assez humides pour qu'il soit permis d'y tenter la culture du Thé. Cependant, un autre obstacle insurmontable peut-être, s'oppose à l'affranchissement du reste du monde, du tribut élevé que la Chine lui impose par son Thé, c'est le déploiement extraordinaire de travail qu'en exige la préparation et qui ne peut lui être consacré que dans un pays si fortement peuplé où, en même temps, la main-d'œuvre du journalier est d'une exiguïté sans exemple [19]. C'est là ce qui a paralysé la culture du Thé, même à Assam, car, malgré les facilités qu'offre la proximité des Indes [22], les frais y sont cependant plus considérables *.

* Selon M. K. Andree (*Geographie des Welthandels*, v. II, p. 344), la culture du Thé dans les Indes britanniques se développe avec une telle rapidité, qu'après s'être établie dans la province d'Assam, que M. Berthold Seemann considère comme la véritable patrie de l'arbuste à Thé, le domaine cultural de celui-ci embrasse aujourd'hui tout l'espace compris entre la partie moyenne du Brahmapoutra, frontière du Birman, et l'Indus, c'est-à-dire une région qui, de l'est à l'ouest, n'a

L'extension de l'arbrisseau à Thé, depuis la Chine jusqu'à l'Himalaya oriental, correspond avec la série de formes tropicales qui accompagnent le climat à moussons dans l'Asie orientale jusqu'aux latitudes plus élevées. Les régions forestières des humides chaînes de l'Himalaya faisant face aux Indes, se comportent, à l'égard de la flore chinoise, à peu près comme les Alpes à l'égard de l'Europe septentrionale. De même que, dans les régions forestières susmentionnées, c'est le cas à l'égard des végétaux ligneux, de même on voit ici se reproduire, à l'égard des formes tropicales de la végétation, le phénomène que, plus elles s'élèvent le long des pentes de montagnes, plus aussi, en Chine et au Japon, elles s'avancent vers le nord. A Sikkim, pays situé dans l'Himalaya oriental, et où nous connaissons le mieux les limites altitudinales des formes végétales, les Bambous sont, parmi tous les produits d'un climat tropical, ceux qui s'élèvent le plus haut (jusqu'à 3,670 mètres ou 11,300 pieds), et c'est ainsi que de semblables Graminées à substance ligneuse sont les seules qui, dans la partie méridionale de Sakhalin [8], ont laissé des traces d'une végétation tropicale (jusqu'à 49° L. N.) et atteignent dans les Kuriles, l'île d'Urup (46°) [6]. Sur la terre ferme, les Bambous paraissent se présenter à peu près jusqu'au golfe de Petscheli [23], par conséquent, jusqu'à la limite septentrionale des précipitations plus

pas moins de 400 milles allemands (près de 3,000 kilom.) de longueur. Rien ne saurait mieux démontrer le prodigieux accroissement de la production de cette contrée, que le tableau statistique donné par M. Andree, dont il résulte que, tandis qu'en 1858 le montant annuel représentait une valeur de 53,331 livres sterling (1,343,250 francs), cette valeur s'était élevée en 1867 à 378,120 livres sterling (8,703,050 francs). La progression a donc été, pendant neuf années, dans les proportions de 8 : 1, en sorte que si cette progression se maintenait seulement pendant dix-huit années, en 1885 les Indes britanniques produiraient presque la moitié du montant annuel du Thé importé de la Chine, et qu'ainsi elles finiront par affranchir l'Europe du tribut que lui impose le Céleste Empire, tribut représenté, selon M. Andree (*loc. cit.*, p. 320), par la valeur annuelle de 40 à 50 millions de thalers, ou en chiffres ronds, par 160 à 200 millions de francs. On conçoit dès lors toute l'importance que la culture du Thé dans les Indes britanniques doit avoir aux yeux du gouvernement anglais, qui s'efforce de créer de nouveaux débouchés dans l'Asie centrale, où l'Angleterre aura à lutter, sous plus d'un rapport, avec la Russie. — T.

fortes et plus régulières du climat à Moussons. Lorsque dans ces chaînes himalayennes on descend les régions forestières à partir des limites du Bambou, on voit se succéder de haut en bas, d'abord les Magnoliacées et les Orchidées aériennes (2,760 mètres ou 9,400 pieds), puis les Laurinées (2,628 mètres ou 8,400 pieds), les Fougères arborescentes et le Pisang (2,143 mètres ou 6,600 pieds), et enfin les Palmiers (1,981 mètres ou 6,100 pieds) et les Cycadées. Dans le Japon, on a encore constaté à Jeso (42° L. N.) des Magnolia [24], ainsi qu'une Vandée (*Calantha*), qui, bien que croissant sur le sol, a des rapports très-intimes avec les Orchidées aériennes. La limite septentrionale des Laurinées, famille qui jusqu'ici n'a pas été observée ni à Pékin ni à Jeso, réclame encore une détermination plus précise ; mais, au Japon, il est probable qu'elle se trouve non loin de la latitude de Pékin (40°). A Khusan (30° L. N.), le Pisang ne porte pas de fruits mûrs [25]; cependant, une Fougère arborescente (*Alsophila podophylla*) est encore indigène dans cette île. Ce que toutes ces formes tropicales de plantes exigent également, ce sont d'abondantes précipitations fournies par les Moussons; quant à leur distinction d'après les limites altitudinales ou septentrionales, elle repose sur la durée inégale de leur période de végétation. Dans l'Himalaya, où les écarts de température offerts par la courbe annuelle sont un peu moins considérables qu'en Chine, les mêmes effets sont produits à la suite de la disparition de la neige d'hiver par la fonte, procédé qui exige d'autant plus de temps que le niveau est plus élevé. A Nepal, au-dessus de la limite des arbres, le sol reste couvert de neige pendant plus de quatre mois [26], et c'est dans une proportion semblable que, sous les latitudes plus élevées de la Chine et du Japon, la période de végétation se trouve réduite par la baisse de la température hivernale.

La forme végétale des Palmiers fait exception à cette disposition symétrique des limites altitudinales et latitudinales. Au Japon il paraît en être de même des Cycadées, qui sont semblables aux Palmiers sous le rapport du tronc et du feuillage, et qui atteignent du moins l'île de Kiusiu [27]. De ce côté des tropiques, l'Asie orientale ne possède que peu de Palmiers indigènes, et encore ont-ils des troncs peu élevés[28]. Ils ne paraissent même pas avoir été observés du tout dans l'intérieur de la Chine. Mais dans la province littorale Tschekiang, le Palmier-Chanvre joue un rôle saillant dans les forêts de montagne[29], et par conséquent n'appartient point aux Palmiers nains. Il est probablement identique avec le Palmier du Japon (*Chamærops excelsa*) qui, dans les parages de Jeddo, donne au pays un caractère tant soit peu tropical[30]. D'après cela, ce Palmier aurait ici dans le sens du nord (36° L. N.) la même extension que celle assignée dans cette contrée aux Laurinées, dont la limite altitudinale dépasse, à Sikkim, de plus de 650 mètres (2,000 pieds) la limite des Palmiers. En général, dans la région forestière tropicale de l'Himalaya il n'y a que peu de Palmiers, et encore l'espèce qui s'élève le plus haut n'est même pas un arbre, mais un Palmier-Rotang ou Liane, forme qui dans la Chine ne paraît pas dépasser les tropiques. Le niveau atteint par des Palmiers qui croissent d'une manière indépendante, y est encore plus inférieur à celui des Laurinées (*Chamærops Martiana* à Nepal jusqu'à 1,624 mètres ou 5,000 pieds), ce qui rend plus considérable la différence entre les limites altitudinales et septentrionales. Mais, même dans l'enceinte des tropiques, les Palmiers se trouvent en général limités aux plaines et aux hauteurs montagneuses moins élevées, les Palmiers américains à cire seuls y font exception. Quelque abondantes que puissent être les précipitations, la quantité d'eau indispensable aux Palmiers ne séjourne pas assez longtemps sur le sol des pentes abruptes des montagnes, le long de la surface desquelles elle s'écoule. Aussi une inclinaison moins considérable du sol devra être favorable à la végétation des Palmiers, et c'est là probablement la cause de ce que, sous les climats tempérés et avec un degré suffisant d'humidité et de régularité de température, les Palmiers s'avancent plus au nord qu'ils ne s'élèvent dans les montagnes des tropiques jouissant des conditions climatériques apparemment analogues.

Souvent en Chine, même là où le climat se prête aux formes tropicales de végétation, les Bambous constituent les seuls représentants de ces dernières, parmi les végétaux ligneux[31].

On les voit partout, et ils servent aux usages les plus divers. Leurs conditions de végétation seront examinées de plus près dans la flore indienne, où, de même qu'en Chine, ils se rattachent aux principales formes caractéristiques du pays. Il suffit de faire observer ici que, bien que similaires aux Palmiers sous le rapport de l'exigence à l'égard de l'eau, ils sont capables de supporter une période plus réduite de végétation, parce qu'ils utilisent promptement les substances nourricières en faveur de la croissance. M. Fortune mesura chez les Bambous chinois la rapidité de cette croissance, et trouva[29] que la hauteur d'un tronc vigoureux augmentait en vingt-quatre heures de $0^m,6$ à $0^m,9$, et que c'est pendant la nuit que le développement en sens longitudinal était le plus actif. Par sa ramification, la forme de Bambou diffère du reste des formes arborescentes monocotylédones, indépendamment de sa tige creuse et de son feuillage qui lui assignent tout d'abord sa place dans la famille des Graminées. Mais comme les bourgeons latéraux ne se développent qu'en courtes branches qui portent les touffes feuillaires réparties le long du tronc indévis, il en résulte que la couronne feuillaire des arbres dicotylédones fait également défaut au Bambou. Chez le Bambou de Mautschok, fréquemment planté dans la Chine moyenne sur les pentes des montagnes et près des temples, la surface du tronc est finement lisse; ce tronc acquiert de 19 à 25 mètres de hauteur en accomplissant sa parfaite croissance dans le cours de peu de mois; il est privé de branches jusqu'au tiers de sa hauteur, et son port est remarquablement svelte et élégant. M. Fortune considère cette espèce comme l'une des plus belles de tous les Bambous, et compare aux barbes d'une plume les feuilles délicates rapprochées du sommet. Plusieurs autres espèces chinoises offrent une structure analogue, et leurs jeunes pousses sont comestibles. Ce voyageur a trouvé que, dans la Chine méridionale, les Bambous qui rappellent le plus ceux des Indes sont les espèces qui constituent des buissons serrés, s'élèvent en forme d'arc, et dont les parties inférieures sont munies de feuilles. Enfin, c'est par la réduction du tronc que se distinguent les Arundinées les plus septentrionaux (*A. kurilensis*) et qui, par conséquent, se rapportent aux Bambous proprement dits comme les Palmiers nains aux Palmiers.

Quant au reste des formes végétales qui ne donnent point lieu à des considérations ultérieures relatives au climat, il suffit de faire observer d'une manière générale qu'elles offrent également un mélange de genres se rapportant aux latitudes tropicales et aux latitudes plus élevées, et que, comparativement à l'Europe, elles possèdent un plus grand nombre de végétaux volubiles ligneux ainsi que des représentants plus variés des familles indiennes, et, comparativement aux contrées tropicales, une richesse croissante en arbustes à feuilles caduques. Je ne mentionnerai ici qu'à titre de particularité une forme subfrutescente, qui sans être ni herbe vivace ni végétal ligneux, se rattache à certaines Araliacées arborescentes des Indes, portant au sommet de leur tronc une rosette de feuilles flabelliformes longuement pétiolées. C'est à cette forme que correspond un genre de la même famille (*Fatsia*), dont le tronc indévis, sujet à se lignifier, mais n'ayant que $1^m,9$ de hauteur, acquiert sa complète croissance dans le cours d'une seule période de végétation (au bout de 10 mois)[32], et se distingue par une moelle singulièrement développée qui fournit le papier de riz (*F. papyrifera*), produit spécial de l'île Formosa. Au même groupe de plantes appartient également l'herbe vivace de Ginseng, très-estimée par les Chinois comme précieux médicament ; elle croît à l'ombre profonde des forêts de la Mandchourie et se présente aussi au Japon (*Panax Ginseng*) *.

Formations végétales. — Dans la Chine et au Japon, le caractère physionomique du pays a été modifié par la culture du sol, à peu près comme en Europe. Cependant, malgré l'irrigation uniforme de la basse région, de vastes espaces sont restés soit incultes soit revêtus de forêts, à la suite de la variété dans la nature géologique du sous-sol et de la disposition compliquée de nombreuses chaînes de hauteurs. Les provinces et les îles,

* Voir mon *Voyage scientifique dans l'Altaï oriental*, p. 75, où j'ai réuni de nombreux renseignements historiques sur cette importante Ombellifère. — T.

prises séparément, diffèrent les unes des autres par leurs produits ou le degré de leur fertilité. Les côtes montagneuses du midi de la Chine ont un aspect inhospitalier, et la roche nue y perce souvent sur de larges espaces. Il en est tout autrement de l'île japonaise de Jeso[24], qui, à ce qu'il paraît, est presque entièrement couverte de forêts et dont l'intérieur est complétement inhabité*. Dans la majeure partie de la Chine, et notamment dans les provinces orientales, les forêts se trouvent refoulées par la culture ou par la consommation du bois, mais au Japon elles se sont bien plus généralement maintenues sur les hauteurs; dans ce pays une ancienne loi est encore en vigueur, d'après laquelle quiconque coupe un arbre est tenu d'en planter un nouveau. Tous les voyageurs vantent chaleureusement la variété et la beauté du paysage japonais à Nipon et à Kiusiu, les arêtes et les pentes des montagnes étant couvertes de forêts ou de buissons élevés, et les vallées revêtues de riches champs et plantations bien arrosées. C'est à peu près ainsi qu'on nous dépeint la contrée qui sert de contre-fort oriental à l'Himalaya thibétain et qui renferme Szetschuan, l'une des plus fertiles provinces de la Chine, où le produit fourni par le sol en une seule année est, dit-on, dix fois supérieur aux besoins de la

* M. R.-G. Watson, ancien chargé d'affaires britanniques au Japon, donne des renseignements intéressants sur les forêts de l'île de Jeso (*Procecd. roy. Geogr. Soc.*, an. 1874, v. XVIII, p. 226), où elles occupent un aréal presque égal à celui de l'Irlande, et contiennent des essences dont l'utilisation serait pour le Japon une source intarissable de richesse, puisqu'elles approvisionneraient abondamment l'empire d'excellents bois de construction, que le Japon tire à grands frais des États-Unis. De plus, M. Watson nous apprend qu'on vient de découvrir dans l'île de Jeso de vastes dépôts de houille, d'une telle épaisseur qu'on y voit jusqu'à six couches puissantes régulièrement superposées les unes aux autres, dont chacune pourrait fournir environ trois millions de tonnes. Un autre fait qui rend fort remarquables les parages limitrophes de Jeso, c'est que c'est dans ces parages (44° 53′ L. N., 152° 26′ Long. Est) qu'en 1874 le pyroscaphe américain *Tuscarora* constata l'énorme profondeur de 8,513 mètres (V. *Verhandl. der Gesells. für Erdk. zu Berlin*, t. II), et par conséquent de 1,432 mètres supérieure à celle (7,081 mètres) qui avait été trouvée par le *Challenger*, dans l'archipel des Indes occidentales, au nord de l'île de Saint-Thomas. La mer du Japon possède donc la profondeur la plus considérable connue aujourd'hui, en sorte qu'on peut dire que c'est en Asie que se trouvent tout à la fois le point le plus élevé du continent (mont Everest : 8,585 mètres) et la dépression la plus forte du fond de la mer; ces deux points réunis formeraient une ligne verticale de 17,098 mètres.—T.

nombreuse population[33], et où le commerce intérieur, fait par l'entremise du Yangtsekiang, pourvoit les pays de montagne moins bien partagés. Aussi, dans cette contrée les forêts sont encore considérables, quoique pas au même degré que dans la Mandchourie.

En Chine la destruction des forêts n'a pas les mêmes inconvénients qu'ailleurs, parce que leur diminution dans un pays qui jouit d'aussi abondantes précipitations ne saurait compromettre les plantes, et que l'alternance des vallées et des hauteurs assure une quantité suffisante d'humidité. Or, ce qui donne à l'Asie orientale un grand avantage sur les contrées occidentales méditerranéennes, c'est précisément que, dans la première, ces précipitations ont lieu pendant la saison plus chaude, tandis que dans les dernières, l'aridité estivale se produit d'autant plus hâtivement que les montagnes ont moins conservé leurs forêts susceptibles de favoriser la condensation de la vapeur aqueuse. Les herbages secs servant aux pâturages font défaut à la Chine, de même que les Maquis dont les broussailles sont encore moins utilisées : la culture et les forêts naturelles ne sont limitées ici que par le défaut de terre végétale et d'humus. Ce n'est que sur les limites de la Mongolie où les pluies des Moussons n'ont plus lieu, que la steppe s'est avancée plus au sud[17], depuis que les Chinois ont commencé à détruire les forêts de cette contrée*.

* Le fait remarquable que signale notre auteur en démontrant que la destruction des forêts n'offre pas le même inconvénient en Chine qu'en Europe, pourrait recevoir un appui de plus, d'un autre ordre de considérations, en apparence peu liées avec la question de géographie botanique, mais qui n'en ont pas moins un certain intérêt pour cette dernière, c'est la richesse exceptionnelle en houille que possède la Chine et qui lui assure, plus qu'à aucun peuple du monde, l'avantage de remplacer les forêts actuelles par le produit des forêts des anciennes époques géologiques. C'est là du moins ce qui ressort des remarquables explorations de M. de Richthofen, explorations que le monde scientifique attend avec impatience de voir publiées dans toute leur étendue, mais dont cependant on connaît déjà assez pour se former une idée de l'immensité des trésors que recèle le sol de l'Empire céleste. Ainsi, dans les *Verhandl. der k. k. geol. Reichsanst.*, an. 1873, n° 14, p. 300, se trouvent consignés, d'une manière très-sommaire à la vérité, les résultats des observations de M. de Richthofen, qui constatent que « l'Empire céleste doit dès aujourd'hui être considéré comme le pays de l'univers le plus riche en houille, au point que la seule province de Schansi peut pourvoir aux besoins *du*

Quelque loin que s'avancent au nord les éléments constitutifs de la flore, la disposition des végétaux dans les forêts n'en correspond pas moins aux conditions climatériques de la zone tempérée, et n'a plus rien de commun avec ce qui fait la richesse luxuriante des forêts tropicales, richesse qui tient particulièrement à l'utilisation plus vigoureuse de l'espace et au groupement plus serré des formes de végétation. Les formations de l'Asie orientale n'ont un caractère qui leur est propre que parce qu'elles réunissent les formes variées dans les mêmes forêts, tandis que dans celles de l'Europe, les arbres et les dessous de bois s'identifient par une certaine ressemblance entre leurs organes de végétation. Dans une description de l'île de Chusan, M. Contor dit[25] qu'on y voit, dans les forêts de Chêne et d'essences résineuses, le Pisang de concert avec les Palmiers nains (*Rhapis*), et que les buissons de Ronce se pressent et le Houblon grimpe autour des plantations de Thé. Dans une autre description, le caractère mixte de la végétation de Canton se trouve désigné par ce fait, que les Violettes y fleurissent à l'ombre des Melastomacées, que sur les mêmes hauteurs les Bambous croissent à côté du Pin chinois et que dans le même

monde entier pendant plusieurs milliers d'années. » Or, cette assertion, formulée par un juge parfaitement compétent, est d'autant plus significative, que les dépôts de houille, en Chine, sont loin d'être des dépôts vierges révélés de nos jours, mais qu'au contraire, ils y sont très-largement exploités depuis bien des siècles, ainsi que l'atteste Marco Polo (*The Book of Sir Marco Polo*, transl. by col. Jule, v. I, p. 395) qui, en parlant *des curieuses pierres noires* des Chinois, dit : « Elles fournissent un si excellent combustible, qu'aucun autre n'est employé dans la contrée; il est vrai qu'ils (les Chinois) ont du bois en abondance, mais ils ne s'en servent point, parce que ces pierres brûlent mieux et coûtent moins. » Si, malgré cette longue exploitation effectuée depuis cinq cents ans sur une énorme échelle, les dépôts de houille, en Chine, offrent encore les proportions gigantesques que leur assigne l'éminent géologue allemand, il est impossible de ne pas admettre qu'aux époques géologiques auxquelles remontent les forêts dont l'enfouissement a donné lieu aux dépôts de houille, la région occupée aujourd'hui par la Chine et par une partie du Japon a dû avoir été plus boisée que toute autre région des continents existant alors. Au reste, la Chine possède également du charbon de terre appartenant à une époque postérieure à la formation carbonifère, puisque les empreintes de plantes fossiles recueillies par l'abbé A. David dans le Schensi méridional indiquent l'existence, dans cette province, des dépôts houillers de l'époque jurassique, ainsi que le pense M. Brongniart (*Bull. Soc. Bot.*, an. 1874, 3e sér., t. II, p. 408.) — T.

champ on voit cultivées la Canne à sucre et les Pommes de terre. Au Japon, on observe également, jusqu'à Jeddo, un taillis qui réunit les essences feuillues de l'Europe avec les Bambous tropicaux[30]. Ce qui démontre encore l'effet des abondantes précipitations auxquelles on doit attribuer cette intrusion des éléments tropicaux au milieu des formations indigènes, c'est que les buissons toujours verts peuvent acquérir une plus vigoureuse croissance qu'ils ne l'ont ordinairement dans les Maquis du midi de l'Europe. Dans la proximité du Chusan, M. Fortune[31] visita une île boisée, où les dessous de bois d'une forêt à essences résineuses était composé de Camélias, qui atteignaient fréquemment une hauteur de 6 à 9 mètres.

C'est aux mêmes conditions qui déterminent le caractère des formations indigènes que se rattache l'alliance effectuée par la culture entre les produits tropicaux et ceux du nord et du midi de l'Europe; ainsi la culture place l'Indigo et la Canne à sucre à côté du Froment, du Riz et du Cotonnier, et dans les plantations des végétaux ligneux, elle ajoute au Mûrier, l'Oranger et l'arbrisseau à Thé. En Chine, on distingue, d'après la durée et la rigueuer de l'hiver[34], une zone septentrionale (jusqu'à Nangking, 32° L. N.) où les Céréales européennes sont cultivées, de la zone moyenne (32-27°) où prédomine la culture du Riz, mais qui fournit également du Froment de qualité supérieure. C'est aussi ici, comme nous l'avons déjà dit (p. 725), que se trouvent les meilleurs districts à Thé, dans la circonférence des pays où se pratiquent toutes les cultures du midi de l'Europe, et où elles déploient un degré de développement inconnu aux contrées placées plus au sud, sous le cercle tropical subséquent. Une double récolte est chose ordinaire dans les régions plus chaudes de la Chine comme du Japon; des Céréales à période réduite de développement peuvent mûrir pendant la saison printanière plus sèche[35], qui précède l'époque pluvieuse du changement des Moussons. Même le Riz jouit de cet avantage, attendu que ce végétal, qui dans le midi de l'Europe réclame un si long laps de temps pour sa complète évolution, produit en Chine une variété dont le développement est abrégé de plusieurs mois, et à laquelle, déjà dans l'antiquité, on était parvenu à donner un caractère persistant, par suite de la sélection des graines*.

* Parmi les principales plantes cultivées aujourd'hui en Chine, c'est la Canne à sucre qui, au XIIIe siècle, paraît avoir occupé le premier rang, car Marco Polo (trad. par le col. Jule, v. II, p. 180) fait particulièrement ressortir l'importance qu'avait de son temps, sous ce rapport, la ville d'Unken (identifiée par M. Jule avec la ville actuelle Mingslinghien), où l'on fabriquait une immense quantité de sucre, dont le raffinage avait été enseigné aux Chinois par des manufacturiers que Koublaï-Khan fit venir de l'Égypte. A cette occasion, le col. Jule nous apprend (*loc. cit.*, note 8, p. 182) que, même à présent, on désigne dans l'Inde, par le nom de *Chiné*, le sucre non raffiné, en qualifiant de *Misri* le sucre raffiné venant de l'Égypte, ce qui n'empêche pas les Chinois de fournir aux Indes britanniques beaucoup d'excellent sucre raffiné. Aujourd'hui encore, la Canne à sucre est largement cultivée dans la même localité, ainsi que nous l'apprend M. G. Philipps, agent consulaire britannique en Chine (V. *Proceed. of the roy. Geogr. Soc.*, an. 1874, v. XVIII, p. 168), qui identifie la ville dont il s'agit avec la ville actuelle Jung-chun-Chaw, localement appelé Eng-Ching, nom qui, en effet, rappelle l'Unken ou l'Unguen de Marco Polo. Edrisi ne mentionne guère la production du sucre en Chine ; selon lui (*Géogr.* trad. par A. Joubert, t. I, p. 208), c'est dans le pays de Sus (région occidentale du Maroc) que l'on fabriquait du sucre « d'une qualité tellement supérieure, qu'on n'en voit nulle part ailleurs qui puisse lui être comparé ; il est connu dans l'univers entier et surpasse toutes les autres espèces en saveur comme en pureté ». L'Indigo, cultivé aujourd'hui en Chine, n'y est point signalé, ni par Edrisi, ni par Marco Polo, mais le premier déclare (*loc. cit.*, p. 424) comme *le meilleur du monde*, celui que produit Hormuz où se fabriquait également beaucoup de sucre, tandis que Marco Polo (*loc. cit.*, v. II, p. 312) mentionne l'Indigo fourni en grande quantité par la ville de Caïlum (Quilen, sur la côte de Madras), ville où, selon le col. Jule, l'Indigo ne se cultive plus aujourd'hui. La sériciculture est indiquée, en Chine, par Edrisi et par Marco Polo, qui dit (*loc. cit.*, v. II, p. 88) que la région de Cuiju (selon M. Jule la province actuelle de Kuichan) produit beaucoup de soie. Quant au Riz, au Cotonnier et à l'arbuste à Thé, qui tous trois constituent aujourd'hui en Chine les plantes culturales les plus importantes, ni Edrisi, ni Marco Polo n'en parlent point; mais ils s'accordent pour refuser à la Chine la production du Raisin propre à faire du vin; Edrisi est, à cet égard, très-explicite, puisqu'il dit (*loc. cit.*, t. I, p. 85) : « On ne trouve ni Raisin ni Figue dans *la totalité* de la Chine et de l'Inde. » Marco Polo, à la vérité, admet une seule exception, notamment pour la ville de Tüanfu (selon M. Jule, la ville actuelle de Thaïquanfu, dans la province de Shansi), car il nous apprend (*loc. cit.*, vol. II, p. 6) que c'est la seule ville dans le Cathay tout entier, qui produise du Raisin propre à faire du vin ; aussi, en vantant (*ibid.*, p. 159) les énormes Poires et les Pêches exquises de la splendide cité de Kinsay (Hangchau), il ajoute que, malgré cela, elle ne produit *ni raisin ni vin*. Enfin, aux plantes cultivées en Chine, on pourrait ajouter encore l'Ortie blanche (*Urtica* ou *Bœhmeria nivea*), parce qu'elle commence à acquérir une certaine importance comme plante textile recherchée en Angleterre sous le nom de China-grass, et déjà manufacturée sur plusieurs points du continent, entre autres à Nice, où elle est employée à la fabrication de passementeries, dans un établissement fondé par un Anglais (M. Chil-

Régions. — En Chine, il n'y a que les pentes orientales de l'Himalaya, encore complétement inconnues, qui paraissent s'élever au-dessus de la limite des arbres. Les partages d'eau dans le système hydrographique de la basse région sont formés par des montagnes centrales ou de chaînes de collines boisées ou rocheuses. Les montagnes de Bohea, situées sur les confins de Kiangsi et de Fokien et visitées par M. Fortune[31], sont revêtues de forêts de Pins et de Chênes associés aux Bambous ; sur les arêtes, ces essences se trouvent refoulées, quoique imparfaitement, par les broussailles.

Dans les îles de l'Asie orientale, les soulèvements volcaniques atteignent une notable hauteur au-dessus du niveau de la mer. A Formosa, il y a, à ce qu'il paraît, des sommets de 3,898 mètres (12,000 pieds) d'altitude[36], et plus considérable encore est celle du Fusiyama, dans la proximité de Jeddo à Nipon (4,223 mètres ou 13,300 pieds), volcan le plus célèbre du Japon, à cause de sa forme parfaitement conique, et dont M. Alcock a fait l'ascension[37]. C'est la seule montagne de ce pays sur les régions végétales de laquelle nous possédions jusqu'à présent quelques données *.

ders). Selon M. de La Blanchière fils (*Bull. Soc. d'Acclim.*, an. 1869, t. VI, 2e sér.), l'*Urtica nivea* (dont une variété, désignée par M. Ramond de la Sagra, sous le nom de *U. utilis*, est particulièrement cultivée à Java) avait été connue aux Romains, attendu que c'est à cette plante, et non au *Gossipium*, que ferait allusion le célèbre vers de Virgile :

Velleraque ut foliis depectant Seres.

M. de la Blanchière se livre, pour le démontrer, à de savantes investigations relativement aux géographes anciens, et fait observer que la ville de Lassa portait, chez eux, le nom de *Sera metropolis* (capitale de la soie), ce qui, selon l'auteur, prouverait que la véritable patrie de l'Ortie blanche est le Thibet, la Cochinchine et le Siam. — T.

* Dans les *Verhandl. der Gesellsch. für Erdk. zu Berlin*, an. 1874, n° 3, p. 98, ainsi que dans *Petermann, Mittheil.*, v. XX, p. 147, se trouve un résumé des travaux hypsométriques les plus récents sur le Fusyama (ou Fudjiyama), parmi lesquels ceux de M. Knipping paraissent avoir le plus d'importance ; le chiffre que cet observateur a obtenu pour le sommet de la montagne est de 3,729 mètres ou 12,235 pieds anglais, et par conséquent inférieur au chiffre donné par M. Alcock, mais supérieur à ceux de M. Williams (10,714 pieds) et de M. E. Lepissier (11,542 pieds). Un travail important sur les volcans du Japon vient d'être publié par M. E. Stöhr, qui s'attache particulièrement à la province Bandjuwangi, où il

FUSIYAMA (35° 50' L. N.)[38].

0 — 8,000	pieds anglais.	Région forestière.
— 2,600	—	Essences feuillues (Exemples : Hêtre, Érable, Frêne) avec Fougères et Conifères, *Cepholotaxus drupacea.*
2,600 — 6,000	—	Région des Pins (*Pinus firma,* s'élevant jusqu'à 120 pieds, *P. Tsuga*).
6,000 — 8,000	—	Région du Mélèze (*P. leptolepis*, jusqu'à 40 pieds).
8,000 — 12,000	—	Région alpine, avec une Conifère naine; au delà de 12,000 pieds. Laves sans végétation.

Les régions du Fusiyama peuvent être comparées à celles de l'Etna qui, par sa position et sa structure, est si semblable au premier. La température estivale de Jeddo[8] est celle de Palerme (22°, 5), la température hivernale (+ 0°, 5) est plus rigoureuse, elle correspond à celle de Genève. Comme avec la même température estivale qui fait disparaître la neige sur le Fusiyama la limite des arbres est d'environ 584 mètres (1,800 pieds) inférieure à celle de l'Etna, il est permis d'admettre que le défaut d'humidité qui fait descendre les forêts à un niveau inférieur ne se produit point au Japon, même dans les régions supérieures, ou bien se trouve compensé par des masses considérables de neige, comme celles que les Moussons y accumulent à une température hivernale un peu plus basse. Sur les deux montagnes, les influences du sol sont de même nature, les laves non décomposées ainsi que les blocs éruptifs qui les recouvrent limitent le développement des plantes et empêchent une végétation quelconque de se produire dans la proximité du cratère terminal.

Le Taurus lycien et le Fusiyama s'accordent sous le rapport

signale un gigantesque amphithéâtre volcanique dont les proportions, dit-il, ne sont point surpassées par aucun groupe volcanique connu jusqu'à présent. Parmi les volcans actifs, M. Stöhr mentionne le Smeru, qu'il considère comme la montagne la plus élevée du Japon. Un résumé de l'ouvrage est donné dans le *Neues Jahrb. für Mineral. Geol., etc.,* de G. Leonhard et H.-B. Geinitz, an. 1874, p. 650.

T.

de la hauteur des limites des arbres, mais cette concordance est due à des causes parfaitement différentes, car dans le premier l'exhaussement des limites est l'effet d'un soulèvement de masses étendues, et dans le second de l'action d'un sol humide placé sur un cône isolé. Si la température estivale ne faisait pas disparaître la neige ou bien si elle tardait trop à le faire, la limite des arbres ne manquerait pas à s'abaisser. Or, c'est là ce qui ne peut avoir lieu sur le Fusiyama, grâce au courant japonais qui élève tellement la température le long de ces côtes. Ainsi que cela résulte de la description de M. Alcock [37], le Fusiyama n'atteint point la ligne des neiges perpétuelles pas plus que l'Etna, bien que le contraire ait été soutenu, et que, vu de loin, le sommet de cette montagne apparaisse blanc pendant la majeure partie de l'année. Par contre, sur la côte occidentale de Nipon, soustraite à l'action calorifique du courant japonais, le Siroyama est, dit-on, couronné de neiges perpétuelles à une altitude d'à peine 2,498 mètres (8,000 pieds). Une différence aussi considérable dans la ligne des nevés sur les côtes est et ouest de la même île, différence qui se monterait au moins à 1,624 mètres (5,000 pieds), si les données à cet égard étaient confirmées, serait sans exemple, et doit trouver son expression également dans les limites des végétaux.

Centres de végétation. — Sous le rapport de sa position, l'archipel japonais peut être comparé à la Grande-Bretagne. Mais tandis qu'un échange complet de végétation a eu lieu entre les îles Britanniques et l'Europe, on ne saurait constater au même degré la connexion entre la Chine et le Japon, malgré le caractère saillant des traits qui les unissent ; d'ailleurs, la flore chinoise est bien moins connue que celle du Japon. C'est ce qui fait que les considérations relativement aux plantes endémiques de l'Asie orientale doivent être particulièrement basées sur le Japon. M. Zuccarini [9] comptait dans le Japon 44 genres endémiques qui sont pour la plupart monotypes, mais il n'en reste aujourd'hui que 18, attendu que les autres ont été constatés également sur le continent ou bien n'ont pu conserver leur autonomie. Toutefois, par suite de découvertes ultérieures, le chiffre de genres observés exclusivement au Japon et reconnus comme spéciaux[39] s'est élevé de nouveau à 33. Cela n'empêche pas M. Miquel de formuler l'opinion que, depuis que tant de plantes japonaises ont été retrouvées dans la Chine ou dans l'Himalaya, on peut s'attendre à ce qu'il en soit de même à l'égard du reste de plantes endémiques du Japon. Néanmoins, quelque peu praticable qu'après de telles expériences puisse paraître une séparation de la flore japonaise d'avec la flore chinoise, je n'en considère pas moins probable que le Japon aussi possède ses centres spéciaux qui se sont conservés séparés de ceux du continent.

Déjà, lors de ses études sur le caractère de la flore japonaise, M. Zuccarini attachait une importance particulière à la variété des genres ainsi qu'à la pauvreté relative des genres en espèces, pauvreté indiquée par le grand nombre des monotypes. Parmi plus de 900 genres de plantes vasculaires distingués par M. Miquel dans son ouvrage sur le Japon [13], je n'en compte que 16 renfermant une douzaine au plus d'espèces [40]. De même parmi les végétaux non endémiques du Japon, il est plusieurs monotypes, et on y voit encore plus souvent des genres représentés ici par une seule espèce, tandis que dans d'autres flores ils le sont par un certain nombre d'espèces. La proportion moyenne entre les espèces et les genres est dans la flore de M. Miquel [41] à peu près de 2,5 : 1, et elle serait encore moindre si l'on éliminait toutes les espèces dont le caractère spécifique est douteux. Dans l'Allemagne du Nord, sur un espace ayant une circonférence analogue, je trouve une proportion plus forte, celle 3,2 : 1. Ce qui donne la clef à ce phénomène au Japon, c'est la loi constatée par M. Hooker [42], d'après laquelle la circonférence de l'espace occupé par les genres d'une flore est d'autant plus grande, que le nombre des espèces endémiques l'emporte davantage sur celui des espèces immigrées, proportion qui, à la vérité, se trouve modifiée en sens inverse par les monotypes. Or, dans l'intérieur de l'ancien continent, foyer de quelques-uns des genres les plus riches en espèces, cette proportion s'accroît bien plus fortement que dans la direction des côtes : selon M. De Candolle [43], elle se monte dans l'empire russe à 6,9 : 1. Il y a donc lieu d'admettre que le Japon est plus riche en plantes immigrées qu'en plantes dont il est le berceau, et il en est de même de l'Europe. Dans un cas semblable, les monotypes si nombreux au Japon doivent agir dans le même sens sur le rapport des espèces à l'égard des genres. D'ailleurs, ce qui vient à l'appui de la supposition relative à une forte immigration vers le Japon, c'est le fait qu'ici tant de genres tropicaux se trouvent encore représentés par certaines espèces indiennes et que, de même, un échange assez considérable s'est effectué avec les latitudes plus élevées de l'ancien ainsi que du nouveau continent. Les espèces qui tiennent le moins à l'action du climat passent dans ces îles, tandis que celles à organisation plus délicate, ne quittent point leur patrie. Je trouve [44] que sur 26 familles tropicales du Japon 6 se présentent également dans le domaine méditerranéen de l'Europe et, de plus, 10 autres dans les États méridionaux du nord de l'Amérique, et que, par contre, tel n'est point le cas à l'égard des 10 restantes. Parmi celles qui constituent une fraction de ces dernières (huit espèces), on en a trouvé au Japon tantôt une, tantôt deux, et un plus grand nombre d'espèces parmi les autres genres. Toutefois, l'exiguïté du chiffre relatif des espèces n'est guère suffisamment expliquée ni par la proportion plus forte que fournissent les représentants des familles tropicales, proportion indiquant si distinctement l'influence du climat à Moussons, ni par l'immigration plus limitée des espèces de la Sibérie et du nord de l'Amérique. Le nombre plus considérable des monotypes est un fait qui se reproduit dans les flores insulaires du globe entier, mais la rareté de genres plus étendus constitue, à un degré supérieur encore, une particularité propre au Japon.

Le lieu qui donne naissance à une plante doit être considéré comme la plus parfaite expression de la concordance entre ses conditions vitales et son organisation. En effet, cette adaptation à des influences données par le monde inorganique, fournit la plus exacte mesure de la faculté de conservation réclamée par la nature. Tel est le principe dont découle la conclusion que, plus les centres des plantes diverses se rapprochent géographiquement les uns des autres, ce qui par suite les rend moins divergents sous le rapport de leurs conditions climatériques, plus aussi leur organisation doit devenir semblable, ou, en d'autres termes, plus grand sera le nombre d'espèces produites dans le même genre. En effet, ce phénomène se manifeste partout où nous pouvons comparer des espèces endémiques dont l'extension est restée limitée, mais dans les îles à végétation spéciale, il est moins prononcé que sur les continents. A partir d'un point quelconque, le climat change graduellement, à l'instar des rayons d'un cercle s'écartant de plus en plus les uns des autres, du centre à la périphérie. Or, sur le continent, il faut se représenter la superficie tout entière du cercle comme de nature à produire dans l'organisation des modifications déterminées, tandis que dans un archipel l'aire du cercle est interrompue par la mer, et c'est ici par conséquent qu'on voit moins d'espèces similaires. Un deuxième facteur consiste en ce que, comparés entre eux, les genres ne sont pas susceptibles de varier au même degré ; il en résulte que, pour nous en tenir à la même image, les espèces se trouveraient disposées sur les rayons de la surface circulaire, à des intervalles plus ou moins grands les unes des autres. Si l'étendue de la terre ferme est peu considérable, les monotypes auront pu se produire plus aisément, genres qui, d'une part, sont peu ou point variables, et d'autre part ne peuvent plus subsister lorsque les conditions climatériques sont modifiées au delà d'une certaine mesure. Lorsqu'à de grandes distances géographiques les conditions climatériques les plus importantes que réclament ces genres se produisent de nouveau, nous retrouvons dans une autre partie du monde peut-être, un deuxième représentant du genre, et c'est ainsi que s'explique en général l'origine des espèces qu'on a qualifiées d'équivalentes. Au reste, il n'y a point de similitude complète entre le climat de deux points éloignés de la surface terrestre, en tant que nous le considérons comme un ensemble complexe de phénomènes auxquels les organismes se montrent sensibles. Et c'est là ce qu'on peut considérer comme la cause de l'unité des centres de végétation, c'est-à-dire du fait que, dans ses migrations, chaque espèce a eu pour point de départ une seule localité primordiale, ce qui n'exclut nullement la possibilité d'exceptions isolées, qu'il y a lieu d'admettre pour des plantes moins sensibles.

Les variations climatériques se produisent plus rapidement de sud au nord que sur le même cercle paralèlle de l'équateur, ou bien dans la première direction les influences déterminantes à l'égard de l'organisation ont du moins plus d'importance. Aussi, lorsqu'un système géographique de centres de végétation s'étend particulièrement de l'ouest à l'est, les espèces se trouveront plus fréquemment modifiées que les genres. Le nombre d'espèces d'un genre s'accroît plus aisément en Asie qu'en Amérique. On n'a observé dans aucun genre américain une richesse spécifique aussi grande que chez les Astragales de l'ancien monde. Or, à l'instar de l'Amérique, le domaine de la flore japonaise offre le caractère d'une vaste extension des méridiens (30–49° L. N.) avec une expansion transversale relativement circonscrite : ce sont là, par conséquent, des conditions peu favorables à la production de genres riches en espèces, mais propices à celle des monotypes.

D'après ces considérations, il est donc possible de déduire du principe simple et aisément compréhensible de l'adaptation climatérique, les phénomènes les plus importants relatifs à la répartition des plantes affines.

La plupart des genres endémiques du Japon sont, par leur organisation, si positivement séparés de ceux qui dans le sens systématique s'en rapprochent le plus, qu'on ne saurait contester leur autonomie. Sur les continents, les limites des genres les plus riches en espèces sont quelquefois peu prononcées, ce qui peut donner lieu à des divergences d'opinion relativement à leur étendue, puisque toute classification systématique est arbitraire jusqu'à un certain degré. Dans les îles, au contraire, il devient souvent difficile d'assigner avec certitude à leurs genres endémiques la place qu'ils doivent occuper dans le système. Les limites des familles sont de nature tout aussi oscillatoire, par suite des organisations à structure intermédiaire, que le sont les limites des genres, eu égard aux espèces intermédiaires. C'est précisément dans ses organisations les plus spéciales que les flores insulaires offrent plusieurs exemples de tels genres intermédiaires, et nous trouvons des difficultés de cette nature également au Japon. Le groupe des Trochodendrées (*Trochodendron* et *Euptelea*, le dernier différant cependant par l'anatomie du tissu ligneux) est maintenant systématiquement rangé à côté des Magnoliacées[45], tandis qu'en général il est aussi très-voisin des Araliacées, auxquelles d'autres botanistes avaient voulu le rattacher. Une semblable position intermédiaire est de même occupée par les Calycanthées (*Chimonanthus*), qui, par l'organisation de la fleur, également voisines des Magnoliacées, semblent former habituellement sous plusieurs rapports, et notamment sous celui de la structure de la semence, une transition aux Myrtacées. C'est aussi le cas des Hamamélidées et des Cornées, deux groupes dont chaque compte au Japon cinq espèces, et qui, à cause de la nature multiple de leurs affinités, offrent de grandes difficultés pour leur classification dans un système général. Enfin, les Saxifrages et les Rosacées, toutes deux très-richement représentées au Japon, ont des limites tellement vagues qu'on avait même proposé de les réunir complétement, ce qui, à la vérité, ne donne point une solution quelconque à de tels problèmes de la classification systématique.

Pour le moment, on ne peut formuler que des conjectures sur la richesse de la flore chinoise. Le nombre d'espèces positivement constatées au Japon n'atteint point le montant qu'un espace de même étendue fournit dans l'Europe moyenne (environ 2,000 espèces); au reste, ici comme ailleurs, la flore continentale doit être plus riche que les flores insulaires. En calculant d'après l'échelle empruntée à l'Europe, on ne peut guère s'attendre à trouver dans cette partie de l'Asie au delà de 6,000 plantes vasculaires[46].

Comparativement à l'Europe, les séries des plus grandes familles de la flore japonaise se distinguent surtout par l'accroissement du nombre des Rosacées et des Conifères. Ensuite, c'est le décroissement dans la richesse de presque toutes les grandes familles qui est remarquable; en sorte que la plus étendue parmi ces dernières, celle des Synanthérées, qui, dans le domaine européo-sibérien, renferme 11 pour 100 du total des plantes vasculaires, n'offre au Japon qu'une proportion de 6 pour 100. Cela tient évidemment au petit nombre d'espèces contenues dans les genres.

La connexion de la flore japonaise avec d'autres régions florales s'explique en général aisément, par la position géographique. Un échange avec l'Europe a pu avoir lieu, tant par la Sibérie qu'à travers l'Himalaya; la relation avec le nord de l'Amérique est moins intime; elle l'est le plus avec les Indes d'une part, et avec la flore de l'Amur d'une autre part, lorsque dans les deux cas des obstacles mécaniques ne s'opposent point à la migration. Des plantes septentrionales ont pu également s'étendre à travers le détroit de Behring et la chaîne des îles Kuriles et Aléoutes, depuis le Japon jusqu'au nord de l'Amérique, ainsi qu'en sens inverse; d'autres végétaux ont eu pour moyen de transport le courant du Pacifique, lequel n'étant que la continuation du courant japonais, atteint le continent occidental dans la proximité de Vancouver. Cependant M. Asa Grey a développé à ce sujet des considérations particulières qui méritent d'être examinées de plus près[48]. Se fondant sur des études comparées étendues, il a trouvé que la flore japonaise offre plus de ressemblance avec celle de l'est qu'avec celle de l'ouest de l'Amérique septentrionale, et il cherche d'en déduire des conclusions relativement à son origine. Toutefois, les listes de plantes sur lesquelles il base ses conclusions comprennent non-seulement les espèces identiques des côtes orientales des deux continents, mais encore les espèces affines et équivalentes; aussi, chez M. Miquel[10], qui avait éliminé les dernières des premières, nous trouvons la concordance déjà considérablement diminuée (réduite à quatre-vingt-une espèces, environ 4 pour 100).

Guidé par les principes du Darwinisme, M. Asa Grey avait réuni les espèces voisines ou identiques des deux flores, par la raison qu'il leur attribuait la même origine provenant des organismes-souches, que les migrations n'avaient que peu ou point modifiés. Cependant, tout en laissant de côté les hypothèses relatives à leur origine, on ne saurait négliger la différence essentielle qui existe entre les espèces équivalentes et identiques. Or, tandis que les premières peuvent se présenter sur des points de la surface terrestre tellement éloignés qu'un échange quelconque deviendrait inadmissible, même dans les cours des périodes géologiques antérieures, ce qui est notamment le cas à l'égard des Erca du Cap et de l'Europe, il est presque toujours possible, quand il s'agit d'espèces identiques, de conclure à des migrations réellement accomplies, rien qu'en examinant la configuration du domaine d'habitation ou les moyens de locomotion dont elles disposent. Dans le premier cas, on voit agir la loi précédemment mentionnée d'après laquelle des climats semblables produisent également des organisations semblables, ce qui se manifeste si distinctement sous les nombreux parallèles des contrées tropicales, sans qu'il soit possible d'admettre une migration à travers toute la largeur de l'Océan. De même, le climat des côtes orientales, sous les latitudes septentrionales des deux continents, offre à plusieurs égards plus de similitude qu'il n'y en a entre le climat du Japon et celui de la Californie. Ce que ces faits ont de commun, c'est que, dans les deux cas, les vents du nord traversent la mer et les vents équatoriaux la terre ferme, et ce sont ces conditions fondamentales qui permettent d'expliquer d'une manière satisfaisante les contrastes climatériques tranchés entre les côtes orientales et occidentales. On conçoit donc que les flores des côtes orientales offrent entre elles plus de ressemblance qu'il ne s'en présente entre les flores des côtes orientales et occidentales, sans même qu'un échange quelconque ait eu lieu entre elles. Par contre, chez les espèces identiques, à aire étendue ou interrompue par des lacunes, nous avons à découvrir les moyens qui ont été mis en usage pour effectuer leurs migrations, si nous admettons l'unité de leurs points de départ primordiaux.

Bornons-nous cependant aux seules espèces identiques dont il s'agit, à l'égard desquelles M. Asa Grey a émis une hypothèse qui, si elle était réellement basée sur des faits, modifierait considérablement les idées relatives aux migrations primordiales des plantes. Or, il est d'avis qu'un échange entre le Japon et les États-Unis est impossible à l'aide des forces agissant aujourd'hui, et que, par conséquent, des changements géologiques peuvent seuls expliquer la communauté de leurs produits, tout en admettant toujours, ainsi qu'il le fait comme de raison, l'unité des points de départ primordiaux. Des plantes habitant le domaine forestier oriental de l'Amérique du Nord ne sauraient s'étendre au delà du détroit de Behring et des Aléoutes, parce qu'elles ne supportent point le climat de ces contrées, et, d'ailleurs, si elles font également défaut aux États de l'Ouest, à la Californie et à l'Orégon, elles ne peuvent pas non plus atteindre le Japon à travers le Pacifique ou bien y être immigrées de ces régions. Ces genres de connexion supposent donc, d'après M. Asa Grey, des changements opérés dans le climat et se rattachant à des époques géologiques antérieures, supposition à l'appui de laquelle viennent les restes végétaux légués par la période tertiaire. Dans les couches miocènes de Vancouver[49] ont été constatés des végétaux ligneux (Palmiers, Laurinées, Ficus) qui n'habitent plus actuellement les côtes occidentales de l'Amérique sous ces latitudes, mais qui possèdent dans le Japon leurs analogues, et, parmi ces derniers, certains arbres qu'on ne saurait distinguer de ceux des États méridionaux atlantiques (par exemple *Persea carolinensis*). Selon M. Asa Grey, il en résulte la conclusion qu'à cette époque pouvaient avoir lieu à travers tous les méridiens, entre les côtes orientales des deux continents, des migrations qui de nos jours ne seraient plus possibles. Je ne puis cependant reconnaître dans tout cela qu'un fait géologique général, savoir : que la différenciation climatérique sur la surface de notre globe progressa graduellement pendant toutes les époques antérieures, en sorte que chacune des flores ne s'individualisa d'une manière accentuée que peu à peu. Ainsi, dans le cours des époques plus anciennes, les migrations ont pu assurément s'étendre sur de plus vastes espaces qu'aujourd'hui. Malgré cela, une date aussi reculée à laquelle remonterait la végétation actuelle ne constitue pas encore un fait assez solidement établi pour qu'on ne doive pas essayer de découvrir d'autres explications, limitées aux forces qui agissent également de nos jours.

Une étude plus précise des espèces réellement identiques du Japon et du nord de l'Amérique me porte plutôt à n'admettre que dans peu de cas des aires dont les lacunes soient inexplicables. Déjà le catalogue dressé par M. Miquel indique une bien moindre concordance entre le nord de l'Amérique et le Japon qu'entre le Japon et d'autres flores de l'ancien monde, même celles de l'Europe. Et cependant, ce catalogue est encore susceptible de réductions considérables. Parmi les quatre-vingt-une espèces considérées par M. Miquel comme identiques et qui sans doute ne sauraient subsister à Alaska, j'en trouve quarante et une qui sont indigènes également dans l'ouest de l'Amérique septentrionale, et qui, par conséquent, peuvent encore chaque jour répandre leurs semences à travers la Pacifique. Selon moi et d'autres botanistes, dix-sept espèces ne sont point identiques ou bien sont douteuses, et certainement se rattachent en partie à la série des espèces équivalentes. Parmi les vingt-trois espèces qui restent encore, j'en trouve vingt et une qui supportent un climat septentrional et sont communes, notamment dans le Canada [50]. Or, au nord des Prairies, le domaine forestier s'étend sur toute la largeur du continent, et les contrées de l'Orégon n'étant pas aussi bien explorées que les États-Unis de l'Est, il y a lieu d'admettre qu'au moins la plupart de ces vingt et une espèces seront retrouvées dans l'Ouest. Des deux espèces qui restent encore, l'une (*Elodea petiolata*) est une plante palustre qui, à ce titre, possède une grande capacité de migration; l'autre (*Carex rastrata*) habite les montagnes de la côte orientale, les White-Mountains, et par des explorations ultérieures nous serons peut-être mieux informés sur l'extension de cette plante. C'est pourquoi je crois être en droit de conclure que la concordance entre les États-Unis et le Japon n'est pas plus prononcée que l'on pouvait s'y attendre d'après la position et le climat, et que l'échange qui y a eu lieu a pu avoir été opéré à l'aide des forces qui continuent à agir actuellement *.

* Parmi les travaux les plus récents sur la flore du Japon, figurent deux ouvrages importants en cours de publication, et dont une courte analyse est donnée dans le *Bull. Soc. bot. Fr.* (an. 1873, *Rev. bibl.*, p. 185). L'un est le travail

de M. Maximowicz, intitulé : *Diagnoses plantarum navarum Japoniæ et Mandchuriæ, etc.*, dont la 19e décade vient de paraître dans le *Bull. Acad. imp. Saint-Pétersbourg*. Au nombre des genres que l'auteur passe critiquement en revue, se trouve le genre *Ribes*, dont le savant botaniste russe place le siége principal en Amérique. L'autre ouvrage est l'*Enumeratio plantarum in Japonia sponte crescentium, etc.*, Paris, 1874, par A. Franchet et L. Savatier, renfermant une centaine d'espèces (dont plusieurs nouvelles) non mentionnées dans la flore de Miquel, laquelle compte 2,000 espèces. Cet ouvrage (dont le premier volume a paru seulement) a le mérite de nous faire connaître les nombreuses publications botaniques japonaises, et entre autres l'iconographie de la flore japonaise figurée par des artistes indigènes et composée de pas moins de 150 volumes. — T.

PIÈCES JUSTIFICATIVES

ET ADDITIONS

V. DOMAINE CHINO-JAPONAIS

1. Dove, *Die Verbreitung der Wärme.* Tableau des Isothermes mensuels : l'isotherme de juillet de 30° se trouve dans le nord-ouest de l'Inde postérieure sous les tropiques ; dans la Chine centrale, cette température est de 27°,5 et dans la Chine septentrionale seulement de 25°. Par contre, M. Dove trouve (*Klimatol. Beitr.,* I, p. 96) qu'à Péking au mois de juillet la pression barométrique de 632^{mm},4 descend au-dessous de la moyenne annuelle et que cette décroissance va toujours en diminuant dans la direction sud-ouest.

2. Hepburn (chez M. Fortune, *Yedo and Peking,* p. 266). La période des pluies à Yeddo (36° L. N.) comprend les mois de mai et de juin ; les précipitations atmosphériques qui y ont lieu entre la mi-mai jusqu'à la fin de juin rappelèrent à M. Fortune les pluies torrentielles de l'Himalaya. Parmi les autres mois, août et septembre, de concert avec les mois d'hiver, sont les plus secs : la quantité annuelle de pluie tombée est de 1^{m},95, dont presque la moitié revient aux mois de mai et de juin. M. Fortune ne trouva point la période des pluies aussi fortement prononcée sur la côte de la Chine qu'au Japon. Pourtant, lors du voyage de M. Blakiston (voy. note 3) en amont du fleuve Yangtsekiang presque jusqu'au pied des plateaux de l'Asie centrale, on constata également une période de pluies intense depuis le commencement de mai jusqu'aux premiers jours de juin. De même à Canton (23° L. N.), les précipitations atmosphériques les plus fortes (environ 812 millimètres,) ont lieu en mai et en juin (Dove, *Klimatol. Beitr.,* I, 102), mais ici se produit un deuxième maximum de pluie en septembre, ce que M. Dove (p. 20) signale comme un phénomène encore non expliqué, mais dont la cause pourrait bien cependant se rattacher au changement des

Moussons d'automne, lorsque des vents nord-est plus froids commencent à se mélanger avec les vents sud-ouest. Dans le nord de la Chine, la zone à périodes de pluies distinctement délimitées ne paraît pas tout à fait atteindre le 40ᵉ degré de latitude. M. Fortune trouva à Tien-tsin, sur le Peiho, le mois d'août plus humide que mai et juin (*loc. cit.*, p. 335) ; Pékin est situé dans la zone des pluies réparties presque entre tous les mois, mais renforcées pendant l'été comme c'est le cas sous les latitudes plus élevées. (Dove, *loc. cit.*, p. 102.)

3. Blakiston, *Five months on the Yang-Tsze*, p. 234. Déjà au commencement de mai la température s'éleva au delà de 25°, et bientôt après succéda un temps pluvieux persistant ; le journal météorologique signale d'abondantes précipitations atmosphériques, notamment pendant les premiers jours de juin. Ce sont ces précipitations qui sont cause du gonflement extraordinaire du Yangtsekiang qui à Hankeu (l'une des trois grandes villes centrales réunies, et à Utschangfu, le dépôt pincipal du commerce intérieur de la Chine) subit ordinairement une crue de 6 mètres, dans certaines années de 9 mètres, et même encore à Nanking, de 3m,8, en inondant la vallée du fleuve. M. Blakiston eut lieu de constater lui-même à Hankeu la crue du fleuve s'élevant jusqu'à 10m,6, après que dans l'année précédente elle avait atteint 16 mètres. M. Blakiston mesura le volume d'eau du Yangtsekiang en amont de Hankeu et il le trouva le 1er avril de 466,000 pieds cubes par seconde, et le 1er juin de 675,800 pieds cubes, ce qui donnerait un volume d'eau double de celui du Nil et supérieur à celui du Gange ; à son embouchure le fleuve aurait un volume d'eau dont on pourrait admettre le chiffre à un million de pieds cub[illegible] Toutefois, la longueur du Nil est sans doute plus considérable ; celle [illegible] kiang pourrait être évaluée à 800 milles allemands.

4. En évaluant, d'ap[illegible] proportions pluviométriques de Berlin (541 millimètres, Dove, *Klimatol. Beitr.*, I, p. 177), de Londres (514 millimètres, *ibid.*, p. 128) et de Bordeaux (649 millimètres, p. 165), à 541 millimètres jusqu'à 676 millimètres, la quantité de pluie tombée dans les plaines de l'ouest de l'Europe, les données, à la vérité exiguës, que nous possédons à cet égard sur la Chine et le Japon, nous présenteraient le triple de ces chiffres en embrassant de bien plus grandes différences latitudinales (Canton, 2m,056, *ibid.*, p. 102 ; Yeddo, 1m,95 ; note 2). Ce sont des valeurs, même un peu plus fortes que celles fournies par Calcutta (1m,786, Dove, *loc. cit.*, p. 101). Ce n'est seulement qu'à Pékin que le chiffre pluviométrique égale celui de l'Europe (622 millimètres, *ibid.*, p. 102). Les maxima pluviométriques locaux, mais non périodiques, cités précédemment en Europe atteignent et même dépassent ceux de l'Asie orientale,

dans les localités suivantes : Cumberland et Westmoreland (866 millimètres jusqu'à 5 mètres, *ibid.*, p. 135), Bergen (2m,546, *ibid.*, p. 137), Talmezzo en Friaule (2m, 436, *ibid.*, p. 119) ; à Coimbra les précipitations atmosphériques sont limitées particulièrement à l'automne et au printemps (2m,904, *ibid.*, p. 114).

5. Dove, *loc. cit.*, p. 83.

6. Grisebach, *Gramina rossica*, p. 74. (Ledebour, *Flora rossica*, IV). *Arundinaria Kurilensis*, Graminée à forme frutescente, ordinairement rangée parmi les Bambusées, bien qu'étant plus voisine de l'*Arundo*, croit dans l'île Urup (46° L. N.).

7. Bentham, *Flora Hongkongensis*. *Préface*, p. 14. Sur environ 1,000 plantes vasculaires constatées à Hongkong, l'auteur compte (p. 17) presque 650 espèces indiennes, près de 200 chinoises et au delà de 150 considérées jusqu'à ce moment comme locales. Ces recherches me font voir le motif qui détermina l'auteur à admettre les tropiques comme limite méridionale provisoire du domaine de la flore chinoise. La proportion entre les végétaux ligneux et ceux qui ne sont pas tels, est, d'après M. Bentham, comme 320 : 680.

8. (p. 495). Différences de température entre les mois les plus froids et les plus chauds.

Canton	(23° L. N.)	Janvier, 11° 2.	Juillet, 28° 7.	Différence : 17° 5. — Dove (*Temperaturtaf.*, p. 42).
Chusan	(30° L. N.)	» 5°	Sept., 27° 5.	*Ibid.*
Shanghaï	(31° L. N.)	Minima en Déc. et Janv. : 0° à — 4° 5.	Maxima en Juillet et Août : 37° 5.	(Lockhart, chez Fortune : *Two visits to the tea countries*, I, p. 212.)
Yeddo	(36° L. N.)	Janvier, — 1° 2.	Juillet et Août : 23° 7.	25°. (Hepburn, chez Fortune : *Yedo*, p. 266.)
Pékin	(40° L. N.)	» — 3° 7.	Juillet et Août : 26° 2.	30°. (Dove, *loc. cit.*, p. 41.)

Cependant, les températures des mois les plus froids et les plus chauds ne suffisent guère pour donner une idée complète du climat excessif de Pékin. Il faut ajouter que pendant trois mois le thermomètre demeure au-desous du point de congélation (moyenne hivernale — 2°,5) et que le minimum de température y peut descendre presque jusqu'à celui du désert Gobi. En effet, déjà à Tsin-tsin, dans la proximité de la côte du golfe de Petscheli, on constate pendant l'hiver un froid de — 25°, tandis qu'en été des températures de 37°,5 à 42°,5 ne sont pas rares. (Werner, *Die preusisch. Expedition in China*, II, p. 184.) La différence entre le climat de Pékin et celui de Yeddo est donc bien plus considérable qu'on aurait dû s'y attendre, à en juger par les températures moyennes des mois de janvier et de juillet.

8. (p. 496). F. Schmidt, *Reisen im Amurlande und auf der Insel Şakhalin* (*Mém. Acad. St. Pétersb.*, XII, p. 2, 1868).

9. Zuccarini, *Notizen über die Flora von Japan* (*Münch. gelehrte Anzeigen*, an. 1844, p. 470 ; *Jahresb.*, an. 1844, p. 40).

10. Miquel, *Die Verwantschap der Flora von Japan met Azie en Noord-America* (*Verslagen der K. Akad. van Wetenschapen*, II, 2, an. 1868, p. 69, 72).

11. Je trouve dans le *Botany of the Northern United States* de M. Asa Gray, que le rapport entre les végétaux ligneux et les autres végétaux atteint à peine la proportion de 1 : 6, proportion qui correspond à peu de chose près à celle que présentent les domaines forestiers situés sous des latitudes plus élevées de l'Asie orientale (Dahurie 1 à 7,7 ; pays de l'Amur 1 : 5,9).

12. Meyen, *Pflanzengeographie*, p. 156.

13. Miquel (*Prolusio floræ japonicæ*, p. 389) énumère même jusqu'à 69 Conifères japonais répartis entre 16 genres, mais la moitié de ces conifères doivent être rattachés aux mêmes espèces ou bien n'offrent que des caractères spécifiques d'une nature douteuse. Je compte 36 espèces japonaises distinguées avec certitude, parmi lesquelles 12 ont été constatées également en Chine ; il faut y ajouter encore 5 Conifères chinois qui n'ont pas été observés dans le Japon. Les genres monotypes du Japon sont : *Sciadopytis* et *Thujopsis*, et ceux communs au Japon et à la Chine : *Cunninghamia, Cryptomeria, Biota* et *Gingko ; Glyptostrobus* n'est connu qu'en Chine.

14. Fortune, *Yedo and Peking*, planches des p. 17 et 378.

15. Maximowicz, *Flora amurensis*, p. 399.

16. Schmidt, *loc. cit.* (note 8), p. 85. 92, 75.

17. Huc, *Souvenirs d'un voyage dans la Tartarie*, I, p. 24, 5.

18. Bentham, *loc. cit.*, p. 315.

19. Fortune, *Two visits to the tea-countries.* D'après la carte y jointe du district à thé, la culture de ce dernier dans la Chine s'étend jusqu'au 38e degré L. S., et dans le Japon jusqu'au 39e. Dans les plantations chinoises le salaire journalier de l'ouvrier n'est que de 2 à 3 pence ou 20 à 30 centimes (I, p. 245).

20. D'après M. de Schlagintweit (*Reisen in Indien*, I, p. 480), la température moyenne dans la vallée de Brahmaputra, dans l'Assam, est de 23°7. celle de janvier, à Gohatti, de 17°5, celle de juillet (*ibid.*) de 28°7 (*Results of a scientif. mission to India*, IV, p. 173). La côte chinoise est traversée

sous 30° L. N. par l'isotherme de 18°7. (Dove, *Verbreit. der Wärme*, planche 5). Pour les valeurs thermiques des saisons à Chusain et Schangaï, voyez note 8.

21. Dans le nord de l'Amérique la quantité de pluie tombée n'atteint nulle part celle que présentent les contrées chinoises placées sous le climat à Moussons ; les régions de l'Amérique qui se rapprochent le plus de ces dernières sont : Alabama (Mobile ayant 1m,705 ; Dove, *Klimat. Beitr.*, I, p. 151) et Mississipi (Natches ayant 1m,488).

22. Schlagintweit, *Reisen in Indien und Hochasien*, I, p. 445.

23. Huc, *l'Empire chinois ;* édition allemande, II, p. 76.

24. Brandt, *Die Insel Jezo* (*Zeitschrift der Ges. f. Erdkunde*, an. 1866, I, p. 401). En fait de Magnoliacées toujours vertes dans l'île de Jeso, M. Miquel cite le *Trochodendron* (*Pralusio Fl. japon.*, p. 146) ; *Calanthe discolor* a été cueilli par M. Wright à Hakodade (*ibid.*, p. 136).

25. Cantor (*Ann. nat. his.*, IX, p. 265; *Jahresb*, an. 1842, p. 401) ; Bentham, *Flora hongkong.*, p. 460.

26. Les données rapportées ici relativement à l'Himalaya se trouvent démontrées dans la section consacrée au domaine indien des Moussons.

27. La Cycadée de Kiusiu est le *Cycas revoluta* (Miquel, *loc. cit.*, p. 320).

28. Les Palmiers constatés comme indigènes dans la Chine méridionale sont, ou des Palmiers nains (plusieurs espèces de *Rhapis* et un *Phœnix* à Hongkong), ou bien des Palmiers à tronc de médiocre hauteur, tels que : *Livistona chinensis*, de taille moyenne, qui paraît être le Palmier le plus considérable; *Chamærops excelsa* auquel on ne donne que 2 à 3m,8 de hauteur et qui par conséquent ne dépasserait que de peu la variété ligneuse du Palmier nain de l'Europe méridionale ; cependant, à en juger par les descriptions de M. Fortune, il est probable que ce *Cham. excelsa* se présente aussi pourvu de troncs plus élevés. Les Palmiers Rotang ne sont mentionnés qu'à Hongkong.

29. Fortune, *A residence among the Chinese*, p. 189.

30. Id., *Yedo and Peking*, p. 55, 17.

31. Id., *Two visits to the tea-countries*, I, p. 103, 151 ; II, p. 76, 188.

32. Bowring, *Chinese rice paper* (dans : *Transact. of the royal Asiat. Soc.*, reproduit dans Hooker's, *Journal of Bot.*, V, p. 79 ; *Jahresb*, an. 1852, p. 41).

33. Huc, *l'Empire Chinois, loc. cit.*, I, p. 166 ; II, p. 76, 188.

34. Hinds, *The regions of vegetation* (dans Belcher, *Voyage round the world*, II, p. 427 ; *Jahresb.*, an. 1842, p. 403).

35. Blakiston, *loc. cit.*, p. 147, 149, 237. Lors de son voyage sur le Yangtsekiang jusqu'à Szetschuan, le voyageur fit les observations suivantes, relativement aux époques des récoltes : à Ouaichow, le froment et l'orge étaient en épis avant la moitié d'avril, les pois et les haricots étaient presque mûrs; le 7 mai on fit à Chunking la récolte du froment et de l'orge; à la même époque, on sema le riz et le blé de Turquie, ainsi que le tabac ; à la fin de mai, la récolte des pavots était terminée et on y fit succéder immédiatement la culture de la canne à sucre, du cotonnier et du maïs. — Chez M. Fortune (*Visits to the tea-countries,* I, p. 229) se trouvent plusieurs données sur les périodes qu'embrasse la culture du riz : sur le Min (26° L. N.), première récolte du riz à la fin de juin ou au commencement de juillet, deuxième récolte en novembre, puis vient après le riz encore une autre céréale d'hiver; à Ningpo (30° L. N.), première plantation de riz en mi-mai, à l'époque des pluies des Moussons, récolte au commencement d'août (par conséquent la période de végétation durant moins de trois mois), deuxième récolte (le riz ayant été ensemencé pendant les intervalles de la première récolte) à la mi-novembre; à Schangaï, il n'y a qu'une récolte de riz qui est semé à la fin de mai et récolté au commencement d'octobre.

36. Perry, *Expedition to the China seas;* carte de Formosapour, p. 573; Werner, *Preussische expedit.,* II, p. 10.

37. Alcock, *The capital of the Tycoon,* I, p. 395, 426. La détermination hypsométrique du Fusiyama est due à M. Robinson (Peterm., *Mitth.,* 1867, p. 118). Le sommet de cette montagne paraît être revêtu de neige pendant neuf à dix mois; M. Alcock n'en vit en septembre que quelques lambeaux.

38. Rodigas (dans *Flore des serres,* 1861, p. 29). Les altitudes sont probablement données en pieds anglais, qui n'ont pas été réduits en mesure française, parce qu'il ne s'agit évidemment que d'évaluations approximatives.

39. Énumération des genres propres au Japon (d'après M. Miquel, *Verwant. der Fl. van Japan*, p. 73, avec élimination de 5 genres réduits ou considérés comme douteux par MM. Bentham et Hooker et avec additions de 2 autres qui avaient été omis) : 2 Ranunculacées : *Glaucidium* et *Anemonopsis,* la Berbéridée *Aceranthus;* la Calycanthée *Chimonanthus; Trochodendron* et *Cercidiphyllum* (?) voisins des Magnoliacées; la Papavéracée *Pteridophyllum;* la Tiliacée *Corchoropsis;* la Sapindacée *Euscaphis;* la Rutacée *Skimmia;* la Juglandée *Platycaria*; 2 Rosacées : *Stephanandra* et *Rhodotypus;* 4 Saxifragées · *Rodgersia, Schizophragma, Platycrater* et *Cardiandra;* 2 Mutisiacées : *Pertya* et *Diaspananthus;* l'Éricée *Tripe-*

taleia; la Styracée *Pterostyrax;* la Primulacée *Simpsonia;* 3 Labiées : *Keiskea, Chelonopsis,* et *Orthodon;* la Scrofularinée *Paulownia;* l'Orobanchée *Phacellanthus;* la Gesnériacée *Conandron;* la Polémoniacée *Schizocodon;* la Myoporinée *Pentacœlium;* 2 Conifères : *Thujopsis* et *Sciadopitys;* 3 Liliacées : *Rhodea, Helionopsis* et *Sugerokia.*

40. Genres de la flore japonaise, les plus riches en espèces (d'après M. Miquel *Prolusio*) : *Carex* (56 espèces), *Polygonum* (27), *Asplenium* (27), *Aspidium* (21), *Pinus* (20), *Lilium* (19), *Hydrangea* (15), *Rubus* (15), *Cyperus* (15), *Ilex* (13), *Acer* (13), *Veronica* (13), *Prunus* (12), *Viburnum* (12), *Lysimachia* (12), *Rhododendron* (12). On voit que la plupart de ces genres ont une vaste extension.

41. Je compte, dans le *Prolusio* de M. Miquel, 2,283 espèces réparties entre 923 genres; d'après la *Flore du nord de l'Allemagne* par M. Garecke, an. 1867, il y a 2,207 espèces réparties entre 685 genres.

42. *Jahresb.,* an. 1846, p. 60.

43. De Candolle, *Géographie botanique*, p. 1287.

44. Sur les 26 familles tropicales représentées dans le Japon, mais ne renfermant généralement que peu d'espèces, à l'exception toutefois des Laurinées, des Ternstrœmiacées et des Magnoliacées, les familles suivantes s'étendent jusqu'à l'Europe méridionale et le nord de l'Amérique (les chiffres se rapportent au nombre d'espèces indiqué dans *Prolusio Floræ japonicæ* de M. Miquel) : Capparidées (1), Térébinthacées (7), Myrtacées (3), Acanthacées (5), Laurinées (26) et Palmiers (5).

Jusqu'à l'Amérique du Nord : Magnoliacées (13), Ménispermées (5), Ternstrœmiacées (21), Méliacées (3), Mélastomacées (3), Ébénacées (2), Sapotées (1), Bignoniacées (3), Commélynées (4), Settominées (6).

Jusqu'au Japon et la Chine : Bixinées (2), Sterculiacées (2), Aurantiacées (5), Simarubées (1), Oléinées (1), Bégoniacées (1), Myrsinées (8), Pipéracées (7), Cycadées (1), Musacées (1).

45. Bentham et Hooker, *Genera plantarum,* p. 954; cf. Seemann, *Journ. of Bot.,* III, p. 150; Eichler, *Regensb. Fl.*, 1848, p. 449, 1865, p. 12).

46. L'aréal du domaine de la flore chino-japonaise peut être porté à environ 90,000 milles géogr. carrés (la Chine à 70,000, la Korée à 4,000 le Japon y inclus, une partie de la Mandchourie à 7,000). L'évaluation de la richesse en plantes repose sur le rapport moyen entre le midi et le nord de l'Europe (une espèce pour chaque mille géogr. carré, 6,000).

47. Série des familles les plus considérables (d'après le *Prolusio* de M. Miquel) : Synanthérées (6 pr. 0/0), Graminées (5-6), Fougères (5), Cypéracées (4-5), Rosacées (4), Liliacées (3-4), Légumineuses (3-4), Co-

nifères (3), Renonculacées (presque 3), Labiées (2-3), Éricées (2-3), Orchidées (2-3).

48. Asa Gray, *Observations upon the relations of the Japonese flora to that of North America* (*Mem. Amer. Acad. New Ser.*, VI, p. 224).

49. Lesquereux, chez Asa Gray, *loc cit.*, p. 446.

50. Les 81 espèces rapportées par M. Miquel (*Verwant. der Fl. von Japan*, p. 61) qui croissent tout à la fois dans le Japon et le nord de l'Amérique, se divisent en catégories suivantes :

1). 41 espèces constatées dans l'ouest de l'Amérique septentrionale; à celles signalées déjà par M. Miquel sont à ajouter : *Brasenia peltata Cornus canadensis, Rumex persicarioides, Erythronium grandiflorum.*

2). 17 espèces mal identifiées ou douteuses sont à éliminer : pour la plupart elles avaient été désignées comme douteuses déjà par M. Miquel. Les espèces suivantes doivent être notamment signalées comme propres au Japon : *Fagus Sieboldi* (*F. sylvatica* chez M. Miquel, à en juger par les exemplaires de M. Oldham je trouve ce Hêtre positivement différent du nôtre) et *Torreya nucifera* (d'après M. Parlatore elle doit être distinguée des espèces de l'Amérique septentrionale). Puis viennent *Diphylleia cymosa*, Miq. = *D. Gragi* (selon M. Schmidt dans sa flore de Sakhalin), et *Pyrola incarnata.* = *P. rotundifolia*; quant à la *Menziesia globularis*, cette espèce a été abolie par M. Miquel dans son *Prolusio*, etc.

3). Les 21 plantes canadiennes citées par M. Miquel, sont : *Vitis Labrusca, Amelanchier canadensis*, var., *Sorbus americana, Lespedeza hirta, Viburnum lantanoides, Chiogenes hispidula, Betula lenta*; puis: *Elodea virginiana, Cryptotænia canadensis, Aralia quinquefolia, Viola Selkirkii, Caulophyllum thalictroides, Pyrola asarifolia, Monotropa uniflora, Liparis liliifolia, Pogonia ophioglossoides, Trillium erectum*, var., *Polygonatum giganteum, Onoclea sensibilis, Osmunda cinnamonea, Lycopodium lucidulum.*

4). *Elodea petiolata* et *Carex rostrata*, sont les seules deux plantes (mentionnées dans le texte) qui, à l'exception du Japon, n'ont été observées que dans les États-Unis orientaux.

FIN.

Nota. — Le travail de M. le professeur Parlatore, sur la Flore italienne, n'ayant pu être achevé en temps voulu, cet important supplément sera placé sous forme d'Appendice à la fin du deuxième volume.

TABLE DES MATIÈRES.

FLORES NATURELLES.

I. FLORE ARCTIQUE.

II. DOMAINE FORESTIER DU CONTINENT ORIENTAL.

III. DOMAINE MÉDITERRANÉEN.

IV. DOMAINE DES STEPPES.

V. DOMAINE CHINO-JAPONAIS.

FIN DE LA TABLE DES MATIÈRES.

ERRATA.

Page 19, ligne 4, *32 mètres;* lisez : *320 mètres.*

— 21, — 10, *Kan;* lisez : *Kane.*

— 37, — 27, *sévérité;* lisez : *sérénité.*

— 101, — 13, *touchent, ou;* lisez : *touchent aux essences feuillues, ou.....*

— 121, — 18-20 : *vers — le domaine;* lisez : *le chêne est l'arbre caractéristique pour les forêts à feuillage de la Russie moyenne; vers l'ouest, c'est-à-dire, en Scandinavie, le domaine.*

— 167, — 17, *occupent l'hémisphère;* lisez : *occupent la moitié méridionale de l'hémisphère.*

— 172, — 13, *ininterrompue;* lisez : *interrompue.*

— 175, — 7, *présentent que;* lisez : *présentent en Europe que.*

— 187, — 14, *fructescents;* lisez : *frutescent.*

— 191, — *forme-prés;* lisez : *forme du saule.*

— 200, — 37, *avec — flores;* lisez : *avec celles de certaines autres flores.*

— 233, — 6, *prête point, comme;* lisez : *prête aussi bien que.*

— 235, — 33, *plus bas que dans l'Oural;* lisez : *plus bas dans l'Oural.*

— 255, — 11-14, *forment dans — vallées;* lisez : *forment la ceinture inférieure des buissons, et descendent aussi le long des cours d'eau dans l'intérieur des vallées; dans les Alpes orientales ils sont associés au pin de montagne des Carpathes.*

— 261, — 16, *français et la chaîne;* lisez : *français de la chaîne.*

— 350, — 17, *est froid;* lisez : *est chaud.*

— , — 2, *paysage;* lisez : *passage.*

— 354, — 29-30, *que quelques centimètres;* lisez : *que des fractions de centimètres.*

— 362, — 26, *Vadar;* lisez : *Vardar.*

— 363, — 14, *des cap;* lisez : *des caps.*

Page 378, ligne 37, *qui le précède;* lisez : *qui la précède.*
— 390, — 2, *de la France;* lisez : *de la Thrace.*
— 393, — 9, *int ure;* lisez : *extérieure.*
— 424, — 9, *considère la;* lisez : *considère les pays autour de la.*
— 506, — 18, *plantes endémiques;* lisez : *plantes non endémiques.*
— 508, — 7, *390;* lisez : *39°.*
— , — 18, *Naples ou;* lisez : *Naples et.*
— 513, — 13, *Macrasciadium;* lisez : *Macrosciadium.*
— , — 14, *Jainhe;* lisez : *Janthe.*
— 514, — 8, *dorynicifolia;* lisez : *dorycnifolia.*
— , — 31, *Anthrolepis;* lisez : *Arthrolepis.*
— 515, — 20, *espèce;* lisez : *nature.*
— 528, — 5, *isothermes de 5°;* lisez : *isothermes du mois de janvier de 5°.*
— , — 24, *Pattas;* lisez : *Pallas.*
— 540, — 37, *Tunchel;* lisez : *Funchal.*
— 542, — 26, *A. Ol.;* lisez : *A. DC.*
— 549, — 4, *Wegner;* lisez : *Wagner.*
— — *1873;* lisez : *1843.*
— 555, — 34, *Pancie;* lisez : *Pancic.*
— 560, — *ajoutez à la fin de la note : mais comparez l'observation* p. 564, lig. 27-30. *G.*
— 581, — 33, *oriental;* lisez : *occidental.*
— 630, — 3, *mètres;* lisez : *millimètres.*
— 632, — 26, *gomme qui;* lisez : *gomme par suite de laquelle se renouvelle.*
— 637, — 26, *avena;* lisez : *ovina.*
— 644, — 27, *avena;* lisez : *ovina.*
— , — 28, *foliata;* lisez : *falcata.*
— 649, — 35, *scaparia;* lisez : *scoparia.*
— 687, — 4, *A. Ascania;* lisez : *A Ascania.*
— 688, — 16, *Hantsche;* lisez : *Häntche.*
— 690, — 19, *Colotropis;* lisez : *Calotropis.*
— 693, — 31, *8°,5;* lisez : — *8°,5.*
— 695, — 4, *avina;* lisez : *ovina.*
— 697, — 4, *avina;* lisez : *ovina.*
— — — 4, *Stipia;* lisez : *Stipa.*
— — — 5, *mutans,* lisez : *nutans.*
— — — 5 et 3, *Lynosyris;* lisez : *Linosyris.*
— — — 6, *Pyxethrum;* lisez : *Pyrethrum.*
— — — 7, *sulcata;* lisez : *falcata.*
— 700, — 3, *verruciforum;* lisez : *verruciferum.*
— — — 4, *Guldenstadtiana;* lisez : *Guldenstaedtiana.*
— — — 5, *dasystachya;* lisez : *dasystachyus.*
— — — 35, *Chelianthus;* lisez : *Chalcanthus.*
— 702, — 25, *Eudidium;* lisez : *Euclidium.*

Page 702, ligne 33, *Ziziphus;* lisez : *Zizyphus.*
— 703, — 38, *id.* *id.*
— — — 40, *Policarpœa;* lisez : *Polycarpœa.*
— 704. — 11, *Dalbergia, Sissoo;* lisez : *Dalbergia Sissoo.*
— 738, — *Note, Supprimez l'observation sur le travail de M. Stöhr, lequel ne se rapporte point aux volcans du Japon, mais à ceux du Java.*
— 747, — 6, *Erca;* lisez : *Erica.*
— 749, = 26, *rastrata;* lisez : *rostrata.*
— 752, — 9, *Blakistan;* lisez : *Blakiston.*
— 753, — 3, *Talmezza;* lisez : *Tolmezzo.*
— 758, — 11, *Rum;* lisez : *Rumex.*
— — — 10, *Gragi;* lisez : *Grayi.*

PARIS. — J. CLAYE, IMPRIMEUR, 7, RUE SAINT-BENOIT. — [1632]

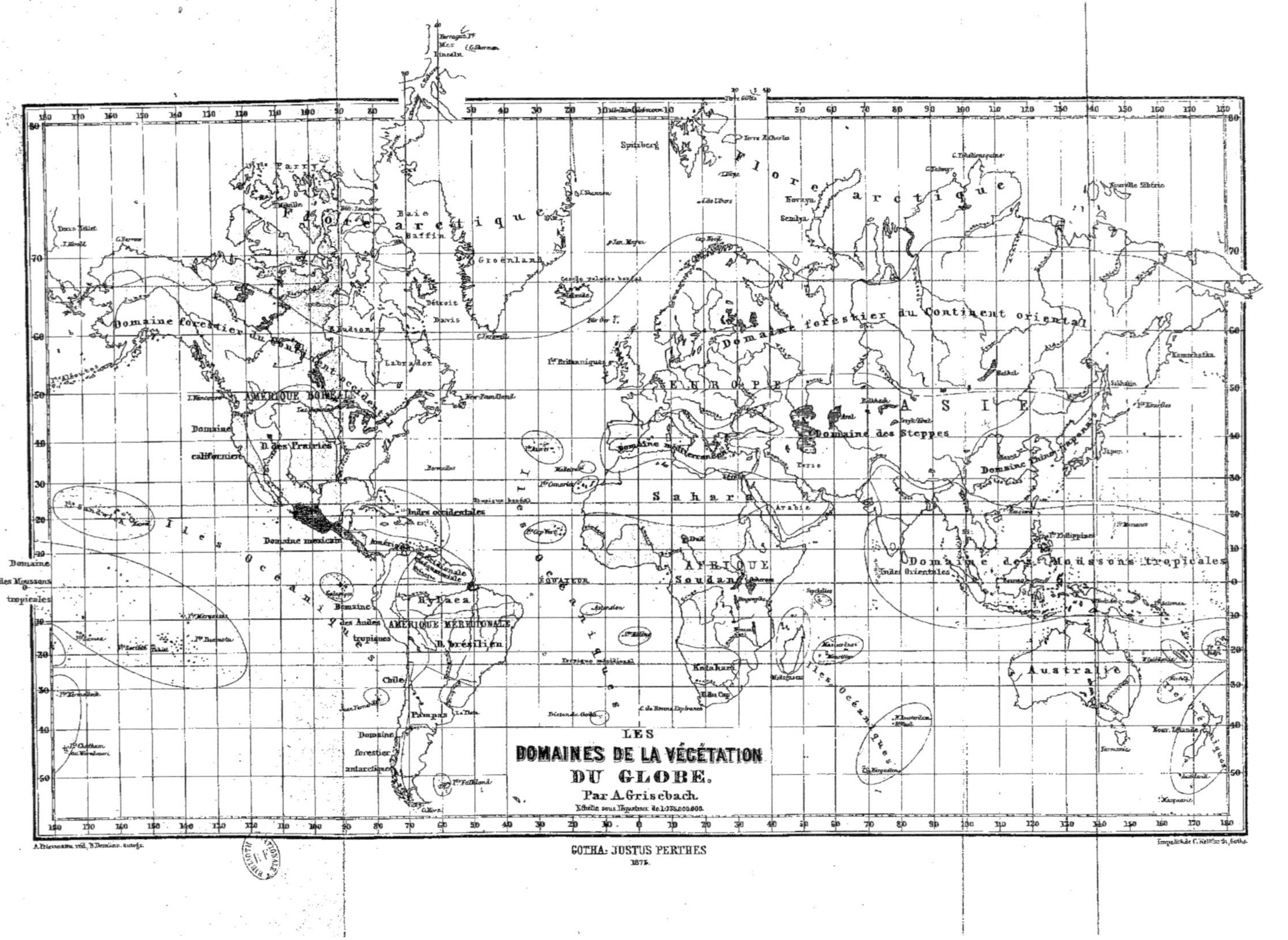
LES
DOMAINES DE LA VÉGÉTATION
DU GLOBE.
Par A. Grisebach.
Flore arctique
Domaine forestier du Continent occidental
Domaine forestier du Continent oriental
AMÉRIQUE BORÉALE
Domaine californien
D. des Prairies
Domaine mexicain
Indes occidentales
Hylaea
AMÉRIQUE MÉRIDIONALE
D. brésilien
Domaine des Andes tropiques
Chile
Pampas
Domaine forestier antarctique
Domaine des Moussons tropicales
Iles océaniques
EUROPE
Domaine méditerranéen
Sahara
Arabie
AFRIQUE
Soudan
Kalahari
ASIE
Domaine des Steppes
Domaine Chino-japonais
Domaine des Moussons tropicales
Indes Orientales
Australie
Groenland
Baie Baffin
Labrador
Spitzberg
ÉQUATEUR
GOTHA: JUSTUS PERTHES
1875.

www.ingramcontent.com/pod-product-compliance
Ingram Content Group UK Ltd.
Pitfield, Milton Keynes, MK11 3LW, UK
UKHW021924210726
13857UKWH00008B/38